前　言

我们奉献给读者、目前呈现在您面前的这本书叫《化工工艺学》。书名并不新鲜，但是只要您翻开目录粗粗一看，就会发现这本书的编排体系上有一些新颖之处；如果您浏览之后觉得这本书有些独特之处的话，我们将致谢于读者的知遇并感到欣慰。

这本书从研究编纂目录到杀青付梓，前后经历了四个多年头。1997 年在烟台大学和山东省教委的关心与支持下，以虞乐舜教授为首申报了面向 21 世纪的《化工专业课程体系和化工工艺学教材研究》的教学研究课题，突出了工艺与工程相结合的思维；突出了适应教学改革、工程教育走向综合、提高综合素质和综合能力的思维。2001 年获得省级教学研究二等奖。其中化工工艺学教材研究的子课题由韩冬冰教授牵头，对国内同类教材进行了研究探讨，以工艺与工程相结合，走向综合，而提出了一个初步编纂提纲。编纂提纲经多次修订，得到省内很多重要院校，如山东工业大学(现山东大学)、石油大学、青岛化工学院、山东科技大学等工科院校领导的支持。山东大学(山东工业大学)及山东科技大学并指定得力的教师共襄其事。于是组成《化工工艺学》编纂委员会，按提纲分头组织编写，经一两年先后脱稿。再由韩冬冰教授总其成，略加润饰，稍事增删，粗绪体系，疏导编排，终而告竣。

《化工工艺学》研究的范围和主要方法编者自有其说。由于化工生产工艺千差万别，不可能编成一本各种产品的百科全书。即按行业而论，亦难罗列，同一行业之间工艺亦不尽相同。既然罗列而不能包罗万象，何不从思绪上加以研究？任何个别当中总有一般，任何个性当中终蕴共性。本书就是想找到化工工艺学的一般的或综合的思维与方法，力图找到化工工艺的共性，我们作了方法论上的尝试，诚如本书的绪论所述，诚如本书体系之安排，不知读者以为然否？

本书虽有统一研究的编纂提纲，但终究成于众手，在语言风格上、论述习惯上以及其它方面也许不尽相同，敬希读者鉴谅。况且由于编者水平有限，所阅资料不丰，眼界所囿，缺失和错处在所难免，诚望读者不吝赐教。

本书成书过程中得到烟台大学化工系许多老师的帮助，烟台北方高分子材料研究所董卫芳女士、烟台大学微机室诸位干事给予热情支持，不甚感激；尤其令人难忘的是中国石化石油化工科学研究院知名专家、中国科学院和中国工程院闵恩泽院士、陆婉珍院士在审读本书提纲和清稿后慨然作序，我们对闵先生、陆先生提携后进、关心化工工程教育的精神，表示崇高敬意。对其他关心本书的人，深致谢忱。

编者

普通高等教育“十二五”规划教材

化工工艺学

韩冬冰等　编著

中国石化出版社

内 容 提 要

本书全面系统地阐述了化工工艺学应当研究的问题。除基本知识之外，重点介绍了化工工艺开发、流程设计和工艺管理所涉及到的各个环节，包括原料的处理和准备、反应过程和工艺参数确定、反应器选择、产物的分离过程和产品后加工、三废治理以及数据检测和工艺控制等方面，将工艺与工程相结合，纵览全局，分析综合。并列举了无机化工、基本有机化工、高分子化工、石油化工和生物化工等十多个产品实例进行工艺研究。

本书内容丰富、体系新颖、涉猎广泛。既可作为化工、制药、轻工、材料化工、生物工程和应用化学专业大学本科的工艺学基础教材，又可供相关专业工程技术人员和研究开发人员参考，还是师范院校、进修院校师生们不可多得的参考书。

图书在版编目(CIP)数据

化工工艺学/韩冬冰等编著.
—北京:中国石化出版社,2003(2020.9 重印)
ISBN 978-7-80164-305-6

Ⅰ.化… Ⅱ.韩… Ⅲ.①化工过程-工艺学 Ⅳ.TQ 02

中国版本图书馆 CIP 数据核字(2003)第 003927 号

中国石化出版社出版发行
地址:北京市东城区安定门外大街 58 号
邮编:100011 电话:(010)57512500
发行部电话:(010)57512575
http://www. sinopec-press. com
E-mail:press@ sinopec. com
北京科信印刷有限公司印刷
全国各地新华书店经销
*
787×1092 毫米 16 开本 36 印张 916 千字
2020 年 9 月第 1 版第 7 次印刷
定价：78.00 元

《化工工艺学》编委会

主　编：韩冬冰　烟台大学化工系教授，享受国务院政府特殊津贴

　　　　虞乐舜　烟台大学化工学院原副院长，教授级高工，享受国务院政府特殊津贴

副主编：宋　元　山东省医疗器械研究所实验厂厂长，高级工程师

　　　　任万忠　烟台大学化工学院副院长，化工系主任，教授

　　　　刘　宝　山东大学化学化工学院副教授

　　　　王泉清　山东科技大学化工系副教授

编　委：王文华　副教授(第一章部分)

　　　　王泉清　副教授(第四章)

　　　　王慧敏　副教授(第十五、十六章)

　　　　叶　苹　讲师(第十一章)

　　　　主沉浮　副教授(第六章)

　　　　任万忠　教授(第三章部分)

　　　　许文友　副教授(第八、九、十章)

　　　　刘　宝　副教授(第三章)

　　　　刘德臣　副教授(第二十、二十一章)

　　　　邹旭华　副教授(第十七、十八章)

　　　　宋　元　高工(第一章部分、第七章)

　　　　林　剑　副教授(第十九章)

　　　　姜竹茂　副教授(第二十二章)

　　　　韩冬冰　教授(绪论，第一、二、五、十二、十三、十四章)

　　　　虞乐舜　教授(第一章部分)

序　言

本书作者曾在生产和科研第一线多年，后又调入高等院校从事教学、研究工作。他们熟悉化工生产、开发的实际情况，又有较为丰富的教学和科研经验。为了适应我国高等院校化工类专业调整后化学工程与工艺专业的教学改革，受山东省委托，他们在进行了较为广泛调研的基础上，结合自身的教学、科研、设计和生产经验完成了这本书的编写。

本书首先是按化工工艺过程的共性进行归类编排，较为全面地阐述了整个化工流程所可能涉及的各个步骤，包括原料的选择和原料的预处理、反应过程的工艺操作参数确定和流程设计、反应器的选用及其优化、反应产物的分离和提纯、三废治理以及数据检测与过程控制等。其次，书中列举了包括无机化工、石油化工、高分子化工和生物化工等各方面的生产实例，除了对几个典型化工产品的生产工艺进行了较为详细的论述外，还举了多个亲自参与设计和生产的产品的例子。这就使该书编排新颖、涉猎广泛，形成特色。

作者在概论中又介绍了化学工程与工艺学科的一些基本概念和基本原理，诸如化学工业发展历程和行业特征、化工过程开发、化工装置建设和装置操作方式、化工工艺设计、化工技术经济和技术管理、化工节能、计算机在化工工艺中的应用及绿色化学化工和可持续发展等，便于参考和拓宽知识。

本书既可作为大专院校师生的教学参考书，也可供工程技术人员参考。

中国科学院院士、中国工程院院士

闵恩泽

目　录

绪论

一、化工工艺学的定义和范畴 …………………………………………………………（1）
二、化工工艺学研究的主要内容和方法 ……………………………………………（2）
三、化工工艺学在化工生产中的地位和作用 ………………………………………（5）
四、学习化工工艺学的意义 …………………………………………………………（5）

上编　化工工艺学基础

第一章　概　论 ………………………………………………………………………（7）
第一节　化学工业的发展简史 ……………………………………………………（7）
一、古代的化工生产技术和人们对工艺的认识 ……………………………………（7）
二、近代化学工业的兴起和行业的形成 ……………………………………………（9）
三、现代化工行业的发展和进步 …………………………………………………（14）
四、中国近现代化学工业发展概略 ………………………………………………（28）
五、当代化学工业的发展趋势 ……………………………………………………（30）
第二节　化学工业的行业特征和分类 ……………………………………………（30）
一、化学工业的行业特征 …………………………………………………………（30）
二、化学工业的分类 ………………………………………………………………（31）
第三节　化工装置的操作方式 ……………………………………………………（33）
一、连续操作 ………………………………………………………………………（33）
二、间歇操作 ………………………………………………………………………（33）
三、半连续操作 ……………………………………………………………………（33）
四、操作方式的采用 ………………………………………………………………（34）
第四节　化工技术的开发与生产装置建设 ………………………………………（34）
一、化工新技术开发概述 …………………………………………………………（34）
二、化工新技术开发的目的与任务 ………………………………………………（35）
三、化工新技术开发的主要内容 …………………………………………………（35）
四、化工技术开发研究的方法和程序 ……………………………………………（37）
五、化工装置的建设 ………………………………………………………………（38）
第五节　应用开发研究 ……………………………………………………………（38）
一、应用开发研究的意义 …………………………………………………………（38）

二、市场调查对开发新产品新工艺的影响 …………………………………………（38）
三、应用技术的研究与服务对技术开发的影响 ……………………………………（39）
四、文献资料和专利提供化工新产品开发与应用技术研究 …………………………（39）
第六节　化工工艺设计 ……………………………………………………………（39）
一、化工工艺设计的内容和要求 ……………………………………………………（39）
二、产品生产的反应工艺研究和设计 ………………………………………………（41）
三、工艺流程设计方案(流程方案的设计) …………………………………………（42）
四、工艺流程方案的量化——初步设计阶段工艺流程设计的完成 …………………（44）
五、工艺流程的评估 …………………………………………………………………（46）
六、初步设计阶段的工艺流程图 ……………………………………………………（48）
七、施工图阶段的工艺流程图(又称 PID、PI 图) …………………………………（52）
八、车间和设备布置设计 ……………………………………………………………（53）
九、协调非工艺专业的设计为非工艺专业提供设计条件 ……………………………（56）
十、三废治理设计 ……………………………………………………………………（56）
第七节　化工工艺管理 ……………………………………………………………（57）
一、工艺操作规程 ……………………………………………………………………（58）
二、安全操作规程 ……………………………………………………………………（58）
三、全面质量管理 ……………………………………………………………………（59）
四、技术管理 …………………………………………………………………………（60）
五、标准和计量管理 …………………………………………………………………（64）
第八节　化工技术经济 ……………………………………………………………（71）
一、技术经济概述 ……………………………………………………………………（71）
二、技术经济指标 ……………………………………………………………………（72）
三、投资项目的经济评估 ……………………………………………………………（74）
第九节　化工节能 …………………………………………………………………（75）
一、化工节能的意义 …………………………………………………………………（75）
二、化工节能的途径 …………………………………………………………………（75）
第十节　计算机在化工工艺中应用 ………………………………………………（76）
一、化工过程参数的控制(单片机控制参数) ………………………………………（76）
二、微机在化工生产系统中应用 ……………………………………………………（77）
三、计算机在化工开发和设计中应用 ………………………………………………（80）
四、计算机在企业管理上的应用 ……………………………………………………（82）
第十一节　绿色化工和可持续发展 ………………………………………………（82）
一、概述 ………………………………………………………………………………（82）
二、文献上关于绿色化工的概念和术语简介 ………………………………………（83）
三、美国化学会提出的十二项原则 …………………………………………………（85）

四、化工可持续发展 …………………………………………………………………… (85)
第二章　原料及原料准备 ………………………………………………………… (87)
第一节　原料及原料路线 ……………………………………………………… (87)
一、原料在化工中的地位 ……………………………………………………… (87)
二、原料辅料对产品质量的影响 ……………………………………………… (87)
三、原料和原料路线对工艺流程的影响 ……………………………………… (88)
四、原料进入流程的要求 ……………………………………………………… (91)
第二节　原料的预处理(原料准备) …………………………………………… (91)
一、原料预处理的原则 ………………………………………………………… (91)
二、原料的预处理方案设计 …………………………………………………… (92)
三、原料处理流程方案的比较和评估 ………………………………………… (94)
第三节　固体原料的处理 ……………………………………………………… (94)
一、粉碎和团聚 ………………………………………………………………… (94)
二、固体和晶体物料的净化纯化 ……………………………………………… (103)
三、固体物料干燥 ……………………………………………………………… (106)
四、固体原料的输送与加料 …………………………………………………… (115)
五、固体的混合和混料 ………………………………………………………… (125)
六、粉尘防护 …………………………………………………………………… (127)
第四节　气体原料的处理 ……………………………………………………… (128)
一、原料气体除尘捕雾 ………………………………………………………… (128)
二、气体净化精制 ……………………………………………………………… (136)
三、原料气体的干燥 …………………………………………………………… (143)
四、输送与计量 ………………………………………………………………… (147)
五、安全卫生 …………………………………………………………………… (149)
第五节　液体原料的处理 ……………………………………………………… (150)
一、纯化和净化 ………………………………………………………………… (150)
二、液体原料干燥 ……………………………………………………………… (158)
三、液体原料输送和计量 ……………………………………………………… (161)
四、液体原料的混合汽化和预热 ……………………………………………… (164)
五、安全防护 …………………………………………………………………… (167)
第六节　催化剂准备 …………………………………………………………… (168)
一、活性、选择性和寿命 ……………………………………………………… (168)
二、助催化剂或添加剂 ………………………………………………………… (168)
三、催化剂形态、制备和载体 ………………………………………………… (168)
四、催化剂加料和出料 ………………………………………………………… (169)
五、再生和处理 ………………………………………………………………… (169)

第三章　反应过程和过程优化 …………………………………………………………（170）
第一节　反应过程 ……………………………………………………………………（170）
一、化学反应过程的分类 ……………………………………………………（170）
二、反应过程的理论问题 ……………………………………………………（171）
第二节　反应器的基本研究 …………………………………………………（172）
一、反应器的基本要求 ………………………………………………………（172）
二、反应器类型和选型原则 …………………………………………………（172）
三、反应器的开发与放大 ……………………………………………………（177）
第三节　釜式和鼓泡反应器 …………………………………………………（180）
一、搅拌与混合 ………………………………………………………………（180）
二、釜式反应器的特征 ………………………………………………………（183）
三、釜式反应器 ………………………………………………………………（190）
四、鼓泡反应器和其它气-液反应器的特征与设计 …………………………（193）
第四节　管式反应器 …………………………………………………………（196）
一、管式反应器的特点与应用 ………………………………………………（196）
二、管式反应器的设计 ………………………………………………………（196）
第五节　固定床反应器 ………………………………………………………（197）
一、固定床反应器的特点 ……………………………………………………（197）
二、固定床反应器的基本形式及应用 ………………………………………（199）
三、固定床反应器数学模型 …………………………………………………（201）
四、固定床反应器的计算 ……………………………………………………（202）
第六节　流化床反应器 ………………………………………………………（204）
一、流化床反应器及基本特点 ………………………………………………（204）
二、流化床反应器的应用 ……………………………………………………（206）
三、流化床反应器主要部件 …………………………………………………（208）
四、流化床反应器的设计与放大 ……………………………………………（209）
第七节　生化反应器 …………………………………………………………（211）
一、生化反应器的特征和工艺要求 …………………………………………（211）
二、生化反应器的类型 ………………………………………………………（211）
三、生化反应器的设计 ………………………………………………………（213）
第八节　反应的工艺参数与流程 ……………………………………………（220）
一、主要工艺参数的确定 ……………………………………………………（220）
二、满足工艺参数的流程设计 ………………………………………………（223）
三、反应参数的测量与控制 …………………………………………………（227）
四、反应条件与公用工程 ……………………………………………………（232）
第九节　反应器优化 …………………………………………………………（234）

一、反应器最优化的基本概念 ……………………………………………………………… (234)
二、反应器的最优化模型 ……………………………………………………………… (235)
三、最优化方法 ………………………………………………………………………… (236)
第四章　产物的分离和提纯 …………………………………………………………… (238)
第一节　产物分离的原则 ……………………………………………………………… (238)
一、分离方法概述 ……………………………………………………………………… (238)
二、基本原理 …………………………………………………………………………… (240)
三、分离流程的设计 …………………………………………………………………… (242)
第二节　分离和精制技术 ……………………………………………………………… (243)
一、气固分离和除尘 …………………………………………………………………… (243)
二、液体分离 …………………………………………………………………………… (250)
三、液体分离和精馏 …………………………………………………………………… (259)
四、蒸发和结晶 ………………………………………………………………………… (264)
五、干燥 ………………………………………………………………………………… (276)
六、吸收与吸附 ………………………………………………………………………… (285)
第三节　分离新技术和生化分离 ……………………………………………………… (292)
一、离子交换 …………………………………………………………………………… (292)
二、膜分离 ……………………………………………………………………………… (295)
三、色谱分离 …………………………………………………………………………… (300)
四、超临界流体萃取和其它萃取分离 ………………………………………………… (301)
五、电泳分离 …………………………………………………………………………… (307)
六、生化分离 …………………………………………………………………………… (309)
七、其它分离方法 ……………………………………………………………………… (309)
第五章　产品后加工 …………………………………………………………………… (312)
第一节　产品后加工概述 ……………………………………………………………… (312)
第二节　产品后加工方案 ……………………………………………………………… (312)
一、去除微量杂质 ……………………………………………………………………… (312)
二、产品后加工和精细加工方案 ……………………………………………………… (313)
第三节　产品包装 ……………………………………………………………………… (318)
一、产品合格检验 ……………………………………………………………………… (318)
二、产品计量和包装 …………………………………………………………………… (318)
三、贮存和运输 ………………………………………………………………………… (318)
第六章　三废治理 ……………………………………………………………………… (319)
第一节　三废及其治理原则 …………………………………………………………… (319)
一、三废的产生和监控 ………………………………………………………………… (319)
二、三废治理原则 ……………………………………………………………………… (322)

第二节　废水治理 …………………………………………………………………（324）
一、废水分析指标 ……………………………………………………………（324）
二、废水治理方法与流程 ……………………………………………………（326）
第三节　废气治理 …………………………………………………………………（334）
一、废气特征与分析 …………………………………………………………（334）
二、废气处理技术 ……………………………………………………………（336）
第四节　废渣治理及其资源综合利用 ……………………………………………（340）
一、治理原则与利用…………………………………………………………（340）
二、泥渣的处理和利用………………………………………………………（341）
三、无机废渣的处理和利用 …………………………………………………（342）
四、塑料废渣的处理和利用…………………………………………………（343）
五、固体废物的资源化………………………………………………………（343）
六、固体废物的最终处理 ……………………………………………………（344）
第五节　化工废弃物的焚烧 ………………………………………………………（345）
一、焚烧总论 …………………………………………………………………（345）
二、焚烧工艺和设备 …………………………………………………………（346）
第七章　检测和操作控制 ……………………………………………………………（347）
第一节　工艺操作参数 ……………………………………………………………（347）
一、温度 ………………………………………………………………………（347）
二、压力 ………………………………………………………………………（348）
三、原料配比 …………………………………………………………………（350）
四、反应时间和操作周期 ……………………………………………………（351）
五、反应转化率、选择性和收率 ……………………………………………（351）
六、消耗定额 …………………………………………………………………（352）
七、进料、出料与循环 ………………………………………………………（353）
第二节　操作控制和自动控制 ……………………………………………………（353）
一、操作控制方案 ……………………………………………………………（353）
二、自动控制 …………………………………………………………………（354）
三、巡视与观测 ………………………………………………………………（355）
四、监测 ………………………………………………………………………（356）
第三节　中间分析和现场检测 ……………………………………………………（356）
一、条件控制 …………………………………………………………………（356）
二、随机取样和定时取样分析 ………………………………………………（356）
三、在线分析与报警 …………………………………………………………（357）
四、现场办公检测与显示 ……………………………………………………（357）
五、紧急停车 …………………………………………………………………（357）

六、产品检验与合格证 …………………………………………………………（357）
第四节　设备切换和维护 ………………………………………………………（357）
一、切换使用与再生 ……………………………………………………………（357）
二、设备维护 ……………………………………………………………………（358）
第五节　安全卫生 ………………………………………………………………（358）
一、安全措施和应急措施 ………………………………………………………（358）
二、卫生要求 ……………………………………………………………………（359）

下编　典型化工产品工艺过程举例

第八章　合成氨 …………………………………………………………………（360）
第一节　产品概述 ………………………………………………………………（360）
第二节　合成氨工艺流程简图及工艺流程概述 ………………………………（360）
第三节　原料气的制备与净化 …………………………………………………（362）
一、焦炭为原料生产原料气 ……………………………………………………（362）
二、天然气为原料生成原料气 …………………………………………………（365）
三、渣油制合成气 ………………………………………………………………（366）
四、原料气的净化 ………………………………………………………………（369）
第四节　氨合成的反应过程和反应工艺 ………………………………………（373）
一、氨的合成原理 ………………………………………………………………（373）
二、反应催化剂 …………………………………………………………………（378）
三、合成氨操作条件 ……………………………………………………………（380）
四、反应器 ………………………………………………………………………（381）
第五节　氨的分离流程 …………………………………………………………（384）
一、产品的规格要求 ……………………………………………………………（384）
二、氨的分离 ……………………………………………………………………（384）
三、氨合成与分离的工艺流程 …………………………………………………（385）
第六节　液氨贮存及输送 ………………………………………………………（387）
第七节　合成氨系统的技术进展 ………………………………………………（389）
第九章　硝酸 ……………………………………………………………………（391）
第一节　概述 ……………………………………………………………………（391）
第二节　稀硝酸生产过程 ………………………………………………………（392）
一、氨的催化氧化制一氧化氮 …………………………………………………（392）
二、一氧化氮的氧化 ……………………………………………………………（397）
三、氮氧化物气体的吸收 ………………………………………………………（401）
四、稀硝酸生产工艺流程 ………………………………………………………（406）

第三节 尾气的治理和能量利用 …………(407)
第四节 浓硝酸的生产简介 …………(408)
一、由氨直接合成浓硝酸 …………(408)
二、间接法生产浓硝酸简介 …………(410)
第五节 硝酸的毒性、安全和贮运 …………(411)
第十章 烧碱 …………(412)
第一节 概述 …………(412)
第二节 烧碱生产的工艺流程方框图及流程概念 …………(413)
一、隔膜法生产流程示意方框图及工艺流程概念 …………(413)
二、离子膜生产烧碱工艺流程方框图及流程概念 …………(414)
第三节 食盐水溶液的制备与净化 …………(414)
一、食盐水溶液的制备 …………(414)
二、盐水的净化 …………(415)
第四节 反应过程和反应工艺 …………(416)
一、电解过程基本定律及电流效率 …………(416)
二、隔膜法电解 …………(417)
三、离子交换膜法电解 …………(418)
第五节 产物的分离和精制 …………(420)
一、电解液的蒸发浓缩制液碱 …………(420)
二、固碱制造 …………(422)
三、Cl_2 净化和液氯生产 …………(424)
四、H_2 精制 …………(424)
五、盐酸和干燥 HCl …………(424)
第六节 氯碱厂环保措施简介 …………(425)
第十一章 乙烯 …………(426)
第一节 概述 …………(426)
第二节 原料 …………(429)
第三节 烃类裂解工艺 …………(431)
一、裂解原理 …………(431)
二、裂解流程 …………(434)
第四节 裂解气净化分离 …………(437)
一、裂解气分离概论 …………(437)
二、裂解气分离流程 …………(438)
第五节 三废治理和产品后处理 …………(441)
第十二章 丙烯腈 …………(442)
第一节 产品概述 …………(442)

一、概述 …………………………………………………………………… (442)
二、产品规格 ……………………………………………………………… (442)
三、原料路线 ……………………………………………………………… (443)
第二节 产品工艺流程 ……………………………………………………… (444)
一、工艺流程示意简图 …………………………………………………… (444)
二、工艺流程简述 ………………………………………………………… (444)
第三节 原料准备流程 ……………………………………………………… (445)
一、反应对原料的基本要求 ……………………………………………… (445)
二、原料进入反应器的预处理 …………………………………………… (445)
三、加料流程示意图 ……………………………………………………… (446)
第四节 反应过程和反应工艺 ……………………………………………… (446)
一、反应原理 ……………………………………………………………… (446)
二、反应器 ………………………………………………………………… (447)
三、反应的工艺条件和控制 ……………………………………………… (448)
第五节 产物的分离过程 …………………………………………………… (449)
一、合成产物的分离过程分析 …………………………………………… (449)
二、分离流程设计 ………………………………………………………… (450)
第六节 生产控制分析 ……………………………………………………… (452)
第七节 三废治理 …………………………………………………………… (453)
一、废水 …………………………………………………………………… (453)
二、废气 …………………………………………………………………… (454)
三、焚烧炉和事故火炬 …………………………………………………… (454)
第八节 安全卫生防护 ……………………………………………………… (454)
第九节 技术进步和能量综合利用 ………………………………………… (456)
第十三章 合成苯酚 ………………………………………………………… (457)
第一节 产品概述 …………………………………………………………… (457)
第二节 产品工艺流程 ……………………………………………………… (461)
一、产品工艺流程方框图 ………………………………………………… (461)
二、工艺流程概述 ………………………………………………………… (463)
第三节 原料流程 …………………………………………………………… (464)
第四节 反应过程和反应工艺 ……………………………………………… (464)
一、异丙苯合成 …………………………………………………………… (464)
二、异丙苯的氧化 ………………………………………………………… (465)
三、CHP 分解 ……………………………………………………………… (467)
第五节 产物的分离 ………………………………………………………… (470)
一、中间体原料的精制 …………………………………………………… (470)

二、苯酚精制 …………………………………………………………………………………… (471)
第六节　三废治理和技术进步 …………………………………………………………… (471)
一、三废治理 …………………………………………………………………………………… (471)
二、安全卫生 …………………………………………………………………………………… (472)
三、技术进步 …………………………………………………………………………………… (472)
第十四章　二甲基二氯硅烷……………………………………………………………… (474)
第一节　产品概述 …………………………………………………………………………… (474)
一、产品规格和性质 ………………………………………………………………………… (474)
二、产品用途 …………………………………………………………………………………… (474)
三、二甲基二氯硅烷生产历史简述 ……………………………………………………… (475)
第二节　产品工艺流程 ……………………………………………………………………… (476)
一、工艺流程简图 …………………………………………………………………………… (476)
二、流程简述 …………………………………………………………………………………… (476)
第三节　反应过程和反应工艺 …………………………………………………………… (477)
一、反应过程 …………………………………………………………………………………… (477)
二、催化剂 ……………………………………………………………………………………… (478)
三、反应工艺条件 …………………………………………………………………………… (479)
四、反应器 ……………………………………………………………………………………… (481)
第四节　原料准备流程 ……………………………………………………………………… (481)
一、硅粉 ………………………………………………………………………………………… (481)
二、CH_3Cl ………………………………………………………………………………… (481)
三、催化剂 ……………………………………………………………………………………… (482)
第五节　产品分离流程 ……………………………………………………………………… (482)
一、除尘 ………………………………………………………………………………………… (483)
二、回收 CH_3Cl …………………………………………………………………………… (483)
三、粗单体精馏 ……………………………………………………………………………… (484)
第六节　三废治理原则 ……………………………………………………………………… (485)
第七节　技术进步 …………………………………………………………………………… (485)
第十五章　聚氯乙烯 ………………………………………………………………………… (487)
第一节　概述 …………………………………………………………………………………… (487)
第二节　产品工艺过程 ……………………………………………………………………… (487)
一、产品的工艺概述 ………………………………………………………………………… (487)
二、工艺流程 …………………………………………………………………………………… (489)
第三节　原料 …………………………………………………………………………………… (490)
第四节　反应机理及反应工艺 …………………………………………………………… (491)
一、反应机理 …………………………………………………………………………………… (491)

二、反应工艺条件 …………………………………………………………………（491）
三、聚合反应设备 …………………………………………………………………（493）
第五节　产品的后处理 …………………………………………………………（493）
第十六章　顺丁橡胶 ………………………………………………………………（494）
第一节　概述 ……………………………………………………………………（494）
第二节　产品的工艺流程 ………………………………………………………（495）
一、催化体系概述 …………………………………………………………………（495）
二、工艺流程 ………………………………………………………………………（495）
第三节　原料的准备过程 ………………………………………………………（496）
第四节　反应工艺 ………………………………………………………………（497）
一、反应机理 ………………………………………………………………………（497）
二、反应工艺条件 …………………………………………………………………（498）
三、聚合反应设备 …………………………………………………………………（499）
第五节　产品的后处理 …………………………………………………………（499）
第十七章　涤纶 ……………………………………………………………………（500）
第一节　产品概述 ………………………………………………………………（500）
第二节　产品的工艺流程 ………………………………………………………（501）
一、流程简示 ………………………………………………………………………（501）
二、工艺流程概述 …………………………………………………………………（501）
第三节　主要原料 ………………………………………………………………（502）
第四节　聚合反应工艺 …………………………………………………………（503）
一、反应机理和反应方程 …………………………………………………………（503）
二、反应器 …………………………………………………………………………（503）
三、聚合流程 ………………………………………………………………………（503）
四、反应的工艺条件和控制方法 …………………………………………………（504）
第五节　聚酯(PET)熔融纺丝 …………………………………………………（506）
一、涤纶 ……………………………………………………………………………（506）
二、PET 的熔融纺丝 ………………………………………………………………（506）
第六节　涤纶发展前景 …………………………………………………………（508）
第十八章　十二烷基苯磺酸钠 ……………………………………………………（509）
第一节　概述 ……………………………………………………………………（509）
一、产品概述…………………………………………………………………………（509）
二、产品的工艺流程图………………………………………………………………（510）
三、工艺流程概述 …………………………………………………………………（510）
第二节　生产工艺过程 …………………………………………………………（510）
一、原料准备的过程…………………………………………………………………（510）

二、磺化反应过程和反应工艺……（511）
三、产品包装及其它……（513）
第三节　三废治理及技术进步……（513）
一、三废治理的原则和方案……（513）
二、技术进步……（513）
三、应用举例……（513）
第十九章　α-戊基桂醛……（514）
第一节　概述……（514）
一、产品概述……（514）
二、产品的工艺流程图……（514）
三、工艺流程概述……（515）
第二节　生产工艺……（515）
一、原料准备的过程……（515）
二、反应过程和反应工艺……（515）
三、产品的分离流程……（516）
第三节　三废治理和其它……（516）
一、三废治理的原则和方案……（516）
二、产品包装及其它……（517）
三、应用举例……（517）
第二十章　青霉素……（518）
第一节　概述……（518）
一、产品概述……（518）
二、产品的工艺流程方框图……（521）
第二节　原料……（521）
一、菌种……（521）
二、培养基……（521）
三、前体……（522）
第三节　发酵工艺……（522）
一、工艺条件……（522）
二、发酵罐……（523）
第四节　青霉素的提取和精制……（523）
一、发酵液的过滤和酸化处理……（523）
二、萃取和精制……（523）
三、结晶……（524）
四、溶剂回收……（526）
第五节　三废治理原则和方案……（526）

一、抗生素工业“三废”的性质 …………………………………………………… (526)
二、废渣和废水的利用 ……………………………………………………………… (527)
第六节　产品的检定和包装 ……………………………………………………… (528)
第二十一章　苏云金杆菌杀虫农药 ………………………………………………… (529)
第一节　产品概述 ………………………………………………………………… (529)
一、产品名称和用途 ………………………………………………………………… (529)
二、规格和标准………………………………………………………………………… (529)
三、生产简史…………………………………………………………………………… (529)
第二节　流程方框图和流程简述 …………………………………………………… (530)
第三节　反应工艺和反应器 ………………………………………………………… (531)
一、工艺条件及其影响 ……………………………………………………………… (531)
二、生物反应器 ……………………………………………………………………… (533)
第四节　原料准备流程 ……………………………………………………………… (534)
一、主要碳源、氮源原料 …………………………………………………………… (534)
二、种子培养 ………………………………………………………………………… (534)
三、空气的净化灭菌 ………………………………………………………………… (534)
第五节　产物分离和提取流程 ……………………………………………………… (535)
一、发酵液过滤………………………………………………………………………… (535)
二、发酵液浓缩………………………………………………………………………… (536)
三、干燥………………………………………………………………………………… (536)
第六节　技术进步 …………………………………………………………………… (536)
第二十二章　谷氨酸钠(味精) ……………………………………………………… (537)
第一节　概述 ………………………………………………………………………… (537)
一、产品概述 ………………………………………………………………………… (537)
二、我国味精的生产工艺和装备技术的进展 ……………………………………… (539)
三、原料生产路线及比较 …………………………………………………………… (539)
第二节　产品的工艺流程 …………………………………………………………… (541)
一、制糖工段 ………………………………………………………………………… (541)
二、发酵工段 ………………………………………………………………………… (542)
三、谷氨酸提取工段 ………………………………………………………………… (542)
四、谷氨酸制造味精生产工段 ……………………………………………………… (543)
第三节　原料 ………………………………………………………………………… (544)
一、培养基 …………………………………………………………………………… (544)
二、无菌空气 ………………………………………………………………………… (545)
三、菌种的培养 ……………………………………………………………………… (546)
第四节　味精生产过程中的反应历程及反应器 …………………………………… (547)

一、味精生产过程中的反应历程 ……………………………………………… (547)
二、反应器 ……………………………………………………………………… (549)
第五节 谷氨酸分离技术 ……………………………………………………… (549)
一、发酵液的规格要求 …………………………………………………………… (549)
二、分离方案 ……………………………………………………………………… (550)
第六节 “三废”治理原则 ……………………………………………………… (551)
第七节 产品包装与贮存 ……………………………………………………… (551)
第八节 技术进步 ……………………………………………………………… (552)
参考文献 ………………………………………………………………………… (553)

绪　论

一、化工工艺学的定义和范畴

1. 什么是化工

一般地说，化工是“化学工程”或“化学工业”的简称，既可作为一个学科讲，又可作为行业讲。化学工程简称为化工，在学科上是常见的，但当化工被用于专业的名称时，有时介于化学工程和化学工业之间，如生物化工、林产品化工甚至环境化工。“化工”这个词，在习惯应用上是化学工业的简称。然而，什么是化学工业呢？1999 年版本的《辞海》定义为：“利用化学反应改变物质结构、成分、形态等生产化学产品的工业部门。习惯上分为无机化学工业和有机化学工业两类……”。其实这是一个广义的定义，随着人类生产部门的分工越来越细，“化学工业”的范畴也变得越来越小。例如，把矿石冶炼成金属(如铜、铁、锌、铝等)或非金属(如硅等)，符合上述定义，但现代归于冶金工业；把动物的皮用化学反应使蛋白质固定，现代归于制革工业；把植物的纤维改变其“形态”，称为造纸工业；……酿酒、制药这些通常又不称为化学工业；而把石油这种混合物，利用精馏的方法(这是一个物理方法或物理化学方法)把它的各个组分分离出来，通常是“石油化工”的一个范畴。

我们如果把化学工业定义为利用化学反应和化学工程的方法，改变物质结构、成分、形态而生产化学产品的工业部门，那范围就更宽广，因为化学工程研究的内容主要是“三传一反”，涉及“三传”尤其是传热的工业产品太多，无法界定化学工业的范畴。因此，我们只能根据历史上形成化学工业的概念和人们的习惯来大体界定它的范畴。研究古代的化工，范围可以宽泛一些；研究近代化工，范围可以明确一些；研究当代化工，就得根据当代对化学工业的习惯划分。我们这里讲的化工，是当代化学工业的说法。

2. 什么是工艺学

“工艺”是什么意思？英文中工艺和技术是同义词 technology，是指一种专门的技术手法和技巧，工艺流程写为 technological process，工艺设计写为 technological design，工艺学写成 technics。俄语中工艺和操作法操作规程是同义词 технология。《辞海》上定义的“工艺”是“利用生产工具对各种原材料、半成品进行加工或处理，使之成为产品的方法”，而“工艺学”定义为“根据技术上先进，经济上合理的原则，研究各种原材料、半成品、成品的加工方法和过程的学科称为工艺学”。可以看出，我们定义的工艺学，更接近于俄文中的“操作”，是一种研究生产方法或过程的学问，当然，这些方法和过程中包含大量的技术问题。实际上，工艺除指技术之外，还应包括过程的理论、系统、各环节的技术以及匠心独运的安排，所以工艺是工程和技术、艺术的结合。

3. 什么是化工工艺学

这里有一个概念，叫“化学工艺学”，这个称呼沿用了几乎半个世纪。化学是一门基础学科，它本身无所谓工艺学，就像不好称呼“物理工艺学”一样，但可能这里的“化学”是“化学工业产品”的不正确省略语。《辞海》对于“化学工艺学”作如是表述，“亦称工业化学。根据化学、物理和其它科学的成就，研究综合利用各种原料，加工成为产品的方法、原理、流程和设备，以寻求在技术上最先进、经济上最合理的生产途径的学科。各种化学工业都有各自的工艺学，如研究无机酸、碱、盐和化学肥料等的制造过程的称‘无机物工(艺)学’，研究石油加工过程的称‘石油工艺学’。”可以看出，这里的“化学工艺学”，实际上是“化学工业产品工艺学”，所以，本书不再沿用那个令人费解使人迷茫的名称，而改称为“化工工艺学”。概言之，化工工艺学就是研究运用各种学科的知识，经济地、先进地将各种原材料生产出化工产品的技术、过程和方法，是化工产品生产的工程技术、诀窍和艺术。

二、化工工艺学研究的主要内容和方法

1. 化工工艺学研究的主要内容

前已述及，工艺学本质上是研究产品生产的“技术”、“过程”和“方法”，这些过程和方法还有一个大前提，必须是先进的和经济的。实际上，这里还缺少一个重要的前提，就是产品的质量。也就是说，我们所研究的化工工艺学是要用先进的和经济的技术过程和方法生产出合乎质量要求的产品。因此，我们把化工工艺学研究的内容分为两个大板块，一个是它的硬件，一个是它的软件。

硬件包括它要有一个合理的、先进的、经济上有利的“工艺流程”，有了这个流程可以保证从原料进入流程直至产品下线，过程是顺畅的、经济合理的，原料的利用率高，能耗和物耗较少。这个流程最终是通过一系列设备和装置体现出来，组成一个有机的流水线，设备在这个流水线上串联或并联着，它们是产品的摇篮和载体。

软件包括它要有一套合理的、先进的、经济上有利的“工艺操作控制条件”和“质量保证体系”，它包括反应的温度、压力、催化剂、原料和原料准备、投料配比、反应时间、生产周期、分离水平和条件、后处理加工包装等，以及对这些操作参数监控、调节的手段。

当然，在整个生产过程中，要保证安全，即保证人身安全和设备设施的安全运行，遵守卫生标准和要求，在保证先进、合理、经济、安全的同时，要求保护环境、杜绝公害、减少污染，对产生的污染一定要综合治理，这也是工艺学研究的主要内容。

概括起来，化工工艺学研究的主要内容包括三个方面，即生产的工艺流程；生产的工艺操作控制条件和技术管理控制；安全和环境保护措施。

2. 化工工艺学和化学工程学的关系

化学工程学是将生产化工产品或其它产品中出现的具有物理变化或化学变化的各种操作方法，加以归类概括、综合、提炼、升华，把这些操作方法划分为各种“单元操作”过程，如“化学反应”、“分离”、“系统”这些大的概括的过程，以及诸如“物料粉碎”、“结晶”、“蒸发”、“干燥”、“精馏”这些小的过程，对这些过程中的物理变化和化学变化的规律加以探讨，用以指导这些过程的操作，改进设备，改进操作方式，使之更加合理、更加经济，从而也更加先进的一门学问。化学工程学的主要任务就是研究这些规律，设计出更加先进、合理、经济的生产流程和设备。

由此可见，化工工艺学涉及的“硬件”的研究，要依赖化学工程或者说需要化学工程的

指导，或者说要化学工程为它服务。没有化学工程的指导和介入，化工工艺学等于纸上谈兵。当然，化学工程必定要为化工工艺服务，它离不开产品的质量控制，产品的特有性能，产品的生产步骤等技术和过程环节条件，不是高谈阔论，而是“看菜吃饭”，就事论事。因此，化工产品生产的工艺流程的设计，必须由化工工艺和化学工程相结合，才能完成。比如，我们生产一种药物，根据产品的质量要求，它最后的成品需要“干燥”，以去除水分或溶剂。根据化学工程的理论，干燥有各种各样的方法，有许多计算的公式，当然温度高对干燥效果有利，可是我们的产品最高只能耐受70℃，这就要求化学工程的设计中，必须考虑这个工艺条件，在工艺条件的限定范围内，研究设计最先进可行的“干燥”过程和操作设备。

化工工艺学的软件部分，即工艺操作和控制条件，也不是一成不变的，随着化学工程与工艺的结合，一个先进的设备产生，它可能改变工艺条件，使之更加合理。比如某个产品的“干燥”过程，原先使用的工艺条件是在某个较高温度下，烘干若干时间，随着化学工程学技术的开发，改善传热和干燥效果，可以设计出一种先进设备，使操作温度可以再低一些，节省能量；同时，时间可以再短一些，以提高劳动生产率，缩短生产周期。从而使生产工艺更加先进合理和经济。也就是说，化学工程学可以影响工艺学。

可以这样描述，工艺学规定了工程学的工作和研究范围与条件。化学工程学为化工工艺服务必须遵循化工工艺限定的条件和要求，反过来，工程学又可以反作用于工艺学，使工艺学得到进步。当然，工程学研究的成果，必须经受工艺操作的检验。因此，在某种程度上说，化工工艺学接近于哲学上的“实践”，而化学工程学接近于哲学上的“理论”，理论来自于实践，理论指导实践，实践丰富理论并检验理论，理论要和实践相结合。不要理论的实践，可能盲目，陷入经验主义；而不联系实际的理论是空洞的教条，陷入教条主义。

所以，我们今天研究化工工艺学，必须密切联系化学工程学，使化工工艺和工程有机地结合起来。本书力图在研究的思路上，走出新的蹊径。

3. 工艺学和生产实践的关系

在哲学上，工艺学研究的是“一般”问题，是共性，而生产实践，即某一个工厂某一个产品是“个别”，是个性。共性寓于个性之中，共性是从个性中概括综合出来的。

化工工艺学研究的是生产化工产品的学问，这是从许多产品的生产实践中，提炼出它们共同的问题加以研究，如产品的质量控制体系问题，生产工艺条件（温度、压力、催化剂、原料配比、反应时间……），工艺流程的安排和优化等等。我们利用共性，运用工艺学的知识和方法，可以指导一个新的陌生的生产工艺的研究，充分把握其共性，再深入分析其个性，整个生产工艺问题就迎刃而解了。我们通过共性的研究，找出一般的规律性问题，并将之与化学工程理论相结合，使共性产生理论升华，成为一个可以指导生产实践的工艺学问。

4. 化工工艺学的研究方法

化工工艺学的研究方法有两种，或称两个层次，第一个层次，从个别到一般。也就是说，我们先解剖一个一个的特别的化工产品的生产过程，在研究这些“个别”的现象过程中，用理论即用化学工程学的理论来加以研究，从而归纳出一些规律性的东西再升华为理论。第二个层次，是将经过归纳的初步结论，加以深入分析研究，弄清之后用以解决问题，设计流程指导生产实践，并接受实践检验，加以丰富和修正。

化工产品数以百万计，按大的类型来分，也可以分为上百个类型，每个类型中各个产品生产的方法、技术、流程、设备又是千差万别的，因此，我们不可能去熟悉这么多的产品生产过程，而是必须从理论的高度上解析化工产品的生产过程，这就是化工工艺学的学问和重要的研究方法。

任何一个复杂的化工产品生产过程，我们把它从工艺学上分为三个部分，第一部分是工艺流程，第二部分是工艺操作参数，第三部分是三废治理。这三个部分是既相对独立，又互相依存，互相联系的。工艺流程，主要体现出来的是设备或装置的一个流水线，它的每一个设备，必须有工艺操作参数条件作为它的软件和核心。也就是说，生产的工艺操作参数条件是灵魂，而生产的工艺流程，设备流程是躯壳。灵魂必须寓居于躯壳之中，躯壳必须具有灵魂才会生动活泼，才是“活”的躯壳，才能运转，才能生产出产品，演出有声有色的流程。三废治理是我们研究灵魂和躯壳时，必须铭记在心的一个“规矩”。

我们在研究一个生产过程时，将它分为四个或五个板块，这样分别从这些板块中研究它的灵魂和躯壳，就显得条分缕析了。

(1) 板块的核心是“反应过程”，反应过程往往是生产化工产品的化学反应式或其它方程式的体现，确定了一种反应过程之后，就可以确定反应过程的基本参数：什么温度下反应，什么催化剂，什么压力，原料投料配比如何，反应的停留时间多少。这些就是反应的灵魂，有了灵魂，就应当设计一个寓居灵魂的躯体，就要设计一个或一套反应设备。

(2) 第二个板块，是“原料”板块，又称为“原料的准备”板块。原料的要求是从“反应”这个板块的灵魂中派生出来的，确定了一个反应形式，它就必然提出了对原料的要求。原料就必须按照这个要求加以准备。比如某个反应使用一种固体物料，根据“反应”的灵魂，必然对这种固体原料的纯度(含杂质、含水等水平)、细度、与其它原料配比和计量加料方式等提出了要求，在“原料”这个板块中，必须加以解决。

为了达到原料准备的要求，有了它自己的一套流程，有工艺操作条件，有设备，它们相互有机地连接起来。

(3) 第三个板块，叫“分离”板块，又叫“产物的分离”板块，这个板块也是从反应板块派生出来的。当一个反应过程确定之后，它的生成的反应产物就被大体确定，这些“反应产物”并不一定全是我们的目的产物，即使全是我们的目的产物，有时也不是符合质量指标的目的产物，需要分离和精制。这个板块是化工产品生产中相当重要的一个环节，上承反应板块的反应产物，而分离出来的产物呢，又必须符合产品的质量要求。分离的途径不是惟一的，设备也不是惟一的，可以有各种各样的研究和设计，对整个产品的技术先进性、经济有利性都是举足轻重的。

(4) 第四个板块，叫“产品后加工”板块，对于某一个产品来说，不一定必须具有这个“后加工”要求。通常作为商品，必须有一个包装和处理的过程，也可以算“产品商品化”板块。

(5) 第五个板块叫“三废治理”板块，将各个板块中产生的废水、废气和废渣(固体废弃物)，加以充分利用、循环利用、综合利用或无害化处理。这个板块实际上等同于一个或数个产品的工艺流程。

在化工工艺学中，作为灵魂的工艺操作参数几乎无所不在，如影随形。我们把化工工艺学研究的模块，示意如下：

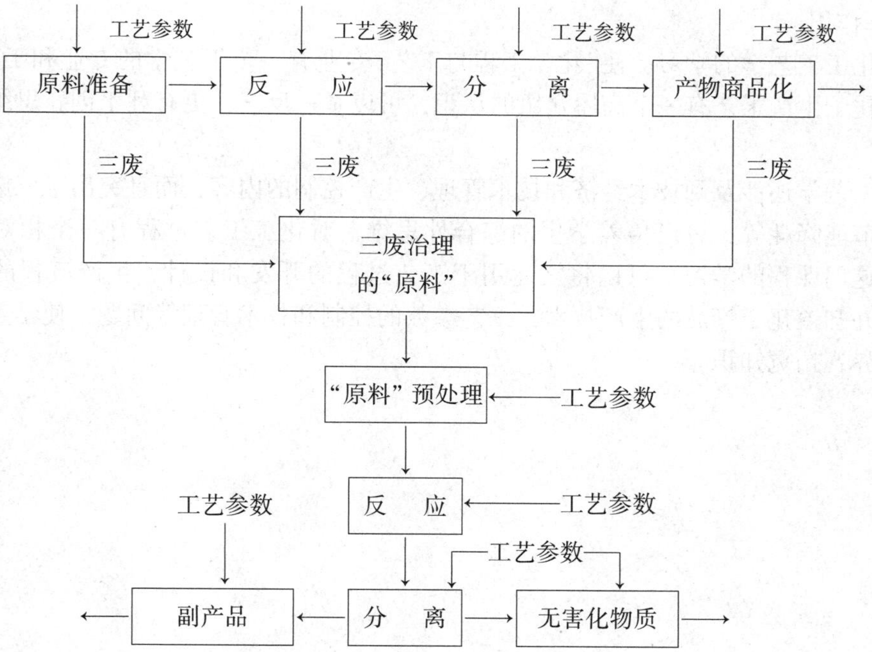

有了这个纲领性的认识，我们就有了化工工艺学研究的方法和思路，可以用以指导实践。

三、化工工艺学在化工生产中的地位和作用

化工企业的运转，像一架大车，必须有两个轮子，一个轮子叫技术，一个轮子叫管理。管理自不待言，包括财务管理、人事管理、物资管理、市场营销、法规档案管理、劳动管理等等，还包括技术管理。而技术这个范畴，就是工艺，包括工艺的设计、操作和控制管理。为了在技术上保证产品的产量和质量，必须有一个先进的工艺流程，先进的流程设备，先进的操作工艺条件，先进的工艺条件自控手段，还必须有质量控制监测的机制等等。举凡涉及技术的内容，一般就是工艺学研究的内容或者是工艺与管理的边缘学科。所以，任何一个化工产品的生产，懂得化工工艺学的技术人员必不可少。这也就可以看出化工工艺学在化工产品生产中的地位和作用。

四、学习化工工艺学的意义

化工工艺学是体现工程与工艺相结合的学问，通过本课程的学习，可以掌握化工生产工艺的共性，尤其是认识化工产品生产的工艺流程板块，可以应用它学会如何把一个具有工艺条件的化学反应，通过工艺向工程的飞跃，变成一个由具体生产设备组成的生产流程，也可以把一个具有工艺操作条件或实验室试验条件的报告，开拓成一个小试验或半工业化试验的试验流程，从而学会工程的开发研究。

化工产品千差万别，我们没有条件也没有必要漫无目的地学习各种各样的产品生产技术和过程，而必须学习工艺过程的共性，通过工艺学共性的学习和工艺学研究方法的学习训练，使学生在工作中可以运用这种工艺学的研究方法，很方便地或可以得心应手地去研究一个陌生的产品生产工艺过程，从而，可以尽快地掌握一个陌生的工艺操作，很快就能"上

手”，发挥作用。

通过化工工艺学的学习，使“化学工程与工艺”专业有一个工艺学的专业和工程基础课，使学生对化工生产工艺有一个高屋建瓴的认识，可以举一反三，更有利于创新思维和创造性的劳动。

化工工艺学还涉及到技术经济和技术管理、生产控制的内容，而且突出了三废治理和环境保护，节能降耗等，可以培养学生的综合性思维，对化工工艺过程有一个相对完整的认识。通过这门课程的学习，可以将之运用于工艺过程的开发和设计，生产流程的开发和设计，认识并知道化工产品的生产技术，工艺参数的控制和技术管理等问题，使学生们在工艺上开拓眼界，拓宽知识。

上编　化工工艺学基础

第一章　概　　论

第一节　化学工业的发展简史

一、古代的化工生产技术和人们对工艺的认识

远古时代，人们需要各种生产用具、劳动工具以及对付动物和敌人的各种武器。为了盛载水或食物，人们用粘土制成了一种容器，但肯定漏水，由于火坑的启示，经过烧结试验，把它变成不漏水的陶器。人们把天然的矿石烧炼出了铜、铁、锡、铅等，尽管并不知道它们后来在化学元素的周期表中排在什么位置上，但已经能给他们命名，并知道其大体性能。金属劳动工具的使用，使冶金业得到发展，人们把不同金属一起熔铸得到各种合金。把动物的皮张变成不会腐败的皮革，可以裹身御寒，也可以当成护身的盔甲。用植物漂染，从指甲到饰物到衣服。把粮食或其它植物霉变发酵酿出了酒、酱油、醋等生活用品。这样人们在生活和劳动的实践中逐步形成并认识了物质变化的知识。他们是人类最早的化工工程师，冶金、陶瓷、酿造、制革和漂染，成了人类早期的化学工业。尽管现代我们已经把它们划入冶金和轻工业的范畴，但从定义上看，仍然是人类早期的化工工艺。

1. 陶瓷

大约五六千年以前，在东方这块土地上，远古的中国人无论生活在黄河流域、长江流域、青藏高原东部或海边，都会用粘土烧制陶器，他们有选择地选用当地的泥土为原料。这些泥土通常含 SiO_2 较丰富，还有 Al_2O_3 和 Fe_2O_3，南方人烧的陶器和中原一带人以及齐鲁大地上烧的陶器不尽相同。几千年后西方有些好奇的人或学者来到景德镇，询问当地人民烧制陶瓷器的粘土取自何处，人们随手一指："就是那个高山岭上的土"，外国人把它写成"Kaolin"，译音为高岭，或写成 bolus alba，意为合金式的粘土或粘土合金或译为色彩斑斓的土，或写成 China-clay，干脆叫中国粘土。我们又翻回成汉语，叫"高岭土"。后来人们对制陶的原料逐步提高了认识，不是什么土都可以烧陶，而且有些地方已经把粘土淘洗，去除一些 Na_2O 或 Al_2O_3、Fe_2O_3 等金属氧化物，使原料中的 SiO_2 含量富集，烧出更细腻的陶器，当时称为"白陶"，商代由贵族使用。对于反应温度，人们也有了认识，尽管当时没有测温仪器，但他们凭火焰的颜色，知道利用还原焰，叫"炉火纯青"，以及根据烧制中陶坯的颜色来判断。现代人们已经测出，当时烧陶的温度大约在 800～1000℃。火焰达 1000℃烧制的陶就相

当于粗瓷，又称青瓷。为了达到这个温度，古代的中国人改进了反应设备，制出各种各样的高温窑炉，用火焰和烟道气加热。现在西安半坡村遗址中就有烧陶的土窑。

随着人们对制陶工艺的进一步认识和实践，至少在商周时期中国人就制出了青瓷，在河南安阳、浙江绍兴有许多商周时代瓷品出土。瓷和陶在原料精制、原料配比(一般粘土和含硅高的粘土或添加硅石石英、长石的配比)以及反应温度上均不相同，制瓷的原料中含 SiO_2 更多，并去除大颗粒杂质，粘土要破碎筛分，或沉淀干燥，反应温度在1100~1300℃左右。这就必须改进工艺和设备。至少在汉代，人们在瓷土的原料选择上已有相当丰富的工艺经验，瓷土中含的 Fe_2O_3 在还原焰中变成 FeO，随着 FeO 含量的增加，颜色由浅变深，甚至成黑色，因此一般控制 FeO 含量在1%~3%之间。

白瓷在汉晋间出现，白瓷主要含 CaO，要求铁的含量越少越好，对于原料的精加工要求更高，一般是筛选上好的长石和石英，添加到高岭土中，对于高岭土的质地，也有了选择。化工工艺对原料的重视是一个技术进步。唐代的白瓷，其白度已达70度以上，与现代技术相近。河北、四川、浙江、江西、湖南都有很好的白瓷工业。

彩色釉的发现，也是制陶瓷业的技术进步。

除了原料配方之外，对于窑炉的工艺改进也各臻其妙，更加合理。到唐末时期，瓷窑有官方和民间之分，分布南北十多个省，他们烧出的瓷器各有特色，与窑炉结构有关。南北朝至唐代，窑炉中为了使瓷坯受热均匀，不至污染，就出现了许多形式的“窑具”，这些内部构件使窑炉的反应特性变得佳妙，有些窑具一直沿用至今。宋代龙式窑炉火焰流速低，使温度均匀，且充分利用热量，而且反应窑很大，一次可烧2~3万件。

也就是说，大约2000年前，中国人已完成了制陶工艺向制瓷工艺的进步，工艺基本成熟。瓷器在唐末传到西方，明清之际(17世纪)在西方中国瓷器与黄金等价。到清初，外国人到中国考察学习，直至1709年德国人仿制中国瓷成功，1740年左右英法仿中国制瓷成功。

2. 冶金

在河南安阳殷墟的考古发掘中,30年代就发现了炼铜遗址,这是至少三千多年前的一个“化工厂”。大约3200年前生产的商代的大青铜鼎司母戊鼎,出土于河南安阳,重875kg,高133cm,是由若干炉铜水烧铸而成,所以《老子》称“大器晚成”。当然,人们在炼铜的同时,很容易炼出锡,经过实践把铜和锡做成合金,产生了“青铜”。商代的青铜技术十分进步。到战国时,即公元前5世纪,有一本专著,叫《考工记》,记载了六种青铜的配方和它们的用途。当时人们并不能测出它的硬度、韧度和挠度、断裂强度等,但从实践中得知,制造钟、鼎大器 Cu∶Sn=6∶1,制造斧头为5∶1,制造戈戟等武器为4∶1,而制造刀剑是3∶1,至于制造箭头则为5∶2,用于制造铜镜则为2∶1,易磨拭。春秋时期中国人已会冶铁,一种软的铁用于浇铸,并可以炼出铁的合金,即是钢。当时称为百炼钢,是用多次煅打而成。齐国有古冶子,到了战国时吴国和韩国的钢剑已十分有名,称为“陆断牛马,水击蛟龙,当敌即斩”。至少在3500年前,出土的文物已经证明中国人会炼铁,人们虽然还不能把铁浇铸成器,但可以半熔化,反复煅打,嵌到铜武器上作为刃口。铁的熔点高,炼合金钢时,工艺上的关键问题是反应温度。吴国的干将,采用300人的人力鼓风和上等好炭,用“百炼钢”即铸铁柔化的方法制成合金宝剑。无论是炼铜、锡铜合金、铁和钢,原料及原料配比都是十分考究的。而炉温关键在于鼓风。到汉晋时期,已发明利用水力进行鼓风,远胜于人力和动物。炼钢的方法也改变了以往“百炼钢”的工艺,而运用含碳高的生铁先熔化,再灌浇到熟铁上,使生铁中的碳渗入到熟铁中,提高熟铁的硬度,再用牲畜尿淬火,牲畜尿含盐,冷却速度快于水。所以这时人们已掌握一定的淬火技术诀窍。

唐宋时期，我国人民发明了湿法冶金技术，“用铁锻成薄片排置胆水槽中，浸渍数日，铁片为胆水所薄，上生赤媒，括取入炉，三炼成铜、大率用铁二斤四两，得铜一斤”。

$$Fe+\underset{\text{胆水}}{CuSO_4}\longrightarrow \underset{\text{赤媒}}{Cu}+FeSO_4$$

炼铁用的原料常为木炭，我国开发了用煤作为炼铁原料的技术，这也是化工工艺学上的原料开发，在南北朝时的《水经注》中已有记载。

至于其它冶金技术，铜-镍合金，砷白铜，我国在汉晋时就有记载。

3. 造酒

现在我们知道下述方程式

$$\underset{\text{淀粉}}{(C_6H_{10}O_5)_n}\xrightarrow[\text{酶}]{\text{水解}}\underset{\text{麦芽糖}}{C_{12}H_{22}O_{11}}$$

$$C_{12}H_{22}O_{11}\xrightarrow[\text{转化}]{H_2O}\underset{\text{葡萄糖}}{C_6H_{12}O_6}+\underset{\text{果糖}}{C_6H_{12}O_6}$$

$$\underset{\text{单糖}}{C_6H_{12}O_6}\xrightarrow{\text{发酵}}C_2H_5OH+CO_2$$

埃及人在三千多年前会制啤酒，他们的化工工艺流程是：

$$\text{大麦}\xrightarrow{\text{洗净}}\underset{(1\text{天})}{\text{浸渍}}\rightarrow\underset{(1\text{天})}{\text{堆积}}\rightarrow\underset{(5h)}{\text{浸渍}}\rightarrow\text{干燥}\rightarrow\text{遮光存放}\rightarrow\text{日光下照射}\rightarrow\text{粉碎}\xrightarrow[\text{加面粉}]{}\text{面团}\rightarrow\text{烘焙}\rightarrow\text{破坏}\rightarrow\text{筛分}\rightarrow\text{发酵}$$。

这种原始啤酒叫 ale，公元 8 世纪后，德国人在制啤酒过程中加一种香料叫蛇麻花，成了现代啤酒 beer。这个时期制啤酒工艺已经简化为：

$$\text{大麦}\rightarrow\underset{(\text{数日})}{\text{洒水、浸渍}}\rightarrow\text{发芽}\rightarrow\underset{\text{不断翻晾}}{\text{阴干}}\rightarrow\text{水煮}\xrightarrow{\text{加酵母}}\text{发酵}$$

在啤酒出现之后不久，地中海国家开始酿葡萄酒。工艺更简单，把葡萄用脚踩踏或榨出汁来发酵，但他们已经试验出在发酵中添加石灰以降低酸性，无疑是化工工艺的一个进步。

中国人酿酒至少在三四千年前，殷商时代宫中有“酒池”。古书记载“若作酒醴，尔惟曲蘖”，蘖是麦子种萌发的芽。曲是我国人民发明的，用大麦、麸皮、大豆为培养基，培养微生物，经干燥保存在干寒地方，数年后仍可大量繁殖，使菌种长期保存。曲是将淀粉糖化和糖发酵酒化过程结合进行，开创了制酒原料直接用淀粉而不是糖的新工艺。直到 19 世纪欧洲人才从中国学到这种曲，从中提取出一种毛霉，出现了工业酒精的淀粉发酵法。酒是澄清的，醴是带米糟的甜酒，又叫醪糟酒。一般当发酵液中乙醇浓度达 10%～12%时，酵母的能力大大下降，到乙醇浓度接近 20%时，就不能继续反应。所以天然酒一般不超过 12 度或 18 度。

要得到较高浓度的酒，必须蒸馏，用蒸馏的方法酿酒，是化工工艺开天辟地的进步。蒸馏作为化工单元操作的出现是划时代的。我国人民可能在商周时代就饮用较高浓度的酒，至少在中唐时期我国人民就会用蒸馏制酒。有文献记载，南宋时温州人已用水蒸气蒸馏制柑露。欧洲人在 13 世纪到 16 世纪，用于葡萄酒的蒸馏。

二、近代化学工业的兴起和行业的形成

1. 工业革命引发的化工工艺革命和化工行业形成

真正意义上的化学工业的出现，应在近代资产阶级革命之后。机器的出现标志着人类第

一次工业革命的成功，而工业革命的突破口则是轻工业。资产阶级在发展初期，急切需要投资少而获利多并且希望资金周转快，轻工业中的棉纺或麻纺工业、玻璃工业、造纸业、制革以及日用品化工(如肥皂等)等，都属于这类可以优先发展的工业。特别是棉纺织行业，在工业革命中起着带头和主导作用。作为这些行业的配套原料辅料，起先大多数依靠天然产物，当这些天然产物不足以供应时，就急切需要人工合成它们。例如，纺织工业需要酸和碱，过去是用植物酸或酸牛奶一类，而碱则使用草木灰或用海藻烧成灰提取。当纺织工业蓬勃发展，又大量向海外扩张时，酸和碱无论如何不能满足需要，迫切希望在工业上能用硫黄(天然产物)或其它硫的化合物制成酸，用盐或其它廉价物质制出碳酸钠。除了纺织业之外，诸如肥皂、造纸等也需要烧碱或纯碱。纺织的印染、漂洗等需要大量的染料，天然的染料色彩不够多，而且产量有限。在纺织业的刺激下，无机酸和无机碱的工艺相继出现革命性成果，逐步形成规模，乃至硫酸工业、纯碱工业、烧碱工业和染料形成行业。

由于工业革命需要生产大量的机器，势必对钢铁和其它材料提出日益增加的需求。冶金工业的发展，使得人们研究火焰温度和燃料。使用煤可以获得比木炭更多的热值，煤的焦化使冶金工业出现新的飞跃，使炼焦成为一个行业。但煤焦化以后的大量废弃物煤焦油也成为化学家和化工专家的一块心病，他们千方百计想开发它的用途。而机器的防腐蚀以及防腐理论的发展，促使人们想用一层保护膜隔绝金属和水、大气的接触，涂料尤其是金属涂料应运而生，终于形成新的产业。

2. 纯碱工业

纯碱学名碳酸钠 Na_2CO_3，商品名称为苏打(Soda)。由于 18 世纪英法纺织工业和钢铁发展，原先从天然矿床开采已不能满足需要，产量亟待提高。1775 年法国科学院公开悬赏，1787 年奥利安公爵的侍医 N·路布兰发明了用焦炭、硫酸和食盐制碱的“苏打合成法”，并于 1791 年获得专利，后人称路布兰制碱法。主要反应方程是:

$$2NaCl+H_2SO_4 \longrightarrow Na_2SO_4+2HCl$$
$$Na_2SO_4+4C \longrightarrow Na_2S+4CO$$
$$Na_2S+CaCO_3 \longrightarrow Na_2CO_3+CaS$$

Na_2SO_4 就是芒硝，后改用芒硝 100 份、煤 50 份、石灰石 100 份制碱。路布兰制碱法起先在法国建立了日产 300kg 左右的碱厂。英国人得到专利后，先后在利物浦等地建厂并改进了工艺技术，把煅烧设备改为回转炉的形式，开创了化工生产的一个新型设备的式样，以后这种回转窑炉在化工生产中多处被借鉴采用。从 1823 年英国利用食盐免税、大规模生产碱之后，许多化工专家改进了副产物的处理和回收，不仅生产了纯碱，而且副产了盐酸，回收硫黄。1859 年，比利时人苏尔维用盐卤水和碳酸氢铵制得 $NaHCO_3$ 沉淀。化学反应式为

$$NH_3+CO_2+H_2O \longrightarrow NH_4HCO_3$$
$$NH_4HCO_3+NaCl \longrightarrow NaHCO_3+NH_4Cl$$
$$2NaHCO_3 \xrightarrow[\triangle]{} Na_2CO_3+H_2O+CO_2$$

1863 年苏尔维建立制碱公司，其工厂到 1886 年已经日产 1.5 吨。苏尔维法的优点超过路布兰法，英国、法国、德国、波兰、美国纷纷建厂，使纯碱年产超过 100 万吨。20 世纪初，合成氨工业化之后，苏尔维法完全压倒了路布兰法，纯碱工业形成了化工的一大产业。

3. 硫酸工业

工业革命之前，许多科学家在实验室里研究制硫酸的方法，并在实验室条件下制出了硫

酸。最初是煅烧天然硫酸盐，干馏含结晶水的绿矾(硫酸亚铁盐)。18 世纪中叶有人用硫黄和硝石燃烧，置于铅制容器中(木结构内附铅板)用水吸收生成的气体，就得到硫酸。1750 年，英国伯明翰兴建了第一座硫酸厂就是用这个方法进行生产。这种生产方法称“铅室法”。后来，铅室法经过许多改进，硫黄在铅室外燃烧，生成 SO_2，导入铅室与水蒸气吸收，改硝石为空气，减少硝石消耗，在铅室后设置由法国化学家盖·吕萨克提出的一个喷淋塔和英国硫酸制造商格洛费设置的解析塔。这两个塔，后人又称为盖吕萨克塔和格洛费塔。这样，铅室法制硫酸的工艺流程逐步完善。到 19 世纪中叶，发明了用铂作催化剂，使 SO_2 氧化为 SO_3，并获得专利，20 世纪初又以 V_2O_5 为主要成分的混合催化剂获得成功，逐步实现了“接触法”制硫酸的工业化。硫酸产量逐年增长，以铅室法和接触法两种方法同时存在。

4. 电解食盐水工业(氯碱工业)

烧碱(NaOH)在工业革命后的需求量逐步增大，起先有人用路布兰法制碱工厂的母液加以苛化(一般加入 $Ca(OH)_2$)制成烧碱，但由于 19 世纪中期，基本有机合成工业的发展，需要的氯气数量增加，德国格里西姆化学公司与韦伯公司合作开发了水泥的隔膜式电解槽，产生了 Cl_2 和 NaOH。1903 年英国人成立了电化学公司，其后，各式电解槽纷纷问世，构造趋于简单，耗电趋于经济，电解液的浓度趋于提高，逐步形成“氯碱工业”。

5. 煤及焦油利用和有机合成工业

18 世纪中叶，冶金工业利用焦炭炼铁获得很好的效果，随之，炼焦工业开始萌发。1763 年英国人制成了蜂窝式炼焦炉，以后有人加以改进，出现过多种形式的炼焦炉。1860 年前后，法国及一些欧洲国家建造了可以回收挥发性产物的炼焦炉，促进了焦化工业的发展。以后，随着焦化工业发展，炉型和焰道都有改进，焦化工业趋于成熟。

随着焦炭的广泛应用，1893 年，法国的莫桑和美国的威尔逊获得用焦炭和石灰电炉制取电石的专利。1895 年在美国建成了第一座电石厂，从此开辟了电石为原料的一代化工。电石加水变成乙炔，乙炔可以作为燃料，火焰温度达 4000℃，用于焊接和切割。化学家在实验室里研究用乙炔作原料合成许多有机物，如合成苯、酚、萘、乙醛、乙酸、氯乙烯、丙烯腈等基本原料，而且绝大多数很快实现了工业化，由此出发又生产出后继产品，使乙炔的应用日益广泛，形成了风靡一时的以电石为原料的电石化工或乙炔化工。

作为炼焦的副产物的煤焦油，一直被视为废物，只有少量经过精馏生产出灯用燃油，剩下的叫“焦油沥青”，用来浸渍枕木以防腐，或作屋顶防护的油毡。1834 年，德国医生从煤焦油中提取到苯酚、吡咯、喹啉和苯胺。1856 年，陆续有科学家在焦油中发现芘、蒽、甲基吡啶等，并分离出苯、甲苯以及二甲苯等。英国化学家帕金将苯硝化为硝基苯，再将它还原为苯胺，再用重铬酸钾氧化苯胺，终于在 1856 年制出了苯胺类染料苯胺紫。自从第一个煤焦油染料问世以后，人们以这些从焦油中提取的芳香族化合物为原料，合成了种类繁多的染料、香料和医药中间体，形成了以煤焦油为原料的基本有机工业。

6. 染料

1857 年，英国的帕金在发明了苯胺紫之后，设计了这种染料的工业生产方案，并于 1857 年 6 月投产。之后，德国的霍夫曼、法国的伏琴以及霍夫曼的学生们以苯胺为基础，用许多试剂去和苯胺反应，产物出现各种颜色，有时又将这些产物制成盐或与硫酸反应。他们以极大的兴趣，将这些产品试着用媒染剂染丝、毛、棉织物，再试验洗涤性能，于是得到了一大类苯胺染料。

1869 年德国人格雷贝等用煤焦油中蒽醌为原料，经溴化之后，与碱共熔，制得了与天然茜素完全相同的产物。人工合成茜素为蒽醌染料的产生揭开了重要的一页。1880 年，德国的拜耳合成了靛蓝。1858 年格里斯发现了重氮化反应，1864 他将偶氮盐偶合。1873 年有人用碳水化合物的废料与碱和硫一起加热而制得了硫化染料。至此，在 19 世纪 70 年代之后，以苯胺类染料、偶氮类染料、蒽醌类染料和硫化染料为主体，形成了一个初具规模的染料工业，成为有机合成工业的一大支柱。

7. 涂料

涂料的组成一般是由颜料、成膜物质和溶剂助剂组成。

颜料的取得，早先通常都是自然界的矿石，如赤铁矿、黄铁矿以及木炭等，即我们现在能见到的古人岩画、壁画使用的颜料。以后在中国、埃及都有使用"炼丹"技术获得某颜料的记载。到 18、19 世纪，各种新的颜料不断涌现。在 19 世纪中叶，法国涂料工厂已经大量使用氧化锌。1861 年英国人奥尔制成锌钡白颜料。其化学反应主要是

$$ZnSO_4+BaS \longrightarrow ZnS+BaSO_4$$

法国在 1865 年进行半工业化生产，并以"奥尔白"的商品名称面世。锌钡白后来又加以改进，增加可溶锌盐如 $ZnCl_2$ 和氧化锌的投入，以提高颜料中 ZnS 的含量，得到质量更好的白色颜料。

1704 年德国人制出了普鲁士蓝（亚铁氰化铁），而人工合成群青在 1824 年之前已被发明，但英法国家都予以保密。至 1828 年，法国解决了大规模生产问题，在里昂建立了第一座群青工厂。20 世纪初挪威人用钛铁矿提取 TiO_2，制成了钛白，为涂料配套的颜料工业基本成型。

随着涂料的用量剧增，天然成膜物质和油性溶剂的利用越来越广，各种树木的树脂成了科学家研究的对象，各种果仁的油类也成为研究的主要目标，出现了亚麻子仁油、蓖麻油和其它油类（干性的、半干性的）。中国的大漆和桐油，是天然的良好树脂和干性油，后者可以作为溶剂也可作为成膜物质，一时成为中国的出口大宗物资，称之为国宝。1820 年英国建成涂料工厂，1830 年德国建立涂料厂，1880 年日本建成涂料厂。当时英国的涂料占份额较大，从 1850 年至 1860 年十年间，建有涂料工厂 250 多家。丹麦、奥地利、荷兰、比利时等欧洲国家涂料工业一时大盛，对涂料工业的形成和大工业化奠定了坚实的基础。19 世纪末至 20 世纪初，有机化学家用多元醇多元酸合成了醇酸高分子，尽管当时并没有高分子这个词，但人们把合成物称为树脂，意即人工合成的仿照天然树脂的合成物，这个名词一直沿用至今。树脂的名称统称醇酸树脂，其品种随使用的醇和酸的不同，而有不同的性能和称呼。

1865 年发明了用硝化方法合成的三硝纤维素，用于制造炸药，称无烟火药，而一、二硝基纤维素，也就是低氮含量的硝化纤维素溶于乙醚乙醇混合溶液中，则制成"火棉胶"。到 1882 年，司蒂文斯发现乙酸酯是硝化纤维素的良好溶剂。一时间，硝化纤维素成了一种新的成膜物质，为后来硝基涂料的风靡作了铺垫。

8. 医药

医药的产生是伴随着人类的出现而产生的，早期的医药是与巫术联系在一起的。使用的药物大多数为天然的植物、动物或矿物，少数有动植物和矿物加工后的产物。有人把这个时期的医药称为本草药时代。古埃及人有药物七百多种，希腊人的药物约有二三百种。当然古代医药首屈一指应是中国，在上古就有"神农尝百草"，药物至少数百种。公元前 1 世纪，

中国有世界上第一部药学典籍《神农本草经》，有药物三四百种。南北朝陶弘景有《本草经集注》增补了第一书的遗漏，记载药物七百多种。唐代由政府主持修订了国家药典《新修本草》，有药物八九百种。400年后，波斯医生阿维森纳有一本医典，罗列了包括中国药物在内的七八百种药。又过了400年，欧洲出现了第一部药典《佛罗伦萨药典》。又过了大约100年，药物学的恢宏巨著《本草纲目》由中国药学家李时珍写成，全书近二百万字，有药物1892种，药方11096个，极大地提高了药学水平，成为珍贵的世界科学名著。

近代化学的进步，尤其是有机化学和分析化学的进步，使一些西方学者对于研究人类所使用药物的化学成分产生了极大的兴趣和好奇心。他们认为传统使用的药物，有一些成分是有效的，有一些成分无用，出于使药效更精和更富集的想法，纷纷解剖和研究药物的有效成分。1805年，德国药剂师赛提纳由鸦片中分离出吗啡碱，第一次从天然药物中分离出一种有机物成分。随后分离生物碱成了一种狂热，咖啡碱、吐根碱、乌头碱、奎宁、辛可宁、古柯碱、麻黄碱、黄连碱等纷纷登台。随着这些化学物质的出现，一些医学家研究其药理，以图寻求更好的药物。有机合成化学的进步又极大地刺激了他们寻找或发明新化学药品的兴趣，每出现一个新化学品，就力图寻找到它们的药用价值。他们用天然药物提取的各种成分，用化学试剂加以“改进”研究，当时化学试剂并不很多，他们或酸或碱地试验，或酯化或醇解、或硝化或磺化地探索，或仿制或剖析天然药物，或研究改性或新合成已知的化学药物，有时仿制不成功，倒反而制出了一个新药；有时改性一种药物，反而得到了疗效特异的新组成，这些不可知的东西又反过来刺激了西方学者的好奇心。1839年法国人加热水杨醛和烧碱，制得水杨酸，德国人又改造为乙酰水杨酸，名叫阿斯匹林。1883年德国一个刚大学毕业的青年，想分析喹啉的组成，并加以合成，结果合成一个不伦不类的药品，药效并不同于喹啉，不能治疟疾但可退热、降温，叫安替比林。德国人又把硝基酚加以利用，制成一种退热药，命名为非那西丁。1888年建成的药厂以Antipyrinum和Phenacetin为垄断产品，向全世界推销“拜尔良药”，后来德国人又改良吗啡制出了海洛因。今天许多药物已成禁品，可在当时的狂热下，确也推动了医药工业的发展。

1844年有人合成了亚硝酸戊酯，经研究认为可使人的毛细血管扩张，后来临床用于心绞痛。到1879年，英国医生发现硝酸甘油同样有效，合成更简便，于是取而代之。用于外科手术和手术前的麻醉药是19世纪中叶的一大热门，各种有机化合物被推上了研究的试验报告，从乙醚到氯仿氧化亚氮。一时间，麻醉药物的发明，轰动了西方，也相应出现了药厂。

19世纪末，随着医学的发达，对致病因素研究的深入，人们开始自觉地设计和创新合成药物。第一种人工合成的药物是606，是一种砷的有机化合物。发明者德国人艾利希奇思妙想，不惮繁劳，从1887年着手研究能杀死“锥虫”的药物，他用一种叫锥虫红的染料，能把锥虫染色，并杀死锥虫。他认为“锥虫红”中的偶氮结构是有效的，就联想引用偶砷，于是试验各种砷化合物，并依次编号。到1909年春天，意外发现第606号药物对锥虫无效，而做动物试验时，却表明它对引起梅毒的微生物螺旋体非常有效。艾利希在法兰克福开了606制造厂，这种神药销往世界各地，到1912年他又改进制成了914。

606的出现启迪人们去有目的地合成药物，继之而起的是磺胺药，第一种合成的是氨基苯磺胺，作为染料中间体。后来的研究发现，磺胺类可治当时无药可救的败血症、丹毒等疾病。一下子磺胺药物成了人类征服病菌的利剑，各种磺胺药物纷纷出现，促进了制药工业大大发展。

近代的制药工业，从天然药物的有效成分提取到人工设计和合成新的药物，使制药工业初具雏形。

三、现代化工行业的发展和进步

历史上以1919年划分近代和现代，也就是说以第一次世界大战结束，作为现代史的开端。由于化学工业不可能这样截然分开，但大体按照20世纪二三十年代为划分的界线。战争给人类带来了灾难，但战争和战略物资的需求，又刺激了许多工业的发展和技术进步。两次世界大战和战后的冷战，以及人们日益提高的各种需求，大大刺激了化学工业的进步和新行业的产生。

20世纪是化工发展非常迅速的世纪，原已形成的工业，取得划时代的技术进步，许多关乎国计民生的化工行业应运而生，又有许多迈向21世纪的新的发展正在形成。

20世纪50年代以后，随着计算机技术的进步，在化工生产和化工设计、化工控制中引入计算机，使得化工的进步令人刮目相看，优化生产条件、优化设计、系统论、控制论的运用，使化工如虎添翼，可以说20世纪是化工发展的世纪。

1. 纯碱工业

以苏尔维制碱法形成的纯碱工业，在20世纪初，当合成氨工业化之后，氨碱法几乎完全垄断了制碱行业。苏尔维法可以连续生产，生产能力大，成本较低，但原盐的利用率低，而且有大量的氯化物作为废液排放。当时英国在殖民地大量倾销，并获取免税食盐作为原料，掠夺了殖民地的财富。1937年德国发明了一种叫“蔡安法”的制碱专利，原盐利用率可由原75%提高到90%以上，由于试验未扩大和二次大战，德国未能办厂。

在这之前，中国民族资本家范旭东于1917年创办以久大精盐公司为基础的永利化学工业公司，并决定1919年在天津塘沽建立碱厂，1921年聘留美博士侯德榜协助，反复攻关，1926年6月29日，终于生产出合格产品，纯度达到99%以上，颜色洁白，命名为“纯碱”。1937年日军侵占华北，塘沽沦陷，范旭东以高尚的民族气节，拒绝日军要求，将事先撤出并聚集在天津待命的技术人员和资料迁往四川，在乐山五通桥筹办永利化学公司川厂，并有黄海化学研究社(人称永久黄)开发研究。范、侯去德国意图购买蔡安法专利未果，决心自己开发制碱工艺。侯德榜将苏尔维法和氨工业结合，并成立化工设计组，进行小型工业化工厂设计，1941年初取得成果。在氨碱法的滤液中，加入固体NaCl，通入氨和CO_2进行饱和，使NH_4Cl结晶析出，母液再回到氨碱法生产中循环。反应方程式简化为

$$NaCl+NH_3+CO_2+H_2O \longrightarrow NaHCO_3+NH_4Cl$$

由于母液反复循环，使NaCl利用率达98%。1941年3月15日在永利川厂厂务会上，范旭东提议将该法命名为“侯氏制碱法”。1943年该法完全成功，这一成果在中国化学会的十一届年会上公布，从此联合制碱法(侯氏制碱法)成了纯碱工业的柱石。

2. 硫酸工业

第一次世界大战促进和刺激了化学工业的发展。硫酸是制造炸药和许多战略物资不可缺少的无机酸。V_2O_5体系的研究在一战后继续深入，1928年有几种改良的钒催化剂问世，接触法生产硫酸的能力和水平大大提高。到1938年，接触法生产硫酸的产量已超过铅室法，有的日产数千吨，全世界生产硫酸近亿吨。二次大战以后，硫酸工业走向大型化，德国拜耳公司开创了二次接触法，使SO_3吸收后剩余的SO_2再经转化。许多制酸公司对SO_3的吸收进

行了多次改进，可使吸收率达99.5%以上，降低了污染处理的压力。

硫的来源一小部分来自天然硫黄，大量的来源一般是硫的化合物。1950年，联邦德国BASF公司，首先建立了焙烧试验炉，1952年投入生产，之后，硫化焙烧炉成为生产硫酸的主要流程。1965年，Monteetini公司用流化床焙烧黄铁矿，反应热用来发电，副产物为低磷生铁。

防治污染是硫酸工业的重要技术进步。除了提高吸收效率之外，到20世纪60年代之后，一般采用封闭循环，除尘系统、除雾系统、洗涤系统都得到改进。

3. 氯碱工业

20世纪初期美国虎克电化学公司使用石棉隔膜式电解槽电解食盐水，后来许多公司对隔膜式电解槽进行技术改进，先后有250多个专利报导，应用到工业上的专利有30多个。1905年Warner化学公司创建了当时最大的电化厂。

水银作为阴极的电解槽开发较早，但直到1940年才应用到工业上。德国用Farben公司的长桶水银电解槽，石墨阳极平行垂直安装。同时开发的还有马其苏电解槽、苏尔维电解槽、获诺尔电解槽等，以适应大型化生产的要求。

由于水银法电解槽造成汞害，日本为最，从1973年陆续废除水银电解槽，改成隔膜法和离子交换法，废除石墨阳极改为金属阳极。1975年，生产高纯度烧碱的离子交换膜法投入工业化，无污染，电流效率高，液碱浓度大，是目前技术先进的电解槽。

4. 染料工业

20世纪初期，一些新型合成纤维面世，其染色性能不同于棉纤维和丝绸。英国锡兰尼斯公司于1924年发明了“分散染料”，将不溶于水的染料用分散剂分散。1956年英国ICI公司发明了新型活性染料。分散染料的开发方兴未艾，不仅在改进老品种、开发新品种上进步很快，而且开发新用途，开发更佳的应用技术上有长足的技术进步。在染料的合成上，注意环境保护，加强污染治理，不断探索无毒害工艺，无污染工艺，以图减少或消除公害。

与染料工业相适应的印染助剂工业也在20世纪后半叶崛起，来势迅猛，研究不同的纤维使用的助剂、分散剂、媒染剂、匀染剂、固色剂等等，成了新兴的行业。

5. 涂料工业

20世纪20年代，由于高分子科学建立，高分子成膜物质的合成，走上了涂料工业的舞台。当酚醛树脂介入涂料工业时，被称为神奇的漆。随后丙烯酸酯类、环氧树脂类、氨基树脂类、聚氨酯树脂、不饱和聚酯等等变成涂料的成膜物质，其它高性能的树脂也在不断被合成出来。

20世纪70年代之后，涂料工业的技术进步十分惊人。首先是出现了大量的新的合成高分子树脂；其次是老品种树脂的不断改性或接枝或拼混；第三是出现了许多新的体系，出现固体粉末涂料、无溶剂涂料(反应性涂料)、水溶性涂料和非水分散体涂料等等；第四是出现了许多特种涂料，海洋防污毒饵涂料、带锈防腐涂料、发光涂料、发热涂料、伪装涂料、耐高温涂料、阻燃涂料、导电涂料、耐磨涂料、耐辐射涂料等等；第五是涂料工业的生产设备不断改进，高速搅拌分散机、多辊机以及测试分析手段和涂料的施工方法改进；第六是颜料和其它助剂的开发，有催干剂、催化剂、流平剂、消泡剂、增稠剂、固色剂、阻燃剂等各式助剂的使用，颜料的色度、细度、饱和度和纯度都已趋于成熟，并向纳米化方向发展。20世纪末叶的涂料工业，令人叫绝。

6. 医药工业

磺胺类药物直到20世纪中叶，仍然十分兴盛，长效高效速效品种的出现，曾给磺胺类药物带来生机，风光了几十年。

1928年发现了青霉素之后，在40年代用于临床，1943年创立了培养深层发酵法，实现了工业化生产，从此制药工业开辟了生物合成产物时期。微生物生产扩大，利用生物反应器(发酵罐)可以把许多新发现的菌种大量生产，从而使生物制药工程实现了工业化。20世纪后半纪陆续发现许多新型的抗生素，抗生素制药工业成为发展最快的工业之一。

人们对维生素的认识也许较早，但到1920年才称它们叫维生素，并将之分为水溶性和脂溶性两类。在已经知道其化学结构的基础上，人工合成工作就很快完成，并很快投入工业化生产，而且很快形成规模。

20世纪50年代开始，激素逐步被认识。1953年英国化学家成功阐明胰岛素的化学结构。中国科学家在1965年合成了牛胰岛素。之后，许多激素陆续被人破译，很快就投入人工合成，激素类药物也成为现在医药工业的一大门类。

抗病药物的成功，主要在抗结核药物。1944年瑞典人合成了对氨基水杨酸钠。1952年美国人和波兰人分别合成了异菸肼。20世纪70年代之后，抗癌药物的研究成了热门话题，虽然现在还没有完全征服癌症，但各式各样的药理学说指导下的抗癌药物的工业化和半工业化生产在蓬勃发展，促进了现代医药化工的发展。与新品种出现相适应的生产工艺也在不断改进，同时，由于药物本身特性的需要，如热敏、要求干燥等等，许多新型制药设备研制问世，为制药工业的技术进步提供了重要条件。

7. 合成氨和化肥工业

1907年德国人能斯脱在75bar(7.5MPa)的压力下，研究了氨的合成反应，但是他认为这个反应毫无前途。然而德国人哈伯却在继续研究，他测定了一批合成氨的实验数据，发现在300℃时1atm(1atm=101325Pa)合成氨平衡时，氨的浓度只有2.2%，而到100atm时，平衡浓度可达52.1%。他相信在高压下，将反应气体循环加工定能成功。他发表了“循环”一文并申请了专利。哈伯寻求更好的催化剂，发现锇的活性最好，而铂则不怎么样。1909年，哈伯建立了一个实验台装置，每小时产生80g氨，并申请了“高压”专利。

德国巴登公司(BASF)原拟定有开发电弧法合成氧化氮以制造肥料的计划，看到哈伯的专利后，决定开发合成氨工业装置。由波施领导解决了三方面的问题：一是原料，二是设备，三是催化剂。

首先是原料。氢可以从氯碱工业获得，N_2最初是用空气对氢进行部分氧化而得到的。后来的改进是用水煤气作为H_2的来源，而以空气分离提供N_2。原料气提纯技术也先后实施，用冷凝使CO含量降低，再在200atm高压下用10%氢氧化钠溶液，在230℃左右，使CO变成甲酸钠除去，原料气中的CO_2，很容易用液碱洗涤除去。

其次是高压设备的开发，以及高压压缩机的制建。波施巧妙地为低碳钢反应器设计了软铁衬里，克服了氢脆作用。同时解决了反应器的加热问题，设计了有内部中心管的反应装置。

至于对催化剂的研究，他则进行了大量的试验，因为锇十分稀有，而可替代的铀，对氧又十分敏感。到1911年大约进行了六千多次试验，终于选择了含有镁铝的铁催化剂。

1912年在奥堡建立了世界上第一个合成氨厂，这个工厂里的设备几乎都是前所未见的。

合成氨的工业化是化工工艺和设计的一大进步，许多工业都从合成氨的工业方法和设计中受到启发和帮助。

随着新工艺的成功，要求生产能力扩大，反应器大型化，原料气的净化措施进一步改革简化。到1919年，已有年产24万吨的合成氨厂投入运行。到20世纪60年代，合成氨走向大型化，提高了装置的效率，热能的综合利用和原料气的产生途径进一步开发，优先使用天然气、石脑油获取氢气，大大促进了合成氨工业的进步。

合成氨工业的开发和进步，大大刺激了化肥工业的发展。在19世纪中期，科学家已经对植物生长需要的氮、磷、钾元素有了一定的认识，也曾设想过把空气中的氮转化为植物可以吸收的氮。把空气中的氮用电弧法氧化成氧化氮，吸收制成硝酸是固定大气中氮的一个成功的方法。1907年发现电石在氮气中加热，生成氰氨基钙，可以用作肥料。其后又有人研究在碳化钙中加入氯化钙，可使氮气和碳化钙反应，温度由原先的1100℃降至800℃，从而使工业化减少了麻烦，1904年建成生产装置。以后又不断改进，到1934年德国人建成一个新式的窑炉，是一种回转炉，可以连续生产氰氨基钙。随着人们对化学肥料的认识，这种化肥逐步退出市场，后来研究发现它兼有除草杀虫功效，因而，氰氨基钙尚未完全绝迹。

在20世纪上半叶，人们发明的化肥是单独施用。氮肥开始以氨水为主，或制成硫酸铵，形成最初的化肥工业。硫酸铵俗名肥田粉，水解显酸性，破坏土壤pH值，逐步被合成尿素所取代。联合制碱副产物氯化铵也作为化学肥料进入市场，由于适用的土壤必须是碱性，使用受到限制，难以占领市场。取而代之的是合成尿素，用氨和CO_2合成，往往是合成氨厂的新产品。一时间尿素为主的化肥工业兴旺起来，规模越来越大。60年代，中国发明用碳化法制合成氨生成碳酸氢铵的方法，曾为农业作出过贡献。但这些厂规模太小，加上碳酸氢铵肥效不高，以碳铵为标志的小化肥工业到80年代逐步退出市场。磷肥工业兴起于20世纪初叶，起初以硫酸处理磷矿石，使正磷酸钙变成酸式盐，可溶于水被植物吸收，随后发明研究，用窑炉反应制造钙镁磷肥，形成独特的磷肥工业。钙镁磷肥的生产以中国为主。在生产过程中，加入其它营养成分，还可以生产出多种营养元素的混合化肥。

20世纪后半叶，化肥工业基本走出单一施肥而向复合肥料过渡与进化，有磷酸铵和磷酸二铵类化肥，还有添加微量元素的化肥，亦称微肥复合肥料，通常实际上是混合肥料。在20世纪后半叶着重解决复合肥料工业中的肥料比例和有效成分含量的问题。除了固相的混合肥料之外，也开发了液相复合肥料。

新一代的化肥除了化学合成之外，将出现生物化工方法合成的肥料，和促进植物生长开花结果的生物化工制品，从某种意见上说是新一代化肥。

8. 农药工业

形成工业化规模之前的农药，在中国和西欧都出现过。中国古代的农书，如南北朝时贾思勰所写的《齐民要术》、元朝王祯写的《农书》，都有零星记载：如用蚕矢(蚕砂)与禾一起种则不生虫，用附子浸种，用苦参根和石灰水杀菜青虫等等。使用较多的大约是含砷的各种矿石，《山海经·西山经》记载有一种“白石”，还有一种叫“无条”的植物，可以毒鼠。这种“白石”后人考证是一种含砷的矿物。

大量用于杀虫杀菌的是石灰硫黄合剂。在法国西海岸小镇波尔多，有个葡萄园主用石灰和硫酸铜喷在路边的葡萄上防止过路人顺手采摘。1878年出现葡萄霜霉病，葡萄园主发现喷过这种混合液的地方不受病害，后经改良配比，于1882年公布称“波尔多液”，用于多种病害防治。以后一二十年间，出现了多种多样的波尔多液，大多以铜盐为主，可称为第一代农药。

20 世纪三四十年代，是农药真正大量生产、形成农药工业的时代。最早用于杀虫的工业化产品是有机氯农药，主要是 DDT 和 666。DDT 学名二氯二苯基三氯乙烷，最早记载于 1874 年，当时无人对它感兴趣。60 年后瑞士的缪勒再次合成，并于 1939 年发现了它的杀虫效果，1940 年开始工业生产后用于灭虱、灭蚊，功效神奇。1 年后，意大利流行斑疹伤寒，在喷洒 DDT 后几天，疫情就得到控制了。后又用来飞机喷洒灭蚊，控制了南太平洋流行的疟疾。1948 年缪勒获诺贝尔奖。666 是 $C_6H_6Cl_6$ 的简称，1946 年大规模生产，易于制造，对许多昆虫均有效，发展迅速。1977 年后，由于环境污染问题各国相继宣布禁用 DDT 和 666。但几十年来，它们一直是农药的重要产品。

继有机氯农药之后是有机磷农药，1932 年德国出现关于氟代磷酸对人体作用的报告，但未引起重视，到 1937 年证明它有杀虫效力。英国和德国许多化学家纷纷合成各种含磷含氟的化合物。许多均有各式各样的毒性，有神经性的，有呼吸性的，有接触性的。德国人希提台尔发现了一类具有共同基本结构式的含磷化合物对昆虫有毒杀作用，这时他已经不在乎化合物有没有氟原子了。这种物质可看成是磷酰胺的衍生物 。

1941 年他发现了若干种有杀虫作用的磷酸酯、磷酰胺及其衍生物，如八甲基焦磷酰胺 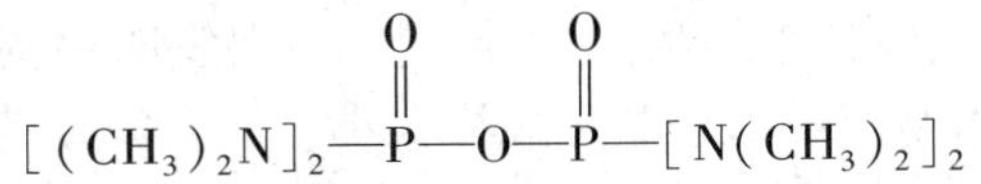、焦磷酸四乙基四酯等。这其中焦磷酸四乙基酯以商品名称“特普”于 1944 年投入工业化，从此，有机磷农药走进了农药工业。1944 年希拉台尔又发明了“对硫磷”，商品名 1605，它的毒性大，对人畜昆虫都有毒。由于这时人们对药物毒性与结构的关系已有所认识，所以只要把 605 结构稍加改变，即可得到毒性低的杀虫剂，如 1950 年投产的马拉硫磷，1958 年投产的倍硫磷，1959 年投产的杀螟松。这前后，希拉台尔也合成了许多有机磷，如 E-1059，不仅杀虫，还可杀螨、杀线虫、除草、杀菌等，如乐果、氧化乐果、毒死蜱、甲胺磷等等，有机磷农药成了第二代农药中的佼佼者。

1953 年 UCC 公司合成了 *N*-甲氨基甲酸-1-萘酯，是高效优良杀虫剂，1958 年正式投产，推广商品名西维因，几年之内，年产达几万至几十万吨，使人们的注意力又集中到氨基甲酸酯类农药上来了。60 至 80 年代，相继问世四十多个氨基甲酸酯类农药品，如呋喃丹、速灭威等等。

20 世纪 50 年代之后，一些农药专家着手研究除草剂，开始合成了一系列苯氧乙酸类化合物，发现有极好的除草活性，至今方兴未艾。大约有一二百个品种，似以 2,4-滴产量最大。除了杀虫之外，杀菌农药的研制则始于 20 世纪 60 年代，合成了内吸性杀菌剂，成为了植物病害防治的一个新的突破，使稻麦、油菜的许多病害得到控制，是第二代农药中令人刮目相看的分子。

随着人们对环境的重视，原有的合成农药的毒性残留和生产的污染令人惊觉。在 80 年代出现第三代农药，一般指高效低毒的药物，通常有三类：一类是除虫菊酯；一类是昆虫激素和信息素；一类是生物制品，统称生物农药。

除虫菊酯是天然产物，1949 年第一次人工合成，与天然产物很相似，但易分解。1969 年之后英国人、日本人合成了上万种菊酯及其衍生物，有数十个品种实现了工业化和商品化。

20世纪70年代对昆虫的激素和信息素研究，取得了丰硕成果，小批量生产的激素制品投入市场。在20世纪末叶，昆虫的各式各样的激素，使昆虫迷走、不发育、不生育等等，合成十分活跃，是农药工业高经济效益的品种。

20世纪80年代之后，生物农药崛起，一般以生物产品为原料，经发酵、用工业化方法培养微生物，一般属低毒杀虫杀菌剂，可以与化学农药混用。其特点是选择性强，通常对人畜低毒或无毒，已有许多品种实现了工业化。生物农药是农药化工中的新军，如灭瘟素、抗霉菌素120、中生菌素、灭粉霉素、莱丰宁、苏云金杆菌(Bt农药)、灭蚊幼、棉烟灵等等。

9. 合成树脂与塑料工业

在19世纪随着涂料工业的发展，发现了一些利用天然物质合成和改性的成膜物质，也是一种合成树脂，如醇酸树脂，但当时并未发现其它用途，只用作涂料。真正摆脱天然产物合成的第一类可作成膜物质又可作塑料用的树脂，当是酚醛树脂。

1907年比利时人贝克兰德研究苯酚和甲醛的反应，发表了119篇专利。其中"热和压力"指出了这种树脂的加工特征，只有在加压和加热时，变成塑料。1909年工业生产酚醛树脂，用作绝缘材料。因为其填充物往往为木屑，又用于电工电器绝缘开关上，商品名称叫电木。合成酚醛树脂时，已经研究出反应条件与树脂的关系，用碱作催化剂，生成多官能预聚体，随着时间、温度、压力变化，可变成交联的热固性树脂；用酸作催化剂时可得到线型产物，要加交联剂才能成为热固性树脂。

20世纪30年代，高分子学科已经诞生。深入研究还刚刚起步，却十分吸引人，许多高分子学者，一见到双键化合物就想把它聚合起来。由于合成氨的启示，这些实验者动不动就高温、高压，聚合反应的机理还不清楚。1933年，英国ICI公司顾问鲁宾逊建议把乙烯和苯甲醛进行高压反应，在2000atm、170℃时反应不能实现，但在反应器壁上发现有白色的蜡状物，分析证明为聚乙烯。以后重复试验，均告失败。1935年12月试验时，由于设备密封不好，压力下降，于是再补充乙烯进去，这次却得到了聚乙烯粉末。偶然的失误，启示人们微量的氧可能是催化剂。1939年英国建立了一个50L反应器。二次大战期间，高压合成聚乙烯装置和技术转到美国杜邦和UCC公司，1943年高压聚乙烯投产。

人们设想，乙烯聚合时可否使用较低的压力，1950年起原联邦德国齐格勒和英国两家公司分别进行了研究。

1953年齐格勒用三乙基铝和四氯化钛作催化剂，可以使乙烯在100atm聚合，其后，进一步探索也可以在25atm、5atm甚至常压下进行聚合。这使科技界十分震惊，人们打破了乙烯高压才能聚合的迷信教条。齐格勒把他们的催化剂命名为齐格勒催化剂，发表了专利。

1954年低压聚乙烯(即离子聚合方法的聚乙烯)在意大利投产，随后德、美、法、日纷纷引进这一技术。与此同时美国的两个公司制备合成汽油时，也发现了氧化铝、氧化镍等催化剂可聚合乙烯。

低压聚乙烯的出现，使人们进一步研究高分子的合成机理。1954年意大利米兰工业学院的拉塔，用齐格勒催化剂合成了固体的聚丙烯，不久后，他改 $TiCl_4$ 为 $TiCl_3$，得到了熔点更高的、结晶更好的聚丙烯。1955年纳塔发表了这种称为"定向聚合"的报告，这一报告轰动了高分子学科和整个学术界。纳塔用它聚合了 α-烯烃和聚苯乙烯，都是等规立构聚合物。齐格勒-纳塔的名字成了这类催化剂的名称，当时人们称为催化剂，实际上应称引发剂。这种离子型引发剂，研究的人越来越多，也在活性上得到很大的改进。离子型引发剂的方兴未艾，使原先无法聚合的单体实现了聚合，使原先工艺条件复杂的变得容易了。各种各样取代基复杂、奇奇怪怪的聚烯烃塑料成为十分引人注目的合成材料。纳塔于1963年和齐格勒一起获得诺贝尔奖。

1872年包曼发现氯乙烯在紫外线和过氧化物存在下会聚合成白色粉末，但研究却不得要领。直到1920年，美国杜邦和UCC公司发表氯乙烯聚合的专利，1931年德国用乳液法生产，1933年美国用溶液法聚合。1941年聚氯乙烯作为战略物资用于电缆包覆，并建立了悬浮聚合的工厂。

从20世纪五六十年代开始，四大通用塑料聚氯乙烯(PVC)、聚乙烯(PE)、聚丙烯(PP)、聚苯乙烯(PS)发展迅猛，成为合成树脂和塑料行业中的大户。

由于二次大战和战后冷战对抗的需要，对用于国防尖端和科学研究领域的材料提出了各种各样的要求，对单体的合成更加重视。除了自由基聚合的乙烯基单体外，各种双官能度、多官能度、具有软段硬段的单体合成成功，逐步聚合方法又被人们重视起来，合成了许多功能特异的材料。高分子科学的知识，从20世纪20年代建立，由于在40年代和50年代许多实践工作的进步，促进高分子学科的理论走向成熟，从60年代开始，研究的方法不断深入，手段不断更新。人们不仅较清楚地认识了高分子合成的化学，而且对结构，结构和性能关系的认识，也在逐步由自在走向自由。许多新的高分子材料在理论指导下，不断改进合成工艺，新的高分子材料不断出现，如聚酰胺(尼龙)、聚酯、聚碳酸酯、聚甲醛、聚砜、聚酰亚胺、聚苯硫醚、聚苯醚、聚有机硅等，纷纷走上工业化道路。到了20世纪七八十年代，通用材料的工程化，工程材料的普及化，材料的功能化，一一被人们引上了工业化道路。特种合成材料，含氟聚合物、聚氨酯材料、聚芳胺、聚芳酯、聚吡咙、聚吡咯烷酮以及材料的接枝、共聚、拼混，广泛应用于军事技术、空间技术和国民经济的各个部门。

与此同时，高分子树脂的合成技术，引发剂的开发研究，特别是离子聚合技术和实施方法，固相缩聚，活性高分子和铸型尼龙等材料，塑料配方和加工方法的研究，不断得到改进和发展，大型化、节能化高分子合金的研究，推进了材料的优化，高分子性能测试手段和设备等都在不断进步，使合成树脂和塑料工业在20世纪后半叶，日新月异，充满了活力。

10. 合成橡胶工业

19世纪是天然橡胶的时代，工业革命席卷欧洲，对橡胶的要求增加，但是橡胶的加工不甚了了。英国人马辛托希发现天然橡胶可溶于煤焦油，用这种溶液可以加工防雨布。另一个英国人韩可克发现了橡胶的塑炼加工方法，用双辊机捏合加工，发现塑炼后的橡胶弹性减小，可以做成各种制品。然而橡胶制品热粘冷硬，一直使橡胶的用途无法扩展。1839年英国籍的美国人固特异梦寐以求地希望找到不发粘的橡胶，他从当时炼钢技术得到启示，想合成橡胶的"合金"，把当时认识的东西，往橡胶中添加，无论是高岭土还是火山灰以及硫酸、碱、各种金属和非金属。当他在加热"冶炼"橡胶时，加进了硫黄，一下子激烈反应，充满令人窒息的气味，不得不停止加热，打扫场地，把废物扔掉。第二天他忽然发现撒在实验台上的一小块冶炼的胶，加热不再发粘，于是从废物箱中把橡胶捡回来，研究添加硫黄的最佳比例，终于从废物箱里找回了一个重大发现。1844年，固特异获得硫化的专利权。但人们不在乎硫化不硫化，橡胶的制品不过制作防雨布和皮球而已。1858年，在他已经几乎一贫如洗时，到法国参加工业展览会。人们知道橡胶的不变粘的诀窍在固特异那儿，纷纷解囊，固特异成了巨富，成了著名的橡胶企业家、巨头。

20世纪是合成橡胶走上工业舞台的世纪。人们分析天然橡胶的化学成分，发现是顺式

1,4-聚异戊二烯的结构。德国科学家哈里斯，从1900年到1922年他去世时为止，终身致力于天然橡胶结构的研究。高分子学科的奠基人斯笃丁格对橡胶的结构研究，证实了他的“高分子”说法，并测定了橡胶高分子的分子量❶，建立了粘度和分子量、浓度之间关系的经验方程，确立了橡胶是线型高分子的结构之说。他对高分子科学和对许多高分子材料的研究贡献，使20世纪的人类终于认识了高分子。由此他获得了诺贝尔奖，是高分子学科的第一人。

20世纪人工合成的橡胶，工业化投产，形成合成橡胶工业，划时代的事情发生在1932年，苏联丁钠橡胶工业化。在此之前，德国人用二甲基丁二烯制造合成橡胶，在30~60℃下反应6个月，成本高，质量差。但德国人在1916~1919年一次大战期间生产了这种橡胶2000多吨。

20世纪一二十年代，苏联人认为异戊二烯合成困难，转而研究丁二烯的合成，由列别捷夫主持设计了由己醇制丁二烯的工厂，1928年决定建造合成橡胶厂，1931年获第一批中试产品。同年6月，在雅洛斯拉夫建造了世界上第一个大型合成橡胶的工厂，生产丁钠橡胶。同时，1931年，苏联人提出了用石油裂解的方法来制取丁二烯单体，为20世纪中叶以后，从石油裂解中获取高分子单体的路线开创了先河。

用两种单体共聚橡胶的研究则从德国开始，1930年他们曾用过氧化物引发剂，在水乳液中将丁二烯和苯乙烯共聚，又进行了丁二烯和丙烯腈共聚，开创了橡胶的乳液聚合方法，这是高分子工艺的一大进步。这两种橡胶分别是丁苯胶和丁腈胶。1935年丁腈橡胶投产。1941年，美国开发合成橡胶成功并投入工业化，主要是丁苯橡胶，3年间共生产100多万吨。这是人类使用的第二代通用橡胶。

20世纪50年代，齐格勒-纳塔发明了定向聚合之后，也引起了橡胶工业界的聚合革命，离子型引发剂不断更新。通过这种方法，在60年代，用离子型引发剂聚合了立体规整的顺式聚丁二烯，称顺丁橡胶，投入工业化，取代了丁钠橡胶的地位。早已知道的异戊二烯，其聚合方法一直困扰着人们，当离子型引发剂问世之后，聚异戊二烯橡胶投入工业化，这可算是人类使用的第三代橡胶。

20世纪六七十年代以后，人类使用的第四代橡胶开始登台，走上工业化道路，产品不断增多，产量不断增加，用途越来越令人刮目相看。这就是热塑弹性体。

通常，这些是一些已知的单体和聚合物，用嵌段、接枝的方法，或用拼混和互穿网络结构的方式，使高分子的硬段和软段互相交替组合。还有一些是在定向聚合指导下聚合出来的有一定结构顺序的高分子，有聚氨酯弹性体，聚苯乙烯类型的弹性体，嵌段或接枝的聚烯烃如乙丙弹性体聚丙烯酸酯，聚酰胺、聚醚酯类弹性体，离聚体型弹性体。到世纪末，还出现了许多新的弹性体，如各种IPN互穿网络的弹性体，由细菌合成的聚酯和嵌段的弹性体等等。

特种合成橡胶在20世纪上半纪到世纪中叶发展迅速，这是二战和冷战以及航空航天技术的需要。20年代美国研制了聚硫橡胶，抗老化和抗油、密封性能优良。1932年杜邦公司生产氯丁橡胶，它的耐候性、耐臭氧性优良，也可作通用橡胶使用。1942年美国丁基橡胶进入市场，实现了工业化。到20世纪中叶，含氟橡胶、硅橡胶相继工业化，使这些特种橡胶应用到国民经济和日常生活的各个领域。液体橡胶、粉末橡胶、热塑性弹性体及一些功能

❶ 分子量现称作相对分子质量。

性橡胶使得橡胶的加工出现革命性的变化，橡胶加工的添加剂不断更新，使合成橡胶工业出现新的增长点。

11. 合成纤维工业

19 世纪工业革命从英国纺织业开始。为了获取更多更好的原料，渴望通过人工的方法合成新的纤维。人们首先想到的是废弃的织物和无用的植物纤维素。许多人利用当时已经建立的化学结构理论，进行探索，当然首先想到的是硝酸和硫酸或碱。1846 年硝酸纤维素制得，溶于乙醚-乙醇混溶液中，用毛细管挤到空气中，溶剂挥发，变成了新的纤维，缺点是易爆炸。1884 年英国人斯万用硫化铵脱硝成功。1891 年法国建厂，日产约 50kg。

1890 年德国人制成纤维素的铜氨溶液，纺成铜氨人造丝，1900 年投产。1892 年英国人发明了用碱浸取木浆纤维，用二硫化碳处理，生成纤维素黄酸钠溶液。该溶液特粘，又称粘胶，可纺丝，纺出的丝叫粘胶纤维。1900 年发明了一种专用纺丝设备，叫纺丝箱，并对纺丝工艺进行了改进，纺出的粘胶丝很快进入酸性的溶液——凝固浴，使纤维成形不粘并。当年建厂，1905 年大规模工业化，后又改善凝固浴完善了湿式纺丝工艺。二次大战时被用作橡胶帘子线，是当时最强力的帘子线，这反过来又刺激了粘胶纤维的发展，工艺技术不断改进，到 1960 年粘胶纤维产量占整个合成纤维的 80%。直到 20 世纪 80 年代，粘胶纤维的技术还在不断进步，改进后处理技术，生产高卷曲、高模量纤维，改善手感和覆盖能力，生产中空纤维等等。

1950 年英、美、日、德等国推出了醋酸纤维。

1927 年美国杜邦公司聘请 32 岁，而已小有名气的卡罗泽斯领导合成纤维的研究工作，他研究了聚酯反应，奠定了缩聚反应的基本理论，发现了原料配比、反应程度与分子量的关系。他合成了聚酯，用于纺丝结果不令人满意，于是他指导研究聚酰胺，纺丝取得成功。他发现纤维拉伸后，大大增加了强度和弹性，基本上奠定了纤维生产中的要冷拉伸的工艺。他们研究了上百种聚酰胺，最后选用已二酸和已二胺合成的聚合物，命名为 Nylon-66(尼龙-66，又叫 PA-66，聚酰胺-66)。这历时 11 年，耗资 2200 万美元，有 230 名专家参与其事，研究了生产工艺中的聚合物合成——聚合物熔融纺丝液输送、过滤、计量、卷绕、拉伸以及耐高温设备自动控制等，形成了一套比较完善的熔融纺丝工艺，流程简单，设备投资省。1939 年中试，年底工业化投产。杜邦公司说他们制造出了“比蜘蛛丝还细，比钢丝还强的纤维”。曾经作为卡罗泽斯助手的弗洛里研究了缩聚反应，提出官能团等活性假设，并建立了著名的缩聚反应弗洛里方程。1974 年他获得了诺贝尔奖。

几乎同时，德国人将 α，ω-氨基己酸，加热转变成己内酰胺再制成聚己内酰胺，1940 年正式投产，同年制成纤维称尼龙-6(PA-6)。从此，聚酰胺纤维的生产迅速发展起来。出现了法国的 PA-11、苏联的 PA-7、日本的 PA-9 等。尼龙纤维生产的最初十年间，产量增长 25 倍。

1941 年英国温弗尔德等人研究了卡罗泽斯早年的论文，总结了他用聚酯纺丝失败的原因。提出用芳香族二酸代替脂肪族二酸，终于研制了以对苯二甲酸和乙二醇生成的聚酯，能在熔融下纺丝，弹性强度都很好。因在二战期间，专利到 1946 年才发表。美国杜邦公司引进专利后进行工业化改进，1950 年中试，1953 年投产。英国到 1955 年投产，采用酯交换法，将对苯二甲酸先制成对苯二甲酸二甲酯，再与乙二醇进行酯交换缩聚，开创了缩聚反应新工艺。由于它用石油化工原料，到 1972 年聚酯纤维已占纤维产量第一位。

1942 年发现 DMF(二甲基甲酰胺)可作丙烯腈的溶剂，于是杜邦公司着手丙烯腈纤维的工业生产，1948年命名为Orlon(奥纶)，1950年工业化投产。聚丙烯腈纺丝工艺在其后有许多改进，有直接溶液合成纺丝，有先聚合制成淤浆纺丝，或制成溶液纺丝。聚丙烯腈纤维，又称人造羊毛，比羊毛轻，比羊毛强度高，用途广泛，成为合成纤维工业中的重要品种之一。

到20世纪五六十年代之后，聚乙烯醇缩甲醛纤维、聚氯乙烯纤维、聚丙烯纤维以及聚偏氯乙烯等纤维等相继问世，一些用接枝、嵌段共聚方法合成的高分子纤维，性能得以改进。

20世纪70年代之后，合成纤维进一步模仿天然纤维，在吸湿性、透气性、手感、永久卷曲、织物厚实，湿模量等向天然纤维接近。采用异型截面、中空纤维、超级拉伸、超细复丝异纤度混纤、异收缩混纤，产品新颖，层出不穷。

应用于军事工业和航天航空其它高科技领域的特种合成纤维，如耐腐蚀的含氟纤维(如F_4纤维、F_{46}纤维)，耐高温的芳香族聚酰胺纤维、聚酰亚胺、芳香族聚醚聚杂环、梯形结构聚合物等纤维都在1960年以后20年间面世。70年代初期出现的酚醛纤维，瞬间可耐2500℃。无机高模量、高强力纤维首推碳纤维，在60年代开发成功，到八九十年代成了复合材料的大热门。

70年代以后的功能纤维发展起来，中空反渗透纤维用于超滤、气体分离，还有超细纤维、光导纤维、金属纤维、陶瓷纤维、晶须等相继占有了一定的应用领域。

80年代开创的高分子液晶纺丝，使纤维工艺达到一个新的水平。液晶纺丝除了溶液型液晶可以纺丝，熔型液晶的纺丝也出现了技术进步。

12. 基本有机原料工业

用于生产染料、涂料、橡胶和高分子树脂单体，以及用作溶剂或合成各种试剂、添加剂及其它产物的基本有机原料工业，在19世纪已基本形成，当时主要是以乙炔化学为主，生产的品种有一定局限性，没有形成大工业，而是附属于其它产品。

芳香烃的基本来源是焦油，20世纪初从煤焦油大量提取芳香烃化合物，工艺日趋完善，品种愈来愈多，以这些最基本的原料，合成其它基本原料。在20世纪中叶，以煤焦油为原料的基本有机原料工业，盛极一时。

早期的基本有机原料合成，一般工艺路线都比较长，利用有机化学的经典反应把结构变来变去，常被后人称为间接法，步骤很多。这主要可能出于两个原因：一是当时的化学理论和有关知识，没有认识到简化步骤的一步或直接反应的机理，特别是对烯烃的认识不足，对催化剂化学更缺乏理论，找不到合适的催化剂；另一个原因是当时的原料和设备条件的限制。

用焦炭为原料合成有机化工产品，主要是利用合成气(CO，H_2)，但当时对合成气的应用知之不多，而用焦炭制成乙炔是19世纪和20世纪初的经典方法。乙炔化学的出现，曾给基本有机化工原料的工业带来生机，但用乙炔法，一般反应路线较长，亦不好控制。

直到20世纪初期，人们对高温、高压、催化剂的认识，随着合成氨和其它化工行业的进步，技术走到了理论前面，使基本有机化工产品的合成从间接法走向直接法，从步骤很多逐渐简化，技术不断更新和发展。

1925年，美国UCC公司用间接法生产环氧乙烷，1931年发明了乙烯催化氧化法(空气法)，1937年改进催化体系，控制发热，实现了工业化。后于20世纪50年代，壳牌公司成功地用氧气氧化生产环氧乙烷。

由于合成聚酯的需要，环氧乙烷主要用来合成乙二醇。为了改进乙二醇的合成工艺，美国人研究由乙烯直接合成的方法，到20世纪70年代实现了工业化。

1930年美国用乙烯间接水合生产乙醇，消耗大量硫酸，因此，研究乙烯直接水合，1947年实现工业化。

最早生产乙酸是由乙炔水合生产乙醛，再合成乙酸，德国在20世纪初用乙炔法，美国则用乙醇脱氢生产乙醛。二次大战期间，欧美各国几乎都研究乙烯直接水合生产乙醛，1959年实现工业化。到20世纪70年代之后，人们又开发出用甲醇经羰基化反应生产乙酸。

乙酸乙烯是合成聚乙酸乙烯酯的原料，用此也可合成聚乙烯醇，进一步生产维尼龙纤维。开始用乙炔，与乙酸加成；第二次世界大战期间开发乙烯的乙酰氧基化法。

氯乙烯用乙炔加HCl反应制备，1930年工业化，美国孟山都公司开发用乙烯氧氯化技术成功，1964年投产，随后德法等国改进了催化体系，使氧氯化法走向成熟。

1944年，发现异丙苯部分氧化方法，可以制得苯酚和丙酮，在20世纪50年代工业化。

丙烯腈的生产在20世纪30年代使用乙炔氰化氢法，后改为环氧乙烯与氰化氢合成，1952年工业化。到1957年找到了丙烯氨氧化法生产丙烯腈的第一代催化剂，从此，丙烯腈的合成可以由丙烯一步即可完成。

丙烯酸和丙烯酸酯、丁二烯生产等均由传统的乙炔法。在20世纪60年代，改为丙烯氧化法和从石油裂解的C_4馏分中抽提出丁二烯。

20世纪60年代之后，石油裂解技术取得重大突破，石油裂解产物为乙烯、丙烯、丁烯、丁二烯等。到70年代，石油“异构化”技术逐步成熟，许多芳香化合物可以大量从石油重整获得。芳烃的获取、轻油重整，虽和焦油化学并行不悖，但由于石油开发量大，仍以石油占主导地位，基本有机合成的原料大量从石油提取，促进了基本有机化工的规模效益和技术进步。原先用乙炔合成的，都可以改用。原料路线改变并缩短，而且原料来源较丰富，因此，加氢技术、脱氢技术、烷基化技术、环化技术和相应的催化剂开发、分离、萃取、提纯的技术得到充分发展，工艺流程进一步简化、优化，成本进一步下降，能耗进一步降低，是20世纪基本有机化工原料工业的进步特色。

随着天然气和煤的气化技术开发，一碳化学（C_1化学）和合成，已登上了工业化道路，合成气的生产和利用，甲烷部分氧化、氨氧化、氧氯化、氯化技术纷纷开发出来。由于产量大，许多高分子材料的单体生产已经不是原先高分子生产厂的“单体车间”，而是形成一个独特的工业部门。如环氧氯丙烷、苯乙烯、丁二烯、丙烯腈、双酚A、苯酐、顺酐、1,4-丁二醇等，都不再是高分子工厂的附属，而是专门的工业行业。许多溶剂和增塑剂、添加剂等专用原料，都各自形成行业，得到发展。

技术进步快，原料路线多，规模越来越大，分工越来越细，独立成为行业和工业，这就是20世纪后半叶出现的基本有机原料工业的特色。

13. 煤化工

煤的炼焦工业是个古老的工业，而煤焦油的利用和形成煤焦油工业则始于20世纪初叶直至50年代，曾是基本化工的支柱。石油化工兴起之后，焦油工业受到限制。以焦炭为原料的乙炔化工到20世纪前半纪还有一定的工业生产，到50年代之后，乙炔化工逐步淘汰。

煤化工的发展是煤的气化和液化。

早期的煤的气化是焦炉气，用以发生煤气和合成气。1926年开始用水蒸气、氧气将粉煤气化，制取煤气。到1934年出现了加压煤气化炉，用水蒸气和空气加压，将煤完全气化，制取质量好的煤气和合成气。

1926 年，美国杜邦公司用煤制得的合成气，用于生产氨和甲醇。甲醇是一碳化学的重要起步产品，是许多聚合物单体和其它化合物的原料，如甲醛、甲酸、甲胺、甲酸甲酯、乙二醇、三羟甲基丙烷、二甲基甲酰胺聚乙烯醇、有机玻璃等等。直到 20 世纪后期，煤的气化生产合成气、燃料气，仍然是煤化工的主要标志。

1913 年德国人进行的煤高温高压加氧液化的试验初步成功，开创了煤加氢液化的工业先河。煤的液化工艺也在不断开发，先后有催化加氢和分解液化，萃取热熔液化和热解加氢液化，实现工业化或半工业化。随着石油的大量开发利用，煤的液化工作在 50 年代至 70 年代处于停滞状态。到 1970 年以后，由于煤气的净化工艺发展，定向催化技术的开发，煤的液化作为清洁能源又受到重视，用之合成燃料和合成气成为 20 世纪后期一碳化学的一个发展点。

14. 石油化工

石油的加工分为炼制裂解和重整等几个部分，炼制经历了几个阶段，最先利用的是从石油中提取照明煤油。到 20 世纪 20 年代，采用化学工程的蒸馏操作、连续精馏，常减压分离原油中的主要成分，并于 1923 年实现了将高沸物减压蒸馏的技术。为了提高汽油的质量，希图在汽油中添加一些辛烷值较高的物质，开发了将一些石油馏出物加以裂化，或异构化进行重整。

1936 年美国开发催化裂化方法，将高级烃裂化为带支链的较低级烃，这些产物的辛烷值较高。1939 年美国开发催化重整过程。1949 年美国研究成功轻油铂重整工业化，使环烷烃转化为芳烃，芳烃收率高，是生产芳烃的主要方法。1961 年，美国联合加氢裂化过程开发成功并建厂投产，从此石油的加工出现了一个先进的工艺过程。

石油在炼制过程中先以蒸馏为主，后改用化学工程的精馏，再发展到重油裂化和轻油的重整，为合成有机原料，合成高分子材料，提纯溶剂、试剂，合成其它化工产品提供了烷烃，烯烃和其它原料。从此，石油炼制和石油化工逐步融为一体。

裂解技术工艺和设备的进步，是石油化工得以发展的支柱。20 世纪四五十年代，早期的裂化是热裂解，用管式反应器；到 60 年代开发立式裂解炉；1971 年开发深度裂解炉，都属于管式反应器。1975 年日本开发流化床裂解炉。反应器的进步还在继续。

与之相适应的是工艺的进步，改进裂解气出口的冷却装置，创造了薄管板、螺旋管等换热装置，60 年代开发中冷吸收法分离裂解气。美国开发了深冷法分离裂解气的流程，用加氢脱炔、分子筛干燥，使流程臻于合理，可以获得高纯的乙烯、丙烯等产品。

1969 年美国公布了催化裂解法的专利，可使裂解温度下降 80℃，乙烯的收率可提高接近 10 个百分点。

在石油重油裂解时，也会产生芳烃，但收率低，分离困难。人们进而研究烃的“芳构化”问题。1949 年美国第一个铂重整工业化装置投产。其后，重整的催化剂开发受到重视，1971 年美国开发的催化重整连续再生装置投产。对于分离技术的研究，几乎与工业化生产同时进行。各种萃取吸附分离法，气相分离，液相分离，分子筛吸附，以至用微生物分离都在取得技术进步。产品的异构化、歧化研究，有利于调整产品的比例，相应地取得了技术进步，改进了工艺流程。

15. 精细化工

兴起于 20 世纪 60 年代后期的一些深度加工和精细再加工的化工产品，通常具有一定的功能或是可能直接使用的化工产品，被人称为“精细化工”行业。

一些发达国家，其精细化工产品的产值占整个化工产品产值的一半以上，这些行业一般说包括医药、农药、染料、涂料、有机颜料、无机颜料、化学试剂、催化剂、表面活性剂、加工助剂、合成洗涤剂、胶粘剂、香料、化妆品、特种高分子材料、功能高分子材料、生命科学材料、生物化工制品、矿物浮选剂、饲料添加剂、食品添加剂、水处理剂、农用化学品、油田化学品、造纸化学品、皮革化学品、纺织印染助剂、汽车用化学品、电子工业用化学品、信息工业用化学品、材料工业用化学品、日用化学品、混凝土添加剂、橡胶助剂、塑料助剂等等。

精细化工产品一般产量不很大，但其用途广泛，质量要求较高，技术密集，技术要求较高，有一定的专业市场和专业用途，产品的附加值高，利润率大。通常这些产品都是满足人类越来越广泛的物质和文化生活需要的产品。

精细化工不能算是一门独立的化工行业，按目前的划分方法，可以分为几种情况：一是早已形成独立的产业行业，如染料、涂料、农药、医药、无机颜料、有机颜料、化学试剂、橡胶制品、感光材料、磁性记录材料、精细高分子材料、功能高分子材料等。二是已经附属于轻工业的行业，如日用化学品、化妆品、合成洗涤剂、香料、色素、油墨、生物化工等。三是化工行业中发展较快，已逐步形成行业的，如溶剂、催化剂、粘合剂、表面活性剂、油田化学品、造纸化学品、皮革化学品、浮选矿物化学品、塑料助剂、材料工业化学品、食品添加剂、饲料添加剂、纺织印染化学品、汽车化学品、水处理剂、橡胶助剂等，因为应用行业的飞速发展，已经形成独特的精细化工行业。四是一些新领域精细化学品，如信息产业用化学品，电子用化学品和一些特殊用途的精细化工产品，正在发展。

16. 军事化工

许多化工产品用于军事和战争。两次大战和战后的冷战局面，使处于对峙中的一些国家将一些生产军用化工产品的工厂，独立出来形成军事化工行业。其中许多化工产品既可军用也可民用，如硝酸、硫酸、纯碱、烧碱以及具有特种性能的有机硅、有机氟材料和特种涂料、有机玻璃、特种橡胶、特种纤维、特种粘合剂等等，而作为军事化工独特的则有如炸药、火箭推进剂、核武器配套材料和化学武器材料等。

19 世纪发明的炸药苦味酸、TNT(三硝基甲苯)都是芳香族硝基化合物。有机化学结构理论走向成熟，人们研究了炸药结构与炸药性能之间的关系，为制造新的炸药提供了理论指导。发现苦味酸铵、三硝基二甲苯、六硝基二苯胺等，炸药的更新换代快，二战期间各国先后发明了多种炸药，但仍以 TNT 为主要炸药。

二战以后发展起来的炸药，追求威力和综合性能好，其中重要的有环四亚甲基四硝胺(Octogen)，1941 年研制出来，密度高，爆炸速度快，耐热稳定性好，而且可以和 TNT 混用。1955 年美国人发明铵油炸药，由硝酸铵和燃油混合。到 20 世纪 60 年代，改性的铵油炸药为浆状炸药和乳化炸药。耐热炸药起因于炸药应用于地层深处和宇宙空间，要能耐受环境高温，1976 年以后才制造生产。

用于火箭推进剂的初级产品是液体推进剂，主要是液氧、煤油、酒精和过氧化氢。1957 年以后，推进剂技术更新很快，研究可贮存液体推进剂，肼类燃料，以后又有液体橡胶。固体燃料如聚酯、聚硫橡胶和高氯酸盐，固体推进剂中的燃烧剂还有环氧树脂、聚氨酯和不饱和碳氢聚合物等。

作为核武器的配套材料除了一些硬件材料、密封材料等等之外，核燃料的主要化工产品一是铀同位素，二是重水。实际上，这些产品对于和平利用原子能、核电站是必不可少的化工产品。

化学武器的使用引起世界人民的谴责，防止化学武器的方法主要是防毒面具和防护衣。防毒面具除了活性炭之外，还有许多氧化物作为材料，而防护衣已着手改用透气性好的特种化学纤维代替原来的橡胶防护衣，而针对化学毒气的吸附解毒产品，也在军事化工厂中产生。

17. 其它与化工交叉渗透的工业或行业

与化学工业发展和进步相关的许多工业，现代都取得了非凡的进步。

材料工业的出现是在20世纪前半期。把材料独立变成一个产业，通常在后半世纪，而且发展特别迅速，有高分子材料的合金和复合材料的生产，有增强塑料和增强纤维的生产，生产的技术和设备、测试方法的进步在1970年以后有显著的发展。高分子材料和高分子合金，高分子复合材料，应用到人们日常生活和国防、军工、航天航空等国民经济的各部门，成为一个国家不可或缺的工业。

无机非金属材料按工业行业划分，可以包括水泥、耐火材料等建材工业，还包括陶瓷、玻璃等轻工业。20世纪后半叶，无机非金属材料的应用更加广泛，除了原料的进步和生产工艺进步之外，陶瓷和玻璃的加工产品广泛用于复合材料，取得重大进步。广义的陶瓷包括金属氧化物和非金属氧化物(氧化硅、氧化硼等)组成的无机高分子材料和一些半无机高分子材料，有些“精细陶瓷”可以用于电工、电子、航天航空的许多领域，陶瓷纤维已经成为复合材料和高分子增强材料中的新家族。水泥和耐火材料，不仅走向精细化，也走向复合化，水泥和钢筋混凝土添加剂的开发应用，使建材工业出现新的势头。至于材料的纳米化，更有好的前景。

信息材料中的许多元器件、填封材料、光纤和光纤的绝缘涂覆材料、感光元件、感光材料、磁性记录材料，都是精细化工产品或其应用。由于化工产品的技术进展，可以使这些工业和信息产业的成本下降，技术性能不断革命、不断前进。

能源工业包括太阳能，自然界的风能，潮汐能，水能，核能的和平利用，生物能源和矿物资源，还有化工产品的再利用能源，它们的技术开发与进步同化工材料的开发进展息息相关。太阳能电池、风能蓄电池、风能发电机，大多都是在化工材料(如耐高温、耐低温、高绝缘、防辐射、防老化、润滑和膜技术等)的开发和创新中得到新的飞跃。

生物化工是化工的工业部门，但又可以划入轻工业和其它行业。20世纪后期，生物技术的发展，离不开化工技术和化工产物的开发进展。生物制品的分离提纯技术，包括临界萃取、高活性萃取、膜分离以及低温干燥技术，高分子固定化酶技术，生物高分子技术，活性物质接枝技术等，都与化工技术的进步息息相关，使生物发酵、生物制药与化工技术和化学工程理论、化工工艺技术密不可分。因此，我们仍把这个生物技术的工程学科，称为生物化工。生物化工在20世纪后半叶，发展迅速，已成为一个独立的工业部门。其它相关工业部门如日用化工、食品化工、皮革化工等轻化工业的进步，随着精细化工的开发与进步，精细化学品的日新月异，而有长足的发展进步。

18. 环境化工

自从化工产品实现了工业化之后，环境的污染就摆在化工工艺学者的面前，从盖吕萨克吸收SO_3尾气到改变合成路线，人们从治理和处理污染的思维变成以不产生废物为主的思维。一些发达和较发达的国家，则把污染严重的化工企业关闭，改由第三世界国家去生产。他们以技术“协作”的方法，既获得了产品和经济效益，又把环境污染转嫁给他人，或把废弃物抛向公海，堆积到人烟稀少地区，还人有想把废弃物抛向太空等等。这种以邻为壑的思维根本不可取。地球的环境是一个整体，因此，从20世纪70年代起，一些有远见的负责任的国家着手从全面思维的角度来治理环境，尽管产生各种环境污染，排放废水、废气、废渣的不一定都是化工企业，但治理的方法一般都离不开化工的方法和化工的工艺流程，因此化工工艺学者在治理环境上形成了一门新兴的学科，许多高等学校设置环境化工专业，培养从事治理环境的人才。

通常在企业中，污染的治理是由企业自己来解决的，这就必须设有治理污染的车间或工厂。早先人们治理的方法是头疼医头脚疼医脚，以达到规定的排放标准为目标，消极应付。从20世纪70年代之后，人们认识到排放的污染必须综合治理，将污染物变成一种“资源”，化害为利，生产成新的化工产品。许多国家在工厂企业集中地区专门建立治理污染的工厂，处理城市废水和城市垃圾(固体废弃物)，处理工业废弃物，回收废弃的高分子材料，从废水中提取原材料或制成新的产品，利用降解或将热能充分利用，可算是八仙过海各显神通。对于处理污染物造成的二次污染，人们也已予以足够重视。在废弃物焚烧过程中的二次污染尤其已引起重视，除非万不得已不主张一烧了之。所以环境化工这个在20世纪末期兴起的新型化工“行业”，必将有它的生命力和活力。

四、中国近现代化学工业发展概略

1. 民族工业的先驱足迹

19世纪末叶，灾难深重的中国人民，面对帝国主义的侵略，一些先驱者们提出各种各样拯救中国、改变积贫积弱状态的主张，有变法维新、有实业救国、有教育救国等等。开办了学校，训练工程人员，并且开办了第一家用于军火生产的硫酸厂。辛亥革命推翻了皇权，但帝国主义从未放松对中国的侵略和掠夺，在第一次世界大战期间，一些有民族尊严、不肯屈居洋人篱下的、提倡国货的有志之士在沿海地区开办了一些纺织印染和化工厂。

1914年，工业先驱湖南人范旭东在天津开办久大精盐公司，后于1917年创办永利制碱公司，1921年邀请在美的侯德榜博士回国，从事制碱工艺的开发研究，后来成立了黄海化学研究社，创办了工程设计室，自己设计工厂并于1924年正式出产纯碱。1926年红三角牌纯碱投入市场，参与和英国卜内门公司竞争，并在费城工业博览会上获金奖。1934年永利公司在南京创办硫酸铵(当时叫铔)厂，生产氨、硫酸、硝酸和硫铵。1937年奋起抗日内迁四川。

1915年阮霭南和周元泰在上海合办了上海开林颜料油漆厂，是我国第一个涂料厂。1929年前后在抵制日货提倡国货的风潮下，上海和天津相继建了一批油漆厂，如上海的永固、振华、元丰，天津的永明、东方、中国等，生产厚漆、喷漆。为了同国外资本的油漆厂展开竞争，天津永明厂创办人陈调甫，招聘技术人员，成立试验室，改进了当时美国的酚醛清漆，改用中国桐油，制成新型含油酚醛清漆，称“永明漆”。许多油漆厂的油漆销往香港和东南亚，上海振华油漆厂的“飞虎”牌油漆在东南亚声名卓著。

1919年青岛杨子生集资创办维新化学工业社，生产膏状硫化黑和其它染料，该厂生产的膏子青，销于华北广大农村深受欢迎。1935年以后，日商资本渗入，逐步为日商控制，改名维新化学株式会社，增加硫化蓝、硫化蒽草绿和大红等产品。1932年，董荣清集资100万银元，在上海闵行兴办中孚染料厂，1934年投产硫化黑。

1900 年广东顺德人陈伯清在广州独资开办利济轩药厂，1902 年广州梁培基药厂开业，以后上海、天津相继出现制药厂。1922 年，实业家项松茂开办五洲药房，又设五洲固本皂药厂，生产肥皂和医药，1934 年进口设备生产甘油，增设第二和第三制药厂，生产化学合成药物十多种。随后上海有许多新药厂开业，到 1924 年已有 93 家，1925 年开办的上海海普药厂首先生产针剂。

1915 年归国华侨邓凤墀、陈玉波在广州创办广东兄弟创制树胶公司，生产胶鞋底。到 1927 年，上海、广州有橡胶厂 15 家。1928 年余芝卿开办上海大中华橡胶厂，生产双钱牌胶鞋。1930 年上海开办正泰橡胶厂，生产回力牌球鞋。以后民间资本相继办厂，上海、广州、天津、山东、辽宁到 1936 年有橡胶厂 96 个。

1939 年陈嘉庚集资成立中国南洋股份有限公司，在重庆、昆明、贵阳开办橡胶厂，总名中南橡胶厂，翻修轮胎，生产胶鞋。

1923 年上海吴蕴初制造味精成功，设天厨味精厂。1929 年，他又在上海集资创办天原电化工厂，1930 年竣工投产，同外商展开激烈竞争，终于立足。1938 年抗日，内迁四川重庆、宜宾等地，办有天原化工厂。

2. 中华民国政府时期

除民族资本之外，1932 年，中华民国政府兵工署在巩县兵工厂引进当时先进的美国电解槽，抗日战争迁往四川泸州，称 23 兵工厂，生产硫酸、烧碱、无烟火药和毒气等，规模甚大，此外还办有江西硫酸厂，昆明化工材料厂，太原的西北电化厂等。抗日战争胜利后，民国政府接收了日本侵华时办的一些化工企业，如大连甘井子的满洲化学和满洲曹达，主要生产硫酸、硝酸、合成氨、铵盐、纯碱和烧碱，还有葫芦岛硫酸厂，东北、天津、青岛、上海等地的橡胶加工厂，大连、青岛、上海的日资染料厂和天津汉沽的氯碱厂等。这些日资企业虽有一定规模但大多受到破坏。

此外，在抗日战争和解放战争期间，由于战争需要，共产党的革命根据地在比较巩固的地区建有化工企业，生产硫酸、硝酸、盐酸、纯碱、烧碱、酒精、乙醚、甘油及火药、炸药等，规模甚小。

3. 中华人民共和国成立之后的发展

中华人民共和国成立之后，化学工业得到了良好的发展，粗略划分为三个阶段：1949 年至 1958 年为恢复和奠基阶段；1958 年至 1978 年为自力更生艰苦开创的阶段；1978 年以后是第三阶段，为现代化工发展的阶段。

中华人民共和国成立后，没收了国民政府办的官僚资本化工企业，医治战争创伤，在东北、华北、华东、中南、西北和西南，恢复化工企业的生产。至 1952 年，化学工业总产值比 1949 年增加 3 倍以上。

1953 年，国家用大量财力重点建设吉林、兰州和太原 3 个大化工区，陆续于 1958 年前后投产，主要生产化肥、染料、烧碱、农药、医药、合成橡胶、塑料、甲醇和乙烯等。除了化肥等基本化工产品之外，吉林的特色是以乙炔化工为主生产染料，太原的特色为医药，而兰州的特色则是以石油为主的高分子材料(主要是橡胶)。

1956 年国家设立化学工业部，原来私营的化工企业，如规模较大、历史悠久的永利公司和上海天原天利公司，实现公私合营，化工产品产量成倍增长。

这期间，苏联政府协助中国政府，技术支援建设了许多化工企业，如华北制药厂、西北油漆厂,包括兰州、吉林和太原基地在内的一些化工企业等等。这些化工企业均发挥了重要作用。

1958年以后，国家重点发展化肥，1965年建立医药公司，橡胶工业公司，化学肥料、化学矿山、化工原料等专业公司。这期间新兴了许多化工企业，追赶世界化工发展的势头，填补了化工产品的许多空白点。这些企业的技术起点不是很高，然而现代化工的许多行业都在这期间起步，并逐步开发技术，走向先进行列，有些技术甚至已经赶上了世界先进水平。

70年代石油工业发展迅速，除了我国以自建炼厂气为原料的小型乙烯装置外，还引进技术、引进设备。1970年引进砂子炉裂解装置投产，1973年引进13套化肥和一套乙烯联合装置。化肥装置每套设计能力是30万吨合成氨和48万吨或52万吨尿素。30万吨乙烯、18万吨高压聚乙烯、8万吨丙烯装置先后投产。

1978年我国引进4套30万吨合成氨和4套30万吨乙烯装置，以后又陆续引进大型合成纤维和石油化工装置，带动了整个化工行业的产业进步。到20世纪末，许多化工产品的产量已列于世界前列，如合成纤维、合成氨、染料产量等列第一位，化肥、农药、纯碱、硫酸等列第二位，橡胶烧碱等列第三位，石油化工、合成橡胶、合成塑料、轮胎列第四位，乙烯产品列世界第六位。1999年按化工货运额确定世界十大化工强国，中国排名第四。

五、当代化学工业的发展趋势

20世纪化学工业的发展速度快，其在各国的发展速度一般都是超过整个工业的增长，化学工业成为国民经济中比较活跃的行业，产值和利润的比值通常较高。尤其是20世纪后半纪，化学工业的投资利润率和产值利润平均居于上游，今后，它仍然是一个重要的工业部门。预测当代化学工业的发展趋势是困难的，但可以看到化学工业与材料、信息、能源、生命等部门的结合和渗透是必然的。当代精细化工的发展，为材料工业、信息产业提供重要的材料和助剂，为材料和信息技术的进步提供物质基础。生命科学的进步，将为人类合成各类医药提供了科学的前提，生物技术的进步将改变农药、化肥和医药的格局。能源的开发，核能和太阳能的利用，使煤炭和石油从能源上退到一个适当的次要位置，而从有机合成上，上升为碳化学的主要资源，植物和其它依靠太阳而生存的生物，将为合成有机物的原料。环境化工的开拓，将是改变目前生产状况的锁钥，人类将在注重治理已经造成的污染同时，将改造或取消一些污染严重的行业，改变工艺路线、工艺原料和方法，并用更新的材料来取代和充实原有的用途。化工的分离技术将逐步被取代为新型的方法和技术，化工的某些行业可能走向新生，应用化工方法生产的某些行业，如造纸、制革可能走向生物化工的方法和路线。

化工的某些行业可能走向衰弱，应用化工方法生产的某些化工产品的使用将受到控制。但新兴的精细化工、能源化工、信息化工、生物化工、生物医学化工、材料化工、环境化工等将随着技术的密集而充满生命力，它们必将出现飞跃。

第二节　化学工业的行业特征和分类

一、化学工业的行业特征

化学工业的行业范围很广，归纳它们的大体特征是：

(1) 发展和更新速度快。

化工产品产值的发展速度历来快于整个工业的发展速度，而且化工工艺的进步快，产品更新快，几乎是日新月异地进步，新产品、新工艺是化工的生命，没有创新就没有发展。

（2）设备特殊，设备投资高、更新快。

化学工业是个装置工业，设备分为通用设备和专用设备，标准设备和非标准设备。由于数千万个品种，生产工艺流程不相雷同，往往专用设备多于通用设备，非标设备多于标准设备，因此建厂投资中，设备投资大，而且设备寿命短，设备技术进步快。

（3）知识技术密集，投资和资金密集。

产品的更新，技术的进步，需要先进的测试仪表和高科技含量的技术，许多开发的技术具有知识产权，而研究开发的经费投资较高，往往一个开发研究要投入较多的技术人员协作攻关，经过数年才能突破。当市场上有某种化工产品时，就同时必须研究第二代更新换代产品和第三代技术储备，才能应对不断更新的市场。化工产品的市场占领，实际上包括化工新产品的技术服务和应用研究。应用研究是技术和产业工艺进步的重要环节，不同于其它行业的产品“推销”。

（4）能量消耗密集和物质消耗密集。

化工生产，尤其是基本原料化工的生产，消耗较多的自然界的原料或经过初加工的原料材料，许多化工产品消耗较多的能量，因此研究节能、降耗是创造更大效益的重要环节。

（5）有一定的规模效益。

化工产品的设备和原材料在成本中占的比例大，而劳动力费用占成本费一般不到10%，装置能力增加的倍数，小于投资的倍数，存在规模效益。许多基本化工均朝大型化方向发展。

（6）要求环境保护和防治，要求自动控制条件比较严格。

化工生产中往往存在着有毒、有害和易燃易爆、腐蚀或有不愉快气味或各式刺激性的原材料，助辅材料，产品，副产品和中间体等。要求连续化生产不排放或少排放有害环境的物质。

注重环境保护和治理，严格工艺控制条件，尽量实现封闭循环和自动化控制，以把危害降至最小。在治理环境处理“三废”时，化工生产又可以获得变废物为有用的副产物，充分利用资源。所以化工企业是环境保护和治理的重点企业。

（7）化工的市场竞争激烈，国际竞争也十分激烈。

化工产品与市场技术经济管理关系密切，与国际化大公司有着重要关系，但往往具有高额利润，是一个机遇和风险并存的工业。

（8）市场经营注意用户开发和用户技术指导。

化工产品和牌号纷纭繁杂，市场经营中更加需要开发新用户和对用户进行技术服务、技术指导，尤其是更新换代产品。

二、化学工业的分类

实际上，几乎所有的分类方法都不能算是完美的，要对化学工业进行分类，更是比较困难的。因为根据化学工业的定义，举凡应用化学原理，包括化学反应，改变物质结构的成分和形态的都是化学工业。

由于某些行业产量特别和管理体制上的差别，通常诸如冶金、建材、硅酸盐、食品不列入化学工业；而医药、纤维、橡胶制品和塑料制品等，有时又各有不属于化工部门的管理部门；生物化工、石油化工的独特形态，可能又各自独立。所以我们只简略地将化学工业现有的行业进行分类，兼及一些“非化工”的行业。

(1) 按化学工业使用的原料来划分则有

煤化工：以煤、焦油、焦炭、乙炔和煤的液化气化为原料。

石油化工：以石油炼制，包括裂解和重整的产物为原料。

天然气化工：以天然气(CH_4)为主要原料。

海洋化工：以海水和海洋资源为原料，包括海水中提取溴、海水淡化和海洋矿物等。

矿产化工：以硫、磷、黄铁矿、硼、石棉、钾矿、芒硝等化工矿产为原料的化学工业。

生物化工：以微生物和微生物方法为生产工艺以及自然界存在的生物体为原料。

林产化工：以木材为主要原料，包括木炭、木焦油等为原料。

天然药品和天然产物化工：包括生物制药等。

核化工(放射化工)：以放射性物质为原料或提取放射性物质为主要原料。

电化工：用电解或其它电化学手段生产。

(2) 按产品的用途和产品形态等，又可分为

国防化工：(军事化工)炸药，火箭推进剂，核武器材料，毒气和防毒剂等。

环境化工：治理环境工艺和系统工程，副产物、能量综合利用等。

食品化工：食品加工、添加剂、食用香精色素等。

日用化工：化妆品、香料、表面活性剂、洗涤剂、清洗剂等。

农用化工：化肥、农药、植物生长素、除草剂等。

能源化工：油田用化学品、煤炭采掘、浮选、太阳能、光能用材料等。

信息化工：电子微电子化学品等。

材料化工：复合材料、高分子材料、无机高分子材料合成，材料助剂等。

皮革化工：皮革加工各种助剂、表面涂饰剂等。

冶金化工：湿式冶金、非金属等。

药物化工：化学药物合成等。

硅酸盐化工：水泥、玻璃、陶瓷等。

建筑化工：建材、耐火材料、装饰材料等。

(3) 按产品归大类，又分为

无机化工：各种无机物、氨、肥料、碱、酸、无机颜料等。

有机化工：基本有机原料、有机溶剂、染料、洗涤剂。

高分子材料化工：合成树脂和塑料、合成橡胶、涂料树脂、粘合剂、化学纤维及其它。

精细化工：医药、农药、涂料、染料、粘合剂、表面活性剂、颜料助剂、催化剂、专用化学品等。

(4) 按产品行业和工业规模又可以分为

硫酸、硝盐、无机酸、纯碱、氯碱、无机盐、基本有机原料、化学肥料、农药、医药、染料、颜料、涂料、胶粘剂、合成树脂、化学纤维、合成橡胶、感光材料和磁性材料、日用化学品、表面活性剂、化学试剂、催化剂、助剂、陶瓷和无机非金属材料、水泥、玻璃、生物化工、专用精细化学品以及塑料加工、橡胶加工、化学矿冶炼、化工机械等。

(5) 按统计归口分为

基本化工原料、化肥、农药、医药、有机化学品、日用化学品、合成材料、化纤、橡胶制品、塑料制品和专用化学品等大宗门类。

第三节 化工装置的操作方式

化工产品千头万绪，反应和分离方式千差万别。化工装置一般要有维修周期，安排维修时间，化工生产一般希望生产时间在8000小时以上，特殊的产品可以长一些，也可以短一些。操作的方式有连续和间歇两大类，采用何种生产方式，对化工工艺和工艺设计有一定影响。

一、连续操作

物料从进入反应器开始，一直到分离处理，拿出精产品或粗产品的过程，是连续操作的，也就是说，物料源源不断地进入反应器，粗产品同时源源不断地生产出来，这个过程称为连续操作。

连续操作有两个层次，一是初级的连续操作，即如上述；二是典型的连续操作，就是从原料准备、原料配料计量、加料，直到产品精制处理包装都是在一条流水线上连续操作的，是全流程连续化操作。

连续操作的优点很多，如产品质量比较均一，工艺控制指标很容易实现自动化操作和由计算机操作控制，设备满负载运转，劳动生产率高，工人的劳动强度小，生产过程比较稳定，因而也比较安全。通常大型化工生产装置采用连续式。

二、间歇操作

整个生产过程以反应为标志，反应包括从原料计量、加料，进入反应器，进行反应，过滤，拿出反应产物、出料、清理反应器等，是一个周期。生产是按反应的周期来进行的。即使在周期中，局部时间之内也可能连续加料或出料，但只要这个周期不很长(比如20天)，也称为间歇操作，如间歇精馏、间歇吸收。最典型的间歇操作就是物料一次性计量投入，反应一段时间，中间可能经多次和多种步骤操作，最后一次性地从反应器取走产物，清洗反应器，进行下一轮投料。

间歇操作的优点是投料容易准确，反应产物便于调控，对于生产小批量多品种(比如同一种高分子树脂需要有不同平均分子量的产品)比较方便，对于复配型的精细化工产品也比较方便。但间歇操作工人劳动强度相对较大，如清洗反应器时有废物废渣排放则增大了环境治理的工作量和难度，也增大了环保投资，此外如采用自动控制费用亦较连续生产为高，产品质量不易均一。

三、半连续操作

广义地说，凡是介于典型的间歇操作和典型的连续操作之间，都可以叫半连续操作，但通常指反应过程半连续。也就是说，反应过程是一条流水线，原料物料不间断地连续地加入反应器，而产物源源不断地从反应器生产出来，这个过程是连续的。假如这个连续过程很短，比如说一个月，有一个“屈指可数”的反应周期反应时间，也称为半连续操作。

在整个工艺流程上关键部分连续而其它部分不连续，比如反应过程连续，但反应产物是要累积到一定程度，才集中分离一次或进行分离操作，只能算半连续操作；或者反应部分是典型的或较典型的间歇过程，而分离过程在积累到一定程度之后又是连续进行了，也叫半连续操作。局部连续而整体上不连续的操作，有时也称半连续操作过程。

四、操作方式的采用

采用何种操作方式，并无定规，通常根据反应特点、生产能力、自动化要求、产品质量和产品的特点来决定。大型的要求生产能力大的以连续为有利，小批量的通常以间歇为主，有些反应需要维持一定时间的，往往采用半连续的方式。凡此种种不能看成教条，一切因时而异，因物而异，相机选择。

如若尚不能决定采用何种操作方式，则应进行进一步开发试验，将两种或两种以上方案进行技术、经济和风险研究。

第四节　化工技术的开发与生产装置建设

一、化工新技术开发概述

1. 意义

化学工业是发展速度最快的工业之一，20 世纪以来发达国家的化工发展速度明显高于整个工业的发展水平。中国的化学工业的发展速度与整个工业基本同步，其产值占整个工业产值的 10%以上。可以说化学工业是一个非常重要的工业部门。

化学工业的发展靠科学技术，靠新技术和新产品开发。在发达国家的各大公司生产的化工产品有一半左右都是近一、二十年开发的新产品。

然而，化工新技术(产品)从研究到产业化的机会只有 1%~3%；从开发到产业化的机会只有 10%~25%；从中间试验到产业化的机会也只有 40%~60%。

化学工业又不同于其它工业，比如机械工业，在开发研制阶段的一个样机，一般就是机器的原型，与今后投放市场的产品基本一样，所不同的是生产批量增加而已。然而，化学工业小试验的样品，要变成工业的大批量的生产，十分不易。在开发过程出现的放大效应长期困扰着我们，过去沿用的逐级经验放大法费时、费钱又费人力。

因此，掌握正确的化工新技术开发方法尤其重要。早在上世纪 80 年代前原化学工业部就颁布和实施“化工新技术开发条例”，取得了很大成绩。

2. 科学研究和技术开发

科学研究的基本概念是创造和应用知识的探索工作。目前，世界各国已习惯用研究与开发(Research and Development)来表示科学研究的概念。

科学研究按产生的类型可分为科学推动型和科学需求型。科学推动型又称攻势研究(Offensive Research)，这是由于科学的发展或发现，经过研究和开发推出新工艺、新产品和新应用。如齐格勒催化剂的出现推动了定向聚合技术乃至高分子化工的发展。此类研究主要由科学院、高校及研究院所进行。科学需求型又称守势研究(Defensive Research)。它是由现有的工艺、现有的产品、现有的应用需要进行研究开发而拉动产生新技术。如现有的产品生产的环保问题拉出了污水生化处理等新技术。此类研究主要由研究院所和生产厂的研究所进行。

科学研究按其过程可分为基础研究、应用研究和技术开发研究。

基础研究没有特定的商业目的，以创新探索知识为目标的研究，其核心是在高水平上创新。如果有特定的目标，则称为应用基础研究或目标基础研究。基础研究如从微观角度研究传递过程机理、纳米技术、膜分离、生物物质的新分离纯化技术和环境友好(绿色)技术基础研究等，其成果往往孕育了新发现、新理论、新规律和新定律，其表现形式是学术论文或学术著作的推出。

应用研究运用基础研究的成果和相关知识，为创造新产品、新技术、新方法的技术基础进行的研究，如新型反应器、节能型分离技术、新型节能技术、三废处理新技术等。其成果是发明，表现形式为专利、论文和著作。

技术开发研究运用基础研究和应用研究成果和相关知识，为创造新产品、新技术、新方法以生产产品或完成工程任务为目的而进行的研究活动。它包括小型工艺试验、模试、冷模试验、中间试验以及概念设计、技术经济评价和基础设计等。它是将试验室的研究成果转化为第一套工业装置，表现形式为研究报告、论文、图纸和设计文件，以及装置、设备和产品等。

现在，我们常为“研究”和“开发”连起来使称“研究开发”主要是开发，属于技术问题，不是理论问题。

二、化工新技术开发的目的与任务

总的来说，化工新技术开发的目的就是开发出技术先进、数据完整、实用可靠、有效益、有竞争力的单项技术或成套技术的成果，根本目的是创造财富，创造更大的经济效益，是探索实现工业化或半工业化。

对于化工产品来说，技术开发的目的可以表述为，开发新产品，开发新的生产工艺和生产技术，开发新的合成方法，开发出新的工艺设备，对现在生产的产品进行过程的优化，改进现存产品的性能、功能和工艺流程、工艺方法，节能、降耗和防治污染治理三废的技术开发，使现有产品富有市场竞争力。而其中新产品的开发，包括新产品的合成工艺和工程，是主要的方面和主要目的。化工产品市场上获得经济效益高的也是不断开发出来的新产品，至少有60%~70%的工作是开发新产品。许多化工产品有一定的生命周期，当它的技术达到成熟时，竞争对手也会增加，市场的开发就成为主要问题，有时甚至市场近于饱和，所以开发新功能、新性能、新用途的新产品(哪怕是老产品改头换面的，也叫新产品)就成为技术开发的主要目的。当然，对于老产品也可投入一定的精力去开发，其开发的主要目的是节能、降耗和治理环境。当然老产品改变原料路线和合成方法也是开发的一个目的，但这种开发的风险相对较大，风险与效益并存。原料路线和合成方法的改进并不是所有老产品遇到的问题，但是这种技术开发，一旦成功，效益甚至越过新产品，只是这种开发的投入相对要比新产品开发大，要有一定的开发实力。

化工新技术开发任务是以基础研究和应用研究及各种科技信息为基础，研究新工艺条件、工程放大、技术经济评价、技术规范、取得工程设计、装置的制造、建设、操作和产品销售的数据，以达到实现新技术、新产品工业化的目的。简言之，化工新技术开发就是把化工研究成果转化为生产力，产生经济效益。

三、化工新技术开发的主要内容

化工新技术开发的具体类型有：

(1) 新生产工艺(过程)(包括环保、节能)的开发，老生产工艺(过程)(包括环保、节能)的革新。

（2）新化学品（包括催化剂）的开发，老化学品（包括催化剂）的革新。

（3）新材料和新大型化工装置的开发，老材料和老大型化工装置的革新。

（4）新计算机应用软件和新生产控制系统的开发。

（5）引进化工技术的消化吸收、创新和国产化。

归纳起来，分为两类，一类是新产品开发，一类是老产品的进步。至于上述（4）、（5）两条是为上面这两类开发应用的预开发。

化工新产品的开发，立足于新，侧重于工艺条件和市场应用开发研究，由于是新的，可以在占领市场后，有较好的经济回报。而对于该产品的工艺技术，有时候不一定是最先进的，常常借鉴老产品的生产工艺和经验。而老产品的进步，则立足于先进，侧重于工程技术的开发研究和工艺条件的先进合理节能以及降耗研究。大量的工作是工程研究，包括大型化工装置的开发和改造，工艺条件的先进最终由工程的进步来实现。

工艺的先进性是重要的研究，而工程研究则占主导地位。

新产品的开发，一般可示意如下：

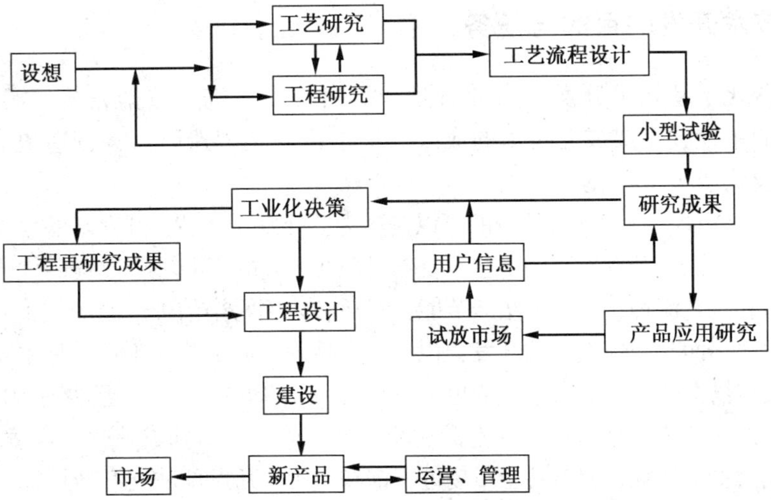

有时我们把工艺研究、工程研究和工艺流程研究设计称为“过程开发研究”。

小试或实验台装置的试验是十分必要的，从上图可知，它一方面检验过程开发的成果，另一方面为市场开发、产品的应用开发和指导用户应用提供必要的样品。

工艺开发研究，不同于实验室的基础研究，也不同于基础理论的应用研究。它研究的内容包括原料和原料路线，反应的工艺条件和参数、温度、压力、催化剂、原料配比、反应时间和操作步骤、产品的性能和中间控制方案、三废的排放和治理方案、成品和半成品的检验规程、产品的规格品级产品的标准、产品的应用性能和储存运输使用中应当注意的问题和条件等等。其中涉及到反应的过程和条件又与工程开发息息相关。

工艺开发研究使用的原料不同于实验室的试剂，而是采用工业品。工艺条件的控制，物料的循环使用，回收利用，三废治理等，都是实验室试验无法研究的。所以实验室的试验报告，不能替代工艺开发研究。

工程开发研究包括研究平衡常数、平衡数据、反应参数和反应的优化，转化率和收率的优化，反应速率和动力学研究，反应速度，反应器和其它相匹配装置，过程的分离方案，原料方案和生产过程的流程设计节能措施，全流程的装置设计等等。

其中关于反应和分离的过程，又与工艺开发研究密不可分，必须知道工艺物料的特性，产物的特性和功能等条件和资料，从而在工程开发中保证质量并研究节能降耗的措施，实现工业化的最佳流程方案、流程评价，并对流程进行基础设计，为顺利进入工程设计提供资料。

工艺和工程开发研究，可以大型化，也可以微型化。大型化可以达到半工业化水平。小型化的试验装置，一般模仿工业装置，但设备微型化，又叫实验台装置，可以小到微量投产，用计算机处理。

四、化工技术开发研究的方法和程序

1. 逐级经验放大法

逐级经验放大法的步骤如下：

工艺小试→中间试验→工程设计

这种开发方法是在实验室取得成功后，还需进行规模稍大些的模型试验和规模更大些的中间试验，有时甚至需要进行半工业化试验，然后才能达到工业规模的生产装置。其开发的最终成果是中试试验报告，它是工程设计的依据。

在这种逐级放大过程中，经常发现某些技术经济指标下降了，达不到小试验的水平，被称之为“放大效应”，如化学反应的转化率或收率等。在这种逐级放大方法中，由小试验确定反应器的型式和工艺条件，用逐级规模加大(模试，中试等)考察几何尺寸对它们的影响，来解决放大问题。如，我国的顺丁橡胶开发中，其核心设备聚合釜的体积经历了如下规模：

$$0.03 \to 0.25 \to 1.5 \to 6 \to 12 \to 30(m^3)$$

由此可知，逐级经验放大法必然花费大量的物力、人力及宝贵的时间，甚至耽误了工业化的时机。

2. 化工新技术开发环节工作程序

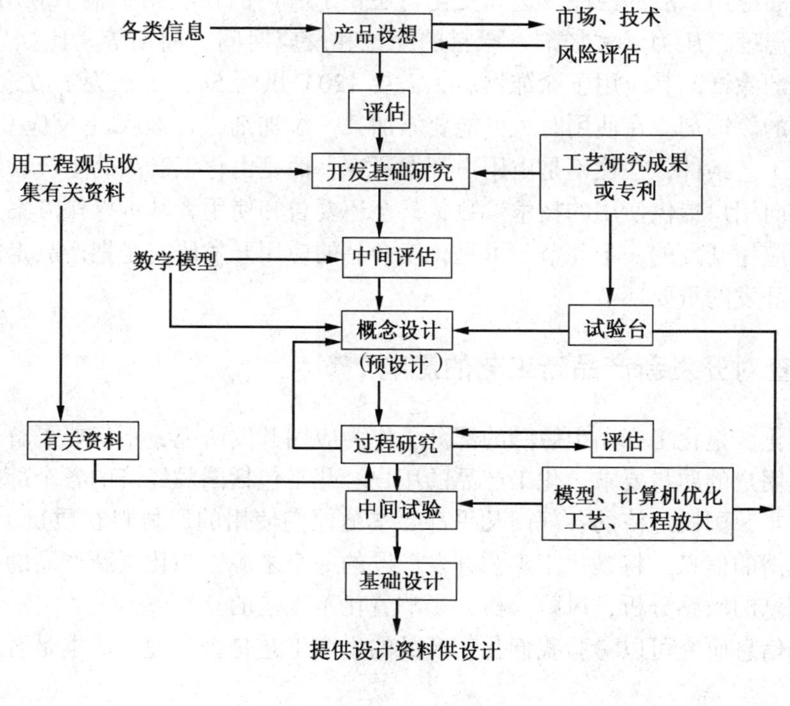

五、化工装置的建设

化工装置的建设在化工新技术开发的基础上由如下内容和步骤来完成：

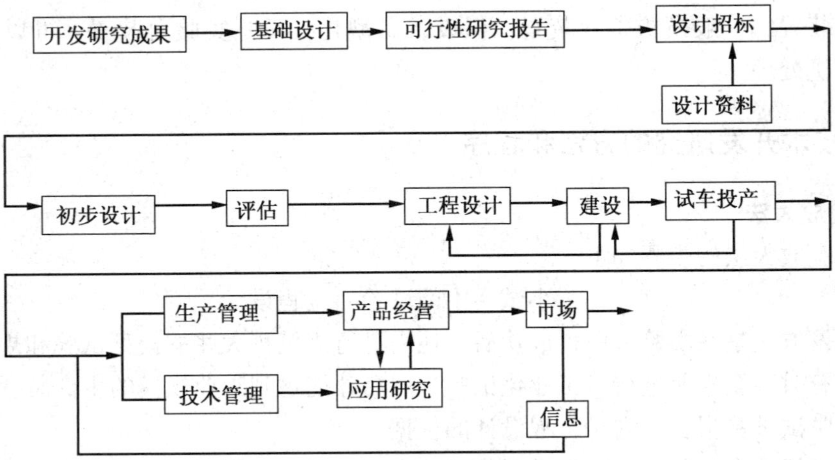

第五节　应用开发研究

一、应用开发研究的意义

化工产品更新换代许多时候不同于其它行业的产品更新，比如照相机、电视机，新型号出现可以无需技术指导，用户就会应用。而化工新产品的出现不仅要化工工艺师的实验室研究，掌握了它的合成工艺和技术，并进行试生产，还要化工工程师进行应用工艺的研究。在应用中了解产品应用以后的性能改进和变化，还要了解产品在应用中整个应用工艺的改变，包括应用时的温度、压力、添加剂、原料的配比和反应时间、周期等。比如生产某种涂饰剂，原先使用的涂饰剂其应用于涂饰物后，需要 120℃烘烤 5h，现在为了改进涂层的性能，发明了一种新的涂饰剂。在使用时，可能要添加某一添加剂，在 60℃下反应 0.2h 即可完成等。应用时的工艺条件，往往不是由用户开发研究，而是由化工产品的生产者进行应用工艺研究，不仅要向用户提供使用的技术参数，甚至还要告知使用者基本操作方案，这后者称技术服务，也是应用开发的一个环节。可见化工产品的应用开发研究是把产品走向市场的必要步骤，是技术开发的重要环节。

二、市场调查对开发新产品新工艺的影响

市场的变化，是化工产品很敏感的部分，作为应用开发研究，不仅要了解用户的数量要求，还要了解用户的质量要求。化工产品的用户，几乎包括国民经济的各个部门，随着整个工业的技术进步，国民经济的各部门几乎都要求被他们使用的原材料在质量上要有所改进。因而从市场反馈的信息，将是化工工艺开发课题的一个来源，为化工新产品的开发提供市场依据。市场信息的敏感分析、风险分析，影响着化工工艺的开发。

此外市场信息研究可以考验我们化工产品的生产工艺是否合理，成本是否足够低，有无

竞争能力，这反过来可以影响化工工艺条件的改革。

三、应用技术的研究与服务对技术开发的影响

化工产品的生产工艺研究和产品的应用技术研究，看上去是两种不同的研究内容，其实它们之间又是息息相关的。

对于产品的应用技术研究，必须掌握有关资料，了解和熟悉应用部门的现有应用技术，了解并掌握应用部门的发展走向。当然这种研究是合作的，是与应用部门的相关人员共同研究和探讨的。比如我们生产一种新型农药，我们必须懂得农药的喷施过程，喷施的设备和技术，从而研究我们的新产品是否适用这种技术操作。如果不适用有几种改进途径，一种是改进我们的产品，一种是改变过去的使用技术，提供更简捷、安全、方便、合理的使用技术并对这种技术运用提供服务。又比如我们生产一种建筑涂饰材料，我们必须了解建筑施工过程中是如何实施的，还有，建筑行业的发展走向对这项产品的需求潜力，从而确定我们生产的这种产品的性能，以及它的剂型甚至包装运输方式等等都应当考虑。所以化工产品的应用技术研究，在化工产品和工艺的开发中，占有十分重要的地位。

四、文献资料和专利提供化工新产品开发与应用技术研究

化工新产品的开发是一个经常的过程，除了有一定技术储备之外，对当前有可能更新换代的产品必须提前研究，提供小批量样品。这里的新产品开发信息，不一定来自市场调查和应用部门的前瞻，有可能来自研究报告和专利报告，从研究报告或其它文献信息筛选，进行产品开发。开发出的新产品尤其应当进行应用技术研究，用以开拓市场，检验产品的生产工艺和使用性能。将检验的结果，反馈到产品的技术开发中，进行调整和充实，使产品的技术开发工作更加完善，具有针对性。

第六节　化工工艺设计

一、化工工艺设计的内容和要求

当研究生产某种化工产品时，我们只知道它的化学反应和反应方程式远远不够，必须解决它的反应条件(工艺操作条件)、反应的场所(厂房建筑和各种设备)以及分离提纯的方法，包装为成品的方案和治理三废保护环境的措施等等，有了这些，并将之形成可以生产运行的流水线，才有可能形成生产能力。把这些内容逐一落实，并且使之能够建设成为一个工厂、车间或一条生产线，这就是化工工艺设计要完成的任务。

化工工艺设计，是学习化工专业或学习化工工艺学最终能具备的一种本领或能力，一种综合运用知识的能力。

1. 化工工艺设计的内容

可以简括为

(1) 研究产品的反应特点和反应工艺、设计反应过程，这是生产的关键。

(2) 设计工艺流程，这是全部工作的灵魂和核心。

(3) 工艺流程的落实，包括工艺流程中设备的选型和工艺设计、仪表的设置、管道管件

阀门的选择设计和排布设置等。这是整个工艺设计的重点和要害，这部分工作做不好等于纸上谈兵。

（4）车间和工艺设备的布置，这是工艺设计富有想像力的部分。

（5）协调为工艺和操作服务的“公用工程”和全部设计中“非工艺专业”的设计，为它们提供工艺条件，这是工艺设计中协作的成果。

（6）制定三废治理的措施和三废治理的工艺设计。

（7）编制设计文件，这是工艺设计成果的汇总。

当然，除此之外，还应当参与某些工作比如工厂的选址，工厂的总平面布置，车间厂房的布置，建设过程中充当“设计代表”，参与设备试运转和投料试车工作等等。

2. 化工工艺设计的要求

作为工艺设计的总的原则是：技术先进、设计合理、生产安全、经济有效、注意环境、为国为民。

通常工艺设计分为两个阶段，第一阶段是初步设计，第二阶段是施工图设计。初步设计阶段有时称为基础设计阶段，以可行性研究报告或设计任务书为依据，按投资者要求的产量和生产能力，以及投资者的其它要求，进行初步设计。初步设计的成果是一本设计说明书和一套图纸。这些文件成果送交投资者组织专家评估审查，提出修改意见，讨论成熟，进入第二阶段设计。

施工图设计阶段，有时称为工程设计阶段，主要是依据已经修正过的初步设计文件，加以深入细致的修订或重新设计工作，为了满足工程施工的需要，增加大量的图纸。对于工艺设计来说，增加的主要是管道设计等内容。

（1）初步设计要求的文件图表。

文件称“设计说明书”，包括：

① 总论；

② 产品方案、生产方式和生产流程简述；

③ 工艺计算简述；

④ 工艺计算结果和汇总；

⑤ 主要设备选型说明；

⑥ 主要设备的工艺计算，设备一览表；

⑦ 非标设备条件图表；

⑧ 原材料和动力的规格要求与消耗定额，主要生产控制指标，生产机构和定员，三废治理，成本估算，安全卫生，概算编制和总概算书，存在问题及解决的意见方案。

一套图纸和表格，包括：

① 工艺物料流程图；

② 带控制点的工艺流程图；

③ 设备的布置图（一般用平面布置图），表达不清楚加剖面图；

④ 设备一览表；

⑤ 物料流程表。

还有非工艺专业的简略说明书，主要是总平面布置和运输方案、仪表设备一览表，主要分析仪器一览表，技术经济评估分析，总概算书和关键设备总图。

（2）施工图设计阶段要求完成的文件。

设计说明书(除了工艺设计说明书之外各相关专业都要有设计说明书):

① 工艺设计修改说明;

② 设备安装说明;

③ 施工技术说明;

④ 设计概算说明。

一整套图表:

属于化工工艺设计专业的有:

① 施工图工艺管道仪表流程图(又叫 PI 图,也可以叫施工图阶段带控制点工艺流程图);

② 设备布置图;

③ 设备一览表;

④ 管道布置图;

⑤ 管段图;

⑥ 管架及非标准管件图;

⑦ 设备管口方位图;

⑧ 管架表;

⑨ 管段表;

⑩ 综合材料表等;

⑪ 总概算书。

非化工工艺的专业图纸,则要求尽量详细,细到便于工程安装,诸如详细到地脚螺丝、垫板等必须有安装图等等。

二、产品生产的反应工艺研究和设计

1. 产品的原料和原料路线研究设计

化工产品、尤其新产品的开发设计可能遇到好几种不同的原料路线。必须对不同的原料路线加以比较选择,才能确定设计的依据。

原料选择的原则,首先分析原料的资源、来源、市场供应、原料性质和价格等诸因素,从国情出发,优先选用国内资源丰富、产量较大、已形成规模并有重要企业生产、原料运输方便、价格低廉的原料。其次应尽量选用大型企业生产的无毒害、无污染或不易造成污染的原料。第三还应考虑合成工艺对原料要求的苛刻程度,因为原料要预先处理,这些原料预备和处理的难度不同。此外,还要研究不同原料在合成中动力能源和物料的消耗,合成产物的分离困难与否,排放的三废数量品种及其治理的难易等情况,综合设计。

2. 产品的合成路线和反应装置研究设计

有些化工产品用同一种原料路线或不同的原料路线有不同的合成方法,在设计过程中选择何种合成路线要研究选择。一般选用已经实现工业化的成熟的工艺,选用操作上相对可靠和难度较低的工艺,优先选用技术先进、设备投资俭省、加工难度较小的合成工艺。

不同的合成路线就有不同的反应装置反应器,对反应器的研究选择和设计也有许多原则,如要求先进、易控制、消耗少、运转费用低等等。比如氧化 C_4 制取顺丁烯二酸酐有固定床和流化床两种合成装置和方法,固定床比较成熟,但技术落后,在生产能力、产品质量、连续化程度、能耗等许多地方均不如流化床，但固定床投资小，水的消耗稍低等，应在技术经济上进行综合比较，加以设计。

3. 产品合成工艺条件的制定和设计

合成的工艺条件，概言之是反应进行的条件，包括反应温度、压力、催化剂的形态和投量、原料的配比、反应的停留时间等，这些条件一般在产品开发时已有研究，但在化工工艺设计时，必须对这些工艺条件进一步研究、选择，有时要进一步做工艺开发的研究。

在研究这些反应工艺时，就涉及到“公用工程”(水、电、蒸汽、冷冻、压缩空气)的配套和自动控制的方案确定。

4. 反应工艺确定的一般原则

(1) 必须满足产品的性能和质量要求；

(2) 原材料消耗水平合理、原料的资源、生产和市场供应可靠，储运方便；

(3) 尽量采用先进技术，利用可资利用的专利和技术诀窍，对反应过程中的关键技术必须可靠，或有可资借鉴的技术，尽量减少技术风险；

(4) 反应装置尽量要有一定的规模，尽量不要搞小而多，因为据有些专家研究，化工装置其生产能力扩大的倍数的 0.6 至 0.7 次方为投资扩大的倍数。假设生产能力扩大 10 倍，则投资只扩大 4~5 倍；

(5) 操作控制的条件易于达到，并易于掌握，易于实现自动控制和强化自动化水平；

(6) 尽量减少有毒有害物质的使用和产生，尽量减少“三废”的排放，已经产生的“三废”要易于治理；

(7) 消耗能量较少、较合理，使用的配套公用工程尽量简化，不要复杂化；

(8) 运转费用低，进行综合技术经济性能评价，投资和产值之比，投资和利润率之比值，产值和利润的比值等经济指标综合评价。

三、工艺流程设计方案(流程方案的设计)

工艺流程的设计在产品开发阶段就会碰到，要设想一个工艺流程，在小试和中试及半工业化试验阶段，就已经出现了工艺流程的设计问题，在进行工厂设计时，工艺流程的设计是整个化工工艺设计的灵魂。

工艺流程设计一般如下图所示：

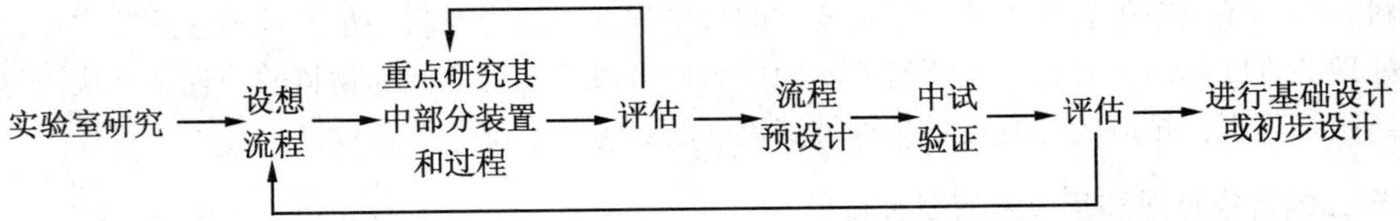

1. 工艺流程的设想和预设计

根据研究报告，一般可将流程分为三大块

原　料 → 反　应 → 分　离

反应研究，在上一小节已经述及，现在我们必须对原料和分离两个部分进行设计。

原料是由反应工艺决定的，确定一个反应工艺之后，应用何种原料、原料要何种状态，都已有了明确要求，有些原料要预处理，如固体物料要不要粉碎？粉碎之后要不要筛分？筛分之后要不要干燥？假如是液体物料，液态还是气态？如果是气态则要气化。进入反应器的要求是反应对该物料要求的纯度如何？要不要干燥除水？要不要除杂质？等等，一系列的“原料准备”的问题，流程变成了如下情形：

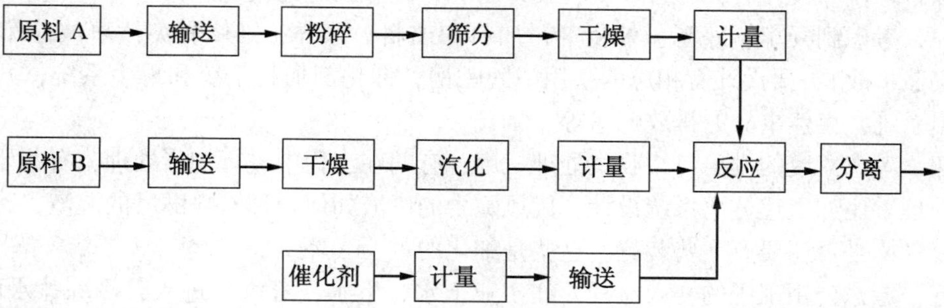

反应工艺确定之后，反应产物就已经确定，提纯分离就进入设计的流程，分离的方案很多，可以选择设计。上面的方框图流程就走向完善，变成

（前略）⟶ 反　应 ⟶ 除　尘 ⟶ 液　化 ⟶ 精　制 ⟶ 产　品

这样就设计了一个初步的流程“方案”。

2. 将流程的方框变成具体的化工单元操作设备

上述举例的方框图，才是一些化工单元的概念，这并不能算流程。将上图变成操作设备，才是一个起码的流程。如“反应”在流程中可能是一个反应釜或一个流化床。举例上图的原料流程，变成

原料 A ⟶ 提升机 ⟶ 雷蒙磨 ⟶ 振动筛 ⟶ 气流干燥器 ⟶ 旋风除尘器 ⟶ 原料料仓 ⟶ 计量秤 ⟶ 流化床反应器

分离流程变成

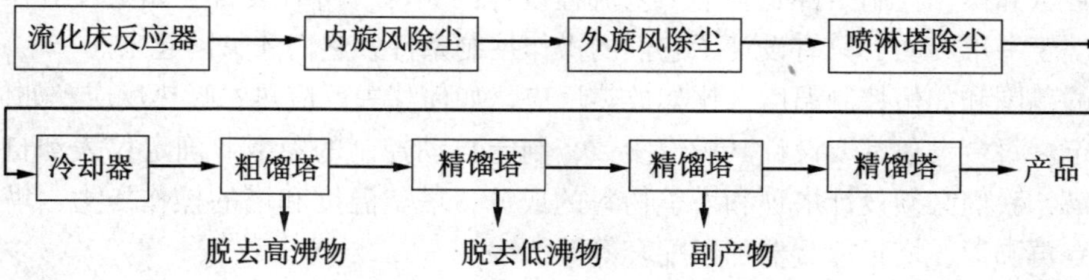

3. 将流程进一步细化、详化、完善

首先，应当完善物料的输运和衔接，有些地方要用泵，有时要用高位槽等等，比如上述原料 B，从概念变成设备的流程是

原料 B ⟶ 原料 ⟶ 硅胶干燥器 ⟶ 分子筛干燥 ⟶ 汽化器 ⟶ 流量计 ⟶ 流化床

为了保证汽化器工作连续，自动控制，所以要设高位槽，如图

原料 B ⟶ 泵 ⟶ 硅胶塔 ⟶ 分子筛塔 ⟶ 高位槽 ⟶ 流量计 ⟶ 汽化器 ⟶ 流量计 ⟶ 流化床

又如，分离流程中各精馏塔之间，除了再沸器塔顶冷凝器，如何将第一塔的塔顶和釜料进入后继的塔，如何输送衔接，必须将流程加以完善。

其次，要考虑设备的配套，切换使用，并使操作富有弹性。比如上述分子筛干燥塔，必须考虑再生，分子筛干燥塔每次使用串联两塔，再生时切换并再生，所以流程中必须有并联的设备以备切换。设备有分有合。流程设计时应有充分匹配的设计。

第三，考虑到开车、停车、催化剂、加料和出料、取样、维修和突然事故停车（停止、断水等突然事故），要设计有相应的备用中间贮槽，催化剂加料系统和再生系统，开工时的点火升温系统，突然事故的排放贮槽等。

第四，考虑三废的排出口，收集处理三废，有的在流程中进行初步处理，有些要收集以便集中处理。比如上述分离系统设计，旋风除尘的废渣如何处理？喷淋塔的湿渣，冷却器排放的不凝气体是否还要有一些装置？这些是细化的重要一环。

第五，考虑公用工程的介入流程，如工业上水，下水，蒸汽的进入，冷冻盐水的冷却。假如反应器用烟道气加热，还要有烟道炉和输送烟道气的设备体系如风机、烟囱等，使用真空的，还有真空体系的设备进入流程。

第六，产物的后处理包装流程和副产物净化处理的流程加以完善等等。

4. 将流程力图尽量简化

一个完善的流程不一定越复杂越好，人类的工具的进步，就是由简单变成复杂，近于繁琐，再力求简单的一个不断发展的过程，这是人类认识的深化和飞跃，工艺流程的设计也应如此：

流程的力求简化常常从下列方面着手：

（1）尽量采用先进技术，使反应的适应性变强，减少繁杂的原料精制和准备的过程；

（2）采用先进技术，力求分离过程的简化，分离过程通常比较复杂，可供选择的方案甚多，有力求简化的余地；

（3）尽量减少公用工程的复杂性。

5. 制定工艺流程各装置设备的操作参数和操作控制条件

操作参数和操作控制条件是整个工艺流程设计的灵魂，所有装置，如果没有操作条件，这些装置等于一堆废物，只有设计了它们的操作控制条件，它们才灵动起来。

温度的范围和如何控制温度，比如放热反应，如何移去反应热？吸热反应，如何保持反应温度恒定？每台设备都要设计其操作参数，制定自动控制的参数、确定仪表和自控要求。比如精馏塔，我们必须设计塔顶和塔釜物料的成分，塔釜温度和塔的操作压力，塔顶温度，然后才好有再沸器，塔顶冷凝器加以配套等等。

6. 将工艺流程方案进行比较

将两个或两个以上的流程方框图画出，比较就稍方便了。一般进行技术经济研究，并在小试和工业化试验中加以评估，综合评价，反馈到设计中去反复比较。

四、工艺流程方案的量化——初步设计阶段工艺流程设计的完成

1. 工艺流程量化设计之一——设备的操作参数确定

这个问题在方案设计阶段，就已经涉及，每一台设备的控制参数都已大体确定，在量化设计时，要核实，不使一个设备遗漏，工艺参数确定的根据是工艺的开发研究和生产经验。

2. 工艺流程量化设计之二——工艺设备的选型和设计

这是工艺流程量化设计的主要工作，按照详细的工艺流程草图(方框图)进行量化设计。

首先，要进行全流程的物料衡算，这是整个量化设计的基础。物料衡算的依据之一是产品的合成路线和合成反应的方程式与实际情形；依据之二是产品的质量指标和要求的年产量；依据之三是流程设备的工作时间、生产方式。间歇式生产按生产周期算，从年产量算出每一反应炉一个生产周期要求生产多少产品，连续式生产则要算出每小时的投料量和产量。

计算的方式有几种，第一种是从后往前算，比如年产 8 万 t 某产品，计算年工作时间为 8000h，则每小时应当产 10t 产品。从后面算起，则应先计算包装损失，假如是 1‰或 0.05‰，可以预算出包装贮仓每小时的供应量，再算出精制和后处理的收率、算得精馏塔顶出料的流量，从精馏塔顶和塔釜的物料组成，计算精馏塔的进料量，如此不断衡算。

第二种是选定一个基准，由投料往后算，这要比前一种算法好理顺一些。如以每小时 100kg 物料 A 投入反应器计算，根据投料配比的工艺操作参数可知原料 B 的投量和催化剂用量，可计算从反应器出口的物料量和组成，如此按流程一步一步算至成品。用 100kg/h 原料 A 的投入，得到多少产品，再将产品归整为我们设计的年产量，可以反过来得到原料 A 的真正投料量。

第三种简捷算法是已知原材料的消耗定额或大体设计一个消耗定额，可以十分方便地得出投料量，再根据原料循环，反应产物，可以作出全系统的物料平衡计算。

化工设计部门经常采用第二种方法计算。对于小型的成熟的工艺并有工业参数可资借鉴的有时也按第三种方法粗算。

其次，在算出全流程的物料平衡时，要逐个设备算出或列出它们的物料平衡关系，在上述计算的基础上，这一步并不困难。

第三，进行一个一个设备的选型和设计。

对于每一个设备来说，已经在前面的衡算中算出了它的物料平衡关系，选择一个设备就不很困难了。

进行设备设计有下述三项工作要做：

(1) 设备的材质选择，主要是耐溶剂和耐腐蚀要求，耐高温耐低温要求等。

(2) 确定设备的形式，比如贮槽选择立式还是卧式，离心机选用自动卸料转鼓式还是三足水平式等等。依据产品样本和规范根据工艺条件来确定，比如精馏塔，首先选择其型式，板式塔还是填料塔，何种填料塔或何种板型。

(3) 设计设备的基本尺寸或选择定型设备的型号。

根据前述计算的设备物料衡算数据，可以很方便地设计设备的直径、高度、内部构件、搅拌形式等，设备的工艺附件和设备的各种接管口、支承附件、吊装附件等等。比如，我们设计的板式塔，通过物料衡算数据工艺指标可以设计出塔板数、塔径、塔高和附有的再沸器、塔顶冷却器等等。

定型设备则根据物料衡算数据，确定型号尺寸大小。设备设计工作涉及大量计算，最后必须将结果汇总编成一个设备一览表。设备一览表按标准设备和非标准设备分类，标准设备，提供订货根据；非标准设备则要画出它们的设备条件图和填写条件表，提供给设备设计专业设计加工。

为了订货和分类方便，化工设备被分为若干类，每类有一个字母作为这类设备的代号。

V：容器。包括各种贮槽、高位槽、球罐、气柜、旋风分离器及其它分离器等。

T：塔器。包括精馏塔、吸收塔、喷淋塔等。

P：泵类。包括喷射泵、水环泵、离心泵、往复泵等。

C：风机压缩机类。包括鼓风机、压缩机等。

R：反应器类。

F：工业炉。

E：换热器类。包括换热器、冷却器、加热器、蒸发器等。

S：烟囱火炬。

L：起重运输机械。

M：其它机械。包括离心机、压滤机、过滤机等。

W：称量设备。

X：其它设备。

除了设备代号之外，每个设备在工艺流程中有它固定的位置，因此，每个设备还编有它自己的位置代号，通常由三位或四位数字组成。前两位数字为车间或指定的区域代号，后两位数字为同一区域内同一类设备的流水编号，如 T—1104 表示在“11”区域内(这个 11 可能是指一车间一工段，代号由设计负责人指定)，04 表示这个工段内第 4 个塔器。

3. 工艺流程量化设计之三——管道管件和仪表的设计

（1）管道材料选择和确定。

（2）管道直径设计计算和选型，管道的直径和壁厚按规范选定。

（3）管件设计、阀门选择设计。

（4）管道特殊设计，包括管道连接，补偿器、保温隔热等。

（5）管道其它设计。管道设计包括施工图阶段的管段设计，管架设计，设备管口方位设计等，要画出有关图纸。

（6）工艺控制点的设计，包括自动控制的参数，被控对象，监控地点，自控的实施和条件，控制参数的选定和控制要求，则由工艺设计人员与仪表设计人员共同商定。

4. 工艺流程量化设计之四——热量衡算，确定公用工程的用量和流程图

衡算的方法是按流程草图上，有热变化的设备一个设备一个设备地计算。

热量衡算的基准，经常采用某一个设备 1h 的进料量为基准来计算，也可以先按 1kg 或 1kmol 为基准计算再换算成实际情况的每小时为基准的热量。

热量衡算中要规定物料的基准态，以便同一种物料在计算时有所参照。

热量衡算的结果，可以得出能量的消耗，对于水、电、蒸汽、致冷量可以有定量的结果，从而确定公用工程的管道、流量，最终完成公用工程流程图。

五、工艺流程的评估

工艺设计的核心是工艺流程的设计，工艺流程设计过程中至少有三次评估，在流程设想和进行预设计之后要进行评估；而在流程完善化方案设计之后，对几种流程方案比较时，要进行第二次评估；当初步设计完成之后，送交投资者审查时，投资者应组织专家对初步设计的工艺流程进行审慎的评估。

评估一般包括技术、经济、风险等几个方面，实际上这几个方面又不能截然分开。技术不先进，经济上肯定收效不好；技术过于先进或超前，风险当然比较大；为躲避风险，有时采取析中的方案。总之，评估是一个综合的过程。

通常评估包括以下方面。

1. 装置的规模

要保证产品的产量，装置是大型化，单机生产，还是搞小型的“加法”。当然，有时由于放大的不可靠性，为规避风险，采用的“加法”，有时技术上的风险可以预料其程度，就要具体分析。通常化工装置的大型化，比小型“加法”的经济效益高，投资与产值之比的比值要小。由于生产条件不同，采用的操作方式连续化或间歇生产，年生产小时数等问题均不同，都应进行评估。

2. 总投资费用，运行费用与利润评估

建设总投资包括设备的选型、制造、材质、数量、台件数是否最优化，设计的设备在运行过程中的寿命、可靠性、维修和备品备件要求。

生产过程中的物耗、能耗、设备的装载系数、流程中各设备能力的匹配能力的综合运用等等，直接影响到装置的运行费用、投入产出比例等等，这些往往要审慎评估。

3. 原材料选用评估

评估内容包括原材料的来源资源风险、储运风险和储运费用，输送原料的设备管道合理可靠安全与否。原材料消耗当然是原材料评估中不可缺少的内容，工艺流程对原材料的精制过程的要求及因精制造成的费用，与工艺流程的设计进行综合评估。

4. 公用工程的设计评估

公用工程有时在装置建设中占有一定投资比例，要对各设备需要的水、电、气、冷等公用工程研究评估，从配套设施的建设投资，公用工程的消耗量和公用工程生产能力设计，从经济上进行分析评估。

5. 单元操作技术的先进性和投资评估

从反应器选择到分离过程的设计是整个工艺流程设计中最活跃最积极的部分，反应过程和分离过程的设计，是反映流程是否先进合理的标志，要占有大量的技术资料，了解行业的最新动态，发展前景，了解开发的新设备，尽量采用先进的。对于化工单元设备，如果操作条件愈复杂则可靠性愈差，操作条件愈苛刻则风险愈大。

6. 工艺操作参数和相关技术指标评估

工艺参数优化与否，有时不一定追求高的收率和转化率，对于一个化工产品来说，有时有它特有的技术可比性指标。工艺操作参数的制定有时与能耗密切相关，与公用工程的消耗相关，参数是否合理、优化，要仔细评估。工艺参数要有一定弹性，弹性越小，风险越大，这与整个产品的质量控制，生产的稳定可靠和成本等因素息息相关。

7. 全流程的设备台件数和生产步骤评估

生产步骤环环相扣，要从全流程评估。停车事故的应急措施，中间贮槽，周转设备是否够用，物料准备是否充足合理等等，步骤越是复杂，可能出现的故障就越多，防患措施就愈是要充分。

8. 自动化和仪表水平评估

自动化水平越高生产的可靠性越大，但仪表的先进性、可靠性也会带来一些麻烦。

9. 新产品的时效和市场变化评估

如果开发的是新产品，是一种目前市场上没有的新产品，则工艺流程的设计往往不一定追求先进性，而是先追求可靠性。操作的可行性，控制的稳定性，当然可以仔细研究，但可能失去市场机会。

10. 建筑物和建筑费用评估

建筑费用在工程投资中占有一定的份额，工艺设计中的厂房设施要实用、节省合理。

11. 运转的机器设备的可靠性和备件安装评估

12. 管道阀门和管道附件的可靠性分析

总之，工艺流程在量化设计之后，要经过审慎评估，才能进入施工图设计。

六、初步设计阶段的工艺流程图

工艺流程的设计经过量化设计至此已经基本完成，但在设备布置或公用工程设计中还要协调，可能还会有小的修改，因此，工艺流程设计是工艺设计中最早进行，但又是最后才完成的，成果形式是图纸，用程序图表达如下：

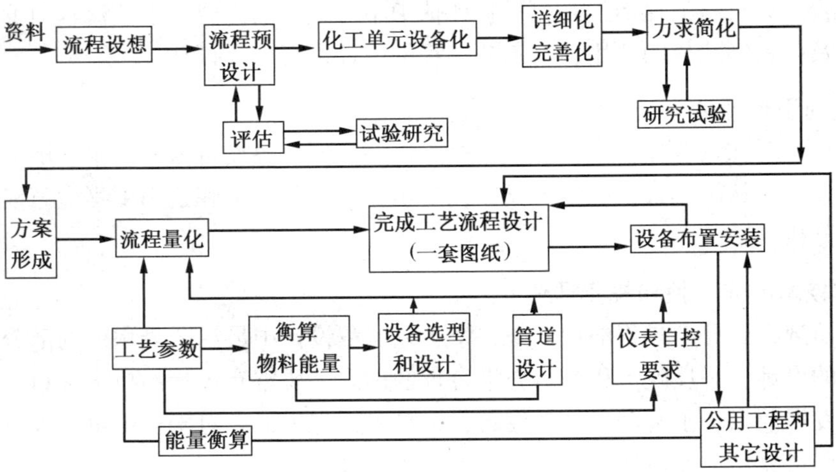

1. 工艺物料流程图(简称物流图，国外称工艺流程图 PFD，Process Flowsheet Diagram)

工艺流程草图不仅表达了方案设计的成果，而且是进行化工工艺计算的图解标本。从草图上，可以看出必须对哪些生产工序、步骤或关键设备进行计算，不至于混乱、遗漏和重复。当化工工艺计算即物料衡算和热量衡算完成后，应绘制工艺物料流程图，简称物流图。物流图作为初步设计阶段的设计文件之一，提交设计主管部门和投资决策者审查，如无变动，在施工图设计阶段不必重新绘制。

物流图主要反映化工计算的成果，使设计流程定量化。有时由于物料衡算成果庞杂，常按工段(工序)分别绘制流程图。其主要内容是设备图形、物料表和标题栏。

(1) 设备图形和流程线

设备图形按设备外形绘制，尽量按比例。但有时简单流程则外形不必精确，常采用标准规定的设备表示方法，简化绘制。有的设备甚至简化为符号形式，如换热器，用于冷却则在用细线画的圆上加一斜向上的箭头线，表示冷却水的进出，如∅；用于加热则在圆中加画一个斜向下的箭头线，表示蒸汽的进出，如：∅；物料与物料之间换热，则在圆中加画一细折线与物料流程相连，如-⊘-。

要标注设备位号及名称，设备名称用中文写。如果设备相同，不止一台则在数字之后加大写英文字母 A、B……，如 R0318A、R0318B 等。

有些主要设备应注明其特殊材质、主要工艺操作条件和结构特征，如不锈钢、高锰钢、反应温度、压力、塔板数、换热器的结构特点等。

(2) 物料变化和物流表

对于物料发生变化的设备，要从物料管线上画一个引出线，并于引出线端用列表的形式表示物料的组成、名称、质量流量(kg/h)、质量分数、摩尔流量(kmol/h)。如果组分复杂，变化又较多，在物流图的管线旁很难一一列表时，也可以将有关管线编号，在图纸下部用列表的形式，自左至右按流程和管道顺序统一列表表达。甚至于还可以把物流表作为图的附件，或将图纸延长，或者单独汇编成册，与管道编号相对照列出。

流程中产生的“三废”，亦应在有关管线中注明其组分、含量、排放量等等。

物料的某些工艺参数，例如物料温度、压力等可在流程线旁注明。

2. 带控制点的工艺流程图(Process and Control Flowsheet)

这种带控制点的工艺流程图，常常是在生产厂家的经典流程图。某些单位甚至把它简化后复制到控制室内，供操作人员熟悉或供参观(允许参观的前提下)。其主要内容一般是设备图形、管线、控制点和必要数据、图例、标题等。

(1) 设备图形

设备图形用细实线绘出，外形和主要轮廓接近实物，显示设备的主要特征，有时其内部结构及具有工艺特征的内部构件也应画出。如列管换热器，反应器的搅拌形式，内插管，精馏塔板，流化床内部构件，加热管，盘管，活塞，内旋风分离器，隔板，喷头，挡板(网)，护罩，分布器，填充料等。这些可以用细实线表示，也可以用剖面形式将内部构件表示。电机可用一个矩形注明“M”表达，设备上的管口允许不画，或用一细实线表示。

流程图上的设备可不按绝对比例绘制，只按相对比例将设备的大小表示出来，尤其是过大或过小的设备，利于读图和图表美观。设备间的相对位置也不要求按绝对位置绘制，只按相对高度表示设备在空间的相对位置，有特殊高度要求的可标注其限定尺寸。但是，目前的趋势是除了有很重要的位差要求的设备之外，其余设备通常不按相对位置画出，一律画在一个水平线上，图面整齐。国外大多数流程图，专利报道流程图一般都不按相对位置画图。

至于设备横向间距，通常亦无定规，以不疏不密为宜，既美观又便于标注。

相同的设备或两级以上的切换备用的系统，通常也应画出全部设备，有时为了省略，也可以只画一套，其余数套装置应当用双点划线勾出方框，表示其位置，并有相应的管道与之连通。当这部分系统和切换备用系统较复杂时，可以将这部分系统另外画在一张图上加以表达。

(2) 管线和管件阀门

在初步设计阶段，虽然对于管道的布置尚未进入工作程序，但对于管道的基本参数，如管道的大体走向，管道材质，基本尺寸，一般已在设计工艺流程时完成。管道中的一些管件、附件和阀门，一般已经进入设计程序。

对于管道设计，在初步设计阶段，往往要优先考虑的是一些关系此工艺操作和安全操作的元件。如：

① 放空管：一般密闭容器都有放空管和管口装置。

② 排放管：在流程中或设备上，考虑要排净、清洗用的管道。

③ 取样管和管口：根据取样的条件，可以设计在容器上或管路上。

④ 防爆泄压管：用于高压容器和管线，防止发生意外事故的安全管线。

⑤ 管道视镜：为了观察物料流动而设置的管件。

⑥ 管路中的阻火器：有些易燃、易爆物料的放空管或与大气可能接触的管道要安装阻火器，防止事故发生。

⑦ 其它特殊管件：如下水漏斗，蒸汽疏水阀，管道盲板，异径管，管线翅片，保护性滤网等，要根据工艺流程和工艺需要加以设计。

⑧ 管道保温、保冷和防腐：根据物料和介质的温度以及生产工艺要求，决定管道的保温保冷，以及保温的形式，如蒸汽伴管，蒸汽夹套，热物料伴管或保温材料保温等。根据管内介质和管道工作环境，设计管道内外材质和防腐要求等。

在考虑管件的同时，在工艺流程和初步设计中，还有一项不容忽视而繁琐的工作就是选用管道阀门。要根据工艺条件和生产厂关于各类阀门的样本、使用条件，决定选用。通常考虑阀门要适应工艺条件的要求，从材质、开启程度、开启和关闭操作、开关的速度、承受的温度、压力、尺寸的大小以及经济性考虑。常见的阀门有：闸阀、球阀、截止阀、节流阀、针形(芯)阀、止回阀、旋塞(常称为“考克”)、蝶阀、隔膜阀、安全阀、减压阀等。其选用依据和阀门特点，读者可参阅管道手册。

在工艺流程设计过程中，物料管线和辅助管线上主要管件，特殊管件和阀门都应大体确定，将管线阀门设计成果表达到控制点工艺流程图上。

图上一般应画出所有的工艺物料管线、工程和辅助管线、管件、阀门。个别阀门和管件集中的地方，允许省略去一些次要的阀门管件。

当辅助管线比较复杂时，辅助管线和主物料管线分开，画成单独的辅助管线流程图，辅助管线控制流程图。如果整个公用工程系统略显复杂，也可单独绘制公用工程系统控制流程图。公用工程系统也可以按水、蒸汽、冷冻系统绘制各自的控制点系统图。

在画管道时，主要工艺物料管道用粗实线表示，辅助物料管道用中粗实线表示，仪表管道用细实线表示。

工艺流程管道，应尽量减少交叉、拐弯，以免图样零乱。实在避免不了，交叉管道应将其中一条管道断开一截，断开处约为线宽度 5 倍，一般采取“竖断横不断”的原则。

管道上的取样、放空、排液、放气口等都要画出。物料进出工艺界区都要有文字说明，注明物料的来龙去脉或续接上(下)一张图纸的某一设备。

(3) 控制点

在初步设计阶段，由于化工工艺的操作控制要求，工艺设计人员和自控设计人员合作，对全流程的控制点和需用的仪表已有了比较明确的概念，仪表的检测、显示、控制等功能已基本确定，为了反映这一成果，绘制“带控制点的工艺流程图”。

仪表控制点应在有关的管道或设备引出的管线上，用图形符号、字母符号、数字编号表示，用细实线绘制在安装位置上。

① 图形符号：用细实线画一个直径 10mm 的圆圈，表示控制仪表。一般仪表的信号线

均以细实线绘制，有时也可以根据不同类别来表示。

② 字母代号：在仪表图形的位置上，注明控制点代号及其功能代号，用第一个字母表示被测变量，后续字母表示仪表的功能，控制点及其功能写在圆圈的上半部分。

③ 数字编号：用阿拉伯数字表示控制点的位号，通常由三位数或四位数表示，前一位(两位)为工段代号，后两位为仪表顺序号。数字写于圆圈的下半部分。

(4) 标注和数据

① 设备标注：设备位号和名称，标注原则与物料流程图相同，并且要求同一设备的位号在两种图中保持一致。设备位号在整个车间内不得重复，并将这个设备位号一直保持到施工图设计阶段，不得随意更改(宁可保留空位号)。

设备位号标注在相应的设备图形上方或下方，各设备位号排列在一条线上，使图纸美观整齐，同时在设备图形中(或旁边)标注设备位号，以免设备太多，引起差错。

② 管段标注：在带控制点工艺流程图上，管道一般标注物料代号、管段号、管道尺寸、管道材质等。

习惯上，在初步设计阶段的带控制点工艺流程图管道标注从简，常用管材代号加管径、壁厚尺寸标注。如 B32×3，B 为管材代号，表示不锈钢。有时直接写管材名，如：Cr19Ni9Ti32×3 或 PVC38×5，此类表示方法图例中必须注明。

(5) 图例和标题

工艺流程图上，图例是必不可少的，一般绘制于第一张图纸的右上方，通常包括管段标注、物料代号、控制点标注等，使阅图者不用查阅手册通过图例即可看懂图中的各种文字、字母、数字符号。即使是那些有规定的图例，凡本图出现的符号，均要一一列出。

标题栏位于图纸的右下角，在标题栏中要填写设计项目、设计阶段、图号等，便于图纸统一管理。

设备和仪表标注详细说明，读者可查阅有关设计规定。

3. 全厂、全界区物料平衡图

对于比较大型的工程，除了具备各车间、品种的物料流程图和工艺流程图之外，还应有全厂的总的工艺流程图。如生产聚合物的工厂，不仅要有单体合成工艺流程图、单体精制、聚合物生产、聚合物后加工(如纺丝)流程图(这些往往是一个个单独的车间)，还应有全厂从单体到聚合物加工全部工艺流程图。某些石油化工厂，有从炼油到综合化工产品的全厂流程图。对于这种流程图，审查者主要关心的是原材料的进入和主副产物的生成。因此，常把这类流程图画成方框表达的图式，将每个产生主产物、副产物的车间、工段用细实线画成一个矩形式方框，注明其名称。用主要物料流程线、副产物流程线勾画出其相互之关系，用带箭头的粗实线表达。注出各工段原料名称，产品和半成品、副产品、中间体的名称、来向和去向，并在线的相应位置上注明平衡数据。这种图常被称为全厂物料平衡图。对于多品种的工厂来说，此种全厂物料平衡图可使审查者一目了然。

4. 公用工程流程图、辅助管道流程图

公用工程流程图，也叫公用工程系统(流程)图。当公用工程系统比较复杂，管线较多时，不便于和工艺流程图绘制在一张图上时，一般将公用工程系统单独绘制一张图纸。实际上，公用工程系统图就是表达某系统的蒸汽、蒸汽凝水、上水、下水、生活水、循环水、冷冻水等的流程。

同样，对于某些复杂的辅助管道，如分支过多、变径多、参数多等，也可单独绘制。

这些单独绘制的流程图，仍然属于工艺流程图的一部分，与带控制点工艺流程图互为补充。图上设备外形可以简化，也可按设备外形绘制，但管道必须认真、详细绘制，从总管引向各用户的支管，必须根据实际需要按顺序绘制，管件、阀门、控制点均按规定绘制，并附带图例说明。

七、施工图阶段的工艺流程图(又称 PID、PI 图)

管道仪表流程图(或称管道仪表施工流程图、机械流程图或 PI 图 Piping and Instrument Diagram)是一份在施工图设计阶段最重要的资料之一。它反映的是工艺流程设计、设备设计、管道设施设计和管道布置设计、自控仪表设计的综合成果，是在初步设计阶段带控制点工艺流程图的基础上，根据各专业设计对工艺的协调和反馈修订后形成一个完善的管道和仪表布置的流程图。

该图反映了化工装置的操作性能和工艺工程全貌，是描绘全部装置包括细小设备、管件的图纸，而且也是指导配管、安装、维修、运行的主要档案性、资料性材料。PI 图有时也将公用工程和辅助管道单独绘制(如上节所述)，但在工艺 PI 图上，也要标明公用工程与工艺设备管道连接的部位。

1. 设备图样及标注

原则上同带控制点工艺流程图要求一致，设备位号的标注要求与初步设计保持一致，不要混乱。经过设计，原带控制点工艺流程图上删去或省略的装置、设备，则留有空头位号，新增加的装置，仍循以往的规矩，新增编位号。设备的绘制，仍按图例绘制，但要求设备齐全，包括计量、回流、缓冲、混合、稳流装置等，看似对流程无大影响，但是某些操作所必需的装置，都应全部画出，给出一个化工工艺装置的全貌。

2. 管道及标注

原则要求同带控制点工艺流程图，要求画出全部管道，包括在工艺流程设计时考虑开车、停车、事故、维修、取样、备用、再生等，管道、管件、阀门要无一遗漏地画出。管道、管件、阀门图例与带控制点工艺流程图相同。

(1) 管道编号：在 PI 图上要求将管道连接关系划分为管段。通常按工艺的流向，依次将管段按顺序编号 01，02，……管段编号由设计者自编。

(2) 管道标注：在 PI 图上要求管道标注包括三部分内容，即管道代号、管径、管道等级。

管道代号包括物料代号、主项代号和管段顺序号。物料代号图例同带控制点工艺流程图，可按原化工部《施工图设计规定》。主项代号由二(或一)位数字组成，主项代号同设备位号中的主项代号。管段号也为二位数字，在同一主项内顺序编号。如 PG1309 中 PG 表示工艺气体，13 是主项代号，09 是第 13 主项的第 09 号管段。

管径一律注公称直径或管道外径×壁厚，单位为 mm，单位不标出。

管道等级是有关部门按管道压力、介质等级预先设计好的不同壁厚的管道、阀门管件规格的代号规定，管道有等级的代号表示，便于按规定的等级设计、安装施工。这是一组包括管材在内的数字、字母组成的代号，如 BIOF12。

当管道需要隔热或隔音，也有规定的代号，注写在管道标注的最后。

此外，管内介质流向箭头表示。

管道标注举例：

$$\xrightarrow{\text{PG1309}\quad 100\quad \text{B10F12—E2}}\text{或}\xrightarrow[\text{B10F12—E2}]{\text{PG1309}\quad 100}$$

其中，PG——工艺气体；

1309——管 13 主项的第 9 号管段；

100——管道公称直径(或写为 108×4)；

BIOF12——管道等级；

E2——隔热等级(94~400℃)。

3. 控制点及标注

PI 图的控制点标注同带控制点工艺流程图，在 PI 图上要标注所有的测量、调节、控制器的安装位置和功能代号。绘出仪表的执行机构，相关管线用虚线画出。

通常自控仪表部分是由自控设计人员和工艺设计人员齐心合作完成，工艺设计人员根据工艺要求确定测量参数和位置，自控设计人员在 PI 图上完成仪表的接线，安装位置编号并选型。

4. 图例和标题

PI 图使用的图例较多，对于小型装置，图例一般编制在第一张图纸的右面，其余图纸省略。对于比较复杂的化工装置，可按工段或按需要将图例分绘在多张图纸上，或将图例单独编制在一张图纸上，附于流程图前，单独编号，称为“首页”或“索引页”。国内外一些设计单位常常把它预印出来，以便设计通用。

总之，工艺流程设计是整个化工工程设计工作中最先开始的工作，也是全部工程设计的核心，它的每一点变动，都将影响整个工程的设计和其它各专业的设计。工艺流程设计也是在设计过程中不断完善的，也是在整个工程设计完成之后最后完成的设计图样。

至于仪表代号各表示什么功能，管道的代号规定，流程图上各种图例的规定，读者可参看《化工工程设计》或查阅有关规定。

八、车间和设备布置设计

1. 车间厂房的平面布置

车间设施的组成确定后，其布置就比较容易了。化工厂厂房平面型式的选择原则是，在满足生产工艺要求下尽量力求简单，力争美化，同时要按照建筑规范要求。在化工设计中采用的厂房形式一般为：长方形(多用于小型车间的布置)、T 型、L 型(多用于比较复杂的车间布置)。一般情况，厂房形式越简单，越有利于设计、施工，而且厂房造价越低，设备布置的弹性越大；反之，厂房形式越复杂，造价越高，而且不利于采光、通风和散热等。当然，厂房形式的特点并不是一成不变的，所以，在进行厂房布置设计时，工艺人员和建筑设计人员要密切配合，全面考虑，进行多方案比较，设计出合理的布局。

(1) 长方形(或方型)布置(也叫一字型布置)。这种形式的厂房是化工厂房常采用的形式，一般适用于中小型车间，外部管道可以由车间的一端进，一端出；或者两端进，两端出；管道要集中布置。其主要优点是：有利于厂房的定型化，设计、施工比较简单，造价低，设备布置有较大的弹性，也有利于日后的发展安排。

在管廊两侧布置贮罐和设备，与单侧布置相比，占地面积小、管廊长度小，由此可知，管道总长也短，流体阻力小，流体输送动力也省。

将控制室和配电室相邻布置，且布置在设备的中心位置，既使布置方便，又节约建筑费用。

(2) T型、L型布置。这种型式的布置适合于比较复杂的车间，也是比较常用的布置型式，其主要优点是：外部管道可由两个或三个方向进出车间，厂房的结构不太复杂。

在管架下面布置道路，既节约用地，又方便维修。在易燃液体贮罐区外，应设围堤以防其泄漏外延。为操作方便，泵布置在围堤外。必要时，在易燃物料贮罐区设安全消防装置。对一般物料的贮罐区，外围只需设栏杆即可。

在布置时，槽车卸料泵应靠近通道布置，贮罐的出料泵应靠近管廊，这样既操作方便，又节约管道。

厂房与各分区的周围，道路成环状布置，主次分明，这样，有利于运输和检修，也有利于安全消防。

(3) 复杂厂房的平面布置。车间组成越复杂，它的平面布置也越复杂，但其布置的基本原则不变。车间的平面布置，不管它多复杂，实际上就是长方形(方形)、T型、L型的组合。在布置时，可把车间的各个组成部分分解成若干小的部分，进行布置之后再合并，从整体布置的角度进行修整、完善，使整体布置更合理。

(4) 厂房的跨度和柱网设计。厂房的跨度主要根据工艺、设备、采光、通风及建筑造价和建筑规范等因素确定的，在化工厂中，单层厂房的跨度一般为6m、9m、12m、15m、18m，需要时，也可以采用更大的跨度；多层厂房的跨度一般为12m、15m，一般不超过24m。厂房的跨度可根据实际需要选用，也可与土建专业设计人员商量确定。

生产厂房的柱网布置必须与工艺生产设备相协调，同时也要考虑到建筑结构的合理性、安全性和建筑造价等，一般厂房的柱网多采用6m×6m，如因生产工艺或设备布置等的需要，一般不宜超过12m，否则，会大大增加厂房的造价。

当然，在有些设计中，由于特殊需要，也可以采用特殊的柱网布置。但在同一设计中，所采用的跨度和柱网类型应尽量统一，以利于建筑预制件的制造和施工机械化，减少厂房投资。建筑物的门窗等要求，要符合建筑的模量。

2. 设备布置设计的一般要求

(1) 满足生产工艺的要求。设备布置应该遵循工艺流程的前后、上下、左右顺序，确保工艺流程在设备上体现出连续性，使由原料到产品的路线最短，并且最为合理。对于有压差的设备，应充分利用高位差布置，以节省动力设备和费用。在不影响流程顺序的原则下，通常将高大设备尽量集中布置，充分利用空间，节省建筑投资。

(2) 符合有关的安全规范。每个设计项目都有与之有关的一些规范和标准，按此可以确定各个工段、各个设备间及设备与墙、柱等的安全距离。如在液化气站的设计中，液化气罐布置的安全距离，在《建筑设计防火规范》中，明确规定：球罐之间的布置距离不小于相邻较大罐的半径，卧式罐之间的布置距离不小于相邻较大罐的直径；罐区必须设防护堤，堤高不小于1m。这些规定基本上规范了罐区的设备布置。

(3) 要符合操作要求。在设备布置设计时，要时时把工人放在首位，尽量创造良好的操作条件，给操作人员适当的操作空间和安全距离，并给操作人员安排必需的生活用房，给操作人员以良好的工作环境，提高操作人员的工作效率。如在设备布置时，对于经常发生联系的设备应尽量靠近布置，以便于操作；设备布置时应尽量安排良好的采光条件，并让操作人员背光操作。

(4)要符合安装维修要求。一般的日常维修所需的空间，操作空间易于满足，但大型检修时往往需要更大的空间，尤其对于那些需要拆换的设备和设备附件，在设备布置设计时应特别注意，留有必需的维修空间；对于大型的设备安装，在设备布置时，还应留有吊装孔和中间的存放空间等。

室外设备，一般安装在地面上，安装检修空间容易满足。如在设备布置时常把塔的人孔和换热器的管箱正对着道路，以便利用道路空间进行检修；布置在敞开式框架上的设备，一般利用框架设起重梁和吊钩起吊，但要留有使设备能够移动并降到地面上的空间；布置在室内的设备则要特别注意它的搬运通道、进出口、吊装设施和存放空间。

(5) 要符合建筑要求。设备的布置方案最终决定了厂房的布置，厂房的跨度和高度尽量合乎建筑模数的要求。

3. 设备布置设计的一般原则

(1) 设备布置一般按流程形式布置，使由原料到产品的工艺路线最短，投资也最小。

(2) 对于结构相似、操作相似或操作经常发生联系的设备，一般集中布置或靠近布置，有些可通用的，要有相互调换使用的方案。

(3) 设备布置尽量采用露天布置或半露天框架式布置形式，以减少占地面积和建筑投资，比较安全而又间歇操作和操作频繁的设备一般可以布置在室内。

(4) 处理酸、碱等腐蚀性介质的设备尽量集中布置在建筑物的底层，不宜布置在楼上和地下室，而且设备周围要设有防腐围堤。

(5) 有毒、有粉尘和有气体腐蚀的设备，应各自相对集中布置并加强通风设施和防腐、防毒措施。

(6) 有爆炸危险的设备最好露天布置，室内布置要加强通风，防止易燃易爆物质聚集。将有爆炸危险的设备布置在单层厂房及厂房或场地的外围，有利于防爆泄压和消防，并有防爆设施，如防爆墙等。

(7) 设备布置的同时应考虑到管道布置空间、管架和操作阀门的位置，设备管口方位的布置要结合配管，力求设备间的管路走向合理，距离最短，无管路相互交叉现象，并有利于操作。

(8) 设备之间、设备与墙之间、运送设备的通道和人行道的宽度都有一定的规范，设备布置设计时应参照执行。

4. 设备布置图绘制

(1) 建筑物。首先按厂房的设计尺寸，以 1∶100 的比例，细线(或 1∶50，1∶200 细线)画出建筑物的形体平面图，包括设备预留孔、操作平台等，注有定位轴线、门、窗、墙等，建筑物的定位轴在中心线延长线上用一个 8~10mm 的圆圈，水平方向从左向右注 1、2、3、4……,竖直方向从下向上注 A、B、C……

标注建筑物的尺寸，按规范标准，尺寸线箭头是 45°小斜线。

(2) 设备图形。设备用粗实线画在设计的位置上，图形为俯视图，如塔就是一个圆，反应釜也是一个圆，……

标注设备的代号位号名称，每个设备的代号位号和名称同流程图上完全一致。

标注设备的定位尺寸，以建筑物的标志轴线为基准，使设备在 X 轴和 Y 轴方向都有不可移动的尺寸。

有些平面图上还是有设备的底座或支承架的标高。

(3) 标题、方向标等其它图形资料。详细要求读者可参阅《化工工程设计》和《化工制图》。

九、协调非工艺专业的设计为非工艺专业提供设计条件

化工非工艺专业包括两部分，一部分是与工艺设计息息相关的，另一部分是与全局有关的设计。

1. 与工艺设计关系密切的非工艺专业

(1) 化工设备设计(非标准设备设计制造)。由工艺设计提供设备条件图和条件表，协调非标准设备设计，完成图纸，工艺设计人员会签。

(2) 土建专业。包括厂房形式、面积、层高、楼梯等建筑基本条件以及对建筑物的要求，防腐、下水、预留孔、地脚螺钉、特殊地基等等。土建专业除了工艺专业提供流程图、布置图之外，还要水、电、仪表等专业提供设计图以便预埋管线等。

(3) 自控仪表专业。在设计工艺流程中，工艺设计专业必须和仪表自控专业合作设计自控点和自控条件，仪表自控的专业设计中，工艺设计也还要协作，由自控专业设计自控线路仪表控制盘等。图纸会签。

(4) 电气专业。由工艺的设计提出动力、照明和弱电的要求，提供用电设备装机容量等条件，由电气专业设计变供电站和线路安排。

(5) 供水(给排水)专业。由工艺设计提供循环用水要求和用量，工业上水用水设备，布置图，要求供水的特殊要求，车间外管线、内管线设计等。

(6) 其它公用工程。包括供热、供蒸汽、供冷、供氮、供压缩空气等，由工艺设计提出对这些公用工程的数量和质量要求，车间内外管线设计。

(7) 采暖通风专业。由工艺设计提供要求供暖和通风要求，以保证操作人员的健康或保证产品的质量。

2. 与全局有关的专业

这些专业包括全厂总图布置，总图，运输，安全，卫生，道路和投资概算，其中重要的是投资概算。工艺设计要提供全部的设备、管道、管件和试验仪器名称规格、材质数量、单价等资料，还要有原材料、动力、燃料的消耗、单耗和单价，以及操作人员管理定员和其它资料。

十、三废治理设计

在工艺设计中，三废治理分两个层次，第一个层次就是在流程内初步处理或收集；第二个层次就是将第一层次初步处理的二次产物或收集来的“三废”加以集中系统处理，回收利用资源生产副产品或其它处理方法。

1. 流程内初步处理或收集装置设计

化工工艺设计中的“三废”治理，要统一规划、统一设计、统一设计方案，就应特别注

意流程中的“三废”排放点，进行物料衡算时，要注意三废的排放量和它们的主要组成。通常都要在物流表中特别注明。

对于有三废排放的设备，对于排放出来的废气、废渣和废液，有的要集中处理，有的应现场处理。比如我们在分离产物时，必须从塔顶放空管放出不凝性气体（主要是N_2或偶有CO_2）。然而由于气体分压定律或其它因素，在不凝性气体中可能含有微量的有害气体如SO_2、HCl之类，这个放空的流程就属于“不完善”的，必须设计一个流程内的处理装置，比如设计一个液膜吸收塔，用水吸收或用液碱喷淋吸收。吸收塔出来的又是“废液”，这种二次污染的“废液”也要在设计流程时有所交待，比如送至副产物生产工段，制造Na_2SO_3等等。

有些在流程内排放的三废，不适宜现场处理的，则应集中处理。过去，集中处理的办法大多是焚烧，焚烧也不是最好的办法，最好是回收利用或制成某种副产品。集中处理的，在流程内必须设计一个收集的装置，否则流程也是不完善的。

因此，不论排放的三废，流程内能不能处理或循环，都必须设计相关的装置予以预处理或收集，这是工艺流程中进行三废治理设计的根本原则。

2. 集中处理三废的工艺设计

通常将废渣、废液和废气分别处理。

废渣一般都是二次资源，通常要回收其中的有用的资源，剩下的废渣、灰分，也要找到它的使用出路，万不得已才用填埋的方法将剩下的灰渣处理。一般在提取废渣中有用的资源时常会产生新的废液。这种废液也应加以处理。

工业废液处理方法较多，解决的思路也较广，有的可以提取其中的化学物质，有的可将其中一部分有害的转化为无害的物质，有的用生物方法加以富集，有的付之一炬，加以焚烧。但焚烧的方法通常产生新的废气，废气还必须处理，除了吸收之外，可能还会产生新的废液，如此等等。

可见，三废治理是一个系统工程，我们不能等闲视之，更不能消极处理、稀释排放、高空排放，也不能光看到处理的费用或不能得到经济效益就消极应付，那叫伤天害理，见利忘义，是有良心的工艺工程师所不可取的。

三废的综合治理，回收资源制成一种或数种新的产品，人们通常把这些称为“综合利用产品”，对于这些治理三废而生产的综合利用产品的工艺，其工艺设计的全部过程都要与主产品工艺设计同样对待。一切都应仔细研究、分析，加以设计，并研究三废的最终处理方案。

三废治理和综合利用产品以及三废的最终处理，作为工艺设计的一个十分重要的组成部分，要“同时设计，同时施工，同时投产”，叫做“三同时”原则。

第七节　化工工艺管理

企业的日常生产活动，要进行大量的工艺管理工作，以达到高产、优质、低消耗、安全等目的。工艺管理工作，主要是组织制定、执行各种化工产品的生产工艺技术规程及其它以此为中心的各项规程制度；督促和检查以生产工艺技术规程为中心的各项技术规程的执行情况，总结经验，改进生产技术；开展合理化建议的活动，组织技术措施的实施。要通过生产实践，使各种规程制度不断得到修订和完善。

一、工艺操作规程

工艺管理的重点是管好生产工艺操作规程。它是各级生产指挥人员，生产技术管理人员和技术经济管理人员开展工作的共同技术依据。各种产品生产工艺操作规程，都是用文字、表格和图纸将产品、原料、工艺过程、工艺设备、工艺指标、安全技术等主要内容，给以具体规定和说明，它是一项综合性的技术文件，具有技术法规的作用。工艺操作规程应包括以下具体项目：

(1) 产品名称、物化性质、技术标准及作用。

(2) 原材料名称及质量标准或技术规格。

(3) 生产基本原理及反应式。

(4) 生产工艺流程的叙述。

(5) 岗位操作法及控制：①岗位操作范围；②开车前准备；③开停车操作；④各岗位控制要点。

(6) 某些不正常现象及消除方法。

(7) 安全生产要点及措施。

(8) 主要原材料、动力消耗定额。

(9) 生产过程中的三废排放和处理。

(10) 主要设备的生产能力及设备一览表。

(11) 带控制点的详细工艺流程图。

(12) 关键设备的结构图。

并不是每一化工产品都具有完全相同的项目，要根据生产产品的性质和工艺特点的需要来确定工艺，工艺操作规程的具体项目。

工艺操作规程是先进科学技术和工人先进生产经验的总结。但是随着生产的发展和科技进步，工人操作经验的积累和技术措施实行，以及市场对产品质量要求的变化，它需要不断地加以补充和修订。

为了保证工艺操作规程既能保持先进技术水平，又能保证工艺操作规程的相对稳定，需要有定期修改工艺操作规程的制度，修订周期一般 2~3 年。

工艺操作规程的制定和修改，都应遵守一定的程序，最后经有关部门和指导审查批准后方可实施。

工艺操作规程一旦生效，即可作为审计其它一系列技术文件的依据。如安全操作规程，分析规程等，要根据工艺操作规程的要求具体制订。

二、安全操作规程

化工生产不同于一般工业生产，客观上经常存在着高温、高压、低温、负压、易燃、易爆、易中毒、易腐蚀，放射性物质、粉尘等不安全因素，因而搞好安全管理具有特殊的作用。制订产品的安全操作规程是安全管理的重要内容。它分析和研究生产过程中存在的各种不安全因素，从技术上、操作上采取有力措施，消除各种不安全因素，防止事故发生，保证生产顺利发展和职工的人身安全。安全操作规程应包括以下内容：

① 产品主要原材料、中间体及产品的物化性质；
② 正常生产时，操作中的安全注意事项；
③ 检修(包括安全停车)时，操作中的安全注意事项；
④ 突然停电、停水、停汽时安全停车注意事项；
⑤ 产品设备中受压容器安全操作注意事项；
⑥ 其它(包括环境保护)注意事项。

安全操作规程是产品工艺操作规程在安全技术方面的详细体现，是企业领导指挥生产的依据，岗位工人生产操作和检修的依据，进行安全教育的依据，也是调查、处理安全事故的依据。安全操作规程既要体现国家的安全法规，又要体现产品的安全技术，更要总结和体现过去安全事故的教训。严格执行安全操作规程，不仅能保证产品优质、高产，又能保证设备安全运行，操作者在生产过程中的安全和健康。

国家对劳动者的安全保护条例，化工部门对安全生产的有关要求和禁令，有关安全法规，则是制定安全操作规程的原则。

三、全面质量管理

TQC 的概念最早见于 1961 年美国通用电气公司质量经理菲根堡姆(A · V · Felgenbaum)发表的《全面的质量管理》一书，他指出："全面质量管理(TQC)是为了能够在最经济的水平上并考虑到充分满足用户需求的条件下进行市场研究、设计，生产和服务，把企业各部门的研制力量，维持质量和提高质量的活动构成一体的有效体系。"菲根堡姆的 TQC 思想在日本、美国、欧洲和其它许多国家，包括中国传播开，在各国实践中更加丰富和发展了这一思想，因而常常可以看到对全面质量管理概念的描述，不同的国家或区域之间各不相同，甚至差异很大。ISO/TC 176 经过讨论取得了共识，在 1994 年 4 月 1 日发布的 ISO 8402《质量管理和质量保证——术语》中对全面质量管理给出的以下定义：

"一个组织以质量为中心，以全员参与为基础，目的在于通过让顾客满意和本组织所有成员及社会受益而达到长期成功的管理途径。"

通俗地讲，全面质量管理，就是在企业全体职工参加下，以数量统计方法为基本手段，充分发挥专业技术和组织管理的作用，确保产品质量满足用户的需要，而进行研制、生产、销售和服务的一整套质量管理工作体系。它的特点是：

(1) 把工作重点从事后把关，转到以预防为主上，实行全过程的管理。优质产品是生产(包括设计)出来的，不是单靠最后检验出来的。因此全面质量管理要求，必须把产品设计、工艺技术准备、制造过程、销售服务等所有环节都管起来；同时把工作质量不断提高到新的水平，以保证和提高产品的质量。

(2) 全体人员参加质量管理。通过严格的计划程序(即计划、实施、检查、处理四个阶段)，把任务具体落实到部门和个人。上自厂长经理，下到每个职工，人人都为实现质量计划目标而努力工作。

(3) 全面方法的质量管理。就是管理质量的方法是全面的，多种多样的，既不忽视质量检验，又把数理统计等科学方法与改善组织管理，改革专业技术三方面紧密结合起来，综合发挥它们的作用。在把外国的方法与我国的方法结合起来使用时，要注意加强总结和推广我国的一些行之有效的方法，如优选法、正交试验等。

(4) 全部指标的质量管理。就是通过质量管理来全面改善企业经营管理的其它各项指标，但重点要抓好质量、成本，按期完成数量计划及销售额等。

质量保证体系，就是指运用系统的概念和方法，根据质量保证的要求，从企业整体出发，把企业各部门、各环节严密地组织起来，规定它们在质量管理方面的职责、任务和权限，并建立组织和协调各方面质量管理活动的组织机构，在企业内形成一个完整的质量管理网。

质量保证体系的内容主要有：设计试制、生产制造和使用过程的质量管理，还有辅助生产过程的质量管理。

由此又引出质量管理和质量保证体系方法的标准，和按照标准开展的质量认证。

国际标准化组织 ISO 在 1987 年推出 ISO 9000 系列标准，得到各国采购商和供应商对标准的普遍认同，并将符合 ISO 9000 标准的要求，作为贸易活动中建立相互信任关系的基石。

企业按照 ISO 9000 系列标准的要求建立自身有效运转的质量保证体系，作为保证产品质量和提供优质服务的管理基础。

第三方的质量体系认证机构，为企业的质量管理和质量保证能力作出是否符合 ISO 9000 标准的客观公正评价。

ISO 9000 是质量管理和质量保证的总标题、总编号。其中有一系列分标准。

质量保证标准有三个：

① ISO 9001 质量体系——设计、开发、生产、安装和服务的质量保证模式。当需要证实供方设计和生产合格产品的过程控制能力时，应选择和使用此种模式的标准。

② ISO 9002 质量体系——生产、安装和服务的质量保证模式。当需要证实供方生产合格产品的过程控制能力时，应选择和使用此种模式的标准。

③ ISO 9003 质量体系——最终检验和试验的质量保证模式。当仅要求供方保证最终检验和试验符合要求时，应选择此种模式的标准。

质量管理标准总编号为 ISO 9004。

质量管理和质量保证这两类标准是 ISO 9000 族的核心。

按照 ISO 9000 开展质量认证，作为促进经济贸易，提高质量水平，消除贸易技术壁垒的重要手段，也被世界各国所公认。我国质量认证工作是按照国际惯例，结合我国国情，1988 年颁布的《中华人民共和国标准化法》，1991 年颁布的《中华人民共和国产品质量认证管理条例》和 1993 年颁布的《中华人民共和国产品质量法》，确定了我国质量认证工作的法律地位。

四、技术管理

技术管理是化工企业对其生产过程中全部技术活动进行科学管理的总称。化工企业不断加强和完善技术管理，不断进行技术改造、采用新技术、开发新产品，可以充分利用现有物质技术条件，不断提高技术水平，提高劳动生产率，提高企业经营效果，提高企业竞争能力。

1. 化工企业技术管理的主要任务

（1）正确组织企业的各项技术工作，建立良好的生产技术工作秩序，保证生产正常进行。技术管理部门要建立健全各项技术管理制度，及时为生产提供合理的技术文件，教育职工严格遵守工艺操作规程和技术标准。

（2）积极开展科学研究，掌握新工艺，创造新产品。要加速科学研究的进程，尽快把科研成果转化为生产产品，使之转化为现实的生产力。

（3）充分利用企业现有物质技术条件，不断采用新技术、新工艺、新材料，提高产品质量，发展新品种。

2. 化工企业技术管理的范围

（1）企业日常工艺管理工作。主要是组织制定，执行各种化工产品的生产工艺技术规程及其它以此为中心的各项规程制度；督促和检查各项技术规程的执行情况，总结经验，改进生产技术；通过生产实践，使各种规程制度不断得到修订和完善。

（2）组织编制技术措施计划及实施。为了提高企业生产技术水平，增加产量，提高质量，降低消耗，提高劳动生产率，改善劳动条件，搞好环境保护和安全生产，企业所采取的各种措施，包括新技术、新工艺，生产组织和技术上改进的一切措施，总称为技术组织措施，简称“技措”。技术措施应起到以下作用：

① 克服生产技术上的薄弱环节，充分挖掘企业内部潜力。当生产不断发展，设备不断更新，生产过程中会出现不平衡。为了克服薄弱环节，使生产在新的水平上达到平衡，就要采取一定的技术措施，使生产进一步发展，保证计划的完成。

② 对广大职工提出的合理化建议和技术革新，通过技术措施，在生产过程中加以应用和推广。

③ 改善劳动条件，消除生产中的隐患，保证安全生产和消除环境污染。

④ 改善劳动组织，提高企业管理水平，合理利用资源，扩大品种，提高产品质量。

技术措施项目的编制要采用一定的程序：选项→审批→编制立项。

企业技术措施的实施，目的是为了保证全面完成生产计划任务。在立项审查时，应进行必要的经济核算。

（3）组织和实施企业技术改造。技术改造简称“技改”。企业的技术改造就是用现代化的技术装备，改造陈旧的设备和工艺，这是老企业扩大再生产的主要手段。

企业的技术改造，一定要以提高经济效益为目标，主要从以下几方面来进行：

① 节约能源，节约原材料，降低消耗，降低生产成本；

② 改革产品结构，使产品升级换代，提高性能和质量，满足国内外市场需要；

③ 合理地利用资源，提高综合利用水平；

④ 注意促进安全生产，改进环境保护，减轻重体力劳动。

企业技术改造工作量很大，涉及到企业内部各个方面，是一项长期的任务，企业要根据自己的能力和需要，拟订出企业改造的总体规划，采取切实可行的措施，分期分批地实施。

（4）搞好技术引进和国际技术合作。技术引进，又称技术输入，内容广泛，形式多样，如购买产品设计、生产工艺、制造方法等专门技术，购买成套设备，派人出国培训，或请外国专家来传授技艺。

引进技术，是吸取外国先进技术的重要途径之一。利用成熟的技术，比开发新的技术所花的时间短、代价小、见效快。为了加快企业的技术改造，一方面要大力发挥现有技术力量的作用，搞好技术开发，另一方面，也要积极吸收外国的先进技术知识和设备，把学习和创新结合起来，少走弯路，加快企业现代化进程。

技术引进的方式主要有：

① 引进成套设备，其优点是时间短、见效快，一次投产成功，抢占市场，但投资很大。

② 进口主机，自造辅机。从国外引进精度高的关键设备和仪器，一般的配套设备和设

施，则由自己制造，可以节省外汇，有利于企业尽快独立管理更新设备，有利于技术人员培养。

③ 许可证交易或购买专利，主要是购买专有技术，专利使用权和商标使用权，进行某种形式的国际技术合作。

引进技术应坚持，增强企业的市场竞争能力，做到“一学、二用、三改、四创”，即积极组织科研力量，对引进的技术和设备进行消化、吸收、改进和创新。

(5) 做好科技信息工作。中国加入 WTO 以后，企业发展不仅要考虑本地区和全国市场竞争，而且要考虑与国外企业竞争。俗话说：知己知彼，百战百胜。这个“彼”就是科技信息，企业要想在竞争中保生存、求发展就必须了解本行业科技发展动态。科技信息工作就是系统地有针对性地收集、整理、分析、贮存、传递科技信息，为企业预测技术发展趋势，选择科研方向，决定技术改造，发展新技术提供有关资料。

科技信息的收集可利用杂志、信息互换、行业技术系统会议、展览等。特别要善于利用微机和国际互联网，可以更快捷地查阅和管理科技信息。

(6) 重视知识产权的管理工作。知识产权主要包括三项内容：①版权即著作权；②专利权；③商标权。专利权和商标权又总称为工业产权。

专利权就是发明创造人依据专利法的规定，对自己的发明、实用新型和外观设计向专利局提出专利申请，经专利局审核批准，发明创造人即对自己的发明创造享有专利权。

授予专利的条件：根据专利法规定，发明创造包括发明、实用新型和外观设计。实用新型，也就是通常所说的“小发明”。授予专利权的发明和实用新型，应当具备新颖性、创造性和实用性。新颖性，是指在申请日以前没有同样的发明；实用新型，指没有在国内外出版物上公开发表过，没有在国内公开使用过，或者未以其它方式为公众所知。同样的发明、实用新型，在申请日以前，也没有别人提出过申请。创造性，是指同在申请日以前已有的技术相比，这项发明的突出的实质性的特点和显著进步，或者实用新型有实质性特点和进步。实用性，是指该发明或者实用新型能够制造或者使用，并且能够产生积极效果。

专利权人的基本权利：

① 专利法的核心是专利权。专利权在法定期限内，除专利法第十四条规定的以外，任何单位和个人制造、使用和销售专利产品，或使用专利方法，必须经专利权人同意。

② 专利权人有权获得按专利法第十四条规定指定的实施单位，或者经专利权人同意实施其专利的单位，支付给的专利使用费。

③ 专利权人有权在其专利产品或者该产品的包装上标明专利标记和专利号。

④ 专利申请权和专利权可以转让。

另外，对于职务的发明创造的发明人或者设计人，专利法也规定了由专利权的所有或持有单位给予奖励，并规定发明人或者设计人有在专利文件中写明自己是发明人或者是设计人的权利。

专利权人应承担下列义务：① 实施专利发明的义务；② 按照规定缴纳年费。

专利权的保护。专利权是一个财产权，专利法规定，根据侵权行为情节轻重，分别追究侵权人的民事、行政甚至刑事责任。

我国商标法的核心内容是保护注册商标人享有商标专用权。根据商标法，除少数商品(如药品等)，必须使用注册商标外，其它商品则由企业、事业单位和个体工商业者自由自愿地申请注册。经商标主管机关核准注册的商标，商标注册人享有商标专用权，受法律保护，其它人不得侵犯。

保护商标专用权，必须有效地制止侵犯注册商标的行为。根据我国商标法规定，有下列行为之一的，为侵犯注册商标专用权的行为：

① 未经注册商标所有人的许可，在同一种商品或者类似商品上使用与其注册商标相同或者近似的商标的。

② 擅自制造或者销售他人注册商标标识的。

③ 给他人的注册商标专用权造成其它损害的。

商标专用权受到侵害，商标所有权人有权向工商行政管理部门要求处理，工商行政管理部门有权责令侵权人停止侵权行为，赔偿损失，情节严重的可以并处罚款。被侵权人也可以直接向人民法院起诉。对于假冒他人已经注册商标，包括擅自制造或者销售他人注册商标标识的，对构成犯罪的直接责任人员应依法追究刑事责任。

企业重视知识产权的管理工作，就是要维护企业的知识产权，也要避免侵犯他人的知识产权，从而避免给企业带来不必要的损失。

(7) 搞好技术档案的管理。化工企业的技术档案，包括产品配方、各种技术标准和技术规程、技术资料、工艺装备图纸、工艺规程和工艺守则等。它不仅是技术工作成果的记录，而且也是现代工业企业进行生产技术活动的技术依据和必要条件。技术档案的管理工作，主要有以下三点：

① 技术档案的归档、分类、编号。企业在设计、试制，生产的整个过程中，各个阶段使用的图纸和技术文件，都要及时分类编号，立卷归档。一般应将图纸分成产品图纸，工艺装备图纸，自制专用设备图纸，工艺图纸，机修配件图纸等几大类。在分类的基础上，要分别加以编号，以简化技术档案的管理工作。

② 技术档案的保存、分发和复制。企业的技术档案资料室负责保管成套的和主要的图纸和技术文件，技术科室和生产车间也应设专职机构，专职人员或兼职人员负责保管图纸和技术文件。图纸和技术文件不得随便分发，不准丢失，作废了要及时收回。图纸和技术文件的复制要经过一定手续，由厂部集中复制。

③ 图纸和技术文件的修改。随着生产活动的进行，各种内在因素和外部条件的变化，有关技术文件就需要相应地进行修改。修改工作务求及时准确，使技术文件经常与生产实际相一致。因此，有必要把技术文件的修改权力集中起来，建立严格的修改审批和会签制度，以保持技术文件的完整性和统一性。通常由原订技术文件的单位统一负责修改，其它单位有权并有责任提出修改意见，但不得自行修改。技术文件的修改，要有明确的手续和严格的责任。负责修改的部门应在修改之前，提出修改理由，经有关负责人批准。在修改过程中，须经有关部门会签，以便有关单位为实现新的技术文件准备条件，并对其它有关技术文件作相应的修改。

(8) 正确选定科研项目，搞好技术开发。在市场经济条件下，特别是中国加入 WTO 以后，企业提高产品竞争力的一个重要手段，就是重视科学研究，搞好产品技术开发。通常新产品、新技术的开发，要经过基础研究、应用研究和技术开发三个阶段。企业的研究工作，多数属于技术开发性质的，它是在基础研究和应用研究成果的指导下进行产品研究，目的是改进老产品，发展新产品，完善老工艺，发展新工艺。

企业进行科学研究。技术开发一定要按照新产品、新工艺研究开发的程序来进行，切不可盲目选题，不顾自己条件，急于上马，又不注意经济评价。化工企业技术开发，一般要经过三个阶段，相互紧密衔接，循序前进。

① 先是在实验室进行小试研究，主要是复核和扩充数据，探索采用何种生产方法，改善工艺配方，肯定新产品、新工艺的效果。

② 中间试验主要是验证小试验所取得的数据，进行经济评价，选定生产流程。

③ 扩大试验是在中间试验的基础上，考察由于规模放大后的各种影响，大量进行工业生产工程问题的研究，改进设备，处理污染，完善工艺提出设计数据，编写工艺规程。

总之企业的科研开发工作，要认真选题，切实搞好必要的试验工作，把科研与设计密切结合起来，使新产品，新工艺的开发建立在可靠的实验研究的基础上。其次在进行研究工作时，不仅要搞工艺、设备、分析等工艺研究，而且要进行技术经济评价和工程研究，以便使科研技术成果尽快转化为生产力，达到经济合理的要求。

另外，在市场经济的条件下，为了扩大产品的用途和范围，企业的科研工作还应包括产品的应用研究，从而有效地指导用户，及时解决用户应用中遇到的问题。

(9) 编制企业技术发展长远规划。企业的技术发展长远规划，是企业整个长远规划的一部分，是编制生产规划的技术依据。

企业技术发展长远规划的内容，主要包括：

① 确定企业生产专业发展方向和综合利用的深度，生产发展的规模和技术水平；

② 确定扩建和增加新装置；

③ 试制新产品和推广新技术；

④ 消除污染和节约能源；

⑤ 调整和改造原有生产工艺路线，改造旧设备；

⑥ 培训和补充技术力量以及加强技术管理工作。

企业在制订技术发展规划时，要分析研究现代科学技术发展方向，找出科学技术未来发展的目标和任务，为制订规划找出实际差距和最佳赶超途径，并找出规划执行过程中可能出现的问题和对策。通过对科学技术的评价，使制定的技术规划有一个正确的发展方向。评价不仅仅在规划之前进行，还需在规划执行过程中反复进行，以便及时发现问题，采取措施，加以修改补充，确保规划能正确反映市场和科技发展的实际情况。

(10) 其它属于质量、设备、环保、能源等方面的管理已在前面有专门阐述，在此不再论述。

五、标准和计量管理

标准和计量是质量管理的基础工作，也是企业管理最基础的工作。

标准是对事物的数量、质量、方法、人的活动方式，信息的传递方式、手续、术语等的规定，是事物判断的基准。在各类标准中，尤以产品技术标准最为重要。

我国已加入世界贸易组织(WTO)。世界贸易组织贸易技术壁垒协定(WTO/TBT)中明确指出，国际标准和合格评定体系能为提高生产效率和便利国际贸易作出重大贡献。随着全球经济一体化进程的加快，标准化在国际贸易乃至经济各个领域中的重要作用更加显现出来。在适当的时候采用标准与选择技术同等重要，标准化不仅能在提高企业生产效率中发挥重要作用，而且能为企业带来更多的贸易机会和提高经济效益。所以企业要重视标准化管理。

1. 产品标准

GB/T 3539.1—1996《标准化和有关领域的通用术语第1部分：基本术语》中给出了如下

定义：规定一个产品或一类产品应符合的要求以保证其适用性的标准。

概括地说，为了保证产品的适用性，对产品必须达到的全部要求或某些要求，应当作出明确规定，作为产品生产、检验、验收、使用、维护以及贸易洽谈等方面的技术依据，这就是产品标准。

我国的有关法律、法规和规章对于企业产品执行标准有明确规定。《中华人民共和国产品质量法》第十四条规定："生产者应对其生产的产品质量负责。"产品质量应符合下列要求：

（1）不存在危及人身、财产安全的不合理的危险，有保障人体健康，人身、财产安全的国家标准、行业标准的，应当符合该标准。

（2）具备产品应当具备的使用性能，但是，对产品存在使用性能的瑕疵作出说明的除外。

（3）符合在产品或者其包装上注明采用的产品标准，符合以产品说明、实物样品等方式表明的质量状况。

《中华人民共和国标准化法》也规定："企业生产的产品没有国家标准和行业标准的，应当制定企业标准，作为组织生产的依据。"在《中华人民共和国标准化法实施条例》第五章"法律责任"中还明确规定："企业未按规定制定标准作为组织生产依据的要追究其法律责任。"

2. 产品标准的种类

按标准使用范围划分，标准可以分为国际标准、国家标准、行业标准和公司企业标准。

（1）完整的产品标准：如果在技术和生产方面都比较成熟，一般可以制定完整的产品标准。对企业而言，为了保持产品标准的完整性，便于标准的使用和管理，一般情况下都是制定完整的产品标准。

（2）单项产品标准。以下情况，可以制订单项产品标准：

① 已经有同类产品的通用标准，没有必要制定完整的产品标准。

② 为了适应新产品在不同发展阶段的需要，不宜制定完整的产品标准。

③ 产品在技术和生产方面还很不成熟，尚不具备制定完整产品标准的条件。

单项产品标准的内容大致为：

① 产品分类标准。

② 产品型号或代号编制方法标准。

③ 产品技术要求标准。

④ 产品试验方法标准。

⑤ 产品的标志、包装、运输和贮存标准。

⑥ 产品技术条件标准。

3. 产品标准的地位和作用

产品标准是表述产品质量的基本技术文件，是企业标准体系的核心，是企业生产技术活动的依据，没有产品标准，企业的其它标准就无从谈起。产品标准是企业保证和提高产品质量的依据，是发展产品品种，提高劳动生产率的有效手段，是满足用户需求，获得最佳经济效益和社会效益的基础。

4. 编写产品标准的基本要求和方法

（1）编写产品标准的基本要求：

① 应符合国家的有关法律、法规和方针政策。

② 技术先进，经济合理。

③ 切实可行，适用性强。

④ 内容协调、统一。

⑤ 格式和表述规范化。

(2) 编写标准应遵循以下原则：

① 可行性。要从实际出发，既先进，又切实可行。

② 完整性。应该有标准的都予以制定，同时注意不要和国家、行业标准相矛盾，也不要造成企业内部标准的相互矛盾。

③ 准确性。标准是判断的依据，含义应准确无误，不能含糊其词，造成多种理解。

标准大都是实践经验的总结，具有一定的普遍意义。

(3) 产品标准的编写方法：

我国已经发布了一系列关于标准起草与表述规则的国家标准，如：

* GB/T 1.1—1993《标准化工作导则 第1单元：标准的起草与表述规则 第1部分：标准编写的基本规定》

* GB/T 1.2—1993《标准化工作导则 第1单元：标准的起草与表述规则 第2部分：标准出版印刷的规定》

* GB/T 1.3—1993《标准化工作导则 第1单元：标准的起草与表述规则 第3部分：产品标准的编写规定》等

企业在编写产品标准时应当遵循上述国家标准的要求。

下面简要介绍一下产品标准编写方法。

(1) 封面和首页。企业产品标准的封面可按 GB/T 1.2—1996 中图4的格式。首页可参照 GB/T 1.2—1996 中图6a、图6b和图6c的格式。幅面可采用A4或B5尺寸。

(2) 目次。产品标准目次的编排可参照 GB/T 1.2—1996 中图7的格式。

举例如

目　　次

前言	Ⅲ
××××前言	Ⅳ
1　范围	1
2　引用标准	1
3　分类	2
4　要求	4
5　试验方法	7
6　检验规则	10
7　标志，使用说明书，包装，运输和贮存	11
附录A(标准的附录)　××××试验方法	14
附录B(提示的附录)　××××××××	16

(3) 前言由专用部分和基本部分组成。专用部分主要说明采用国际标准和国外先进标准情况，标准产生的基础以及制定、修订的基本情况，与其它标准的关系，实施过渡期的要求以及附录的性质。

基本部分主要包括标准的提出部门、归口部门、起草单位、主要起草人、首次发布和历次修订年月等内容。

如果企业产品标准等同或等效采用国际标准、国外先进标准或国外先进企业标准，还要在前言之后保留采用对象的前言，其标题为“××××前言”。

（4）产品标准的名称就是标准的总标题，它是对标准内容最精练的概括，反映了该标准的范围和特点。

（5）范围。标准的“范围”一章，概括说明了该标准的主题内容和适用范围，应作为标准的第 1 章，列于标准正文之首。

完整的产品标准一般采用的以下典型用语：

“本标准规定了××(产品)的分类、要求，试验方法，检验规则及标志，使用说明书、包装、运输和贮存等。”

单项产品标准一般采用以下典型用语：

“本标准规定了××(产品)的试验方法和检验规则。”

“本标准规定了××(产品)的分类和技术要求。”

在编写产品标准的“范围”时，应当注意不要把标准的适用范围写成产品的适用范围。

（6）引用标准。这是一种国际上通行的科学、简便的标准的编写方法，被引用标准是标准的重要组成部分。这样不但可以避免重复、繁琐，大大减少标准编写的工作量和标准的篇幅，还可以避免因重复而带来的失误，保证标准之间的协调一致。所以，如果有上级标准或同级标准能够引用的话，就多采用“引用标准”，并列出引用标准的一览表，并把该一览表放在第 2 章，该章标题为“引用标准”。一览表用下列导语引出：

“下列标准所包含的条文，通过在本标准中引用而构成为本标准的条文。本标准出版时，所示版本均为有效。所有标准都会被修订，使用本标准的各方应探讨使用下列标准最新版本的可能性。”

一览表按照先国内后国外，先上级后下级，先小号后大号顺序排列。

（7）产品分类部分的内容可以采用文字与表格、图形相结合的方式编写。

① 标题，应根据标准化对象的具体内容而定，一般可用“分类”或“产品分类”作为标题。原材料标准可用“品种”、“规格”作标题，化工产品可用“分子式”或“结构式”作标题。

② 编写顺序。

——型式(品种)；

——基本参数与尺寸；

——标记示例。

（8）技术要求。企业产品标准的技术要求部分一般采用“要求”或“技术要求”作为标题。编写时应注意以下几个问题：

① 应根据用户对产品功能的要求和产品本身的特点，重点规定可满足用户要求而必须具备的主要质量指标，并尽可能定量表示。抓住主要指标为了节约检验费用。

② 各项质量指标，不应低于该类产品的通用技术条件或基本技术要求等标准的规定。

③ 凡是目前的科技手段无法测试，或测试方法非常复杂、昂贵，经济上无法承受的要求，不要列入标准中。

④ 必须符合国家有关法律、法规和强制性标准的规定，符合安全、卫生环保的要求。

⑤ 在满足用户使用要求的前提下，力求做到经济合理，必要时可把质量要求分级，以

适应不同用户的需求。

(9) 试验方法的内容包括：

① 试验原理概要。

② 试剂或试验材料的要求。

③ 对试验仪器、设备的要求。

④ 试验装置。

⑤ 试验条件。

⑥ 试样及其制备。

⑦ 试验步骤。

⑧ 试验结果的记录、计算、分析与评定。

⑨ 允许误差。

编写试验方法的注意事项：

① 试验方法与技术要求一并制定，相对应。

② 一般一项技术指标只规定一种试验方法。

③ 试验中使用的仪器、设备、工具、标准试剂等应规定等级。

④ 规定试验误差范围。

⑤ 规定试验步骤。

⑥ 试验方法尽量采用“引用标准”。

⑦ 有时为简化，标题可合并，例如“技术要求和试验方法”，“试验方法与检验规则”。

(10) 检验规则：一般包括检验分类和检验项目，组批和抽样规则，检验结果的判定与复验规则等。

① 检验分类。

目前用得最多的是国家标准：GB/T 1.3-1997“出厂检验”和“型式检验”。

型式检验——亦称例行检验，它是对产品各项质量特性进行的全面检验。产品标准中应规定型式检验的时机、项目和规则。化工产品除了涂料、染料、橡胶和感光材料等部分专业外，一般不规定型式检验，而大部分原材料产品标准都不规定型式检验。

出厂检验——亦称交收检验或常规检验。必须在标准中规定出厂检验的内容，出厂检验的项目通常只是型式检验的一部分。一般由生产厂质检部门检验。

② 组批与抽样规则。

这是保证产品质量和检验质量的重要条件，只有科学、合理地进行组批和抽样，才能保证检验结果的正确性。

全数检验——是对产品逐个进行检验，必须是非破坏性的检验。

抽样检验——是从提供检验的一批产品中随机抽取少量产品组成样本进行检验，将检验结果同预定的制定标准进行比较，从而判定该批产品是否合格的检验。

抽样检验需要解决三个问题：样本的抽取方式、样本量和判定规则。为了使样本对总体具有更好的代表性，减少误判风险，应当采用随机抽样的方式抽取样本。在编写企业标准时，我们不应当再使用百分比抽样，应当使用国际上通行的建立在概率论和数理统计理论基础上的统计抽样检验标准。我国已发布了 22 项统计抽样检验国家标准。

选用产品质量验收抽样检验标准和抽样方案时，往往需要考虑很多因素，进行综合比较后，才能选择适合的抽样检验标准，进而从中确定一个优良的抽样方案。

③ 检验结果的判定与复验规则。

对于全数检验，应当对每个产品是否合格作出判定，在产品标准中要规定判定规则。如果允许复验，还要规定复验规则。

对于抽样检验，由于一般情况下，各产品质量验收抽样检验标准的内容里已经包括判定规则，所以在标准中不必再重复规定判定规则。

总之，在编写检验规则时，应注意技术要求，试验方法和检验规则相互对应。

(11) 标志、使用说明书、包装、运输和贮存的编写。

为了保证产品从检验合格后到交付用户使用过程中产品质量不受损坏，并且便于识别和保管，所以在标准中应包括以下内容。

① 标志：一般包括产品标志和包装标志。

——产品标志的内容：生产厂名称；产品名称；型号或代号，规格，标记等；主要技术参数；商标；生产日期或生产批号，出厂编号等；质量等级；有效期；警示标志或说明；产品标准编号；属于发放生产许可证的产品还应标出生产许可证编号。

——包装标志，包括收发货标志，包装贮运图示标志，危险货物包装标志以及其它标志。

*收发货标志内容：生产厂名称；产品名称和型号；产品的数量、体积、毛重；发货地点；收货站名，收货单位等。

*贮运作业标志：产品的重心点，起吊线等，运输、贮存中的注意事项，例如“小心轻放”、“向上”、“防潮”等字样或图案。

——标签，属于使用说明范围，可粘贴、拴挂或印刷在产品或其容器上。其内容应包括：生产厂名称；产品名称；产品质量特征(配料、成分、含量等)；商标；包装数量；使用方法及贮存注意事项；生产日期或生产批号、出厂编号等；有效期；警示标志或说明；产品标准编号。

② 包装：应尽量引用现行的包装标准，没有现行包装标准的，一般应编写包装要求。

③ 运输：规定运输要求，主要包括运输方式；运输条件；运输中的注意事项。

④ 贮存：特别是对有毒、易燃、易爆、易腐蚀、放射性等产品应规定相应特殊的贮存要求。内容包括：贮存场所；条件；方式及期限。

⑤ 使用说明书，可以参照国家标准 GB/T 9969.1—1988《工业产品使用说明书总则》。

(12) 产品标准的编写格式，标准的层次是指标准内容的表达次序，它体现了标准内容的逻辑性和标准本身的严肃性。GB/T 1.3—1997 第 6 章规定：“产品标准编写的层次划分和编辑细则应分别符合 GB/T 1.1—1993 中第 5、6 章的规定。”

5. 企业产品标准的制定程序

(1) 编制计划。计划内容包括：①产品标准名称，适用范围和制定目的；②对标准水平的要求；③制定标准的依据和主要工作内容；④工作步骤和进度要求；⑤部门和人员分工。

(2) 调查研究和试验验证。主要工作内容包括：

① 进行市场调查，走访用户，了解用户对产品的使用要求、意见和建议；②搜集产品的生产、管理现状以及发展趋势方面的资料；③搜集与该产品标准有关的国内外标准资料，特别是先进国家和企业的标准资料；④搜集有关的科学技术成果情报、信息和实践中有成效的经验，了解科技发展趋势和最新成就；⑤分析本企业生产能力，检测手段和技术水平；⑥综合分析所搜集的资料，确定需要试验验证的项目；⑦进行试验验证，得出结论。

(3) 起草标准草案(征求意见稿)。这是标准制定工作的关键，由标准起草小组按照GB/T 1.1—1993和GB/T 1.3—1997的规定编写产品标准草案(征求意见稿)同时编写《产品标准编制说明》有关附件。《产品标准编制说明》是标准起草过程的真实记录，起着承前启后的作用。其作用有三：

① 帮助标准审查人员了解标准起草过程，为标准草案的审查提供技术依据；②在标准实施过程中如果发现问题，可以借助《编制说明》中的内容进行解释或说明；③当产品标准进行修订时，要以原来的《编制说明》为依据，审查原先考虑总的出发点，以及对遗留问题的处理和解决情况，以便确定原标准的那些内容应当保留，哪些内容需要改变，为产品标准的修订奠定基础。

《产品标准编制说明》应包括以下内容：

① 任务来源和简要工作过程；②确定产品标准主要技术内容(如技术指标，性能要求，试验方法等)的依据；③主要试验验证情况及其分析，综述报告，预期的经济效果；④采纳国际标准和国外先进标准的情况，以及标准水平的分析对比；⑤与现行法律法规、强制性标准以及其它上级标准的关系，对贯彻该标准的要求和措施建议；⑥对标准主要内容的解释和其它应说明的事项，参考资料。

(4) 征求意见。征求企业内外有关部门意见，如有必要再提出征求意二稿甚至三稿。

(5) 编写标准草案(送审稿)，并把修改情况在《编制说明》中加以说明。

(6) 产品标准草案的审查。审查一般由上级标准管理部门派人主持，邀请有关科研、大专院校的专家参加审查，企业有关部门也应派人参加，一般情况采用会议审查方式。但如果标准草案比较成熟，征求意见时分歧不大，或者等同、等效采用国际标准或国外先进标准，也可以采用函审方式。审查内容主要有以下四点：①产品标准草案(送审稿)是否达到预定目标；②标准与我国有关政策法规、强制性标准是否矛盾；③技术内容是否适合企业实际情况。技术指标是否先进、安全、合理，可行，各项规定是否完整并协调统一；④贯彻标准的要求、措施和建议是否可行合理。最后形成“会议纪要”或函审结论。会后修改整理成标准草案(报批稿)。

(7) 报批，发布，备案。所报批文件，除产品标准草案(报批稿)外，还应附产品标准编制说明；审查意见汇总处理表；审查会议纪要或函审结论。

企业产品标准由当地标准化主管部门批准发布，统一编写，并在行政主管部门备案。

6. 企业产品标准的修改与复审

修改内容如涉及到主要技术指标和或试验方法，则修改程序与制订程序相同。

企业产品标准实施2~3年后，应进行一次复审，复审结果有以下几种：

(1) 确认。标准内容不需要修改，仍然符合当前科技水平，能适应生产、使用要求。确认不改变标准的顺序号和年代号。

(2) 修改。标准内容的修改不影响标准技术水平和产品互换性，仅对标准的某些条文、参数、符号和图表等进行个别的少量的修改和补充，用“修改通知单”的方式发布。

(3) 修订。标准的主要技术内容需要作较大修改才能适应当前生产、使用需要。修订程序与制定程序相同，修订后标准顺序号不变，只改变年代号。

(4) 废止。标准内容已不适应当前需要，或已有新标准代替，应予废止。

复审结果也应报当地主管部门备案。

7. 计量管理

计量管理是保证产品质量的重要手段，是贯彻执行技术标准的重要依据。

计量管理的三大作用：

(1) 计量测试是产品质量信息收集的一种手段。产品质量通过计量测试，可以收集质量信息，掌握各工艺阶段产品质量动态，以便进行质量统计分析。

(2) 预防作用。通过计量测试，发现问题和不正常的苗头，及时采取措施加以预防。对已出现的问题及时总结经验教训，以防类似情况重复出现。

(3) 把关作用。通过计量测试，控制投料，防止不合格的物料投入生产，防止不合格的产品继续流转和出厂。

计量管理工作的内容：

(1) 配备必要的计量测试用具，保证器具稳定准确无误，并妥善地保管和使用。

(2) 抓好计量与测试工作的质量，确保计量测试的准确。为做到这一点，在具备必要的计量测试手段的基础上，计量测试人员必须遵守操作规程，采用正确的计量测试方法，确保计量测试的准确可靠。

(3) 逐步实现化工行业计量测试手段的自动化。随着生产和技术的发展，近几年在化工企业中，已开始应用很多先进的分析手段，如测试仪器(带有数据自动记录显示装置或数字积分仪)，电子计算机，数据处理及自动录像装置体系，激光检测，X 光检测，超声波测试等。总之，计量、测试手段的自动化，计算机化以及检测方式由抽样向全数检验方式的发展已成为必然的趋势。这正是现代化科学管理逐步深化对计量、测试工作提出的要求。

(4) 配备计量、测试专业人员，做好培训工作，不断提高他们的业务水平。

第八节　化工技术经济

一、技术经济概述

技术经济是一门边缘学科，它研究技术与经济的关系，探索各种技术方案与经济效果的联系。对不同的技术政策、方案和技术措施进行经济论证，以求得最小的资源耗费取得最大的经济效益。因此技术经济既研究建设的技术方案的选择，又研究经济效果指标体系及其计算方法。过去研究技术经济的人一般是经济学方面的人士和专家。他们建立了许多“技术”经济指标，建立了许多许多经济效果指标体系的计算方法，随着国民经济的进步，经济体制的改革，有许多计算方法未必合适，但大多数宏观经济指标的计算还是适用的。研究经济的人们往往不太了解技术，因此，与其说是技术经济评价莫如说是经济效益评价。实际上，经济效益评价也是十分重要的，但它不是惟一的，对一个流程，一个新产品，新工艺或建设一套装置，当然要考虑经济效益，但并不等于经济效益最好的技术方案就是最佳方案，有时还要考虑政治的社会的因素，还有技术风险、技术可靠性、操作难度等不可测因素。所以，我们在运用技术经济评估时不能陷入机械唯物主义的泥潭。

技术经济的许多计算公式，只能是一种参考方法，不能把这些公式绝对化，因为这些经济公式包含的参数太少，但我们又不能不知道这些公式。所以，研究化工工艺学的技术人员，必须懂得经济评价的计算方法，以便我们在设计方案和进行技术革新、技术改进时，作为参考。

二、技术经济指标

1. 概述

总的来说，技术经济指标就是表明设备、原材料、燃料、动力等利用程度的各种指标，以及反映生产技术水平和经济效果之间关系的各种指标的总称。当然，也包括宏观的综合的经济指标如产品成本，利润，利税率，万元产值利率等等。

实际上，每一个生产品种或每一类工业企业，都有一套与它的技术装备、工艺过程、所用原材料和产品特点相适应的技术经济指标。这些指标在该行业中，有时专家们一眼就能分辨出这项技术先进与否，而不是去先算宏观大账再研究技术先进与否。比如，纯碱工业，以原盐利用率作为一个重要指标，苏尔维制碱法的原盐利用率为75%，德国蔡安法专利声称提高到90%，而侯氏制碱的原盐利用率达98%。比如氯碱行业以电解槽的电流密度（A/m^2）为技术经济的重要指标。又如，某些产品行业以催化剂的WWH（每kg催化剂每小时生产的产物kg数）为指标或以某个原料的转化率为指标。有时由于不追求单程转化率，又以产品的收率为指标等等。同一行业中有自己特定的技术经济指标，不能一概而论。

2. 宏观指标

当然，宏观的指标也是评价中十分必要的，但这些宏观指标，有时看不到技术先进与否，因为造成宏观经济效益的除了技术之外，还包括市场杠杆、管理、劳动力代价、地区差别等综合因素，严格地说只能是“经济指标”，不大好说是“技术经济指标”。然而，化工工艺工程师，必须了解和熟知这些指标。

（1）产品成本。这是企业支付的生产资料费用，劳动力工资和其它费用之和。

表示为：

- 产品价格销售价、出厂价
  - 销售成本
    - 工厂成本
      - 车间成本
        - 原材料消耗
          - 主原料
          - 辅助原料
        - 燃料动力公用工程费
        - 人工工资及附加费
        - 车间经费
        - 基本折旧费
      - 企业管理费
    - 销售费用摊用（如运输包装、广告、代理等费用）
  - 利润税收

可以看出，产品成本是技术、管理和经营的一个综合指标。

（2）建设投资。建设一个项目、要做可行性研究报告，其中要有“投资估算”这一栏目，一般这时投资估算要求不高，可按一定“系数”来估计，但对于大型项目，合资企业，则要求可行性研究程度深一些，投资估算准确到误差10%左右。在项目的初步设计和投标竞标中，也有设计概算，要求准确度达到误差10%。

建设投资估算由工程费、工程建设其它费用和预备费三部分组成。

- 基本建设投资概算
  - 工程费
    - 主生产项目
    - 辅助生产项目
    - 公用工程
    - 服务工程
    - 生活设施
    - 厂外工程
    - 三废治理
      - 设备购置费——设备费、运杂费
      - 安装工程费——直接费、间接费、利税
      - 建设工程费——直接费、间接费、利税
      - 其它基建费——土地征用、管理费、专利、设计
  - 这是第一部分(进入固定资产)
  - 其它费用　如人工培训费，施工中临时费用等，这是第二部分
  - 预备费

（3）总投资。建设一个工厂或一项工程使之投入生产和投入经营活动时，并维持运行下去，必须投入的资金，又称总投资。包括建设投资，流动资金和建设期利息。

在建设项目评估时，投资则指建设投资或建设投资加建设期利息为总投资。

（4）利润和税金。企业的利润分为毛利和税后利两种。

$$毛利=(产品单价-销售成本)\times 销售量$$

毛利扣除税金，叫纯利润。

（5）产值

$$产值=单价\times 产量$$

产值计算用的单价一般是“不变价”，便于统计和比较。

（6）折旧。设备在运转过程中存在两类磨损——有形磨损和无形磨损。有形磨损指设备的损耗、腐蚀和老化，而降低其原设计的技术性能。无形磨损包括造价贬值，由于技术进步，使原设计的设备性能落后、技术陈旧，使技术经济指标下降。

因设备的“磨损”而造成的使用价值和价值的下降，这部分损失通过产品销售加以补偿。而且是分年逐渐把设备价值全部转移到产品成本中去，这种每年转移到成本中去的设备价值称为“折旧”又叫基本折旧。对于化工设备的折旧年限，各个行业自有它自己的规定，常见为 10 年，在设备设计中一般亦以 10 年为度。

基本折旧的计算常用“直线折旧法”。

$$年折旧费\ D=\frac{C_0-S}{n}$$

式中　C_0——设备原值；

S——估计折旧后的残值；

n——折旧年限。

基本折旧费累积用于设备更新和社会补偿基金。

3. 常见的其它一些技术经济指标

还有一些技术经济指标，如万元产值能耗率，资金周转周期，万元产值资金占用率，投资利润率，万元产值单耗(物质消耗)，人员劳动生产率，人均利税，人均产值等等，不再列举。

三、投资项目的经济评估

经济效益是一个技术和管理的综合指标，对投资项目进行经济评价，分为财务评价和国民经济评价。后者主要分析项目给国民经济带来的整体效益，包括税收和对其它行业的拉动等。前者也常常被人混为经济评价。

财务评价的方法有动态和静态评价两大类，常用静态评价方法。对于特大型工程一般要求作静态动态分析。

1. 静态评价法

静态评价法不计算资金的时间因素，仅作粗略估计，但此方法比较简单，因此常为可行性报告和建设项目评价时采用。

（1）投资利润率和投资利税率

$$投资利润率=\frac{年利润}{总投资}\times100\%$$

$$投资利税率=\frac{年利润和税收额}{总投资}\times100\%$$

这些实际上假定每年的效益是不变的。因而规定这个计算方法是指建设项目达到设计生产能力后一个正常年度的利税与总投资(建设投资加建设期利息)的比率。

（2）基准投资利润率。这是指某一行业中，人为规定的一个底数，如果一个新建项目，其投资利润率低于本行业中的基准投资利润率，则为不可取。实际上基准投资利润率是行业的平均盈利水平，与行业的技术构成、技术一般水平、市场情况和历史上的效益有关，亦与行业的当前经济状况和国家的财经政策有关。化工的基准投资利润率一般为0. 15~0. 2，精细化工行业还可以再高一些，可达0. 25。

（3）还本期(投资回收期)

$$还本期(年)=\frac{总投资}{年净收益}$$

总投资一般按建设投资加建设期银行利息计算。

还本期的年限，有两种算法，一是产生效益，即投产开始的当年算；一是从建设开始就算包括建设期在内。但习惯上常用前者，即从投产开始算起，而即使使用后一种表达法，也要注明从投产开始年算起的还本期(投资回收期)。

还本期的标明，十分浅显、直观，一目了然，也容易被人理解，是反映建设项目清偿借贷的能力(比如全部用银行贷款建设)。还本期短的，显然能给人深刻印象，人们在项目评估时，一般会倾向于还本期短的，即还本迅速的项目。

但这项评估未考虑产品在市场占有的寿命，没有考虑还本以后企业的效益。

2. 动态投资回收期法

（1）累计现金流量图。把一个投资项目作为一个系统，系统支出资金，即项目在花钱，称为现金流出，取负值。系统开始赚钱，有收益，可以一目了然看到某年现金累计流入为零，即表示还贷结束。现金流入取正值。现金流入和流出之和，称现金流量。以现金流量为纵坐标，以时间(年)为横坐标，把工程寿命期之内的累计现金流量作一个图，称累计现金流入图。

（2）动态还本期计算公式

$$t=\frac{-\lg(1-Ri/A)}{\lg(1+i)}$$

式中　t——动态还本期；

R——总投资；

i——基准折现率(利率)；

A——年收益(以各年相等计)。

(3) 等效最大投资周期。定义是以累计现金流量图上曲线达到盈亏平衡点(即与横轴交点)所包围的面积(元×年)除以最大累计负现金流量(元)，所得的年数即为动态还本期。

第九节　化工节能

一、化工节能的意义

在国民经济的各行业中化工是耗能比较高的一个行业，有些国家统计它仅次于钢铁和冶金工业的万元产值能耗。然而，化学工业各个具体行业能量消耗水平又不甚一致，甚至相差较大。有些直接消耗燃料和能源资源作为化工原料的如石油化工天然气化工和煤化工等，这是化工的基本骨架，占化工行业的相当大的比重；有些以消耗电能为主要生产能力，如氯碱工业，电石生产等等。化学工业工艺过程，一般都需要加热进行反应，而反应产物又要冷却，因而通常都要耗费较多的热能，化工生产中有大量输送过程，加压操作，气体的压缩过程，电加热，电除尘等消耗大量的动力电能，能源和燃料动力的消耗在化工产品的成本中占有一个可观的份额。因此，化工产品工艺的节能是提高化工产品经济效益的重要手段，也是国民经济能源政策中相当重要的环节。

在化工工艺设计中和老产品的新工艺新设备开发和节能改造中要注意尽可能降低动力消耗。

二、化工节能的途径

(1) 开发研究化工工艺流程，减少合成过程的复杂性，也就是说缩短流程的长度，减少设备和耗能装置的台件数，研究反应过程的优化条件。

(2) 研究活性的反应催化剂以力求降低反应温度，提高原料的利用率。

(3) 研究高效的分离能力，缩短分离过程的长度，减少分离的设备。分离过程一般是耗能较多的地方，加热、冷却、压缩、输送的过程较多，力求将分离过程简化，以减少往复循环分离的量，是节能的重要途径，也是重点研究应当改进的流程。

(4) 改善装置的传热冷却效果，设计和使用先进装置，以提高能源的利用效率。

(5) 减小设备和管道的阻力，合理利用动力，减少消耗。

(6) 充分利用化学能、利用反应放热或其它热交换装置，将废热合理利用，用于带动蒸汽透平或产生蒸汽。

(7) 使用高效新能源，节省燃料和其它能源。

(8) 以石油煤炭为原料的化工工业，除了充分利用能量之外，还要改进工艺，充分利用原料，减少无谓的损耗。

总之，在化工的工艺开发和工程开发中，在开发化工新产品设计工艺流程时，对于节约能源要作为一个评估的参数，作为一个追求的目标。

第十节　计算机在化工工艺中应用

一、化工过程参数的控制（单片机控制参数）

化工操作过程中参数的变化必须及时反映出来，及时地要求操作人员作出判断并采取相应措施，措施处理要足够快，并有可靠的调节措施，这就当应用实时处理系统。比如反应器的温度控制，高分子材料牵伸机转速同步控制等等，对实时系统提出了下列要求。

（1）可靠性高；环境道德性强；实时性强，及时检测工况参数。

（2）有较为完善的过程通道、模拟量、数字量的输入输出设备，软件也有输入输出和逻辑判断指令。

（3）较强的人机交互功能，能及时调整参数，处理事故；具有辨识系统，建立数学模型的能力。

化工实时处理系统分为开环控制和闭环控制。

开环控制系统包括控制对象、执行器和调节器三部分。

闭环控制系统中主通道与开环控制系统一样，包括控制对象、执行器和调节器。系统中增加了带有测量环节的反馈通道和比较器，输入量与反馈信号比较后产生误差，误差信号经调节器、执行器作用到控制对象，改变输出量。输出量被反馈到输入端与输入量比较，因此对控制量有直接影响。闭环控制就是利用负反馈作用，发出控制信号，减少系统误差。示意如图 1–1 所示。

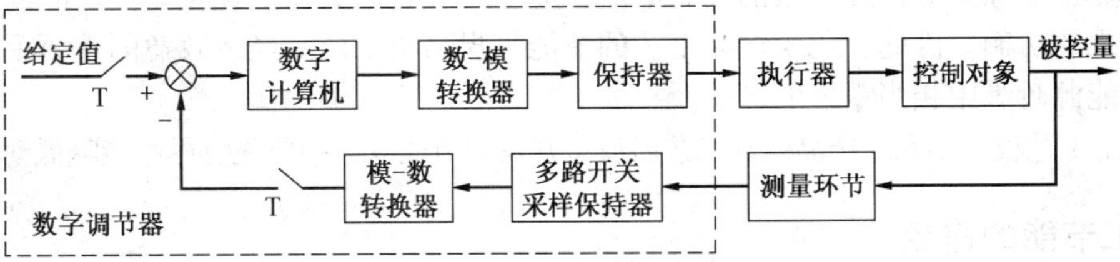

图 1–1　典型的实时控制系统图

在化工生产中，不论控制的参数是什么，经一二次测量均变成数字信号进入单片机，单片机再根据选定的控制规律，计算并输出。

单片机实时控制软件系统如下所示

- 过程监视程序
  - 采样程序
  - 事故报警程序
  - 操作台服务程序
    - 显示程序
    - 打印程序
    - 键盘程序
- 过程控制程序
  - 过程分析程序
  - 闭环控制
    - PID 控制程序
    - 最优控制
    - 复杂规律控制
  - 事故处理程序
- 公共应用程序—服务子程序库

单片机应用系统开发过程包括系统设计，硬件开发与设计，软件开发与设计，示意如图1-2所示。单片机的应用系统还要有一个微机开发系统(MPS)MDS。MPS硬件就是在普通一套个人机上增加一个在线仿真器(ICE)，一个EPROM写入器，调试后，可以进行在线和实时仿真控制。

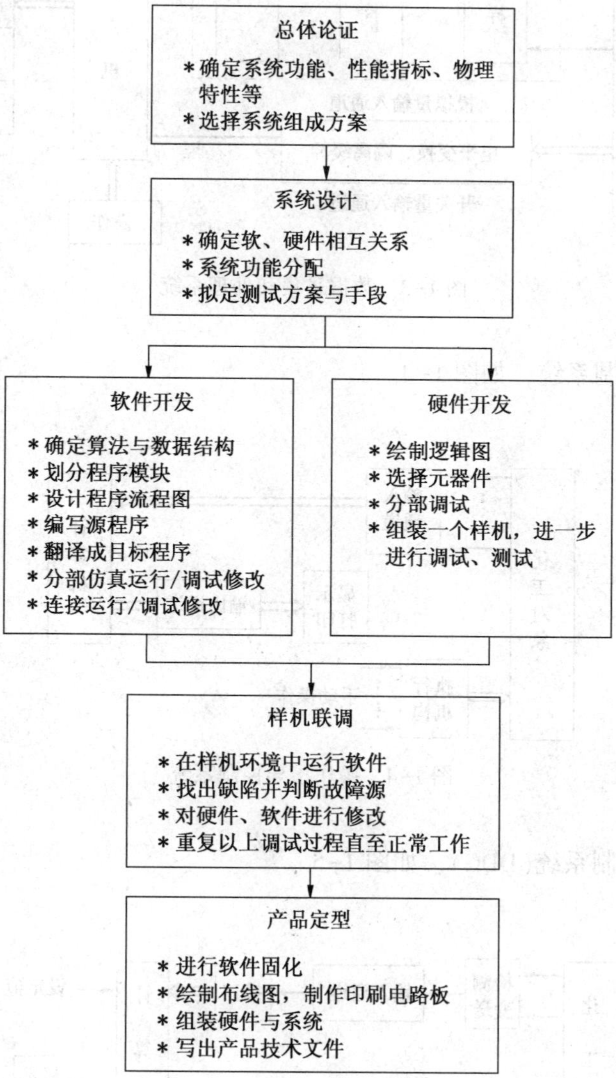

图1-2　微机应用系统开发过程示意图

二、微机在化工生产系统中应用

微机控制系统具有精度高、稳定性好、不随时间及环境条件而改变，可靠性高，灵活性好，存贮能力强，逻辑运算能力强，具有自我诊断功能，便于扩充，抗干扰能力强，功能多等特点。

微机应用方式与它们控制的化工过程复杂程度密切相关，对于不同的控制对象和工艺要求，有不同的方案。典型的应用方式如下。

(1) 数据采集和数据处理，示意如图 1-3。

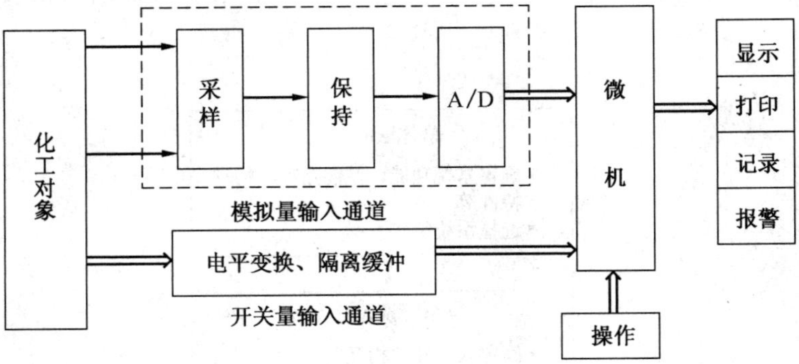

图 1-3 数据采集和处理系统

(2) 操作指导控制系统，如图 1-4。

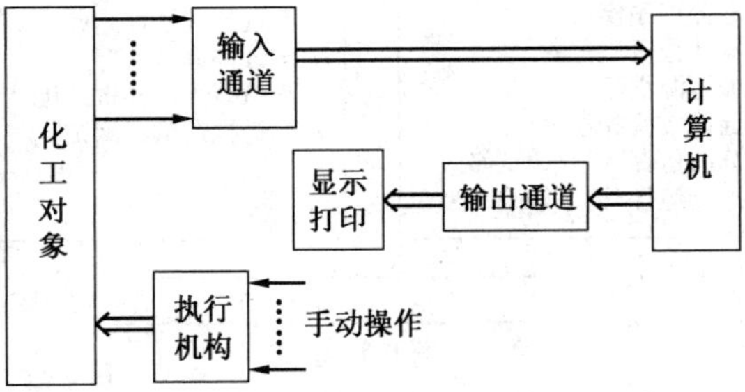

图 1-4 操作指导控制系统

(3) 直接数字控制系统(DDC)，如图 1-5。

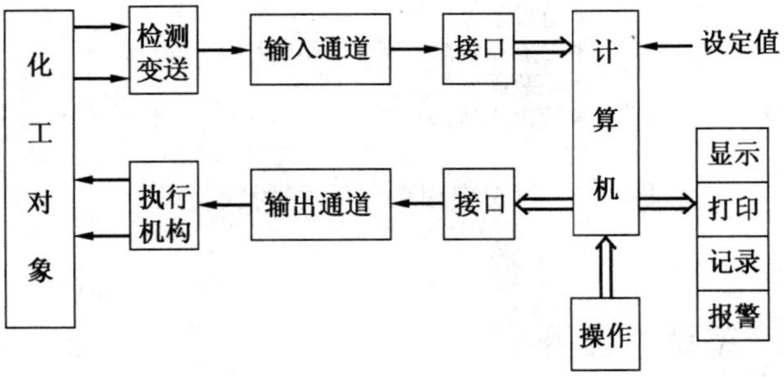

图 1-5 直接数字控制系统

(4) 监督计算机控制系统(SCC)。

计算机根据原来的工艺信息和其它参数，自动改变设定值，使过程处于最优状况，示意如图 1-6。

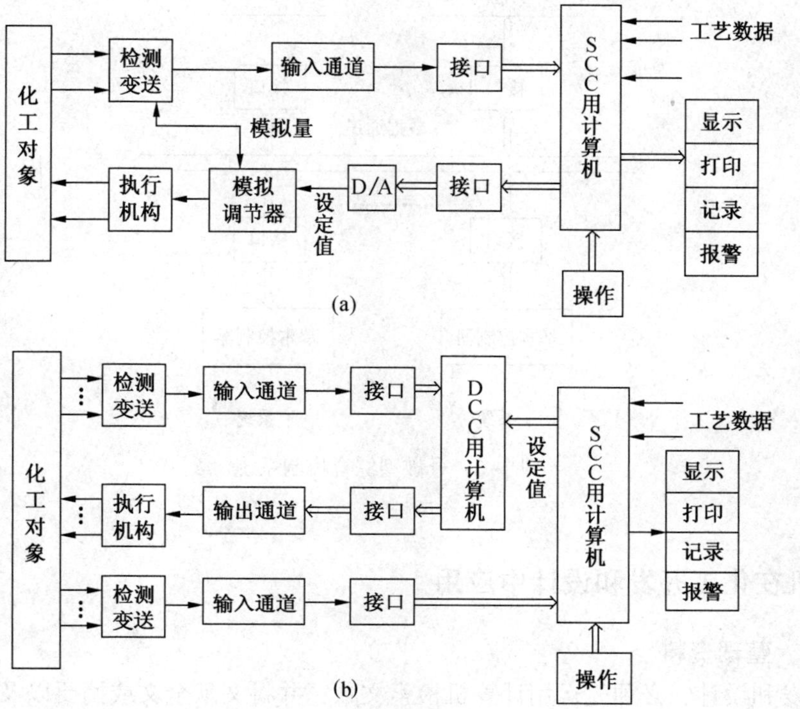

图 1-6　监督计算机控制系统

(5) 计算机分级控制系统，如图 1-7。

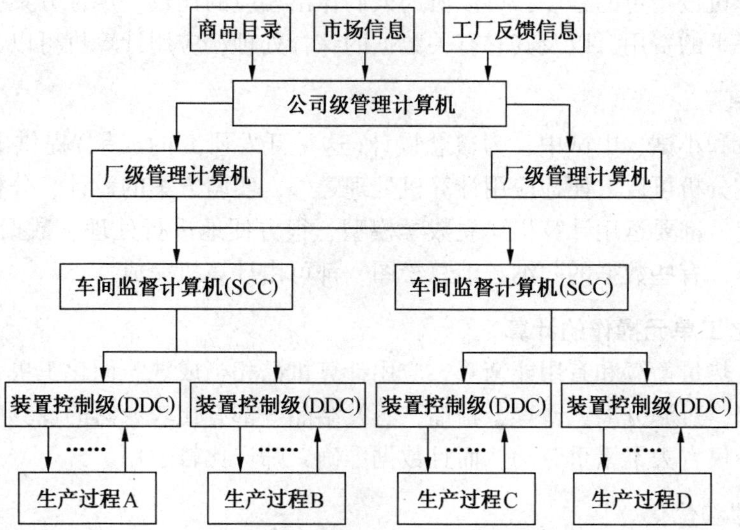

图 1-7　分级计算机控制系统

（6）分散型综合控制系统，如图 1-8。

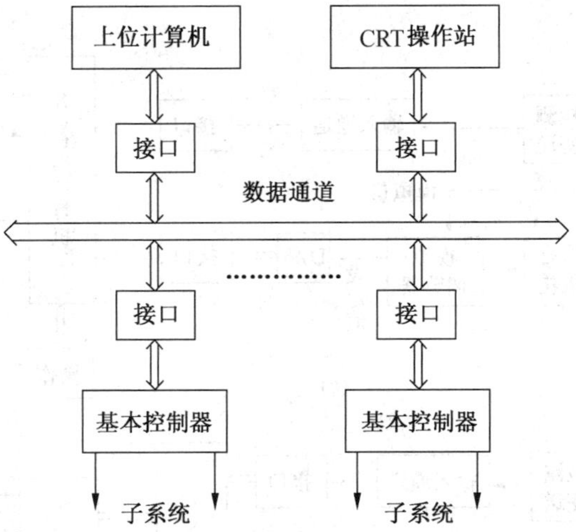

图 1-8　分散型综合控制系统

三、计算机在化工开发和设计中应用

1. 检索文献，整理资料

为了开发和设计，必须先运用计算机检索文献，并将文献全文或摘要以及相关物料性质物化数据，原材料供应商价格，包括运输，总图的有关设计数据，分类贮存，为开发研究做资料准备，这是计算机最起码的应用。

2. 设计方案和工厂选址比较

设计方案的比较参数，过去是很麻烦的事，主观性较强，有许多数据一时比较很难，要求大量繁难琐碎的计算。从技术经济上，最终用动态经济进行比较，从投资数据和操作数据进行比较，计算机按指定的程序，可以协助人们作出相应的比较。厂址方案中比如土石方量的计算，三通一平的费用，以及其它有关数据的综合处理，应用计算机可以方便解决。

3. 实验数据处理

在开发设计和小试、中试中，为概念设计（这是开发研究的成果）提供准确的数据，除了通常说的误差分析可以方便地应用计算机处理之外，实验方案的设计、分析和实验中一些常数参数的测定，都要运用计算机建立数学模型、很方便地进行处理。数据的可靠性分析，补充和简化计算，有些数据的归纳，汇总绘图，都可由计算机完成。

4. 化工计算和化工单元操作的计算

物料衡算、热量衡算和有用能衡算，应用计算机已相当成熟。而化工单元操作的设计计算，例如泵系统，过滤分离，干燥，精馏，蒸发结晶等都有比较成熟的计算软件。化工单元的计算机设计不仅省去了繁重劳动，而且数据准确，筛选比较适用。

5. 化工过程模拟和优化

对化工反应过程的系统模拟分析和设计的优化早已有应用，对化工逐个过程和全流程的模拟已经逐步实现，是设计工作的重大进步。

6. 计算机辅助绘图和辅助设计

计算机辅助设计(CAD)是利用计算机绘制和生成工程图纸的一种现代高新技术，目前已经广泛应用，而且随着计算机性能/价格比的进一步提高，各种商品化软件都由原来的二维绘图转变成三维造型，实现了二维与三维混合，线框、曲面和实体混合等新的造型技术。中国的一些设计单位也开始使用CAD系统进行工程项目的设计，并在设计工具和项目管理上进行了一系列改革，从而将工程设计推进到一个新的发展时期。

工程制图一直被人们称为工程师的语言，因为计算机的出现，过程制图逐步从纸上转移到屏幕上。使用AutoCAD系统，能够消除手工绘图的辛苦和乏味，尽管图形基准设置等基本操作仍需人工完成，但大多数操作都已简化或由系统自动完成。CAD软件不仅能够使二维图形的绘制简便易行，而且还可以通过建立三维实体模型，实现设计与制造一体化。

由一系列基本视图构成的工程图，完全是一种抽象而枯燥的语言，它不仅没有真实感，而且还难于理解。现在，多数AutoCAD系统都具有了绘制三维图形的功能，这样用户不仅可以生成易于理解的三维图形，而且还可以通过建立称为实体模型的原型，来对物体进行物理特性分析，以便设计更加完善的设备或物体。例如，在化工过程设计中进行设备布局设计和管道设计等等。

另外，工程项目的三维模型还可供施工安装时参考使用，可根据施工变更修改模型，根据改正的模型，可得竣工图。此模型和竣工图还可移交建设单位，供将来技术改造或扩建时参考。而项目的设备(包括备件)数据库，也可供工厂进行设备管理和组织检修工作使用，设计工艺过程和设备所用的数学模型，一般可用于生产中对过程操作进行核算分析和离线调优，如再与现场实时数据信息系统相联，经过必要的整编，还可形成在线优化操作，乃至管理与控制相结合的计算机集成化过程管理系统。

计算机绘制机械设备图，平面布置图，已经在机械建筑行业应用得相当成熟，各种软件已商品化，可以方便地绘制出设备的三维图形，可以直接用于制造加工。对设备布置图不仅直观，而且修改也十分直观，还可以模拟操作环境。

7. CIM集成系统

计算机辅助化工过程设计将应用功能强大的工作站和网络技术；发展工程数据库系统；应用专家系统和人工智能技术；形成计算机辅助化工设计集成系统。

在化工过程和设备的设计中，往往还需要设计人员利用其丰富的知识、经验和智慧对设计中的某些问题作出正确合理的判断和决策。在这方面，人工智能和专家系统技术将大有用武之地。从设计、工程分析到制造都由计算机辅助进行。近来，CIM计算机集成制造已经应用。

计算机辅助化工设计集成系统，将适应项目执行的各个阶段，各有关专业设计人员准备数据、研究方案、进行设计、绘制图纸、编辑文档等项工作的需要。重要的是应用计算机辅助化工设计集成系统能够正确、有效地在各专业之间传送设计数据、图形和文本信息，使有关专业的设计模型协调合理地配置而不发生碰撞干扰；设备材料的规格、数据表、统计表要与设备订货、材料采购相一致。此外，该系统还要满足工程项目的进度控制、费用控制和质量控制的要求。这样的系统可在适当规模的客户机/服务器网络系统上建立，具有标准的开放式操作系统、分布式管理系统、分布式计算/处理环境、面向对象的分布式数据管理系统、各种应用软件包和相应的接口。

四、计算机在企业管理上的应用

这一类应用在各个环节都早已实现，如人事管理，财务管理，物资管理，物流管理，全面质量管理，营销系统管理等等。

产品和半成品的检验、原材料入厂检验等进入数据库，贮存分析，有利于质量分析和管理，在一些大型企业已经完成。各企业应用计算机管理，水平还参差不齐，但在管理方面的应用却是大有作为的。

第十一节　绿色化工和可持续发展

一、概述

化工生产曾给人类创造了很多财富，生产了许多各个领域必需的产品，满足了人们生产和生活的越来越高的要求。但是由于历史的原因，科学技术发展的水平和认识的局限，化工生产中的某些产品的资源消耗和能源消耗比较高，有一些产品给环境带来了危害，一些工艺过程也给人类生活的环境带来污染。20 世纪以来，化学工业发展迅猛异常，医药、农药、化肥、染料、高分子材料和其它化工产品长期持续的高速增长，相当一些产品不仅在生产和使用过程中的毒性、粉尘和毒副作用对人类和环境造成危害，而且使用过后的废弃物也会造成污染。这些不仅损害生态环境，有的还直接损害人类健康。有时，人类过分追求满足眼前的需要，追求更大的经济效益，追求某些好奇心，不去注意它的负面作用、生态效果和社会效果，因而形成“公害”。20 世纪 60 年代后，人们从农药的危害教训中惊醒，经过几十年努力，发展灵敏检测手段，鉴定已有的毒性化学物质，淘汰一些产品的生产和使用；并随着人类认识的深化，化学和生物科学的进展，对毒性机理的研究深入，发明了许多处理废弃物和毒物的方法，对化工污染的治理取得了一定的发展。

有资料统计说，当今世界各国生产使用十多万种化学化工产品。人们利用各种原料进行加工，而其中大约有 1/3 直接转化为废物和污染物。2/3 转化为产品，但化工产品在使用和最终被废弃时，一些又是有害的。据说美国的化学工业每年大约排放 30 亿吨化学废物进入环境。人们过去相当时间之内，解决的办法基本上以减少接触、对已有危害进行治理为主。于是一些有识之士提出“绿色科技”的说法，在绿色科技中，绿色化工有着举足轻重的作用。其主张将人类生产、生活的消费需求与生态环境条件的负荷之间把握平衡，在对待化工污染的问题上从过去注重治理或称为“末端治理”的模式，转变为注重预防，或称为“源头预防”的模式。

我国古代就有“防微杜渐”、“曲突远薪”、“防患未然”的哲学思想。在 1979 年通过的《中华人民共和国环境保护法(试行)》中第十八条就原则性地指出，防治污染和其它公害要“积极试验和采用无污染或少污染的新工艺、新技术、新产品”。这种思路引发国内一些化学化工学者投身于研究绿色科技和绿色化工，许多学者作出了重要贡献，取得了不小的成绩。美国国会在 1990 年通过了“污染预防法案”，虽不具法律效力，但却明确指出了污染预防这一概念。作为行动指南，包括废物的清除、处理、回收、减少污染源和杜绝污染源。

为保护环境、防止污染，在化工开发研究和设计中，要更重视社会效益和环境效益。对于治理污染，积极的思路是治本为主，标本兼治，有效地治理污染产生的源头。一般从下列两个方面着手。

1. 采取先进工艺和设备，尽量杜绝公害

（1）改变原料路线和原料处理路线，为求避免污染。

（2）采用先进技术，简化和缩短流程，实现闭合循环，减少污染产生。

（3）采用先进工艺，减少副反应发生。

（4）研究产物分离精制和后处理工艺，减少三废排出。

（5）采用先进设备，提高设备效益和设备的严密性、运行可行性和无公害性，减少和杜绝废物、废料排放。

2. 综合利用和回收利用，减少和杜绝三废的最终排放

（1）杜绝在处理过程中的二次污染。

（2）变废为宝，充分发挥已产生的副产物的用途。

（3）把三废看成二次资源和间接资源，应以充分利用。

（4）综合利用原材料和副产物，深化反应和加工，精细加工，开发新的产品使用形态。

（5）回收再生。

在20世纪90年代提出“杜绝污染源”、“绿色产品”、“绿色科技”，也是人类认识和科技进步的产物。它被提出并能被实现，有赖于化学、物理学、生命科学的成果和包括化工工程在内的各门工程学科的技术进步。同时人们也为之起了不少新名词，如清洁化学、环境良性化学、环境友好化学、原子经济化学和绿色化学等等，最后美国环保局采用“绿色化学”这一概念，许多人也习惯于叫绿色化学。我国学者一般叫绿色化学与化工，并有《绿色化学与化工》和相关专著出版。读者可以阅读。

绿色化工是人们努力的目标，真正实现当然不是一朝一夕可以立就。许多化工专家多年来一直在研究和致力于此，近十多年来，取得很多重要进展。我们从一部化工发展的历史就可以看到，许多化工工艺的进步和技术革新，无论是原料改变还是催化剂进步，无论是设备的改革或是流程的简约，一般都围绕着充分利用原料，防治污染而来的。化工的发展和进步，无疑地将召唤化工工程师们要锲而不舍地朝着绿色化工的目标努力。

二、文献上关于绿色化工的概念和术语简介

1.“绿色”设想的实现途径

绿色产品的实现途径，一般围绕着化学反应、原料、催化剂和溶剂等方面开展，包括绿色的工艺过程。闵恩泽院士等在论述中曾归纳为下图所示的概念。

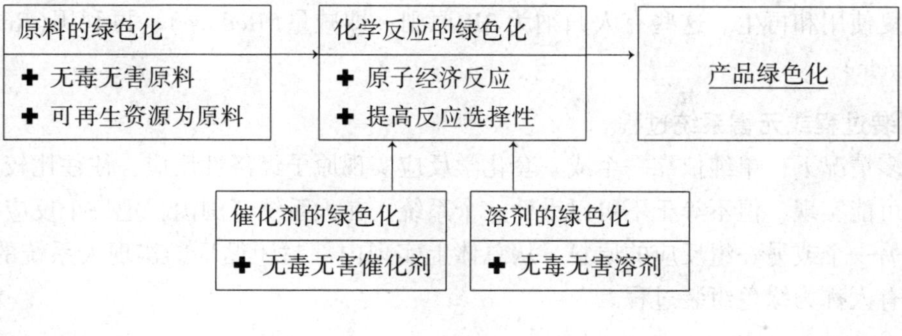

2. 原子经济性和原子经济反应

原子经济性是指原料分子的原子转化为产物的百分率。理想的原子经济反应，是原料中的原子百分之百地转化为目的产物，没有副产物和废弃物产生。并不是所有化学反应都是原子经济反应，生成无害的少量副产物(如水)，也是较为理想的。有一些理论上的原子经济反应，在实际反应中则必须研究催化剂，提高其选择性和改进工艺条件才能实现有工业意义的原子经济反应。

3. 零排放

指化工产品的生产过程中不排放废弃物，也就是说，原子经济性达到百分之百的过程叫零排放过程。示意为下列式子

原子经济反应：　　原料 1+原料 2 ⟶ 产物+副产物(产物≫副产物)

零排放过程：　　原料 1+原料 2 ⟶ 产物(无污染物和副产物排放)

4. 原子利用率

原子利用率简写为 AU。

$$AU=\frac{目标产物的摩尔质量}{化工过程产物的所有摩尔质量总和}$$

它不同于沿用了几十年上百年的研究产物的产率，有些过程产率高，可能副产物的危害却较严重。因此用原子利用率可以对反应过程作更好的评价。

近来有人提出用 E-因子作评价的概念，其定义是

$$E\text{-}因子=\frac{副产物(完全废弃的)/kg}{产物/kg}$$

实际反应中 E-因子复杂得多，要比理论值为大，$E_{实}>E_{理}$。比如某些化学反应存在一个平衡，并非是绝对的不可逆反应，有时为了使某一昂贵的或有害的反应物充分利用，使另一反应物过量，这过量物最终必然排出。在化工分离过程中常很难达到绝对完全分离，有时还要加入溶剂、萃取剂或惰性物质，它们并不能全部回收，必然排出。此外，产物可能有异构体或缔合体等，这些有时被分离抛弃等等。

5. 清洁生产

联合国发展计划署工业与环境行动中心(VNEP IE/PAC)提出清洁生产这一名词。其定义是将综合预防的环境保护策略持续地应用于生产过程和产品中，以期减少对人类和环境的风险。

实际上这个定义指产品在生产的全过程中和产品的整个生命周期过程中，包括尽量少用或不用有毒有害的原料、中间体，尽量减少工艺过程中各种危险因素，如高温、高压、噪声、强振、易爆、易燃、微波、辐射等。产品生产中节省能源，节省原料，包装合理，易于回收，重复使用和再生。这些有人归纳为 3R 原则，即减量(Reduce)、再利用(Reuse)和再循环(Recycle)。

6. 绿色组装过程或无害系统过程

在许多情况下，单纯依靠一个或一套化学反应实现原子经济性反应，往往比较困难，有时甚至不可能实现，但不等于不可以设计一个系统。在大系统范围内，把一个反应排出的废弃物作为另一个或另一组反应的原料，从总体上实现内部封闭循环，实现大系统的零排放。这种系统有人称为绿色组装过程。

三、美国化学会提出的十二项原则

这十二项原则实际上并不全面，我们当有我们自己的思路，现在列出供工作时参考。

①预防环境污染；②原子经济性；③无害合成方法；④设计安全化学品；⑤使用安全溶剂和助剂；⑥提高能源经济性；⑦使用可再生原料；⑧减少衍生物；⑨开发新催化剂；⑩产品的降解设计；⑪预防污染，及时监测和分析；⑫安全生产防止意外事故。

四、化工可持续发展

化学工业的发展和它的水平，包括经济水平和技术水平，直接与国民经济发展密切相关。不仅是因为化学工业的产值在国民经济总产值中占有举足轻重的份额，而且化学工业有数千万种产品，其应用几乎遍及国防、军事、能源、石油、煤炭、运输、机械和制造、电子、电气、航天、航空、食品、轻工、纺织、皮革、造纸、医药卫生、农林牧渔等国民经济各部门，还为科学研究提供工具材料和用具，为人类的精神文化提供相关材料、技术和器具。没有化学工业是不可思议的。直到20世纪末，化学工业仍然是世界上发展最迅速的工业。世界化学工业的增长速度是整个工业增长过度的两倍左右，我国的化学工业在1974年以前的20年中平均增长14.6%，1990年以后平均增长8%~10%，大于整个国民经济的增长速度。

化学工业必须满足国民经济各部门，国防和科研及人民生活对它提出的越来越多的要求，满足各方面对产品数量和质量的越来越高的要求，同时有三个问题必将制约它的发展。这就是化学工业的物质消耗，能量(能源)消耗和环境污染。

人类生活的地球，资源是有限的，金属矿物是有限的，煤炭、石油也是有限的，有些资源是不能再生的。化工生产要能可持续发展，一方面要提高工艺技术、降低物质和资源的消耗，使“反应原料的原子全部变成目标产物的原子”，这当然是一个目标。目前要能持续发展，必须开发新技术，提高转化率，提高目标产品的产率，减少副产物生成，在工艺、设备和加工处理上环环紧扣，降低物耗。另一方面要开发新的资源，例如生物、植物，越来越多的CO_2，发展生物碳化工、CO_2转化化工等。将这些可以吸收利用CO_2的途径开发出来，这当然不是一蹴而就的事。同时，要大力回收开发利用化工废弃产品和其它废弃物，把这些作为一种资源加以利用。

能源也是有限的，目前的能源主要靠燃料，化工要发展，没有能源不行。一方面化工产业要大力开发新技术，以降低能耗；另一方面要开发新能源，水能、风能、太阳能。这些能源的利用又得依靠化学工业的进步，为能源开发提供新材料。因此化工新材料的技术开发，要优先发展，为能源建设、新能源开发提供研究和实施的新材料、新装备、新技术，使之得以相得益彰，同时要改造传统耗能行业。合成氨和合成化肥，基础化工原料的能耗高，技术古老传统，有的有近百年的历史，必须开拓新思路，研究改革。有些该缩小规模就得缩小，开发新的肥源，利用生物技术和其它技术，改造传统的化工行业，进一步降低能源消耗。

化工污染自不待言，必须抓紧标本兼治，防治源头污染同时做好后处理。不仅化学工业本身要防治污染问题，国民经济各部门都要把环境作为一个根本的原则问题来对待。比如农业是使用化肥、农药的重要部门，不能仅仅指望化学工业实现无污染生产，实际上农业也应开发新的有机肥源，生物防治病虫害等，减少物耗能耗和污染严重的化工产品的应用。又如制革、造纸、印染、电镀、冶金等行业，大多使用化工产品，应当在技术改革的同时研究生物技术物理技术，改变传统的加工方法，改变原有化工材料的使用形态，例如原来使用溶剂的，改为无溶剂或水性；原来使用某种添加剂的，加以改造。化学工业在发展自身的同时，应大力开拓那些对治理污染和保护环境有利的新的精细化工产品，比如可从造纸废水中提取色素、木质素、聚合物材料；造纸行业也可以开展利用生物酶技术，以改变传统的碱蒸煮工艺，从而清洁地得到纤维素的技术等等。

化工产品节能降耗和走向精细化，走向清洁化，是化工可持续发展的途径。

第二章　原料及原料准备

第一节　原料及原料路线

一、原料在化工中的地位

原料是化工产品生产的物质基础，是化学反应的参与物，原料及有些辅助材料如催化剂，可以直接影响到产物的生产能力和技术水平。原辅材料的性状如何，直接关系到化工产品的质量和成本。不同的原料有不同的化学反应，使用的辅助原料可能不同，化学反应的条件可能有异，因而需要设计使用的反应装置也可以有区别，这些不仅直接影响了产品的性能、成本，而且直接影响到工艺过程和工艺条件，影响到人力财力的投入，也影响到物质消耗和能量消耗。

同一种产品，可以用不同的原料来合成，如乙醇可以用发酵法制取，也可以用乙烯水合法制取；一氯甲烷可以用甲烷(天然气)氯化的方法获得，也可以用甲醇和 HCl 制取；氯乙烯既可以用电石加水制成乙炔、由乙炔与 HCl 反应加成，也可以直接由乙烯氧氯化而成。这些方法都实现了工业化，而且这些不同的方法均有厂家采用。

原料除了直接影响到工艺合成路线之外，不同的原料，会给化工生产带来很多影响，比如原料的资源问题，储存和运输的问题，原料的供应渠道问题，价格问题，原料本身的毒性问题，易燃易爆的可能性问题，因而造成各种风险如供应风险、价格风险、安全风险和工艺风险等等。

对于产品的质量保证体系来说，原料的品位(纯度、杂质的种类、杂质的含量)和稳定，是一个重要环节。原料的品位不同，不仅直接影响到消耗定额而且对产品的质量有深刻影响。因此，原料在化工生产中的地位十分重要。

此外由于不同原料或同一种原料采用不同的合成方法对原料有不同的要求，有些原料要求比较苛刻，精制或预处理的技术难度和处理成本也成为是否选用这种原料和是否选用这种合成工艺的一些重要参数，可以这样说，原料在化工产品生产中是牵一毫而动全身的一环。

二、原料辅料对产品质量的影响

1. 原料的品位

原料的纯度、杂质种类和杂质含量，通常直接影响到产品质量，有些化工产品的杂质，就是直接由原辅材料带入的。

有些化工产品不仅对原料的杂质有特别的最低含量要求，而且对杂质的种类也有特殊要求，比如合成等规聚丙烯，对丙烯原料的要求，不仅要求含量高而且要求含水和含氧都在 5×10^{-6}以下，否则将影响到引发剂(催化剂)的活性，从而降低产品聚丙烯的等规度(IIP)。例如顺丁二烯橡胶合成时，对丁二烯的允许杂质含量为 5×10^{-3}，但其中丙二烯不允许超过 40×10^{-6}，而炔烃不允许超过 20×10^{-6}。在合成聚四氟乙烯单体时，要求原料氯仿纯度达 99.9%，但含水量要小于 25×10^{-6}。有些原料不直接影响到产品的质量，但却对产品造成影响，例如用氟萤石(CaF_2)和浓硫酸制取无水氟化氢，萤石的品位实际上并不直接影响到产品的质量，但由于杂质主要是碳酸盐和杂石、硅酸盐、SiO_2 的存在，使产品 HF 受到破坏，影响产量和产物的分离难度。

2. 原料影响到副产物的生成与分离

使用不同的原料或同一种原料不同的品位(等级)，对于反应中副产物的生成影响甚大。例如用甲烷氯化法制取一氯甲烷，可以控制氯的比例来提高 CH_3Cl 含量，但产物中有为数不少的二氯甲烷、三氯甲烷、四氯甲烷和氯的烯烃、氯的高级烷烃等(六氯乙烷等)，尤其是二氯甲烷含量甚多。当然二氯甲烷作为副产物是有它自己的价值，但要使它与一氯甲烷分离，使一氯甲烷的质量达到某个水平就不是易事。而如果原料改用甲醇和氯化氢，那生成物主要是一氯甲烷，副产物几乎没有。由于使用不同原料、辅料、添加剂、催化剂，影响到副产物生成的量和副产物种类的例子实在太多。催化剂是化工生产中常用的辅料，它的存在和使用，不仅改变反应速率，而且对催化剂的评价还有选择性问题，选择性直接关系到控制副产物、副反应。

当然，产品的质量，归根结底是一个使用指标，也就是用户指标。原料并不一定是越纯越好，例如染料产品对杂质的要求不高，某些表面活性剂，某些基本化工原料都有相应的质量指标。我们在研究原料对产量质量影响的同时，也要研究产品的质量要求和它的合理性，从而在经济上达到优化的水平。

三、原料和原料路线对工艺流程的影响

1. 原料路线的选择

当某一个化工产品有两种以上的原料路线时，只有确定了原料路线，才能研究流程。不同的原料路线，有不同的反应过程和不同的工艺流程，涉及到反应装置，分离过程和装置，原材料消耗水平等，因此，研究原料路线是研究工艺流程的至为重要的一环。

原料路线的选择，首先要满足生产产品的质量需要，同时希望反应条件尽量要求容易，不要过高的温度和压力，不要过多的辅助材料和添加剂，反应过程的步骤尽量短而少，能用一步法的尽量不用两步法和分步法，反应产物中的非目的产物尽量少而且易于分离，不产生三废或易于治理等等。此外，原料路线要进行经济评估和风险分析。

所以原料路线选择的原则仍然以先进、合理、安全、经济为综合指标，加以认真评估。

2. 反应过程

当然，不同的原料路线，必有不同的反应方程式、反应过程、反应条件和反应设备等。

比如氯乙烯合成有两个不同的原料路线，一个是乙炔和氯化氢合成，一个是乙烯氧氯化法合成。乙炔法合成工艺当然不算复杂，但流程中水洗、碱洗产生的三废较复杂，由于使用电石，能耗和成本较高；而乙烯氧氯化法，乙烯来源充足，用 $AlCl_3$、CuCl、Cu_2O 等作为催化剂，产生的 HCl 在流程内循环，流程先进简练，这两种流程最终体现在经济效

益上。

同一种主要原料路线由于添加催化剂不同而可以有不同的反应过程，影响到整个工艺流程的不同。例如用苯酚和丙酮合成双酚-A，主要原料不变的情况下，添加硫酸和氯化氢的反应过程，直接影响到工艺流程不同。硫酸法间歇生产，氯化氢法可连续生产，产品纯度高，如改用离子交换树脂为催化剂，用塔式反应器，流程更简化。

不同的原料路线或同一种主要原料路线而反应过程不同，不仅造成反应流程的差别，而且由于反应机理的不同造成反应条件的差别。例如用硫酸法合成双酚-A，要求原料配比为2：1(摩尔比❶)；而用氯化氢法苯酚过量，达到6：1(摩尔比)。由于反应不同产生的反应产物亦不尽相同，例如用离子交换树脂法生产的双酚-A，主要副产物是双酚的异构体，而硫酸法生产双酚-A，主要副产物是甲硫醇，前者产品纯度>98%，后者一般只达96%。

原料中杂质对反应的影响也是十分重要的，由于反应过程和反应中催化剂的存在，使之对原料的杂质或原料中的某些杂质要求十分苛刻。如一些高分子材料要求原料达到“聚合级”，对其中的杂质或某些杂质要求达到 10^{-6} 级，又如氨氧化，某些反应用铂作催化剂，对于使铂“中毒”的杂质如硫化物、一氧化碳等，通常要求都在 5×10^{-6} 以下。

相反，有时某些原料中的杂质又是反应的催化剂或助催化剂，因此要有措施控制杂质的富集程度或其它措施，有时这是反应流程中的一个手段。

3. 分离过程

不同的反应产物，主要是副反应的产物，就会出现不同的分离流程，这是不言而喻的。由于反应的原料差别和原料纯度的差别，生成的副产物的种类和数量不同，直接影响流程中分离方案的设计。

例如用邻二甲苯作原料空气氧化制苯酐(邻苯二甲酸酐)

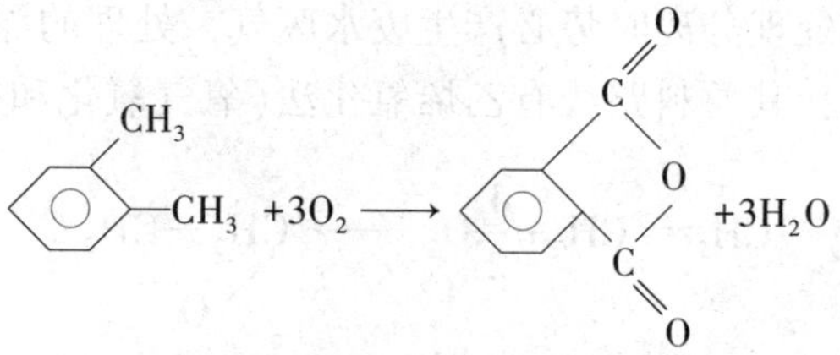

生产中主要副产物是顺丁烯二酸酐、顺丁烯二酸、邻苯二甲酸，分离处理的方法除了用加热的方法去除顺丁烯二酸酐或水洗为顺丁烯二酸再加工为顺丁烯二酸酐，此外，还要将溶解于苯酐中的邻苯二甲酸脱水变成苯酐。显然，此分离过程略显复杂，但可以回收5%左右的副产物顺丁烯二酸酐。合成苯酐的另一个原料路线是萘，在流化床中用 V_2O_5 作催化剂，氧化反应，由于反应温度易于控制，副产物极少，分离过程比较简单。

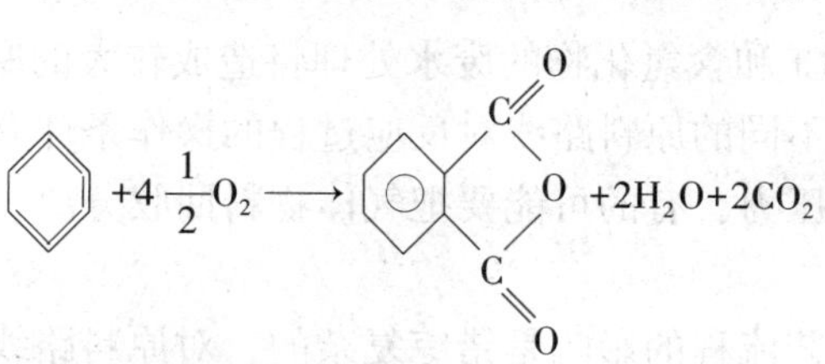

❶ 摩尔比现称作物质的量的比，下同。

邻二甲苯制苯酐简化示意图如下：

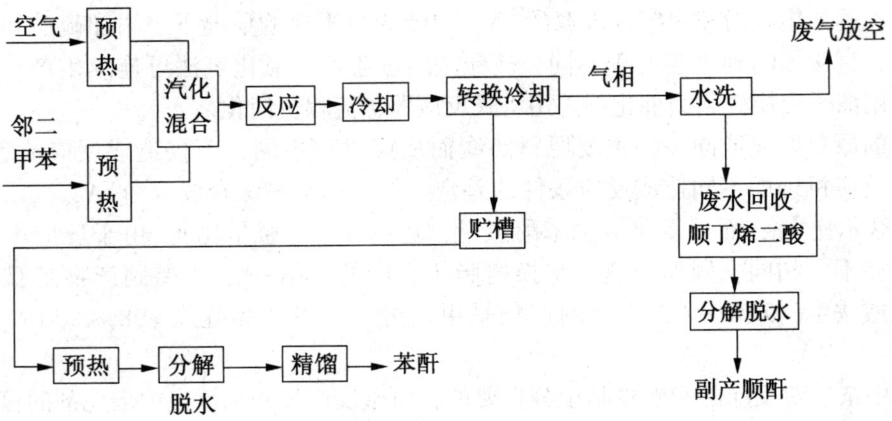

萘氧化示意图如下：

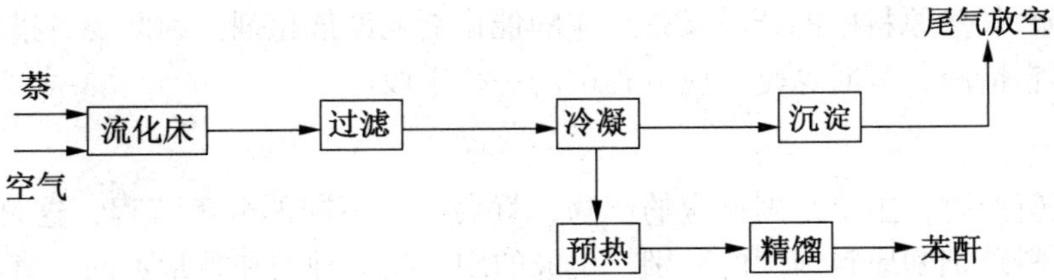

4. 三废和动力消耗

由于使用原料不同，处理分离时势必产生废水废气，处理的深度和难度均因反应原料路线而异。例如制环氧乙烷，其原料路线有乙烯氧化法(氧气氧化和空气氧化)和氯乙醇法。

乙烯氧化法：

$$CH_2{=}CH_2+\frac{1}{2}O_2 \longrightarrow \underset{\diagdown\ O\ \diagup}{CH_2{-}CH_2}$$

氯乙醇法：

$$Cl_2+H_2O \longrightarrow HOCl+HCl$$

$$CH_2{=}CH_2+HOCl \longrightarrow Cl{-}CH_2{-}CH_2{-}OH$$

$$2Cl{-}CH_2{-}CH_2{-}OH+Ca(OH)_2 \longrightarrow 2\underset{\diagdown\ O\ \diagup}{CH_2{-}CH_2}+CaCl_2+2H_2O$$

氯乙醇法产生的含 HCl 和含氯化物的废水处理将造成较大的麻烦。

因为不同的催化剂或不同的原料路线对反应过程的操作条件有较大影响，有的因为原料的改变需要更高的温度或压力，有的可能要把气体物料回收分离、压缩输送，消耗更多的燃料和动力等等。

总之，原料路线对工艺流程的影响是错综复杂的，对原料路线的选择，工艺流程也不是惟一的标准，要综合技术的先进、可靠性和合理性，以及操作的安全，最终落实到经济的评估上，对比研究。

四、原料进入流程的要求

1. 原料的纯度和规格

由产品的质量标准，决定产品的纯度和杂质含量要求，从而在原料要求上尽量减少杂质带入，尽量减少副反应产生，因此，尽量地纯是原料的基本要求，至于纯到何种程度，当然也未必是越纯越好，还要综合考虑杂质对反应的影响，以及高纯原料的价格资源等技术经济参数。

原料的纯度要求大体确定之后，要制定一份原料的质量要求和检验方法，作为管理的文件。通常要保证原料稳定、质量稳定和供应稳定，一般在原料进入流程之前，总有一份检测报告。原料的供应厂商最好也应大体稳定。

2. 反应对原料的要求

化学反应不同，对原料要求不同；选用的反应器不同，原料要求不同；反应条件不同对原料要求也不同。最简单的如空气，在氨氧化制氢氰酸时，由于用铂作催化剂，空气必须除硫，无 CO 和灰尘，空气必须进行处理；而在二甲苯氧化制苯酐时，空气只要无尘即可，因为灰分可能影响苯酐的质量和色泽；用于发酵反应工程的空气则要求杀菌等等。同样是氢气进行加氢反应，在用苯加氢反应中，液相苯催化加氢反应，不大要求氢的浓度，甚至于富氢气体即可，而气相苯加氢反应则要求氢气中含氮，且氮的浓度为 20%~50%。

某些固相物料加入反应器的形状是块状、粒状、粉粒状或细粉状，根据反应条件和反应器而异。固定床反应器中的催化剂形态与气固相流化床中的催化剂形态不尽相同。

3. 原料进入流程的计量和进料方案

反应过程的工艺控制重要条件之一就是原料的投料配比，这个配比不完全是理论上计算值，实际上包括许多经验和其它考虑。有时原料配比要求很精确，有时对精确程度又要求不高，有一个大体的配比范围。原料配比中某一种原料过量是常见的，过量的原理和过量的量度也不至于一成不变，其中有根据的大多是前人的经验，经验可以因时因地因人而异。因此，原料投料配比，常常是影响到劳动生产率和成本的一个课题，原料的计量是原料进入流程的一个重要的控制参数。不同的原料计量的方法和设备、仪表不尽相同，要考虑原料的性状、化学特点(溶剂和腐蚀等问题)，灵活应用。

原料进入反应器的方案也是原料进入流程的重要机巧，有的气相或液相进入，从反应器的上部或下部进入各不相同，进料方案关系到流程运行的可靠性、连续性和操作的安全性。进料方案关系到设备的先进程度和自动控制水平，因此，原料的进料方案要审慎设计研究。

第二节　原料的预处理(原料准备)

一、原料预处理的原则

(1) 必须满足工艺要求。

主要是满足反应的要求，比如通常气固相反应，为了增大接触面积，固相的粒度应尽量小，但太小可能夹带严重，所以在工程上要寻找一个最佳的范围以满足工艺要求。

(2) 简便可靠的预处理工艺。

通常对于原料的某一种预处理要求，有不止一种可供选用的方案，一般不主张搞得太繁杂，步骤不宜多，应简练实用可靠，不主张使用复杂的大型的化工单元过程。因为毕竟是原料的预处理，不必小题大做。

(3) 充分利用反应和分离过程的余热及能量。

许多反应往往是放热的，一般分离过程常有精馏，塔顶冷凝器需要换热冷却，这些能量的充分利用，是原料预处理的一个可资利用的环节。

(4) 尽量不要产生新的污染，不要造成损失。

原料预处理，有的可能出现一些废弃物，在方案研究时，应尽量减少在原料过程中的"三废"，一旦有不可避免的"三废"应研究处理方案，不要留尾巴，并防止泄漏，防止被破坏，防止不必要的损失。

(5) 尽量研究和采用先进技术。

任何原料能不处理而直接使用当然最好，在研究中，应尽量采用先进技术，淘汰落后的处理工艺，提高处理能力。

(6) 投资节省，设备维护简便。

原料处理的设备台件数应尽量少，流程应尽量短，在满足工艺要求的前提下，设备应尽量简化，通用化，落实到装置的投资上，要尽量节省。

(7) 尽量分工由生产厂家精制。

原料对于生产原料的厂家来说，就是他们的产品，产品在生产过程中加以精制、净化，大多数情况下，比使用厂家另砌炉灶进行精制净化要省事，生产原料的厂家可以从源头上和过程中加以控制。

二、原料的预处理方案设计

原料要求预处理时，必须先确定处理方案。要确定处理方案，必须掌握或占有两方面的资料，一是反应器和反应特点，二是原料本身的情况。反应的特点决定了它对原料的要求和要求的程度，通常要求的条件是包括两个方面的条件，一是物理条件，二是化学条件。物理条件指原料的物理性质状况，包括对原料的物态要求，是气态、液态还是固态，包括对原料的物理形态和形状的要求，如细度、粒度、平均粒度和粒度的分布，含水量、比表面，粒子的形状、气体的重度密度、干燥程度、含水量等等。化学条件主要指原料的纯度和所包含的化学物质的成分。比如有些反应要求反应气体中不能含硫或不能含氧，使用的某种气体如氢气有一定的浓度要求。对固体物料、液体物料也要有全分析，对杂质有一定的控制要求和控制指标。

对于反应所要求的条件，一般是经过反复试验和工艺的开发而得到的。原料要求往往有一个最低的要求，有时也有一定极高值，并不一定是越纯越好，越纯物料固然可以使反应变得单纯，但也可能使成本变得很高。因此，工艺开发时应得到一个杂质对反应的影响函数或掌握它的影响程度，当到达某一临界值时，反应实际上已不能进行或经济上已经不合算。这种对原料提出要求的工艺条件试验，有时在工艺开发时，占有比较重要的地位，但常常又是被忽略的一部分。很多人依着惯性和习惯认识，对原料配比、反应温度和时间可能研究得深刻一些，而对原料性状对反应影响的研究相对较少。缺乏这个方面的资料，并不能算完整的工艺开发。

因此，对原料的研究，首先应得到反应对原料的物理的和化学的要求，提出相当具体的指标。这是原料预处理方案确定的主要依据。也就是说，这是原料预处理达到的物理和化学指标。原料预处理方案确定的另一个重要资料是原料本身的情况。如果供应厂商提供的原料指标已经合乎反应要求，那么剩下的问题只有储存输送和投料的问题，无须做更多的处理，但这种情况下，可能原料价格较贵。因此要比较各种原料情况，制定需要处理哪些问题的方案。

通常如果要处理的问题头绪比较多的话，往往先解决化学上纯度的问题，用物理的方法或化学的方法率先制成在化学上即纯度杂质含量上合乎要求的物料，再去解决其它问题，既可以节省能量，又可以减少所含杂质在流程中的循环时间，减少一些副作用。况且脱除杂质可能是用一些化学反应来实现，就有可能产生水或其它需要物理方法处理的物质。原料预处理或原料准备过程是工艺流程的一个组成部分，大体上用方框图可以示意如下。

第一步先研究概念。

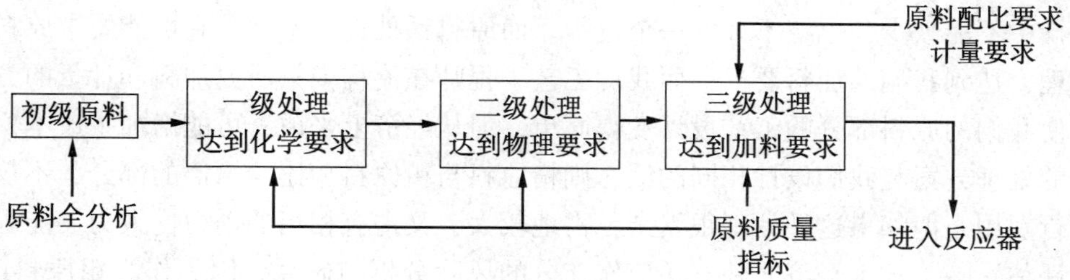

第二步，将根据具体原料，进行一级、二级、三级处理，实现化工单元化和装置化。固体、液体和气体原料的处理方法不尽相同。例如某一固体物料，在运输等过程中可能沾有泥土等杂质，物料本身亦包含杂质，加料要求是要粉碎到某个粒度，要求干燥。根据上述方框概念，我们将原料预处理，整理为化工单元化。

原料→水洗→破碎→浮选→烘干→粉碎→筛分→干燥→计量→加料

将这些单元操作完善并变为装置。

原料→水洗槽→破碎机→浮选槽→隧道窑→粉碎机→振动筛→气流干燥→计量加料仓→加料

第三步，将处理流程细化，包括物料的输送过程则细化为

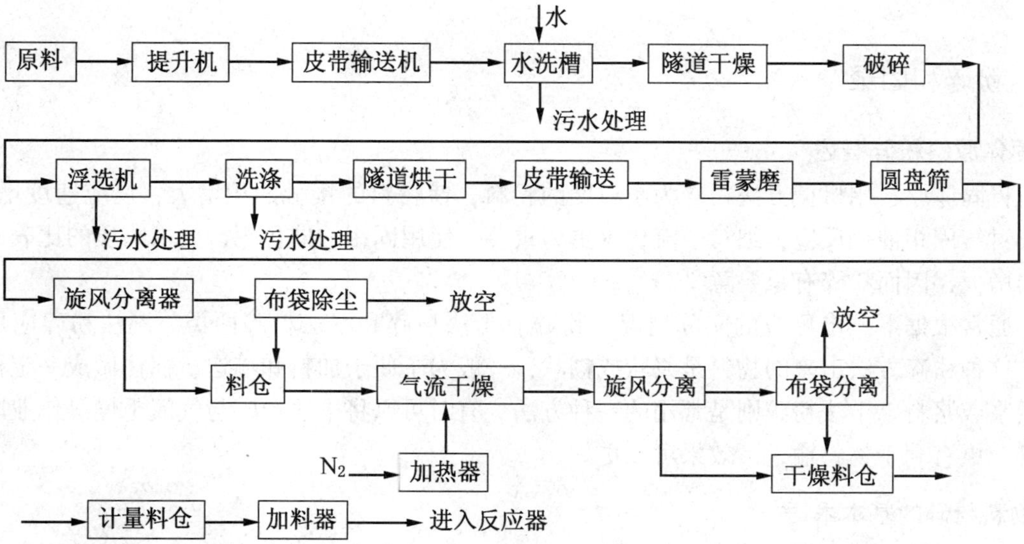

第四步，可将流程力图简化，比如上述流程可以先浮选再洗涤，省去水洗和干燥，也可以设计一个密闭的粉碎系统，不必再进行气流干燥等等。

第五步，简化和完善流程以后，进行设备的量化设计。原料处理部分的设备选型和工艺

设计，与整个工艺流程统一进行。

又如液相丙烯聚合的原料处理，液相丙烯必须除水、除氧脱硫。简化流程示意为

→液丙烯→泵→碱洗脱硫塔→脱氧塔→分子筛干燥塔→计量罐→加料进入反应器

整个原料方案与后续的聚合方法一起进行工艺设计。

三、原料处理流程方案的比较和评估

原料的预处理方案可能不止一个，它不同于反应产物的分离提纯方案，后者是我们工艺流程设计中不能缺少，也绕不开的一个过程。而原料预处理则不同，它可能要求原料供应商预先处理，达到我们的加料要求，而我们工艺工程师在流程中只研究加料和计量的方式。这样当然使我们的原料部分的工艺设计变得简单，但从经济上来说，可能增加了成本，如果供应厂商的处理方案与我们设计相同的话，则精原料与粗原料相比，增值的部分，不仅仅是处理的运行费用。但如果这种处理很繁杂，占地较大，又占有相当的动力、人力、能源等，应作综合评估。除了技术经济之外，还应作充分的风险分析与研究，因为作为粗原料(初级原料)的供应渠道可能较多，而作为精原料实际上接近于专业配套厂商，他们的运营效益和企业成败，直接关系到本企业产品的正常生产，当然可以采取兼并或其它手段，这其中的风险不可不察。

所以，原料的处理方案，要从原料来源、技术成熟和可靠程度、设备投资、运行费用以及可能带来的风险等各方面作技术经济的综合评估，再决定采取的方案。

原料的精制净化流程，某种程度上与产物的精制净化流程通用，有许多原则，仍适用于后期产物的净化。因为对我们来说是原料，对生产厂来说就是他们的产物。

第三节　固体原料的处理

一、粉碎和团聚

1. 固体原料粉碎概述

将固体原料用机械方法粉碎为小粒度的粉料，使物料的接触面积增大，反应速度增快，尤其对气固相催化反应，细粒子流化床更为重要。使用固相的催化剂，要求物质的比表面尽量的增大，因而粉碎有重要意义。

通常根据下一步反应的实际情况，粉碎有干法粉碎和湿法粉碎两类。湿法粉碎应用较少，这种粉碎方法出来的物料是浆状或糊状，一般为了便于加料和输送，往往做成一定稠度的淤浆或浆料。干法粉碎则是常用的一种方法，有时可以将干法粉碎与气流干燥等作业联合进行，更有利于物料输送，效果可以更好。

2. 物料粉碎的基本术语

（1）粉碎：通常把粉碎产品加工后粒度在 1~5mm 以上的过程叫破碎；而粒度在 60μm 至 1~5mm 之间的加工过程叫磨碎；产物粒度在 60μm 以下的过程叫超细磨碎。破碎和磨碎的过程统称为粉碎或叫碎磨。

（2）粉碎比：物料经过破碎或磨碎之后，其产物的粒度与原料粒度相比，减少的倍数为

粉碎比。可用公式表示为 $i=\frac{D}{d}$，D 指原料（给料）中最大颗粒尺寸，d 指产品中最大颗粒尺寸。

各种破碎机和磨碎机的粉碎比不尽相同，又与被加工物料的硬度脆性有关。一般破碎机的粉碎比在 3~10 左右，而磨碎机的粉碎比则达 40~400 以上。

（3）破碎段或磨碎段：有时原料的破碎要求的粉碎比甚至要达 2000~3000 以上，这不是一台碎磨机能够完成的，有时甚至要好几台破碎机和磨碎机来完成，物料每经过一次破碎机或磨碎机称为一个破碎段或磨碎段。

（4）物料单颗粒的粒度表示——名义粒度：单个颗粒的名义粒度，可以用三维尺寸数据中的中间尺寸表示，也可以用三维尺寸的算术平均值或几何平均值表示。

（5）物料颗粒群的粒度表示——颗粒群平均粒度：这种平均粒度的表示方法很多。常用的表示方式有以筛孔的尺寸表示，如物料通过尺寸为 A 的筛网，但被相邻的筛网 B 所阻，则物料的粒度为 B~A，通常用于表示细粒子。也常用筛孔的“网目”来表示，网目是筛网在 1in 长度上筛孔的数目，这个目数越高，筛孔尺寸越小，如 100 目、200 目等等。还常常用 200 目为基准，大于 200 目的有多少或小于 200 目有多少，用百分数表示，如>200 目 13%或<200 目 87%等。

但是这种尺寸的准确表示法是粒子的平均直径。平均直径的计算方法较多，可参阅有关手册。

（6）粒度分布：习惯上将物料试样称重后置于一套筛网上进行筛分（又称筛析，这种套筛常叫分析筛），得出每个粒级（如上述的 B~A 表示平均粒子尺寸或用平均直径）的质量分数，列成表格或作图，表示粒度分布，见表 2-1、图 2-1。

表 2-1　粒度表格示例

粒级/mm	质　量	质量分数/%
30~45	10	10
45~60	18	18
60~90	30	30
90~120	26	26
120~180	13	13
180~300	3	3
总　计	100	

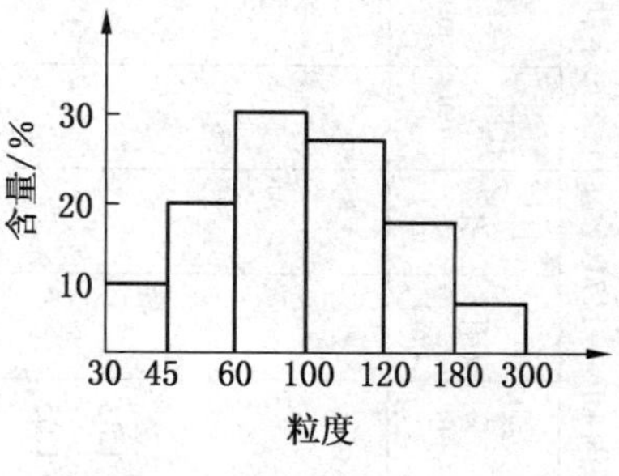

图 2-1　粒级分布曲线示例

（7）标准筛：为了能用网目数表示筛孔的精确尺寸，必须对编织筛网的网丝直径或对筛孔净尺寸做一个统一规定。这就可以用方形筛孔的边长表示尺寸，也可直接用筛网目数表示粒度尺寸，这种规定叫标准筛。若干国家的标准筛列表如表 2-2。

（8）过粉碎：在粉碎过程中产生的小于规定粒度的产品，叫过粉碎。

（9）磨蚀性：物料的磨蚀性是物料对粉碎工具（齿板、钢球等）造成一定程度磨损的性质。通常粉碎工具的磨损程度称钢耗。

（10）颗粒形状系数：与物料的颗粒形状及物料的成分、结构等因素有关，主要有块状、片状、柱状、不规则形状、球状、纤维状、棱角状等等。除了球状外，其它形状的表面积均比球大，各种形状的表面积与同直径球面积均比球大。各种形状的表面积与同直径球面积之比值称为形状系数，表示为 $\varphi=\frac{S}{S_{球}}$。

表 2-2　标准筛制

ISO 565:1990(E)	中国标准筛		美国 ASTM		德国 DIN—1171				泰勒氏			日本 JIS			英 IMM		前苏联 TOCT					
孔隙/μm	筛号/(孔/in①)	孔隙/mm	丝径/mm	筛号/网目	孔隙/mm	丝径/mm	筛号/(孔/cm)	网目/(孔/cm)	孔隙/mm	丝径/mm	网目/(孔/in)	孔隙/mm	丝径/mm	筛号/μm	孔隙/mm	丝径/mm	网号/(孔/in)	孔隙/mm	筛号/μm	孔隙/mm	丝径/mm	筛网有效面积/%
125												26.67										
												18.85										
90												13.33										
												9.423		9520	9.52	2.3						
63				2.5	8	1.83					2.5	7.925	2.235	7930	7.93	2						
				3	6.75	1.65		1			3	6.68	1.778	6730	6.73	1.8						
45	4	5.1		3.5	5.66	1.45	1	1	6	3.4	3.5	5.691	1.651	5660	5.66	1.6						
31.5				4	4.76	1.27					4	4.699	1.651	4760	4.76	1.24			5000	5	1.1	67
22.4				5	4	1.12					5	3.962	1.118	4000	4.0	1.08			4000	4	1	64
	6	3		6	3.36	1.02	2	4	3	2.0	6	3.327	0.914	3360	3.36	0.87			3300	3.3	0.9	62
16				7	2.83	0.92					7	2.794	0.833	2830	2.83	0.8	5	2.54	2800	2.8	0.8	60.5
	8	2.5		8	2.38	0.84					8	2.262	0.813	2380	2.38	0.8			2300	2.3	0.7	59
11.2	10	2.0		10	2	0.76	3	9	2	1.5	9	1.981	0.838	2000	2.0	0.76			2000		0.7	55
8																			1700	1.7	0.6	55
5.6	12	1.6		12	1.68	0.69	4	16	1.5	1	10	1.651	0.889	1680	1.68	0.74	8	0.57				
				14	1.41	0.61	5	25	1.2	0.8	12	1.397	0.711	1410	1.41	0.71			1400	1.4	0.55	51.5
4	16	1.25														10	1.27					
				16	1. 19	0. 52	6	36	1. 02	0. 65	14	1. 168	0. 635	1190	1. 19	0. 62			1200	1. 20	0. 5	49. 5
2.8	18	1		18	1	0.48					16	0.991	0.597	1000	1.0	0.59	12	1.00	1000	1	0.45	47.5
	20	0.9																	850	0.85	0.4	46.2
2	24	0.8		20	0.84	0.42					20	0.833	0.437	840	0.84	0.43	16	0.79				
1.4	26	0.71		25	0.71	0.37	8	64	0.75	0.5	24	0.701	0.358	710	0.71	0.35			700	0.70	0.35	44.5
	28	0.63					10	100	0.6	0.4							20	0.64				
1	32	0.56		30	0.59	0.33	11	121	0.54	0.37	28	0.589	0.318	590	0.59	0.32			600	0.8	0.3	44.5

续表

ISO 565:1990(E)	中国标准筛		美国 ASTM		德国 DIN—1171				泰勒氏			日本 JIS			英 IMM		前苏联 TOCT					
孔隙/μm	筛号/(孔/in[①])	孔隙/mm	丝径/mm	筛号/网目	孔隙/mm	丝径/mm	筛号/(孔/cm)	网目/(孔/cm)	孔隙/mm	丝径/mm	网目/(孔/in)	孔隙/mm	丝径/mm	筛号/μm	孔隙/mm	丝径/mm	网号/(孔/in)	孔隙/mm	筛号/μm	孔隙/mm	丝径/mm	筛网有效面积/%
	35	0.5		35	0.5	0.29	12	144	0.49	0.34	32	0.495	0.3	500	0.5	0.29		500	0.5	0.25	44.7	
710	40	0.45																				
	45	0.4		40	0.42	0.25	14	196	0.43	0.28	35	0.417	0.31	420	0.42	0.29	30	0.42				
500	50	0.355		45	0.35	0.22	14	256	0.385	0.24	42	0.351	0.254	350	0.35	0.26	40	0.32	355	0.355	0.2	41
	55	0.315																				
355				50	0.297	0.188	20	400	0.3	0.2	48	0.295	0.234	297	0.297	0.232			300	0.3	0.16	42.4
250	65	0.25		60	0.25	0.162	24	576	0.25	0.17	60	0.246	0.178	250	0.25	0.212	50	0.25	250	0.25	0.14	41
180																			212	0.212	0.12	40.5
	75	0.20		70	0.21	0.14	30	900	0.2	0.13	65	0.208	0.183	210	0.21	0.181	60	0.21				
125	85	0.18		80	0.177	0.119					80	0.175	0.162	177	0.177	0.141	70	0.18	180	0.18	0.11	38.6
90																	80	0.16				
	100	0.154		100	0.149	0.102	40	1600	0.15	0.1	100	0.147	0.107	149	0.149	0.105	90	0.14	150	0.15	0.095	37.5
63	120	0.125		120	0.125	0.086	50	2500	0.12	0.08	115	0.124	0.097	125	0.125	0.037	100	0.13	125	0.125	0.08	37.2
45	150	0.108		140	0.105	0.074	60	3600	0.1	0.065	150	0.104	0.066	105	0.105	0.07	120	0.11	105	0.105	0.07	36
	180	0.09		170	0.088	0.063	70	4900	0.088	0.055	170	0.088	0.061	88	0.088	0.061						
32																		0.08	85	0.085	0.055	37
25	200	0.076		200	0.074	0.053	80	8400	0.075	0.06	200	0.074	0.053	74	0.074	0.053			75	0.075	0.045	39
20				230	0.062	0.046	100	10000	0.06	0.04	230	0.062	0.041	62	0.062	0.048	200	0.06	63	0.063	0.04	37.5
16	280	0.055		270	0.052	0.041					270	0.053	0.041	53	0.053	0.038			53	0.053	0.035	36.4
10	350	0.042		325	0.044	0.036					325	0.043	0.036	44	0.044	0.034			40	0.042	0.03	33.9
5	370	0.038									400	0.038	0.025									
	400	0.034																				

① 1in=2.54cm。

（11）休止角：粉状物料可以自然堆积起来的最大角度，冶金部门则常称安息角，又叫堆积角。测量方法是粉料在水平面上自由堆放，堆积成的锥体的斜面与水平面所成的夹角。粉料从一定高度以一定速度卸落所堆积成的堆积角称为动堆积角，粉料在空气中以极其缓慢的速度自由沉降，所堆成的堆积角称为静堆积角。堆的方法多种，形成不同类型的休止角，如图 2-2 和图 2-3。

（12）堆积密度：粉料自然堆积时单位体积的质量，有时也称堆积比重，或叫容重。

（13）碎磨流程：原料粉碎过程中，总粉碎比往往较大，不是一台破碎机或磨碎机能完成的，须使物料经几次破碎和磨碎以后才达到最终要求的粒度。这样物料粉碎就有一个流程，称碎磨流程。

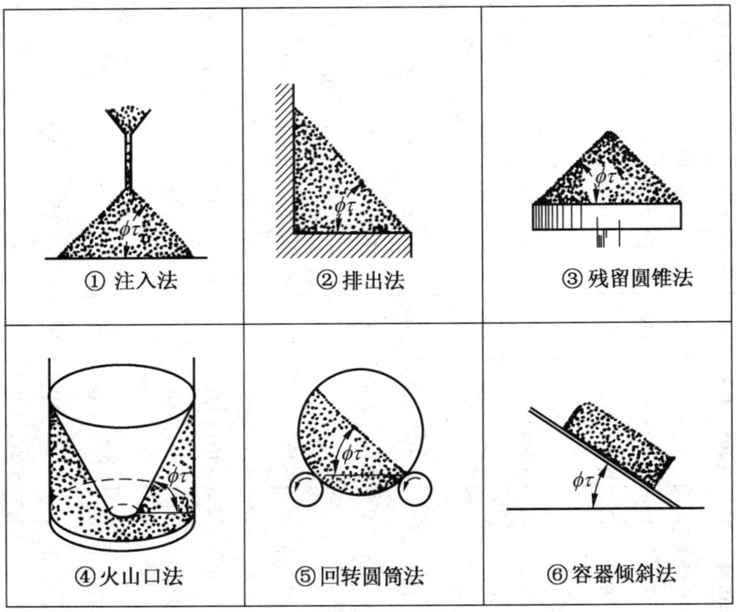

(a)

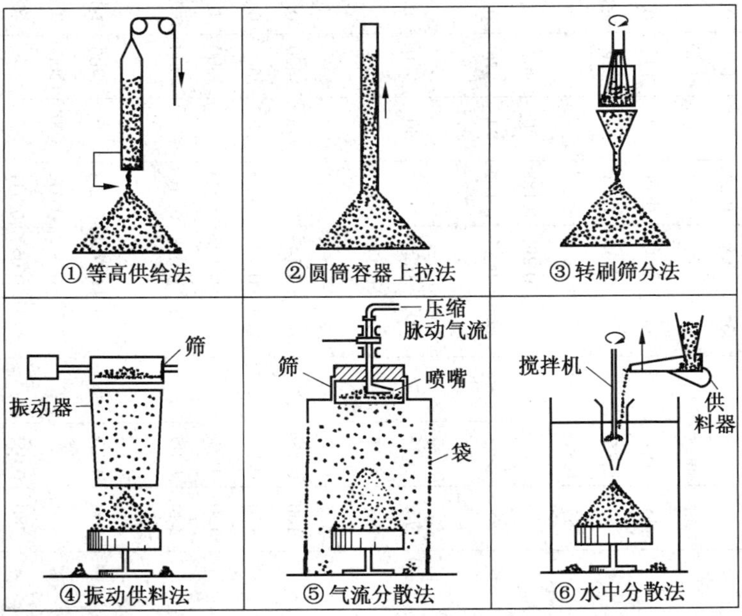

(b)

图 2-2　不同类型的休止角

(a)不同的休止角形成法；(b)不同类型的休止角

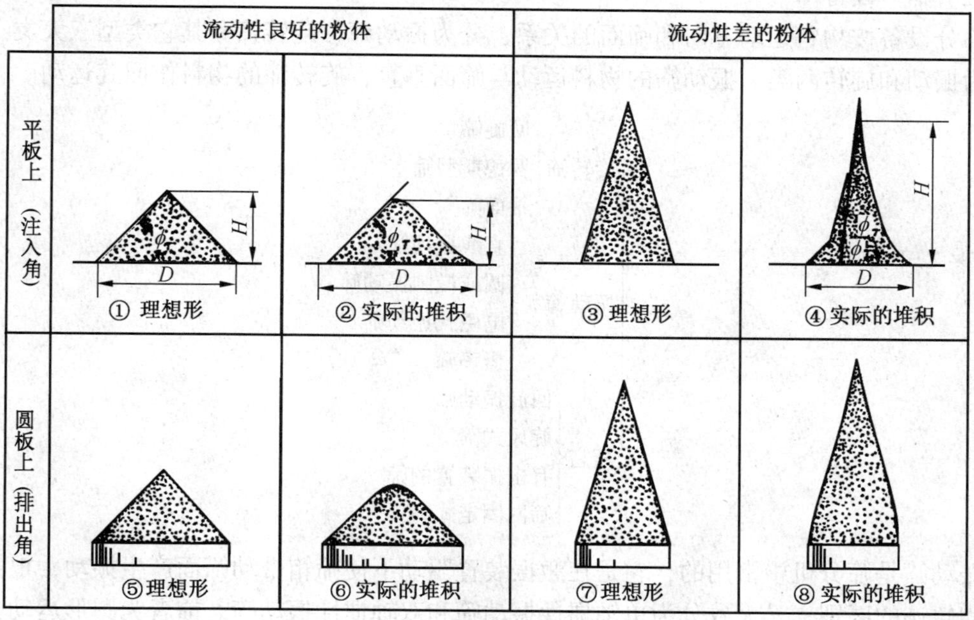

图 2-3　休止角形成的类型

碎磨流程的组成是：

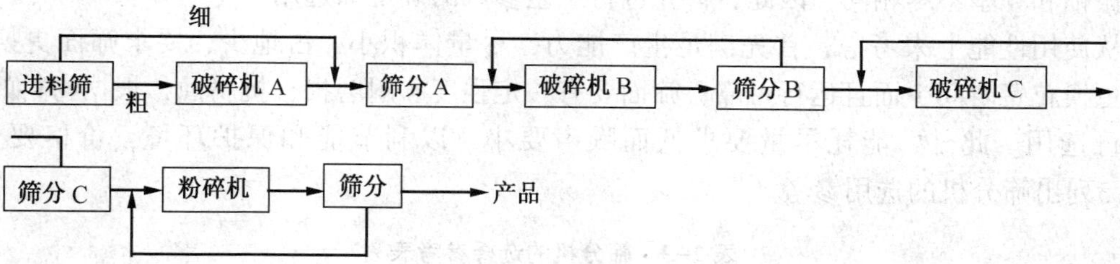

为了使流程连续，各环节中间设计有输送机械。

3. 筛分

（1）概述：筛分是将粉粒原料在筛面上分为各种粒级。用于固体原料粉碎流程的筛分有三种。第一种叫预先筛分，在物料进入破碎机之前率先进行筛分将比粉碎机出口产物更细的细粒子先筛分出来，进入下一步磨碎机，以减少破碎机的负荷，同时可以减少过粉碎。第二种叫检查筛分，即从破碎机出来的产品，通常有 15%左右的粒子不合格，筛分的目的是将它们返回破碎机进行再粉碎。第三种叫最终筛分，指最终用于反应的粉细物料，在最后一道磨碎装置出口，进行筛分。结合上文的磨碎流程示意图，进料筛的作用是预先筛分，筛分 A、B、C 是检查筛分、筛分 D 是最终筛分。

筛分的主要工作部件是筛面，筛面上有筛孔，筛孔的形状有方形、长方形、缝条形和圆形等，制造筛面材料有钢材和合成高分子材料，筛面要求能耐磨、抗腐蚀等特性。

筛面的有效面积，又称开孔率，是指筛面上筛孔的面积总和与筛面总面积的比值，开孔率越高，处理能力越大，筛分效率越高。

筛面按制造方法分为冲孔筛板和编织筛网。

(2) 筛分设备。

筛分设备按物料运动方向和筛面的关系，分为振动筛、旋转筛和其它类型三大类，本质上分为振动和旋转两类。振动筛的物料运动与筛面垂直，旋转筛的物料作回旋运动。

- 旋转筛
  - 回旋筛
  - 罗德斯型筛
  - 平面筛
- 振动筛
  - 直线振动筛
  - 圆或椭圆振动筛
  - 电磁式振动筛
  - 概率筛
- 其它
  - 回旋振动筛
  - 旋风式筛
  - 有击振装置的筛
  - 筛网固定式筛

振动筛是筛分机中常用的，它是在激振装置驱动下使筛箱带动筛面产生振动，根据筛箱的运动轨迹的区别，又大致分为单轴惯性振动筛和双轴惯性振动筛。前者为圆形运动，后者为直线运行。

(3) 筛分机的选用。

各种筛分机或各种型号的筛分机，它们的筛面宽度、长度是不相同的，振动筛的振动形式、振幅和频率不尽相同，因此，首先进行工艺参数的确定和选用。

从使用性能上来考虑，首先满足生产能力，尽量体积小，占地少，要求筛面更换很方便，更换花费时间少而且运行可靠，筛面要有一定强度和耐磨损，抗腐蚀，根据物料的温度来进行选用。此外，能耗尽量要求低而噪声要小，以利节能和保护环境，价格要便宜。表 2-3列出筛分机的选用参考。

表 2-3　筛分机的选择参考表①

项目＼筛型	旋转筛	圆形振动筛	水平振动筛	倾斜振动筛	概率筛
筛分粒度/mm	0.1~3	0.3~3	0.8~50	8~100	0.7~7
处理量(最大)/(m^3/h)	15	6	—	100	80
物料最高温度/℃	120	120	300	200	120
最大颗粒直径/mm	30	30	300	200	50
筛分效率	◎	○	○	○	○
附着水分	◎	×	×	×	×
湿式筛分	×	◎	○	○	×
处理物料(粉状)	◎	×	×	×	×
处理物料(粒状)	◎	◎	○	×	○
处理物料(块状)	×	×	○	◎	○
受矿部分的材质	◎	◎	○	○	○
安装高度	○	○	◎	○	○
安装空间	◎	◎	○	○	◎
高处安装	×	◎	○	○	◎

① ◎良好；○可以；×不可以。

4. 粉碎机械设备

粉碎设备从物料被粉碎的程度分为两大类，一类统称破碎设备，产品粒度粗；另一类统称粉碎设备。

(1) 破碎设备概述。

破碎机械根据对物料所施加的破碎力来分类，破碎力一般分为挤压、冲击、剪切和研磨等。挤压式的破碎机是通过设备的固定面与活动面之间的相互挤压效果。冲击式破碎机最典型的就是利用高速运动的锤子或高速旋转的转子来冲击而击碎物料。剪切力和研磨力往往与其它力综合运用。破碎机的类型可以粗略划分如下：

- 破碎机
  - 颚式破碎机
    - 上部悬挂式 / 下部悬挂式 — 简单摆动型 / 复杂摆动型
  - 回旋和圆锥破碎机
    - 机械支承式
    - 液压式
  - 锤式冲击式破碎机
    - 锤碎机
      - 单排 / 多排 — 单转子 / 双转子 — 固定锤头 / 绞接锤头 — 转子可逆 / 不可逆
    - 反击式破碎机
      - 单转子 / 双转子 — 固定式锤头 / 绞接式 — 可逆 / 不可逆
  - 辊式破碎机
    - 双辊
    - 单辊
    - 三辊、四辊
  - 辊压机

工业上常用破碎设备的选用参考列如表 2-4。

表 2-4　常用的破碎设备

序号	机器名称	破碎方法	运动方式	粉碎比	适用	范围
1	颚式破碎机	压碎为主	往复	4~6,中碎最高达到 10 左右	粗碎 中碎	硬质物料 中硬物料
2	圆锥破碎机	压碎为主	回转	旋回:粗碎 4~6,中、细碎 3~17	粗碎 中、细碎	硬质物料 中硬物料
3	辊式破碎机	压碎为主	旋转(慢速)	3~8	中碎 细碎	硬质物料 软质物料
4	锤式破碎机	击碎	旋转(快速)	单转子式:10~15 双转子式:30 左右	中碎 细碎	硬质物料 中硬物料 软质物料
5	反击式破碎机	击碎	旋转(快速)	10 以上,最高可达 40	中碎	中硬物料

(2) 磨碎设备概述。

磨碎是能耗和钢耗均很大的一项作业，决定流程的经济效益和工作效率，亦与能耗有极大关联。

磨碎装置分为闭路流程和开路流程。闭路流程是磨碎机的排料系统，经筛分分级之后，未达到合格粒度的物料返送回磨碎机中再次粉碎，这部分返回再磨的料称循环料，俗名返砂(返回的矿砂)，循环料闭路同给料一起进入磨机。循环料与给料之比值，称为循环系数，常用百分数表示。

闭路流程的优点较多。首先是环境保护，防止粉尘污染，易于控制，易于治理。同时，由于达到合格粒度的产品及时排出，因此，不致让物料老是滞留在磨机内，可以减少“过粉碎”，而且能耗较低。只是它的设备庞大而且较为复杂。开路流程中，则需将全部物料一次磨成到合格的粒度，才能排出，因此，必然有过粉碎现象，能耗较高，但设备构造相对简单一些，易于掌握易于控制。

磨机又可有干法磨碎和湿法磨碎两种系统，采用湿法系统时，产品的分级(干法则可筛分分级也可用风力分级)，则采用机械分级机或水力旋流器进行。表 2-5 介绍了几种磨机。

表 2-5　球磨机、管磨机和棒磨机

类　型	球 磨 机	管 磨 机	多仓管磨机(分室磨)	棒 磨 机
磨　介	钢　球	钢　球	钢球和钢段	钢　棒
筒体形状	短筒形　长筒形	管　形		筒　形
筒体长度 L 与直径 ϕ 的比值	$L\leqslant 1.5\phi$　$L=(1.5\sim 3)\phi$	$L=(3\sim 6)\phi$		$L\leqslant 2\phi$
排料方式	溢流排料或格子排料			1. 溢流排料 2. 周边排料 3. 筒体中部排料

磨碎机可按机器工作速度的快慢分为慢速和快速两种，粗略分类如下：

- 磨碎机
  - 慢速
    - 球磨机
      - 溢流型
      - 格子型
    - 棒磨机
    - 管磨机
      - 单仓
      - 多仓
    - 自磨机
      - 砾磨
      - 半自磨
      - 一段自磨
  - 快速
    - 搅拌器
      - 塔式磨
      - 环形搅拌磨
      - 高能搅拌磨
      - 周期式搅拌磨
    - 锤磨机
      - 锤磨机
      - 风　磨
    - 盘磨机
      - 雷蒙磨、悬辊式
      - 弹簧辊式盘磨机
      - 钢球盘磨扒
    - 振动磨
      - 振动磨
      - 行星磨
    - 离心磨
    - 胶体磨
  - 其它—气流磨(喷射磨)
    - 椭圆管式气流磨
    - 旋流-喷射气流磨
    - 靶式气流磨
    - 对喷式气流磨
    - 复合式气流磨

从《化学工程手册》或专业的工艺设计手册上可以查到各种磨机的特性，许多杂志和生产厂家的广告也是选用磨机的参考信息，现从《化学工程手册》上摘录一些表格和图以供参考，见图 2-4～图 2-8，表 2-6～表 2-9 所示。

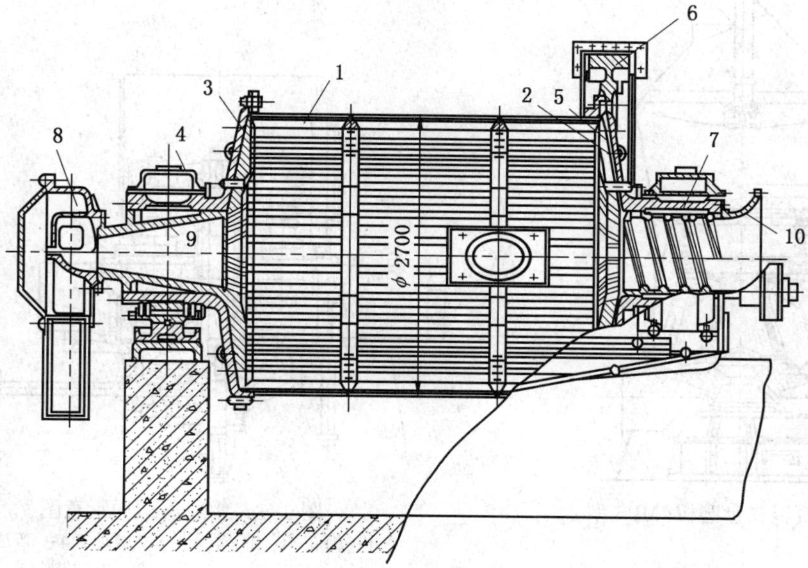

图 2-4　溢流型球磨机

1—筒体；2、3—端盖；4、7—主轴承；5—衬板；6—大齿圈；8—给料器；9、10—中空轴颈

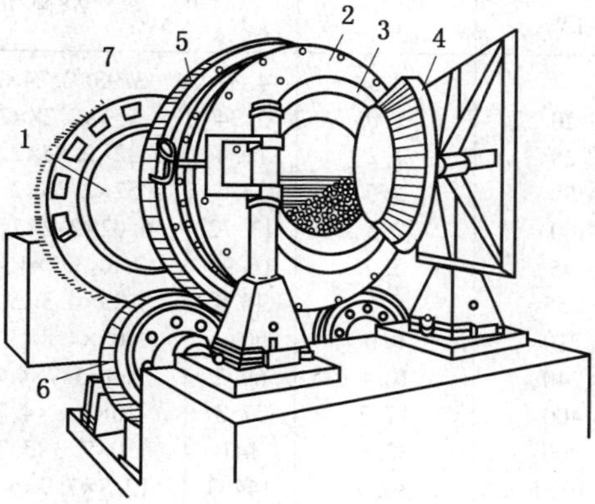

图 2-5　开口型棒磨机

1—筒体；2—端盖；3—排料环；4—锥形盖；5—轮圈；6—托轮；7—大齿圈

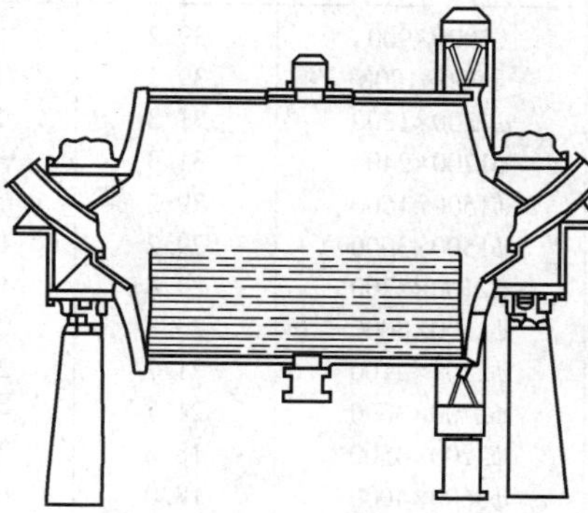

图 2-6　中部周边排料棒磨机

二、固体和晶体物料的净化纯化

固体矿砂一般用浮选的方法，这种操作流程出现在化工原料中较为少见。当物料粉碎到一定程度之后，物料可以借助风力进行“分级”和纯化。常用的方法为淘洗。

许多场合下，加料的原料形状是固体物料，并多数是晶体或一些盐类。进入加料反应过程中，大多数是参与液相反应，有时这些物料要加水或其它溶剂溶化后加入反应器，在溶化之前，有必要时则需将固体物料加以提纯和净化。为避免重复，本书将这一类要溶化的固体物料的净化纯化归于液体物料的纯化来叙述。

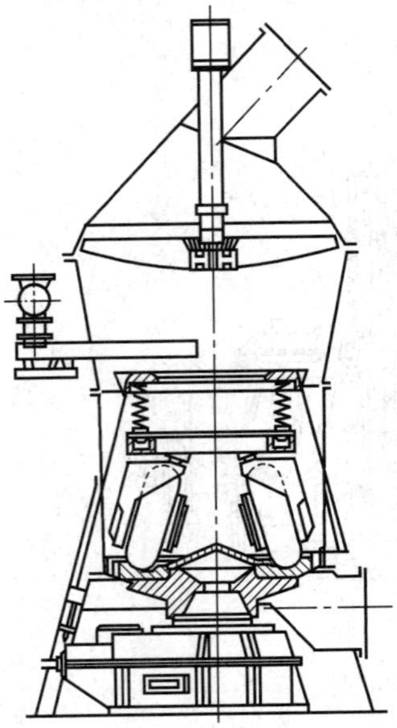

图 2-7 弹簧辊式盘磨机(MPS 型)

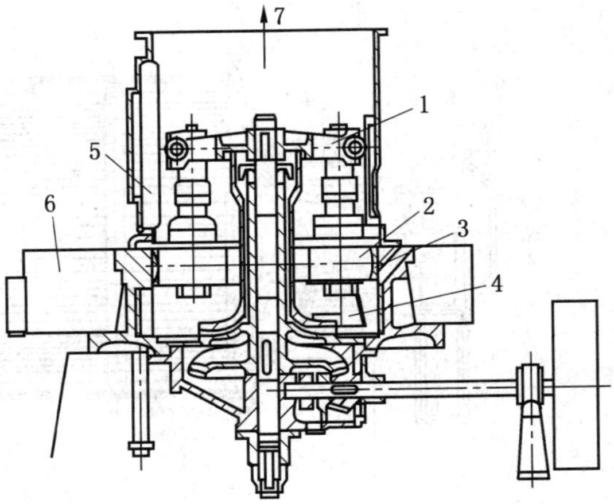

图 2-8 雷蒙磨结构示意图

1—梅花架；2—辊子；3—磨环；4—铲刀；5—给料部；6—返风箱；7—排料口

表 2-6 格子型球磨机的技术特征

湿法或干法	规 格 筒体直径×长度/mm	工作转速/(r/min)	磨介装入量/t	电动机功率/kW	筒体容积/m^3	机重/t	长×厚×高/m
湿式格子型球磨机	ϕ900×900	39.2	0.96	14	0.5	4.37	3.98×2.24×2
	ϕ900×1800	39.2	1.92	20	1.0	5.34	5.1×2.28×2
	ϕ1200×1200	31.3	2.40	28	1.2	11.4	5.32×2.85×2.54
	ϕ1200×2400	31.3	4.80	55	2.5	13.4	6.52×2.85×2.54
	ϕ1500×1500	29.2	5.00	60	2.5	13.72	6.02×3.2×1.7
	ϕ1500×3000	29.2	10.00	95	5.0	16.92	7.8×3.2×1.7
	ϕ2100×2200	23.8	16.00	155	6.6	46.9	8.29×4.3×3.8
	ϕ2100×3000	23.8	20.00	210	9.0	50.6	9.05×4.8×3.8
	ϕ2700×2100	21.7	24.00	240	10.4	69.2	9.3×5.7×4.7
	ϕ2700×3600	21.7	41.00	400	17.7	77.3	10×5.8×4.7
	ϕ3200×4500	18.6	75.00	800	32.0	141	10×7.3×5.7
	ϕ3600×4000	18.0	80.00	1000	36.0	144.3	12.8×7.9×6.2
	ϕ3600×5500	17~20	105.00	1300	49.0	151	—
干式格子型球磨机	ϕ900×900	39.2	0.96	14	0.5	4.39	3.01×2.24×2.01
	ϕ900×1800	39.2	1.92	20	1	5.36	3.62×2.28×2.01
	ϕ1200×1200	31.3	2.4	28	1.2	10.5	5.28×2.85×2.54
	ϕ1200×2400	31.3	4.8	55	2.5	12.5	6.48×2.85×2.54
	ϕ1500×1500	29.2	4	60	2.5	13.3	6.02×3.2×1.7
	ϕ1500×3000	29.2	8	95	5	16.5	7.8×3.2×1.7

表 2-7 ZM 系列振动磨技术参数

型 式	总容积/L	钢球质量/kg	电动机	振幅/mm	激振力/tf①	总质量/t
ZM80(20U)	80	约 250	5.5kW×6P	≤14	0.9~5.5	约 1
ZM600(35U)	600	1.400	30kW×6P	≤12	30	2.5
ZM1200(50U)	1200	4.400	75kW×6P	≤12	45	10
ZM2500(65U)	2500	10.400	160kW×6P	≤12	110	12.8

① 1tf=9.8×10^3N。

表 2-8　ZM 系列振动磨应用实例

原料		机种	粉碎		制品	
名称	粒度		媒体	方式	处理量/(kg/h)	粒度
硬铁素体	10mm	20U	钢棒	干式	60	2.5μm 平均
软铁素体	5μm	35U	钢球	湿式	680	1.0μm 平均
氧化铁	φ0.5mm	35U	钢棒	干式	1400	~325 目 98%
三氧化二铝	60 目	35U	氧化铝球	干式	76	~325 目 98%
镁烧结块	3mm	50U	钢棒	干式	1000	~200 目 93%
耐火原料	3~4mm	35U	钢棒	干式	900	~200 目 70%
硅	9 目	35U	钢棒	干式	950	~200 目 60%
二氧化锰	200 目 93%	65U	钢球	干式	2600	~325 目 98%
氧化锡	~30 目	20U	钢球	湿式	300	~325 目 90%
硅铁	2~3mm	35U	钢球	干式	850	~35 目 65%
锰铁	5mm	35U	钢棒	干式	2500	~45 目 50%
铬铁	10mm	20U	钢棒	干式	360	~100 目 50%
硫黄	20mm	20U	钢棒	干式	100	~200 目 98%
硫氨肥料	φ1mm	20U	钢棒	干式	120	~100 目 50%
活性炭	φ5mm	20U	钢棒	干式	120	~200 目 90%
焦炭	10mm	35U	钢棒	干式	250	~35 目 85%
炭	10mm	20U	钢棒	干式	110	~150 目 90%
橄榄石	10~20mm	20U	钢棒	干式	180	~35 目 55%
滑石	10mm	50U	钢棒	干式	1500	~325 目 70%
金刚石	3mm	35U	钢棒	干式	1000	~100 目 80%
石灰	200 目 35%	20U	钢棒	干式	300	~325 目 65%
植物纤维	纤维	35U	钢棒	干式	130	~150 目
中药	纤维	20U	钢棒	干式	140	~150 目
煤粉	φ3mm	65U	钢球	干式	6000	~200 目 97%
食盐	φ1mm	20U	钢球	干式	20	~325 目 98%
水煤浆	2~3mm	50U	钢球	湿式	4000	~200 目 98%

表 2-9　雷蒙磨(悬辊式盘磨机)

技术参数＼型号		3R2714	4R3216	5R4119	4R3216
磨环内径/mm		830	970	1270	970
磨辊数目/个		3	4	5	4
磨辊尺寸:	直径/mm	270	320	410	320
	厚度/mm	140	160	190	160
主轴转速/(r/min)		145	124	95	140 或 124
最大进料粒度,mm		15	20	20	20
产品粒度/mm		0.044~0.125	0.044~0.125	0.044~0.125	115~400 目
生产能力/(kg/h)		300~1600	1000~3200	2000~6300	1000~4000
分级机叶轮直径/mm		1096	1340	1710	—
通风机风量/(m^3/h)		12000	19000	34000	—
通风机风压		1.67	2.70	2.70	—
电动机功率	磨机/kW	22	28	75	—
	分级机/kW	3	5.5	7.5	
	给料机/kW	1.1	1.1	1.1	81
	提升机/kW	3	3	5.5	—
	通风机/kW	13	30	55	—
外形尺寸/mm		8700×5000×7819	8200×5800×10580	10500×6500×13530	7961×4965×11880
设备质量/kg		9115	14200	14367	15
生产厂		上海冶金矿山机械厂	上海冶金矿山机械厂	上海冶金矿山机械厂	广西桂林矿山机械厂

通常纯化晶体或盐类的方法很多，简述如下。

(1) 将晶体溶化成一定浓度之后，用精馏的方法分离，收集的纯物质冷却结晶。

(2) 将晶体溶于某一溶剂中，加入第二种溶剂，使杂质溶于另一种溶剂中，从而纯化晶体。晶体物质可以用重结晶的方法加以纯化。

(3) 固体的晶体可以熔融纯化。

(4) 固体晶体原料溶于溶剂，再过滤去除杂质，浓缩结晶，得到纯晶体。

(5) 直接用某种不溶解晶体而可以溶解杂质的溶液，喷淋洗涤，搅拌洗涤，淘洗后的晶体吸滤干燥。

如果固体物料以溶解后的物料形态投料，则一般制成溶液，去除杂质就如同处理液体原料一样，简单的处理方法如沉淀、过滤、分层倾析等，如电解食盐水、电解硫酸铜、高分子材料纺丝溶液，农药生产中经常要用的 $Ca(OH)_2$ 溶液，通常都是由石灰水化后，再过滤澄清使用。

三、固体物料干燥

1. 概述

固体物料尤其是粉状物料在加料之前进行干燥是常见的原料预处理工作。

对于固体物料通常将采用热物理方法进行干燥，也就是指用加热固体物料，使其中的水分蒸发，再由气流把水蒸气带出。或是使空气加热，用热气流吹过固体物料，使水分蒸发汽化而带出，通常这二者是结合使用的。

根据物料所含水分的特征，分为非结合水分和结合水分。非结合水分指的是物料表面润湿或孔隙处存水，这种水分不过是机械的吸着水，较容易除去；结合水分指的是在物料的细胞、纤维管壁、毛细管中所含的水分，除去这些水分有一定难度。

含结合水的物料，称为吸水物料，如木屑、合成树脂粒子等，只含有非结合水分的物料称为非吸水物料，如玻璃粉粒等。

各种物料在一定温度的空气中，有一个平衡水分的数值，也就是说，某种物料在一种状态的空气中，它所含的水分将维持一个定值，不因与空气接触的时间长短而变化。

平衡水分不同的物料有不同的值，而且与空气的温度、湿度有关。物料中所含的水分大于平衡水分的那一部分则称为自由水分。示意如图 2-9。

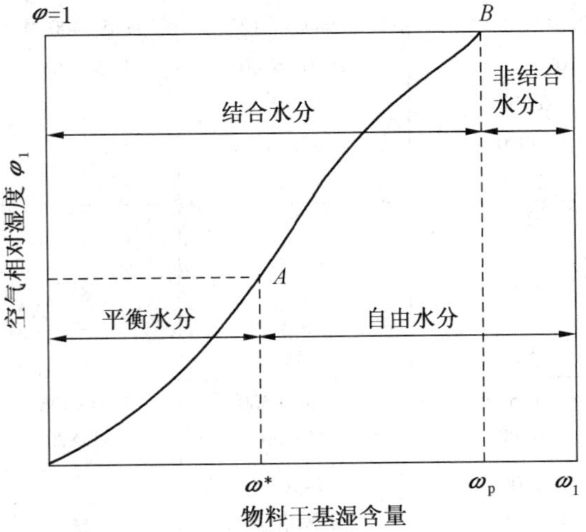

图 2-9 物料中水分的区分

2. 固体物料干燥器

(1) 厢式干燥器(间歇厢式干燥)。这种干燥器结构简单，易于加工，可以运用于大多数物料，无论大块状、小粒状、粉状及某些膏糊状物料均可运用，但是占地面积往往较大，不易实现连续化，通常只间歇生产，而且干燥时间较长，劳动生产率不高，劳动强度大。尤其是干燥粉尘物料，不仅劳动强度大，而且防尘防污问题突出，工作环境值得注意。

厢式干燥器常见的有平行流式、穿流式和真空式几种。

平行流式就是热风的流动方向与物料平行，物料堆于料盘上，料盘可放于小车上便于推进推出，也可以安装固定的栅格，放置料盘。

穿流式是物料装置在网或多孔板上，热风均匀地穿过料层。

真空厢式干燥是用加热板(电加热或间接加热)来加热物料，在真空条件下干燥。

(2) 物料移动型干燥器。物料在干燥器内有秩序地移动前进和热风作顺流、逆流或错流接触，物料被置于小车或输送带上，有隧道式干燥器，穿流带式干燥器，喷流式和移动床形干燥器。

隧道式干燥器，就是把物料通过料盘车或输送车通过隧道。这种干燥器容积可以很大，物料停留时间可长可短，因此生产能力大，处理量大，运用于干燥时间较长的物料。

穿流带式类似于隧道窑干燥器，物料置于水平输送带上，可以单层或多层通过干燥器，物料不受振动，粉尘不易飞扬。

喷流式指干燥介质垂直吹向物料表面有利于传热。

立式移动床干燥器是物料自上而下地以自身重力沿床层下降，热风则穿流通过床层进行干燥，这种干燥器适用于颗粒状(粒径 d_p>1mm)物料，结构简单，可以连续化，操作简便，动力消耗低，占地小，物料停留时间可用移动床高和出料速度来调节。

(3) 物料搅拌式干燥器。这类干燥器应用范围广，几乎各种固体物料均可用这类干燥器实施干燥。一般分为圆柱床形或槽式搅拌干燥器和圆盘形干燥器。如图 2-10~图 2-14 所示。搅拌器在干燥器中有时被人称作"耙"，所以有时又叫耙式干燥器。图 2-15 显示真空耙式干燥器的结构。

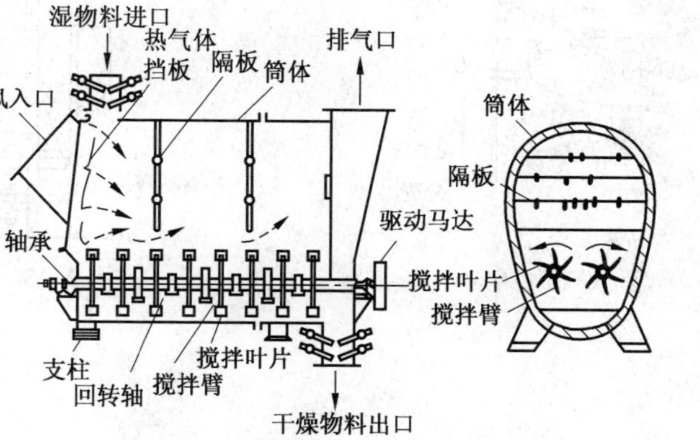

图 2-10　热风式槽型搅拌干燥器

(4) 回转干燥器。这种干燥器处理量大。按气流与物件的接触方式分为直接加热式，间接加热式，复合加热式，水蒸气加热管式和穿气式等，名目繁多，特点是干燥器本身在回转。示意如图 2-16、2-17 所示。

(5) 红外、远红外干燥器。红外线同可见光一样是一种电磁波，只是波长不同。可见光的波长为 0.22~0.72μm，波长为 0.72~100μm 称为红外线，波长再长，在 1~1000mm (1000~1000000μm)之间则称微波。红外线又可再分为远红外、近红外和中红外三个区域，或近红外、远红外两个区域，划分方法不很统一，如图 2-18 所示。

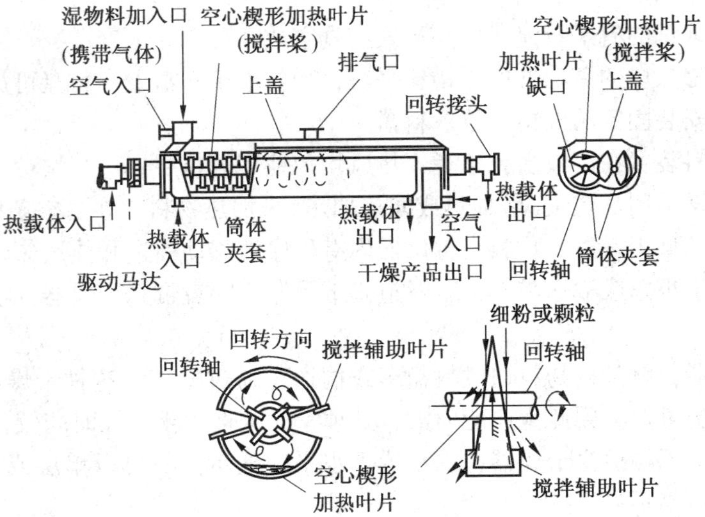

图 2-11　间接加热式槽型搅拌干燥器(低速搅拌型)

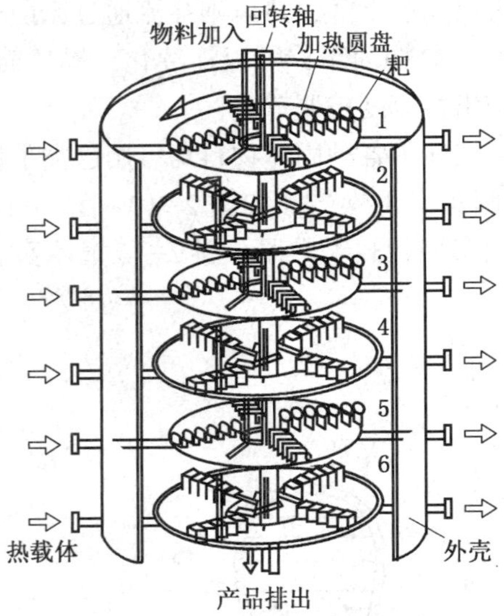

图 2-12　圆盘干燥器的结构

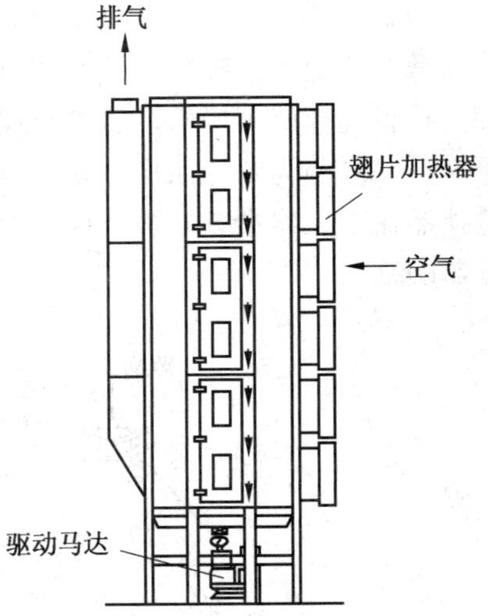

图 2-13　圆盘干燥器

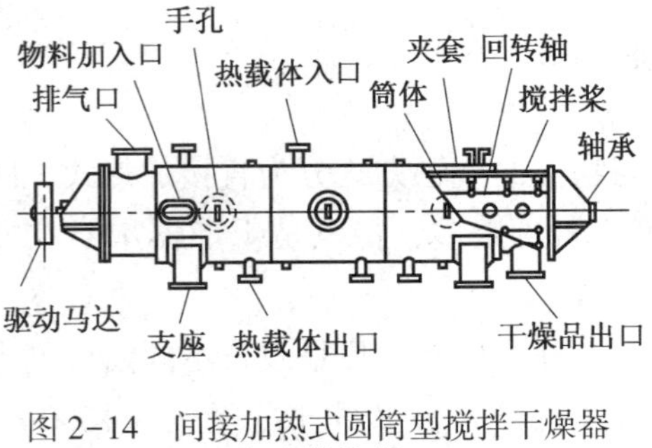

图 2-14　间接加热式圆筒型搅拌干燥器
(高速搅拌器)

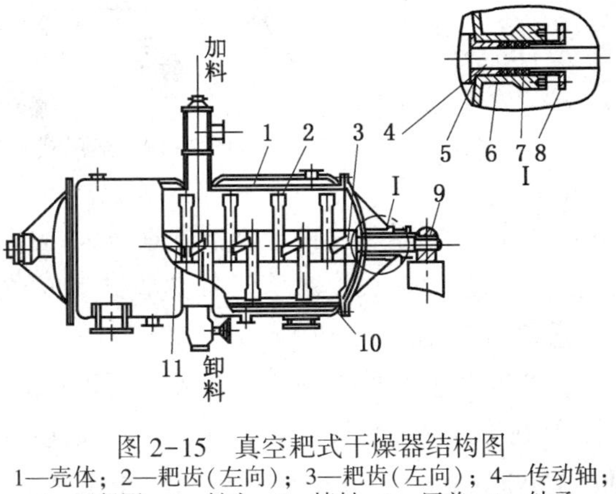

图 2-15　真空耙式干燥器结构图

1—壳体；2—耙齿(左向)；3—耙齿(左向)；4—传动轴；
5—压紧圈；6—封头；7—填料；8—压盖；9—轴承；
10—无缝钢管；11—耙齿(右向)

红外线单位干燥面积上热量多，用于干燥物料无污染，速度快，可通过调节电压来控制辐射元件的温度，在干燥器中还可通热风，进一步提高干燥效率。物料可以在传送带上通过干燥室，如图 2-19。调节远红外源与物料距离，可调节远红外强度。

（6）微波干燥器。微波加热时间比较短，加热均匀，干燥器体积小，而且易于控制。微波干燥器由产生微波的振荡装置和干燥物料的干燥室组成，二者之间用传送电磁波的波导管连接。干燥室有间歇厢式和传送带式干燥室。

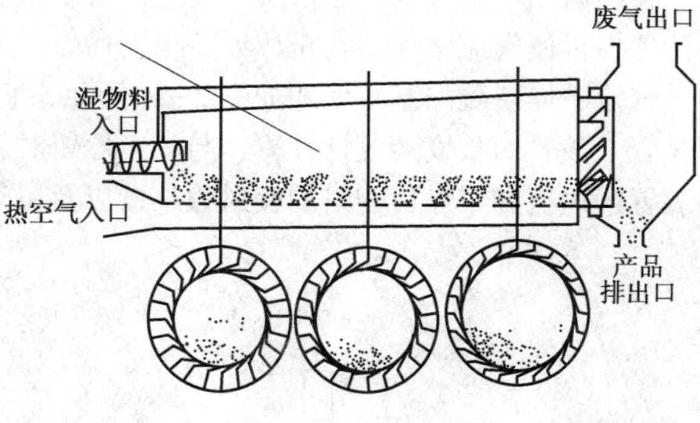

图 2-16　通气回转干燥器操作示意图

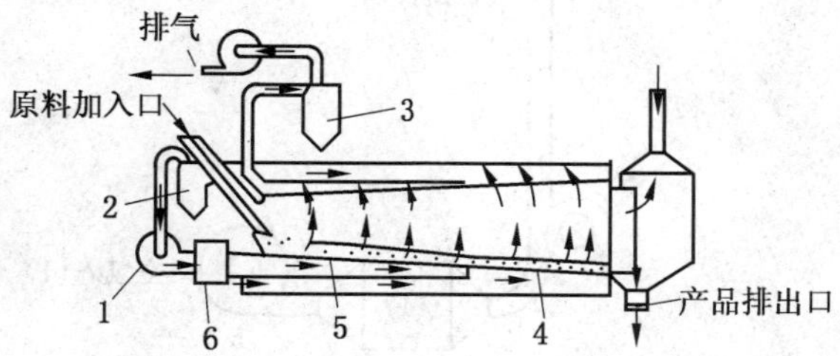

图 2-17　带冷却段的通风回转干燥器

1—送风机；2，3—旋风分离器；4—冷却段；5—干燥段；6—空气加热器

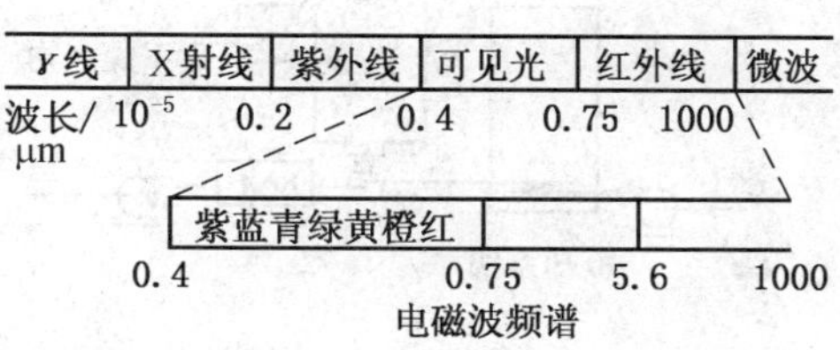

图 2-18　电磁波频谱

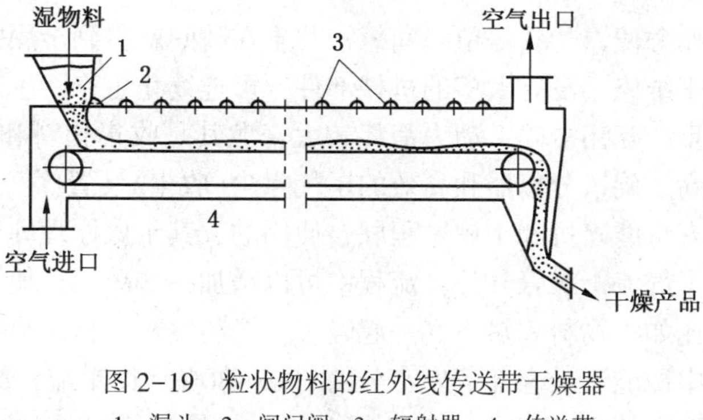

图 2-19　粒状物料的红外线传送带干燥器

1—漏斗；2—闸门阀；3—辐射器；4—传送带

处理固体粉状物料的微波可与流化床干燥结合起来，如图 2-20 所示。

微波干燥的流程可以方框图简示如下：

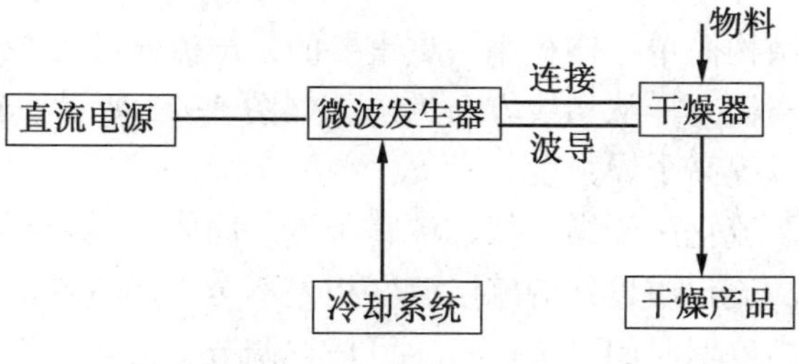

(7) 气流干燥器

将物料用热空气或烟道气悬浮在气流管中，物料与热气流并流流动。根据风机在系统中的位置，可使气流干燥器在正压或负压下操作。

气流干燥装置的基本形式如图 2-21 所示，它的主要部件简单，为一种可被保温的气流干燥管。该管的长度经设计计算，与物料停留时间有关。附加的设备主要是空气加热器，加料装置，风机和干燥后物料的旋风收集器以及尾气除尘装置。

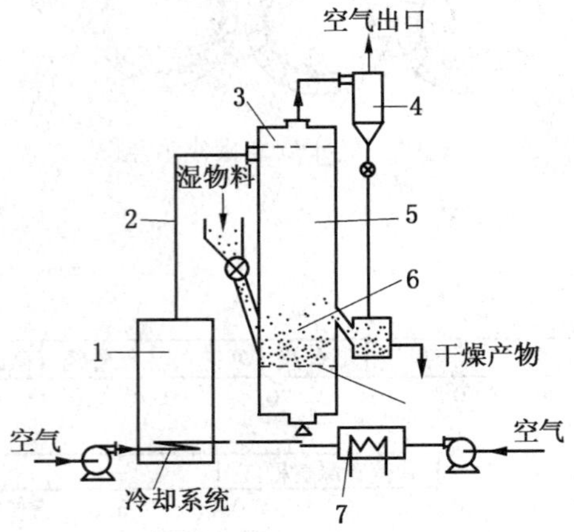

图 2-20　微波流化床干燥器

1—发生器；2—波导；3—筛子；4—旋风分离器；5—干燥室；6—流化床；7—加热器

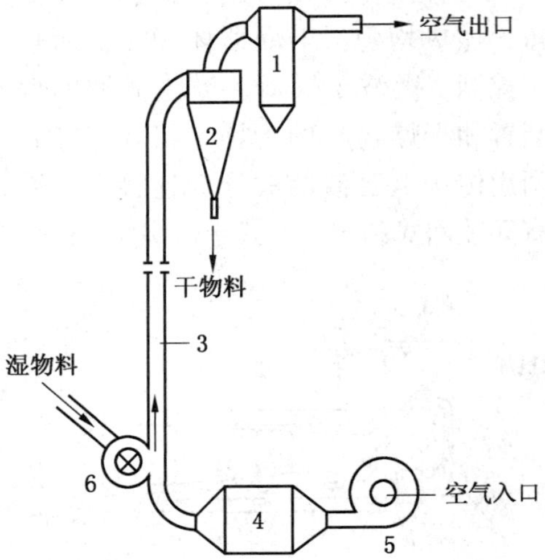

图 2-21　气流干燥流程图

1—袋滤器；2—旋风分离器；3—干燥管；4—加热器；5—风机；6—加料器

气流干燥装置操作方便，物料停留时间短，几乎在瞬间就得到干燥的粉状物料。结构简单易于加工制造，便于维修，没有太多的机械部件，可连续化生产，生产能力较大。但由于气速大，物料摩擦严重，互相击碎，动力消耗较大，尤其是收集物料和尾气除尘要求较高，要有运行可靠、效率高的旋风分离器和高效的尾气除尘(收尘)装置。

在磨碎过程中，有将磨碎机和干燥过程联合使用的，其干燥原理即为气流干燥。

气流干燥装置除了气流干燥管气外，流程中可以增加一些单元，使干燥器的形式各有特点，功能加以扩展。比如将物料和热空气一起经过一个粉碎机，提高热利用率，增大传热系数，有报道在粉碎机中即能干燥全部蒸发水分的 50%~80%，简单流程如图 2-22 所示。

有时物料太湿还可以返回部分干料，从料斗掺入，使湿物料不粘糊，简示如图 2-23。还有环形气流，闭路循环等气流干燥的流程。气流干燥管的改进也涉及到全流程的干燥效果，因此一些新型气流管出现，如短管气流干燥管等，最有效的要数脉冲气流干燥管，如图 2-24。

旋风气流干燥器，结构简单，体积小，更重要的是气流管的外观长度比较小，无需高层的厂房，物料像旋风分离器一样从切线方向进入，如图 2-25 所示。在旋风气流干燥器的外壁，如用夹套加热，可以提高干燥强度。

(8) 流化床干燥器。流化床干燥，俗称沸腾干燥，固体原料颗粒与热气体充分混合和分散，二者之间快速传热，流化质量好的床层温度相差不至于超过 5℃，可以保证物料干燥的均一性。物料在流化床内停留时间可长可短，可任意调节，适合于许多物料的干燥。物料干燥消耗动力较少，又易于输送，维修费用较低。

流化床干燥器的型式多种多样，各具其妙。

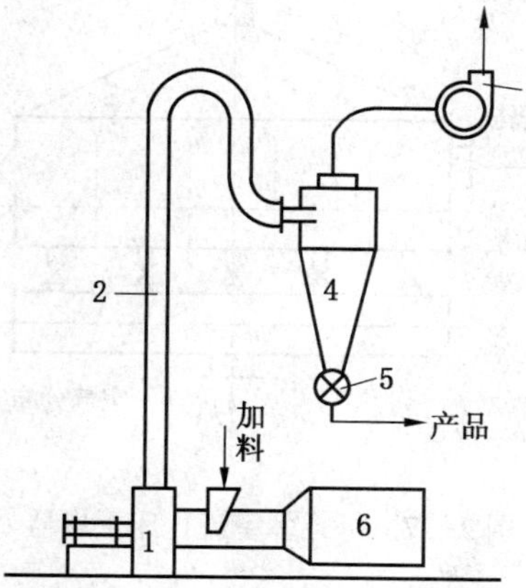

图 2-22　带有粉碎机的气流干燥装置

1—粉碎机；2—干燥管；3—风机；4—旋风分离器；5—旋转阀；6—加热器

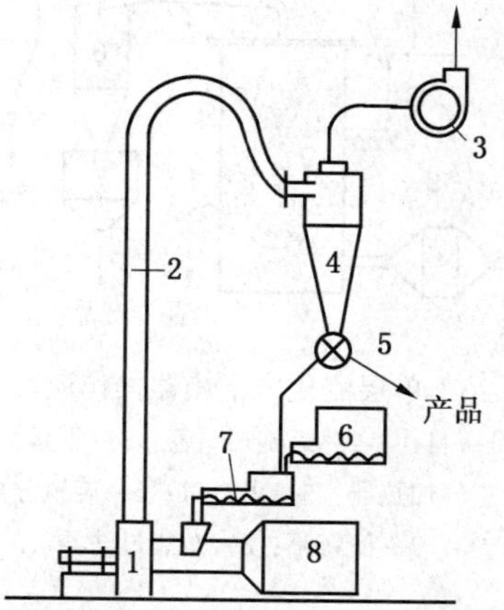

图 2-23　返回部分干料的气流干燥装置

1—粉碎机；2—干燥管；3—风机；4—旋风分离器；5—旋转阀；6—加热器；7—混合机；8—加热器

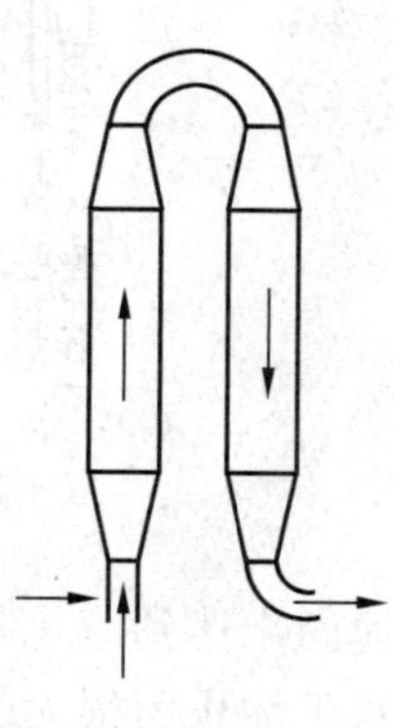

(a) 直管扩缩型脉冲管　(b) 锥形脉冲管　(c) S 型脉冲管

图 2-24　各种类型的脉冲式气流干燥管

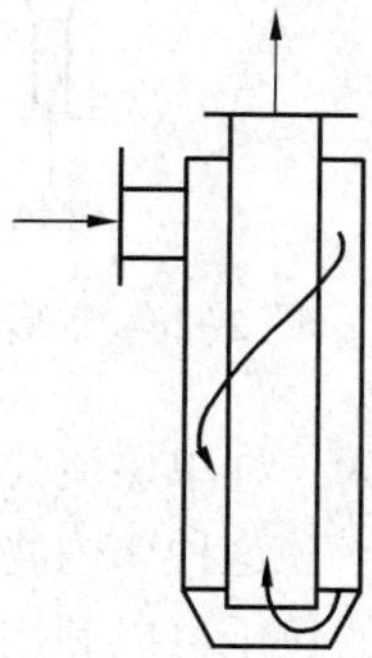

图 2-25　旋风气流干燥器

最普通的为单层流化床，通常在流化床下部有锥形壳体，在锥部装有气体分布板，分布板的形式多种多样，有短管式、锥帽式、锥帽侧孔式和帽罩形式，最普通的则是筛板。热风气体从流化床下部，通过分布板进入床层中以相当的气速与物料接触，出现气固相流态化，使物料温度升高，水分蒸发，水汽再由热风带走。流化床的热源除了热风之外，还可以由流化床的夹套加热，使固体物料温度升高，也可以在床层中设有内部构件如 U 形管、鼠笼式构件，在构件中通入热介质，如导热油、烟道气等，内部构件既起到加热的作用，又起到改善流态化状态的作用。

单层流化床干燥和卧式多室流化床干燥示意如图 2-26，2-27 所示。

在此基础上有多种变化形式，如图 2-28 所示，锥形流化床可提高流化床气速；而在卧式床加上搅拌，可以灵活处理多种形式物料，如图 2-29 所示。

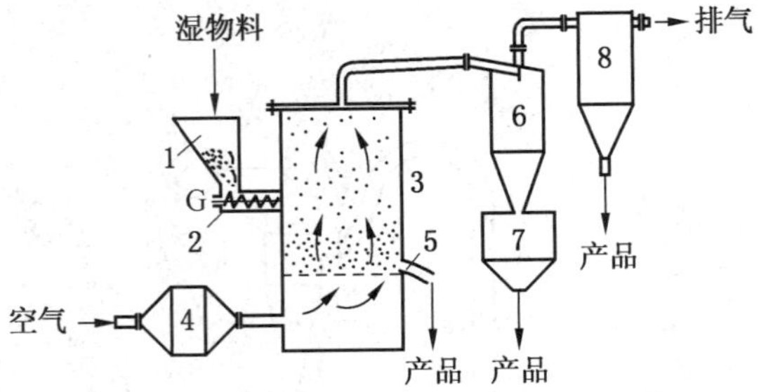

图 2-26 单层流化床干燥器操作流程示意图

1—料斗；2—螺旋加料器；3—干燥室；
4—空气加热器；5—出料口；6—旋风分离器；
7—储料罐；8—布袋过滤器

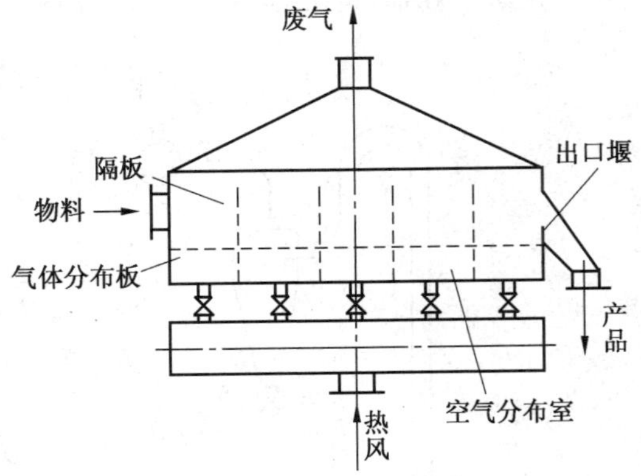

图 2-27 卧式多室流化床干燥器

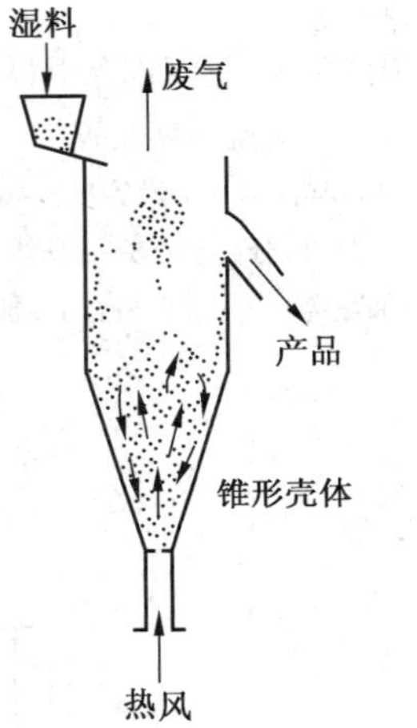

图 2-28 锥形流化床干燥器

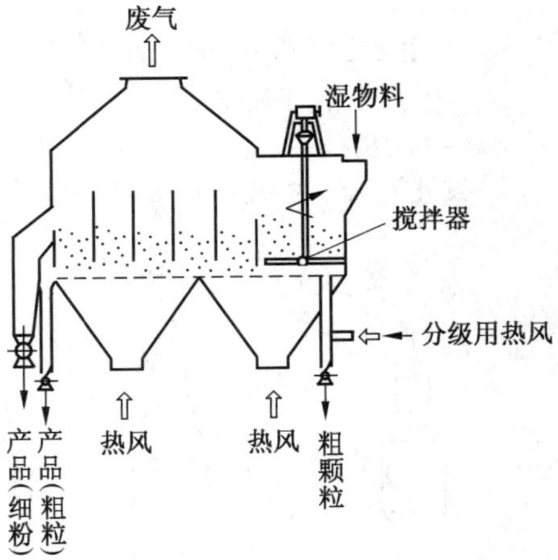

图 2-29 带搅拌的卧式多室干燥器

作为一种单层流化床的特例，即气速尚未达到流化阶段的流化床，也可用来干燥较大颗粒的粒子，这种床内物料在间歇喷动，对于休止角很大的细粒子可能形成沟流，而对于休止角较小的粒子可以利用低气速、喷动干燥，有人称为喷动床干燥器。

在普通卧式流化床的基础上，使分布板由振动电机带动产生振动，形成振动流化床干燥器，如图 2-30 所示。振动流化床的临界流化速度比无振动的流化床要低 20%~30%。

离心流化床干燥器是一种新型的流态化技术，物料在离心力场中进行流态化干燥。其原

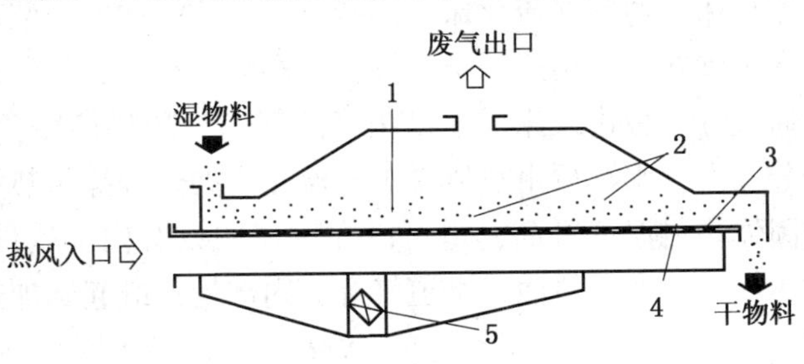

图 2-30 振动流化床干燥器示意图

1—床层；2—气泡；3—出口堰；4—筛板；5—振动电机

理如图 2-31 所示。当装有气体分布孔网的转鼓以一定速度回转时，由于离心力作用，物料均匀地分布在丝网上。当干燥的热风沿转鼓的径向从筛孔吹入，气速达到一定程度之后，物料被流态化。根据流化带出速度的计算方程，如 $U_t=\frac{d_p^2(\rho_s-\rho_g)g}{18\mu}$，可见，流化带出速度与重力加速度 g 成正比。而在离心力场中，离心加速度比重力加速度高出数倍至数十倍，对于细粒子流态化，其带出速度往往与临界流化速度接近，而采用离心力场的流态化干燥，可减小这种缺点。离心流化床干燥器有卧式和立式两类。

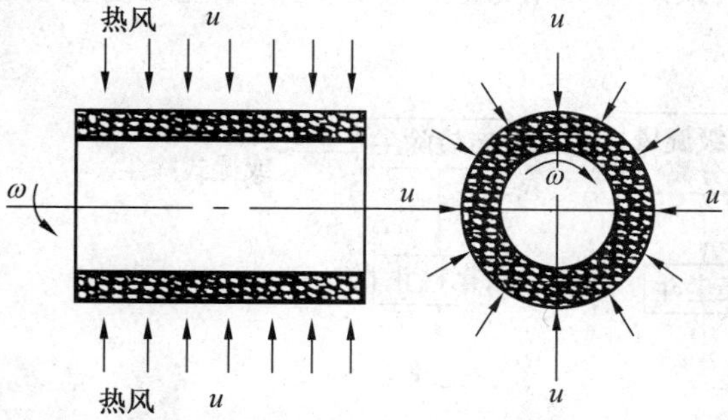

图 2-31　离心流化床操作原理图

3. 干燥流程

简言之，干燥流程示意为如下列方框流程图。

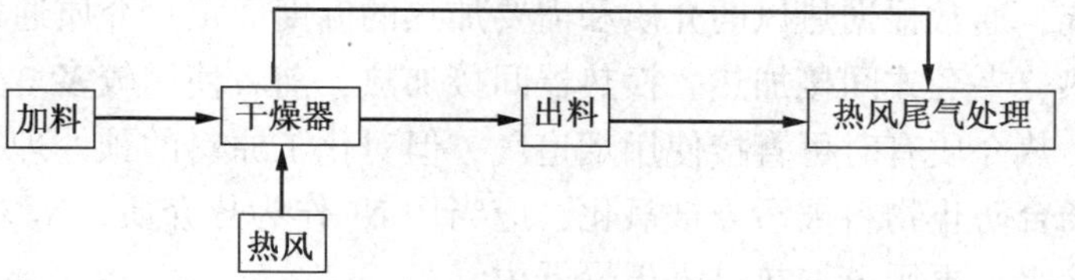

对于加料系统而言，加料方式是由所选用的干燥器决定的。如果干燥操作是间歇的，则加料也是间歇的，许多场合是人工加料。间歇加料时可采用真空加料，即是将干燥室抽成真空，通过导管，一般是光滑的塑料管将粉状湿物料吸入干燥器内。有些干燥装置可采用输送带进料，对于正压操作的气流干燥装置，流化床连续干燥装置等，大多数进料装置为螺旋进料器，或者用旋转加料器(有时用星形加料器)，示意如图 2-32。加料装置示意图如图 2-33。对于吸风式的气流干燥装置，加料问题比较小，用一个料斗和一个喷嘴就可以完成。

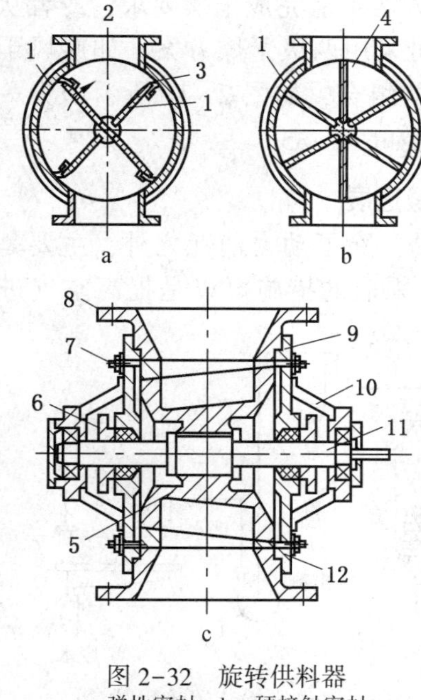

图 2-32　旋转供料器

a—弹性密封；b—硬接触密封；c—圆锥形密封

1—外壳；2—弹性梳片；3—密封橡皮；4—叶片；5—锥形轮；6—填料盖；7—调节螺栓；8—锥孔外壳；9—侧盖；10—轴承架；11—传动轴；12—锥形调节套

对于干燥流程的出料系统，一般亦由干燥装置的特点决定。一些间歇操作如厢式干燥等采用人工出料。流态化和气流干燥装置的出料可以实现自动出料，干燥后的物料一般放置在一个料仓中以便计量进入反应器。出料体系中最大的问题是，这类干燥器的出料特点是气流

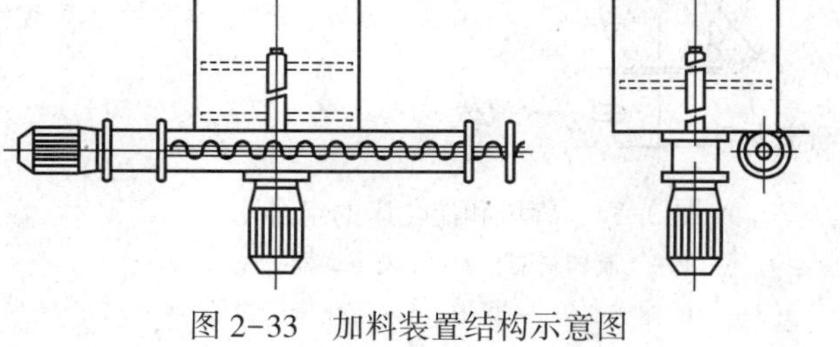
图 2-33　加料装置结构示意图

与物料一起输出，因此，必须用旋风分离器收集干燥物料进入集尘斗输入料仓。而旋风分离器的出气，一般仍夹带粉尘，通常可设计二级旋风，最终应当用布袋除尘或湿式除尘以防止粉尘污染，方框流程示意为：

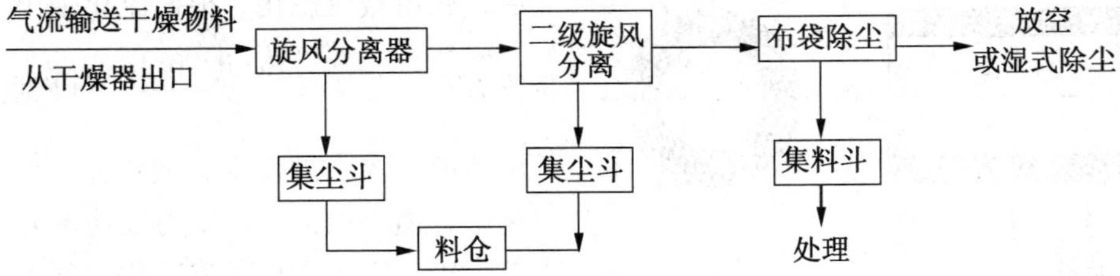

上述这种收集和处理流程，可以适用于其它干燥装置出料，用干燥的气流输送，或从出料口的小料仓输送出来，或从干燥设备(间歇操作)中直接用热气流“吹”出来加以收集进入料仓。

许多干燥装置备有出料的螺旋出料机，原理同螺旋加料一样。可以将干燥物料直接推出进入料仓，也可以将干燥物料收集进入一个贮斗，再输送进入料仓。

热风加热系统，通常根据热风的介质和需要加热的温度而定。介质通常用空气，空气的加热方式有电加热、夹套式间接加热、换热器间接加热，前者使用较多。夹套式常用热油或其它热介质加热。热介质有时可直接使用烟道气，但对化工原料的预处理来说使用烟道气的情况较少。许多场合防止物料被污染被氧化，应当用 N_2 作为热介质，N_2 本身要通过分子筛或其它介质吸附除水，再用电加热进入干燥器内。

热风尾气的除尘关系到环境保护，通常不主张直接放空，一般要布袋除尘或湿式洗涤除尘放空。为此，必须设计尾气净化系统。

当一种干燥方法不能完成干燥要求，或者从节能目的出发，可采用两级干燥方案，如旋风干燥和流化床干燥的组合，如图 2-34 所示即为一例。其它组合示意如图 2-35。

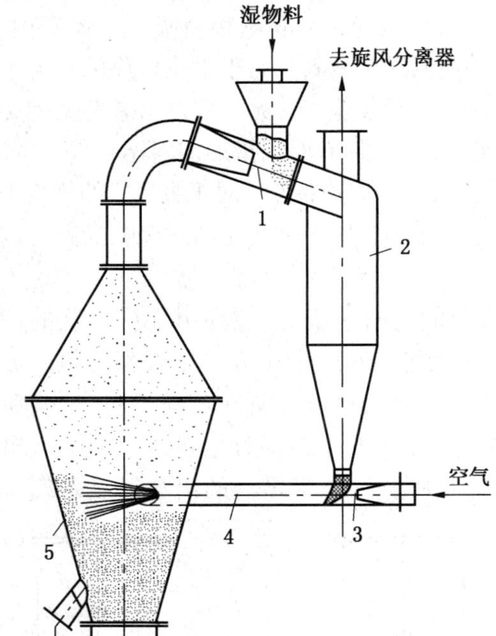

图 2-34 旋风和流化床的组合

1—气流加料器；2—旋风干燥器；3—气流输送器；4—管道；5—流化床干燥器

4. 干燥节能与干燥进展

干燥耗能较高，除了动力消耗之外，主要是燃料和热量消耗。采取的措施可以是提高空气进

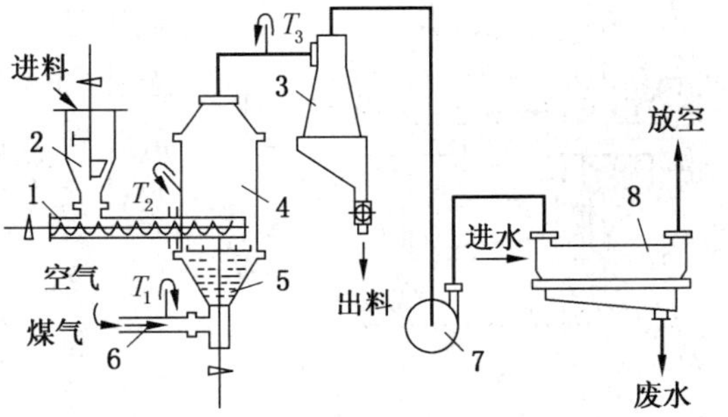

图 2-35 粉碎—气体干燥装置流程图

1—卧式螺旋送料器；2—立式定量加料器；3—扩散式旋风除尘器；4—干燥器；5—竖式粉碎机；6—燃烧炉；7—风机；8—湿式除尘器

口温度，降低空气出口温度，防止干燥装置冷风漏入，加强保温措施，预先加热介质，充分利用余热，设置干燥器内换热器等等。

开发新型的低能耗干燥装置或组合干燥器是干燥装置进展的一个重要课题。此外，提高干燥过程的自动化水平和自控监测水平，运用计算机进行测检操作，降低工人劳动强度，防治噪声污染，防治粉尘污染，保护环境和改善劳动场所的条件，是干燥研究的重大课题。

四、固体原料的输送与加料

固体原料的输送与加料是原料预处理和进入反应器的重要环节，是流程上不可缺少的部分。

1. 固体原料输送概述

固体原料输送除了人工搬运，可用电瓶车、叉车、翻斗车等等之外，一般分为机械输送和气力输送两种主要方式。

（1）机械输送。主要使用带式输送机，提升式料斗和螺旋输送机。

带式输送机常用橡胶皮带，所以这一类带式输送机常俗称皮带机，实际上输送带除了橡胶之外常有不锈钢、碳钢或其它材料，由电动机驱动齿轮、带动皮带轮或滚筒，使传送带沿着一个方向运动，达到输送块、粒状物料的目的。

输送带做成履带式的称履带式输送机。

比较适用的还有埋刮板输送机，传送带上预埋有多种形式的刮板，可以有效地运输粉粒状物料，其布置形式亦较灵活。

斗式提升机用于垂直或倾斜输送粉状或小粒子物料，提升高度大，有良好的密封性，在流程中有时是其它输送机械不能替代的。

螺旋输送机的结构简易，制造方便，维修不复杂，而且不同于输送带装置，一般的均可以密封，适用于各个物料环节之间的中间运卸，也可以充当加料装置和出料装置。它适合于运输各种粉状物料或小粒子物料，但动力消耗极高物料易被磨损。其结构如图 2-36。

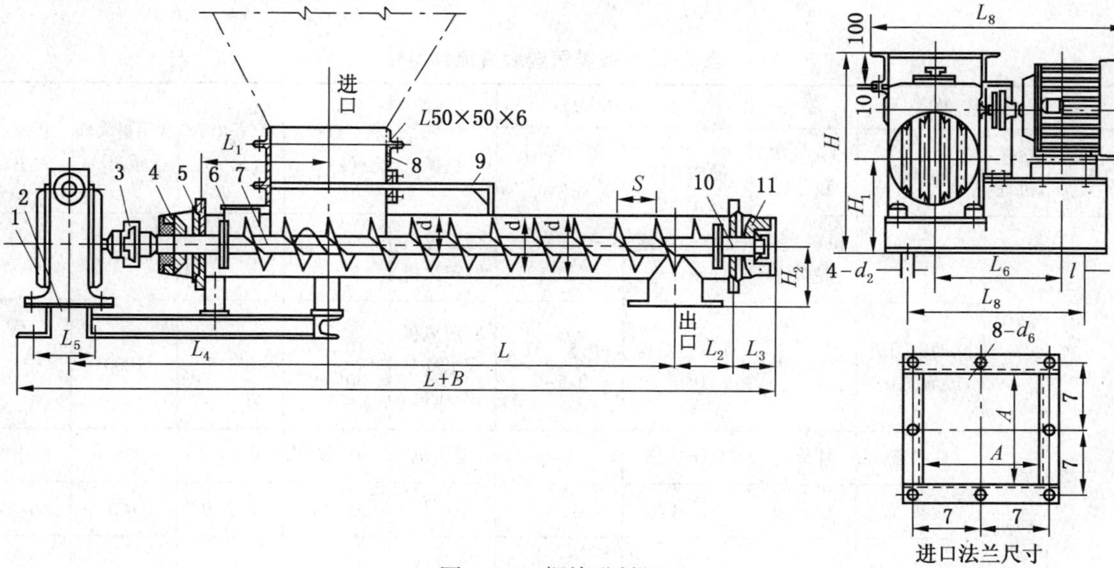

图 2-36　螺旋进料机

1—蜗轮减速器；2—底座；3—十字滑块联轴器；4—前轴承；5—前轴；6—检查孔盖板；7—螺旋体；8—接套；9—调量板；10—后轴；11—后轴承

(2) 气力输送。气力输送设备，主要是各种形式的气流输送装置。一般分为压送(吹送)和吸送式。

当气流通过装有粉状物料的管道或设备时，随着气速的增大，物料开始不动，逐渐增大气速，物料逐渐松动，随气速逐渐增大，形成沟流，上部崩塌，全部物料渐渐运动，气速再增大，物料随气流搅动，形成流态化。在这种气速以上物料可以像液体一样地流动，可以进行物料输送，物料显得浓密，称浓相输送，但不甚稳定；随着气速增大，物料在气相中显得稀疏，物料在气力下输送变得稳定，叫稀相输送。图 2-37、图 2-38 分别表示物料在垂直输送和水平输送中的物料运动状态。可以看出，随着气流速度由大变小，小到某个速度之后，物料可能阻塞，像被噎住一样，称噎塞速度。

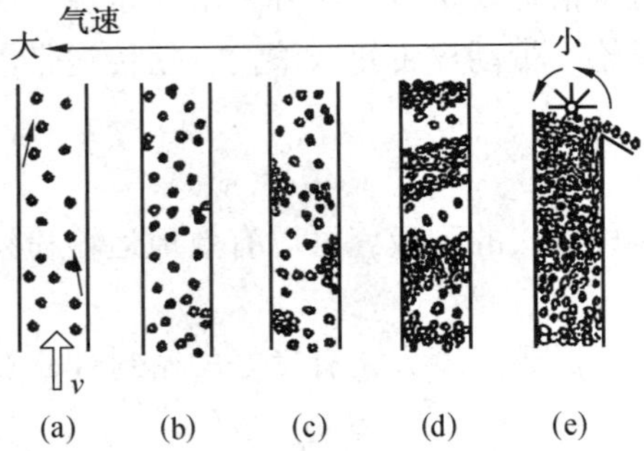

图 2-37 垂直气力输送物料运动状态

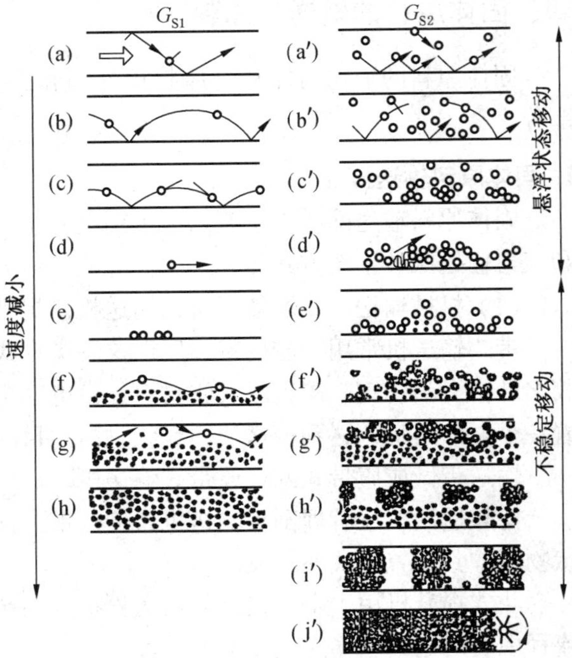

图 2-38 水平气力输送物料运动状态图

各种气力输送流动特性列如表 2-10 所示。各种气力输送装置性能对比如表 2-11 所示。

表 2-10 各类气送装置流动特性

装置类别				使用压力		压气机械	料、气输送比/(kg/kg)	空气速度/(m/s)	常用最大输送距离/m	磨损大小
类别	输送机理	流动特征	料、气掺和方法	使用方法	压力范围/kg/cm²					
稀相	动压	悬浮流	供料法或混料法	低真空吸送 低压压送	-0.2 以下 <0.5	离心风机 罗茨风机	1~5 5~10	10~40	50~100	大
密相		脉动集团流或流态化	供气法	高真空吸送 高压压送	-0.5~-0.2 0.5~7	罗茨风机或水环泵空压机	10~30 30~60	8~15	1000	中
	静压	柱状流	柱流法	高压压送	2~6	空压机	30~300	0.2~2	50	极小
		栓状流	栓流法	中压压送	1.5~3	空压机	30~300	1.5~9	100	小
		筒式输送	栓流法	低真空吸送或低压压送	0.5	叶片或罗茨风机		10~40	3500	小

表 2-11　气力输送装置性能对比

型式		供料机	最大性能(通常)			主要用途
			输送量(t/h)	距离/m	所需动力	
负压式	高真空	固定吸嘴型	50	200	-400mmHg	工厂内部输送(吸上型、吸下型)
		可移动吸嘴型	150	50	-400mmHg	车船卸货用,入仓库用等
		回转供料器	50	100	-5000mmHg	灰处理
	低真空	管端直接吸入		(500)	-100mmHg	除尘、清扫、轻料输送
正压式	低压	喷射供料器	30	30	2.0 kg/cm^2	短距离输送(轻量输送)
		回转供料器	—	100	0.6 kg/cm^2	定位置间的小型输送、分配用
		空气斜槽	40	60	5000mmHg	粉末近距离输送
	高压	螺旋泵	100	500	2.0 kg/cm^2	定位置粉体输送、分配用
		仓泵(福勒克骚式)	150	1000	2~4 kg/cm^2	长距离大容量输送、分配用
		仓泵(赛勒式)	150	1000	2~7 kg/cm^2	长距离大容量输送、分配用
		重叠式仓泵		500	2~3 kg/cm^2	定位置中量输送、分配用
联合式	低压	输送管—送风机—输送管	30	50	100mmHg	粉体的低混合比输送(轧制工厂等)
	高压	负压式—(分离供料机)—正压式	100	(500)		长距离大容量输送(集料、分配并用)

由于稀相输送能耗较大,密相输送回旋余地较少,常采用组合的装置。如喷射式吸-压气力输送装置,如图 2-39 所示,在加料处有一文丘里喷嘴,不必安装压送式气力输送的气密加料装置。

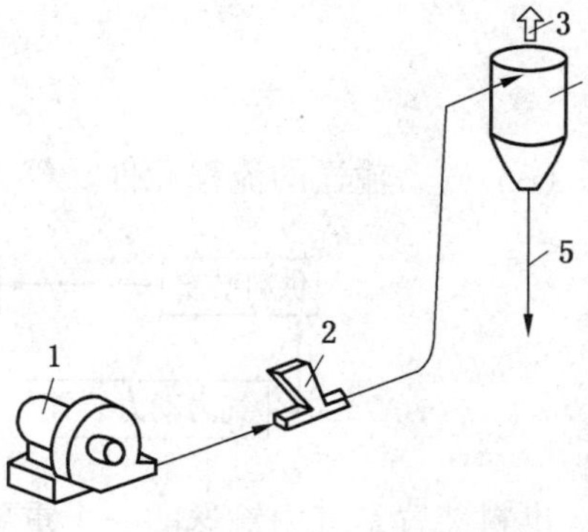

图 2-39　喷射式吸-压气送装置
1—风机;2—文丘里管;3—排出空气;4—分离器;5—物料

气力输送装置中最大多数是稀相气力输送,物料粉体在管内分布比较均匀,通常采用气速约12~14m/s,输送比一般为 1~5,对于粒料,可大至 15,根据输送物料量可以设计输送装置的管径。计算管路全部压降,决定动力装置。

由于气力输送的动力消耗主要在空气速度以及物料与管道的摩擦,所以提高料—气比(输送比)是提高效率的途径,密相动压气力输送是较为理想的。输送比一般段高,通常在 15~50 之间,气速通常是 8~15m/s。计算压降时一般只算直管部分,而弯管阀门等常用当量长度来折算。有关折算的经验数据列于表 2-12。

密相动压气力输送实际上界于稀相输送与密相静压输送之间。

密相静压气力输送是较先进的低速高浓度输送装置,输送料气比可达 200 或更高,气速一般只有 5m/s 左右,最高不过 10m/s。栓式气力输送就是一种新型的密相静压输送,这种输送降低能耗减小磨损。目前应用普遍的密相栓式输送装置是脉冲气力输送,如图 2-40 所示。

表 2-12　当量长度折算表

管　　件	输送管径/mm							
	100	125	150	200	250	300	350	400
	当量长度/m							
阀门	1.5	2.0	2.5	3.5	5.0	6.0	7.0	8.5
弯管	1	1.4	1.7	2.4	3.2	4.0	5.0	6.0
三通管	10	14	17	24	32	40	50	60
异径管	2.5	3.5	4	6	8	10	12	15
长度为 L 的软管	$2L$							
内径为 D_t 的移动吸嘴	$150D$							
发送罐底部弯管	12~13							
蝶阀	8							

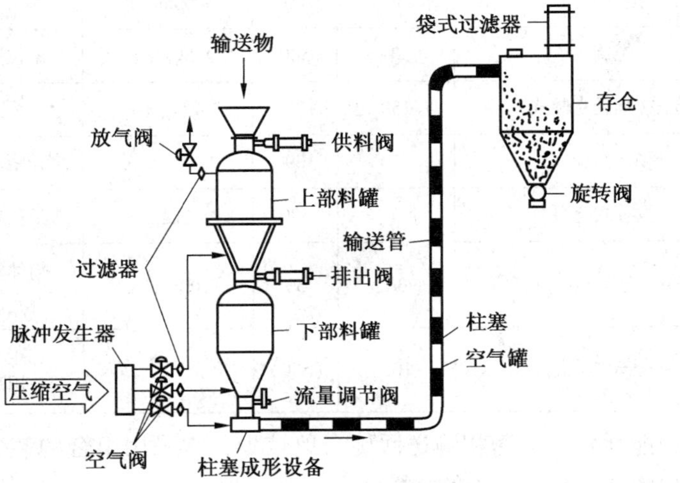

图 2-40　脉冲式气力输送机

(3) 气力输送的流程元件。气力输送流程元件，用方框图表示为

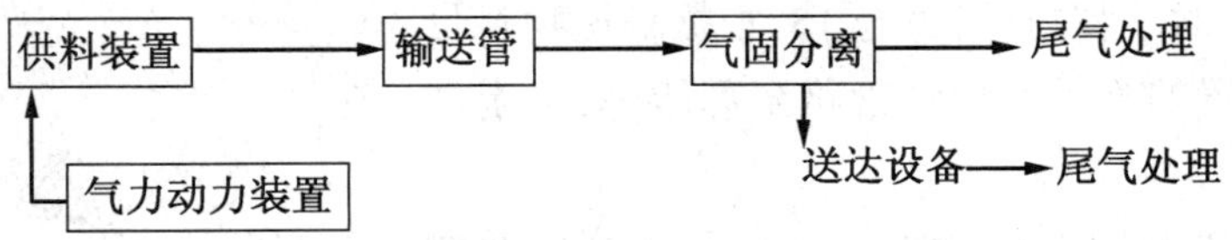

供料装置是气力输送的一个重要部件。负压输送时，供料装置俗称吸嘴、喷嘴。有固定式和移动式，如图 2-41 和图 2-42 所示。

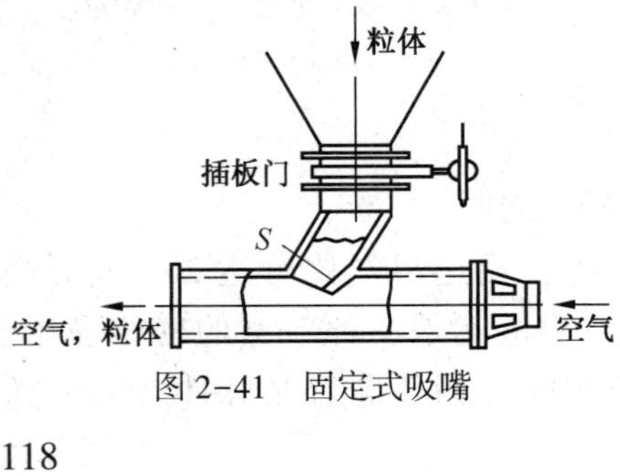

图 2-41　固定式吸嘴

正压输送时，要求密封好，在稀相输送时大多用喷射式(图 2-43)给料或旋转给料器，圆盘加料器如图 2-44 所示。

密相动压气力输送的供料器常见有螺旋泵和仓式泵。螺旋泵如图 2-45 所示。

仓式泵分上引式和下引式两类。如图 2-46 所示是为典型的上引式泵，图 2-47 是下引式泵的简示。

输送管的设计主要是决定管径，根据气体流速、输送比、试算压降，为了减少阻力，输送管内要求平滑，管与管接头处不应有间隙，通常用法兰连接。一般在供料器之后，不主张

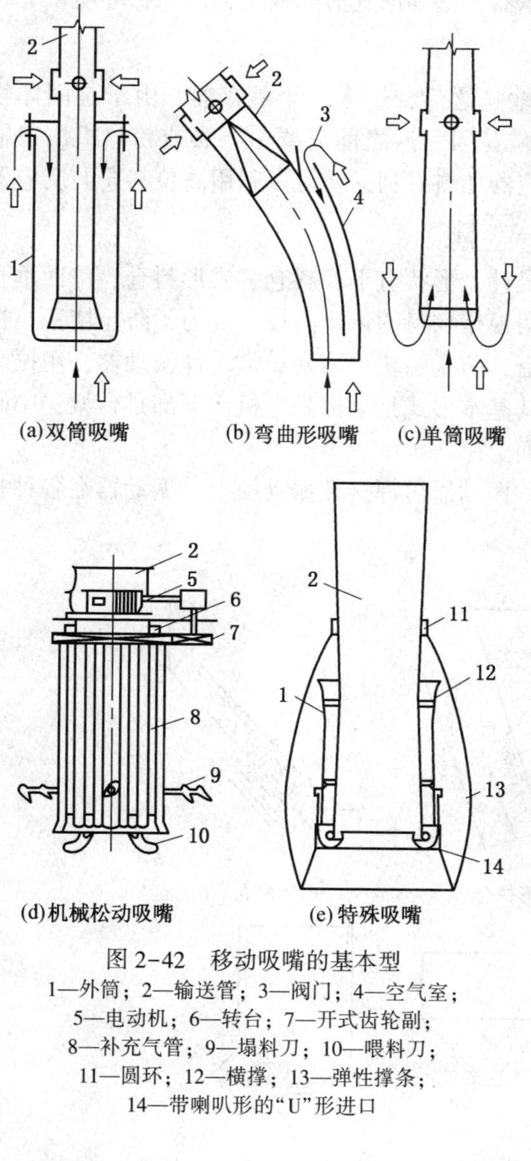

(a)双筒吸嘴　(b)弯曲形吸嘴　(c)单筒吸嘴

(d)机械松动吸嘴　(e)特殊吸嘴

图 2-42　移动吸嘴的基本型

1—外筒；2—输送管；3—阀门；4—空气室；5—电动机；6—转台；7—开式齿轮副；8—补充气管；9—塌料刀；10—喂料刀；11—圆环；12—横撑；13—弹性撑条；14—带喇叭形的“U”形进口

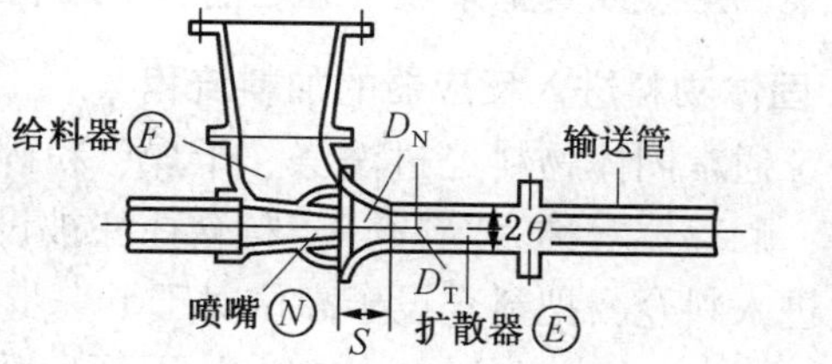

图 2-43　喷射式供料器的构造

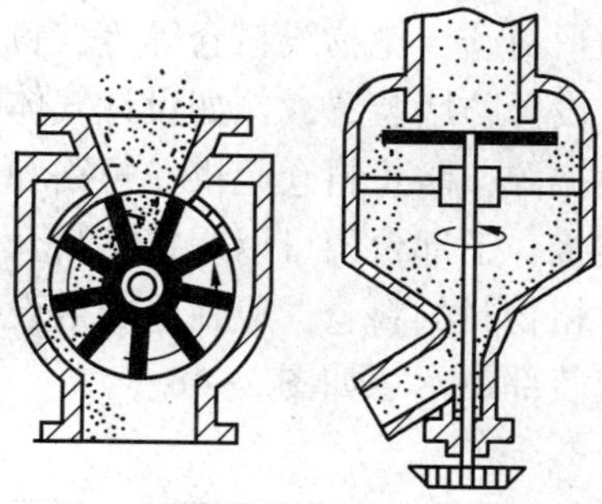

旋转加料器　圆盘加料器

图 2-44　旋转加料器和圆盘加料器

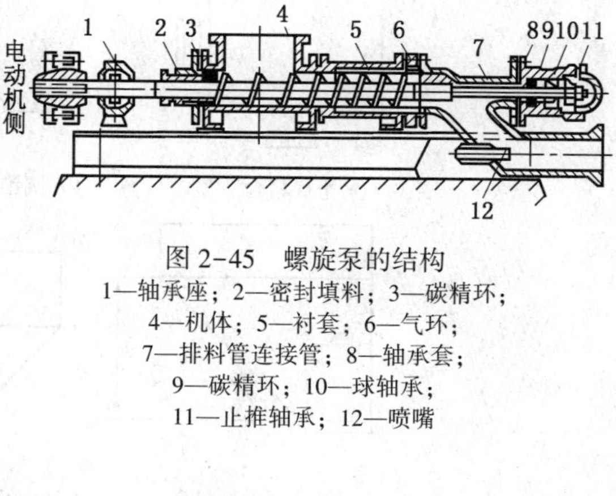

图 2-45　螺旋泵的结构

1—轴承座；2—密封填料；3—碳精环；4—机体；5—衬套；6—气环；7—排料管连接管；8—轴承套；9—碳精环；10—球轴承；11—止推轴承；12—喷嘴

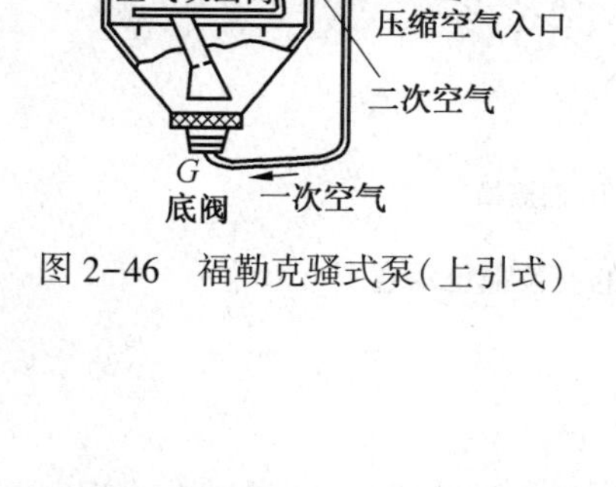

图 2-46　福勒克骚式泵(上引式)

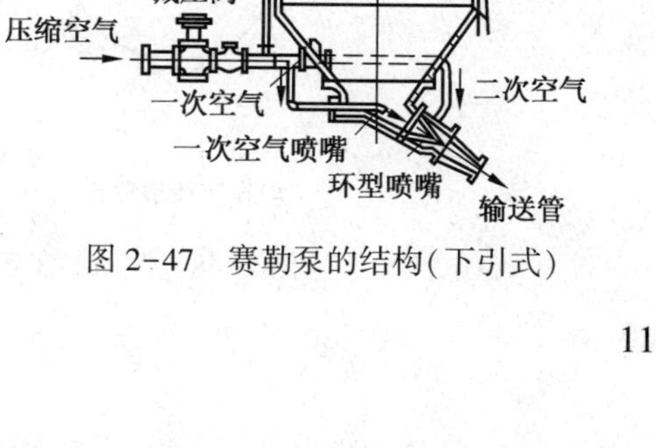

图 2-47　赛勒泵的结构(下引式)

直接连上弯管，而设计一段水平管线，否则易产生堵塞。

输送到目的设备时，用气-固分离装置收集物料。通常是一级或二级、三级旋风分离器收集。尾气或真空泵吸气罐之前，要用袋式过滤器，基本彻底清除灰尘，以保护环境。

2. 固体物料进入反应器的加料流程

通常固体物料经过洗涤、干燥、粉碎干燥输送之后，进入一个贮存器。由于是固体物料，贮存器常称为“料仓”，料仓往往被设于高位，因为这之前需要由干燥或粉碎机出口输送进入料仓，把料仓设于高位对于下一步向反应器加料有利，就可以利用高位料仓向反应器计量加料。所以加料流程一般是[仓贮]→[计量]→[加料]。

（1）料仓。料仓的容积根据工艺条件容易设计，形状有平底料仓、锥形料仓、单面垂直料仓、角形料仓、抛物线料仓等等，料仓的锥角根据物料的休止角设计。为了防止堵塞，在料仓中常设计防堵装置，例如设计气体吹扫管道，防止结块、堵塞，常设计振动器，用振动电机为激振源，防止料仓起拱、短路和堵塞。其基本形式是上部是电机，下部是台架，中间用螺栓连接，下部台架可以焊接在料仓的仓壁面上。

贮存粗物料的料仓，应在仓内敷设振动板，振动器再焊接在振动板上。振动器在各种料仓壁上安装部位示意如图 2-48。

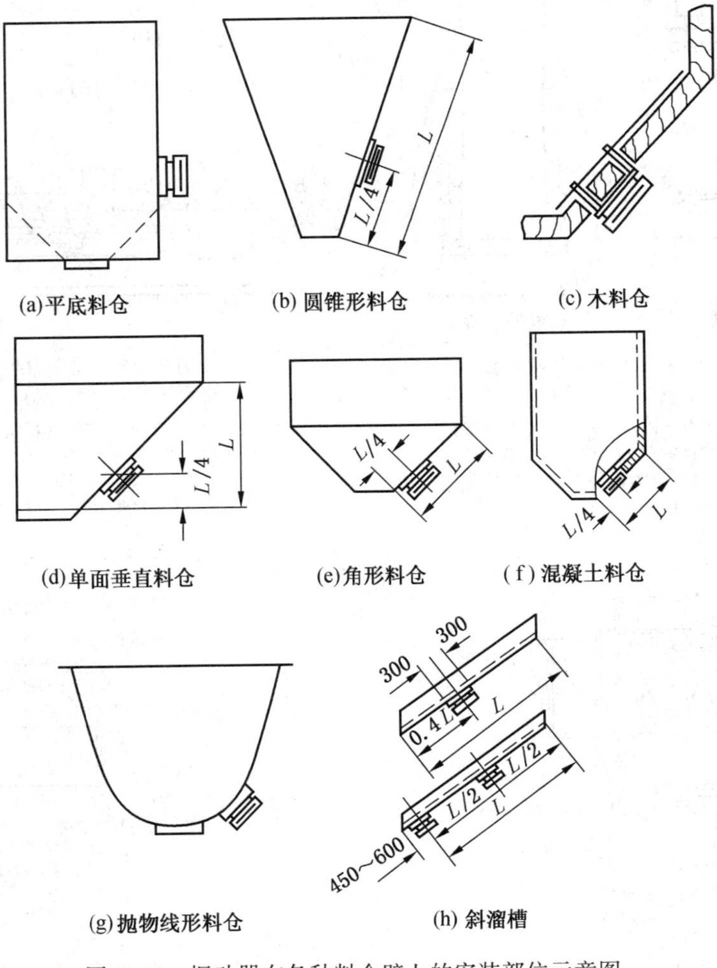

图 2-48　振动器在各种料仓壁上的安装部位示意图

料仓连接的料斗，可使用振动料斗，这是一种装有激振电机的新型料斗。

(2) 计量。如果人工加料或间歇加料，可以用磅秤、台秤加以称量。计量秤中常用的有标尺式配料秤、容积配料秤和电子皮带秤等几种类型。标尺式配料秤的技术规格和容积配料秤的技术规格分别列如表 2-13、表 2-14。

表 2-13　标尺式配料秤技术规格

型　号	称量范围/kg	称量精度	标尺刻度/kg		秤斗有效容积/m^3	配料周期/min	电磁振动给料机					质量/kg
			最大读数	最小分度			型号	电压/V	电流/A	整流频率/(次/min)	输送量/(t/h)	
BCP01	10~100	1/400	10	0.1	0.1	3	85102	220	5	3000	15	
BCP02	20~200		20	0.2	0.2	4	85102				15	
BCP05	50~200		50	0.5	0.5	5	85103				25	
B4178	40~400	1/500	10	0.2	0.4	5	GL300		9			

表 2-14　容积配料秤技术规格

称量范围/kg	称量精度/%	秤斗有效容积/m^3	读数尺刻度		配料周期/min	加料、出料电振给料机				安装尺寸/mm						质量/kg	
			全刻度/kg	最小刻度/g		型号	电流/A	电压/V	频率/H_z	Ⅰ型			Ⅱ型Ⅲ型			Ⅰ型	Ⅱ型Ⅲ型
										H	H_1	H_2	H	H_1	H_2		
1~60	±0.2	0.06	5	50	5	GL100	4	220	50	1395	2095	2434	525	1224	1564	700	600

自动给料的称量装置，是电子皮带秤，既能显示物料输送的瞬时流量又显示输送总重，而且能自动调节给料量，可以定值恒量给料。如果选用两台或数台电子皮带秤，可以将几种固体物料按要求加以配比。图 2-49 和图 2-50 分别是 PCR-2 型电子皮带秤和 DBC-Ⅱ型电子皮带秤简示图。

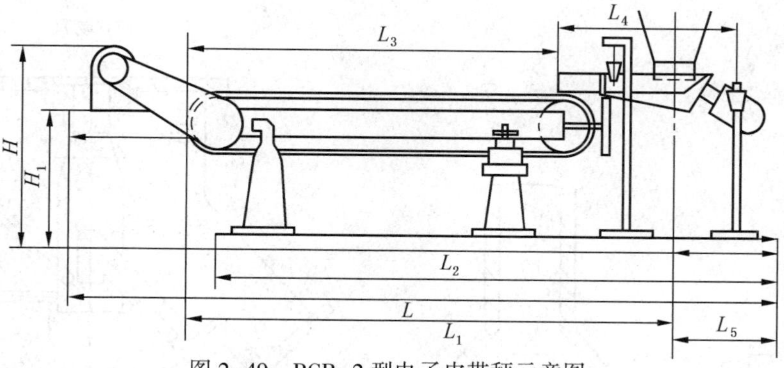

图 2-49　PCR-2 型电子皮带秤示意图

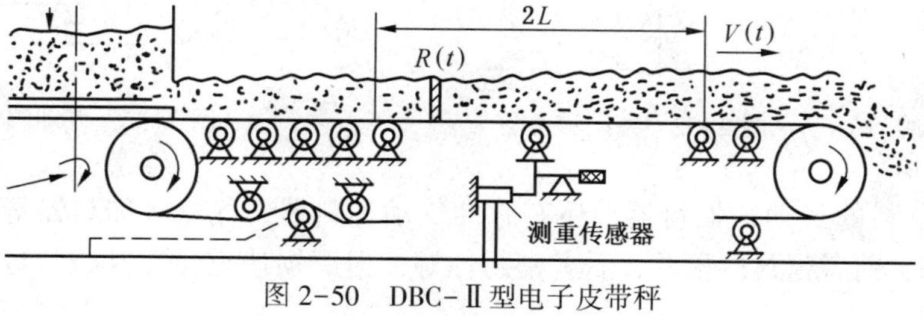

图 2-50　DBC-Ⅱ型电子皮带秤

当然，也可以使用定量秤，这种秤每次称量为50kg，于料斗中，卸料时料斗旋转卸料，这种容积式计量加料也很方便。如果不追求计量十分精准，可以用小型料仓以体积来衡量物料，然后全部用气流输入反应器内，可以用于间歇地向反应器补加固体物料时使用。

（3）加料。一次性加料最常见的是将计量以后的粉料于贮斗中一次性地用气流输送加料，或用真空吸料。这种加料流程不难设计亦不难控制，等于用气流输送代替人工计量加料。

在原料包括催化剂加入反应器的流程中最容易引起麻烦的是反应中途补料，无论是反应的原料或固相催化剂，随着反应的进行或被消耗或由于夹带造成损耗，引起了反应器中原料配比不合适，因此要设计中途加料的进料方式。

通常，反应过程中不断加入固相原料有两种情况，一种是间歇性地加入，这种加入方式流程上好处理，诚如起先加料一样，把处理好的(粉碎干燥)物料从原料大贮仓通过计量进入一个小型的加料仓，再用气力输送一次性送入反应器。从工艺上来说，输送物料的气流，要审慎选用，常用惰性的 N_2 或采用原料气或用反应产物气体等。加料的重要原则是无论加入的固体原料或随之带入的气体，以不影响或最大限度地少影响反应过程，以保持反应的持续稳定为宜。一般添加催化剂常采用间歇加入的方法。某些反应过程中，原料的消耗也可以间歇补充，不过适当地“少吃多餐”而已。

另一种补加物料的是连续地或基本连续地补加固体物料。通常使用螺旋泵，螺旋进料器，旋转进料器，星形加料器和圆盘进料器，这类加料器均属于机械加料方式，通常加料稳定，可调节加料的速度，设备亦不复杂，但易磨损。一旦磨损则容易使固体粉末卡住运转机件，容易发生故障，在反应气体影响之下，通常反应器是正压操作，因而这类加料器显得密封不好容易漏气。用机械的方法控制加料的还有一些简易的阀门构造，如滑阀和塞阀，示意如图 2-51、图 2-52，结构简单，如用机械带动可以正常加料。

此外，简便的阀门还有许多形式的气动阀门和加料器，如图 2-53 和图 2-54 所示。操作方便，不易发生机械故障，但可靠性未必佳。

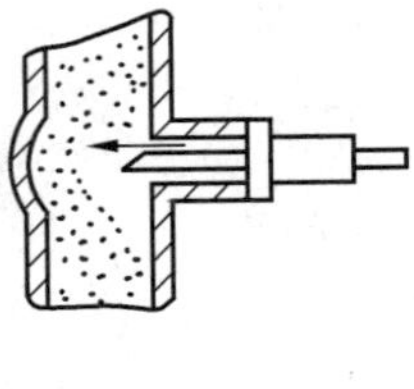

图 2-51　滑阀

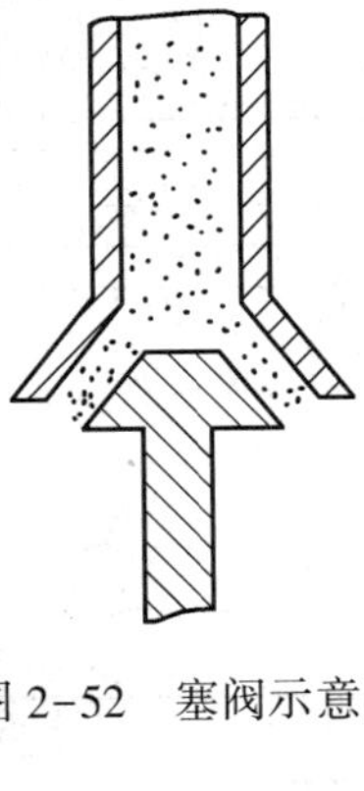

图 2-52　塞阀示意图

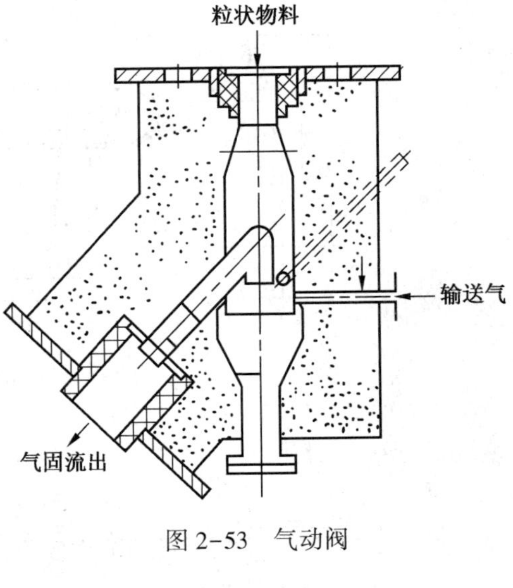

图 2-53　气动阀

用于连续加料的气动式加料器，还有脉冲气动加料器、气球式加料器等等，示意如图 2-55和图 2-56，前者密封性稍差，后者密封性好，但磨损严重，尤其是气球的材质和使用寿命有极大关系。

（4）加料流程中物料的中转输送。物料由料仓进入电子皮带秤，由电子皮带秤进入计量小料仓，由计量料仓向螺旋进料器、回转进料器或气动加料器或各种机械电动阀门输送物料，均需要一些中转给料装置。常见的有电磁振动给料机等式样，给料机一般安装在粉料的贮斗中，结构简单、质量较轻。

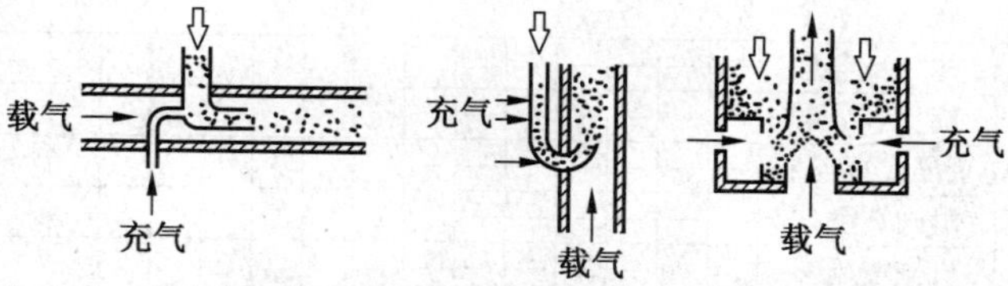

图 2-54　载气管线加料器，利用控制充气来调节固体颗粒流量

此外，往往还用振动式给料机和叶轮给料机等。

（5）真空加料

采用真空加料也是固体物料加料中常见的。即使不便于加入反应器，通常也可用于将物料抽吸入某个加料中间贮罐。造成真空的是真空泵，其种类和工作范围如图 2-57 所示。

真空泵主要性能参数是：

抽气量，指单位时间内，在一定温度下，真空泵抽除的气体量，单位用 Pa · L/s。

抽气速率，表达为 L/s，即单位时间内抽去气体的容积。

极限真空，真空泵稳定操作后达到的最低压力表示的方法，不是体系内的余压，如表示真空度 720mmHg，并不是说体系内尚有 720mmHg 的压力，而且表示一个负数。从真空压力表上显示的是与“0”(即表压为 0，绝压为 1atm)的偏差。

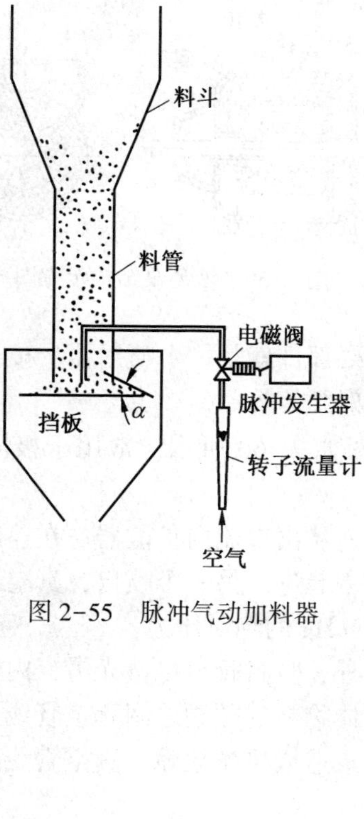

图 2-55　脉冲气动加料器

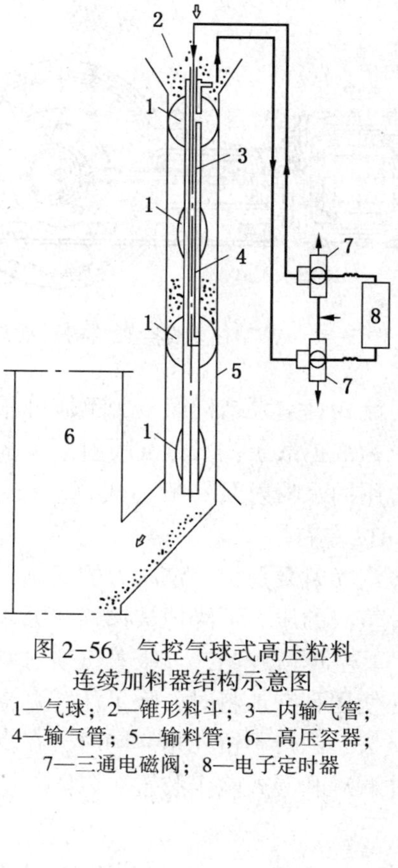

图 2-56　气控气球式高压粒料连续加料器结构示意图

1—气球；2—锥形料斗；3—内输气管；4—输气管；5—输料管；6—高压容器；7—三通电磁阀；8—电子定时器

起动压力，指真空泵能够开始工作时的压力。

常用的卧式真空泵如图 2-58 所示。

液环式真空泵，也适合于真空下固体物料加料，如图 2-59 所示。叶轮与泵体呈偏心位置，并有吸气口和排气口。

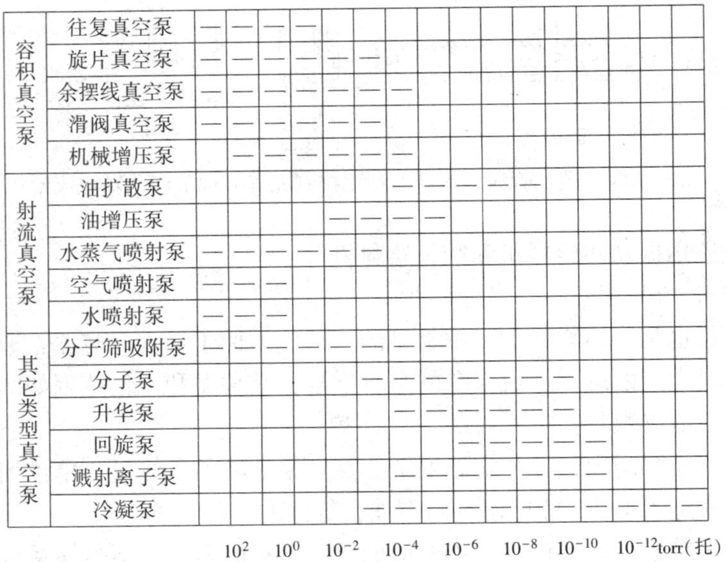

图 2-57　真空泵和工作范围
（$1torr = 1.3332 \times 10^2 Pa$）

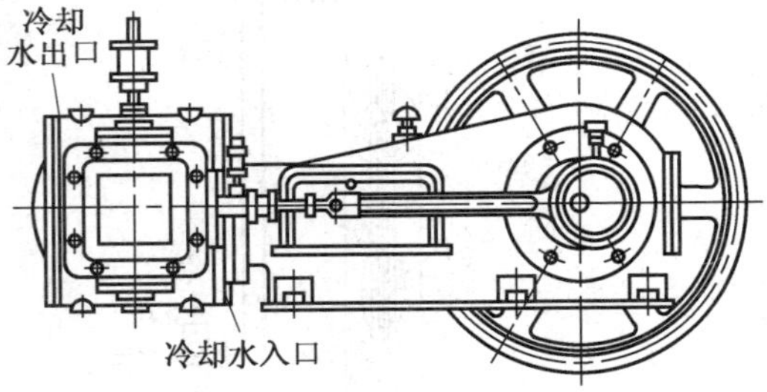

图 2-58　W 型往复真空泵结构示意图

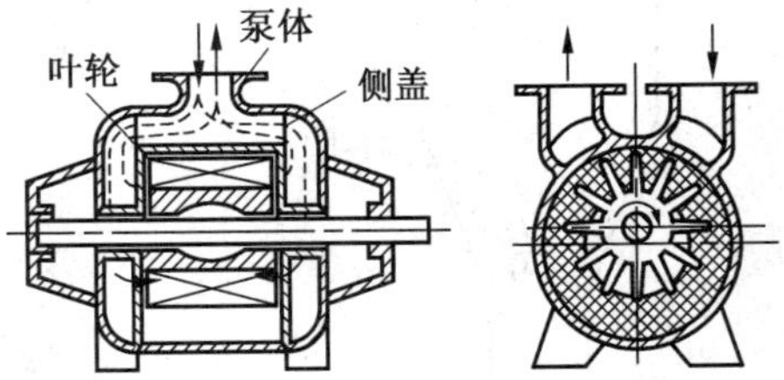

图 2-59　液环泵结构示意图

射流式真空泵结构简单，工作可靠、安装方便，主要部件就是一个喷射器。按工作介质不同分为油扩散泵，水蒸气喷射泵，水喷射泵，汽水喷射泵等等。

常用的水喷射泵一般形成真空较小，其安装示意图如 2-60 所示，常用于极限真空度 700mmHg 左右。

蒸汽喷射泵是用一定压力的蒸汽，通过喷嘴以超声速从出口流向扩散器。在速度增加的同时，蒸汽的压力下降把被抽气体吸入，二者混合后，一起进入另一个喷口，真空泵的级数越多，真空度就越高，五级蒸汽喷射泵可产生 0.05～1mmHg 的绝对压力。

在使用真空加料时，除了注意真空管线不宜太长之外，吸料管道尽量光滑，内部不要有焊疤接头，圆转不留死角。同时，在真空泵的泵体与固体物料的贮槽之间真空管线上，要装有缓冲斓罐和湿式除尘装置，以防止固体物料抽到真空泵造成机械故障。真空管线的安装不允许有泄漏，安装完毕进行气密性试验。固体物料在管道内的输送速度一般在 20~25m/s 左右。

五、固体的混合和混料

有时在固体粉料加料时，不止一种固体物料，如填料补强剂，着色剂，各种添加剂，催化剂，催化剂不同组分等，有必要在加入反应器后或加料之前加以混合，固体粉料的混合可以减少非均匀性。这种混合靠粉料的物理运动来完成。其状态描述亦非易事。两种以上物料的颗粒度和粒度分布不同，重度不同而在混合时浓度亦不尽相同。可在混合机的出口，取样分析其组成，以计算物料在混合机内的停留时间，保证混料大体均匀。

固体粉粒混合的类型很多，有容器旋转型和容器固定型，依操作情况分间歇式和连续式，其中间歇式的便于取样和调整混合时间，容易调整工作参数，从而容易控制混合的质量，用得最多。常见混合机型式如图 2-61 所示。表 2-15 列出了各种混合机的应用和运用范围。

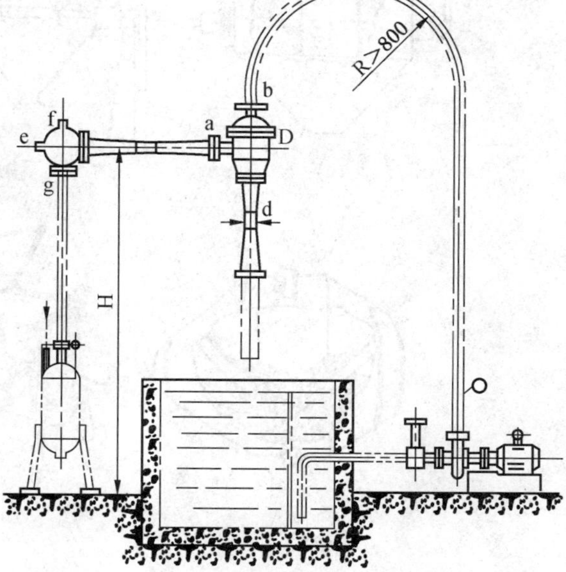

图 2-60 水喷射泵安装图

表 2-15 各种混合机适用范围

操作方式和主要物性		型式														
		水平转鼓型	倾斜转鼓型	V型	双重圆锥型	正方体型	连续V型	水平式			直立式			研磨机	气流移动·流化床	静态混合机
								螺带式	螺旋式	棒状或针状叶片	螺带式	螺旋式	圆锥形螺旋			
间歇式		○	○	○	○	○		○	○	○	○	○	○	○	○	
连续式		○					○	○	○	○	○	○		○		○
粒径范围/μm	>1.0	○	○	○	○	○	○	○	○	○	○	○	○	○	○	○
	0.1~1.0	○	○	○	○	○	○	○	○	○	○	○	○	○	○	○
	0.01~0.1	×	×	×	×	×	×	○	○	○	○	○	○	○		
	数μm以下							○	○	○	○	○	○	○		
流动性，静止角	大，<35°	○	○	○	○	○	○	○	○	○	○	○	○	○	○	○
	中，35°~45°	×	×	×	×	×	×	○	○	○	○	○	○	○	×	
	小，>45°								○	○	○	○	○	○		
	粘着性大								○	○		○		○		
物性差小		○	○	○	○	○	○	○	○	○	○	○	○	○	○	○
物性差大			×			×			×	○	○	×	×	○		
磨耗性大		○	○	○	○	○	○								○	○
含水率	干燥状态	○	○	○	○	○	○	○	○	○	○	○	○	○	○	○
	润湿状态							×	○	○	○	○	×	○		

注：表内○适当，×可能使用，空格不适用。

有时要在粉料中加入少量液体，如增塑剂，赋形剂，粘合剂，促进剂和其它添加剂，制备成粉料膏状料或塑性物料等，这种混合过程通常使用捏合。

捏合操作比其它混合操作要难，消耗功率大，捏合操作往往伴有加热和冷却的过程。此

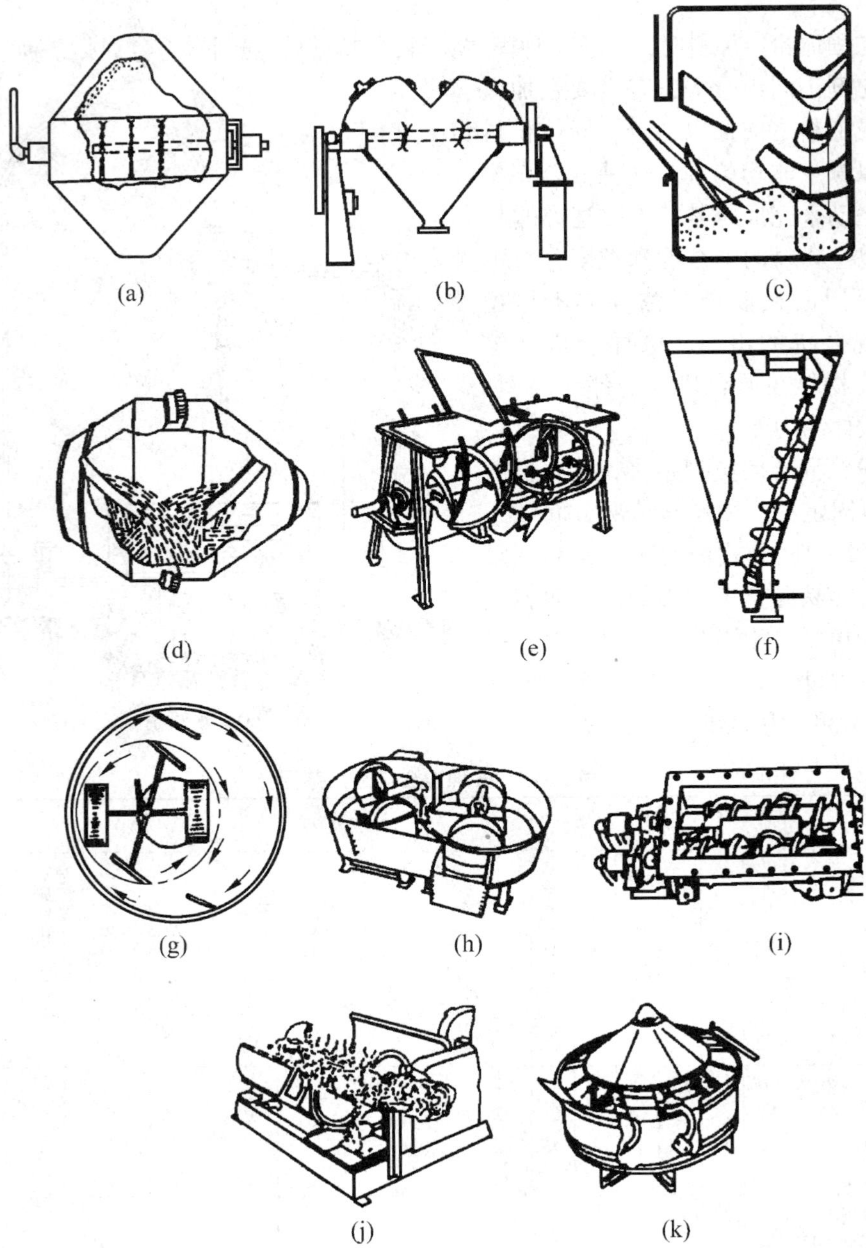

图 2-61　常用固体粒子混合机

(a) 双锥式混合机。图中虚线表示破碎装置，点线表示喷嘴；(b) V 型混合机。图中虚线为破碎和液体进口装置。如不需加入液体，改用针状粉碎装置；(c) 水平转鼓(带挡板)；(d) 绕长轴转动的双锥式混合机(带挡板)；(e) 螺带式混合机；(f) 垂直螺旋混合机(Nanta 式)；(g) 间歇式研磨机有三种型式：(1)研磨盘静止，滚轮转动；(2)滚轮静止，研磨盘转动；(3)研磨盘顺时针方向转动，滚轮逆时针方向转动。上图即此型式；(h) 连续式研磨机(外壳静止)；(i) 双转子混合机(如需加热)，则配备夹套及中空螺旋轴；(j) 单转子混合机；(k) 透平式混合机

外，又分为间歇操作和连续操作两种。

常见的有小型混合机，双臂捏合机，开炼机，密炼机，螺带螺旋混合机，研磨机等等。

小型混合器如图 2-62 所示，叶片与槽壁间隙 0.8~1mm，转动时掠过槽边，物料被反复搅拌捏合。

双臂捏合机如图 2-63 所示，主要由转子、混合室和驱动装置组成。转子的类型如图 2-64 所示，适合于粉状糊状和粘糊塑性物料的混合。

密炼机和开炼机最早在橡胶工业上用于塑炼其原料，后在塑料加工的原料混合中得到广泛应用。

连续混合机有如单螺杆和双螺杆挤出机。两种或两种以上聚合物以及填料添加剂等物料沿螺杆向前输送，各组分就得以混合。

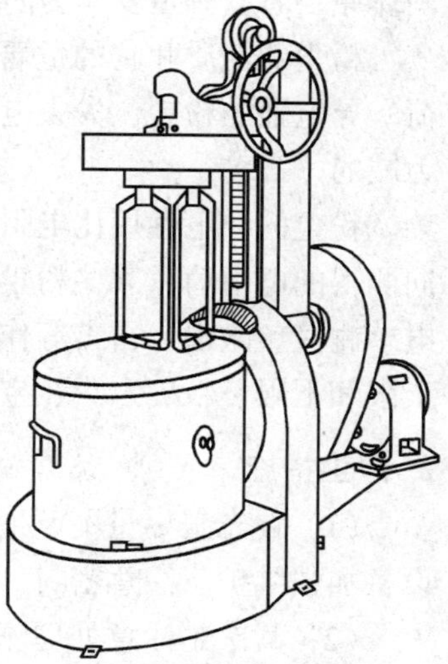

图 2-62　小型混合器

捏合机选用要求进料、出料和清洗方便，运行可靠，清洗的频率不宜太高，需要加热或冷却的机制不能太繁琐。并且还要噪声低，能耗小，总之要按工艺条件，审慎选用。

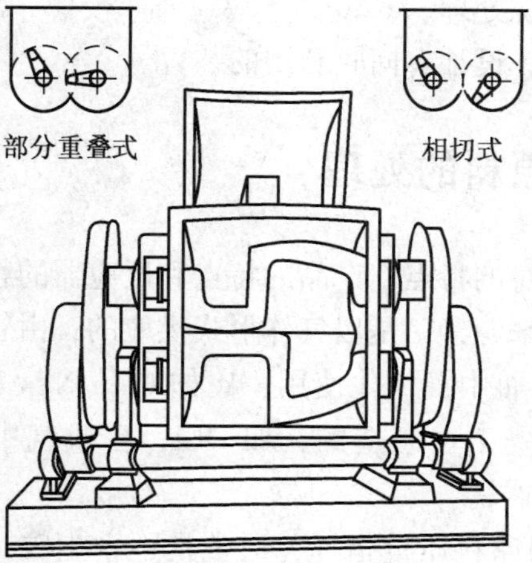

图 2-63　双臂捏合机

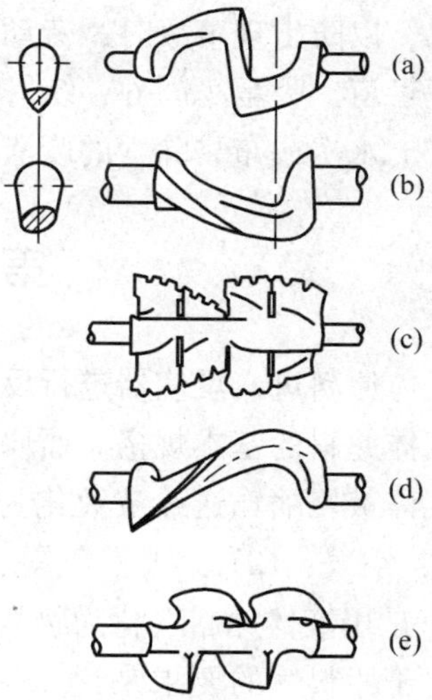

图 2-64　转子片形式

六、粉尘防护

1. 概述

粉尘对环境的污染和对人体的危害是多方面的。粉尘漂浮在大气中，对阳光的照射有干扰和影响，直接影响植物的光合作用和新陈代谢，对人和动物的呼吸系统、消化系统、皮肤、五官乃至神经系统都有不可低估的影响，直接危害人的健康和大自然的生机，农、林、牧、水、土均受其害。有些粉尘在空气中达到一定浓度会爆炸，造成生命财产的重大损失。有的粉尘散落入机械、电气设备中，会造成严重故障甚至酿成事故。有些粉尘有腐蚀性，或遇水会放出有毒物质或恶臭。粉尘在固体原料加工准备过程中，会集中出现，因此，在处理固体原料时，一定要作为防尘设计。

粉尘的性质和它的危害是首先应当掌握的数据，由于物料经过破碎摩擦，通常带有电荷。导电强的粉尘，失去电荷较快，反之则慢；温度升高带电能力增强；湿度增大，带电能力减弱。

粉尘的导电性用比电阻来衡量，以自然堆积的截面 $1cm^2$、高 1cm 的圆柱，沿其高度方向测得的电阻值。某些粉尘在空气中达到一定浓度范围时，在外界的高温或火焰、火花、放电、碰撞、敲击、雷击等作用下，能引起爆炸。能引起爆炸的范围叫爆炸极限，有人称爆炸上限和下限。粒度愈小、空气愈干燥，爆炸危险愈大。

2. 除尘措施

(1) 首先是尽量不产生粉尘污染，因此在设计时，力求采用闭合循环流程，封闭流程。设备加强维护。注意密封，不使泄漏，加料器部位不使堵塞，以免冲气冲料。

(2) 其次是注意处理流程中的放空尾气。加料和出料部位的密闭设计及除尘措施设计，放空尾气用布袋除尘或水洗后放空，把造成的粉尘逸漏，就地加以处理。

(3) 加强车间的通风除尘措施，加料口、出料口应设计有吸风罩，物料堆场，干燥器上方都应有吸尘罩，把可能产生的粉尘吸到车间外用布袋除尘或水洗除尘。

(4) 工作环境维持一定的温度和湿度，穿好防尘防护服，不穿带钉的鞋，操作人员有防尘口罩，以防出现事故时，劳动者受到伤害。因此车间应装有维修和处理事故的抽风机，通风除尘管道，吸至车间外，统一用布袋除尘或水洗处理。

(5) 水洗或布袋除尘的废渣，集中统一回收，设计有回收利用的装置。

第四节　气体原料的处理

气体原料进入反应器进行反应，已由反应本身的特点，产品的特点和反应器的特点，决定了气体原料的基本规格。而原料的供应有三种来源，一是以气体形式供应的，由管道输送或者气体被压缩输送或被液化为液体贮于高压钢瓶中，气化使用，比如 Cl_2，N_2，H_2，O_2，CH_3Cl，空气，CH_4，天然气等；二是气体由前一工序制造的，如 HCl，合成气中的 CO、H_2；三是用液体原料气化为物料的蒸汽进入反应器。

对于原料气的要求来说，各种反应有不同的原料质量指标，通常是不含尘粒，不含水分，尽量纯化，不含杂质。某些反应对杂质(化学物质)的要求甚至很苛刻。因此，原料气体通常要处理后投料。

一、原料气体除尘捕雾

1. 空气过滤

使用空气作原料时，一般通过压缩机压缩输送，为保证压缩机正常运行，尤其汽缸式往复压缩机的高效使用，常保证空气洁净，使用空气过滤。空气过滤是捕集空气中的低浓度粉尘，滤料不必再生而是定期更换。空气过滤器过滤类型列如表 2-16。

空气过滤器的结构一般力求简单，通常有下列形式：

(1) 平板填充纤维过滤器。是为粗效过滤，滤料是玻璃纤维或其它纤维，填充于一个金属容器内，为加工方便常做成方型的框架。

表 2-16　空气过滤器分类

	对 0.3μm 微粒的计数效率/%	阻力/Pa	主要性能	主要滤料
粗效过滤器	<20	≤30	滤去 10~100μm 尘粒，滤速常用 0.4~1.2m/s	粗、中孔泡沫塑料、化学纤维
中效过滤器	20~90	≤100	滤去 1~10μm 尘粒	中、细孔泡沫塑料、玻璃纤维及化学纤维
亚高效过滤器	90~99.9	≤150	—	玻纤滤纸、棉短绒纤维滤纸
高效过滤器	≥99.91	≤200	滤去≤1μm 微尘	玻纤滤纸、石棉纤维滤纸，合成纤维滤布等

过滤滤料有干性和粘油性两类，前者是使用干燥的纤维，纤维的材料有玻璃、化学纤维、动物的毛、钢丝绒等。纤维可粗可细，粗细相间和使用细纤维效果为佳，滤层有厚有薄，厚一些和采用多层结构，当然效果更好，但阻力增大。

粗油性过滤介质是在纤维上涂油类或粘性液体。

（2）滤垫过滤器。滤垫常被俗称毛毡，“毛”可能是玻璃毛或动物的毛。滤毡阻力大，可降低气速。

（3）滤纸过滤器。滤纸用玻璃纤维、化学纤维、石棉纤维制成，以玻纤滤纸为廉价者，故常用它。

滤纸过滤器最为常用，压降 220~300Pa，容尘量在 300~1200g 之间，可将滤纸折成波纹形，嵌于波纹形隔板间，增大过滤面积。

（4）自动卷绕过滤器。将化学纤维滤料卷成卷疋，由另一个主动卷轴以可调节的速度进行卷绕，从而不断更新滤料的过滤面，速度控制可根据滤料阻力或其它参数由传感装置自动调节。滤布可水洗重复再生使用。有平板形和人字形结构如图 2-65 所示。

（5）静电空气过滤器。将滤垫置于数千伏的电场内，提高捕尘效率。

2. 气体干法除尘

作为原料气体通常含尘量不是很高，只有前工段合成的气体，可以夹带一定的粉尘，需要除去。

（1）沉降器除尘。这种除尘器设计加工十分方便，运行费用低，但捕集的尘粒较粗，效率也不很高。有时作为初级除尘，也很方便，通常气速不能太高，一般都在 0.3~3m/s。

（2）惯性除尘器。使含尘的气体急速转向或冲击挡板。气流速度高，惯性力就大，所以这种除尘器体积小，可捕到 30~40μm 的粒子。有各种形式，别具机巧，有多层挡板式，有多层沉降式，有反冲式，回旋式，百叶窗式等。如果挡板做成迷宫式，可大大提高除尘效率，可捕集 10μm 以下颗粒，效率可达 80%以上。

（3）旋风除尘器。旋风除尘器常称旋风分离器，应用十分广泛。其基本外形和工作原理示意于图 2-66。

操作条件对旋风分离器有较大影响：

入口风速对旋风除尘器阻力和效率影响甚大，风速提高，压降增大，但可提高分离效率。而气速增加到某个程度之后，效率增加甚微，但压降增大甚多，因此不是风速越大越好，通常主张 12~18m/s 或 15~28m/s。

气体温度影响到气体的密度和粘滞系数。温度增高，密度下降而粘滞系数增大，所以在处理高温气体时，选用的入口气速要偏高些。

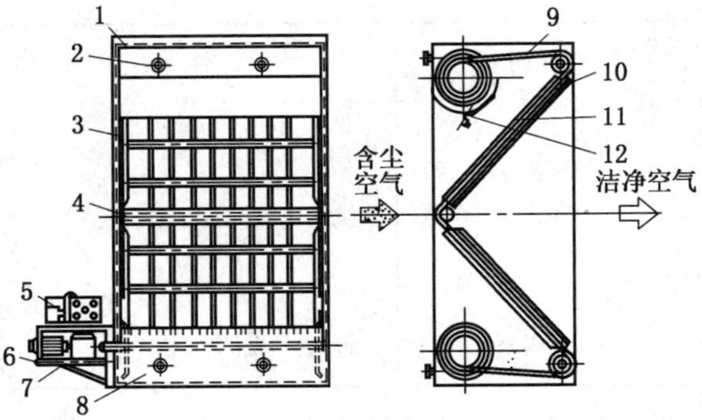

TJ-3 型自动卷绕式空气过滤器

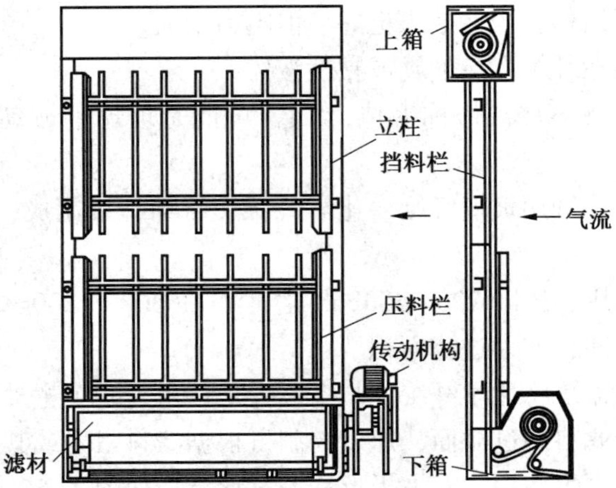

ZJK-1 型自动卷绕式空气过滤器

图 2-65　空气过滤器

1—连接法兰；2—上箱；3—滤料滑槽；4—改向轴；5—自动控制箱；6—支架；
7—减速器；8—下箱；9—滤料；10—挡料栏；11—压料栏；12—限位器

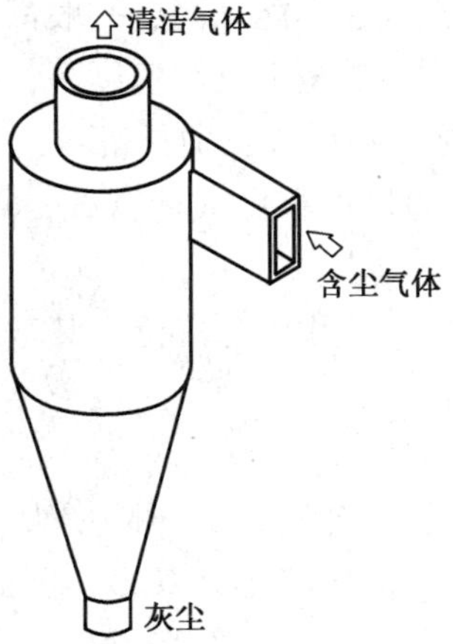

旋风分离器构成

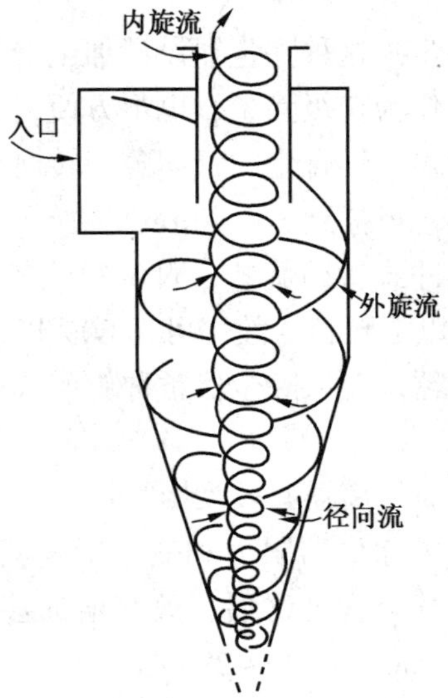

旋风分离器内双层旋流

图 2-66　旋风分离器

气体的湿度影响不大，不要在露点以下工作，要有保温措施，通常旋风除尘使用温度应高于气体露点25℃以上。

粉尘的含量和粒度，重度影响除尘效率。显然相对密度小，粒度细的粉尘不易除去，含尘浓度高时，表现的除尘效率要高些。因此，旋风除尘器一般用于含尘较高的气体除尘。

旋风除尘器加工要浑圆，内外管同心，排气管与下部排尘口要严格同心，内部光滑，不漏风。除尘器下部为集尘斗，其结构和操作要考虑不漏风。

旋风除尘器的形状很多，种类不同，效率略有区别，各国研究命名也不尽相同。

通用型旋风分离器，结构简单，平顶，入口为矩形截面。为了提高效率，一般采取较长的锥体或较大的高径比，各厂生产的旋风分离器尺寸还可变化，常见的尺寸关系列如表2-17。

表 2-17　通用型旋风分离器某些典型尺寸关系

型　式	中　国		美　国	德国[24]	英　国		捷克[22]	
	CZT	PV[26]	Emtrol[25]		Stairmand 高效[15]	Swift 高效[23]	T_1	T_4
入口结构	蜗壳	蜗壳	蜗壳直切	直切	直切	直切	直切	直切
入口截面比，K_A	6.1	2.5~16	~4.5	10~36	7.85	8.5	8.72	4.79
排气管直径比，d_r/D	0.5	0.25~0.6	0.3~0.5	0.33~0.25	0.5	0.4	0.35	0.5
排尘口直径比，d_c/D	—	~0.4	0.38~0.39	—	0.375	0.4	0.24	0.26
高径比，$(H_1+H_2)/D$	3.62	~3.6	~3.6	1.25~3.9	4	3.9	4.25	6

常用的还有螺旋顶式旋风分离器，外旁路型旋风分离器，异形入口的旋风分离器，扩散式旋风分离器，如图2-67和图2-68所示。

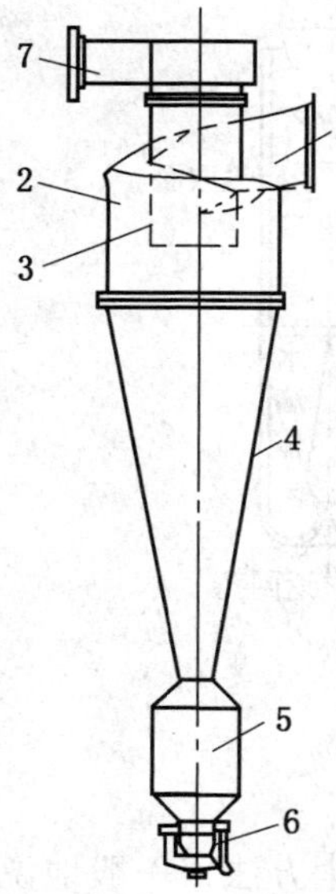

图2-67　螺旋顶型旋风分离器
1—进气口；2—外筒；3—排气管；4—锥体；
5—灰斗；6—排灰阀；7—出口蜗壳

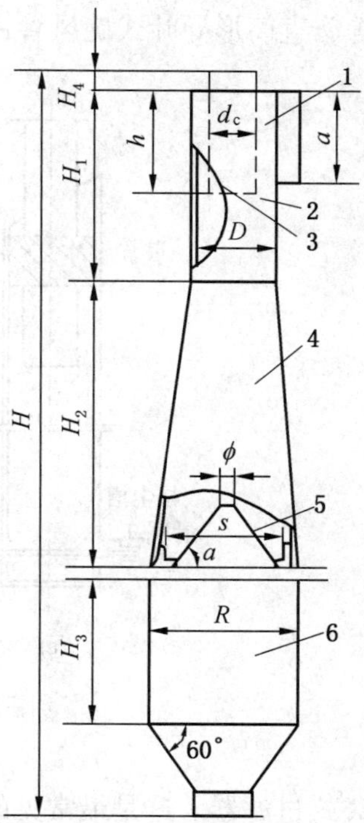

图2-68　扩散锥体型旋风分离器
1—进气口；2—筒体；3—排气管；
4—扩散形锥体；5—反射屏；6—灰斗

国内常用旋风除尘器的几种尺寸特征列于表 2-18。

表 2-18　几种常用的旋风除尘器的结构特征

除尘器类型 尺寸内容	CLT/A	蜗旋型	带隔离锥型	CLP/A	CLP/B	扩散式型
入口形式	下倾螺旋切线型 $\alpha=15°$	蜗旋入口 $\beta=180°$	蜗旋入口 $\beta=180°$	蜗旋入口 $\beta=180°$	蜗旋入口 $\beta=180°$	蜗旋入口 $\beta=180°$
入口宽	0.4	0.79	0.445	0.375	0.5	0.2b
排气管直径 d	0.6D	0.4D	0.4~0.55D	0.6D	0.6D	0.5D
圆筒高度 h_1	2.26D	0.9D	1.42D	上 1.35D 下 1.0D	1.7D	2.0D
圆锥高度 h_2	2.0D	2.0D	1.88D	上 0.5D 下 1.0D	2.3D	3.0D
总高度 H	4.26D	2.9D	3.3D	3.85D	4.0D	5.0D
排尘孔直径 d_e	0.3D	0.16D	0.85D	0.296D	0.43D	1.5D
排气管插入深度 Z	1.5D	0.5D	1.0D	0.5D +0.3b	0.28D +0.3b	1.1D
锥体角度 α	20°	24°	4.5°	上 37° 下 23°	14°	-9.5°
入口面积 $A\lambda$	0.172D^2	0.1D^2	0.115D^2	0.192D^2	0.175D^2	0.26D^2

对于旋风分离器的进口形式总体尺寸，旋流管的改进研究成果很多。旋风分离器的串联、并联常被应用，但应仔细研究。有种多管式旋风分离器，其结构是由多个小直径旋风分离器组成，称这些旋风分离器叫"旋风子"或叫旋风管。旋风管有的装有导向管，有的改进进气方向等。直筒形导叶式旋风管，比较新颖，效率相当高，示意如图 2-69。

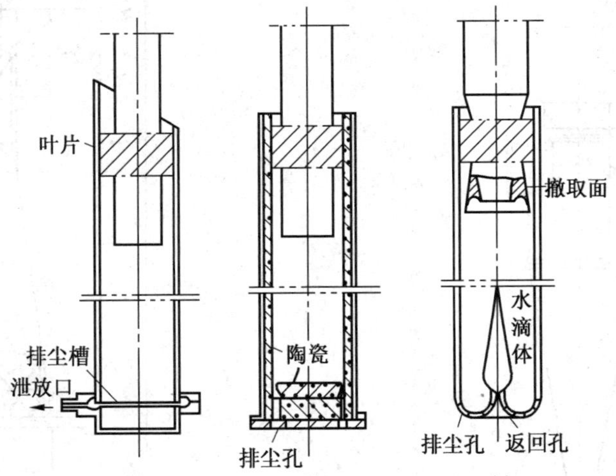

图 2-69　直筒型导叶式旋风管

（4）袋式过滤器。这是最常见的也是简单易行的过滤除尘方法，一般地说效率不难达到 99%以上。

袋滤器的关键元件是滤袋，滤袋有圆形和扁形两种。滤料形式有织物和毡，滤料物质组成有天然纤维如棉、毛、麻、丝等，有无机物纤维如玻璃纤维、金属纤维等，有合成纤维如涤纶、氨纶、聚四氟乙烯、聚丙烯，芳纶纤维等，有些是复合材料，如玻璃纤维浸渍聚四氟乙烯等。

袋式过滤器的外形不难设计，通常不太主张用单袋式，常用多袋式，可设计为上进风，下进风形式。袋式过滤器的清除灰尘的方式有气体反吹，脉冲喷吹和振动打击等。各种清灰方式列于表2-19。

表2-19　袋滤器清灰方法的比较

清灰方法	适用滤料	允许工作温度	过滤气速	粉尘负荷	除超微粉尘的效率	清灰均匀性	滤袋磨损	设备耐久性	设备造价	动力费用
人工抖动	毡,织物	中	一般	低	好	好	高	一般	低	—
机械振打	织物	中	一般	一般	好	好	一般	低	一般	中低
逆气流:不缩袋	织物	高	一般	一般	好	好	低	好	一般	中低
缩袋	织物	高	一般	一般	好	一般	高	好	一般	中低
气环反吹	毡,织物	中	很高	高	很高	很好	一般	低	高	高
脉冲喷吹:整室	毡,织物	中	高	高	高	好	低	好	高	中
分排	毡,织物	中	高	很高	高	一般	一般	好	高	高

(5) 静电除尘器。电除尘器的本体主要由外壳、气流分布装置、阳极、阴极和清灰装置等组成，关键部件是阳极板，又叫沉淀电极，应当收尘面积大又易于清灰，质量轻而牢固。

电除尘的清灰方式很多，刷灰，电磁振打，机械振打，电容振打等。

电除尘器净化效率高，能捕集到0.01μm以上的细小尘粒，允许的操作温度高，处理气量范围较宽。

电除尘器的设计选型，根据含尘浓度和净化要求，确定电除尘器要达到的效率，选用电除尘器的形式之后，计算极板面积，从而确定电除尘器的订货型号。

(6) 气体过滤器。过滤器的型式多种多样，滤料的组成也是多种多样，参看前述空气过滤器。

其它可用于气体过滤的如颗粒层过滤器(砂滤器)，单个的袋式过滤器可造成管道过滤器形式流程简单，方便拆卸，为便于清理，并联切换操作。

管式过滤器滤料有的用普通袋滤器的，也有用陶瓷纤维编织的滤布，有用粉末冶金管，有用素烧陶瓷管等等。有的场合管式过滤器被称为烛芯过滤器。

3. 气体湿式除尘

湿式除尘与干法相比，有许多优点。

(1) 在选择合适的洗涤液之后，不仅可以有效地除去尘粒，而且也可能将原料气体中的有害杂质除去，可能一举两得，至少可以减轻后流程气体化学净化负担。

(2) 可以比干法除尘效率更高，而且能处理粘性较大的粒子。

(3) 水或液体洗涤器设备简单，操作维修费用低。

(4) 对于高温而含有害物质的气体的除尘净化，用合适的液体湿式净化，有其独特的优点。

但是，湿式除尘并不是万能的，过粘的粉料易于堵塞，收集的湿式尘泥处理起来比干法除尘收集的尘粒要困难，而且对腐蚀性气体或杂质应有防腐蚀设计，且要防冻，要进行污水和污泥处理等。

湿式除尘设备形式多样，最常见的是各种喷湿(淋)塔。

一般气体原料不主张如此小题大做，但对于自制气体原料，相当于上一工段的气体产品，以及含尘废气处理等，湿式除尘应用很广，塔型和塔内填料，均各有千秋。

湿式洗涤器的特征列如表2-20。

表 2-20 湿法洗涤器的分类

类　型	洗涤器名称	基本特性
喷雾接触型	喷淋塔	用雾化喷嘴将液体雾化成细小液滴，气体是连续相，与之逆流运动，压降低，液量消耗大，可除去大于几个微米的颗粒
	喷射洗涤器	要用高压雾化喷嘴，气体与液滴是同向流，但两者间相对速度高。能耗高，可除净大于1μm的颗粒
	离心喷淋洗涤器	将离心分离与湿法捕集结合，可捕集大于1μm的颗粒，压降约为750~2000Pa
气体雾化接触型	文氏管洗涤器	利用文氏管将气体速度升高到60~120m/s，吸入液体，使之雾化成细小液滴，它与气体间的相对速度很高，高压降文氏管(10^4Pa)可清除小于1μm的亚微颗粒，很适用于处理粘性粉体
液膜接触型	填料塔	利用各种填料，使液体形成表面积很大的液膜，增大两相接触面积，每米床层压降约10^3Pa；一个2m床层可清除大于几微米的颗粒，但入口的颗粒浓度不宜过高，以免堵塞床层
	浮动填料床洗涤器	将填料改为塑料球、玻璃球或圆卵石，使气体流速加大到可将球状填料浮动起来，液体可从上、下两面喷淋到床层，这样可加大气液相接触强度，又可清除填料上积尘，每级床层压降为700~1500Pa，可清除1μm颗粒
鼓泡接触型	泡沫洗涤器	在筛孔板上保持一定高度的液体层，气体从下而上穿过筛孔鼓泡入液层内形成泡沫接触；它又有无溢流及有溢流两种形式，板可有多层
	冲击式泡沫洗涤器	气体鼓泡后又冲击到上面的挡板上，可大大提高其净化效果，一般在压降400Pa时，可清除大于1μm颗粒
其它型式	冲击洗涤器	气体冲入液体内，转折180°再冲出液面，激起水雾，可多次得到净化，压降为$(1\sim5)\times10^3$Pa，可清除几微米的颗粒

各种湿式洗涤器操作特性比较如表2-21所示。

表 2-21 湿法洗涤器的特性比较

洗　涤　器	气液相对速度/(m/s)	液气比/(L/m^3)	切割粒径/μm	压降/kPa	能量消耗/(MJ/1000m^3)	
					气相	液相
喷淋塔	1	0.05~10	≥1.1	0.2~2	0.36~4.32	0.036~18
冲击洗涤器	8~15	—	0.7~1	1.8~2.8	3.6~4.32	0
离心喷淋洗涤器	25~30	0.8~3.5	0.4~0.6	0.4~1	0.72~1.8	7.2~14.4
喷射洗涤器	15~25	5~25	0.6~0.9	—	0	23.4
文氏管洗涤器	40~150	0.5~5	0.1~0.4	3~20	5.4~25.2	0.36~5.4

一般的填料塔或板式塔均可作为湿式除尘的装置。筛板塔中若液体与气体都通过筛孔逆流接触，叫无溢流式淋降板塔，用于除尘洗涤大多数为这种类型。在供液量基本恒定时，随着气速增大，在筛板上发生变化；当气速较小时，筛板上只有薄薄的液层；气速再升高，液层上可形成不连续的气泡，大多数仍为液层，叫鼓泡层；气速再增大，形成大量

由水膜相连的气泡，气泡不断破裂更新，气液相激烈扰动叫泡沫层，是泡沫除尘的主要工作区域；气速再大泡沫液膜破裂飞溅，雾液夹带严重。一般淋降塔板空塔气速在1~3m/s之内。

为改进泡沫洗涤器的性能，增加泡沫层的稳定性，有一种带稳流器的泡沫洗涤塔。

另有一种新型冲击式泡沫洗涤，当气体以较大气速(可达15m/s)穿过筛孔时，直接冲击到上层冲击板上，激起水花。加大接触面积，提高除尘效率。

填料塔作为洗涤塔，不宜处理尘粒浓度较大的气体，改用湍球塔，可以有效除尘。湍球塔形式很多，有喷淋式的，相当于喷淋塔的塔板上有湍动的填料；有鼓泡式的，相当于气体鼓泡塔内有填料湍动，打破大气泡。有的全塔装湍球，有的从塔的扩大部分或收缩部分装有湍球。尘泥的处理和湍球(轻质PE、PVC或PA材料制成的球)的清污、更新也有一定麻烦。

把旋风分离器的外筒作为干法除尘而将内筒作为离心水膜除尘是有独特的想法，称为干—湿一体化除尘器，此外还有卧式旋风水膜除尘器含尘气体切线方向进入，激起水泡层，洗浴气体中的尘粒，反复数次达到除尘效果。

4. 气体除沫和捕雾

气体经湿式除尘洗涤，或用液体吸附除水干燥之后，由于气速较高，难免夹带液雾或液沫，必须除去。常用的方法是

(1) 惯性捕沫。最常见的是在一个捕沫设备内填有填料，夹带液雾的气流穿过填料层时，液滴被捕集下来。此外常用的是放置一些形状各异的挡板。通常这类挡板效率不高，而以丝网捕集效率较高，有金属丝网和高分子材料丝网，孔隙率约有97%~99%。这种捕沫器中气速不可不高，但不可太高。气速提高，当然惯性力增大，碰撞捕沫效应好，但可能形成二次夹带，所以要有一个最大许可气速。

(2) 复挡捕沫器。它类似于旋风分离器，许多同心圆挡板，如图2-70所示，其压降较小处理气量可以较大，效果甚好。

(3) 纤维除雾器。常见的如图2-71所示，左边为网筒式过滤元件，可捕集很细小的雾滴，常用气速为5~12m/mm。一般实用的纤维5~30μm左右。

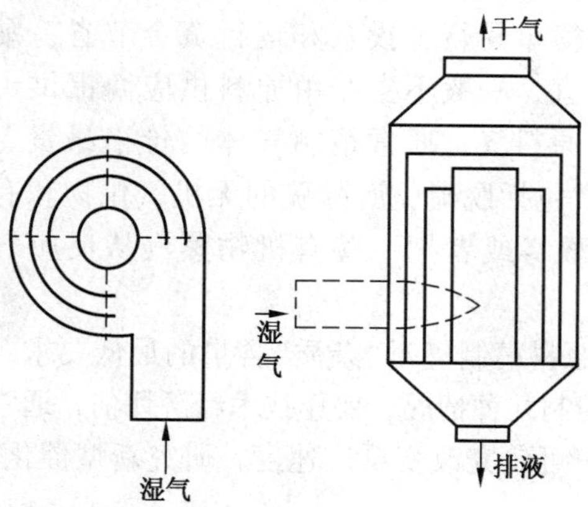

图2-70　复挡捕沫器

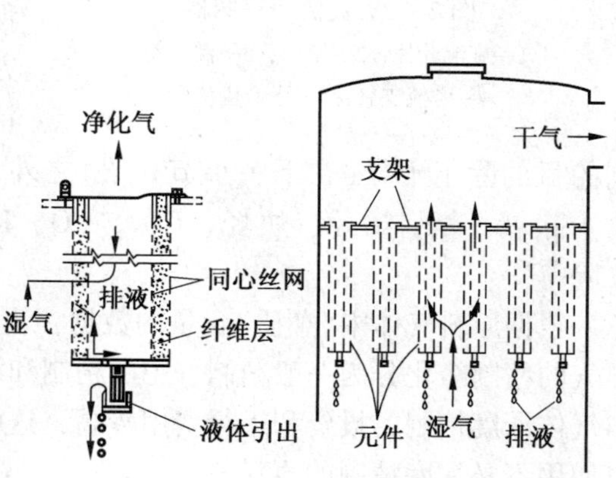

图2-71　高效Brink除雾器

这种除雾器已广泛应用，除雾效率可达99%以上。表2-22列出一些应用实例。

表2-22　高效纤维除雾器的应用

气　体	雾　沫	温度/℃	压力(表)/MPa
空气	油及水	15~38	0.14~20
空气	硫酸、磺酸、烃	38~49	0~0.14
空气及三氧化硫	发烟硫酸	27~38	0.07~0.14
乙炔	水	4~10	0.14
氨	油	65	0.85~1
合成氨气	油	21~38	20~37.4
二氧化碳	水及油	32~43	0.41~2
氯气(干)	硫酸	27~49	0.1~0.34
氢气	油	38	16.3
氢气	水	38	0.02~0.1
氯化氢	甲苯、氯甲苯等	~20	常压
合成甲醇气	油	~38	34~37
氮气	硝酸	~38	0.5~0.75
氮气	油	38~40	0.68~20.4
天然气	水及单乙醇胺	27~38	1.36

（4）旋流板除沫器。其结构如图2-72所示。气流在穿过板片时变成旋转气流，气速可达10~17m/s，与旋风分离进口气速相近，但阻力较小。

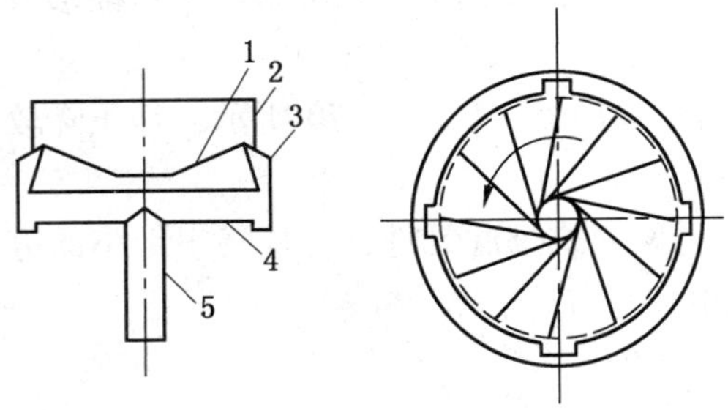

图2-72　旋流板捕沫器

1—旋流叶片；2—罩筒；3—溢流箱；4—溢流支管；5—中心溢流管

二、气体净化精制

1. 气体原料净化方案

去除反应气体中的杂质，没有固定的方案，以达到原料气的质量要求为准。净化气体的流程，以简单易行，投资和运行资金节省，维修方便为宜，一般不主张由原料供应商提供十分精制的原料气，通常精制气体的价格昂贵。精制的目的除了干燥(在下一小节介绍)之外，通常包括脱硫，脱除硫的无机氧化物和有机物，除氧、氨、烯烃、炔烃、CO_2、CO、HCl、酸雾或者把一些有机物蒸汽从反应气中去除等等。

根据原料气体中“杂质”含量的数据，再根据原料精制气对“杂质”含量的最低要求，原料气的精制净化分为一般精制、中度精制和深度精制几种情况，要作技术经济评估，通常原料气体深度精制的投资和运行费用较高，这时，宁可研究改变反应速度，研究新型催化剂，以使用不必深度精制的原料气。

精制净化气体的方法大致罗列如下：

- 原料气体净化
  - 物理方法
    - 过滤(除雾)
      - 常规
      - 超滤
    - 洗涤-除沫
    - 加压精馏
    - 冷凝
      - 加压冷凝
      - 深冷、极深冷
      - （以上两项）气-液分离(过滤除沫)
    - 吸附
      - 分子筛、硅胶、活性氧化铝、活性炭等
      - 天然产物、硅藻土、茶叶、棉花等
      - 其它
  - 物理化学方法
    - 化学吸附
    - 离子交换
    - 膜分离
    - 凝絮、螯合
    - 吸收
      - 水
      - 溶剂
      - 溶解-反应-络合
  - 化学方法和生物化学方法
    - 化学反应
      - 转化
        - 生成易被吸收、洗涤的气体
        - 生成易液化易过滤的液气
      - 破坏
        - 生成无害气体
        - 生成沉淀，留下，不随气体输送
    - 溶解
    - 生物化学方法
      - 微生物处理
      - 活性物质载体处理

2. 吸附

（1）概述。吸附是指气体流动相与多孔颗粒的吸附剂接触、使气相中某一种或某几种组分有选择地保留在颗粒相内的过程，就是气体吸附精制过程，一般可用吸附法脱除 CO_2、NH_3、SO_3、有机溶剂蒸汽等，更多地常用于气体的干燥。

吸附过程主要是选择优良的吸附剂，不同的吸附剂对不同的气体杂质有不同的选择吸附能力。新型吸附剂的出现，给气体分离净化带来重大改进，可以大大简化流程，节省能量消耗。

一般吸附剂的容量比较低，因此除了设计更大体积的吸附塔，以保证有足够的吸附剂进行吸附操作之外，还必须增加循环次数，使吸附剂工作一定时间之后，进行解吸，再生，以保持吸附剂的吸附能力。根据吸附和解吸再生的操作条件，我们把吸附操作分为几种类型。

变温吸附就是基于在被吸附物质分压基本不变的情况下，吸附剂对被吸附物质的吸附容量随温度升高而减少，也就是说，低温吸附高温解吸(解析)。吸附温度也不是越高越好，这与吸附剂本身的热稳定性有关，也与被解析物质的“热稳定性”(这是广义的热稳定性，包括聚合)有关。不同的吸附剂有不同的再生温度，吸附剂吸附的物质不同，再生的温度和流程也不尽相同，这一点，工艺设计工程师不可不察。比如吸附水分后，活性氧化铝在 175~320℃活化，热量约 11000kJ/kg 硅胶则在 150℃左右活化，热量 8000kJ/kg，而分子筛则要 200~300℃左右活化，热量约 12000kJ/kg。如分子筛吸附有积炭时，可通入少量空气流在 500℃左右活化。不同的分子筛耐热温度也不同，还不可一概而论。

变温吸附是吸附操作中最常用的，因为改变温度的方案比较多，操作也容易。为了提高吸附容量，原料气体在进入吸附塔之前，可以利用各类热交换器，夹套换热器，空气冷却器等等降低温度，有利于吸附分离。而吸附剂的再生，只要在吸附塔上设计有加热再生的管线、加热装置，即可以在切换使用吸附塔之后，从容地进行吸附剂再生活化。

变压吸附则基于在恒温条件下，吸附剂吸附某组分的吸附容量，随着该组分的分压升高而升高，随着分压下降而减少，也就是说，加压吸附，减压解吸(解析)。变压操作的条件是原料气进入吸附塔之前必须加压，如果流程中原料气体已经加压或略有压力，不再增加设备时，运用变压吸附，采用真空解吸是十分方便的。但变压吸附往往由于吸附塔内一部分空间被称为“死空间”，不能进行吸附分离，使原料气的利用率下降，或增加原料气的循环或回收费用。

变浓吸附是一种特殊的再生活化方法，当被吸附物质是热敏物质，不适用于加热再生时，可以用溶剂使之解吸；再用加热的方法解吸溶剂，干燥，使吸附剂再生。

(2) 吸附剂。吸附剂种类很多，如：

- 天然矿产物，如蒙脱土、硅藻土，一般不回收
- 天然高分子改性，如纤维素、木质素、甲壳素等改性
- 活性炭
  - 颗粒状
  - 纤维状
    - 散纤或毡
    - 织物
- 硅胶
- 活性氧化铝
- 吸附树脂
- 分子筛
  - 天然沸石
  - 人工合成
    - 碳分子筛
    - 硅分子筛
- 其它物质

活性炭是常用吸附剂，性能稳定，抗腐蚀。活性炭可作成纤维，并编成各类织物，使吸附塔装置紧凑。活性炭纤维对有机物的吸附量较高，可以比活性炭高几十倍，用于脱除气体中的有机物和空气的净化。表 2-23 列出活性炭对有机物的吸附量。

表 2-23　炭基吸附剂对有机物的平衡吸附量

被吸附物质	活性炭毡/%(质)	工业颗粒活性炭/%(质)	被吸附物质	活性炭毡/%(质)	工业颗粒活性炭/%(质)
丁硫醇	4300	117	丙酮	41	30
二甲硫	64	28	三氯乙烯	135	54
氨	53	43	苯乙烯	58	34
三甲胺	99	61	乙醛	52	13
苯	49	35	甲醛	45	40
甲苯	47	30			

硅胶是网状的硅酸聚合物，$SiO_2 \cdot nH_2O$，用于气体干燥和烃的分离。

活性氧化铝，将 Al_2O_3 水合物经不同温度热处理，可得到 8 种亚稳态的 Al_2O_3，其中 γ-Al_2O_3 和 η-Al_2O_3 俗称活性氧化铝，尤以 γ-氧化铝为主，大多用于气体干燥。

（3）分子筛。通常把那些微孔比较均匀、接近分子大小的骨架物质叫分子筛。1756 年人们发现辉沸石，在加热矿石时，发生熔融和沸腾，冷却后形成有“泡”的固体骨料，所以把这类矿石叫“泡沸石”。至今，天然的泡沸石已发现数十种。到 20 世纪初叶，人们进一步观察泡沸石脱水之后，能吸附小的无机分子，如菱沸石可吸附水、甲醇、乙醇和甲酸的蒸气，却不吸附丙酮乙醚和苯蒸气，起初人们用沸石加热后骨架晶格产生 0.5nm 左右的孔径，因而能选择吸附，故称之为分子筛。目前，人工合成的沸石有上百种，命名似乎亦较混乱，虽经多次讨论、统一，无奈品种太多，其组成又属于非计量化合物，名称仍千头万绪。有用最早提出的字母命名如 A 型、F 型；有的附加字母，强调其组成；有的当 Si 的四面体结构被其它原子取代时，如 P、Al，又用这些元素符号前缀等等。常用分子筛的组成、物化特性列如表 2-24 和表 2-25。吸附物质分子大小见表 2-26。

表 2-24　常用分子筛的型号

型　号	SiO_2/Al_2O_3 摩尔比	孔径/nm	典型化学组成
3A(钾 A 型)	2	0.3~0.33	$2/3K_2O \cdot 1/3Na_2O \cdot Al_2O_3 \cdot 2SiO_2 \cdot 4.5H_2O$
4A(钠 A 型)	2	0.42~0.47	$Na_2O \cdot Al_2O_3 \cdot 2SiO_2 \cdot 4.5H_2O$
5A(钙 A 型)	2	0.49~0.56	$0.7CaO \cdot 0.3Na_2O \cdot Al_2O_3 \cdot 2SiO_2 \cdot 4.5H_2O$
10X(钙 X 型)	2.3~3.3	0.8~0.9	$0.8CaO \cdot 0.2Na_2O \cdot Al_2O_3 \cdot 2.5SiO_2 \cdot 6H_2O$
13X(钠 X 型)	2.3~3.3	0.9~1.0	$Na_2O \cdot Al_2O_3 \cdot 2.5SiO_2 \cdot 6H_2O$
Y(钠 Y 型)	3.3~6	0.9~1.0	$Na_2O \cdot Al_2O_3 \cdot 5.0SiO_2 \cdot 8H_2O$
钠丝光沸石	3.3~6	~5.0	$Na_2O \cdot Al_2O_3 \cdot 10SiO_2 \cdot 6\sim7H_2O$

表 2-25　常用分子筛的物化特性

分　子　筛	晶胞化学组成	孔径/nm	SiO_2/Al_2O_3 摩尔比	最大理论阳离子交换量 Na^+ 型/(mol/L)
方沸石(Analcine)	$Na_{16}(AlO_2)_{16}(SiO_2)_{32} \cdot 16H_2O$	0.26	4	4.9
菱沸石(Chabazite)	$Ca_4(AlO_2)_8(SiO_2)_{16} \cdot 16H_2O$	0.37×0.42 和 0.26	4	4.9
斜发沸石(Clinoptilolite)	$Na_8(AlO_2)_8(SiO_2)_{40} \cdot 32H_2O$	0.4×0.55 和 0.44×0.72 和 0.41×0.47	10	2.6
毛沸石(Erionite)	$Ca_{4.5}(AlO_2)_9(SiO_2)_{27} \cdot 27H_2O$	0.36×0.52	6	3.8
镁碱沸石(Ferricrite)	$Na_2Mg_2(AlO_2)_6(SiO_2)_{80} \cdot 18H_2O$	0.43×0.55 和 0.34×0.48	11	2.4
丝光沸石(Mordenite)	$Na_8(AlO_2)_6(SiO_2)_{40} \cdot 24H_2O$	0.67×0.7　0.29×0.57	10	2.6
钙十字沸石(Phillipsite)	$(K,Na)_{10}(AlO_2)_{10}(SiO_2)_{22} \cdot 20H_2O$	0.42×0.44　0.28×0.48	4.4	4.7
A 型沸石(Linde A)	$Na_{96}(AlO_2)_{96}(SiO_2)_{96} \cdot 216H_2O$	0.42α 穴　0.22β 穴	2	7.0
F 型沸石(Linde F)	$(Na_2O,K_2O)Al_2O_3 \cdot 2SiO_2 \cdot 3H_2O$	~0.37	2	7.0
羟基型钠沸石(Hydroxy LSO-dalite)		0.22	2	7.0
L 型沸石(Linde F)	$K_6Na_3(AlO_2)_9(SiO_2)_{27} \cdot 21H_2O$	0.71	6	3.8
Ω 型沸石(Linde Ω)	$(Na 等)_8(AlO_2)_8(SiO_2)_{28} \cdot 21H_2O$	0.75	7	3.4
P 型沸石或称 B 型沸石(Linde B)	$Na_6(AlO_2)_6(SiO_2)_{10} \cdot 15H_2O$	0.31×0.44　0.28×0.49	3	5.8
T 型沸石(Linde T)	$(Na_{1.2}K_{2.8})[(AlO_2)_4(SiO_2)_{14}] \cdot 14H_2O$	0.36×0.52	6.9	3.4
W 型沸石(Linde W)	$(Na_2O,K_2O)Al_2O_3 \cdot 3.6SiO_2 \cdot 5H_2O$	0.42×0.44	3.6	5.3
X 型沸石(Linde X)	$Na_2(AlO_2)_2(SiO_2)_{2.3\sim2.8} \cdot 6H_2O$	0.74α 穴　0.22β 穴	2.5	6.4

续表

分子筛	晶胞化学组成	孔径/nm	SiO_2/Al_2O_3 摩尔比	最大理论阳离子交换量 Na^+ 型/(mol/L)
ZSM-5 沸石	$Na_n(AlO_2)_n(SiO_2)_{96-n}\cdot 16H_2O$ $n<27$	0.54×0.56　0.51×0.55		
Y 型沸石(Linde　Y)	$Na_2(AlO_2)_2(SiO_2)_{4.5\sim5.6}\cdot 8H_2O$	0.74α 穴　0.22β 穴	4.8	4.4
ZSM-39 沸石	$(Na,TMA,TEA)_{0.4}(AlO_2)_{0.4}$—$(SiO_2)_{135.6}\cdot mH_2O$			

表 2-26　吸附物质分子大小

吸附质	分子临界直径/nm	分子长度/nm	吸附质	分子临界直径/nm	分子长度/nm
氦	0.2	—	乙醇	0.47~0.51	0.59
H_2	0.24	0.30	正丁烷	0.49	0.78
乙炔	0.24	—	正戊烷	0.49	0.90
水汽	0.27~0.31	0.32	正己烷	0.49	1.03
CO 和 CO_2	0.28	0.41	丙烷	0.49	0.65
N_2	0.30~0.36	0.41	NO 和丙烯	0.50	
Ne	0.32~0.39	—	丁烯-1,丁烯-2	0.51	
O_2	0.34~0.38	0.38	噻吩	0.53	
Ar	0.34~0.38	—	二乙基醚	0.51~0.59	
Kr	0.36~0.39	—	异丁烷	0.56~0.59	
NH_3	0.37~0.38	—	丁醇	0.58	
H_2S	0.37	—	环己烷	0.60~0.61	
CH_4	0.4~0.43	—	苯	0.65~0.68	
C_2H_6	0.4~0.47	0.46	甲苯和对二甲苯	0.65~0.68	
环氧乙烷	0.42	—	CCl_4	0.68~0.69	0.71
C_2H_4	0.42~0.44	0.46~0.55	四甲基甲烷	0.68	0.70
Xe	0.44	—	邻二甲苯	0.60~0.74	
乙醛	0.44	—	间二甲苯	0.70	
甲醇	0.44	—	异丙苯	0.76	
正庚烷	0.43~0.49	1.15	三乙胺	0.82~0.84	0.85
环丙烷	0.47~0.49	—			

表 2-27 列出常用的几种分子筛的吸附应用参数。分子筛的选择列于表 2-28 以供参考。

表 2-27　分子筛吸附剂

品名	形状	粒度	破碎强度/kg	气孔率/%	空隙度/%	充填密度/(g/cm^3)
3A	球	1/8″,1/16″③	2.9~6.56	—	—	0.75
	粉	0.5~5μm	—	—	—	0.48
4A	球	1/8″,1/16″	2.76~9.5	61	32	0.72
	粉	0.5~5μm	—	—	—	0.48
	珠	8×12, 4×8	2.72~6.8	—	—	0.72
5A	球	1/8″,1/16″	1.36~1.72	—	—	0.58
	粉	0.5~5μm	—	—	—	0.48

续表

品名	形状	粒度	破碎强度/kg	气孔率/%	空隙度/%	充填密度/(g/cm^3)
13X	球 粉	1/8″,1/16″ 0.5~5μm	4.85~11 —	— —	— —	0.63 0.48
Y	球	1/16″			36	0.79

品名	平均孔径	比表面积/(m^2/g)	平衡吸附量		再生方法	吸附分子	备注
			H_2O/%(质)①	CO_2/%(质)②			
3A	3 3	— —	20 25	0 0	热风	水	
4A	4 4 4	— — —	22 27.5 22	12.5 — 12.5	热风	水,氨,乙醚,H_2S,CO_2,SO_2,乙烷,乙烯,丙烷	
5A	5 5	500~750 —	21.5 27	15.5 —	热风	正丁烷,正丁醇,水,C_3H_8~$C_{22}H_{44}$	
10X	8 8	— —	28 36	13.0 —	热风	异构烷烃及烯烃苯	
13X	9 9	— —	28.5 36	15.5 —	热风	石油馏分 硫醇类	
Y	9.7	516		19(a)	热风	C_8 芳烃等	a. C_8 芳烃吸附量

① 分压 17.5mmHg,25℃。

② 分压 250mmHg,25℃。

③ 1in=2.54cm。

表 2-28 分子直径和分子筛的选择性

分子直径增加的方向	分子举例
Ca、Ba-丝光沸石,约 0.38nm	He,Ne,Ar,CO,H_2,O_2,NH_3,NH_3,H_2O
钠丝光沸石和 4A 分子筛,约 0.4nm	Kr,CH_4,C_2H_6,CH_3OH,CH_3CN,CH_3NH_2,CH_3Cl,CH_3Br,CO_2,C_2H_2,CS_2,Xe
5A-钡-沸石和钠菱沸石,约 0.49nm	C_3H_8,$n-C_4H_{10}$,$n-C_7H_{16}$,$n-C_{14}H_{30}$ 等,C_2H_5Cl,C_2H_5Br,C_2H_5OH,$C_2H_5NH_2$,CH_2Cl_2,CH_2Br_2,CHF_2Cl,CHF_3,$(CH_3)_2NH$,CH_3I,B_2H_6,CF_4,C_2F_6,CF_2Cl_2,CF_3Cl,$CHFCl_2$
10X 分子筛,约 0.8nm	SF_6,$i-C_4H_{10}$,$i-C_5H_{12}$,$i-C_8H_{18}$ 等,$CHCl_3$,$CHBr_3$,CHI_3,$(CH_3)_2CHOH$,$(CH_3)_2CHCl$,$n-C_3F_8$,$n-C_4F_{10}$,$n-C_7F_{16}$,B_5H_9 $(CH_3)_3N$,$(C_2H_5)_3N$,$C(CH_3)_4$,$C(CH_3)_3Cl$,$C(CH_3)Br$,$C(CH_3)_3OH$,CCl_4,CBr_4,$C_2F_2Cl_4$ C_6H_6,$C_6H_5CH_3$,$C_6H_4(CH_3)_2$,环乙烷,噻吩,呋喃,吡啶,二氧己烷,$B_{10}H_{14}$ 萘,喹啉,6-葵基,1,2,3,4-四氢萘,2-丁基-1-乙基-茚满,$C_6F_{11}CF_3$
13X 分子筛,约 1nm	1,3,5-三己基苯 1,2,3,4,5,6,7,8,13,14,15,16—葵氢萉

应用吸附剂进行变压吸附，对于气体分离净化尤有实用价值，因为变压吸附加压不高，真空脱附，不必外加热源，再生也较容易。操作弹性极大，吸附剂寿命也较长，重要的变压

吸附分离举例如表 2-29。变压吸附再生时可以常压或减压。采用的方案有如常压下吸附，真空下解吸；加压下吸附，常压下解吸；以及加压下吸附，真空下解析几种方案。

如同时利用减压和加热的方法进行解吸附，称为变温变压法吸附操作，现将三种不同的再生条件操作方法的操作条件比较，如表 2-30 所示。

表 2-29　重要的工业变压吸附分离

原料气	吸附组分	吸附剂	原料气	吸附组分	吸附剂
空气中的石油蒸汽	石油蒸汽	Al_2O_3	C_2H_4 和 N_2	C_2H_4	活性炭
CH_4 和 H_2	CH_4	分子筛	H_2 和少量的 CO	CO	
CH_4 和 N_2	CH_4	分子筛	天然气	汽油馏分	分子筛活性炭
CO_2 和 He	CO_2	硅胶	正构烷烃	异构烷烃	分子筛
CH_4 和空气	CH_4	活性炭	天然气、重整氢气	H_2S	活性炭
CH_4 和 H_2	CH_4	活性炭			

表 2-30　变温再生、变压吸附与变温变压法的比较

操作条件	变温再生法	变压吸附法	变温变压法
吸附塔的尺寸	1.0	变温再生法的$\frac{3}{4}$~$\frac{1}{2}$	变温再生法的$\frac{1}{3}$
吸附剂的种类	硅胶、活性氧化铝等	活性氧化铝、分子筛等	活性氧化铝、分子筛等
空气处理量，Hm^3/h	100~50000	1~1000	1~5000
压力/kPa	0~2941.8	500~1501	294.2~1961.2
水分量	20~40℃（饱和）	20~35℃（饱和）	20~40℃（饱和）
塔的切换时间	6~8h	5~10min	30~60min
出口气体露点/℃	-40~-20℃	-40℃以下	-40℃以下
再生温度/℃	150~200	20~30	40~50
再生用空气消耗率/%	0~8	15~20(686.47kPa)	4~8(686.47kPa)
加热设备	大	无	小

为了改进变压吸附流程的缺点，改善操作条件，回收死空间内大量原料气，回收的方法是在流程中设计一缓冲罐或采用多塔流程。

现在，分子筛的应用已经不限于沸石分子筛，将丝光沸石等骨架脱铝制成高硅沸石，有效地选择有机物分子吸附。纯硅的分子筛称为硅分子筛或硅石，对有机物有极强的亲吸能力，憎水。炭分子筛是一种以微晶炭构成的骨架，不像活性炭那样微孔分布不均，而是微孔分布均一，化学稳定性好，耐酸、碱和耐热，应用甚广。

3. 化学吸收和转化

化学吸收是指用化学反应的方法将原料气体中少量有害杂质除去。化学方法最简单的是化学反应，酸碱中和，氧化还原，沉淀分解有机转化等等。比如用 NaOH（固碱）吸收气体原料中少量的 H_2S，使之变成 Na_2S 吸附或滞留在 NaOH 固体表面。

$$NaOH+H_2S \rightarrow Na_2S+H_2O$$

许多情况下产生的副产物不好使用或分离，如上式 NaOH 和 Na_2S 混在一起，带来新的麻烦，因此，在使用化学吸收或转化的过程中，要缜密思维。

在合成氨生产中原料气体的净化变得较为复杂，有的设计有较长的流程，是一个小型的反应过程，应用化学方法净化，无疑增加了产物的成本，能量消耗也较大，因此，应当寻求简便的方法，化学吸附或化学吸收是常用的方案。例如用乙醇胺脱硫，吸收 H_2S 而在加热时，或通入空气即可使 H_2S 解吸。

$$HO—CH_2—CH_2—NH_2+H_2S \rightleftharpoons HO—CH_2—CH_2—NH_3 \cdot HS$$

温度在20~40℃时生成铵盐，而在105℃以上时，溶液再生放出H_2S。

实际上，采用氧化锌干法脱硫，效果更好，不仅可靠脱除H_2S，而且可脱除有机硫。ZnO被反应生成ZnS。

$$ZnO+H_2S \longrightarrow ZnS+H_2O$$

$$ZnO+O_2H_5SH \longrightarrow ZnS+C_2H_5OH$$

ZnO吸硫的容量随温度的降低而降低，随空速的增大而降低，因此，它不同于物理吸附，要保证化学反应的进行。通常大于200℃ H_2S即可脱除。各种含硫的有机物脱除方法不尽相同，比如噻吩用氧化锌法脱除较难，一般用要催化加氢再加以脱除。

可见，用化学方法净化原料气体，有时实际上是一个气体的生产流程，同样要进行反应过程和反应器研究，要进行反应条件即工艺条件的研究，其研究方法和过程等同于一个工艺流程设计。这里不再重复赘述。从理论上和技术经济上看，万不得已，不采用化学方法净化气体。但是许多前人在气体净化中，由于当时的物理方法不够理想，因此一般都投入了大量精力研究化学方法。在目前的认识水平和技术条件下，化学净化的方法还不失为一种有效的方法。因此，我们还应加以认识和研究。能不用高温的尽量不用高温，能不用高压的尽量不用高压，能用不昂贵的催化剂，尽量不要用昂贵的，即使目前仍在使用贵金属、稀有金属的，则必须研究其替代品，寻找到不昂贵的不稀有的金属。工艺工程师不是好奇和猎奇，而是去降低物耗和能耗，创造更多的物质财富并保护好环境和自然。

总之，净化原料气的方法力求简单，能耗低，成本低，操作简便，并力求不产生新的污染或者彻底治理新产生的污染。通常尽量采用机械的或物理的方法，万不得已可采用化学方法，无论采用何种方法，都应认真设计一个处理净化的流程，以保持原料气体的质量要求。

三、原料气体的干燥

原料经水洗除尘之后，使气体中湿度增大或者原料气本身就含有水分，当原料气体对水分有严格要求时，必须进行干燥。

气体干燥方案如下所示：

- 气体干燥方案
  - 冷却和冷冻
    - 器壁冷却
      - 水滴
      - 冰霜
    - 液体冷却——稀释了液体或结水成霜悬浮于液体中
  - 吸附
    - 分子筛
    - 硅胶，Al_2O_3无机物
    - 活性炭
  - 吸收—化学吸附式吸收
    - 化学反应，如炭，$SiCl_4$等
    - 吸附，如浓H_2SO_4、固体NaOH、$CaCl_2$等
  - 加压—冷凝水汽液化

1. 吸收和化学吸附除水

（1）浓H_2SO_4干燥。利用98%浓H_2SO_4的吸水功能，将原料气体通过一层高度的酸柱，气体中的水分被浓H_2SO_4吸附吸收，气体得到干燥。这种方法简便易行，吸收塔可设计为

一个空塔，也可以设计为有内部构件的塔，塔内设有挡栅、挡板、挡网等，可以防止气体穿流时形成大气泡，也可以为增加气体停留时间，设计迷宫式挡板。这是一种固定床吸收塔，或称为鼓泡塔。

还可以把浓硫酸吸收塔设计为液膜吸收塔型，浓 H_2SO_4 从塔顶喷淋，在导流板上形成液膜，也可以设计为填料塔、筛板塔，浓 H_2SO_4 部分在塔内循环，部分移出并补充新鲜的浓 H_2SO_4。这种外循环方法可以随时测控洗涤的硫酸的浓度。

浓 H_2SO_4 一般降至94%以下就不适合于进行干燥操作。使用浓 H_2SO_4 干燥的气体必须不溶于 H_2SO_4，不与 H_2SO_4 反应，不被 H_2SO_4 破坏或吸收。

利用浓 H_2SO_4 进行气体原料干燥的特点是设备少，操作简便，缺点是除水的深度不够，一般不大可能使气体含水达到 2×10^{-4} 以下。其次是废 H_2SO_4 要找到销路，同时，气体中可能夹带酸雾，要配合其它设施除雾。此外如果气体中杂质能和浓 H_2SO_4 反应，当然可以一举两得，但剩下的废酸就不仅是稀 H_2SO_4，而是有杂质，某些杂质甚至是有害的。比如用浓 H_2SO_4 干燥的气体中含有 $CH_3—O—CH_3$，经过 H_2SO_4 的鼓泡塔之后，二甲醚被破坏，生成硫酸二甲酯，使 H_2SO_4 的综合利用不能不顾及到这类杂质。

（2）固碱干燥和无水 $CaCl_2$ 干燥。固体 NaOH 不是多孔状的，它凭着 NaOH 强的吸湿性能，当含湿气体穿过 NaOH 固定床时，在界面上 NaOH 吸湿，形成湿润粘糊的表面。NaOH 作为干燥剂通常深度不够，但在去除酸性杂质的同时，兼有干燥作用时，往往使用它。但大多数酸性杂质与 NaOH 反应后可能生成水，如 $H_2S+2NaOH \longrightarrow Na_2S+2H_2O$，还有 HCl 和 NaOH 反应等等。所以，固碱干燥作为纯粹用来干燥气体已不大使用。代之而起的则是比表面大而且价廉的无水 $CaCl_2$。

固碱和无水 $CaCl_2$ 干燥均统设计一个固定式干燥塔，下部有分布板，实际上起一个支承作用，固碱或无水 $CaCl_2$ 放于分布板上方，气体从分布板下进入，溶化的液体从分布板下方定时排出。

（3）其它吸水溶剂干燥。有许多溶剂如甘油、二缩三乙二醇等，当含湿气体通过液体床层时，被脱去较多水分，但不能深度干燥。深度干燥则应与吸附干燥串联使用方可。

2. 吸附干燥

吸附概述已如上节说明，凡用于净化气体的吸附剂，同时都起干燥作用，水汽即作为一种“杂质”加以去除，不再多述。

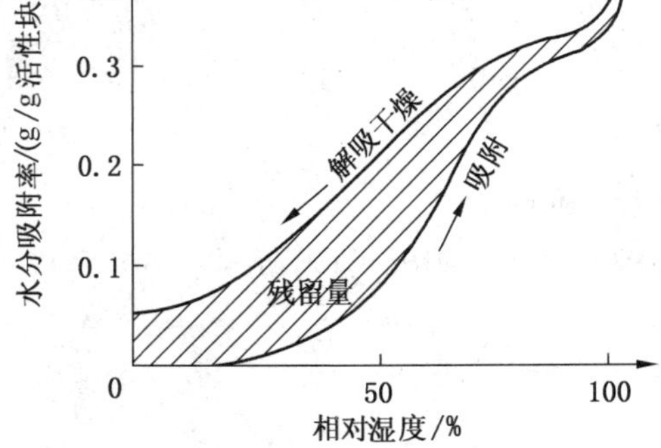

图 2-73　水分吸附和解吸的变化曲线

由于水的极性作用，当吸附剂吸附水分和解吸时，曲线不同，常留下部分残留水分，如图2-73。不同吸附剂在不同的温度下平衡吸附水分各不相同，如图2-74，2-75。

气体干燥设备一般用固定床(柱)，为便于切换再生，往往用三柱和四柱流程，床型有立式、卧式和环式几种，如图2-76所示。立式床层一般高度0.5~5m左右，卧式床层高度0.8~1m左右，而环形床同卧式床。气体空速一般设计0.3~0.5m/s，根据吸水速率可以加高加大吸附柱。

不同压力下各种气体深度脱水干燥条件如

表 2-31。

固定床吸附干燥时，一般最大容许流速为 0.6m/s，接触时间不大于 15s，现将固定床吸附标准操作条件列于表 2-32。

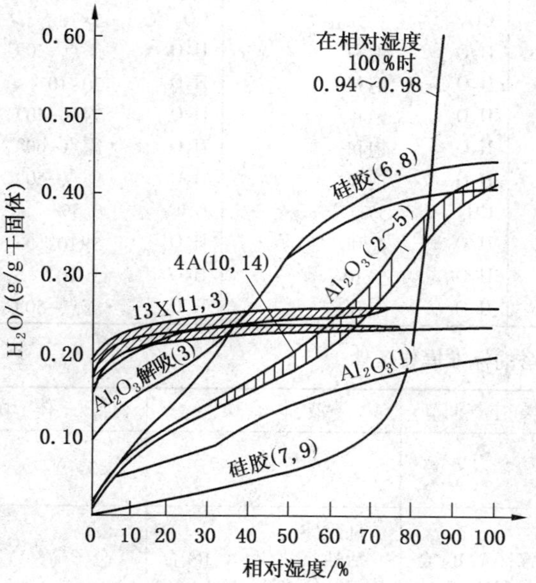

图 2-74　使用不同吸附剂时，相对湿度和平衡吸湿量的关系

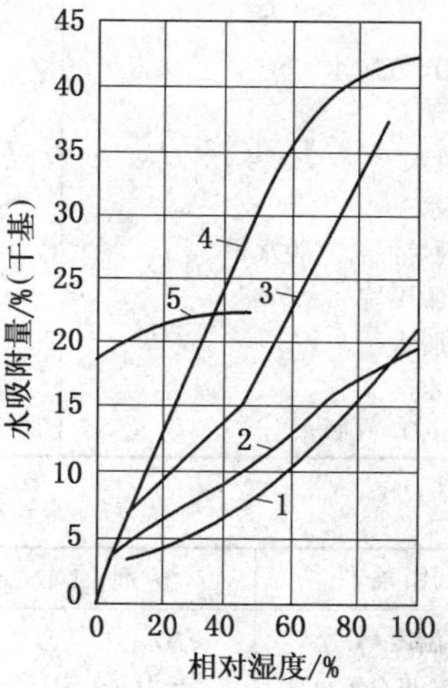

图 2-75　各种吸附剂平衡吸水量与相对湿度的关系

1—活性铝土矿(21~24℃)；2—活性氧化铝(30℃)；3—活性氧化铝(Alcoca)；4—硅胶(25℃)；5—5A 分子筛

除了固定床干燥塔之外，还有移动床型和流化床型干燥装置。采用流化床型式吸附干燥，吸附剂通常是坚硬耐磨、物理化学性能良好的吸附剂，如 γ-Al_2O_3、活性炭等。

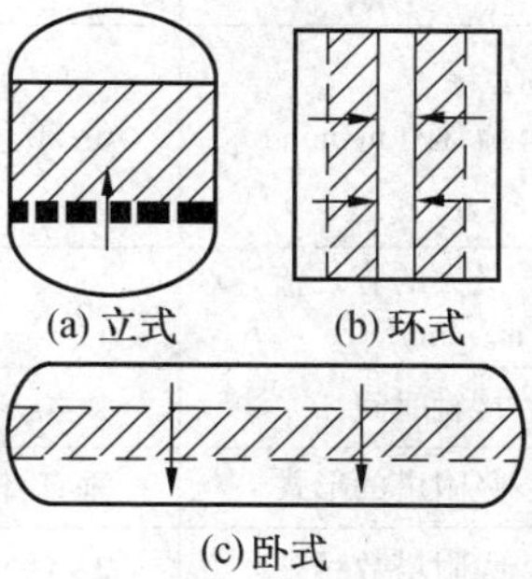

图 2-76　按填充方式分类的吸附器

3. 冷冻干燥

间接冷冻的方法是使气体经过冷冻冷却器，露点以下气体中的湿分被冷凝下来成为液滴，经过旋风分离器进行气液分离，或采用纤维过滤捕雾的方法可以方便地除去湿气水分。干燥湿度可达 100×10^{-6}。也可以将气体从切线方向进入夹套通入冷冻水的旋风分离器，一举两得，干燥除雾。另一种间接冷冻的方法是深度冷凝，气体中的湿分被凝结为霜附于冷凝器壁或夹套管壁。周期性地切换使用时，只要适当加热，除霜为水，从容器底部放出水，不必将内管或换热器干燥，可以继续冷冻除水，通常可使水含量降至 40×10^{-6} 以下。这种冷冻干燥的优点是设备简单，投资节省，操作方便，物料不损失，对于有毒有害气体来说，不像吸附干燥那样，在再生时难免有有毒气体夹带。

表 2-31　气体深度干燥条件

深度干燥原料	处理压力/MPa	不纯物含量			
		入口		出口	
氢气深度干燥	2.9	H_2O	饱和	H_2O	5×10^{-6}
乙烯脱水	1.9	H_2O	3×10^{-4}	H_2O	5×10^{-6}

续表

深度干燥原料	处理压力/MPa	不纯物含量			
		入口		出口	
空气分离，脱空气中的水分和 CO_2	1.27~2.9	H_2O	饱和	H_2O	露点-70℃
		CO_2	3.5×10^{-4}	CO_2	5×10^{-6}
低压 CO_2 气脱水	0.05	H_2O	饱和	H_2O	露点-30℃
乙烯脱水	0.05	H_2O	饱和	H_2O	20×10^{-6}
CO 气脱水	0.098	H_2O	饱和	H_2O	露点-40℃
氧气脱水	2.9	H_2O	饱和	H_2O	露点-60℃
丙烯、丙烷混合气脱水	0.01	H_2O	饱和	H_2O	露点-50℃
氢气中脱甲烷	1.9	CH_4	5%	CH_4	0.5%
丙烷气脱水	0.59	H_2O	饱和	H_2O	5×10^{-6}
氯气脱水	0.34	H_2O	5×10^{-5}	H_2O	5×10^{-6}
压力下 CO_2 气脱水	0.4	H_2O	饱和	H_2O	露点-50℃

表 2-32 吸附塔的标准操作条件

使用条件	溶剂回收	天然气体干燥(空气调节)	液体干燥	低压气体干燥
进口温度/℃ 进口浓度/(g/m^3)	<30 5~30	<35		<35
吸附剂	活性炭(C) 硅胶(S)	硅胶(S) 活性氧化铝(A、B)合成沸石分子筛(M)	硅胶(S) 活性氧化铝(A、B)合成沸石分子筛(M)	分子筛(M)
一般使用的颗粒度/目 设计吸附容量/%(质)	4/6,6/8,4/14 6~12(活性炭)	1/2″~1/4″,4/8,6/14 5~7.5(硅胶 S)3~6(A,B)	10/20 4~6(硅胶,S) 2.5~5(活性氧化铝 A、B)	1/8″,1/16″ 10~20
流速/(m/min)	6~30	8~14 0.05~0.15(m^3/min·kg)吸附剂(硅胶)	0.9~1.2	<36
最大的容许流速/(m/min)	36	14 24	1.5	36
接触时间	1~4s	5~15s	2~3min	
吸附塔的形式	垂直,横卧	垂直,横卧	垂直	
吸附塔数目	2~4	2,4	4,6	
吸附层层高/m	0.3~0.75(横)	>0.6 0.2~0.4(S) 0.4~0.8(A)	>1.5	0.7
层高,直径比(垂直)	1∶1	(2.5)∶1	(2~3)∶1	
吸附时液流方向(再生时反方向)	上→下(横卧) 下→上(垂直)	上→下 下→上	下→上	
吸附周期/h	0.5~2(横卧) 2~6(垂直)	8 (其它 4,6,12)	24 (其它 12,36,48)	
再生时间	水蒸气解吸 15~60min	加热 6h,冷却 2h		
再生温度/℃	100~120		150~350	150~320

直接冷冻的方法在特殊情况下使用时很方便，将含湿气体直接通入低于-15℃的冷冻液中，如25%的 NaOH 水溶液等，水汽被冷冻液液化为水，再经捕雾器处理即可得到干燥的气体。

将含湿气体压缩到某个水平，不需更多的能量，就可以方便地冷却到水汽的露点以下，使原料气体中的水汽基本上全部冷凝为液体，留于冷却器内或被过滤除去。

气体的干燥经常用组合的方法，达到深度干燥，一方面是节省分子筛的运行寿命，另一方面使分子筛的吸附负荷减轻。比如先用冷却除水或加压冷却除水，再在低温下进入分子筛吸附塔，可以使气体中水分达到 5×10^{-6}。

四、输送与计量

1. 管道

气体的输送，一般由压力通过管道输送，选择管道的材质和管道的压力等级是气体输送的第一位的问题，材料的选用与气体介质的性质有关，与气体介质的温度和压力有关，综合加以考虑。用于输送气体的管道决定于气体的输送量和管内气体的流速，气体的输送流量是由反应和产量的要求而决定的，气体在管内的流速，则一般由经验来确定，不同的介质有不同的流速范围，《化工管道手册》列有专表。表中未列出的流体，可以选用重度粘度类似的作为参考。

2. 气体输送机械

气体输送机械按机械达到的压力来分称为通风机、鼓风机和压缩机。排气压力小于 0.1415MPa 称通风机；出口风压在 0.1415MPa 和 0.2MPa 之间的称鼓风机；而出口压力大于 0.2MPa 的称为压缩机。

按作用原理分为容积式和透平式。划分如下：

- 气体输送机
  - 容积式
    - 往复式
      - 活塞式
      - 隔膜式
      - 自由活塞式
    - 回转式
      - 滑片式
      - 螺杆式
        - 单螺杆
        - 双螺杆
      - 罗茨式
      - 液环式
      - 涡旋式
  - 透平式
    - 离心式
    - 轴流式
    - 混流式

3. 容积式压缩机

容积式压缩机最主要并且常用的是活塞式压缩机。

(1) 活塞式压缩机：按活塞汽缸的位置，分为卧式、立式、对称平衡式、对置式、角度式。按轴功率大小又可分为微型(轴功率小于 10kW)、小型(10~50kW)、中型(50~250kW)和大型(大于 250kW)。

选用活塞式压缩机首先应满足工艺要求，了解被压缩介质的性质以及作为反应原料的特别要求，比如气体能否有微量泄漏，压缩的气体可能被润滑油污染，反应是否有苛刻要求，气体的易燃易爆性能如何，气体在某个压力下，是否可能被液化，排气温度下是否使气体分解，是否接近气体的闪点、自燃点，被输送的气体是否有腐蚀性，气体对密封材料是否有溶解、溶胀的特性。在综合研究和考虑了上述因素之后，然后才能根据生产规模、反应特点和全流程的操作决定、流程中的供气量、供应压力决定选用压缩机。

(2) 化工用特殊介质的往复压缩机。氧压机：纯氧不须很高的温度即能使可燃物燃烧，使物质氧化。因此，压缩机禁油、防火花、防摩擦升温和防锈，用防爆电机。

氢压机：H_2 易燃易爆，爆炸极限 4.1%~74.2%。因此，电机要防爆，加强通风。

氯气压缩机：严防泄漏，对湿氯气的排气温度严格控制在 90℃以下，干燥的氯气控制温度在 130℃以下，不接触油脂烃类。

二氧化碳压缩机：主要是防腐蚀，有关零部件用不锈钢或钛制造。

一氧化碳压缩机：必须切实防泄漏、防腐蚀。

乙炔压缩机：防止乙炔和铜反应生成乙炔铜，因此压缩机任何备件不可用铜材料，乙炔的爆炸极限是 2.5%~8%，因此要不泄漏。

石油气压缩机：因为石油气在压缩中易被液化，石油气可能溶胀或溶解填料、密封件之类，压缩机不能使用铜等等。

(3) 其它类型容积式压缩机。

螺杆压缩机转速高，通用 3000~20000r/min；不用润滑油，气体纯净，可在较宽的排气量和排气压力下工作，但加工复杂，运转噪声大。

罗茨鼓风机的排气量范围在 0.2~1000m^3/min。

滑片式压缩机用于输送反应气体，亦为常用。

液环式压缩机排气量，0.1~50m^3/min；效率不高，总等温效率仅为 0.30~0.45；适用于输送高温易分解的气体或腐蚀性气体，用来输送氯气，作液环的是浓 H_2SO_4。在氯碱行业俗名纳氏泵，如图 2-77。

膜片式压缩机如图 2-78 所示，一般排气量 1.5m^3/min 以下，转速 400r/min，工作容积气密性好，输送气体纯净。

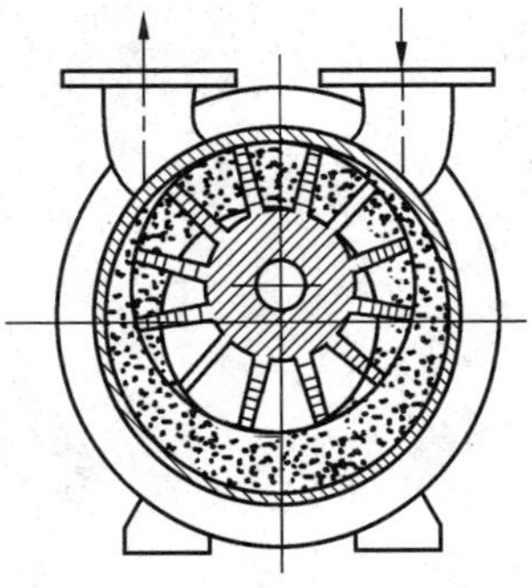

图 2-77　液环式压缩机剖面图

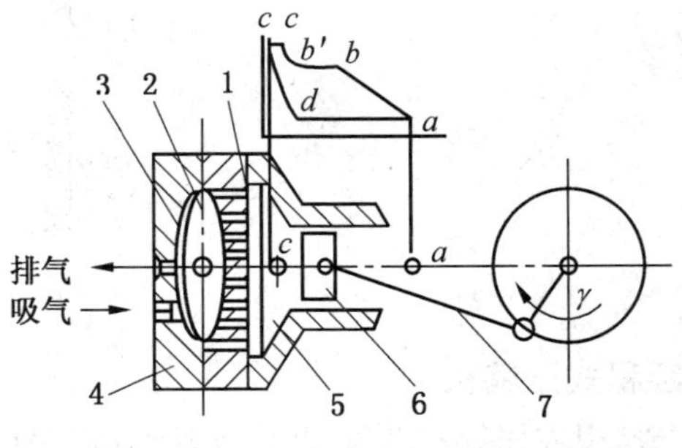

图 2-78　膜式压缩机工作原理图

1—支承板；2—膜片；3—压缩室；4—汽缸盖；5—油压室；6—油缸活塞；7—曲柄连杆机构

超高压的压缩机，常用于高压聚乙烯合成中输送原料乙烯气体等。

4. 离心压缩机

离心式压缩机是输送气体常用的一种风机，转速高，流速大，设备外形小，排气量大，气流平稳，气体不易被污染，结构简单，可以长期运行，大型生产装置中常利用反应热制造蒸汽。由汽轮机(透平)直接驱动又叫透平压缩机，可综合利用热能，但操作弹性不大，适应性差。

离心式压缩机选型时，除了注意出口压力和排气量之外，要注意压缩机的动力源，被压送气体的温度限度等。

如选择的压缩机需要改变出厂调试运行工况时，常常调节一些参数，以适应工艺条件的变化，使压缩机维持稳定运行。

常用的调节方法是改变转速，调节进口节流阀的开度，调节出口阀门的开度或采取旁路循环或放空进行调节。

5. 气体输送加料中的计量

常用气体的流量计量是使用各种流量计。通常在管道中安装节流孔板，利用气体穿过孔板锐口造成的压差，用公式可以计算出气体的流量。这种方法的优点很多，例如不占据设备空间，大直径管道，尤显其优势，管道不必要过多的折来折去，只在水平管道上装一个孔板即可，还可以安装数个孔板，并且由于流量转换成压力差的形式，有利于自动控制，有利于远距离传输显示等等。但使用中精度下降，要定期或及时检验更换。

各种转子流量计也是气体常用的计量方案，玻璃管和金属管的转子流量计最为适用，特别适用于中小管径、中小流量。其优点是直观、线性，可以手动调节，也可以自动调节，压降稳定，维护方便，一般价格便宜。玻璃管转子流量计必须在垂直管线上安装，为防止涡流影响，在转子流量计的进出口管道，要有一段粗管段(直径约5倍)的稳流。

气体转子流量计出厂时标定是以空气在20℃，760mmHg(1mmHg = 133.3224Pa)状态下的体积流量，实际工作时，流量应加以修正。

$$Q_{气} = Q_{空气}\sqrt{\frac{p_0 T}{p T_0}} \cdot \sqrt{\frac{r_0}{r}}$$

式中，p_0 为出厂时标定的绝对压力(760mmHg)；p 为输送气体工作压力；T_0 为出厂时标定的温度(293K)；T 为工作时温度；γ_0 为空气密度(1.205kg/m^3)；γ 为实际气体在20℃，760mmHg时的密度。

更换转子的材料，使转子形状不变时，密度发生了变化，流量修正值为

$$Q_{输气} = Q_{标准} \cdot \sqrt{\frac{\gamma_1 - \gamma_{输}}{\gamma_o - \gamma_{输}}}$$

式中，γ_1 为更换后转子的密度(g/cm^3)；r_0 为原有转子密度；$\gamma_{气}$ 为输送介质气体的密度。

金属管转子流量计一般用不锈钢，可就地指示流量的值，还可以输出信号与气动单元组合仪表配套，实现远传、记录、报警和调节的功能，计量的量程与管道的通径有关，目前生产的通径最大为150mm，计量空气为每小时3000m^3，远传的动力可用电也可用气源(0.14MPa)。

五、安全卫生

气体原料在输送和使用过程中，碰到的问题经常是防燃、防爆和防毒，如果气体毒性较

大，常常采取负压操作。负压进料选用的压缩机转子流量计和管道阀门各种接头要防止泄漏，管道接头既要防止泄漏还要防止气体腐蚀、溶胀填料和密封材料，要选用耐溶胀、耐腐蚀的垫片填料材料。

气体原料常与高压高温联系在一起，防火防爆不可等闲视之。高压管道的选用要慎重，无论是材质和管道的加工，如人为弯管、割焊等等，管道要进行耐压试验。输送机械和反应器要防泄漏，工作场所避免硬性撞击，输送机械和管道防止摩擦静电引起火花，必要的时候转动设备要有接地装置。

有毒有害、易燃易爆气体的工作场所要加强监控，设立空间监控装置，要有严格的安全操作规程，工人上岗之前要有严格的安全操作培训和岗前考核。要有熟练操作工人带班，车间和岗位设安全员，对气源、管道设备和仪表注意检查，停车检修时，一定按照安全操作规程办事，不随意进入有害气体参与的反应器，管道设备维修一定要注意充分置换等等。

第五节　液体原料的处理

一、纯化和净化

液体原料通常都是按照反应要求订货购买的，一般说来，很少在反应流程中加以净化、精馏或其它方法去除杂质的。但却有一些场合，出于经济效益的考虑或由于反应过程要求的质量指标过于苛严，对生产厂家来说其用量又不足以设计一套流程提供十分精制的产品，因此，作为商品的一些液体原料还需要加以精制。

1. 过滤和澄清

去除液体中的机械杂质或固体悬浮物，简便的方法是澄清和过滤。

澄清一般简单设计为一个长形容器，液体通过它时，机械杂质下降，液体从上部溢流，达到澄清的目的。当然如果悬浮的杂质较小，不易沉降，可以加入絮凝剂。根据过滤理论，过滤过程可分类如下：

- 过滤过程
  - 滤饼过滤
    - 恒压过滤
    - 恒速过滤
    - 变压变速过滤
  - 澄清过滤
    - 堵塞过滤
    - 深层过滤
  - 动态过滤
    - 膜过滤
      - 微孔膜
      - 超滤膜
    - 微过滤
  - 离心过滤

过滤装置根据操作方式分为间歇式和连续式两类。

按过滤的形式分为：

- 过滤装置
  - 重力过滤器
    - 重力过滤
    - 袋式过滤
    - 砂滤器
  - 加压过滤机
  - 离心过滤机
  - 真空过滤机
    - 间歇
      - 吸滤器
      - 真空叶滤器
    - 连续
      - 转鼓
      - 圆盘
  - 增浓过滤机
  - 澄清过滤机
    - 盘式压滤器
    - 膜滤器
    - 预敷层压滤器

去除液体原料中的较大颗粒和较大量的机械杂质，可以简单使用砂滤器、袋滤器，就足以解决问题，或者可以用简单的真空抽滤机，就可以去除杂质，使液体原料达到要求。一般不太主张采用诸如压滤机或离心机来分离。那些形式的分离器装置体积尤大且耗时费事，消耗动力甚大。但由于原料要求苛严，对于微细杂质，那就不是离心机、压滤机等所能胜任的，净化过程必须用澄清过滤器来处理。

澄清过滤有时也叫精细过滤，固含量在0.1%以下，颗粒0.01~100μm。盘式压滤器在封闭的压力容器内装入由纤维编织制造的盘状组合件，过滤器密封后，液体在压力下，通过这些过滤盘，澄清液从中央或四周的流出管流出。

膜滤器使用的是高分子材料或无机陶瓷材料的超滤膜或多孔膜，可滤除极微颗粒。

袋式过滤器结构简单，把纤维织物做成滤布口袋，实现过滤。选择滤布过滤或吸滤，要注意滤布纤维材料的选用并注意织物的编织方法对过滤性能亦有影响，如表2-33、2-34所示。

表2-33　各种纤维的性质

名　　称	湿断裂强度/g·p·d①	延伸度/%	耐磨性	相对密度	吸水性/%	耐热性(最高使用温度)/℃	耐酸性	耐碱性	耐氧化剂性
棉-天然纤维	29.7~57.6	5~10	可	1.55	16~22	良(93)	差	良	可
尼龙(聚酰胺)	27~72	30~70	优	1.14	6.5~8.3	良(107~121)	可	优	可
聚酯	27~72	10~50	优	1.38	0.04~0.08	可、良(149)	良	良	良
聚乙烯(乙烯单体聚合体85%以上)	9~63	10~80	良	0.92	0.01	可(66~110)	良	良	差
聚丙烯(丙烯单体聚合体85%以上)	36~72	15~35	优	0.91	0.01~0.1	可、良(121)	优	优	良
醋酸酯(纤维素醋酸酯)	7.2~10.8	30~50	可	1.30	9~14	良(100)	良	差	良
丙烯腈(丙烯腈单体聚合体85%以上)	16.2~27	25~70	良	1.17	3~5	良(135~149)	良	可	良
改性丙烯腈(丙烯腈单体聚合体35%~85%)	18~36	14~34	良	1.31	0.04~4	可(71~82)	良	良	良
偏氯纶(聚偏氯乙烯纤维)	10.8~20.7	15~30	良	1.7	0.1~1.0	可(71~82)	差、良	良	可

续表

名　　称	湿断裂强度/g·p·d①	延伸度/%	耐磨性	相对密度	吸水性/%	耐热性(最高使用温度)/℃	耐酸性	耐碱性	耐氧化剂性
羊毛	6.84~14.4	25~35	可	1.3	16~18	可(82~93)	可、差	差	差
玻璃纤维	27~54	2~5	差	2.54	0.3 以内	优(288~316)	优	差	优
金属纤维(金属、金属包塑料、塑料涂金属)	—	—	良	—	—	良、优	—	—	—

① g·p·d 为每特克数(特为 1000m 单根连续细股的纱重,以克表示)。

表 2-34　各种不同织物结构过滤性能的比较(按性能下降次序排列)

变　　量	保持性最高	阻力最小	滤饼最干	卸渣最快	寿命最长	堵塞最小
纱型	短纤维 复丝 单丝	单丝 复丝 短纤维	单丝 复丝 短纤维	单丝 复丝 短纤维	短纤维 复丝 单丝	单丝 复丝 短纤维
纱直径	大 中 小	小 中 大	小 中 大	小 中 大	大 中 小	小 中 大
单位长度的捻度	低 中 高	高 中 低	高 中 低	高 中 低	低 高 中	高 中 低
单位长度的线密	高 中 低	低 中 高	低 中 高	高 中 低	中 高 低	低 中 高
织法花纹	平纹 斜纹 缎纹	缎纹 斜纹 平纹	缎纹 斜纹 平纹	缎纹 斜纹 平纹	斜纹 平纹 缎纹	缎纹 斜纹 平纹

砂滤器由一个圆筒做成，在筒体内按粒子大小分层地铺各种粒子，如磁粒、陶粒、砂、煤、泥等，中间还可以夹以一定的纤维物质。液体从上而下通过这些介质达到澄清目的。

2. 结晶和重结晶

某些液体物料是以固体晶体变成溶液形式加入反应器的，要达到纯化的目的，除了过滤之外，溶解的杂质要加以纯化，可采用的方式是结晶和重结晶，杂质较多可用精馏的方法分离，但那样费事且能耗较大。一般含液相溶质杂质可用结晶方法。

结晶操作有许多优点，它能耗特别低，结晶热一般仅是蒸发潜热的 0.1~0.3，对设备材质要求不高，可以在较低温度下进行，可以从复杂的溶液中或熔体中分离出纯的物质。

现代将结晶分为溶液结晶，熔融结晶，升华结晶和沉析结晶四类。

溶液结晶主要的可分为四种类型，如表 2-35 所示。冷却结晶目前最常用的是搅拌釜，还有许多专用结晶设备。

另有一种将惰性致冷剂如乙烯直接接触结晶母液的，比如可从溶液中脱盐、脱蜡等。

表 2-35　溶液结晶的基本类型

结 晶 类 型	产生过饱和度的方法	结 晶 类 型	产生过饱和度的方法
冷却结晶	降低温度	真空绝热冷却结晶	溶剂的闪蒸与蒸发兼有降温
蒸发结晶	溶剂的蒸发	加结晶等其它类型	改变压力,降低溶解度等方法

熔融结晶的操作温度是在晶体的熔点附近，工业上的熔融结晶过程，大多在一个塔式的结晶器中实现，目前工业上已用于分离混合二氯苯。

其它结晶装置不再一一列举，读者可参阅有关资料。

熔融结晶处理固体物料得到高纯物质是为“区域熔炼”，用这种方法提纯过许多无机和有机原材料，或得到超纯的产品。

升华结晶是固态物料直接汽化为气态物料，中间不经过液态过程，所生成的气态物料再凝结为固态，中间亦无液态过程，前者叫升华，后者叫反升华，有人叫凝华。一个升华结晶实际上包括升华和反升华两个过程，才能达到结晶提纯的目的。常用升华结晶分离提纯的物质，用表 2-36 列出举例。

表 2-36　一些用升华法分离提纯的物质

序　号	名称(有机物)	序　号	名称(无机物)
1	2-氨基苯酚	1	氯化铝
2	蒽	2	砷
3	蒽茴酸	3	氧化砷
4	蒽醌	4	钙
5	苯并蒽酮	5	氯化铬
6	苯甲酸	6	四氯化铬
7	1,4-苯醌	7	碘
8	樟脑	8	三氯化铁
9	氰尿酰氯	9	镁
10	间苯二酸	10	硫
11	2-萘酚	11	四氯化钛
12	邻苯二甲酸酐	12	六氟化铀
13	苯邻二甲酰亚胺	13	四氯化锆
14	1,2,3-苯三酚	14	三氧化钼
15	萘		
16	水杨酸		
17	对苯二酸		
18	百里粉		

沉析结晶是结晶的一个特殊过程，一般有反应沉淀和盐析沉淀，在液体物料净化纯化中，使用反应沉淀的情况要多，比如去掉液体中的钡离子通常加入硫酸盐使沉淀，或加入 H_2S 使沉淀等再用超滤方法过滤掉沉淀，液体原料得以纯化。例如氯碱工业精制食盐水，就用加入 $BaCl_2$ 去除硫酸根，加以沉析。

某些固体的无机物或有机物，常用溶解-结晶的方法加以纯制，这种方法俗名重结晶，实际上在操作中可以加入另一种溶剂，使不需要的那些杂质被另一种不互溶的溶剂萃取富集，已经得到了初步分离，纯溶液再用冷却结晶的方法，重新结晶出来，用这种方法已精制过许多有机和无机原料。例如双酚 A 的精制，就是用水、二甲苯加入反应釜，使双酚 A 溶解，在 98℃ 回流加热溶解，静置分层，上层二甲苯中溶解有较纯的双酚 A，降温结晶就可得到精制的双酚 A。水相中有游离酸，游离酚和铁盐，氨基化合物等等。精纯的双酚 A 作为聚合反应的原料。这种方法就是一种萃取加重结晶的方法。通常使用重结晶方案来精制原料时都配合萃取方案同时进行。

3. 吸附和吸收

与上一节所述气体的吸附与吸收一样，只要液体原料不破坏或不腐蚀吸附剂，同样可用于液体原料的净化纯化。此处不再重复。

大型工业色谱也是处理液相物料的一种方案，工业上已有直径大于 1m 的分离混合二甲苯的色谱塔。

离子交换是一种特殊的吸附过程，离子交换剂对不同离子具有不同的亲和力与选择性，同时含有电解质和非电解质的溶液，由于同性离子相斥，流出速度快，而非电解质延迟流出，达到分离纯化净化目的。不同的离子在离子交换柱中迁移速度也不相同。离子交换剂分为无机和有机两类，表示如下：

无机离子交换剂
- 沸石
  - 天然
  - 合成
- 两性水合氧化物(如氧化钛、氧化锆)

有机离子交换剂
- 强酸阳性
- 强碱阴性
- 弱酸阳性
- 弱碱阴性
- 大孔吸附树脂
- 其它

常用的离子交换剂及其基本性能列于表 2-37，2-38。

表 2-37　离子交换剂的物化性质②③

品名	颗粒形状①	体积湿密度(沥干)/(kg/L)	湿含量(沥干)/%(质)	交换引起溶胀/%	最高操作温度/℃	操作 pH 值范围	交换量		商品名
							干基/(eq/kg)	湿基/(eq/L)	
阳离子交换剂:强酸性									(钠型 16 约 15 目，约 40% 间隙率)
聚苯乙烯磺酸盐									
均质(凝胶)树脂	S				120~150	0~14			
强酸 0.01~7		0.75~0.85	45~55		120	0~14	4.2 以上		
4%交联度		0.75~0.85	64~70	10~12			5.0~5.5	1.2~1.6	Permutit RS-40(德)
6%交联度		0.76~0.86	58~65	8~10			4.8~5.4	1.3~1.8	Duoite C-21D(法)
8%~10%交联度		0.77~0.87	48~60	6~8			4.6~5.2	1.4~1.9	Amberlite IR-118，-120，-122，-124(美) Lewatit S100(德)
12%交联度		0.78~0.88	44~48	5			4.4~4.9	1.5~2.0	Cochranex CMV，CRD，Zeokarb，225(英)

续表

品　名	颗粒形状①	体积湿密度(沥干)/(kg/L)	湿含量(沥干)/%(质)	交换引起溶胀/%	最高操作温度/℃	操作pH值范围	交换量		商品名
							干基/(eq/kg)	湿基/(eq/L)	
16%交联度		0.79~0.89	42~46	4			4.2~4.6	1.7~2.1	Allassion CM
20%交联度		0.80~0.90	40~45	3			3.9~4.2	1.8~2.0	Permutit Q130
大孔结构									Ambertite 200, 200c,
10%~12%交联度	S	0.81	50~55	4~6	120~150	0~14	4.5~5.0	1.5~1.9	Cochranex CMR D290,D252, D351(中)
磺酸盐酚醛树脂	G	0.74~0.85	50~60	7	50~90	0~14	2.0~2.5	0.7~0.9	
磺酸盐煤									
阳离子交换剂:弱酸性									
丙烯酸(PK5)或甲基			70		100	4~14	9.0~10.0	2.5~3.0	(中)
丙烯酸(PK6)									
均质(凝胶)树脂弱酸	S	0.70~0.75	45~50	20~80	120	4~14	8.3~10	3.3~4.0	Duolite CC_3, A
(1)									IRC-84
大孔(即110)	S	0.67~0.74	50~55	10~100	120		~8.0	2.5~3.5	Amberlite IRC-50
									Amberlite DP-1
酚醛树脂	G	0.70~0.80	~50	10~25	45~65	0~14	2.5	1.0~1.4	Bio-Rex40, Dowex30
聚苯乙烯磷酸盐	G,S	0.74	50~70	<40	120	3~14	6.6	3.0	
聚苯乙烯氨基二乙酸	S	0.75	68~75	<100	75	3~14	2.9	0.7	
盐									
聚苯乙烯氨肟	S	~0.75	58	10	50	1~11	2.8	0.8~0.9	
聚苯乙烯硫醇	S	~0.75	45~50		60	1~13	~5	2.0	
纤维素									
纤维素磷酸盐	F						~7.0		
纤维素亚甲基羧酸	F,P,G						~7.0		
盐									
绿砂(硅酸铁)	G	1.3	1~5	0	60	6~8	0.14	0.18	
沸石(硅酸铝)	G	0.85~0.95	40~45	0	60	6~8	1.4	0.75	

续表

品　名	颗粒形状①	体积湿密度(沥干)/(kg/L)	湿含量(沥干)/%(质)	交换引起溶胀/%	最高操作温度/℃	操作pH值范围	交换量		商品名
							干基/(eq/kg)	湿基/(eq/L)	
钨酸锆	G	1.15~1.25	~5	0	>150	2~10	1.2	1.0	
阴离子交换剂:强碱性									
聚苯乙烯基									
强碱 201×7			40~50			0~14	3.0 以上		(中)
三甲基苯基铵(类型Ⅰ)									
均质的,8%交联度	S	0.70	46~50	~20	60~80	0~14	3.4~3.8	1.3~1.5	Amberlite IRA -400,-402,-430
大孔的,11%交联度二甲基羧基乙基铵(类型Ⅱ)	S	0.67	57~60	15~20	60~80	0~14	3.4	1.0	Amberlite IRA -900
均质的,8%交联度	S	0.71	~42	15~20	40~80	0~14	3.8~4.0	1.2	Amberlite IRA - 410, Duoliti A102D
大孔的,10%交联度	S	0.67	~55	12~15	40~80	0~14	3.8	1.1	Amberlite IRA -910
丙烯酸基									
均质的(凝胶)	S	0.72	~70	~15	40~80	0~14	~5.0	1.0~1.2	
大孔的	S	0.67	~60	~12	40~80	0~14	3.0~3.3	0.8~0.9	
纤维素基									
乙基三甲基铵					100	4~10	0.62		
三乙基羧基丙基铵					100	4~10	0.57		
阴离子交换剂:中等碱性(PK11)									
聚苯乙烯基	S	0.75	~50	15~25	65	0~10	4.8	1.8	
环氧聚胺	S	0.72	~64	8~10	75	0~7	6.5	1.7	
阴离子交换剂,弱碱性(PK9)									
弱碱 331(即330)			55~65			0~9	~10		(中)
氨基聚苯乙烯									
均质的(凝胶)	S	0.67	~45	8~12	100	0~7	5.5	1.8	Duolite A368
大孔的	S	0.61	55~60	~25	100	0~9	4.9	1.2	

续表

品　名	颗粒形状①	体积湿密度(沥干)/(kg/L)	湿含量(沥干)/%(质)	交换引起溶胀/%	最高操作温度/℃	操作pH值范围	交换量		商品名
							干基/(eq/kg)	湿基/(eq/L)	
丙烯酸基胺									
均质的(凝胶)	S	0.72	~63	8~10	80	0~7	6.5	1.7	Diaion WA10
大孔的	S	0.72	~68	12~15	60	0~9	5.0	1.1	
纤维素基									
胺乙基	P						1.0		
二乙基胺乙基	P						~0.9		

① C 圆柱形,G 粒状,P 粉末,S 球珠。

② 有两个温度时,第一个指离子交换剂中阳离子 H 型,阴离子 OH;第二个指盐类离子。

③ 我国离子交换树脂编号方法:凝胶型,×(分类号),×骨架号,×顺序号,×联接号,×交联度号;大孔型,D(大孔型号)×分类号,×骨架号,×顺序号;有关各厂家产品的性能,参照文献[28]。

表 2-38　大孔吸附树脂

牌　号	主要组成	孔隙度/%	湿真密度/(g/mL)	表面积/(m^2/g)	平均孔径/nm	粒度/目
Amberlite						
XAD-1	聚乙烯	37	1.02	100	20	20~50
XAD-2	聚乙烯	42	1.02	330	9	20~50
XAD-3						
XAD-4	聚乙烯	51	1.02	750	5	20~50
XAD-5						
XAD-6						
XAD-7	丙烯酸酯	55	1.02	450	8	20~50
XAD-8	丙烯酸酯	52	1.09	140	25	25~50
XAD-11	酰胺基	41	1.07	170	21	16~50
XAD-12	极性 N—O 基	45	1.06	25	130	20~50

4. 膜透析和超滤

借助于膜在分离过程中的选择渗透作用，可以净化液体。

按膜的材料分类如下：

- 分离膜
  - 聚合物膜
    - 基础聚合物膜
    - 共混聚合物膜
  - 无机膜
    - 陶瓷膜
    - 玻璃膜
    - 金属膜
    - 分子筛炭膜
  - 复合膜

膜分离流程一般包括泵、过滤器、膜分离器和管道仪表阀门等，设备简单。膜分离器实际上是将某种膜组装在一个设备内形成的装置，可分为：

- 膜分离器
  - 板框式
  - 圆管式
    - 内压
      - 单管
      - 多管、管束
    - 外压型
  - 螺旋卷式
  - 中空纤维式

二、液体原料干燥

除了非常情况之下，采用精馏方法净化除水之外，通常液体原料干燥都是用固定床吸附的方法。吸附剂一般有硅胶活性炭，活性氧化铝分子筛和离子交换树脂等。常见的商品膜，如表 2-39 所示各种吸附剂使用条件和脱水性能列如表 2-40，表 2-41。常用吸附剂一些基础性能列如表 2-42，表 2-43 和表 2-44。

表 2-39　商品聚合物膜

材　　料	缩　　写	过　　程
醋酸纤维素	CA	MF,UF,RO,D,G
三醋酸纤维素	CTA	MF,UF,RO,G
CA-CTA 混		RO,D,G
混合纤维素酯		MF,D
硝酸纤维素		MF
再生纤维素		MF,UF,D
明胶		MF
芳香聚酰胺		MF,UF,RO,D
聚酰亚胺		UF,RO,G
聚苯并咪唑	PBI	RO
聚苯并咪唑酮	PBIL	RO
聚丙烯腈	PAN	UF,D
聚丙烯腈-聚氯乙烯共聚物	PAN-PVC	MF,UF
聚丙烯腈-甲基丙烯基磺酸酯共聚物		D
聚砜	PS	MF,UF,D,G
聚苯醚	PPO	UF,G
聚碳酸酯		MF
聚醚		MF
聚四氟乙烯	PTFE	MF
聚偏氟乙烯	PVF2	UF,MF
聚丙烯	PP	MF
聚电解质络合物		UF
聚甲基丙烯酸甲酯	PMMA	UF,D
聚二甲基硅烷	PDMS	G

注：MF—微滤，UF—超滤，RO—反渗透，D—渗析，G—气体分离原料亦应作精细处理。

液体吸附干燥的设备一般采用固定床，只要不与吸附剂发生化学反应，适用于气体吸附分离和干燥的吸附装置原则上也适用于液体。

除了固定床吸附塔之外，液体干燥也可能使用移动床。移动床吸附要求吸附剂颗粒强度高，耐磨性能好。吸附剂的再生不像气体吸附剂再生那么简单，通常可用解吸剂冲洗、再生，但对于液体除水干燥用的吸附剂可以间歇操作，用真空脱除液体，并加以回收之后，仍用真空和加热的方法使吸附剂(分子筛)等再生。在液体用吸附剂除水干燥时，设备同时设计再生装置。

表 2-40　各种脱水吸附剂的使用条件

吸附条件 \ 吸附剂		硅胶	活性氧化铝	合成沸石 4A	合成沸石 3A	离子交换树脂(强酸性)
处理流体	无极性的碳氢化物	一般	良	优	优	优
	碱性溶液	不可	良	良	良	优
	酸性溶液	良	不可	不可	不可	良
	有机盐化合物	良	劣	劣	劣	一般
	烯烃类化合物	劣	劣	劣	良	一般
	聚合物类溶液	不可	不可	不可	良	不可
	醇类液体	劣	一般	良	优	不可
物性条件	吸附容量(H_2O)	一般	一般	较高	较高	高
	破碎强度(湿)	低	高	一般	一般	一般
	高温强度	低	高	高	差	很差
	价格(高低)	低	低	贵	贵	一般
	品种(多少)	多	多	一般	一般	一般

表 2-41　各种吸附剂的脱水性能

吸附剂	再生温度/(℃×h)	原料中水分/$\times10^{-6}$	出口液体中水分/$\times10^{-6}$	透过点，吸水率/%	加热最高温度/℃
硅胶	180×2	160~240	8~10	5.77	310
分子筛 4A	300×2	160~240	1~3	10.0	475
活性氧化铝	250×2	160~240	1~3	7.2	175~300
离子交换树脂	130×2	160~240	1~3	19.0	铝胶 670

表 2-42　常用吸附剂的基础性能

吸附剂和应用	颗粒形状	颗粒大小/目(美制)	内孔隙率/%	干体积密度/(kg/L)	平均孔径直径/nm	比表面积/(km^2/kg)	吸附容量/(kg/kg 干固体)
氧化铝							
低孔隙率(氟化物吸附剂)	G、S	8~14 等	40	0.70	~7	0.32	0.20
高孔隙率(干燥、分离用)	G	各种	57	0.85	4~14	0.25~0.36	0.25~0.33
干燥剂 $CaCl_2$ 包裹	G	3~8 等	30	0.91	4.5	0.2	0.22
活性铝土矿	G	8~20 等	35	0.85	5		0.1~0.2
色谱氧化铝	G、P、S	80~200 等	30	0.93			~0.14
硅酸和铝硅酸盐(分子筛)	S、C、P	各种					
3A 型(脱水干燥用)			~30	0.62~0.68	0.3	~0.7	0.21~0.23
4A 型(脱水干燥用)			~32	0.61~0.67	0.4	~0.7	0.22~0.26
5A 型(分离用)			~34	0.60~0.66	0.5	~0.7	0.23~0.28
13X 型(纯制、分离用)			~38	0.58~0.64	1.0	~0.6	0.25~0.36
丝光沸石(酸干燥用)				0.88	0.3~0.8		0.12
菱沸石(酸干燥用)				0.72	0.4~0.5		0.20
硅胶(干燥、分离用)	G、P	各种	38~48	0.70~0.82	2~5	0.6~0.8	0.35~0.50
硅酸镁(脱色用)	G、P	各种	~33	~0.50		0.18~0.30	
硅酸钙(脱除脂肪酸用)			75~80	~0.20		~0.1	
粘土,酸处理粘土(石油、食品产品的精制)	G	4~8		0.85			
漂白土(同酸处理粘土)	G、P	<200		0.80			
硅藻土炭(活性炭)	G	各种		0.44~0.50		~0.002	

续表

吸附剂和应用	颗粒形状	颗粒大小/目(美制)	内孔隙率/%	干体积密度/(kg/L)	平均孔径直径/nm	比表面积/(km^2/kg)	吸附容量/(kg/kg 干固体)
壳基	G	各种	60	0.45~0.55	2	0.8~1.6	0.40
木基	G	各种	~80	0.25~0.30		0.8~1.8	~0.70
石油基	G、C	各种	~80	0.45~0.55	2	0.9~1.3	0.3~0.4
泥煤基	G、C、P	各种	~55	0.30~0.50	1~4	0.8~1.6	0.5
褐煤基	G、P	各种	70~85	0.40~0.70	3	0.4~0.7	0.3
烟煤基	G、P	8~30 12~40	60~80	0.40~0.60	2~4	0.9~1.2	0.4
有机聚合物(吸附树脂)							
聚苯乙烯(脱除有机物,如酚,抗生素回收)	S	20~60	40~50	0.64	4~9	0.3~0.7	
聚丙烯酸酯(造纸废水净化、抗生素回收)	G、S	20~60	50~55	0.65~0.70	10~25	0.15~0.4	
酚胺树脂(溶液的脱色脱臭)	G	16~50	45	0.42		0.08~1.2	0.45~0.55

表 2-43　无机吸附剂的性质

品　　名	颗粒形状	颗粒大小/目(美制)	内气孔率/ε_p%	充填密度/(g/L)	平均孔径/Å	比表面积/(m^2/g)	吸附容量/(g/g 干固体)
氧化铝							
活性氧化铝	颗粒	各种	25~30	800	35~45	235	0.15
干燥气,液体,催化剂及担体用	固体	3~8 等	50~60	753~800	40~50	400	0.22
润滑油中和,烷基化脱氟用	颗粒	1~1/8in	30,47	~800	136,99	90,190	—
浸渍 $CoCl_2$	颗粒	8~14	30	865	45	200	0.14
浸渍 $CaCl_2$,干燥剂	固体	各种	30	913	45	200	0.22
催化剂氧化铝(低碳酸钠)	固体	各种	62	753	45	300	—
活性铁矾土	颗粒	8~20 等	35	849	~50	—	0.04~0.2
色谱氧化铝	颗粒	80~200	30	929	45	225	0.14
氧化硅类吸附剂							
硅胶,用于气体干燥,碳氢化物	颗粒	各种	各种	约 433~721	各种	300~800	各种
分离,催化剂的担体	颗粒	各种	35~50	641~769	20~40	650~900	0.4~0.6
	粉末		34~51	657~833	21~28	650~700	0.4~0.6
	固体	4~8	45	737~817	72	250	0.27
硅酸铝,基于分子的大小和形状的差异,选择吸附	颗粒,粉末	4~8,8~12,1/16,1/8	40~55	641~881	—	770	—
	颗粒,固体	1/16,1/8	30	705	3,4,5	600~700	0.22
	粉末	<400	—	497	3,4,5	700	—
酸处理粘土	粉末	—	—	480~721	—	225~300	—
石油馏分,植物油,果汁精制	颗粒	4~8	—	849	—	—	—
硅藻(漂白)土,用途和粘土一样	颗粒	各种	~54	~648	—	130~250	—
硅藻土	颗粒	10~140	—	400~433	—	4	—
	颗粒	30~140	—	176~192	—	1.0	—
白土,漂白土	颗粒	各种	~54	~641	—	130~250	—
和酸处理粘土的用途相同	粉末	<200	—	800	—	—	—
无水硫酸钙	颗粒	各种	38	961	—	—	0.12
硅酸钙(脱除脂肪酸)	粉末	各种	—	192	—	100~110	—
硅酸镁(脱色用)	粉,粒	各种	—	208	—	180	—

注:1in = 2.54cm,1Å = 0.1nm

表 2-44　工业用颗粒吸附剂的基本特性

	炭分子筛	活性炭①	沸石分子筛	硅　胶	铝凝胶
真密度/(g/cm^3)	1.9～2.0	2.0～2.2	2.0～2.5	2.2～2.3	3.0～3.3
颗粒密度/(g/cm^3)	0.9～1.1	0.6～1.0	0.9～1.3	0.8～1.3	0.9～1.9
装填密度/(g/cm^3)	0.55～0.65	0.35～0.6	0.6～0.75	0.5～0.75	0.5～1.0
孔隙率	0.35～0.41	0.33～0.45	0.32～0.4	0.4～0.45	0.4～0.45
孔隙容积/(cm^3/g)	0.5～0.6	0.5～1.1	0.4～0.6	0.3～0.8	0.3～0.8
比表面积/(m^2/g)	450～550	700～1500	400～750	200～600	150～350
平均孔径/(nm)	0.4～0.7	1.2～2	—	2～12	4～15

① 现已研制出高达 3040m^2/g 的高比表面积的活性炭。

三、液体原料输送和计量

输送液体有真空抽吸和压送两种，真空抽吸需要一套真空装置，已如第三节所述。正压输送的液体，则使用泵。按结构和工作原理大体分类如下：

- 叶片式泵
  - 离心泵
    - 径向离心泵
    - 混流离心泵
    - 管道泵
    - 屏蔽泵
    - 其它
      - 自吸泵
      - 无堵塞泵
      - 其它
  - 轴流泵
  - 旋涡泵
  - 高速泵
- 容积式
  - 往复泵（活塞式）
    - 活塞泵
    - 柱塞泵
    - 计量泵
    - 隔膜泵
  - 转子泵(回转式)
    - 活塞泵
    - 螺杆泵
    - 滑片泵
    - 凸轮泵
    - 液环泵
    - 其它
- 其它形式
  - 液流泵
  - 电磁泵

常见泵的特性列如表 2-45。

表 2-45　泵特性简介

指　标	叶片式			容积式	
	离心式	轴流式	旋涡式	活塞式	回转式
液体排出状态	流率均匀			有脉动	流率均匀
液体品质	均一液体(或含固体液体)	均一液体	均一液体		
允许吸入真空度/m	4~8	—	2.5~7	4~5	4~5
扬程	范围大 10~600m (多级)	低 2~20m	较高,单级可达100m以上	范围大,排出压力高,排出压力0.294~58.7MPa	
体积流量/(m^3/h)	范围大 5~30000	大约 60000	较小 0.4~20	范围较大 1~600	
流量与扬程关系	流量减小,扬程增大;反之流量增大,扬程减低	同离心式	同离心式,但增率和减率较大(即曲线较陡)	流量增减排出压力不变,压力增减,流量近似为定值(原动机恒速)	
构造特点	转速高,体积小,运转平稳,基础小,设备维修较易		与离心式基本相同,但叶轮较离心式叶片结构简单,制造成本低	转速低,能力(排量)小,设备外形庞大,基础大,与原动机连接较复杂	同离心式
流量与轴功率关系	依泵比转数而定,流量减少,轴功率减少	依泵比转数而定,流量减少,轴功率增加	流量减少,轴功率增加	当排出压力定值时,流量减少,轴功率减少	同活塞式

化工中使用离心泵占80%以上。离心泵有单吸、双吸式，单级或多级式，有卧式和立式之分，有低速和高速之分。离心泵主要构成示意如下：

- 离心泵
  - 转动部件
    - 叶轮
    - 轴
  - 固定部件
    - 轴承
    - 密封元件
    - 壳体
  - 管口
    - 吸入口
    - 输出口

液体输送中有些特殊的泵。

1. 耐腐蚀泵

主要接触液体部件材料要耐液体腐蚀和溶胀。

(1) 高硅铸铁泵是典型的耐酸泵，对一般有机、无机酸耐蚀性好。其中分为有填料密封和无填料密封两类。无填料密封泵，采用内叶片结构进行液封。

(2) 不锈钢泵。

(3) 钛泵：用于输送含氯的强腐蚀介质，出口压力不大于1.6MPa。

(4) 陶瓷泵：可以耐受除碱和HF及含氟化合物之外的任何液体原料的腐蚀。材质脆，不允许温差大于50℃的突变。

（5）石墨泵：特别运用于盐酸和氢氟酸，是其它许多材料无法比拟的，其机械强度较差。

（6）塑料泵：使用的材质有通用工程塑料，特种工程塑料，复合材料，玻璃纤维层压塑料（俗称玻璃钢），石棉纤维增强材料等。

最简单的是硬聚氯乙烯泵，适合于输送中等浓度的酸、碱和氨，也可输送乙酸。如材质改用聚三氟氯乙烯，则在100℃以下几乎可耐任意浓度的酸碱盐，但价格较贵。氯化聚醚，尼龙，聚碳酸酯，铸型尼龙，聚砜，酚醛树脂，脲醛树脂，以及这些高分子材料添加石棉，玻璃毛、石墨、炭黑、白炭黑（二氧化硅）、滑石粉等各种填料做成的增强塑料，有的部分转动件采用聚四氟乙烯等含氟材料。塑料泵在运行中不产生火花。

用玻璃纤维，玻璃丝布，碳纤维，不锈钢纤维或高分子材料纤维（芳纶纤维）等作为基材，由聚酯、环氧树脂、酚醛树脂、呋喃树脂、脲醛树脂等高分子材料制成的各种增强材料，层压复合材料（俗名玻璃钢，如环氧玻璃钢，环氧—聚酯玻璃钢、酚醛玻璃钢等等），性能稳定，但塑料泵出口压力一般不会太大。

（7）玻璃泵。

（8）搪瓷和衬里泵：衬里材料除了橡胶外，还有用聚四氟乙烯聚三氟氯乙烯或 F_{46} 等衬里或涂层的，也有用聚乙烯衬里的，还可以用其它热塑材料衬里。

2. 拉波泵

是一种自吸式离心泵，泵盖前有一较大的贮液筒，可放置筛子，也叫过滤器。输送液体中允许夹带少量悬浮颗粒。多用于输送硫酸。

3. 屏蔽泵

泵的叶轮和电机的转子装在同一轴上，泵和电动机装在同一个密封体内，不用机械密封，消除了泄漏，是一种无泄漏泵。电动机的转子和定子分别屏蔽隔开，两者的屏蔽套通常用0.4~0.6mm 的不锈钢或耐蚀合金制作，加工精度严格。轴承常用聚四氟乙烯作滑动轴承。

屏蔽泵可装于管道上，如图 2-79 所示。屏蔽泵按结构形式分为立式和卧式两类；又分为普通型，内循环型，外循环型，单独循环型和无循环型；又可分为高频电机型，扁平电机型和多级屏蔽泵等；还有用于输送高温液体、泥浆、腐蚀性液体等专门设计的泵。高温屏蔽泵，用液体冷却转子和定子，循环液体在机内换热器中被冷却水冷却，可使电机和轴承温度控制在某一温度以下，可以输送约500℃左右的液体。

内循环式屏蔽泵使用较普遍，如图 2-80。屏蔽泵适于输送易燃、易爆、极毒、臭味、易污染的和昂贵的液体。

4. 计量泵

一般有柱塞泵、隔膜泵、管式蠕动泵和齿轮泵。

柱塞泵是靠柱塞的往复运动而吸液和输出，为防止脉冲可采用多缸式。

隔膜泵也是往复泵，用于要求绝对无泄漏的场合。

输送计量易燃流体和难以处理的流体，常用脉冲加料器。

齿轮泵利用齿轮啮合过程中引起的工作空间容积变化来输送液体。常用来输送油类或粘稠的液体，高分子溶液等。

5. 高粘度液输送泵

齿轮泵可以作为输送高粘度液体的泵，此外常用螺杆泵，双螺杆泵，三螺杆泵，凸轮泵和蠕动泵。

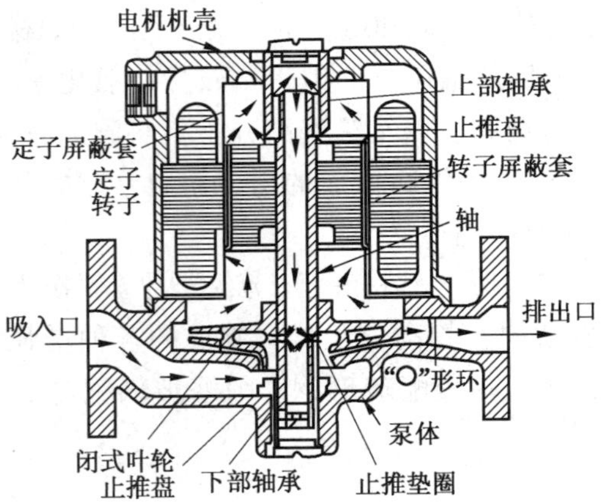

图 2-79　管道式屏蔽泵结构图

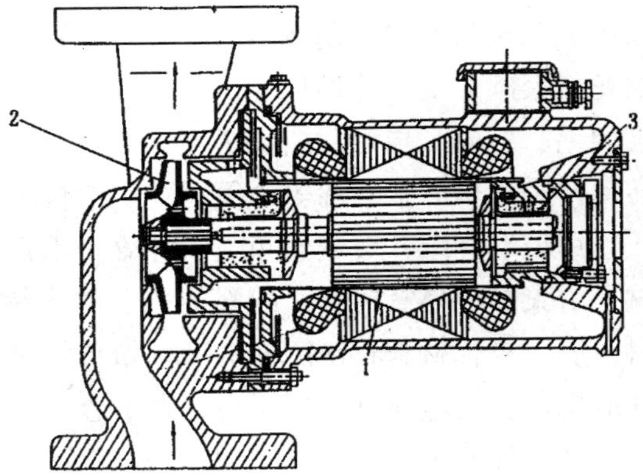

图 2-80　内循环屏蔽泵结构示意图

1—屏蔽套；2—叶轮；3—轴承

6. 泥浆泵

形式是离心泵，具有特殊结构，叶轮为开式的，较宽。有的泥浆泵嵌有橡胶衬里，有的则有槽形结构。叶轮耐磨，有时可用橡胶作叶轮等等。

7. 高温泵和低温泵

高温泵的转子和泵壳材料最好使用同一材料或膨胀相似的材料。结构尽可能对称，以便膨胀均匀，适用于输送 400℃ 以上的液体。

低温泵大多数为立式，尽可能取对称结构，输送液态的烃，液氧液氮等。

8. 真空泵

常用往复式泵，前已述及。

液体输送方法除了泵之外，还有用压缩气体也可以用真空的方法吸料（N_2 或空气），把液体从一个密闭的容器通过管道压送到另一个容器或反应器内。

9. 液体计量

液体计量可采用上述计量泵加料。而对于一般粗计量则用一个计量罐，安装玻璃管液位计或其它液位计，标定其液位计刻度，即可用来计量加料。精确的则用流量计，计量加料。

流量计常用的转子流量计已如第四节计量所述，液体流量计是以 20℃ 常压下水为基准标定的，校正公式同气体流量计校正，相应指标改为液体即可。流量仪表特点如表 2-46。

四、液体原料的混合汽化和预热

液体原料加料有时不止一种原料，有时要加以混合，为保证混合均匀，采用一个槽式搅拌器，常见形式有敞开式和密闭式，一般不用夹套。搅拌器形式多样，对于低粘度流体可用桨式、框式或涡轮式等形式。

此外有用静态混合器混合，常见的静态混合器如图 2-81 所示。

表 2-46　流量测量仪表的特点和选用

分类	名　称	特　点								应用场合
		被测介质	测量范围/(m^3/h)	管径/mm	工作压力/(kgf/cm^2)①	工作温度/℃	精度等级	量程比	安装要求	
转子式	玻璃管转子流量计	液体	$1.5\times10^{-4}\sim10^{2}$	3~150	1	0~60	1.5，2，2.5，4	10∶1	垂直安装	就地指示流量
		液体	$1.8\sim3\times10^{3}$		4，6，10	0~100 -20~120	1.5，2.5			
					16，25，64	-40~150				
	金属管转子流量计	液体	$6\times10^{-2}\sim10^{2}$	15~150	16，25，64	-40~150	1.5，2.5			就地指示流量，如与显示仪表配套可集中指示和控制流量
		气体	$2\sim3\times10^{3}$							
速度式	水表	液体	$4.5\times10^{-2}\sim2.8\times10^{3}$	15~400	6	90	2	>10∶1	水平安装	就地累计流量
					10	0~40 0~60				
容积式	椭圆齿轮流量计	液体	$2.5\times10^{-2}\sim3\times10^{2}$	10~200	16	0~40 -10~80 -10~120	0.5	10∶1	要装过滤器	就地累计流量
	腰轮流量计	液体 气体	$2.5\times10^{-1}\sim10^{3}$ —	15~300	25，64	0~80 0~120	0.2，0.5			
	旋转活塞式流量计	液体	$8\times10^{-2}\sim4$	15~40	6，16	20~120	0.5			
	圆盘流量计	液体	$2.5\times10^{-1}\sim30$	15~70	2，5，4，6，25，45	100	0.5，1			
	刮板流量计	液体	4~180	50~150	10	100	0.2，0.5			
其它	冲塞式流量计	液体 蒸汽 气体	4~60(介质粘度小于10°E②)	25~100	12	200	3，3.5		要装过滤器	就地累计流量
	分流旋翼蒸汽流量计	蒸汽	35~1215kg/h	50~100	10，16		2.5，4		水平安装	就地和远传累计流量
	流量控制器	液体	0.9~300	15~40	1.5，2.5，3.5				水平安装并装过滤器	流量控制

① $1kgf/cm^2=98.0665kPa$。
② °E 为恩格拉氏粘度的单位。

对于高粘度的流体，混合搅拌的桨叶采用形式较特别，如图 2-82 所示。

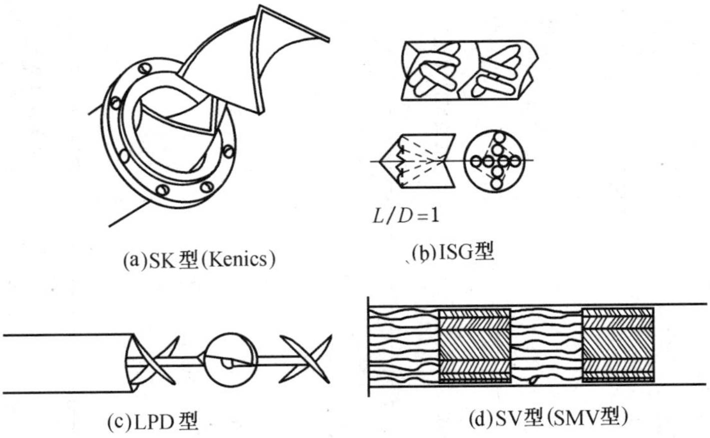

图 2-81　几种静态混合器

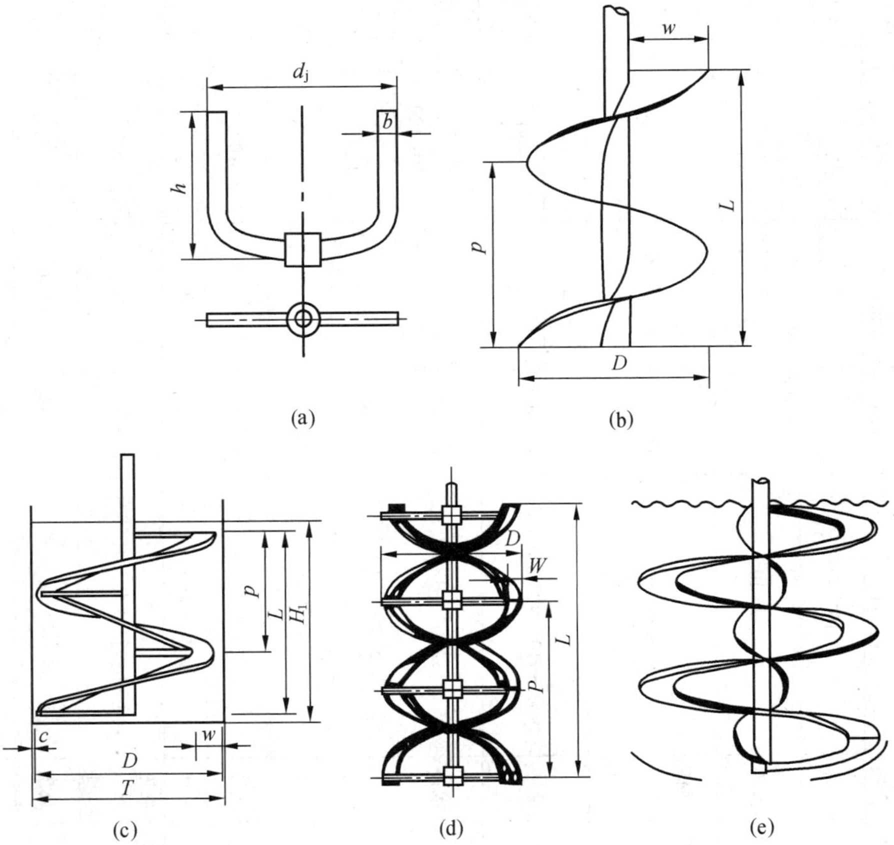

图 2-82　用于高粘度流体的各类桨叶

静态混合器没有运动部件、维修方便。不同的物料粘度不同，重度和表面张力不同，将有不同的结构元件形式。

射流混合则是利用流体从喷嘴喷出，形成高速流引起槽内物料全槽性运动，促成激烈的混合，示意如图 2-83。

如把混合器直接安装在管道上，可以较方便地达到混合目的，管道混合器如图 2-84 所示。

液体物料有时以气体的形式进入反应器，这就要在进入反应器之前进行汽化。液体物料的汽化装置，一般叫汽化器，其基本加热形式有夹套加热，列管内加热和 U 型管内加热等。加热计算并不复杂，通常由热源提供液体物料的汽化热，有时物料汽化后，还要加热为过热气体，则须另设有换热装置。

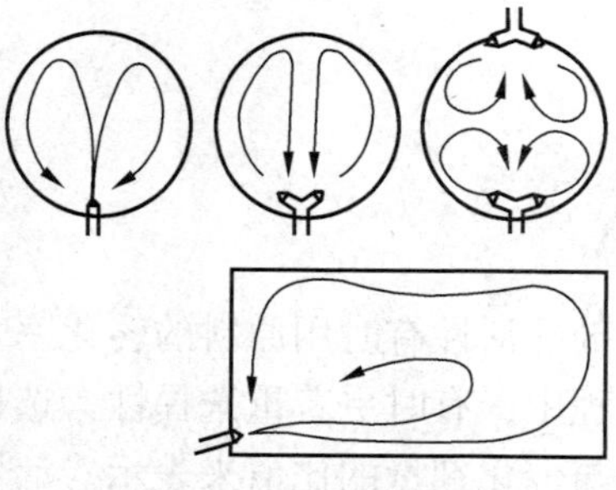

图 2-83　槽内射流混合流型

不同的物料有不同的汽化速度，汽化料在汽化器内积聚有一定压力，足够克服加料的阻力和损失。汽化器的汽化空间，要保证在下一批物料汽化完成之前，已经汽化的物料足够加料和反应器使用。并留有 2~3 倍的余地。通常设计的汽化器宜大不宜小，汽化器偏小或刚达到计算值，在使用时，将经不起反应的波动，使加料过程不稳定，从而影响全流程不稳定。一般汽化都要进行自动控制，以保证一定的汽化压力和汽化量。

物料的预热，包括固体物料、气体物料、液体物料的预热，一般主张充分利用反应热以及蒸馏塔顶的换热器热量、蒸发器的余热、反应加热器的尾气余热等等。加热的设备可以是塔顶的冷凝器，也可以是反应器内移走反应热的内部构件，也可用专用设计的加热装置，如夹套换热器，列管换热器，折管多程换热器等等。在《化学工程手册》中可以查到传热系数 K 的大致值，可以作为初步的设计计算，也可以用来验算和估计。

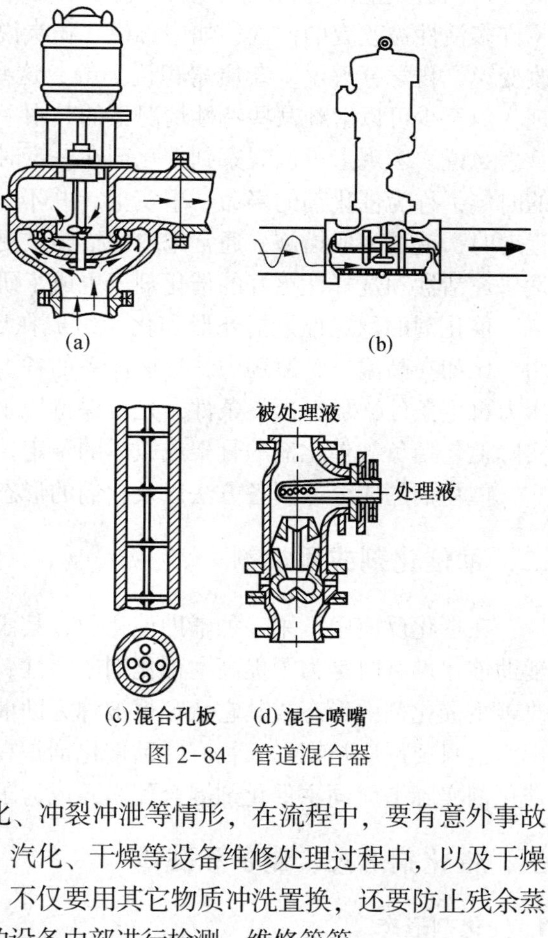

图 2-84　管道混合器

五、安全防护

液体原料的易燃性、毒性和腐蚀性是在物料输送和加料过程中应当着意防护的问题，设备设计和选用中防止泄漏，在操作过程中防止溅溢。有些物料对皮肤粘膜等有强烈腐蚀性，要严格防止用手接触，并注意身体的保护。在泵送、气压输送过程中，操作人员要穿着防护衣和佩戴防护眼镜，注意观察旋转设备的运转情况，防止爆裂、崩裂、密封元件撕裂及高温汽化、冲裂冲泄等情形，在流程中，要有意外事故的处理措施和相关流程装置。在转子流量计维修，汽化、干燥等设备维修处理过程中，以及干燥吸附剂的再生过程中，注意防护设备中剩余介质。不仅要用其它物质冲洗置换，还要防止残余蒸汽的影响，更不能随意进入贮存过有毒有害物料的设备内部进行检测、维修等等。

对于易燃物料，在操作场所要有良好的通风条件，要有良好的防火防患设置，针对不同的易燃物，设置现场的灭火器械。

工作场所要有清洗设备和地面、操作平台的装置。

第六节　催化剂准备

催化剂是反应过程中一类特殊的“原料”。

一、活性、选择性和寿命

反映催化剂的主要性能是催化剂的活性和选择性。催化剂的活性有时用原料的转化率表示，当然，原料转化率越高，显示其活性越大。但在化工过程中，有时更着重选择性，选择性包括化学反应选择性和立体构成的选择性，常用目的产物与催化剂量的比值来表示。活性和选择性反映了催化剂的生产能力，有人把这种能力称为催化剂的“空速”，表示为WWH，即单位时间内，单位质量的催化剂合成的产物的质量，即目的产物量(W)/催化剂量(W)·小时(H)，这是设计催化反应器的重要指数。生产能力由此决定，催化剂用量亦此可以决定。

一些催化剂在反应条件下，随着时间的推移，催化活性可能有所改变。改变的机理有时很复杂，宏观上表现为反应速度下降，目的产物减少，生产能力降低。对不同的催化剂提出了许多活性被改变的假说，如中毒说、积炭说、表面积减少说、催化剂不稳定说、化学晶相改变说、化学分解说、杂质累积说等等，这些说法并不适用于所有的催化剂，也未必是真理，但至少可以解释某些特性情况下的其中一些现象，所以，多数人一直沿用这些说法。不管怎么说，宏观上可以观察到催化剂在一定时间之后活性衰减，等到活性减到没有反应意义的时候，称为催化剂的寿命。事实上，并不等到催化剂完全“死亡”，而是活性下降到某个程度时，就要采取措施，通常采取的措施是更换、补加、再生活化，或添加助剂。当然，开发研究活性和选择性更好的催化剂，也成了研究人员和工程技术人员的任务。

催化剂的稳定性是指外形和化学组成在反应过程和反应体系中是否遭受破坏而失去作用，比如在高温下，溶剂中，反应体系的各类介质中以及高度摩擦、碰撞下或在其它条件如压力再生条件，加料出料条件，是否保持原来的形态、组成和催化作用。催化剂的稳定性，实际上包括负载催化剂的骨架或载体的稳定性。

催化剂的成分、制备方法以及它们的形态、比表面积等等常常是催化剂的一些参数。

二、助催化剂或添加剂

在催化反应中常用一种辅助催化剂，其添加量比主要催化剂要少，甚至于少得多。这种辅助催化剂有时是为了提高主催化剂的活性，有时是为了提高其选择性。有时添加剂是为了改善主催化剂的形态或其它特征也被称为助催化剂，有些助催化剂在反应的开头起引发激活作用，只要反应初期加入；有些助催化剂是在反应到一定程度或一定温度下加入的；有些助催化剂实际上就同主催化剂混合配料，成为了“共同催化剂”。

三、催化剂形态、制备和载体

1. 催化剂形态

按相态分为均相催化剂和非均相催化剂。

均相催化反应是在液相均一相中进行，催化性质属于离子分子催化反应。液相均一相可能是一种溶液，也可能是反应原料形成的液相，而催化剂溶于其中。催化剂的原始形态有可能是液体，有可能是晶体，晶体溶解于液相形成均一相，但均相催化剂大多是液态或溶液。

非均相催化剂大多是固态粉末状，催化剂的成分除了酸碱之外，大多数为过渡金属、金属的合金、金属的氧化物、金属陶瓷、金属氯化物、金属的盐类、金属络合物类等。

2. 制备

金属催化剂许多为冶炼产品，一般用电解法沉析出来，少数金属是由它的盐还原制得。某些金属催化剂是由不止一种金属组成，为了粉末的混合均匀，通常先制成合金，再把合金加以磨碎。金属氧化物的制法有用溶胶加以沉淀，有凝胶沉淀，有低聚物海绵状、树枝状沉析，有的催化剂在用还原法制成之后，再表面处理，使形成的微晶结构具有更大的比表面。

催化剂制备方法，甚至于也会影响到催化剂的活性和选择性，这中间的许多因素，人们尚不甚了解。

3. 催化剂载体

固定床使用的催化剂，为了提高其比表面，往往把催化剂加工成多孔状。最简便的方法是让催化剂金属或金属氧化物分布在多孔骨架的一些物质上，这种多孔物质可能是天然的无机氧化物，如硅酸盐类硅藻土，蒙脱土(石)，沸石，也可能是人工合成的多孔物，如硅胶、活性炭、人造沸石、分子筛等。这些骨料载体有时它们本身就是催化剂，当金属，金属氧化物被吸附在这些多孔物的孔表面时，催化剂会表现出较强的催化活性。

有些催化剂要压成片状或制成粒状放于固定床中，压片和制粒一般有固定的设备供选用，有时可以借助于高分子材料加以吸附和接枝，有机高分子的螯合物、粘合金属也可能是高分子的催化剂载体形态。

四、催化剂加料和出料

催化剂形态无非是液态和固态两类，其输送与加料方法等同于液体和固体原料。由于许多催化剂不宜在空气介质中暴露太久，因此，催化剂总是在反应的时候用 N_2 气流输送进入反应器或用 N_2 气流压送进入反应器。

催化剂的加料系统必须单独设计，不能和原料加料线路混为一谈。绝大多数情况下，催化剂需要补充、添加，要有专门的补加添加装置，包括计量、输送和加料装置。固体态废催化剂排出常采用气流输送排出，流程装置同固体输送。

五、再生和处理

工业中不可能花费大量人力和财力去将原料高纯度化，因而它不同于实验室的试验，对于催化剂的活性寿命和“中毒”的研究，是实验室很难测定的。在工业生产中，必须注意催化剂的再生研究和再生装置设计。通常催化剂失去活性的影响因素较多，其中有一些是使催化剂活性下降的主要因素。掌握了这些因素的危害之后，在催化剂使用一定时间之后，要采取措施使催化剂活化再生。

通常使催化剂活化再生的方法有两种，一是床内再生，二是床外再生。床内再生的可能性是适当改变原料配比，或者提高气速以摩擦脱去“积炭”，或加入还原剂，使催化剂再生等等。能在床内直接活化的情况并不是很多，大多数催化剂失去活性之后要移出床外进行再生活化，移出的方法一般用流态化技术输出，设计另一个催化剂再生床，用物理的或化学的方法，使催化剂再生。

废催化剂处理，等同于废渣治理，但通常都是从中回收金属。

第三章　反应过程和过程优化

第一节　反 应 过 程

化学工业生产过程包括物理过程和化学反应过程，其中化学反应过程往往是生产过程的关键。反应过程进行的条件对原料的预处理提出了一定的要求，反应进行的结果决定了反应产物的分离与提纯任务和未反应物的回收利用。一个产品的反应过程的改变将引起整个生产流程的改变。因此，反应过程是化工生产全局中起关键作用的部分。

一、化学反应过程的分类

1. 按化学反应的特性分类

按照反应机理的不同，可以将化学反应分为简单反应和复杂反应两大类。

同一组反应物只生成一种特定生成物的反应叫简单反应，它不存在反应选择性问题。

复杂反应是指由一组特定反应物同时或接续进行几个反应的反应过程。复杂反应的形式很多，主要有平行反应、连串反应、平行—连串反应和共轭反应等。

根据反应的可逆与否，化学反应可分为可逆反应和不可逆反应两类。不可逆反应能进行到底，反应物几乎全部转变为产物。可逆反应则受化学平衡的限制，反应只能进行到一定的程度，反应产物需要分离和提纯，未反应物应该回收和循环使用。

从化学动力学的角度，可按反应分子数和反应级数区分化学反应。有单分子反应、双分子反应和个别的三分子反应；有零级反应、一级反应、二级反应和分数级反应等。

根据反应过程的热效应，化学反应可分为吸热反应和放热反应两大类。由于两类反应的热特性不同，所以，反应过程要求的温度条件完全不同，使用的反应器类型也不同。

按反应物系的相态，可将化学反应分为均相反应和非均相反应。前者指反应组分(包括反应物、产物和催化剂)在反应过程中始终处于同一相态的反应；后者是指反应组分在反应过程中处于两相或三相状态的反应。

2. 按反应过程进行的条件分类

按照过程的温度条件可将反应过程划分为等温过程、绝热过程和非绝热变温过程。由于反应过程总是伴随着一定的热量变化，并且反应器和外界常有热交换和热损失，所以严格的等温过程和绝热过程都是不存在的。如果装置在保温良好的情况下操作，那么过程接近绝热。在某些场合，又分为低温、常温和高温过程。

就压力状况可将反应过程分为常压、负压和加压过程。加压过程根据压力的高低又分为高压、中压和低压过程。

根据操作方式的不同，化学反应过程可分为间歇过程、连续过程和半连续过程。这是分类方法中最常用和最重要的一种。

间歇过程分批处理物料，周期操作。设备中的物料浓度等操作参数随时间变化，是一种非稳态操作过程。与间歇过程相反，连续过程是均匀加入原料，连续取出产品，设备内各处的物系参数不随时间而变，是一种稳态的操作过程。半连续或半间歇过程介于前两种之间，或是间歇加入物料连续取出产品，或是连续加入物料分批取出产品，仍然是一种非稳态操作过程。

在连续流动反应器中，物料的流动状况有三种：理想置换、理想混合和中间型或实际型。理想置换流动又叫平推流或活塞流，物料在反应器中如同活塞在气缸中一样平行向前流动，不发生任何逆向混合，所有物料在设备中的停留时间相同。细长的管式反应器中物料的流动状况接近这种流型。理想混合流动又叫完全混合流或全混流。物料在装置中达到最大的完全混合，返混程度最大，设备内任一位置处的物系参数都是相同的，操作良好的沸腾炉接近于理想混合流型。一般的实际流动介于上述两种理想流动状况之间，具体情况各不相同。非理想流动过程中物料有部分返混，各部分物料的停留时间不同，形成一个停留时间分布(RTD)，不同的停留时间分布代表着不同的返混和流动状况。

二、反应过程的理论问题

在工业规模的反应器内进行的反应过程，除化学反应外，还伴随着动量传递、热量传递和质量传递(简称“三传”)等物理现象。因此，反应过程不仅涉及化学反应的理论和规律，而且还要涉及到对反应的进程有直接影响的传递过程的理论和规律。

判断在规定的条件下可能达到的最高产率，需要借助于热力学的化学平衡的理论；而为了判断在适当尺寸的反应器中实际能达到的产率，则必须依赖于化学反应的速度，即化学动力学的知识。

概括地说，化学热力学主要为解决反应过程以下三个方面的问题提供理论依据：

(1) 判别化学反应过程能否发生和进行的方向。化学热力学理论表明化学反应沿着自由能降低的方向进行，因此，通过自由能的计算可确定化学反应过程进行的方向。

(2) 确定化学反应过程进行的最大限度。化学平衡原理和平衡常数的计算，为确定化学反应过程进行的最大限度，提供了理论依据和方法。

(3) 化学反应过程热效应的计算。

如上所述，化学热力学可以解决化学反应进行的方向和限度问题，但化学反应进行的方式、过程的快慢及其影响因素等方面的问题，则有赖于化学动力学来解决。化学动力学主要为解决反应过程的如下问题提供理论依据：

(1) 化学反应过程进行的机理。

(2) 建立化学动力学模型，即确定反应过程的化学反应速率与其影响因素之间的函数关系式。

此外，在研究工业化学反应过程时，不仅要考虑微观的动力学因素，而且还要同时考虑设备结构、传递过程等宏观的动力学因素。因此，研究工业化学反应过程，不仅要求化学动力学提供必要的理论依据，同时要求传递工程学提供必要的理论依据。传递过程的内容包括动量传递、热量传递和质量传递三个部分，每个部分都包括分子传递、层流中(或固体中)的传递、湍流中的传递、边界层现象与理论和流动系统中的传递诸方面。

第二节　反应器的基本研究

一、反应器的基本要求

在工业上，实现化学反应的装置称为反应器。化学反应器是化工生产的核心设备，通常应满足下列要求：

（1）反应器要有足够的反应体积，以保证反应物在反应器中有充分的反应时间，达到规定的转化率和产品质量指标。

（2）反应器的结构要保证反应物之间，反应物与催化剂之间的良好接触。

（3）反应器要保证及时有效地输入或引出热量，以使反应过程在最适宜的操作温度下进行。

（4）反应器要有足够的机械强度和耐腐蚀能力，以保证反应过程安全可靠，经济耐用。

（5）反应器要尽量做到易操作、易控制、易制造、易安装、易维护检修。

二、反应器类型和选型原则

1. 反应器类型

由于化学反应种类繁多，性质各异，化学反应器的一个特点是具有相差甚远的构型和尺寸，如窑炉、锅炉、釜、塔、混合器、高炉、回转窑，甚至简单的管子。实现化学反应为其共同点，但特殊性的考虑十分重要。虽难以获得准确的分类方法，但可从影响反应的几个最重要方面大致区分。

按反应中的物相分类，可示意为

- 单相（均相）
  - 气相（G）
  - 液相（L）
- 多相（复相）
  - 三相　气–液–固（G–L–S）
  - 二相
    - 气–液（G–L）
    - 液–液（L–L）
    - 气–固（G–S）
    - 液–固（L–S）
  - 多相

按操作方式分类，可示意为

- 连续——反应物连续加入，产物连续排出
- 间歇
  - 半间歇（半连续）——部分反应物一次加入，另一部分反应物连续加入，直至反应结束或反应器充满，经反应排出产物
  - 间歇——一次性或分次加入反应物，反应器为封闭系统，反应结束后排出反应物

按物料流动状态分类，示意为

- 趋于活塞流
- 趋于全返混

按传热特征分类示意为

{绝热反应器——无热交换的反应器
等温反应器——热交换能力极强，或热效应可忽略不计的
非等温非绝热反应器

常用的分类方法是按反应物系的相态进行分类，将反应器分为均相反应器和非均要反应器。表3-1、表3-2列出了工业上应用较多的若干种反应器及其主要特征和工业应用举例。

表3-1 不同类型反应器在工业生产中的应用

存在的物相	操作方式			
	间歇	连续		
		管式	多级釜式	釜式
单相				
G	少用或不用	常用(裂解)	少用或不用	少用或不用
L	常用(溶液聚合)	较常用	较常用	常用(溶液聚合)
多相				
G+L	较常用(发酵罐)	常用(填料塔)	较常用(板式塔)	常用(搅拌釜鼓泡塔)
L+L	较常用(搅拌釜)	较常用	较常用(筛板塔)	较常用(搅拌釜)
G+S	少用或不用	常用(固定床,移动床,回转炉)	较常用(多层流化床)	常用(流化床,提升管)
L+S	较常用(搅拌釜)	较常用(固定床,移动床)	较常用(多层流化床)	较常用(流化床)
G+L+S		常用(涓流床,高炉)	较常用	常用(浆状反应器)

表3-2 反应器型式与特征

型式	适用的反应类型	混合特征	温度控制性能	其它特征	应用举例
管式	气相、液相、气液相	返混很小	比传热面积大,易控制温度	管内可加构件,如静态混合器	烃热裂解制乙烯,石油树脂
搅拌釜	液相、液液相、液固相	物料混合均匀	温度均匀,容易控制	可间歇操作或连续操作	苯的硝化,丙烯聚合,氯乙烯聚合
空塔或搅拌塔	液相、液液相	返混程度与高径比有关	轴相温差较大	结构简单	尿素合成,苯乙烯本体聚合
鼓泡搅拌釜	气液相	返混大	温度均匀,容易控制	气液界面和持液量均较大,搅拌器密封结构复杂	乙醛氧化,微生物发酵
绝热固定床	气固相、液固相	返混小	床层内不能控制温度	结构简单,投资和操作费用低	苯烃化制乙苯,丁烯氧化脱氢
列管式固定床	气固相、液固相	返混小	传热面积大,易控制温度	投资和操作费用介于绝热固定床和流化床之间	乙苯脱氢,乙烯制醋酸乙烯
流化床	气固相、液固相	返混较大,不适于高转化率或有串联副反应的系统	传热好,温度容易控制	颗粒输送方便,但能耗大,适用于催化剂失活快的反应,操作费用大	丙烯氨氧化制丙烯腈,石油催化裂化

续表

型　式	适用的反应类型	混合特征	温度控制性能	其它特征	应用举例
移动床	气固相、液固相	固体返混小	床内温差大，调节困难	颗粒输送方便，但能耗大，适用于催化剂失活快的反应，操作费用大	石脑油连续重整，煤气化
板式塔	气液相	返混小	如需传热，可在板间加换热器	气液界面大，持液量较大	异丙苯氧化
填料塔	气液相	返混小	床层内不能控制温度	结构简单，气液界面大，持液量较大	合成气脱硫，脱二氧化碳
鼓泡塔	气液相、气液固相	气相返混小，液相返混大	如需传热，可设置换热管，温度容易控制	气相压降较大，气液界面小，持液量大	二甲苯氧化，丙烯氯醇化
喷射反应器	气相、液相	返混较大	流体混合好，直接传热速度快	操作条件限制严格，缺乏调节手段	氯化氢合成，丁二烯氯化
喷雾塔	气液相	气相返混小	无传热面积，床层内不能控制温度	结构简单，气液界面大，持液量小	高级醇连续磺化，氯乙醇制丙烯腈
涓流床（或滴流床）	气液固相	返混较小	不能用传热方法调节温度	气液均布要求高，催化剂带出少，易分离	碳三炔加氢，丁炔二醇加氢
料浆床（或浆态反应器）	气液固相	返混大	如需传热，可设置换热管，温度容易控制	催化剂细粉回收分离困难	乙烯溶剂聚合

2. 反应器选型原则

反应器形式繁多，合理的选型是工程放大和工艺流程的基础，选型的依据是：

（1）反应类型和特征：不同的反应体系，都有其自身的特点。弄清反应的类型，虽是简单却是反应器选型首先使用的判据，了解主反应和副反应的生成途径、反应式、反应速率等等。

（2）反应过程的特征和要求：转化率和单程转化率、反应选择性对于催化反应，应判别催化剂的失活速度、选择性、催化剂时空效率。反应的压降要求，能耗要求等等。

（3）由反应的浓度效应决定的混合要求：反应器中的物流混合按尺度可分为宏观混合和微观混合两种。宏观混合指大尺度的混合现象，如在搅拌釜式反应器中由于机械搅拌反应物流发生的设备尺度的循环流动。在连续流动反应器中，宏观混合就是返混，返混使反应器中反应物的平均浓度降低，产物的平均浓度升高。

对于平行反应，若主反应级数大于副反应，应保持较高的反应物浓度，因此，要求反应器的流型为活塞流；若副反应级数大于主反应，则应保持较低的反应物浓度，应选择返混程度大的反应器。对于串联副反应，应尽量降低产物浓度，选择返混程度较低的反应器。微观混合指小尺度的湍流脉动将流体破碎成微团，微团之间的碰撞、合并和再分散以及通过分子扩散使反应物系达到分子尺度均匀的过程。具有相同宏观混合状态的反应器，可以有 3 种完全不同的微观混合状态：①微观完全均匀；②微观完全离析；③微观部分混合。

必须正确选择反应器的型式、结构尺寸和操作条件(如搅拌速度、加料时间、反应物体积比)，以保证反应在要求的微观混合状态下进行。必要时应在反应器进口或反应物进入反应器处增加混合设施。

(4) 由反应的热负荷和温度效应所决定的热量传递和温度控制要求：若在反应过程中不进行热量的传递，那么必然放热反应温度逐渐升高，吸热反应温度逐渐降低。对强吸热反应，由于温度降低可能使反应在达到预期的转化率之前就已停止；对强放热反应则可能由于下列原因需对反应引起的温升加以限制：

① 对可逆放热反应，温度升高会降低平衡转化率；

② 过大的温升会超出催化剂的使用温度上限；

③ 当副反应活化能大于主反应活化能时，温升会导致目的产物的选择性降低。

因此应该按照反应系统的绝热温升和过程温度控制的要求，由简至繁选择反应器型式。

(5) 相际传质和化学反应的相对速度：对于非均相反应器有相际传质和化学反应两个以上串联的过程，应根据各过程之间相对速度选型。

① 对于气液反应器，若是传质控制，应选择气液接触面大，持液量较小的反应器如喷雾塔，喷射反应器；若是反应控制，则应选择持液量大的反应器如鼓泡塔，板式塔。

② 对于气固相催化反应，传质和反应的相对速度并非通过反应器选型，而是通过催化剂的工程设计，即对催化剂的粒径、孔道结构和活性组分分布提出要求而解决的。

③ 对于气液固三相反应器，传质过程的阻力由四部分组成，即气膜阻力、气液相界面液膜阻力、液固相界面液膜阻力和固相(催化剂)内扩散阻力等。若反应速率主要由催化剂内扩散控制，应减小催化剂颗粒直径或选择异形催化剂。当催化剂颗粒很小，若采用消流床会使床层压降过大时可采用浆态反应器。除此以外应选用消流床或固定床鼓泡反应器，因为浆态反应器的催化剂要分离回收，这将使生产费用增加。

(6) 反应器的特征：各类反应器特征已如前述。下列表 3-3、表 3-4、表 3-5 列出了一些反应器的大致适用性。

表 3-3　固体催化反应器技术性能比较

反应器类型 / 性能比较	固定床				移动床	悬浮催化剂		
						流化床		提升管
	绝热		多管		绝热			
	G	G+L	G	G+L	G	G	G+L	G
提供的催化剂可再生性能	较好	较好	较差	较差	好	好	好	好
浓度分析	好	较好	好	较好	好	差	差	好
温度控制	差	差	较差	较差	差	较好	好	较好
催化剂-产物分离性	好	好	好	好	较好	较差	较差	差
催化剂替换性	差	差	差	差	较好	较好	较好	较好
压降	较低	较高	较低	较高	较低	较低	较高	较低
传热介质要求	–	–	高	较高	–	较低	较低	较低

表 3-4　不同条件下固体催化反应器的适用性

操作状态 / 反应器	操作方式				热交换		流体相	
	间歇	连续			无（绝热）	有	一个流体相 G 或 L	两个流体相 G+L
		管式	全混式	多段式				
固定床	少用	很常用	少用	很常用	很常用	很常用	G 很常用 L 少用	很常用
移动床	不适用	少用	不适用	不适用	常用	少用	G 常用 L 少用	少用
流化床	不适用	不适用	常用	少用	常用	很常用	G 很常用 L 少用	常用
提升式	不适用	常用	不适用	不适用	常用	少用	G 常用 L 少用	少用

表 3-5　气-液反应器的适用性

	鼓泡塔	有气相循环的鼓泡塔	搅拌釜	浮阀塔	筛板塔	填料塔	喷射器	喷洒塔
快反应	不适用	不适用	可用	可用	可用	适用	适用	适用
慢反应	适用	适用	可用	可用	可用	不适用	不适用	不适用
高处理量	适用	可用	不适用	适用	适用	适用	适用	适用
高气相转化率	不适用	可用	可用	适用	适用	适用	可用	可用
高液相转化率	不适用	不适用	可用	适用	适用	适用	不适用	不适用
低压降	可用	可用	可用	可用	适用	适用	适用	适用

气液固三相反应器广泛存在于工业部门之中。表 3-6 列举了重要的实例。由表中可见，固相多数为催化剂，但亦可为反应物或反应产物。虽然三相反应系统分布在化学、聚合物、生化石油工业中，但更多出现在加氢工艺过程中。

表 3-6　气液固三相反应器应用实例

序号	反应系统	催化剂	反应器
1	脂肪酸加氢	Raney 镍	淤浆反应器
2	硝基苯磺酸钾盐、硝基酚在水溶液中加氢	Pd、Pt、Ni 基	淤浆反应器
3	α-纤维素（或粉煤）加氢和加氢裂解生产液体和气体燃料	Ni	淤浆反应器
4	腈加氢	Ni	淤浆反应器
5	1-丁烯加氢异构化至 2-丁烯	未公开	填料鼓泡塔
6	烯烃、甲基山梨酸酯加氢和加氢甲酰化	贵金属 Rh 基	淤浆反应器
7	木质素加氢、糖类的氢解	Raney 镍；Ru	淤浆反应器
8	$CO+H_2$、Fischer-Tropsh 合成 CH_4 和直链烃	Ni-MgO	淤浆反应器
9	$CO+H_2$ 合成甲醇	Cu-Zn 氧化物	三相流化床
10	亚硝酸盐和氢反应生成羟胺；NH_4NO_3、H_3PO_4 和 H_2 生成磷酸羟胺	贵金属 Pd 载于炭上	淤浆反应器
11	水溶液中用 H_2 还原六价铀酰为四价	Pd 基	填料鼓泡塔
12	空气氧化乙醇为乙酸	Pd 基	涓流床淤浆床
13	异丁烯乙二醇氧化成 α-羟基异丁酸	Pd 载于炭上	淤浆反应器
14	一乙醇胺胺化成乙二胺	未公开	涓流床
15	丙烯氧化物异构化成丙烯醇；环氧乙烷化合物重整	Li_3PO_4 悬浮于联二苯 $SiO_2-Al_2O_3$	淤浆反应器
16	葡萄糖氧化成葡萄糖酸钾	Pt 载于炭上	淤浆反应器
17	1-溴-2,4-二氯苯加氢成 1,3-二氯苯	Pd 载于炭上	淤浆反应器
18	苯与丙烯烷基化	磷酸	涓流床反应器

续表

序号	反应系统	催化剂	反应器
19	异丁烯和水溶甲醛反应(二甲基丁二烯合成步骤之一)		涓流床反应器
20	异丁烯和甲醇生产甲基-叔丁基醚	离子交换树脂	多管填充床反应器
21	乙烯环氧化	银氧化物载于硅胶悬浮于二丁基邻苯二甲酸酯中	淤浆反应器
22	丙烯与叔丁基过氧化物、乙基苯过氧化物等环氧化;苯乙烯和α-烯烃与异丙基苯过氧化氢环氧化	Mo 硫化物/氧化物	淤浆反应器
23	淤浆聚合	有机金属化合物	淤浆反应器
24	SO_2 在水中氧化成 H_2SO_4	活性炭	涓流床淤浆反应器
25	稀甲酸和乙酸溶液的氧化(废水处理)	Cu-Zn 氧化物	涓流床

三、反应器的开发与放大

1. 反应器的开发

化学反应器的开发，大致可以遵循图 3-1 所示的程序。首先应尽可能收集被开发反应系统的文献报道，实验室试验资料和可供参考的其它材料，并尽可能从这些材料中作出一些初步判断，构思初步的反应器构型。通常，做到这一步还须配合预实验。预实验的目的是为了进一步揭示反应过程的特征，为决策提供依据。在反应器构型的基础上，可通过过程的分解和简化，构造反应过程的数学模型，用实验检验模型的合理性，并进行模型参数的估计；或可通过确定开发放大判据，并用实验筛选这些判据，按筛选的判据进行放大。然后或由中试检验开发放大的可靠性，再进一步放大。当然如对该过程的放大已有较大把握，也可不经中试直接放大。反应器的开发放大工作除需保证开发质量和可靠性外，尚要求开发周期短，耗费低。减少中试层次十分重要。

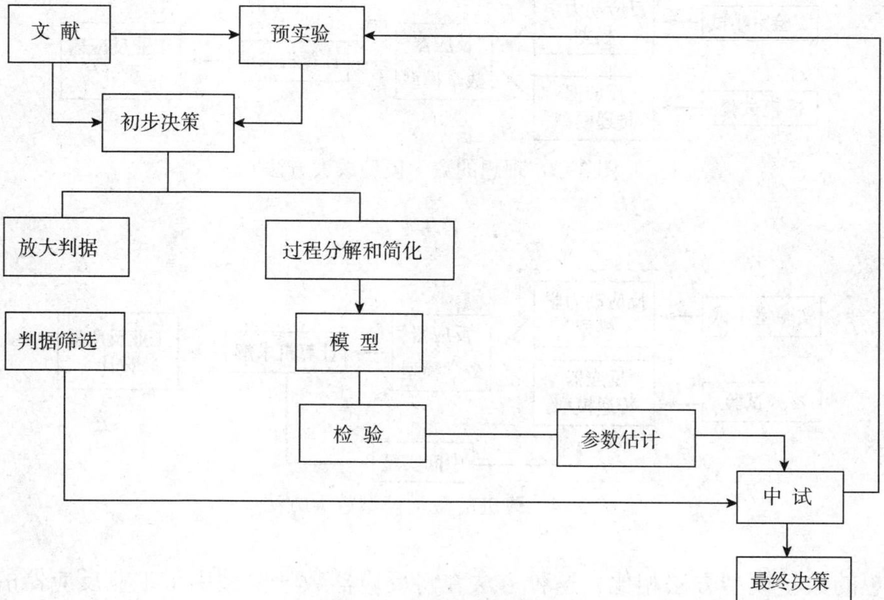

图 3-1　工业反应器开发程序示意

2. 反应器的放大

在很长一段时间中，逐级经验放大一直是反应器放大的主要方法。经验放大法是依照小型反应器的结构和运行参数逐级放大，然后在实践中对反应参数作适当的调整以取得较好的结果。该法的工作程序如图 3-2 所示。首先在实验室反应器中进行小型工艺试验，根据试验结果，确定反应器的选型和优化工艺条件。然后再进行规模稍大些的模型试验(模试)和规模更大些的中间试验(中试)，考察反应器尺寸变化对反应结果的影响。在没有把握时，往往需要经过多级不同规模的中试，才能进行工业规模的大型反应器的设计。

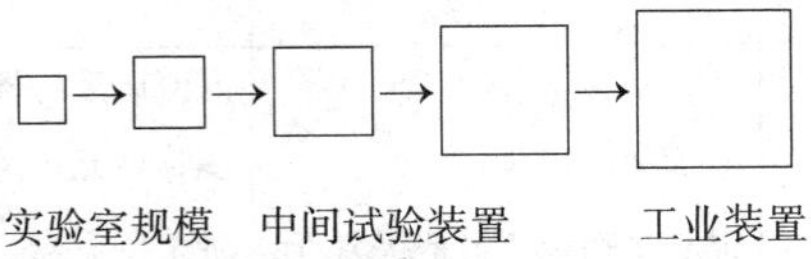

图 3-2　逐级经验放大的工作程序

图 3-3 为理想的数学模型方法的工作程序。其实质是将反应器中发生的过程分解为化学反应和流动、传热、传质等物理传递过程；在实验室小型反应器中研究化学反应的规律，通过实验测定、模型筛选和参数估值，建立反应动力学模型；在大型冷模试验装置中，在没有化学反应的条件下研究反应器中的流动、传热、传质规律，建立反应器的传递模型；然后通过物料衡算和动量衡算把反应动力学模型和反应器的传递模型结合起来，建立反应器数学模型，再通过计算机求解，进行工业反应器的设计。

数学模型放大方法由于掌握了工业反应过程的内在规律，不需经过中试，可以增大放大倍数，缩短放大周期，但到目前为止，用这种方法进行工业反应器放大并取得成功的例子依然屈指可数。其原因是：(1) 通过实验室研究建立的反应动力学模型往往不够精确；可能因过分简化而失真，有的含有多个参数，这些参数准确估计并不容易。(2) 对某些工艺上的特殊问题和潜在的危险必须通过中试装置一段时间的运转才能作出判断。

于是，有了第三种方法——改进的数学模型放大方法，对上述两种方法进行折衷，其工作程序如图 3-4 所示。

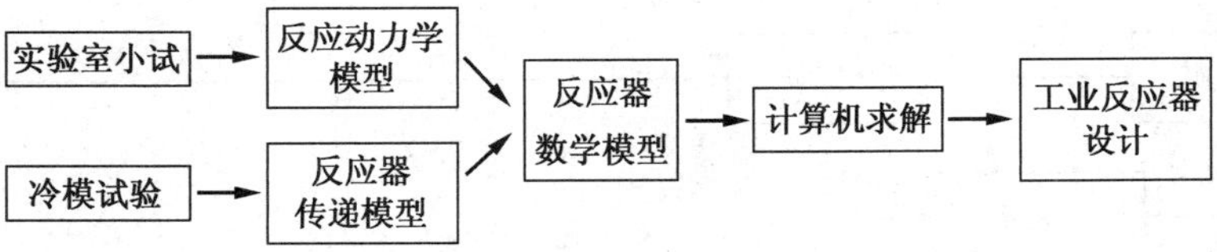

图 3-3　理想的数学模型放大方法

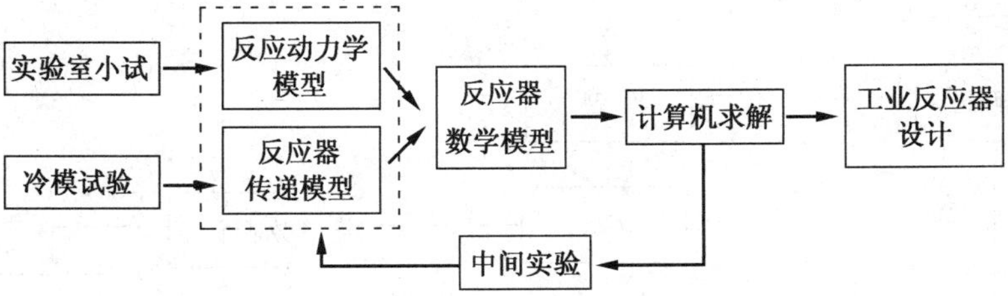

图 3-4　改进的数学模型放大方法

和理想的数学模型方法相比，这种方法在将反应器数学模型用于工业反应器的设计计算之前，仍需要经过一步中试，用中试装置的运转结果检验模型预测的可靠性，并对反应器数学模型进行修正。和逐级经验放大法相比，在这种方法中，中试的目的不再是探索设备几何尺寸的变化对反应结果的影响，而是检验反应器数学模型的可靠性。

应该指出，在反应器的设计放大中，上述三种方法目前都有应用。对一具体的反应过程究竟应采用哪种方法，应根据过程的特点，由设计工作者和研究工作者通力合作，进行决策。

一个完整的反应器数学模型主要包括以下五个内容：

（1）反应动力学方程　这是反应器模型的关键部分，是确定反应器结构参数和操作条件的基础，也是分析反应器操作性能的依据。不仅是应掌握反应的本征动力学关系，更应该掌握能反映传递因素对反应速率影响的宏观动力学关系。

（2）物料衡算方程　即在质量守恒定律基础上描述反应系统中物料转移关系的数学关系。与其它化工单元过程不同，反应器的物料衡算关系应该反映各参数与反应的组分由于化学变化所引起的物料量的变化，因此具有以下两个显著特点：

① 反应器物料衡算方程的对象一般是系统中被选定的一个特定组分，通常这个组分称为关键组分，它往往是系统中的主要反应物，或是在非等分子数进料中含量最小的组分。而且，为了反映关键组分的数量变化关系，通常都以摩尔作为计量单位，建立的是物质的量的衡算方程。

② 反应器物料衡算方程所描述的范围应该是反应器的某个有代表性的单元体，即一个包括有反应器中所有现象，而其最大体积则是单元体内空间各点在进行衡算的时间区间中各种参数都完全均一的空间，因此衡算范围可能是整个反应器，也可能只是一个微分单元体积。

反应器物料衡算方程的通式为：

某组分流入量=某组分流出量+某组分反应消耗量+某组分累积量

（3）热量衡算方程　是在能量守恒与转化定律基础上描述反应系统中热量转移关系的数学表达式。对反应器或其一微元体进行反应物料的热量衡算，通式为：

带入的热焓=流出的热焓+反应热+热量的累积+传向环境的热量

（4）动量衡算方程　与物料和热量衡算方程相似，动量衡算方程反映系统中的动量变化关系。但是，当反应物料流过反应器（或单元体积）时，如果其前后压力差很小，一般不列出动量衡算式。

（5）参数计算式　在反应器设计时需要涉及到大量物性参数和传递参数，这些参数往往是温度或物料组成的函数，因此在计算时，特别是在进行计算机辅助设计计算时，应该提供相应的参数关联式。

3. 反应器设计的基础资料清单

为了建立并求解反应器的数学模型，应事先掌握的资料和数据可列举如下：

（1）主反应的反应速率方程及动力学常数；

（2）可能的副反应的类型、速率关系以及选择性；

（3）反应原料的组成，杂质类型及含量、杂质对反应转化率及选择性的影响；

（4）原料与载气的混合比；

（5）反应原料中各种组分的物性参数；

（6）反应原料混合物的爆炸极限；

（7）催化剂的类型、粒度、表面性能参数以及强度等；

(8) 催化剂可能的失活原因、失活速率、再生周期、寿命；

(9) 催化剂的再生方法、再生操作条件；

(10) 反应的热效应，反应允许的最高温度，反应适宜的温度范围；

(11) 可能选用的反应器类型、结构特点；

(12) 拟选用的反应器的流动特性、返混程度(如有条件进行冷态流动的示踪应答实验，可取得停留时间分布函数及其特征值)；

(13) 拟选用的反应器的传热特性、传热面的布置形式；

(14) 可能采用的传热介质类型、型号、性能参数；

(15) 拟选用的反应器的允许使用压力范围，允许的压力降；

(16) 多相反应中分散相的分散方法；

(17) 多相反应中分散相的分散装置的操作特性，机械搅拌(混合或分散)时可采用的搅拌桨的结构类型与性能；

(18) 多相反应中分散相(气泡或液滴)的合并规律；

(19) 气-固流化反应过程中固体(催化剂)的粒度分布，使用时粒度的变化规律；

(20) 流化床气相分布装置的形式与特性；

(21) 开、停工过程的操作特性。

第三节　釜式和鼓泡反应器

一、搅拌与混合

搅拌混合是化学工业中一个重要的操作过程，但搅拌与混合决不是同义词。搅拌是指使槽内物料形成某种特定方式的运动(一般在槽内作循环流动)，混合则是将二种或多种性质相似或不同的物料，在其共同所占有的体积中达到均匀分布的一种过程。搅拌的着眼点在于槽内物料的运动方式和激烈程度，以及这种运动状况对给定过程的适应性，混合的着眼点在于被混合物料所达到的均匀程度。

1. 搅拌的目的

在化工生产过程中，通过搅拌实现的目的是多样的，归纳起来可分为以下几种：

(1) 使两种或多种互溶或不互溶液体，按工艺要求混合均匀，以达到制备均匀混合液、乳化液、强化传质过程，或提高反应速率等目的。

(2) 使气体在液体中充分分散，增加相接触表面，以促进传质或化学反应。

(3) 使小固体颗粒在液体中均匀悬浮，以达到加速固体的溶解、强化固体的浸取、促进液固相间反应、强化固体吸附剂净化液体等目的。

(4) 通过搅拌，促进液体与搅拌器附设传热装置之间的传热以达到按工艺要求传递热量、防止局部过热或过冷的目的。

有时，一个搅拌器同时起着几种作用。针对不同的搅拌目的，选择恰当的搅拌器构型和操作条件，是工艺设计的重要任务。

当反应涉及到两个以上的流体时，它们进入反应区的混合状态将对反应结果产生影响。从反应物的混合程度而言，存在着两种极限情况，一种是反应物进入反应区之前，通过分子扩散使反应物系达到了分子尺度上的均匀，此种混合称为微观混合，相应的流体称为微观流体，相应于微观流体混合的混合态称为非凝集态；另一种是反应物料以一定尺寸大小的微团作为单独的运动单元进行的混合，每一微团可以含有 $10^{12} \sim 10^{18}$ 个分子，此称宏观混合，相应的流体称为宏观流体，相应的混合态称为完全凝集态或称为完全离析。更多的情况是流体既达不到分子水平的混合，又不都成为互不渗透的、独自行动的微团，这种状态称为部分凝集态或部分离析。

两种互溶流体之间通过混合达到微观均匀的过程通常可分为两步。第一步是借助主体流动和湍流脉动将流体分散成不同尺度的微团，前者通过主体对流扩散进行物质传递，后者通过涡流扩散进行物质传递，这两者出于不同机理，但却是同时进行的。第二步是这些微团间的碰撞、凝并和分裂以及微团内的分子扩散。可见，主体对流扩散和涡流扩散都不能达到完全的均匀混合，即不能使被搅拌物料的全部分子呈完全均匀的分布状态。完全均匀的混合状态只有通过分子扩散才能达到。因此，主体对流扩散和涡流扩散只是进行宏观混合，分子扩散才能进行微观混合。但宏观混合的结果大大增加了分子扩散的表面积，并减小了扩散距离，因此提高了微观混合的速度。

对两种不互溶的流体，例如在气液相反应或液液相反应系统中，宏观流动和湍流脉动将使一相破碎成液滴(或气泡)分散在另一相中，前者称为分散相，后者称为连续相。连续相的组成可借助主体对流扩散、涡流扩散和分子扩散而达到微观均一。作为分散相的液滴(或气泡)，一方面被连续相挟带而发生宏观混合，在剧烈搅拌时，可以达到宏观均匀，例如在通气搅拌釜中的气泡；另一方面则通过不同液滴(或气泡)之间的碰撞、合并和再分裂而发生微观混合，微观混合的程度则取决于碰撞、合并和再分裂的频率。

当反应系统中存在固相反应物时，固相总是具有宏观流体的性质，其混合态总是处于完全凝集态。固体颗粒的剧烈运动可以使它们达到充分的宏观混合。在反应器内任何部位取出足够数量的固体颗粒，其平均反应程度将是均一的。但是，当考察的尺度缩小到单个颗粒时，则会发现它们的反应程度各不相同。这是由于固体颗粒具有不可凝并的特点，在不同颗粒之间不会发生任何混合。

2. 反应器中常用的搅拌器

搅拌器可粗分为适用于低粘流体的和适用于用高粘流体的两大类。适用于低粘流体搅拌器有桨式、涡轮式、三叶后掠式、布鲁马金式等，如图 3-5。适用于高粘流体的搅拌器有锚

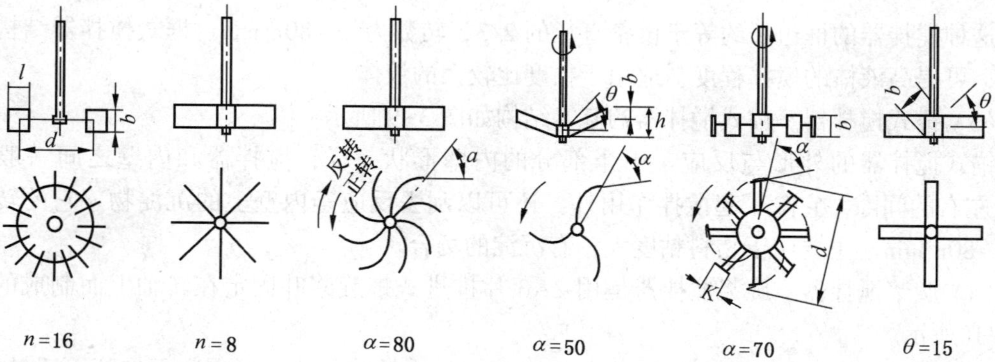

(a) 涡轮式　(b) 平桨　(c) 曲叶桨式　(d) 三叶后掠式　(e) 布鲁马金式　(f) 斜桨式

图 3-5　适用于低粘流体的搅拌器

式、门式、螺带式等，如图 3-6。

常用的搅拌器评价如下：

(1) 桨式搅拌器。它是由 2~4 片板状桨叶用螺丝固定在搅拌轴上。如图 3-7 所示。桨叶的长度约等于设备直径的 1/3~2/3，转数则为 15~80r/min。当反应釜内液层较深时，可在搅拌器轴上水平安装数排桨叶。

桨叶搅拌器只能造成水平液流，搅动混合程度不强烈。其优点为结构简单，制造方便，使用较为广泛。

(2) 框式搅拌器。框式搅拌器是桨式搅拌器的一种变形，只是在水平桨叶外增加一些垂直或倾斜的桨叶而构成一个框。如图 3-8 所示。

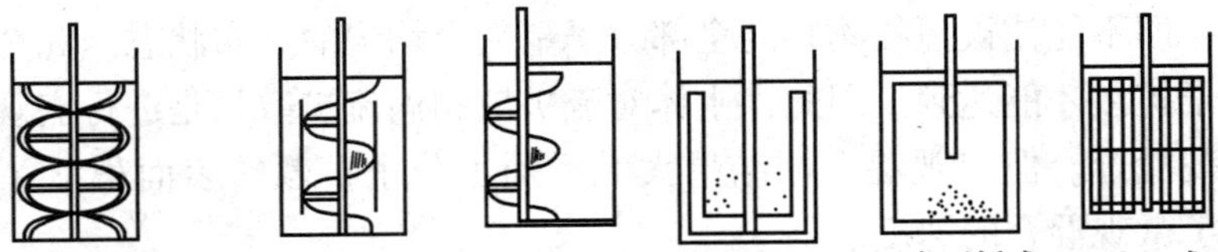

图 3-6　适用于高粘流体的搅拌器

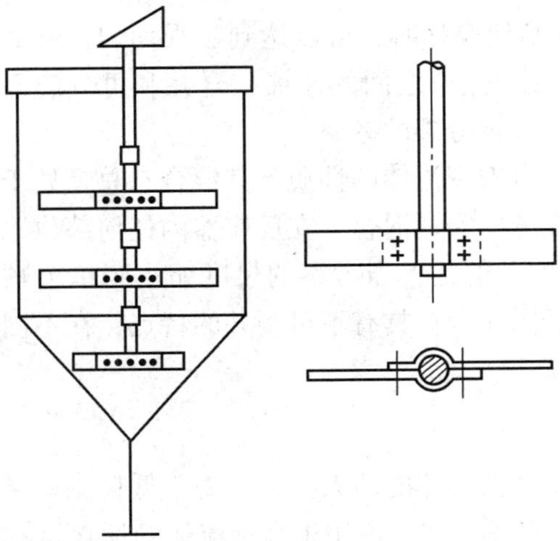

图 3-7　桨式搅拌器

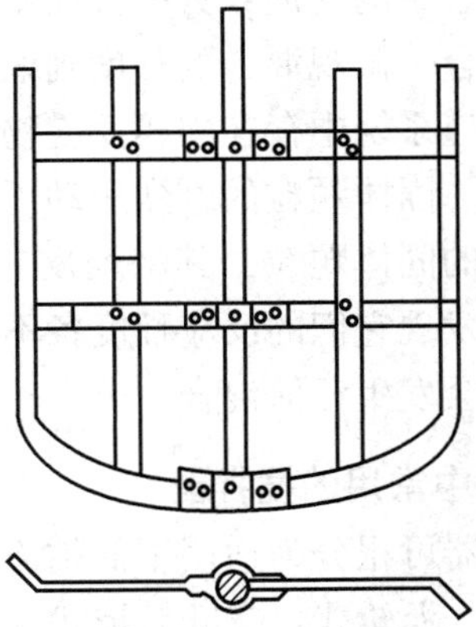

图 3-8　框式搅拌器

这种搅拌器的框边长约等于设备直径的 2/3，转数为15~80r/mm。框式搅拌器结构比较牢固，可提高液体的搅拌程度，适用于粘度比较大的液体。

(3) 锚式搅拌器。锚式搅拌器的基本结构如图 3-9 所示。

锚式搅拌器的外形与反应釜下半部分的内壁形状一样，搅拌器和内壁之间一般只有 5mm 左右的间隙。它除了起搅拌作用外，还可以刮去反应釜内壁上的沉淀物。它的转数约为15~80r/min。主要用于物料粘度大，有沉淀的场合。

(4) 旋桨搅拌器。旋桨搅拌器是用 2~3 片推进式螺旋桨叶固定在转轴上而制成的。如图 3-10所示。

旋桨叶的直径约等于设备直径的 1/2~1/3 之间。转数每分钟可在数百转至上千转之间。高速旋转的桨叶使液体造成剧烈的轴向流动，液体在容器中央和器壁间形成强烈的循环运动。旋桨搅拌器的优点是结构简单，制造方便，可在较小的功率下得到较好的搅拌效果。

（5）涡轮搅拌器。涡轮搅拌器是由若干个轮片构成的涡轮安装在轴上而组成的搅拌器。如图 3-11 所示。

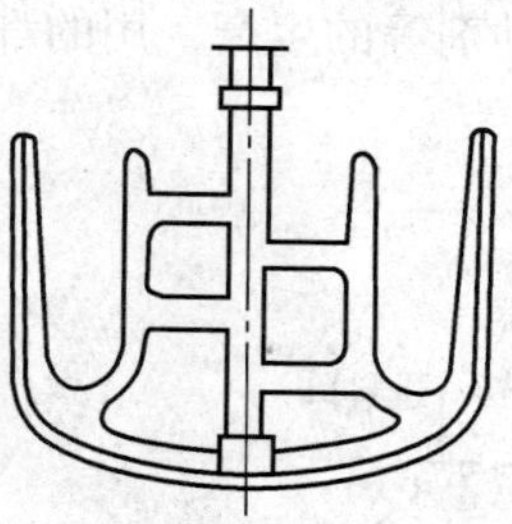

图 3-9　锚式搅拌器

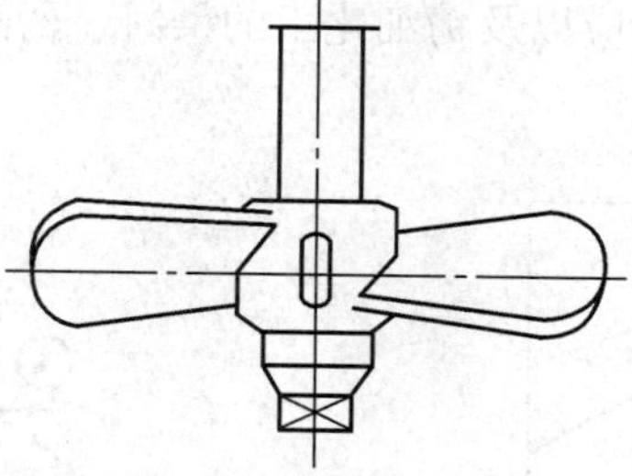

图 3-10　旋桨搅拌器

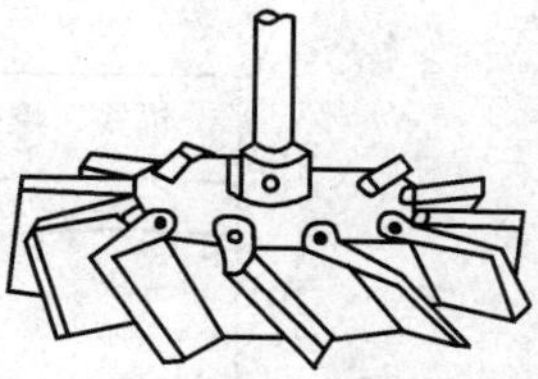

图 3-11　涡轮搅拌器

它的结构和工作原理与离心泵相同。当叶轮旋转时，液体由轮心吸入，同时借离心力由轮叶通道沿切线方向抛出，从而造成液体的强烈搅拌。转数可在 300～1000r/min 之间，多用于要求迅速溶解和高度分散的操作。主要缺点为造价较高。

3. 搅拌器的选型

图 3-12 是以物料的粘度和搅拌釜的容积作为参数的搅拌器选型图。表 3-7 是以流动状态、搅拌目的、釜容积、转速范围、最高粘度作为参数的搅拌器选型表。

表 3-7　搅拌器型式适用条件表

搅拌器型式	流动状态			搅拌目的									槽容量范围/m^3	转速范围/(r/min)	最高粘度/10^{-1}(Pa·s)
	对流循环	湍流扩散	剪切流	低粘度液混合	高粘度液混合传热反应	分散	溶解	固体悬浮	气体吸收	结晶	传热	液相反应			
涡轮式	○	○	○	○	○	○	○	○	○	○	○	○	1～100	10～300	500
桨式	○	○	○	○	○		○	○		○	○	○	1～200	10～300	500
推进式	○	○		○		○	○	○		○	○	○	1～1000	100～500	20
折叶开启涡轮式	○	○		○		○	○	○			○	○	1～1000	10～300	500
布尔马金式	○	○	○	○	○		○				○	○	1～100	10～300	500
锚式	○				○		○						1～100	1～100	1000
螺杆式	○				○		○						1～50	0.5～50	1000
螺带式	○				○		○						1～50	0.5～50	1000

二、釜式反应器的特征

1. 釜式反应器的特点

釜式反应器又称反应釜或搅拌反应器，其高度与直径之比一般为 1～3 之间，见图 3-13。釜内设有搅拌装置及挡板，并根据不同情况在釜上设有换热夹套或在釜内安装换热器以维持所需的反应温度。如果反应的热效应不大，可以不装换热器。釜式反应器是工业上广泛应用的反应器之一。它可以在较大的压力和温度范围内使用，适用于各种不同的生产规模。在操作方式上，可以是连续操作，也可间歇或半间歇操作。釜式反应器具有投资少、投产快，操作灵活性大的突出优点，可用以进行均相反应(绝大多数情况是液相均相反应)，也可用于进行多相反应，如气液反应、液液反应、液固反应以及气液固反应。许多酯化反应、硝化反应、磺化反应、氯化反应以及精细化工的染料、药品和助剂等的生产，用的都是釜式反应器。

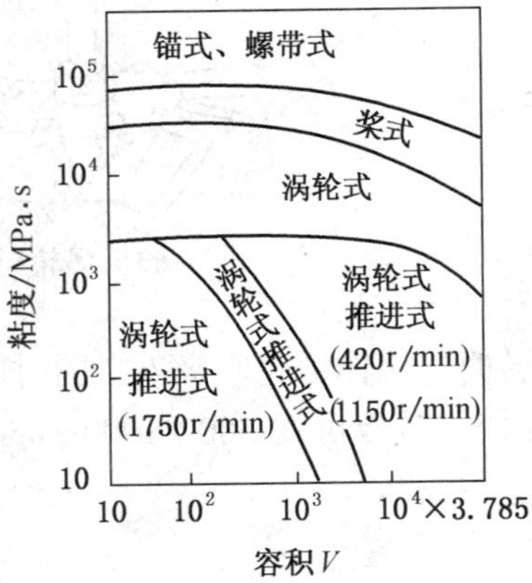

图 3-12　搅拌器选型图

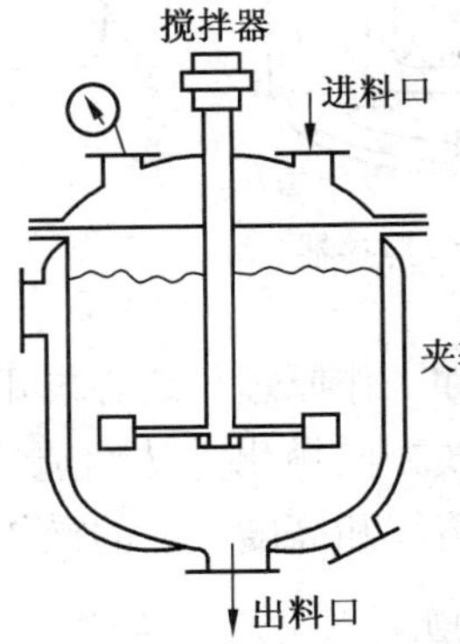

图 3-13　釜式反应器示意图

连续操作的釜式反应器当搅拌激烈时，其内部物料的流动常接近于全混流。

2. 非均相釜式反应器

(1) 气液相搅拌釜式反应器

气液分散搅拌设备有通气式、自吸式和表面曝气式三种。这里仅涉及通气式。通气式常用各种圆盘涡轮式搅拌器，典型的通气式气液搅拌设备如图 3-14。

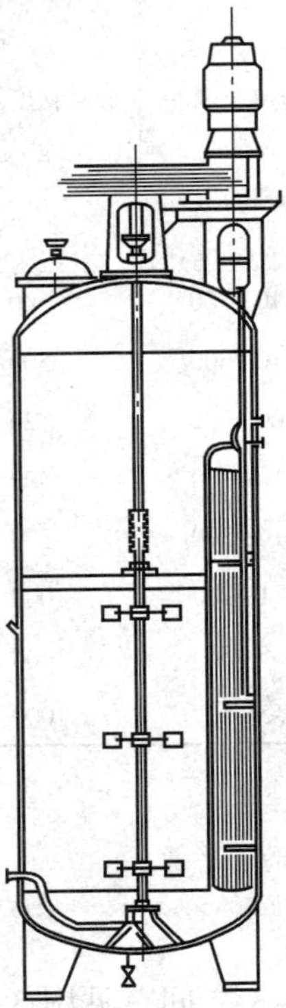
图 3-14　典型的通气式气液搅拌设备

① 气体分散状态。通气速度 V_g 和通气数 N_a

V_g 和 N_a 的计算式如下：

$$V_g = Q_g / A_t$$

$$N_a = Q_g / N d^3$$

式中　Q_g—— 通气量，m^3/s；

A_t ——搅拌釜的截面积，m^2；

N——搅拌转速，r/s；

d——搅拌器直径，m。

涡轮式搅拌器的通气速度在 0.025~0.04 m/s 范围内，最大为 0.1~0.12m/s。

② 叶片背后的空穴。通气搅拌釜中，回转着的叶轮背后产生流动剥离现象，并形成尾波，从叶片下面供给的气体一旦被减压状态的尾波捕捉，在沿着尾波流动过程中发生气泡的分裂。当用六平直叶圆盘涡轮式叶轮把气体分散于低粘流体时，随通气和搅拌条件不同，有如图 3-15那样的三种捕捉的方式，即分别形成大空穴。

③ 搅拌釜中的气液分散状态。可把气液分散状态分成如图 3-16所示 5 类。

图 3-16(b)中的气液分散状态是较理想的。因此搅拌转速一定时，通气量增加到产生(e)那样的流型时便认为过载。

通气量一定,搅拌转速逐渐增加,气液搅拌釜内主体流流型变化与上图是一样的,顺序与前述相反,即转速增加时,流型从(e)变至(a)。因此通气量一定时,能产生流型(e)的转速也就是能达到理想气液分散状态的最低转速,称此转速为临界转速或气泛转速。

(2) 液液相搅拌釜式反应器

① 液液分散搅拌器。典型的液液分散搅拌设备如图 3-17 和图3-18。搅拌器的 d/D 通常为$\frac{1}{3}\sim\frac{1}{3.5}$。$d/D$ 过小，液面周边将出现轻液相分离层；d/D 过大，则搅拌轴周围将残留轻液相分离层。在釜内装两支如图 3 - 18 所示的轻液挡板有利于消除搅拌轴附近的轻液层。其最适尺寸为：

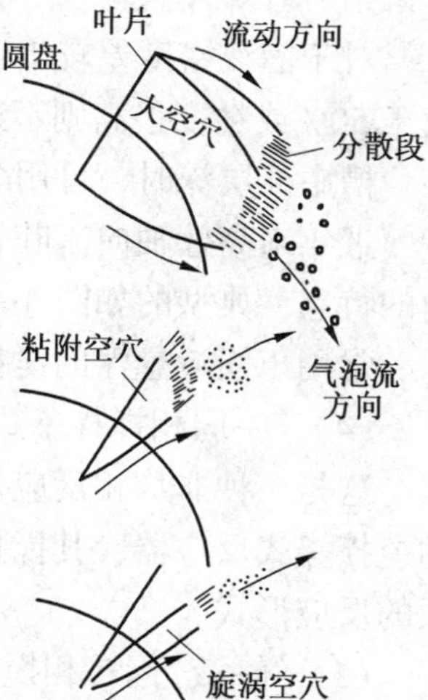

图 3-15 叶片背后的三种空穴形式

$$e_b = d/2;\ S_b = d/2;\ W_b = 0.07 \sim 0.1D;\ d = 0.4D$$

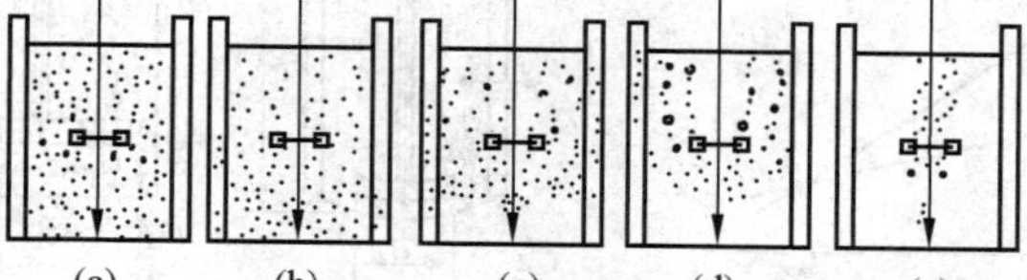

图 3-16 转速恒定时，随通气量增加流型的变化

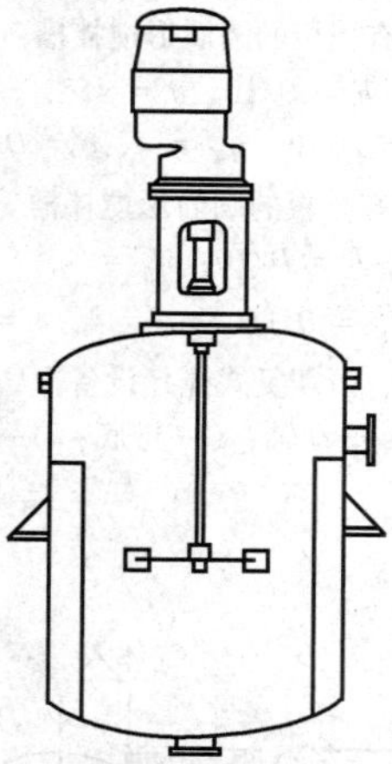

图 3-17 典型的有挡板液液相搅拌设备

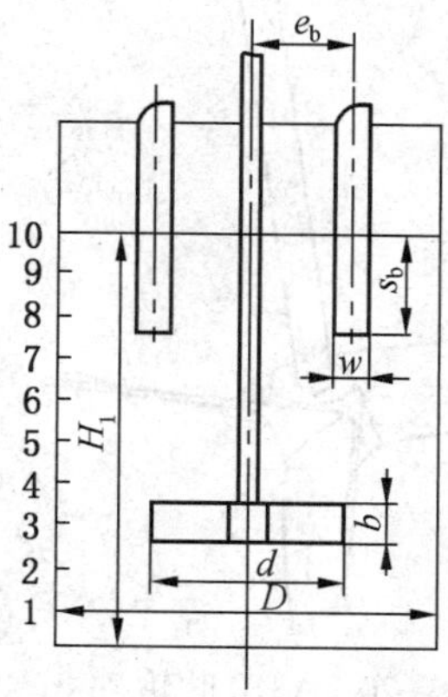

图 3-18 装轻液挡板的液液相搅拌设备

② 液液分散的稳定三角区。搅拌互不相溶的两相时，在连续相内液滴不断地被分散和聚结，经过一段时间后，液滴的分散和聚结速率相等，达到动态平衡，于是在釜内形成稳定的分散体。分散体内液滴的大小是不均一的，滴径 d_D 与转速有密切关系，如图 3-19。

③ 固液相搅拌釜式反应器。常用的固液搅拌器有涡轮式、推进式和桨式 3 种。

在低浓度、低粘度溶液中悬浮易沉降的固体粒子时，宜用涡轮式叶轮，叶轮的位置靠近槽底，利用涡轮的旋转扫出槽底的粒子，并使流体获得较大的轴向循环速度。对纤维状固体可采用后弯叶片涡轮。

对于固液密度差较小、不易沉降的粒子的悬浮操作，可采用推进式叶轮。但若固体浓度大于50%或粘度很高则不适用。

槽中液层深时，可用多层桨。

近年来高效轴向流叶轮，非常适合于固液悬浮操作。这些叶轮的叶片都有变叶宽和变倾角的特点，典型的如图3-20所示A310叶轮和图3-21所示HPM叶轮。

常用于固液悬浮的搅拌设备如图3-22。

(4) 气-固相搅拌釜式反应器

这是一种非均相反应器，又称搅拌床，既不同于流化床又不是固定床，因此是一类特殊的搅拌釜式反应器，其搅拌形式一般为螺带式和螺杆式。有立式和卧式之分。常用于放热不大的反应形式。

(5) 气-液-固三相搅拌釜式反应器

这一类反应器常称淤浆搅拌釜，固相一般为催化剂，其利用率较高，但这种釜式反应，给催化剂与液体的分离带来不小的麻烦，典型的淤浆式搅拌釜示意如图3-23。

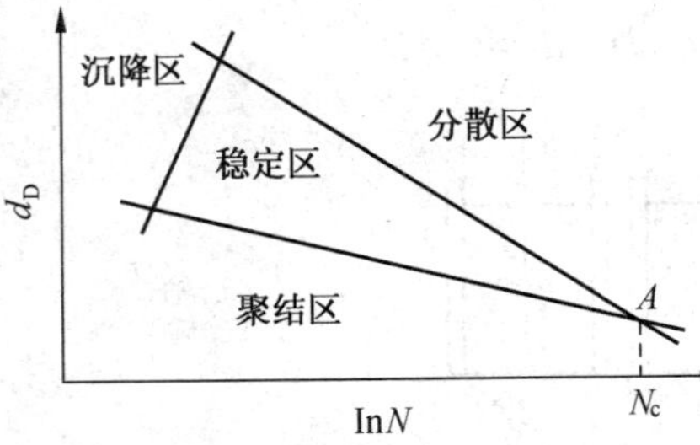

图3-19　搅拌釜内液液相分散状态

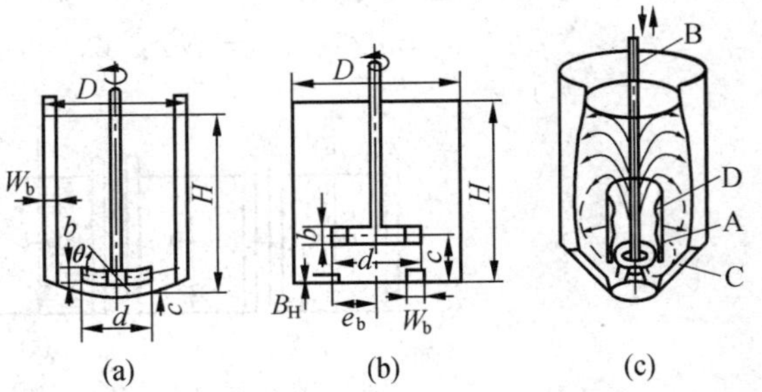

图3-22　用于固液悬浮的搅拌设备

(a)壁上有挡板的圆筒形搅拌槽

$d = D/2$, $b = D/10$, $\theta = 45°$,

$\eta_p = 4$, $W_b = D/10$, $\eta_B = 4$, $c = D/10$

(b) 底部有挡板的圆筒形搅拌槽

$d = D/2$, $b = D/10$, $\eta_p = 4$,

$B_H = 0.05D$, $W_b = 0.1D$, $\eta_B = 4$, $c = D/2$

(c)上、下往复式搅拌设备

A—有孔圆盘；B—振动轴；C—锥底；D—导流筒

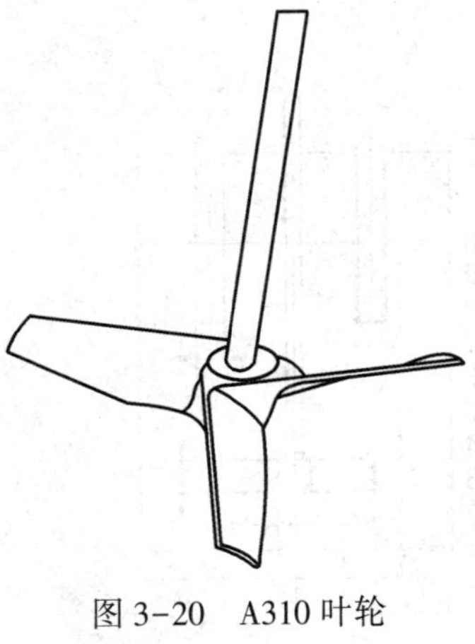

图3-20　A310叶轮

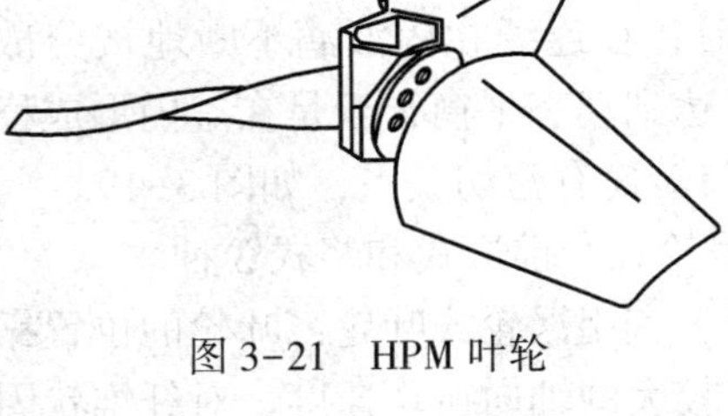

图3-21　HPM叶轮

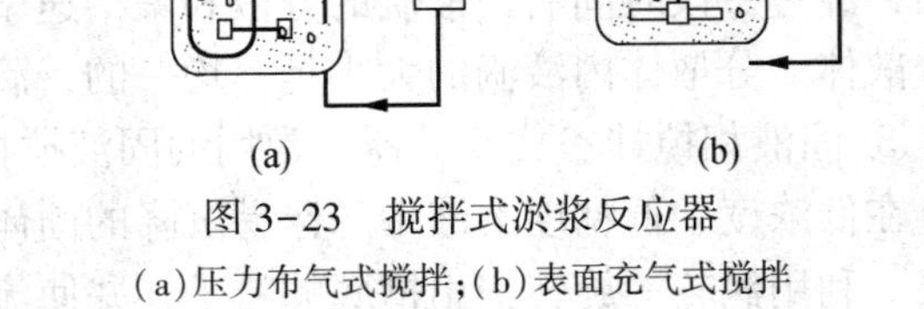

图3-23　搅拌式淤浆反应器

(a)压力布气式搅拌；(b)表面充气式搅拌

3. 搅拌釜式反应器的传热

一般说搅拌釜的传热有三种形式，即夹套、内部构件和搅拌器附传热作用。

形状相似的搅拌釜夹套传热的传热面积随着体积增大,单位体积物料的传热面积与釜的直径成比例地减小。因此,为保证传热的要求,有时就必须设计形状为瘦长型的反应釜或者在反应釜内增加内部传热部件。搅拌釜内构件,以直管(U 型管)和盘管为主,实际上直管型在流体流动和出料等方面,可能都比盘管有一定的优越性,因此,近代对直管传热研究较多,技术进步的成果也突出,现将夹套、盘管和直管传热示意如图 3-24、图 3-25、图 3-26。

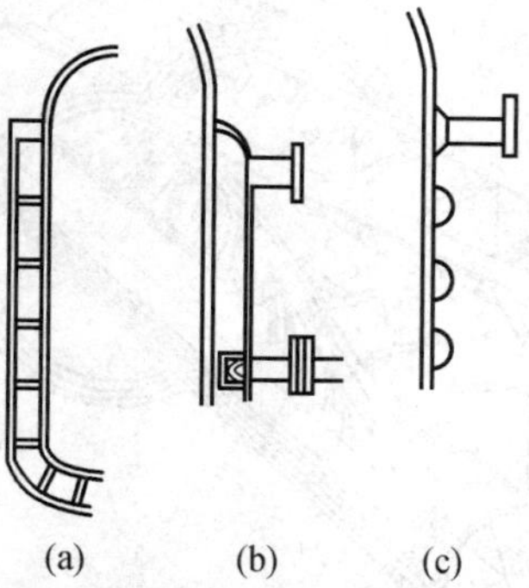

图 3-24 三种夹套示意图

(a)螺旋挡板夹套；(b)空心夹套加扰流喷嘴；(c)半管螺旋夹套

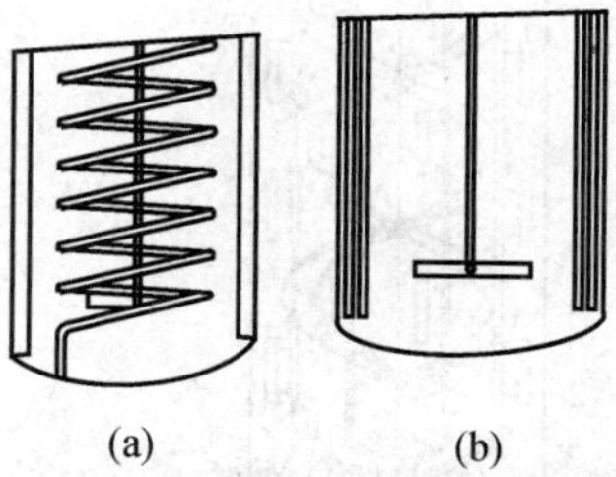

图 3-25 盘管和直管

(a)盘管；(b)直管

有些反应釜为了强化传热还在搅拌器内通入热或冷载体，这些传热方式用于反应物料的加热或移去反应热的降温，除了传热面积之外，实际上热或冷的载体与物料的温差也常常是弥补传热面积不足的一个手段，当然，强化和提高传热系数 K 是工程学家常常处心积虑要研究改进的，但往往使设备变得复杂，但无疑是一个进步的途径，这些传热的机理都是相同的，是间接传热，金属管式夹套把热(冷)载体与反应物料液体隔开，传热过程变成物料对流传热、(固体)金属热传导和载体对流传热三个环节。

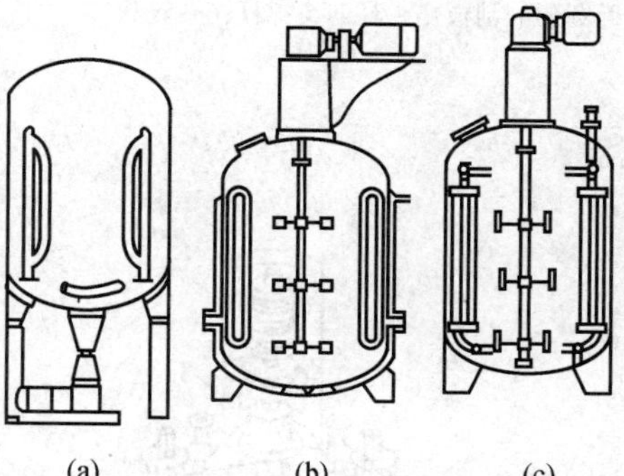

图 3-26 直管型传热内构件的三种变形

(a)D 挡板；(b)发夹形管；(c)板式管组

对于要冷却带走反应热的反应，在工艺上常常用低沸点溶剂蒸发再冷凝回流的方法以移去反应热。这种方法也常常用于作为传热面积的一个补充。

4. 搅拌釜式反应器的进展

(1) 搅拌釜式反应器主要部件的进展。

① 搅拌叶轮的进展。近年来国际上开发了多种高效轴向流叶轮，其特点是叶片的倾角和叶宽随径向位置而变，如图 3-20 和图 3-21，这些桨大量用于低、中粘搅拌釜式反应器，如磷酸反应器、发酵反应器等。

对于高粘体系，刮壁式搅拌器(图 3-27)和自清洁式搅拌器(图 3-28)是新的发展趋势。刮壁式搅拌器多用于合成橡胶；自清洁式搅拌器用于生产聚酯、聚氨酯和氢氟酸等。

日本神钢泛技术公司开发了泛能式搅拌器，如图 3-29。据称适用的粘度范围很广

（1~100000mPa·s），对于混合、传热、固-液悬浮和液-液分散等操作都比常用的搅拌器效率高。

② 搅拌传动装置的进展。搅拌釜式反应器的新型传动装置有复动式、组合式、往复式和行星式四类。

复动式搅拌机在回转的同时进行上、下往复移动，如图 3-30。它非常适合于高粘流体的混合和粉末的溶解，有 $30m^3$ 的使用复动式搅拌器的反应器。

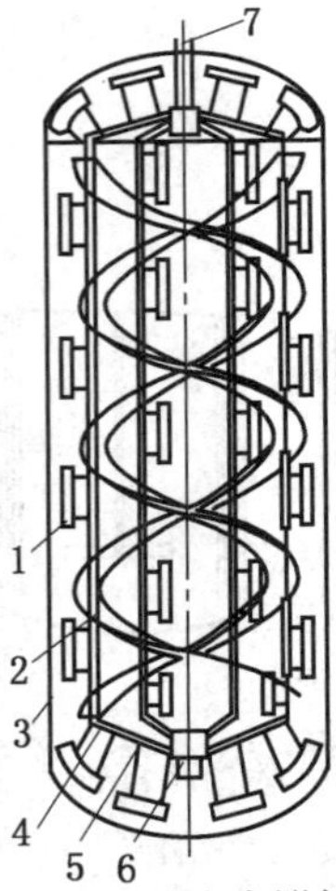

图 3-27 刮壁式搅拌器

1—刮板；2—螺带；3—垂直支撑杆；4—端面为椭圆形的刮板；5—径向支撑杆；6—轮毂；7—轴

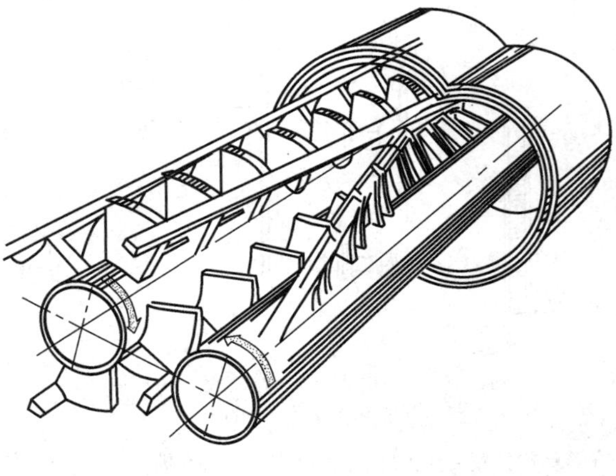

图 3-28 卧式双轴自清洁式搅拌器

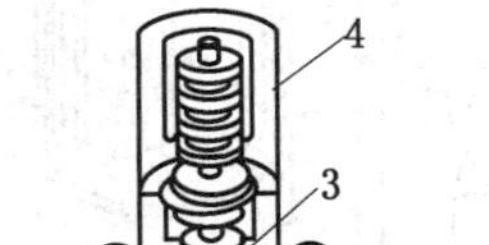

图 3-29 泛能式搅拌器

1—挡板；2—轴；3—密封单元；4—传动部分；5—釜体；6—夹套；7—泛能式搅拌叶片

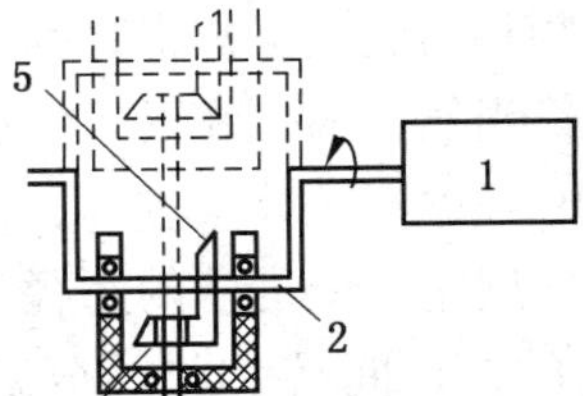

图 3-30 复动式搅拌机

1—电动机；2—曲柄；3—连杆；4—搅拌桨；5—伞齿轮 A；6—伞齿轮 B；7—万向节；8—搅拌轴

组合式搅拌机如图 3-31。由二个电机分别带动两个叶轮进行旋转。外层的带刮板的框式叶轮以慢速旋转，刮板能强化高粘流体的传热；中间的多层涡轮式叶轮以较快速度旋转，促进流体混合。有的是上层有一个组合搅拌，可以打破浮于料液上的泡沫浮层等，这种组合搅拌现在发展较快。

往复式搅拌机如图 3-32，它进行正、反转往复运动。行星式搅拌机如图 3-33。

③ 夹套进展。传统的夹套有空心夹套、螺旋挡板夹套。对于搪玻璃釜，在冷却水进口处使用扰流喷嘴(如图 3-34)。近年来国际上广泛采用半管夹套(如图 3-24)，在釜体直筒部分采用半管夹套，而在封头部分采用空心夹套加扰流喷嘴。

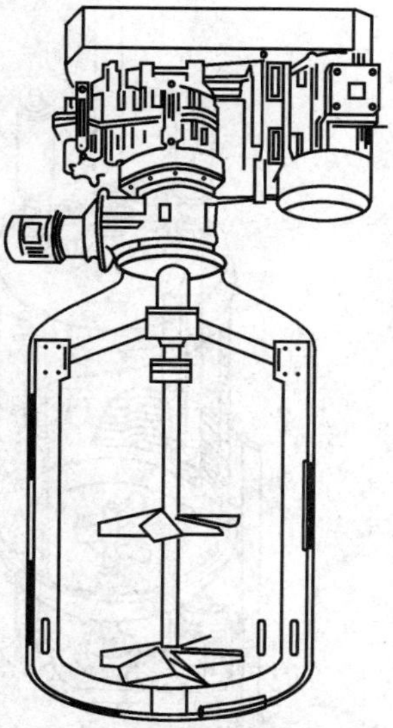

图 3-31　组合式搅拌机

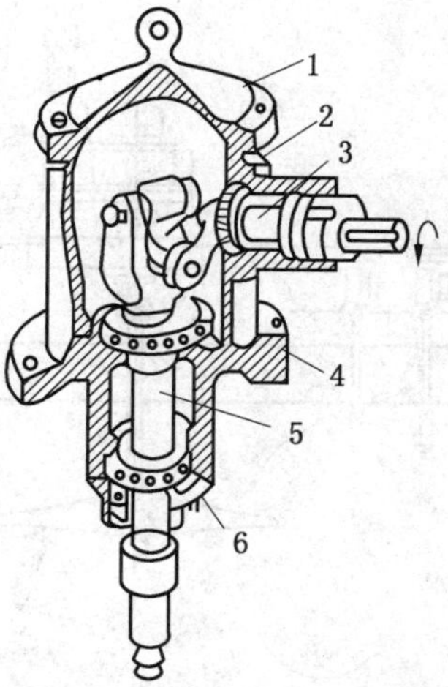

图 3-32　往复式搅拌的传动装置

1—箱盖；2—传动臂；3—连杆；4—箱体；5—转轴；6—轴封

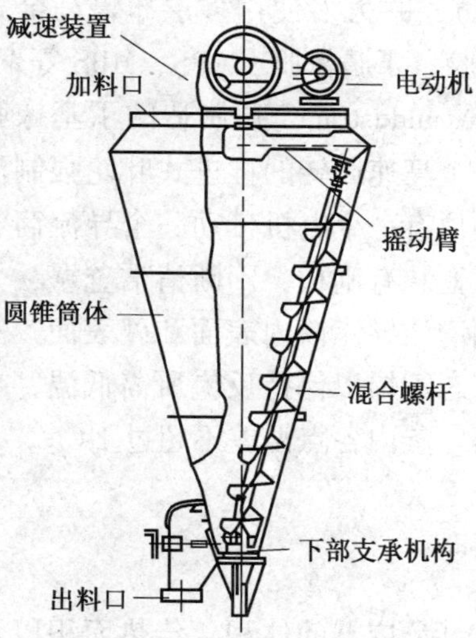

图 3-33　行星式搅拌机

图 3-34　扰流喷嘴

图 3-36 是神钢泛技术公司的新型双层后掠叶搅拌釜式反应器，叶轮由槽底伸入，并采用了高效的“内部夹套”，可用于 PVC 悬浮聚合。

(2) 几个先进的搅拌釜式反应器。

① 图 3-35 是罗纳-普郎法磷酸反应器示意图，由法国 ROBIN 公司制造。该反应器容积可达 900m^3(电机容量 315kW)，反应物料是固含量为 30%~40%的淤浆。其最大特色是采用多个螺杆式表面搅拌器，使大量液体飞溅起来，通过在液体表面强制鼓风，由液体蒸发带走反应热，表面搅拌器同时还有消泡作用。

② 双层后掠叶搅拌釜式反应器。近年来一些先进的操作低粘流体的反应器往往采用双层后掠叶搅拌器，它广泛用于生产 PVC、EPS(可发性聚苯乙烯)等，如图 3-36。

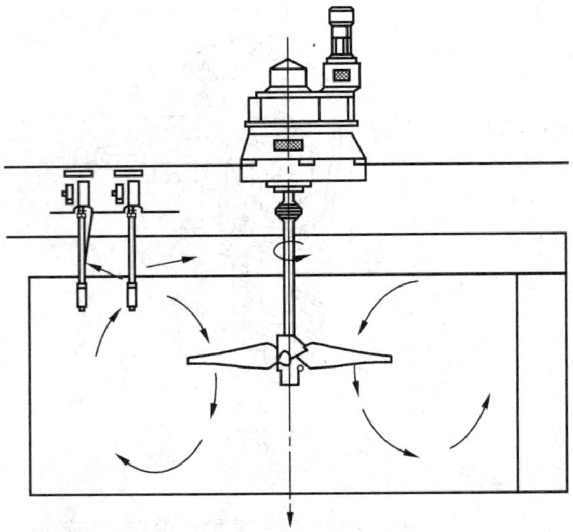

图 3-35　罗纳-普郎法磷酸反应器

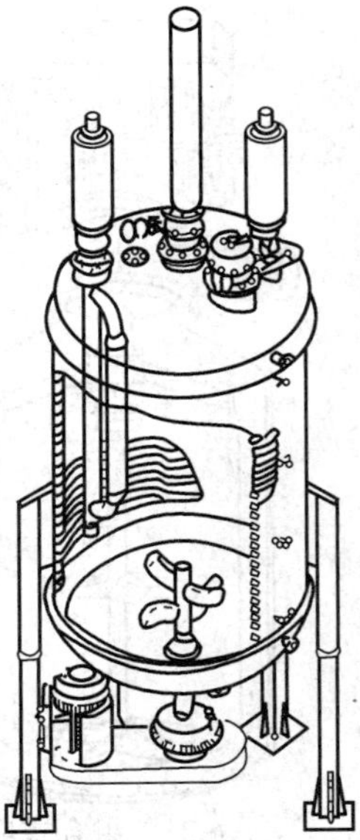

图 3-36　双层后掠叶式搅拌器

③ 乳液聚合反应器。乳液聚合反应速度快，传热要求高。先进的乳液聚合反应器中都安装有大量的内冷管(如 30m^3 釜中内冷管超过 400 根)，并大多使用多层布鲁马金式叶轮(或其变型)，如图 3-37。这类反应器用于生产丁苯橡胶、丁腈橡胶、ABS、MBS 等聚合物。

④ 操作高粘流体的反应器。图 3-37 是意大利 Pressindustria 公司制造的丁基橡胶反应器。釜底部用一个高速回转的推进式叶轮强制流体进行高速循环，釜顶有一个电机带动一个导流筒和一个框慢速旋转，框上装有刮板，不断清洁釜壁，另有二排固定刮板分别清洁导流筒内表面和外表面。夹套和导流筒中通入液态乙烯以保持反应所需低温，靠乙烯蒸发除去反应热。釜内各点温差不超过 1℃。

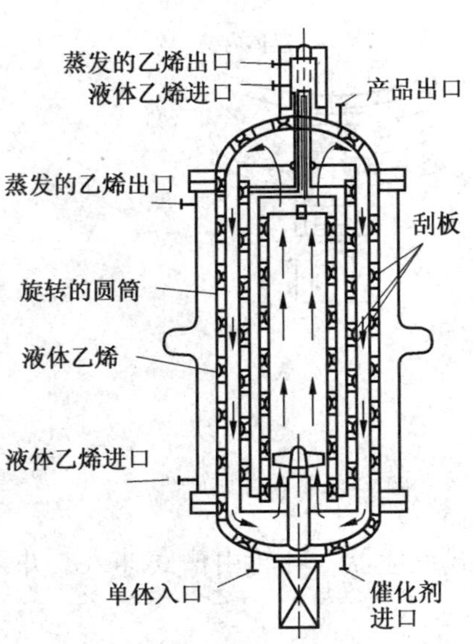

图 3-37　丁基橡胶反应器

三、釜式反应器

主要就是设计反应器的体积、传热面积以及搅拌形式、加料出料方案、工艺条件控制方案等，对于反应器来说主要是体积和传热面积。

1. 间歇釜式反应器

间歇釜式反应器的操作特点是一次装料、一次卸料；在反应器中，物料的浓度(转化率)和温度只随时间变化，在整个反应空间内是均一的。一般适于小批量、多品种生产；缺点是操作劳动强度大。

设计方程

$$-\frac{dn_A}{dt}=(-r_A)V$$

一般间歇反应器多用于液相反应物的反应，因此可认为 V=常数，即

$$t_R=-\int_{C_{A0}}^{C_A}\frac{dC_A}{(-r_A)}=C_{A0}\int_0^{x_A}\frac{dx_A}{(-r_A)}$$

式中　t_R——反应组分 A 的浓度从 $C_{A0}(x_A=0)$ 反应转化为 $C_A(x_A=x_A)$ 所需要的反应时间。

当反应热效应较大或传热速率较低时，间歇反应器在非等温条件下进行的可能性很大，反应温度随反应时间变化的关系可以通过间歇反应器的热量衡算式求得。再试算传热面积。

反应器体积的决定。间歇反应器的反应体积(或有效体积)系根据单位时间的反应物料处理量及操作时间来决定。前者可由生产任务计算得到，而后者系由两部分组成：一是反应时间，另一则是辅助时间，辅助时间包括加料、调温、卸料、清洗等时间，其值按生产实际确定。由此可得，间歇反应器的反应体积

$$V_R=v(t_R+t_O)$$

显然，v 为单位时间内处理的反应物料的体积。

求得反应体积后，根据实际反应过程的装料系数 φ，按下式求反应器实际体积 V。

$$V=V_R/\varphi$$

φ 值取 0.5~0.85 之间，一般由经验确定，也可根据反应物料的性质不同而选择：对于沸腾或起泡的液体物料应该取低限，如 0.4~0.6；对于不起泡沫或不沸腾的液体可取 0.7~0.85。

2. 半间歇釜式反应器

半间歇釜式反应器指的是在反应器操作时，反应原料中的一种或若干种组分是连续通入已装有其它组分的反应器中的，或者在反应生成物中有一种产物从反应器中被不断地引出的反应过程。它具有反应混合物组成随时间变化的间歇操作特点，又具有反应过程中有物料不断流入或流出的连续操作特点。

(1) 反应原料中一种组分连续送入的情况。设在进行反应 A+B→C 时，在反应器中先加入组分 B，组分 A 则连续缓慢送入反应器，因此对组分 A 可写出物料衡算式

$$F_{A0}+(-r_A)V(t)=\frac{dn_A}{dt}$$

$V(t)$是在反应时间为时反应器中反应混合物的总体积。如果在 $t=0$ 时，反应器中的物料体积为 V_0，而组分 A 则按体积流量的速度连续送进反应器，那么

$$V(t)=V=V_0+\boldsymbol{v}_0t$$

(2) 反应产物中一种组分连续引出的情况。如果反应 A+B→C+D 进行时，反应物 A 与 B 均同时先加入反应器中，而反应产物中有一个组分(设为组分 D)则将被连续引出系统，那么这一半间歇反应系统中物料混合物的体积与反应时间的关系为

$$\frac{dV}{dt}=-\left(\frac{M_D}{\rho}\right)F_D=-\alpha F_D$$

式中 M_D——组分 D 的分子量；

F_D——组分 D 的蒸发(引出)摩尔流量，mol/s；

ρ——反应器内混合物的密度，kg/m³。

3. 连续搅拌釜式(槽式)反应器

连续搅拌釜式反应器(CSTR)是一种有强烈搅拌、连续流动的釜式反应器，其操作特点是在反应器内达到完全均匀的混合，因此反应器内空间各点的物料浓度和温度都完全相同，并与出口的最终状态完全一致，所以从流动状态看，是一种全混流的理想反应器。

连续搅拌釜式反应器的结构与一般间歇操作的釜式反应器是相同的，只是反应物料是以恒定的流率连续流进和流出反应器，正常操作时处于定常态。

设计方程式

$$\frac{V_R}{F_{A0}}=\frac{x_{Af}-x_{A0}}{(-r_A)_f}$$

或

$$\frac{V_R}{v_0}=\tau=\frac{c_{A0}(x_{Af}-x_{A0})}{(-r_A)_f}$$

式中 V_R——反应体积，对气体反应为反应器体积，对液体为反应物体积；

F_{A0}——关键组分 A 的进料摩尔流量；

x_{Af}——关键组分 A 的最终转化率；

x_{A0}——关键组分 A 的初始转化率；

v_0——进口处反应物的体积流量；

τ——空间时间；

C_{A0}——反应物中关键组分 A 的初始浓度；

$(-r_A)_f$——在反应器出口(即反应器内)流体温度和浓度条件下的反应速率。

这是连续搅拌釜式(全混流)反应器的基本设计方程式，不含有任何假定，可适用于各种操作条件下的设计。

对于等容(等密度)反应，如在连续搅拌釜式反应器中应用最多的液相反应，可简化为

$$\frac{V_R}{F_{A0}}=\frac{c_{A0}-c_{Af}}{c_{A0}(-r_A)_f}$$

或

$$\tau=\frac{c_{A0}-c_{Af}}{(-r_A)_f}$$

表 3-8 是在等温下用不含反应产物组分的原料进行各种反应时，设计、计算连续搅拌釜式反应器的公式。

表 3-8 连续搅拌釜式反应器设计公式

反应类型	反应级数	速率方程	反应器设计公式
A→P	1	$-\frac{dc_A}{dt}=kc_A$	$c_A=\frac{c_{A0}}{1+k\tau}$
	$\frac{1}{2}$	$-\frac{dc_A}{dt}=kc_A^{\frac{1}{2}}$	$c_A=c_{A0}+\frac{(k\tau)^2}{2}-k\tau[c_{A0}+\frac{(k\tau)^2}{4}]^{\frac{1}{2}}$

续表

反应类型	反应级数	速率方程	反应器设计公式
	2	$-\frac{dc_A}{dt}=kc_A^2$	$c_A=\frac{1}{2k\tau}[(1+4k\tau c_{A0})^{\frac{1}{2}}-1]$
A+B→P， A+B→P+S	2	$-\frac{dc_A}{dt}=kc_Ac_B$	$\tau=\frac{1}{kc_{A0}}\frac{x_A}{(1-x_A)(\beta-x_A)}$ $\beta=\frac{c_{B0}}{c_{A0}}\neq 1$
			$\tau=\frac{1}{kc_{A0}}\frac{x_A}{(1-x_A)^2}$　　$\beta=1$
	1/1	$-\frac{dc_A}{dt}+(k_1+k_2)c_A$ $\frac{dc_P}{dt}=k_1c_A$ $\frac{dc_s}{dt}=k_2c_A$	$c_A=\frac{c_{A0}}{1+(k_1+k_2)\tau}$ $c_P=\frac{c_{A0}k_1\tau}{1+(k_1+k_2)\tau}$ $c_S=\frac{c_{A0}k_2\tau}{1+(k_1+k_2)\tau}$
$A\xrightarrow{k_1}P$ $A\xrightarrow{k_2}S$ $(k_2/k_1\neq 1)$	1/1	$-\frac{dc_A}{dt}=k_1c_A$ $\frac{dc_P}{dt}=k_1c_A-k_2c_P$ $\frac{dc_S}{dt}=k_2c_P$	$c_A=\frac{c_{A0}}{1+k_1\tau}$ $c_P=\frac{c_{A0}k_1\tau}{(1+k_1\tau)(1+k_2\tau)}$ $c_S=\frac{c_{A0}k_1k_2\tau^2}{(1+k_1\tau)(1+k_2\tau)}$ $c_{P,max}=\frac{1}{[(k_2/k_1)^{\frac{1}{2}}+1]^2}$ $t_{opt}^*=1/\sqrt{k_1k_2}$

* t_{opt}是$c_P=c_{P,max}$时的反应时间。

非等温操作的连续搅拌釜式反应器计算。基本属于全混流操作的连续搅拌釜式反应器，其非等温操作指的是由于反应热效应较大或传热条件稍差，反应温度与反应物进料温度不同的操作过程。对于这种操作，为决定操作温度或反应体积就必须应用热量衡算方程。具体计算参阅有关手册。

四、鼓泡反应器和其它气-液反应器的特征与设计

1. 鼓泡反应器的特征

鼓泡反应器是指气体鼓泡通过含有反应物或催化剂的液层以实现气液相反应过程的反应器。在反应器内，气体为分散相，液体为连续相。由于气体的高度分散和扰动，其相界面积很大，传质与传热效率也相当高；而且由于液相的滞留量大，反应时间持续长，因此可用于慢反应以及放热量较大的反应。鼓泡反应器的另一特点是结构相对较简单，投资及维修费用低，操作也较稳定，工业应用很广。

鼓泡反应器主要有两种形式：鼓泡塔和鼓泡搅拌釜。鼓泡塔其基本形式为一空塔，塔内充满液体，气体从底部经分布板以气泡形式通过液层，气相中的反应物溶入液相并进行反应，见图3-38(a)。鼓泡塔结构简单、无运动部件，对加压反应和腐蚀性物系均可使用。鼓

泡塔单位体积持液量大，但相界面积小，适用于慢反应和强放热反应体系。工业上，鼓泡塔是应用最广的气液相反应器，石油化工中的多种氧化反应(如对二甲苯氧化制对苯二甲酸、环己烷氧化制环己酮)，石蜡和芳烃的氯化反应，废水的生化处理和氨水碳化生成固体碳酸氢铵等反应过程均采用鼓泡塔。

鼓泡塔的缺点是液相返混大，在高径比较大时，气泡合并速度明显增加，相际接触面积迅速减小。为克服这些缺点，已出现多种鼓泡塔的改进形式。

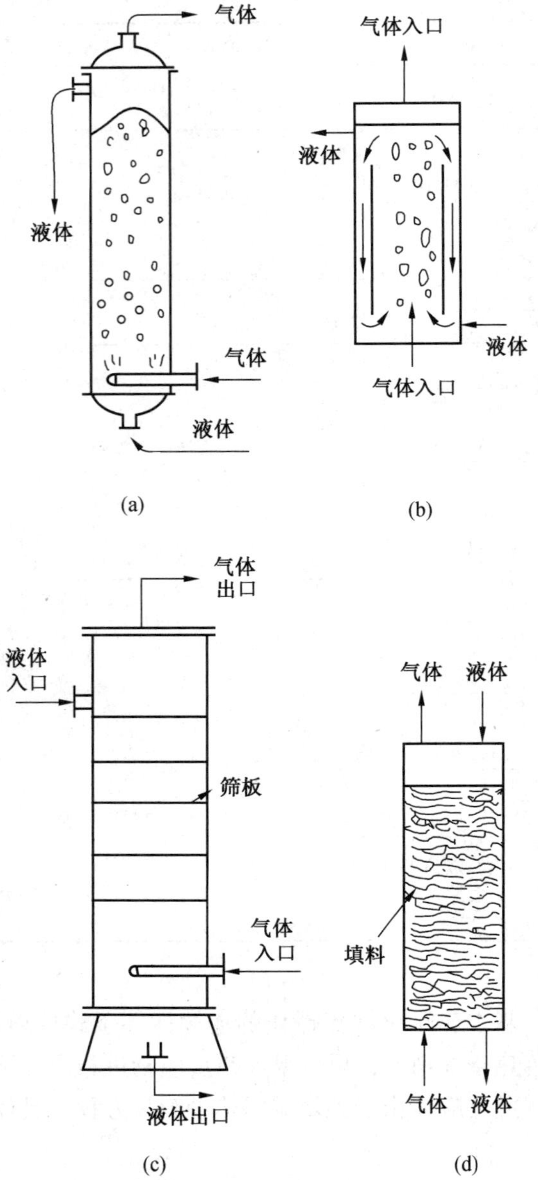

图 3-38　鼓泡塔

为强化鼓泡塔内的传热和传质，可在塔内装一与塔体同心的导流筒，进气管对准导流筒，在筒内形成气液两相混合物，而导流筒与塔体构成的环隙基本上不含气体，这样因导流筒内外的重度差而形成循环流[图 3-38(b)]。为限制鼓泡塔内液相返混，则可在塔内设置若干层多孔水平挡板，这样液相的流型可接近多级串联的全混釜[图 3-38(c)]。也可在鼓泡塔内填装填料以减少液相的返混和气泡的合并，填料鼓泡塔的相界面积可比鼓泡塔增加 15%~80%[图 3-38(d)]。

鼓泡搅拌釜又称通气搅拌釜，其结构如图 3-39 所示，生物化工中广泛使用的发酵罐就是鼓泡搅拌釜的典型例子。它与鼓泡塔的差别在于利用机械搅拌使气体在液相中分散成细小的气泡，因此在持液量相近的条件下，气液界面可较鼓泡塔增大一个数量级，适用于要求持液量和界面积都较大的反应过程。通气搅拌釜中液体的停留时间可根据需要方便地调节，亦可采用液体间歇进料、气体连续进料的操作方式。通过设置夹层或蛇管，或利用外部循环换热器，可方便地移去或供给反应热。由于搅拌造成的湍流，其数值和板式塔相当。通气搅拌釜中用的搅拌器通常为涡轮搅拌器，搅拌器的形式、数量、尺寸、安装位置和转速都可进行选择和调节，以适应特定反应的需要。

通气搅拌釜的主要缺点是反应器中气、液两相均成全混流，有时会严重降低反应器的体积效率，搅拌要消耗一定的能量，对高压反应过程，搅拌器的机械结构和密封往往是个难题。

2. 鼓泡反应器的设计

设计鼓泡反应器所必须考虑的几个方面为：化学反应本身的机理与历程，有时需作必要的简化；判别反应体系的类别；衡量传质速率与反应速率的相对地位，以及膜内有否反应；利用反应速率方程或其宏观方程与传质，传热速率组成物料衡算式及热量衡算式求解。至于流动模型问题，则当液相为全混流而气相为活塞流时，情况较简单。但假如设备中有明显的死角，或由于设备的几何形态的比例关系，或存在内部构件，或气液两相相对流量变化等等因素，以至与理想流动有明显的偏离时，或由于反应物系存在着团块状离析或属于所谓的宏观混合态，则在这些情况下必须测定 RTD 数据，再配合适当的流动模型，求得模型参数，或者直接由合适的关联式求得模型参数，然后按非理想流动模型方程结合动力学求解，再与传质方程核实。

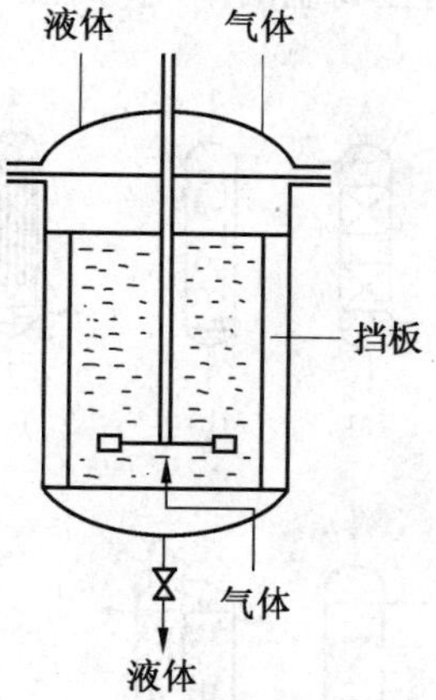

图 3-39　通气搅拌釜

在工艺过程的开发中，按理用数学模型来放大或对现有的装置作工程分析，是最理想的，但由于要弄清许多复杂过程的定量规律，难度较大，且费时、费力、又费钱，因此实用上必须全面衡量，抓主要环节，对相对次要的方面不妨作简化假定和经验处理，以简化模型。

3. 其它常见气液反应器的特征

（1）填充床反应器。填充床反应器适用于快速和瞬间反应过程。其轴向返混几乎可以忽略，因此能获得较大的液相转化率，气相流动的压降较小，使得操作费用降低。填充床反应器具有操作适应性好，结构简单，能耐腐蚀等优点。填充床反应器主要缺点是不适宜于慢速化学反应过程，这是由于液体在填充床中的停留时间较短，不能满足慢速化学反应的需要。其次是要求喷淋密度必须大于 $5 \sim 10 m^3/m^2 \cdot h$，否则填充物将不能全部润湿。同时填充床反应器还存在液体和气体在塔内的均布问题和反应热的排除等问题。

（2）板式反应器。板式反应器适用于快速和中速反应过程。采用多板可以将轴向返混降低，并可能以很小的液流速率进行操作，从而能在塔中直接获得极高的液相转化率。这是板式反应器的主要优点。同时，板式反应器的气液传质系数较大，是强化传质过程的塔型，适用于传质过程控制的化学反应过程。但是，板式反应器具有结构复杂，气相流动压降较大和塔板需要用耐腐蚀材料等缺点。而且，由于气流压降较大，大多数板式反应器仅应用在加压操作的情况。

（3）降膜反应器。降膜反应器借助管内的流动液膜进行气液反应，在管外使用载热流体导入或导出反应的热量。降膜反应器可使用于瞬间和快速的气液反应过程，它特别适宜于有较大热效应的气液加工过程。除此以外，降膜塔还有压降小和几乎无轴向返混的优点。然而，由于降膜塔中液体停留时间较短，它不适宜于慢反应的过程，同时，降膜管的安装垂直度要求也较高，液体成膜和液体均布是降膜塔的关键问题，设计使用时必须注意。

（4）管式反应器。管式反应器适用于瞬间快速反应，尤其适用于反应热大又需要保持温度恒定的反应系统。管式反应器可以按反应温度维持的要求，利用管外壁进行冷却或加热。按管子安置方式分为垂直型和水平型。管式反应器的气液入口通常设置气液接触混合器。按照气液比的大小，可以利用气体抽引液体，或者液体抽引气体。值得注意的是，管式反应器为气液并流接触设备，适宜于不可逆反应的系统。

（5）喷雾反应器。喷雾反应器适用于瞬间快速反应，过程受气膜控制的情况。例如，碱性溶液脱除 H_2S、由磷酸和氨生成磷铵的过程。由于喷雾反应器由空塔构成，因而可适用于有污泥、沉淀和生成固体产物的场合。与填料反应器相比，喷雾反应器结构更简单，宜于使用在高温的情况(高温下填料往往是不能承受的)。但是，喷雾反应器具有储液量过低和液侧传质系数过小的缺点,同时由于雾滴在气流中的浮动和气流沟流的存在,气相和液相的返混都比较严重,因此,喷雾反应器仅适用于气膜控制的反应系统,而且其单塔的传质单元数一般不会超过2~3。

(6) 高速湍运反应器。喷射反应器、文氏反应器、湍动浮球反应器等属于高速湍动过程，它们适合于瞬间反应，过程处于气膜控制的情况。此时，由于湍动的影响，加速了气膜传递过程的速率，从而获得很高的反应强度。多数高速湍动反应器，例如喷射和文氏反应器，属于并流气液接触设备，宜使用于不可逆的场合。如果用于可逆反应，则通常需使用多级逆流相串。

各种气-液反应器形式示意表示如图3-40。

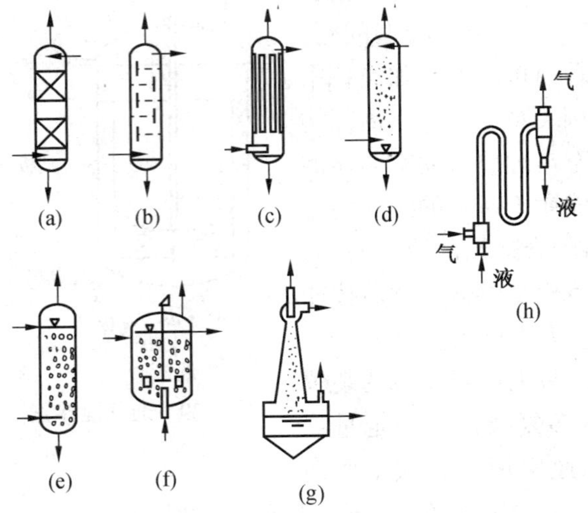

图3-40　气液反应器的形式
(a)填料反应器；(b)板式反应器；(c)降膜反应器；
(d)喷雾反应器；(e)鼓泡反应器；(f)搅拌鼓泡反应器；
(g)喷射或文氏反应器；(h)管式反应器

第四节　管式反应器

一、管式反应器的特点与应用

管式反应器通常由一根长管构成，也可以由多根细管串联或并联而构成。管式反应器的管内一般不装构件，但可填充催化剂。管外可以加热或冷却。管式反应器的长度与直径之比一般大于30以上。流速较高的管式反应器，其中的流态接近活塞流。管式反应器常被用于高生产强度的均相反应、气液相反应及气固相反应上。

多管串联结构的管式反应器，一般用于气相反应和气液相反应。例如轻油裂解生产乙烯的反应和乙烯液相氧化制乙醛反应等。

多管并联结构的管式反应器，一般用于气固相反应。例如气相氯化氢和乙炔在多管并联装有固相触媒中反应制氯乙烯，在烃类蒸气转化法制氨中的各种烃在多管并联装有固相镍触媒中的一段转化反应等。

管式反应器有如下几个特点：

(1) 由于反应物料质点在反应器内停留时间相等，所以在反应器内任何一点上的反应物浓度和化学反应速度等参数都不随时间而变化，只随管长变化，易于实现自动控制。

(2) 管式反应器的单位反应器体积具有较大的换热面，特别适用于热效应大的反应。

(3) 由于反应物在管式反应器中反应速度快，流速快，所以它的生产率高。

(4) 管式反应器适用于大型化和连续化化工生产。

二、管式反应器的设计

连续流动的管式反应器当长径比大于30时可视为活塞流反应器，在活塞流反应器

(PFR)中进行反应时，其动力学分析和计算结果与间歇操作的釜式反应器是相同的，但是两者的操作过程完全不同。间歇反应器是非定常态的，而活塞流反应器中空间任一点的操作参数均不随时间而变化，为定常态且无返混的。但是，活塞流反应器中的操作参数是沿流动方向变化的，因此其物料与热量衡算都只能以轴向任一点上长度为 dl 的微元体积为对象建立。

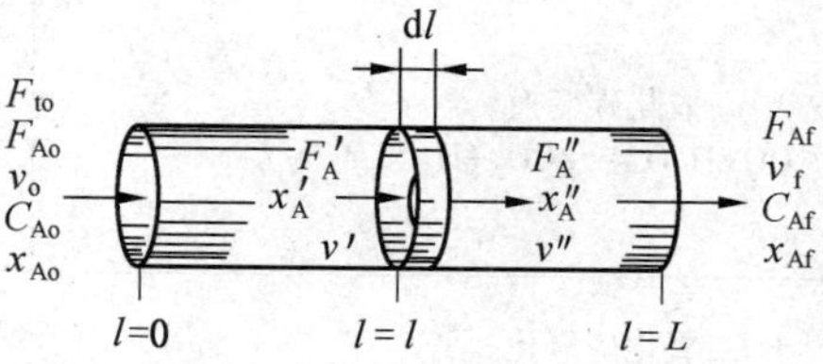

图 3-41　活塞流管式反应器衡算微元体积

图 3-41 是活塞流反应器的衡算示意图。设反应管直径为 d_R，横截面积为 S，微元的体积为 $dV_R = SdL = \frac{1}{4}\pi d_R^2 dL$。

关键组分 A 在活塞流反应器的任一微元段内的物料衡算式为

$$F_{A0}dx_A = F_{t0}y_{A0}dX_A = (-r_A)dV_R$$

式中　F_A—— 反应器入口处组分 A 的摩尔流量，mol/h；

F_{t0} ——反应器入口处反应物总摩尔流量，mol/h；

y_{A0} ——反应器入口处反应物中关键组分 A 的摩尔分数。

活塞流反应器的基本方程式为

$$V_R = F_{A0}\int_{x_{A0}}^{x_{Af}} \frac{dx_A}{(-r_A)}$$

或

$$\tau = \frac{V_R}{v_0} = c_{A0}\int_{x_{A0}}^{x_{Af}} \frac{dx_A}{(-r_A)}$$

上式可应用于各种操作条件下计算任何类型的反应转化率从 x_{A0} 增加至 x_{Af} 时所需要的活塞流反应器体积或空间时间。

第五节　固定床反应器

一、固定床反应器的特点

凡是流体通过静止不动的固体催化剂或固体反应物所形成的床层而进行反应的装置称作固定床反应器。固定床反应器是化学工业中最普遍采用的一类反应器，其中又以气相反应物通过固体催化剂床层的气固相固定床催化反应器最为重要。表 3-9 列出了一些主要的固定床催化反应器的工业应用。

表 3-9　固定床反应器的重要工业应用

反　应	催 化 剂	反应器形　式	操作条件	操作周期/a	备　注
1. 氨合成 $N_2+3H_2 \rightleftharpoons 2NH_3$	$Fe_3O_4-K_2O-Al_2O_3$	多段绝热	450~550℃ 20~50MPa	5~10	
2. 烃类水蒸气转化 $C_nH_m+nH_2O \longrightarrow nCO+(\frac{m}{2}+n)H_2$	Ni	直接火加热列管式	500~850℃ 3MPa	2~4	

续表

反　应	催化剂	反应器形式	操作条件	操作周期/a	备注
3. 一氧化碳变换 $CO+H_2O \rightleftharpoons CO_2+H_2$	$CuO-ZnO$ $Fe_2O_3-Cr_2O_3$	绝热 绝热	200~250℃ 3MPa 350~500℃ 3MPa	2~6 2~4	
4. 二氧化硫氧化 $2SO_2+O_2 \rightleftharpoons 2SO_3$	$V_2O_5-K_2O$	多段绝热	420~600℃ 0.1MPa	5~10	
5. 甲醇合成 $CO+2H_2 \rightleftharpoons CH_3OH$	$CuO-ZnO-Cr_2O_3$	多段绝热,列管	200~300℃ 3MPa	2~8	
6. 乙苯合成 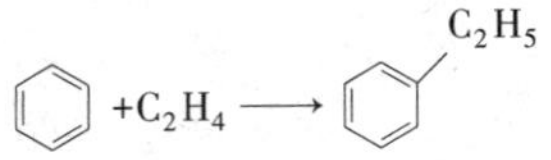	ZSM5 分子筛	多段绝热	350~450℃ 1.7~2MPa	$\frac{1}{8}$~$\frac{1}{4}$	尚有以 $AlCl_3$ -HCl 溶液为催化剂的液相法合成乙苯
7. 乙苯脱氢 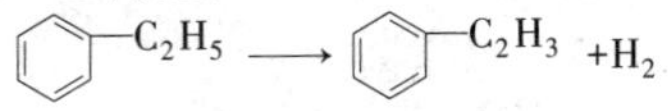	$Fe_2O_3-K_2O-Cr_2O_3$	多段绝,列管	550~650℃ 0.05~0.1MPa	2~4	
8. 乙烯部分氧化 $2C_2H_4+O_2 \longrightarrow 2C_2H_4O$	Ag	列管	200~270℃ 1~2MPa	1~4	
9. 苯氧化 $C_6H_6+O_2 \longrightarrow C_4H_2O_3$	V_2O_5-MoO	列管	350℃ 0.1MPa	1~2	也可采用流化床反应器
10. 甲醇部分氧化 $CH_3OH \longrightarrow CH_2O+H_2$ $CH_3OH+\frac{1}{2}O_2 \longrightarrow CH_2O+H_2O$	Ag	列管	600~700℃ 0.1MPa	0.3~1	
11. 丁烯氧化脱氢 $C_4H_8+\frac{1}{2}O_2 \longrightarrow C_4H_6+H_2O$	铁尖晶石	绝热	350~580℃ 0.1MPa		
12. 催化重整	Pt	多段绝热	460~525℃ 0.8~2MPa	0.01~0.5	
13. 乙炔加氢 $C_2H_2+H_2 \longrightarrow C_2H_4$	Pd	绝热	30~100℃ 5MPa	0.1~0.5	除去裂解气中的乙炔
14. 甲醛三聚	离子交换树脂	绝热			
15. 离子交换		绝热	常温　常压		

固定床反应器的主要优点是床层内流体的流动接近活塞流，可用较少量的催化剂和较小的反应器容积获得较大的生产能力，当伴有串联副反应时，可获得较高的选择性。此外，结构简单、操作方便、催化剂机械磨损小，也是固定床反应器获得广泛应用的重要原因。

固定床反应器的主要缺点是传热能力差，这是因为催化剂的载体往往是导热性能较差的物质。化学反应多伴有热效应，而且温度对反应结果的影响十分灵敏，因此对热效应大的反应过程，传热与控温问题就成为固定床技术中的难点。固定床反应器的另一缺点是在操作过程中，催化剂不能更换，因此对催化剂需频繁再生的反应过程不宜使用。此外，由于床层压力降的限制，固定床反应器中催化剂粒度一般不小于 1.5mm，对高温下进行的快速反应，可能导致较严重的内扩散影响。

二、固定床反应器的基本形式及应用

固定床反应器有基本形式：绝热式、多段绝热式和列管(多管)式。图 3-42 是绝热式固定床反应器的示意图。它的结构简单，催化剂均匀堆置于床内，床内没有换热装置，预热到一定温度的反应物料流过床层进行反应就可以了。对于热效应不大，反应温度允许的变化范围又较宽的情况，用绝热式最为方便。而且在放大时只要保持相同的停留时间并注意避免沟流和偏流就可以了。

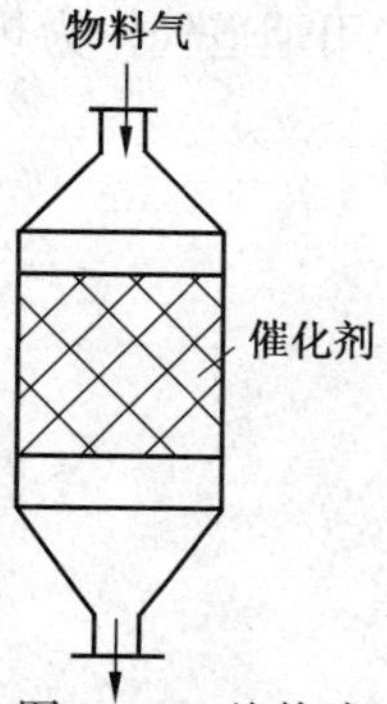

图 3-42　绝热式固定床反应器

绝热床的一个典型的例子是乙苯脱氢制苯乙烯。反应需供热 140J/mol，这是靠加入 2.6 倍(质量)于乙苯的高度(710℃)水蒸气来供应的。乙苯与水蒸气混合后在 630℃入床，而离床时则因为反应吸收热量而降到 565℃。水蒸气的作用不仅是因为它可被安全地过热到高温，热容量又大，因此可以带入大量的显热，而且它还起稀释作用，降低了乙苯的分压，使反应的平衡向更有利于生成苯乙烯的方向移动，提高单程转化率；此外水蒸气还起着使催化剂可能产生的结炭随时得到清除，从而保持反应器得以长期连续运转的功能；而反应以后的气体又只要通过简单的冷凝，就可以方便地把水与产物分离开来。

多段绝热式固定床反应器系有多段绝热床组成，段间可以进行间接换热，或直接引入气体反应物(或惰性组分)以控制反应器内的轴向温度分布。图 3-43 所示是其中的几种形式。如(a)及(b)是在两个绝热层之间加换热器来调节温度的；(c)是在层间加入换热盘管的方式；(d)是用外加物料中间直接冷激的方式；而(e)则是用原料气进行中间冷激的方式。近代的大型合成氨反应器即采用中间冷激的多段绝热床的形式。总之，不论是吸热或放热的反应，绝热床的应用相当广泛，特别对大型的，高温的或高压的反应器，希望结构简单，同样大小的装置内能容纳尽可能多的催化剂以增加生产能力(少加换热空间)，而绝热床正好能符合这种要求。不过绝热床的温度变化总是比较大的，而温度对反应结果的影响也是举足轻重的，因此如何取舍，要综合分析并根据实际情况来决定。此外还应注意到绝热床的高/径比不宜过大，床层填充务必均匀，并注意气流的预分布，以保证气流在床层内的均匀分布。

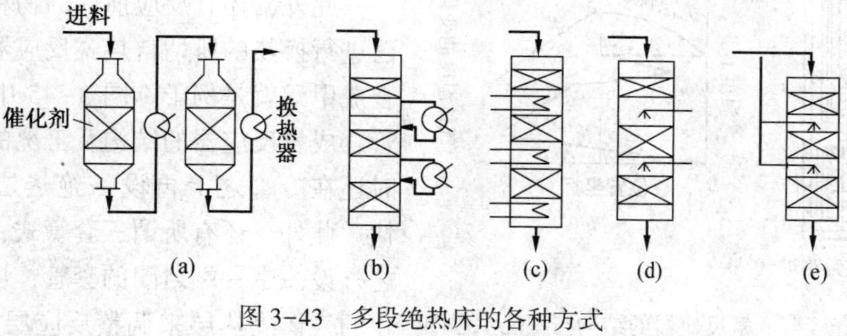

图 3-43　多段绝热床的各种方式

比绝热式应用得更多的是换热式反应器，其中尤以列管式为多。它们通常是在管内放催化剂，管间走热载体(在用高压水或用高压蒸汽作热载体时，则把催化剂放在管间，而使管内走高压流体)，管径的大小应根据反应热和允许的温度情况而定，一般为 25~50mm 的管子，但不宜小于 25mm。催化剂的粒径应小于管径的 8 倍，以防近壁处出现沟流，但粒径愈小，流体流动时的压降愈大，而床层压降往往在生产实际上是一项限制因素，因此通常固定床用的粒径约为 2~6mm，不小于 1.5mm。传热所用的热载体视所需控制的温度范围而异，一般沸水可以用于 100℃以上直至 300℃的温度范围。联苯与联苯醚的混合物以及从石油中提炼出来的以烷基萘为主的一些石油馏分能用于 200~350℃的范围。无机熔盐(硝酸钾、硝酸钠及亚硝酸钠的混合物)可用于 300~400℃的情况。对于 600~700℃左右的高温反应，只能用烟道气作为热载体了。图 3-44 中举出了几种对外换热式的实例。

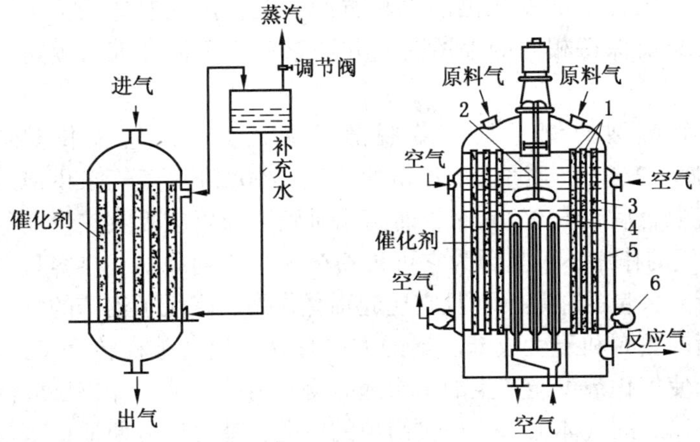

(a) 乙炔法合成氯乙烯反应器　　(b) 萘氧化反应器

图 3-44　对外换热式反应器举例

1—催化剂管；2—熔盐；3—旋浆；4—空气冷管；5—空气冷却夹套；6—空气总管

列管式固定床反应器由于传热较好，管内温度较易控制，再加具有固定床一般返混小、选择性较高等优点，因此对于原料成本高，副产物价值低以及分离不是十分容易的情况，就特别有价值。另外，只要增加管数，便可有把握地进行放大，因此常为技术开发者所采用。对于极强的放热反应，还可用同样粒度的惰性物料来稀释催化剂，甚至可以根据反应气浓度随着反应的进程而逐渐降低(亦即反应速率的变小)的情况而相应的改变稀释比，当然，这样做反应器的有效容积将有所减小。

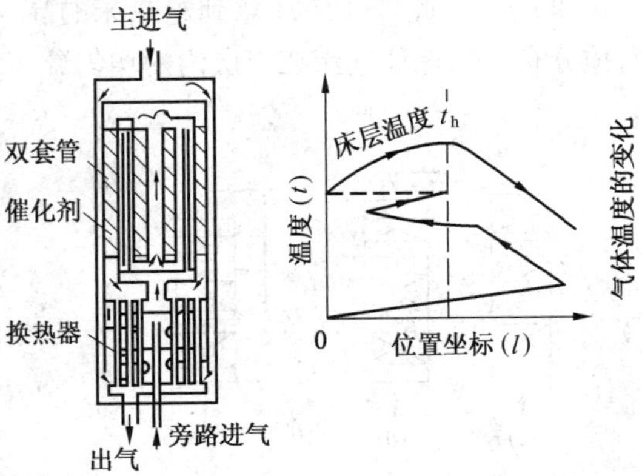

图 3-45　双套管合成氨反应器的结构与工况示意图

此外，还有反应前后的物料在床层中自己进行换热的所谓自热式反应器。合成氨及合成甲醇就是例子。图 3-45 中画出了双套管合成氨反应器的结构及工况的示意图。有时还在冷管之上再设一绝热层，使升温更快。此外，还有所谓三套管式，即在内冷管之外设一个一端封闭的套管，以形成一个静止的气体隔热层来调整反应层内外的温差。

凡此种种，都是以使床层中的温度分布接近于最适宜温度分布为目标的，它们曾是合成氨反应器的主要形式。但由于大量换热管的存在，减小了催化剂的装载量，影响到反应器的生产能力，因此近来的大型装置采用中间冷激的多段绝热床，其结构与气体的流向如图 3-46 中所示。各层总的温度趋势还是趋近最优分布线的。这种形式的反应器，结构简单，操作稳定性好，催化剂装量大，单位反应器容积的生产能力大，因此总的说来是较优化的。

此外，一般固定床中由于压降的限制，催化剂粒度不能太小，故在承受高压的细长形合成塔内都用大粒催化剂，因而催化剂的有效系数低。因此还有一种径向合成塔，如图 3-47 所示意的那样，气体通过多孔的分气管作径向流动，由于流程短了，就可以用较细的粒子而压降不大，节省了动力，提高了催化剂的有效系数。但保证装置中气体分布的均匀往往是很重要的。

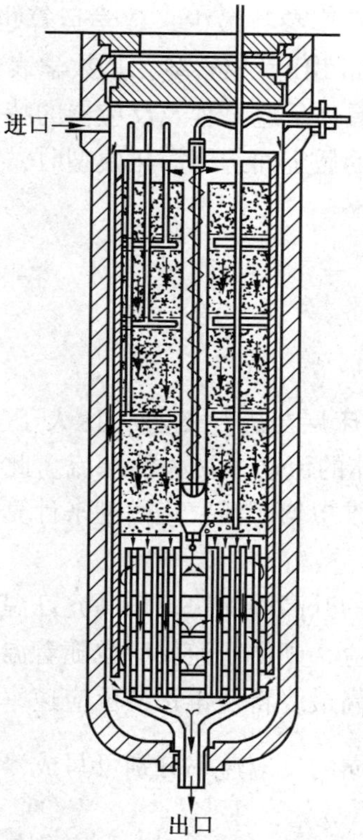

图 3-46　多段冷激式大型合成氨反应器一例

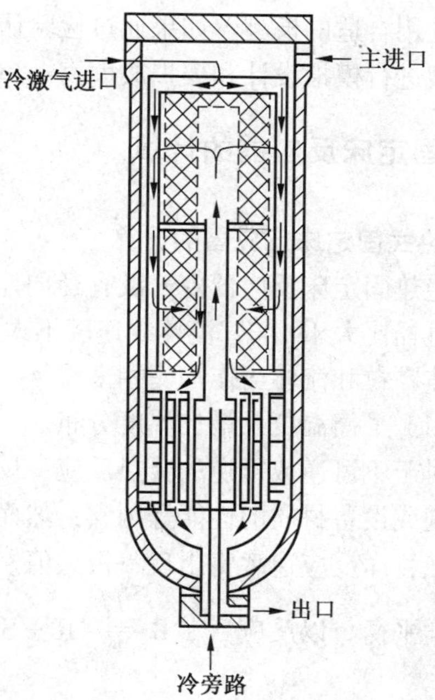

图 3-47　径向反应塔示意图

三、固定床反应器数学模型

在建立固定床反应器的数学模型时，按照主体流体与固体颗粒表面间浓度和温度的差别存在与否，可分为拟均相和非均相的两大类，前者忽略床层中粒子与流体间温度与浓度的差别，固称之为拟均相模型。按照床层径向的浓度和温度是否均一，可分为一维模型和二维模型，前者只考虑反应器中沿轴向方向的浓度差和温度差，后者除轴向外还要考虑径向的浓度差和温度差。根据流体的流动状况它又可分为理想流动模型(包括活塞流和全混流)和非理想流动模型。

一维拟均相活塞流模型是最基础的模型，在这个模型基础上，按照各种类型反应器的实际情况，计入轴向返混，径向浓度差和温度差相间及颗粒内部的传质和传热，得到如表 3-10 所示的模型分类。

表 3-10　固定床反应器模型分类

类　型	A. 拟均相模型	B. 非均相模型
一维模型	AI：基础模型 AII：AI+轴向返混	BI：基础模型+相间及粒内浓度分布及温度分布 BII：BI+轴向返混
二维模型	AIII：AI+径向浓度分布及温度分布 AIV：AIII+轴向返混	BIII：BI+径向浓度分布及温度分布 BIV：BIII+轴向返混

表 3-10 中基础模型的数学表达式最简单。所需的模型参数最少，数学运算也最简单。模型中考虑的问题越多，所需的传递过程参数也越多，如 BIII、BIV 型，其数学表达式非常复杂，求解也十分费时。处理具体问题时，一定要针对具体反应过程及反应器的特点进行分析，选用合适的模型。如果通过检验认为可以进行合理的假定而选用简化模型时，则采用简化模型进行模拟设计和模拟放大。

四、固定床反应器的计算

1. 绝热式固定床反应器的计算

绝热固定床反应器由于没有径向床壁传热，并且当床层与颗粒的直径比大于 10，床层高与直径比大于 100，流体线速度不太小时，床层内流体的流动可视为活塞流。此外，还常把固体颗粒和流体当作均一相来看待，因此一般可用一维拟均相活塞流模型来计算。

(1) 平衡温度及最佳温度分布。

对于不可逆或可逆的吸热反应，反应速率均随温度的升高而加快。最高允许温度取决于催化剂或设备材质的性能等因素；然而对可逆的放热反应，则由于逆反应也随着温度的升高而加强，净反应速率将出现一极大值。温度的进一步升高最终将使得正逆反应速率相等而达到化学平衡。以反应 $A + B \underset{k_2}{\overset{k_1}{\rightleftharpoons}} R + S$ 为例。正向和逆向的反应速率分别可写成

$$r_1 = k_1 f_1(c_A,\ c_B) = A_1 e^{-E_1/RT} f_1(c_A,\ c_B)$$

$$r_2 = k_2 f_2(c_R,\ c_S) = A_2 e^{-E_2/RT} f_2(c_R,\ c_S)$$

当达到化学平衡时，净速率为：$r = r_1 - r_2 = 0$，并考虑到 $-\Delta H = E_2 - E_1$ 的关系，便可得平衡温度 T_e 为：

$$T_e = \frac{-(-\Delta H)}{R\ln\{A_1 F_1(c_A,\ c_B)/A_2 f_2(c_R,\ c_S)\}}$$

而反应速率为最快的温度，即所谓的最佳温度 T_m 则可令 $\partial r/\partial T = 0$ 而求出。其结果为

$$T_m = \frac{-(-\Delta H)}{R\ln}\left(\frac{A_1 E_1 f_1}{A_2 E_2 f_2}\right)$$

还可以得出 T_e 与 T_m 的关系如下：

$$\frac{T_e - T_m}{T_e \cdot T_m} = \frac{R}{E_2 - E_1} \ln \frac{E_2}{E_1}$$

不论 $E_2 - E_1$ 为正或负，此式左边总是正值，故总是 $T_m < T_e$，而且随着温度变化，它们的变化倾向也都是一致的。

（2）单段绝热固定床的计算。

对于单段绝热床，当以组分 A 为关键组分时，其物料衡算式为

$$F_{A0} dx_A = (-r_A) dW$$

式中，F_{A0} 为组分的初始摩尔流量；W 为床层的质量。

得计算式如下

$$W/F_{A0} = \int_0^{x_A} \frac{dx_A}{(-r_A)}$$

若以 d_R 表示反应器（床层）的直径，则床层高度 L 便为：

$$L = \frac{4F_{A0}}{\pi d_R^2} \int_0^{x_A} \frac{dx_A}{(-r_A)}$$

反应速率 $(-r_A)$ 是温度和转化率的函数，故求解上述积分时，尚需联解一热量衡算式

$$T_2 = T_1 + (-\Delta H_A)\left(\frac{F_{A0}}{F\bar{c}_p}\right)(x_{A2} - x_{A1})$$

式中，T_1、T_2 为进出口流体温度；x_{A1}，x_{A2} 为进出口 A 组分转化率；F_{A0} 为 进料 A 的摩尔流量。

（3）多段绝热固定床的计算。

可逆放热反应以及反应热效应较大的吸热反应，在要求达到的最终转化率较高时，如果采用绝热的固定床反应器，则常采用多段的绝热固定床，即采取段内绝热、段间换热的操作方式，使整个反应过程能尽量接近于最优温度曲线进行。对于多段的绝热床，每一段的计算方法，原则上都与上节中所介绍的一样，只不过从一段出来的物料在进入到下一段去之前，如果由于放热（或吸热）的关系使其温度升高（或降低）而需要的中间加以冷却（或加热）时，或者直接引入另一股物料使之混合，同时改变了它的温度和浓度时，那么就要根据段间所进行的这种调节措施，通过简单的物料衡算和热量衡算，求出这时物料的温度和浓度（或转化率）来作为下一段的进料状态。

2. 换热式固定床反应器的计算

对于换热式固定床反应器，在热量衡算中就要计及通过床壁传递热量带来的重要影响。如反应热传递给原料气使之预热到床层进口温度，如图 3-45 中所示的情况，则称为自热式，以便与更一般的与其它物料进行换热的情况相区别。下面仅介绍一维模型的情况。

自换热式固定床反应器的计算可以单管逆流式的情况为例，通过联解微分形式的物料衡算和热量衡算式，可以求得浓度、温度和床高的关系。

$$L = \frac{n_0}{\rho_b}\int_{y_{j0}}^{y_j}\frac{dy_j}{r_j}$$

式中，n_0 是单位床层截面上流体总物质的量，ρ_b 为床层密度，r_j 是以催化剂为基准的某组分反应速度，是温度的函数，用图解法解较方便。

对自热式固定床反应器，由于床内发生的热量反馈给原料气，而原料气温度的升高又将导致反应速率的增加，从而进一步使发热量增加。故某些参数(如进料温度)的波动有可能使系统不稳定而出现多重态，与搅拌釜的情况相类似。另一方面，当某一参数变化到一定程度时就可能使床层温度迅速升高，这种现象俗称“飞温”，都是固定床反应器设计和操作中所应当注意的。

第六节　流化床反应器

一、流化床反应器及基本特点

流化床操作的最基本特征是流体(气体液体)以较高的流速通过床层，带动床内的固体颗粒作着迅速运动和使之悬浮在流动的主体流中，并呈现出类似流体流动的特征，故而得名。床内相应的流动状态(流态)称为流态化。特别在气-固流化床中，流化气体常以气泡形式通过床层，犹如水的沸腾，所以流化床亦常称为沸腾床。

1. 流化床反应器的分类

(1) 按流化体系分类。

按流化体系的不同，习惯上把流化床反应器分成两大类。一类为气-固(相)流化床反应器。按在器内所发生的反应过程的不同，又可分为气相催化反应过程(催化或非催化反应)和气-固相非催化反应过程(如煤的燃烧和气化，矿物的焙烧和煅烧等)等两类。另一类为液-固(相)和气-液-固(三相)流化床反应器。气-固流化床反应器在工业上应用得最为广泛和成熟；液-固和三相流化床反应器只近十多年来才在诸如生化反应过程(酶化、植物细胞培养和药物等生化制品)和工业污水生化处理等过程中推广应用，尚处于基础研究、中间试验研究阶段。

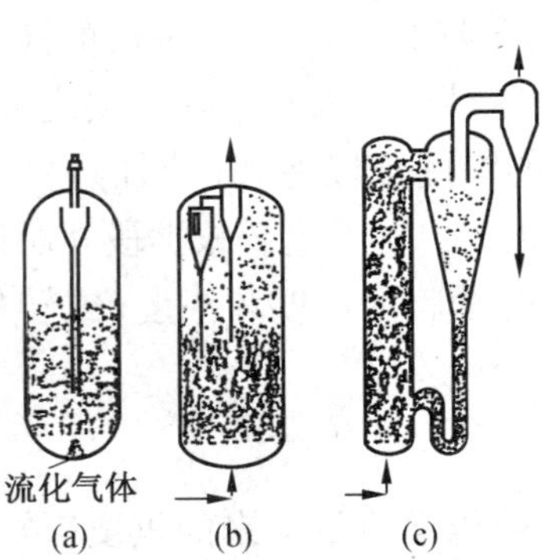

图 3-48　三类典型的气-固流化床反应器

(a)鼓泡流化床；(b)湍流流化床；(c)快速(循环)流化床

(2) 按流态分类。

对液-固流化床反应器，固体颗粒均匀地分散在液体中，成拟均相状态，所以常称为散式流态化或均相流化床反应器。对气-固流化床反应器，流化气体的速度变化范围很大，器内发生的流态化的特性可以很不相同。一般可以分为三类：鼓泡流化床、湍流流化床和快速流化床反应器，如图 3-48 所示。在这些流化床反应器中，固体颗粒在不同程度上成团聚状态，故常统称为聚式流态化。

2. 流化床的基本结构

流化床反应器除筒体外，还包括气(液)体分布器、固体颗粒投入方式、内部构件(包括换热构件和控制气泡或颗粒运动等专门构件)、颗粒的捕集、回收以及气源等。对不同的工业生产过程，有时还可设置其它别的部件，如颗粒的输入和输出装置、气体射流、机械搅拌和振动等机械装置。近年还采用电磁等外加力场来改善流化质量。图 3-49 为气-固流化床反应器的一般结构示意图。

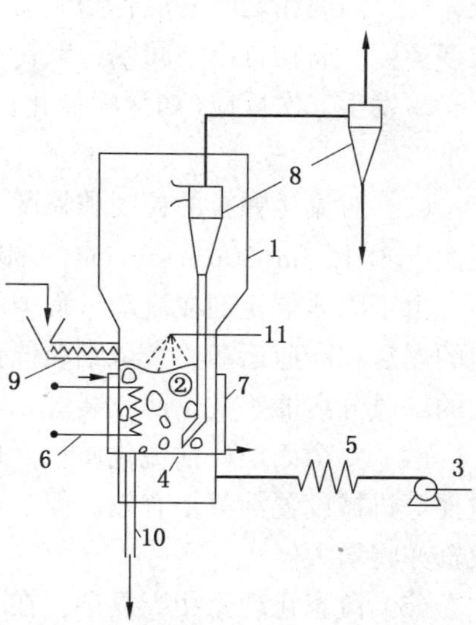

图 3-49　流化床反应器的一般结构示意图

1—床体；2—固体颗粒；3—风机；4—气体分布器；5—预热器；6—内部换热器；7—夹套换热器；8—旋风分离器；9—固体颗粒加料器；10—固体颗粒出料器；11—喷雾加料

3. 流化床的基本特点

流化床反应器是利用气体或液体自下而上通过固体颗粒层而使固体颗粒处于悬浮运动状态，并进行气固相反应或液固相反应的反应器。与固定床反应器相比，流化床反应器的优点在于：

(1) 流体和颗粒的运动使床层具有良好的传热性能。这包括床层内部的传热以及床层和传热面之间的传热。当气速远超过临界流化速度时，由于固体颗粒的快速运动和大热容，床层内部的传热极为迅速。据估计，流化床内的有效导热系数为银的 100 倍。因此，即使在直径为 10m 的大床层内，其径向、轴向温度分布均十分均匀。在床层和传热面之间，固体颗粒的剧烈运动，破坏了传热面附近的层流边界层，其传热系数比空管和固定床都高得多，可达 400~1600W/(m^2 · K)。

(2) 比较容易实现固体物料的连续输入和输出。在流化条件下，固体颗粒犹如流体一样具有流动性，可连续地进入反应器和从反应器中排出。

(3) 可以使用粒度很小的固体物料或催化剂。在固定床反应器中，固体颗粒的直径很少有小于 1.5mm 的，以避免床层压降过大。而在流化床反应器中床层压降仅与单位截面床层的颗粒质量有关，可以使用粒度仅为几十微米的细颗粒。对于催化反应，采用细颗粒催化剂不仅可消除内扩散阻力，充分发挥催化剂的效能，而且可以抑制串联副反应。对于非催化反应，采用细颗粒固体物料，也可使反应速率明显提高。

(4) 低的压降。如与固定床反应器相比，当使用的颗粒的粒度和表现的流化气速相同时，其压降要低得多。在细颗粒体系情况下，尤是如此。

(5) 机械结构简单，便于制造，适用于大的工业生产过程系统。工业反应器的床径可以从 0.05m(如硅烷的热裂解)到 10m 不等。

然而，由于流态化技术的固有特性以及流化过程影响因素的多样性，流化床反应器也存在着自身的缺点：

(1) 气固流化床中，不少气体以气泡形式通过床层，气固接触严重不均，气体易“短路”、“旁路”，导致气体反应很不完全，其转化率往往比全混流反应器要低得多，因此，不适宜用于要求单程转化率很高的反应。有时要考虑物料的过量组分和过量比，才有较好的转化率。

(2) 固体颗粒的运动方式接近全混流，停留时间相差很大，对固相加工过程，会造成固相转化率的不均匀。固体颗粒的混合还会挟带部分气体，造成气体的返混，影响气体的转化率，当存在串联副反应时，会降低选择性。

在分布板区和床层上方的自由空间区的空隙率明显地低于流化床的空隙率。在分布板区，气、固两相之间的混合和流动十分强烈，反应相当剧烈，一般都会存在着较陡的温度和浓度梯度。而在自由空间区，颗粒在上升气流中呈离散的悬浮状态，气-固两相之间接触充分，易发生二次反应(如深度氧化反应等)，导致过程的反应选择性的降低，温度控制亦较困难。

(3) 对流化颗粒的粒度和粒度分布都有一定的要求和限制。一般地，粒径小于 3×10^{-5}m 或大于 3×10^{-3}m(30μm~3mm)的颗粒难以流化而不被采用。

由于固体催化剂在流动过程中的剧烈撞击和摩擦，使催化剂加速粉化，加上床层顶部气泡的爆裂和高速运动、大量细粒催化剂的带出，造成催化剂的损失和环境污染，必须设置高效的旋风分离器等粒子回收装置。

(4) 要全面地评估流化质量。理论上和工业实践中都证实，在床内设置诸如挡板构件或搅拌等机械设置等都很有效。但是这样势必会导致结构复杂，操作和控制变得复杂和困难，投资亦将增大。

(5) 流态化现象相当复杂，在不同尺度或规模下流态化特性大相径庭。所以从实验室或中试规模下获得的一些结果往往很难直接应用到过程的开发和工程放大工作中。对于复杂的反应过程更是如此。

因此流化床反应器的放大远较固定床反应器困难。主要原因是小直径低床层的实验室反应器中和大直径高床层的工业反应器中，气泡的行为往往迥然不同。所以目前流化床放大主要还是采取逐级放大法。

二、流化床反应器的应用

目前流化床反应器在工业中的应用已比较广泛，不论是催化的或非催化的过程都有应用。

1. 催化过程

催化过程的主要特点是固体颗粒为催化剂。在反应过程中除了因机械磨损使颗粒大小分布变化外，颗粒的其它物理性能大体上是不变的。但催化剂的活性随反应而下降，需要取出再生或补充新的催化剂，以维持反应器内催化剂的平均活性在一定的水平上。

催化裂化是利用流化床反应器的规模最大的工业生产过程。裂化反应与催化剂再生分别在两个流化床反应器中进行。再生时产生的热量由催化剂带到反应器供裂化的需要。图 3-50(e)是所谓 IV 型反应装置，反应器和再生器都是直径很大的流化床，借助于循环管使催化剂在反应器与再生器之间循环。近来，发展为把反应器与催化剂输送管结合起来的提升管反应器，见图 3-50(f)。图 3-50(a)是所谓“自由”流化床反应器，用于合成乙酸乙烯。在反应床中不放置任何构件和换热器。图中所示为三个反应器串联。催化剂依次由第 I 个反应器转移到第 II、第 III 个反应器，最后，排出失活的废催化剂。这类反应器目前已很少采用。图 3-50(b)是多段流化床焙烧石灰装置。采用这种装置可以减少固体的混合。图3-50(c)是带有内部冷却器的乙烯氧氯化反应器。这类结构多用于热效应大的反应。图3-50(d)是萘氧化为苯酐的放置有内部构件的反应器。其特点是可以把气泡打碎，使聚式流化散式化。

其它采用流化床反应器的催化反应过程还很多。比较重要的有丙烯氨氧化制丙烯腈，如图 3-51，丁烯氧化脱氢制丁二烯用费-托合成反应器，如图 3-52 等。其它如聚乙烯、聚丙烯等高分子聚合反应，生物化工中的固定化酶反应器，处理污水的反应器等也有采用流化床的。

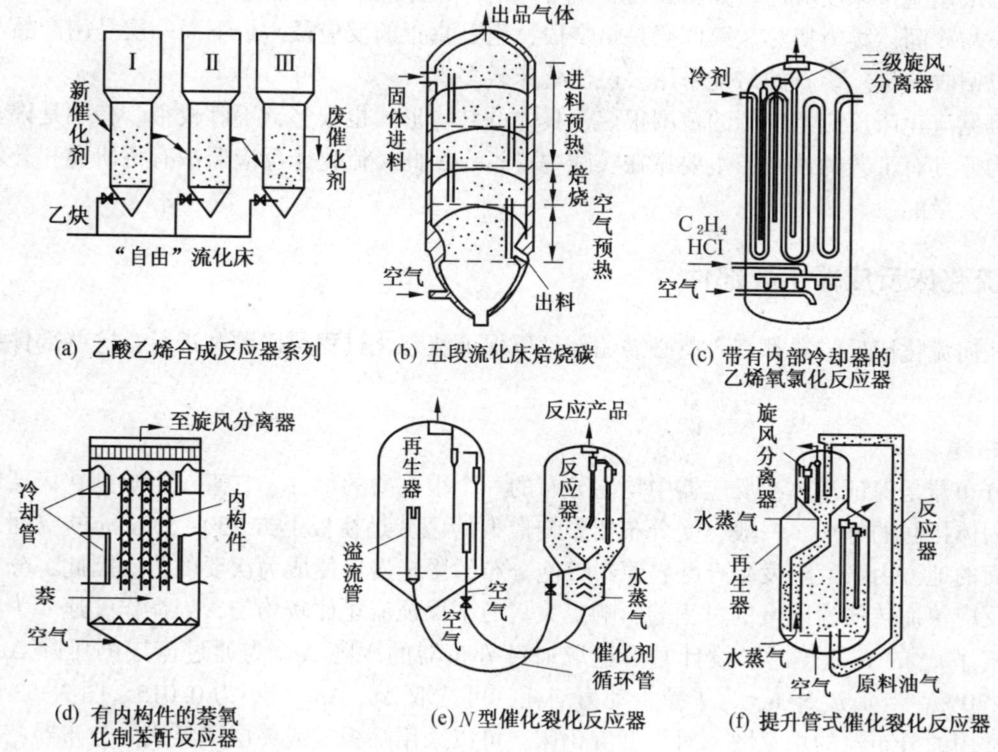

图 3-50 一些典型的工业流化床反应器

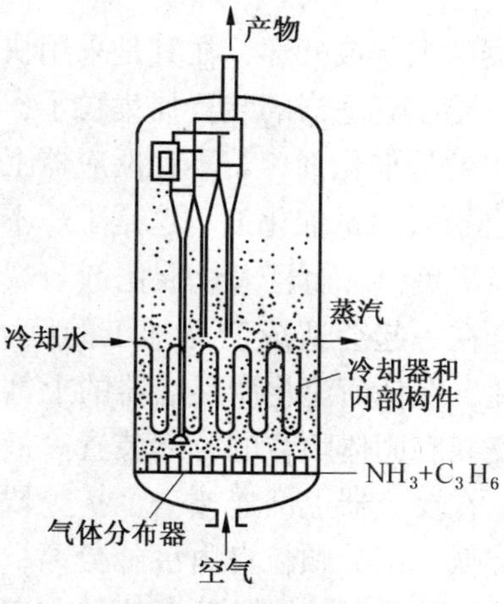

图 3-51 丙烯腈流化床反应器

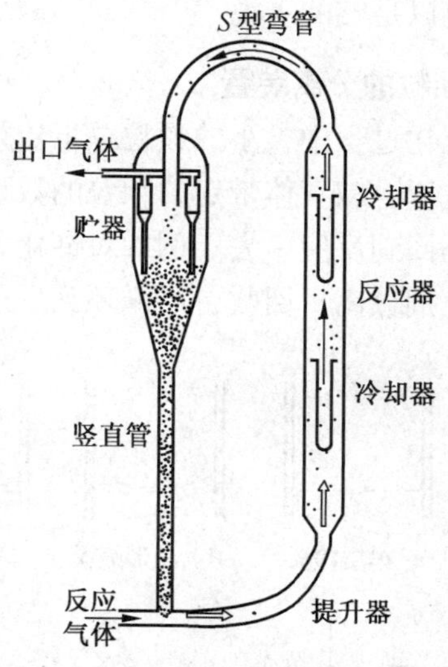

图 3-52 流化床费-托合成反应器

2. 非催化过程

煤炭加工工业及冶金工业是采用流化床反应器最多而且处理量最大的部门。如粉煤的燃烧，煤和页岩的流态化干馏和造气以及煤矸石的利用也都采用流化床反应器。

流化床反应器在矿物加工中得到了广泛的应用，如铁矿石的直接还原为铁，贫铁矿流态化磁化焙烧，氧化铀的氟化焙烧，氢氧化铝的焙烧，石灰、水泥、陶瓷等建筑材料的生产等都可以采用流化床反应器。如图3-50(b)的多层床焙烧石灰反应器，上部三层是利用排出的热气与冷固体物料换热。第四层是焙烧段，也是真正的反应段。最下面一层是用产品与热空气以回收热量。矿石的焙烧采用多层流化床较多。

可见流化床反应器应用的范围很广，具体的结构形式也很多，不胜枚举。特别是许多具体结构还具有工艺的性质，主要靠在实践中摸索，因此，流化床反应器中有待研究和开发的工作是大量的。

三、流化床反应器主要部件

任何流化床反应器都有一些必需的部件以保证流态化过程得以顺利进行，这些部件如下所述。

1. 分布器

分布器是保证流体在反应器中均匀分布的一个很重要的部件，它直接影响到在床层中流体和固体接触的好坏。一般，受分布器影响最大的区域是在板上方250~350mm的空间。在更上面的地方由于气泡发生合并，原料气泡分布的影响慢慢便成为次要的了。因此，分布器对于反应快而传质速度慢的过程的影响更大。为了保证流化比较均匀，当操作气速u为临界流化气速u_{mf}的1~2倍时，设计时可选取通过分布器的压降Δp_d为通过床层的压降Δp_b的10%~20%。当$u/u_{mf} \gg 1$，为了减少动力消耗，可选取$\Delta p_{d}/\Delta p_b$最小为0.015。图3-53给出一些常用的分布器的示意图。对小型流化床，可以采用筛板式或夹层填料式的分布器；对于大型反应器，特别是用于高温的过程，板式分布器比较容易变形，不能保证流体的均匀分布，故采用管式分布器的较多。分布器的设计以及它的性能好坏，与反应器的操作性能关系较大，应以足够的重视。

2. 固体颗粒的分离装置

在流化过程中，小的颗粒总不免被流体带到反应器的上部或外部，尤其是采用快速流化床和输送床，被气体带走的颗粒的数量是非常大的。一定要有适当的装置捕集粒子，使绝大部分循环回到反应中去。例如对催化裂化装置，被带出的是催化剂，若不在反应器上部把这部分催化剂分离、回收，再循环到反应器中使用，就会损失大量催化剂。这是工厂不能接受的经济负担。而且大量催化剂与裂化产品混合在一起会造成产品加工的巨大困难。因此，在任何流化床反应器的上部或外部都安装有固体颗粒的分离装置。最常用的有：在反应器上部连接一个扩大段，使气速降低，部分颗粒自由沉降分离；安装一些使气流或固体颗粒改变流动方向的折流挡板或其它快速分离装置；安装一些旋流板或多级旋风分离器，利用离心力把固体颗粒分离。

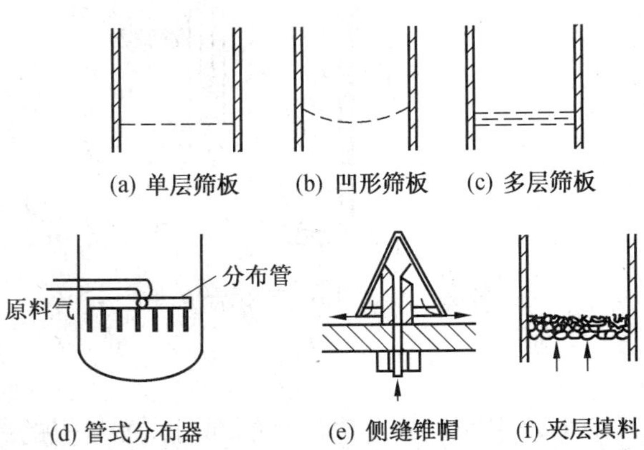

图3-53　常用的分布器示意图

还有一些部件是为了解决流化床反应

器某种需要或改善流化质量而安置的，包括：

(1) 换热设备。这是为了控制床层温度或把大量反应热导出所必需的。

(2) 内构件。为了使聚式流化散式化，改善流化质量，一个主要方法是在反应器内部安置各种形式的内构件，包括斜挡板、垂直挡板、开孔挡板、宝塔型内构件等。宝塔型内构件用于大型萘氧化制苯酐的反应器，取得了较好的结果。内构件与换热器可以结合起来，这是内构件发展的一个方向。

(3) 下料腿(下降管)。在反应器内部安置了旋风分离器把固体颗粒从气体中分离出来后，需要用一根下料腿，把固体颗粒送到反应器下部的床层中。对于多层流化床反应器，如图 3-50(b)，固体颗粒从上一层流到下一层，也需要用下料腿。下料腿要保证固体颗粒自上而下顺利流动，要防止气体从下料腿向上流窜，需要特殊设计。这是流化床反应器设计中的一个比较重要的问题。

(4) 控制固体流动的装置。对于需要把大量固体颗粒循环的生产过程，必须有能够控制固体颗粒流动的装置。例如对 IV 型的催化裂化装置，翼阀就是一个关键设备。

在设备容易磨损的地方经常需要内衬一些耐磨材料。这也是保证流化床反应器能正常运转所不可少的。

四、流化床反应器的设计与放大

流化床反应器是一个结构相当复杂的设备，因此用流化床反应器数学模型预测反应转化率和选择性，实际上只是整个设计中的一个步骤。应该认识到，在现阶段流化床反应器的设计和开发，应该是理论预测与试验室及中间试验的结合过程，图 3-54 表示了设计的基本内容。

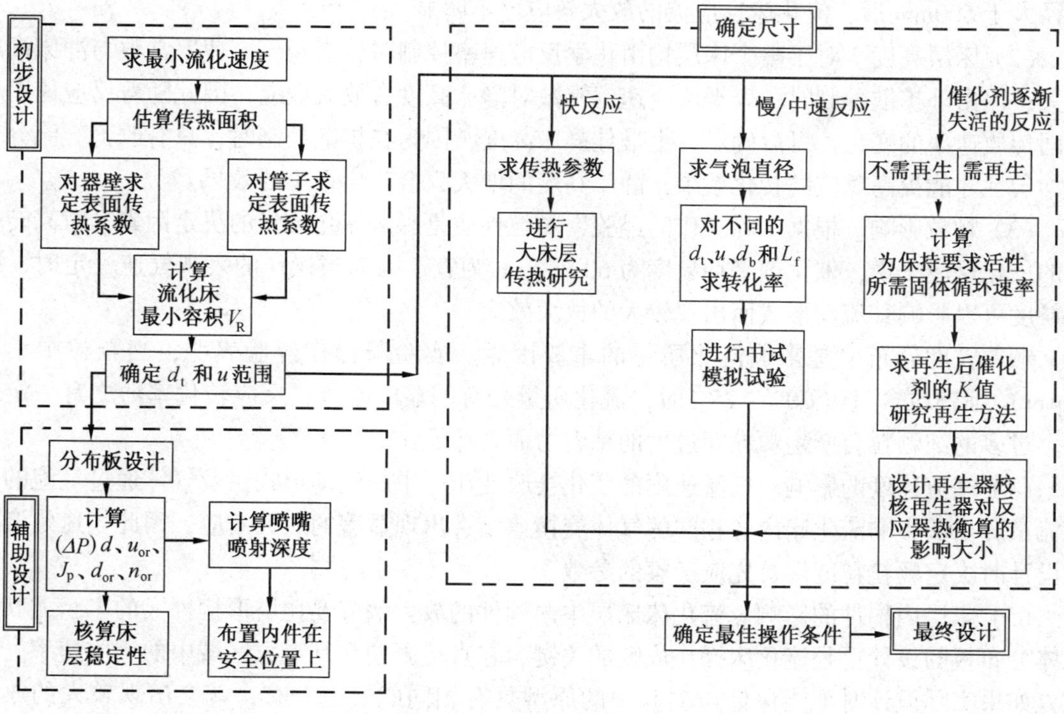

图 3-54　流化床反应器设计的基本内容

1. 流化床反应器设计步骤

（1）选择适当的颗粒大小范围，并估算或实验决定最小流化速度。

（2）进行传热问题的初步论证，决定采用冷却管方案还是夹套冷却方案。

（3）根据第 2 步的决定，计算为容纳所需换热面积应有的最小床层体积或床层面积，并估算床层直径与气流速度的范围。

（4）如果采用垂直传热管，按第 2 步选择的管径计算所需要的管数。

（5）如果气泡直径是过程的决定因素，通过冷模实验测量气泡的平均直径。

如果进行的是十分快速的反应，也就是说如果传热是过程的决定因素，应该用实验流态化装置、在不发生反应的情况下进行传热研究。

（6）通过传热实验结果，或利用某个鼓泡床模型，对床层尺寸进行初步选择。

（7）估计密相床层上方的自由空间高度以及旋风分离器的料腿尺寸。

（8）设计分布(格栅)板并验算床层的不稳定性(如发生沟流的可能性等)。

（9）基于实用和经济上各种因素的考虑，如果需要还可以将设计定案进行放大试验

（10）对催化剂快速失活的情况：

① 根据催化剂的允许活性，计算固体催化剂的循环速率；

② 按失活与再生动力学计算反应器尺寸；

③ 计算为恢复催化剂活性达到约定水平所需要的再生器尺寸；

④ 决定进行催化剂循环所必须的高度差。

2. 流化床反应器放大效应的影响规律

（1）反应器床径的选择。流化床反应器放大设计中的冷模或中间实验应着重考察床径与反应器模型参数的关系，并据此决定参数不再随床径变化的临界直径。据研究认为，一般当直径大于 500mm 后，流化床反应器的放大效应已不明显。

（2）床层高度。对于整个床层均由化学反应速率控制时，表观反应速率常数与静床高度无关；但由外扩散控制时，表观反应速率常数对静床高度有放大效应，因此随着反应速率与相间传质速率的变化，可以确定一个最佳静床高度，因为在扩散控制时，只有改善气流分布的均匀性才能提高反应的转化效果，静床高度的增大只会产生很小的效果。

（3）颗粒影响。根据实际工作的经验，颗粒性质是影响流化质量的决定因素。对高转化率的催化反应来说，催化剂平均粒度为 60~80μm 为宜。因为当操作的表观气速一定时，颗粒粒度可以影响其流动形式而出现较大的放大效应。

颗粒粒度分布也是影响流化质量的重要因素。实验与操作经验表明，当颗粒中小于 40μm 的细颗粒含量占 20%~25%时，流化质量会有明显的改善，反应转化率随之有一定增加。过多的细颗粒会产生颗粒间过大的粘着力而破坏流化。

（4）气流速度的影响。气流速度的变化会改变床层中的流动形式以及气体通过气泡的旁路流量，从而影响流化床内各相间的气体交换速度，出现显著的放大效应，因此气速是流化床设计时决定颗粒粒度后首先应考察的参数。

（5）床层内构件的影响。流化床床层中内构件的放大效应要比塔形构件大的多，尤其是气体分布板的设计更是流化床操作成败的关键，它直接影响在其上方区域中的反应速率。因此，如果实际设计时不能保证与实验中的原型具有相同的气泡分布，就会出现较大的放大效应。

第七节　生化反应器

一、生化反应器的特征和工艺要求

生化反应器是为游离或固定化的细胞或酶提供良好的反应环境，以满足细胞增殖和(或)基质底物转化的装置。生化反应器是生化反应过程中的关键设备，它在理论、外形、结构、分类和操作方式等方面基本上类同于化学反应器。但由于以酶或活细胞作为催化剂，底物的成分和性质一般比较复杂，产物类型多端，且常与细胞代谢过程等息息相关，所以生化反应器有其自身特点，一般生化反应器应满足：(1) 能在不同规模要求上为细胞增殖、酶的催化反应和产物形成提供良好的环境条件，即易消毒，能防止杂菌污染，不损伤酶、细胞或固定化生物催化剂的固有特性，易于改变操作条件，使之能在最适条件下进行各种生化反应；(2) 能在尽量减少单位体积所需功率输入的情况下提供较好的混合条件，并能增大传热和传质速率；(3) 操作弹性大，能适应生化反应的不同阶段或不同类型产品生产的需要。

二、生化反应器的类型

生化反应器按操作方式不同可分为间歇、半间歇与连续三类。对于生化反应过程，间歇操作具有可减少污染的特点，所以使用最为广泛。半间歇操作又称流加方式，对于存有底物抑制或产物抑制的生化过程，或需要控制比生长速率的发酵过程，常采用这种方式。连续操作主要用于固定化催化剂的生化反应过程。由于其是连续操作过程，故易染菌，且易造成菌体的突变，因此使其应用范围受到了限制。

连续操作的生化反应器，又以反应器内流体流动、物料混合和返混程度的不同，分为全混流反应器、活塞流反应器和非理相流动反应器。

最古老和最经典的生化反应器是微生物发酵用的发酵罐。随着生化工程的发展，现已有多种型式的生化反应器。例如，适用于游离酶或固定化生物催化剂参与反应的酶反应器、培养动物细胞用的反应器、培养植物细胞用的反应器以及用于处理污水的生化装置。此外，还有供光合作用、新能源(氢或生物电池)和细菌冶金等用的种类繁多的各种反应器。限于篇幅仅介绍几种不同结构的生化反应器。

(1) 机械搅拌型。是目前工业生产中使用最广泛的一种生化反应器，见图 3-55(a)。其最大特点是操作弹性大，对各种物系及工艺的适应性强，但其效率偏低，功率消耗较大，放大困难。

为克服上述不足，各种新型高效搅拌型反应器应运而生，如 Waldhof 型通气搅拌釜、多层桨搅拌釜、气体自吸搅拌釜和横型搅拌釜等，分别见图 3-54(b)、(c)、(d)和(e)。相对而言，多层桨搅拌釜能耗高，传质系数低，而自吸式能耗低，氧传递效率高，已在工业上得到应用。性能最好的属横型搅拌釜，但其结构较为复杂。

(2) 气体提升型。气体提升型生化反应器是利用气体喷射的功率，以及气-液混合物与液体的密度差来使气液循环流动的。这样可强化传质、传热和混合。其形式多样，常见的见图 3-56。内循环式的结构比较紧凑，导流筒可以做成多段，用以加强局部及总体循环；导流筒内还可以安装筛板，使气体分布得以改善，并可抑制液体循环速度。外循环式可在降液管内安装换热器以加强传热，且更有力于塔顶及塔底物料的混合与循环。

该类生化反应器的特点是传质和传热效果好，易于放大，结构简单，剪切应力分布均匀和不易染菌。

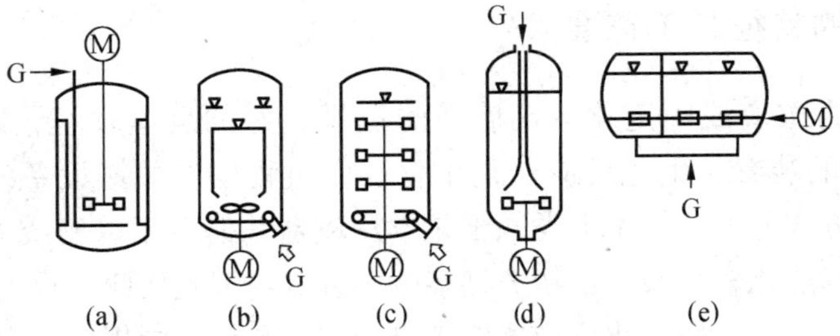

图 3-55　机械桨搅拌型反应器

(a)经典搅拌釜；(b)Waldhof 型搅拌釜；(c)多层桨搅拌釜；(d)气体自吸搅拌釜；(e)横型搅拌釜

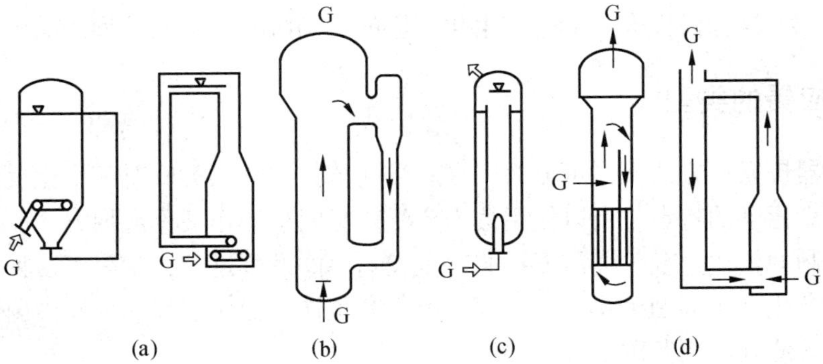

图 3-56　气体提升型生化反应器

(a)鼓泡塔式；(b)外循环式；(c)内循环式；(d)压差循环式

(3) 液体喷射环流型。液体喷射环流型反应器有多种形式，见图 3-57。它们是利用泵的喷射作用使液体循环，并使液体与气体间进行动量传递达到充分混合。该类反应器有正喷

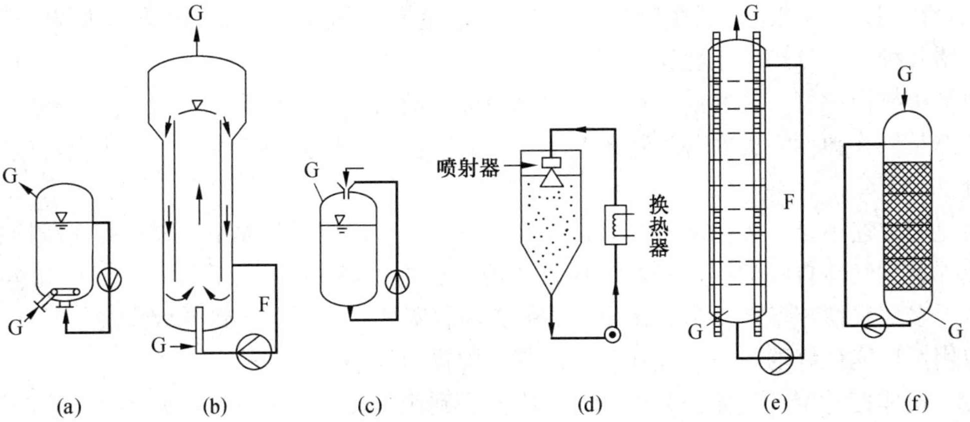

图 3-57　液体喷射循环型生化反应器

(a)循环鼓泡式；(b)喷射自吸环流式；(c)喷射自吸式；

(d)外循环喷射自吸式；(e)多段板式循环反应器；(f)喷洒塔式

式和倒喷式两类。其特点是气液间接触面积大，混合均匀，传质、传热效果好和易于放大。

(4) 固定床生化反应器。固定床生化反应器见图 3-58。主要用于固定化生物催化剂反应系统。根据物流流向的不同，可分为上流式和下流式两类。其特点是可连续操作，返混小，底物利用率高和固定化生物催化剂不易磨损。

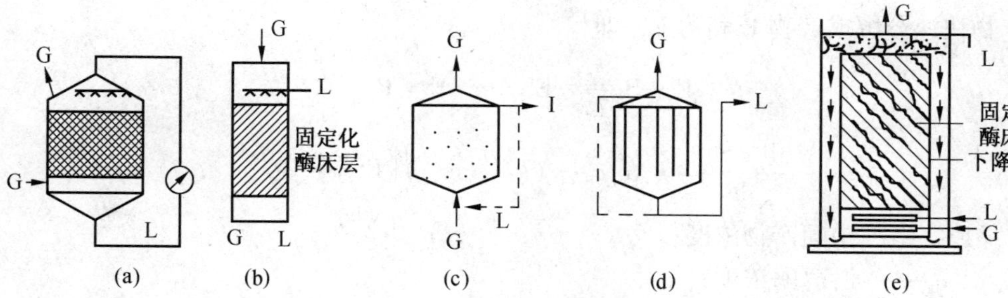

图 3-58 固定床生化反应器

(a)泵循环固定床型；(b)滴流床型；(c)上流型(d)下流型；(e)内循环固定床型

(5) 流化床生化反应器。多用于底物为固定颗粒，或有固定化生物催化剂参与的反应系统。该类反应器由于混合程度高，所以传质和传热效果好，但不适合有产物抑制的反应系统。为改善其返混程度，现又出现了磁场流化床反应器，即在固定化生物催化剂中加入磁性物质，使流化床在磁场下操作，见图 3-59。

(6) 膜反应器是将酶或微生物细胞固定在多孔膜上，当底物通过膜时，即可进行酶催化反应。由于小分子产物可透过膜与底物分离，从而可防止产物对酶的抑制作用。这种反应与分离过程耦合的反应器，简化了工艺过程。膜反应器简图 3-60。

总之生化反应器类型很多，应用时应根据具体的生化反应特点和工艺要求选取。

(f)喷洒塔式

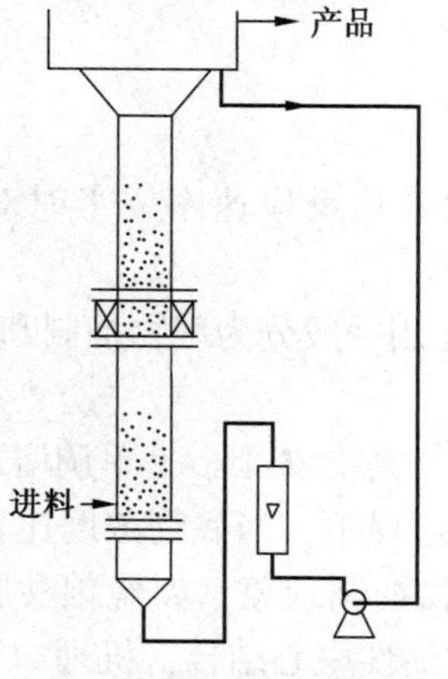

图 3-59 两段磁场流化床反应器

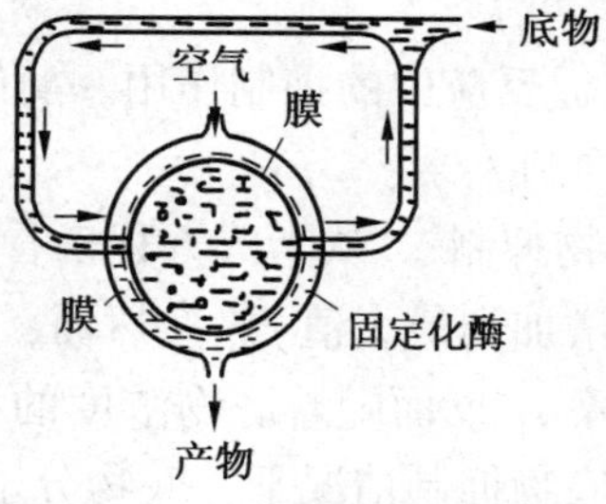

图 3-60 载有酶的膜反应器

三、生化反应器的设计

1. 生化反应动力学

生化反应动力学研究生化反应速率及其影响因素。生化反应过程包括酶催化反应，微生物反应，废水生物处理以及动、植物细胞大规模培养等过程。各种过程的动力学特征差异较大，限于篇幅，本节仅简要介绍两种基本的生化反应动力学，即酶催化反应动力学和微生物反应动力学。

(1) 酶催化反应动力学

① 米氏方程。最简单的酶促反应是酶 E 和底物 S 首先形成中间产物 ES 并达到稳态，然后中间产物快速分解成产物 P 和酶 E，即

$$E + S \underset{k_{-1}}{\overset{k_{+1}}{\rightleftharpoons}} ES \xrightarrow{k_{+2}} E + P$$

$$\frac{d[ES]}{dt} = k_{+1}c_E c_S - (k_{-1} + k_{+2})[ES] = 0$$

式中　[ES]—— 中间产物浓度；

c_E—— 游离酶浓度；

c_S—— 底物浓度；

k_{+1}、k_{-1}、k_{+2} ——反应速率常数。

1913 年 Michaelis 和 Menten 推导出米氏方程

$$r_P = \frac{r_{max}c_S}{K_m + c_S}$$

式中，r_{max} 表示酶催化反应的最大速率，为 $k_{+2}c_{E0}$；$K_m = (k_{-1} + k_{+2})/k_{+1}$ 称为米氏常数，是酶的特征参数，只与酶的性质有关，与酶浓度无关。

对于米氏方程，底物浓度 c_S 与米氏常数 K_m 的相对大小有两个极端状态。

若　$c_S \ll K_m$　　$r_P = \frac{r_{max}c_S}{K_m}$

此时，对底物而言的酶催化反应呈一级反应的特征。

若　$c_S \gg K_m$　　$r_P = r_{max}$

此时，对底物而言的酶催化反应呈零级反应的特征。

当 $c_S = K_m$ 时，　　$r_P = \frac{1}{2}r_{max}$

即米氏常数的物理意义可以理解为酶催化反应速率达到最达反应速率一半时对应的底物浓度。

② 酶促反应中的抑制作用。酶催化反应过程的抑制作用一般分为底物抑制和产物(包括副产物) 抑制。

a. 底物抑制　从米式方程来看，产物的生成速率 r_P 与底物浓度 c_S 是单调增加的关系，可以一直增加到最大值 r_{max}。然而，在许多实际的酶催化过程中，当底物浓度比较高时，产物生成速率 r_P 反而随着底物浓度的增加而降低，呈现底物抑制现象，如琥珀酸脱氢酶。一般认为在底物抑制情况下，底物分子竞争性地与酶分子的活性中心结合，机理如下。

$$E + S \underset{k_{-1}}{\overset{k_{+1}}{\rightleftharpoons}} ES \xrightarrow{k_{+2}} E + P$$

$$ES + S \underset{k_{-3}}{\overset{k_{+3}}{\rightleftharpoons}} ES_2$$

复合物 ES_2 不具有活性，不能进一步分解成终产物，据此可以推导出反应底物抑制的酶催化反应动力学模型。

$$r_P = \frac{r_{max} c_S}{K_m + c_S + \dfrac{c_S^2}{K_i}}$$

$$K_i = \frac{k_{-3}}{k_{+3}}$$

式中，K_i 为底物抑制常数。

由此可以得到产物生成的最大速率对应的最佳底物浓度。

$$r_P' = \frac{r_{max}\sqrt{K_i}}{2\sqrt{K_m} + \sqrt{K_i}} \qquad c_{Sopt} = \sqrt{K_m K_i}$$

b. 产物抑制　产物抑制现象是比较常见的，此时产物 P 逆向与酶 E 结合形成复合物，降低了产物的生成速率，其机理如下：

$$E + S \underset{k_{-1}}{\overset{k_{+1}}{\rightleftharpoons}} ES \xrightarrow{k_{+2}} E + P$$

$$E + P \underset{k_{-1}'}{\overset{k_{+1}'}{\rightleftharpoons}} EP$$

由此可以推导出反映产物抑制的动力学方程

$$r_P = \frac{r_{max} c_S}{K_m\left(1 + \dfrac{c_P}{K_P} + c_S\right)}$$

式中，c_P 为产物浓度；$K_P \equiv \dfrac{k_{-1}'}{k_{+1}'}$。

上式描述的产物抑制动力学在形式上与米氏方程一致，只是米氏常数增大到$(1 + c_P/K_P)$倍，这种抑制称为竞争性抑制。

c. 抑制剂抑制　在酶催化反应中，已经发现许多化合物对反应起抑制作用，这类化合物统称为抑制剂，已经被用来钝化那些不易从反应系统中去除的杂酶。如果抑制剂的抑制类型为竞争性抑制，可以推导出其动力学模型如下：

$$r_P = \frac{r_{max} c_S}{K_m\left(1 + \dfrac{c_1}{K_i}\right) + c_S}$$

式中，c_1 为抑制剂的浓度；K_i 为抑制剂常数。

③ 影响酶催化反应速率的因素。影响酶催化反应速率的因素很多，除前述的酶浓度、底物浓度、产物浓度以及抑制剂浓度外，还有温度、酸碱度和离子强度等。

a. 温度的影响　温度对酶催化反应速率的影响有正、反两个方面，即一方面温度升高，反应速率加快，两者关系符合 Arrhenius 方程；另一方面过高的温度将促使酶蛋白变性，致使其活性下降，甚至失活。两方面作用的结果，使酶催化反应都有其最适宜的反应温度，酶催化反应速率与温度曲线呈钟罩形。

b. pH 值的影响　任何一个酶催化反应的酶蛋白，底物和中间络合物都具有特定的解离形式，故对应有一最适宜的 pH 值，在此条件下反应速率最大。pH 值的过高或过低，都将影响酶活性部位中羧基和氨基等酸性或碱性基团的解离状态，使酶活性下降，甚至会破坏酶的空间结构，影响酶的稳定性。

所以，在酶催化反应过程中，应采取措施控制底物浓度、产物浓度、反应温度以及介质的最适 pH 值。

(2) 微生物反应动力学(细胞培养动力学)

① 游离细胞生长的 Monod 模型。基于下述基本假定来建立描述细胞生长的 Monod 模型：

a. 细胞生长为平衡式非结构生长；

b. 着眼于一种组分，即所谓的限制性底物(或限制性基质)；

c. 细胞生长简化为单一反应，无动态滞后。

Monod 模型为

$$\mu = \mu_{max} \frac{c_S}{K_S + c_S}$$

式中 μ—— 细胞的比生长速率，h^{-1}；

μ_{max}—— 细胞的最大比生长速率，h^{-1}；

K_S—— 饱和系数，g/L；

c_S—— 限制性底物浓度，g/L。

上式成功地描述了许多微生物细胞和动植物细胞生长过程的生物量，是一个纯经验模型。

若进一步考虑细胞生长过程中在生物量增加的同时还有维持生命活动的消耗，上述模型可以表达为

$$\mu = \mu_{max} \frac{c_S}{K_S + c_S} - b$$

式中 b 为维持细胞自身代谢的比消耗速率，通常情况下可以忽略不计。

对于许多好气性培养过程来说，由于氧传递过程的传质系数很小，氧往往是限制性底物。

对于高粘度培养体系，Monod 模型描述细胞生长会产生比较大的偏差，Contois 提出了如下生长模型：

$$\mu = \mu_{max} \frac{c_S}{K_X c_X + c_S}$$

式中，c_X 为细胞浓度。

对于细胞生长过程中有底物抑制的情况，Andrews 提出了如下的生长模型：

$$\mu = \mu_{max} \frac{c_S}{K_i + c_S} + \frac{c_S^2}{k_i}$$

式中 K_i ——底物抑制情况下的 Monod 参数；

k_i ——反应底物抑制效应的模型参数。

对于细胞生长过程中有产物抑制的情况，Aiba 提出如下的生长模型：

$$\mu = \mu_{max} \frac{c_S}{K_S + c_S} \frac{K_P}{K_P + c_P}$$

式中 c_P—— 具有抑制作用的产物浓度；

K_P ——反应产物抑制的模型参数。

如果细胞生长过程同时呈现多种限制性底物，描述其生长的动力学模型可以写为

$$\mu = \mu_{max} \frac{c_{S1}}{K_{S1} + c_{S1}} \frac{c_{S2}}{K_{S2} + c_{S2}} \cdots\cdots \frac{c_{Sn}}{K_{Sn} + c_{Sn}}$$

② 产物生成动力学。细胞培养过程产物生成是十分复杂的，根据产物生成与细胞生长之间的关系，其动力学可以分为如下几种情形。

a. 生长偶联型　产物生成与细胞生长相关，最典型的实例就是酒精发酵，此时动力学可以表达为

$$\frac{dc_P}{dt} = y_{P/X} \frac{dc_X}{dt}$$

式中　$y_{P/X}$——产物对细胞生物量的得率系数。

b. 部分生长偶联型　产物生成与细胞生长部分相关，最典型的实例就是乳酸和柠檬酸发酵，此时动力学可以表达为

$$\frac{dc_P}{dt} = \alpha \frac{dc_X}{dt} \beta c_X$$

式中　α、β——模型参数。

c. 非偶联型　产物生成与细胞生长无关，一般在细胞停止生长后，产物开始大量积累，此时产物生成速率只与细胞浓度相关，动力学模型可以表达为

$$\frac{dc_P}{dt} = q_P c_X - k c_P$$

式中　q_P——模型参数；

k——模型参数，不稳定产物的比失活速率。

③底物(基质)消耗动力学。底物消耗从物料平衡来看可以分成三部分。一部分用于细胞生长生物过程中合成细胞物质，一部分用于细胞生长生物过程中形成目标产物，最后一部分用于维持细胞本身的生命活动。因此，底物消耗动力学可以表达为

$$-\frac{dc_S}{dt} = y_{S/X} \frac{dc_X}{dt} + y_{S/P} \frac{dc_P}{dt} + m c_X$$

式中　$y_{S/X}$——细胞生物量对底物的得率系数；

$y_{S/P}$——代谢产物对底物的得率系数；

m——细胞生命活动的底物维持系数。

以上由细胞生长、产物生成和底物消耗组成的微分方程组，构成了批式培养过程的动力学模型，在实验数据的支持下可以获得模型参数，进而对整个过程进行优化控制。

2. 生化反应器的计算

生化反应器设计计算的基本方程式，即物料衡算式、热量衡算式和动量衡算式完全类似于化学反应器，只是生化反应动力学具体方程不同于化学反应，且比一般化学反应动力方程更加复杂，更加非线性化，所以分析与计算更为复杂。现仅介绍最简单的情况，以此说明生化反应器的基本设计计算方法。

(1) 间歇釜式反应器

在间歇釜式反应器中，若由酶催化反应控制，当无抑制物存在，又是使用单底物，则底物的消耗速率可采用米氏方程式表示。

运用间歇釜式反应器设计方程。由于酶反应是液相恒容过程，所以

$$t = -\int_{c_{S_0}}^{c_S} \frac{dc_S}{r_S} = -\int_{c_{S_0}}^{c_S} \frac{dc_S}{k_2 c_{E0} c_S / (K_m + c_S)} = \frac{1}{r_{max}}[K_m \ln(c_{S_0}/c_S) + (c_{S_0} - c_S)]$$

可计算达到一定底物浓度时所需的反应时间。实际反应器体积的决定，仍参照间歇反应釜设计。

若存在抑制物时，可根据情况将有关动力学方程代入间歇釜式反应器设计方程，再进行计算即可。

若在间歇釜式反应器中进行以微生物为催化剂的多酶体系生化反应，则过程涉及菌体生长、代谢与产物生成等，情况相当复杂。现仅介绍以生产单细胞蛋白为目的产物的情况。假设菌体生长符合 Monod 方程；基质的消耗完全用于菌体生长，其它消耗可忽略不计。因此，菌体的生长速率为

$$r_X = \frac{dc_X}{dt} = \frac{\mu_{max} c_S}{K_S + c_S} \cdot c_X$$

由于基质消耗速率与菌体生长速率间的关系为

$$-\frac{dc_S}{dt} = y_{Y/X} \cdot \frac{dc_X}{dt}$$

式中，$y_{Y/X}$ 为对基质的细胞得率。 假设在发酵进行过程中 $y_{Y/X}$ 不变，且当 $t=0$ 时，$c_X = c_{X_0}$，$c_S = c_{S_0}$， 则

$$c_S = c_{S_0} - y_{S/X}(c_X - c_{X_0})$$

上式经变换变成

$$(c_{S_0} + y_{S/X} c_{X_0}) \cdot \mu_{max} \cdot t = (K_S + c_{S_0} + y_{S/X} \cdot c_{X_0}) \ln \frac{c_X}{c_{X_0}} - K_S \ln \frac{c_{S_0} - y_{S/X}(c_X - c_{X_0})}{c_{S_0}}$$

该式直接表达了菌体浓度与发酵时间的关系。底物浓度与反应时间的关系可联立求解。

(2) 全混流反应器

①酶催化反应。在全混流反应器中，若由酶催化反应控制，且其动力学方程符合米氏方程，运用连续搅拌釜设计方程式，得到空时为

$$\tau = \frac{V_R}{v_0} = \frac{(c_{S_0} - c_S)(K_m + c_S)}{r_{max} c_S} = \frac{(c_{S_0} - c_S)(K_m + c_S)}{k_2 c_{E_0} c_S}$$

将 $c_S = c_{S_0}(1 - x_S)$ 代入并化简， 得

$$\tau = \frac{1}{k_2 c_{E_0}}\left(c_{S_0} X_S + \frac{K_m x_S}{1 - x_S}\right)$$

对于有抑制物存在时，则将相应的动力学方程代入连续搅拌釜设计方程即可。

② 微生物反应。在全混流反应器中，假设进料中不含菌体，则达到定态操作时，在反应器中菌体的生长速率等于菌体流出速率，即

$$v_0 c_X = r_X V_R = \mu c_X V_R$$

进料流量与培养液体积之比称为稀释率，即 $D = v/V_R$ 。

$$\mu = D$$

D 表示了反应器内物料被“稀释”的程度，因次为[时间]$^{-1}$。

可知，在全混流反应器中进行细胞培养时，当达到定态操作后，细胞的比生长速率与反应器的稀释率相等。这是全混流反应器中进行细胞培养时的重要特性。可以利用该特性，用控制培养基的不同进料速率，来改变定态操作下的细胞比生长速率。因此，全混流反应器用于细胞培养时也称恒化器。利用恒化器，可较方便地研究细胞生长特性。

在全混流反应器中，限制性基质浓度和菌体浓度与稀释率有关。对于菌体生长符合 Monod 方程的情况，由于

$$D = \mu = \frac{\mu_{max} c_S}{K_S + c_S}$$

反应器中基质浓度与稀释率的关系为

$$c_S = \frac{K_S D}{\mu_{max} - D}$$

假设限制性基质仅用于系胞生长，则在定态操作时，

$$v_0(c_{S_0} - c_S) = r_S \cdot V_R$$

而

$$r_S = \frac{r_X}{y_{X/S}} = \frac{\mu \cdot c_X}{y_{X/S}}$$

得到反应器中细胞浓度

$$c_X = y_{X/S}(c_{S_0} - c_S)$$

细胞浓度与稀释率的关系，即

$$c_X = y_{X/S}\left(c_{S_0} - \frac{K_S \cdot D}{\mu_{max} - D}\right)$$

随着 D 的增大，反应器中 c_S 亦增大，当 D 大到使得 $c_S = c_{S_0}$ 时，此时的稀释率为临界稀释率，即

$$D_0 = \mu_0 = \frac{\mu_{max} c_{S_0}}{K_S + c_{S_0}}$$

反应器的稀释率必须小于临界稀释率。一旦 $D > D_0$ 后，反应器中细胞浓度会不断降低，最后细胞从反应器中被“洗出”，这显然是不允许的。

细胞的产率 P_X 亦为细胞的生长速率，即

$$P_X = r_X = \mu c_X = D c_X = D y_{X/S}\left(c_{S_0} - \frac{K_S D}{\mu_{max} + c_{S_0}}\right)$$

令 $dP_X/dD = 0$，可得最佳稀释率 D_{opt}

$$D_{opt} = \mu_{max}(1 - \sqrt{K_S/(K_S + c_{S_0})}$$

此时，反应器中细胞浓度为

$$c_X = y_{X/S}\left(c_{S_0} + K_S - \sqrt{K_S(K_S + c_{S_0})}\right)$$

细胞的最大产率 $P_{X,\ max}$ 为

$$P_{X,\ max} = y_{X/S}\mu_{max} c_{S_0}\left(\sqrt{1 + \frac{K_S}{c_{S_0}}} - \sqrt{\frac{K_S}{c_{S_0}}}\right)^2$$

在全混流反应器中，产物生成速率与稀释率关系应根据产物生成的类型，结合动力学方

程对反应器作物料衡算得到。

若产物的形成类型是生长产物耦联型，对产物 P 作物料衡算得

$$\upsilon_0 c_P - \upsilon_0 c_{P_0} = r_P \cdot V_R$$

一般进料中不含产物，整理得产物浓度

$$c_P = \frac{q_P \cdot c_X}{D}$$

第八节　反应的工艺参数与流程

一、主要工艺参数的确定

在确定了反应器的构型后，还必须正确选择反应器的主要工艺参数，才能使反应器的操作达到理想的技术经济指标。反应器的主要工艺参数包括反应温度或温度序列、反应压力、反应物进口组成和空速。这些参数的确定和优化组合，通常需经过系统的工艺试验探索出来，或利用反应动力学模型作多种方案计算，再在工艺试验中加以检验。

1. 温度

反应温度是反应工艺的十分重要的参数，确定反应温度，一般考虑下述因素。

(1) 反应方程和化学平衡。温度对平衡常数的影响可用 Vant Hoff 方程表示。

$$\frac{\mathrm{d}\ln K}{\mathrm{d}T} = \frac{\Delta H^\circ}{RT^2}$$

式中 ΔH° 为标准反应热。例如对放热反应可在反应初期离平衡点较远时，采用高温以提高反应速度，到反应中后期接近平衡时，应降低温度以提高平衡转化率，实际上，许多反应进行很快，对于放热反应来说，反应过程的温度要害是及时移出反应热，以使反应在一个适量的温度范围内进行。相对来说，需要加热的反应好控制一些。

而吸热反应温度升高使平衡常数增大，平衡转化率提高，应始终保持高温。但亦受到其它因素的制约。

(2) 反应特性。Arrhenius 方程表达了反应速度与温度之间的定量关系。

$$k = k_0 \exp(-E/RT)$$

式中　k—— 反应速度常数；

k_0—— 频率因子；

E—— 活化能。

由上式可见，温度愈高，反应速度愈快。但是，工业上经常遇见的反应大多数伴有各种平行、串联或平串联副反应，这时，就不能片面追求高温反应速率大，而要根据主、副反应活化能的相对大小来选择温度。自由基聚合反应则以引发剂的活化温度为反应温度。

(3) 温度的限制条件。对于一些反应过程，温度越高越有利，或者温度越低越有利。例如对主反应是可逆吸热反应，且主反应的活化能高于副反应的活化能的过程，温度越高越有利。相反，若主反应是可逆放热反应，且主反应活化能低于副反应的活化能，则应尽可能采用低温，这时适宜的温度就处于某种限制条件的边界处。

这些限制条件可能是：催化剂使用温度范围的限制；材质使用温度范围的限制；反应物和产物的分解，或物态变化温度的限制；反应压力的限制；加热和吸热工艺方案的限制以及设备的条件等等。

现将工业上若干常用反应模式的适宜温度序列列于表 3-11。

表 3-11　若干反应模式的适宜温度序列

反应模式	反应特性	温度序列备注	
$A \xrightarrow{1} P$ $A \xleftarrow[2]{} P$ $A \xrightarrow[3]{} S$	$E_3>E_1, E_2>E_1$ $E_3>E_1>E_2$ $E_2>E_1>E_3$	低温 先低后高 先高后低(高初始温度)	
$A \xrightarrow{1} P \xrightarrow{2} S$	$E_2>E_1$ $E_1>E_2$	先低后高 高温	
$A \xrightarrow{1} P$ $A \xrightarrow{2} S$	$E_1>E_2$ $E_2>E_1$	高温 低温	
$A \xrightarrow{1} M \xrightarrow{2} P$ 3↓　　4↓ S_1　　S_2	$E_1>E_2, E_3>E_4$ $E_1<E_2, E_3<E_4$ $E_1<E_2, E_3>E_4$ $E_1>E_2, E_3<E_4$	高温 低温 先低后高 先高后低	M 为中间产品

注：A_1—反应物；P—主反应产物；S—副产物；M—中间体。

2. 压力

反应压力的选择，一般考虑下述因素。

(1) 反应方程和化学平衡。对于分子数增加的反应，压力增加将使平衡转化率下降，而对于分子数减少的反应，压力增加将使平衡转化率增加。

(2) 反应速度。对于气相反应，浓度和压力近似成正比关系，因此压力增高，反应速度加快。对于气液相反应和气液固三相反应，增加压力能增加气相组分在液相中的溶解度，对提高反应速率也是有利的。

(3) 后续分离系统的要求。例如当反应器出口物料进入分离系统后,第一个分离步骤常是将其冷却,产生气液两相后加以分离。若单纯冷却不足以使其产生气液两相就要考虑加压。有时连续的分离过程,有一系列压降,考虑能克服它则应在反应器出口有一定压力等等。

(4) 压力的限制因素。主要是设备的费用，运行的可靠性和安全性，还有压力对反应温度的影响，对原料和产物的影响等等。有时压力得在一个有限的范围内实施。

3. 原料配比

对于化学反应 A+B→P，其进料组成 A 和 B 的比例是一个需决策的变量。根据化学反应方程式，可知其投料配比的理论值。

在下列几种情况下使 A(或 B)过量可能对反应是有利的。

(1) 某一反应物要求有很高的转化率可提高其反应速度。若反应的动力学方程式为$-r_A=kc_Ac_B$，当反应物组成 $c_A=c_B$ 时，则$-r_A=kc_A^2$，即该反应成为 A 的二级反应。若要求 A 的转化率为 99%时，反应末期的反应速度仅为反应初期的万分之一，因此应使 A 过量以提高反应末期的反应速度。

而当某一反应物可能有毒有害或价格昂贵，在反应中当使另一种反应原料过量。

(2) 反应物和产物分离。若 B 和产品 P 分离很困难，而反应是可逆反应或者是 A 的反应级数大于零，这时可以采用 A 过量的方法提高 B 的转化率。

例如苯加氢生成环己烷的反应为可逆反应：

$$C_6H_6+3H_2 \rightleftharpoons C_6H_{12}$$

苯的沸点为 353.1K，环己烷为 353.9K，因此用精馏的方法分离是极其困难的，甚至是不可能的。因此苯加氢反应除加压和保持较低的温度外，还采用很高的氢苯比以提高苯的转化率。

又例如用 CO 和 Cl_2 生成光气，$CO+Cl_2 \rightarrow COCl_2$。光气是生产二异氰酸酯的原料，要求不含氯。因此采取使 CO 过量的措施使原料 Cl_2 的转化率尽可能接近 100%。

有时是原料中某一组分过量时，回收循环比较容易，工艺上好操作，则采取该组分过量。

(3) 反应的浓度效应。

若有平行反应

$$A+B \xrightarrow{k_1} P$$

$$A+B \xrightarrow{k_2} S$$

或平串联反应

$$A+B \xrightarrow{k_1} P$$

$$B+P \xrightarrow{k_2} S$$

两个平行反应的速度比

$$\frac{r_P}{r_S}=\frac{k_1 c_A^{a_1} c_B^{b_1}}{k_2 c_A^{a_2} c_B^{b_2}}$$

平串联反应的速度比

$$\frac{r_P}{r_S}=\frac{k_1 c_A^{a_1} c_B^{b_1}}{k_2 c_B^{b_2} c_P^{p_2}}$$

式中 k_1，k_2——反应速度常数；

a_1, a_2, b_1, b_2, p_2——反应级数；

c_A, c_B, c_P——反应物浓度。

对于平串联反应和 $a_1>a_2$，$b_1 \leqslant b_2$ 的平行反应，可以使 A 过量以提高主反应的选择性。如环氧丙烷 PO 水解生成主产品丙二醇 PG 和副产品一缩丙二醇 DPG 的反应：

$$PO+H_2O \longrightarrow PG$$

$$PO+PG \longrightarrow DPG+H_2O$$

主反应和副反应都是 PO 的一级反应，加大 PO 浓度对反应选择性并无益处，因此，采用加大水与环氧丙烷比例的方法提高选择性。

(4) 分离循环费用。

若有串联反应 $A+B \rightarrow P \rightarrow S$，A 或 B 过量都能提高 P 的选择性，究竟取 A 过量或 B 过量，视 A 和 B 的反应级数、价格和产品分离的难易程度以及循环费用而定。

上述任何一种原料过量带来的利益都是以过量原料的分离和循环为代价的，因此，必须权衡得失，进行参数优化的工作后确定。

4. 反应时间和转化率

反应器的功能是生产产品，一般希望增加反应停留时间以求有较高的转化率，但转化率并非越高越好。对于非零级的化学反应，随着转化率的提高，单位产品所需的反应器体积急剧增加。以一级反应为例，若转化率从90%提高到99%，产量提高9%，但反应器所需体积增加1倍；更重要的是对于有串联副反应的反应系统，转化率提高将使选择性下降，因此不能盲目选择过高的转化率。但低的转化率则将增加原料消耗费用，或者增加原料和产品的分离并将其循环回反应器进口的费用。下列因素和数据是必要的。

（1）转化率和所需反应时间的关系；

（2）各种转化率下的产品分布；

（3）计算产品和原料分离回收利用所需的各种物性数据；

（4）各种物料主副产品和公用工程的价格；

（5）反应系统和分离系统的设备价格；

（6）反应时间和化学平衡的关系；

（7）反应时间和反应速度的关系；

（8）回收的物能消耗。

根据综合评价的方法确定反应的停留时间和经济的转化率。

5. 催化剂

催化剂也可视为投入的物料，催化剂的品种不同可直接影响到选择性、转化率、产率和反应周期(寿命)等，其投入量与催化剂本身的时空率(WWH)(每千克催化剂每小时生产千克产品)有关。催化剂的投入量与放热量、反应温度、反应速度息息相关，因此通常把催化剂也看成一种重要的工艺控制参数。

此外，催化剂的投入量直接影响到固定床和流化床的直径、长径比、体积和操作工艺。

催化剂又直接影响到反应温度和原料配比。

二、满足工艺参数的流程设计

1. 一般原则

流程设计以过程合成的总体方案和定量计算为依据，设计结果产生流程图。流程设计充分体现出一个系统的工业生产过程是由若干与之相关的子系统组成的。各个子系统有自己特定的任务，采用专门的设备，对物料和能量进行某种加工和处理。子系统之间存在有机的和逻辑的关系，共同形成总系统，实现生产过程总目标。

通常，设计出的流程总体要求技术先进，操作合理，运行可靠，安全卫生，符合国情和经济有利。具体的流程组织原则和要求可以归纳如下：

（1）设计的流程应确保生产质量合格的产品并达到产量设计的要求。

（2）尽量采用成熟的先进技术、高效率设备和最适宜的操作条件，以体现流程的先进性。

（3）充分利用原材料，未反应物(及溶剂、载体等)应与生成的产品分离，回收和循环使用；副产物要加工成副产品，并尽量避免废料的产生与排放。

（4）合理安排各种不同品位能量的交换与利用，充分利用反应热，注意回收一切可利用的能量，尽量减少能量损失。

（5）对于大宗产品的生产，宜采用连续作业，大型化单系列设备和仪表自动控制，以提高产品质量和降低生产成本。

（6）某些小批量、多品种产品的生产流程，设计的流程应有一定的灵活性，以适应改变产量和更换产品品种的需要。

(7) 生产过程中可能产生的废气、废液和废渣应得到妥善处理，尽可能回收和综合利用，并作三废的废液处理。

(8) 流程中各设备的生产能力应该配套一致，设置必要的备用件，注意加强可能出现的薄弱环节。

(9)设计流程和设备，应考虑适当的操作裕度和弹性，以适应操作条件波动和情况变化的需要。

(10) 除了满足正常生产要求外，还要满足开停工、催化剂还原和事故处理的需要。

(11) 操作方便，生产安全。

(12) 在满足生产任务要求的前提下，流程应尽量简化，节省投资。

在本书的“概论”中已经述及,我们设计一个工艺流程至少可以先分为三个子系统,这就是

原料准备 → 反应过程 → 产物分离

整个系统中，反应过程是关键部分。在研究反应过程的基础上，确定了原料路线和对原料的要求，同时研究了工艺参数，整个反应过程的设计，就是围绕着满足反应的工艺条件而开展的，示意如图 3-61。

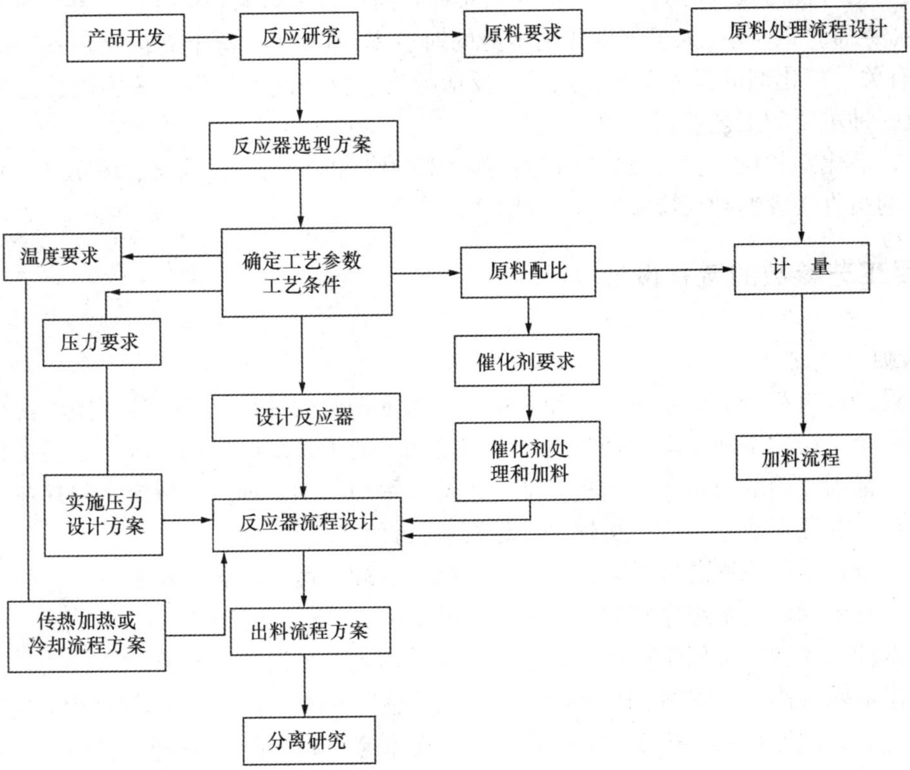

图 3-61　反应过程系统设计示意图

2. 加料和出料设计

(1) 加料流程。对于各种原料的准备过程以及原料的计量，投料装置和投料流程，已在第二章述及，此处不再重复。对于反应过程这个子系统的流程设计来说，已经准备好的原料，已经计量的物料进入反应器的部位，进入反应器的方式是设计的主要问题。因此，要在反应器中设计加料口、加料管、加料分布器等装置。例如，对液液相釜式反应器来说，液体

物料是从釜的上方加入，还是有一个到底的管，加到釜的底部；如果滴加物料，如何设计一个滴加的装置；液相要不要设计分布板，喷淋加入反应釜。对于气固相气液相反应器来说，流程比液相釜式反应器还要复杂一些，因此，应根据反应的具体情况和工艺条件进行加料流程设计。反应器的加料流程是反应的重要组成部分。如果设计进料流程不合理，将使全部流程在这里卡脖子。因此要综合工艺和工程的研究加以设计。

（2）出料流程。相对于加料来说，出料通常要简单一些，反应后的产物如果是气体的话，在反应过程中涉及到要不要在反应器中除尘或初步除尘，要不要除沫、捕雾，通常都在反应器的上部设计有这些装置。如气固相反应中，将固体的催化剂尽管减少夹带，设计有内旋风分离器，内旋风分离器安装在反应床内，是串联还是并联，一级还是多级，要进行流程设计。关于旋风分离器的研究，可参阅第二章和第四章。

旋风分离器的并联处理量是各个分离器处理量之总和，压降几乎等于一个旋风分离器的压降。但并联多个旋风分离器的效率往往不如单独使用同型号的分离器高。主要原因可能是并联器之间的气量分布不均匀，但对于大流量来说，总比使用一个大尺寸的旋风分离器要好。旋风分离器的下料腿以及料腿下料阀的设计，这些具体流程有时在反应器设计时，就已经应当考虑到内旋风方案，与反应器同时设计。

旋风分离器的串联，又称二级、三级旋风分离，旋风分离器组的处理能力相当于一个单独的旋风分离器，而压降是串联各器压降的总和。

串联旋风分离器，不主张两个或三级一模一样的旋风分离器串联，因为同一型式同一尺寸的旋风分离器，其分离效率和收集粒子的大小，几乎是完全相同的。一级旋风收集不到的粒子，二级、三级旋风很难说就能收集到。因此主张二级、三级旋风分离器比一级的效率应当更高些，选用效率更好的型式或用小一些的尺寸。

至于除雾器、捕沫器都在反应器的顶部，都应在气液反应中作为气体出料流程的一个设备来设计。

3. 催化剂加料和再生

催化剂加料方案和流程方案，一般等同于一种原料的计量加料设计，尤其是液相催化剂的计量加料。常见的气固相催化剂是一些固体形态的催化剂，在使用过程中，由于某种原因失去活性或活性衰减，需要通过适当方式再生。

再生催化剂有两种方式，一是在反应器内进行再生。例如用丙酮和苯酚在阳离子交换树脂反应器内进行反应，合成双酚 A，通常反应一段时间之后，就要进行再生。这种再生的流程是最简单的流程，只要在催化反应器上设计一定的再生物料或能源的入口、出口，或稍许一些再生的附属装置、附属设备就可以了。另一种催化剂再生方案是移出反应床进行床外再生。这就相对复杂，要么停止生产，要么就得设计相应的再生装置，即使停产，也要有再生的一套装置和流程，有的用再生流化床，有的用再生炉或其它装置。这种催化剂加料和再生流程，在反应过程这个子系统设计时常常被忽视。因而在投产时，常常造成流程“打不通”，原因多数是催化剂流程。

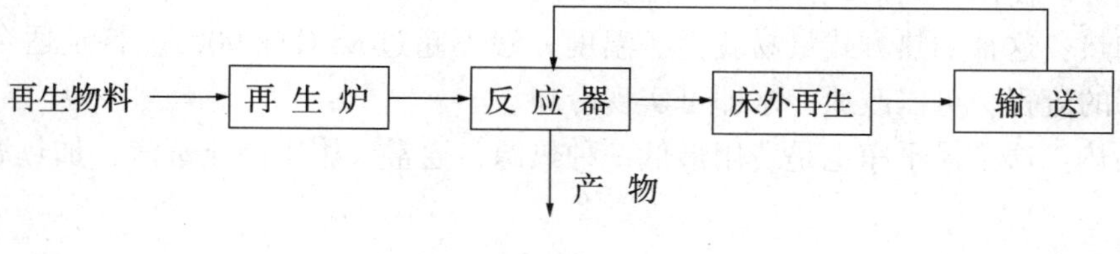

催化剂在加入反应器之前，常常有一些准备的过程，例如预热、干燥、活化，然后才是计量、输送、加料。每一个环节实际上就是一套装置，形成催化剂加料流程。比如催化剂要活化，活化的方案为两个，一是在反应器内活化，比如高温，通 N_2 或通 H_2，或其它化学的物理方法；二是在反应器外活化，活化后再计量加入，则必须专门设计“活化炉”或“活化床”，有时经活化后的催化剂还要补充到反应器内，还设计有补料的流程。无论是事先加料，还是补料，都应设计有输送流程。详细流程方案设计，可参考第二章。

↓催化剂
[催化剂预处理]→[活化]→[贮存]→[计量]→[输送]→[加料]→进入反应器

废弃催化剂的处理，包括回收利用，等同于三废治理流程设计。

4. 开工停工、事故和维修

化工产品生产的复杂性，在于它们合成反应千差万别，不像机械加工或电子产品，可以找到一种或数种操作模式，大体固定的设备或工具，进行多次加工，变成各式各样的产品。而化工产品的反应程式不可能雷同，因此，反应器的配套流程上有许多差别。

正常反应与刚开工时工况不同，在流程设计时，必须予以注意。例如有的反应是放热反应，其反应热足以维持反应温度。但其起始反应温度并不是室温，有时也并不是预热反应物料所能达到的反应温度，因此，必须在反应正常开始之前，先将床层或催化剂加热到某个工艺温度，必须设计为开工而装备的装置。有时叫“开工炉”，有时叫开工加热器，或开工加热装置。例如丙烯腈合成，要用丙烯燃烧，使催化剂升温到 440℃；合成硝酸，要燃烧 H_2 等等。开工炉在正常开工之后一般就停业使用，但能否在开工以后还安排使用，作为气体的通道，以备维护，这也是反应工艺设计中应当注意的问题。

正常停车之后，或维修时，反应器内的催化剂如何排放贮存，在碰到意外事故时，反应器内的物料如何处置，都要设计相应的装置和流程，有一定的管道、设备和自动控制。

5. 加热和冷却

对于反应器的加热，不同反应器型有不同的要求，通常将加热分为直接加热和间接加热两种主要形式。

直接加热就是热源直接通入反应器，使反应物料达到或保持反应温度。一般这些直接热源是被加热的物料或被另外加热的催化剂。特殊情况下可以使用被加热的第三种物质作为热的载体。前已述及，有些反应器在开工时需要加热，而在正常反应时则不需要加热。这时往往采用直接加热的方法，例如燃烧反应原料，或燃烧某种物料，燃料产物又不污染和危害反应的，当然特殊情况也可以用烟道气加热。

间接加热，这是反应器常用的一种加热方式。通过釜式反应器和固定床、流化床的夹套，达到传热目的，夹套内通入热介质。根据需要加热的温度不同，可以选择不同的热载体。常见的热载体有热水、低压蒸汽、中高压蒸汽、导热油、高温导热熔盐、高温导热液体、烟道气等。使用不同的载体加热的温度不同。

热水加热：这种加热方式最易获得，温度一般不超过 85℃ 或 90℃，特别适合于既要加热又要冷却的流程，可以改通冷水即可实现冷却。

蒸汽加热：这是最干净也是费用最低一种热源，通常采用中高压蒸汽，加热温度一般在 160℃ 以下。

导热油加热：导热油加热有两种基本形式，一种是夹套内通入导热油，用电热棒直接加热夹套内导热油。另一种是导热油通过加热炉、油泵，输送到夹套内，形成一个外循环流程。根据所使用的油品种不同，有不同的适应温度，一般矿物油加热温度在180℃以下或200℃以下，油温太高，容易引起油品在运转中裂解、聚合、变粘和碳化。特殊的油例如某种硅油，加热温度可以高达250℃或300℃。

熔盐加热：其特点是往往盐的温度比较恒定，同为某些有机或无机物，其熔点是大体有一个数值，但这种加热操作起来比较麻烦，此外盐对设备的腐蚀亦不可低估。

高温导热液体：其原理与熔盐相似，但大多数高温导热液体，如联苯等有毒，而且废弃的加热载体不好处理，一般不太主张运用。

烟道气加热：这对于高于250℃的高温加热是常用的，它的费用较低，操作方便，在使用时要认真设计其加热的流程。通常有一个工业炉，用燃油或燃气，有输送烟道，有鼓(抽)风机和排气烟囱等。

此外，电感应加热也可算是间接加热，在反应器外围绕一定的线圈，通过感应电加热，运用温度范围较宽，从几十度到几百度。此外，诸如辐射加热、远红外加热也不失为一种加热方案。

冷却是一个相对的概念，通常指从反应器中移去反应热，当然也可以用直接冷却方法。一般就是通入冷的惰性原料直接进入反应器，或加入某种易挥发惰性物料或溶剂以挥发降低温度带走反应热。最常用的“冷却”是间接冷却，冷剂从反应器的夹套或内部构件通入，从而移去反应热。冷却介质一般视反应温度和反应热而定。常用的是水、油、冷却液体、冷冻盐水等。

通常移走的反应热应充分利用，例如用水作冷剂可以生成低压蒸汽或高压蒸汽，可以作为另外的换热装置的热源，还可以设计废热锅炉，带动汽轮机(透平)等，这些都应在流程中认真设计。

6. 取样和观察(观测)

对于釜式反应器来说，通常有视镜可以观察到物料的反应情况。对于管式反应器和固定床流化床，为了及时了解其反应情况要设计能供监测的可调参数，在适当的位置上设管道视镜，设计必要的取样口，以便及时进行实时观察。

三、反应参数的测量与控制

前已指出，反应器的操作就是为了保证适宜的反应条件而进行的作业，其目的在于高产、优质、低耗和安全地进行化工生产。

在一定程度上，反应器的型式为保证适宜的反应条件提供了必要的基础。比如，管式反应器可以提供保证物料接近活塞流的流动状况；搅拌釜式反应器可以提供保证接近全混流的流动状况；气液鼓泡式反应器可以提供保证气液两相之间的良好混合的基础。因此，选用什么样的反应器型式，对保证反应操作的顺利进行十分重要。但是，反应器选型问题是反应器设计和技术革新中必须考虑的问题，对反应器操作者而言，它们已经是固定了的。

在选定的反应器型式上进行反应操作，实际上主要是测量和控制那些可以调节的反应条件，如温度、压力、浓度、反应时间、投料配比和催化剂用量及加入方式等问题。其中有些是直接可调的，如温度和压力等；有些是间接可调的，如反应时间可通过调节流量进行调节，浓度可通过物料配比或流量等进行调节。

1. 温度的测量与变送

工业上常用温度计的测量原理、测量范围和适用场合，见表3-12。

从化工自动控制的角度看，电阻温度计和热电偶温度计的应用最广泛也最有前途，因为它们能输出讯号和讯号远传；其中最常用的是热电偶温度计，如图3-62所示。

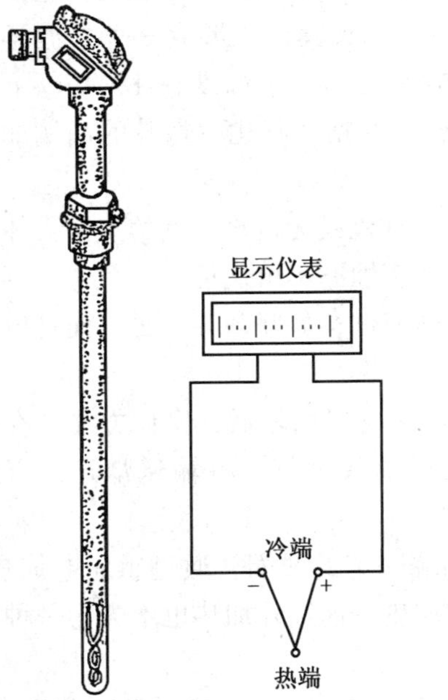

(a) 热电偶外形　(b) 热电偶与显示仪表联用

图3-62　热电偶及其与显示仪表配套指示温度

热电偶是由两种金属丝组成的。两根不同金属丝的一端焊在一起，便构成热电偶的热端。这两根金属丝除一端焊在一起以外，其余部分分别用绝缘材料绝缘，互不直接接触。组成热电偶的两种金属丝的另一端叫做热电偶的冷端。当热电偶的冷、热两端处在不同温度下时，则冷端两金属导体之间便产生一定的电动势，这个电动势叫做热电势。热电势的大小与冷、热两端的温度差成一定的关系，如果冷端温度不变，则热电势大小只与热端温度有关。因此，利用热电偶测温时，只要把冷端置于恒温处，将热端插入需要测温的地方去，在把热电偶所产生的热电势接到显示仪表(电子自动电位计)，显示仪表便把热电势转化成一定的温度指示出来。

表3-12　常用温度计的原理及特性

分　类	作用原理	测温范围	使用场合
膨胀式温度计 一、液体膨胀式(玻璃温度计) 二、固体膨胀式(双金属温度计)	利用液体或固体受热膨胀的原理	-200~500℃	仪表简单,多作现场指示用
压力表式温度计(温包式温度计) 一、气体式 二、蒸汽式 三、液体式	利用封闭在固定容器中的气体、液体或某种液体的饱和蒸汽受热膨胀或压力变化的性质	0~300℃	多用于近距离测量易爆介质的温度
电阻温度计	利用导体或半导体受热后电阻值变化的性质	-200~+350℃	液体、气体的中低温测量,能远传
热电偶温度计	利用物体的热电性能	0~1600℃	液体、气体、蒸汽的中高温测量,能远传
辐射高温计 一、光学式 二、辐射式	利用物体的热辐射性能	600~2000℃	用于无接触测量高温介质(钢水、火焰等)的温度

工业上常用的热电偶温度计有三种：镍铬-康铜热电偶(测温在600℃以下)，镍铬-镍铝热电偶(测温在1000℃以下)和铂铑-铂热电偶(测温在1000℃以上)。

热电偶产生的热电势的大小取决于冷热两端的温差，因此只有将冷端置于零度的地方，所测温度才是实际温度。这在应用上十分不便。工业上，一般是将冷端用两根特殊的金属导线(补偿导线)引导温度波动较小的地方，并对显示仪表加以校正或在显示仪表中采用适当的电路补偿。

如果显示仪表是电子自动平衡电桥，则应采用热电阻温度计测温。

为实现自动调节，要把测温元件输出的讯号(如温包的压力、热电偶的热电势或热电阻的电阻值)转换成在一定范围内变化的标准讯号，起这种作用的仪表叫做温度变送器。在气动调节系统中，用气动温度变送器；在电动调节系统中，用电动温度变送器。

2. 压力的测量与变送

工业上测量压力的仪表(压力表)很多，其中常用压力表的类型、工作原理、主要特点和应用场合，见表3-13。

表3-13 常用的工业压力表

压力测量仪表的种类		作用原理	主要特点	应用场合
液柱式压力计		液体静力平衡原理	构造简单、价格低廉、精度较高、使用方便，但测量范围较窄，玻璃管易碎	现场测量炉膛负压等现场低压系统，实验室作校验用
弹性元件式压力计	弹簧管压力表	弹簧管在压力作用下变形，自由端产生位移	构造简单、牢固，使用方便，价格低廉	广泛应用在高、中、低压的测量
	波纹管压力表	波纹管在压力作用下伸张	具有弹簧管压力表的特点；有的波纹管压力表，因波纹管位移较大，可制成自动记录型	用于测量 $4kgf/cm^2$ ($1kgf/cm^2$ = 98.0665kPa)以下的压力
	膜片压力表	测量元件为膜片，原理同上	除具有弹簧管压力表的特点外，还能测量粘度较大的液体压力	用于测量低压系统
	膜盒压力表	测量元件为膜盒，原理同上	用于低压或微压测量，其它特点同弹簧管压力表	用于测量低压或微压系统
压力校验仪	活塞式压力计	液体静力平衡原理	比较复杂和贵重	多用于校验压力表
	真空校验仪	液体静力平衡原理	结构复杂、贵重	实验室或计量室内校验真空表用
电气式压力计和真空计		受压物体的某些磁电性能与其所受压力的大小有一定关系	能测量瞬变的压力、高压力、超高压力以及真空度	多用于科研等特殊需要的场合，工业中不常用

压力表所指示的压力不是被测系统实际承受的压力，而是系统所承受的实际压力与当时当地的大气压力之差。通常称压力表所指示的压力为表压。这时系统所承受的实际压力等于表压加上当时当地的大气压力；系统所承受的实际压力，称之为绝对压力，简称绝压。当绝压小于大气压时，压力表指示的是负压，人们称这种情况叫真空；用于这种场合的压力表叫真空表，表上指示的数值叫真空度，它也是大气压与设备实际压力之差，只是此种情况下设

备内的压力小于大气压而已。

在测量压力时，应根据测量目的和精度要求选定压力表，同时应注意要测量介质的物理和化学性质。在有粘性介质、含有固体颗粒的介质、腐蚀性介质、易于气化或液化的介质的设备、管路上安装压力表时，应加隔离罐或吹洗装置；压力波动频繁激烈的场合应加阻尼器；测量蒸汽或高温流体的压力时，应加一段冷凝管(以免弹簧管受损坏或因膨胀而产生误差)。

压力表的安装地点应便于观察和维护。测震动较大的设备或管路上的压力时，应使压力表离开振动设备，但导压管一般不能超过50m。压力表与测量管线的丝扣不要缠麻丝，应加垫片。安装高压的压力表时，应加预制的金属垫。在垂直的管道上，测压点应选在介质向下流的区段上；在水平管道上，测压点应装在管道上部。

在自动调节系统中，只有测量仪表还不够，尚须将测量讯号转换为相应的标准信号。

3. 流量的测量与变送

流体的流量可用两种方法表示。以单位时间内流过的流体体积表示的流量，叫做体积流量，单位为L/min或m^3/h。以单位时间内流过质量表示的流量叫做质量流量，单位为g/s或kg/h。

流量测量仪表的概况见表3-14。其中最常用的是转子流量计和孔板流量计。

表3-14 流量表的概况

种　类	典型产品	工作原理	主要特点	应用场合
速度式流量计	叶轮式流量计(水表)	叶轮或涡轮被流体冲转,其转速与流体的流量成正比	简单、可靠	自来水系统
	涡轮流量计		精度高,测量范围大,灵敏,耐压高,信号能远传,但寿命短	用于对测量精度要求较高的气体、液体之流量测量
容积式流量计	椭圆齿轮流量计	椭圆型齿轮被流体冲转,每转一周,有定量流体流过	精确、灵敏,但结构复杂,成本较高	测量精度要求较高的液体之流量
恒压降式流量计	转子流量计	流体通过节流元件时,产生的差压与流量有一定关系	比较成熟,用得较广,仪表出厂时不用标定	气体、蒸汽、液体的流量测量
	冲塞式流量计			
动压式流量计	毕托管(动压管)	流体的动压力与流速平方成比例	简单,但不太准、不能远传	要求不高的场合
电气式流量计	电磁流量计	电磁学和力学原理	感测元件不与被测介质直接接触	用于不直接接触之导电液体的流量测量
	电动靶式流量计		允许流体粘度较差压法大,脏物不易在管内积聚	可测一般流体和某些特殊介质,用途较广
其它新型流量计	超声波、旋涡、X射线、激光、核磁共振	物理现象	新型仪表,精度高,成本高	科研上用

(1) 孔板流量计。根据压差的大小可直接读出流量的大小，也可以通过压差变送器把压差变成统一信号(0.2~1.0kgf/cm^2 风压或0~10mA直流电流)，在仪表上指示出压差或流量。

流体流过孔板时孔板前后产生的压力差(h)与流量(Q)有关。流量增大，压差增大；流量减小，压差亦减小。

$$Q = k\sqrt{h}$$

只有流量大于一定数值时，式中 k 才不随流量而变化，所以直径小于 50mm 的管路上很少用孔板流量计。

(2) 转子流量计。转子流量计当流体流过锥形管时，流量越大，浮子的位置越高，因此可通过浮子的位置高低来衡量流量的大小。它主要用于低压下小流量的测定。安装和使用时应使锥形管保持垂直于地面。

4. 液位的测量与变送

常用液位测量仪表的种类、工作原理、特性和使用场合见表 3-15。

5. 反应器的调节

上面讨论了影响化学反应的主要参数及其测量控制。这些测量操作将说明反应器的温度、压力、流量、液位等参数值及其变化情况。一般来讲，对于一个正在运转着的反应器，当这些操作条件确定之后，反应转化率和反应器的生产率也就确定了，只要这些操作条件的确定值是合理、最佳的，则反应器的操作也就是最合理、最佳的了。

但是，实际上并非如此简单。影响反应的各参数值，往往在不断地变化。比如操作管式裂解炉生产乙烯和丙烯，管式炉的出口温度是一个重要的影响因素。它的变化将影响产品的收率和质量。因此要求出口温度的变化不能超过某规定值。但是，由于原料烃的流量或温度发生变化、燃料气的流量或性质发生变化、反应管结焦，或者外界条件的变化等原因，出口温度可能会不断地发生变化。操作人员可根据原料烃的流量和温度、燃料气的流量和性质、反应管的压力降等仪表指示情况，判断引起出口温度变化的原因。如果发生以上指示仪表中只有燃料的流量增大了，炉出口温度就升高了，则操作人员把燃料油的进口阀门关小一点，裂解管的出口温度就降下来了。这就需要操作人员不断地监视指示仪表，发现问题之后，经过分析判断，再去调节阀门。然而，指示仪表和调节阀往往不装在一起，操作人员就要看了指示仪表后去开、关阀门，然后再去看仪表，再去开、关阀门。有时反复很多次也难调平稳。

表 3-15 常用液位测量仪表

种 类	作用原理	主要特点	应用场合
玻璃液位计	连通器原理	结构简单,价格低廉,但玻璃脆弱易损,读数不太明显	现场指示
浮子式液面计	浮标在液体中,随液面变化而升降	结构简单,价格低廉	测量贮罐的液位
差压液面计	基于液面升降时能造成液柱差的原理	能远传	用于敞口或封闭容器中,工业上常用差压变送器
沉筒式液位调节变送器	阿基米德原理	能连续测量,调节敞口或封闭容器中的液位和界位	需现场调节、控制室指示液位的场合

续表

种类		作用原理	主要特点	应用场合
电式液位计	电容液面计	置于液体中的电容，其电容值随液位高低而变化	仪表轻巧，测量滞后小能远距离指示，但线路复杂成本高	用于高压腐蚀性介质的液位测量
	电接触液面计	应用电极等电装置，等液位超过规定范围时，发出电信号		贮罐的间断液位测量
辐射式液面计		放射性同位素发射和吸收程度随液位高低而变	非接触测量，能测各种物位，但成本高，使用和维护不便	用于腐蚀性介质的液位测量
超声波液面计		利用超声波在气体、液体或固体中的衰减程度、穿透能力和辐射声阻抗各不相同的性质	非接触测量，准确性高，惯性小，但成本高，使用和维护不便	用于要求测量精度高的场合

可见，反应器的操作条件是时刻在变化的，需要经常调节。为节省人力和保证操作平稳，最好能进行自动调节。

在反应器调节过程中需首先注意反应器的最敏感因素和温和影响因素。在生产工艺中，常常会发现有的阀门很灵敏，转动一扣半扣都会对生产影响很大，甚至造成事故；有的阀门相反，转动一扣半扣对生产影响甚微。比如合成氨变换炉的操作中，变换炉一段反应温度对变换反应影响显著。但用冷激量去调节一段反应温度，反而使反应温度波动剧烈，因为冷激量对一段反应温度影响太猛。如果用煤气量作为调节参数，则影响又太小。利用蒸汽量调节一段反应温度效果较好。

其次，有些反应条件，在调节时反应很慢，或者开始反应很慢，后来逐渐变快。这种现象叫做滞后。因此，操作时切勿操之过急。比如，外夹套式蒸汽加热器，当蒸汽量改变时，加热器内的温度变化开始缓慢，最后逐渐稳定在一个新的温度上。

第三，有的反应条件，一经调节，可迅速达到新的稳定状态，而有些条件受干扰后惯性很大，经相当长的时间才稳定。例如，夹套加热与直接换热相比，直接加热比间接加热来得快。

综上所述，在调节反应器时，首先应抓主要矛盾。对多数反应器来说，反应温度最重要。所以多用温度作为反应器调节的主要参数，严加控制，再辅以压力和流量的调节。当然，在某些情况下，如气液鼓泡反应塔和流化床反应器，气体流量的调节将起重要作用。其次要选择比较敏感的因素，利用比较敏感的因素作为调节的手段。切不可操之过急，也不可动作过晚。在反应过程的设计中，要设计这些工艺操作参数的记录指示方案以及自动控制方案。

四、反应条件与公用工程

化学反应过程是化工生产的中心环节。为保证反应的顺利进行，需要维持适宜的反应条件。这些反应条件主要是指温度、浓度、压力、反应时间、操作线速度（或空速）及催化剂颗粒大小等因素。对于温度，要保证合理的进料温度、冷却（加热）介质温度和反应温度等，就需要设置一些换热设备；要维持反应的压力，需要设置压缩机；要保证流体具有一定的操作线速度，就需要设置泵或鼓风机等设备。而流体输送、传热、流体的压缩、能源供应、给排水均属于公用工程的范畴。

公用工程是指化工厂所有生产工艺操作中所需的辅助供给。主要包括工业用水、动力、蒸汽和采暖通风等内容。

工业用水可以有两个来源：工厂自备水源或市政供水系统。对于大型化工厂一般需水量大，工厂自备水源较为经济。自备水源可以从深井、河流、湖泊及其它蓄水系统取水。化工厂工业用水，一般循环使用。有些系统中除了反应体系外，有若干加热冷却、汽化等换热装置，在确定原料加料或反应产物处理的流程时，要考虑充分利用反应热、汽化热和其它能量，冷却用水尽量在体系内循环。一般不能循环的，亦不主张排放，工厂应设计循环用水的凉水装置，其原理是将经过换热器变热的水用鼓风的方法使一部分水汽化，从而使水体温度降下来，以利于循环使用。这样，在设计换热装置时，一般不主张水体温升太高，通常是2~3℃，以利于凉水循环使用。

小型的凉水装置有定型产品，一般大中型凉水装置都是在厂内偏僻处设计一个凉水塔，凉水塔有挡板、百叶窗，外型可以因水池的形状而定。除了循环水冷却之外，一般有新鲜水补充，并测定循环水温度。

蒸汽可来自热电站或由专设的锅炉房产生。一般总是先产生高压蒸汽，经过蒸汽透平膨胀做功得动力，然后乏汽用于加热或其它工艺用汽。常用的蒸汽压力为：

超高压	11.5MPa
高压	10.4MPa
中压	1.3、1.6MPa
低压	0.4、0.5、0.6MPa
工艺加热用	0.2~0.25MPa

移去反应热的冷却系统，除非有其它考虑之外，一般主张用水。水被汽化为低压蒸汽、过热蒸汽，设计余热锅炉或直接用高压蒸汽带动透平机，代替电力使用。因此在设计反应条件控制时，要充分利用。

化工厂常用工业 N_2 或精制 N_2，用于物料干燥、物料输送或反应器中气体转换，开车停车驱赶反应器和体系中的空气和物料。催化剂再生，流态化的介质，有时在反应体系中可以通 N_2 降温、除水等。N_2 的生产都是液化空气进行分离，简称“空分”流程，有定型的设计和成套设备。

制冷体系则根据工艺条件，通常化工厂使用的标准制冷 $CaCl_2$ 盐水，分 0℃、-15℃和-35℃三种，有时反应或分离中，可以直接制冷，如液氨、液态丙烯、液态的一氯甲烷等直接汽化，可以达到深冷。

化工厂中所需的动力主要依靠电力。通常最好有两个独立的电源，以保证当其中之一不能供电时工厂能继续运转。若工厂建立自己的发电装置，则可以得到副产蒸汽，此蒸汽可用于加热、气提及保温等工艺用途。

采暖通风是卫生工程，旨在保证厂房具有适宜的工作条件。化工厂大多采用集中供暖，按传热介质可分为热水、蒸汽、热风三种，蒸汽采暖最为方便，应用最广。通风设计要符合“工业企业设计卫生标准”规定的车间空气中有害物质的最高允许浓度(如乙烯、丁二烯均为100mg/L，苯乙烯为40mg/L)的要求。

第九节　反应器优化

一、反应器最优化的基本概念

反应器的最优化问题可概括地叙述为就是要寻找出既能满足反应器约束条件，又能使反应过程的某些目标(如质量、产量或技术经济指标等)达到最佳结果(如优质、高产、低消耗)，且影响反应的诸因素(如操作条件、设备条件等)的数值为最优点，从而使反应器稳定在该组数值下进行最优化操作，以达到最优反应效果。它通常分为最优化计算和最优化控制两个互相联系的两个独立部分，也就是说，首先通过最优化计算决定最优操作条件，然后进行最优控制，使操作尽可能快地转移到计算出来的新的最优点，并且使过程在任何干扰下仍稳定在此条件下操作。

一般说来，一个反应过程可在由单一反应器组成的系统，也可在由反应器和分离塔系组成的系统中进行。反应过程用状态变量(不独立变量)，控制或操作变量(独立变量)和扰动变量描述。反应器的最优化计算和控制可用计算机，也可以不用计算机。当不用计算机进行最优化计算和控制时，操作人员直接从反应过程取得数据，并把最优化决策直接传输给过程。若采用计算机进行最优化计算和控制，并且操作人员介入到过程和计算机之间，称为开环最优化。计算机从过程取得有关数据，在计算机上进行最优化，并把计算结果经仪表显示给操作人员，由操作人员对计算出来的最优化条件作出“是”或“否”的判断。如果判断“是”，则经人工调节，把数据传递给过程，并使过程稳定在这一组条件下操作。否则重新进行新的最优化计算。若把计算机和过程直接联系起来，计算机从过程取得有关数据并进行最优化计算后，经计算机控制直接把最优化计算结果传递给过程，这称为闭环最优化。

(1) 反应器开环最优化。在最优化程序中，计算机要进行一系列在线开环最优化计算。最优化计算是为了取得一组新的最优操作条件。把变量调整到新的最优值并用十分谨慎的调节手段，使过程在任何外界干扰条件下仍稳定在此条件下操作。

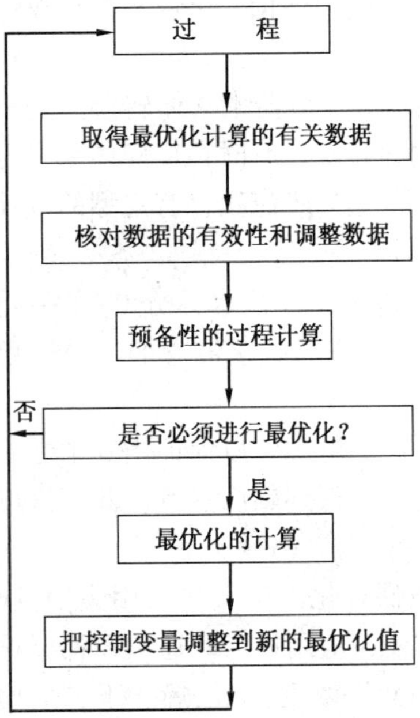

图 3-63　闭环最优化的框图

(2) 反应器闭环最优化。在反应器开环最优化方案中，操作人员在系统的一个适当的部位，通过信号加进他要对系统作出的最优化决策，并在最优化计算终点把计算结果显示出来，但是它不能自动地将计算结果传递到过程中去。在闭环最优化方案中，则排出了操作人员的加入，直接由计算机将最优化决策传递给过程。当然，所要求的决策逻辑应当送进主要程序以便计算机能作出与操作人员相同的决策。一般它是在预备性过程计算的终点和在最优化搜索的终点，在最优化结果输入过程之前编入主要程序中。

图 3-63 示出闭环最优化和控制的简单框图。在闭环最优化方案中，过程的控制十分重要，并且还要建立特殊的调节控制程序，以使变量保持在所要求的范围内。

(3) 建立反应器的最优化方案。建立反应器最优化系统，一般要作如下四个方面的工作：

① 反应器的分析和模拟。通过反应器的分析和模拟，建立反应器的最优化模型，确定最优化方法，收集和核对最优化所需要的有关数据，并将其贮存于计算机中。同时建立调节控制用的监督程序和事故切断程序。

② 有关事故分析和核对过程模型的有效性。根据基础试验和计算机模拟试验导出的模型，应与实际过程进行对比、核算和校正，以便对一些过程参数作相应调整。一般地说，这种调整的工作量不是很大的，因为大幅度调整说明所导出的模型是不准确的。在这种情况下，应着眼于分析模型的正确性。当然在核对模型之前，应对有关数据的有效性进行检查和作必要的调整。

③ 研究反应器的动态特性以及实现在线开环最优化。为使反应器在最优条件下稳定操作，需要了解反应器在稳态操作时各参数的定量关系。例如，当一个或几个参数发生阶跃变后，反应过程需要多长时间才能达到稳定条件？又如过程的各个参数的测量不是在同一时间进行的，那么完成所要求的静态数据的全部测量，所需的最短时间间隔是多少呢？这些数据并不单纯是自动控制系统设计的依据，同时也是使反应器在最优化条件下操作所必需的。

④把在线开环最优化过渡到闭环最优化。

二、反应器的最优化模型

为了获得反应器的最优化结果，其关键是建立一个正确的反应过程的最优化模型，选择切实可行的最优化处理方法。一个最优化问题或称最优化模型应该包括这样一些内容：

① 要有一个能正确描述反应器特性的数学模型。

② 必须给出数学模型的初始状态的值。

③ 必须给出规定的终止状态。

④ 必须规定一个性能指标，即确定切实可行的比较准则或称之为目标函数，并且要建立目标函数与操作参数之间的函数关系。

⑤ 状态变量和控制变量要加上约束条件。

(1) 反应器的数学模型。

用数学模型描述反应器的特性，其主要目的是便于研究和确定反应器的稳态和动态特性，稳态的存在条件及其性质和数目，以便为实现最优化操作和控制提供依据。

对于某些大型的复杂的化工系统，过程的数学模型有时是未知的，或者有一部分是未知的，即只知道状态方程的基本形式，其中的一些参数未知，这样就要通过模拟试验，记录输入和输出的测量值，用适当的数学方法求出数学模型或者数学模型中的未知部分。例如对于一个反应器，通过对反应过程的理论分析，确定了反应过程的数学模型，然后根据实际生产的需要和可能，对数学模型作合理的简化。而这样一个模型中仍然有一些系数是未知的，在这个简化模型的基础上，应用计算机进行数学试验或通过对试验装置和生产装置的实测数据作统计分析，或者作有计划的因子试验，确定数学模型中各个未知的系数。这是一种很实用的方法。

应该指出，应用计算机对反应过程实行最优设计和最优控制，必须求出一个尽可能简单而又能满足反应工艺要求的精确度的数学模型，并且这一数学模型能与已有的最优化方法联系起来求解。

(2) 最优化目标函数。

所谓最优化的目标函数是指事先规定的最优化比较准则，也就是所研究过程要达到的目的的函数表达式。用最优化方法选择最优化条件，首先要求在任意两组条件之间可以比较优劣，而优劣的判别是根据最优化要达到的目标函数决定的。目标函数根据具体情况不同而有不同的形式，例如它可以要求反应器的原料和产品的综合利用率、设备的利用率、装置的经济收益、产品的产量指标最大；也可以要求反应器的操作费用、产品成本、原材料的消耗、基本建设投资最小等等。如果以装置的经济收益为最大值作为目标函数，则其函数可写成如下形式：

目标函数=产品的总价值-(原材料费用+公用工程费用)

有了目标函数之后，就要使它与反应器的变量关联起来，当然，这种函数关系往往是比较复杂的，有时它不是一个简单的显函数的关系，而是要通过一些简化假定求出。

在确定最优化目标函数时，要注意下列几点：

① 一个过程的不同目标之间不是孤立的。

② 在确定最优化比较准则时，可能涉及不止一个目标的问题，在多目标的情况下，或用“解决主要问题，并适当兼顾其它要求”的方法处理；或者设法把多个目标化为一个目标的问题。

③ 目标函数与操作参数有一定的内在联系，受到操作参数的综合影响。有时它们之间的关系是很复杂的，往往要经过多次试差才能得到最优解。

④ 目标函数实质上是一项经过综合分析后确定的技术经济指标，因此它与不同的国家、不同时期的技术经济政策密切相关。

⑤ 目标函数中的自变量，有些可能是连续变化的，有些可能是不连续变化的。

(3) 最优化约束条件。

约束条件是指求目标函数最优解的限制因素。这种限制因素有反应器本身的约束条件，即反应器的工艺条件、设备条件对反应器最优操作的限制；也有与反应器相关的原料配制和产品分离系统的约束条件对反应器最优操作的限制；还有客观因素如机械设备制造水平、冶金材料性能、原料供应和产品的需求等等对反应器的最优操作的限制等等。

实际上，约束条件是综合考虑了当前技术水平的各种制约关系后，对各种工艺过程的限制因素所作的折中，它不是固定不变的。在确定最优化操作条件时，不能片面的束缚于原来的约束条件，而应该深入研究反应过程的机理，摸清反应过程的客观规律，设法改变原来的约束条件，扩大最优化的许可范围，使最优值向目标函数更高的数值方向扩展，并在此新的基础上选择新的最优值，使生产向深度和广度进军，不断提高技术水平。

三、最优化方法

建立了最优化模型，只说明我们初步掌握了系统的客观规律，这不是最终目的，一旦我们建立了最优化模型之后，就应该以这一模型为基础，研究各个变量变化时对系统操作的影响，也就是要探索目标函数的变化规律，并采用一定的最优化方法，找到最优条件。按照目标函数的性质，可把最优化问题分为离散最优化和连续最优化问题，如表 3-16 所示。

若从计算方法来区分，最优化方法可分为间接最优化方法，直接最优化方法和大型问题的分解等三大类。

(1) 间接最优化方法，也称为解析最优化方法。也就是过程的最优化模型可以用数学方程式描述，然后从最优化所要满足的必要条件出发，用数学解析方法，寻找满足必要条件的解，从这样的解中根据间接的实际意义或充分条件找出最优解。这一类方法收敛速度较快，计算程序的结构比较简单。但是要求较好的初值，计算的可靠性较差。

(2) 直接最优化方法，也称数值计算方法。如果过程很复杂，最优化模型不能用直接解析函数描述，对于这种情形，可通过大量试验，构造一类函数来逼近这些试验数据，然后再从函数求最优解，并通过试验校验。

表 3-16　最优化问题分解

项　目	离散最优化问题	连续最优化问题
变　量	独立变量	为时间和一个或多个空间变量的函数
过程的数学模型	对一个独立变量的情况为常微分方程 对多于两个独立变量的情况为微分-差分方程	对一个独立变量的情况为常微分方程或积分方程 对多于两个独立变量的情况为偏微分方程或微分-积分方程
目标函数	函数式	泛函数
约束条件	等式或不等式	等式或不等式,微分方程式
最优化方法	变分法,最大值原理,动态规划法以及其它直接方法如梯度法、共轭方向法、能行方向法等	近似解法,泛函分析
举例	釜式反应器,蒸馏、吸收一类多级过程等	化学反应器,热交换器等

(3) 大型问题的分解法。当最优化问题包含的变量很多，变量的相互关系又比较复杂时，无论是用直接最优化方法还是用间接最优化方法都难以解决。对于这一类问题，目前一个可以采用的比较有效的方法就是将一个大型的最优化问题分解为若干个小型的最优化问题，而这些小型的最优化问题可以用已知的最优化方法求解，然后再综合求解原来大型的最优化问题。这种处理复杂最优化问题的方法就是所谓分解法。例如动态规划法，能行状态方法等。

在化工中最常用的最优化方法有：微分法、变分法、拉格朗日因子法、线性规划法、动态规划法、最大值原理法和梯度法等。限于篇幅，对各种最优化方法的详细叙述读者在使用时可参阅有关文献。

第四章　产物的分离和提纯

产物是指从反应器中出来的物料。大多数反应产物都是混合物，它包括未反应掉的原料和反应生成物。气相反应器和气固相反应器的产物主要是气体产物和夹带的催化剂粉尘；液相反应器的产物主要是液体产物与液固混合物；气液相和气液固三相反应器的产物则有气体产物、液体产物和液固混合物。

产物的分离和提纯是化工生产中的重要环节，它不仅可以由产物中分离出所需要的产品，并进一步提纯至一定产品的规格，还可以使未反应的物料得以循环利用。因此，产物的分离和提纯操作对保证产品质量和生产过程的经济效益起着重要作用。

第一节　产物分离的原则

一、分离方法概述

在化工生产中，产物的分离方法可分成机械分离和传质分离两大类。一般来讲，非均相混合物的分离主要采用机械分离法；均相混合物的分离采用传质分离法。

1. 机械分离

机械分离法用于分离非均相混合物。非均相混合物分为气态非均一系和液相非均一系两大类。在工业生产中，用于分离气态非均一系混合物的分离方法有重力沉降、惯性除尘、旋风分离、静电分离、湿法洗涤和纤维过滤等。用于液相非均一系的分离方法，按照其原理，大致可分为两类。

第一类方法取决于分散相和连续相之间的密度差，属于这一类的有浮选法、重力沉降法和离心沉降法。第二类分离方法对两相密度差没有要求，而以具有过滤介质为前提，利用过滤介质对分散相物制裁的截留作用而实现分离操作。属于这类的方法有滤饼过滤、深层过滤、筛滤、滤芯式过滤等。

2. 传质分离

传质分离方法主要用于各种均相混合物的分离，其特点是在分离过程中有质量传递现象。工业上常用的传质分离过程又分为两大类，即在相间进行质量传递的平衡分离过程和在相内进行质量传递的分离过程。

（1）平衡分离过程。

多数传质分离操作是通过相平衡时原料中各组分在两相中的不同分配来实现的，这类分离操作通称为平衡分离过程，例如蒸馏、吸收和萃取操作。为了实现平衡分离过程，将混合物分离成均匀的单一相溶液（气体、液体或固体），需要在混合物中添加分离剂来产生或移出一相。分离剂有能量分离剂（ESA）和质量分离剂（MSA）两类。精馏等操作应用 ESA，吸收和萃取操作采用 MSA；而在萃取精馏和恒沸精馏操作中两种分离剂都要应用。由下述表 4-1 列出了属于平衡分离过程的连续分离单元操作。

表 4-1 平衡分离过程

名称	原料相态	分离媒介分离剂	产生产物相态	分离原理	工业应用实例
闪蒸	液体	减压	气体	挥发度(蒸汽压)有较大差别	由海水淡化生产纯水
部分冷凝	气体	热量	液体和气体	挥发度(蒸汽压)有较大差别	由氨中回收氢气和氮气
精馏	气、液或气液混合物	热量、有时用机械功	气体和液体	挥发度(蒸汽压)有差别	石油裂解气的深冷分离
萃取精馏	气、液或气液混合物	液体溶剂和塔釜加热	气体和液体	溶剂改变原溶液组分的相对挥发度	以苯酚作溶剂,由沸点相近的非芳烃中分离甲苯
吸收蒸出	气体或液体	液体吸收剂加入热量	气体和液体	溶解度不同	由催化裂化装置主蒸馏塔顶产物中回收乙烷及较轻的烃
吸收	气体	液体吸收剂	液体和气体	溶解度不同	用乙醇胺类吸收以除去天然气中的 CO_2 和 H_2S
蒸出	液体	气提气	气体	溶解度不同	原油蒸馏塔侧线抽出的石脑油、煤油和柴油馏分的气提
带有回流的蒸出(水蒸气蒸馏)	气、液或气液混合物	气提蒸汽和热量	气体和液体	溶解度不同	原油的减压蒸馏(水蒸气为气提剂)
再沸蒸出	液体	热量	气体	溶解度不同	从石脑油馏分中脱除轻组分
共沸精馏	气、液或气液混合物	液体共沸剂和热量	气体和液体	共沸剂改变原溶液组分的相对挥发度	以乙酸丁酯作共沸剂从稀溶液中分离乙酸
液-液萃取	液体	液体萃取剂	两种液体	不同组分在两液相中的溶解度不同	以丙烷作萃取剂从重渣油中脱除沥青
液-液萃取(双溶剂)	液体	两个萃取剂	两种液体	不同组分在不同萃取剂中的溶解度不同	以丙烷、甲酚为双溶剂,从芳烃和环烷烃原料中分离链烷烃
干燥	液体,更常见是固体	气体、热量	气体、干燥的固体	水分蒸发	用热空气脱除聚氯乙烯中的水分
蒸发	液体	热量	气体和液体	蒸汽压不同	由氢氧化钠的水溶液中蒸出水分
结晶	液体	冷量或热量	固体和母液	利用过饱和度	由二甲苯混合物中结晶分离对二甲苯

续表

名　称	原料相态	分离媒介分离剂	产生产物相态	分离原理	工业应用实例
凝聚	蒸汽	冷量	固体和气体	选择性地凝聚	邻苯二甲酸酐的精制
浸取	固体	液体溶剂	液体和固体渣	固体的溶解度	用水浸取矿渣中的硫酸铜
吸附	气体或液体	固体吸附剂	气体或液体	吸附作用的差别	通过分子筛吸附空气中的水分
离子交换	液体	固体树脂	固体树脂和液体	质量作用定律	水的软化

（2）在相内进行质量传递的分离过程。

这类传质分离操作的共同特点是依靠原料中不同组分在某种推动力（如压差、浓度差、电位差）作用下经过某种介质（如半透膜）时的传质速度差异而实现分离。如膜分离、热扩散和气体扩散。表 4-2 汇总了若干种在相内进行质量传递的分离过程。

表 4-2　在相内进行质量传递的分离过程

单元过程	相　态	分 离 方 法	分离工具	工 业 举 例
加压扩散	气态	通过离心力建立压力梯度	离心力	同位素混合物的分离
气体扩散	气态	压力下流经多孔隔板	多孔隔板	铀同位素分离
反渗透	液态	压力梯度克服渗透压	膜	水脱盐
渗透	气态或液态	压力下流体流经半透膜	膜	异丙醇脱水
渗析	液态	穿过膜的扩散速度差	膜	由人造丝液体中回收提纯苛性钠
泡沫分馏	液态	选取的界面浓度	泡沫界面	酶和染料分离
色谱分离	气态或液态	在固体表面及内部选取的浓度	固体	混合溶剂蒸汽的回收
区域熔融	固态	液体穿过金属块移动	温度梯度	锗的提纯
热扩散	气态和液态	产生浓度梯度的温度	温度梯度	气态同位素混合物分离
电解	液态	电场	电场和膜	氢和氚的分离
电渗析	液态	电场加充电膜	膜和电场	水脱盐

二、基本原理

1. 气体产物的分离

（1）气体的净制。即除去气体产物中的固体颗粒和雾滴。按照净制原理不同，将气体净制方法分成以下四类：

① 气体的机械净制　利用重力、惯性力和离心力等机械力的作用使微粒从气体中分离出来；典型设备为重力沉降室、惯性除尘器和旋风分离器。

② 气体的湿法净制　使气体与液体接触，用液体洗去气体中的微粒，从而使气体净化，

所用设备是各种湿式洗涤器。

③ 气体过滤净制　气体通过过滤介质时微粒被截留而使气体净化。典型设备为袋式过滤器。

④ 气体的电净制　使气体通过高压电场，其中的微粒在电场的作用下沉降，从而使气体净化，所用设备为电除尘器。

(2) 从气体产物中分离出要用的物质。

当气体产物仅含有两种或两种以上气体组分时，称为气相均一体系。气相均一系的分离方法为冷凝、吸收和吸附。

冷凝是将压缩气体或饱和蒸汽冷却降温，使气体或蒸汽转变为液体的过程。掌握一定的温度和压力，可将气体中的某些组分冷凝成液体而另一些组分仍为气体，可使气体产物分为不同的部分。

吸收是用适当的液体与气体产物相接触，使气体进入液体变为溶液的过程。选择不同的吸收剂和不同的操作条件，可使气体产物中某组分被吸收而进入溶液，从而使气体产物中不同组分分离。

吸附是某些分子在多孔性固体吸附剂表面上浓集的过程。选择适当的吸附剂就可以吸附气体或液体产物中的某些组分而不吸附其余的组分，从而使气体产物得以分离。

2. 液体产物的分离

液体产物通常含有两种以上的液体组分，往往也会带有少量固体杂质或结晶。液体本身既有完全互溶的溶液，又有互不溶解的液体混合物，还有溶质分散在液相主体中的乳液。

(1) 从液体产物中除去固体颗粒。

当液体产物中含有的固体颗粒很少时，这些固体颗粒如果是杂质，则必须予以除去。如果这些固体颗粒是有用的结晶，而这些结晶又不妨碍液体在管道中的流动和液体的其它加工，则不必对这些液体进行处理，待这些结晶物大量生成后，按照加工固液混合物的方法进行加工。如果这些有用的结晶颗粒会妨碍液体在管道中的流动或妨碍进行下一步加工，则须除去这些结晶颗粒。

除去液体产物中少量固体颗粒的方法，与液体原料的净制方法相同。

(2) 从不互溶的液体中除去其中一种液体。

当液体产物由两种不互溶的液体组成时，一般均用沉降法进行分离。对于要求分离很彻底，而沉降法又达不到分离要求的少量不溶性液体杂质，可以采取吸附法进行处理。例如产品的脱色和除臭就是从液体产物中除去少量的有机物杂质。另外，也可以用吸附法从水溶液中除去少量油，或从油中脱除少量的水。

(3) 溶液增浓。

当液体产物为稀溶液，而希望得到较浓的溶液时，用蒸发的方法。即通过加热使溶液在沸腾情况下气化，使其中部分溶剂由于气化而除去，从而使溶液浓度增大。例如将稀烧碱溶液变为浓溶液就用蒸发的方法。

(4) 将互溶的液体分离成不同组分。

如果液体产物是互溶的两种液体或多种液体，若要将它们分成单独的或几组物质，需要用精馏、萃取等方法。

对于不同组分在相同温度下具有不同挥发度的溶液，可采用使溶液蒸发，汽液平衡，再将蒸汽冷凝，使溶液中的组分离的精馏方法。

萃取是利用不同物质在溶剂中具有不同溶解度，使液体产物中的不同组分分离的方法。

(5) 将液体产物全部或部分变为固体。

将液体产物全部变为固体，称做凝固，是固体熔化的逆过程，通常都用冷却和冷冻的方法降低液体的温度以使液体全部变为固体。将溶液中的固体溶质分离出来的方法称为结晶，结晶可以看做固体溶解的逆过程，通常用降低温度、减少溶剂和进行盐析等方法来实现。将乳液中的固体溶质分离出来的办法称为凝聚，在乳液中加进凝聚剂破坏乳化状态，就能将颗粒状的固体物质分离出来。

3. 固体产物的分离

(1) 固液分离。常用的以取得固体产物为目的固液分离方法是过滤，过滤的基本原理是利用多孔的过滤介质将悬浮液中的固体颗粒挡住，而让液体通过，从而使液体同固体分离。过滤结束后，要用水或其它溶剂冲洗滤饼，以使附着在滤渣颗粒表面的滤液和滞留在滤饼内孔隙中的滤液溶到水中或其它溶剂中而被带走，洗涤后滤饼经加工后，可以得到较纯净的固体产物。

(2) 固体的干燥。工业生产中的固体干燥主要指从固体物料中除去少量水分，还包括从浆状物或溶液中除去大量水分而直接得到含水量很低的固体产物；后者实质上包含了蒸发和干燥两个连续阶段，有时还包括结晶过程。

干燥过程中须将物料加热以促使水分更快气化，根据热能传给湿物料的方式可将干燥分为传导干燥、对流干燥、辐射干燥与介电加热干燥，其中对流干燥应用最广。干燥过程中将汽化了的水蒸气带走的介质称为干燥介质，也称为载湿体。工业上多用空气作干燥介质，有时也用烟道气或其它惰性气体作干燥介质。

三、分离流程的设计

1. 明确分离目标

在化工产品分离系统设计中，首先要确定产品的质量指标、纯度要求、对杂质含量的要求等。一般而言，产品纯度是据产品的使用目的来确定的。而回收率或产品总收率则在很大程度上决定着分离过程的经济性，所以经济性最佳就成为确定回收率的主要依据。

2. 确定可行的分离方法

充分了解被分离混合物中各组分在物理、化学以及生物学方面的性质，避免在分离过程中产物的分解、聚合、变质和被污染，选择合适的分离方法，热敏的产物不能过热，易聚合还要添加阻聚剂，万不得已不要在分离流程中逗留太长太久，然后选择可以进行分离并且是最为经济的分离方法。

在选择分离方法时，还需要考虑分离规模和能量的消耗。一般来说，建设工厂的投资与其规模的 0.6 次方成正比，但这只适用于大型工厂。当规模小于某种程度后，与规模相关的投资就成为定值。这是因为工艺过程所必需的管道、仪表、泵类、贮罐等的投资与规模大小无关，而这些却占据着工厂投资的较大部分。此外，规模小与规模大同样要使用很多操作人员，规模变小所投入的劳动力却不会相应减少。因此，对于较小规模，要尽量选择操作简单的，能够实现自动化操作的分离方法。

分析分离所需的能量，最好能够利用自然的能量。当规模比较大时，首先要考虑能否利用热能。可以利用热能且相对挥发度(分离系数)大于 1.05，就应毫不犹豫地选择蒸馏法。

若相对挥发度小于1.05，则可采用萃取法等其它分离法与蒸馏法相互组合而构成的分离过程。在热能无法利用时就只能选择速率差分离法。

3. 设计分离流程时的经验规则和注意事项

工业上分离方法很多，可以设计出很多方案，把数以千计的方案逐个进行技术经济比较，当然未尝不可，但可能徒然增加工作量，因为许多参数不可知也未必准确。工程必须有经验，一些经验规则有很重要的参考价值：

(1) 反应产物有固体物的，不论它们是目的产物还是废弃物，一般要率先分离出来，免使管道设备堵塞，流程不顺。

(2) 反应产物中对目的产物尤其有害的物质必须首先除去，甚至不惜能量的利用合理与否，这是工艺的要求。通常产品的收得率在经济上是最重的砝码，因为最终的产品利润最大。不能因为考虑能量的“合理”，而牺牲了产品的收率。

(3) 反应产物中对后工艺有害的物质，首先分离。比如精馏过程，从能量上考虑应当由挥发度从低到高逐级取出，但有时高沸点物质会聚合，会凝絮甚或较黑较脏，也要先把它分出。然后再降温从低沸物到高沸物的分离。这第一步似乎浪费了能量，但对流程和工艺有利。

(4) 产物中，尽量优先把未反应原料分出来，循环使用，如果原料宝贵更应如此。

(5) 把最难分离的组分或要求特高的产物应从分离系统中先取出粗产物，再设计精制分离方案。不要希望过早地拿出来，更不主张一次分离就得到高纯产物。

(6) 尽量选用简单的分离方法，能用机械分离的先用机械法。一般是机械法—物理法—物理化学法—化学法的顺序，无论从操作和能量上都有可能。

(7) 一般情况下或者先取出最少的组分，或者先取出最多的组分。

(8) 一般情况下分离的流程先易后难，容易除去的先除去，容易拿到的先拿到。

(9) 尽量把多种杂质一次性除去，再研究从杂质中回收有用副产物。

(10) 能用精馏的地方尽量采用简单精馏，除非有充分理由，不主张率先考虑萃取精馏、反应精馏、共沸精馏等。精馏过程仍是先易后难，最难分离的组分最后精馏。

(11) 尽量利用热源，节省能量。

(12) 尽量采用先进技术和先进设备。

第二节　分离和精制技术

在具体设计分离流程时，对各分离单元操作进行深入了解，要熟悉各分离单元操的适用范围和条件，熟悉各类分离设备的性能，必要时每个分离设备的选用，都要现场试验。国外主张分离设备订货时，拿物料到厂家去调试，这就可见，分离流程的变化多端，分离设备的特性各异。为此，我们不妨对分离技术作一个鸟瞰。

一、气固分离和除尘

由于气固非均相混合物中分散相和连续相具有不同的物理性质，故工业上一般采用机械方法对两相进行分离。其基本操作遵循流体力学基本规律，依靠分散相和连续相之间的相对运动来实现非均相混合物的分离。

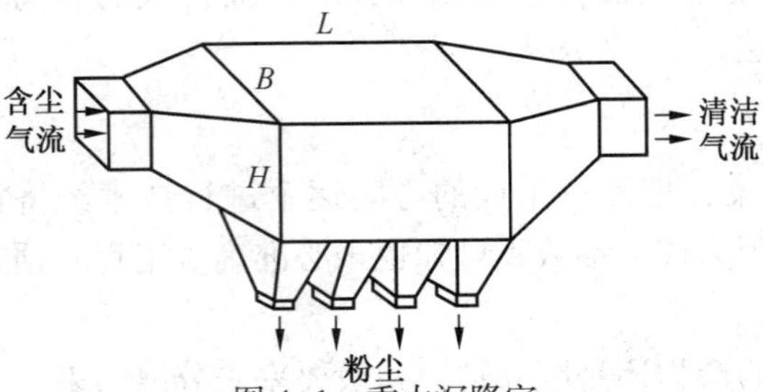

图 4-1　重力沉降室

1. 机械力分离法

(1) 重力沉降法。重力沉降法是利用含微粒气流中的粒子借助自身的重力作用自然沉降的原理，实现气固分离的方法。重力沉降的典型设备为重力沉降室。图 4-1 为一种简单的重力沉降室。

重力沉降室适用于分离粒径较大的固体颗粒。当粒子的沉降速度大于 13cm/s，即粒子的直径大于 50μm 时，可选用重力沉降室进行气固分离操作。其净化效率不超过 40%～70%，只能作为气体的初步净化装置。

除尘效率低和体积大是重力沉降室的显著缺点，但因其具有结构简单、投资少、维护管理容易和压力损失小等优点，在第一级除尘中仍得到一定的应用。

(2) 惯性沉降法。惯性沉降法是利用颗粒运动的惯性效应将其从气流中分离出来的方法。惯性除尘器可分为碰撞式和回转式两类。碰撞式是当含尘气体撞击到挡板后，尘粒失去惯性力而靠重力作用沿挡板落下；回转式是含尘气体从入口进入后，粉尘靠惯性力冲至下部灰斗，气体和惯性较小的细粉尘则穿过挡板而从出口排出。

惯性除尘器中有一种称为百叶式除尘器，常作为粉尘的浓缩器与其它除尘器组合成机组，可以获得较高的净化效率。图 4-2 所示为百叶式惯性除尘器与旋风除尘器组成的机组。有试验表明组合除尘效率高，可基本除净 20μm 颗粒。

惯性除尘器净化效率不高，通常用于除去大颗粒和密度大的粉尘。

(3) 离心沉降法。是利用旋转的气流所产生的离心力，将颗粒从气流中分离出来的方法。由于颗粒受到的离心力远远高于重力，故该法可分离很小的细粒，一般在 10μm 左右，高效的可分离出 5μm 的细粒。其分离设备是各种旋风分离器。旋风分离器的结构如图 4-3 所示。

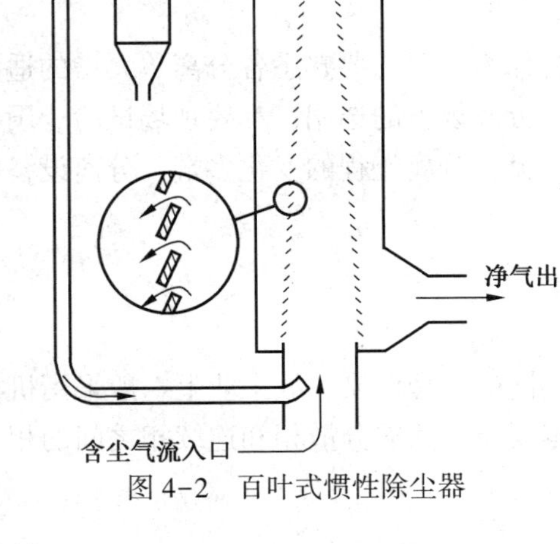

图 4-2　百叶式惯性除尘器

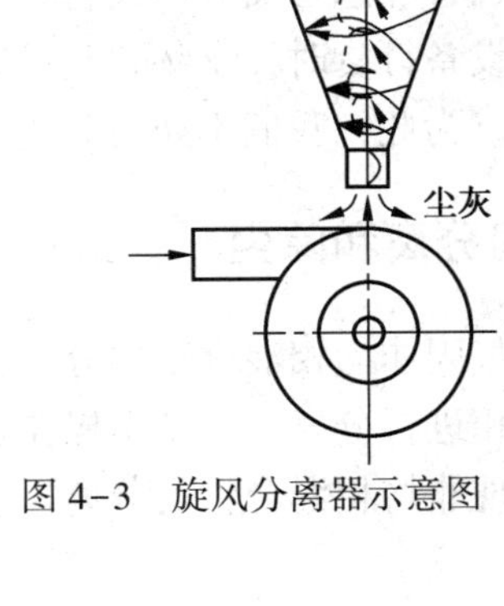

图 4-3　旋风分离器示意图

旋风分离器的效率一般可达70%~80%，影响旋风分离器效率的有以下一些因素。

① 分离器的结构形式对分离效率影响很大；出口管径愈小则效率愈高，锥形适当加长，可提高效率。

② 分离器的直径减小，分离效率可提高。

③ 增加入口流速对提高效率有利，但入口流速过高不仅会增大阻力，而且会增强返混，因而通常取入口流速为12~26m/s。

④ 尘粒的粒径和密度愈大，分离效率愈高。

⑤ 气体温度和粘度增大，引起效率下降。

⑥ 灰斗的气密性对分离效率影响很大，当泄灰阀处漏气量达到进气量的15%左右时，除尘效率几乎降到零。

从以上情况可知，旋风分离器适于捕集颗粒大、密度大的粉尘。对于一定的含尘气体应选择合适的结构和入口流速，尽量减小分离器的直径。而对任一台旋风分离器，都要保持不漏气，这样才会使分离效率提高。

当气体处理量很大而又需要采用小直径的分离器时，往往将若干直径较小的旋风分离器并联起来，形成一个旋风分离器机组。

当要求净化效率较高，采用一级旋风分离不能满足要求时，可将两台或三台旋风分离器串联起来，成为串联式旋风分离器组。

旋风分离器结构简单，制造，安装和维护管理容易，投资少，占地小，除尘效率较高。对于5~15μm以上的颗粒物，捕集分离效率可达80%左右。

旋风分离器不宜处理湿度很高和粘着性的尘粒，不宜处理纤维粉尘。

旋风分离器的缺点是不能充分除去小于微米级的粉尘，气流阻力大，粉尘对器壁磨损较严重。因此，旋风分离器多用于要求不十分严格的除尘和初级除尘。

2. 过滤分离法

使含尘气体通过过滤介质将粉尘分离而使气体净化的方法。该法可将1~0.1μm的微粒有效地捕集下来，是各种分离方法中分离效率最高而又稳定的一种。过滤分离设备主要有袋式过滤除尘器，颗粒层除尘器和其它形式过滤器等。

(1) 袋式过滤器。袋式过滤器的形式很多，可以买到定型产品，也可以土法自制，按滤袋形状可分为圆形和扁形，也可以有切换式把滤袋拿出更换。一般含尘气体从滤袋外部进入，粉尘阻于滤袋之外，振动或自然抖落进入集灰斗，滤后气体从滤袋内的上出口管送出。

袋式除尘器是一种高效气固分离设备，可捕集的固体粒子的粒径较宽。其平均除尘效率可达99.5%以上，对1μm以上的粒子捕集效率可达98%以上；对微细粒子也有较高的捕集效率，能有效地收集0.1~0.5μm的粒子。并且其结构简单，使用灵活，维护容易，能量消耗较小。存在问题是其应用受到滤布的耐温、耐腐蚀性能的限制，不适用于带电荷的或粘结性、吸湿性强的粉尘捕集。

按照清灰方式的不同，将袋式除尘器分为简易清灰式、机械振动清灰式、逆气流反吹风式、气环反吹风式、脉冲喷吹式、回转反吹式和联合清灰式等各种除尘器。

袋式除尘器的滤袋可用天然纤维和合成纤维制成纤维布、毛呢、毛毡等，再做成袋子，用于不同场合。

(2) 颗粒层除尘器。颗粒层除尘器是利用一层硅石、砾石等粒状物料作为过滤介质的除

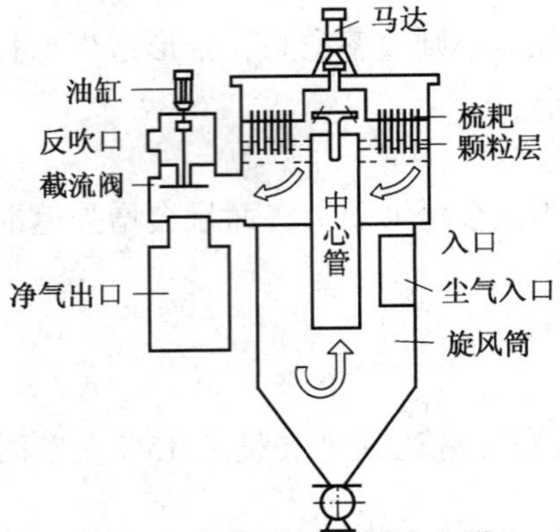

图 4-4　旋风式颗粒层除尘器

尘器。图 4-4 所示为一种带梳耙的旋风式颗粒层除尘器。

过滤时含尘气体从进口以切向引入作为预分离器的旋风筒，使粗颗粒粉尘被分离下来，然后经中心管进入过滤室，由上而下地通过颗粒层，使细粉尘被阻留在硅石颗粒表面或颗粒层空隙中，气体则穿过颗粒层从出口排出。

这种除尘器一般都是几个并联形成一个除尘器组，用一根共同的含尘气体总管相连接。部分除尘器处于过滤阶段时，另一部分除尘器则进行清灰，从而使整个除尘器组连续工作。颗粒除尘器还有许多形式。

颗粒层除尘器能耐 350℃的高温，采用硅石、砾石等作过滤介质又可耐腐蚀，加上结构简单、维修方便、效率很高等优点，很适于净化温度既高、尘粒又细的气体和带有微细尘粒的腐蚀性气体。

(3) 其它形式过滤器。

液膜过滤器。液膜过滤器是用数层不断更新的液膜做过滤介质的气体净制装置。

耐高温过滤器。这类过滤器处理温度很高的反应产物，有的滤布介质使用陶瓷纤维制成毡，有的直接用多孔陶瓷制成片式管式过滤器，还有粉末冶金法的金属管过滤器等，这类过滤器的再生还有待改进。

3. 湿尘除尘

湿法除尘是使含尘气体与水或其它液体接触，气体中的尘粒受到液体的拦截或因惯性力与液滴或液膜碰撞而被液体捕集下来，使气体得以净化。常见的湿法除尘设备有：

(1) 洗涤塔，亦称喷雾塔。它是一个在空塔内设有数排喷嘴的设备，液体自上向下喷淋，含尘气体自下而上通过塔内，尘粒和液滴之间发生碰撞、拦截等作用，尘粒被液滴俘获而随液滴一起沉到洗涤器下部排走。部分较小液滴随气流上升，在挡水器处被拦阻并凝聚成较大液滴后仍回到洗涤塔内。除逆流喷雾洗涤塔外，尚有并流、错流式的喷雾洗涤塔。

喷雾洗涤塔的结构简单，阻力小，操作稳定方便，但设备庞大，除尘效率低，液体循环量大。这种洗涤塔多与高效洗涤器联用，用以除去大颗粒粉尘，起预净化作用。

(2) 旋风洗涤器。旋风洗涤器是使含尘气体沿器壁的切线方向进入洗涤器，成旋流状态前进，其气流速度大，在器内运行路程长，尘粒被液体俘获的机会多，净化效率比喷雾洗涤塔高。常用的旋风洗涤器有：

① 旋风水膜除尘器。旋风水膜除尘器如图 4-5 所示。

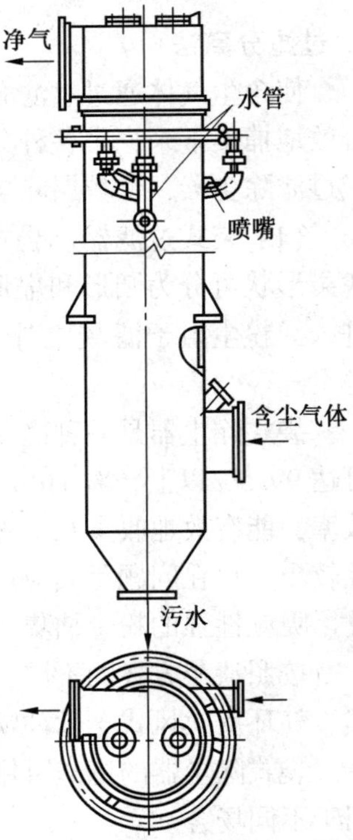

图 4-5　旋风水膜除尘器

上部的喷嘴由切线方向将水雾喷向器壁，使内壁形成一层很薄的不断下流的水膜。含尘气体由筒体下部沿切线方向导入，旋转上升，粉尘借离心力的作用被甩向器壁，为水膜所粘附，沿器壁流向下部排出。净化后的气体由顶部排出。

旋风水膜除尘器的净化效率可达 90% 以上，不仅比旋风分离器净化效率高，而且器壁磨损也轻。

② 旋筒式水膜除尘器。这种除尘器又称做卧式旋风水膜除尘器。

含尘气流由切线式入口处导入，沿螺旋形通道作旋转运动，粉尘在离心力的作用下被甩向外筒。当气流以高速冲击到水箱内水面上时，较粗的尘粒因惯性作用而落入水中。同时，气流冲击水面激起水滴，这些水滴又随气流作螺旋运动，因离心力的作用而甩向外壁形成一层水膜。气流中的尘粒与激起的水滴相遇或与筒壁上的水膜接触，都可被水粘附而落入集尘水箱。气流旋转一圈，气体便得到一个旋程的净化，气流旋转多圈，便得到多级净化，从而达到较高的除尘效率。旋筒式水膜除尘器的除尘效率一般都在 90% 以上，有的高达 98% 以上。

③ 中心喷雾旋风洗涤器。这种洗涤器如图 4-6 所示。

其中心设一喷雾用的多孔管，含尘气流由下部沿切向导入。气流中的粉尘与喷出的水滴相碰被水滴俘获，气流带着水滴旋转，水滴甩向器形成水膜，粉尘也甩向器壁粘附在水膜上，使气体净化。其净化效率可达 95%~98%。

（3）自激喷雾洗涤器。靠含尘气流冲击液体激起水雾的洗涤器称为自激喷雾洗涤器，常用的有以下两种。

① 冲击水浴除尘器。冲击水浴除尘器的结构如图 4-7 所示。

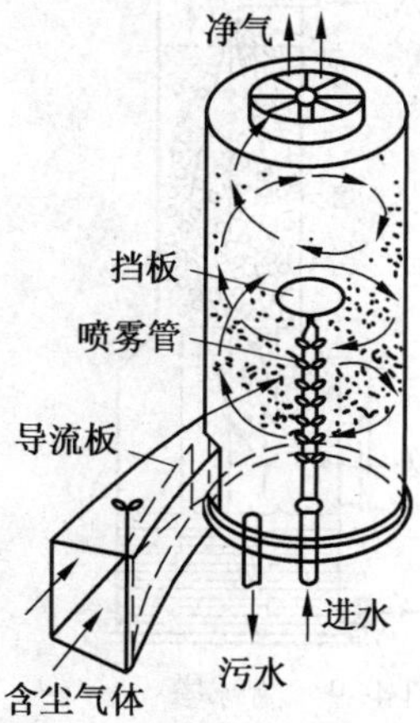

图 4-6　中心喷雾旋风洗涤器

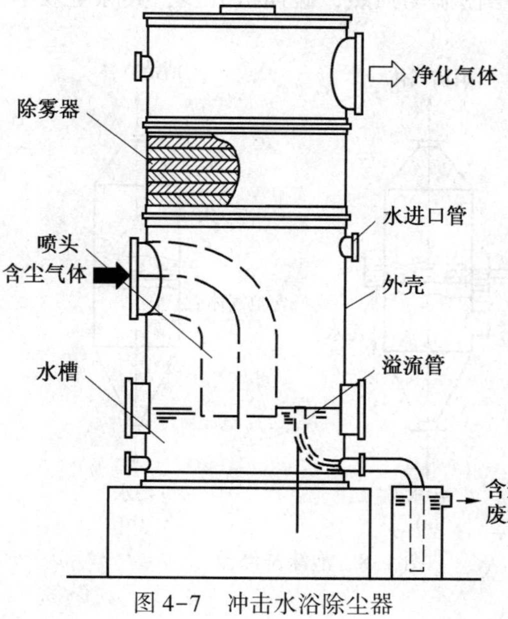

图 4-7　冲击水浴除尘器

含尘气流自喷头向水池高速喷出，冲击水面并急剧改变流向，这时气流中的大粒粉尘因惯性力与水碰撞而被捕获，称为冲击作用阶段。接着气流以细流方式向上穿过水层，激起大量泡沫和水花，气流穿过水层和泡沫层受到二次净化，称为泡沫作用阶段。气流穿过泡沫层进入筒体，受到激起的水花和雾滴的淋浴，得到进一步净化，称为淋浴作用阶段。气流经三阶段净化后通过除雾器排出。

冲击水浴除尘器用溢流管保持一定液面。使喷头有合适的浸入深度，以保证除尘器的净化效率。冲击水浴除尘器的净化效率一般均能达到85%~95%。除尘器下部的泥浆可定期排放或连续排放。

② 双叶片自激除尘器。其上部为风机，下部为水箱，中间箱体为净化部分。双叶片自激除尘器处理气量大，净化效率高，结构紧凑，制造简便，应用广泛。其净化效率一般均在95%左右，高者可达99%以上。

(4) 泡沫洗涤器。泡沫洗涤器亦称泡沫塔，如图4-8所示，其中部有一块多孔筛板，板上有一定高度的液体。当气流以高速通过筛孔进入液层时，形成大量强烈扰动的泡沫，在筛板上形成一层流动的泡沫层。含尘气自筛板下部进入而上升，其中较大的尘粒被由筛孔下降的液体冲洗带走，由洗涤器锥底处排出。气体中较细的尘粒在通过筛板后为泡沫层所截挡，并随着液体由洗涤器一侧的排液管流出。

泡沫洗涤器的除尘效率可达99%以上，结构简单、适应性广，不仅广泛用于除尘，也用于净化有毒气体。

(5) 湍球塔。湍球塔是一种高效除尘器，其除尘效率可达99%以上。

湍球塔如图4-9所示，由上栅板、下栅板、轻质小球、液体喷嘴和除雾器等部分组成。在未通气前，小球静置在下栅板上。高速含尘气体通入后，将小球吹起，在上下栅板之间浮动，并互相碰撞。液体自上部喷下，不仅在塔内形成雾滴，也湿润所有的小球表面。由于湍动和碰撞，小球表面的液膜也可被碰掉而形成新的雾滴。含尘气流中的粉尘在上升过程中碰到雾滴或包有液膜的小球，尘粒会被液体俘获而随着液体逐渐沉降到塔下部并随液体排出。由于湍球塔内湍动强烈，碰撞机会多，其除尘效率很高。

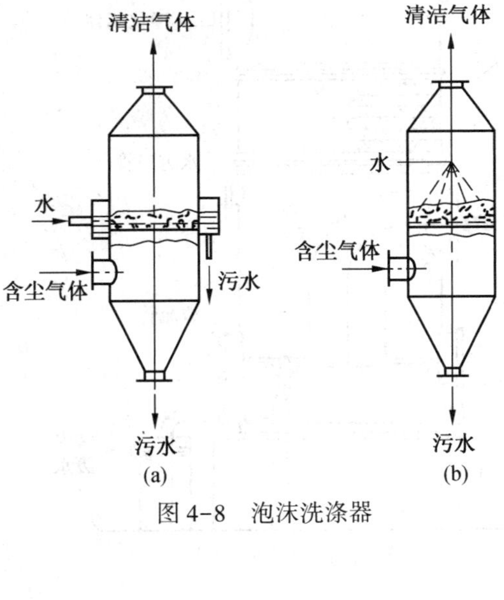

图4-8 泡沫洗涤器

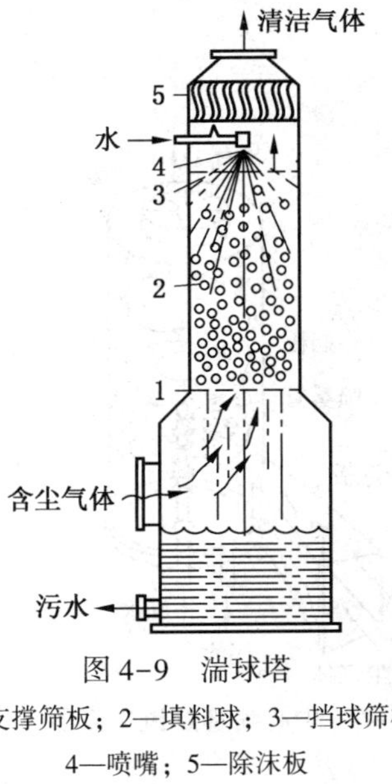

图4-9 湍球塔

1—支撑筛板；2—填料球；3—挡球筛板；4—喷嘴；5—除沫板

湍球塔用于除尘、吸收、传热都有很好的效果。但由于小球多为塑料制造，不适于高温气体的除尘。

(6) 文丘里洗涤器。文丘里洗涤器是一种高效湿式洗涤器。文丘里洗涤器型式很多，常见的结构如图4-10所示。它是由文丘里管和除雾器组成。文丘里管由渐缩管、喉管和渐扩管组成。含尘气体进入渐缩管后逐渐加速，当达到直径最小的喉管时，速度达到60~

100m/s。这一高速气流与喉管前喷出的液滴相遇，产生了激烈的搅动和形成极细极多的雾滴。这些小雾滴将小粉尘湿润，凝聚成水尘混合的较大颗粒。在渐扩管内，气流速度减小，使凝聚作用进行得更快。凝聚成较大粒径的含尘液滴，在文丘里管后面的水浴除尘器中很容易被捕集下来。

文丘里管后面的除雾器，也可选用泡沫洗涤器或旋风分离器，都能达到很高的净化效率。

文丘里洗涤器除微细粉尘效果很好，效率可达99%以上，其缺点是阻力大，消耗动力大，用水量较多和污水处理困难。

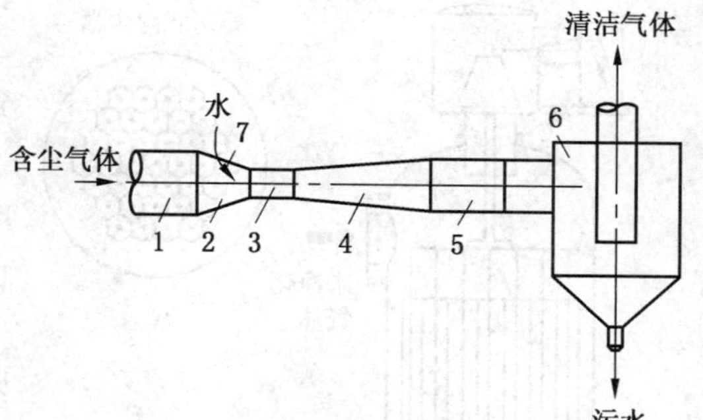

图4-10　文丘里洗涤器
1—入口风管；2—渐缩管；3—喉管；4—渐扩管；5—风管；6—脱液器；7—雾化喷嘴

湿法除尘效率高，一般湿法除尘设备的除尘效率在85%以上，高的可达99%以上。去除的尘粒粒径范围宽，可有效去除0.1μm左右的尘粒。此外，湿法除尘设备构造简单、投资少，适合于高温处理，可同时净化易燃、易爆及有害气体。

湿法除尘的主要缺点是水耗量大、粉尘回收困难，不适用于粘性粉尘的去除，冬季需采取防冻措施。此外，烟气及含尘气体中的酸性或碱性组分会腐蚀除尘设备。

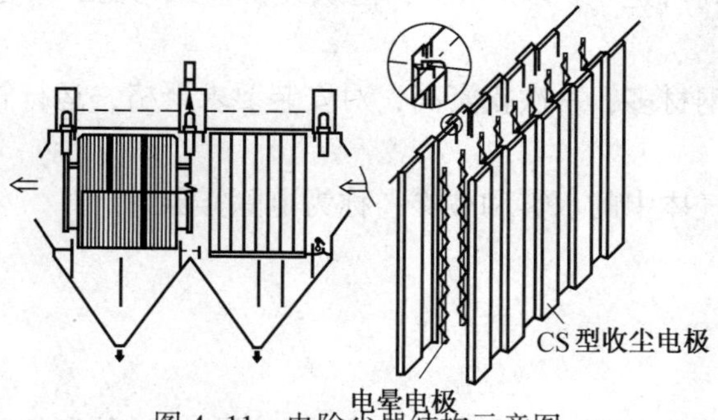

图4-11　电除尘器结构示意图

4. 静电分离法

静电分离法是利用静电力从气流中分离悬浮粒子的一种方法。该法利用高压电场使气体发生电离，使气流中的粉尘带电，带电粉尘在强电场的作用下沉积到集尘电极上，从而使气体得到净化。电除尘器结构示意图如图4-11所示。

在外壳内有正负两种电极。负极是图中的线状电极，称为电晕电极或放电电极；它是用圆形、棱形、星形或芒刺形截面的金属导线制成，与高压直流电流相接。正极是图中的板状电极，称为集尘电极或沉淀电极；它是用平板形、Z形或鱼鳞板形等不同形状的金属板制成，与地相接。电除尘器中的除尘过程大体可以分为四步：

（1）气体电离。给电晕电极通上几万伏的高压电，它与集尘电极之间产生电晕放电，这时电晕电极附近的空气发生电离，生成大量的正离子、负离子和自由电子。

（2）粉尘载电。在电晕电极上加几万伏的高压电后，其周围形成很强的电场，称为电晕区。由于异性电荷相吸，电晕区内的正离子很快被吸到电晕电极表面而失去电荷，而带负电的自由电子和负离子则受电晕电极的排斥向正极的集尘电极移动。正离子、负离子和自由电子在运动的道路上会碰到粉尘粒子，而使尘粒载电。因为正离子距电晕电极很近，活动路程很短，所以碰到灰尘粒子的可能性很少；而自由电子和负离子要从电晕电极向集尘电极运动，运动路程长，遇到的尘粒多，所以带负电的尘粒是绝大部分。

（3）粉尘沉积。由于电荷同性相斥，异性相吸，使带负电荷的尘粒都向集尘电极运动。经一定时间到达集尘电极表面，放出所带电荷而沉积在其表面上。同时，少量带正电荷的尘

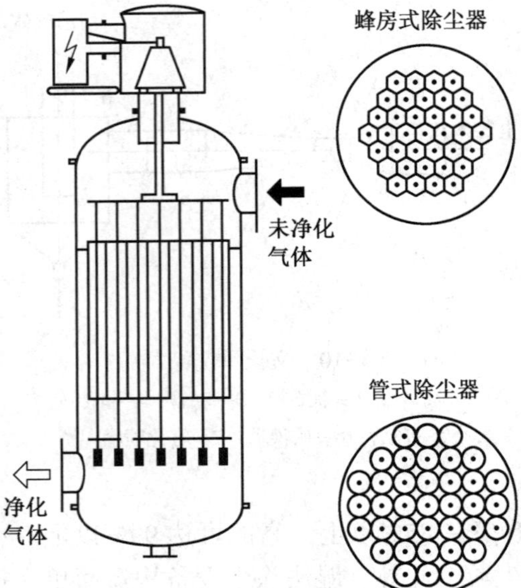

图 4-12　管式电除尘器

粒也会沉积到电晕电极上。

(4) 清灰。当粉尘在集尘电极表面上沉积到一定厚度，就用机械振打等方法将沉积的粉尘层清除掉，使之落入下部灰斗中而定期排出。电晕电极上也会有少量粉尘附着，隔一定时间也需进行清灰。

如图 4-12 所示为管式电除尘器。集尘电极以蜂窝形排列的叫蜂窝式电除尘器。

电除尘器还可按粉尘载电区和分离区的空间布置不同，分为单区电除尘器和双区电除尘器；按清灰方式分为干式电除尘器和湿式电除尘器。

电除尘器具有除尘效率高，运转费用少，压力损失低，处理气量大等优点，可以应用于高温高压的场合，能连续操作，并且可以完全自动化，也可以用于处理要求除尘效果很好的含微细粉尘的气体。电除尘器的净化效率最高可达 99.99%以上，但从经济效果考虑，一般控制净化效率在 95%~99%之间。

电除尘器的主要缺点是设备庞大，消耗钢材多，一次投资高，对安装要求严格，运行管理较复杂。

在化工生产中，电除尘器有时用于除去气体中的水雾和酸雾，称为电除雾器。

二、液体分离

1. 液相非均一系分离

液相非均一系是由液体和悬浮于其中的固体颗粒，或者指一种或数种不相溶液体所组成的多相分散系统。如果液体中含有的固体颗粒很少，并且这些固体颗粒是杂质，则必须予以除去。如果液体中的固体颗粒是有用的结晶，而这些结晶又不妨碍液体在管道中的流动和液体的其它加工，则不必对这些结晶进行处理，待这些结晶大量生成后，按照加工固液混合物的方法进行加工。下面看重介绍以取得产物为目的固液分离方法及设备。

(1) 过滤与洗涤。过滤的基本原理是利用多孔的过滤介质将悬浮液中的固体颗粒挡住，而让液体通过，从而使液体与固体分离。

对于以取得固体产物为目的的固液分离，常需在过滤结束后对滤饼进行洗涤。洗涤是用水或其它溶剂冲洗滤饼，以使附着在滤渣颗粒表面的滤液和滞留在滤饼内孔隙中的滤液溶到水或其它溶剂中而被带走。经加工后的杂质含量亦大大减少，可以得到较纯净的固体产物。如果目的是为了取得滤液，则经过洗涤可使存留在滤饼中的滤液得到回收，以得到更多的产品。洗涤液可与母液分开或合并处理。

在满足洗涤要求的前提下，洗涤用水或其它溶剂的用量应尽可能的少，一方面是为了节约用水量及动力消耗；另一方面，若滤液还需蒸发浓缩时，过多的水势必还要消耗大量的热能。为减少洗涤水用量，应改善洗涤水的均匀分布，并采用逆流洗涤法。

(2) 过滤设备。过滤设备种类很多，按过滤介质的不同可分为粒状介质过滤器，织物介质过滤器和微孔管过滤器；按照过滤推动力的不同可分为重力过滤、真空过滤、加压过滤和离心过滤；按照操作方式不同可分为间歇式和连续式两类。间歇式过滤设备有双底过滤器、叶滤机、压滤机等；连续式过滤设备有转鼓真空过滤机、圆盘真空过滤机、离心过滤机和长网过滤机等。

① 粒状介质过滤器。这种过滤器一般为圆形槽或方形池，底部有多孔假底，假底上铺砂石作为过滤介质。过滤可在常压下由重力作用进行，亦可加压进行。过滤器间歇操作。

② 双底过滤器。它是一个具有双层底的滤布介质过滤器。上层由栅板或筛板做成假底，其上置以织物滤布。物料放入容器的上层，滤液通过滤布流到下部，滤渣停留在滤布上。

双底过滤器可利用滤液重力进行过滤，亦可使容器下部减压用真空过滤。将双底过滤密封缩小并装在管道上，即成为管道过滤器。

③ 叶滤机。叶滤机包括真空叶滤机和加压叶滤机两种。

真空叶滤机主要由若干组滤叶和数个锥底槽所组成，滤叶就是一个个小型袋式过滤器，由滤布袋和滤框组成。

操作时，将滤叶浸入滤浆槽内，这时滤框内抽真空，滤液即通过滤布被吸入，而滤渣则留在滤布表面上形成滤饼。然后将带有滤饼的滤叶放到洗涤槽中加水洗涤，再将洗涤过的滤叶通空气进行干燥，在滤渣卸除槽中以反方向水流、空气或蒸汽通入滤叶，以除去滤叶表面的滤饼，由螺旋输送器将滤渣送出，这样完成一个操作循环。

加压叶滤机有立式和卧式两种。操作时，将滤浆充满滤槽，然后加压使滤液穿过滤布，由滤框经导管排出，滤饼则留在滤叶上。滤饼积到一定厚度后，这组滤叶取出槽外，除去滤饼。加压叶滤机拆装麻烦，一般用于除去滤浆中含固体物较少的场合。

在机壳的底部安装螺旋输送器，滤叶用旋转的方式运动；可以做到不打开机壳，达到卸料的目的。叶滤机示意如图 4-13。

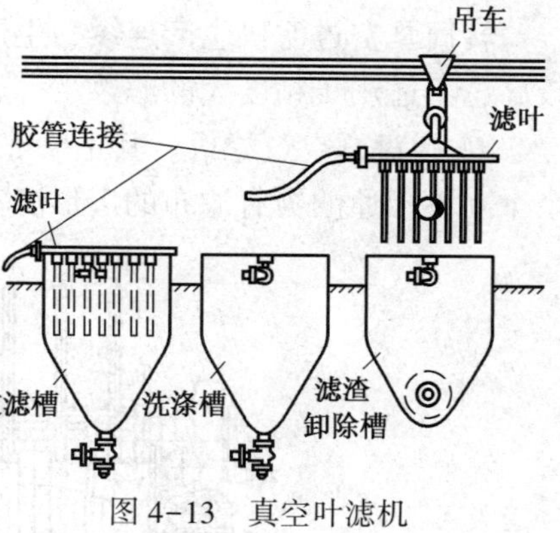

图 4-13　真空叶滤机

④ 压滤机。压滤机有厢式压滤机和板框式压滤机两种，以板框式压滤机应用较多。

板框压滤机由许多顺序交替安装在机架上的滤板和滤框组成。滤板和滤框利用螺旋压紧装置夹持在固定端板和可移动端板之间，每块滤板与滤框间夹有滤布。滤板表面周边平整，在中间部分有构槽与排液管相通。滤框为周边平整的方框，设有孔道可通入滤浆。滤板、滤布和滤框上方均有小孔，装紧时可互相连接成为滤浆、洗涤水和滤液的孔道，各孔道终止在固定端板上。

操作时，滤浆经孔道进入两滤板和滤框组成的框室内，滤液通过滤布由滤板的沟槽进入排液管排出，滤渣则聚集在框室内形成滤饼；待压滤机中所有滤框被滤渣充满后，可放松机头螺旋，取出滤框，将滤饼除去。然后将滤框和滤布洗净，重新装合，准备再一次过滤。若滤饼需洗涤时，可在滤饼充满后通洗涤水进行洗涤。

板框式压滤机推动力大，易于操作，使用可靠。其缺点是间断操作，劳动强度大，滤布磨损严重。

⑤ 转鼓真空过滤机。如图 4-14 和 4-15 所示。其主要部分为一表面有许多孔眼的回转圆筒，转筒周围包有滤布或金属滤网。转筒置于滤浆槽内，其下部浸入滤浆中，上半部仍露

于槽外。滤浆槽内设有搅拌器把滤浆搅拌均匀。

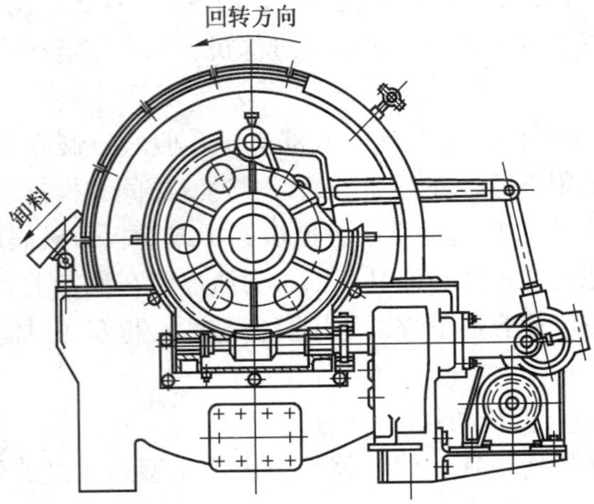

图 4-14　转鼓真空过滤机

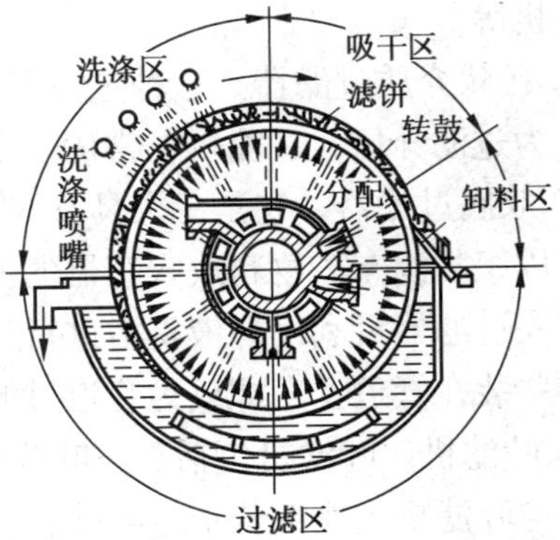

图 4-15　转鼓真空过滤机操作原理

操作时，浸在滤浆槽中的部分称为过滤区，当转筒转动到此区时，转筒内部的扇形格子与真空相通，这样滤液就通过转筒上的滤布被吸入筒内，经滤液排出管排出。滤浆中的固体物质则被阻留在滤布表面形成滤饼；当转筒转到洗涤区时，设其上方的洗涤喷嘴将洗涤液喷到滤饼上，对滤饼进行洗涤；滤饼进入卸料区被刮刀刮下，用螺旋输送器送走。

转筒真空过滤机生产连续、生产能力大、适应性强、管理简单，但辅助设备复杂，成本较高，不适用于粘度大的滤浆。

⑥ 圆盘真空过滤机。其主要部件为套在水平空心轴上的若干圆盘。每个圆盘上都有十余个互不相通的覆有滤布的扇形滤室，圆盘的下部浸入滤浆槽中。如图 4-16 所示。

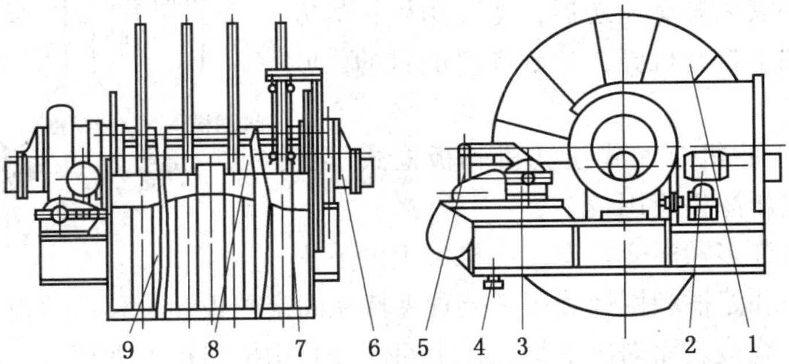

图 4-16　圆盘真空过滤机

1—过滤盘；2—主传动机构；3—搅拌传动机构；4—瞬时吹风系统；5—搅拌器；6—分配头；7—刮板；8—主轴；9—槽体

操作时轴带着圆盘在滤浆槽中缓慢转动，由于圆盘的滤室内被抽成真空，滤液就通过滤布进入圆盘的滤室中，并沿空心轴排出。滤渣则粘附在圆盘的滤布表面形成滤饼。这种过滤机的操作情况与转鼓真空过滤机基本相同，但比转鼓真空过滤机结构紧凑，过滤面积大。其缺点是对滤渣洗涤困难，且滤渣不平整。

⑦ 微孔管过滤器。微孔管过滤器的微孔管用陶瓷、石英、玻璃等制成。若干微孔管装在一块有通道的铸铁板上，设在一密闭容器内，组成微孔管过滤器。操作时，滤浆进入过滤器内，滤液穿过管壁的微孔进入管内再汇集流出，滤渣被截留在管壁外，形成滤饼。然后经

洗涤、去饼等操作，完成一个操作循环。微孔管壁上的微孔需要定期清洗，以除去微孔中集存的小颗粒。

微孔管耐腐蚀，特别适合于处理有强烈化学腐蚀性的滤浆。

⑧ 离心过滤机。离心过滤机也称为离心机。其主要部件为转鼓，转鼓装在直立或水平轴上，转鼓鼓面有孔，鼓壁内表面设置滤布或滤网时离心机称为离心过滤机。当转鼓高速旋转时，其中滤浆产生很大的离心力，滤液通过滤布和鼓壁上的小孔迅速排出，滤渣则被阻留在滤布上，形成滤饼。

转鼓鼓壁无孔的离心机用来分离固液混合物时称离心沉降机，用来分离乳浊液时称为离心分离机。这里仅介绍两种常见的离心过滤机。

离心过滤机分为间歇式和连续式两类。图 4-17 所示为一上部人工卸料的三足式离心过滤机。操作时，先将滤布铺在转鼓内，向鼓内加入滤浆，启动转鼓将滤液甩干，经洗涤后将滤饼用人工取出。三足式离心机构造简单，易于操作，适合于小批量物料的过滤分离。缺点是其滤渣由人工卸出，是繁重的体力劳动；轴承等传动机构在转鼓下方，检修不方便，液体有可能漏入轴承使其受到腐蚀。

为解决卸料问题，有许多形式的自动卸料离心机问世，如振动卸料离心机，见图 4-18；卧式刮刀离心机，结构示如图 4-19；虹吸刮刀卸料离心机，如图 4-20 等。这类离心机可连续操作，在加、卸料过程中均不需停车或降低转速。可按程序进行进料、过滤、洗涤、卸料等自动操作，亦可手动控制各过程的时间。其生产能力大，适于大批物料的过滤分离。

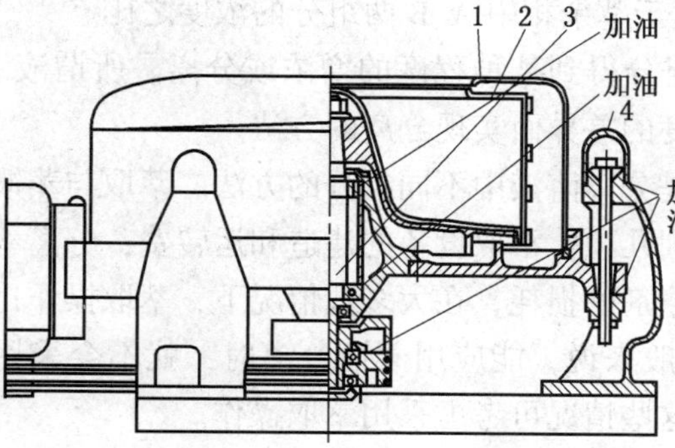

图 4-17　三足式离心机

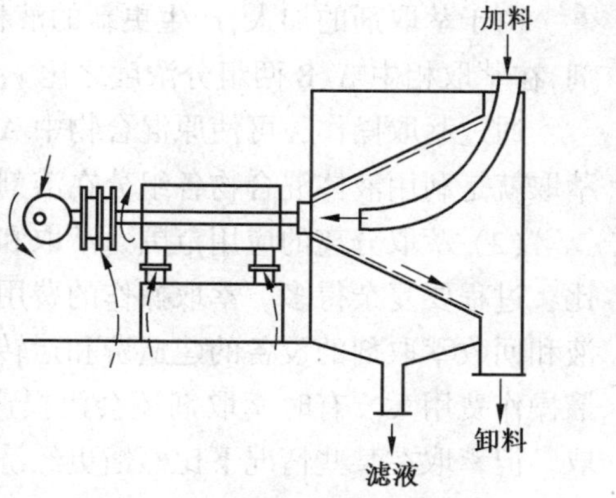

图 4-18　振动卸料离心机

化工厂中常用的还有上悬式下部卸料的间歇离心机、往复卸料的连续式离心机和螺旋卸料连续式离心机。

2. 液液萃取

(1) 基本概念。液-液萃取是分离液体混合物的一种方法。它利用选定的溶剂选择作用，把一种或几种组分从混合物中分离出来。

在萃取操作中，通常混合液中被萃取的物质称为溶质，其余部分为原溶剂，而加入的第三组分称为溶剂或萃取剂。萃取剂应对混合物中的溶质有尽可能大的溶解度而与原溶剂互不相溶或部分互溶。因此，当溶剂和混合液混合后成为两相，其中一个以萃取剂为主(溶有溶质)的称为萃取相，另一个以原溶剂为主(有少量萃取剂和溶质)的称为萃余相，将萃取相中的溶剂去除后得到的液体称为萃取液或溶质，同样，去除溶剂后的萃余相称为萃余液。

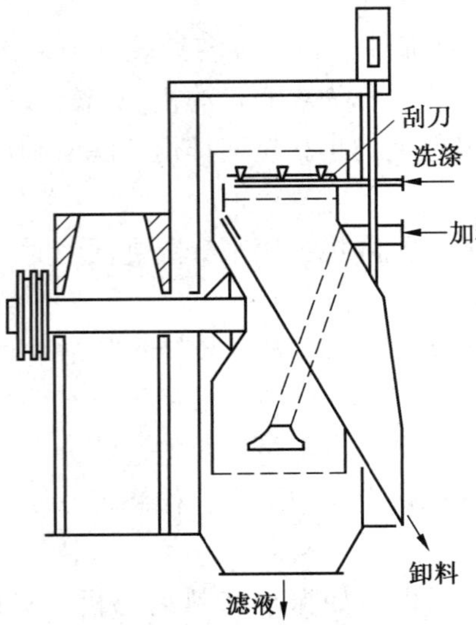

图 4-19　卧式刮刀离心机

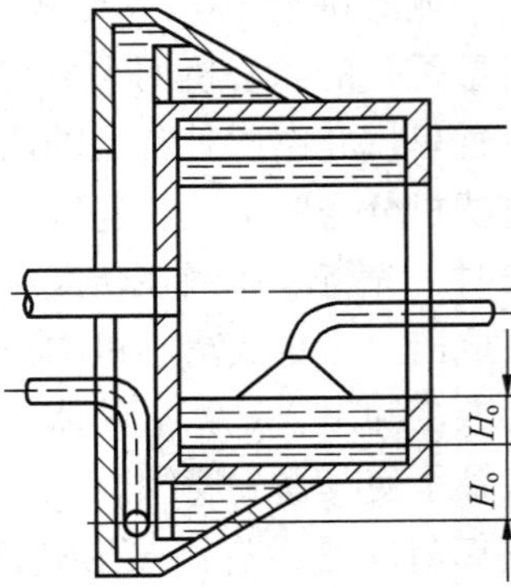

图 4-20　虹吸刮刀卸料离心机

在萃取过程中，通过混合物中溶质向溶剂的传递，使得混合物得以分离，故萃取属于传质操作。液-液萃取的基本依据是溶质在萃取相和萃余相中的不同分配，平衡时的分配是分析萃取过程的基础。

由于萃取剂的加入，产生更新的液相，溶质重新在两相中分配，现以 A 表示溶质，B 为原溶剂，在萃取相中 A、B 两组分浓度之比 y_A/y_B 必大于萃余相中 A、B 两组分的浓度之比。

通过萃取操作，可使原混合物中 A、B 两组分得到某种程度的增浓或分离。所谓液-液萃取就是利用液体混合物各组分在溶剂中溶解度的差异而实现分离的方法。

（2）萃取分离的应用范围。萃取和蒸馏都是分离溶液中不同组分的方法。萃取与蒸馏相比，过程要复杂得多。萃取操作的费用包括下列几项：萃取设备的建造和运转费；分离萃取液和回收萃取剂的设备的建造费和运转费；萃取剂的损耗。在大多数情况下，萃取操作比蒸馏操作费用大。有时萃取剂还会污损产品。一般来说，能应用蒸馏分离时，就不会采用萃取。但萃取在某些情况下比蒸馏更经济合理，这些情况可考虑采用萃取操作。

① 混合液中各组分的沸点相近，甚至互相重叠或者各组分的挥发能力大体相同。若采用蒸馏法分离时需要很多块塔板或十分高的填料层，这样设备费就很高。此时若有适当的萃取剂，则可采用萃取操作。

② 混合液是恒沸物，用普通蒸馏法不能进行分离，需要采用恒沸蒸馏、萃取蒸馏或液体萃取等方法进行分离。这三种方法采用哪种，应根据混合物料的具体情况进行技术经济比较后选用。例如丁酮与水形成共沸物，可以选用氯化钙溶液为萃取剂作萃取分离。

③ 热敏性混合液的分离。对于不耐热的热敏性物质，若用蒸馏分离时，因为温度不能高，故真空度就要求高。从经济上考虑，有时萃取比蒸馏便宜，这时就采用萃取分离。例如用乙酸戊酯或乙酸丁酯为萃取剂从培养液中分离青霉素和四环素等。

④ 混合物中成分复杂，仅用蒸馏法不能分离出所需物质者。如普鲁卡因生产中需制取对氨基苯甲酸乙酯，反应得到的产物中除含有对氨基苯甲酸乙酯外，还含有水、乙酸钠、氧

化铁和铁粉。这时可用二氯乙烷作萃取剂将对氨基苯甲酸乙酯萃取出来。

⑤ 沸点比水高的有机物从稀水溶液中回收。因溶液很稀，用蒸馏法就要汽化大量水，耗费大量热能。这时先用适当萃取剂进行萃取使有机物增浓，然后再蒸馏，将萃取剂和有机物分开比较经济。例如，用乙酸乙酯或苯作萃取剂从稀乙酸水溶液中萃取乙酸。

除以上情况外,萃取分离在石油工业、稀有金属冶炼、废水处理等方面有着较广泛的应用。

(3) 萃取剂的选择。在萃取操作中，选用萃取剂应考虑以下几点

① 萃取剂的选择性。选用的萃取剂应该对被萃取组分的溶解能力大，而对物料中其余组分溶解能力小。这种萃取剂的选择性就好。选择性越好，萃取剂用量越少。

② 萃取剂的物理性质。选用的萃取剂应与原料液有较大的密度差并且有较大的表面张力，以利于萃取液和其余组分的分离。此外，还希望萃取剂粘度小、凝固点低、不易燃及毒性小。

③ 萃取剂的化学性质。选用的萃取剂应该不与被处理的物料起化学反应，并应具有良好的化学稳定性与热稳定性，在循环使用中不易变质。此外，要求对设备的腐蚀性小。

④ 萃取剂回收的难易。萃取剂的回收在萃取操作中占有很重要的位置。一般萃取操作中萃取剂回收往往是消耗费用最多的部分。因而希望萃取剂易于回收，要求回收设备简单及回收时消耗能量少。

⑤ 萃取剂的来源与价格。萃取剂的来源应有保障，价格应较低。否则虽具有其它良好的性能也往往不能采用。

(4) 萃取过程简介

① 萃取过程。萃取操作的基本过程包括下列步骤：料液和萃取剂(溶剂)的混合接触；萃取相和萃余相的分离；从两相分别回收溶剂，并得到产品。混合和分离均在一定的设备中进行，为强化萃取操作，要求萃取设备能使溶剂与料液之间充分接触，通常是使一相尽可能地分散在另一相中，以造成巨大的相界面，但又不能过度分散而乳化，形成很难分离的、稳定的乳浊液。萃取操作中两相分离不完全，往往是分离效果变差的重要原因。

②原料混合物和溶剂的接触方式。在萃取操作中原料混合液和萃取剂的接触方式可以分为两类，即微分接触和级式接触。

微分接触。如图 4-21 所示的喷洒式萃取塔是一种典型的微分接触式萃取设备，料液与溶剂中的较重者(称为重相)自塔顶加入，较轻者(称为轻相)从塔底加入。两相中有一相(图中所示为轻相)经分布器分散成液滴，另一相保持连续。液滴在浮升或沉降过程中与连续相呈逆流接触，进行物质传递，最后轻、重相分别从塔顶和塔底排出。

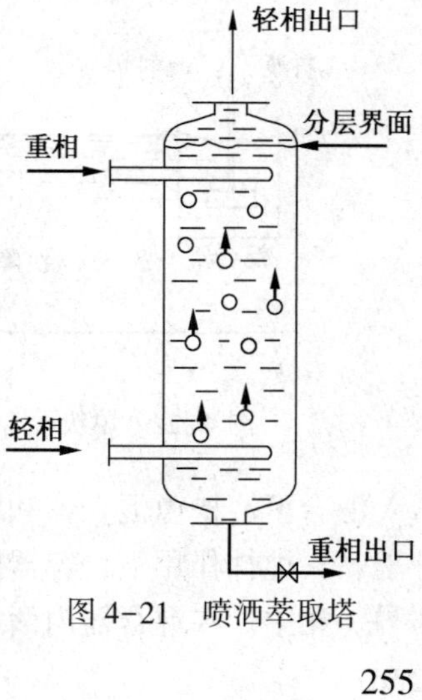

图 4-21 喷洒萃取塔

级式接触。图 4-22 为单级连续萃取装置，它包括混合器和沉降槽两个部分，常称混合沉降器。料液和溶剂连续加入混合器，在搅拌桨的作用下，一相被分散成液滴并分布于另一相中，使两者充分接触。从混合器流出的两相混合物的沉降器中分层，并分别排出。

若采用多个混合沉降槽，可以实现多级接触，各级间可以作逆流或错流的安排。但逆流总是优于其它流型，在溶剂用量相同时，逆流有最大的传质推动力，实现同样分离要求下所需设备要求最小；反之，对指定的设备和分离要求下逆流所需的

溶剂用量最小。

(5) 常用的萃取设备分类

- 萃取设备
  - 重力分相
    - 连续
      - 机械搅拌
        - 脉冲填料柱(塔)
        - 翻斗萃取器
      - 无搅拌
        - 喷淋塔
        - 挡板塔
        - 填料塔
    - 非连续
      - 无级间澄清
        - 转盘萃取塔
        - 往复振动筛板塔
        - 脉冲筛板塔
      - 有级间澄清
        - 无搅拌—筛板塔
        - 搅拌
          - 转膜接触器
          - ARDC 塔
          - 其它塔
      - 混合澄清槽
        - 水平式
          - 泵混式
          - 搅拌混合澄清槽
        - 垂直式
          - 泵混式
          - 搅拌混合澄清槽
  - 离心力分相
    - 连续
      - 孔板式
      - 膜流式
    - 混合澄清式
      - Robatel
      - Luwesta
      - 其它

(6) 设备举例

① 混合澄清槽。如图 4-23 是一种典型的级式接触设备，可以单级使用，也可以多级按逆流、并流方式组合使用。

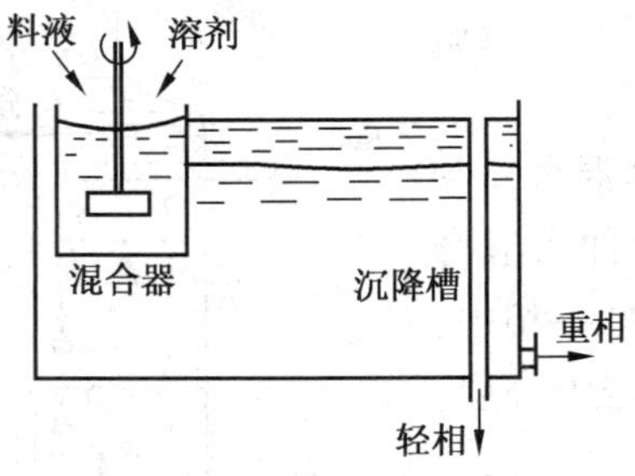

图 4-22　单级混合沉降槽

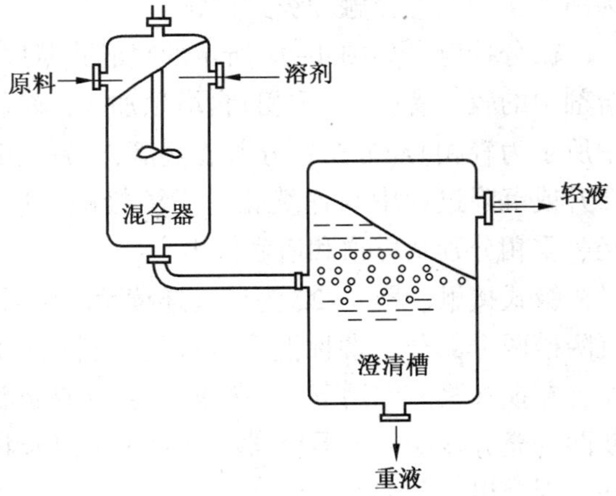

图 4-23　混合澄清槽

混合澄清槽由混合器和澄清槽两部分组成。混合器内设有搅拌装置，实际上就是一个搅拌釜，在搅拌作用下，容器内互不相溶的液体混合物中的一相被破碎为大小不一的液滴分散在另一相中。在混合器内两相接触表面较大，相之间传质速率较高，因此混合澄清槽的效率也较高。当两相离开混合器时，通常基本上达到平衡状态。搅拌器以采用涡轮式搅拌器为宜，叶轮应小而转速宜高。

澄清槽的作用是将已接近平衡的两相分离开来。两相的分离过程包括液滴沉降(或浮升)及液滴的凝聚分层两个步骤。

液滴的沉降(或浮升)的根本原因是密度差，而液滴凝聚的推动力则是界面张力。对液液系统，若两相密度差和界面张力都很小，液滴的移动速度和凝聚速度就很小，即两相分离所需的时间就很长。

为避免澄清槽尺寸过大，在混合槽内分散相液滴不能太小，尤其要防止生成稳定的乳化液，即便如此，要实现两相的完全分离，所需的容积仍然很大。通常允许级间有少量的液滴夹带，但不能过多，否则会降低传质效率。当采用多级时，最后一级的澄清槽的尺寸可适当加大，以实现完全的分离。

混合澄清槽的主要优点是传质效率高，操作方便，能处理含有固体悬浮物的物料。但也有一些缺点，主要是：水平排列多级混合澄清槽，占地面积大；多级使用时每一级均设有搅拌装置，流体在级间的流动需用泵输送，因而设备费用和操作费用较大。

② 筛板萃取塔。筛板萃取塔是微分接触萃取设备，它与气液传质设备中所用的筛板塔相似。就总体而言，轻重两相在塔内作逆流流动。如图 4-24 所示，塔中设有一系列的筛板，塔下端引入的轻相经筛板的筛孔分散后，在连续相(重相)中上升，到上层筛板下部集聚成一层轻液；由于重度差，轻相经筛孔重新分散、上升再集聚，如此重复流至塔上端分层后引出；重相则由塔顶端引入，经溢流部分逐板下降成连续相，但不必设置溢流堰。若将溢流板改为升液板，溢流部分成为升液部分，就可以使轻相成为连续相，重相则为分散相，以适应不同的生产需要。

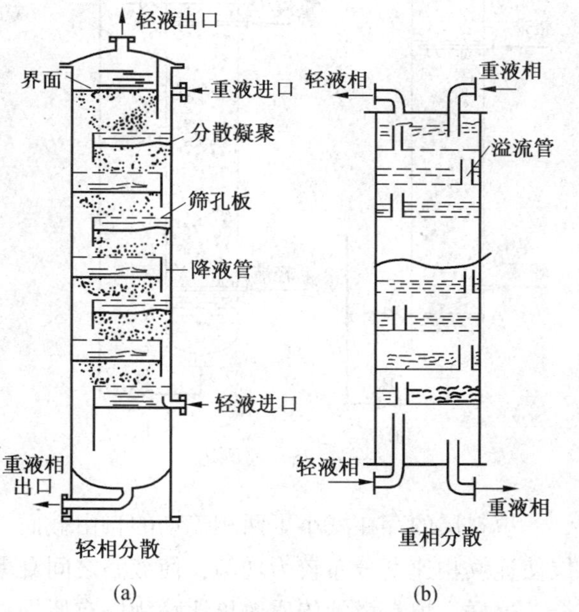

图 4-24　筛板萃取塔

筛板塔应用于界面张力较低的系统可以达到较高的效率，但对界面张力高的系统，难以实现有效的分散，效率很低。

筛板萃取塔结构简单，生产能力大，对于界面张力较低的物系效率较高，在石油工业中芳烃的萃取和润滑油精制中获得广泛的应用。

③ 喷洒塔、喷淋塔。喷洒塔也是一种微分接触式液液传质设备，由无任何内件的圆形壳体及液体引入和液体移出装置组成，是结构最简单的设备，如图 4-25 所示。喷洒塔在操作时，轻、重液体分别由塔底和塔顶加入，并在密度差作用下呈逆流流动。轻、重两液体中，一液体为连续相充满塔内主要空间，而另一液体以液滴形式分散于连续相，从而使两相接触传质。塔体两端各有一个澄清室，以使液体两相分离。在分散相出口端，液滴凝聚分层。为提供足够的停留时间，有时将该出口端的塔径局部扩大。图中(a)是重相为分散相，(b)是轻相为分散相。

喷洒塔的优点是结构简单，但塔内传质的效果很差，一般不会超过1~2个理论级，所以，目前在工业上很少应用。

④ 填料塔。用于液液传质的填料塔结构与气液系统的填料塔基本相同，如图4-26所示也是由圆形外壳及内部填料所构成。在气液系统中所用的各种典型填料，如鲍尔环、拉西环、鞍形填料及其它各种新型填料对液液系统仍然适用。填料层通常用栅板或多孔板支承。为防止沟流现象，填料尺寸不应大于塔径的1/10。分散相的液体必须直接引入填料层内，通常应深入填料层25~50mm，否则，液滴容易在填料层入口处凝聚，使该处成为填料塔生产的薄弱环节。为避免分散相液体在填料表面大量粘附而凝聚，所用填料应优先被连续相的液体所润湿。因此填料塔内液液两相传质的表面积与填料表面积基本无关，传质表面是液滴的外表面。一般说，瓷质填料易被水润湿，而塑料填料则易被有机液体润湿，而金属填料则需通过实验确定。

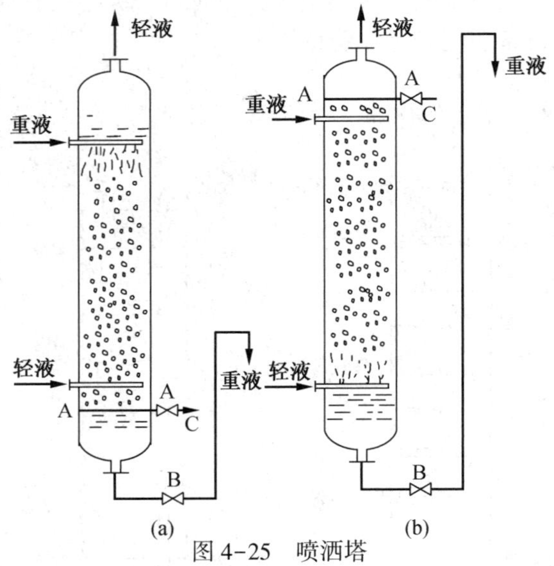

图4-25 喷洒塔

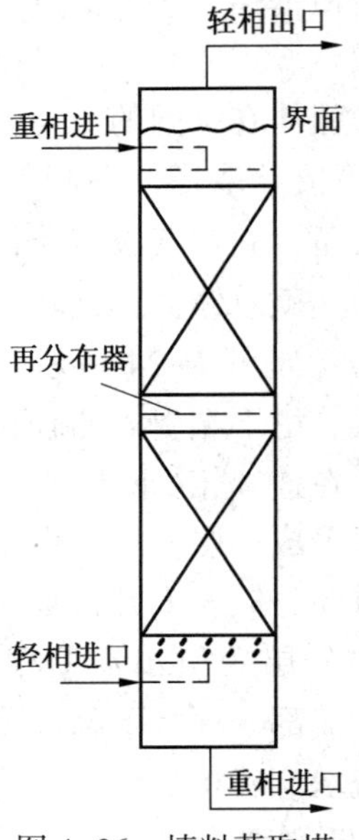

图4-26 填料萃取塔

填料层的存在减小了两相流动的自由截面，塔的通过能力下降。但和喷洒塔相比，填料层使连续相速度分布较为均匀，使液滴之间凝聚与分散的机会增多，并减少了两相的轴向混合。这样，填料塔的传质效果比喷洒塔有所提高，因此，所需的塔的高度可相应降低。

填料塔结构简单，操作方便，特别适用于腐蚀性料液，但填料塔的效率仍然是比较低的。

⑤ 转盘塔。转盘萃取塔是一种具有外加能量的萃取塔，其结构如图4-27所示，在塔体内壁设置一系列等间距的固定环，而在塔的中心轴上水平地装有一组圆形转盘，每一转盘正好在位于两个定环的中间，轴则由安装在塔顶的电动机带动转动，轻液和重液导入塔内后不需要分布器，只是对于大直径的塔要求以切向导入，以避免破坏塔中的流型。转盘塔的两端有一个两相分层的沉降区，在进口与沉降区之间安装一块固定的格子板，使传质接触区与沉降区分开。

当转盘由电动机带动转动后，带动了连续相和分散相一起转动，液流中产生了高的速度梯度和剪应力。剪应力一方面使连续相产生强烈的漩涡，另一方面又使分散相破裂成许多小的液滴，增大了分散相的截留量和相际接触面积。同时转盘和固定环都薄而光滑，所以在液体中不会产生局部的高剪应力点，液滴的大小比较均匀，有利于两相的分离。塔中由于被定环分成各个区间，转盘带动引起的漩涡就能大体上被局限在各个区间，减少了轴向的混合。但两相在垂直方向上的移动仍靠密度差推动。因此，转盘塔具有较高的分离效率。

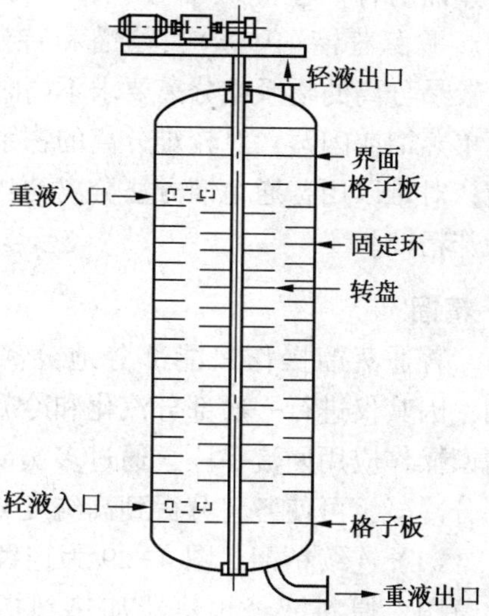

图 4-27　转盘萃取塔

转盘塔操作方便，传质效率高，结构也不复杂，能量消耗不大，特别是能放大到相当大的规模，满足大生产能力的要求，所以，在工业上获得成功的应用，例如，在石油工业中用于从渣油中以液化乙烷为溶剂的脱沥青塔即是。

⑥ 离心萃取机。离心萃取机又叫离心萃取器，式样很多，如图 4-28 所示。这主要是一个由多孔的长带卷成的、可以高速旋转的螺旋转子，装在一个固定的外壳中组成。旋转速度要求达 2000～5000r/min。操作时，轻液被送至螺旋的外圈，而重液则由螺旋的中心引入。在离心力场的作用下，重液相由里向外，通过小孔运动，两相发生密切接触，因而萃取的效率是较高的。但由于单机不能造得过大，故一般单机只能提供几个平衡级。

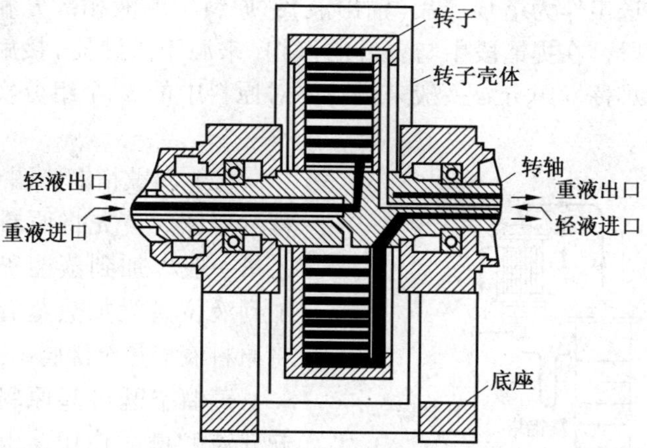

图 4-28　离心萃取机

离心萃取机萃取效率高，两相分离很快，料液在机内停留时间很短，适于处理抗菌素类物料。但离心萃取机结构复杂，制造困难，设备投资高，能量消耗大，故应用范围受到限制。

三、液体分离和精馏

1. 概述

分离液体混合物的典型单元操作是蒸馏。它利用混合液中各组分的挥发度差异，将液体部分汽化，蒸汽部分冷凝，使各组分得到分离。按照操作流程，可将蒸馏分成间歇蒸馏和连续蒸馏两种。按照蒸馏方式，可分成简单蒸馏、平衡蒸馏(闪蒸)、精馏和特殊蒸馏等。对较易分离的物系或分离要求不高时，可采用简单蒸馏或闪蒸；对较难分离的物系可采用精馏；对难以用普通精馏方法分离的物系可采用特殊精馏。

2. 精馏

普通蒸馏操作只能部分地分离液体混合物，因其仅进行一次部分汽化和冷凝过程。而精馏操作应用回流手段，通过多次部分汽化和部分冷凝，可使各组分得到高纯度分离。

(1) 连续精馏。图 4-29 为连续精馏流程示意图。原料液经预热器加热到指定的温度后，送入精馏塔的进料板，其中汽相部分和塔下段(提馏段)上升的汽相混合进入塔上段(精馏段)，与下降的液相(来源于回流液)接触传质，难挥发组分从汽相传到液相，液相中的易挥发组分进入汽相，最终易挥发组分以极高的浓度进入塔顶蒸汽。

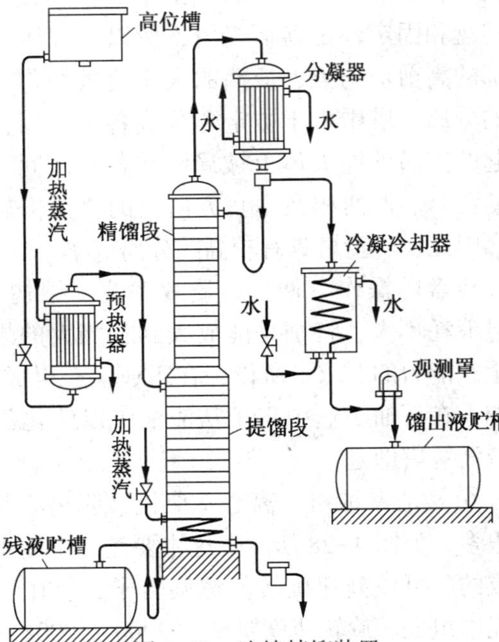

图 4-29　连续精馏装置

塔顶蒸汽进入冷凝器后被全部冷凝，将部分冷凝液用泵送回塔顶作为回流液体，其余部分经冷却器冷却后被送出作为塔顶产品(馏出液)；原料中的液相部分和精馏段来的液相混合后，一起流入提馏段，在提馏段中与上升的汽相(来源于重沸器)接触传质，最终由重沸器排出的是增浓了的难挥发组分。一般来讲，要对原料中的 m 个组分实现高纯度分离，需要(m-1)个精馏塔系。

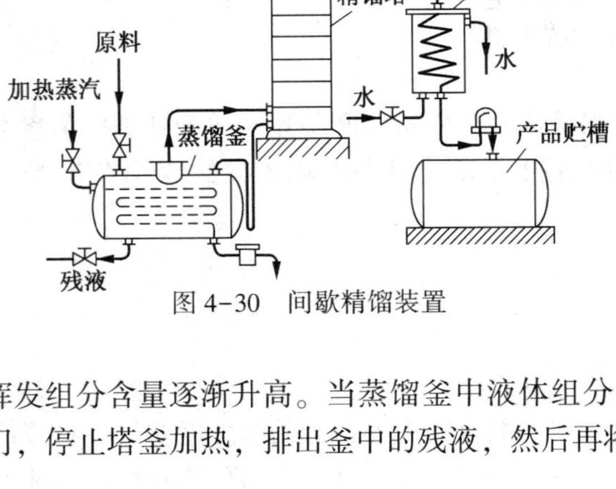

图 4-30　间歇精馏装置

(2) 间歇精馏。图 4-30 为间歇精馏流程示意图。首先将原料加入蒸馏釜中，加入量一般以加到蒸馏釜高度的三分之二或加到液位淹没加热盘管为准，然后用蒸汽将原料液加热至沸腾。

蒸馏釜既可起原料加热器的作用，又起残液贮槽的作用。由蒸馏釜产生的蒸汽进入精馏塔，经过多次汽化和冷凝之后的蒸汽通过塔顶气相管进入冷凝器，冷凝液部分回流入塔内，其余部分通过冷却器冷却至所需温度，经观察罩流入馏出液贮槽。

在间歇精馏过程中，由于原料液一次性加入釜内，所以釜内液相中组分浓度随时间变化，易挥发组分含量逐渐减少，难挥发组分含量逐渐升高。当蒸馏釜中液体组分达到预定值时，即关闭塔顶馏出液的排出阀门，停止塔釜加热，排出釜中的残液，然后再将一批新的原料液加入釜中，重新开始精馏。

精馏塔利用热能产生了进行接触传质的汽相两相。热量经重沸器引入塔中，再从冷凝器中移除，消耗了大量热能。但是由于精馏操作中无需加入另外溶剂就可以直接分离得到相当纯净的产品，操作简单，技术成熟，因而是应用最广的分离操作。不过，普通精馏操作不适用以下几种情况：

① 混合液中各组分的沸点十分接近，组分间的相对挥发度接近于1。此时如果采用精馏，则精馏塔将很高，回流比也大，不经济。

② 混合液是恒沸物，亦即组分间相对挥发度等于1，普通精馏不能实现分离。

③ 待分离的物质是热敏性物质，或高温下易发生聚合等化学反应。若采用减压精馏降低温度，或增添适当阻聚剂能解决问题，则仍宜选择精馏操作。

④ 有价值的组分在混合液中浓度很低，又是难挥发组分。此时能量消耗太大，不经济。

对于上述情况，有时应用水蒸气精馏、萃取精馏、恒沸精馏等特殊精馏，也能经济合理地完成分离任务。

3. 精馏塔

(1) 精馏塔类型

精馏塔属于两相流体传质设备，其作用是使上升蒸汽与回流液体充分接触，同时进行多次部分汽化与部分冷凝，使气液之间充分进行传热传质，达到分离组分的目的。

精馏塔分为连续接触式设备——填料塔、分级接触式设备——板式塔两种类型。填料塔多用于减压精馏或用于吸收操作，化工生产中绝大多数精馏操作都采用板式塔。常用的精馏塔有以下几种。

- 精馏塔
  - 板式塔
    - 有溢流装置
      - 泡罩塔
      - 筛板塔
      - 浮阀塔
      - 喷射塔
        - 舌形塔
        - 浮动喷射塔
        - 浮动舌形塔
    - 无溢流装置(穿流塔)
      - 栅板塔
      - 穿流筛板塔(淋降筛板塔)
  - 填料塔
    - 普通填料塔
    - 充泡填料塔
    - 多管填料塔

板式塔由多层塔板架合而成。塔板的主要功能是为了使上升蒸汽与回流液充分接触，保证气液两相之间能在良好的条件下进行质量与热量传递。故各种塔板皆由液体溢流装置和气体分布装置两部分组成。

溢流装置一般都有溢流堰和降液管两部分。

溢流堰的作用是使液体在塔板上维持一定液层高度，使液体在塔板上滞留一定的时间，以保证气液充分接触。降液管有圆形和弓形两种形式，主要作用是保证溢流的液体通畅地流入下层塔板。

气体分布装置的作用是保证上升气体均匀分散于塔板上的液层中，以利于气液两相充分接触。气体分布装置有泡罩、浮阀、筛孔和舌型等多种类型，是塔板型式的主要特征，也是塔板分类的主要标志。

(2) 塔高、塔径的计算

① 塔高的计算

板式塔的有效高度是指气液接触段高度，其值依塔板间距及塔板数而定。在实际操作中，由于气液两相在板上接触时间短暂。两相接触面积有限，因此离开塔板的气液两相不可能达到平衡状态，也就是说每一块塔板都不能达到理论板的分离效果。即存在一个板效率问题。因此在完成某一分离任务时所需要的实际塔板数一定比理论板数要多。

a. 全塔效率

精馏塔的每块塔板的效率并不相等，因此常采用全塔效率来表示整个全塔气液两相的传质完善程度。即：

$$\eta\% = \frac{N_T}{N_p} \times 100\%$$

式中 η—— 全塔效率；

N_T—— 理论塔板数；

N_p—— 实际塔板数。

由于影响塔板效率的因素很多，且复杂，目前尚无一个较通用、满意的理论计算公式。在设计计算时一般采用经验数据或经验公式估算。

b. 塔高计算

板式塔的塔高计算式为：

$$Z = (N_p - 1)H_T$$

式中 Z—— 塔的有效高度， m；

H_T——塔板间距，m。

塔板间距 H_T 的数值多为经验值，可查有关手册。一般为 400~800mm，与塔径有关。

塔的总高度包括塔的有效高度、塔顶和塔底空间及进料段高度等，在此不详述。

② 塔径计算

塔径可依塔内上升蒸气的体积流量及空塔气速计算：

$$V_s = \frac{\pi}{4}D^2\mu$$

或

$$D = \sqrt{\frac{4V_s}{\pi\mu}}$$

式中 D ——塔径，m；

μ ——空塔气速，m/s；

V_s ——塔内上升蒸气的体积流量，m^3/s。

空塔气速是指上升蒸气通过整个塔截面时的速度。可以计算，也可取经验值参考。

精馏塔内，由于易挥发组分的含量自塔釜至塔顶是变化的，所以精馏段和提馏段内上升的蒸气体积流量可能是不同的。因此，两段中上升蒸气的体积流量应分别计算。

精馏段内上升蒸气的体积流量 V_s：

$$V = L + D$$

$$V_s = \frac{VM_m}{3600\rho_v}$$

式中 V ——精馏段上升蒸气摩尔流量，kmol/h；

M_m ——精馏段上升蒸气平均分子量，kg/kmol；

ρ_v ——精馏段上升蒸气的密度，kg/m³。

提馏段内上升蒸气的体积流量 V'_s：

$$V' = L' - W$$

$$V'_s = \frac{V'M'_m}{3600\rho'_v}$$

式中 V' ——提馏段内上升蒸气的摩尔流量，kmol/h；

M'_m ——提馏段内上升蒸气的平均分子量，kg/kmol；

ρ'_v ——提馏段内上升蒸气的密度，kg/m³。

在精馏操作中，由于塔内各截面上的压力、温度及组分的平均分子量不同，所以不同塔板上蒸气的密度亦不相同，计算时，通常在精馏段内取塔顶状态下的数值，在提馏段内取塔釜状态下的数值。此外，再考虑进料热状态的影响，塔内精馏段和提馏段上升蒸气的体积流量 V_s 和 V'_s 一般情况下均不相等，若两段选取同样的空塔速度 μ，则两段的塔径不相等。当计算出的两段塔径相差不大时，为简化塔的结构，可取两段塔径相同，即为等径塔，且以直径较大的一段为准。若两段塔径相差较大时，则为异径塔。最后将计算得到的塔径按容器的标准直径加以圆整。

4. 特殊精馏

(1) 共沸精馏。共沸精馏又称恒沸精馏。在被分离的混合液中加入一种分离媒质(对称夹带剂或共沸剂)，能与原混合液中的组分形成新的共沸混合物，而且该共沸物的共沸点在系统中最低。这样，精馏时新的共沸物从塔顶蒸出，原来的料液得到分离。

例如，乙醇与水会形成具有最低共沸点的共沸液，其中乙醇的摩尔分数为 $x=0.894$，相应的质量分数为 $x_w=0.9557$，共沸点为 351.15K，此时用普通的蒸馏法即便将溶液全部蒸干也无法分离。但是，如果原料中加入第三组分——苯之后，苯可以分别与乙醇和水形成二元共沸物，也可以和乙醇、水形成三元共沸物，其组成和沸点如表 4-3 所示。

表 4-3 乙醇、水、苯的恒沸混合物

恒 沸 物	质量分率			恒沸点/K
	乙醇	水	苯	
乙醇-水	95.57	4.43		351.15
苯-水		8.83	91.17	342.25
苯-乙醇	32.40		67.60	341.25
乙醇-水-苯	18.50	7.40	74.10	337.85

从表中可以看出，乙醇-水-苯三元共沸物的沸点最低，蒸馏时从塔顶蒸出。同时在三元共沸物中乙醇的含量比原来乙醇-水二元共沸物中乙醇的含量大大降低，而水含量增加了。因此，只要苯的加入量适当，原料中的水几乎可以全部转移到新的三元共沸物中去，塔底留下的则几乎是纯的乙醇，即通常所说的无水酒精。

在共沸精馏中，共沸剂的选择是实现恒沸精馏的关键。理想的共沸剂应满足：

① 至少与欲分离的混合物中的一个组分形成共沸物，且希望此恒沸物沸点比混合物中

各纯组分的沸点低 10℃以上。

② 在形成的共沸物中，共沸剂的含量应尽可能少，以减少共沸剂用量，减少能耗。

③ 回收容易。一方面希望是非均相恒沸物，可以减少分离共沸物的萃取操作等；另一方面，在溶剂回收塔中应与其它物料有相当大的挥发度差异。

④ 如果共沸剂在回收塔顶部回收，应具有较小的汽化潜热，以节省能耗。

⑤ 价廉，来源广，无毒，热稳定性好和腐蚀性小等。

（2）萃取精馏。萃取精馏是另一种针对共沸现象的特殊精馏方法，它是向待分离的、有共沸能力的混合液中加入萃取剂，利用萃取剂使共沸点移动甚至被破坏，使待分离组分的相对挥发度增大，从而可通过蒸馏加以分离。

例如，向乙醇和水的混合液中，加入甘油、乙二醇或聚乙二醇作萃取剂，萃取剂与水的亲合力比乙醇更大，用来破坏乙醇与水的共沸点，经过蒸馏也能得到高纯度的无水乙醇。

（3）盐溶精馏法及盐效应精馏法。这是一种新型高效特殊精馏法。例如，此法也可用于分离乙醇和水的混合溶液，原理与萃取精馏相似，只不过是用固体盐来代替萃取剂，利用固体盐与某种待分离组分——通常是水的缔合作用来破坏共沸点，从而增加了另一种组分的相对挥发度，使之能通过精馏而被提纯。

固体盐与水的关系是溶解，故人们称之为盐溶精馏法，固体盐与乙醇之间的作用与盐析有相同之处，又有人称之为盐效应精馏法。例如低于恒沸组成的乙醇溶液在适当位置进入精馏塔中，事先溶于盐的回流液由塔顶加入塔，在全塔维持一定的盐的浓度，所加的盐即相当于萃取精馏所加的萃取剂，由于盐的存在破坏了恒沸组成，由塔顶直接可得无水乙醇，塔底为盐的水溶液。对于乙醇-水系统，所使用的盐以无水 $CaCl_2$ 和 KAc 效果较好。

（4）水蒸气蒸馏。水蒸气蒸馏是将水蒸气直接通入液体混合物中加热液体，使其保持沸腾状态，液体混合物中的易挥发组分和水蒸气一同蒸出；混合蒸气经冷凝后可沉降分离。

水蒸气蒸馏常用于蒸馏在常压下沸点较高，或在其正常沸点时易变质的物质；也常用于高沸点物质与不挥发的杂质的分离，例如硝化苯、松节油、苯胺类与脂肪酸类物质。但其应用只限于所得产物不与水互溶的液体。

水蒸气蒸馏的特点是加入水蒸气后可以降低欲分离的液体混合物的沸点，使其在低于 100℃的温度下沸腾。这样可以减少能量消耗，并使某些液体在蒸馏时不致发生分解、聚合等化学变化。

四、蒸发和结晶

1. 蒸发

（1）概述

在化工生产中，常常需要将溶有固体溶质的稀溶液浓缩以获得所需产品。为此，最常用的单元操作就是蒸发，即将溶液加热使其沸腾，部分溶剂气化，并将汽化所产生的蒸汽移走，从而使溶液中溶质的浓度提高。化工生产中涉及到的蒸发操作多种多样，主要生产目的有以下三方面：

① 通过蒸发以获取浓度较高的溶液，直接作为化工产品或半成品。

② 通过蒸发脱除部分溶剂，将溶剂增浓至饱和状态，随后进一步加以冷却，析出固体产品，后面的这种操作又称为结晶。

③ 通过蒸发脱除杂质制取纯净的溶剂，如海水淡化等。

无论何种生产目的，蒸发操作都是从溶液中分离出部分溶剂，即实现了物质的分离，但过程的实质是热量的传递而不是物质的传递，溶剂汽化的速度取决于传热速度，故蒸发属于热量传递过程，但又不同于一般的传热过程。

蒸发操作具有以下特点：

① 蒸发设备内传热壁面的一侧为加热蒸汽冷凝，另一侧为溶液沸腾汽化，属于壁面两侧流体均有相变化的传热过程。

② 蒸发过程中溶液常有结晶析出、加热表面容易结垢和产生泡沫，有些溶液在高温下还易分解或聚合；溶液的粘度在蒸发过程中随浓度增加而加大，其流动性降低，腐蚀性增加。溶液的这些性质对蒸发设备和蒸发操作提出了特殊要求。

③ 溶液的沸点不同于纯溶剂的沸点。含有不挥发溶质(固体溶质)的溶液，其蒸汽压较同温度下纯溶剂(即纯水)的低，即在相同外压下，溶液的沸点高于纯水的沸点。且随过程的进行，溶液浓度不断增加，沸点也在不断提高，故当加热蒸汽一定时，蒸发溶液的传热温差要小于蒸发水的传热温差，并且不断变化。

④ 蒸发过程中产生的蒸汽常夹带有大量的液滴，在蒸汽送出之前必须设法除去；否则不仅损失物料，而且还将污染后面的加热器或冷凝器。

⑤ 蒸发过程中，只有溶剂是挥发性物质，溶质是不挥发的，在整个操作过程中，可以认为溶质的数量不发生变化。

⑥ 蒸发过程中要将大量溶剂汽化，需要消耗大量的热能，节能是蒸发操作应考虑的重要课题。

蒸发操作中用来加热溶液的热源主要是由锅炉提供的水蒸气，为便于区别，常将水溶液沸腾汽化所产生的蒸汽称为二次蒸汽，而将加热用的水蒸气称为生蒸汽。若将二次蒸汽直接冷凝，而不利用其冷凝潜热的操作称为单效蒸发。若将水溶液沸腾气化产生的二次蒸汽引出以作为下一蒸发操作的加热蒸汽，这种串联蒸发操作称为多效蒸发。其特点是将几个蒸发器按一定方式组合起来，将前一个蒸发器产生的二次蒸汽引至后一个蒸发器作加热蒸汽。多效蒸发利用了二次蒸汽的冷凝潜热，可减少生蒸汽的消耗量。在多效蒸发中，用加热蒸汽进行加热的蒸发器称为第一效，用二次蒸汽加热的蒸发器依次称为第二效，第三效……。

(2) 单效蒸发

① 常压单效蒸发。常压单效蒸发可用敞口设备进行，常见的有用直接热源加热的蒸发锅和用加热蒸汽加热带夹套的蒸发锅。因为加热面小和热效率低，这类设备只在一些小化工厂或处理量小的情况下适用。

② 真空单效蒸发。在减压下的单效蒸发称为真空单效蒸发，其流程如图 4-31。稀的原料液进入蒸发器的加热室，被加热蒸汽加热后使其中部分溶剂气化进入蒸发室，加热蒸汽在加热室内冷凝后通过冷凝水排除器排走。二次蒸汽则由蒸发室进入冷凝器，在这里被冷却水降温而冷凝为液体，然后进入分离器。在分离器

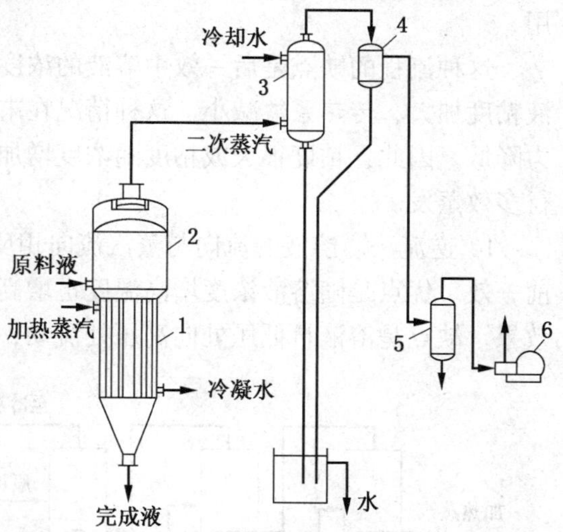

图 4-31 真空单效蒸发流程

1—加热室；2—蒸发室；3—混合冷凝器；4—分离器；5—缓冲罐；6—真空泵

内冷凝液体与不凝性气体进行分离，不凝性气体由真空泵抽走，并使系统保持一定的真空。冷凝液可由分离器下部排出。

蒸发掉部分溶剂的浓溶液放入浓溶液贮槽。浓溶液贮槽与蒸发器的蒸发室间有平衡管相连接，以使两设备内气相压力平衡，从而使浓溶液可以靠重力流入贮槽。

采用真空蒸发就可以降低溶液的沸点，从而使加热蒸汽和溶液沸点之间的温度差加大，即增大了传热方程中的 Δt，使传热效果加强。因此，工业蒸发中大多采用真空蒸发。

(3) 多效蒸发

①多效蒸发原理。从溶液中蒸发出溶剂要消耗加热蒸汽。在单效蒸发中从溶液里蒸发出1kg 的水，通常需要消耗不少于 1kg 的加热蒸汽。在化工生产中，当蒸发大量水分时，可采用多效蒸发，以减少加热蒸汽的消耗量。若将加热蒸汽通入一个蒸发器，则加热蒸汽向液体传递热量，使液体沸腾，溶剂蒸发。若将蒸发的二次蒸汽引入另一个蒸发器，二次蒸汽也可以使这个蒸发器中的液体沸腾而蒸发，蒸发出的二次蒸汽又可以引入第三个蒸发器作为加热剂。将几个蒸发器这样连接起来，一同操作，就组成了多效蒸发器。在这里需要注意的是，对每个蒸发器来说，用作加热剂的蒸汽温度必须高于所要蒸发的溶液的沸点。也就是说，对于每个蒸发器来说，其加热蒸汽的温度或压力都必须大于二次蒸汽的温度或压力，只有这样，才有温度差，传热才得进行。

② 多效蒸发流程。按多效蒸发时溶液加入状况的不同可将多效蒸发分为并流法、逆流法、错流法和平流法四种流程。

a. 并流法。溶液的流向与蒸汽相同，如图 4-32 所示。此法为最常采用的方法。

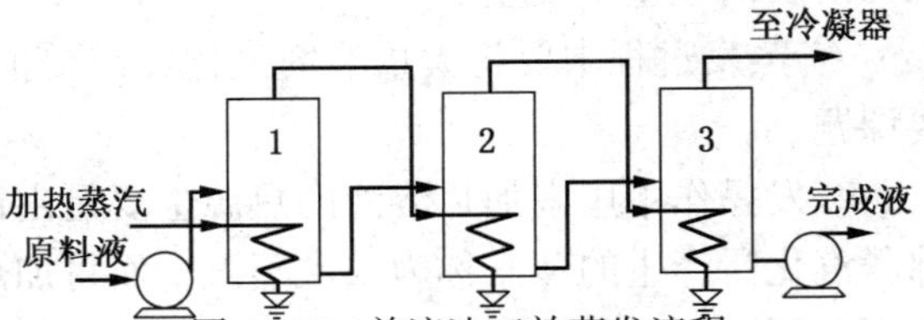

图 4-32　并流法三效蒸发流程

在这种流程中，后一效蒸发室的压力较前一效的低，因而溶液可以靠压差从前一效流到后一效而无须用泵来输送。再者，前一效的溶液沸点较后一效的高，因此当溶液由前一效进入后一效时呈过热状态，可自行蒸发而产生更多的二次蒸汽，以利于二次蒸汽的利用。

这种流程的缺点是后一效中溶液的浓度较前一效大，而温度又较前一效的温度低，使溶液粘度加大，传热系数减小。这种情况在末效蒸发中最为严重，往往会使整个系统的生产能力降低。因此，粘度很大或粘度随浓度增加及温度降低变化很大的溶液，不适于用并流法进行多效蒸发。

b. 逆流法。溶液的流向与蒸汽流向相反，如图 4-33 所示。溶液从末效进入而用泵打往前一效。优点是随溶液浓度增高温度也增高，故溶液粘度不会很大，使各效均有较好的传热效果。缺点是溶液自低压处向高压处流动，效间需用泵输送溶液；没有自行蒸发的现象，产生二次蒸汽量少。逆流法用于溶液粘度随浓度、温度变化较大的场合。

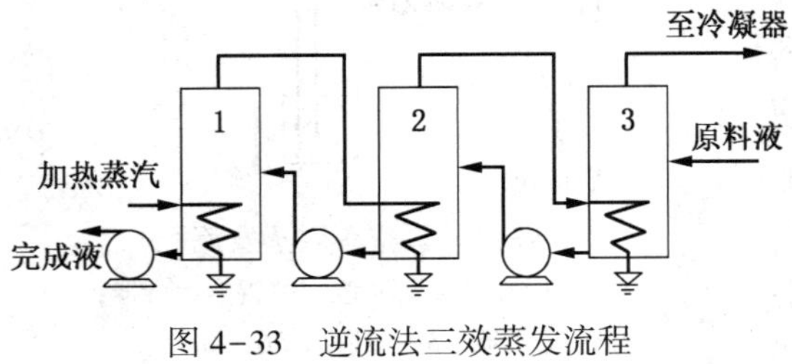

图 4-33　逆流法三效蒸发流程

c. 错流法。此法为各效间有些采用并流，有些采用逆流。如在三效蒸发中，蒸汽还是从Ⅰ→Ⅱ→Ⅲ，而溶液的流向可为Ⅲ→Ⅰ→Ⅱ或Ⅱ→Ⅲ→Ⅰ，其特点是兼有并流法和逆流法的优点而避免其缺点。但这种方法操作复杂，实际上很少采用。如图 4-34 所示的五效错流流程。

d. 平流法。每效都加入原料溶液并在每效放出增浓溶液的方法称为平流法，其流程如图 4-35 所示。此法适用于溶液增浓后有结晶析出而不便于在效间流动的情况。

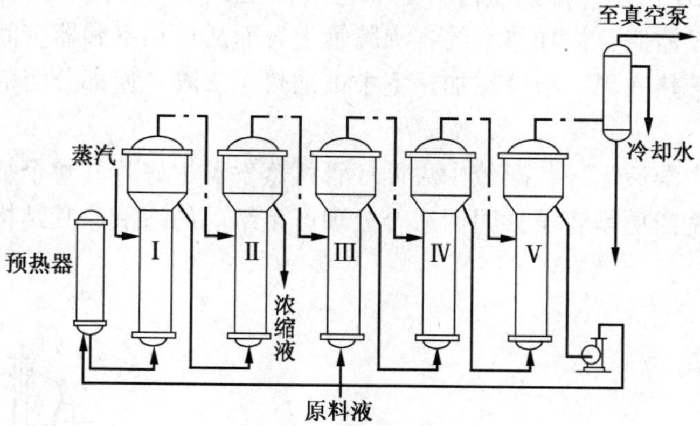

图 4-34　五效错流流程

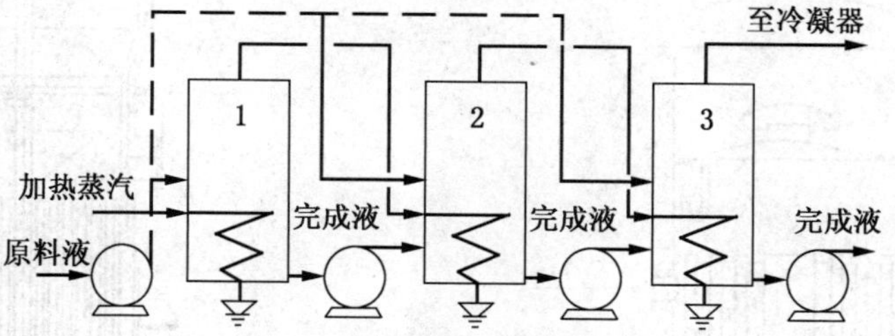

图 4-35　平流法三效蒸发流程

（4）蒸发器

完成蒸发过程的设备统称为蒸发设备，它与一般的传热设备并无本质区别。但在蒸发过程中，一方面溶液要不断获取热量而不断沸腾汽化，另一方面溶液中水分不断汽化产生大量蒸汽(二次汽)需要不断移走，这两项任务均由蒸发器完成。因此，蒸发设备的主体是蒸发器。为了保证蒸发过程顺利进行，蒸发设备还要有必要的辅助装置，即真空装置、分离器和预热冷却设备。下面主要介绍几种在化工生产中常用的蒸发器的类型和特点。

① 蒸发锅。蒸发锅可用直接热源加热或用蒸汽夹套加热，多为间歇操作，溶液浓度达到要求后从锅底放出。蒸发锅传热面积小，生产能力低，多用于小量物料的处理，适用于处理腐蚀性物料。

② 蛇管式蒸发器。用蛇形管作加热蒸汽管进行加热的蒸发器。蛇管可用耐腐蚀材料制作，故这种蒸发器亦可用于腐蚀性溶液的蒸发。

③ 中央循环管式蒸发器。这种蒸发器亦称标准式蒸发器，其加热室为竖式管束组成。在管束中央有一大直径的管子，称为中央循环管，如图 4-36 所示。组成管束的其它细管称为沸腾管。由于中央循环管截面积大，因此一定量溶液所占有的传热表面较沸腾管内同样数量溶液所占传热面要小。当加热蒸汽通入管间隙进行加热时，中央循环管和沸腾管内溶液被加热程度不同，溶液的重度也就不同，沸腾时，带有气泡的液体从沸腾管上升，而从中央循环管下降，这样不断循环的结果就提高了蒸发器的传热效果。

中央循环管式蒸发器内的溶液循环情况较好，加热用沸腾管也不长，故可用于处理粘度较大及易生沉淀的溶液。

④ 悬筐式蒸发器。这种蒸发器的加热室支放在蒸发器的下部中心处，像一个悬着的筐架，其结构如图 4-37 所示。加热蒸汽自上部进入，在加热室的管间流动，冷凝液自下部排出。原料液进入蒸发器后，沿加热室的各沸腾管上升而从加热室和器壁间的环隙下降，进行自然循环，增强了传热效果。溶液在加热室中被加热至沸腾，使部分溶剂气化，浓溶液自下部排出。

悬筐式蒸发器中溶液循环状况较中央循环管式蒸发器中好。其整个加热室可以吊出蒸发器外进行检修、清洗或更换管子，因而适合处理产生结晶的溶液。其结构较复杂，消耗金属较多。

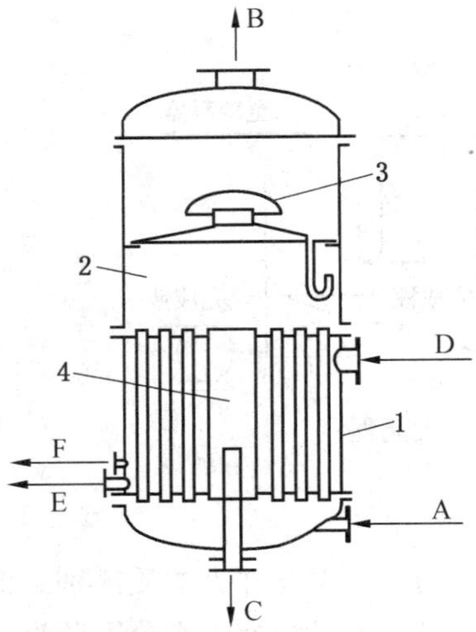

图 4-36　中央循环管式蒸发器

A—料液；B—二次蒸汽；C—浓缩液；D—加热蒸汽；E—凝液；F—排空

1—加热器；2—蒸发室；3—分离器；4—下降管

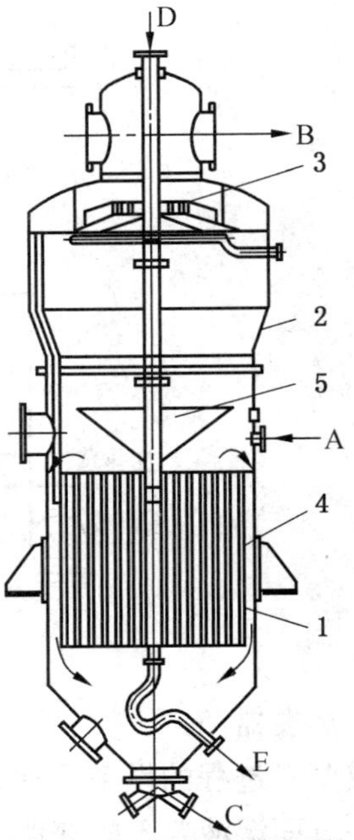

图 4-37　悬筐式蒸发器

A—料液；B—二次蒸汽；C—浓缩液；D—加热蒸汽；E—凝液；

1—加热室；2—蒸发室；3—分离器；4—下降通道；5—挡板

⑤ 长管自然循环蒸发器。这种蒸发器的加热室和分离室是分开的，有同轴安置的内热式和加热室外置的外热室，如图 4-38 所示。

原料液进入加热室被加热至沸腾，沸腾液进入分离室后，溶液与二次蒸汽进行分离；分离后的溶液沿循环管下降又回到加热室。合格的浓缩液由分离室下部侧管引出。这种蒸发器的循环管未受到加热蒸汽的加热，管内溶液与加热室内沸腾溶液之间重度差较大，故溶液循环速度较快，传热较好。同时由于加热室和分离室是分开的，故加热管束可以较长而设备并不太高；这样也可加大传热面积，增强传热效果。外加热式蒸发器还因两室分开而便于检修。

⑥ 列文蒸发器。列文蒸发器如图 4-39 所示。除其加热室和循环管均与分离室不在一起

外，在加热室的上方还有沸腾室，这就使加热室管内溶液上方增加了一段液柱，使得加热管内溶液所受的压力增加了一段液柱的压力，而使加热管内溶液所受的压力增加。操作时，原料液自循环管加入，经循环管进入加热室底部，在加热室中加热到接近沸腾。当溶液上升到沸腾室后，由于上方液柱变低而使溶液所受压力降低，这时原来接近沸腾的溶液在这里沸腾汽化。带有二次蒸汽的沸腾溶液进入分离室后进行汽液分离。部分溶液通过循环管进行循环，部分浓缩液自分离室底部引出。

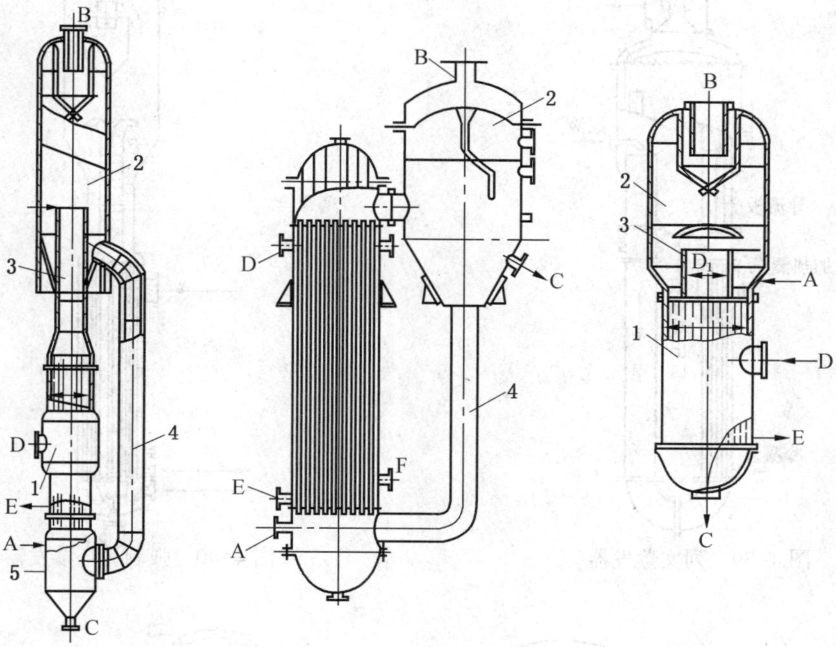

图 4-38　长管自然循环蒸发器

(a)同轴内热式；(b)外热式；(c)双程加热式

A—料液；B—二次蒸汽；C—浓缩液；D—加热蒸汽；E—凝液；F—排空

1—加热室；2—蒸发室；3—沸腾区；4—下降循环管；5—结晶分离室

列文蒸发器中的溶液在沸腾室(不在加热室)中沸腾，因而减少了加热管壁上析出结晶和结垢的机会，适宜于处理有结晶的物料。又因循环管截面积大，循环管和加热管很长，循环管不受热，使循环推动力较以上所述各种蒸发器都大得多，使传热状况接近于强制循环蒸发器。

列文蒸发器的缺点是设备高大，耗用金属材料多，需要高大的厂房。

以上六种均属自然循环蒸发器，这些蒸发器的共同特点是循环速度较低。为进一步提高循环速度，可采用强制循环蒸发器。

⑦ 强制循环蒸发器。其结构如图 4-40 所示。强制循环蒸发器是用泵在设备外将溶液送入蒸发器，迫使液体沿一定方向流动，也有将加热室置于蒸发器外面的，其优点是传热系数高，较适于处理粘度大或易结晶、易结垢的物料。其缺点为设备费用高，能量消耗大。

⑧ 液膜式蒸发器。液膜式蒸发器的溶液沿管壁成膜状流动而进行传热与蒸发。按溶液在蒸发器内流动方向可分为升膜式、降膜式和升降膜式几种，分别示于图 4-41、图 4-42 和

图 4-43。

升膜式蒸发器操作时需将原料液预热到接近沸点的状态再进入蒸发器，以保证在加热管中液体大多数呈膜状上升，且传热系数最大。同时注意控制加热温度和流速，尽量避免产生局部干壁现象。

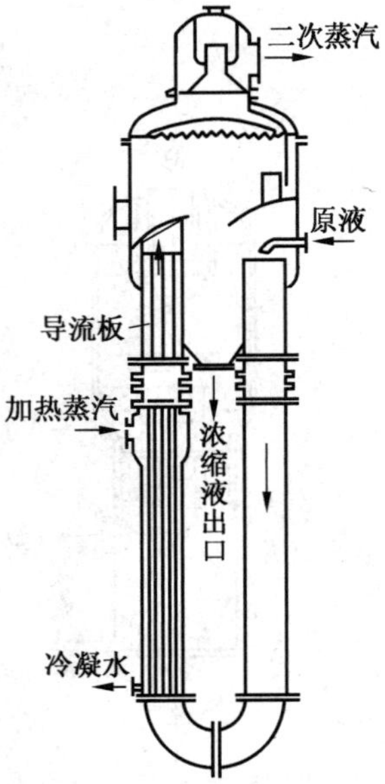

图 4-39　列文蒸发器

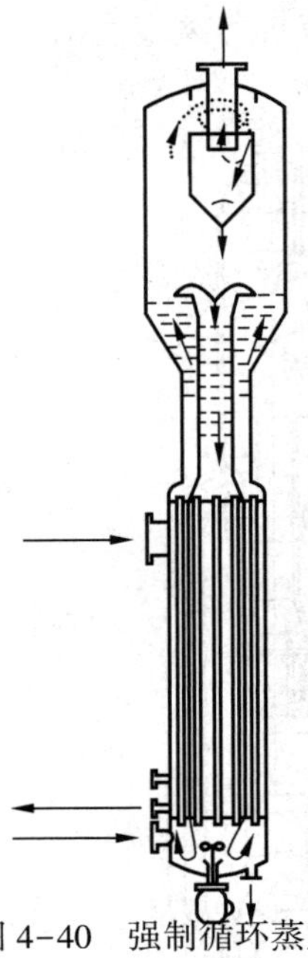

图 4-40　强制循环蒸发器

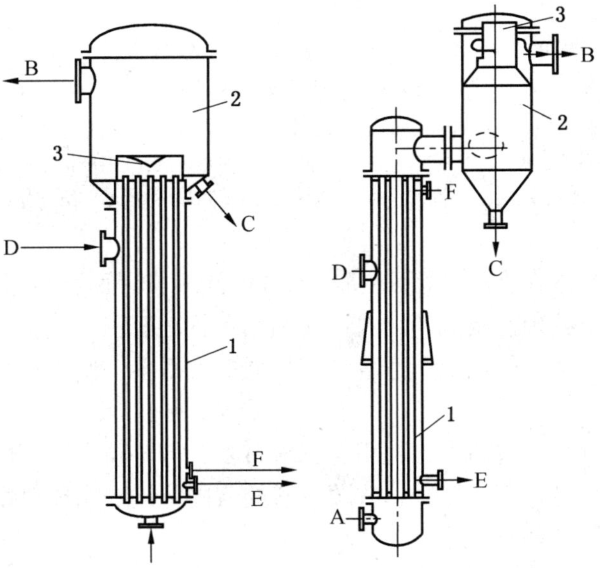

(a)　(b)

图 4-41　升膜式蒸发器

(a)同轴内热式；(b)外热式

A—料液；B—二次蒸汽；C—浓缩液；D—加热蒸汽；E—凝液；F—排空

1—加热室；2—蒸发室；3—分离器

降膜式蒸发器要注意使液体成膜状沿管内壁下流，通常用在加热管顶部装降膜分布器来达到这一点。

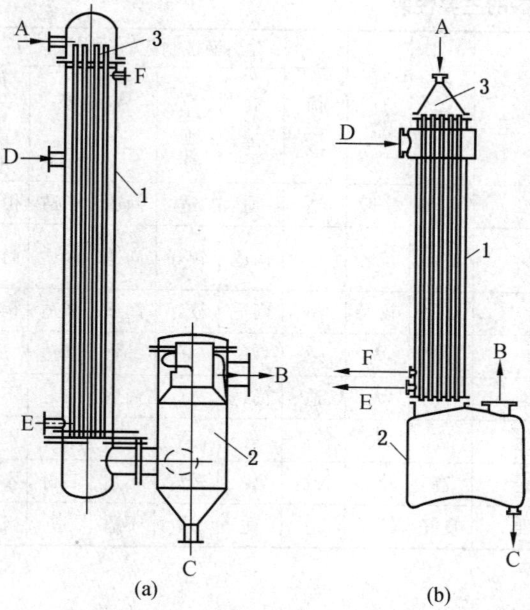

图 4-42　降膜式蒸发器

(a) 加热器与分离器并列型；(b) 加热器与分离器叠置型

A—料液；B—二次蒸汽；C—浓缩液；

D—加热蒸汽；E—凝液；F—不凝气

1—加热室；2—汽液分离室；3—料液分布器

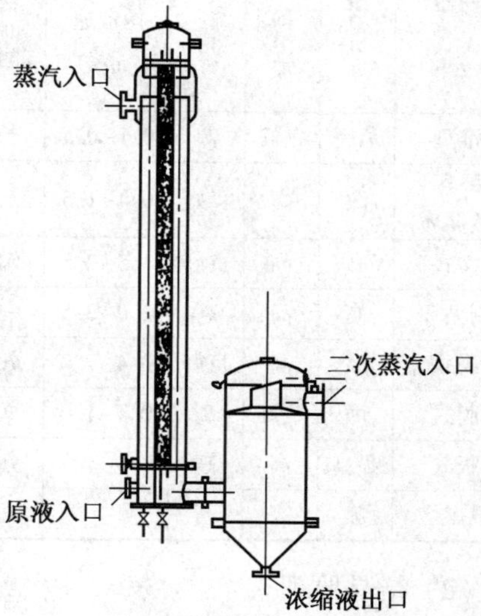

图 4-43　升降膜式蒸发器

升降膜式蒸发器用于溶液在浓缩过程中粘度变化大或者厂房高度受限制的情况。其高度比单独采用升膜式或降膜式都要低。

液膜式蒸发器占地面积少，传热效率高，蒸发速度快，溶液在蒸发器内停留时间短。适于处理加热后易产生分解、聚合或其它化学反应的溶液和易生泡沫的溶液，而不适于处理有结晶生成和易生垢淀的物料。对于粘度很大的物料也不适用。

除以上常用的蒸发器外，还有横管式蒸发器、再沸器、刮板式搅拌薄膜蒸发器、浸没燃烧蒸发器等，因在化工厂中应用较少，就不一一介绍了。

必须指出，在实际生产中选用蒸发器时，应考虑溶液的粘度、热稳定性，是否有晶体析出、发泡性、腐蚀性以及是否易结垢等性质。表 4-4 列出了常见蒸发器的性能和适用范围，可供选择蒸发器时参考。

2. 结晶

（1）概述。结晶是固体物质以晶体状态从蒸汽、溶液或熔融物中析出的过程。在化学工业中，常遇到的情况是从溶液及熔融物中使固体物体结晶出来。

结晶操作在化工生产中应用广泛。为数众多的化工产品及中间产品都以结晶形态出现，如磷肥生产、氮肥生产、纯碱生产、盐类生产、络合物的沉析、有机物生产及胶结材料的固化等。这是因为结晶过程能从杂质含量相当多的溶液中形成纯净的晶体。对许多物质来说，结晶往往是大规模生产的最好又最经济的方法；另一方面，对更多的物质来说，结晶往往是小规模制备纯品的最方便的方法。结晶过程的生产规模可以小至每小时数克，也可以大至每小时数十吨，有效体积达 300m³ 以上的结晶器已不罕见。

表 4–4　蒸发器的主要性能

蒸发器形式	造价	总传热系数		溶液在管内流速（m/s）	停留时间	完成液浓度能否恒定	浓缩比	处理量	对溶液性制裁的适应性					
		稀溶液	高粘度						稀溶液	高粘度	易生泡沫	易结垢	热敏性	有结晶析出
标准型	最廉	良好	低	0.1~0.5	长	能	良好	一般	适	适	适	尚适	尚适	稍适
外热式（自然循环）	廉	高	良好	0.4~1.5	较长	能	良好	较大	适	尚适	较好	尚适	尚适	尚适
列文式	高	高	良好	1.5~2.5	较长	能	良好	较大	适	尚适	较好	尚适	尚适	稍适
强制循环	高	高	高	2.0~3.5	—	能	较高	大	适	好	好	适	尚适	适
升膜式	廉	高	良好	0.4~1.0	短	较难	高	大	适	尚适	好	尚适	良好	不适
降膜式	廉	良好	高	0.4~1.0	短	尚能	高	大	较适	好	适	不适	良好	不适
刮板式	最高	高	高	—	短	尚能	高	较小	较适	好	较好	不适	良好	不适
浸没燃烧	廉	高	高	—	短	较难	良好	较大	适	适	适	不适	适	适

（2）结晶原理

① 溶解度和溶液的过饱和。固体的溶解度，常用 100g 溶剂中溶解固体的克数或 100kg 溶剂中溶解固体的千克数来表示。

固体物质的溶解度受压力的影响很小，可以不计，其溶解度主要与溶质、溶剂的性质及温度有关。一定物质在一定溶剂中的溶解度主要随温度不同而变化。各种不同物质的溶解度数据均以实验方法求出。溶解度随温度变化的情况以曲线形式表示称为溶解度曲线。

当物质在溶剂中的溶解量没有达到溶解度时，溶液还没达到饱和。若再加入固体溶质，则溶质还会溶解，这种情况下不可能有结晶生成。当物质在溶剂中的溶解量达到溶解度时，即为溶解度曲线上各点所表示的状态。这时溶液刚刚达到饱和，溶液和固体溶质达到平衡，既不会有结晶析出，固体也不会继续溶解。当物质在溶剂中的溶解量超过溶解度时，称为过饱和溶液，其中超过溶解度的部分溶质能够呈结晶状态而析出。因而若想使结晶过程发生，必须使溶液先达到过饱和状态。

使溶液达到过饱和状态的方法有三种，其一是降低温度，许多物质的溶解度随温度的降低而显著降低，降低温度很容易使溶液达到过饱和。其二为除去部分溶剂，溶剂减少后，溶液浓度增大，可使溶液达到过饱和。对于溶解度随温度降低变化不大的物质和一些溶解度随温度降低而加大的物质，应该使用这种方法。其三是在溶液中加入其它物质，以降低原来溶剂对原来溶质的溶解度，使溶液达到过饱和而使原来溶质结晶析出，即通常所谓的盐析法或水析法。

② 结晶的形成。结晶过程分为两个阶段，先是形成极细微的晶核，然后这些晶核再成长为一定大小和形状的晶体。这两个过程是同时进行的。如果晶核的形成速度大于晶体成长速度，则得到的晶体数量多而颗粒小。若晶核的形成速度小于晶体成长的速度，则得到的晶体少而大。溶液的过饱和度越高，则晶核的形成速度愈大；迅速的冷却、对溶液的搅拌都有助于形成晶核，从而得到较细小的结晶。相反，较低的过饱和度，缓慢的冷却和溶液静止不动，有助于得到较大的结晶。

晶体的成长与晶体大小、结晶温度和溶液中的杂质有关，也和溶液的过饱和度有关；但过饱和度对晶体成长的影响小，只是对晶核形成的影响强烈。较低的过饱和度可使晶体缓慢而均匀地成长。

工业生产中，可在较低过饱和度的情况下向溶液中加入晶种，用这些晶种作为晶核或者诱发晶核的发生，这样便于得到大而均匀的晶粒。

（3）结晶方法。如前所述，结晶过程必须在溶液达到过饱和之后才能进行。通常即以使溶液达到过饱和的方法区分结晶方法。按照这一原则，可将结晶方法分为四类。

① 冷却法。主要是使溶液冷却而变得过饱和。此法适用于溶解度随着温度降低而显著下降的物质，如硝酸钾、硫酸镁和十水硫酸钠等。

② 溶剂气化法。主要是使溶剂气化而除去部分溶剂，使得溶液变成过饱和状态。此法适用于氯化钠之类溶解度随温度降低变化不大的物质，以及无水硫酸钠之类溶解度随温度的降低而升高的物质。

③ 气化-冷却法。使一部分溶剂化带走部分热量而使溶液冷却，汽化和冷却同时促进溶液达到过饱和。此法适用于具有中等溶解度的物质，例如氯化钾、溴化镁等。

④ 盐析法。向溶液中加入某种物质以降低原溶质在溶剂中溶解度的办法来产生过饱和。所加入的物质要能与原来的溶剂互溶，但不能溶解要结晶的溶质，而且最后这些溶剂和加入的物质要易于分离。加入的这种物质可以是固体，也可以是液体，通常叫做稀释剂或沉淀剂，因为氯化钠(食盐)是一种常用的沉淀剂，因而此法称为盐析法。盐析法可用于处理十水硫酸钠和氯化铵等物质。

（4）结晶设备

① 敞口结晶槽。不带搅拌的敞口结晶槽与各种敞口贮槽相同。将浓缩到接近饱和的溶液置于槽中，槽中溶剂自然汽化，汽化的同时吸收热量使溶液温度降低。当溶液温度高于气温时，溶液还向周围空气散热而降温。这种结晶槽中的结晶，在溶液初始温度较高而气温较低时，可以属于冷却结晶法；而在溶液初始温度和气温相差很小时，则应属于溶剂汽化法。在这种结晶槽中通常对结晶过程不加任何控制，所得晶体较大但常形成晶簇而包含着母液，以致影响产物纯度。但因其操作简单，造价很低，故仍有应用。

带有搅拌装置的敞口结晶槽与上述不带搅拌的敞口结晶槽作用原理大致相同，但搅拌装置可以促进降温，也可以促进晶核的形成。在这种结晶槽中，可以用加入少量冷水的办法使溶液温度较快降到结晶温度，以缩短生产周期。

带有搅拌装置的敞口结晶槽可以用普通的反应釜代替。在间歇生产中，有时在反应釜中反应完毕后接着进行降温结晶，然后将带有结晶的母液送到过滤器进行分离。

在带有搅拌装置的敞口结晶槽中亦可以进行盐析法结晶操作。

② 搅拌冷却结晶器。这种结晶器为一平盖锥底筒形设备，设有搅拌器和冷却蛇管，蛇管中通冷水或冷冻盐水。结晶器由底部卸料。

搅拌器能加速冷却，使溶液各处温度较均匀，且可促进晶核的生成，阻止晶簇的聚结。由这种结晶器所得晶体颗粒较小，但大小一致。

冷却蛇管上会有晶体结积，应时常予以清除。

③ 摇篮式结晶器。这种结晶器为一长而浅的敞口槽，略呈倾斜，安装在若干圆辊上，被带动作连续摇动，类似摇篮。沿器身设若干横截式挡板，可使溶液循着曲折的路线由槽一端流到另一端。

这种结晶器常连续操作，溶剂的汽化与溶液的冷却与前述敞口结晶槽相同。由于汽化缓慢，冷却亦慢，因而结晶也缓慢。轻微的摇动可防止溶液表面上形成很细的晶粒，并不致造成晶体的磨损。这就使得所生成的晶体粒度大而均匀。

这种结晶器的另一个优点是接触区中没有运动部件，较易解决防腐蚀问题。

此设备因为敞口，不适于处理有机溶剂物质与易在空气中氧化的物质。其缺点为生产能力低，占地面积大，操作性能受周围环境影响较大等。

④ 长槽搅拌式结晶器。此设备系由半圆形底的长槽为主体，槽外装有夹套冷却装置，槽内装有低速带式搅拌器。

这种结晶器有闭式与敞式的两种。闭式完全靠冷却法进行结晶操作；敞式除夹套冷却外，尚有空气冷却，另外还会有部分溶剂汽化，溶剂的汽化又会起一定的降温作用。

热而浓的溶液由结晶器的一端进入并沿槽流动，夹套中的冷却水与之逆向流动。若控制得好，溶液在进口处附近即产生晶核。这些晶核随溶液前进的过程中成长为晶体，最后由槽的另一端排出。搅拌的作用既可防止晶体在冷却面上聚结，又可加强传热使溶液各处温度均匀，还可使晶体经常悬浮在溶液中，得以均匀地成长，所生成的结晶颗粒细小但大小匀称。这种结晶器通常都串联使用，以增加生产能力。因其生产能力大、占地面积小、耗用材料少而且颗粒均匀，故应用较广。

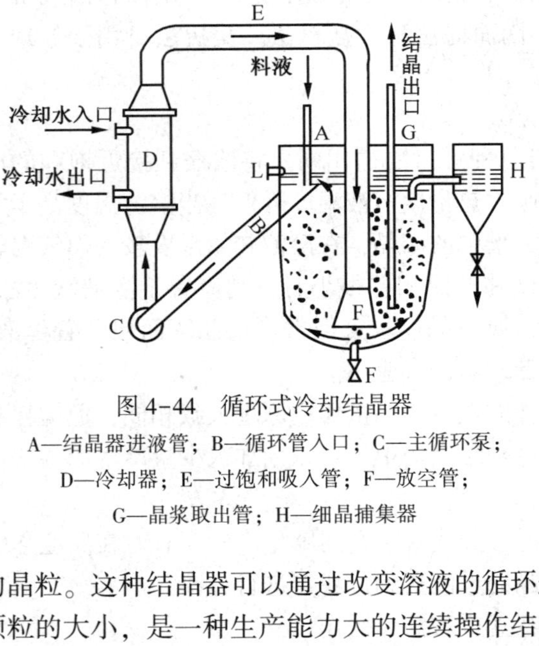

图 4-44　循环式冷却结晶器

A—结晶器进液管；B—循环管入口；C—主循环泵；D—冷却器；E—过饱和吸入管；F—放空管；G—晶浆取出管；H—细晶捕集器

⑤ 循环式冷却结晶器。这种结晶器采用强制循环，冷却装置在结晶槽外，也称为克里斯塔尔式冷却结晶器。如图 4-44 所示。小量热的浓缩料液由进料管进入结晶槽后，和槽内部分饱和溶液一起进入循环管，由泵经冷却器冷却后变为过饱和，再沿循环管进入结晶槽的底部，由此向槽上方流动，与槽中悬浮着的晶粒接触，进行结晶而解除过饱和。所得晶体与溶液一同循环，直到晶粒的沉降速度大于循环溶液上升速度，这种较大的晶粒不再上升而聚集在结晶槽下部，从晶体排出管排出。飘浮在溶液表面附近的过量细微结晶进入分离器，将细微晶粒除去。分离后的清液回到结晶槽中，这样可增大产物的晶粒。这种结晶器可以通过改变溶液的循环速度和在冷却器中取出热量的速度来调节结晶颗粒的大小，是一种生产能力大的连续操作结晶器。

⑥ 转筒式结晶器。此结晶器的主体为支持在支承轮上的转筒。转筒略呈倾斜，由齿轮传动而回转。

转筒器在外壳内，以减少溶液向周围散热；在转筒下方装有蒸汽管，用以加热转筒壁面，一方面可以防止晶体粘结在转筒壁面上，一方面用来维持溶液温度。

溶液均匀地进入转筒的高端，在转筒中流动时溶剂不断气化而被送风机送入的空气带走，使溶液达到过饱和而结晶，晶体和母液由转筒的低端流出。

这种结晶器构造简单，操作连续可靠，生产能力较大，可得到较大颗粒的晶体。由于操作过程中大量鼓入空气和用蒸汽加热筒壁，故消耗能量较大，且不适用于由有机物做溶剂的物料。

⑦ 蒸发结晶器。前述蒸发设备除液膜式蒸发器外，都可作为蒸发结晶器，它靠加热使溶液沸腾，溶剂在沸腾状况下迅速蒸发，使溶液达到过饱和。由于沸腾状况下溶剂蒸发得很快，在局部地点(如加热面附近)溶剂蒸发得更快，而使得溶液的过饱和度不易控制，因而也难以控制晶体的大小。对于不要求晶粒大小的加工，使用这些蒸发器作结晶器是完全可以的，但如果需要对晶粒的大小和均匀程度有所控制，最好还是在蒸发器中将溶液蒸发到接近饱和状态，然后移入专门的结晶器中进行结晶。

⑧ 喷雾结晶器。喷雾结晶器往往做成塔式，又称塔式结晶器。溶液由塔顶或塔中部的喷雾器喷入塔中，在溶液的液滴向塔底降落过程中与由塔底部通入的气流逆向接触，液滴中的部分溶剂气化，液滴也因气化吸热而冷却使溶液达到过饱和而生成晶体。晶体和母液自塔底自动流出或用泵送出，进行进一步的固液分离。

另一种喷雾结晶器将结晶过程与干燥过程联系在一起进行，也称喷雾干燥塔。溶液被喷成一定大小的液滴降落，随着溶剂被蒸发，有晶核产生，并且晶体不断成长，在将降到塔底时，几乎全部溶剂被蒸发掉，而液滴中的溶质几乎都结晶出来。这样由塔顶喷出的液滴变成了含溶剂很少的结晶颗粒。

喷雾结晶器可以在短时间内将大量溶剂气化，因而可以直接处理距饱和态较远的溶液。但设备较大，喷雾消耗动力多，喷雾装置较复杂，一般用于不宜于长时间加热的物料的连续处理。

⑨ 真空结晶器。将热的饱和溶液加入结晶器中，结晶器内维持真空状态且与外界绝热，则溶剂在真空条件下会较快蒸发，在蒸发的同时会吸收溶液的热量而使溶液温度降低，这样既去除了溶剂又进行了冷却，使溶液很快达到过饱和而结晶。这就是真空结晶器的原理。

真空结晶器可以间歇操作，亦可连续操作。图 4-45 所示为一连续式真空结晶器。图中溶液自进料口连续加入，晶体与部分母液用泵连续排出。循环泵迫使溶液沿循环管循环，促进溶液的均匀混合，使结晶器内溶液维持一定的过饱和度，以利于结晶过程的均匀进行。蒸发后的溶剂自器顶被抽出，在高位冷凝器中冷凝。双级蒸汽喷射泵用以使冷凝器和结晶器内处于真空状态。蒸汽喷射泵用来压缩溶剂蒸汽，以使其进入冷凝器时可在较高温度下冷凝。

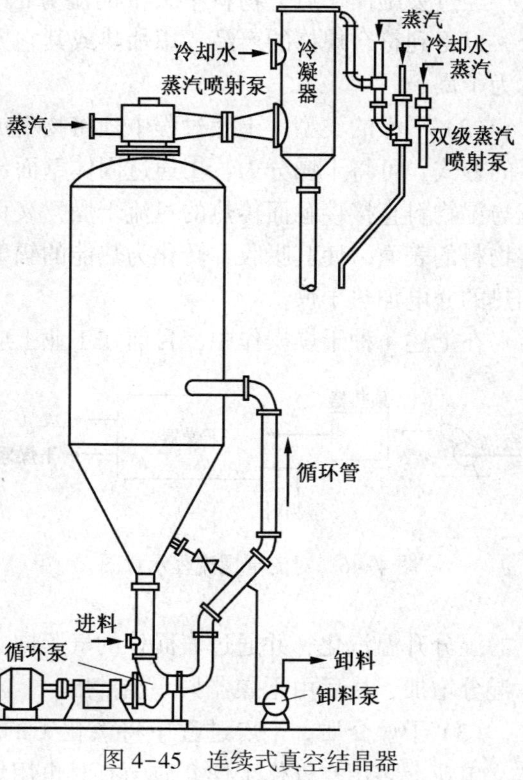

图 4-45　连续式真空结晶器

真空结晶器构造简单，且无运动部分，易于解决防腐问题。它的操作不受冷却水温的限制，可以达到很低的温度，故生产能力大。溶液系绝热蒸发而冷却，不需要传热面，就不存在传热面上发生腐蚀及晶体集结的问题。真空结晶器的操作简单、易于调整控制，但造成真空需消耗大量蒸汽，且冷凝器中亦需耗用较多的水。

(5) 其它结晶分离方法。现将结晶分离罗列如下：

- 结晶分离
  - 溶液结晶
    - 冷却结晶
      - 间接冷却—各种冷却结晶
        - 搅拌
        - 不搅拌
      - 直接冷却—冷却溶剂直接加入
    - 真空绝热—闪蒸溶剂、冷却结晶
    - 蒸发结晶—去除溶剂
    - 喷雾结晶—去除溶剂
  - 熔融结晶
    - 逐步冷凝
    - 区域熔炼
  - 升华
  - 沉析结晶
    - 沉淀
      - 同离子沉淀
      - 添加剂沉淀—重结晶提纯
    - 盐析
  - 萃取结晶—重结晶提纯

五、干燥

1. 概述

(1) 干燥概念。为了便于运输、贮藏和使用，常常需要将化工生产中的固体产品去湿，即除去其中的湿分(水分或有机溶剂)。常用的去湿方法有压榨、沉降、过滤、离心分离或用吸湿性物料吸收除去湿物料中的水分。

经过去湿操作后，物料中大量的湿分已被除去。为了进一步除掉物料中含有的少量水分，以得到符合规格的产品，用加热或其它方法使固体物料中的湿分汽化并除去的操作过程称为干燥。

(2) 干燥的类型。干燥过程中须将物料加热，以促使水分更快汽化。根据热能传给湿物料的方式，可将干燥分为：①通过固体壁面传热的传导干燥，又称间接加热干燥；②通过气流与湿物料直接接触面传热的对流干燥，又称不直接干燥；③通过将热能以辐射的形式射到湿物料的表面，使其吸收并转化为热能的辐射干燥；④通过将物料置于高频电场内使湿物料加热的介电加热干燥。

在上述 4 种干燥操作中，目前在工业上应用最普遍的是对流干燥。在对流干燥中如前所述，热能是以对流的方式由干燥介质(如热空气)传给与其直接接触的湿物料。图 4-46 为对流干燥流程的示意图，空气经预热器加热到一定温度后，进入干燥器，当温度较高的空气与湿物料直接接触时，热能就以对流方式由热空气传给湿物料表面，同时物料表面上的湿分升温汽化，并通过表面处的气膜向空气中扩散。而空气温度则沿其行程下降，但所含湿分增加，最后由干燥器另一端排出。

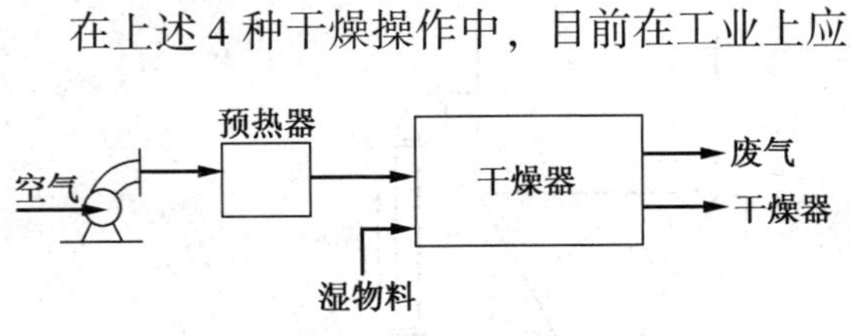

图 4-46　对流干燥流程示意图

(3) 干燥介质。干燥过程中将汽化了的水蒸气带走的介质称为干燥介质，也称为载湿体。工业上多用空气作干燥介质，有时也用烟道气或其它惰性气体作干燥介质。

2. 干燥理论

（1）空气的湿度。空气的湿度表示空气中含水蒸气量的大小，可用绝对湿度、相对湿度和湿含量来表示。空气的绝对湿度表示单位体积混合气体中水蒸气的质量。空气的相对湿度表示空气中的水蒸气含量与同温同压下空气中水蒸气达到饱和时水蒸气含量的比值，即空气中水蒸气的分压力与同温同压下水的饱和蒸汽压的比值。空气的湿含量表示单位质量绝对干燥的空气中所含水蒸气的质量。

空气的相对湿度是空气干湿程度的一个标志。对于绝对干燥的空气，相对湿度为零，对于被水蒸气所饱和的空气，相对湿度为100%。显然，只有当相对湿度小于100%时，空气才可以继续容纳水分而作为干燥介质。相对湿度越小，容纳水分的能力就越大。空气的相对湿度通常可通过干湿球温度计来显示。干湿球温度差越大，表明空气的相对湿度越小。

（2）物料与水分的结合方式。被干燥的物料所含的水，有的在物料表面，有的在物料的坑凹处与细孔中。其中一部分水和固体结合得比较牢固，另一部分则不受固体的影响。

物体中受到固体分子引力作用，毛细管力作用或渗透作用而与固体分子结合得比较牢固的水分称为结合水分。结合水分的特点是比一般的水难挥发。

物料表面和较大孔隙中的大部分水分受固体分子的作用力很小，其挥发能力和一般的水大致相同。这部分水称为非结合水分，也称为自由水分。

（3）物料的平衡水分。物料在与一定温度、一定湿度的空气接触时，将逐渐排除水分或吸收水分而使其含水量达到一定值，即物料中的水和空气中的水达到平衡，这时物料中所含的水称为在此条件下物料的平衡水分。平衡水分因物料的性质、结构不同而异。对同一物料，又因所接触空气的温度、湿度不同而异。

当物料中的水分大于所处条件下的平衡水分时，物料中大于平衡水分的部分可以进入空气而被空气带走，这时物料被干燥。当物料中的水分小于所处条件下的平衡水分时，空气中的水可以进入物料中，使物料“返潮”。当物料中的水分等于所处条件下的平衡水分时，空气中的水既不进入物料，物料中的水也不进入空气，即处于平衡。如果条件保持不变，平衡水分的值也不会变化。

显然，只有在物料中的水分大于干燥条件下物料的平衡水分时，干燥才可以进行。而在干燥操作中能被除去的水分也仅为超出平衡水分的那一部分水。干燥过程是物料中含水量降低的过程。与此相反，物料中含水量升高的过程称为“吸湿”。在生产中，经过干燥的物料须注意采取一些保护措施，以避免物料“吸湿”。

（4）等速干燥和降速干燥。当固体物料中水分大于平衡水分而与干燥介质接触时，物料表面的水分发生汽化，造成物料内部与表面间的湿度差。于是物料内部的水分向表面扩散而在表面汽化。由于干燥介质不断地将汽化的水分带走，从而使固体物料得到干燥。这是干燥的一种情形。例如薄层晶体物料的干燥多属这一种。在这种情况下，水分由物料内部扩散到物料表面的速度始终大于或等于水分在表面上汽化的速度，整个干燥速度与表面汽化速度相等，大约等于一般水的汽化速度，即干燥速度为一恒定值，这种干燥状况称为等速干燥。

对于内部多孔的物料或物料层较厚时，干燥过程往往分为两个阶段，即等速干燥阶段和降速干燥阶段。开始是水分的物料表面汽化；到等速阶段后期，水分由物料内部扩散到表面的速度已小于物料表面汽化的速度，物料的汽化层逐渐由表面移向内部；这时汽化速度开始降低，干燥速度便随之下降。以后随着水分由内部向外扩散速度的降低和内部水分的减少，干燥速度会越来越低。这一阶段称为降速干燥阶段。

等速干燥阶段除去的水分，主要为物料的非结合水分。这些水分或存在于物料表面，或存在于物料内部，但受固体分子引力的作用或毛细作用的影响很小，所以能像一般水那样汽化，也能很快地扩散到物料表面。这一干燥阶段的干燥速度就是表面水分的汽化速度，因而也称为表面汽化控制阶段。

降速干燥阶段除去的水分主要为物料的结合水分，也有一部分处于物料层下部的非结合水分。这些水分由于受到固体分子的引力、毛细管力作用或渗透作用，使这些水分子不能很快地向物料表面扩散而在表面汽化，即使在物料内部汽化时，水蒸气分子也不能很快扩散到物料表面被干燥介质带走。这一干燥阶段的干燥速度受着水分在物料内部扩散速度的控制，因而也称为内部扩散控制阶段。

(5) 影响干燥速度的因素。影响干燥速度的因素很多，其中较重要的有以下几方面。

① 湿物料的性质和形状。包括物料的物理结构、化学组成、形状及大小、物料层的厚薄或粒状物料的直径等。其中，化学组成决定物料可以承受的干燥温度，其余因素则决定物料含结合水分的多少及内部扩散速度的快慢。

② 物料的最初、最终含水量与物料含结合水的量。当干燥要求物料的最终含水量低于其含结合水的量时，若物料最初含水量中结合水很少，而主要为非结合水分，则物料主要在等速阶段干燥，干燥速度可以较快；若物料最初含水量中主要为结合水，而非结合水很少，则物料主要在降速阶段干燥，与前者同样的干燥条件下，干燥速度较慢；若物料的最初含水量等于或低于其含的结合水量，则物料全在降速阶段干燥，其干燥速度低。

当干燥要求物料的最终含水量高于其含结合水量时，物料全在等速阶段干燥，其干燥速度可以较高。

③ 物料温度。物料本身温度高，其表面汽化速度和内部水分扩散速度都会提高，干燥速度就会增高。

④ 干燥介质的温度。干燥介质的温度越高，对于同样的绝对湿度，其相对湿度就会降低，结果增加了干燥介质容纳水分的能力，可以提高干燥速度。干燥介质温度的提高还可增加物料的温度，对提高干燥速度也有利。但干燥介质的温度提高，应以不使被干燥物料的性质受损为原则。干燥介质在干燥器进出口处的温差越小，其平均温度越高，干燥速度越大。

⑤ 干燥介质的湿度和流速。干燥介质含水越少，水分汽化越快。干燥介质为空气时，空气的相对湿度越低，其可容纳的水分就越大，水分汽化得越快，越有利于干燥速度的提高；同理，空气流速大，则可迅速将汽化了的水分带走，新流进的空气相对湿度低，有利于水的汽化，则有利于干燥速度的提高。在等速干燥阶段，这项影响最为显著。

⑥ 干燥介质与湿物料的接触方式。干燥速度受干燥介质与物料接触方式的影响很大。目前在对流干燥设备中气流与物料的接触方式有三种，如图 4-47 所示。

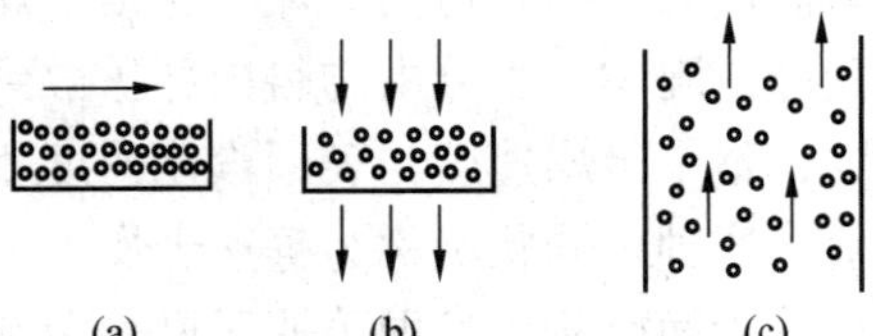

图 4-47　干燥设备中气固接触方式

第一种接触方式(a)仅有表面一层物料的部分表面作为干燥面积，因而干燥速度较小。第二种接触方式(b)中，物料颗粒的大部分表面积当作干燥面积，且在同样的气体流量下，通过物料层的气速比第一种接触方式中的气速大，这使传热状况改善，也会使干燥速度加大。因此，干燥速度比第一种接触方式大得多。第三种接触方式(c)的接触表面积和气流速度较前两种都大，干燥速度也最大。

⑦ 干燥器的构造。干燥器的构造与物料层的厚薄、物料与干燥介质的温度、干燥介质的流速及物料与干燥介质的接触方式都有密切关系，此外，某些干燥器中的物料可以被搅动而更新干燥表面，因而干燥速度受干燥器构造的影响很大。

3. 干燥器

（1）干燥器的分类。干燥器的分类方法相当多。按干燥所用热能的发生与传递情况可分为传导干燥器、对流干燥器、红外线干燥器、高频电流加热干燥器和微波干燥器等。按干燥压力的不同可分为常压干燥器和减压干燥器。按操作方式可分为间歇式干燥器和连续式干燥器。也可按干燥介质的不同将干燥器分类。干燥器类型如图 4-48 所示。

（2）厢式干燥器。被干燥的物料装盘后放在小板车的各层搁板上被推入干燥厢。空气经加热器加热后自搁板间流过，热空气既作为加热剂又作为干燥介质将物料加热，使物料中水分汽化，又将汽化后的水带走。为使干燥正常进行，物料层不宜太厚，干燥过程中应将物料翻动三五次，以使干燥均匀。

厢式干燥器构造简单，制造容易，适应性广；适用于小批量粒状、片状及膏状物料的干燥。其缺点是干燥速度慢，干燥不均匀，且装卸料需人工操作，体力劳动强度大。

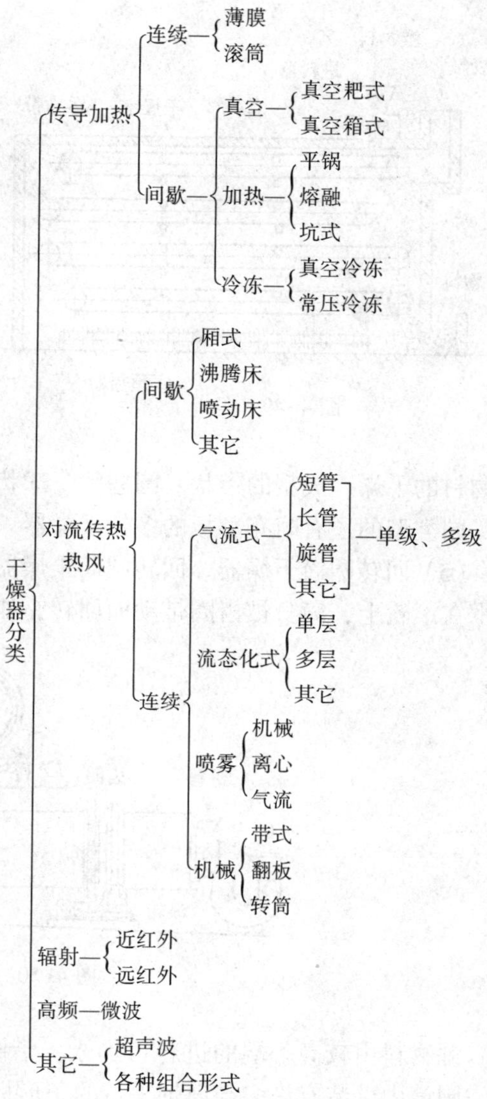

图 4-48　干燥器分类示意图

（3）间歇式减压干燥器。间歇式减压干燥器包括间歇式减压干燥厢和有搅拌装置的减压干燥器。当物料不能耐高温或在高温下易氧化时，需采用减压干燥以降低干燥温度；另外，凡干燥时容易产生粉末的物料、蒸出气相需要回收的物料、与空气接触可能发生爆炸的物料，均宜采用减压干燥器进行干燥。减压干燥厢可以呈矩形亦可呈圆形，为一可密闭设备，箱内用空心加热板或管束作搁板，其上放置物料托盘。加热板或管束内通蒸汽或热水加热，托盘内放置物料。由加热板或管束通过托盘将热量传导给物料，使物料中湿分汽化，汽化后的蒸气由真空泵抽走送去冷凝。

减压干燥的降速阶段，当物料的自由水分蒸发完后，物料温度会逐渐上升以至接近加热间壁的温度。这时物料若处于静止状态则可能产生局部过热现象。为了避免物料局部过热分解，则应采用有搅拌装置的减压干燥器。

减压干燥器构造复杂、设备费用大，且需设置真空泵和冷凝器等附属设备。但由于它可以降低干燥温度，回收汽化的蒸汽，仍然广泛用于某些化工产物的干燥。

（4）多带干燥器。这种干燥器的结构如图 4-49 所示。在长方形的干燥室中装有若干带

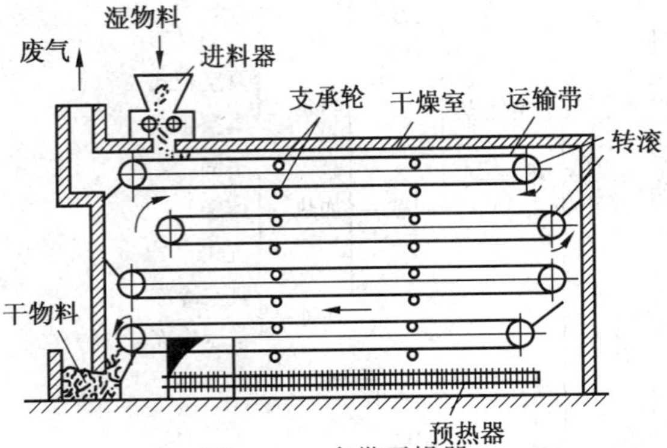

图 4-49　多带干燥器

式输送机，被干燥的物料从进料口加入后落到最上一根输送带上，被带动前进，依次落到第二、三、四根输送带上，在输送过程中与热空气直接接触，不断进行干燥，最后落入卸料室内。

空气由送风机送入干燥器，经翅片管预热器预热后与物料成逆流或错流进行干燥，带着水蒸气的空气从气体出口排出。

多带式干燥器为常压连续干燥器，其主要优点为物料经干燥后可基本保持原形。它适用于不允许粉碎的块状、粒状和纤维状物料的干燥。成型的带状、圆柱状、球状湿物料亦可用多带式干燥器进行干燥。

同类型的还有附有翻板的多带干燥器、套网干燥器和圆网干燥器等。

(5) 回转圆筒干燥器。回转圆筒干燥器是一个与水平略呈倾斜的圆筒，圆筒的全部质量支承在滚轮上，筒身被齿圈带动而回转，如图 4-50 所示。

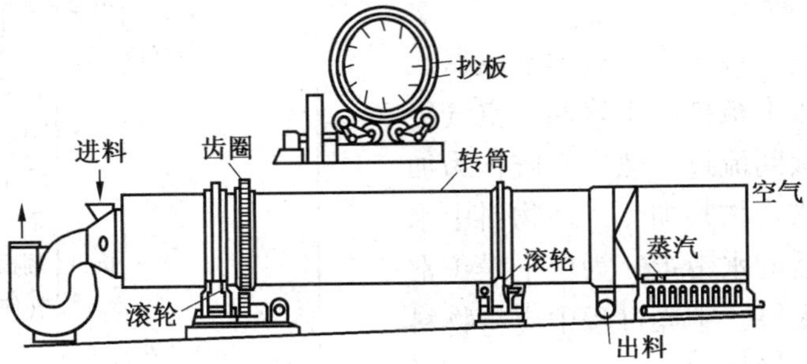

图 4-50　回转圆筒干燥器

湿物料由较高一端的进料口加入，借圆筒的回转不断前进，经干燥后从较低的一端排出。圆筒内壁装有许多与筒轴平行的条形板，称为抄板。其作用是将物料举起再降下，使物料易于干燥，并促使物料前进。经加热的空气由圆筒的较低一端进入，与物料接触，将其中水分带走，由圆筒较高端出口处被排风机抽走。

回转圆筒干燥器，尚有间接传热式、复合加热式和百叶窗式回转干燥器。干燥介质除用热空气外，亦有用烟道气的。

回转圆筒干燥器的优点是生产连续、生产能力大、气流阻力小、操作弹性大与操作方便。缺点是钢材耗量大、基建费用较高和占地面积大。这种干燥器广泛用于粒状物料的干燥，不宜干燥含水量过多及容易粘壁的物料。

(6) 滚筒干燥器。滚筒干燥器有单滚筒和双滚筒之分，图 4-51 所示为一双滚筒干燥器。湿物料由上部加到两滚筒之间，在滚筒缓慢旋转时，湿物料呈膜状附着在滚筒表面上进行干燥。物料的厚度由两滚筒间的空隙来控制。滚筒内通入直接蒸汽加热，热量由滚筒壁传给粘在壁上的湿物料使物料中水分汽化，然后由从下吹入的空气将汽化的水分带走。干燥好的物料在转到刮刀处被刮刀刮下，由螺旋输送机带走。

滚筒干燥器除如图 4-51 那样加料外，还可采用沉浸加料法和自下而上地喷溅加料法加料。

将滚筒干燥器外围加上密封外壳，其上端与真空泵相连接，即成为减压滚筒干燥器。

滚筒干燥器的优点是热效率高，干燥温度与干燥时间易于调节，设备费用低。主要缺点是生产能力较低，在金属壁面上易产生过热现象。这种干燥器适用于粘稠液体、悬浮液和溶液的干燥，不适于干燥含水量过低的物料和热敏性物料。

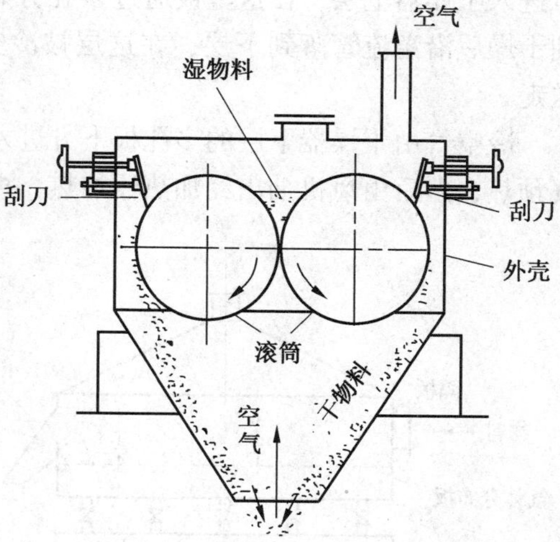

图 4-51　双滚筒干燥器

(7) 气流干燥器。气流干燥器是利用高速的热气流吹动粉粒状的湿物料，使物料悬浮在气流中并被气流带动前进，在此过程中物料受热而被干燥。

气流干燥器与前述的气流输送装置大体相同。在气流干燥器中的气流需通过加热器加热后送入气流管，既作为输送动力，又作为加热剂和干燥介质。

气流干燥器的优点是干燥速度快，干燥时间短，生产能力大；结构简单，占地面积小，可在输送物料的同时完成干燥；操作连续稳定，可以实现自动化。其缺点为压降大，动力消耗大；对粉状物料的分离装置要求高；此外，由于气流干燥管较高，使得分离器等设备也需在高处布置。

气流干燥器主要用于干燥粉粒状物料，对热敏性物料的干燥尤为适宜，但不适用于易粘结、易产生静电或干燥时放出易燃、易爆、有毒气体的物料，也不适用于不允许磨损、破碎物料的干燥。

(8) 沸腾干燥器。沸腾干燥器也称流化床干燥器。热气流以一定的速度通过物料层，使物料料颗粒悬浮而又不被吹走，呈“沸腾”状态。物料在被热气流吹起翻动过程中得到干燥。

沸腾干燥器有单层和多层之分。图 4-52 为一双层沸腾干燥器的示意图。湿物料自加料

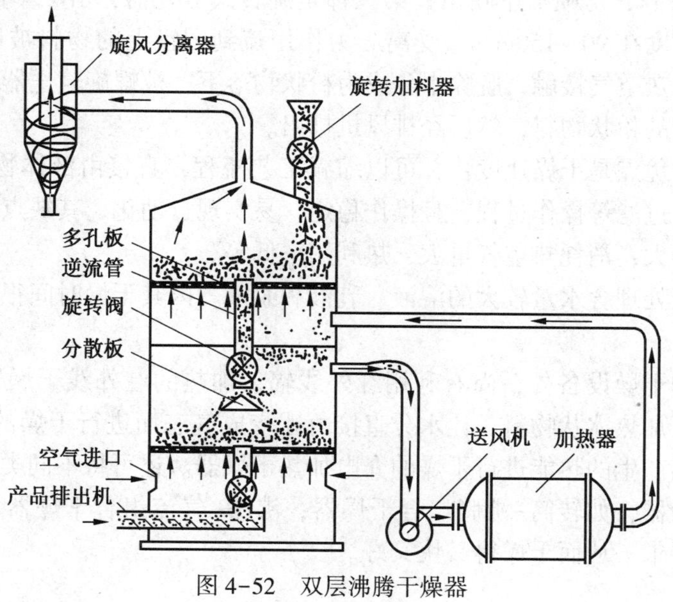

图 4-52　双层沸腾干燥器

口进入干燥器上层，在这里被通过多孔分布板吹上来的热气流吹起呈“沸腾”状态，物料得到干燥后沿溢流管落到下层，在这层被冷空气吹起进行冷却，冷却后的产物由螺旋输送机送走。

冷空气由干燥器下层的多孔板下方进入，经多孔板分布后吹干物料进行冷却，同时使空气预热，然后由风机抽出经加热器加热，再送入干燥器上层，对湿物料进行干燥后进入旋风分离器，捕集气流中带出的物料粉粒后放空。

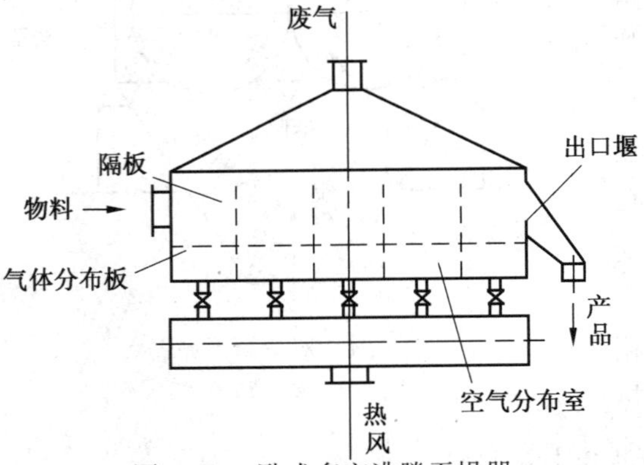

图 4-53　卧式多室沸腾干燥器

另有一种卧式多室沸腾干燥器，如图4-53所示。其特点是截面为长方形并将沸腾床分成几个室，每室之间在多孔板上方加一块挡板，挡板与分布板之间留有一定间隙以便物料通过。挡板的作用是避免物料颗粒走短路，以使物料在干燥器内的停留时间较为均匀。与气流干燥器相比，沸腾干燥器中物料颗粒停留时间长，故适于去除物料中的结合水分。

沸腾干燥器的优点是结构简单，物料在干燥器内停留时间可以调节；与气流干燥器相比，可达到较高的干燥程度，压降低，物料磨损较小，热效率也较高。其缺点是物料在设备内停留时间不够均匀，操作条件要求比较严格，掌握与控制较为困难。

沸腾干燥器可干燥各种粉粒状物料，特别适于干燥降速阶段较长的物料，不适于处理含水量过高和易于粘结的物料。

(9) 喷雾干燥器。用喷雾装置将液状的稀物料喷成雾滴，分散于热气流中，使水分迅速蒸发而使物料得到干燥的过程称为喷雾干燥。

喷雾干燥器的关键部件是料液雾化器。常用雾化器有三种，一种是气流式喷嘴，采用压缩空气，以很高的速度(300m/s 或声速)从喷嘴喷出。第二种是压力式喷嘴，用高压泵，使料液加压(2~20MPa)，从喷嘴中喷出。第三种是旋转式雾化器，由一个高速旋转的圆盘组成，圆盘边的线速度在 90~150m/s，受离心力作用流到圆盘上的物料被甩成雾状。雾状物料与来自预热器的热空气接触，脱除水分成为粉状物落下，被螺旋输送器送走。空气经过滤器后，收回所夹带的粉状物料，然后经排风机排出。

喷雾干燥器的优点是干燥速度快，可以缩减工艺流程，直接由液体物料得到粒状产物，省去蒸发、结晶、过滤等操作过程，且操作稳定，易实现自动化。其缺点为设备体积大，占地较大；消耗动力大；消耗热空气量大，热利用率低等。

喷雾干燥适于处理含水量较大的溶液、乳液和浆液。因其干燥时间很短，特别适合于干燥热敏性物料。

除以上常用的干燥设备外，尚有利用红外线辐射加热的红外线干燥器；有先使物料结冰，然后在真空下加热冰状物料，让水分直接由冰变成气态而进行干燥的真空冷冻干燥器；还有利用高频电场产生的热能进行干燥的介电加热干燥器。还可将不同类型的干燥器组合在一起形成组合干燥器，如转筒-沸腾组合干燥器；沸腾-气流组合干燥器等，以适应不同干燥阶段对干燥的要求，从而干燥得又快又好。

4. 干燥器选型

干燥器分类繁杂，选型时一般要做实验，有时要拿物料到生产干燥器的厂家去试验。现列表供选型参考。见表 4-5、表 4-6、表 4-7。

表 4-5　按照物料进入干燥器的形状对干燥器进行选用

湿物料

液体 —蒸发→ 泵送的泥浆或悬浮液 —蒸发或返回混合物→ 软的糊状物或淤泥 —预成型→ 预成型的糊状物 ⇄（施加压力 / 预成型）硬的糊状物或某种型块 —研磨→ 自由流动的颗粒或结晶固体 ←研磨或预成型— 纤维状固体；片状

液体	泵送的泥浆或悬浮液	软的糊状物或淤泥	预成型的糊状物	硬的糊状物或某种型块	自由流动的颗粒或结晶固体	纤维状固体	片状
液体	泥浆	糊状物	预成型物	硬的物料	颗粒	纤维状	片状
间歇搅拌	间歇搅拌	真空盘式	真空盘式	真空盘式	真空盘式	真空盘式	真空盘式
滚　筒	真空带式	间歇搅拌	对流盘式	对流盘式	间歇搅拌	对流盘式	对流盘式
喷　雾	滚　筒	对流盘式	间歇穿流循环	间接加热回转	对流盘式	间歇穿流循环	滚　筒
喷雾-流化床	喷　雾	流化床	流化床	连续盘式	间歇穿流循环	流化床	连续盘式
喷雾-惰性粒子	喷雾-流化床	真空带式	气　流		流化床	间接加热回转	
流化床	喷雾-惰性粒子	滚　筒	对流连续盘式		气　流	对流带式	
	流化床	喷　雾	连续穿流循环		间接加热回转	连续盘式	
		气　流			直接加热回转	连续穿流循环	
		对流带式			连续盘式		
		连续盘式			连续穿流循环		
		（搅拌流化床）			真空双锥回转		
					搅拌流化床		

表 4-6　按照物料附加特征的适应性进行干燥器的选择

干燥过程

危险			敏感性物料			产品的特殊形状	单位产量的低投资成本
粉尘	毒性	火	温度	机械	氧化		
搅拌间歇	搅拌间歇	搅拌间歇	搅拌间歇	穿流循环	真空盘式	穿流循环	流化床
真空带式	真空带式	真空带式	穿流循环	真空带式	真空带式	真空带式	间接回转
间接回转	真空回转	真空回转	流 化 床	连续带式	惰性气体	喷　雾	
			冷冻干燥	连续盘式	喷　雾	转　鼓	
			真空带式	真空回转	真空回转		
			真空回转				
			气　流				

表 4-7 干燥器选型参考

加热方式	生产方式	装置	（一）溶液无机物 盐类、牛奶、乳液等	（二）混浆 颜料、石灰等	（三）膏糊物 滤饼、沉淀物等	（四）100目以下粉状料 石膏、活性炭	（五）100目以上块粒状料结晶 矿砂、纤维	（六）特殊形式物料 陶瓷、填料	（七）膜状物 纸、布	（八）片状物 板等
热风加温	间歇	厢式	4	4	1	1	1	1	5	1
		沸腾床	5	5	5	4	1	5	5	5
		喷动床	5	5	5	5	4	5	5	5
	连续	喷雾								
		机械式	1	4	3	5	5	5	5	5
		离心式	1	1	3	5	5	5	5	5
		气流式	1	1	3	5	5	5	5	5
		气流								
		短管	5	5	5	4	1	5	5	5
		长管	5	5	5	4	1	5	5	5
		套管	5	5	5	4	1	5	5	5
		旋管	5	5	5	4	1	5	5	5
		多级	5	5	5	4	1	5	5	5
		机械								
		多带	5	4	1	1	1	3	5	5
		多带翻板	5	4	4	4	1	5	5	5
		回转筒	5	4	1	1	4	5	5	5
		沸腾式								
		单层	5	5	5	4	1	5	5	5
		多层	5	5	5	4	1	5	5	5
		强化	5	4	4	4	4	5	5	5
传导加热	间歇	真空耙式	4	1	1	1	4	5	5	5
		熔融式	5	3	3	3	3	5	5	5
		平锅	4	4	1	1	4	5	5	5
		坑式	5	4	1	1	4	4	5	5
		冷冻	2	2	2	2	2	5	5	5
	连续	薄膜	4	1	4	4	5	5	5	5
		滚筒	1	1	4	4	5	5	1	5
辐射		红外线（远、近）	2	2	2	2	1	1	1	1
介电或其它	组合式	薄膜气流	4	1	4	4	5	5	5	5
		薄膜-耙式	4	1	4	4	5	5	5	5
		螺旋气流	5	4	1	1	4	5	5	5
		气流-沸腾	5	5	5	4	4	5	5	5
		喷雾-沸腾造粒	1	2	3	5	5	5	5	5
	其它	超声波	5	5	4	2	2	4	1	1
		真空冷冻	2	2	2	2	2	5	5	5
		高频加热（微波）	2	2	2	2	2	1	2	2
		挤压膨胀	5	5	5	5	用于1橡胶	5	5	5

注：1. 适用；2. 可用；3. 特定条件下适用；4. 适当条件下可用；5. 不适用。

六、吸收与吸附

1. 吸收

（1）概述。吸收是利用适当的溶液处理气体混合物，利用不同的气体组分在溶剂中溶解度的差异使其中某一组分从气体混合物中分离出来的操作。在吸收过程中，可以被液体溶解而形成溶液的气体组分称为吸收质，作溶剂的液体叫做吸收剂，不被吸收的气体组分叫做惰性气体。

在化工生产中，吸收操作应用极为广泛，具体应用在以下几方面：

① 吸收气体混合物中某一组分制造液体产品。如用稀硫酸吸收气体产物中的三氧化硫制造硫酸；用硫酸吸收气体产物中的氨制造硫酸铵。

② 吸收气体产物中的某几个组分，使气体混合物初步分离，从而有利于对分离产物进一步加工。如用中压油吸收石油裂解气中的乙烷、乙烯、丙烷、丁烷、丁烯等，使这些组分与不溶于中压油的甲烷、氢气分离。

③ 气体原料的净化，如用乙醇胺、氨水及其它碱性溶液吸收原料气中的硫化氢和二氧化碳，使气体原料得到净化。

④ 气体产物中少量气体的回收，如用洗油作吸收剂吸收焦炉煤气中的芳香族气体以回收苯、甲苯等物质。

⑤ 排气中有害物质的净化，如用水吸收排气中的氟化氢、氯化氢气体，用碱液吸收排气中的二氧化硫、二氧化氮和氯气等，使这些有害气体溶解到液体中以减少对空气的污染。

如果吸收过程仅涉及气体组分溶解到吸收剂中而不伴有明显的化学反应，则称为物理吸收。例如，用水吸收氯化氢，用中压油吸收乙烷等属于物理吸收。如果吸收过程中吸收质和吸收剂中的某些组分发生明显的化学反应，生成新的物质，这类吸收称为化学吸收。例如，用硫酸吸收氨，用碱液吸收二氧化硫等均属于化学吸收。

通常，在选择吸收剂时应尽量满足以下要求：

① 吸收效率高，即单位数量吸收剂应能吸收尽可能多的吸收质。

② 分离效果好，即要使这种吸收剂能吸收最多的吸收质而尽量不吸收或少吸收其它不需要吸收的组分。

③ 便于进一步加工利用，在吸收完成后，吸收液可以作为液体产品或者便于对吸收液和不溶气体进行加工，在吸收剂需要重复使用时，要求吸收剂和吸收质便于分离。

④ 来源方便、价钱便宜、经济效果好。

有时这些条件不能同时具备，则应在满足分离要求的前提下争取最好的技术经济效果。

（2）吸收理论

① 气液平衡和溶解度。在一定温度和压力下，一定量吸收剂与混合气体接触，溶质便从气相向液相转移，直至液相中溶质达到饱和，浓度不再增加为止。此时并非没有溶质分子继续进入液相，而是在任一瞬间进入液相的溶质分子与从液相中逸出的溶质分子数恰好相等，即在宏观上液相的浓度不再发生变化，这种状态称为气液两相达到了动态平衡，简称相平衡。平衡状态下气相中的溶质分压称为平衡分压(饱和分压)，液相中的溶质浓度称为平衡浓度(饱和浓度)。所谓气体在液体中的溶解度，就是指气体在液相中的饱和浓度。

对于难溶气体和大多数气体的稀溶液，其气液平衡关系可用亨利(Henry)定律来描述。即当总压不高(不超过500kPa)时，在一定的温度下，稀溶液上方的气体溶质的平衡分压与其在溶液中的摩尔分数成正比。其数学表达式为

$$p^* = Ex$$

或

$$y^* = mx$$

式中 p^*——溶质在气相中的平衡分压，kPa；

x——溶质在液相中的摩尔分数；

E——亨利系数(其值随物系特性及温度而异)，kPa；

y^*——平衡时溶质在气相中的摩尔分数；

m——相平衡常数，无因次。

当混合气体中某组分的分压愈大、浓度愈大时，其在吸收液中的平衡浓度就愈大。对于混合气体的不同组分，亨利系数 E 或相平衡常数 m 愈大，则溶解在液体中的该组分的浓度就愈低，即这种组分愈不易被吸收；相反，E 与 m 值愈小，则表示该组分愈容易被吸收。

② 气体的吸收和解吸。当不平衡的气液两相接触时，溶质是被吸收还是解吸，要由相平衡关系决定。也就是说，当气体混合物与溶液接触时，吸收过程能否发生，以及过程进行的限度，取决于溶液上方气相中被吸收组分的平衡分压。

若气相中被吸收组分的分压 p_A 高于液相浓度 x_A 相对应的平衡分压 p_A^*，此时进行的是吸收过程。

随着吸收过程的进行，气相中被吸收组分的含量不断降低，溶液浓度不断上升，溶液中其平衡分压也随之上升，直到气相中被吸收组分的分压 p_A 等于与溶液浓度 x_A 相应的平衡分压 p_A^*，即 $p_A = p_A^*$，吸收达到了极限。

若气相中被吸收组分的分压 p_A 低于液相浓度 x_A 所要求的平衡分压 p_A^*，即 $p_A<p_A^*$。此时进行的是解吸过程。

③ 吸收方程。实践证明，吸收速率与气液接触面积成正比，与吸收推动力(吸收质的分压差或浓度差) 成正比。以$(p-p^*)$表示总推动力的吸收速率方程为

$$N_A = K_G A(p - p^*)$$

式中 N_A—— 吸收质的传质速率，mol/s；

K_G—— 气相总传质系数，mol/(m^2·s·Pa)；

A—— 气液接触面积，m^2；

$p - p^*$—— 用气相压力差表示的总推动力，Pa。

从吸收速率方程可知，要想提高吸收速率，应设法增加吸收面积，增大吸收推动力和吸收传质系数。通常采用：

a. 改进吸收设备结构，增大气液接触面积 A。

b. 提高吸收压力，降低吸收温度，采用化学吸收增加吸收推动力。提高吸收压力即可增高 p；降低吸收温度可降低 p^*；采用化学吸收后，溶解到吸收液中的吸收质很快变成了其它物质，使与 p^* 平衡浓度降低，也就降低了 p^*，p 的升高和 p^* 的降低总的都是增大了吸收推动力。

c. 通过选择吸收剂和改善流体流动状况等方法提高吸收系数。

(3) 吸收设备。在化工生产中使用的吸收设备很多，按其作用原理可分为表面吸收器、

填料式吸收器、鼓泡式吸收器、喷液式吸收器和溅散式吸收器5类。

① 表面吸收器。最简单的表面吸收器为陶瓷制的吸收坛和熔石英制的S型排管。

这两种吸收器的接触表面不很大，但单位体积的表面积较大，这样就适用于吸收速度大且放热量较大的吸收作业。这种吸收器效率不高，但因为设备简单，价格较低，故还在一些化工厂用于少量腐蚀性气体的吸收。

② 填料塔。填料塔为最常用的吸收设备。

填料塔的断面可做成圆形，亦可做成方形。筒体一般为钢制或塑料制。塔中部放置填料，填料可做一层堆放，亦可分层堆放。支承填料的构件叫填料支承板，一般为栅板状或筛孔板。填料层上方还放置一层填料压板，用以防止填料受气流冲击后震动而使填料破碎。吸收液自塔上部加入，为使吸收液均匀地流下，在液体入口管上设有液体分布器。当填料层过高时，可将填料层分段，并在两段填料层之间加设液体再分布器，使吸收液重新均匀地分布于填料层断面上。气体一般自塔下部进入，经气体均匀分布装置，不让气流直接冲出填料。气体通过填料层后，部分组分被吸收液吸收，不被吸收的气体从塔上部出塔。当气流速度较大时，会以雾沫形式带出一部分吸收液。这时在填料层上方应设置除雾器以除去气流所夹带的雾沫。

填料塔中所用的填料形式很多，最简单的如焦炭块和石英砂，其次为拉西环。这些都属于实体填料。还有θ环、十字环、鲍尔环、花环、鞍形填料，波纹填料和栅条填料等。

用于高效分离时，也采用一些金属丝网做成的填料，称为网体填料。使用网体填料的填料塔，大多用于分离程度很高的精馏作业，而用于吸收塔的很少。

③ 湍球塔。用小球作为填料并加大气体流速，使填料小球在塔内浮起湍动，这种特殊的填料塔称为湍球塔。

湍球塔由塔体、支承栅板、球形填料、挡板、液体喷淋装置、气体分布器、雾沫分离器等组成。支承栅板上放置一定数量的轻质小球。操作时，气体流速大于某一数值可使小球浮起、旋转翻腾、互相碰撞呈湍动状态，由塔上部喷淋到小球上的液膜表面在小球湍动中不断更新。在湍球塔中，气、液、固三相都在湍动，从而使液膜变薄、接触面积增加、吸收系数加大，总的效果是使吸收过程大为强化。

湍球塔气速高，处理能力大，塔的质量轻，气体分布较均匀，不易被固体及粘性物质堵塞，特别适合于用吸收法分离和净化大气量的气体，也可用于气体的除尘和降温。

④ 鼓泡塔。对于只有一层气体分布板或一层气体喷嘴，气体需要通过较高液层而进行吸收操作的鼓泡式吸收器称为鼓泡塔。

鼓泡塔多用于化学吸收，例如用硫酸吸收含氨气体中的氨而生成硫酸铵。不能被硫酸吸收的空气则由塔上部排出。

⑤ 喷淋塔和喷雾塔。喷淋塔和喷雾塔的基本结构与喷淋式冷凝器相同。不同的喷液压力和喷液装置喷出的液滴大小也不同。当喷嘴喷出的是较大的液滴时称为喷淋塔。当喷嘴喷出的是雾状吸收液时，就称为喷雾塔。

喷淋塔和喷雾塔耗用液体少，消耗动力大，吸收效率不高，但由于这种塔结构简单，而且在进行吸收分离的同时可进行冷却、除尘、增湿等过程，所以在进行吸收还需同时进行上述作业时，还是采用这种设备。另外，在对排出废气中的有害气体进行净化处理时，有时不要求很高的吸收效率，往往也采用这种设备。

⑥ 文丘里吸收器。由文丘里管和气液分离器组成。气体由气体进口管高速进入文丘里

管，液体由吸收液入口管经环形分布器进入文丘里管，与高速气流在喉管处混合并雾化。气体和雾状吸收液在文氏管内充分接触进行吸收，然后进入气液分离器，不被吸收的气体经除雾器进一步除雾后由气体出口排出。吸收液自分离器下部的液体出口引出。

文丘里吸收器吸收效率较高，特别适用于吸收过程中有固体颗粒生成的场合。这种吸收器压降较大，动力消耗较多。

⑦ 溅散式吸收器。溅散式吸收器又称泼水轮。吸收器下部为装有吸收液的液槽，液面上方的横轴上装有一组网轮。随着横轴的旋转，网轮也不断转动，将吸收液搅动并形成液膜和液滴。气体自吸收器上方通过，和空中的液滴与网上的液膜接触，其中易溶组分被吸收，不被吸收的气体从气体出口管排出。随着网轮的转动，网上的液膜和空中的液滴不断更新，使吸收更易进行。

溅散式吸收器吸收效率较高，特别适用于用少量吸收液处理大气量气体时的吸收作业。其缺点是构造复杂，转动网轮耗费较大能量。有的磷肥厂用这种设备吸收氟化氢和四氟化硅气体。

除以上几种吸收器外，常用于气体吸收的还有泡罩塔和泡沫塔。

(4) 吸收塔基本尺寸的确定及选用依据

① 理论板的概念。理论板即理论塔板。它是具有如下特点的一块塔板，不论进入该板的气液两相组成如何，在该板上气液两相经过充分混合并进行传质、传热，其结果总是使离开该板时的气液两相在传质与传热两方面均达到的平衡状态，而且塔板上的液相组成也可视为均匀一致。实际上，由于塔板上气液间接触面积和接触时间是有限的，因此任何型式的塔板上气液两相都难以达到平衡状态，也就是说理论板是不存在的。理论板仅是作为衡量实际板分离效率的依据和标准，它是一种理想板。在设计中人们先求取理论板层数，然后用塔板效率予以校正，从而求得实际板层数。

理论板层数通常采用逐板计算法或图解法求取，这两种方法均以物系的相平衡关系和操作线方程式为依据。具体方法可参阅有关书籍。

② 填料塔内径和填料层高度计算。填料塔的内径 D 是根据生产工艺上所要求的生产量及所选用的气体空塔速度而定的。气体的空塔速度是以塔内截面积计算的气体流速。设气体的体积流量为 V_s(m^3/s)，塔的内径为 D(m)，空塔速度为 $u_{空}$(m/s)，则：

$$V_s = \frac{\pi}{4}D^2 u_{空}$$

$$D = \sqrt{\frac{4V_s}{\pi u_{空}}}$$

在填料塔中，当气体的体积流量一定时，塔的内径大，则空塔速度小，传质系数低。减小塔径可使气体的流速增大，提高传质系数。但气速增大到一定数值就会引起液泛(此时液相为连续相，气相为分散相，气体以气泡状通过液体)，使操作不能进行。开始引起液泛的气体空塔速度称为液泛速度。气体在填料塔中的实际空塔速度，一般取液泛速度的 60%～80%。液泛速度可从关联图查取，也可用经验公式计算。

要计算填料塔的高度，必须先确定填料层的高度。填料吸收塔的填料层高度可用下式计算：

$$Z_0 = \frac{A}{\frac{\pi}{4}D^2 a}$$

式中 Z_0——填料层高度，m；

A——传质面积，m^2；

D——填料塔内径，m；

a——单位体积填料所提供的有效吸收面积，m^2/m^3。

③ 板式塔的塔高、塔径计算。板式塔的有效高度是指气液接触段高度，其质依塔板间距而定，即

$$Z_0 = (N_p - 1)H_T$$

式中 Z_0——塔的有效高度，m；

N_p——实际塔板数；

H_T——塔板间距，m。

塔板间距 H_T 的数值多为经验值，可查有关手册。塔的总高度除了 Z_0 之外，要加上塔头和塔底和再分配空间高度。板式塔的塔径计算方法同填料塔。

④ 塔设备选用依据。填料塔与板式塔均为气液传质设备。对于许多逆流操作的气液传质过程，填料塔和板式塔均可适用，但两种塔型有许多不同之处，了解这些差异，有助于我们合理选用塔型。

填料塔与板式塔的不同点有：

a. 填料塔用小填料时，小塔效率高，填料层高度低，但塔径增大后则效率降低。而板式塔的效率较稳定，且大塔的效率比小塔的效率有所提高。

b. 填料塔的压降小，对阻力要求小的场合较适用(如真空操作)，而板式塔的压降比填料塔大。

c. 填料塔操作范围较小，对液体的喷淋密度有一定要求。若液体负荷过大，易引起液泛。而设计良好的板式塔，其操作弹性比填料塔大得多。

d. 对热敏性物系宜采用填料塔，因填料塔内的持液量比板式塔小，所以物料在塔内停留时间短。对腐蚀性物系宜采用填料塔，因填料塔结构简单，便于用非金属材料、耐腐蚀材料制造。对易起泡物系宜采用填料塔，因填料本身对泡沫有限制和破碎作用。

e. 对易聚合或含有固体颗粒的物系，不宜选用填料塔，因易堵塞且清洗困难，检修及清洗费用较大，而大孔径筛板等类型的板式塔，则可有效地处理这类物系。此外，板式塔检修及清洗均比填料塔容易。

塔型的选用涉及因素很多，必须结合具体情况而定，其根本原则应为最大限度地适应生产需要。

2. 吸附

(1) 概述

① 吸附和脱附。气体和液体能够为多孔性固体所吸引并在多孔性固体表面上浓集的现象称为吸附现象。气体或液体混合物与多孔性固体接触，使其中一种或数种组分被吸引附着在固体表面上，从而与其它组分分离的操作称为吸附操作。吸附现象和吸附操作均被简称为吸附。在吸附操作中，用来吸附气体或液体组分的多孔性固体称为吸附剂，被吸附剂所吸附

的气体或液体称做吸附质。

吸附质从吸附剂表面上脱离的现象称为脱附现象，使吸附质从吸附剂表面脱离的操作称为脱附操作，两者均简称为脱附。脱附是吸附的逆过程。

② 吸附在工业生产上的应用。由于吸附操作具有分离程度高和选择性强的特点，以及一定量的吸附剂不能一次吸附很多气体或液体组分，吸附在化工厂中多用于取得或除去气体混合物或液体混合物中含量很小的组分。具体应用在以下一些方面。

a. 分离气体混合物以得到极纯净的加工产物。如氧气生产中用来除去气体氧和液体氧中微量的乙炔、二氧化碳和油蒸气。

b. 吸附剂吸附气体后直接得到产品。如用含氨泥煤吸附硝酸尾气中的二氧化氮以得到腐殖酸肥料。

c. 原料气的净制，如用吸附法除去乙烯中的少量二氧化碳和水蒸气，得到较纯的乙烯用于生产聚乙烯等产品。

d. 有机物蒸气的回收，如从树脂生产和塑料生产放出的气体中吸附其中少量的苯乙烯、氯乙烯、丁二烯等有机物蒸气，经浓集脱附后再用于生产。

e. 气体产物和有机物液体中微量水的脱除，这项操作平时称为气体干燥或有机液体的干燥。由于吸附法分离程度高，可把产物中的水干燥到十万分之一以下。

f. 水溶液中微量油状物的去除，当以水为溶剂的产物中含有微量油状物杂质时，可以用吸附剂将油状物吸附，以得到纯净的加工产物。

g. 产物的脱色与除臭，医药生产和试剂生产中要得到相当纯净的产品，在加工过程中就用吸附法除去其中少量和微量的有机物杂质，使产品纯净洁白。通常把这种加工称为脱色与除臭。如巴比妥、普鲁卡因、亚硝酸钠等产品生产过程中均用活性炭进行脱色。

h. 液体产物的分离，如用吸附法可分离石油馏分中的某一部分以制取液体石蜡，同时可得到脱蜡特制油。

除此之外，化工厂的实验室和分析室中还用吸附法除去局部空气中的水蒸气以保持样品称量的准确性。

吸附操作在溶剂回收、环境保护、食品工业、空气调节、惰性气体精制方面亦有愈来愈多的应用。

③ 吸附剂。吸附剂是多孔性的固体物质，具有很大的内表面积。1g 活性炭可以有 $1000m^2$ 以上的内表面。工业用的吸附剂除了必须有巨大的内表面积外，还应具备以下条件。

a. 吸附能力高，即单位体积或单位质量吸附剂能够吸附的吸附质的量要大。

b. 选择性强，即对混合物中的某一组分或某几组分的吸附量大，而对另外的组分不吸附或吸附量极小。

c. 机械强度高，化学稳定性及热稳定性好，使用寿命长。

d. 吸附剂容易再生。

e. 制备简单，成本低廉，原料来源充足。

常用的工业吸附剂有活性氧化铝、硅胶、活性炭、漂白土、酸化白土、分子筛和腐殖酸系吸附剂，其中活性炭和分子筛的综合性能较好，应用也较广。

④ 物理吸附与化学吸附。根据吸附剂与吸附质之间吸附力的不同，吸附可以被分为物理吸附及化学吸附。

对于物理吸附，吸附剂和吸附质之间通过分子间力相互吸引，形成吸附现象。吸附质分子和吸附剂表面分子之间的吸引机理，与气体的液化和蒸汽的冷凝时的机理类似。因此，吸附质在吸附剂表面形成单层或多层分子吸附时，其吸附热比较低，接近其液体的汽化热或其气体的冷凝热，一般低于41.868~62.802kJ，通常物理吸附的过程是可逆的，几乎不需要活化能(即使需要也很小)，吸附和解吸的速度都很快。

化学吸附，被吸附的分子和吸附剂表面的原子发生化学作用，在吸附质和吸附剂之间发生了电子转移、原子重排或化学键的破坏与生成等现象。因而，化学吸附的吸附热接近于化学反应的反应热，比物理吸附大得多。因为吸附过程往往形成化学键，所以吸附剂对吸附质的选择性比较强。化学吸附容量的大小，随被吸附分子和吸附剂表面原子间形成吸附化学键力大小的不同而有差异。

化学吸附需要一定的活化能，在相同的条件下，化学吸附(或解吸)速度都比物理吸附慢。事实上，物理吸附和化学吸附之间并没有严格的界限。

在气体、分离过程中绝大部分是物量吸附，只有较少数例子如活性炭(或活性氧化铝)上载铜的吸附剂具有较强的选择性地吸附 CO 或 C_2H_4 的特性，兼具有物理吸附及化学吸附性质。

(2) 吸附理论。吸附剂对吸附质的吸附，实际上包含吸附质分子碰撞到吸附剂表面被截留在吸附剂表的过程(吸附)和吸附剂表面截留的吸附质分子脱离吸附质表面的过程(解吸)。随着吸附质在吸附剂表面数量的增加，解吸速度逐渐加快，当吸附速度和解吸速度相当，宏观上看，当吸附量不再继续增加时，就达到吸附平衡。此时吸附剂对吸附质的吸附量称为平衡吸附量。

平衡吸附量的大小，与吸附剂的物化性能——比表面积、孔结构、粒度、化学成分等有关，也与吸附质的物化性能、压力(或浓度)、吸附温度等因素有关。在吸附剂和吸附质一定时，平衡吸附量随温度的升高而减少，随压力的增加而增大，随吸附质在流体中浓度的增大而增大。

不同吸附质在相同的温度、压力、浓度条件下，在同一吸附剂上的平衡吸附量不同。其值愈大，表示愈容易被吸附，愈不容易脱附；其值愈小，表示愈难被吸附，愈容易脱附。流体混合物中不同组分在同一吸附剂上的平衡吸附量差别愈大，即表示该吸附剂对这些组分的选择性愈强，也就愈容易用吸附法对这些组分进行分离。

(3) 吸附方法和设备。工业吸附过程包括两个步骤，先是使流体与吸附剂相接触，使吸附剂吸附吸附质后，与流体中未被吸附的部分进行分离，这一步骤称为吸附分离；然后对吸附了吸附质的吸附剂进行处理，使吸附质脱附出来并使吸附剂重新获得吸附能力，这一步骤称为脱附与再生，经常称再生；有时不用回收吸附质与吸附剂，则这一步骤改为更换新的吸附剂。更换了的吸附剂仍要处理。在多数工业吸附装置中，都要考虑吸附剂的多次使用问题，因而吸附操作流程中，除吸附器外，还须具有脱附再生的设备。

按照吸附过程进行的方法和吸附器的特点将吸附操作分为以下几类。

① 接触吸附法。接触吸附法用来吸附液体中的少量或微量杂质，如亚硝酸钠等产品的脱色。其方法是将吸附剂粉末加入有搅拌的接触吸附器内与要处理的液体混合，在直接接触中吸附液体中的可吸附的杂质。

此法多为间歇式操作，所用的吸附剂大多只接触一次即行弃去。吸附剂所吸附的物质一般亦不回收。吸附剂与液体所需达到平衡的接触时间要以吸附剂的用量及颗粒大小、液体的粘度及搅拌的强度而定。

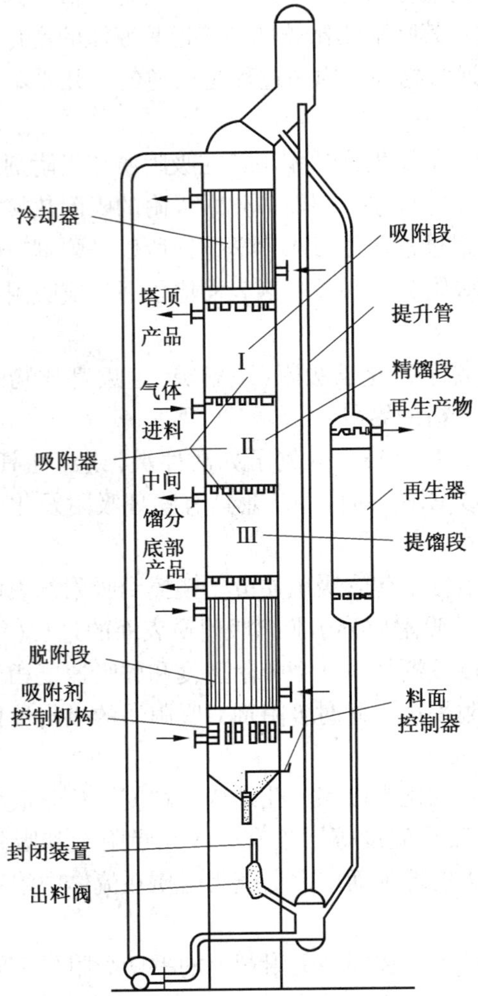

图 4-54　烃类气体分离装置

接触吸附法一般不设专用的吸附器，可在原来的反应釜或其它带搅拌的容器中使要处理的液体与吸附剂相互接触进行吸附，然后将吸附剂与液体分离。

② 固定床吸附法。固定床吸附法既可用于气体吸附，也可用于液体吸附，是工业上应用最广泛的吸附方法。

固定床吸附器有立式、卧式、环形等各种形式。用于液体吸附的固定床吸附器，其形式与用于气体的相同。但吸附剂所吸附的液体大多不必回收，或者连同吸附剂一同处理，或者将用过的吸附剂收集起来，积成一批后再进行再生回收。

③ 移动床吸附法。移动床吸附法是使吸附剂在吸附器内定向移动，流体与它逆流接触，在接触过程中，完成吸附操作。所用设备为移动床吸附装置，是一组将吸附器、脱附器、冷却器、再生器串联组合在一起的连续式吸附装置。图 4-54 所示为一烃类气体分离的移动床吸附装置。它用于从甲烷氢中提取浓度 5.7% 的乙烯。

移动床吸附装置生产连续，处理量大，易于实现自动化，但由于结构复杂，能量消耗大，吸附剂磨损大，目前在化工厂中还应用不多。

第三节　分离新技术和生化分离

一、离子交换

1. 概述

利用离子交换剂对液相中的离子进行平衡反应的分离操作称为离子交换分离法。离子交换剂是一种带有可交换离子的不溶性固体，带有可交换的阳离子的交换剂称为阳离子交换剂，带有可交换的阴离子的交换剂称为阴离子交换剂。在水溶液中离子交换剂可交换的离子与水溶液中的离子发生离子交换反应。

可作离子交换剂的物质有离子交换树脂、无机离子交换剂（如沸石等）和某些天然有机物质经化学加工而得的交换剂（如磺化煤等），其中离子交换树脂应用最广。

离子交换过程是液固两相间的传质与化学反应过程，通常在离子交换剂表面进行的离子交换反应很快，过程速率主要由离子在液固两相间的传质过程决定。作为液固相间的传质过程，离子交换与液固相间的吸附过程相似。离子交换剂使用一定时间时也需要再生，再生后再重新投入使用。因此，离子交换过程的传质动力学特性、采用的设备型式、设备设计和操作与吸附过程相似，可以把离子交换看成是吸附的一种特殊情况。

2. 对离子交换剂的一般要求

离子交换剂的质量一般用其吸附性能及物理性能来评价。吸附性能包括离子交换剂的全交换容量，在各种不同介质的 pH 值下的容量，建立吸附平衡速度，所需解吸的溶液量和解吸完全程度。物理性能包括它的颗粒溶胀度和强度、热稳定性和化学稳定性。

离子交换吸附剂与通常的一般吸附剂不同，一般的吸附剂都只有极性吸附剂的功能，本身结构中没有能参与同电解质溶液进行离子交换反应的基团，而离子交换吸附剂既能离子交换吸附，又具有极性吸附，因为离子化基团具有很强的极性。

在选择离子交换剂时，必须考虑游动的离子与离子交换剂的键合强度，要使其解吸作用容易。因此要选择适当的键合强度。键能愈大，解吸愈困难，从而使再生循环时间长，且解吸溶液耗量增加。因此，选择离子交换吸附剂时，不仅要求具有大的容量，保证完全吸附，而且能将已吸附的离子迅速而完全解吸。

离子交换剂在被吸附溶液中的溶胀度对其吸附能力影响较大。不能溶胀的离子交换剂对各种离子的渗透的大小只取决于其表面积和孔隙大小，能溶胀的离子交换剂，随着溶胀度的增大，使离子化基团的易近性增大，也使吸附剂容量和建立吸附平衡的速度增大。溶胀度取决于介质的 pH 值，欲吸附离子的类型和温度。

但是，吸附剂颗粒的强度，随着溶胀度的增加而降低。在溶胀度急剧变化的情况下，颗粒内产生的内应力会使离子交换剂破裂。

离子交换剂颗粒大小和形状选择，要由它的溶胀性质来决定。对非溶胀吸附剂，其静态和动态特性随着颗粒大小、表面精糙度和孔隙率的增加而得到改善，对溶胀吸附剂则没有重大影响，为便于装填紧密及液体较好的液动条件，一般都趋于采用球形颗粒。

3. 离子交换树脂

离子交换树脂是带有可交换离子的不溶性固体、功能高分子材料。其中可交换的离子电荷与固定在高分子上的离子基团的电荷相反，故称之为反离子。根据可交换的反离子的电荷性质，将离子交换树脂分为阳离子交换树脂与阴离子交换树脂两大类。

离子交换树脂分类
- 阳离子交换树脂
  - 强酸性
  - 中强酸性
  - 弱酸性
- 阴离子交换树脂
  - 弱碱性
  - 强碱
    - 强碱Ⅰ型
    - 强碱Ⅱ型
- 两性
  - 强碱—弱酸
  - 弱碱—弱酸
- 氧化还原树脂
- 整合树脂

（1）阳离子交换树脂。无论是具有同型的或是具有异型的离子化基团的阳离子交换剂，现在都能由合成制得。同型离子化基团的阳离子交换树脂，以含磺基、磷酸基或羧基的树脂应用最广。主要品种有：

① 含磺基的阳离子交换树脂。用磺化法将磺基导入有机化合物中，而芳香族的磺化最易进行，由于低分子的芳基磺酸易溶于水，所以要用芳香族高分子有机物，通常是具有交联大分子结构的苯乙烯和二乙烯苯共聚物应用最广。

② 含磷酸基的阳离子交换树脂。该交换剂是由含羟基聚合物——纤维素或含聚二乙烯醇聚合物以及结构中有苯基聚合物经磷酸化而成。磷酸化作用是借在氯酚、吡啶介质中磷酰氯的作用进行的。该交换剂含有二级电离的酸基。

③ 含羧基的阳离子交换剂。含羧基的离子交换剂多半为盐型，即氢离子已为钠、钙或镁离子可替代。具有羧基离子化基团的阳离子交换剂，绝大多数是由不饱和有机酸与多种"架桥剂"二烯共聚制成的。

④ 含苯氧基的阳离子交换树脂。含苯氧基的高分子不溶物可由酚与甲醛聚合而成。它呈现酸性的大小决定于所选用酚的结构和合成条件。而各种不同的酚甲醛树脂属于离解最弱的高分子酸类。

⑤ 含巯基的阳离子交换树脂。巯基阳离子交换剂是用苯乙烯和二乙烯苯的共聚物氯甲基化后，氯原子随后为巯基取代的方式或用 KSH 与同种共聚物重氮化产物起反应的方法合成。这种吸附剂可用来选择性提取能生成硫醇盐的离子，也可用作离子交换树脂，即易于再生与能将离子还原的树脂。

（2）阴离子交换树脂。阴离子交换树脂与阳离子交换树脂一样，也可以利用缩聚或聚合的方法来制造。用来进行缩聚反应的化合物有：苯二胺、脲蜜胺、多乙烯多胺等，它们均含有氨基。用其制造的吸附剂就在于使这些化合物有足够的强度而不溶。多个单独的氨分子是靠甲醛物料的作用连接在复杂的大分子上，早先制成的第一种阴离子交换剂就是建立在间苯二胺和甲醛缩聚反应基础上的。

由于母体所固有的氨基结构在成脂过程中裂解了，所以树脂中就出现了具有不同取代程度的碱性基团。碱性的大小在一定程度上决定了原始胺的结构，离子化基团直接与苯环连接的胺具有较弱的碱性，在不可溶高分子化合物中仍保持不变。各种不同缩聚性离子交换剂，可以分成中等碱性和弱碱性分类。为了提高其碱性，可用卤代烷或磺化烷来处理树脂颗粒，这样氨基有了季铵碱的结构。

为了提高用缩聚法制得的阴离子交换剂的强度和耐水性，应进行多乙烯多胺、酚与甲醛或蜜胺与甲醛的共缩聚。

4. 离子交换过程的工业应用

（1）水处理。目前，离子交换技术的应用十分广泛，但水处理仍是其主要的应用领域。根据原水成分与使用部门对水质的要求，水处理分三种情况：

① 水的软化。即把水中能形成沉淀引起结垢的钙、镁离子转化成钠离子的过程。一般采用钠式强酸性阳离子交换树脂，使水中的钙、镁离子与树脂中的钠离子交换。饱和钙、镁离子的树脂用浓 NaCl 水溶液再生。

② 水的软化与部分脱盐。对于含重碳酸盐的原水，可用 H 式阳离子交换树脂处理，水中钙、镁离子与树脂上的 H^+ 交换，H^+ 与水中的 CO_3^{2-} 发生中和反应，使 CO_2 游离而除去。这种方法既去掉钙、镁离子，又除去 HCO_3^- 与 CO_3^{2-}，使水中总盐含量降低，故称为软化与部分脱盐。

③ 水的脱盐和纯水制造。脱盐是离子交换最主要的用途。实际生产中根据原水成分和对纯水的要求不同，可以有各种流程，采用不同的离子交换树脂。

(2) 糖液的净化。用离子交换树脂可以除去糖液中的 Ca^{2+}、Mg^{2+}、SO_4^{2-}、PO_4^{3-} 以及各种色素等有害杂质，避免糖液浓缩过程中析出沉淀使蒸发器结垢，同时可降低糖中灰分含量，提高结晶糖的质量与收率。

(3) 制药工业中的应用。离子交换技术可以用于药物的纯化精制。例如用混合床离子交换法，可有效地去除氨基酸、蛋白质和维生素 B_1 中的盐分；离子交换技术可使带酸碱性的药物的盐型转化，如使青霉素钠盐转变为钾盐；离子交换技术还可用于喹宁、吗啡碱等生物碱的回收。

(4) 废水处理。废水处理也是目前离子交换应用的一个重要领域。对于含重金属的废水，例如含汞、铬、铜以及放射性物质的废水处理，离子交换是很有效的方法。

(5) 其它

① 铀的提取。铀矿浸取液在 H_2SO_4 溶液中形成 $UO_2(SO_4)_n^{2-2n}$ 络离子($n=2, 3$)，可用阴离子交换树脂将它提取出来而与其它金属离子分开。被树脂吸附的 $UO_2(SO_4)_n^{2-2n}$ 用 HNO_3 或 NH_4NO_3 溶液洗脱，洗脱下来的 $UO_2(SO_4)_n^{2-2n}$ 用氨水沉淀，最后可制得 U_3O_8。

② 碘的提取。含碘卤水中的 I^- 可用离子交换法提取。为了提高树脂的利用率，可先往卤水中通氯气，使部分 I^- 氧化而形成 I_3^- 离子，然后用强碱性阴离子交换树脂吸附。吸附了 I_3^- 的树脂用 NaCl 与 NaOH 溶液处理，使 I_3^- 解吸，解吸液用 H_2SO_4 酸化即可析出碘。

③ 电解质与非电解质的分离。当含有电解质与非电解质的溶液通过离子交换柱时，由于离子交换树脂对溶液中的电解质有排斥作用而较快地通过，非电解质却因与树脂有一定的亲和力而延迟流出，因此可以使溶液中的电解质与非电解质分离。

二、膜分离

1. 概述

膜分离是指利用膜对混合物组分的选择性透过的性能使混合物分离的过程。

膜的最通用的广义定义是“膜”为两相之间的一个不连续区间。因而膜可为气相、液相和固相，或是它们的组合。简单地说，膜是分隔开两种流体的一个薄的阻挡层。这个阻挡层阻止了这两种流体间的水力学流动，因此，它们通过膜的传递是借助于吸着作用及扩散作用来实现的。通常用膜的渗透性表示膜的传递速率。一般来说，气体渗透是指在膜的高压侧的气体透过此膜至膜的低压侧；液体渗透是指在膜一侧的液相进料组分渗透至膜的另一侧的液相或气相中。在相同条件下，假如一种膜以不同速率传递不同的分子样品，这种膜就是半透膜。

近几十年来，膜分离过程如反渗透、超滤、气体膜分离等的应用已遍及海水与苦咸水淡化、环保、化工、石油、生物医药、轻工食品等领域。同时对新的膜分离过程如渗透汽化、支撑液膜、膜萃取、膜分相、膜蒸馏等的研究也已取得重要进展，其中有的过程已经应用于生产上，有的过程即将进入应用阶段。目前，膜分离已成为分离混合物的重要方法。

膜分离过程的特点是过程简单，无相变，分离系数较大，节能，高效，经济性较好，无二次污染，可在常温下连续操作，可直接放大，可专一配膜等。由于膜过程特别适用于热敏性物质的处理，在食品加工、医药、生化技术领域有其独特的适用性。

一般来说，采用能透过气体或液体的膜分离技术对下述体系进行分离具有特殊的优越性：

（1）化学性质及物理性质相似的化合物的混合物。

（2）结构的或取代基位置的异构物混合物。

（3）含有受热不稳定组分的混合物。

当利用常规分离方法不能经济、合理地进行分离时，膜分离过程作为一种分离技术特别适用。它也可以和常规的分离操作结合起来作为一个单元操作来运用，例如，可将膜渗透用于蒸馏塔加料前以破坏恒沸混合物。

2. 分离用膜

（1）膜的种类。分离用膜由高分子、金属、陶瓷等材料制造，以高分子材料居多。按其物态又可分为固膜、液膜与气膜三类。气膜分离尚处于研究阶段，液膜已有中试规模的工业应用，主要用于废水处理过程。目前大规模工业应用的多为固膜，固膜主要以高分子材料膜为主，按其结构与作用特点分为以下5类：

① 均质膜或致密膜。为均匀的致密的薄膜，物质依靠分子扩散通过这类膜。因为物质固体中的扩散系数很小，为达到有实用意义的传质速率，这类膜必须极薄。

② 微孔膜。这类膜的平均孔径为0.02~10μm，有多孔膜与核孔膜两种类型。前者呈海绵状，膜孔大小分布范围较宽，孔道曲折，膜厚50~250μm；后者用10~15μm的致密的塑料薄膜制造，先用反应堆产生的裂变碎片轰击，穿透薄膜而产生损伤的径迹，然后在一定温度下用化学试剂侵蚀而形成一定尺寸的孔，它的特点是孔为圆柱形直孔，膜上开孔率小，但孔短，制造中孔径可以较精确地控制，孔径比较均匀。

③ 非对称性膜。这类膜的特点是其断面不对称。非对称性膜由表面活性层和支撑层两层组成。表面活性层很薄，厚度为0.1~1.5μm，膜的分离作用主要取决于这一层。表面活性层致密无孔或孔径小于1nm的用于反渗透、气体分离等；表面活性层孔径为1~20nm的用于超滤。支撑层厚50~250μm，起支撑作用，它决定膜的机械强度，呈多孔状。

④ 复合膜。复合膜由在非对称性超滤膜表面加一层0.25~15μm厚的致密活性层构成，膜的分离作用主要取决于这层致密活性层。与普通的非对称性膜比较，复合膜的优点是活性层能够用各种材料，因而有广阔的选择余地，可以广泛应用于反渗透、气体膜分离和渗透汽化过程。

⑤ 离子交换膜。由离子交换树脂制成，主要用于电渗析，有阳离子交换膜和阴离子交换膜两类，工业上使用的都是均质膜，厚200μm左右。为了增加膜的强度，膜内可加增强材料，这类膜为半均质膜。

分离用膜按形状分有平板式和管式两类。

a. 平板式。即纸状膜，前述5种均可制成平板膜。

b. 管式。管式膜有直径较大的含多孔支撑管的管状膜和无支撑的中空纤维膜两种。管状膜的支撑管一般用多孔不锈钢管或耐压的微孔塑料管，膜可以贴在管内（内压式）或贴在管外（外压式）。另一种管状膜也称为槽式膜，其结构如图4-55所示。槽条直径3mm左右，上有3~4条槽沟，槽条表面覆盖涤纶编织层，其上涂铸膜液，形成膜层，并将槽条的一端密封，即为一管状膜条。将几十到几百根膜条组成一束装入耐压管中，即形成槽条式膜组件。

中空纤维膜根据使用时膜两侧压差的大小，可分为粗、细两种，细的中空纤维外径20~

250μm，壁厚几到25μm，用于反渗透；粗的中空纤维(亦称毛细管膜)外径0.5~2mm，用于超滤等操作压差小的过程。平板式膜很薄，强度差，为了承受两侧的压力差使用时必须有支撑结构。中空纤维虽然薄，但直径小，刚度好，管内外能承受一定压差，使用时无需专门的支撑结构。

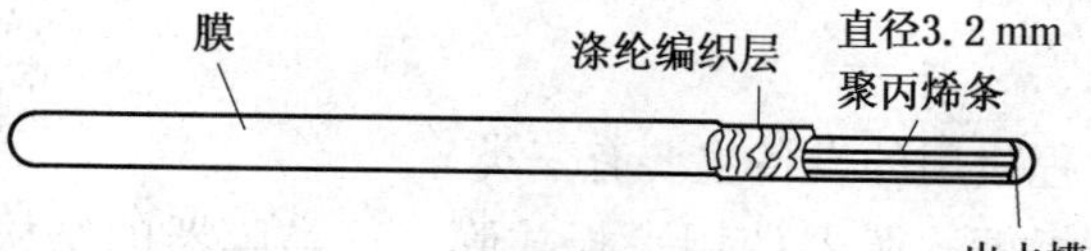

(a) 膜支撑结构

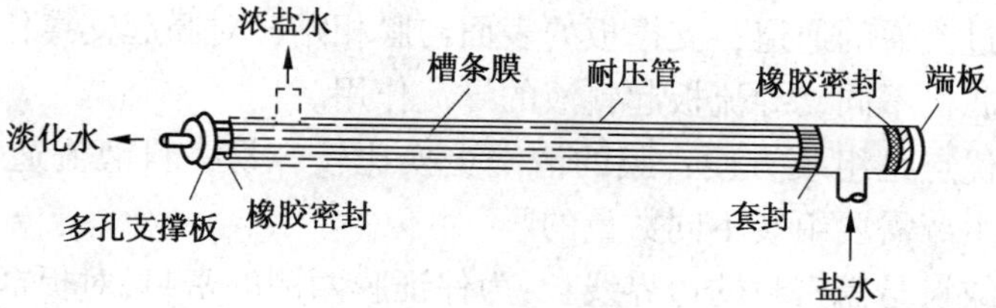

(b) 组件图

图4-55 槽条式膜组件

(2) 膜性能的表示法。膜的性能包括膜的分离透过特性和物化稳定性两方面。膜的物化稳定性指膜的强度、允许使用压力、温度、pH值以及对有机溶剂和各种化学药品的抵抗性，它是决定膜的使用寿命的主要因素。

膜的分离透过特性包括分离效率、渗透通量和通量衰减系数三个方面。

① 分离效率。对于不同的膜分离过程和分离对象可以用不同的表示方法。对于溶液脱盐或微粒和某些高分子物质的脱除等可以用脱盐率或截留率R表示

$$R = \frac{c_1 - c_2}{c_1} \times 100\%$$

式中，c_1、c_2分别表示原液和透过液中被分离物质(盐、微粒或高分子物质)的浓度。

对于某些混合物的分离，可以用分离系数α或分离系数β表示

$$\alpha = \frac{y_A}{1 - y_A} \Big/ \frac{x_A}{1 - x_A}$$

$$\beta = \frac{y_A}{x_A}$$

式中，x_A与y_A分别表示原液(气)与透过液(气)中组分A的摩尔分数。

② 渗透通量。通常用单位时间内通过单位膜面积的透过物量表示。

③ 通量衰减系数。因为过程的浓差极化、膜被压密以及膜孔堵塞等原因，膜的渗透通量将随时间而衰减，可以用下式表示

$$J_\theta = J_0 \theta^m$$

式中　J_0—— 初始时的渗透通量，$kg/m^2 \cdot h$；

θ—— 使用时间，h；

J_θ——时间 θ 时的渗透通量，$kg/m^2 \cdot h$；

m——衰减系数。

对于任何一种膜分离过程，总希望分离效率高，渗透通量大。实际上这两者往往存在矛盾，通常分离效率高的膜，渗透通量小，渗透通量大的膜，分离效率低，所以常需在这两者之间找出折中的最佳选择。

3. 膜分离设备

目前各种膜分离过程应用的设备主要有三类。

(1) 板框式膜器。板框式膜器使用平板式膜，这类膜器的结构与常用的板框压滤机类似，它由导流板、膜和支承板交替重叠组成。其中支撑板相当于滤板，它的两侧表面有窄缝，其内腔有供透过流通的通道，支撑板的表面与膜相贴，对膜起支撑作用。导流板相当于滤框，但与板框压滤机不同，导流板起料液的导流作用。

板框式膜器的优点是组装方便；膜的清洗更换比较容易；料液流通截面较大，不易堵塞；同一设备可视生产需要组装不同数量的膜。

板框式膜器的缺点是需密封的边界线长；为保证膜两侧的密封，对板框及其起密封作用的部件的加工精度要求高；每块板上料液的流程短，通过板面一次透过液相对量少，所以为了使料液达到一定的浓缩度，需经过板面多次，或者需要多次循环。

(2) 卷式膜器。卷式膜器也是用平板膜制成，其结构与螺旋板式换热器类似。支撑材料插入三边密封的信封状膜袋，袋口与中心集水管相接，然后衬上起导流作用的料液(如盐水)隔网，两者一起在中心管外缠绕成筒，装入耐压的圆筒中即构成膜器组件。使用时料液沿隔网流动，与膜接触，透过液透过膜，沿膜袋内的多孔支撑体流向中心管，然后由中心管导出，如图 4-56。

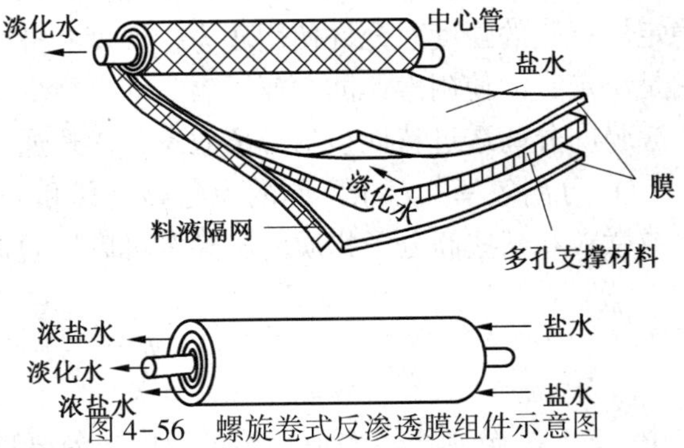

图 4-56　螺旋卷式反渗透膜组件示意图

目前螺旋卷式膜器在反渗透中应用比较广泛，大型组件直径 300mm，长 900mm，有效膜面积达 $51m^2$。与板框式膜器比较，卷式膜器的优点是设备较紧凑，单位体积内的膜面积大。缺点是清洗不方便，膜有损坏，不能更换。

(3) 管式膜器。管式膜器由管式膜(有支撑的管状膜和中空纤维)制成，它的结构原理与管式换热器类似，管内与管外分别走料液与透过液。

有支撑的管状膜可以制成排管、列管、盘管等型式的膜器，多数膜在管内侧为内压式。也有外压式管状膜，膜贴在支撑管外壁，由于外压式管状膜器需耐高压的外壳，料液的流动状况差，一般很少用。这类膜器的主要缺点是单位体积膜器内的膜面积少，一般为 33～$330m^2/m^3$。

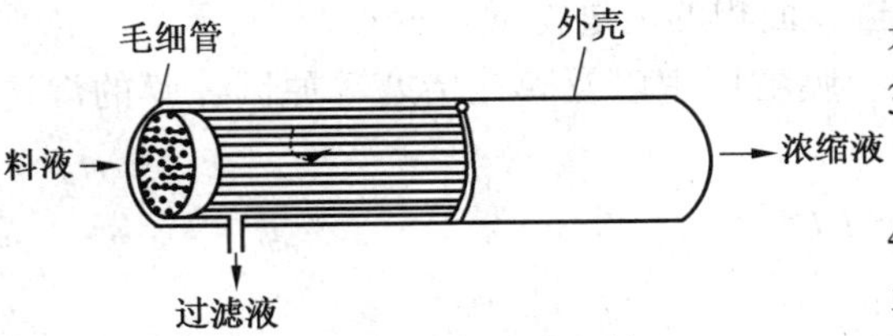

图 4-57　毛细管型膜组件

中空纤维膜一般均制成列管式，如图 4-57为毛细管膜器，料液从一端进入，通过毛细管内腔，浓缩液从另一端排出。超滤、微滤等操作压差小的过程均可以采用这类膜器。

图 4-58 是细的中空纤维制成的列管式反渗透器示意图。这由很多根纤维(多达几十万、甚至几百万根)组成，众多中孔纤维与中心进料管捆在一起，一端用环氧树脂密封固定(图中右端)，另一端用环氧树脂固定(图中左端)，料液进入中心管，并经中心管上小孔均匀地流入中空纤维的间隙，透过液通过中空纤维管壁进入管内，沿纤维管内从左端流出。浓缩液从中空纤维间隙流出后，沿纤维束与外壳间的环隙向右而从右端流出。

图 4-58　中空纤维膜器示意图

这类膜器的特点是设备紧凑，单位设备体积内的膜面积大(高达 16000~30000m^2/m^3)，但中空纤维内径小，阻力大，易堵塞，透过液侧流动损失大，膜面去污染困难，因此对料液预处理的要求高，中空纤维一旦破损，无法更换。

4. 各种膜分离过程简介

(1) 反渗透。反渗透是利用反渗透膜选择性的只能透过溶剂(通常是水)的性质，对溶液施加压力，克服溶剂的渗透压，使溶剂通过反渗透膜而从溶液中分离出来的过程。反渗透技术比较成熟，应用十分广泛，海水和苦咸水的淡化是其主要应用。

(2) 超滤。用孔径为 1nm 至 20nm(或更大)的超滤膜来过滤含有大分子或微细粒子的溶液，使大分子或微细粒子从溶液中分离的过程叫超滤。与反渗透类似，超滤的推动力也是压差，在溶液侧加压，使溶剂透过膜。与反渗透不同，在超滤过程中，小分子溶质与溶剂一起通过超滤膜。

超滤用于从水溶液中分离高分子化合物和微细粒子，采用具有适当孔径的超滤膜可以分离不同分子量和形状的大分子物质。

(3) 微滤。微滤与超滤的原理相同，它利用孔径大于 0.02μm 至 10μm 的多孔膜来过滤含有微粒的溶液，将微粒从溶液中除去。

(4) 渗析。渗析是最早发现、研究和应用的一种膜分离过程，它利用多孔膜两侧溶液的浓度差使溶质从浓度高的一侧通过膜孔扩散到浓度低的一侧，使溶液得到分离。目前主要用于人工肾，用来除去血液中的蛋白代谢产物、尿素和其它有毒物质。

(5) 电渗析。电渗析也是较早研究和应用的一种膜分离技术。它基于离子交换膜能选择性地使阴离子或阳离通过的性质，在直流电场的作用下使阴阳离子分别透过相应的膜以达到从溶液中分离电解质的目的。目前主要用于从水溶液中除去电解质、电解质与非电解质的分离和膜电解等。

(6) 气体膜分离。气体膜分离是利用气体组分在膜内溶解和扩散性能的不同，即渗透率的不同来实现分离的技术。目前已应用于氢的分离，空气中氧与氮的分离等，是一种很有发展前途的分离技术。

(7) 渗透汽化。渗透汽化也称渗透蒸发，是利用膜对液体混合物中组分的溶解和扩散性能的不同来实现分离。近几十年来对渗透汽化过程进行了比较广泛的研究，用渗透汽化技术分离工业酒精制取无水酒精的过程已经工业化，有研究者预计，渗透汽化与气体膜分离可能成为 21 世纪化工分离过程中的重要技术。

(8) 膜蒸馏。膜蒸馏实质上是利用膜的蒸发过程，应用疏水的微孔膜将热的水溶液与冷却水隔开，热水溶液中的水汽化，扩散通过膜孔而在冷却水侧冷凝，因而从非挥发性物质的溶液中分离出水，这一过程称为膜蒸馏。从其工艺特点可知，它可用于纯水制造与水溶液的浓缩。膜蒸馏目前尚处于研究阶段。

(9) 膜分相。膜分相是20世纪70年代以来发展起来的一种分离乳浊液的方法，它利用多孔固体膜对乳浊液中两液相亲和性不同的性质，使得与膜亲和力强的液相能通过膜，与膜不亲和的液相不能通过膜，使乳液分离。膜分相已在油水分离中得到应用。

(10) 支撑液膜分离。支撑液膜分离技术是20世纪60年代末以后发展起来的新型膜分离技术，可以说它是吸收和萃取过程与膜技术结合的产物，可用于某些气体与液体混合物的分离，目前尚处于研究阶段。

(11) 膜萃取。膜萃取是液液萃取与膜技术的结合，是20年前开始研究的一种新型膜分离技术。

三、色谱分离

1. 概述

众所周知，色谱作为一种快速方便的混合物的分析方法已广泛应用，但是作为混合物的分离方法目前用得还不多。其实色谱最初是作为一种分离手段出现的，稍后才用于分析。由于色谱放大存在一定困难，有一段时期用于生产的大型色谱发展缓慢。近十多年来，放大技术的进展，使大型色谱也能做到与小型色谱一样有效，大型色谱重新引起人们的兴趣，成为一种受人注目的分离方法。

色谱有很多种，但它们有共同的基本原理和特性，它们都包括一个流动相(气相或液相)和一个固定相，分离的基础是组分的差速迁移。在色谱柱中流动相沿固定相流动，混合物中各组分在此固定相与流动相间的分配不同，在固定相中相对量多的组分，与固定相在一起的时间分率大，随流动相一起流动的速度就慢。这样，由于混合物中各组分被固定相滞留程度不同，它们随流动相移动的速度就不同(称为差速迁移)，随流动相移动快的组分先离开色谱柱，随流动相移动慢的组分后离开色谱柱，因而可使混合物的各组分互相分离。

根据流动相的不同，色谱可分为气相色谱与液相色谱两类。气相色谱一般用于混合物组分易于汽化和高温不易分解的情况，液相色谱则用于组分沸点高和易于受热分解的情况。

根据固定相的类型，色谱可分为以下5类。

(1) 吸附色谱。固定相为适当的吸附剂，组分在流动和固定两相间的分配服从气固(或液固)间的吸附平衡关系，通常也称气固色谱或液固色谱。

(2) 分配色谱。固定相为粘附有薄层液体溶剂的固体颗粒，其中起作用的是液体溶剂，组分在流动相与液体溶剂间的分配服从气液吸收或液液萃取的平衡关系。通常也称为气液色谱或液液色谱。

(3) 离子交换色谱。固定相为离子交换树脂或表面涂以液体离子交换树脂的固体颗粒，组分在流动相(液体)与固相间的分配服从离子交换平衡。

(4) 亲和色谱。固定相是附着有某种特效亲和力的配位体，为惰性固体颗粒，组分在流动相与配位体间的平衡关系是亲和色谱的作用根据。

(5) 排除色谱。固定相为具有一定大小孔道的凝胶，故又称为凝胶色谱。这种色谱的作用机理与前面几种不同，它是基于凝胶微孔对大小不同的分子的阻滞不同的性质使它们互相分离。大分子不能进入微孔，被排斥而随流动相很快流出，小分子可进入微孔，被阻滞而在固定相中停留较长时间后再流出。随洗涤溶剂和速度不同、大小不等的分子分批流出。

色谱柱通常为由细颗粒组成的固定床，对它的基本要求是尽可能使流动相在床层中保持均匀的活塞流，为此要求固定相颗粒均匀的紧密的堆积，没有空穴与沟流，对于流体进入色谱柱的分布器，设计时要求能保证流动相均匀分布。

色谱柱相当于一个深层过滤器。原料与溶剂中含有粒状杂质将在床层中积累，使床层堵塞，流动相通过床层的压力降增大，流量减小，因此工艺系统中需设置过滤器。若床层中存在气泡，会妨碍流动相的均匀流动，所以送入的液体应进行脱泡处理。

2. 应用

色谱分离技术的特点是分离能力强，能够分离很难分离的混合物，但其单位设备的处理量小，技术比较复杂，故目前只用于常规分离方法不能分离或费用昂贵的场合。

（1）液相色谱。大型液相色谱已用于浓缩果糖，分离蔗糖浆，分离对二甲苯与乙苯；另有用小型色谱分离柱纯化盘尼西林 V 和 2,4,6-三特丁基酚的报道。

（2）气相色谱。某些体系的大型气相色谱分离已经工业化。在前苏联已用于高纯溶剂、噻吩和氮茚的生产；在美国用于香料的纯化。

（3）离子交换色谱。离子交换色谱通常为吸着解吸色谱，很多湿法冶金过程中的溶液用此法提纯。蛋白质是两性物质，改变溶液的 pH 值可以使蛋白质吸着在离子交换树脂上或从离子交换树脂上解吸下来，所以蛋白质也可以用吸着解吸的离子交换色谱来纯化。例如人血蛋白、胰岛素、蛋白溶菌酶的纯化，人血清白朊的部分纯化。

（4）亲和色谱。亲和色谱常为吸着解吸色谱，主要用于生物物质的分离。所用固定相由对生物物质有特殊亲和力的配位体附着在惰性固体上构成。例如将酶的阻力剂附在琼脂上。文献中有很多用 1L 或更小的色谱柱生产少量的酶的报道，大型亲和色谱的应用刚刚开始。

（5）排除色谱。排除色谱是基于固定相微孔对不同大小的分子的排除作用而使它们相互分离的技术。因为很难制得能分离大小比较接近的分子的固定相(凝胶)，目前大型排除色谱主要用于大分子物质(蛋白质)的脱盐，例如人血浆脱盐。

四、超临界流体萃取和其它萃取分离

1. 超临界流体萃取

超临界流体萃取是利用处于临界压力和临界温度以上流体具有的特异增加的溶解能力进行萃取的新分离方法。

超临界流体是指超过临界温度与临界压力状态的流体。如果某种气体处于临界温度之上，无论压力多高，也不能液化。这时称此气体为超临界流体。常用的超临界流体有二氧化碳、乙烯、乙烷、丙烯、丙烷和氨等，其中二氧化碳最为常用。

（1）超临界流体的基本性质

超临界流体的最重要的性质是密度、粘度和扩散系数。当接近临界温度 T_c 时，相当于对比温度 $T_r=1\sim1.2$ 时，流体有很大的可压缩性。在对比压力 $p_r=0.7\sim2$ 的范围内，适当增加压力可使流体密度很快增大到接近普通液体的密度，使超临界流体具有类似液体对溶质的溶解能力，而且随温度与压力的变化而连续变化。密度越大，溶解能力越高。

超临界流体的粘度受温度和压力的影响也很大。它的对比粘度 μ_r 只有 1~3，而普通液体萃取剂的 μ_r 为 12 以上。同样，超临界流体的扩散系数要比通常状态下的扩散系数大 7~

24 倍。

将超临界流体和常温常压下气体、液体的三个基本性质进行比较，列于表 4-8，该表说明超临界流体具有接近液体的密度和类似液体的溶解能力，具有接近气体的粘度和扩散速度。这就意味着将有很高的传质速率和很快达到萃取平衡的能力。

表 4-8　超临界流体和常温常压下气体、液体的物性比较

流体 \ 物性	密度 ρ/(g/cm³)	粘度 μ/Pa · s	扩散系数 D/(cm²/s)
气体 15~30℃，常压	$(0.6\sim2)\times10^{-3}$	$(1\sim3)\times10^{-5}$	0.1~0.4
临界流体，T_c、p_c	0.2~0.5	$(1\sim3)\times10^{-5}$	0.7×10^{-3}
超临界流体，T_c、p_c	0.4~0.9	$(3\sim9)\times10^{-5}$	0.2×10^{-3}
液体，有机溶剂，水 15~30℃，常压	0.6~1.6	$(0.2\sim3)\times10^{3}$	$(0.2\sim2)\times10^{-5}$

适用于超临界萃取的溶剂有许多，现将常用溶剂的临界值列于表 4-9，其中二氧化碳和轻烷的临界温度比较适中，作为溶剂较为适宜。

表 4-9　常用超临界溶剂的临界值

溶剂 \ 物性	临界温度/℃	临界压力/MPa	临界密度/(g/cm³)
乙烯	9.2	5.03	0.218
二氧化碳	31.0	7.38	0.468
乙烷	32.2	4.88	0.203
丙烯	91.8	4.62	0.233
丙烷	96.6	4.24	0.217
氨	132.4	11.3	0.235
正戊烷	197	3.37	0.237
甲苯	319	4.11	0.292

（2）二氧化碳的超临界特性

二氧化碳的压力-温度物性状态相图如图 4-59 所示。图中的熔点线、沸点线和升华线把图分成固相、液相和气相区。临界点位于临界温度 T_c = 31.06℃ 和临界压力 p_c = 7.38MPa 处。温度和压力都超过上述值的状态称为超临界状态或超临界相。这时二氧化碳的溶解能力完全依赖于温度和压力，并有接近液体的密度，接近气体的粘度和扩散速度等特性，即此时的二氧化碳具有很大的溶解能力、很高的传质速率和很快达到萃取平衡的能力。

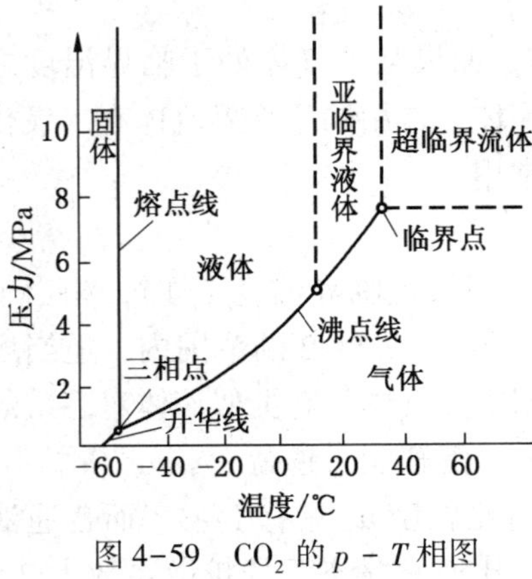

图 4-59　CO_2 的 p - T 相图

（3）超临界流体萃取的典型流程

超临界流体萃取过程是由萃取阶段和分离阶段组合而成的。在萃取阶段，超临界流体将所需组分从原料中提取出来。在分离阶段，通过变化某个参数或其它方法，使萃取组分从超临界流体中分离出来，并使萃取剂循环使用。

工艺过程如图 4-60 所示，根据分离方法的不同，可以把超临界萃取流程分为等温法、等压法和吸附吸收法三类。

① 等温法是超临界流体萃取中应用最方便的一种流程。它是通过变化压力而使萃取组分从超临界流体中分离出来。

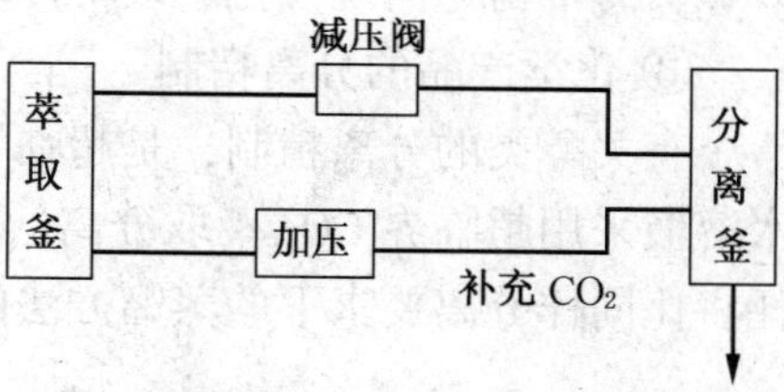

图 4-60　超临界 CO_2 萃取工艺流程示意图

② 等压法是利用温度的变化来实现溶质与萃取剂的分离。萃取了溶质的超临界流体经加热升温使萃取剂与溶质分离，由分离槽下方取出溶质。

③ 吸附法则是采用可吸附溶质而不吸附萃取剂的吸附剂使两者分离。

(4) 超临界流体萃取技术的特点和应用

超临界流体萃取在溶解能力、传递性能和溶剂回收等方面具有突出的优点，最明显的优点有：

① 由于超临界流体的密度与通常液体溶剂的密度相近，因此用超临界流体进行萃取，具有与液体溶剂相同的溶解能力。同时它又保持了气体所具有的传递特性，即比液体渗透得快，渗透得深，能更快达到平衡。

② 操作控制参数主要是压力和温度，较易控制。在接近临界点处，只要温度和压力有微小的变化，超临界流体的密度就会有显著的变化，即溶解能力的变化。因此萃取后溶质和溶剂的分离很容易。精确控制超临界流体的密度变化，还能得到类似精馏使溶质逐一分离的操作过程。

③ 超临界萃取过程具有萃取和精馏的双重性，有可能分离一些难分离的物质。

④ 超临界流体如二氧化碳可用于食品工业中一些热敏性物料的萃取，还可以革除一直使用到现在的有毒溶剂。

⑤ 将超临界流体作流动相用于色层分析，可以分析出低挥发度的化合物。

超临界流体萃取的主要缺点是设备和操作都要求在高压下进行，设备投资费较高。

总之，超临界流体萃取是具有特殊优势的分离技术。多年来，众多的研究者以许多分离体系为对象开展了深入的应用研究，每隔一年就有大型学术研讨会研究。

主要应用举例如：

① 天然产物中有效成分的分离提取。

将超临界流体萃取用于天然产物中有效成分的提取，咖啡豆中脱除咖啡因是十分典型的应用范例。咖啡因存在于咖啡、茶等天然物中，医药上用作利尿剂和强心剂。将浸泡过的生咖啡豆置于压力容器之中，其间不断有 CO_2 循环通过，操作温度为 70~90℃，压力为 16~20MPa，密度为 0.4~0.65g/cm^3。咖啡豆中的咖啡因逐渐被 CO_2 提取出来。带有咖啡因的 CO_2 用水洗涤，咖啡因转入水相，CO_2 循环使用。水经脱气后，可用蒸馏的方法回收其中的咖啡因。这类工艺的分离阶段也可以用活性炭吸附取代水洗涤。

对于其它一些天然产物的超临界流体萃取工艺也进行了大量的应用研究工作，如从啤酒花及胡椒等物料中提取香味成分和香精，从大豆中提取豆油，从麦胚中提取油，萃取沙棘油分离磷脂，分离辣椒中的红色素和辣素，从鱼油中提取不饱和脂肪酸等。

② 促进中草药研究和开发。

用于中药提取分离浓缩，脱除杂质，萃取挥发性成分，生物碱、木脂素、苷类和多糖提取等，为中药走向现代化、改革传统制药工艺将有不可低估的作用。

③ 化学产品的分离精制。

有关醇类的分离精制，是超临界萃取研究的另一个活跃的领域。表 4-10 列出了对醇类水溶液采用超临界 CO_2 萃取分离的中试结果。十分明显，这类体系采用超临界萃取时的能耗将比同样分离要求下的蒸馏方法的能耗大幅度下降。

表 4-10 醇分离的产品纯度与能耗

醇	原料/%(质)	产品/%(质)	共沸组成(常压)/%(质)	能耗*/%
乙醇	2~15	84~91	95.6	40
异丙醇	2~60	84~95	87.9	17
正丁醇	2~70	91~96	67.9	10

*蒸馏法的能耗按 100%计。

④ 超临界 CO_2 处理食品原料。

用来造酒的精米和面用超临界 CO_2 进行脱脂，能除去 30%左右的粗脂质。用处理后的米和面酿造出来的酒的色度降低，与提高白酒质量有关的乙酸异戊酯和异戊醇的含量提高，而与质量成反比关系的紫外吸收波则降低。利用仪器分析和品尝试验都证明，经超临界 CO_2 处理后，白酒的质量有显著提高。

⑤ 超临界流体萃取在生化工程中的应用。

由于超临界流体萃取具有毒性低、温度低、溶氧好的特点，十分适合生化产品的分离和提取。用超临界 CO_2 萃取氨基酸，从单细胞蛋白游离物中提取脂类等研究显示了这方面的优势。

此外，超临界流体萃取在反应工程、高聚物分离、环境治理、活性炭再生、超细颗粒材料、精密零件清洗等领域也显示出优点和优势。

超临界流体萃取是一种正在开发研究的新型分离技术，处于工业规模应用的方法还不多，但是这一领域的基础研究和应用基础研究直至中间规模的试验却十分活跃。可以预料，作为一种新分离技术，将在许多领域中得到广泛应用。

2. 其它萃取分离技术

(1) 化学萃取。化学萃取是指溶质与萃取剂之间存在化学作用的萃取分离过程。化学萃取中存在的典型化学反应如下：

① 络合反应。如果被萃取物以中性分子形式存在，萃取剂也以中性分子形式存在，两者通过络合，结合成为中性溶剂络合物，实现相转移，进入有机相，这类化学作用为络合反应。在湿法核燃料处理工艺中，用磷酸三丁酯萃取硝酸铀铣是典型的络合反应萃取。

② 阳离子交换反应。在阳离子交换反应中，萃取剂一般为弱酸性有机物或螯合树脂羟肟类螯合萃取剂萃取铜，就属于这类阳离子交换反应。

③ 离子缔合反应。在金属萃取中常见的离子缔合反应主要为阴离子萃取。叔胺从硫酸介质中萃取铀，就属于阴离子萃取。

(2) 液膜分离技术。液膜分离技术是一种快速、高效和节能的新型分离技术，它是 20 世纪 60 年代中期发展起来的。由于该技术的明显的特色，问世以来引起了众多学者的极大兴趣，相继开展了研究工作。

液膜分离技术和溶剂萃取过程相似，也是由萃取和反萃两过程构成的。但是在液膜分离过程中，萃取与反萃是同时进行一步完成的。

众所周知，生物膜的分离和浓缩功能是十分惊人的，液膜分离技术的传质机理则与生物膜有相似之处。由于促进传输作用，使分离技术的传递速率明显提高，甚至可以使溶质从低浓度向高浓度扩散。液膜分离技术往往使分离过程所需级数明显减少，而且大大节省萃取试剂的消耗量。

目前，在广泛深入研究的基础上，液膜分离技术在湿法冶金、石油化工、环境保护、气体分离、生物医学等领域中，显示出了广阔的应用前景。

液膜分离技术按其构型和操作方式的不同，主要可以分为乳状液膜(Liquid Surfactant Membranes)和支撑液膜(Suported Liquid Membranes)。

① 乳状液膜。乳状液膜实际上可以看成一种"水-油-水"型(W/O/W)或"油-水-油"型(O/W/O)的双重乳状液高分散体系。将两个互不相溶的液相通过高速搅拌或超声波处理制成乳状液，然后将其分散到第三种液相(连续相)中，就形成了乳状液膜体系。这类液膜体系，包括三个部分：膜相、内包相和连续相。通常内包相和连续相是互溶的，膜相则以膜溶剂为基本成分。为了维持乳状液一定的稳定性及选择性，往往在膜相中加入表面活性剂和添加剂。乳状液膜是一个高分散体系，提供了很大的传质比表面积。待分离物质由连续相(外相)经膜相向内包相传递。在传质过程结束后，乳状液通常采用静电凝聚等方法破乳，膜相可以反复使用，内包相经进一步处理后回收浓缩的溶质。

② 支撑液膜。支撑液膜是将膜相溶液牢固地吸附在多孔支撑的微孔中，在膜的两侧是与膜相互不相溶的料液相和反萃相。待分离的溶质自料液相经多孔支撑体中的膜相向反萃相传递。这类操作方式比乳状液膜简单，过程易放大。但是膜相溶液是依据表面张力和毛细管作用吸附于支撑体微孔之中的，在使用过程中，液膜会发生流失现象而使支撑液膜的功能逐渐下降。因此支撑液膜材料的选择往往对过程影响很大。一般认为聚乙烯和聚四氟乙烯制成的疏水微孔膜效果较好，聚丙烯膜次之，聚砜膜做支撑的液膜的稳定性较差。在工艺过程中，一般需要定期向支撑体微孔中补充液膜溶液，采用的方法通常是在反萃相一侧隔一定时间加入膜相溶液，以达到补充的目的。

③ 液膜分离技术的应用。液膜分离技术由于其过程具有良好的选择性和定向性，分离效率很高。因此，它的研究领域和应用前景宽广，已经取得了不少的成效。

例如烃类混合物的分离，待分离的烃类混合物为有机相，膜相则为水相膜。烃组分 A 从烃液滴中透过液膜进行选择性渗透，扩散到溶剂相中，不渗透组分 B 含量不断增高，烃液滴继续缓缓上升，在溶剂相上方凝聚成萃余液。富集 A 组分的溶剂相在分离器中进行两相分离，溶剂回收使用。如图 4-61 示意。这类工艺已成功用于分离苯-正己烷，甲苯-庚烷，庚烷-己烯等混合体系。

对于有机物废液，如酚、乙酸、柠檬酸等，无机物阳离子 Hg^{2+}、Cu^{2+}、Zn^{2+}，阴离子 NO_2^-、PO_4^{3-}、CN^-等，采用液膜分离都可能妥善处理。重要的是要配制对废水中渗透组分具有溶解度大或定向选择性的液膜体系，并且要求渗透组分和被液膜包封的内包相反应或络合物解络，使之不再渗透返回。

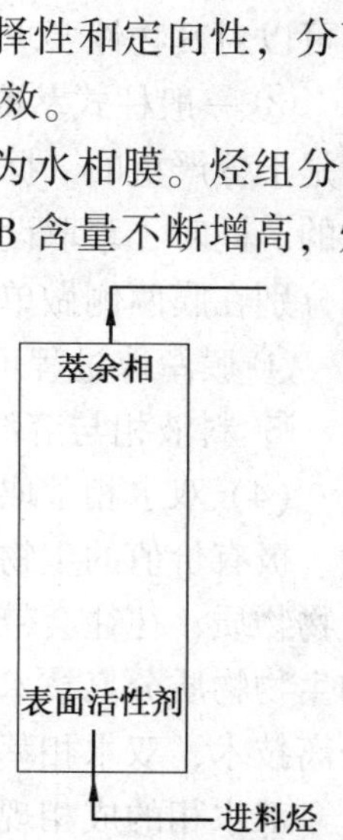

图 4-61 液膜烃分离流程示意图

又如美国本特研究公司利用支撑液膜提取铀已取得很大进展。四个膜面为 9.29m² 的组件已经受过现场长期考验。浸出液铀浓度可

以由 1.25×10^{-4} 降至 5×10^{-6}，回收液中铀浓度为 1%(质)，迁移通量为 9.85kg 铀/$m^2\cdot a$。液膜相由 30%(体积)的 Alamine 336，70%(体积)的 Aromatic 150 组成，反萃液为 0.15kg/L 的 Na_2CO_3。经济分析结果表明，对 1g/L 铀料液而言，液膜法操作费用为 66.1 美分/kg 铀，溶剂萃取法为 110.2 美分/kg 铀，离子交换法为 154.3~220.4 美分/kg 铀。

液膜分离技术发展很快。但总体来说，大都处于实验室研究及中间工厂试验阶段。液膜技术是一种新型的分离技术，它具有广阔的应用前景，更有一些新的应用领域尚待开发。可以预料，液膜分离技术将会在湿法冶金、石油化工、医药、环境等方面发挥应有的作用。

(3) 膜萃取。近二十多年来，作为新型分离技术的膜过程发展很快。膜过程相对比较简单，一般在过程中没有相变，可节省能源，对于稀溶液、热敏物质和准分离物质的分离提供了有特点的方法。值得指出的是，膜过程与常规分离过程的交叉组合，是膜过程发展的一个新的动向。最近几年发展起来的膜萃取过程就是这类新的膜过程的一个代表。

膜萃取又称固定膜界面萃取。它是膜过程和液液萃取过程相结合的新的分离技术。与通常的液液萃取过程不同，膜萃取的传质过程是在分隔料液相和溶剂相的微孔膜表面进行的。例如，由于疏水微孔膜本身的亲油性，萃取剂浸满疏水膜的微孔，渗至微孔膜的另一侧。这样，萃取剂和料液在膜表面接触发生传质。从膜萃取的传质过程可以看出，该过程不存在通常萃取过程中的液滴的分散和聚合现象。

作为一种新的分离技术，膜萃取过程有其特殊的优势，这主要表现于：

① 通常的萃取过程往往是一相在另一相内分散为液滴，实现分散相和连续相间的传质。细小液滴的形成创造了较大的比表面积，有利于传质的进行。但是，过细的液滴又容易造成夹带，使溶剂流失或影响分离效果。膜萃取由于没有相的分散和聚结过程，可以减少萃取剂在料液相中的夹带损失。

② 连续逆流萃取是一般萃取过程中常采用的流程。为了完成液液直接接触中的两相逆流流动，在选择萃取剂时，除了考虑其对分离物质的溶解度和选择性外，还必须注意它的其它物性(如密度、粘度、界面张力等)。在膜萃取中，料液相和溶剂相各自在膜两侧流动，并不形成直接接触的液液两相流动，料液的流动不受溶剂流动的影响。因此，在选择萃取剂时可以对其物性要求大大放宽，使一些高浓度的高效萃取剂可以付诸使用。

③ 一般柱式萃取设备中，由于连续相与分散相液滴群的逆流流动，柱内轴向混合的影响是十分严重的。据报道，一些柱式设备中 60%~70%的柱高是为了克服轴向混合影响而设计的。同时，萃取设备的生产能力也将受到液泛总流速等条件的限制。在膜萃取过程中，两相分别在膜两侧做单相流动，使过程免受“反混”的影响和“液泛”条件的限制。

④ 膜萃取过程可以实现同级萃取反萃过程。

⑤ 料液相与溶剂相在膜两侧同时存在，又避免膜内溶剂的流失问题。

(4) 双水相萃取。随着生物化学工程等新型学科的发展，一些含量微小、具有生理活性、极有价值的生物物质的提纯，成为关键问题。使用常规的分离技术处理具有生理活性的生物物质，往往会带来处理量小、流程长、易失活、收率低和成本高等缺点。急需开发新型的生物物质分离技术，使其适应于一定的生产规模，且经济简便、快速高效。作为这类新型分离技术，双水相萃取应运而生。

双水相的成相现象实际上是由于亲水高聚物之间的不相溶性造成的。绝大多数天然的或合成的亲水性高聚物的水溶液在与第二种亲水性高聚物混合时，超过一定的浓度范围时就能产生两相，两种高聚物则分别溶于互不相溶的两相中，形成所谓的“双水相体系”。近年来，又发现某些高聚物溶液与一些无机盐溶液相混合时，同样会在一定的浓度下形成双水相体系。这就是高聚物/无机盐双水相体系。

常见于生物产物分离的高聚物/高聚物双水相体系有聚乙二醇(PEG)/葡聚糖(Dextran)，高聚物/无机盐体系有PEG/磷酸盐和PEG/硫酸盐体系。

双水相萃取从原则上讲与一般萃取有共同之处。在满足成相的条件下，待分离物质若在两个水相之间存在分配的差异，就可能实现分离提纯。

在常用的双水相萃取体系中，各种细胞、噬菌体等的分配系数或大于100，或小于0.01，蛋白质(如各类酶)的分配系数在0.1到10之间，无机盐的分配系数则一般在1.0左右。这些不同物质分配系数的差异，构成了双水相萃取分离的基础。

双水相萃取技术有其自己的特征，这主要表现在：

① 双水相萃取的主要分离对象一般是具有生理活性的生物物质。这类物质的生理基础是水溶液。采用一般溶剂萃取的方法可能会造成失活而使收率大幅度的下降。双水相体系中水的含量高达70%~90%，组成双水相体系的高聚物PEG、Dextran和无机盐等对于生物活性物质如酶、核酸等无毒害，不会造成生理活性物质的失活和变性。有时，有的物质还可能起到稳定和保护生物活性的作用。

② 根据不同物质在双水相体系中分配系数的差异，双水相萃取可以直接从含菌体的发酵液或培养液中直接提取所需要的蛋白质，甚至可以在不经破碎的条件下操作，直接提取胞内酶。通常的生产工艺中，从发酵液中分离酶一般采用加入大量$(NH_4)_2SO_4$使酶盐析出来的方法。此后，连同菌体和其它固体物一起过滤，滤饼加热烘干制成酶粉。这类工艺不仅过滤速度慢、效率低，而且失活也比较严重。所制得的酶制剂为含菌体、盐类及其它固体的粗制酶，总收率一般在75%左右。目前采用双水相萃取分离纯化酶，纯化系数(组分在两相中浓度比值之比)为1~8左右，收率在90%以上，优点十分明显。

③ 双水相萃取的操作与通常的溶剂萃取相似。所用设备可以选用柱式萃取设备、混合澄清槽和离心萃取器等。这一操作便于连续进行，处理量可以较大。

五、电泳分离

在直流电场作用下，带电荷的溶胶粒子在介质中的移动称为电泳。目前，电泳分离已成为分离胶体粒子、蛋白质、氨基酸、核酸、病毒等的重要方法。

1. 电泳分离

蛋白质与高分子多电解质因其本身所具有的功能团的解离而带电。各种蛋白质是两性生物高分子，具有正负两类解离基，其解离的程度取决于其所在溶液的酸碱度。在低pH值的酸性介质中带正电，在高pH值的碱性介质中带负电，在某一pH值时，其正负电荷相等，净电荷为零，则此pH值即为该蛋白质的等电点。各种蛋白质由不同的氨基酸组成，它们的等电点取决于氨基酸的组成。所以在一定pH值的溶液中，各种蛋白质的电荷情况不同。

在直流电场中，带电荷的粒子因受静电力而向符号相反的电极移动。一般说，影响带电粒子在溶液中泳动速度的因素主要有三方面：①粒子本身的特性形状、尺寸及电荷等；②介质的性质如离子强度、粘度等；③电场特性。

不同蛋白质在一定pH值的缓冲溶液中，其解离度不同，因此在电场作用下，它们的泳动速度不同，利用这种性质可以实现不同蛋白质的分离，这种方法统称电泳分离。

电泳分离有区带电泳、等速电泳等多种具体方法。这里只简单介绍区带电泳中的连续流动幕电泳，以说明电泳分离的基本原理。图 4-62 是连续流动幕电泳的示意图。它是由一张垂直悬挂的滤纸或两平行平面间夹持的薄液层所组成，它的两侧加电极。缓冲溶液从上面连续加入，从下部流出，料液连续加于上面的适当位置。由于料液中各组分在一定 pH 值的缓冲溶液中解离情况不同，有的带正电荷，有的带负电荷，有的电荷量大，有的小，再加上各组分分子形状与大小的不同，因此，在电场的作用下，它们在水平方向的移动速度(大小与方向)不同。所以，料液中各组分随缓冲溶液向下流动的过程中沿不同途径移动，彼此逐渐分离，在下端的不同部位流出，从而实现彼此的分离。

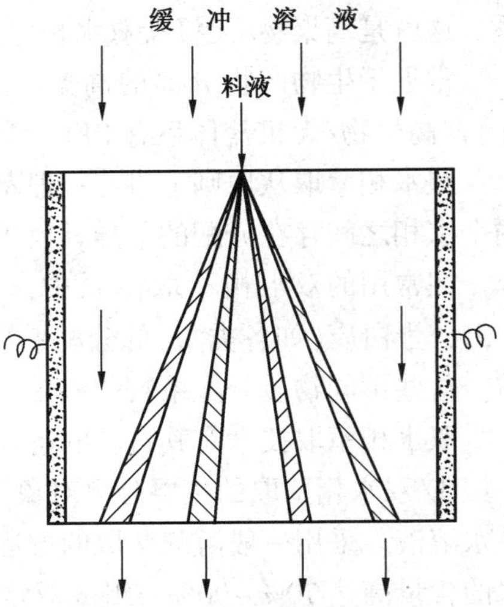

图 4-62　连续流动幕电泳

2. 等电聚焦

前面提到蛋白质在不同 pH 值的溶液中呈不同的解离状态，在低 pH 值时带正电，因而在电场中向阴极移动。在高 pH 值时带负电，向阳极移动，在 pH 值为等电点时，净电荷为零，蛋白质在电场中不再移动。等电聚焦就是利用蛋白质的这种特性而设计的一种分离与检定蛋白质的方法。

等电聚焦的主要特点是在电泳槽中加入很多具有不同等电点的载体两性电解质，当通直流电时，由于载体两性电解质的作用在两极间形成从阳极到阴极逐步增加的 pH 值梯度。在这种电泳槽中，比如蛋白质靠近阳极，此处 pH 值低，蛋白质分子带正电，向阴极移动。随着该蛋白质分子向阴极移动，介质的 pH 增加，其解离度减小，所带正电荷减少，移动速度减慢；当它移动到 pH 值等于其等电点处，蛋白质分子的净电荷为零，该蛋白质分子就不再移动而停留在该处。如这种蛋白质分子原来处于靠近阴极的位置，与上述情况类似，也停留在等电点处。由此可知，不论蛋白质分子原来处于什么位置，等电聚焦的结果，使它们均分别移动到各自的等电点处。如图 4-63 所示为 pI_1、pI_2 和 pI_3 的三种蛋白质向其等电点处集中的情况。所以依靠这种方法可以将具有不同等电点的蛋白质混合物分离。

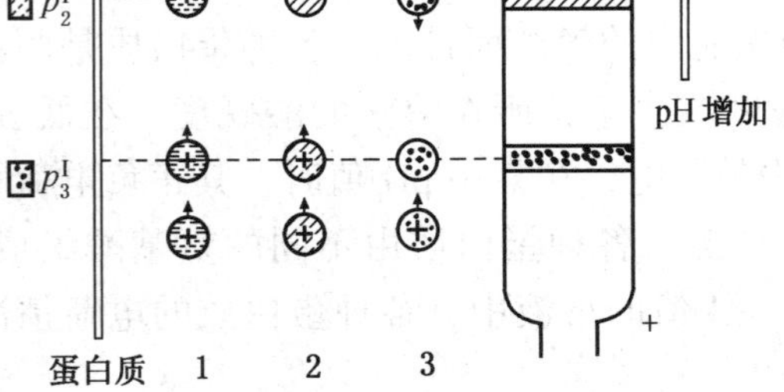

图 4-63　蛋白质在电场中等电聚焦示意图

等电聚焦的优点是分辨率高，区带窄，能分离等电点 pH 值相差只有 0.02 的物质。

等电聚焦广泛用于蛋白质、酶、激素、病毒、高等植物色素以及免疫球蛋白等的分离与纯化。

六、生化分离

微生物为了自身生存和增殖，需要能源和构成要素如碳、氧、氢、氮等元素来源。因而巧妙地运用微生物的生命活动，就可为分离目的服务。多数的微生物是将物质的化学结合能作为能源使用，其结果是破坏了化学结合，例如使固体物质变得可溶化，或者是使固体以及溶解了的物质变成气体。而微生物的增殖，常常是将物质作为构成要素纳入自己体内的。

一般说来，几乎所有的元素都对微生物的生命维持担当着重要的角色。然而若针对具体某一种微生物，则常常只与某个特定的元素关系密切。例如，铁氧化菌就是利用将 Fe^{2+} 氧化为 Fe^{3+} 时所获得的能量和以空气中二氧化碳为碳源生存。而硫黄氧化菌则是以把还原形硫化物(H_2S、S、$S_2O_2^{2-}$)氧化为硫酸所得到的能量来生存的。

利用硫、铁氧化菌(T. ferrooxidans) 可从黄铜矿石($CuFeS_2$) 中将铜分离出来，就是这种细菌浸出过程。

恶臭气体的成分中有氨、硫化氢、硫醇、硫化甲基、二硫化甲基等等，可见除了氨之外多是些硫的化合物。倘若能借助硫氧化菌将它们变为硫酸，那么即实现了脱臭。细菌群附着在填料塔中的填料上，恶臭气体通过填料塔可得到一定程度的脱臭，由于不是 100% 的脱臭，所以还要有活性炭的吸附塔。

生物污水处理，也是利用生物将溶解于或浮游于污水中的有机物气体化，或者是利用这些有机物使微生物增殖，被纳入微生物体内而将有机物从污水中分离的处理方法。增殖的微生物还可作为固体，活性污泥利用固液分离方法进行回收处理。

生物酶蛋白具有特异的性能，使微生物具有极特殊的功能。例如，革兰氏阴性菌可将银浓缩到自己体内，蓄积量可达菌体质量的 30%，而青霉素能够浓缩铀，蓄积量为干燥菌体总重的 1%。人们已经认识到微生物的这些功能，今后会得到越来越广泛的应用。

七、其它分离方法

1. 鼓泡与泡沫分离

(1) 概述。鼓泡与泡沫分离也称鼓泡吸附分离，简称泡沫分离。它是基于表面活性物质能在气液界面浓集的性质使混合物分离的技术。泡沫分离的两个基本条件一是需要有很大的气液接触表面，二是要分离的物质具有表面活性。

气液接触面通常用鼓空气泡和搅拌来实现。也可以采用加压溶解减压释放和电解水的方法产生，这两种方法可以得到尺寸小而均匀的气泡。

当溶液中要分离的物质为表面活性物质时(例如洗涤剂)，可以直接通空气泡进行分离。对于不具有表面活性的物质，可以加入适当的表面活性剂，使要分离的物质吸附在表面活性剂上，或与它结合，使之具有表面活性，因而也可以用泡沫分离的方法进行分离。所以泡沫分离可用于溶解的离子和分子物质、蛋白质、微生物以及矿物颗粒等多种物质的分离。

泡沫分离的优点是提取率高，能耗低，投资相对较少，操作与维护比较简单，在很多情况下可以回收被分离的物质和表面活性剂。

(2) 应用。泡沫分离主要应用在两方面：

① 矿石的浮选。用浮选法进行有用矿物的浓集已经有很长的历史，这是目前最重要的选矿方法，也是泡沫分离应用最广的领域，有很多专著和文献可供参考。

② 从稀溶液中提取物质。在这方面最主要的是各种废水的处理，包括废水中金属离子、阴离子和有机物的除去。人们对镉、铬、铜、铁、铅、镁、汞、镍、锌等金属离子的除去进行了广泛研究，用沉淀浮选和胶体吸附浮选去除率都在90%以上，多数达99%以上。对放射性和有放射性同位素的废水也进行了研究，对象包括钴、锆、铌、锶、钌、铯、铈、铑以及铱等，用沉淀浮选与胶体吸附浮选平均提取率在90%以上，有的达100%。对阴离子，如砷酸、氰、氟、亚硫酸根等也进行了研究，也都用沉淀浮选与胶体吸附浮选。对清除有机物的研究大部分是去油类，包括动植物油与矿物油。移动式的浮选设备可望用于处理油污染了的海滩。

用泡沫分离从海水中提取有用的痕量组分锌、铜、银、钼、铀、钒、硒、砷等也进行了研究，一般提取率在90%以上。

2. 熔液结晶分离

熔液结晶分离是利用熔融液中诸组分凝点不同，即组分在固液相间平衡分配不同的性质来实现组分分离的技术。与物质从溶液(通常是水溶液)中的结晶分离不同，熔融液中没有稀的溶剂，在其结晶过程中，没有溶剂蒸发，熔液冷却即形成固相，过程保持在组分和混合物的熔点下进行。

可以用熔液结晶分离的物料很多，包括无机物、有机物、金属以及生物质等，操作温度可以从-100℃左右到3000℃以上。目前多用于常温下是固体的物料的分离，所以通常是在较高温度下进行。

熔液结晶分离的原理与蒸馏类似。

根据混合物组成，固液平衡关系与分离要求的不同，可以采用不同的熔液结晶方法。主要有部分凝固、部分熔化、阶梯凝固、渐进凝固、区域熔炼和分馏结晶等。其中常用的是渐进凝固、区域熔炼和分馏结晶。用熔液结晶分离可以制得高纯与超高纯的产品。表4-11中列出几种常用方法所得产品的纯度与形态。

表4-11　几种熔液结晶分离方法简况

过　　程	大致最高熔点/℃	试验的物料	最低杂质含量/$\times10^{-6}$	产物形态
渐进凝固	1500	各种类型	1	晶块
区域熔炼：间歇操作	3500	各种类型	0.01	晶块
连续操作	500	SiI_4	100	熔液
分馏结晶：塔端部加料	300	有机物	10	熔液
塔中部加料	400	有机物	1	熔液

3. 升华分离

物质由固态不经过液态直接汽化成气体的过程叫升华。它的反过程，即物质由气态直接冷凝成固体的过程叫凝华。当物质在气相中的分压小于其固相的饱和蒸气压时，物质就要升华。相反如物质在气相中的分压大于它的饱和蒸气压，则物质就凝华。利用固体混合物诸组分蒸汽压不同(即挥发性不同)的性质，使其升华和凝华，从而实现分离的过程称为升华分离。

升华分离过程主要有两类：

① 挥发性物质与非挥发性物质的分离——简单升华。固体混合物中挥发性物质升华出

来，留下非挥发性的固体组分。简单升华实质上与蒸发过程类似。

② 挥发性物质混合物的分离。组分在全浓度范围内形成固体溶液，则可以用分馏升华的方法将它们分离。分馏升华的原理与精馏类似。

升华过程都是在低于物质熔点的条件下进行，此时物质的蒸汽压很低，所以升华过程都是在真空或惰气携带的条件下进行。

升华分离过程中一般都包括固体物料升华与气体物料凝华两种转变过程，涉及固体物料的传热、输送与流动，不如处理流体方便。所以，升华分离过程只用于难以用常用分离方法分离纯化的固体混合物。一般下列情况可考虑采用升华分离。

① 固体组分的挥发性有较大的差别，特别是从不挥发的物质中分离挥发性的物质，例如硫与杂质的分离，苯甲酸的纯化。

② 热敏性或易氧化的不稳定的物质，不宜高温处理。

③ 物质熔点高，在高温下又会引起腐蚀等问题。

④ 希望直接从蒸汽得到固体产物，使产物具有一定晶型、尺寸和外观。

4. 凝胶萃取

凝胶是具有多孔网状结构的高聚物，它在一定条件下处于皱缩状态，当温度、pH 值等条件发生变化时，发生溶胀，可以吸收大于本身体积数倍乃至数十倍的溶剂。同时，由于网孔的筛分作用，可排斥分子量较大的溶质，使它们不能进入凝胶内。凝胶萃取分离就是利用凝胶的这种胀缩和具有筛分作用的特性来进行大分子溶液的浓缩和不同分子量物质的分离的技术。

凝胶萃取分离具有凝胶再生容易、过程简单、能耗低以及操作条件温和等优点。可以预计，这种分离技术能够在生化分离工程及其它高分子化合物的分离浓缩过程中发挥重要作用。

第五章　产品后加工

第一节　产品后加工概述

产品后加工一般以两条标准为指导，一条标准是商品的标准，产品最终作为商品投放市场，有商品的条件诸如计量、检测、标签、包装和其它装饰要求等。商品标准不一定等同于产品标准，因为商品有牌号，同一产品后加工处理可能出现不同的牌号。另一条标准是使用标准，用户对产品提出特殊要求，或者用户是本企业集团的另一个分厂或者是下一个工段，为方便下一工序的工作，产品生产出来之后，可能要作后加工处理。当然，对于使用来说，上一工序产品的后加工处理，接近于或略等于下一工序的原料准备。

产品后处理是产品作为成品的最后一道工序，质量保证体系的终端环节，因此要以保证成品的质量标准为中心，设计后处理方案。通常作为产品的要求是纯度指标、杂质种类和杂量含量的极限值，产品的形态，使用要求，包装方法，贮存运输的要求等等。

第二节　产品后加工方案

一、去除微量杂质

从产物中去除微量杂质，通常这也应属于产物的分离净化过程，但许多企业也习惯于把精制称为后处理过程。

原料经预处理合成和产物分离之后，已经获得基本纯净的产品，杂质的含量其来源有二，一是原料带入的，二是反应和分离过程的沾染。对于前者，当然最好从原料的精制上加以控制；对于后者，也以控制副反应，分离过程尽量简化高效为主要思路。但也不一概而论，要加以技术经济指标的比较，如果从产物中去除微量杂质要比控制原料和反应过程容易，且经济上合理的话，则不必徒费精力去精制原料。

固体形态产物中微量杂质的去除最简单的方案是洗涤，此外可以用结晶重结晶等方案，示意如下：

固体产物微量杂质去除方案：

- 洗涤（用水或非溶剂）
  - 淘洗
  - 冲洗
  - 与离心干燥等合用
- 结晶
  - 溶液结晶
    - 结晶
    - 重结晶
  - 熔融结晶（区域熔炼）
- 粉碎—分级

液相形态产物中微量杂质去除方案：

- 吸附(包括脱色)
  - 分子筛活性炭
  - 离子交换树脂
- 化学处理
  - 离子反应—沉淀—超滤
  - 络合螯合—凝聚—超滤
- 结晶→重结晶→溶解
- 超滤

气相产物微量杂质去除方案：

- 吸附
  - 分子筛、活性炭
  - 液体吸附剂
- 吸收
  - 化学吸收
  - 反应吸收
- 生物化学反应——酶
- 深冷和液化

具体设计方案，根据杂质类型加以研究，操作设备已在前面几章举例，详细查阅《化学工程手册》及有关设计手册。

二、产品后加工和精细加工方案

1. 研磨和粉碎

一般的粗粉碎和筛分的设备不难选型设计,对于产品后加工来说,常使用精细的研磨技术。

液相乳液或悬浮相产品，常用胶体磨进行精细加工，一般胶体磨可适用于中等硬度以下的产品。胶体磨结构示意如图 5-1 所示。一般可根据轴的位置分为立式、透平式和轮盘式(用图 5-1 定轮盘式)，工作原理示意于图 5-2 和图 5-3。对于乳液产品常用匀质乳化泵将乳液粒子研磨得更细更匀，有利于产品乳液的稳定。

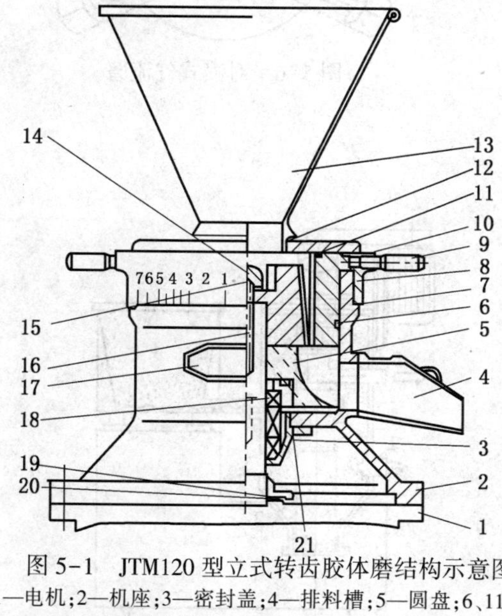

图 5-1　JTM120 型立式转齿胶体磨结构示意图

1—电机;2—机座;3—密封盖;4—排料槽;5—圆盘;6、11、20、21—O 型丁腈橡胶密封圈;7—定齿;8—转齿;9—手柄;10—间隙调节套;12—垫圈;13—给料斗;14—盖形螺母;15—注油孔;16—主轴;17—铭牌;18—机械密封;19—甩油盘

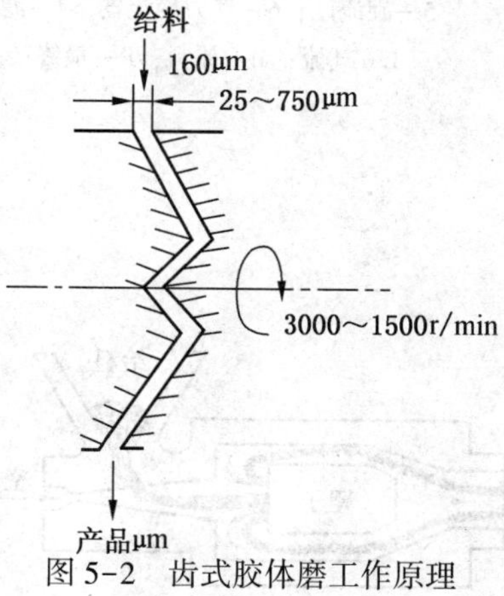

图 5-2　齿式胶体磨工作原理

固体粒料的研磨常用气流粉碎的方案，又称气流磨，根据其粉碎方式分类为：
旋流喷嘴——气流携带物料高压喷入磨机，又叫扁平圆盘气流磨，如图 5-4 和图 5-5；
对喷式——气流喷嘴相对安装，如图 5-6；
靶式——高速气流携物料，冲击在靶上使物料粉碎，如图 5-7；
有时将几种形式复合使用，如图 5-8。

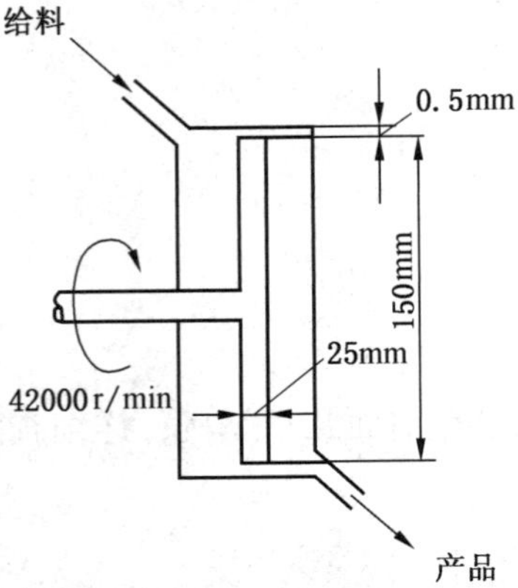

图 5-3　透平式胶体磨工作原理

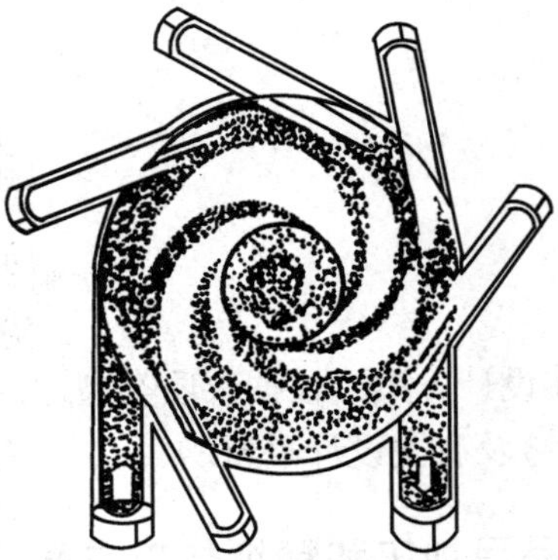
图 5-4　旋流喷嘴示意图

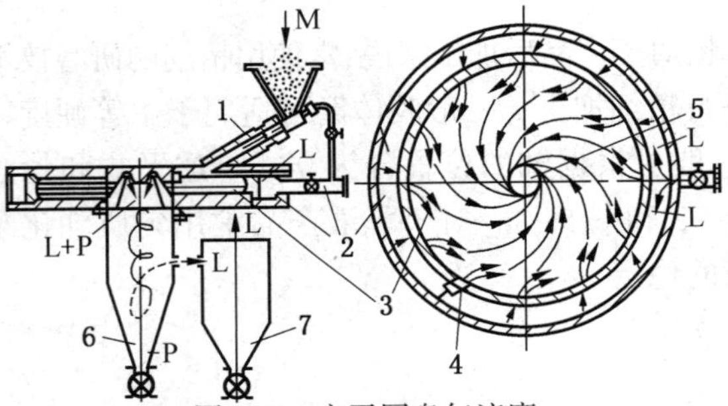

图 5-5　扁平圆盘气流磨
1—给料喷嘴；2—压缩空气；3—粉磨室；4—喷嘴；
5—旋流区；6—气力旋流器；7—滤尘器
L—气流；M—原料；P—最终产品

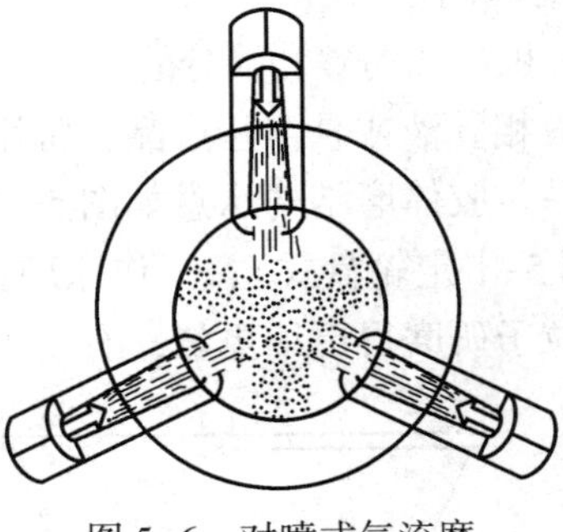
图 5-6　对喷式气流磨

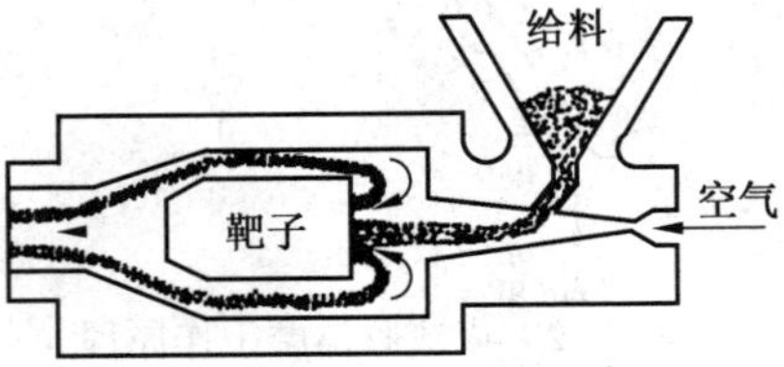

图 5-7　靶式气流磨

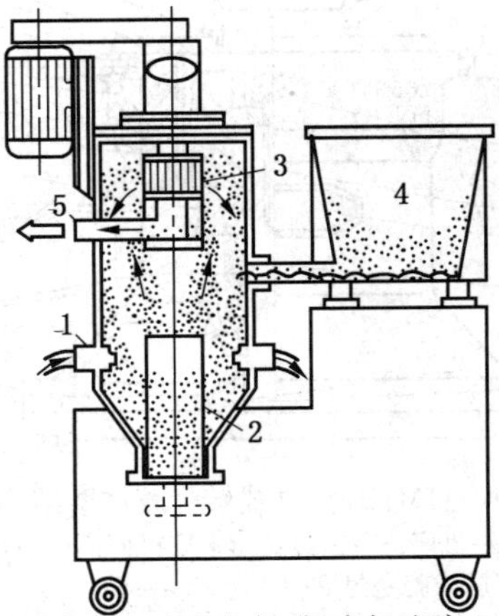

图 5-8　对喷式-靶式气流磨
1—喷嘴；2—靶；3—分级转子；4—给料槽；5—产品

2. 团聚、压片和切粒

有些固体产品经粉碎后物料堆积角极大，在使用产品时，显得“不流动”，例如塑料的注塑和其它必须使用给料时，“流动”性不好，易使模具有空腔，给料计量不足等，有必要将粉末加以“造粒”，使之成为细球形，减小堆积角。

团聚的广义包括造块、造球、造粒、压片、烧结等，有时在过程中要加添加剂，添加剂种类有增加强度的，比如一些粘合剂或准粘合剂。有些是改善使用性能的，如色素等。有些是一些特别的要求，如防老剂，增塑剂等等，不一而足，有关手册上可以查找。常用的方法和例示如表 5-1 所示。

表 5-1　团聚的方法、设备和应用

团聚的方法	设　备	应　用
压块	模型冲压机	塑料制品、粉末冶金制品
	压片机	药片、催化剂、化工产品、陶瓷产品、金属粉末
	对辊压型机	氯化钠、氯化钾、有机化合物、矿石、煤、焦炭、石灰、海绵钛、磷酸盐
	切块机	药品、塑料、粘土制品、碳素制品、化工产品、肥料、橡胶产品、饲料
	螺旋挤压机、柱塞挤压机	铝矾土、塑料、稀土氟化物、粘土
造球	圆筒造球机、圆盘造球机	铁矿和有色金属矿的球团矿、肥料、非金属矿、粘土、炭黑、废料
烧结或加热固结	带式烧结机、烧结盘、带式焙烧机、竖炉、链箅机-回转窑	由铁矿、有色金属矿和非金属矿制成烧结矿和球团矿，水泥熟料，固体废料
其它方法：		
喷丸法	喷丸塔	尿素，硝酸铵，树脂，煤焦油沥青
溶胶法	喷雾柱	金属的球状二碳化物
流态化法	流态化床层	药片，液态的放射性废料
凝聚法	搅拌机	分离并团聚液体中的固体颗粒
聚合法	锥形混合机	咖啡，糊精产品，淀粉，脱脂的干乳品

压片是将粉状物料在较大压力下压制成形，可以是有模压制，也可是无模压制。

喷雾造粒，实际上是喷雾干燥的一种方法，而且与干燥融为一体，干燥的同时造粒，但喷雾干燥获得的产品粒子较细，基本上为粉状，如奶粉等。要获得极大粒径的产品，常用熔体喷雾、冷却凝固，人们把这种设备称“喷丸塔”。喷丸塔原理示意如图 5-9。

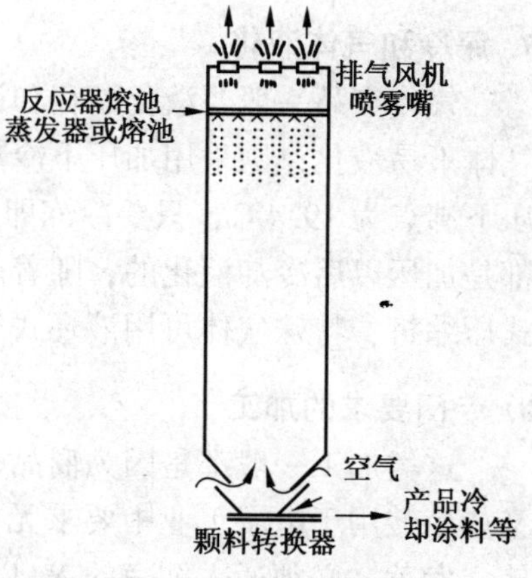

图 5-9　喷丸塔的原理图

有时为了加工方便而临时“造球”，不要求球的强度多大，只要在加工时减小堆积角，一般可用喷洒液体(加工时可挥发掉)振动造球，设备十分简单，可制成小球。

塑料切料是高分子材料(合成得到的一般为粉料和细球形)与各种添加剂，混合均匀后，熔融—冷却—切成小粒。作为商品出售，用户在模压时特别方便。塑料切粒有定型的切粒机械。熔融的方法有双螺杆挤出机和釜式融熔几种形式，适用和方便程度因事而异。

3. 复混和混批

作为商品的产品要求给用户提供尽可能多的方便，有时要与各种添加剂均匀混合，如阻聚剂、抗震剂、防冻剂等这些添加剂往往用量很小，如不均匀混合，等于不起作用。有时某些产品的乳液、液体物料生产的批次不同，在质量上略有波动，比如乳液产品的固体含量，液体产品的粘度，它们都在某个合格的范围之内，但批与批之间略有差别，一般都在后处理阶段安装一个较庞大的"拼批混合器"，以达到在一个较大的数量级上质量指标完全一致。这种混批混合器，要安装功率较大的搅拌器，转速并不要求高而要混合均匀。

固体产品各种粉末混合而用的搅拌，通常是螺带式或螺旋式的等。

4. 混炼和色料

橡胶塑料或某些粉状产品，作为精细加工的产品，有时要添加各种添加剂，如增强、增塑、增韧、抗寒、抗氧、阻燃、抗辐射、防光、防热、防老化等性能，有的液体产品用户要有颜色加以区别，有些液固相悬浮产物，如涂料等要求颜料粉浆分散均匀等等。

常用高压搅拌机均匀分散固体和液体产物。用捏和机、混炼机、螺杆挤出机等对橡胶塑料和加工中的添加剂一起混和，进行精加工，以精细产品作为商品出售，如混炼胶塑料的各种色母料等等。

5. 脱色和除臭

常用活性炭处理，一般液体可以经过一个活性炭吸附塔或简单的活性炭浸液器，处理后将活性炭过滤分离，活性炭的基本性能如表 5-2。

其它的吸附分离方法，如用硅藻土，膨润土，活性白土，以及生物微生物的方法。设计相当的吸附塔，吸附操作并不是很困难，问题是吸附之后，如何将吸附剂再生并不致造成二次污染，各种吸附剂的再生方法不尽相同，此处不赘。

6. 干燥和深度干燥

干燥已如前述。许多产品用户要求水含量极低，一般可细低至 50×10^{-6} 以下，更有甚者要求含水量更低，用此通常对产品进行深度干燥。深度干燥的方法往往是用分子筛吸附干燥，可达到 5×10^{-6} 以下。

7. 深冷和气体液化

气体产品一般要液化贮存和运输。气体液化的方法通常是常压下冷冻或深度冷冻。许多气体不易液化，则采用加压下冷却液化的方法，例如无水氟化氢，通常在室温下是气体，常压下沸点为 19.4℃，只要冷冻即可液化。但大多数气体形态的产品如 Cl_2，NH_3，CH_3Cl 等，都是加压以后冷却液化的，随着产品饱和蒸汽压的不同而加压程度不同。加压的设备用往复式压缩机，特殊气体可用液环式气体压缩机。

8. 专门要求的加工

这类加工一般都是因为商品有特别的要求，例如需要一定的粘稠度，可以外加增稠剂。又如硝酸用于电子工业中要求无色产品，脱色的方法不是用活性炭，是因为 NO_2 溶于硝酸使之发黄，必须通入纯净的 N_2 以气提法脱去 NO_2，才得到无色的硝酸；有些产品要在纯 N_2 气氛下保存；有些产品不耐可见光，精制后，要存放在特殊颜色的贮槽中等等，必须将贮槽等进行预处理；有些产品作为商品要预先活化，有些则要预先钝化以利运输等等。如此后处理加工的特殊要求，因产品而异，不能一概而论。

表 5-2　活性炭的基本性能及用途

活性炭形状	原料	活化法	粒度大小/目	硬度/%	气孔率/%	空隙率/%	充填密度/(g/cm^3)	比表面积/(m^2/g)	平均孔径/nm	溶剂吸附量/%	碘吸附量/(g/g)	亚甲基蓝脱色率/(mL/g)	焦糖脱色率/%	用途
粉末	木材	药品	—	—	—	—	—	700~1500	2.0~5.0	—	0.7~1.2	120~200	85~98	净水、液相脱水、脱臭、精制
	木材	气体	—	—	—	—	—	800~1500	1.5~3.0	—	0.8~1.2	140~250	70~95	
	其它	气体	—	—	—	—	—	750~1350	1.5~3.5	—	0.8~1.1	120~200	60~93	
破碎状	果壳	气体	4/8，8/32	90~	50~60	38~45	0.38~0.55	900~1500	1.5~2.5	33~50	0.8~1.2	100~230	—	气体精制、净化，溶剂回收、脱色，催化剂担体
	煤	气体	8/32，10/40	90~	50~70	38~45	0.35~0.55	900~1350	1.5~3.0	30~45	0.7~1.2	140~250	—	
球状	煤	气体	8/20，8/32	90~	50~65	35~42	0.40~0.58	850~1250	1.5~2.5	30~40	0.7~1.2	140~230	30~65	液体脱色精制，水净制，溶剂回收
	石油	气体	20/36，28/60	92~	50~65	33~40	0.45~0.62	900~1350	1.5~2.5	33~45	0.8~1.2	100~180	—	
成型	果壳	气体	4/6，6/8	95~	52~65	38~45	0.38~0.48	900~1500	1.5~2.5	33~48	—	—	—	溶剂回收，空气净化，气体精制，催化剂担体
	其它	气体	4/6，6/8	95~	52~65	38~45	0.38~0.48	900~1350	1.5~2.5	30~45	—	—	—	
纤维状	其它	气体	—	—	—	—	—	1000~2000	1.5~2.5	33~50	0.8~1.2	190~230	—	溶剂回收，水净制

第三节　产 品 包 装

一、产品合格检验

产品按生产批次送检，检验由工厂的质量监督科室执行。在产品生产过程中，所进行的车间生产控制检验，对成品的检验有控制意义。

合格产品标注并进入成品仓库，不合格产品待处理，产品严格按产品标准检验，用户有特殊要求则按用户要求的指标和方法代检验，按照用户特殊要求的产品，也应有产品的企业标准。产品检验由质量监督科室抽样，以保证产品的检验公正性。

每一批产品都必须检验，出具检验合格证书，制定合格标识，并有质量监控指标、质量标准要点和主要指标，注明产品生产日期、出厂日期、保质期限、储存运输和使用注意事项等，随产品送至用户。

二、产品计量和包装

计量工具必须每年由标准计量局指定检验合格后，投入使用。产品严格按企业规范和商品要求计量后，按计量进行包装。

计量和包装都有定型的设备，如电子秤，按质量计算；一些包装机、灌装机等则按容积计算，特殊产品的包装要有专门的包装设备，包括各种封口机、封头机等等。

包装形式，由企业根据标准和市场要求制定，包装容器、包装袋要有严格合理的规定，包装形式首先要保证产品质量，不因包装材料而变化。包装容器不能与产品发生化学反应，不发生化学和物理变化，有些产品对光线敏感，还要求有特别颜色的包装容器(如红色、蓝色、黑色等)。其次，产品的包装要求在储运过程中可靠性强，不能因为储存运输内损坏、损失或变化。第三，产品的包装要符合商标法和国家有关规定，对于有毒有害物质，不仅要严格把握包装质量，同时要有明显标志，并注明储运中的注意事项，按有关规定储存和运输。此外包装形式也要方便运输，不至于在运输中发生意外。在包装过程中，要注意劳动者人身安全，要注意环境保护，包装设备定期维修检验，操作时随时注意，避免包装事故。

三、贮存和运输

产品的贮存运输的事项，在产品的标准中必须有规定，在执行产品标准时，注意产品的贮存要求、贮存环境、贮存条件和质量保质期、保质要求。

在产品的贮存和运输过程中，为避免事故的发生，要尽量详细注明储运注意事项，有毒有害易燃易爆产品不仅仅是作为危险品运输，而且应当尽可能地注明应急措施和急救办法。

第六章　三 废 治 理

化学工业是对环境中的各种资源进行化学处理和转化加工的生产部门，其产品和废弃物从化学组成上讲都是多样化的，而且数量也相当大。这些废弃物在一定浓度以上大多是有害的，有的还是剧毒物质，进入环境就会造成污染。有些化工产品在使用过程中也会引起一些污染，甚至比生产本身所造成的污染更为严重、更为广泛。

化工生产中废弃的污染物一般随废水、废气排出，或以废渣的形式排放(即所谓的“三废”)，根据生产工艺的不同，同一种污染物的排出形式并不是一成不变的。如一些挥发性有机物往往以蒸汽的形式排出，但也有在废水中排出的；在废水中常含有重金属离子，但重金属也可以作为粉尘随废气排出，或者混在废渣中排出。

污染物排入环境中，造成水体、大气和土壤的污染。水污染、大气污染和土壤污染是相互联系的。污染物在水环境、大气环境和土壤环境之间不断地时行互相迁移、循环。大气污染物质可以通过若干途径(如自然沉降、降雨雪降落等)转移到水体和土壤，水中的一些污染物又可以挥发逸出。污水把污染物质带入土壤，而土壤中的一些污染物又可以随水渗透到水域中去。废渣也能随风飘扬，扩散到大气和水域。

第一节　三废及其治理原则

一、三废的产生和监控

1. 化工三废的产生、分类及特点

(1) 化工废弃物的分类。

化学工业中所产生的废弃物，可以按聚集在一起时的状态来分类，也可按它们被处理和利用的办法来分类。其中最常用且又合理的是按聚集状态来分类，即将废弃物分为固体废物、液体废物和气体废物三大类，也就是我们通常意义上的“三废”。

固体废物，这是些成粉末状、灰状、块状或凝固状的废物。属于这一类的有：残渣，灰渣，飞灰和烟灰，塑料丢弃物，废橡胶，选矿后留下的含金属的矿渣，有腐渣的有机物等。

液体废弃物大都是些被污染的水体或其它废溶液，其中溶有盐类、碱类、酸和有机物，也包括分散的“油”液和含有悬浮的颗粒状杂质。属于这一类的主要是生产中排出的废水或用过了的有机溶剂和有机液体。

气体形式的废物，这是一些工业锅炉、干燥设备、通风设备所排出的气体以及化学生产过程中分离出来的气体等等。属于这一类的有：各种烟，各种气味的气体，或雾状的固体或液体弥散颗粒，以及含 NO_x、SO_2、HCl、HF 等的烟雾，含尘气体，有机物蒸汽，含有有毒物质的蒸汽空气混合气体。

除上述三类主要的形式外，还有一类较特殊的废弃物，即成泥浆状的废弃物，它既不能算作液体，也不能算作固体。通常它们是松散的或呈细粒晶体状的糊，其中含有(按质量计)20%~80%的水，不预先经过加工处理(干燥、冻结等)就较难运输。属于这一类的有：过滤、沉淀后的残渣，废液中和处理或特殊加工处理后产生的泥浆等。

化工废物的“毒性程度”是一个重要的概念或参数。所谓毒性程度，指的是化学或化工废物对生物界的影响。首先，是指对人类的影响，其次是对动植物的影响。根据毒性程度的大小，化学或化工废物可以分为无害的、有毒的和剧毒的几种。实际上，所有的化学或化工废物几乎都是有毒的，它所产生的影响的大小取决于人所接触到的剂量或自然环境中所具有的浓度。此外，许多化学物质无论是在组织中还是在周围环境中，许多都有能积累的特点，从而越来越加剧了毒性的作用。

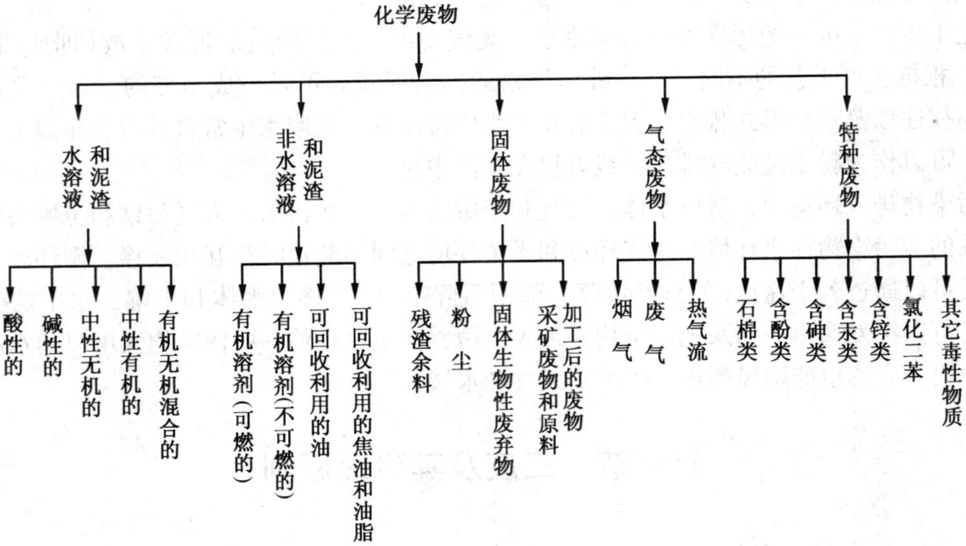

(2) 化工三废的来源。

虽然产生化工污染物的原因和污染物进入环境的途径有多种多样，但概括讲，化工污染物的主要来源大致可分为以下两个方面。

一方面是化工生产的原料、中间体、半成品及成品。

① 化学反应不完全。未反应的原料，因回收不完全或不可回收而被排放掉，排放后会对环境造成污染。

② 原料不纯。原料有时本身纯度不够，其中含有杂质，这些杂质因不需要参加反应，在原料净化过程中或反应之后，最终也要排放掉。

③ 跑、冒、滴、漏。由于生产设备、管道等封闭不严密，或者由于操作和管理的不善，物料在储存、运输以及生产过程中，往往造成泄漏，习惯称之为跑、冒、滴、漏现象。这一现象的出现不仅要造成经济损失，而且也造成环境污染。

另一方面是化工生产过程中排放出的废弃物。

① 燃料燃烧。化工供热和化工炉在燃烧过程中，不可避免要有大量的烟气排出。烟气中除含有粉尘之外，还含有其它有害物质，对环境危害极大。

② 冷却水。化工生产过程中常常需要大量的冷却水。而当采用直接冷却时，冷却水直接与被冷却的物料接触，很容易使水中含有化工原料，而成为污染物质。在冷却水中往往要加防腐剂、杀藻剂等化学物质。同时，大量热废水排入水域，导致水体温度上升，造成水中溶解氧的减少，降低水体自净能力，使得一些毒物如氰化物、重金属离子的毒性加剧。热废水污染还可以加速细菌繁殖。

③ 副反应。化工生产中，在进行主反应的同时，经常还伴随着一些人们所不需要的副

反应。副反应产物(副产物)虽然有的经过回收之后，可以成为有用的物质，但是往往由于副产物数量不大，而成分比较复杂，要进行回收必将会带有许多困难，经济上需要耗用一定的经费，所以往往在产物的分离过程中以高低沸物、滤饼、尾气等形式作为废料排弃，而引起环境污染。

④ 反应的转化物和添加物。许多化工生产过程中，反应的转化物有时形成“炉渣”或“釜渣”不被利用。有时在化工生产过程中，还需要加入一些不参加反应的物质，如各种溶剂、催化剂等，这些物质随着废弃物排放，同样也会造成环境污染。

⑤ 分离过程。分离过程是化工生产中几乎必不可少的过程，不仅分离掉副产物、未反应物和杂质，有时由于分离效率的限制，原料和产品也会出现在分离的废弃物中，如精馏塔釜下脚料过滤器的残渣、旋风分离器的尾气等等。

(3) 化工三废的特点。

① 水污染的特点。化工生产过程中所排放的工业废水，由于数量巨大，对自然水域的污染和生物的危害都是极其严重的。化学工业排放的废水对环境污染的特点，概括起来说，有以下几个方面：

a. 有害性。化工废水中会有一些有害的物质，如氰、砷、汞、酚、铬、铅和水溶性有机物等。

b. 好氧性。化工废水有时会含有醇、醛、酮、醚、酯和有机酸及环氧化合物等，进入水源后进行化学氧化和生物氧化，需氧量很高，即化学耗氧量(COD)与生物耗氧量(BOD)都很高，消耗水中大量的溶解氧。

c. 酸、碱性。化学生产排放的废水，有的呈酸性，有的呈碱性，而 pH 值又不稳定。

d. 富营养性。化工废水中有时含有过量的磷、氮等，造成水源中富营养化，使水中藻类和微生物大量繁殖，在水面上有时会漂浮着成片的“水花”或“红潮(赤潮)”，使水中氧的溶解量大大减少，造成废水的严重缺氧；同时藻类死亡后，发生腐烂，也使水质恶化、发臭。

e. 油覆盖层。石油化工废水，经常含有油类物质和一些有机溶剂，它们比水轻，不溶于水，在水面上形成油覆盖层。

f. 高温。化工生产过程中，化学反应经常是在高温下进行，导致排放的废水温度也比较高，当有大量热量的废水进入水源后，引起水温升高，使水中溶解氧降低，从而破坏了水生生物的生存条件。

② 大气污染的特点。化工生产过程中排放的气体(化工废气)，通常含有易燃、易爆及有毒、有臭味、有刺激性的物质，造成大气污染。其污染特点主要有以下几点：

a. 易燃、易爆性。化工废气中，有的含有易燃、易爆物质，若不采取适当的措施进行处理，容易引起火灾，爆炸事故。

b. 有毒性、刺激性、腐蚀性。化工生产排放出的有毒、有刺激性和腐蚀性的气体物质种类很多，如 SO_2、NO_x、HCl、Cl_2、H_2S 等。它们直接危害人体健康，同时对生产设备及建筑物有腐蚀作用，并且对农业生产也有破坏作用。

c. 含尘。排放的气体中有时有固体粉尘，同样会造成大气污染。不仅粉尘粒子本身是有毒有害的，即使无毒的粉尘，同样会对人体健康带来危害。而粉尘与有毒气体的同时排放，危害性将更加严重。此外，粉尘浓度大至某个程度，容易发生爆炸，造成重大损失。

③ 固体废弃物和对环境污染的特点。固体废弃物通常又称为废渣。所有化工生产在各个阶段排出的工业废渣，它们对环境造成的污染，主要体现在以下几点：

a. 对土壤的污染。存放废渣需要占用大量的土地，在自然界的风化作用下到处流散，尤其是有毒的废渣，既使土壤受到污染，又可导致农作物等受到污染，污染物转入农作物或水域后，会给人类带来极大危害。

b. 对水域的污染。工业废渣对水域的污染，表现在毒物可能渗入地下水或由地面雨水、风等带入水域。

c. 对大气的污染。化工废渣在堆放过程中，在温度、水分的作用下，某些有机物发生分解，产生有害气体扩散到大气中，对大气造成污染。

2. 化工三废的监控

对化工三废的监控，实际上就是对排放化工三废的工业污染源进行监控。通过对工业污染源的监控，可以有效地控制污染物的排放量，减少对环境的污染；随时掌握污染物的性质和数量，了解污染物对环境要素和生态系统的影响程度，预测环境质量的变化趋势，并借以调整企业生产排污情况，满足环境保护的需要，同时为后续的三废治理提供科学的依据。

要对污染源进行有效监控，应将整个企业作为一个有机整体，综合考虑建立有效的综合控制管理体系，在化工设计中，要设计自动监控系统。例如本书即将介绍的丙烯腈生产，当发现系统有故障，会自动启动废气焚烧系统。此外，对已经实现治理的三废，也要加强监控，如同一个企业的质量保障体系一样，如监控污水处理装置，监控废气收集和焚烧装置等。

除了现场采样之外，还可以采用“生物监控”，如在有废气排放地点养鸟，在处理过的污水中养鱼等等。

二、三废治理原则

对于三废的防治，在进行工艺设计和工程设计时，要把三废治理作为重要环节，做到“三同时”，即同时设计、同时施工、同时投产。对于已经投产的企业，如果三废不加治理时，可以指令限期治理，不然可以令其停产。治理三废的积极的思路就是改造工艺，使其不产生无法治理或难以治理的三废；其次是“三废”资源化，回收利用或生产出新的产品(过去称综合利用产品)，万不得已则使之无害化。这是总的原则。

1. 采用先进工业技术，控制产生污染

(1) 对有严重污染的原料路线、生产方法进行改革。

化工生产中采用的某些原料、催化剂以及生产过程中的中间产物，是有毒有害的，直接污染生产环境，长期危害操作人员健康。因此，力图实现工艺改革，采用无害或低害的原料路线，并相应改变工艺生产方法。

隔膜电解法代替水银电解法，就免除了汞污染。有些生产中由于使用大量酸、碱、溶剂、氨等，造成严重的污染。如用次氯酸化法生产环氧乙烷，需要排放大量的石灰浆和含有机氧化物的废水；采用乙烯直接氧化制环氧乙烷，污染显著减轻。

(2) 改变造成污染的产品品种。

有些化工产品在生产和使用过程中有毒有害，污染环境，需要采用改革产品品种的措施。农药生产在这方面的例子是显著的。如以往使用的无机砷、有机汞农药以及六六六、滴滴涕等有机氯制剂，现在已禁止生产和使用。

(3) 改变设备、改进操作。

为减少和消除污染，需要对污染环境的生产设备进行改造。如在冷却、洗涤操作上，采用直接接触式设备，会产生大量的废水，如改用间接冷却器进行间接冷却，可有效地减少污染物的排放量。

电解食盐水工业中产生的氯气，过去用直接喷淋水冷却的方法去除氯气中的水蒸气，在喷淋过程中水与氯气直接接触，有一部分氯气溶解于水，因而排放出来的废水中含有一定量的氯。现在采用钛管列管冷却器，氯气通过钛管，被管外的冷冻水进行间接冷却，使滤器中的水蒸气直接冷凝下来，不与冷却用水接触，消除了排出水含氯的问题，同时减少了氯气的损失。

(4) 采用密闭循环工艺。

所谓密闭循环，指系统的废弃物，通过一定的治理技术，重新回到系统中加以使用，以避免污染物排放环境的工艺。又称为“无废工艺”或“零排放工艺”。它既可降低原料消耗，又减少污染物的危害。

(5) 减少系统泄漏。

从控制污染观点考虑，提高设备管道的严密性、减少反应物料的泄漏也是十分重要的。需要提高设备和管道的严密性，对泵和阀门等管件要选用密闭性能好的，如屏蔽屏、整体阀门等；管件连接密封，可选用优质垫圈，采用双层密封等。

为防止泄漏，在设计上应尽量减少机械连接，在材质上要选用耐腐蚀的材料，对因腐蚀易引起泄漏的部位，要在设计上考虑便于监测和修补。视流体性质不同，应安装自动报警或监测泄漏的装置，以防止泄漏事故的发生。

2. 控制燃料污染

燃料的燃烧是环境中主要的一种污染源。燃烧废气中的烟尘、二氧化硫、氮氧化物和一氧化碳污染大气，灰渣的排放也污染环境。化工生产中需要消耗大量的燃料，在有些情况下，燃料的耗用量不亚于工艺物料量。因此控制燃料的污染是很重要的。

(1) 发展采用洁净燃料。

在燃料供应许可的条件下，应优先选用比较洁净的燃料来代替传统的煤炭。如采用天然气、液化石油气或焦炉煤气等气体燃料，或煤油、燃料油等液体燃料。它们输送方便，起燃容易，燃烧完全，控制方便，燃烧残渣很少。

(2) 消烟除尘。

燃料燃烧过程中，消烟除尘的问题极为重要。烟尘是由于燃烧不完全造成的。改进燃烧装置，改善燃烧条件，增加自动化程度，就可以把黑烟消灭在燃烧过程中，或大大减少污染物的排放量。

(3) 燃料预先脱硫。

防止二氧化硫污染是与消烟除尘同等重要的问题。大气中二氧化硫主要来自燃料的燃烧过程，在燃烧中，油、气所含的全部硫分和煤中的大部分硫生成二氧化硫。为减少二氧化硫的产生，一个有效的方法是对燃料进行预先脱硫。如对重油进行加氢脱硫或催化脱硫，对煤气进行湿法或干法脱硫，对煤炭进行机械脱硫等。

(4) 排烟脱硫、脱硝。

排烟脱硫、脱硝是采用各种方法，把由于燃料燃烧生成的二氧化硫或氮氧化物转化为液态或固态化合物，从而将它从排出的烟气中分离出来。排烟脱硫、脱硝的方法有湿式吸收法、干式吸收法、吸附法、催化氧化法等。关于这些方法，详见本章第三节的内容。

（5）改革供热方式，发展废热利用。

锅炉集中供热，控制锅炉气污染，充分节能都是有好处的。生产中，交换出大量的热，应加以充分回收和利用，这既是重要的节能措施，同时也是减轻污染的有效途径。

3. 控制排水

废水的随意排放，一方面浪费了宝贵的水资源，另一方面废水中带有大量污染物也使环境污染日益严重。因此应严格控制废水的排放。为此应在生产上尽可能采用无水工艺或少水工艺，采用清污分离、串级使用、一水多用等措施可提高废水的循环利用率，降低单位产品排污量。同时加强废水处理，消除污染。

4. 回收和综合利用

将化工厂排放的废弃物，加以合理的综合利用和回收，使无用的"废物"重新成为有用之物，既可治理"三废"防治环境污染，又可创造财富，故有人也将此工作称为"资源的二次开发工作"。二次资源的开发，同化工产品的开发要同样对待，回收利用而生产的副产品，不能听之任之，同时 应作为生产的产品，进行技术投资、技术改造促进技术进步，改变不管理"副产品"的旧习。

第二节　废 水 治 理

一、废水分析指标

1. 废水特征及污染指标

化工生产产生的废水，具有种类繁多、成分复杂的特点，常含有不同数量的原材料、中间产品、成品、半成品和各种副产品等。即使对同一产品，由于生产厂的规模和使用的工艺不同，排放的废水水质、水量也不相同；就是在同一工厂、同一车间，不同班次排放的废水水质也会有差异。但是，化工废水虽然复杂，但仍可用统一的指标来检测工业废水的水质并评估它对环境污染的程度。这些指标通常可以分为三个方面：

（1）物理方面的污染参数，如透明度、浊度、颜色、悬浮物、温度、嗅味、味道、蒸发残留物、导电率等。

（2）化学方面的污染参数，如 pH 值、酸度、碱度、硬度、生化需氧量（BOD）、化学需氧量（COD）、油含量、营养素含量、有害有毒物质含量等。

（3）生物方面的污染指数，如病毒数、大肠菌数、一般细菌数、鱼毒性试验、水生物分析等。

所以，在确定废水治理方案前，必须将工厂或车间排放的废水性质、水质、水量及变化特点查清楚。

2. 废水水质检测与分析

对于所排放的废水和受污染的水体进行水质检测与分析，难度比一般分析要大，原因在于污染物在排出废水中的含量，尤其是在水体中的含量，一般比较低，属于微量、少量，有的甚至属于痕量范围。同时废水中往往含有多种化合物，它们在检测时相互干扰，产生检测数据上的误差。水质测试项目因不同的对象而异，而每一项测试项目又有很多种可供采用的分析方法，需要进行选择比较。合理选用检测分析方法和实验技术，对于检测数据的正确性和观察污染状况的及时性有着重要关系。

表 6-1 列出了一些常见的污染测试项目及宜于采用的常规分析方法。

表 6-1 水质污染常见分析项目及其化学分析方法

分析项目	分析方法
色度	铂钴比色法,铬钴比色法
悬浮物质	过滤重量法
碱度	指示剂滴定法,电位滴定法
酸度	指示剂滴定法
pH 值	指示剂滴定法
化学需氧量(COD)	酸性高锰酸钾法,重铬酸钾法
生化需氧量(BOD)	稀释法
溶解氧(DO)	高锰酸钾碘量法,叠氮化钠碘量法
油分	重量法,比浊法,荧光比色法
汞	双硫腙比色法,氯化亚锡还原法
铬	二苯碳酰二肼比色法,高锰酸钾容量法
镉	双硫腙比色法,容量法
铜	二乙基二硫代氨基甲酸银比色法,丁二酮肟比色法,容量法,二乙基二硫代氨基甲酸钠-四氯化碳萃取比色法
铅	双硫腙法
砷	钼蓝法,二乙基二硫代氨基甲酸银比色法
锌	双硫腙法,锌试剂法
硒	3,3-二氨基联苯胺比色法
锰	过碘酸氧化法
铁	硫氰酸盐比色法,容量法
氟	苯素锆比色法
氨氮	直接比色法,蒸馏比色法
亚硝酸盐氮	重氮-偶合比色法
磷酸盐	钼蓝比色法
硫化物	碘量法,*N*,*N*-对氨基二乙基苯胺比色法
硫酸盐	氯化钡比浊法,硫酸钡重量法
氰化物	硝酸银容量法,吡啶盐酸联苯胺比色法,吡啶-吡唑酮法
丙烯腈	吡啶-联苯胺比色法,高锰酸钾氧化法
甲醛	品红-亚硫酸比色法,乙酰丙酮比色法,变色酸比色法
苯胺	偶氮比色法
酚类	溴化容量法,4-氨基安替比林比色法
有机氯	硝酸银比色法
有机磷	酶化学比色法
大肠菌群数	稀释计数法

传统的化学分析方法费人力、费工时，而且受人为操作因素影响较大。许多现代的仪器分析方法灵敏度高，操作迅速，分辨效果好。因此，采用准确、快速和灵敏的仪器分析手段是检测污染的重要发展方向。表 6-2 列举了有关仪器分析方法在水质污染检测中的应用。

表 6-2　水质污染测试项目及相应的仪器分析手段

测试项目	仪器分析手段
生化需氧量、溶解氧	比色法、分光吸收光度法、极谱式测氧仪、电池式离子选择电极
化学需氧量	比色法、分光吸收光度法、电位差滴定法
总有机碳	非分散型红外气体分析法
浊度	比色法、分光光度法、散射光光度计
酸度	pH 计、离子选择电极
悬浮物	浊度计、散射光光度剂、离心分析器
油分	散射光式油分浓度计、荧光光度法、气相色谱法、非分散红外法
汞及有机汞	比色法、分光吸收光度法、原子吸收光谱法、发光分析法、气相色谱法、中子活化分析法
镉、铜、铅、锌、砷、硒等离子及化合物	比色法、原子吸收分光光度法、极谱逆向伏安法、库仑分析法、离子选择电极、高吸收等离子谱法、质谱法、X 射线荧光光谱法、发光分光光度法
氰化物	比色法、分光吸收光度法、电位差滴定法、气相色谱法、离子选择电极、X 射线荧光法
酚类	比色法、红外分光光度法、气相色谱法、质谱法、荧光光谱法
有机磷	比色法、分光吸收光度法、气相色谱法、质谱法、X 射线荧光法
有机氯农药	气相色谱法
3,4-苯并芘	荧光光度法

二、废水治理方法与流程

1. 废水治理方法分类

废水处理方法的分类有很多种，常见的是按不同的处理程度分类或按其作用原理来划分。

废水处理方法按其作用原理可以分为物理法、生物化学法、化学法和物理化学法。

物理方法：主要是利用物理原理和机械作用，对废水进行治理，故也称为机械法，其中包括采用沉淀、均衡调节、过滤及离心分离等方法。

生物化学方法：是利用微生物的作用，对废水中的溶胶物质及有机物质进行去除的方法，包括活性污泥法、生物膜法以及厌氧处理方法。

物理化学法：是通过物理化学过程处理废水，除去污染物质的方法。其主要方法有：吸附、浮选、反渗透、电渗析、超过滤及超吸附等方法。

化学方法：是通过施用化学药剂或采用其它化学反应手段，进行废水治理的方法，如中和、氧化还原、电解法、离子交换等。

按处理程度可将废水处理分为一级处理、二级处理和三级处理。

一级处理：主要是解决悬浮固体、胶体、悬浮油类等污染问题，经常采用物理方法处理，如沉降、浮选、隔油等方法及中和法等。

二级处理：主要是解决溶解在水中的有机物及部分悬浮固体的污染问题，经常采用生物处理法，这级处理常常是处理化工废水的主要部分。

三级处理：主要是解决难以分解的有机物和无机物，处理方法有活性炭吸附、离子交换、反渗透等方法。

以上各种方法，各有其本身特点和适用条件。对于一定的化工废水，究竟采用哪种方法效果好，往往需要进行实际试验、比较，才能确定出有效、经济合理的处理方案。对化工废水，多是选用组合处理方法。

2. 废水治理方法简介

（1）物理法

① 沉淀法。沉淀法又称重力分离法，借重力沉降作用，使悬浮物从中不分离出来的方法。有些废水用化学方法使有害杂质形成固体颗粒悬浮在水中，然后分离去除，但这种方法广泛采用作为预处理方法。如对化工废水进行生化处理之前，先要从废水中除去砂粒和固体颗粒杂质以及一部分有机物质，以减轻生化装置的处理负荷。因此在生化处理前，废水先要通过沉淀池进行沉淀。设置在生化处理之前的沉淀池，称为初沉池，或一次沉淀池；在生化处理后的沉淀池，称为二次沉淀池，其目的是进一步去除残留的固体物质。沉淀装置主要有沉淀池、沉砂池等。按照沉淀池内水流方向的不同，沉淀池又可分为平流式沉淀池、竖流式沉淀池、辐射式沉淀池及斜板(管)式沉淀池四种。

平流式沉淀池废水的流动方向为水平流动。废水由进水口流入池中，进口速度一般应低于0.1m/s，进口之后，设置一进水挡板，用以降低水的流速，排水口前设置浮渣挡板，用以阻挡水面上浮渣。池底的污泥由刮泥板刮入污泥斗内，再由污泥管排出。

平流式沉淀池的优点是效果好，工作性能稳定，造价低。其缺点是排泥不方便，需要刮板等排泥装置。

竖流式沉淀池。废水由中央进水管伸入池中，流入沉淀池内，受反射板的拦阻，向四周分布，然后沿沉淀池缓缓上升，其中固体颗粒受重力作用，以一定沉降速度下降。当颗粒下沉到池底所需的时间小于废水在池内的停留时间，则颗粒沉于池底。分离废水由出水口流出池外。故在出水口附近设置有浮渣挡板。池径与池深之比一般不应小于3∶1。

竖流式沉淀池的优点是排泥容易，不需要机械刮泥装置；缺点是造价高，废水量大时不宜采用。

辐射式沉淀池一般为圆形。直径与池深之比可在10∶1~20∶1。它的直径一般为20~30m，最大可到50~100m，在中心部分池深为2.5~5m，池边为1.5~3m，池底坡度为0.06~0.08。污水从进水管进到池中央，管周围用穿孔挡板围成入流区。出水口设在池周顶部，溢流堰的形式多为锯齿型，在溢流堰前设有浮渣挡板。池底设有机械刮泥装置，把污泥刮到池底中央的污泥斗中，再由污泥管排出。如图6-1所示。

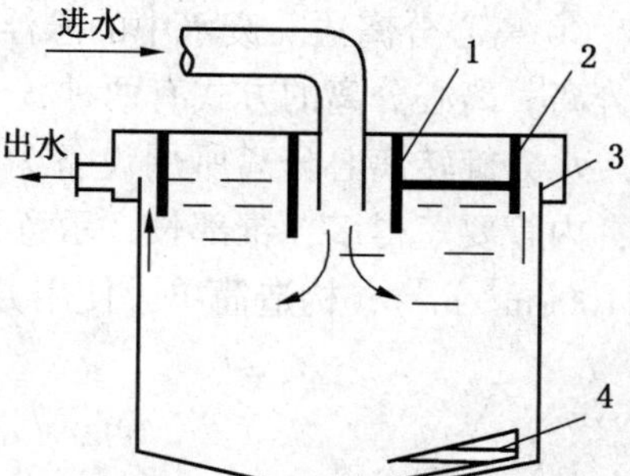

图6-1　辐射式沉淀池

1—入流区穿孔挡板；2—浮渣挡板；3—锯齿形溢流堰；4—刮泥装置

这种沉淀池也具有竖流式沉淀池的水流上升作用，所以效果较好，其优缺点介于平流式与竖流式沉淀池之间。

斜板(管)式沉淀也是一种新型高效的沉淀池，它的构造相当于在平流式沉淀池或竖流式沉淀池的沉淀区加设一组斜板或斜管装置(如图6-2)，斜板(管)的倾斜角为45°~60°，相互间平行。水流从平行板或管道的上端进入，下端流出。每块板之间相当于一个小的沉淀池，每根管也相当于一个小沉淀池。它们的沉淀效果远远超过前述三种沉淀池。

斜板(管)沉淀池的特点在于首先可以保证水流呈层流流态，提高了水流的稳定性，有利于污泥颗粒的沉淀，可以提高处理污水的能力；其次增加了沉淀面积，当水量一定时，沉淀面积越大，过流率越小，颗粒的最小沉降速度也越小，沉淀效率越高，该沉淀池的沉淀面积为斜板总面积的水平投影与沉淀池的底面积之和，远大于一般平流式沉淀池的沉淀面积，故在保持一定的沉淀效率下，可使污水处理量增加；同时，该沉淀池还可有效降低沉淀池深度，缩短沉淀时间，具有投资省，效果好，占地少的优点。存在问题是斜板的间距或斜管的孔径不能太小，否则易造成排泥不畅，运行管理困难。

上述沉淀池在应用时，应根据废水处理的大小及处理的要求，废水中悬浮物的数量、性质及其沉降特征，废水处理场地的情况以及投资进行综合考虑。

② 过滤法。过滤法是利用过滤介质截留废水中的微粒物质及胶状物质的方法。过滤法可用于废水的预处理，以防止水中的微粒物质及胶状物质损坏水泵，堵塞管道及阀门等；也可用于废水的最终处理，使滤出的水可以进行循环使用。

化工废水常用的过滤方法，可以分为综合滤料过滤及微滤机过滤两种方法。

综合滤料过滤又称为粒状介质过滤，是采用不同的过滤介质，综合使用进行过滤的方法。一般以卵石作垫层，石英砂、无烟煤、石榴石或矿砂等为滤料，用以滤除细小的悬浮物或乳化油。滤料可分为单层或多层，单层滤料用石英砂；双层滤料上层用无烟煤，底层用石英砂；多层滤料用无烟煤、石英砂及石榴石。根据进水方式，过滤设备有重力式和压力式滤池两种。

微滤机是一种机械过滤装置，其构造包括水平转鼓和金属滤网。转鼓和滤网安装在水池内，水池中设有隔板。转鼓转动的圆周速度为30m/min，滤网为含钼的不锈钢丝织成，孔径有60、35、23μm等三种。废水通过金属网细孔进行过滤。废水从转鼓的空心轴管，通过金属网孔过滤后进入水池。截留在网上的悬浮物，随转鼓转动到上面时，被冲洗水冲下，收集在转鼓内，随同冲洗水一起，从空心轴出口排出。微滤机的过滤与冲洗过程均为自动进行。

③ 离心分离法。废水中的悬浮物借助离心设备的旋转，在离心力的作用下，悬浮物与水分离。离心分离的方式有两种，一种为水力旋转，另一种为机械旋转。

水力旋转离心分离所用设备为压力式水力旋流器，又叫旋液分离器，与旋风分离器类似，内管要短得多，锥部长，示意如图6-3。水力旋流器体积小，处理水量大(生产能力可达1000m³/m²)，构造简单，使用方便，但设备费用高，动力消耗较高。

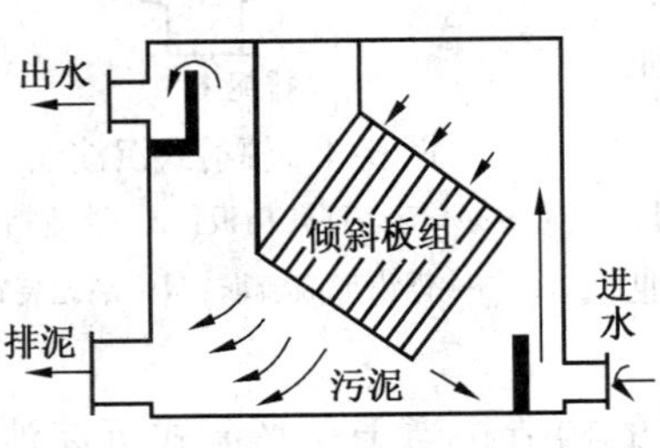

图6-2　斜板式沉淀池

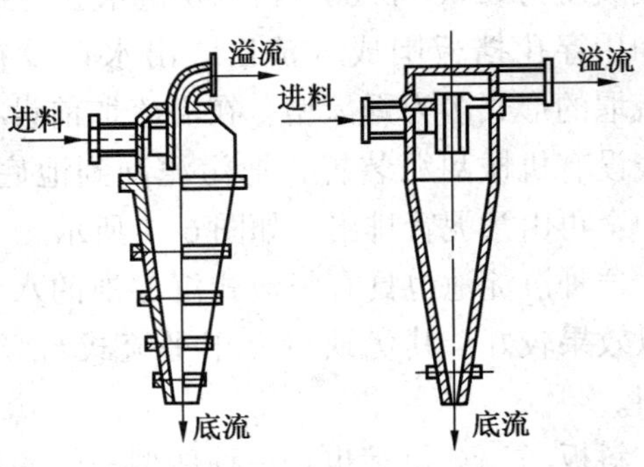

图6-3　水力旋流器示意图

采用离心机处理废水，也是一种方案。离心机的转速高，所以分离效率也高，但设备复杂，造价较高。一般只用在小批量的、有特殊要求的难处理的废水治理方面。

(2) 化学法

① 混凝法。水中的胶体物质，通常带有负电荷，胶状物间相互排斥不能凝聚，多形成稳定的混合液。若水中投加带有相反电荷的电解质(即混凝剂)后，可使废水中胶状物呈电

中性，失去稳定性，并在分子引力作用下，凝聚成大颗粒而下沉。

常用的混凝剂可以分为三大类：即无机混凝剂(如硫酸铝、硫酸亚铁、硫酸铁及其聚合物等)，有机混凝剂(如十二烷基磺酸钠、硬脂酸钠、油酸钠、十二烷胺乙酸等)，高分子混凝剂(如聚丙烯酰胺、水解聚丙烯酰胺盐、聚硫脲等)。

混凝沉淀处理流程包括投药、混合、反应及沉淀分离几个部分。

投药可分为干投与湿投两种，所用设备包括投加和计量两部分。

混合形式也可分为两种，一种是通过水泵进行混合，另一种是在混合槽内进行混合，混合槽内装有混合机械。

水和混凝剂在混合槽内进行部分反应，而最后全部完成反应是在反应池内，反应要有足够的时间，一般约20~30min左右。

将废水中生成的絮凝体经过沉淀后，使之与水分离，最终达到水被净化的目的。

② 中和法。利用中和过程处理废水，有时可将酸碱性各异的水加到一起处理既中和，又省去部分酸或碱。酸碱废水中和的方法通常采用投药中和法和过滤中和法。

投药中和法常用的碱性药剂是石灰和石灰石，也可以用碳酸钠或液碱。采用 CaO 可中和任何浓度的酸，在工程上一般采用湿投法，将生石灰消解，配成5%~10%浓度的 $Ca(OH)_2$ 乳液，用泵送到投配槽，经投加器投入。

过滤中和法就是用滤料石灰石或白云石来处理酸性废水。

③ 氧化还原法。水中溶解性物质，包括无机物和有机物，可以通过化学反应将其氧化或还原，使其转化为无害的新物质。

氧化法可以处理各种工业废水，特别适用于处理废水中难于生物降解的有机物，如绝大部分农药和杀虫剂，酚、氰化物，以及引起色度、臭味的某些物质，如丹宁、木质素等。

常用的氧化剂有氯类和氧类，氯类的氧化剂有气态氯、液态氯、次氯酸钠、漂白粉、二氧化氯等；氧类的氧化剂有空气中的氧、臭氧、过氧化氢以及高锰酸钾等。但要注意化学反应后，生成新的物质是什么，不要前门逐虎后门入狼，造成新的污染。

还原法在工程上的应用也很广泛，如铁屑(锌屑)过滤去除重金属离子等。Fe、Zn 金属转化为 Fe^{2+}、Zn^{2+} 时，可作为较强的还原剂，处理含汞、铬、铜等重金属离子废水。

④ 电解法。电解法处理废水的优点是：用低压直流电源，不必大量使用化学药品；在常温常压下操作，管理简便；如废水中污染浓度发生变化，可以通过调整电压和电流的方法，保证出水水质稳定；处理装置占地面积不大。但在处理大量废水时电耗和电极钢板的消耗量较大，分离出的沉淀物质不易处理利用。

⑤ 离子交换法。离子交换法是通过离子交换树脂与废水之间发生可逆的离子交换而净化水质的方法。常用的离子交换树脂是人工合成的。

离子交换设备有固定床、移动床、流动床等形式。固定床是在离子交换一个周期(交换、反洗、再生、淋洗)中，树脂均固定在床内；移动床则是在交换过程中将部分饱和树脂移到床外再生，过后将再生的树脂送回床内使用；流动床则是树脂处于流动状态下完成上述交换和再生过程。目前在废水处理上，以固定床应用最为广泛。根据水量水质的需要，固定床又可分为单床、多床、复床和混合床等方式。

离子交换法的优点在于可以对多种金属离子能有效地回收利用，废水中的微量有害物质可以浓缩处理，处理后水质好，可回用；其不足之处在于废水的预处理要求高，操作管理技术性强，树脂的再生液需要妥善处理。

（3）物化法

① 吸附法。吸附法是利用多孔性固体物质作为吸附剂，以吸附剂的表面吸附废水中的某种污染物的方法。常用的吸附剂为活性炭、硅藻土、铝矾土、磺化煤以及吸附用树脂等。其中以活性炭最为常用。吸附法主要用来脱除废水中的微量污染物，以达到深度净化的目的。应用范围包括脱色、脱臭、脱除重金属离子、脱除溶解有机物、脱除放射性物质等。

粒状活性炭虽吸附能力较粉状活性炭差，但其容易与水分离，再生方便，所用的设备也容易实现自动化操作，所以逐步受到重视。粒状活性炭吸附流程按照与水的接触方式不同，一般可分为固定床、移动床和流化床三种操作方式，其原理同离子交换操作模式。

活性炭吸附污染物值达到饱和后，需要进行再生处理。常用的再生方式有加热再生法和化学再生法两种。前者首先将需再生的活性炭在温度100℃下干燥，然后将温度升高到100～815℃，将吸附的污染物质高温分解，再在815℃以上将分解后的残炭氧化，从而使活性炭活化；后者是利用化学反应使吸附质转化为易溶于水的物质而解析下来，此法多用于处理含Cr废水的活性炭再生。活性炭吸附的Cr^{6+}，在酸性条件下被还原为Cr^{3+}，活性炭对Cr^{3+}基本上不再有吸附能力，因而达到再生目的。

② 气浮法。气浮法，又称为浮选法。当化工废水中所含有的细小颗粒物质，不宜采用重力沉降法加以去除时，可以采用此方法处理。该法就是在废水中通入空气，并加入浮选剂或凝聚剂等，使废水中的细小颗粒或胶状物质等粘浮在空气泡或浮选剂上，随气泡一起浮在水面上，然后加以去除，使废水净化。

浮选法的形式较多，常用的方法有加压浮选、曝气浮选、真空浮选、电解浮选和生物浮选等。其中尤以加压浮选应用最为广泛。

加压浮选的原理是：在加压的情况下，将空气通入废水中，使空气溶解在废水中达饱和状态，然后由加压状态突然减至常压，这时溶解在水中的空气就成了过饱和状态，水中空气迅速形成极微小的气泡，不断向水面浮升。气泡在上升过程中，捕集废水中的悬浮物以及胶状物质，一同带出水面。然后从水面上将其去除。此法又称为加压溶气气浮。

加压溶气气浮由加压泵、溶气罐及气浮池组成。气浮池通常为平流式。

③ 电渗析和膜分离法。电渗析法是在直流电场的作用下，利用阴、阳离子交换膜对溶液中阴、阳离子的选择透过性，而使溶液中的溶质与水分离的一种物理化学过程，它是由离子交换发展而来的。

电渗析过程分成三个步骤，即离解：废水中的电解质在直流电场的作用下产生阴离子和阳离子；离子的迁移：产生的阴、阳离子分别向电场的正、负电极移动，在移动过程中与离子交换膜相遇，由于离子交换膜具有选择透过性，对阴阳一面形成淡化室，另一面形成浓缩室，从而完成电解质迁移分离过程。实际应用的电渗析器，大多是由几十对或几百对阴、阳膜所组成的。只有这样才能使电渗析器的耗电量减少，效率提高。电渗析目前主要用于废水处理回收金属或贵重材料，如处理含镍废水含铀废水等。

此外，还有反渗透膜、微孔膜和超滤膜分离法（详见第四章）。

（4）生化法

废水的生物化学处理法（生化法），是利用自然界大量存在的各种微生物来分解废水中的有机物和某些无机毒物（如氰化物、硫化物等），通过生物化学过程使之转化为较稳定的、无毒的无机物，从而使废水得到净化。目前生化法主要用来去除废水中呈胶体状态和溶解状态的有机物，以及现有物理法不能去除的细小悬浮颗粒。

生化法有好多种，根据不同作用原理和处理构筑物形式，可以概括地作如下分类：

- 生化处理
  - 好气处理
    - 天然条件——水体自净、生物塘
    - 人工条件
      - 活性污泥法——曝气池
      - 生物过滤法——生物滤池(滴滤池)
  - 厌气处理
    - 天然条件——天然水体中的淤泥净化
    - 人工条件——消化池、双层沉淀池

① 活性污泥法。活性污泥法是好气生物处理的重要方法，处理能力大、效率高，已成功地用于各种工业废水的处理。它主要依靠悬浮在废水中寓有大量微生物的活性污泥，对废水中的有机物或某些无机毒物进行吸附和氧化分解，从而使废水得到净化。

活性污泥法有多种不同的分类方法。按曝气的气源，可分为空气曝气和纯氧曝气。通常一般都用空气曝气。按进出水连续与否，可分为连续流和间歇流活性污泥法，一般为连续流。按曝气方式，可分为鼓风曝气、机械曝气和射流曝气。如按曝气时间长短分，可分为短时、中时和延时曝气。普通曝气法属中时曝气，曝气时间越长，处理程度越深，但同时基建投资和运行费用也越多。

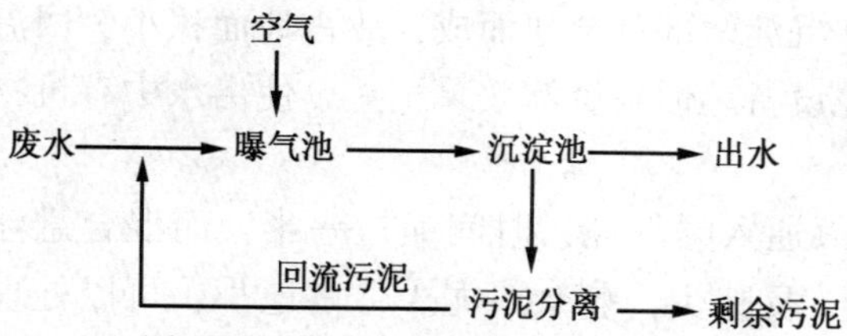

图 6-4　普通活性污泥法基本流程

a. 普通活性污泥法。普通活性污泥法的基本流程如图 6-4 所示，由曝气池、二次沉淀池、供氧系统和污泥回流系统四部分组成。废水与回流污泥从曝气池首端进入，呈推流式至曝气池末端流出。在曝气池内完成有机物的吸附与氧化。再生污泥在二次沉淀池内分离后，回流入曝气池，空气沿曝气池长度方向均匀鼓入，提供污泥所需氧量，并起搅拌作用使污泥处于悬浮状态，与废水充分接触。该法适用于处理要求高、水质稳定的废水。

b. 多点进水法。多点进水法在普通活性污泥法基础上改进了进水方式，废水沿曝气池分段多点进水，使有机物在池内分布较均匀，以减轻池首的 BOD 负荷，均化曝气强度，充分发挥微生物分解有机物的能力。适用于大型曝气池及浓度较高的废水。

c. 吸附再生法。吸附再生法又称生物吸附法和接触稳定法，它是对普通活性污泥法的重大改进。该法中废水的吸附和污泥再生分别在两池或一池的两部分进行回流的污泥先在再生池或再生段内分解氧化，恢复活性后，再引入吸附池或吸附段处理废水。流程示意如图 6-5。

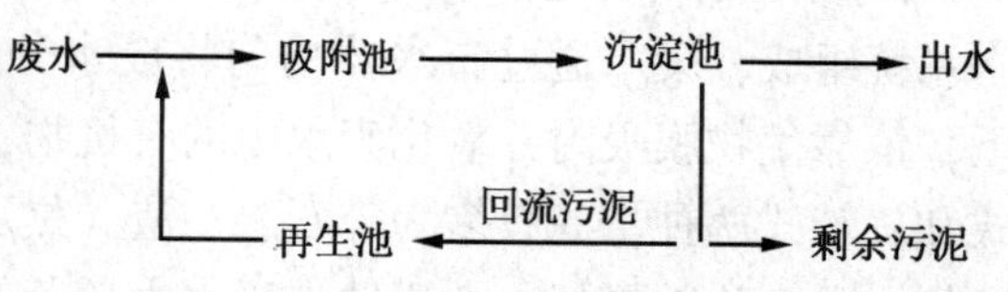

图 6-5　吸附再生曝气法流程

该法的特点是再生池只再生回流污泥，回流量一般为进水量的 50%～100%，且浓度较高，提高了吸附池内混合液平均污泥浓度。在污泥负荷相同的条件下，其容积负荷成倍增加，又因吸附所需时间较短，吸附池容积可相应缩小，仅满足活性污泥吸附进水中有机物的要求即可。另外空气的利用率和抗冲击负荷的能力相应提高。但因吸附池中的污泥所吸附的有机物大部分未获氧化就进入二次沉淀池，所以污泥结构松散，沉淀性能较差，出水悬浮物较多。

d. 两端曝气(A-B 法)。A-B 法实质是两级活性污泥法。A 级为高负荷的生物吸附级，利用活性污泥的吸附能力将污水中的有机物吸附于活性污泥上，进而降解，产生众多的生物污泥，在随后设置的 A 级沉淀池中沉下，大部分有机物质以剩余污泥方式被排出系统。B 级以低负荷运行，继续氧化甚至消化经A级处理后残留于污水中的有机物，最终出水水质往往能达到延时曝气的水平。图6-6为两段曝气系统示意图。

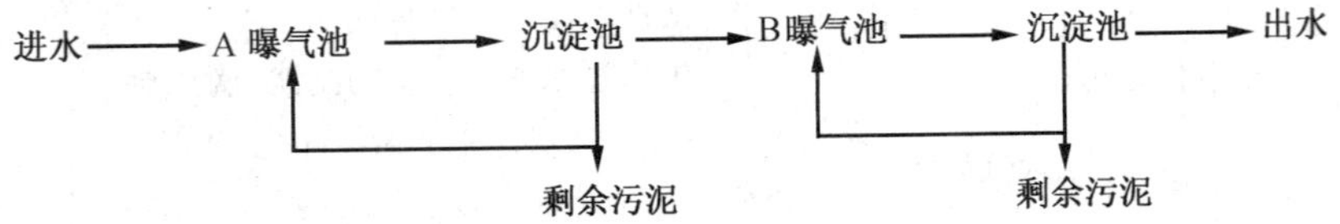

图6-6　两段曝气系统示意图

e. 延时曝气法。延时曝气即长时间曝气的活性污泥法,或称完全氧化法。这种方法曝气时间长,负荷低,一般有硝化作用发生,有机物去除率高,污泥产量少,适用于小型污水处理厂和出水质要求高的地方。延时曝气一般都是普通曝气,氧化沟可视为一种特殊的延时曝气法。

f. 完全混合曝气法。完全混合曝气法的特点是使曝气池中的废水、空气及回流污泥进行充分均匀的混合，使池中各点的水质情况基本上相同。这样在池内各点的需氧量也是均匀的。常用的完全混合曝气法是加速曝气法，它是将曝气和沉淀两个池子合建成为一个池子的方法，即建成曝气沉淀池。加速曝气池为曝气和沉淀两部分合建而成，故占地面积小，回流用活性污泥可自动回流至曝气面，不需输送污泥设备。但是沉淀效果稍差，使出水中有机物含量高，影响出水水质。

g. 纯氧活性污泥法。通称UNOX法。用纯氧通入曝气池，时间缩短一半，而混合悬浮物浓度(MLSS)为普通曝气的两倍。且排气量少，臭味少，剩余污泥少，占地小，可以处理废水中有机物波动幅度大和浓度高的废水。

h. 间歇活性污泥法。又叫序列法(SRB法)，通常分进水，曝气，静止，排清液和闲置五个阶段。兼有好氧法和厌氧法二者之优点，适于处理水量小而对出水要求高的场合。

② 生物膜法。生物膜法是另一种好氧生物处理方法。该法是通过生长在填料或盘面等表面的生物膜对水中的有机物进行吸附和氧化分解,达到处理废水的目的的方法。这是一种高效、可靠的废水净化处理方法,特别是一些难以处理的工业废水,往往求助于该法。它在化工废水的处理中应用广泛。生物膜法的主要构筑有生物滤池、生物转盘和生物接触氧化池等。

a. 普通生物滤池。普通生物滤池一般呈圆形、方形或矩形，由滤料、池壁、排水及布水系统组成，废水通过布水器均匀将废水分布在滤料表面，沿覆盖在滤料表面的生物膜流下，依靠生物膜吸附并氧化废水中的有机物，氧气由通过滤料的气流供给。布水系统有固定式和旋转式两种。滤料多为碎石、炉渣、焦炭等。滤床高度一般为2m左右。普通生物滤池的优点是净化效果好，主要缺点是水力负荷低，占地面积大，而且容易堵塞。

b. 塔式生物滤池。外形呈塔式，高约24m，直径一般与高度的比例为1∶6~1∶8。滤料沿塔体高度分层装设，形似板式塔或分段填料塔，每层充填高度不大于2m，底部设格栅，以承担滤料的质量。目前广泛使用塑料蜂窝及波纹板等滤料，塔底有0.4~0.6m空间，周围留有通风孔。它的优点是占地面积小，运行管理方便。

c. 生物转盘。生物转盘又称为浸没式生物滤池，是从传统生物滤池演变、发展而来的。不同的是以一系列转动盘片代替固定的滤料。圆盘片通常由质轻和表面积大的塑料等组成。盘片按一定距离排列并固定在一根横轴上，借电动机使之缓慢旋转，圆盘一半浸入废水处理槽、一半敞露在大气中，在处理废水时转盘可逐级串联形成多级转盘。

生物转盘法与活性污泥法比较，有操作简单，剩余污泥脱水容易，机械设备较简单等特点，缺点是转盘材料造价高，机械转动部件容易损坏，投资较高。目前国内主要用于处理水量不大，而含有机物浓度较高的场合。

d. 生物接触氧化池。生物接触氧化池也是一种生物膜法，它是在生物氧化池内装填一定数量的填料，在填料上挂上生物膜，在氧化池内供应充分的氧气，通过生物氧化作用，降解废水中的有机物。生物接触氧化法一般适合于低浓度有机废水，为防止堵塞，在设计时还要采取反冲洗措施。

③ 厌氧处理方法。该方法是在无氧条件下，利用厌气微生物作用，主要是厌气菌的作用，来处理废水中的有机物。原先主要用于消化污泥，近十几年来发展到处理高浓度有机废水。同好氧处理相比较，厌氧处理具有节省费用，且可回收能源的优点。常见的厌氧处理方法有普通消化池、厌氧接触氧化、厌氧生物滤池及上流式厌氧污泥床等。

普通消化池效率低，所以主要用于城市污水的污泥消化。

厌氧接触氧化工艺，其消化池为普通消化池，在消化池后设置一个沉淀池，并将沉淀池底部的污泥回流至消化池，清液由沉淀池上部溢出。

厌氧生物滤池是在反应器内装有填料，废水从底部进入反应器。在填料上通过培养生长了大量厌氧生物膜，在大量微生物的作用下，将有机物转化为甲烷与二氧化碳等，从上部排出。反应器中的生物膜不断新陈代谢，自身更新，脱落的生物膜从出水中排出。因此在厌氧生物滤池后应设置沉淀池，用以分离生物膜和悬浮物。

由于在反应器内填料上附着生物膜，因而生物的停留时间长，污泥不易流失。且在装置内各种不同的微生物可自然固定分层，易使各类微生物得到最佳环境与平衡，微生物活性高，处理效率高。所用的填料，可以是乱石、炉渣、瓷环、软纤维填料、波纹填料等。

总体上看，厌氧生物滤池适于处理各种浓度和不同水温的有机废水，特别适合处理溶解性有机废水。但为了防止堵塞，更适合于处理较低浓度的废水。

上流式厌氧污泥床是目前应用最为广泛的一种厌氧生物处理装置，它具有工艺效率高，处理效果良好的特点，特别适合于处理高浓度有机废水，如图 6-7。

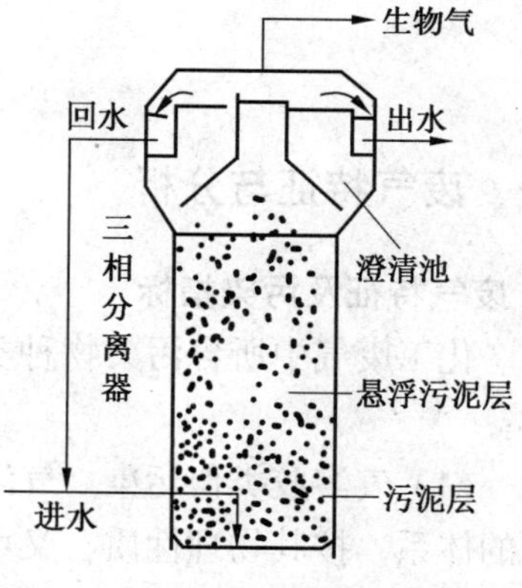

图 6-7　上流式厌氧污泥床反应器

在反应器的底部装有大量的厌氧污泥，废水从器底进入，在穿过污泥层时进行有机物与微生物的接触。产生的生物气附着在污泥颗粒上，使其悬浮于废水中，形成下密上疏的悬浮污泥层。气泡聚集变大脱离污泥颗粒而上升，能起一定的搅拌作用。有些污泥颗粒被附着的气泡带到上层，撞在三相分离器上使气泡脱离，污泥固体又沉降到污泥层，部分进入澄清区的微小悬浮固体也由于静沉作用而被截留下来，滑落到反应器内。

3. 废水治理流程简述

通常把废水治理流程分为四大板块

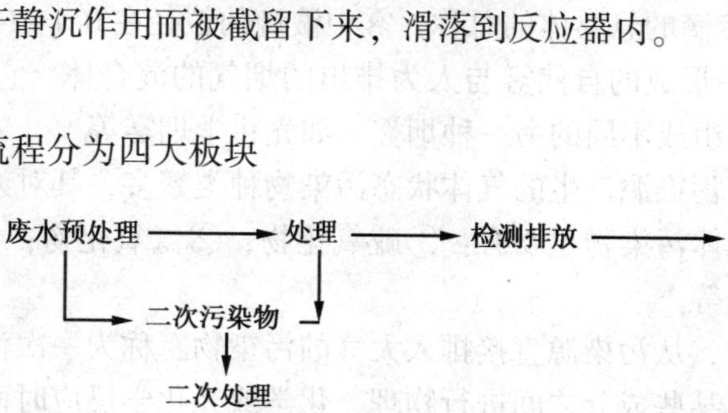

废水预处理细化为

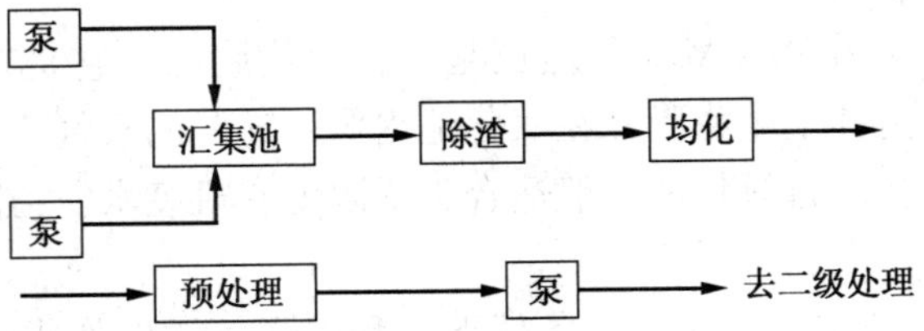

均化分均量，均质和均化(均质、均量)预处理通常采用物理分离的方法，或用化学沉淀法或其它易行的方法，加以处理。这种处理方法适合于一般的工厂或较小的厂，预处理后，由泵站送往二级处理或几个厂联合进行集中处理。

废水二级处理通常是将废水集中处理，使用化学、物化和生物方法，详细方法已如前述。在处理时，采取处理和利用相结合的原则，首先考虑利用，进行优化设计达到先进、环保、节能、经济和安全。无论是废水的预处理，还是二级、三级处理，仍有一些杂质，污泥必须进行再处理，这就是二次污染物的处理，通常将这些转化为资源，万不得已则采用无害化手段，加以处理。具体可参阅“废渣”的处理方法。

第三节　废 气 治 理

一、废气特征与分析

1. 废气特征及污染指标

化工废气中所含污染物种类众多，按其存在状态分为气溶胶污染物和气态污染物两大类：

(1) 气溶胶类似污染。气溶胶污染物指气体与悬浮于其中的极细小的固体颗粒或液滴组成的体系。按其物理性质，又可分为以下几种：

① 粉尘　指悬浮于气体中的细小固体粒子。其粒径通常为1~200μm，较大粒径的颗粒在重力作用下易沉降，而较小的则在空气中悬浮，极小的是气溶胶。

② 烟尘　通常指燃烧过程中由于熔融物挥发而形成的固体冷凝物，以及热气流带起的飞灰。其粒径范围为0.01~1μm，它们在空气中沉降非常缓慢。

③ 液滴　指在静止条件下可沉降，在紊流条件下能保持悬浮状态的细小液体粒子。主要粒径范围在200μm以下。

④ 雾　指气体中液滴的悬浮体的总称，雾中液滴的粒径在0.1~10μm。

⑤ 烟雾　指大气中形成的自然雾与人为排出的烟气的混合体，它们在一定条件下可发生化学反应，形成化学组成不同的另一种烟雾。如光化学烟雾等。

(2) 气态污染物。污染源产生的气体状态污染物种类繁多，其对人体的危害程度取决于污染物的化学性质。气体污染物主要有：①硫氧化物；②氮氧化物；③氧化物；④卤化氢；⑤碳氢化合物；⑥臭氧等。

上述各类污染物中，从污染源直接排入大气的污染物，称为一次污染物。当大气中污染物之间及污染物与大气某些成分之间进行物理、化学或光化学反应时而生成的污染物，称为二次污染物。

化学工业所排放的大气污染物主要有：二氧化硫（SO_2）、氮氧化物（NO_x）、氟化氢（HF）、氯气（Cl_2）、氯化氢（HCl）、碳氢化合物（C_mH_n），各种有机的和无机的气体、粉尘等。上述污染物的来源见表6-3。

表6-3　化学工业中常见大气污染物的主要来源

污染物	来源
二氧化硫	硫酸厂、染料厂、石油化工厂、其它以硫酸为原料的化工厂
氮氧化物	磷酸厂、硝酸厂、染料厂、火炸药厂、合成纤维厂
氯气、盐酸	氯碱厂、石油化工厂、农药厂、其它以氯气或盐酸为原料的厂
氟化氢、四氟化硅、氟碳化合物	磷肥厂、黄磷生产、氟塑料生产
氰化氢	有机玻璃厂、丙烯腈厂
乙烯、丙烯	石油裂解厂、聚烯烃厂
氨	合成氨及氮肥厂、石油化工厂
烷基铅	烷基铅制造厂
氯丁二烯、苯乙烯	橡胶厂、石油化工厂
硫化氢、硫醇	石油化工厂
溶剂（芳烃、有机化合物）	石油化工厂、火炸药厂
光气	光气及聚亚氨基酸酯生产
甲醛及其它有机化合物	石油化工厂

2. 废气污染物监测与分析

常见的废气污染物测试项目及其适用的化学分析、仪器分析方法分别列于表6-4、表6-5。

表6-4　废气污染物测试项目及其常用化学分析方法

污染气体	分析方法
SO_2	品红-甲醛比色法、碘量法、盐酸副玫瑰苯胺比色法
SO_3	氯化钡比浊法
SO_x	酸量法、肼偶氮法、氯醌酸钡比色法
H_2S	碘量法、硫化银比色法、亚甲基蓝比色法、*N*-（1-萘基）乙二胺盐酸盐比色法
NO_2	对氨基苯磺酸吸收比色法
NO_x	氨水吸收对氨基苯磺酸胺吸收比色法、氧化铝干吸收测定法
HCN	吡啶-吡唑啉酮比色法、吡啶盐酸联苯胺比色法
NH_3	吲哚百里酚比色法、碘化汞钾比色法
O_3	碘化钾法、硫酸亚铁铵法、丁子香酚法
CO	亚酮吸收法、对磺酸苯甲酸银法
Cl_2	联邻甲苯胺比色法、甲基橙比色法、二乙基对苯二胺比色法
HCl	硫氰酸汞比色法、硝酸银比浊法
$COCl_2$	苯胺光度法、二苯卡巴肼铜比色法
PH_3	硝酸银试纸比色法、铜蓝比色法
HF	锆-二甲酚橙间接比色法、镧-茜素络合直接比色法、茜素磺酸锆比色法
粉尘	自然沉降法、滤膜法

表 6-5　大气污染监测适用的仪器分析方法

污　染　物	仪器分析方法
粉尘	透明光度计、过滤式重量测定计、望远镜式烟气浓度计
SO_x	溶液电导率法、火焰光度计法、气相色谱法、红外线分析法、分光吸收光度法、质谱法、离子电极法、库仑滴定法
NO_x	化学发光法、非分散红外法、紫外吸收法、分光吸收光度法、控制电位电解法、离子电极法、质谱法
CO、CO_2	气相色谱法、质谱法、非分散红外法、氢焰离子化检测器、红外线发光法、紫外线光度法
烃类	气相色谱法、红外气体分析法、紫外分光光度法、质谱法
Cl_2	直接吸光光度法、电流测定法
HF	荧光光度法、离子电极法
NH_3	分光光度法
O_3	化学发光法、紫外吸收法、分光光度法、气相色谱法、质谱法、电位滴定法
HCl	吸收光谱法、溶液电导率法
金属粉尘、汞蒸气等	原子吸收分光光度法、X 射线荧光光谱法、发光分光光度法、极谱法、质谱法、分光吸收法
有机物	气相色谱法(火焰光度检定器、火焰离子化检测器),吸收光谱法

大气污染分析领域的广泛复杂不亚于水质分析，其中烟尘分析是大气污染检测中首屈一指的课题，通常测定烟尘只要求测定粉尘量及其浓度，而不包括分析其化学成分。

二、废气处理技术

1. 废气处理基本方法

废气处理技术基本上可以分为分离法和转化法两大类。分离法是利用外力等物理方法将污染物从废气中分离出来；转化法是使废气中污染物发生某些化学反应，然后分离或转化为其它物质，再用其它方法进行净化。

对于烟尘、雾滴之类的颗粒状污染物，可利用其质量较大的特点，用各种除尘器、除雾器使之从废气中分离出去。对于气态污染物，利用其不同的理化性质，采用冷凝、吸收、吸附、燃烧、催化转化等方法进行净化处理，如表 6-6 所示。

表 6-6　废气净化方法

净化方法			可净化污染物	备　　注
分离法	气固分离	机械力除尘	10μm 以上烟尘	锅炉烟尘等
		湿式除尘	5μm 左右烟尘	转炉烟气、高炉煤气等
		过滤除尘	0.1μm 以上烟尘	棉尘、石英粉尘等
		静电除尘	同上	发电锅炉、烧结机烟气除尘等
	气液分离	机械力除雾	10μm 以上雾滴	硫酸雾、铬酸雾等
		静电除雾	0.1μm 以上雾滴	硫酸雾、沥青烟雾等
	气气分离	冷凝法	蒸气状污染物	汞蒸气、萘蒸气等
		吸收法	气态污染物	HCl、HF、铅烟等
		吸附法	气态污染物	苯、甲苯、HF 等

续表

净化方法			可净化污染物	备注
转化法	气相反应	直接燃烧法	可燃烧气态污染物	苯、沥青烟等
		其它气相反应	气态污染物	NO_x 等
	气液反应	吸收氧化法	气态污染物	H_2S 等
		吸收还原法	气态污染物	NO_x 等
		其它化学吸收法	气态污染物	铅烟等
	气固反应	催化燃烧法 催化氧化法	气态污染物	CO、SO_2、苯等
		催化还原法	气态污染物	NO_x 等
		非催化气固反应法	气态污染物	Cl_2 等

2. 废气处理方法简述

(1) 烟尘控制技术

化学工业所排放出的废气中含有的粉尘污染物，主要是含有硅、铝、铁、镍、钒、钙等氧化物及粒度在 1000μm 以下的浮游物质。

除尘装置根据除尘机理，可以分为机械式除尘装置、袋式(过滤式)除尘装置、湿式除尘装置和电除尘装置四大类。可参阅第一章和第四章。

① 机械式降尘装置。机械式除尘装置,又称干式机械除尘装置。指不用水或其它液体做润湿剂,仅利用重力、惯性力及离心力等沉降作用去除气体中粉尘粒子的装置。主要的类型有重力除尘器(沉降室)、惯性力除尘器(挡板式除尘器)和离心力除尘器(旋风式分离器)三类。

其主要特点是结构简单、易于制造、造价低、施工快，便于维修及阻力小等，因而广泛应用于工业生产中。该类除尘装置对大粒径粉尘的去除具有较高的效率，而对于小粒径粉尘捕获效率很低。这一类除尘装置一般都在化工反应分离的流程中出现，作为尾气、放空气、排放气的初级处理。

② 袋式除尘装置。袋式除尘装置是使含尘气体通过织物过滤袋，将粉尘搜集下来的一种设备。袋式除尘器的优点是净化效率高、性能稳定、操作简便、适应性强、回收的粉尘易于利用。特别适合于捕集非纤维性、非粘结性的工业粉尘。

它的缺点是耗用织物多,且需要定期更换,整个设备受织物耐温的限制,难以用于高温场合;含尘气体湿度较大时,滤袋上会粘附粉尘,以致造成滤袋堵塞,阻力增高,性能降低。

袋式除尘器包括脉冲袋式除尘器、环隙喷吹袋式除尘器、回转反吹风袋式除尘器、反吹风袋式除尘器及旁插扁袋除尘器。

常用的脉冲袋式除尘器它的除尘效率一般在 99% 以上。含尘气流从下部进入圆筒形滤袋，在通过滤料的孔隙时，粉尘被搜集于滤料上，透过滤料的清洁气体由排出口排出。常用滤料由棉、毛、人造纤维织物等加工而成。

③ 湿式除尘装置。湿式除尘器也叫洗涤式除尘器，是一类采用水(或其它液体)与含尘气体相互接触，利用水滴和尘粒的惯性碰撞及其它作用捕集尘粒或粒径增大的装置。它可以有效地将直径为 0.1~20μm 的液态或固态粒子从气流中除去，同时也能脱除气态污染物。

根据湿式除尘器的净化机理，可将其分为重力喷雾洗涤器、离心洗涤器、自激喷雾洗涤器、板式洗涤器、填料洗涤器、文丘里洗涤器和机械诱导喷雾洗涤器七类。应用广泛的三类湿式除尘器是喷雾塔式洗涤器、离心洗涤器和文丘里洗涤器。

喷雾喷淋塔是一种最简单的湿式除尘装置，在逆流式喷雾塔中，含尘气体向上运动，液滴由喷嘴喷出向下运动，因尘粒和液滴之间的惯性碰撞，拦截和凝聚等作用，使较大的粒子被液滴捕集。这种方法具有结构简单、造价低、占地面积小、操作及维修方便和净化效率高等优点，能够处理高温、高湿的气流，但要注意设备和管道的腐蚀以及污水和污泥的处理等问题。这种洗涤塔还可以有多种改进的形式，读者可参阅第四章第一节和有关文献。

④ 电除尘装置。电除尘器是利用静电作用的原理捕集粉尘的设备。含尘气体在通过高压电场进行电离的过程中，使尘粒荷电，并在电场力的作用下，使尘粒沉积在集尘极上，降尘粒从含尘气体中分离出来。同其它除尘器相比，电除尘器具有除尘效率高(99%以上)，流体阻力小，对含尘气体适应能力强，耗能低(0.1~0.8kW · h/1000m^3 含尘气体)，容易实现自动化等优点。特别适合于对粒径很小的尘粒的去除上。其缺点是设备投资费用高，占地大，技术要求高。

上述各种主要除尘设备的优缺点列于表 6-7 中。

表 6-7　各种主要除尘设备优缺点比较

除尘室	原　理	适用粒径/μm	除尘效率/%	优　　点	缺　　点
沉降室	重力	100~50	40~60	造价低，结构简单，压力损失小，磨损小，维修容易，节省运转费	不能除小颗粒粉尘，效率较低
挡板式(百叶窗)除尘器	惯性力	100~10	50~70	造价低，结构简单，处理高温气体，几乎不用运转费	不能除小颗粒粉尘，效率较低
旋风式除尘器	离心力	5 以下 3 以下	50~80 10~40	设备较便宜，占地小，处理高温气体，效率较高，适用于高浓度烟气	压力损失大，不适于湿、粘气体及腐蚀性气体
湿式除尘器(文丘里洗涤器)	湿式	1 左右	80~99	除尘效率高，设备便宜，不受温、湿度影响	压力损失大，运转费用高，用水量大，有污水需处理，易堵塞
袋式除尘器	过滤	20~0.1	90~99	效率高，使用方便，低浓气体适用	易堵塞，滤布需替换，操作费高
电除尘器	静电	20~0.05	80~99	效率高，处理高温气体，压力损失小，低浓气体也适用	设备费贵，粉尘粘附在电极上时对除尘有影响，效率降低，需要维修费用

(2) 二氧化硫净化技术

目前控制燃烧生成的二氧化硫，主要方法有：燃料脱硫，燃烧过程中脱硫和烟气脱硫三种。

① 石灰/石灰石法。采用石灰和石灰石作为吸收剂(或吸收液)来去除烟气中的二氧化硫的方法，统称石灰/石灰石法。本方法是排烟脱硫诸方法中历史最长、应用最广而又最有代表性的方法。其最大的特点是原料来源广泛，价格低廉。常用的如下。

石灰石粉直接喷射法，是将石灰石粉末直接喷射到锅炉燃烧室内，氧化钙与二氧化硫生成硫酸钙或亚硫酸钙，从而将二氧化硫除去。该方法具有形式结构简单，投资少的特点。但是脱硫率低，一般 Ca/S 的当量比为 3 时，脱硫率为 60%。

石灰/石灰石半干法，是将石灰或石灰石的悬浮液直接喷加烟道气内，与烟气中的硫氧化物发生化学反应。反应过程中水被汽化，反应后的粉末干料及未参与反应的吸收剂与粉末一起进入除尘器。与干法相比，该法具有雾滴小，反应速度快、节省原料、脱硫效率为70%~90%。缺点是脱硫效率难以提高，采用布袋除尘器时，烟气温度降低可能使水蒸气冷凝，粉尘沾在布袋表面影响运行。

湿式石灰/石灰石-石膏法，就是利用石灰石（$CaCO_3$）或生石灰（CaO）、消石灰[$Ca(OH)_2$]的浆液做吸收剂，吸收烟道气中的二氧化硫的方法。该法处理效率高，设备和运行费用较低，操作简单。但是需将烟气冷却到湿球温度，不利于烟气的扩散，为此在净化后要将烟气重新升温。

② 钠碱法。所谓钠碱法就是利用氢氧化钠或碳酸钠水溶液吸收排气中的二氧化硫的方法。与石灰/石灰石相比，该方法具有二氧化硫吸收快，吸收液为水溶液，在吸收系统内不存在堵塞、结垢等问题。钠碱法吸收二氧化硫后的产物为Na_2SO_3或$NaHSO_4$，副产品可以用亚硫酸钠、芒硝、硫酸、石膏等多种形式回收。按吸收液再处理形式，钠碱法又可分为钠盐循环法、亚硝酸钠法、双碱法等。

③ 氨吸收法。用氨吸收排气中的二氧化硫，与钠盐吸收法相同，具有二氧化硫吸收快，吸收液为水溶液，吸收系统内不存在堵塞等问题。另外，氨来源充足，而且价格低廉，氨还可以留在产品中作化肥使用。

氨-酸法使用氨的水溶液吸收烟气中的二氧化硫，当烟气中的亚硫酸氢铵达到一定浓度时，用硫酸分解，获得高浓的二氧化硫和硫铵结晶。硫铵可作化肥。本法具有工艺成熟，设备简单，操作方便等特点，在我国被广泛应用在化工企业含有二氧化硫尾气的处理上。

如用氨水吸收后的吸收液不用硫酸分解，可以直接加工成产品亚硫酸铵。亚硫酸铵可以用于造纸业和某些行业。

还有一种方法是将氨吸收液引出，加入氢氧化钙或碳酸钙浆液，使亚硫酸氢铵、硫铵分解，产生的氨气返回吸收工序，含有亚硫酸钙的吸收液送去氧化，可得到副产品石膏。此方法的特点是脱硫效率高，氨气可循环使用，因而氨消耗量小，同时可获得有使用价值的石膏，但设备和操作都较复杂。

（3）氮氧化物净化技术

目前国内外净化氮氧化物的方法，主要有催化还原法、液体吸收法和吸附法等。

① 催化还原法。催化还原法是在催化剂的作用下，利用还原剂将NO_x还原成无害的N_2，从而使NO_x废气得到净化。按还原剂是否与气体中的氧进行反应，可分为非选择性催化还原法和选择性催化还原法。

非选择性还原法是将含NO_x的废气，在一定温度和催化剂的作用下，与还原剂反应，将NO_x和NO还原为N_2，同时与废气中的氧气反应生成水或二氧化碳。

氢、甲烷、一氧化碳和低碳化合物均可作为还原性气体。实际上常用的还原剂为含以上组分的混合气体，如合成氨释放气、焦炉气等；所用的催化剂为铂或钯等。该法燃料气耗量大，需要贵金属作催化剂，而且要增加热回收装置，投资很大，因此，属于逐渐要淘汰的一种工艺。

选择性催化还原法是利用氨气作还原剂，在较低的温度和催化剂的作用下，氨气有选择性地将废气中的NO_x还原成N_2，并不与废气中的氧气发生反应，因而减少了还原剂的用量。由于NH_3对NO_x的还原反应较易进行，所以该方法既可用贵金属催化剂，也可用铜、铁、钒等金属作催化剂。

② 液体吸收法。液体吸收法系用水或水溶液来吸收废气中的氮氧化物，使废气得以净化的方法。按吸收剂的种类可分为水吸收法、酸吸收法、碱吸收法、氧化-吸收法、吸收-还原法和液相络合法等。由于吸收剂种类较多，来源亦广，实用性强，可因地制宜，综合利用，因此吸收法为中小型企业广泛采用。

③ 吸附法。固体吸附法是一种采用吸附剂吸附氮氧化物以防其污染的方法。吸附法既能较彻底地消除氮氧化合物的污染，又能回收有用物质。但气吸附容量较小，吸附剂用量较大，设备庞大，再生周期短，有待研究改进。

第四节 废渣治理及其资源综合利用

由化工企业排放出的固体形式的废弃物质，凡是具有毒性、易燃性、腐蚀性、放射性等的各种废弃物都属于有害废渣。

化工废渣除由生产过程中产生外，还有非生产性的固体废弃物，这些垃圾中也会含有许多有害物质；另外，在处理废水或废气的过程中，有时还会有新的废渣产生。即使无毒害的废渣，也要研究处理办法，研究利用的方案。

化工生产废渣种类多、成分杂，其处理的单元操作并不像废水、废气那样形成体系，在这里不可能包罗万象，一一叙述。

一、治理原则与利用

废渣的治理原则和利用途径，不仅是环境保护的重要内容，也是发展国民经济的组成部分。本着“合理利用，就地消化”的原则，大力开展废物综合利用，对环境保护，增加物质财富，具有重要意义。

1. 原则处理

目前我国对固体废弃物的处理原则，基本上是：

(1) 改革生产工艺，减少原材料的流失量和固体废物的排放量。

(2) 回收固体废物中的有用物质，并利用废物来制造副产品。

(3) 对回收利用的废渣，进行就近处理，使之无害化后，选择山坡荒地堆积或填充矿井，覆土造田。

2. 利用途径

工业废物综合利用的途径主要有：

(1) 提取各种金属。把最有价值和国家急需的各种金属首先提取出来。工业废渣，尤其是重金属熔渣，往往含有金、银、钴、锑等贵重金属，有的含量达到工业矿床的品位。

(2) 生产建筑材料。利用工业废渣生产建筑材料，是一个广阔的途径，也是一个处理废渣的有效方法。用工业废渣来生产碎石、水泥、硅酸盐建筑制品，生产铸石、矿渣棉和泡沫型轻质骨料。

(3) 用于农业方面。主要有两种形式，即直接施用于农田或制成化学肥料，如生产磷肥和钙镁磷肥等。

(4) 代替某种工业原料或燃料。比较普遍的有用电石代替石灰；用煤矸石生产磷肥；炉渣代替砂、石、活性炭等。

（5）回收未能转化的原料。

（6）聚合物回收利用。

（7）转化为其它材料或代用品。如转化为添加剂、填料(高分子材料用)滤料或转化为某些材料的代用品，生产保温、保冷材料等。

二、泥渣的处理和利用

泥渣是指随污水一起排放而沉降下来的废弃物，其中有的是从生产过程直接排放出来的，有的是污水处理时二次衍生的废弃物，有的是生物化学处理过程所产生的剩余活性污泥。这些泥渣有恶臭，有的还有毒，能引起二次污染。

泥渣的组成十分复杂，外观也相差很大，通常可划分为两大类。一类是泥渣，以无机物为主，颗粒较大，不易流动，不易腐化，易脱水干化。这类物质含水量较低，一般为40%~70%。另一类为污泥，组成以有机物为主，颗粒较细较轻，呈胶状结构，保持水分的能力强，不易脱水，含水量可高达99%。

各种各样的泥渣中含有不同的有用成分，需要因地制宜处理和回收，或淘洗或化学转化；而污泥的处理有一定共性。

1. 污泥浓缩

污泥含有大量的水分，在脱水前，应尽可能减少其体积，以减少在脱水操作中的能耗和提高设备性能。一般适用重力浓缩法和浮选浓缩法。

重力浓缩亦称沉降，最简单的重力浓缩，采用间歇进料，沉降时间一般6h至几天，这样，就可以将污泥体积减至原体积的1/10以下。

为加快沉降速度，通常还要对污泥进行化学调节，即向污泥投加少量的化学药剂，使污泥凝聚，从而改善污泥脱水性能。常用的有无机絮凝剂(如硫酸铝、三氯化铁)和有机絮凝剂(如聚丙烯酰胺等)。有机高分子絮凝剂具有用量小，无腐蚀性，污泥焚烧时无残留物，且具有一定热值，但不像无机絮凝剂那样可以通用。

浮选浓缩法适用于飘浮而不下沉的固体，或者沉降速度小、松散度大的污泥。这种方法与废水溶气浮选法相同。

2. 污泥的机械脱水

目前用于污泥脱水的机械有以下几种：

- 脱水机械
  - 压滤
    - 板框压滤机
      - 自动
      - 手动
    - 加压叶片过滤机
    - 带式过滤机
  - 离心过滤
    - 三足式下卸料离心机
    - 卧式螺旋卸料离心机
  - 真空过滤
    - 转鼓真空过滤机
    - 折带式真空过滤机
    - 圆盘真空过滤机

3. 污泥的焚烧

有些化工污泥因含有害物质过多，不宜用作肥料，又不适于直接埋弃处理。对于这类污泥,焚烧往往是比较经济的处置方法。焚烧过程中,污泥中的水分蒸发为蒸汽,有机物燃烧产生二氧化碳等气体,无机物则成为及少量的灰,污泥体积大为减少,便于运输和进一步处理。

4. 化学污泥的综合利用

污泥的利用有以下几方面:

① 用作化肥。污泥经过浓缩、消化后可直接用作化肥，有显著肥效，但其中的重金属离子等有害物质的含量应在允许范围内。

② 制取沼气。污泥经过厌氧发酵过程产生沼气，可作能源之用。

③ 制作建筑材料。有些工业废水中的污泥和沉渣中的一些成分可用作建筑材料，如污泥焚烧后处理掺加建材生产，以活性污泥加木屑、玻璃纤维加压制板等。

④ 其它用途。废水处理过程的化学污泥，主要是石灰污泥和明矾污泥，这些污泥不易脱水，处理起来比较困难。

从石灰污泥回收石灰的工艺比较成熟。石灰污泥首先经过离心机或真空过滤机脱水，得到的泥饼含固体量约40%~50%，送往焙烧炉进行焙烧，使碳酸钙分解残渣回收石灰。

污泥的蛋白部分可作饲料，或从中提取纤维素 B_{12}，胡萝卜素铵硫等。

三、无机废渣的处理和利用

常见的无机废渣有硫酸铁烧渣、碱渣、电石渣、磷渣、铬渣、废酸碱渣等，还有煤灰渣。这些废渣大多可以作为二次原料资源，提取有用的金属及化工产品，再生酸、碱。也可直接用于农业或生产建筑材料。合理利用和处理这些固体废弃物，不仅可以节约资源，而且对消除污染，改善和保护环境具有重要意义。

1. 回收有色金属

矿渣和各类含金属的废渣中回收有色和稀贵金属，主要有以下三种方法:

(1) 焙烧法。

金属渣中含有有机物被焙烧分解，有时焙烧时加入一些氧化物或盐，有利于焙烧后用酸浸取，实际上是焙烧浸取法。

(2) 浸取氧化法。

有些废渣可以直接用稀酸或浓酸浸取,如含有铝镁锌等,可直接用酸或碱浸取,有些废渣在浸取时可鼓入空气或氧气或添加强氧化剂使废渣中金属转化为金属氧化物,利于被酸浸出。

(3) 还原电解法。

2. 直接作为资源使用

包括上述浸取或焙烧后的废渣，一般是硅酸盐、硫酸盐或其它盐类，有些没有提取有色金属价值的渣，可以直接作为资源利用如用作颜料、涂料的填料，塑料橡胶的填料，制建筑材料陶粒，轻质骨料等。

例如硫铁矿的烧渣可以经过还原、磁选或氯化等过程制得较高纯度的磁性铁粉。磁性铁粉是一种良好的工业原料。如将其纯度进一步提高，即可得到电焊条铁粉和粉末冶金用的铁粉。铁粉还可以制成丁醇所用的催化剂。

用烧渣代替铁粉生产三氯化铁，是综合利用烧渣的又一新途径。三氯化铁可以作为净水剂及防水剂等，用途比较广泛。

含铁较高的烧渣，在高温下经过充分氧化以后，可以制得三氧化二铁，经过磨细和筛分，可作为工业上常用的一种红染料——铁氧红。

烧渣经过磁选和重选后，含铁量在30%左右，即可作为水泥的校正料。用烧渣还可代替铁矿作为水泥烧结时的助熔剂，既可满足需要的含铁量，又可以降低水泥成本。

例如，以铬渣代替铬铁矿做玻璃着色剂。在制玻璃的配料中，掺入适量铬渣取代铬铁矿，可制得绿色玻璃。在高温熔制玻璃的过程中，六价铬转化为三价铬而熔入玻璃相，急冷固化后，被封固于玻璃中，从而达到除毒的目的。

铬渣可制青砖，也可制红砖。生产过程中，先将铬渣按一定的比例掺加到砖坯，在800~900℃(红砖为1000℃以下)煅烧。砖的强度及解毒效果良好。

除用铬渣生产青砖与红砖外，还可采用类似的原料和烧结方法，生产建筑用轻骨料(即陶粒)。只要在原配料中掺入适量的加气剂，以便在烧结时产气膨胀，形成多孔结构。陶粒具有较好的机械强度，可用于与配置轻质混凝土。陶粒中的六价铬，在烧结过程中被还原为三价铬，生成水不溶性的三氧化二铬，并被固定在产品中。

以煤矸石和铬渣为原料，经配料、磨细、造粒和干燥，置回转窑中于1200℃下燃烧，即得水泥熟料。烧结这种硅酸盐水泥熟料的铬渣掺加量，可达15%~20%。

四、塑料废渣的处理和利用

塑料废渣是废弃的有机物质，来源于树脂生产过程以及塑料的制造加工过程。由于塑料废渣可以热解或者加热成型，故处理利用塑料废渣的途径不同。首先要将塑料废渣分类处理，有填料的和无填料的分开，已交联的和未交联的分开，已硫化的同生胶分开。

不同种类的塑料废渣，预先可以借助外观及其它特征加以鉴别区分。混合塑料废渣鉴别时通常采用分选技术，其中以相对密度分选最为方便。该法是先将塑料废渣粉碎后，放在水中利用相对密度的不同进行分选鉴别。

对单一种类的热塑性塑料废渣的再生称为单纯性再生，即熔融再生。整个再生过程是由挑选、粉碎、洗涤、干燥、造粒或成形等几个工序组成。一些热固性废渣或硫化橡胶可以粉碎作为塑性材料或橡胶的填料，也可以作为筑路材料的填料。

有一些塑料可进行加热分解，目的是将其作为二次原料加以利用。有的可以获得单体，大多数可以获得低聚物油可以作涂料或塑料的添加剂等。研究较多的是聚乙烯类废渣经过加热分解之后，可以制取轻质油、重质油以及煤气等方法。

塑料废渣也可以采用焚烧的方法加以处理。高温焚烧使废渣最后转化为二氧化碳和水，残留的灰分很少，仅为原来废渣体积的5%以下，如此少量的灰分，可以采用埋入地下的方法，很方便地处理。焚烧之前需将废渣破碎成小块，以提高处理效率。另外塑料废渣焚烧时，往往产生大量的黑烟，并产生气味，有时还会有氯化氢等有害气体放出，引起环境的二次污染。因此在焚烧处理过程中，需要设置净化装置，以便将再生的有害气体进行净化处理，防止造成二次污染。

某些塑料废渣可以在水溶液中进行氧化，转化为不会造成污染危害的物质。或在溶液中加以溶胀与另外的高分子单体或低聚物作成互穿网络的高分子，开拓新的应用途径。

五、固体废物的资源化

固体废物的资源化，有各种各样的提法，如资源化再利用，资源再生和利用，资源回收、资源循环等。若就其狭义来讲，可以说成是为了利用废物而回收资源与能源。

从废物中回收资源、能源，就是减少实际废物处理量和运输量。这样不仅可以提高社会效益和环境效益，而且做到物尽其用，取得一定的经济效益，所以固体废物资源化的开发是一项十分有意义的工作。

资源回收可分前期系统和后期系统，如表6-8。

表6-8　资源回收系统

前期系统 (分离提取性回收:用物理的、机械的方法)	保持废物原形的回收:重复利用(分选、修补、清洁洗涤)
	破坏废物原形回收:靠物理作用使废物原料化、再生利用(破碎、物理或机械的分离精制)
后期系统 (转化回收:用化学的、生物学的方法)	回收物质:用化学的、生物的方法使废物原料化、产品化而再生利用(转化+分离精制:热分解、催化分解、熔融、烧结、堆肥发酵) 回收能源: 可贮存,迁移型能源回收(热分解、发酵、破碎、粉碎,可得燃料气体、炭黑粒状燃料,发电等) 不能贮存,随即使用能源的回收(燃料、发电、水蒸气、热水等)

前期系统不改变物质性能，也叫分离回收站，又可分为保持废物收集时原形的系统(即重复利用系统)及改变物理性质的有用物质回收系统(即物理性原料化再利用系统)。后期系统主要是将前期系统回收的残留物，用化学的、生物的方法，改变废物的物性而进行回收利用。这个系统比分离回收技术要求高而困难，故成本高。

后期系统又可分为回收物质为目的的系统(即化学、生物法原料化、产品化再利用系统)和回收能源为目的的系统两大类。后者进一步可分为贮存、可迁移型能源及燃料的回收系统和不可贮存、随产随用型的能源的回收系统。

资源化系统也可分为前期系统技术与后期系统技术。

前期系统技术是破碎、分选，主要是用于回收资源的技术；后期系统技术是燃烧、热分解、生化分解的方式回收能源的技术。以上只是大体上的区分。对有些废物处理来讲，前期处理技术和后期处理技术连续成整体系统，而这个系统又分为许多单元操作，形成了复杂的工艺过程并需要使用各种设备。特别值得注意的事，以回收的废物为原料与生产用的原始物料相比，成分复杂、品位低，对技术上要求高。

六、固体废物的最终处理

工业废物经过综合利用之后，还有一部分属于很难利用的残渣，或是利用成本太高无法实现。因此工业废物需要做最终的处理。处理这部分残渣时要慎重，严格按照操作规程和处理要求，以保护环境不产生新的污染为前提。

1. 埋填处理

埋填处理即将残渣埋入地下，通过长期的微生物分解作用，使之分解为无害的化合物，埋填时要符合下列要求：

(1) 埋填的残渣应为惰性物质或能经微生物分解成无害化合物的固体物质。

(2) 埋填的场地应远离水源，不得穿入地下水层，填坑底土要充分夯实使不透水。

（3）填埋时，须将残渣分层铺平，分层夯实，及时用土掩盖。

（4）填埋时要在场地树立标记，以便日后检查。将来还可将填埋场地改造成公园、绿地或农田。

2. 焚烧处理

焚烧处理是用来处理可燃物的残渣的一种方法。通过焚烧，将废弃物中的有害物质转化为二氧化碳、水和灰分。其优点是可以处理不同性质的废弃物，焚烧后的残渣量极小，便于进行处理。焚烧时可燃物放出的热量可以利用，但必须注意防止其对大气的污染。焚烧炉的种类很多，根据残渣的成分特点而异。用于焚烧废弃物的焚烧炉，主要有转窑炉、多段炉、旋风炉和流化床炉等。

3. 投海处理

经过回收利用的残渣，投入远离海岸的深海中，也是工业废物最终处理的一种方法。1973 年国际海洋会议规定了工业废物投海的国际准则，其内容包括：

（1）禁止投海的废物，包括汞、铜和有机卤族的有毒化合物，不易分解的塑料制品和其它能漂浮在海中而影响捕鱼、航行等海上正常作业的合成物质；原油、燃料油、重柴油、润滑油等残渣及其混合物；高水平放射性物质；由生物或化学武器所产生的废物。

（2）需要特别许可才能投海的废物，包括砷、铍、铬、铜、氰、氟、铅、镍、有机硅、农药、钒、锌等废物及有碍捕鱼和航行的容器。

（3）投海特性的选择，包括投海的地点，投海的时间、数量和包装方法，海水扩散的特性，投海地点水的性质及海底特性。

（4）一般考虑的条件，包括对感官上的影响，对海洋生物的可能影响，对海洋其它用途的可能影响，在陆地上处理或消除废物的代用方法或使其投海减轻危害的方法的实施。

这样的处理方法虽然简单、方便，但是这样仅适用于那些在目前还无法利用，而又无特殊危害废渣的处理。

第五节　化工废弃物的焚烧

一、焚烧总论

由于目前的技术水平和条件的局限，我们尚不能把所有的废物中的物质全部实现资源化，虽然有许多处理的方法，但仍不能彻底，因此，最终的废物包括除尘器最终排出来的尾气，水处理逸出的废气，活性污泥的残渣，油污废物以及各类废渣，仍不能达到零排放。借助于焚烧的方法，使所有的有害的废弃物经 430～1530℃ 的火焰高温热分解或灼烧，使大多数有毒有害物质分解、解毒或者减容或者变成无害渣滓或变成可资利用的渣滓。

但焚烧也不是万能的，当被焚烧物质含有卤素，尤其含氟、含氯的，焚烧时条件比较复杂，产生的 HCl、HF 仍然要回收，成了焚烧当中产生的“三废”。此外焚烧剩余的灰渣，仍然要研究处理。焚烧可以产生废气和废渣，大量的二氧化碳被释放，耗费燃料能量，耗费 O_2，得到了大量的 CO_2。所以不能图省事，以为建一个焚烧炉就解决了所有的三废问题，恰相反，三废治理首先要用积极的思路去解决，即不产生为上，不得已产生了则先变废为宝，再不得已尽量回收利用，万不得已，才一烧了之，了犹未了，还有废气和废渣。然而，焚烧毕竟是不得已当中的一条上策了。

二、焚烧工艺和设备

有人主张将三类废物一起焚烧，有人主张分开焚烧。前一方案是一个大的工厂建有一个(种)焚烧炉，后一种工艺方案势必有两三个(种)焚烧装置。实际上在设计焚烧炉型方案时，是以某一种废弃物为主的。例如主要焚烧有毒废液的焚烧炉中，其实也可以把废气送进去焚烧，少量废渣也未尝不可。所以设计焚烧工艺时要具体问题具体分析。

焚烧装置多种多样，有如：

炉排式焚烧炉，废弃物可集中于炉排，由燃料喷火燃烧，这种炉体又叫固定床焚烧炉。固定床型的焚烧炉常用的炉型就是多段耙式床，适应性好，负荷弹性大。

回转炉又叫窑式焚烧炉，还可以改进空气入口和燃料燃烧过程，有的在流程中设二段燃烧。

液体喷射式焚烧炉、流化床焚烧炉也是比较先进的，可以同时燃烧液体和废气。只是燃烧工艺指标的调控稍显复杂。

火炬常常是在系统中焚烧可燃废气的方法，也可以设计为有毒气体自控点火焚烧装置。焚烧的废热，一般设废热锅炉加以回收。还要控制焚烧装置的二次污染。

第七章 检测和操作控制

第一节 工艺操作参数

一、温度

温度是表征物体冷热程度的物理量。在化工生产中，温度的测量与控制有着重要的作用。任何一种化工生产过程都伴随着物质的物理和化学性质的改变，都必然有能量的交换和转化，其中最普遍的交换形式是热交换形式。化学反应都是在一定的温度下进行的，化学反应的速度都与温度密度相关，很多化学反应的速度，每升温 10℃，就要加快 1 倍。如果是放热反应，随反应的加速，放热也增加，由此反应温度就要急剧上升。温度的变化同时还要影响其它工艺参数，如压力、转化率等等，直接影响产品质量甚至发生恶性事故。有些反应对温度敏感，工艺操作上甚至于规定温度的波动范围在±1℃，甚至于±0.5℃，当然有些反应显得轻松一些，在±10℃之内也未尝不可。温度的最佳值是工艺的头等大事，从小试到中试直到大工业生产，工艺操作温度都是十分重要的，有时，同样的反应使用不同的催化剂，需要控制的温度也不同。因此，温度的测量与控制是保证化学反应过程正常进行与安全运行的重要环节。

温度不能直接测量，只能借助于冷热不同物体之间的热交换，以及物体的某些物理性质随冷热程度不同而变化的特性来加以间接测量。

按工作原理分，测温仪表可分为膨胀式温度计、压力式温度计、热电偶温度计、热电阻温度计和辐射高温计。常用温度计的种类及优缺点见表 7-1。

表 7-1 常用温度计的种类及优缺点

测温方式	温度计种类		测温范围/℃	优点	缺点
接触式测温仪表	膨胀式	玻璃液体	-50~600	结构简单,使用方便,测量准确,价格低廉	测量上限和精度受玻璃质量的限制,易碎,不能记录远传
		双金属	-80~600	结构紧凑,牢固可靠	精度低,量程和使用范围有限
	压力式	液体 气体 蒸汽	-30~600 -20~350 0~250	结构简单,耐震,防爆能记录,报警,价格低廉	精度低,测温距离短,滞后大
	热电偶	铂铑-铂 镍铬-镍硅 镍铬-考铜	0~1600 -50~1000 -50~600	测温范围广,精度高,便于远距离、多点、集中测量和自动控制	需冷端温度补偿,在低温段测量精度较低
	热电阻	铂铜	-200~600 -50~150	测量精度高,便于远距离、多点、集中测量和自动控制	不能测高温,须注意环境温度的影响

续表

测温方式	温度计种类		测温范围/℃	优　点	缺　点
非接触式测温仪表	辐射式	辐射式 光学式 比色式	400～2000 700～3200 900～1700	测温时不破坏被测温度场	低温段测量不准，环境条件会影响测温准确度
	红外线	光电探测 热电探测	0～3500 200～2000	测温范围大，适于测温度分布，不破坏被测温度场，响应快	易受外界干扰，标定困难

在化工生产中，使用最多的是利用热电偶和热电阻这两种感温元件来测量温度。

热电偶温度计一般适用于测量500℃以上的较高温度。对于在200℃以下的中、低温，利用热电偶进行测量就不一定恰当。首先，在中、低温区热电偶输出的热电势很小，这样小的热电势，对电位差计的放大器和抗干扰措施要求都很高，否则就测量不准，仪表维修也困难。其次，在较低温度区域，冷端温度的变化和环境温度的变化所引起的相对误差就显得很突出，而不易得到全补偿。所以在中、低温区，一般是使用热电阻温度计来进行温度的测量较为适宜。

二、压力

工业生产中，所谓压力是指由气体或液体均匀垂直地作用于单位面积上的力。在化工生产中，压力是重要的操作参数之一。经常会遇到压力和真空度的测量，其中包括比大气压力高很多的高压、超高压和比大气压力低很多的真空度的测量。操作压力是工艺的一个十分重要的参数，不完全是反应动力学所决定的事。还有动力设备、安全等诸多问题牵制着反应压力的操作参数。它也是很敏感的，会直接影响生产效率，影响产品质量，有时还会造成严重的生产事故。

1. 压力的单位

根据国际单位制(代号为SI)规定，压力的单位为帕斯卡，简称帕(Pa)，1帕为1牛顿每平方米，即$1Pa=1N/m^2$。帕所表示的压力较小，工程上经常使用兆帕(MPa)。帕与兆帕之间的关系为：$1MPa=1\times10^6Pa$。

许多过去的工艺指导书、专利文献，对反应压力用过好多种单位。为了使大家了解国际单位制中的压力单位(Pa或MPa)与原来曾经使用过的压力单位之间的关系，请参见各种压力单位换算表，如表7-2所示。

工程上所用的压力指示值，大多为表压(绝对压力计的指示值除外)。表压为绝对压力和大气压力之差，即$p_{表压}=p_{绝对压力}-p_{大气压力}$。

当被测压力低于大气压力时，一般用负压或真空度来表示，它是大气压力与绝对压力之差，即$p_{真空度}=p_{大气压力}-p_{绝对压力}$。

因为各种工艺设备和测量仪表通常是处于大气之中，本身承受着大气压力。所以工程上除特别说明外，一般都是用表压或真空度来表示压力大小。

表 7-2　工程上使用过的压力单位换算表

压力单位	帕(Pa)	兆帕(MPa)	工程大气压（kgf/cm^2）	物理大气压（atm）	汞柱（mmHg）	水柱（mH_2O）	磅/英寸^2（lb/in^2）	巴（bar）
帕(Pa)	1	1×10^{-6}	1.0197×10^{-5}	9.869×10^{-6}	7.501×10^{-3}	1.0197×10^{-4}	1.0197×10^{-4}	1.450×10^{-4}
兆帕(MPa)	1×10^{6}	1	10.197	9.869	7.501×10^{3}	1.0197×10^{2}	1.450×10^{2}	10
工程大气压（kgf/cm^2）	9.807×10^{4}	9.807×10^{-2}	1	0.9678	735.6	10.00	14.22	0.9807
物理大气压（atm）	1.0133×10^{5}	0.10133	1.0332	1	760	10.33	14.70	1.0133
汞柱(mmHg)	1.3332×10^{2}	1.3332×10^{-4}	1.3595×10^{-3}	1^3158$\times10^{-3}$	1	0.136	1.934×10^{-2}	1.3332×10^{-3}
水柱(mH_2O)	9.806×10^{3}	9.806×10^{-3}	0.1000	0.09678	73.55	1	1.422	0.09806
磅/英寸^2（lb/in^2）	6.895×10^{3}	6.895×10^{-3}	0.07031	0.06805	51.71	0.7031	1	0.06895
巴(bar)	1×10^{5}	0.1	1.0197	0.9869	750.1	10.197	14.50	1

2. 压力表分类

测量压力或真空度的仪表，按照其转换原理的不同，可分为四大类。

（1）液柱式压力计。它是根据流体静力学原理，将被测压力转换成液柱高度进行测量的，按其结构形式的不同有 V 型管压力计、单管压力计和斜管压力计等。这类压力计结构简单，使用方便，但其精度受工作液的毛细管作用、密度及视差等因素的影响，测量范围较窄，一般用来测量较低压力、真空度或压力差。

（2）弹性式压力计。它是将被测压力转换成弹性元件变形的位移进行测量的。例如弹簧管压力计，波纹管压力计及膜式压力计等。

（3）电气式压力计。通过机械和电气元件将被测压力转换成电量(如电压、电流、频率等)来进行测量，例如各种压力传感器和压力变送器。

（4）活塞式压力计。根据水压机液体传送压力的原理，将被测压力转换成活塞上所加平衡砝码的质量来进行测量。它的测量精度很高，允许误差可小到 0.05%～0.02%。但结构较复杂，价格较贵。一般作为标准压力测量仪器，来检验其它类型的压力计。

在化工生产过程中，常常需要把压力控制在某一范围内，即当压力低于或高于给定范围时，就会破坏正常工艺条件，甚至可能发生危险。这时就应采用带有报警或控制触点的压力表。将普通弹簧管压力表稍加变化，便可成为电接点信号压力表，它能在压力偏离给定范围时，及时发现信号，以提醒操作人员注意或通过中间继电器实现压力的自动控制。

3. 压力计的选用

（1）压力计类型的选用。必须满足工艺生产的要求,来正确选用压力计,从而保证仪表正常工作及安全生产。其中包括是否需要远传,自动记录或报警,被测介质的物理化学性能(如温度高低,粘度大小,脏污程度,腐蚀性,易燃易爆性能等)是否对测量仪表提出特殊要求。现场环境条件(如高温,电磁场,振动及现场安装条件等)对仪表类型是否有特殊要求等等。

例如，普通压力计的弹簧采用铜合金，高压的也有采用碳钢的，而氯用压力表弹簧管的材料都采用碳钢，不允许采用铜合金。因氯气对铜腐蚀性很强。氧用压力计要禁油，因为油进入氧气系统易引起爆炸。

(2) 压力计测量范围的确定。压力计的上限值应该高于工艺生产中可能的最大压力值。根据“化工自控设计技术规定”，在测量稳定压力时，最大工作压力不应超过测量上限值的2/3；测量脉动压力时，最大工作压力不应超过测量上限值的1/2；测量高压压力时，最大工作压力不应超过测量上限值的3/5。为了保证测量的准确度，一般被测压力的最小值不低于仪表满量程的1/3为宜。

(3) 压力计精度级的选取。压力计精度是根据工艺生产上所允许的最大测量误差来确定的。在满足工艺要求的前提下，应尽可能选用精度较低、价廉耐用的仪表。

三、原料配比

化工生产中，为了有效地进行生产操作和控制，经常需要测量生产过程中各种介质(液体、气体和蒸汽等)的流量。一般所讲的流量大小是指单位时间内流过管道某一截面的流体数量的大小，即瞬时流量。

某一时间、某一条件下，各种原料的瞬时流量的比例，就是原料配比。

流量可以用质量表示，也可以用体积表示，单位时间内流过的流体以质量表示的称为质量流量，常用符号 G 表示；以体积表示的称为体积流量，常用符号 Q 表示，如流体的密度是 d，则体积流量与质量流量之间的关系是：

$$G=Qd \text{ 或 } Q=\frac{G}{d}$$

常用的流量单位有吨每小时(t/h)，千克每小时(kg/h)，千克每秒(kg/s)，立方米每小时(m^3/h)，升每小时(L/h)，升每分(L/min)等。

测量流体流量的仪表一般叫流量计。

1. 差压式流量计

差压式流量计是利用流体流经节流装置时产生的压力差而实现流量测量的。它是目前生产中测量流量最成熟、最常用的方法之一。在单元组合仪表中，由节流装置产生的压差信号，经常通过差压变送器转换成相应的标准信号(电的或气的)，以供显示、记录或控制用。在现场实际应用时，为了尽量避免测量误差，不仅需要合理的选型，准确的设计计算和加工制造，更要注意正确的安装、维护和符号使用条件，才能保证差压式流量计有足够的实际测量精度。

造成测量误差的主要原因有以下几种：

(1) 被测流体工作状态的变化，如果实际使用时被测流体的工作状态(温度、压力、湿度等)以及相应的流体重度、粘度、雷诺数等参数数值，与设计计算时有所变动，则会造成较大误差。

(2) 节流装置安装不正确，首先要注意节流装置安装的方向，使用中如在节流装置处有沉淀、结焦、堵塞等现象，也会引起较大的测量误差。

(3) 孔板入口边缘的磨损或者化学腐蚀，造成节流孔几何尺寸变化，引起仪表指示值偏低。

(4) 导压管安装不正确，或有堵塞，渗漏现象。

① 测量液体的流量时，应该使两根导压管内部充满同样的液体而无气泡。为了使导压管内没有气泡，必须做到以下几点：取压点应该位于节流装置的下半部，与水平线夹角 α

应为0°~45°；引压导管最好垂直向下，如条件不许可，导压管亦应下倾一定坡度(至少1∶20~1∶10)，使气泡易于排出；在引压导管的管路中，应有排气的装置，如果差压计只能装在节流装置之上时，则须加装贮气缸。

② 测量气体流量时，上述原则基本适用，使管内气体中不夹带液体，必须采取以下措施：取压点应在节流装置的上半部；引压导管最好垂直向上，至少亦应向上倾斜一定的坡度，以使引压导管中不滞留液体；如差压计必须装在节流装置之下时，则须加装贮液罐和排放阀。

2. 转子流量计

特别适宜于测量直径50mm以下管道的流量，测量的流量可小到每小时几升。

3. 椭圆齿轮流量计

属容积式流量计，特别适合测量高粘度的流体，甚至糊状物的流量。

4. 涡轮流量计

称为速度式仪表，常用的水表、油量计属于此列。

四、反应时间和操作周期

1. 反应时间

对于气固相或液固相催化反应，用原料气在反应条件下的空间速度的倒数来表示接触时间，也就是反应时间。

$$\tau_0=\frac{1}{S_V}=\frac{V_R}{V_0}\qquad\frac{[体积]}{[体积]/[时间]}或时间$$

V_0是气体的体积流量，其体积与进料的温度及压力有关，因此给出空间速度必须说明进料的条件。为了便于比较，习惯上常把V_0折合成标准状态(即1atm，0℃)下的体积流量。如果加料是液体，常常折合成15℃时液体的流量。在应用空速的数据时，必须注意给定的条件和使用的单位。

2. 操作周期

在化工生产中，一种产品从原料准备、投料升温、各步单元反应，直到出料，所有操作时间的和为操作周期，也叫生产周期。

五、反应转化率、选择性和收率

反应转化率、选择性和收率是化学反应工程的几个专门名词，它们和带化学反应的物料衡算有密切关系。

1. 反应转化率

反映原料通过反应器之后产生化学变化的程度，转化率愈高说明产生化学变化的原料在总投料量中所占比率愈大，用下式表示：

$$转化率=\frac{反应掉的原料量}{原料投料量}\times100\%$$

$$=\frac{原料投料量-反应后原料剩余量}{原料投料量}\times100\%$$

其中原料量单位用千克或摩尔表示。

从设备生产能力看，一般要求转化率愈高愈好，因为这样可以减少剩余原料，也就减少分离精制和原料再循环的麻烦，从而有可能降低设备投资和操作费用，并增大生产能力。不过从反应速度考虑，随着转化率升高使浓度降低，导致反应速度变慢，则达到较高转化率所需时间过长，反而有可能使设备能力下降。

2. 选择性

在化学反应过程中，往往有许多化学反应同时存在，不仅有目的产物的主反应，还有生成副产物的副反应，所以转化了的原料中，只有占一定比率的原料生成目的产物。针对某一个既定反应产物来说，生成它所消耗的原料量在全部转化了的原料量中所占比率称为选择性，用下式表示：

$$选择性=\frac{反应为目的产物的原料量}{反应掉的原料量}\times 100\%$$

从选择性可以看出在各种主副反应中主反应所占的百分比，当人们提高转化率的时候，必须考虑到选择性变化的趋势，如果选择性变差(副产物增加过多)会使原料消耗定额升高而目的产物的产量减少，因此一般要求选择性愈高愈好。

3. 单程收率

在化工生产中，仅仅是选择性高并不意味着过程就一定经济合理，因为它只能说明过程的副反应很少。如果通过反应器的原料只有很少一部分进行反应，则设备的利用率即单位时间的生产能力大大降低，显然只有综合考虑转化率和选择性，才有助于确定合理的工艺指标。单程收率的概念就是第一次通过反应成为目的产物的原料量占原料投入总量的百分比，用下式表示：

$$单程收率=\frac{反应于目的产物的原料量}{原料投料量}\times 100\%$$

其中原料量单位用千克或摩尔表示。

单程收率高反映反应器生产能力大，减少未反应原料回收量，并减少水、电、汽等能源消耗，标志着过程既经济又合理。

4. 转化率、选择性和单程收率的相互关系

转化率、选择性和单程收率都是百分数，三者之中有两个是独立的，当它们都用摩尔单位时，其相互依赖关系可用下式表示：

$$转化率\times 选择性=单程收率$$

影响反应收率和转化率的因素一般有原料组成，催化剂，反应温度和压力，反应物在反应区域中的停留时间，设备的材料和结构等等。对于每一个反应过程都有它的收率和转化率的最适宜指标。

当反应原料不止一种时，对不同的原料就有不同的转化率、选择性和单程收率。一般要着重考虑最昂贵的原料。另外，反应产物一般也不只一种，因此每种产物的选择性及单程收率也不一样，其中最重视的是目的产物的选择性和单程收率，但有时也要相应计算副产物的选择性和单程收率，要根据具体需要来确定。

六、消耗定额

消耗定额是指生产每吨合格产品需要的原料、辅助原料及试剂的消耗量的数量标准。制定物资消耗定额应具有先进性和现实性两条标准。

消耗定额低说明原料利用得充分，收率高而成本低，也说明了副反应少，三废少，管理水平高，损耗少。反之，消耗定额高势必增加产品成本，加重三废治理的负担。所以，消耗定额是反映生产技术水平的和管理水平的一项重要经济指标，同时也是企业管理的基础数据之一。

七、进料、出料与循环

前面我们在“配比”一段中，讲述了化工生产中，在一定工艺条件下进入反应器的各种原料的瞬时流量，目的是为了控制，控制到最佳的温度、压力、原料配比及反应时间，以求得最好的转化率、选择性及单程收率，在保证质量的前提下，求得最低消耗定额。

这里我们要讨论的是，为了进行经济核算，我们要测出一段时间(如1班，1天等)内流过的介质总量，即瞬时流量在某一段时间内的累计值，称为总量。也就是要测出各种原料进料，各种产出物的出料量，以及回收原料的循环量。

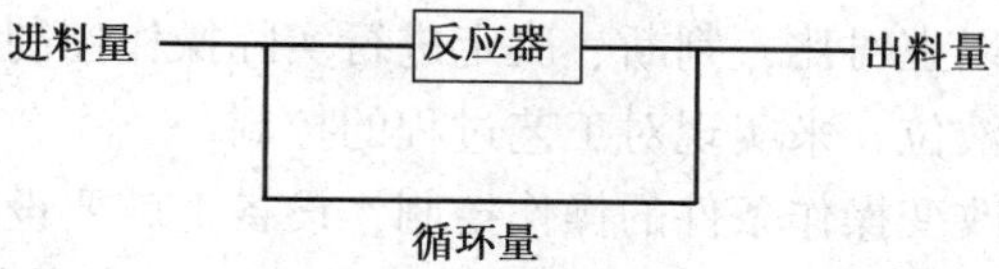

总量与瞬时流量的单位都采用质量或体积表示。在一定时间 t 内，介质总量与流量的关系是

质量 $$G_{总}=\int_0^t G\mathrm{d}t$$

体积 $$Q=\int_0^t Q\mathrm{d}t$$

测量流体总量的仪表常称为计量表，也可以在流量计上配上累积机构，直接读出总量。

第二节　操作控制和自动控制

一个合格的产品，是通过生产经理、产品工程师和操作人员及分析人员，对生产装置的工艺过程参数的控制和质量指标控制及相关管理来实现的，其中最为重要的是工艺过程的控制。

一、操作控制方案

1. 主要控制点及控制范围

(1) 主要控制点。一个产品生产的工艺流程中，都要明确规定主要工艺控制点。主要工艺控制点又包括以下内容：

① 分类：温度，压力，差压，流量，液面等。

② 测量仪表：所用测量仪表的型号，精度；一次仪表所在现场的工艺位置，二次仪表在仪表盘上的位置。

③ 控制方法：包括测量指示，测量记录，给定自调，自动控制，控制阀的位置，仪表自控，自调装置的位置及操作。

(2) 控制范围：也就是主要工艺参数的控制范围。

（3）工艺操作规程中列表如下：

类别	测量仪表	工艺位置	控制范围	控制方法	备注	仪表在仪表盘上位置
温度						
压力						
差压						
流量						
液面						

2. 操作控制方案

操作人员根据工艺操作规程所规定的控制点，以及主要的工艺操作参数(温度，压力，流量和液位)的操作控制，实现合格产品的生产。操作人员的操作控制一般要分三个方面：

（1）检测，观察仪表所显示的参数。

（2）对比判断，把观察到的参数的值，与工艺操作规程所规定的范围进行对比，判断是否正常，是否需要变更操作条件。

（3）操作控制，根据以上对比，判断、决定进行实际操作控制，通过加热或冷却，开启或关小阀门，提高或降低液位，来实现对工艺过程的控制。

对于主要依靠人工来改变操作条件的操作控制，设备上就要设置大型的贮槽，来克服瞬时条件改变对产品质量的影响及稳定生产的作用，这样的生产是低效率的，设备投资也较浪费。

二、自动控制

由自动化仪表和设备自动完成检测→判断→操作控制等全部工艺操作过程的称为自动控制。

1. 自动控制

包括自动检测，自动操纵，自动控制和自动保护。

（1）自动检测。利用各种检测仪表，对主要工艺参数进行测量、指示或记录，代替了操作人员对工艺参数的不断观察与记录。

（2）自动操纵及自动开、停车。可以根据预先规定的步骤自动地对生产设备进行某种周期性操作。也可以按照预先规定好的步骤，将生产过程自动地投入运行或自动停车。

（3）自动控制，在化工生产中，特别是连续性生产中，各生产设备是相互关联、相互影响的，当其中某一设备工艺条件发生变化时，就会引起其它设备中某些参数的波动，我们用自动控制装置，对生产中某些关键性参数进行自动控制，使它们在受到外界干扰的影响而偏离正常时，能自动地控制而回到规程规定的参数范围。

采用自动控制可以保证生产维持在最佳工艺操作状态，保证最佳产品质量及最佳技术经济指标。自动控制装置包括以下三个组成部分：

① 测量元件与变送器。这是测量工艺参数，并把这个参数转化为气压，或电压、电流的信号并输出信号的装置。

② 自动控制器。它接受变送器送来的信号，并且与工艺规定的参数相比较得出偏差，计算出偏差代表的信号，并发送出去。

③ 执行器。例如，电动或气动的控制阀，它能自动地根据控制器送来的信号来改变控制阀的开启度。

自动控制装置所控制的生产设备叫做被控对象。

（4）自动报警和连锁保护。化工生产经常有高温、高压、易燃、易爆的情况，由于偶然因素的影响，导致工艺参数超出允许的范围，如不及时调整就会出现事故。自动报警就是在事故发生前，报警系统就自动发出声光信号报警，告诫操作人员注意，及时采取措施，严防事故发生。但是，由于生产过程的强化，往往事故的发生常常只有几秒钟，由操作人员直接来处理根本来不及，连锁保护系统就尤显重要。这时，连锁系统立即自动采取紧急措施，打开安全线或切断进料线路，必要时紧急停车，以防止事故发生和扩大。所以自动报警和自动连锁装置是生产过程，特别是自动控制过程中的十分重要的安全装置。

2. 微机控制

传统的自动控制把工艺过程控制和质量控制是分开的，自动控制比人工操作控制对工艺过程和产品质量的影响要小一些。产品质量的监控通常包括非线上的检测与生产线上有限数量取样检验的结合，同时非线上检验，往往落后于生产时间很多小时，等到发现问题，不合格产品已经出来了。传统的控制系统完成的是固定的任务，常常与设备条件的控制有关。

自从微处理机技术出现以后，自动控制已经不是程式化的控制，它可以编程序，能够对测量仪器读出的数据进行完善的分析，这样就可以对产品质量进行估价，从根本上改善了对质量的控制，并代替人工检验、人工计算。微机系统能直接监控现行生产，并能完成对生产质量连续的、适时的分析，成为迅速查明和修正不良操作的强有力的工具。微机系统实现了生产工艺过程控制和质量控制的有机结合，并逐渐地向工艺质量、设备、控制与管理的有机结合的方向发展。

3. 自动控制优越性

（1）加快生产速度，降低生产成本，提高产品产量和质量。在由人操作的生产过程中，由于人的感官，对外界的观察与控制，其精确度和速度是有一定限度的。而且由于体力关系，人直接操作设备的功率也是有限的，如果用自动控制装置代替人的操作，就可克服以上不足。并且，通过自动控制，可使生产过程在最佳条件下进行，从而可以大大加快生产速度，降低能耗，实现优质高产。

（2）减轻劳动强度，改善劳动条件。多数化工生产过程是在高温、高压或低温、低压下进行，还有易燃、易爆或有毒、有腐蚀性、有刺激性气味，实现化工自动化，操作人员只要对自动控制装置的运转进行监视，而不需再直接从事大量而又危险的操作。

（3）能够保证生产安全，防止事故发生或扩大，达到延长设备使用寿命，提高设备利用率的目的。

三、巡视与观测

巡视和观测是化工工艺过程控制中必不可少的内容，在产品工艺操作规程中要明确给予规定，不仅要规定巡回检查的间隔时间，而且要规定巡回检查的路线和观测点。

巡视与观测，可以看成是对工艺过程控制系统是否正确运行的校验或验证。在化工生产，特别是连续化生产中，大量仪表和自控装置的运用，使操作控制人员远离生产设备，但在操作控制中，除了操作人员的主观因素引起操作失误或误差，会影响生产正常进行之外，客观自然的因素，例如仪表失灵，设备阀门堵塞、渗漏，尾气堵塞，冬季冻坏管路设备，大风损坏设备等等，都会直接影响正常生产运转，甚至引发事故。所以，在严格操作控制条件的同时，必须严格执行巡回检查和观测的制度。也可称之为在线检查，发现问题，及时给予纠正，预防质量事故及安全事故的发生。

四、监测

顾名思义，监测就是监督测试，也是工艺过程中操作控制中的校验的功能。监测内容应包括工艺参数和取样分析测试。

操作控制，巡回检查和监测的情况，要详细地做好原始记录。原始记录的内容应包括时间，工艺参数(温度，压力，压差，流量，液位)，加料，出料，取样，不正常情况及排除，要求下一班操作人员引起注意的问题等等。原始操作记录是技术管理的重要依据，是总结经验、改进工艺的依据，也是查清质量问题、安全事故的依据，所以原始记录应该是操作控制中很重要的组成部分。

第三节　中间分析和现场检测

前面讨论了工艺过程控制，合格产品还要有产品生产全过程的质量控制，包括生产线外检验和在线分析。

一、条件控制

(1) 进库原材料质量必须符合相关技术条件，并有相应的检测和控制稳定措施。

(2) 生产工艺条件包括温度、压力、压差、流量和液面等参数，必须严格控制在指标范围内，并力争优化。

(3) 生产经理对产品的质量负有主要责任，并对条件控制的修正具有决定权。

二、随机取样和定时取样分析

传统的质量控制就是指非生产线上的线外检验，也就是中间分析，其中包括定时取样分析和随机抽样分析。

在工艺操作规程中，都要明确规定中间控制分析项目，其中包括分析内容，工艺取样点，以及取样时间，这就是定时取样分析。

除此以外，取样方法实际上是最关键的，因为中间分析项目，一般都是从中间贮罐中取样。中间贮罐中的物料是一段时间内的平均值。取样时，必须放掉管路中积存的原有物料，直接取出贮罐中的物料，其分析结果才能代表要求的这一段时间内的结果。用这样的结果来指导生产，修正操作控制的依据，往往要落后实际生产很长时间，这决定于取样间断时间，分析及计算出报告的时间。所以，我们如果不是从中间贮罐中取样，而是从贮罐进口的管路中取样，这个样品代表的就是瞬时的分析结果，如果这个取样时间又是随机的，用这个分析结果来指导生产，修正控制操作，这样就会大大提高质量控制的准确度。

中间分析一般由车间化验室承担。

三、在线分析与报警

在线分析，就是与传统的质量控制方法，即非生产线上的线外分析检验方法完全不同，它差不多与生产操作控制同步进行。

在线分析只有在现代自动快速分析技术，特别是微机控制分析技术出现以后，才有可能。随着过程监测功能的不断完善，采样速率的增加，以及测量分析和计算出分析结果的时间极少耽搁，这样就有可能用在线分析替代非生产线上的传统线外分析检验。

随着计算机信息处理和功能的增加，其精密度和有效性也有了更好的保证，这时，只有在特定的环境中才需要非生产线上的线外检查。例如：

① 在作业式产品要求中无法认为是均匀一致时，对原材料和其它过程中所供给的材料进行检验。

② 对可能导致出现产品缺陷的手工操作，检查和试验其加工所得的产品。

③ 需要符合法定的、合同的或生产许可证认可的方面的要求的产品。

④ 可促进产品质量而进行的检查。

在线分析强调的是强化生产过程的监测和控制，也就是防止产生次品和废品的工作在生产线上就已完成，而不是在出现次品或废品之后再来检验。所以，当在线分析，质量控制出现异常，必须设置报警装置。

四、现场办公检测与显示

现场办公检测，就是建立过程监测系统，在有规则的间隔时间内，进行连续测量。这样在大多数情况下，当问题刚刚出现时便检测到，并通过有关手段显示出来。

五、紧急停车

用微机控制的生产过程监测控制系统，当出现影响安全和质量的情况，应该设置紧急停车设施。尽可能避免事故发生，减少不合格产品产生。

六、产品检验与合格证

(1) 产品在入库之前要进行严格的检验。

(2) 产品检验由企业质量管理部门负责进行。

(3) 产品检验的依据是产品标准(国家标准，行业标准或企业标准)。依据产品标准所规定的检验规则进行取样和判定合格与否，按照标准的技术指标及试验方法进行检验。

(4) 产品按标准要求进行包装，检验。

(5) 合格产品由企业质检部门签发产品合格证。产品合格证的内容包括：

① 产品名称；② 批号；③ 生产日期；④ 数量；⑤ 质检员签章(或代号)。

产品合格证随产品一同入库，发往用户。

第四节　设备切换和维护

一、切换使用与再生

化工生产工艺过程中，特别是连续生产的某些工序，例如干燥、吸收、催化剂等等，其中干燥剂、吸收剂和催化剂的使用都有一个饱和度和催化活性问题，所以在工艺流程设计时，并联二套完全相同的设备，切换使用。当干燥剂吸附效率降低到一定程度时，则切断该设备的进出口，开启另一套设备的进出口，转换到新的一套干燥器后，吸附干燥能力又得到恢复，维持工艺过程的指标。原有的一套干燥设备则进入再生。设备的切换，要根据设备进出口物料含水量分析指标来确定，当干燥能力下降时，出口物料含水量必然增加，增加到一定量，就要切换。吸收和催化过程也一样。

同样，再生也是工艺控制指标之一，也要达到一定标准。如此循环运行，保持生产正常连续进行。

二、设备维护

这里讨论的设备维护不包括常规的设备管理，而是工艺范围之内，保证工艺控制连续进行的设备维护，大致包括以下内容：

① 运转设备的加油，换油操作。

② 运行设备或管路堵塞的清理操作。

③ 局部容损的修补。

工艺过程进行中的设备维护必须遵照工艺操作规程及安全规程的要求，保证安全。

第五节　安 全 卫 生

一、安全措施和应急措施

化工生产中，经常会碰到易燃、易爆和剧毒化学品的问题，为了保护操作者的生命安全和设备安全，必须有严格的安全措施和应急措施。

1. 安全措施

① 除了严格科学的工艺操作规程外，还应有安全规程及安全教育。

② 配备必需的防护用品，例如，粉尘可配防尘面罩，有毒气体岗位配防毒口罩或面具，施工检修配安全帽，电气作业配绝缘手套及绝缘鞋，高温辐射配墨镜及隔热服装。

③ 易燃车间配套相关灭火器械，设备有防爆膜孔。

④ 电气设备有严格接地装置。

⑤ 厂房及高大设备必要时有防雷设施。

⑥ 厂房有完备的通风设施。

⑦ 易爆车间配防爆电气，照明及开关。

⑧ 危险岗位尽可能加强自动控制，减少人员接触。

⑨ 车间危险区域设置护栏及警示标志。

⑩ 清除静电的设施，包括人体防静电措施。

2. 应急措施

在现场立即采取的急救措施有：

① 工艺上设施上的应急措施，例如液氯钢瓶旁边，设应急水池，一旦氯气漏，推入水中，即可减少危害。

② 设值班医生，例如接触氢氰酸的车间，要有医生在现场值班，并配备急救药品，一旦发现中毒者，立即注射急救药品，可赢得抢救时间。

二、卫生要求

（1）空气中有毒物质和生产性有害粉尘的浓度不超过《工业企业设计卫生标准》所规定的最高容许的浓度。

（2）工业企业生产车间及作业场所噪声卫生的标准为85dB。工作时间短的可适当放宽。

（3）车间的卫生特征分级规定：

卫生特征	处理物料特征		
	有毒物质	粉尘	其它
1级	极易经皮肤吸收引起中毒的剧毒物质(如有机磷、三硝基甲苯)		处理传染性材料动物原料(如皮毛等)
2级	易经皮肤吸收或有恶臭的物质,或高毒物质(如丙烯腈、吡啶等)	严重污染全身或对皮肤有刺激的粉尘	高温作业,井下作业
3级	其它毒物	一般粉尘	重作业
4级	不接触有毒物质或粉尘,不污染或轻度污染身体		

（4）洁净厂房空气洁净度等级，空气洁净度以1m³空气中的含尘量来划分。

等级	≥0.5μm尘粒数/m³(L)空气	≥5μm尘粒数/m³(L)空气
100级	≤35×100(3.5)	
1000级	≤35×1000(35)	≤250(0.25)
10000级	≤35×10000(350)	≤2500(2.5)
100000级	≤35×100000(3500)	≤25000(25)

（5）制药厂车间环境控制区有更严格的要求：

序号	环境控制区分类	洁净级别	尘埃		菌落数	工作服	分类举例
			粒径/μm	粒数/(个/L)			
1	一般生产区					无规定	无洁净度要求的车间
2	控制区	>100000级	≥0.5	≤35000		色泽及样式有规定	粉针剂轧盖工序等
		100000级	≥0.5	≤3500	平均≤10	色泽及样式有规定	大输液,水针剂的灌装等
3	洁净区	10000级	≥0.5	≤350	平均≤3	色泽及样式有规定	无菌原料药的结晶,干燥工序等
		局部100级	≥0.5	≤3.5	平均≤1	色泽及样式有规定	菌种接种工作台

下编　典型化工产品工艺过程举例

第八章　合　成　氨

第一节　产品概述

氨是化学工业中产量最大的产品之一。氨本身可以用作肥料，还可以加工成各种氮肥。氮肥的含氮量不同，其肥效也相应有别。一般用元素“N”表示含氮量，如尿素含氮46%。氮肥产量在国际上和国内均折成纯氮计算。氨还可以加工成含氮复混肥料。氨在工业上是各种含氮化合物或其它产品的原辅材料，如纯碱、硝酸、丙烯腈、己内酰胺、某些塑料、染料、中间体药物等，另外还可作致冷剂，用途广泛。但最多的还是用来生产氮肥，对提高农作物产量具有重要作用，所以在国民经济中占有重要地位。

国外合成氨生产大都是以天然气为主要原料，缺少天然气的国家少数厂采用渣油和煤为原料。20世纪60年代以天然气为原料兴建的合成氨装置单套设备的日产能力600t，随后进入70年代兴建的合成氨装置日产1000t，吨氨能耗39.6GJ左右。80年代依靠技术创新，开发出低压、低温、高活性氨合成催化剂及节能脱碳技术等，吨氨能耗降到29.19GJ左右。90年代发展趋向特大型化，国外新建厂日产1500~2000t氨，90年代后期中美洲特立尼达采用KBR-KAAP(Kellogg Brown)技术，建成两套日产1850t合成氨装置，吨氨能耗28.35GJ左右。

我国合成氨生产是在20世纪30年代开始的，50年代开始兴建中型氮肥厂，起始规模单系列年产2.5万t合成氨。60年代引进了以天然气为原料制造合成氨和尿素装置。1965年我国自行研究开发合成氨三触媒净化新工艺，兴建了年产11万t尿素装置。70年代开始引进了13套日产1000t合成氨和日产1620~1740t大型尿素生产装置，其中8套以天然气为原料，5套以石脑油为原料。进入80年代、90年代又引进了几十套大型合成氨装置和大型尿素装置。

以天然气为原料制合成气的成本最低；重质油与煤炭制造合成气的成本差不多；重油和渣油制合成气可以使石油资源得到充分的综合利用。

第二节　合成氨工艺流程简图及工艺流程概述

合成氨的原料是N_2和H_2，N_2来源于空气，H_2来源很广泛，可用固体燃料、天然气或轻油及重油为原料，下面分别简介。

1. 以固体燃料(煤或焦炭)为原料的合成氨的简要生产过程

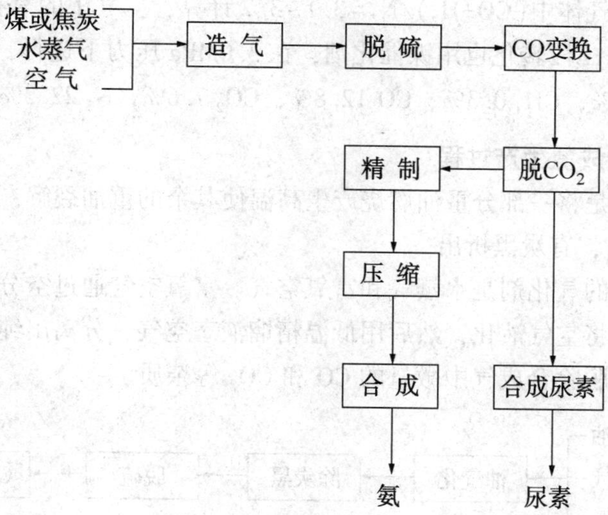

造气过程是以水蒸气和空气作气化剂，将煤气化，是气固反应过程，得到的混合气叫半水煤气。而只用水蒸气作气化剂得到的混合气叫水煤气。要求半水煤气中 $CO+H_2$ 与 N_2 的摩尔比约为 3.1~3.2。半水煤气大致组成(体积分数)为：H_2 37%~39%，CO 28%~30%，N_2 20%~23%，CO_2 6%~12%，CH_4 0.3%~0.5%，O_2 0.2%。

2. 以天然气或轻油为原料的合成氨生产过程

天然气与水蒸气在催化剂作用下发生转化反应，生成的产物主要是 H_2、CO、CO_2 和 CH_4。

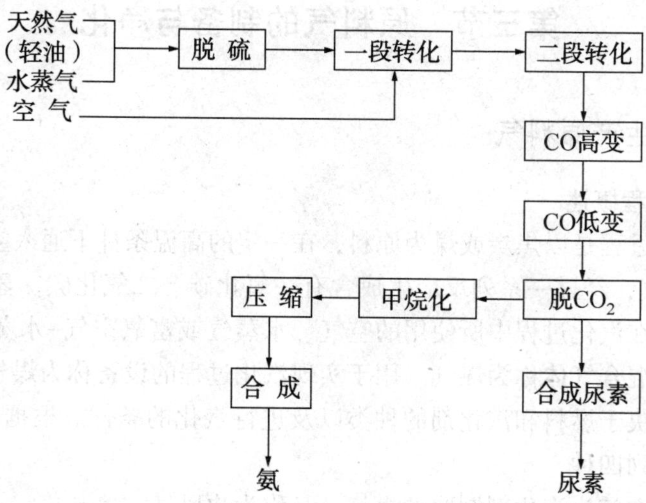

不论天然气还是轻油为原料，首先采用钴-钼加氢和氧化锌脱硫，脱硫前原料气中需加入一定量的氢气，使最终硫含量降至 0.5cm^3/m^3 以下。

一段转化的压力为 3MPa，入口温度为 500℃左右，出口温度为 800℃左右，用镍催化剂。一段转化尾气的组成(体积分数)大致为：H_2 69.5%，CH_4 9.95%，CO 9.95%，CO_2 10.0%，N_2 0.6%。

二段转化的目的是引入 N_2，同时在更高的温度(1000℃)下使 CH_4 基本完全反应掉，加入空气量需按反应后气体中$(CO+H_2)/N_2=3.1\sim3.2$计算，空气中的氧在反应器内与 CH_4 和 H_2 反应，完全耗尽。二段转化也用镍催化剂，在3.0MPa压力下进行，出口尾气组成(体积分数)大致为：H_2 57%，CH_4 0.3%，CO 12.8%，CO_2 7.6%，N_2 22.3%。

3. 以重油为原料的合成氨生产过程

重油部分氧化法是将一部分重油燃烧产生高温使其余的重油裂解，并与水蒸气作用生成 H_2、CO、CO_2 和 CH_4，有炭黑析出。

重油部分氧化法的气化剂是水蒸气和富氧空气。富氧空气通过空分而得到。空分过程是采用深度冷冻的方法将空气液化，然后用低温精馏液态空气，分离出纯氮和富氧空气。液氮用于合成气的精制，脱除合成气中微量的 CO 和 CO_2 等杂质。

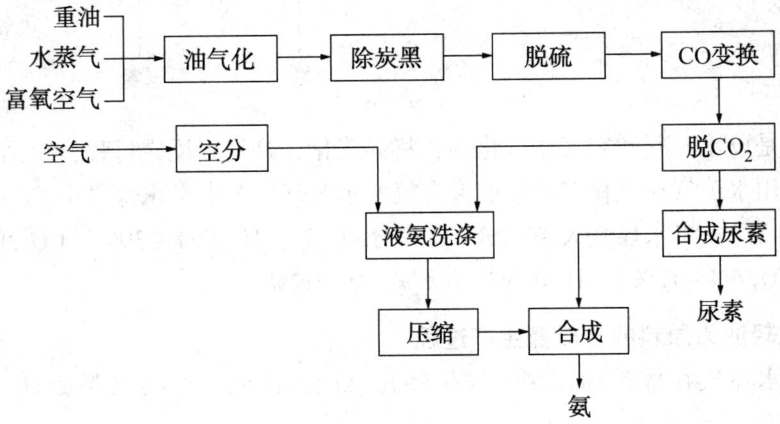

第三节　原料气的制备与净化

一、焦炭为原料生产原料气

1. 固体燃料气化过程概述

固体燃料气化过程是以焦炭或煤为原料，在一定的高温条件下通入空气、水蒸气或富氧空气-水蒸气混合气，经过一系列反应生成含有一氧化碳、二氧化碳、氢气、氮气及甲烷等混合气体的过程。在汽化过程中所使用的空气、水蒸气或富氧空气-水蒸气混合气等称为汽化剂。这种生成的混合气体称为煤气。用于实现汽化过程的设备称为煤气发生炉。

煤气的成分取决于燃料和汽化剂的种类以及进行汽化的条件。根据所用汽化剂的不同，工业煤气可分为下列四种。

空气煤气：以空气为汽化剂制取的煤气，又称为吹风气。

水煤气：以水蒸气(或水蒸气与氧的混合气)为汽化剂制取的煤气。

混合煤气：以空气和适量的水蒸气为汽化剂制取的煤气，一般作燃料用。

半水煤气：是混合煤气中组成符合$(H_2+CO)/N_2=3.1\sim3.2$的一个特例。可用蒸气与适量的空气或蒸气与适量的富氧空气为汽化剂制得，也可用水煤气与吹风气混合配制。

上述四种煤气的大致组成列于表 8-1。

表 8-1　各种工业煤气的组成

煤气名称	气体组成/%(体积分数)						
	H_2	CO	CO_2	N_2	CH_4	O_2	H_2S
空气煤气	0.9	33.4	0.6	64.6	0.5	—	—
水煤气	50.0	37.3	6.5	5.5	0.3	0.2	0.2
混合煤气	11.0	27.5	6.0	55.0	0.3	0.2	—
半水煤气	37.0	33.3	6.6	22.4	0.3	0.2	0.2

煤气中的氢和氮是合成氨的原料。由于 1 体积的一氧化碳通过变换反应可生成 1 体积的氢，因此煤气中的一氧化碳和氢均为合成氨的有效成分。要求原料气中 $(H_2+CO)/N_2=3.1\sim3.2$，故半水煤气是适宜于生产氨的原料气。水煤气经过净化后得到纯净的氢气，再配入适量的氮气，也可成为合成氨的原料气。

目前，工业上以固体燃料为原料，制取合成氨原料气的方法，主要有以下几种：

① 固定层间歇汽化法：用水蒸气和空气为汽化剂，交替地通过固定的燃料层，使燃料汽化，制得半水煤气。

② 固定层连续汽化法：以富氧空气(或氧气)与蒸汽的混合气为汽化剂，连续通过固定的燃料层进行汽化。

③ 沸腾层汽化法：以富氧空气(或氧气)与蒸汽的混合气为汽化剂，连续地通入煤气炉，使小粒燃料呈沸腾状态汽化。所用燃料的粒度小于 10mm。

④ 气流层汽化法：在高温下，以氧和蒸汽的混合气为汽化剂，与粒度小于 0.1mm 的粉煤并流汽化，生成有效成分 (H_2+CO) 高达 80%~85%的煤气。

2. 固定层间歇汽化法制半水煤气

间歇汽化过程是在固定层煤气发生炉中进行的。如图 8-1 所示，固体块状燃料由顶部间歇加入，汽化剂通过燃料层进行汽化反应，汽化后的灰渣自炉底排出。

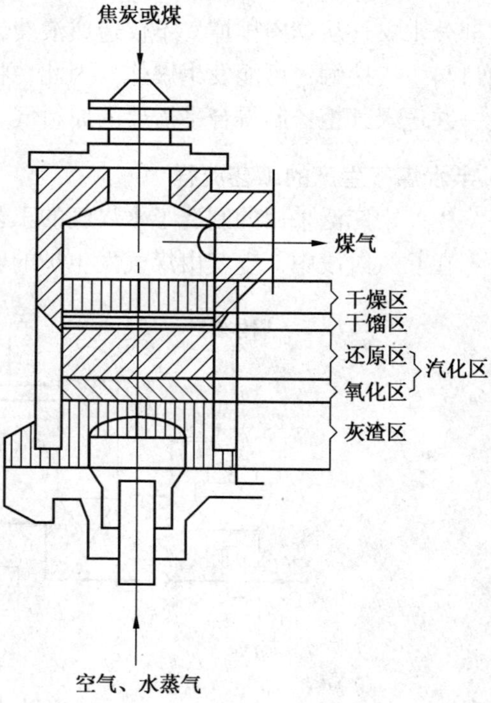

图 8-1　间歇式固定层煤气发生炉

在稳定气化的条件下，燃料层大致可以分为几个区域：最上层因燃料与煤气接触，水分蒸发，这一区域称为干燥区。燃料下移继续受热，放出烃类气体，这一区域称为干馏区。再继续下移为汽化区，汽化反应主要在这个区进行。以空气为汽化剂时，在汽化区的下部，称氧化区，主要进行的是碳与氧的燃烧反应

$$C + O_2 = CO_2 + 393.8kJ/mol$$

$$2C + O_2 = 2CO + 221.2kJ/mol$$

$$2CO + O_2 = 2CO_2 + 566.4kJ/mol$$

上部称还原区，主要进行反应

$$CO_2+C=2CO-172.3kJ/mol$$

若以水蒸气为净化剂时，不再分氧化层和还原层。燃料层的底部为灰渣区。

3. 固定层间歇汽化法的工作循环

固定层间歇汽化法的特点是利用碳与空气反应放出的热量，供给碳与水蒸气反应所需要的热量，以保持体系的热平衡。

间歇法制造半水煤气时，需要向煤气炉内交替地送入空气和蒸气。自上一次开始送空气至下一次开始送空气为止，称为一个工作循环。顺序为：

① 吹风：空气从煤气发生炉底部进入，并与燃料层中的碳发生氧化反应，生成吹风气，反应放出大量热能，使炉温升高到1100~1400℃，为制造水煤气的反应创造条件，吹风后的气体去废热锅炉回收热量，放空。

② 一次上吹：水蒸气从煤气发生炉底部进入，并与燃料层中炽热的碳发生反应，生成水煤气，经过除尘、洗涤与冷却后送入气柜。

③ 下吹：一次上吹后，由于反应吸热，使炉底温度下降，燃料层的上部温度尚高，为了充分利用这部分热量，使水蒸气从煤气发生炉顶进入与碳反应，生成的水煤气从炉底导出，经过除尘、洗涤、冷却后进入气框。

④ 二次上吹：煤气发生炉燃层温度经下吹后，已降到不能继续制取水煤气，此时，必须将煤气发生炉中燃料层温度再行升高，即需要吹风。但是下吹后，炉底充满水煤气，送入空气有可能引起爆炸，故再自炉底送入水蒸气，将炉底煤气排净，为吹风做好准备。二次上吹时，虽然可以制气，但因炉温较低，制得的煤气质量不高。因此，二次上吹时间尽可能短一点。

⑤ 空气吹净：二次上吹后，造气炉上部与管路中尚有水煤气存在，在吹风时，如果把这部分水煤气从烟囱排掉，不仅造成浪费，而且这部分煤气和带有火星的吹风气一直排至烟囱口与空气接触，可能发生爆炸。因此，将空气从炉底吹入，使这部分煤气与含有氮的吹风气一并送入气柜，制得合乎需要的原料气。再进行第二个循环，如此反复进行。

4. 半水煤气生产的工艺流程

生产中广泛采用的制造半水煤气的工艺流程如图 8-2 所示。

在吹风阶段中，空气由煤气发生炉的底部吹入，由炉顶排出吹风气。吹风气送入燃烧蓄

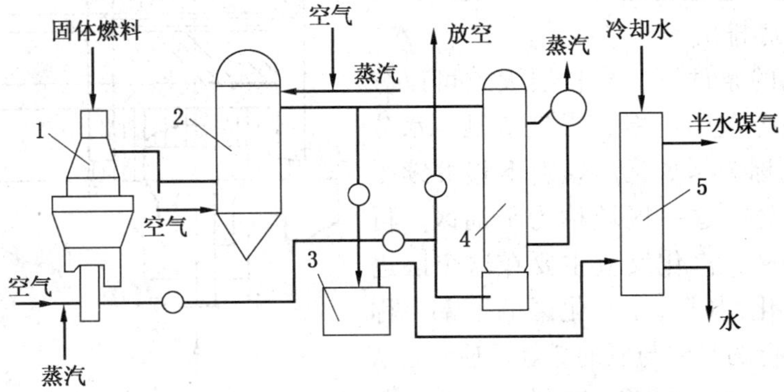

图 8-2 半水煤气制造的工艺流程

1—煤气发生炉；2—燃料蓄热室；3—洗气箱；4—废热锅炉；5—洗气塔

热室，在此通入助燃空气使吹风气中的一氧化碳燃烧。再将吹风气送入废热锅炉以产生水蒸气。吹风气被冷却至200℃左右，由烟囱排入大气。

在上吹阶段中，由煤气发生炉底吹入空气-水蒸气混合气，半水煤气由炉顶排出。半水煤气经过燃烧室加热蓄热砖(此时不加助燃空气)，再依次经过废热锅炉、洗气箱、洗气塔送入气柜。

在下吹阶段中，水蒸气与空气混合，经燃烧室回收蓄热砖的热量后，从煤气发生炉顶部吹入(空气较水蒸气略迟通入)，从炉底排出半水煤气。下吹煤气直接经洗气箱及洗气塔送入气柜。

在二次上吹阶段中，空气-水蒸气混合气由炉底吹入，流向与上吹阶段完全相同。

在空气吹净阶段，从炉底吹入空气，产生吹风气将半水煤气经燃烧室、废热锅炉、洗气箱及洗气塔送入气柜。

二、天然气为原料生成原料气

天然气中甲烷含量一般大于90%，其余为少量乙烷、丙烷等气态烃，有些还会有少量氨和硫化物。该法是在催化剂存在下，将含烃气体与水蒸气在高温条件下进行转化反应。因此，该法称为烃类蒸气转化法。

1. 主要化学反应

在蒸气转化过程中，在相同条件下，各种低碳烃中以甲烷最稳定。低碳烃类与水蒸气反应都需经过甲烷蒸气转化这一阶段，故气态烃的蒸气转化可用甲烷蒸气转化代表。整个反应过程可以用两个独立反应表示

$$CH_4(g) + H_2O \rightleftharpoons CO(g) + 3H_2(g) - 206.3kJ$$

$$CO(g) + H_2O(g) \rightleftharpoons CO_2(g) + H_2(g) + 41.19kJ$$

在某些条件下可能发生如下反应

$$CH_4(g) \rightleftharpoons C(s) + 2H_2(g) - 74.9kJ$$

该反应既消耗原料，同时析出的炭黑沉积在催化剂表面，会使催化剂失去活性和破裂，故应尽量避免。

2. 催化剂

烃类蒸气转化是吸热反应，高温对反应有利。即使温度高达1000℃时其反应速度也很慢，故需借助催化剂作用才能完成。

镍是烃类蒸气转化最有效的催化剂，催化剂中NiO含量一般以4%~30%为宜。烃类转化催化剂必须具备耐高温、高活性、强度高和抗析碳等基本条件。因此，催化剂必须借助载体及助催化剂才能达到上述要求。

原料中的某些杂质如硫化物，含量很低也会使镍催化剂中毒。一般要求烃类原料中总含硫量为0.5×10^{-6}。在转化前，烃类一般都要经脱硫处理。砷和卤族元素对催化剂也是有害的，生产中要对它们进行检测并清除。

3. 操作条件

(1) 压力：烃类蒸气转化反应是体积增加反应，提高压力对反应不利，工业上一般采用1.4~4.0MPa。提高压力的原因是：

① 提高转化压力，可以降低压缩总压力(烃类原料气、工艺空气、氢氮混合气)。

② 压力升高，可以提高转化气中过量蒸气余热利用价值。因为压力愈高，水蒸气分压也愈高，因此其冷凝温度(露点)愈高，即可能得到高位热源。

③ 加压操作，可以减少原料气制备与净化系统的设备和管道尺寸。但操作压力过高，必须提高转化温度或增大水碳比，因此操作压力也不能太高。

(2) 温度：无论从化学平衡或从反应速度考虑。提高温度对转化反应有利。但温度对转化管的寿命影响很大。目前，一段转化炉出口温度控制在 800℃左右，二段炉由于采用耐火衬里其出口温度达 1600℃左右。

(3) 水碳比：水碳比是指进口气体中水蒸气与含烃原料中碳分子总数之比。高水碳比对转化反应有利，又能防止碳的析出，但过高的水碳比，将使转化热负荷增加，系统阻力加大。改变水碳比是调节一段炉出口残余甲烷含量主要手段，目前水碳比控制在(3.5~4)：1，也有的控制在(2.5~3.0)：1。

4. 工艺流程

工艺流程见图 8-3。

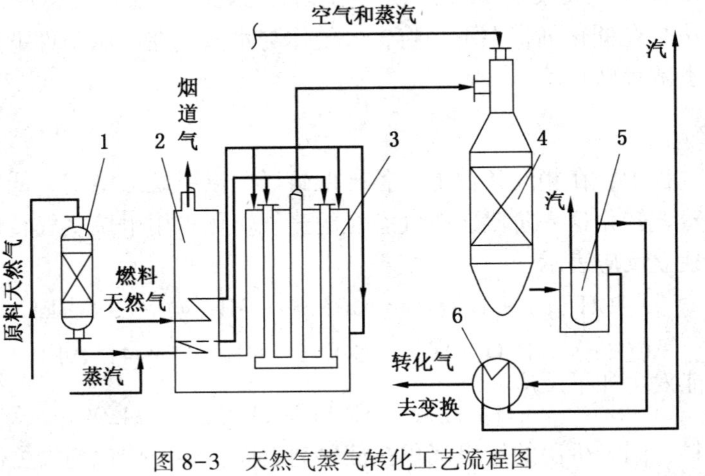

图 8-3　天然气蒸气转化工艺流程图

1—脱硫器；2—一段炉对流段；3—一段炉辐射段；4—二段转化炉；5—第一废热锅炉；6—第二废热锅炉

三、渣油制合成气

制造合成气用的渣油是石油减压蒸馏塔底残余油，亦称减压渣油。由渣油转化为 CO、H_2 等气体的过程称为渣油气化。气化技术有部分氧化法和蓄热炉深度裂解法，目前常用技术是部分氧化法。此技术是由美国德士古(Texaco)分司和荷兰谢尔(Shell)公司在 20 世纪 50 年代开发成功，分别称为德士古法和谢尔法，当时用于重油。在 20 世纪 80 年代经改进，成为德士古新工艺，可用于渣油气化。

渣油制合成气的加工步骤主要为：

渣油、氧、水蒸气 → 汽化 —水煤气→ 变换 —变换气→ 脱硫与脱碳 → 合成气

汽化过程为非催化的部分氧化法，渣油中硫化物转入水煤气中，所以 CO 变换要采用耐硫催化剂。脱硫与脱碳采用低温甲醇洗除技术，可同时脱除硫化物和 CO_2。

1. 渣油部分氧化过程工艺原理

（1）渣油部分氧化过程的反应。

渣油是许多大分子烃类的混合物，沸点很高，所含元素的质量组成为 C 84%~87%，H 11%~12.5%，其余有 S、N、O，以及微量元素 Ni、V 等，渣油的分子式常用 C_mH_n 表示。

氧化剂是氧气。当氧充分时，渣油会完全燃烧生成 CO_2 和 H_2O，只有当氧量低于完全氧化理论值时，才发生部分氧化，生成以 CO 和 H_2 为主的气体。

渣油在常温时是粘稠的黑色半固体状物，要将渣油预热变成易流动的液态，才能进入反应器。

如果氧量充足，则会发生完全燃烧反应

$$C_mH_n + \left(m + \frac{n}{4}\right)O_2 \longrightarrow mCO_2 + \frac{n}{2}H_2O \qquad (放热)$$

如果氧量低于完全氧化理论量，则发生部分氧化，放热量少于完全燃烧，反应式为

$$C_mH_n + \left(\frac{m}{2} + \frac{n}{4}\right)O_2 \longrightarrow mCO + \frac{n}{2}H_2O \qquad (放热)$$

$$C_mH_n + \frac{m}{2}O_2 \longrightarrow mCO + \frac{n}{2}H_2 \qquad (放热)$$

当油与氧混合不均匀时，或油滴过大时，处于高温的油会发生烃类热裂解，反应较复杂，这些副反应最终会导致结焦。所以，渣油部分氧化过程中总是有炭黑生成。

为了降低炭黑和甲烷的生成，以提高原料油的利用率和合成气产率，一般要向反应系统添加水蒸气，因此在渣油部分氧化的同时，还有烃类的水蒸气转化以及焦炭的气化，生成更多的 CO 和 H_2。氧化反应放出的热量正好提供给吸热的转化和气化反应。渣油中含有的硫、氮等有机化合物反应后生成 H_2S、NH_3、HCN、COS 等少量副产物。最终生成的水煤气中 4 种主组分 CO、H_2O、H_2、CO_2 之间存在的平衡关系要由变换反应平衡来决定。

$$CO+H_2O \rightleftharpoons CO_2+H_2$$

（2）渣油部分氧化操作条件。

① 温度。烃类的完全燃烧和部分氧化反应为不可逆反应，不存在平衡限制问题。温度越高，反应速率越快，故氧气能很快消耗殆尽。烃类的转化和焦炭的气化是吸热的，高温对反应平衡和速率均有利。所以渣油气化过程的温度应尽可能高，但是，操作温度还受反应器材质的耐温性约束，一般控制反应器出口温度为 1300~1400℃，在反应器内温度最高的燃烧区估计达 1800~2000℃。

② 氧油比。操作温度不是一个独立变量，它与氧、蒸汽的用量有关。氧与渣油的进料比对反应器内温度及水煤气中有效成分的影响很大。

当要求只生成 CO 和 H_2 时，根据渣油部分氧化反应可知，氧分子数与碳原子数之比为 0.5，即

$$O_2/\sum C=0.5(摩尔比)$$

如果氧量超过了这个比值，会产生一些 CO_2 和水蒸气。

实际生产中氧/油比要高于此理论值。因为添加了水蒸气，存在吸热反应，需要提高氧/油比，以维持高温，也使炭黑含量迅速下降。具体比值要根据渣油碳含量、原料预热温度、添加的水蒸气量以及反应器散热损失等因素来确定。

（3）蒸汽油比。水蒸气量是一个可调控的变量，它的加入可抑制烃类裂解，加快消碳速

率，同时水蒸气与烃类的转化反应可提高 CO 和 H_2 含量，此外，还能帮助渣油的雾化，使油与氧、水蒸气的接触面积增大，避免了扩散控制。所以蒸汽/油比值高一些好，但水蒸气参与反应会降低温度，为了保持高温，需要提高氧/油的比值，因此蒸汽/油也不能过高，一般控制在 0.3~0.6kg(蒸汽)/kg(油)，加压气化时用低限。

(4) 压力。渣油气化过程总结果是体积增加的，从平衡角度看，低压有利。但加压可缩小设备尺寸和节省后工序的气体输送和压缩动力消耗，有利于消除炭黑、脱除硫化物和二氧化碳。渣油部分氧化过程的操作压力一般为 2.0~4.0MPa，有的用 8.5MPa，加压对平衡不利的影响可用提高温度的措施来补偿，蒸汽/油也用低限比值。

(5) 原料的预热温度。充分利用工厂内的余热来预热原料，可以节省氧耗，提高气体有效成分。预热渣油可降低粘度和表面张力，便于输送和雾化，但预热温度不可过高，以防渣油在预热器中气化和结焦，一般控制在 120~150℃。氧的预热温度一般在 250℃以下。过热蒸气最高能到 400℃，若无过热蒸汽，饱和蒸汽亦需预热。

2. 渣油部分氧化反应器和工艺流程

(1)反应器型式和结构。

渣油部分氧化过程很复杂，包括渣油雾化，雾滴与氧、蒸汽的混合，气液相之间的热量和质量传递，雾滴蒸发，油分子与氧、水分子的反应，渣油液相热裂解，裂解产物的环化、聚合、缩合，炭黑与水蒸气间的气化反应等等。

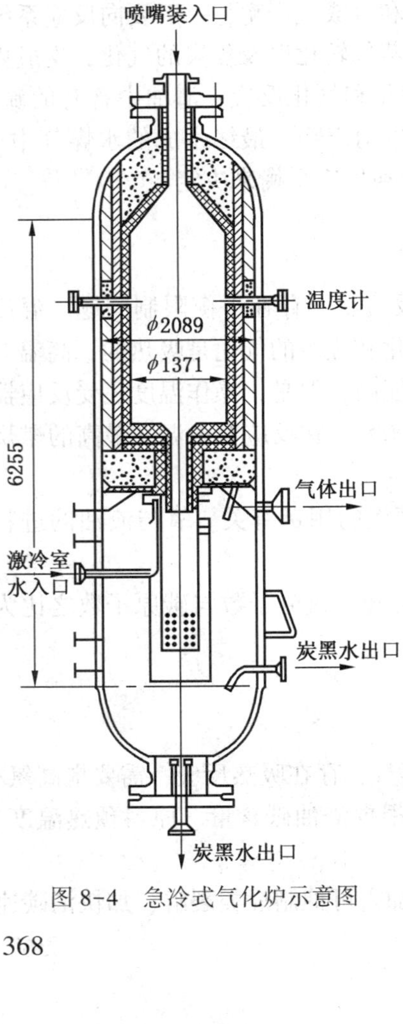

图 8-4　急冷式气化炉示意图

反应器应具备的功能是：

① 能使渣油充分雾化，雾滴要小。

② 能使物料在入口端有适度返混，有利于高温的产物加热进入的原料，使其迅速升温，加快油的雾化和反应的速率。

③ 在反应器的中、下游部分，应既能使氧、油、蒸汽混合均匀，又能使物料接近于平推流状态，减少返混程度。

渣油气化制合成气的反应器称为气化炉，目前工程上采用的部分氧化法，气化炉型式为受限射流反应器。其外形为圆形钢筒，内部结构有两类：与急冷流程配套的气化炉内部主要构件有喷嘴、气化室和冷激室(见图 8-4)；与废热锅炉充程配套的气化炉则只有喷嘴和气化室。

喷嘴是气化炉的核心，它具备两种功能：其一是雾化作用，可将渣油分散为大约 20μm 的细小油滴；其二是形成合适的流场。喷嘴为套管式结构，氧气走中心管，流速 80~100m/s；油与蒸汽走环隙，流速 30~60m/s；喷嘴外缠绕蛇形冷却盘管。油、氧和蒸汽进喷嘴前的压力分别为 10.3 MPa、9.5 MPa 和 9.8 MPa，气化炉内压力为 8.53 MPa。由于压差和高速气流，在喷嘴出口形成射流，在炉体的限制下，产生了雾化、卷吸和环流等流体状况，达到适当返混和均匀混合的目的，同时在高温下迅速燃烧，产生高温。气化室为一空筒，为了避免各组分分子在炉内停留时间分布太宽，气化室的高/径比适当增大，使出口端流体接近平推状况，以减少停留时间极短的物料所占的百分比。

气化炉内燃烧区温度高达2000℃，所以炉内壁必须有炉衬里来保护炉壁，衬里有四层，最外层是陶瓷纤维毡，次外层是厚隔热砖，再往里是轻质高铝砖，与工艺气体直接接触的最里层是电熔刚玉砖。

（2）渣油部分氧化工艺流程。

该流程由以下五部分组成：①原料油和气化剂的加压、预热、预混合；②高温下的部分氧化；③高温水煤气显热的回收；④洗涤和清除炭黑；⑤炭黑回收及污水处理。

其中高温水煤气显热回收方案有两种，一种水冷激，产生的水蒸气使水煤气中水碳比增高，此种流程称为急冷流程。另一种是用废热锅炉回收热量，称为废锅流程。急冷流程简便可靠一些，故多采用。图8-5是急冷流程的汽化和洗涤部分。

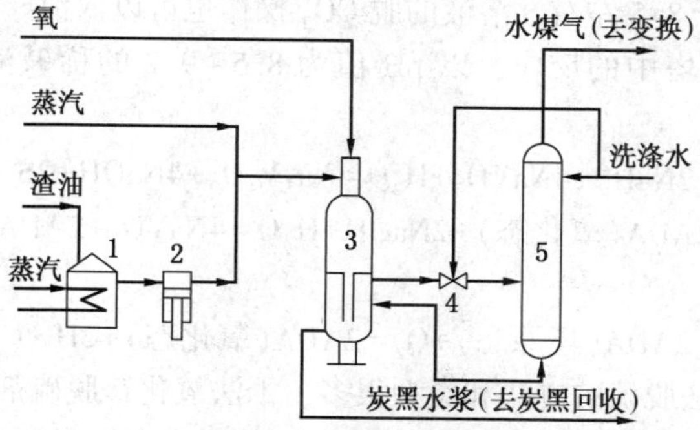

图8-5　渣油部分氧化急冷流程示意图

1—预热罐；2—供料泵；3—气化炉；4—文丘里洗涤器；5—炭黑洗涤塔

四、原料气的净化

1. 原料气的脱硫

合成氨原料气中，一般总含有一定数量的无机硫化物（主要是硫化氢 H_2S），其次是有机硫化物如二硫化碳（CS_2）、硫氧化碳（COS）、硫醇（RSH）、噻吩（C_4H_4S）等。

硫化氢对合成氨生产有着严重的危害，它不但能与铁反应生成硫化亚铁，并放出氢气腐蚀管道与设备，而且进入变换和合成系统，使铁催化剂中毒；进入铜洗系统，会使铜液中的低价铜生成硫化亚铜沉淀，使操作恶化，铜耗增加。因此，半水煤气中的无机硫化物和有机硫化物，必须在进入变换、合成系统以前除去。脱除硫化物的过程简称脱硫。脱硫的方法很多，根据所用脱硫剂的物理状态不同，可将脱硫方法分为干法和湿法两大类。

（1）湿法脱硫：湿法脱硫是在吸收塔中用液体吸收剂（脱硫剂）吸收煤气中的硫化氢，而后再将吸收剂再生，再生后的吸收剂再送回吸收塔中循环使用。

湿法脱硫按硫的回收形态，可分为循环法和氧化法。循环法是利用脱硫剂对 H_2S 吸收的可逆性，在再生时改变操作条件，便能使 H_2S 从脱硫剂中解吸出来。而解吸出来的仍然是 H_2S。循环法所用的脱硫剂种类很多。

以稀氨水脱硫为例，脱硫和再生时的反应为：

$$NH_3 \cdot H_2O + H_2S \underset{再生}{\overset{脱硫}{\rightleftharpoons}} NH_4HS + H_2O$$

氧化法脱硫，在脱硫剂再生时，常用空气中的氧将吸收的 H_2S 氧化成硫。

目前应用较广的改良 ADA 法就属于氧化法脱硫。ADA 为蒽醌二磺酸的缩写。早期的 ADA 法是用蒽醌二磺酸钠的 Na_2CO_3—$NaHCO_3$ 溶液做吸收剂，用空气再生。pH 值保持在 8.5~9.5之间。

这一方法在工业装置中有一些问题。硫氢根离子转化成元素硫的反应取决于稀碱液中所溶解的氧，而氧的溶解量很小，溶液吸硫的量受溶解的氧量限制。脱硫能力低，设备体积庞大，不得不在并且要在较高的 pH 值下进行，这样在处理含有大量 CO_2 的气体时就要求吸收液在进入脱硫塔之前需先部分脱除 CO_2。为了解决上述的不足，改良的 ADA 法，克服了早期 ADA 法的缺点。

改良的 ADA 法就是在原来溶液中加入偏钒酸盐（$NaVO_3$）为催化剂，它大大地加快了 ADA 与 H_2S 的反应速度，使氧化时间由原来 30min 减少到 5min 之内即可完成。同时，溶液吸收硫化氢的量不再为溶解的氧量所限制，溶液的脱硫能力由 50×10^{-6} 提到约 1000×10^{-6}。吸收液的 pH 值也可降至 8.5 左右，溶液的脱 CO_2 操作也可以取消。

改良 ADA 法在脱硫塔中的反应：以 pH 值为 8.5~9.2 的稀碱液吸收硫化氢生成硫氢化物

$$2NaHS+4NaVO_3+H_2O=Na_2V_4O_9+4NaOH+2S$$

$$Na_2V_4O_9+2ADA(\text{氧化态})+2NaOH+H_2O=4NaVO_3+2ADA(\text{还原态})$$

在再生塔中的反应

$$2ADA(\text{还原态})+O_2=2ADA(\text{氧化态})+2H_2O$$

（2）干法脱硫：干法脱硫的方法和类型很多，干法氧化锌脱硫剂脱硫为常见，其基本原理是首先将各种有机硫化物转化为 H_2S

$$CS_2 + 2H_2 = CH_4 + 2H_2S$$

$$COS + H_2 = CO + H_2S$$

$$RCH_2SH + H_2 = RCH_3 + H_2S$$

$$C_4H_4S + 4H_2 = C_4H_{10} + H_2S$$

氧化锌再与 H_2S 反应，即：

$$ZnO+H_2S=ZnS+H_2O+Q$$

这是一个放热反应，降低温度对反应有利，但温度低时，反应速度减慢，使脱硫不完全，并且使脱硫剂的硫容降低。一般氧化锌脱硫剂的操作温度在 200~400℃的范围内。

目前我国使用的锌脱硫剂，以氧化锌为主体，加入适量的氧化锰和粘结剂而成，形状为灰色小球。因为氧化锌脱硫剂用后不能再生，所以主要用于气体中微量硫化物的最后清除。

2. 一氧化碳变换

不论用何种原料制取的合成氨原料气，均含有一氧化碳。一氧化碳不仅不是合成氨所需要的直接原料，而且对氨合成催化剂有毒害作用，因此原料气送往合成工序之前必须将一氧化碳彻底清除。生产中一般分两次除去。首先，利用一氧化碳与水蒸气作用生成氢和二氧化碳的变换反应除去大部分一氧化碳

$$CO+H_2O \rightleftharpoons CO_2+H_2+Q$$

这一过程称为一氧化碳的变换，反应后的气体称为变换气。通过变换反应即能把一氧化碳转

变为易除去的二氧化碳，同时又可制得等体积的氢。因此一氧化碳变换既是原料气的净化过程，又是原料气制造的继续。最后，再采用铜氨液洗涤法、液氮洗涤法或甲烷化法脱除变换气中残余的微量一氧化碳。

在工业生产中，一氧化碳的变换反应在催化剂存在下进行。中温变换以三氧化二铁为主体催化剂，温度350~550℃，变换后仍含有2%~4%的一氧化碳。低温变换用活性高的氧化铜催化剂，温度180~260℃，残余一氧化碳可降至0.2%~0.4%。

低温变换催化剂虽然活性高，但抗毒性差，操作温度范围窄，所以很少单独使用。采用铜氨液洗涤法或液氮洗涤法清除变换气中残余的一氧化碳时，要求一氧化碳含量小于4%，采用中温变换即可；而甲烷化法要求变换气中一氧化碳含量小于0.5%，就必须采用中温变换串低温变换的工艺流程。因此，变换过程就都有中温变换，而并非所有的变换过程都有低温变换。

3. 二氧化碳的除净

变换后的气体含有大量的二氧化碳，还有少量一氧化碳等其它有害气体，它们会使氨合成催化剂中毒。另外，二氧化碳还是一种重要的化工原料，如制造尿素、纯碱和干冰等都需要大量二氧化碳。在合成氨生产中，原料气中二氧化碳的脱除往往兼有净化气体和回收二氧化碳两个目的。

习惯上把脱除气体中二氧化碳的过程称为“脱碳”。脱碳方法很多，但工业上常用的是吸收法。根据所用吸收剂的性质不同，可分为物理吸收和化学吸收两类。

物理吸收法是利用二氧化碳能溶解于水或有机溶剂这一性质来完成的。采用的方法有水洗法、低温甲醇洗涤法、碳酸丙烯酯法等。吸收剂的最大吸收能力由二氧化碳在该溶剂中的溶解度来决定。吸收二氧化碳后的溶液再生较为简单，一般单靠减压解吸即可。

化学吸收法是用氨水、碳酸钾、有机胺等碱性溶液为吸收剂，基于二氧化碳是酸性气体能与溶液中的碱性物质进行化学反应而将其吸收。

4. 原料气的精制

经一氧化碳变换和二氧化碳脱除后的原料气尚含有少量的一氧化碳和二氧化碳。例如碳化后的原料气，除氢、氮和甲烷外，还含有3%左右的一氧化碳、0.1%~0.3%的二氧化碳、0.1%~0.2%的氧和微量的硫化氢等有害气体。因此，原料气在送往合成之前，还需要有一个最后净化的步骤。一般大型合成氨厂要求原料气中一氧化碳和二氧化碳总量小于10×10^{-6}，中、小型厂要求小于25×10^{-6}。

由于一氧化碳不是酸性也不是碱性气体，在各种无机、有机溶剂中的溶解度又很小，所以要脱除少量一氧化碳并不容易。目前常用的方法有物理法和化学法。物理法是用液氮洗涤可洗去全部甲烷，并使CO在10×10^{-6}以下。化学法有铜氨液洗涤法、甲烷化法、改良热钾碱法。

（1）铜氨液洗涤法。采用含有铜盐的氨溶液吸收原料气中少量一氧化碳，可使一氧化碳含量降至10×10^{-6}以下，同时还能除去原料气中少量二氧化碳、硫化氢和氧。铜氨液是由乙酸、铜和氨通过化学反应后配制而成的一种溶液，其组成为$Cu(NH_3)_2AC$。

吸收CO、CO_2及H_2S的反应如下：

吸收CO的反应

$$CO + Cu(NH_3)Ac + NH_3(\text{游离}) \rightleftharpoons Cu(NH_3)_3COAc + Q$$

吸收 CO_2 的反应为

$$2NH_3 + CO_2 + H_2O \rightleftharpoons (NH_4)_2CO_3 + Q$$

$$(NH_4)_2CO_3 + CO_2 + H_2O \rightleftharpoons 2NH_4HCO_3 + Q$$

吸收硫化氢的反应为

$$NH_3 + H_2O \rightleftharpoons NH_4OH$$

$$2NH_4OH + H_2S \rightleftharpoons (NH_4)_2S + 2H_2O + Q$$

用铜液吸收 CO、CO_2、H_2S 的反应在铜洗塔中进行，吸收后的铜氨液送到再生器中，用减压和加热的方法使气体解吸出来，再生后的铜氨液循环使用。

(2) 甲烷化法。在适当的温度和有催化剂存在的条件下，一氧化碳和二氧化碳与氢作用生成甲烷，使一氧化碳和二氧化碳的总量降到 10×10^{-6}以下。由于反应中要消耗氢气，并生成甲烷，因此只有当原料气中($C+CO_2$)<0.7%，才可采用此法。直到实现低温变换工艺以后，才为一氧化碳的甲烷化提供了条件。与铜氨法相比，甲烷化法具有工艺简单，操作方便，费用低等优点。

(3) 改良热钾碱法。利用碳酸钾水溶液吸收二氧化碳

$$CO_2(g)+K_2CO_3+H_2O \rightleftharpoons 2KHCO_3$$

并添加二乙醇胺(活化剂)加快吸收反应，添加五氧化二钒缓蚀剂减少钾碱溶液对设备的腐蚀。

影响改良热钾碱法吸收二氧化碳的因素包括：热钾碱溶液组成、吸收温度、吸收压力及溶液的再生情况。

溶液的组成：溶液中碳酸钾浓度直接影响二氧化碳吸收能力，浓度大可以加快吸收反应速度，浓度过高，溶液对设备腐蚀性增强，如操作不当，容易生成结晶，对生产不利，碳酸钾浓度维持在27%~30%。活化剂二乙醇胺用量为2.5%~5%，用量过多，其活化作用并不明显。缓蚀剂多采用偏钒酸盐，系统开车时要求溶液中有较高总钒浓度(0.7%~0.8%)，正常操作时保持在0.5%左右。操作中溶液起泡，可以加入消泡剂达到阻止溶液起泡的目的。

吸收温度：提高吸收温度，可加大吸收速度系数，但推动力降低。一般在保持有足够推动力前提下，尽量将吸收温度提高到与再生温度相同或接近，以节省再生时耗热量。

吸收压力：提高吸收压力，可以增加吸收过程传质推动力，压力提高到一定程度，这种影响不明显，吸收压力是由前后工序压力决定的。以天然气为原料的合成氨流程中，吸收压力为2.7~2.8MPa，以煤、焦为原料的合成氨流程中吸收压力为1.8~2.0MPa。

溶液的再生度(f_c)：溶液的再生度代表其再生程度。

$$f_c=\frac{\text{溶液中总 } CO_2\text{(碳酸盐和重碳酸盐)物质的量}}{\text{溶液中总 } K_2O \text{ 物质的量}}$$

用转化度(F_c)表示再生后溶液中 K_2CO_3 含量。

$$F_c=\frac{\text{转化为 } KHCO_3 \text{ 的 } K_2CO_3 \text{ 物质的量}}{\text{溶液中 } K_2CO_3 \text{ 的物质的量}}$$

显然 $$f_c = F_c + 1$$

再生度越小，表示再生过程完全，吸收速度快，同时溶液吸收能力大，但再生时消耗能

量大，再生塔和再沸器尺寸大。

改良热钾碱法的工艺流程：为了节约再生过程的热量消耗，改良热钾碱法均采用了两段吸收、两段再生流程。图 8-6 所示是以天然气为原料的合成氨厂脱碳流程。

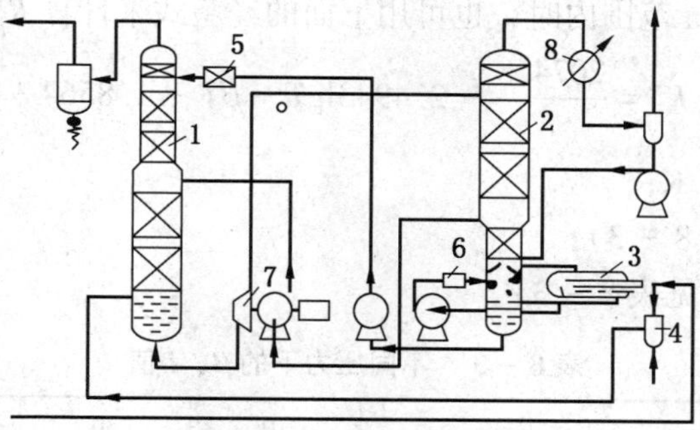

图 8-6　脱碳的生产流程

1—吸收塔；2—再生塔；3—再沸器；4—液滴分离罐；5—过滤器；6—锅炉给水预热器；7—水力透平减压机；8—冷凝器

第四节　氨合成的反应过程和反应工艺

一、氨的合成原理

1. 氨合成反应热力学

氢与氮合成氨的反应式：

$$\frac{1}{2}N_2+\frac{3}{2}H_2 \rightleftharpoons NH_3$$

这是一个可逆放热反应，反应热与温度、压力有关。高压下反应热效应与温度、压力的关系为

$$\Delta H_R=-\left[\left(0.54526+\frac{846.609}{T}+\frac{459.734\times 10^6}{T^3}\right)\times 9.869p-5.34685T-0.2525\times 10^{-3}T^2+1.69167\times 10^{-6}T^3-9157.09\right]\times 4.184$$

式中　T—— 反应温度，K；

p—— 合成压力，atm(1atm = 101.3kPa)；

ΔH_R——反应热，J/mol(NH_3)。

可知，压力增高则反应热增大，当压力一定的情况下，随着温度的升高而反应热增加。例如，当压力为 15 MPa，300℃时，ΔH_R 为−52.98 kJ/mol，450℃时为−54.24 kJ/mol，600℃时则为−55.36 kJ/mol。

用逸度表示的平衡常数 K_f 仅与温度有关，其函数关系式为

$$\lg K_f=\frac{2250.322}{T}-0.8534-1.5105\lg T-25.8987\times 10^{-5}T+14.8961\times 10^{-8}T^2$$

K_f 的数值列于表 8 - 2 中。

表 8 - 2　不同温度下的 K_f 值

温度/K	298	300	400	500	600	700	800	900	1000
K_f	677	606	5.682	0.300	0.040	0.009	0.0029	0.0012	0.0006

当压力在 1~100 MPa 范围内时，也可用下面的经验式来计算 K_p。

$$\lg K_p = \frac{2074.8}{T} - 2.4943\lg T - \beta T - 1.8564 - I$$

式中　T—— 平衡温度，K；

β—— 系数(见表 8 - 3)；

I—— 积分常数(见表 8 - 3)。

表 8 - 3　不同压力下的 β、I 值

压力/MPa	1	3	5	10	30	60	100
β	0	3.40×10^{-5}	1.256×10^{-4}	1.256×10^{-4}	1.256×10^{-4}	1.0856×10^{-3}	2.6833×10^{-2}
I	-1.993	-2.021	-2.090	-2.113	-2.206	-3.056	-4.473

注：本节所有公式和图表由于历史原因所得之 K_p 值的单位均为 atm^{-1}，如果要换算成 MPa^{-1} 时，结果应乘以系数 9.87。

2. 影响平衡氨浓度的因素

合成氨混合原料中的 H_2、N_2、NH_3 及惰性气体(CH_4 和 Ar)的摩尔分数分别为 $y(H_2)$、$y(N_2)$、$y(NH_3)$ 和 y_i，则有

$$y(H_2) + y(N_2) + y(NH_3) + y_i = 1$$

设 $y(H_2)/y(N_2) = m$，当总压为 p 时，各分压为

$$p(NH_3) = y(NH_3)p$$

$$p(H_2) = y(H_2)p = \frac{m}{1+m}[1 - y(NH_3) - y_i]p$$

$$p(N_2) = y(N_2)p = \frac{1}{1+m}[1 - y(NH_3) - y_i]p$$

当反应达到平衡时，各组分浓度也达到平衡，即

$$y(NH_3) = y^*(NH_3),\quad y_i = y_i^*,\quad m = m^*$$

将上述关系式代入式

$$K_p = \frac{p(NH_3)}{p^{0.5}(N_2)\cdot p^{1.5}(H_2)}$$

整理后得到

$$\frac{y^*(NH_3)}{(1 - y^*(NH_3) - y_i^*)^2} = K_p p\frac{m^{*1.5}}{(1+m^*)^2}$$

由此式即可求平衡氨浓度 $y^*(NH_3)$。式中 K_p 在高压下与压力和温度有关，所以，平衡氨浓度与温度、压力、氢氮比和惰性气体浓度有关。

(1) 温度和压力的影响。当温度降低，或压力增高时，都能使平衡氨浓度增大。由表 8 - 4 也可以看出温度和压力对 K_p 值的影响，如当压力为 10 MPa 时平衡氨含量可达 10.6%，而压力提高到 30 MPa 时，其平衡氨含量可达 26.4%。

表 8-4　不同压力和温度下的氨合成反应平衡常数 K_p

温度/℃	压力/MPa			
	1.013	10.13	30.4	101.3
300	0.06238	0.06966	0.08667	0.51340
400	0.01282	0.01379	0.01717	0.06035
500	0.00378	0.00409	0.00501	0.00918
600	0.00152	0.00153	0.00190	0.00206

（2）氢氮比的影响。当温度、压力和惰性气体一定，求平衡氨浓度 $y^*(NH_3)$ 的最大值时，可将上述公式对 m^* 求导并令等于零即可。

当忽略 m^* 对 K_p 的影响，则可解出 $m^*=3$，即平衡时，当氢氮比为3时 $y^*(NH_3)$ 最大。实际上因气体在高压下的非理想性质，K_p 受氢氮比影响，所以随着压力的变化。最佳 m^* 值在2.90～2.68之间变动，但对应的 $y^*(NH_3)$ 值变化不大。例如在450℃及30MPa下，最佳 $m^*=2.92$，然而对应的 $y^*(NH_3)$ 仅比 m^* 为3时的 $y^*(NH_3)$ 大0.1%。

（3）惰性气体的影响。惰性气体的存在，会使平衡氨浓度明显下降，见图 8-7。例如在 500℃及 20MPa 及 $m=3$ 时，当 $y_i^*=0.095$ 时，$y^*(NH_3)$ 值为无惰性气体时的82%；当 $y_i^*=0.2$ 时，$y^*(NH_3)$ 只为惰性气体时的 64.5%。可见，惰性气体虽然不参加反应，也不毒害催化剂，但其量仍不能太高，否则影响氨的合成率，降低氨产量。

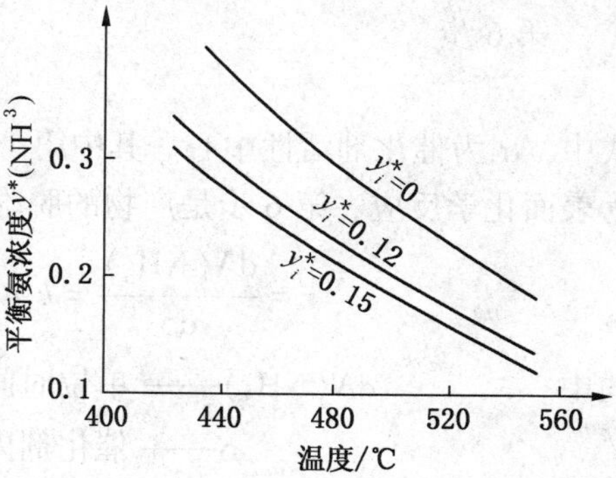

图 8-7　惰性气体对平衡氨浓度的影响

3. 氨合成反应动力学

上述所讲的平衡氨浓度是反应所能达到的最高浓度，是个极限值。实际上，要真正达到反应平衡，则需要相当长时间。该反应是可逆反应，净速率是正逆反应速率之差，达平衡时，正、逆反应速率相等，净速率为零。反应越接近平衡，净速率越低。在实际生产中，为保持足够高的反应速率，离平衡有一定的距离，所以实际所得的氨浓度总是小于平衡值。

从动力学角度分析，提高温度可以加快反应速率，但温度升高而平衡常数 K_p 则下降，影响到平衡氨浓度，实际氨浓度也下降，故不能采用过高的反应温度。最有效的方法是改进催化剂性能，提高反应速率，以实现氨产量的增加。

在工业上合成氨所用的是多孔铁催化剂（固体），反应物是气体，在催化剂内孔表面进行反应，属于气固相催化反应，常称为多相催化。整个合成氨反应历程包括下列七个步骤。

（1）原料混合气中的 H_2 和 N_2 从气相主流体中扩散到铁催化剂的外表面，属外扩散过程。

（2）H_2 和 N_2 从催化剂外表面向内孔扩散，到达催化剂微孔，属内扩散过程。

（3）扩散到内孔的 H_2 和 N_2 气被吸附在催化表面上，并被活化，属吸附过程。

（4）吸附态的 H_2 和 N_2 在催化剂表面上进行反应，经过一系列的中间化合，最后形成吸附态的产物，属表面反应过程。

（5）吸附态的产物 NH_3 从催化剂外表面脱附下来，属脱附过程。

（6）脱附的产物从催化剂内孔向催化剂外表面扩散，属内扩散过程。

（7）产物从催化剂的外表面向主流体中扩散，属外扩散过程。

以上七步中的(3)(4)及(5)总称为化学动力学过程，常称动力学控制区。它反映了化学反应本身的内在规律。只有当气流速度足够大，催化剂颗粒足够小时，内外扩散对反应速率的影响很小，才可认为整个反应过程的速率等于化学动力学速率。如果反应温度相当高，动力学过程的步骤加快，即反应速率加快，而气体的扩散速度跟不上，则速率控制步骤可能由动力学控制转向扩散控制。

许多学者对合成氨的动力学进行研究，多数人认为氮气在催化剂表面上的吸附是速率控制步骤。其反应步骤如下

第1步	$N_2 + 2\sigma \rightleftharpoons 2N\sigma$
第2步	$H_2 + 2\sigma \rightleftharpoons 2H\sigma$
第3步	$N\sigma + H\sigma \rightleftharpoons NH\sigma + \sigma$
第4步	$NH\sigma + H\sigma \rightleftharpoons NH_2\sigma + \sigma$
第5步	$NH_2\sigma + 2\sigma \rightleftharpoons NH_3\sigma + \sigma$
第6步	$NH_3\sigma \rightleftharpoons NH_3 + \sigma$

式中，σ为催化剂活性中心。其中第1步和第2步是氮气和氢气的解离吸附，第3、4、5步为表面化学反应，第6步是产物的脱附过程。由此推导出捷姆金-佩留夫动力学方程

$$r = \frac{dN(NH_3)}{dS} = k_1 p(N_2)\left[\frac{p^3(H_2)}{p^2(NH_3)}\right]^{\alpha} - k_2\left[\frac{p^2(NH_3)}{p^3(H_2)}\right]^{\beta}$$

式中 $dN(NH_3)$——单位时间内生成的氨量，kmol/h；

S——催化剂内表面积，m^2；

k_1、k_2——分别为正、逆反应速率常数，atm/h(1atm 取值 0.1MPa)；

α、β——常数$\alpha+\beta=1$，由实验测定，对于铁催化剂而言，$\alpha=\beta=0.5$；

$p(N_2)$、$p(H_2)$、$p(NH_3)$——分别为 N_2、H_2 和 NH_3 的瞬时分压，atm(1atm = 0.1MPa)。

下面讨论各类因素对反应速率的影响。

（1）压力的影响。各组分的分压 p_i 与总压 p 的关系为

$$p_i = y_i p$$

可知，当压力增高时，正反应速率加快，而逆反应速率减慢，所以净反应速率提高。

（2）温度的影响。合成氨的反应是可逆反应，温度对正逆反应速率常数都有影响，存在最适宜温度，具体值由气体组成、压力和催化剂活性而定。

（3）氢氮比的影响。前面已分析过，反应达到平衡时氨浓度在氢氮比为3时有最大值，然而在此值时反应速率并不是最快的。在反应初期，由动力学方程式求极值的方法，可求出氢氮比为1.5时速率最大，随着反应的继续进行，要求氢氮比随之变化。所以说，对于氢氮比的要求，热力学和动力学上是有不同的。

（4）惰性气体的影响。惰性气体对平衡氨浓度有影响，对反应速率也有影响，而且对两方面的影响是一致的，即惰性气体含量增加，会使反应速率下降，也会使平衡氨浓度降低。

上述讨论是针对动力学为速率控制步骤，即内外扩散阻力很小，对氨合成速率的影响可

以忽略不计时。在实际工业生产中，由于气流速度大，一般可以忽略外扩散对氨合成速率的影响，而内扩散的影响则应予以重视。由于催化剂是多孔性的固体颗粒，在颗粒内微孔的表面上分布着起催化作用的活性中心，内表面积约 4~16m^2/g，而外表面积只有 0.001m^2/g，绝大部分的活性中心都在内表面上。因此，氢氮混合气必须克服扩散阻力，才能进入微孔内进行反应，同时混合气在微孔中不断被活性中心所吸附，进行表面反应生成产物并脱附。因此，在催化剂的微孔内进行着原料和产物的双向扩散，即反应物向内扩散，产物向外扩散，其扩散的动力是浓度梯度，总是从高浓度向低浓度扩散。在催化剂颗粒外表面处原料气的浓度最高，而在颗粒的中心处则浓度最低，往往是原料气还没有扩散到颗粒的中心处，已被吸附，反应完毕。因此，催化剂的所有微孔表面没有完全利用，而在计算反应量时则是以整个催化剂为基准的，所以计算得到的反应量是不一样的，即按催化剂全部内表面计算的反应量大于按催化剂部分内表面计算的反应量。两者的比值即叫内表面利用率 $\eta(1 > \eta > 0)$。

$$\eta = \frac{\int_0^A k_S f(c_A)\,\mathrm{d}A}{k_S f(c_{AS})A}$$

式中　k_S——单位内表面的反应速度常数；

$f(C_A)$——浓度函数，$kmol/m^3$；

A——单位床层体积中的催化剂内表面积，m^2/m^3。

催化剂内表面利用率的另一种表示形式叫内扩散有效因子 η，其定义为

$$\eta = \frac{\text{内扩散对过程有影响时的反应速率}}{\text{内扩散对过程无影响的反应速率}}$$

催化剂内表面上浓度越低，内表面利用率越小，也就是说，有些内表面上的活性中心没有发生反应，这些内表面就没有被利用。

影响内表面利用率因素很多，主要有催化剂内微孔的孔径、孔长和孔结构，反应组分的扩散系数，温度，压力以及气相主流体的浓度与平衡浓度的差距等。对于一个反应器而言，由于其轴向温度分布，浓度分布的不同，故其内表面利用率也不同。如何提高内表面利用率，要进行综合考虑，单纯的提高反应温度，虽可以提高反应速率常数，如若不能加快扩散速度，则不可能提高催化剂的内表面利用率。压力的影响效果与温度一样，在反应接近平衡时，反应物虽然及时扩散到孔内，但化学反应速率很慢，总的速率取决于最慢的一步。

减小催化剂颗粒的粒度，可以缩短微孔的长度，能有效地提高催化剂的内表面利用率。但催化剂颗粒粒度不能太小，否则床层阻力增大，动力消耗增加。采用径向反应器，在保持相同的压力降的情况下，减小催化剂的颗粒度，可以提高催化剂的内表面利用率。但流经催化剂床层的流体速度下降，存在外扩散对反应速率的影响。表 8-5 是工业催化剂内表面利用率的数据。

表 8-5　生产条件下合成氨催化剂的内表面利用率

压力/MPa	温度/℃	空速/h^{-1}	$\frac{y(NH_3)}{y^*(NH_3)}$	催化剂颗粒度/mm		
				1.2~2.3	5	10
33.43	450	71000	0.43	0.89	0.41	0.15
33.43	450	3000	0.57	0.93	0.59	0.23
33.43	450	15000	0.54	0.93	0.76	0.40

从表中可见，当催化剂粒度在 10mm 左右时，内表面利用率不到 50%，即有一半以上的

催化剂的活性中心没有利用；而颗粒度在 1~2mm 时则基本上发挥了催化剂的全部作用，即消除了内扩散对反应速率的影响。

二、反应催化剂

1. 氨合成催化剂

氨合成催化剂经过了 80 多年的研究与使用，现在仍然以熔铁为主，还原前主要成分是四氧化三铁，有磁性，另外添加 Al_2O_3、K_2O 等助催化剂。20 世纪 70 年代末期，为了降低温度和压力，在催化剂中加入钴和稀土元素。用电炉将它们熔融生成固熔体，制成不规则的催化剂。其中二价铁和三价铁的比例对活性影响很大，最适宜的 FeO 含量在 24%~38%的范围内。

活性组分 Fe_3O_4 经还原后生成 α-Fe，活性中心的功能是化学吸附氮分子，使氮-氮之间的三键削弱，以利于加氢形成氨。

Al_2O_3 是结构型助催化剂，它均匀地分散在α-Fe晶格内和晶格间，能增加催化剂的比表面，并防止还原后的铁微晶长大，从而提高催化剂的活性和稳定性。

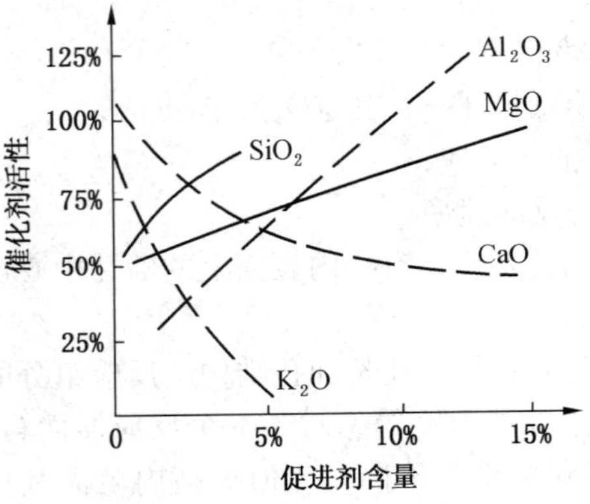

图 8-8 促进剂含量对催化剂活性影响

K_2O 是电子型助催化剂，能促进电子转移过程，有利于氮分子的吸附和活化，也促进生成物氨的脱附，但 K_2O 是在有 Al_2O_3 为助剂的基础上才能起到进一步提高活性的作用。

SiO_2 的加入虽然削弱催化剂碱性，但起到稳定铁晶粒作用，增加催化剂的抗毒性和耐热性等。此外，加入 MgO 能提高耐热性能和耐硫性，加入 CaO 能起助熔作用，使催化剂各组分易于熔融而形成均匀分布的高活性状态。图 8-8 是助剂含量对催化剂活性的影响。

中国主要生产 A 系合成氨催化剂，如 A104、A106、A109、A110、A201、A301 型已达到国外同类产品的先进水平，表 8-6 是国内外主要氨合成催化剂的物性，表 8-7 是氨合成铁催化剂的活性表。

表 8-6 国内外主要氨合成催化剂的物性

型 号	A103	A106	A109	A110	A201	KMI	ICI 354	ICI 74-1	C73-1
FeO	✓	34. 1	33. 5	30. 5	28. 3	35. 52	26. 3	22. 4	30. 37
Fe_2O_3	✓	58. 4	57. 6	61. 7	66. 3	54. 86	—	70. 3	55~58
Al_2O_3	2. 6~3. 1	3. 8~4. 2	2. 6~3. 2	2. 4~3. 8	2. 1~2. 6	2. 85	2. 5	1. 8	2~3
CaO	2. 7~3. 1	0. 7~1. 0	2. 1~3. 4	1. 9~2. 3	1. 0~1. 8	3. 27	2. 0	0. 48	0. 7~1. 2
K_2O	0. 8~0. 9	1. 0~1. 5	0. 5~0. 8	0. 5~0. 7	0. 4~0. 7	0. 66	0. 8	0. 64	0. 5~0. 8
CoO					5~7			1~6	
外型	不规则	不规则	不规则	不规则	不规则	不规则	不规则		不规则
堆密度/(kg/L)	2. 5~2. 85	2. 7~3	2. 7~2. 8	2. 7~3. 0	2. 8	2. 5~2. 85	2. 6~2. 85		2. 6~2. 90
使用温度/℃	390~550	395~560	380~530	360~510		390~550	350~550	350~460	370~590

表 8-7　氨合成铁催化剂的活性

温度/℃	375	400	425	450	475	500	525	550
中国 A106	13.1%	17.5%	20.4%	23.6%	23.9%	22.3%	19.4%	
A109	15.8%	19.6%	22.8%	25.1%	24.8%	22.8%	20.1%	
A110	16.8%	21.0%	24.3%	25.3%	25.0%	22.8%		
丹麦 KM-Ⅱ	16.4%	20.6%	22.8%	25.2%	25.2%	22.6%		
英国 ICI35-4		9.9%	14.5%		19.3%			
美国 C73-1		11.34%	15.03%	18.5%	19.83%			16.8%
前苏联 ГK-1	12.0%	15.7%	18.9%	20.0%	19.5%	18.7%	17.2%	15.0%
CA-1	13.0%	18.0%	19.5%	21.4%	21.6%	20.6%	17.5%	15.9%
意大利 EG		19.0%	21.5%	25.5%	24.1%			

注：表中数据测试条件为压力 30 MPa；空速 3000 h^{-1}；催化剂粒度 1~1.4mm。

氨合成催化剂在还原之前没有活性，使用前必须经过还原，使 Fe_3O_4 变成 α-Fe 的微晶才具有活性。还原反应如下

$$3Fe_2O_3 + H_2 \rightleftharpoons 2Fe_3O_4 + H_2O - Q_1$$

$$Fe_3O_4 + 4H_2 \rightleftharpoons 3Fe + 4H_2O - Q_2$$

$$FeO + H_2 \rightleftharpoons Fe + H_2O - Q_3$$

上述三式为吸热反应，提高温度有利还原完全，但温度过高会导致还原出来的 α-Fe 的微晶长大甚至烧结成大晶粒，或转变成其它晶相，都会影响催化剂活性。催化剂最高还原温度应低于或接近氨合成操作温度。升温还原可分为初、中、末三个阶段，关键是尽可能使同一截面的温度均匀，并注意床层中最高温度（热点）不超过允许温度，还原末期温度为 500℃左右。

还原反应有水蒸气生成，系统中水蒸气含量是控制的主要指标。系统中水蒸气含量高时，会阻滞还原的继续进行，而且促使 α-Fe 微晶长大，降低活性，所以要用较高的还原空速（15000~30000 h^{-1}），以达到及时排走水蒸气的目的。任何时候出口气中水含量不得超过 0.5~1.0 g/m^3，否则应降低还原温度，以控制还原速度。

预还原催化剂是一种新型的氨合成催化剂，是催化剂生产厂家在合成塔外预先进行处理，保证催化剂还原完全。预还原催化剂不但可以缩短还原时间 $\frac{1}{4}$~$\frac{1}{2}$，提前产氨，而且保证催化剂还原彻底，延长催化剂寿命，取得长期的经济效益。

氨合成催化剂一般寿命较长，在正常操作下，预期寿命 6~10 年。催化剂经长期使用后活性下降，氨合成率降低，这种现象称为催化剂衰老。其衰老的主要原因是 α-Fe 微晶逐渐长大，催化剂内表面变小，催化剂粉碎及长期慢性中毒所致。

氨合成催化剂的毒物有多种，如硫、磷、砷、卤素与催化剂形成稳定的表面化合物，造成永久性中毒。某些氧化物，如 CO、CO_2、H_2O 和 O_2 等都会影响氨合成催化剂的活性。此外还有油类，某些重金属 Cu、Ni、Pb 等也是氨合成催化剂的毒物。氨合成催化剂的中毒与压力、温度和催化剂活性有关，压力越高，毒物浓度也越高，中毒愈明显。温度升高中毒可降低一些，但永久性中毒趋势加强。催化剂活性愈高，对毒物愈敏感。

2. 氨合成催化剂的研制与展望

铁系合成氨催化剂已有 80 多年的历史，在使用过程中在不断的改进。研究新型催化剂，

目前主要从两方面进行，一方面是从降低催化剂活性温度并提高其催化活性着手。主要是添加新组分来改进催化剂的结构，如添加钴和稀土元素铈等，钴本身单独起催化作用，加入钴后，可以起到双活性组分的作用，同时钴的加入可使铁催化剂的结构发生变化，尤其是使还原态的铁晶粒变小，可减少10 nm，且使催化剂的比表面积增大3~6 m^2/g，从而促进催化剂活性的提高。如我国研制的A201，英国的ICI74-1催化剂，在操作压力只有8.2 MPa下，氨净值达12%~14%，为当今最高水平，现已工业化。近年来，国外正在开发非铁催化剂，以钌为主活性成分，其活性比熔铁型催化剂高10~20倍，已在中试规模装置试用。另一方面是催化剂的外形改进。可以由原来非规则块状，加工成球形小颗粒，能有效地降低催化剂床层阻力，节省能耗。

三、合成氨操作条件

氨合成操作条件一般包括合成压力、温度、气体组成、空间速度和催化剂性能等。优化这些条件能充分发挥催化剂效能，使生产强度最大而消耗定额最低。此外还可使工艺流程简化，操作控制方便，生产安全可靠。操作条件的选择要以前面所述的反应热力学和动力学分析为据，并结合具体的催化剂而定。

1. 操作压力

压力对氨合成反应是非常重要的，因为就现有的催化剂而言，反应温度不能太低，受平衡限制，氨的合成率不高。从热力学分析可知，提高压力对反应平衡及速率均有利，因此，在工业生产中，氨的合成必须在高压下进行，压力越高，反应速率越快，平衡氨含量增加，反应器生产能力越高。如13.73 MPa压力时，氨净值为7%；17.65 MPa时，氨净值为8.7%；当压力提高到29.42 MPa时，氨净值可达12.8%。

压力高可使设备体积缩小，但压力过高，压缩总功反而增加，且对设备的材质、制造技术等要求更高。实际上氨合成的最佳压力由原料气的压缩功、循环压缩功、冷冻功来权衡，选择适当的高压可使总功降低。

2. 操作温度

氨合成反应为可逆放热反应，因此存在最适宜的反应温度 T_{op}。

在反应初期(即反应器中催化剂床层入口处)，由于反应物温度高，反应速率是很快的，到反应末期(催化剂床层出口端)，反应物温度降低而产物温度增高，致使反应速率较慢。对床层的每一区间来说，都存在一个最适宜温度，所有最适宜温度点的连线称为最适宜温度曲线。根据最适宜温度曲线随原料转化率变换趋势来看，反应初期最适宜温度高，反应后期最适宜温度低。反应器的设计应满足这个要求。

最适宜温度曲线的位置除了受平衡温度和催化剂性能影响外，还受压力和惰性气体含量的影响。当内扩散影响明显时，由于表观活化能小于本征活化能，致使最适宜温度降低。

此外，反应温度还受催化剂活性温度范围的影响，床层进口温度不低于催化剂的活性起始温度，而床层最高温度不得超过催化剂的耐热温度。

反应沿着适宜温度进行，催化剂用量最少，氨合成率最高，生产能力最大。但是在实际工业生产中，不可能完全按这个曲线操作。首先，在催化剂的入口端，进入反应器的气体中氨含量4%，对应的最适宜温度为635℃，这个温度显然已超过了催化剂的耐热温度

(550℃)。实际入口温度略高于催化剂活性起始温度(400℃)，此温度虽然远低于最适宜温度，但因是反应初期，反应物浓度高，反应速率很高，能很快放出反应热量，使温度迅速上升至最适宜温度，再继续反应，则将超过 T_{op}。故需一边反应一边冷却，采用间接换热式或直接的冷激式方法，但都不能完全满足沿最适宜温度曲线反应，只是尽可能地接近而已。

3. 合成气体的初始组成

由热力学和动力学分析可知，其对氢氮比的要求是不一致的，就反应速率而言，不同氨含量下，有一个最大的瞬时速率，存在一个最佳的氢氮比。实验证明，循环气中的氢氮比为 2.5∶1 时，可以获得最大的出口氨含量，即使在高压下，最佳氢氮比也明显地偏离化学计量值。实际上，从反应初期到快接近平衡，其氢氮比的最佳值都是在变化的，而在生产操作中不可能随时补充氢气。采用化学计量值作为初始进料的氢氮比，对化学反应速率的影响并不大，与最佳氢氮比时的反应速率相差不很大，又能满足快接近平衡对氢氮比的要求。故一般认为当压力在 9.8~98 MPa 下，最佳平衡氨含量时的氢氮比是 3∶1 左右。

合成气体中惰性气体含量较高时，对平衡和反应速率都有不利影响，会降低氨的合成率。新鲜气中惰性气体含量仅 0.5%~1%，但因为合成率只有百分之十几，未反应的氢氮气体要循环使用，因而循环气中会积累一定量的惰性气体，对中压合成系统，其含量应控制在 16%~20%，低压合成系统控制在 8%~15%。循环气中的氨含量，即合成塔进口氨含量，在一定的条件下，其值越高，氨净值越小，合成效率越低。循环气体中氨含量的高低，取决于分离系统的效率。在工业生产中用冷凝温度来控制循环气体中的氨含量，一般低压法为 2~3%，中压法为 2.8%~3.8%。

4. 空间速度

空间速度直接影响氨合成系统的生产能力，空速太小，生产能力低，不能完成生产任务。空速过高，减少了气体在催化剂床层的停留时间，合成率降低，循环气量要增大，能耗增加，同时气体中氨含量下降，增加了分离产物的困难。过大的空速对催化剂床层稳定操作不利，导致温度下降，影响正常生产。故空速的选择一般根据合成压力、反应器的结构和动力价格综合考虑。低压法常取 5000~10000 h^{-1}，中压法取 15000~30000 h^{-1}，而高压法可达 60000 h^{-1}。

5. 催化剂颗粒度

在工业条件下，催化剂的内扩散对氨合成反应的影响十分显著。减小催化剂的粒径，可提高其内表面利用率，但床层阻力降增大。对于轴向流动的合成塔，由于床层高，阻力大，应采用较大的颗粒；而对径向流动的合成塔，气流阻力较小，可采用较小颗粒的催化剂，以提高其内表面利用率，当然采用球形催化剂为好。

四、反应器

氨合成塔是整个合成氨生产工艺中最主要的设备。它必须适应过程在接近最适宜温度下操作，力求小的系统阻力降以减少循环气的压缩功耗，结构上应简单可靠，满足合成反应高温高压操作的需要。

1. 结构特点

在氨合成的温度、压力条件下，氢、氮气对碳钢具有明显的腐蚀作用。这种腐蚀作用，一类是氢脆，即氢溶解于金属晶格中，使钢材在缓慢变形时发生脆性破坏；另一类是氢腐蚀，即氢渗透到钢材内部，使碳化物分解并生成甲烷，甲烷聚积于晶界微观孔隙中形成高压，导致应力集中，沿晶界出现破坏裂纹。有时还会出现鼓泡。氢腐蚀与压力、温度有关，温度超过221℃，氢分压大于1.43 MPa，氢腐蚀开始发生。

在高温、高压下，氮与钢中的铁及其它很多合金元素也会形成硬而脆的氮化物，从而导致金属机械性能的降低。

为合理解决上述问题，合成塔通常都由内件和外筒两部分组成。进入合成塔的气体先经过内件和外筒之间的环隙。内件外面设有保温层(或死气层)，以减少向外筒散热。因而，外筒主要承受高压而不承受高温，可用普通低合金钢或优质低碳钢制成。正常情况下，寿命达40~50年。内件虽在500℃左右的温度下操作，但只承受高温而不承受高压，承受的压力为环隙气流和内件气流的压差，此压差一般为0.5~2.0 MPa，可用镍铬不锈钢制作。内件由催化剂筐、热交换器、电加热器三个主要部分构成。大型氨合成塔的内件一般不设电加热器，由塔外供热炉供热。

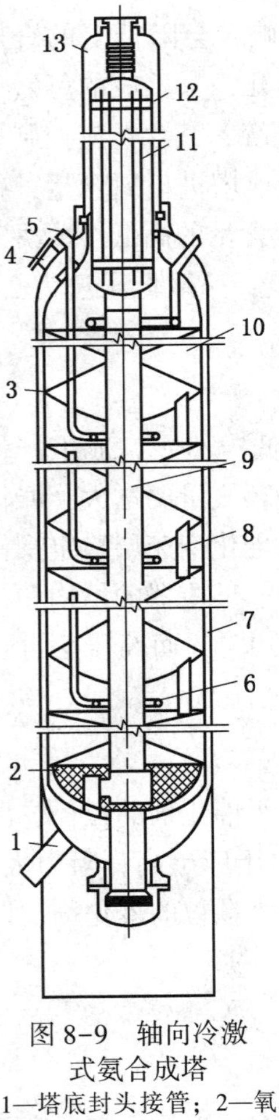

图8-9　轴向冷激式氨合成塔

1—塔底封头接管；2—氧化铝球；3—筛板；4—人孔；5—冷激式接管；6—冷激管；7—下筒体；8—卸料管；9—中心管；10—催化剂筐；11—换热器；12—上筒体；13—波纹连接管

氨合成塔的结构形式繁多。工业上，按降温方式不同，可分为冷管冷却型、冷激型和中间换热型。一般而言，冷管冷却型用于φ500~φ1000的小型氨合成塔。冷激型具有结构简单，制造容易的特点。中间换热型氨合成塔是当今世界的发展趋势，但其结构较复杂。近年来将传统的塔内气流由轴向流动改为径向流动以减少压力降，降低压缩功耗已受到了普遍重视。

2. 主要形式

(1) 连续换热式(冷管冷却型)。连续换热式又叫内部换热式，特点是在催化剂床层中设置冷却管，通过冷却管进行床层内冷、热气流的间接换热，以达到调节床层温度的目的。冷却管的形式有单管、双管和三套管之分。根据催化剂床层和冷却管内气体流动的方向，又有并流式和溢流式冷却管之分。

(2) 冷激式。这类合成塔的催化剂床层分为若干段，在段间通入未预热的氢、氮混合气直接冷却，故称为多段直接冷激式氨合成塔。以床层内气体流动方向的不同，可分为沿中心轴方向流动的轴向塔和沿半径方向流动的径向塔。图8-9为凯洛格四层轴向冷激式氨合成塔，催化剂床层温度和氨含量分布如图8-10所示。

(3)中间换热式。20世纪70年代后期，世界能源的日趋短缺，一系列节能型的氨合成塔应运而生。如Topsφe公司的S-200型、Kellogg公司的带中间换热器的卧式合成塔，Braun绝热合成塔和Uhde三段中间换热式径向合成塔等。图8-11为Topsφe S-200型氨合成的两种型式(带下部换热器型和不带换热器型)。

该塔采用了径向中间冷气换热的Topsφe S-200型内件，代替原有层间冷激的Topsφe S-100型内件。由于取消了层间冷激，不存在因冷激降低氨浓度的不利因素，使合成塔出口氨浓度有较大的提高，功耗较原冷激内件节省46万 kJ/tNH_3。

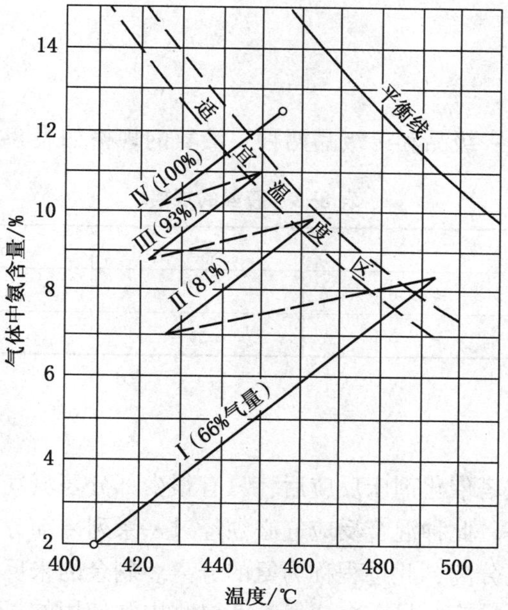

图 8-10　冷激式合成塔催化剂床层的温度分布

(凯洛格型，4 层，14MPa，入口惰气为 13.6%，旧催化剂)

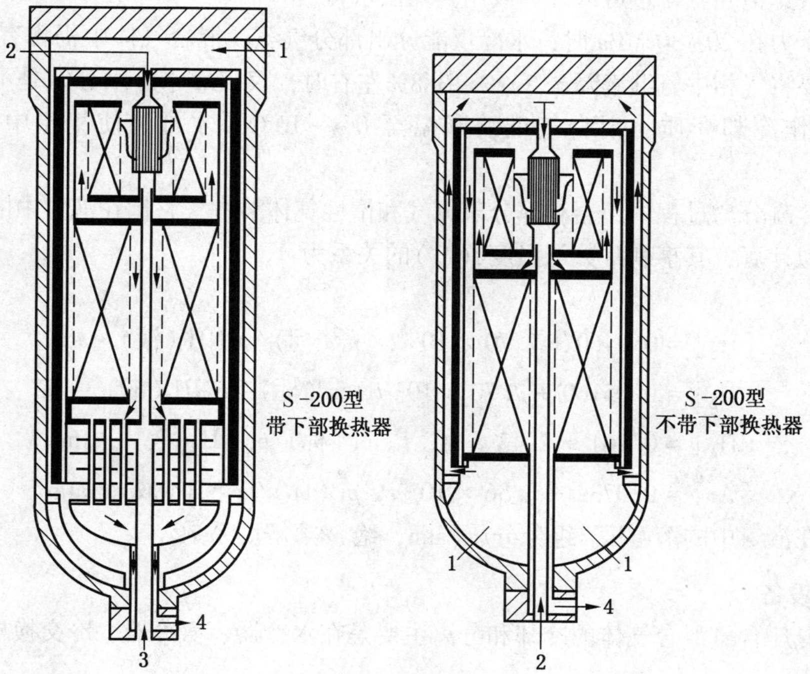

图 8-11　Topsφe S-200 型氨合成塔简图

1—主线进口；2—冷气进口；3—冷副线；4—气体出口

第五节　氨的分离流程

一、产品的规格要求

国标规定，液氨分为一级品和二级品两种。液氨的规格如表 8-8 所示。

表 8-8　液氨的规格

品　级	NH_3	N_2	H_2O+油	不凝性气体
一级品	≥99. 8%	–	≤0. 2%	–
二级品	≥99. 5%	–	≤0. 5%	–

二、氨的分离

氢氮混合气经过合成塔催化剂床反应后，只有很少部分氢氮气合成为氨，产物与未反应的氢氮气一起离开合成塔。此种混合反应气必须经过一系列冷却分离处理后才可能使气氨冷凝为液氨并与混合氢氮气分离，此过程称为氨的分离。剩余的未反应循环气补充新鲜气并加压后，继续送合成塔循环反应。目前合成氨生产过程中常使用的氨分离方法是冷凝法。

1. 冷凝分离

冷凝法是利用冷却介质间接冷却含氨的混合反应气，使气氨温度降到冷凝温度从而与不凝性气体分离。在加压下气相中的饱和氨含量随温度降低、压力增高而减少，若忽略惰性气体的影响因素，饱和氨含量可以计算或用查图法求得。

当操作压力在 20~30 MPa 时，水冷仅能分出部分气氨，混合气体中仍含有 8%~10%的饱和氨，若要将气相中氨继续降至 2. 2%~3. 8%左右时，仅仅靠水冷水分氨是不够的，此时还需用液氨作冷却介质将混合气继续降温至 0~－10℃，才可能使气相中氨含量降到 2. 2%~3. 8%。

液氨在冷凝分离过程中，会有部分氢氮气和惰性气体溶解，它们在液氨中的溶解度可按亨利定律近似计算，其亨利常数与温度 t(℃)的关系为：

$$[H_2] = 0.0460 + 7.70 \times 10^{-4}t,\ m^3(标)/m^3NH_3(液)\cdot atm$$

$$[N_2] = 0.05160 + 7.70 \times 10^{-4}t,\ m^3(标)/m^3NH_3(液)\cdot atm$$

$$[CH_4] = 0.161 + 2.43 \times 10^{-3}t,\ m^3(标)/m^3NH_3(液)\cdot atm$$

$$[Ar] = 0.0732 + 3.36 \times 10^{-4}t,\ m^3(标)/m^3NH_3(液)\cdot atm$$

各组分在液氨中的溶解度=组分分压(atm，绝)×溶解度系数。

2. 冷却分离设备

小合成氨厂含氨混合气体的冷却和分离主要是在水冷器、氨冷器、冷交换器和氨分离器中完成的。

(1) 水冷器。水冷器的作用是将合成塔出口的热气体(或者是经过余热回收后的热气体)在 140~200℃(70~110℃)用冷却水间接冷却，使温度降至 35℃左右，在此冷凝温度下，循环气中部分气氨冷凝成液氨。

常用的水冷器结构形式有两种，喷淋式和套管式水冷器。

套管式水冷器由双套管组成，内管是高压管，外管是低压管，高温气体走内管，冷却水走外管环隙，与热气体逆流。气氨经冷却水降温至35℃左右时有部分氨被冷凝下来。此种结构由于介质流速快，传热效率高，冷凝效果较好，但对水质要求较高。

喷淋式水冷器是由高压管弯制成，弯头处可自由伸缩，一般是由若干弯制的冷排并联使用，热气体从底部进入经总管分流至各组水冷器排管，最后由顶部出来。水冷器顶上设计成具有锯齿形边缘的水槽，冷却水由水槽溢流分散到各组水冷器排管，由上而下喷淋冷却水，底部是冷却水池。此种结构简单，检修方便，主要缺点是占地面积大、传热效率低、水利用率较低，此外高压水冷排管表面易生成大量气泡，腐蚀管道。

（2）氨分离器。氨分离器是用来分离含氨混合气中冷凝的液氨，经减压后将液氨送往氨贮槽。常见的氨分离器有两种结构。一种是多层套筒式，此种结构的分离器内件是由固定在外层上部的多层套筒组成，套筒之间形成环隙，每层套筒上开有一定尺寸的小孔，每层开孔的排列位置相互错开，致使气液混合物不断改变流动方向，液体被阻。借助于重力的作用，较大的液滴便得到分离。此分离器结构较简单，制造和安装方便，主要缺点是处理气量能力较小。另一种结构大的分离器是离心金属丝网过滤组合式，从而改善和提高分离效率。尽管大部分液氨在螺旋分离器中被分离，但仍有一小部分细颗粒处于悬浮状态，用顶部出口处的金属丝网过滤，而较好地得到分离。

（3）冷交换器。冷交换器的作用是将热气体在进入氨冷器前用冷气体进行冷热，以回收冷气体的冷冻量，使进入氨冷器的热气体预冷却，从而节省冷量。冷交换器的另一个作用是分离经氨冷后含氨混合气中的液氨。

冷交换器内件是由上部列管换热器和下部氨分离器两大部分组成。热气体走管外，冷气体先经过氨分离器分离掉液氨后走管内，分离下来的液氨经减压后送液氨贮槽，分离器内维持一定高度的液面，以防止高压气体串入低压系统。

（4）氨冷器。氨冷器的作用是利用液氨在低压下吸热蒸发为气氨。同时将高压管内的热气体温度由5~20℃降温到0~10℃，使含氨混合气中的气氨进一步冷凝下来，然后在冷交换器内分离。氨冷器的另一个作用是利用冷凝下来的液氨洗涤新鲜气中的水分、油污和微量CO、CO_2含氧物，以达到清除之目的。

常用的氨冷器结构有两种。一种是卧式，占地面积大，传热面积小。另一种是立式结构，占地面积小，传热面积大。在氨冷器内，液氨在列管外蒸发以冷却管内热气体，蒸发后的气氨经除沫器分离掉液滴后送往氨压缩机。

三、氨合成与分离的工艺流程

尽管世界各国的氨合成工艺流程各有不同，但又有许多相同之处，它是由氨合成本身特性所决定的。

① 由于受平衡限制，合成率不高，有大量的H_2、N_2气体未反应，需循环使用。

② 当工艺条件一定时，平衡氨含量就是一个定值，即不论进口气体中有无氨存在，出口气体中氨含量总是一定值。因此反应后的气体中所含的氨必须进行冷凝分离，使循环回合成塔入口的混合气体中氨含量尽量少，以提高氨净值。

③ 由于循环，新鲜气中带入的惰性气体在系统中不断积累，当其浓度达到一定值时，

会影响反应的正常进行，即降低合成率和平衡氨含量。因此，必须将惰性气体的含量稳定在要求的范围内，就需定期或连续地放空一些循环气叫弛放气。

④ 整个氨合成系统是在高压下进行，必须用压缩机加压。

氨合成工艺的原则流程方框图

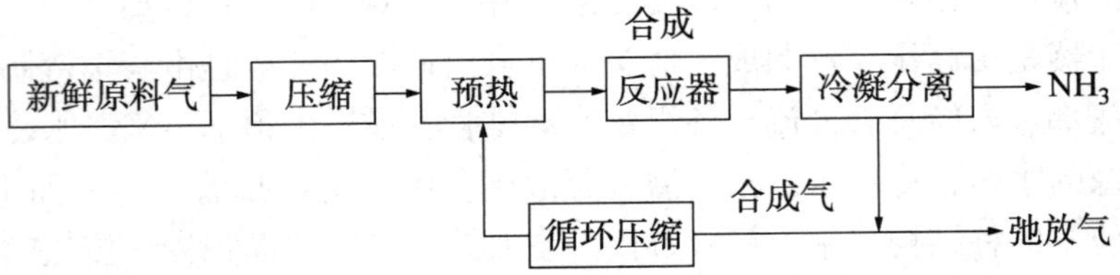

大型合成氨厂(单机产量为 1000 t/d)采用的流程如图 8-12 所示。

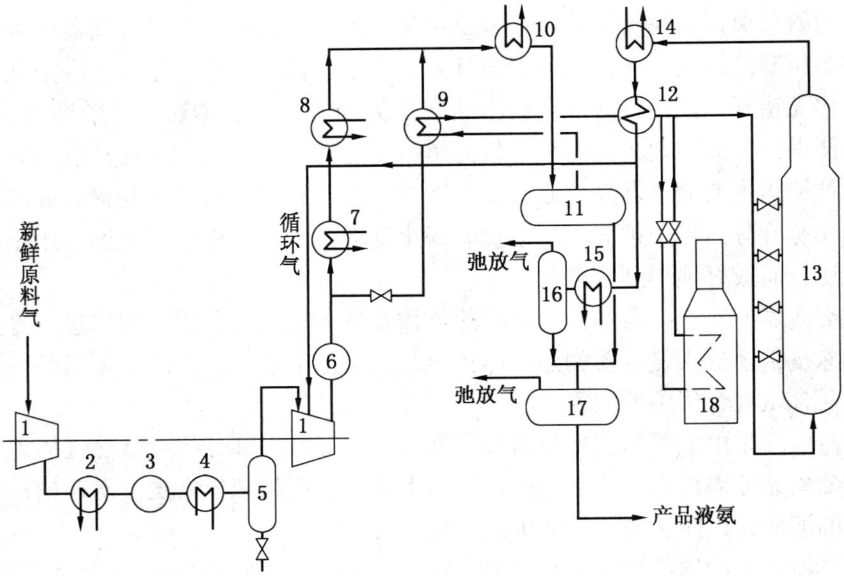

图 8-12　一次分离液氨的氨合成系统流程图

1—离心式合成气压缩机；2、9、12—换热器；3、6—水冷器；4、7、8、10、15—氨冷器；5—水分离器；11—高压氨分离器；13—氨合成塔；14—锅炉给水的加热器；16—氨分离器；17—低压氨分离器；18—开工炉

净化后的新鲜合成气在 30℃和 2. 5 MPa 条件下进入合成压缩机 1，经由蒸汽透平机驱动的二缸离心式压缩机压缩，在离开第一缸进入第二缸之前，气体先经热交换器 2 与甲烷工段的原料气交换热量而得到冷却，再经中间水冷却器 3 和氨冷器 4 以除去水分，在水分离器 5 中将冷凝出的水排掉。干燥的新鲜原料气进入压缩机第二缸继续提高压力，并在最后一段压缩时与循环气混合，使循环气中含氨由 12%降至 9. 9%。混合气先经水冷器 6 冷却，然后分成平行的两路，一路进入两个串联的氨冷器 7 和 8，得以冷却降温；另一路与高压氨分离器 11 出来的冷气体在换热器 9 中换热，以回收冷冻量。此后两路平行气混合。在第三个氨冷器 10 中进一步冷却至-23℃，其中的氨气被冷凝成液氨，气-液混合物进入高压分离器 11，将液氨分离。由新鲜原料气带入的微量水分，二氧化碳、一氧化碳在低温下也同时除去。由高压分离器出来的气体中氨含量降至 2%左右。该气体进入换热器 9 和 12，被压缩机出口气体和合成塔出口气体加热至 140℃左右，至此原料气和循环气体经过净化除水、除氨、除

CO_2 等措施再进入合成塔 13。合成塔中有四层催化剂，每层催化剂出口气体都用原料气冷却，所以该合成塔是四段冷激式。合成压力为 15 MPa，出口气中氨含量为 12%左右。合成塔出口气在锅炉给水加热器 14 中由 280℃冷却到 165℃，再经换热器 12 降到 43℃左右，其中绝大部分送至压缩机第二缸的中间段补充压力，这就是循环回路，循环气在二缸最后一段与新鲜原料气混合。另一小部分作为弛放气引出合成系统，以避免系统中惰性气体积累。因为这一部分混合气中的氨含量较高(约 12%)，故不能直接排放，而是先通过氨冷器 15 和氨分离器 16，将液氨回收后才排放。所有冷凝的液氨都流入低压氨分离器 17，将溶解在液氨中的其它气体释放后成为较纯的产物液氨。

国外比较典型的合成氨工艺流程各有特点：日本 NEC 流程采用较高的合成压力、往复式压缩机，反应热除了预热反应气体外，还副产蒸气；美国 Kellogg 流程采用离心式压缩机，用汽轮机驱动，副产高压蒸气，并将甲烷蒸气转化的一段炉的烟道气预热二段进口的空气，提高一段压力，同时将小部分甲烷转化负荷移至二段转化，还采用多级氨冷，多级闪蒸，设有弛放气的氢回收装置，流程能耗低；丹麦 Topsφe 流程，合成压力较高，采用径向合成塔；英国 ICI AMV 流程采用含钴的铁系催化剂，可将合成压力降至 8~10 MPa，并将一段转化的负荷部分移至二段转化炉，一段出口甲烷含量高达 16%，一、二段转化比例为 55.6∶44.4，一段转化炉进口水碳比降至 2.75，二段加入 20%的过量空气，二段出口甲烷含量为 0.9%，并采用深冷装置除去 CH_4 和 N_2 气并回收氢气，节能是主要研究特色。它们的技术参数列于表 8-9 中。

表 8-9 国外几种典型工艺流程主要技术参数

流程类型	NEC	Kellogg	Braun	Topsφe	ICI AMV
压力/MPa	31.38	14.0	15.0	26.0	10.0
氨净值/%	8~10	10	17	10~12.5	13
反应器出口温度/℃	300	280	420	325	414
氨冷冻温度/℃	-8~-10	-23	1~2	0	-10
空速/h^{-1}	30000	10000	7600	12000	8000

第六节 液氨贮存及输送

1. 氨的贮存特性

通常氨是以液氨和氨水两种方式进行贮存和运输的，液氨的主要杂质由水、油和不凝性气体组成。氨水则含有各种固体残渣。氨的沸点：0.101 MPa 绝压下，是-33.35℃；熔点：三相点 0.006026 MPa 下是-77.7℃；临界温度 132.9℃；临界压力 11.399 MPa；分子容积 22.08m^3(标)/kmol(气体)。在不同温度下，氨的饱和蒸气压，见表 8-10。

气氨在常压下，冷却到-33.4℃能液化成为液氨。故常压下液氨可在低于-33.4℃的温度下贮存，而在常温下则只能在高压容器内贮存。

表 8-10 氨的饱和蒸气压

温度/℃	压力/MPa(绝压)	温度/℃	压力/MPa(绝压)
40	1.554	0	0.429
35	1.393	-5	0.367

续表

温度/℃	压力/MPa(绝压)	温度/℃	压力/MPa(绝压)
30	1.166	-10	0.299
25	1.036	-15	0.244
20	0.857	-20	0.196
15	0.758	-25	0.157
10	0.299	-30	0.123
5	0.532	-35	0.096
		-40	0.071

盛装液氨的压力容器应留有一定的安全空间，不可充满液氨。因为液氨的饱和蒸气气压随温度升高而升高，液氨亦随温度升高而膨胀，虽然液体膨胀系数小但液体具有不可压缩性(参见表8-11)，气隙太小，温度略有升高都会使体积急剧增大，可能导致容器发生爆炸。

我国各地夏季气温一般不超过40℃，所以液氨贮槽的操作压力选用1.569MPa(表压)。

表8-11　液氨的体积膨胀系数、压缩系数

温度/℃	体积膨胀系数α值	体积压缩系数β值	温度/℃	体积膨胀系数α值	体积压缩系数β值	温度/℃	体积膨胀系数α值	体积压缩系数β值
0	0.00204	0.000111	15	0.00225	0.000130	30	0.00257	0.000158
5	0.00210	0.000117	20	0.00234	0.000138	35	0.00271	0.000172
10	0.00217	0.000123	25	0.00245	0.000148	40	0.00285	0.000182

2. 液氨的贮存

液氨的贮存可以按照温度和压力条件划分，通常有下面三种方式：(1)高压常温贮存；(2)加压冷冻贮存；(3)常压冷冻贮存。

原则上贮存温度在-33~43℃。小合成氨厂中的液氨贮存通常是加压常温贮存，压力为1.72~2.156MPa。

大型液氨贮槽有球型贮罐，小型有各式卧式贮槽，工作压力大多数为1.6MPa左右，有的提高到2.5MPa左右。容积超过3.125m^{3}的液氨贮槽属三类压力容器。液氨贮槽一旦爆炸，会造成灾害性的严重事故。因此液氨贮槽从设计到投入生产都要按压力容器的有关规定严格执行，严禁任一环节的违章操作(参见表8-12和表8-13)

表8-12　液氨贮存的操作条件和容量

贮存类型	设计压力/MPa(绝压)	设计温度/℃	贮槽容量/t
加压常温贮槽	1.72	40	9~25
加压常温贮槽	2.156	40	36.3~93.76

表8-13　高压液氨贮槽的几种规格

体积/m^3	容量/t	内径×总长度/mm	贮槽自重/t	体积/m^3	容量/t	内径×总长度/mm	贮槽自重/t
189.2	99.8	3302×23038	38.1	100	~47	2800×16900	-
132.5	68.0~72.6	3302×16459	26.3	68.1	36.3	2743×12624	13.6

液氨贮槽应设计两个安全阀，进出口设两道阀门，并保证严密不漏。液氨的比容系数为0.53，液氨贮槽的贮存量装置系数不得超过0.85。

为了降温并在液氨跑冒事故情况下进行紧急处理，在液氨贮槽上方设置喷淋安装装置，并设有回收喷淋水的水池。当发生事故时，可随时开启喷淋水装置，以溶解吸收跑出的氨气，以降低空气中的氨浓度。

液氨贮槽仓库还应设有专用的事故槽，事故槽的标高应低于贮槽的底部，以便当运行的贮槽一旦发生事故，可尽快将液氨全部排入事故槽。事故槽要按运行中的贮槽一样设计，严格按规程检查和维护，灵敏可靠。

液氨贮槽充装到规定容积时，应及时打开另一贮槽的液氨入口阀门，并关闭原贮槽的液氨进口阀。倒槽操作时，要加强联系和检查，防止液氨总管内压力憋高。正常生产时，槽上的弛放气排出阀应常开。向外部输氨时，要密切注意其液位下降情况以防液位支空。

3. 液氨贮槽工艺流程

合成氨厂液氨贮槽的作用是将合成工段氨分离器和冷交换器分离出的液氨，经减压后送液氨贮槽贮存。液氨一般是半成品，又是尿素或其它产品生产的原料，为了平衡合成氨装置和尿素装置（其它氨加工装置）的生产，防止合成氨装置和尿素装置生产的暂时性脱节，需要有液氨贮槽作为中间贮槽，以缓冲调节合成氨装置和尿素装置的生产，保证连续生产。

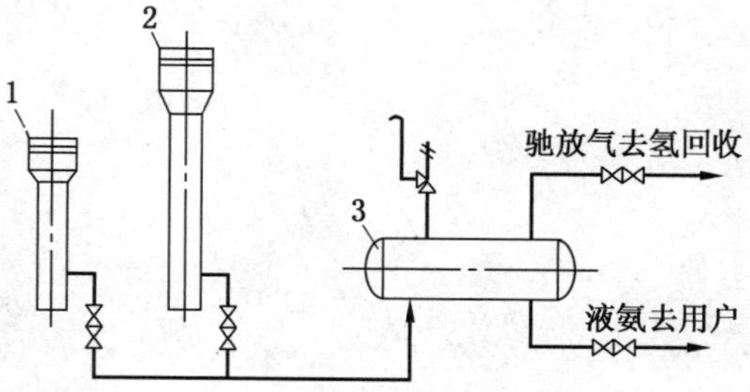

图 8-13　液氨贮槽工艺流程示意图
1—氨分离器；2—冷交换器；3—液氨贮槽

液氨贮槽工艺流程比较简单，如图 8-13 所示。

由氨合成工段冷交换器和氨分离器出来的液氨，减压至 2.06MPa，温度≤30℃，通过液氨总管送至液氨贮槽，并经输出总管向尿素装置提供原料。两个贮槽轮流贮存和输出。弛放气送往氢回收装置。

第七节　合成氨系统的技术进展

合成氨工业发展到现在是属比较成功的工业生产，单机产氨量可达 1000t/d，最大可达 1800t/d，而合成氨工业也是能耗大的工业。特别是 20 世纪 70 年代以来，世界出现了石油危机，天然气价格也随之上涨。因此，如何降低能耗，节省投资，减少成本，是当今世界各国合成氨工业迫切需要解决的问题。多年来合成氨技术不断得到完善和发展，大体归纳如下。

（1）企业规模向大型化发展。氨合成技术复杂，能耗大，其产品价格相当低，为了降低成本，提高经济效益，只有向单机大型化发展。

（2）改进原料气的工艺条件。降低一段转化炉的负荷，提高二段转化炉负荷，并将二段转化炉的高温工艺气体于一段转化，改一段转化炉的燃烧式为换热式。

（3）采用节能技术。其一是尽量采用径向或轴径向混合流合成塔，或大截面积的卧式合成塔，也可将现有的合成塔改造成轴径向混合流合成塔，或采用布朗多塔串联式合成塔，以减少压降，提高氨净值，充分回收热能。在节能方面较为突出的有 ICI 公司、Uhde 公司、Casale 制氨公司及布朗公司等。其二是提高一段转化炉的热效率；烟道气充分利用以产生高压蒸汽；降低一段转化炉原料气中水碳比达 2.7～2.5，同时采用节能的压缩机，以降低能耗。

（4）研制新型的合成氨催化剂。如加钴催化剂已用于工业生产，既提高氨产量又可降低压力，效果显著。加络合钾的铁催化剂研究，很有发展前途。低温合成氨催化剂的研制也是一个开展十分活跃的重要课题。

（5）在世界石油贮藏量越来越少以及天然气作为能源的比重加大的情况下，煤是一种重要原料，关键是煤气化技术和精制技术的改进。

（6）合成气的联合生产。即在合成氨生产过程中插入一个工序直接利用原料气中的某一组分来生产其它化工产品，如联产碳酸氢铵，联产尿素，联产甲醇，联产纯碱等，可以节省投资，提高经济效益。

第九章 硝 酸

第一节 概 述

纯硝酸(100%HNO_3)为有窒息性与刺激性的无色液体，相对密度1.522，沸点83.4℃，熔点-41.5℃，常温时能进行分解

$$4HNO_3 = 4NO_2 + O_2 + 2H_2O$$

放出的二氧化氮溶于硝酸而呈现黄色。

硝酸能以任意比例与水混合，并放出热量。此稀释热可用下式计算

$$Q = m \cdot \frac{37.41n}{1.737 + n}$$

式中 Q—— 稀释热，J/mol；

m—— 纯硝酸的物质的量，mol；

n——水与纯硝酸的摩尔比。

工业硝酸依 HNO_3 含量多少可分为浓硝酸(96%～98% HNO_3)和稀硝酸(45%～70% HNO_3)，浓硝酸的质量规格见表9-1。

表9-1 浓硝酸标准(GB337-84)

指 标 名 称		一 级 品	二 级 品
硝酸(HNO_3)含量/%	≥	98.2	97.2
亚硝酸(HNO_2)含量/%	≤	0.15	0.20
硫酸(H_2SO_4)含量/%	≤	0.08	0.10
灼烧残渣含量/%	≤	0.02	0.04

硝酸是强酸之一，氧化性很强。除金、铂及某些其它稀有金属外，各种金属都能与稀硝酸作用生成硝酸盐。由浓硝酸与盐酸按1∶3(体积比)混合而成的“王水”却能溶解金和铂。

硝酸是基本化学工业重要的产品之一，产量在各类酸中仅次于硫酸。其用途如下：

(1) 制造化肥。硝酸大部分用于生产硝酸铵和硝酸磷肥。

(2) 制造硝酸盐。硝酸可用于制造金属硝酸盐，如：硝酸钠、硝酸镁、硝酸锂、硝酸铷等。硝酸锂熔点264℃，分解温度为600℃，用于热交换载体。硝酸铷是制造丁二烯的催化剂。

(3) 有机合成原料。浓硝酸可将苯、蒽、萘和其它芳香族化合物硝化制取有机原料。如硝酸和硫酸的混酸(工业上常用由30%HNO_3、60%H_2SO_4 和10%H_2O 组成的混酸)与苯反应，生成硝基苯，再加氢生成苯胺，它是合成染料、医药、农药的中间体。

(4) 制造草酸。以农作物废料如玉米芯、甘蔗渣、谷壳、花生壳等为原料与硝酸反应，制取草酸。硝酸与丙烯或乙烯、乙二醇作用也可制取草酸。

(5) 军火工业。硝酸除用于制造TNT炸药外，还用它精制提取核原料。钚是重要的核燃料，在精制过程中，先将钚转化成$Pu(NO_3)_4$溶液，再萃取分离。

(6) 合成香料。硝酸与二甲苯反应制得二甲苯麝香(Muskxylene)，它具有柔和的麝香气味，广泛用于调配化妆品、皂用及室内香用香料。

此外，硝酸还用于化学试剂及有色金属酸洗等。

制造硝酸最早的方法是用浓硫酸分解硝石($NaNO_3$)。1901 年开始用电弧法，使空气中的氮和氧直接化合成一氧化氮，再进一步加工成硝酸。此法耗电量大、成本很高。1913 年世界上首次实现了由氮和氢气直接合成氨的工业化生产。1932 年氨氧化法生产硝酸的新工艺具有实际意义，且成本大为降低。电弧法随之被淘汰。

目前，工业硝酸均是采用氨氧化法进行生产。该工艺包括氨的接触氧化，一氧化氮的氧化和氮氧化物的吸收。用此工艺可生产浓度为 45%～60%的稀硝酸。

60 年代后，硝酸生产的技术特点是，采用大型化组，适当地提高操作压力，采用高效设备，降低原料及能量消耗，解决尾气中氮氧化物的污染问题。

第二节　稀硝酸生产过程

一、氨的催化氧化制一氧化氮

1. 氨氧化反应

氨和氧可以进行下列三个反应：

$$4NH_3+5O_2 \xlongequal{k_1} 4NO+6H_2O \qquad \Delta H=-907.28kJ/mol$$

$$4NH_3+4O_2 \xlongequal{k_2} 2N_2O+6H_2O \qquad \Delta H=-1104.9kJ/mol$$

$$4NH_3+3O_2 \xlongequal{k_3} 2N_2+6H_2O \qquad \Delta H=-1269.02kJ/mol$$

除此之外，还可能发生下列反应：

$$2NH_3 \xlongequal{k_4} N_2+3H_2 \qquad \Delta H=91.69kJ/mol$$

$$2NO \xlongequal{} N_2+O_2 \qquad \Delta H=180.6kJ/mol$$

$$4NH_3+6NO \xlongequal{} 5N_2+6H_2O \qquad \Delta H=1810.8kJ/mol$$

不同温度下，平衡常数见表 9-2。

表 9-2　不同温度下氨氧化或氨分解反应的平衡常数($p=0.1$ MPa)

温度/K	反应			
	k_1	k_2	k_3	k_4
300	6.4×10^{41}	7.3×10^{47}	7.3×10^{56}	1.7×10^{-3}
500	1.1×10^{26}	4.4×10^{28}	7.1×10^{34}	3.3
700	2.1×10^{19}	2.7×10^{20}	2.6×10^{25}	1.1×10^{2}
900	3.8×10^{15}	7.4×10^{15}	1.5×10^{20}	8.5×10^{2}
1100	3.4×10^{11}	9.1×10^{12}	6.7×10^{16}	3.2×10^{3}
1300	1.5×10^{11}	8.9×10^{10}	3.2×10^{14}	8.1×10^{3}
1500	2.0×10^{10}	3.0×10^{9}	6.2×10^{12}	1.6×10^{4}

从表 9-2 可知，在一定温度下，几个反应的平衡常数都很大，实际上可视为不可逆反应。比较各反应的平衡常数，可见，如果对反应不加任何控制而任其自然进行，氨和氧的最终反应产物必然是氮气。欲获得所要求的产物 NO，不可能从热力学去改变化学平衡来达到目的，而只可能从反应动力学方面去着手。即要寻求一种选择性催化剂，抑制不希望的反应进行。实验研究证明，铂是目前最好的选择性催化剂。

2. 氨氧化催化剂

氨氧化用催化剂有两大类：一类是以金属铂为主体的铂系催化剂；另一类是以其它金属如铁、钴为主体的非铂系催化剂。

（1）铂系催化剂。铂系催化剂价值昂贵，催化活性最好，具有良好的机械性能和化学稳定性，易于再生，容易点燃，操作方便，在硝酸生产中得到广泛应用。为了增加铂的机械强度，减少铂在使用过程中的损失，常用铂、铑、钯的三元合金。其成分为：93%Pt，4%Pd，3%Rh。

① 物理形状。铂系催化剂不用载体，因为用了载体后，铂难以回收。为了使催化剂具有更大的接触面积，工业上将其做成丝网状。其规格如表 9-3 所示。

表 9-3 铂网规格

线径 d/cm	孔数 n/（孔/cm^2）	线数 n/cm^2	S_s(m^2/m^2)	g/(g/cm^2)	s_g/(cm^2/g)	f_s/%	f/%
0.006	1024	32	1.206	0.0389	31.0	65.3	69.8
0.007	1024	32	1.407	0.0529	26.6	60.2	64.8
0.008	1024	32	1.608	0.0691	23.2	55.4	59.8
0.009	1024	32	1.809	0.0875	20.7	50.7	54.8
0.010	1024	32	2.009	0.1080	18.6	46.3	49.7
0.004	3600	60	1.507	0.0324	46.5	57.8	62.3
0.005	3600	60	1.884	0.0506	37.2	49.0	52.9
0.006	3600	60	2.251	0.0729	31.1	41.0	43.4
0.007	3600	60	2.638	0.0995	26.5	33.6	34.0

注：S_s——铂网单位总截面上的接触表面，m^2 表面/m^2 截面；

g——单位截面积铂网的质量，g/cm^2；

s_g——单位质量铂网的接触面积，cm^2/g；

f_s——铂网的自由面积百分率，即自由面积占总面积的百分率，%；

f——铂网的容积百分率，即自由空间占网总体积的百分率，%。

② 铂网的活化、中毒和再生。新铂网表面光滑而具弹性，但活性不好。为了提高活性，在使用前需要进行“活化”处理。方法是用氢火焰进行烘烤，使之变得疏松、粗糙，以增大接触面积。

铂与其它催化剂一样，许多杂质都会降低其活性。空气中的灰尘和氨气中夹带的油污等会覆盖铂的活性表面，造成暂时中毒；H_2S 也会使铂网暂时中毒，尤其是 PH_3，气体中即使仅含有 0.002%，也足以使铂催化剂永久性中毒。为保护铂催化剂，预先必须对反应气体进行净化处理。即使如此，铂网还是会随着时间的增长而逐渐失活。因此，一般在使用 3~6 个月后就应进行再生处理。

再生的方法是将铂网从氧化炉中取出，先浸入10%～15%盐酸溶液中，加热到60～70℃，在该温度下保持1～2h，然后将铂网取出用蒸馏水洗涤至水呈中性。再将其干燥并用氢火焰重新活化。活化后的铂网，活性一般可恢复正常。

③ 铂的损失及回收。铂网在硝酸生产中受到高温及气流的冲刷，表面会发生物理变化，细粒极易被气流带走，造成铂的损失。铂的损失量与反应温度、压力、网径、气流方向以及接触时间等因素有关。一般认为，温度超过800～900℃，铂的损失会急剧增加。因此，常压下氨氧化时铂网温度一般为800℃，加压时一般为880℃。

由于铂价格昂贵，目前工业上用数层钯-金捕集网置于铂网之后来回收铂。在750～850℃下被气流带出的铂微粒通过捕集网时，铂被钯置换。铂的回收率与捕集网数、氨氧化操作压力及生产负荷有关。常压下，用一张捕集网可回收60%～70%的铂；加压氧化时，要回收60%～70%的铂，需要两张甚至更多张捕集网。

（2）非铂系催化剂。为替代价格昂贵的铂，长期以来，对铁系及钴系催化剂进行了许多研究。因铁系催化剂氧化率不及铂网高，因此至少目前还难以完全替代铂网，多数情况下是将两者联合使用。国内外对铂网和铁铋相结合的两段催化氧化曾有工业规模的试验，以期达到用适当的非铂催化剂代替部分铂的目的。但实践表明，由于技术及经济上的原因，节省的铂费用往往抵消不了由于氧化率低造成的氨消耗，因而非铂催化剂未能在工业上大规模应用。

非铂催化剂毕竟价廉易得，新制备的非铂催化剂活性往往也较高，所以研制这类新催化剂并逐步克服某些不足，满足工业生产，仍是很有前景的。

3. 氨催化氧化反应动力学

氨与氧反应生成一氧化氮，需四个分子氨和五个氧碰撞在一起才能完成。从动力学角度看，用九个分子碰撞在一起的机会极小。

一般来讲，氨氧化过程与其它气-固催化反应过程一样，包括：反应物的分子从气相主体扩散到催化剂表面；在表面上被吸附并进行化学反应；反应产物从催化剂表面解吸并扩散到气相主体等步骤。反应机理有人认为是：

（1）铂吸附氧的能力极强，吸附的氧分子发生原子间的键断裂。

（2）铂催化剂表面从气体中吸附氨分子，随之氨分子中氮和氢原子分别与氧原子结合。

（3）在铂催化剂活性中心进行电子重排，生成一氧化氮和水蒸气。

（4）铂催化剂对一氧化氮和水蒸气吸附能力较弱，因此它们会离开铂催化剂表面进入气相。

上述过程中，以氨向铂催化剂表面扩散为最慢，是整个氧化过程的控制步骤。诸多学者认为，氨氧化的反应速度受外扩散控制，对此，M. N. 捷姆金导出了800～900℃间在Pt-Rh网上氨氧化反应的动力学方程为：

$$\lg\frac{c_0}{c_1}=0.951\frac{Sm}{dV_0}[0.45+0.288(dV_0)^{0.56}]$$

式中 c_0——氨空气混合气中氨的浓度，%；

c_1——通过铂网后氮氧化物气体中氨的浓度，%；

S——铂网的比表面积，活性表面积 cm^2/铂网截面积 cm^2；

m——铂网层数；

d——铂丝直径，cm；

V_0——标准状态下的气体流量，$1/h \cdot cm^2$ 铂网面积。

4. 氨氧化工艺条件的选择

氨催化氧化工艺条件的选择，应该考虑的主要因素有：较高的氨氧化率，尽可能高的生产强度，较低的铂损失。

（1）温度

温度越高，催化剂的活性也越高。生产实践也证明，要达到96%以上的氨氧化率，温度不得低于780℃。但若温度太高，超过920℃时，铂的损失速度剧增，且副反应加剧。因此，常压下氨氧化温度取780~840℃比较适宜。压力增高时，操作温度可相应提高，但不应超过900℃。

（2）压力

氨氧化反应实际上可视为不可逆反应，压力对于NO产率影响不大，但是加压有助于反应速度的提高。尽管加压(如0.8~1.0 MPa)氧化导致氨氧化率有所降低，但由于反应速度的提高可使催化剂的生产强度增大。尤其是压力提高可大大节省NO氧化和NO_2吸收所用的昂贵不锈钢设备。生产中究竟采用常压还是加压操作，应视具体条件而定。一般加压氧化采用0.3~0.5 MPa，国外有采用1.0 MPa。也有采用综合法流程，即氨氧化采用常压，NO_2吸收采用加压，以兼顾两者之优点。

（3）接触时间

接触时间应适当。时间太短，氨来不及氧化，致使氧化率降低；但若接触时间太长，氨在铂网前高温区停留过久，容易被分解为氮气，同样也会降低氨氧化率。

考虑到铂网的弯曲因素，接触时间可由下式计算：

$$\tau_0 = \frac{3fSdmp_k}{V_0 T_k}$$

式中 p_k——操作压力；

T_k——操作温度；

f——铂网自由空间体积百分率。

其余符号同动力学方程意义。

可见，当铂网规格一定时，接触时间与网数成正比，而与处理的气量成反比。

为了避免氨过早氧化，常压下气体在接触网区内的流速不低于0.3 m/s。加压操作时，由于反应温度较高，宜采用大于常压时的气速，但最佳接触时间一般不因压力而改变。故在加压时增加网数的原因就在于此。

另外，催化剂的生产强度与接触时间有关

$$A = 1.97 \times 10^5 \times \frac{c_0 fdP_k}{S\tau_0 T_k}$$

在其它条件一定时，铂催化剂的生产强度与接触时间成反比，即与气流速度成正比。从提高设备的生产能力考虑，采用较大的气速是适宜的。尽管此时氧化率比最佳气速时稍有减小，但从总的经济效果衡量是有利的。

在900℃及$O_2/NH_3=2$的条件下，不同初始氨含量c_0时，氨的氧化率与生产强度的关系见图9-1。由图可看出，对应于某一个氨含量c_0，有一个氧化率最大时的催化剂生产强度A。工业上选取的生产强度一般稍大些，多控制在600~800 kg $NH_3/(m^2 \cdot d)$。如果催化剂

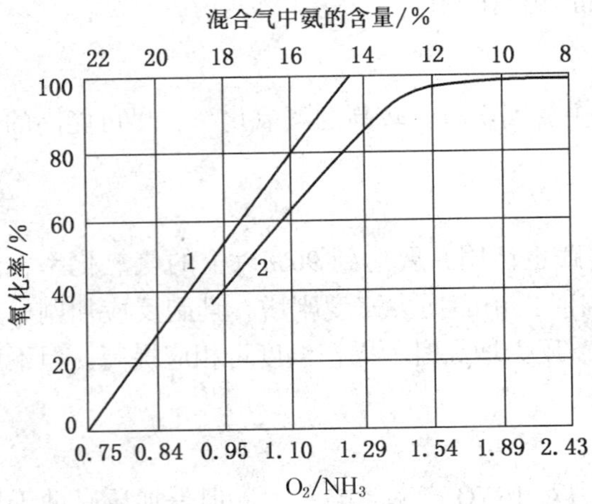

图 9-1　在 900℃时，氧化率与催化剂生产强度、混合气中氨含量的关系

选用 Pt-Rh-Pd 三元合金，催化剂的生产强度可达 900~1000 kg $NH_3/(m^2 \cdot d)$，氨氧化率可保证在 98.5%左右。

(4) 混合气体组成

氨氧化的混合气中，氧和氨的比值($\upsilon=O_2/NH_3$)是影响氨氧化率的重要因素之一。增加混合气中氧浓度，有利于氨氧化率的增加；增加混合气中的氨浓度，则可提高铂催化剂的生产强度。因此，选择 O_2/NH_3 比值时需全面考虑。

硝酸制造过程，除氨氧化需氧外，后工序 NO 氧化仍需要氧气。在选择 O_2/NH_3 比时，还要考虑 NO 氧化所需的氧量。为此，需考虑总反应式：

$$NH_3+2O_2 \xlongequal{} HNO_3+H_2O$$

式中，$\upsilon=O_2/NH_3=2$，配制 $\upsilon=2$ 的氨空气混合气，假设氨为 1 mol，则氨浓度可由下式算出：

$$[NH_3]=\frac{1}{1+2\times\frac{100}{21}}\times100\%=9.5\%$$

因此，在氨氧化时，若氨的浓度超过 9.5%，则在后工序 NO 氧化时必须补加二次空气。

氧氨比在 1.7~2.0 时，对于保证较高的氨氧化率是适宜的。工业生产中，为提高生产能力，一般均采用较 9.5%更高的氨浓度，通常往氨-空气混合物中加入纯氧配成氨-富氧空气混合物。必须注意，氨在混合气中的含量不得超过 12.5%~13%，否则便有发生爆炸的危险。若在氨-富氧空气中加入一些水蒸气，可以降低爆炸的可能性，从而可适当提高 NH_3 和氧的浓度。

(5) 爆炸及其预防措施

氨-空气混合气中，当氨的浓度在一定范围内，一旦遇到火源便会引起爆炸，爆炸极限与混合气体的温度、压力、氧含量、气体流向、容器的散热速度等因素有关。当气体的温度、压力及氧含量增高，气体自下而上通过，容器散热速度减小时，爆炸极限变宽。反之，则不易发生爆炸。氨-空气混合气的爆炸极限参见表 9-4。

表 9-4　氨-空气混合物的爆炸极限

气体火焰方向	爆炸极限(以 NH_3 含量/%计)				
	18℃	140℃	250℃	350℃	450℃
向上	16.1~26.6	15~28.7	14~30.4	31~32.2	12.3~33.9
水平	18.2~25.6	17~27.5	15.9~29.6	14.7~31.1	13.5~33.1
向下	不爆炸	19.9~26.3	17.8~28.2	16~30	13.4~32.0

为了保证安全生产，防止爆炸，在设计和生产中要采取必要措施，严格控制操作条件，使气流均匀通过铂网，合理设计接触氧化设备或添加水蒸气，并避免引爆物存在。

5. 氨催化氧化工艺流程及反应器

(1)工艺流程。常压下氨的催化氧化工艺流程如图 9-2 所示。

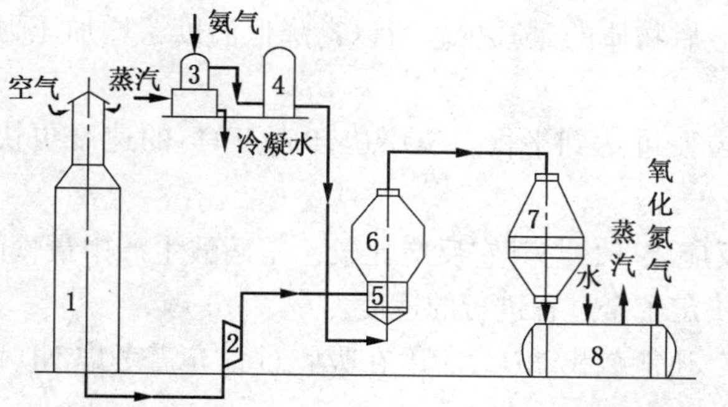

图 9-2　氨氧化部分工艺流程

1—空气净化器；2—空气鼓风机；3—氨蒸发器；4—氨过滤器；5—混合器；6—纸板过滤器；7—氧化炉；8—废热锅炉

空气由净化器顶部进入，来自气冷器的水从净化器顶部向下喷淋，形成栅状水幕与空气逆流接触，除去空气中部分机械杂质和一些可溶性气体。然后进入袋过滤器，进一步净化后送入鼓风机前气体混合器。来自气柜的氨经氨过滤器除去油类和机械杂质后，在混合器中与空气混合，送入混合器预热到 70~90℃，然后进入纸板过滤器进行最后的精细过滤。过滤后的气体进入氧化炉，通过 790~820℃ 的铂网，氨氧化为 NO 气体。

高温反应后的气体进入废热锅炉管间，逐步冷却到 170~190℃，然后进入混合预热器管外，继续降温到 110℃，进入气体冷却器，再冷却到 40~55℃ 后进入透平机。

在气体通过冷却器时，随着部分水蒸气被冷凝，同时与部分氮化物反应，出冷却塔会生成 10%左右的稀硝酸，此冷凝酸送回循环槽以备利用。

(2) 反应器。氨催化氧化的主要设备是氨氧化炉。氨氧化炉的构造如图 9-3 所示。它是由两个锥体 1、3 和一段圆柱体 2 所组成。上锥体与中部圆柱体为不锈钢，底部锥体为碳钢，内衬耐火砖。上锥体与圆柱体之间设有花板 4，板上钻有小孔，主要用于分散气体，使之均匀。下锥体与圆柱体之间有数层铂网 5，安装在不锈钢的支架上。铂网以上的圆筒四周设有四个镶有云母片的视孔。此外，还设有点火孔、取样器，铂网以下的圆筒体内设有热电偶温度计。

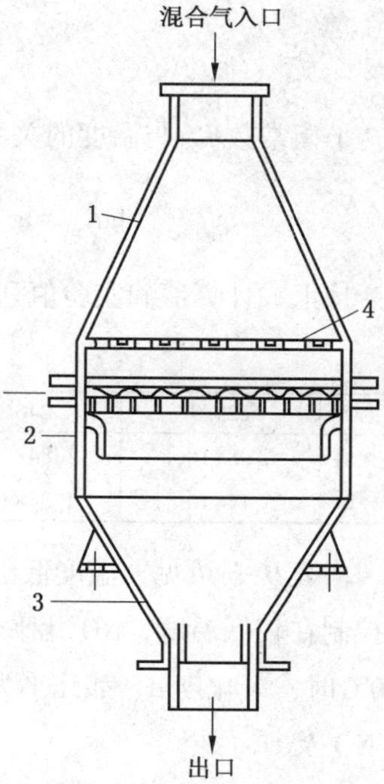

图 9-3　氨氧化炉

1—上锥体；2—中部圆筒；3—下锥体；4—花板；5—铂网

混合气由氧化炉上部进入，硝化气(含有 NO 及 NO_2、N_2O_3、N_2O_4 等氮氧化物的气体称为硝化气)从炉下部引出。这与过去由炉下部进气不同，它可避免由下部进气而引起的铂网震动。

二、一氧化氮的氧化

NO 只有在氧化为 NO_2 后，才能被水吸收，制得硝酸。NO 的氧化反应如下：

$$2NO+O_2=2NO_2 \qquad \Delta H=-112.6kJ/mol$$

$$NO+NO_2=N_2O_3 \qquad \Delta H=-40.2kJ/mol$$

$$2NO_2=N_2O_4 \qquad \Delta H=-56.9kJ/mol$$

NO 是无色气体，微溶于水。NO_2 是棕红色气体，与水作用生成硝酸，气态的 NO_2 在低温下会部分迭合成无色的 N_2O_4，在常压下冷却到 21.5℃，它便冷凝变成液体，冷到-10.8℃则成固体。N_2O_3 在常温下很容易分解成 NO 和 NO_2。

氮的氧化物有毒，规定每立方米空气中不能超过 5mg。

上述三个反应都是可逆放热反应，反应后物质的量减少。所以，降低温度，增加压力，有利于一氧化氮氧化反应的进行。

NO 和 NO_2 生所 N_2O_3 的速度在 0.1s 内便可达到平衡；NO_2 迭合成 N_2O_4 的速度更快，在 10^{-4}s 内便可达到平衡。

NO 氧化成 NO_2 是硝酸生产中重要的反应之一，与其它反应比较，是硝酸生产中最慢的一个反应，因此 NO 氧化为 NO_2 的反应就决定了全过程进行的速度。

在 NO_2 用水吸收生成 HNO_3 的过程中，还能放出 NO，所以在吸收过程亦需考虑 NO 的氧化反应。

如何提高 NO 的氧化度，以及提高 NO 氧化的速度是硝酸生产中很重要的一个问题。影响 NO 氧化的因素有温度、压力、NO 的初始浓度和氧含量等等。

1. 一氧化氮氧化反应的化学平衡

气相中，NO、NO_2、N_2O_3、N_2O_4 及 O_2 等达到平衡，它们的平衡组成应满足下面三个公式：

$$K_{p1}=\frac{p_{NO}^2\cdot p_{O2}}{p_{NO_2}^2}$$

$$K_{p2}=\frac{p_{NO}\cdot p_{NO_2}}{p_{N_2O_3}}$$

$$K_{p3}=\frac{p_{NO_2}^2}{p_{N_2O_4}}$$

平衡常数 K_{p1} 与温度的关系用下式表示

$$\lg K_{p1}=\lg\frac{p_{NO}^2\cdot p_{O2}}{p_{NO_2}^2}=-\frac{5749}{T}+1.78\lg T-0.0005T+2.839$$

按上式计算值和实验值列于表 9-5。

表 9-5　K_{p1} 的计算值与实验值

温度/℃	225.9	246.5	297.4	353.4	454.7	513.8	552.3
实验值	6.08×10^{-5}	1.84×10^{-4}	1.97×10^{-3}	1.76×10^{-2}	0.382	0.637	3.715
计算值	6.14×10^{-5}	1.84×10^{-4}	1.99×10^{-3}	1.75×10^{-2}	0.384	0.611	3.690

由表 9-5 可见，温度低于 225.9℃时，NO 氧化反应可以认为是不可逆的，类推下去只要控制在较低温度，NO 几乎全部氧化成 NO_2。在常压下温度低于 100℃或 5atm 下温度低于 200℃时，氧化度 α_{NO}都几乎为 1。当温度高于 800℃时，α_{NO}接近于 0，即 NO_2 几乎完全分解为 NO 及 O_2。

生成 N_2O_4 和 N_2O_3 的方程都是放热及体积缩小的可逆反应，它们的反应速度在一般条件下都是极快的。只要在氮氧化物气体中有 NO_2 就可以认为总会有 N_2O_3 及 N_2O_4 存在，其量与平衡含量相当。从平衡条件下计算的结果，与 N_2O_4 含量相比，仅有很少一部分是以

N_2O_3 形式存在。因此，在实际生产条件下可以忽略 N_2O_3 对 NO_2 和 N_2O_4 的影响。

在低温下会有更多的 NO_2 迭合成 N_2O_4，达到平衡时，混合物组成可由平衡常数 K_{p3} 求得。K_{p3} 与温度的关系是：

$$\lg K_{p3} = \lg \frac{p_{NO_2}^2}{p_{N_2O_4}} = -\frac{2692}{T} + 1.75\lg T + 0.00484T - 7.144\times10^{-6}T^2 - 3.062$$

2. 一氧化氮氧化的反应速度

对于 NO 氧化为 NO_2 的动力学问题，已经有较多的研究。根据实验，其反应速度方程式可表示为

$$\frac{dp_{NO_2}}{d\tau_0} = k_1 p_{NO}^2 \cdot p_{O_2} - k_2 p_{NO_2}^2$$

式中，k_1，k_2 为正、逆反应速度常数。

工业生产条件下，温度均低于 200℃，故 NO 的氧化实际上是不可逆的，上式可改写为

$$\frac{dp_{NO_2}}{d\tau_0} = k p_{NO}^2 \cdot p_{O_2}$$

对 NO 氧化反应来说，k 与温度的关系是不符合阿累尼乌斯公式的，即温度升高不仅不能加速反应，相反地会使过程减慢，这是一个反常的反应。

为了便于计算在给定条件下 NO 氧化反应所需的时间 τ(s)，需要将上式进行积分。采用以下符号：

a——NO 的起始浓度，mol；

b——O_2 的起始浓度，mol；

p——总压力，atm。

并令 $r = \dfrac{b}{a}$

积分得 $$K_p \cdot a^2 \cdot p^2 \cdot \tau = \frac{\alpha_{NO}}{(r-1)(1-\alpha_{NO})} + \frac{1}{(r-1)^2}\ln\frac{r(1-\alpha_{NO})}{r-\alpha_{NO}}$$

为方便起见，可用图线表示，即以 $K_p \cdot a^2 \cdot p^2 \cdot \tau$ 为横坐标，α_{NO} 为纵坐标，r 为参变数得到算图 9-4。可用此算图计算氧化时间 τ。

可得以下的结论：

(1) 随着 α_{NO} 的增大，所需氧化时间的增长并非等速，α_{NO} 小的时候，τ 增加较少；α_{NO} 大时，τ 增加很多。这就说明，要使 NO 完全氧化，需要时间很长。

(2) 当其它条件不变而改变压力时，由于压力改变，对 K_p 影响不大，故 τ 近似地与 p^2 成反比。压力增加时，所需时间减少很多，故加压可以大大加速氧化速度。

(3) 当其它条件不变而改变温度时，温度降低，K_p 增加。但 α_{NO} 和 r 一定时，$K_p a^2 p^2 \tau$ 不变，故 τ 降低。所以从加快反应速度来看，和化学平衡一样，降低温度是有利的。

但必须指出，在用水吸收氮氧化物的过程中会放出 NO，此 NO 还要继续氧化及转化成

硝酸，在吸收以前将 NO 全部氧化成 NO_2 是没有必要的，通常只氧化到一定程度（如 70%～80%）即可。

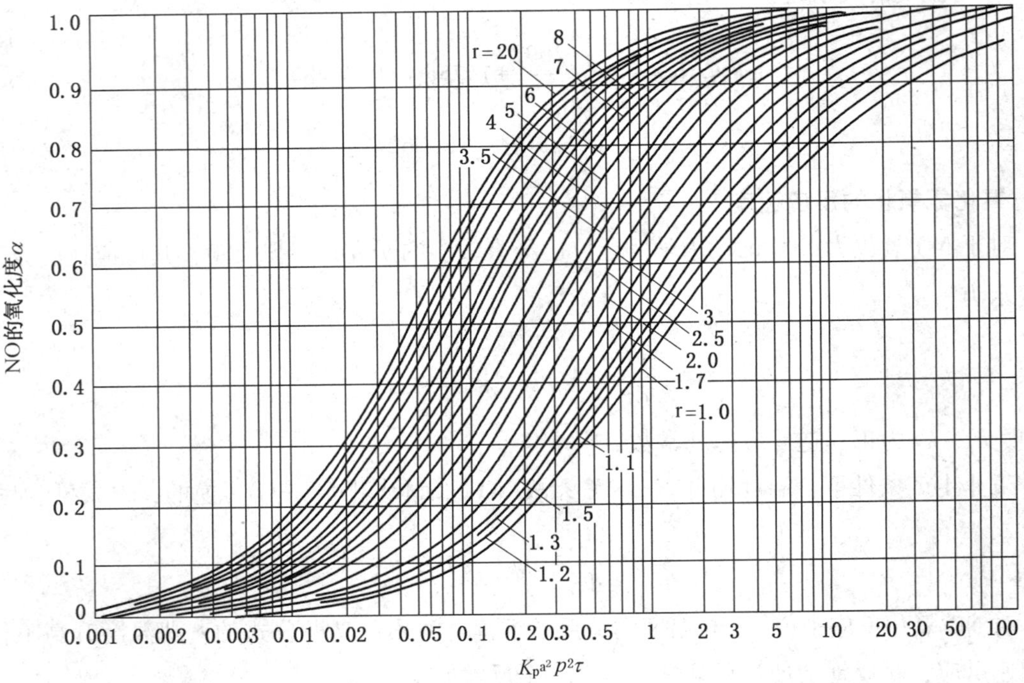

图 9-4　氧化时间算图

3. 一氧化氮氧化的工艺过程

从上面讨论可知，保证 NO 氧化的良好条件是：加压、低温和适宜的气体浓度。这些也是吸收的良好条件。

氮氧化物在氨氧化时经过余热回收，可冷至 200℃左右。以后，还需继续冷却，而且温度愈低愈好。在温度下降的过程中，NO 就会不断氧化，而气体中的水蒸气达到露点后就开始冷凝下来，从而就有一部分 NO 和 NO_2 溶解在水中，成了稀硝酸，这就降低了气体中所含氧化物的浓度，不利于以后的吸收操作。

为了解决这个问题，氮氧化物气体必须很快冷却下来，使其中水分尽快冷凝，NO 尽量少氧化成 NO_2。如果 NO_2 浓度不高，溶解在水中的氮氧化物量也就较少了。这个过程是在所谓快速冷却设备中进行的，对冷却器的选择应是传热系数大的高效设备，以实现短时间完成气体冷却和水蒸气的冷凝。

快速冷却设备有淋洒排管式、列管式和鼓泡式冷却器等。

经快速冷却后的气体，其中水分已大部分除去。此时，就可以使 NO 充分进行氧化。通常是在气相或液相中进行，习惯上可分干法氧化和湿法氧化两种。

干法氧化是把气体通过一个氧化塔，使气体在里面充分地停留，从而达到氧化的目的。氧化可在室温下操作，也可以采取冷却措施，以排除氧化时放出的热量。

湿法氧化是将气体通入塔内，塔中用较浓的硝酸喷淋。这时使 NO 氧化的原因有二：

（1）NO 与 O_2 在气相空间，液相内以及气液相界面上进行氧化，大量喷淋酸可以移走氧化时放出的热量，而且由于液相氧化而加速了反应。

（2）基于吸收过程的逆反应

$$2HNO_3+NO = 3NO_2+H_2O$$

在温度、浓度一定的条件下，气相中的 NO 会被 HNO_3 氧化成 NO_2。

当气体中 NO 的氧化度达到 70%～80%左右时，即可进行吸收制酸操作。

三、氮氧化物气体的吸收

氮氧化物气体中除了一氧化氮外，其它的氮氧化物都能按下列各式与水互相作用

$$2NO_2+H_2O = HNO_3+HNO_2 \qquad \Delta H=-11.6kJ/mol$$

$$N_2O_4+H_2O = HNO_3+HNO_2 \qquad \Delta H=-59.2kJ/mol$$

$$N_2O_3+H_2O = 2HNO_2 \qquad \Delta H=-55.7kJ/mol$$

实际上，氮氧化物气体中 N_2O_3 含量是极少的，因此在吸收过程中，所占比重不大，可以忽略。

亚硝酸只是在温度低于 0℃，以及浓度极小时方才稳定，所以在工业生产条件下，它会迅速分解。

$$3HNO_2 = HNO_3+2NO+H_2O \qquad \Delta H=+75.9kJ/mol$$

因此，用水吸收氮氧化物的总反应式可概括如下：

$$3NO_2+H_2O = 2HNO_3+NO \qquad \Delta H=-136.2kJ/mol$$

可见，被水吸收的 NO_2 总数中只有 2/3 生成硝酸，还有 1/3 又变成 NO，要使这一部分 NO 也变成硝酸，必须继续氧化成 NO_2。在第二个循环被吸收时，又只有其中的 2/3 被吸收，其中 1/3 又变为 NO。所以，要使 1mol NO 完全转化为 HNO_3，实际上在整个过程中氧化的 NO 量不是 1mol，而 $1+1/3+(1/3)^2+(1/3)^3+\cdots=1.5mol$。

由于含氮氧化物气体用水吸收时，整个塔内是 NO_2 吸收和 NO 再氧化同时进行的，这样就使整个过程变得更加复杂起来。

1. 吸收反应平衡和平衡浓度

讨论反应的化学平衡目的是求得在一定的氮化物气体组成下，所得到成品酸的最大浓度；在一定温度下用水吸收 NO_2 所能达到的最高转化度。

从上面吸收反应式可知其为一放热、物质的量减少的可逆反应。降低温度、增高压力对平衡有利，用平衡常数来讨论。

为了测定及计算方便起见，把 K_p 分成两个系数来研究：

$$K_p=K_1 \cdot K_2, \quad K_1=p_{NO}/p_{NO_2}^3, \quad K_2=p_{HNO_3}^2/p_{H_2O}$$

平衡常数 K_p 只与温度有关，而 K_1 与 K_2 除了与温度有关外，还与溶液中酸含量有关。酸浓度改变时，K_1 与 K_2 均要变化。图 9-5 为系数 K_1 与温度的关系。

由图可以看出，温度愈低，K_1 值愈大；硝酸浓度愈低，K_1 值也愈大。若 K_1 为定值，则温度愈低，酸浓度愈大。因此，只有在较低温度下才能获得较浓硝酸。

K_2 值与温度及硝酸浓度间的关系和 K_1 值相反，温度愈高 K_2 值愈大。

虽然低浓度硝酸，有利于吸收，但是生产中要考虑吸收速度的大小。如果用大量低浓度硝酸来吸收氮氧化物，即使吸收完全，然而得到产品酸的浓度也很低。而当硝酸浓度>60%时，$\lg K_1<1$，吸收几乎不能进行，反应向逆反应方向进行。

综上所述，从化学平衡角度来看，在一般条件下，用硝酸水溶液吸收氮氧化物气体，成品酸所能达到的浓度，就有一定的限制，常压法不超过 50% HNO_3，加压法最高可制得 70% HNO_3。

从吸收的平衡浓度来研究，当硝酸浓度65%时，几乎不再吸收。所以在常压、常温下操作时很不容易获得比65%更浓的硝酸，一般不会超过50%。要想提高硝酸浓度，就必须降低温度，或增加压力，而以加压更为显著。

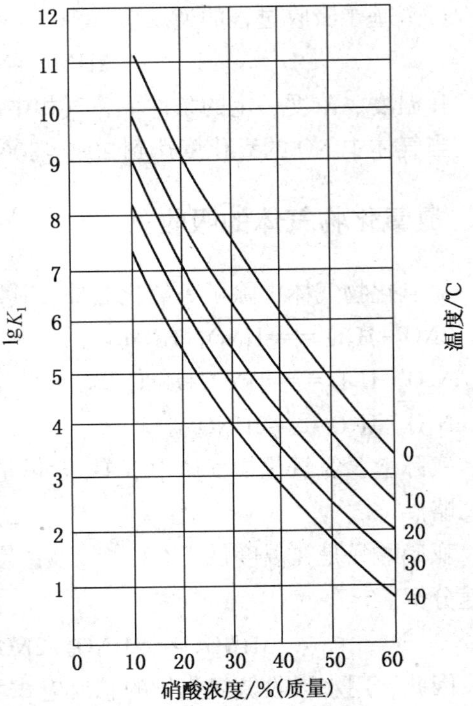

图 9-5　$\lg K_1$ 与温度及硝酸浓度的关系

2. 氮氧化物吸收速度问题

综上所述，在吸收塔内用水吸收氮氧化物时，反应可表示为：

$$3NO_2 + H_2O = 2HNO_3 + NO$$

$$2NO + O_2 = 2NO_2$$

为了选择吸收过程的操作条件及设计吸收塔，必须了解塔内所进行的反应速度如何。

以水吸收氮氧化物是一个非均相的气液反应，它由一系列依次进行的步骤组成：首先是气相中二氧化氮和四氧化二氮通过气膜和液膜向液相扩散；其次是液相中 NO_2 和 N_2O_4 与水作用生成硝酸与亚硝酸；而后亚硝酸分解成硝酸及 NO；最后是 NO 从液相向气相扩散。

在这些步骤中后两步的速度是较快的，经研究结果表明液相中氮氧化物与水反应是整个速度的控制步骤。而且由于二氧化氮和四氧化二氮在气相中很快达到平衡，控制步骤是 N_2O_4 而不是 NO_2 和水的反应。

从 NO 的氧化速度讲，在一定温度及压力下，它与氮氧化物气体中 NO 及 O_2 的浓度成正比。

在吸收系统的前部，气体中氮氧化物的浓度较高，吸收用的硝酸浓度也较高，所以 NO 的氧化速度大于 NO_2 的吸收速度。到吸收系统的后部，气体中氮氧化物的氧化速度较低，吸收用的硝酸浓度也较低，此时 NO_2 的吸收速度大于 NO 的氧化速度。只是在吸收系统中部，两个反应的速度都必须考虑。

加压操作吸收时，现在多采用筛板塔，在泡沫状态下能使 NO 在液相中进行激烈的氧化。因此，可以使酸吸收所需的设备容积大大减少。

常压操作吸收时都用填料塔，同时进行着吸收及氧化反应。

3. 氮氧化物吸收条件的选择

吸收工段的任务是将气体中的氮氧化物用水吸收成为硝酸。要求生产的硝酸浓度尽可能高，总吸收度尽可能大。

所谓总吸收度，指气体中被吸收的氮氧化物总量与进入系统的气体中氮氧化物总量之比。

产品酸浓度愈高，吸收容积系数[$m^3t \cdot d$]（即每昼夜 1t100% HNO_3 所需要的吸收容积）

愈大。常压吸收操作的参考数据如表 9-6 所示。

表 9-6　常压吸收操作产品酸的浓度与吸收容积系数的关系

硝酸浓度/%	44	46	48	50
吸收容积系数/(m^3/t·d)	18.4	20.7	23.9	28.6

在温度和产品浓度一定时，总吸收度愈大，则吸收容积系数愈大。就意味着吸收塔尺寸与造价愈大，操作费用也愈大。为此，考虑吸收氮氧化物操作条件的原则是：在生产合乎浓度要求的稀硝酸和保证一定的总吸收度的前提下，尽可能减少吸收容积系数，因而要求加快硝酸的生成速度。

(1) 温度

降低温度，平衡向生成硝酸的方向移动。同时，NO 的氧化速度也随温度的降低而加快。在常压下，总吸收度为 92%时，若以温度 30℃的吸收容积作为 100，则 5℃时只有 23，而 40℃时高达 150。所以无论从提高成品酸的浓度，还是从提高吸收设备的生产强度，降低温度都是有利的。

由于 NO_2 的吸收和 NO 的氧化都是放热反应，根据计算，每生成 1t 硝酸需除去大约 4.18GJ 热量。过去除去热量的方法，都是用水，由于受到冷却水温度的限制，吸收温度多维持在 20~35℃。要进一步降低温度，用冷冻盐水来移走热量。这时可以在 0℃以下进行吸收。

(2) 压力

提高压力，不仅可使平衡向生成硝酸反应的方向移动，可制得更浓的成品酸，同时对硝酸生成的速度有很大的影响。这是因为 NO 在气相中所需氧化空间几乎与压力的三次方成反比。所以加压可大大减少吸收体积。

表 9-7 是当温度为 37℃时，两个不同压力下，每昼夜制造 1t 硝酸(100% HNO_3)不同总吸收度所需的吸收反应容积。

表 9-7　不同压力时，总吸收度与吸收容积系数的关系

压力/atm(绝)	3.5			5		
总吸收度/%	94	95	95.5	96	97	98
吸收容积系数/(m^3/t·d)	1.2	1.7	2.3	0.8	1.0	1.5

适宜吸收压力的选择，需视吸收塔、压缩机、尾气膨胀机的价值、电能的消耗、对成品酸浓度的要求等一系列因素而定。

目前实际生产上除采用常压操作外，加压的有用 0.07、0.35、0.4、0.5、0.7、0.9MPa 等压力，这是因为吸收过程在稍为加压下操作已有相当显著的效果。

(3) 气体组成

主要指气体混合物中氮的氧化物的浓度和氧的浓度。

① 氮氧化物的浓度。由吸收反应平衡的讨论可知，使产品酸浓度提高的措施之一是提高 NO_2 的浓度或提高氧化度 α_{NO}。其关系如下式

$$c_{HNO_3}^2 = 6120 - \frac{19900}{c_{NO_2}}$$

式中　c_{HNO_3}——成品酸浓度(55%~60%)；

　　c_{NO_2}——氮氧化物浓度。

当 C_{NO_2} 增加时，C_{HNO_3} 就可以提高。为了保证进吸收塔气体的氧化度，气体在进入吸收塔之前必须经过充分氧化。

气体进入吸收塔的位置对吸收过程也有影响。因为从气体冷却器出口的气体温度约在40~45℃。由于在管道中NO继续氧化，实际上进入第一塔塔底的温度可升高到60~80℃。若气体中尚有较多的NO未氧化为 NO_2 而温度又较高时，在此条件下的氮氧化物遇到浓度为45% HNO_3 左右的硝酸，非但有可能不吸收，反而使硝酸分解。这种情况下，第一塔只起氧化作用，气体中的水蒸气冷凝而生成少量的硝酸。整个吸收系统的吸收容积有所减少，影响了吸收效率。此时生产成品酸的部位会后移到第二塔。

为使第一塔（在常压下）出成品酸，可将气体从第一塔顶加入。当气体自上而下流过第一塔时，在塔上半部可能继续进行氧化，而在塔下半部则被吸收。这样，成品酸就可以从第一塔导出，而且提高了吸收效率，实践证明是有效的。

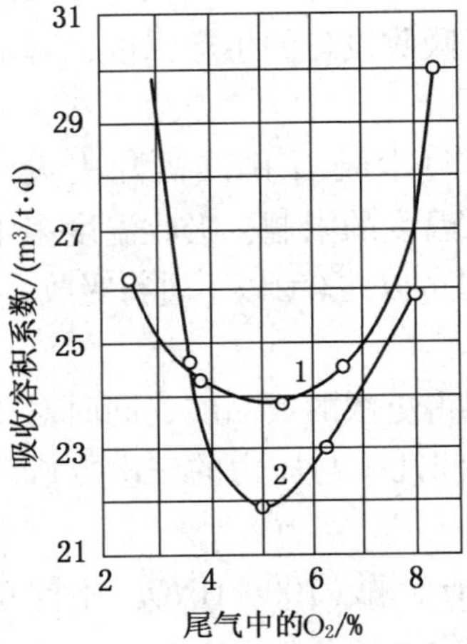

图9-6　六塔系统中，吸收容积与二次空气加入量的关系
1—所有空气从一塔加入；
2—空气加入每一塔中

②氧的浓度。当氨-空气混合气中氨的浓度达到9.5%以上时，在吸收部分就必须加大二次空气。实际上在吸收时，NO氧化和 NO_2 吸收同时进行，以至问题较复杂，很难从计算中确定出最适宜的氧含量。通常是控制吸收以后尾气中的氧含量，一般在3%~5%左右。尾气中氧含量太高，表示前面加入二次空气量太多，反而将氮氧化物稀释，且处理气量大，阻力过高；太低时，表示所加二次空气量不足，也不利于氧化。这样都能影响到吸收体积，其间关系如图9-6所示。此外，从图9-6还可看出，吸收容积系数和二次空气的加入方式也有关系，曲线1表示在第一塔一次加入；曲线2表示在各塔分几次加入。最适宜的尾气中氧浓度前者约为5.5%，后者约为5.2%。如果尾气中氧浓度较低（<4%），曲线1的 $V_{吸}$ 较小，故一次加入较好。若尾气中氧浓度较高（>4%），则曲线2的 $V_{吸}$ 较小，因而分批加入为佳。

若在氨催化氧化时，采用纯氧或富氧空气，则不仅能提高 NH_3 的氧化率，对吸收部分也是很有利的。采用氧量愈多，则吸收容积系数就愈小，如表9-8所示。

表9-8　吸收容积系数与氧用量的关系

氧用量/(m^3/t HNO_3)	0	63	170	315	520	800
吸收容积系数相对值/%	100	84.5	61.6	42.8	28.4	19.5

如在加压下同时用富氧空气，则生产效能更高。由表9-9可见，当氧用量增加时，混合气体中氨含量、氧化率、成品酸产量以及浓度都随之提高。

表9-9　利用富氧空气时操作条件的比较

富氧空气中氧的含量/%	22	29
硝酸产量/t	51	71
混合气中氨含量/%	10.2	12.14
氧化率/%	94	96.6

续表

废气中氮的氧化物/%	0.32	0.31
成品酸浓度/%(不含氮的氧化物)	55	59.29
系统的开始压力/atm	6.4	6.4
系统的最终压力/atm	4.4	4.88

4. 吸收流程

吸收设备应能保证气液两相充分地接触和 NO 的氧化与 NO_2 吸收两个过程同时迅速进行。

(1) 常压下的填充塔系。

① 塔的数目。常压吸收都不是只用一个塔，为了移走吸收过程的反应热及保证一定的吸收效率，应该有足够的循环酸，一般采取 5~7 塔。

塔数与吸收容积系数、能量消耗关系如表 9-10 所示。

表 9-10　不同塔数下的某些技术经济指标

塔　数	6 塔	8 塔	12 塔
吸收容积系数/(m^3/t · d)	32.6	23.63	18.09
塔高与塔径比 H/D	3.0	1.63	1.33
电能消耗/(kW · h/t)	405.2	324.5	281.0
耐酸钢材/(t/t)	252.8	198.7	187.0

② 对填料的要求。既要具有大的自由空间率，又要具有大的比表面。由于前几个吸收塔的主要是进行吸收过程，所以应该用比表面大一些的填充物；而在后面几个塔中，氧化过程很慢，故采用自由空间大的填充物，通常用 50mm×50mm×5mm 及 75mm×75mm×8mm 的瓷环。

③ 气流速度、酸喷淋密度和气液流向。气体流速太小不利于扩散；太大，则阻力过大。酸的喷淋量取决于能使填充物表面充分润湿，又可以导出塔内的反应热。为此，前几个塔内由于放热多，需要的喷淋酸量大于后几个塔。例如第一、二塔取 8~10$m^3/m^2 \cdot h$，其余各塔取 3~5$m^3/m^2 \cdot h$。

气液相的流向并无严格要求。但在硝酸吸收塔中同时进行着吸收和氧化过程，所以并流操作时，气体一边吸收一边继续在氧化，吸收推动力未必低于逆流操作，故一般配置气液流向时，主要以节省气体管道为原则。但第一塔入口位置应在塔顶。

④ 常压吸收塔。吸收塔系由天然耐酸材料、耐酸陶瓷、塑料或金属制成。

(2) 常压下氮氧化物吸收流程与成品酸的漂白。

常压下，氮氧化物吸收流程为多塔串联吸收。从第一或第二吸收塔引出的成品酸因溶解有氮氧化物而呈黄色。酸浓度愈高，溶解愈多，如 58%~62%的硝酸中可以有 2%~4%的氮氧化物。为了减少溶解的氮氧化物的损失，以满足硝酸使用的质量要求，故成品酸未经入库以前，先经“漂白”处理。方法是在漂白塔中通入空气以使溶入的氮氧化物解吸。

此外，在常压吸收时，尾气中含有 1%左右的氮氧化物，需要用纯碱溶液加以回收。而在加压吸收时，尾气中氮氧化物的含量已减低到 0.2%，减少了处理的难度。但尚有一定压力，压力大小决定于系统的操作压力及阻力损失。因此，宜在尾气排入大气前，将能量加以回收。一般都用与压缩机装在同一轴上的膨胀机，这样可使压缩机的电力消耗减少 25%~40%。

四、稀硝酸生产工艺流程

稀硝酸生产流程按操作压力不同分为常压法、加压法及综合法三种流程。衡量某一种工艺流程的优劣，主要决定于技术经济指标和投资费用，具体包括氨耗、铂耗、电耗及冷却水消耗等。上述三种流程的主要技术经济指标见表 9-11。

表 9-11 国内各种硝酸生产方法的技术经济指标

生产方法	操作压力/MPa		主要消耗指标 t 100% HNO_3				氨氧化率/%	成品酸/%	尾气 NO_x/%
	氧化	吸收	氨/t	铂/g	水/t	电 MJ			
常压法	常压	常压	0.290	0.09	190	396	97	39~43	0.15~0.20（处理前）
加压法	0.09	0.09	0.315	0.06	330	540	95	43~47	0.4
	0.35	0.35	0.295	0.1	320	144	96	53~55	0.2
综合法	常压	0.35	0.286	0.09	240	864	97	43~45	0.22~0.3

从降低氨耗、提高氨利用率角度来看，综合法具有明显的优势。它兼有常压法和加压法两者的优点。其特点是常压氧化，加压吸收。产品酸浓度 47%~53%。采用氧化炉和废热锅炉联合装置，设备紧凑，节省管道，热损失小。用带有透平装置的压缩机，降低电能消耗。吸收塔采用泡沫筛板，吸收效率高达 98%。图 9-7 为综合法生产稀硝酸的典型工艺流程。

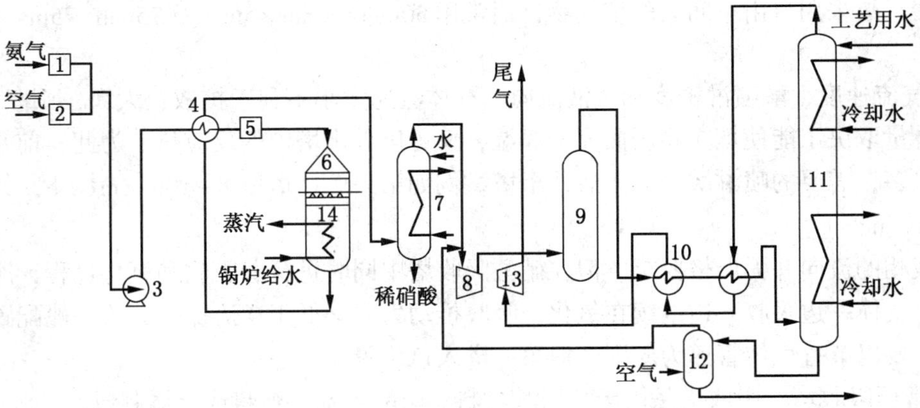

图 9-7 综合法硝酸生产示意流程

1—氨过滤器；2—空气过滤器；3—混合气鼓风机；4—混合气预热器；5—过滤器；6—氧化炉；7—气体冷却洗涤器；8—透平压缩机；9—氧化器；10—尾气预热器；11—吸收塔；12—漂白塔；13—尾气透平；14—废热锅炉

综合法稀硝酸生产工艺，是在常压法与加压法基础上演变发展的，20 世纪 40 年代不少国家已拥有这种技术。法国 Ugine Kuhlmann 综合法稀硝酸生产装置是在常压下氧化，0.41MPa 压力下吸收；而 Stamicarbon 流程中，氧化是略带负压的条件下操作，吸收则采用带有格板的填料塔，在 0.3~0.45MPa 压力下进行。中国在 50 年代末建成综合法装置。在硝酸生产中，一般工艺要求，进入氨氧化系统的气体，其杂质含量愈低愈好，因杂质会削弱催化剂活性，所以氨气必须过滤，以除掉其中的油、铁屑等机械物质。空气亦经过滤或用富氧膜鼓风。

第三节　尾气的治理和能量利用

硝酸生产装置中排出的尾气，仍含有一定量带黄色的氮氧化物，通常以 NO_x 表示之，它能造成污染，需加以治理。各国都规定了硝酸尾气中加 NO_x 排放标准，美国、日本规定 NO_x 最大允许为 $200cm^3/m^3$，法国规定为 $500cm^3/m^3$，中国规定 NO_x 含量 $<300cm^3/m^3$。

1. 催化还原法

目前工业中有采用非选择性催化还原，以烃类为还原剂来降低系统尾气中 NO_x 含量。如天然气与尾气中 NO_x 进行反应：

$$CH_4+4NO = 2N_2+CO_2+2H_2O$$

其过程为从吸收塔出来的尾气预热后与天然气相混合，经一段催化反应炉进废热锅炉移去部分热量，再进二段催化反应炉，经废热锅炉回收热量，再进尾气透平膨胀机回收能量放空。德国巴斯夫公司(BASF)的 V_2O_5/Al_2O_3 催化剂，能代替贵金属钯与铂催化剂，出口残氨 10~$20cm^3/m^3$，NO_x 仅 50~$150cm^3/m^3$。

为了降低能源消耗，节约基建投资及减少操作费用，20 世纪 70 年代以后开发的选择性催化还原，以氨为还原剂。因氨与 NO_x 的反应速度大于氨的氧化速度，当反应温度控制在 210~270℃时，通过固定床上的催化剂发生反应，使 NO_x 还原为氮气。

$$4NO + 4NH_3 + O_2 = 4N_2 + 6H_2O$$

$$6NO + 4NH_3 = 5N_2 + 6H_2O$$

$$6NO_2 + 8NH_3 = 7N_2 + 12H_2O$$

若反应温度低于 210℃，易生成亚硝酸铵，有可能引起爆炸，而高于 270℃则氨氧化反应呈加快的趋势。中国大庆硝酸装置的尾气治理亦采用此法，其过程为由硝酸吸收塔顶排出的尾气，经除雾器、换热器加热后与经预热后的氨气混合，控制 NH_3/NO_x 比例为 1.2~1.4 之间，进入催化反应器，尾气通过膨胀透平回收能量放空。

2. 溶液吸收法

为降低硝酸装置生产过程中尾气 NO_x 的含量，可采用碱液吸收，工业上通常采用氢氧化钠或碳酸钠溶液治理尾气，并得到硝酸钠与亚硝酸钠副产品：

$$2NO_2 + 2NaOH = NaNO_2 + NaNO_3 + H_2O$$

$$NO + NO_2 + 2NaOH = 2NaNO_2 + H_2O$$

此外，亦有采用氨水吸收、碱性高锰酸钾溶液吸收、尿素溶液吸收等。而法国 G. P. 公司采用强化吸收，实质上是提高吸收压力，增加吸收塔塔板块数来强化吸收，使排出吸收塔的尾气不经其它治理直接达到 $200cm^3/m^3$。

3. 固体吸附法

硝酸尾气治理，可用分子筛、硅胶、活性炭及离子交换树脂等固体物质作吸附剂，NO_x 以硝酸形式回收，但再生周期短、系统阻力大、操作费用高，大型硝酸装置中采用较少。

第四节　浓硝酸的生产简介

一、由氨直接合成浓硝酸

1. 制造浓硝酸的生产过程

由氨为原料直接合成浓硝酸，首先必须制得液态 N_2O_4，将其按一定比例与水混合，加压通入氧气，按下列反应式合成浓硝酸

$2N_2O_4(L)+O_2(G)+2H_2O(L)=4HNO_3$　　　　　$\Delta H=-78.9kJ$

工艺过程包括以下几个步骤：

（1）氨的接触氧化。生产工艺与稀硝酸相同。

（2）氮氧化物气体的冷却和过量水的排出。

以氨为原料用吸收法制造浓硝酸总反应为：

$$NH_3+2O_2 \xlongequal{} HNO_3+H_2O$$

按该反应，只能得到浓度为 77.8% 的硝酸。为了得到 100% HNO_3，必须将多余水除去。通常采用快速冷却器除去系统中大部分水，同时减少氮氧化物在水中的溶解损失。然后采用普通冷却器进一步除去水分并将气体降温。

（3）一氧化氮的氧化

一氧化氮氧化分两步进行。首先用空气中的氧将 NO 氧化，使氧化度达到 90%～93%，然后用浓硝酸(98%)进一步氧化，反应如下：

$$NO+2HNO_3 \xlongequal{} 3NO_2+H_2O$$

如果采用加压操作将 NO 氧化，就不必用浓硝酸，而仅用空气中的氧即可将 NO 氧化完全。

（4）液态 N_2O_4 的制造

将 NO_2 或 N_2O_4 冷凝便可制得液态 N_2O_4。在-20～20℃温度范围内，液态 N_2O_4 的蒸气压 p 与温度的关系为：

$$\lg p = 14.6\lg T - 33.1573$$

由此可见，温度越低，则 N_2O_4 的平衡蒸气压越小，冷凝就越完全。实际操作一般将冷凝过程分两步进行。首先用水冷却，然后用盐水冷却。盐水温度约-15℃，冷凝温度可达-10℃。低于-10℃时，N_2O_4 会析出固体，堵塞管道和设备，恶化操作。

应当指出，用空气将氨氧化得到的氮氧化物最高浓度为 11%，相当于 11.1kPa 的分压。若冷凝温度为-10℃时，液面上 N_2O_4 蒸气分压为 20 kPa。在这种情况下 N_2O_4 难以液化。为使 N_2O_4 液化，必须提高总压力以提高 N_2O_4 分压，使 N_2O_4 分压超过该条件下的饱和蒸气压。由表 9-12 可知，压力越高，N_2O_4 冷凝程度越大。

在提高 N_2O_4 分压之前，应将氮氧化物气体中的惰性气体(如 N_2)分离。最好用浓硝酸吸收气体中 NO_2，以达到上述分离目的，同时得到发烟硝酸。而后将发烟硝酸加热，将其中溶解的 NO_2 解吸出来。此时逸出的 NO_2 浓度近乎为100%，将此高纯度 NO_2 进行液化成为液态 N_2O_4。

表 9-12　NO_2 的冷凝度(浓度为 10%NO_2)

气体压力/MPa	温度/℃				
	5	-3	-10	-15.5	-20
	冷凝度/%				
1.0	33.12	56.10	72.90	78.85	84.49
0.8	16.61	44.74	66.18	73.40	80.54
0.5	—	9.75	45.10	56.96	68.59

将发烟硝酸中游离的 NO_2 蒸出是一个普通的二组分蒸馏过程。压力增高，对于从硝酸溶液中分离出高浓度氮氧化物较有利。但加压下沸点升高，设备腐蚀加重，气体泄漏造成损失。综合两者因素，一般在稍减压条件下进行操作。

氮氧化物蒸出的过程是在铝制板式塔或填料塔中进行。含 NO_2 的硝酸溶液被冷却到 0℃，由塔顶加入，溶液自上而下受热分解放出氮氧化物，并提高 HNO_3 含量。气体由塔顶排出，温度为 40℃，含有 97%~98%的 NO_2 和 2%~3%的 HNO_3。氮氧化物经冷却送入高压反应器，便可得到液态 N_2O_4。

(5) 四氧化二氮合成硝酸。

直接合成浓硝酸的反应包括如下步骤：

$$N_2O_4 = 2NO_2$$

$$2NO_2 + H_2O = HNO_3 + HNO_2$$

$$3HNO_2 = HNO_3 + H_2O + 2NO$$

$$2HNO_2 + O_2 = 2HNO_3$$

$$2NO + O_2 = 2NO_2 \rightleftharpoons N_2O_4$$

有利于直接合成浓硝酸的条件是：提高操作压力；控制一定的反应温度；采用过量的 N_2O_4 及高纯度的氧，并加以良好的搅拌。

一般工厂采用 5 MPa 的操作压力，若压力再继续提高，影响效果变小，且消耗大量动力。对于反应温度，取 65~70℃较合适。

原料配比对反应速度影响甚大，若按理论的比例合成浓硝酸，即使采用很高的压力，反应时间仍需很长。实际生产中一般采用配料比 6.82 左右。相当于原料中含有 25%~30%过剩量的 N_2O_4。

此外，氧的用量及纯度也十分重要。一般氧的耗用量为理论量的 1.5~1.6 倍，氧的纯度为 98%。若氧的纯度降低，则难以得到纯硝酸。

2. 直接合成浓硝酸的工艺流程

直接合成浓硝酸的工艺流程有早期的霍科(Hoko)法，20 世纪 60 年代末出现了考尼亚(Conia)、萨拜(Sabar)、住友(Sumitomo)等法。图 9-8 为浓硝酸合成的住友法工艺流程。该流程具有下列优点：

(1) 将氮氧化物气体、空气和稀硝酸在 0.7~0.9 MPa 压力和 45~65℃下直接合成为 85%中等浓度的硝酸，既不用氧化，又省去高压泵和压缩机。

(2) 采用带有搅拌器的釜式反应器，气液反应速度快，节省反应时间。

(3) 设有 NO_2 吸收塔，用 80%~90%硝酸吸收 NO_2 制成发烟硝酸，然后在漂白塔中用空气气提。吸收和气提在同一压力下进行，循环吸收动力消耗低。

(4) 流程中设有分解冷凝塔，将温度为125~150℃的氮氧化物气体与50% HNO_3 相接触，使稀硝酸分解产生NO和 NO_2。与此同时，氮氧化物气体中的水分被冷凝，将酸稀释为35%的硝酸，送入稀硝酸精馏塔进行提浓。这样既可提高氮氧化物气体浓度，又能除去过量的反应水，达到多产浓硝酸的目的。

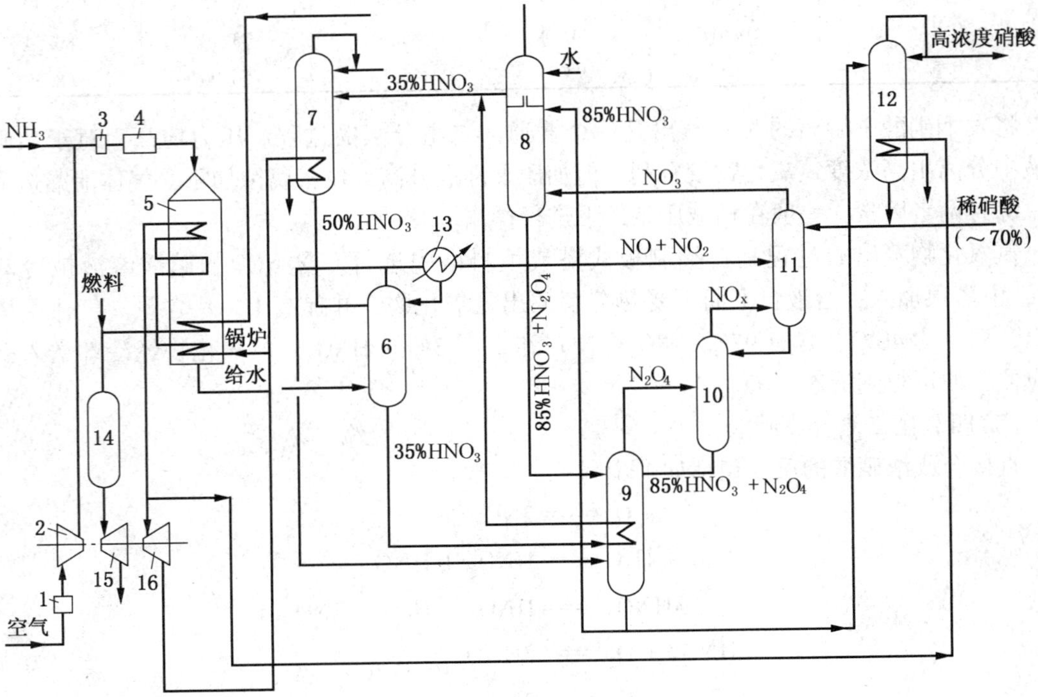

图9-8 住友法浓硝酸和稀硝酸联合生产的工艺流程

1、3—过滤器；2—空气压缩机；4—氨燃烧器；5—废热锅炉；6—分解冷凝塔；7—稀硝酸精馏塔；8—NO_2 吸收塔；9—漂白塔；10—反应器；11—尾气吸收塔；12—浓硝酸精馏塔；13—冷凝器；14—尾气燃烧器；15—尾气透平；16—蒸汽透平

二、间接法生产浓硝酸简介

硝酸水溶液含68.4% HNO_3 的混合物为恒沸混合物，若采用直接蒸馏法，硝酸浓度不会大于68.4%，只有通过脱水剂才能达到目的。因此由稀硝酸间接生产浓硝酸是借助于脱水剂，通过精馏取得，目前工业上采用的有浓硫酸法和硝酸镁法。

1. 浓硫酸法浓缩硝酸

早在1935年中国就用浓硫酸作脱水剂，即将稀硝酸与浓硫酸混合，经蒸馏制取浓度为97% HNO_3，稀硫酸(72% H_2SO_4)供加工为硫酸铵用。工业上为减少硫酸用量，先将稀硝酸浓缩到60%。

美国Chemico NAC/SAC流程，是经计量的60% HNO_3 和93% H_2SO_4 进入填料脱水塔，热量由再沸器供给，将硝酸蒸出，气化的硝酸和呈平衡状态的少量水蒸气，从塔顶排出，经冷凝、冷却得98% HNO_3 产品。72% H_2SO_4 从塔底部排出，进入第二填料塔经气提脱硝，然后在鼓式浓缩器内与炉气接触而再浓缩至93%，供循环使用。硫酸法浓缩工艺设备，腐蚀严重，工业发达国家部分设备采用钽、钛等贵金属。

2. 硝酸镁法浓缩硝酸

将浓硝酸镁溶液加入到稀硝酸中，便立即吸收硝酸中的水分，经萃取蒸馏制取浓硝酸产品。

1965 年美国 Hercules Powder 公司，首先开发了工业规模的硝酸镁浓缩工艺技术，尔后，又发展新一代的硝酸镁工艺流程。中国于 1964 年用硝酸镁为脱水剂中间试验装置成功投产。该装置设有浓缩塔，塔的下部是提馏段，上部为精馏段，塔内所需热量由塔底部加热器供给，约 50% HNO_3 与 72% ~ 74% $Mg(NO_3)_2$ 分别计量后，进混合分配器，流入提馏段顶部，混合液自上而下与加热蒸出的硝酸蒸气进行热交换，提馏段顶部出来的 115 ~ 120℃ 含有约 90% HNO_3 蒸气进入精馏段，98% HNO_3 蒸气从塔顶逸出，经冷凝、冷却后，一部分作回流液，另一部分为产品。塔底排出的 $Mg(NO_3)_2$ 溶液浓度为 68%，送蒸发器浓缩到 72% ~ 74%，返回系统循环使用。

第五节　硝酸的毒性、安全和贮运

硝酸对人体皮肤会引起严重的烧伤，溅入眼睛尤其危险，氮氧化物和硝酸蒸气低浓度时会引起呼吸道粘膜刺激症状，如咳嗽等。高浓度时，引起头痛、强烈咳嗽、胸闷、严重者出现肺气肿。因此，工作场所空气中的 NO_2 允许浓度，中国和前苏联规定为 0.085mg/m^3，美国为 0.1mg/m^3，德国为 0.08mg/m^3。

尽管硝酸不燃烧，但它是强氧化剂，与金属粉末、有机物质等发生反应而引起燃烧或爆炸的危险。

工厂为了保持硝酸生产的连续进行，并随时向外提供商品酸，在厂区需设室内式或半露天式酸库，以防烈日暴晒，宜单层建筑，不宜设在地下室，地面应耐酸腐蚀，电气设备、电线等应有耐酸防腐措施。稀硝酸容器为不锈钢材质，输送稀硝酸采用装有不锈钢罐的槽车；浓硝酸的容器为铝质的，输送浓硝酸采用装有铝罐的槽车。

不慎被浓硝酸灼伤皮肤应立即用大量水或小苏打水清洗，并送医院。

第十章 烧 碱

第一节 概 述

烧碱即氢氧化钠，亦称苛性钠。烧碱的工业品有液体和固体，其中液体为不同含量的氢氧化钠水溶液；固体白色不透明，常制成片、棒、粒状，或熔融态以铁桶包装。

氢氧化钠吸湿性很强，易溶于水，溶解时强烈放热。水溶液呈强碱性，手感滑腻；也易溶于乙醇和甘油，不溶于丙酮。烧碱有强烈的腐蚀性，对皮肤、织物、纸张等侵蚀剧烈；易吸收空气中的二氧化碳变为碳酸钠；与酸起中和作用而生成盐。

烧碱是一种基本的无机化工产品，广泛应用于造纸、纺织、印染、搪瓷、医药、染料、农药、制革、石油精炼、动植物油脂加工、橡胶、轻工等工业部门；也用于氧化铝的提取和金属制品加工。

烧碱工业生产有苛化法和电解法两种。苛化法是用纯碱水溶液与石灰乳通过苛化反应而生成烧碱；电解法是采用电解饱和食盐水溶液生成烧碱，并副产氯气和氢气。因此，电解法生产烧碱又称为氯碱工业。

早在19世纪初，人们已经研究烧碱生产的工业化问题。1884年开始在工业上采用石灰乳苛化纯碱溶液生产烧碱；1890年德国在哥里斯海姆(Griesheim)建成世界上第一个工业规模的隔膜电解槽装置投入生产；1892年美国人卡斯勒(H. Y. castner)发明水银法电解槽。第二次世界大战后，随着氯碱产品从军用生产转入民用生产，以及石油化工的迅速发展，氯的需求量大幅度增加，更加促进了氯碱工业的发展。1969年美国首先使用装备金属阳极的隔膜电解槽，为隔膜电解槽工艺技术的发展开辟了新纪元。1975年世界上第一套离子交换膜法电解装置在日本旭化成公司投入运转。

中国的烧碱工业发展非常迅速，产量不断增加，1988年我国烧碱总产量为297.84万t，居世界第五位；1995年产量增至496万t，居世界第二位；而1996年烧碱的生产能力为632万t，实际产量为520.85万t；2001年烧碱总生产能力为963万t，需适当控制发展速度。就其生产技术水平分析，1996年烧碱总产量中，水银电解法11.89万t，占2.3%；隔膜电解法443.62万t，占85.2%；离子膜电解法65.35万t，占12.5%。显然隔膜电解法在烧碱工业中占主导作用，而离子膜电解法是当今世界公认的先进技术。在我国1996年离子膜生产能力为86.8万t，1998年增至170万t，2001年达348.9万t。由于水银法电能消耗高，汞污染严重，且其产量只占烧碱产量的2.3%，故本章不介绍水银法及其生产工艺，重点讨论隔膜法及离子交换膜法。

作为产品销售的烧碱有液碱和固碱两种，其中液碱又有30%和50%两种，其产品规格见表10-1、表10-2；固碱产品规格见表10-3。

表10-1 30%液碱规格(离子膜法生产)

成分	含量/%(质)	成分	含量/%(质)
氢氧化钠	30	氯酸钠	≤0.002
氯化钠	≤0.05	二氧化二铁	≤0.006
碳酸钠	≤0.06		

表 10-2　50%液碱规格(隔膜法生产)

成　　分	含量/%(质)	成　　分	含量/%(质)
氢氧化钠	50±0.5	氯化钠	1
碳酸钠	0.25	氯酸钠	0.1
硫酸钠	0.025	铁	$(5-10)\times10^{-4}$

表 10-3　固体烧碱产品规格

成　　分	含量/%(质)	成　　分	含量/%(质)
氢氧化钠	≥98	碳酸钠	1.5
氯化钠	≤0.12	水分	1

第二节　烧碱生产的工艺流程方框图及流程概念

一、隔膜法生产流程示意方框图及工艺流程概念

制造烧碱的工艺流程概念如图 10-1 所示，主要原料是固体食盐，首先要加水溶解制成粗盐水。

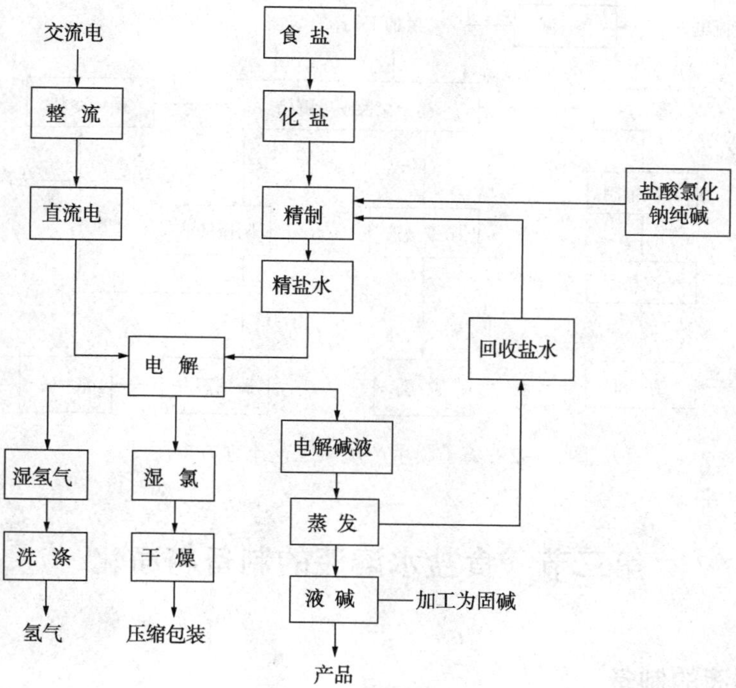

图 10-1　隔膜法工艺流程方框图

粗盐水中含有很多杂质，不符合电解的要求，因此必须经过精制。精制是靠加精制剂，如纯碱、烧碱、氯化钡等来进行的，并加入盐酸调节盐水的 pH 值，使之符合电解的要求。精制后获得的精盐水就可送去电解。

电解需用大量直流电，而发电厂来的却是交流电，因此必须把交流电经过整流设备变成

直流电。当前，普遍采用硅整流器作为整流设备。它在电压较低时也具有较高的整流效率。在电解槽里，精盐水借助于整流后的直流电进行电解，获得电解产物烧碱、氯气和氢气。

从隔膜电解槽出来的电解液中 NaOH 的含量较低，只含 11%~12%NaOH，而且还含大量的 NaCl，不符合使用要求。所以还要经过蒸发，使它成为含 NaOH 多、含 NaCl 少的液体烧碱。至于电解液里原有的大量 NaCl，则在蒸发过程中结晶析出后被化成盐水，此盐水在生产上称为回收盐水。由于这种回收盐水既含 NaCl，又含有少量的 NaOH，所以可送到盐水工段去重复使用，其中的 NaOH 还起着盐水精制的作用。

从电解槽出来的氯气，温度较高并且含有大量的水分，一般不能直接使用，所以还要经过冷却、干燥之后，方可制成氯产品如液氯等。

从电解槽出来的氢气，其温度、含水分情况与氯气相类似，因此也要经过冷却、洗涤，然后输送到使用部门去。有时还需要经过干燥后再送去使用。

二、离子膜生产烧碱工艺流程方框图及流程概念

离子膜生产烧碱工艺流程方框图如图 10-2 所示，其核心部分是饱和盐水的二次精制、预热和电解。整个流程大体分为：原盐的溶解；盐水的一次精制和二次精制；电解，产生 32%浓度的烧碱及氢气和氯气；淡盐水的处理，主要是脱游离氯，然后返回原盐溶解，重新饱和；氢气和氯气的处理，包括冷却、干燥、压缩等；烧碱液从 32%浓缩至 50%。

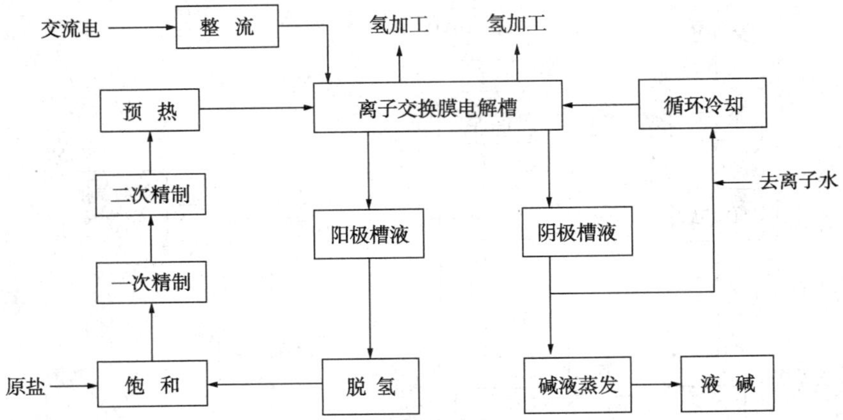

图 10-2 离子膜生产烧碱工艺流程方框图

第三节 食盐水溶液的制备与净化

一、食盐水溶液的制备

普通的食盐除主要含氯化钠以外，还含有其它的化学杂质，所含化学杂质的种类和数量因盐的种类不同而有所不同。一般含有的化学杂质为 $MgCl_2$、$MgSO_4$、$CaCl_2$、$CaSO_4$ 和 Na_2SO_4 等。另外，还含有机械杂质(如泥沙及其它不溶性的杂质)。

目前我国氯碱工业所用的原料仍以海盐为主。

原盐的溶解是在化盐桶和化盐池内进行的。原盐从盐仓用皮带输送到化盐桶上部，卸入

桶内，化盐水由下部往桶底的配水管均匀喷出，使与盐水逆流相遇。当水通过盐层时，将盐溶化制成饱和的精盐水，含量应保持在310~315g/L以上。最后由上部通过篦子除去部分机械杂质，经溢流管流出。

二、盐水的净化

普通的工业食盐中含有钙盐、镁盐、硫酸盐和机械杂质，这些杂质对电解是有害的。因此，必须除去，这就是盐水精制的任务。

1. 钙、镁杂质对电解的影响及处理

有钙、镁杂质的盐水注入电解槽后，将与阴极室的碱（NaOH和少量的Na_2CO_3）作用，生成氢氧化镁和碳酸钙淀淀。

$$MgCl_2 + 2NaOH = Mg(OH)_2 \downarrow + 2NaCl$$

$$CaCl_2 + Na_2CO_3 = CaCO_3 \downarrow + 2NaCl$$

这些沉淀积聚在隔膜上，使隔膜堵塞，影响了隔膜的渗透性，使电解槽运行恶化。

除去钙盐、镁盐杂质，采用加入NaOH和Na_2CO_3的方法。加入的量由分析数据控制（NaOH控制过量在0.1~0.2 g/L；Na_2CO_3控制过量在0.2~0.3 g/L）。由于在常温下，氢氧化镁在NaCl中的溶解度比$MgCO_3$小。因此，一般都用NaOH除去镁盐，由于化盐时所用的析出回收盐水中已含有NaOH，故精制一般不用另加NaOH。

加碳酸钠Na_2CO_3是为了与溶解在盐水中的钙盐起反应，使其生成不溶性的碳酸钙沉淀。使用Na_2CO_3而不用NaOH除钙，主要是碳酸钙的溶解度比氢氧化钙小；其次，用碳酸钠处理，可以使盐水最终的碱度不大，这就减少了下一步中和时用盐酸的量，并且所得盐水透明，易于过滤。

2. 硫酸盐对电解的影响及处理

如果硫酸盐的含量较高时，SO_4^{2-}将在电解槽的阳极发生氧化反应，以致增加了阳极的腐蚀，缩短电极的使用寿命。其反应如下：

$$2SO_4^{2-} = 2SO_3 + O_2 \uparrow + 4e^-$$

$$2SO_3 + 2H_2O = 2H_2SO_4$$

$$2H_2SO_4 = 4H^+ + 2SO_4^{2-}$$

反应中放出的氧，将石墨电极氧化，生成CO_2，更加速了电极的腐蚀。既造成了电能的消耗，又降低了氯气的纯度。

为了除去硫酸盐杂质，通常采用加$BaCl_2$的办法，反应如下：

$$BaCl_2 + Na_2SO_4 = BaSO_4 \downarrow + 2NaCl$$

氯化钡的加入量是按盐水中SO_4^{2-}不超过5g/L进行控制的。

盐水净化过程中$Mg(OH)_2$形成了胶体溶液，大大地影响了盐水的澄清速度，常常加入助沉剂（或称凝聚剂）以加快盐水澄清速度。助沉剂的加入，可使盐水的澄清速度提高0.5至1倍。常用的助沉剂是苛化麸皮或苛化淀粉。有些氯碱厂采用新的助沉剂“CMC”（羧甲基纤维素），可以节省粮食。也有的采用“PAM”（聚丙烯酰胺）高分子凝聚剂。

盐水经中和后，应达到如下要求：

NaCl　　310~315 g/L

Ca^{2+}、Mg^{2+}	<3~5mg/L
SO_4^{2-}	<5 g/L
pH 值	7~7.5

3. 盐水的精制

对于隔膜法采用一次净化盐水可满足工艺要求，但对于离子膜法需对一次净化盐水进行二次精制，先将第一次精制的盐水以炭素管或过滤器过滤，使悬浮物含量小于 10^{-6}，再采用螯合树脂塔或其它超过滤系统，使 Ca^{2+} 与 Mg^{2+} 的总量小于 2×10^{-8}(质)，并保证 SO_4^{2-} 的浓度在 4g/L 以下，将微量钙镁离子除去。

第四节　反应过程和反应工艺

一、电解过程基本定律及电流效率

电解过程为电能转化为化学能的过程。即当以直流电通过熔融态电解质或电解质水溶液时，产生离子的迁移和放电现象，在电极上析出物质的过程。

1. 电化当量

电解过程中，在两个电极上究竟有哪种离子放电及其放电数量，即参加电化学反应的反应物与生成物之间，理论上存在着严格的定量关系，这就是法拉第(Faraday)电解定律。

法拉第第一定律是电解过程中，电极上所生成的物质的质量与通过电解质的电量成正比，即与电流强度及通电时间成正比。

可知，如果要提高电解生成物的产量，则要增大电流强度，或延长电解时间。

法拉第第二定律是将等量的直流电流通过电解质时，在电极上析出物质的量与电解质的当量成正比。

产生 1 克当量的任何物质都需要消耗同样多的电量 F，F 约等于 96500 库仑，26.8 安培·小时(26.8 A·h)称为 1 法拉第。

根据法拉第第二定律，可计算出通过单位电量(A·h)时，在电极上所析出物质的质量，即为该物质的“电化当量”。电解食盐水溶液时，Cl_2 的电化当量为 1.323g，H_2 为 0.0376g，NaOH 为 1.492g。

电解时，根据电流强度、通电时间及运行电槽数和电解质的电化当量，可计算出该物质在电极上的理论产量。

实际生产过程中，由于在电极上要发生一系列的副反应以及漏电现象，所以电量不能完全被利用，实际产量比理论产量低。实际产量与理论产量之比，称为电流效率或电流利用率，用 n_1 表示。

$$n_1=\frac{G_{\text{实际产量}}}{G_{\text{理论产量}}}\times100\%$$

在现代氯碱工厂中，电流效率一般为 95%~97%。

2. 槽电压及电压效率

电解时加在电解槽两极上的实际操作电压称槽电压。它包括理论分解电压、超电压、电解质溶液电压及其它各种电压降。工业上隔膜电解槽的槽电压一般为 3.2~3.8 V；理论分解电压与实际的槽电压之比叫做电压效率，以 η_E 表示，即：

$$\eta_E=\frac{E_{理}}{E_{实}}\times 100\%$$

欲提高电压效率，必须降低电解槽的实际操作电压，这应以减少各种电压降着手。一般来说，隔膜电解槽的电压效率在60%以上。

3. 电能效率

在电解过程中，理论所需的电能与实际消耗的电能数值之比称为电能效率，以 η 表示。

$$\eta=\frac{W_{理}}{W_{实}}\times 100\%$$

由于电能(W)是电量(Q)和电压(U)的乘积，所以电能效率也就是电流效率与电压效率的乘积，即：

$$电能效率=电流效率$$

$$电压效率=\frac{Q_{理}\times U_{理}}{Q_{实}\times U_{实}}$$

当槽电压降低 0.1V 或电流效率提高 1%时，则生产每吨 NaOH 可节约电能分别为 70 kW·h、30 kW·h。因此，在工业生产中，若要降低电能耗，就要设法降低槽电压，尽量提高电流效率。并且随着电流密度的提高，O_2 在阳极的超电压升高，使 OH^-离子难于在阳极放电，可以减少副反应；而产量是随电流密度的增加而成比例增加。因此，适当提高电流密度，将会使电能的消耗相应有下降。

二、隔膜法电解

本法是以石墨为阳极(或金属阳极)，铁为阴极，采用石棉隔膜的一种电解方法。隔膜是由一种多孔渗透性材料做成，能将阳极产物与电极产物隔开，可使电解液通过，并以一定的速度流向阴极而可阻止 OH^-向阳极扩散。工业上较多使用立式隔膜电解槽。阳极表面上，放电生成 Cl_2；阴极表面上，放电生成 H_2。

阳极液中的 Na^+不断地通入隔膜的孔隙流入阴极室，与 OH^-结合成 NaOH 溶液。

阳极附近的 OH^-浓度升高以后，有可能在阳极放电逸出 O_2。

电解槽内的副反应主要发生在阳极室，若阳极液中含有少量的 NaClO 和 $NaClO_3$，就会随阳极液流入阴极室，在阴极上被新生态氢原子还原成氯化钠：

$$NaClO+2[H]\longrightarrow NaCl+H_2O$$

$$NaClO_3+6[H]\longrightarrow NaCl+3H_2O$$

由于在电极上发生副反应，不仅消耗了产品 Cl_2、H_2 和 NaOH，而且浪费了电能，还生成了次氯酸盐、氯酸盐、氧等，降低了产品 Cl_2 和 NaOH 的纯度。氧会腐蚀石墨电极，加速电极消耗。

为了减少电极上的副反应，一般来说，应尽量采用精制的饱和食盐水，使电解在较高的温度下进行，以防止氯气在阳极液中的溶解，避免阳极室中一系列副反应的发生。维持阳极室的液面高于阴极室，并使阳极液保持一定的流速，以阻止 OH^-由阴极室向阳极室迁移，防止阳极室发生中和反应。

隔膜法电解工艺流程。如图 10-3 所示。精制后的合格饱和食盐水，升高温度后进入盐水高位槽，槽内盐水保持一定液面，以确保盐水压力恒定。盐水从高位槽出来后，再经过盐水预热器，一般用蒸汽预热后，温升可到75~80℃，盐水依自压平稳地从盐水总管经分导管连续均匀地加入电解槽中进行电解。

电解生成的氯气由槽盖顶部的支管导入氯气总管，送到氯气处理工序。氢气从电解槽阴极箱的上部支管导入氢气总管，经盐水-氢气热交换器降温后送氢气处理工序。生成的电解碱液从电解槽下侧流出，经电解液总管后，汇集于电解液贮槽，再由碱泵送至蒸发工序浓缩制得合格液碱产品。

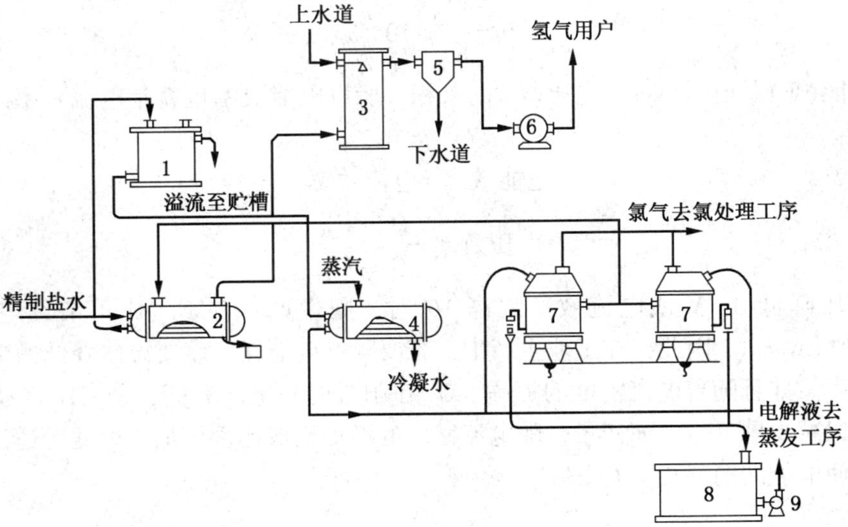

图 10-3　电解食盐水溶液工艺流程示意图

1—盐水高位槽；2—盐水氢气热交换器；3—洗氢桶；4—盐水预热器；5—气液分离器；6—罗茨鼓风机；7—电解槽；8—电解液贮槽；9—碱泵

三、离子交换膜法电解

离子交换膜法电解食盐水溶液，在20世纪50年代开始研究，直到1966年美国杜邦公司开发了化学稳定性较好的离子交换膜(Nafion膜)以后，日本旭化成公司于1975年开始工业化生产，为离子膜法电解食盐水工业奠定了基础。

离子膜法烧碱较传统的隔膜法、水银法，具有能耗低、产品质量高、占地面积小、生产能力大及能适应电流昼夜变化波动等优点。另外彻底根治了石棉、水银对环境的污染。因此，离子膜法烧碱是氯碱工业发展的方向。

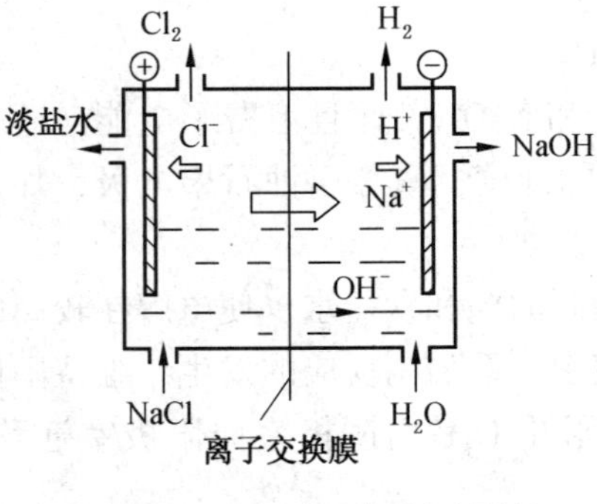

图 10-4　离子膜电解制碱原理

1. 电解原理

在离子交换膜法电解槽中，由一种具有选择透过性能的阳离子交换膜将阳极室和阴极室隔开，该膜只允许阳离子(Na^+)通过进入阴极室，而阴离子(Cl^-)则不能通过。在阳极上和阴极上所发生的反应与一般隔膜法电解相同。

离子交换膜法制碱的原理如图10-4所示。

饱和精制盐水进入阳极室，去离子水加入阴极室。

导入直流电时，Cl^-在阳极表面放电产生 Cl_2 逸出，H_2O 在阴极表面放电生成 H_2，Na^+通过离子膜由阳极室迁移到阴极室与 OH^-结合成 NaOH。通过调节加入阴极室的去离子水量，可得到一定浓度的烧碱溶液。

2. 工艺流程

离子膜法电解工艺流程如图 10-5 所示。

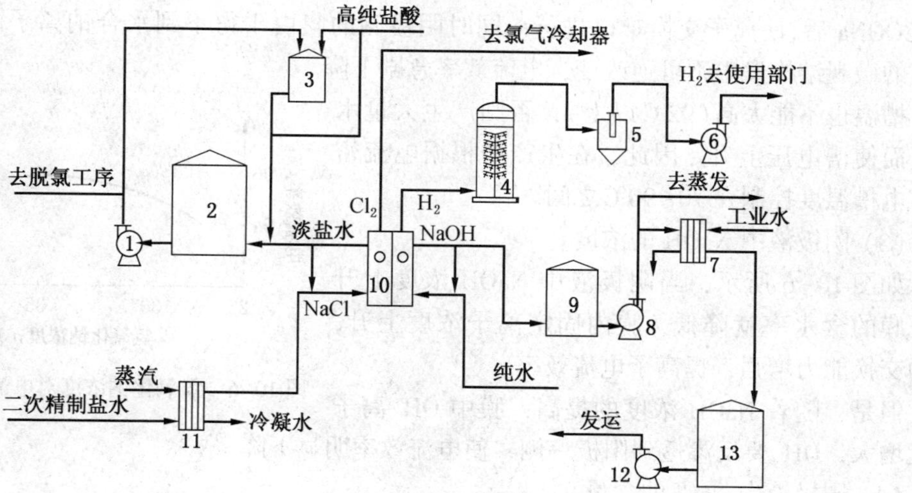

图 10-5　离子膜电解工艺流程图

1—淡盐水泵；2—淡盐水贮槽；3—分解槽；4—氯气洗涤塔；5—水雾分离器；6—氯气鼓风机；7—碱冷却器；8—碱泵；9—碱液受槽；10—离子膜电解槽；11—盐水预热器；12—碱泵；13—碱液贮槽

二次精制盐水经盐水预热器升温后送往离子膜电解槽阳极室进行电解；纯水由电解槽底部进入阴极室。通入直流电后，在阳极室产生的氯气和流出的淡盐水经分离器分离后，湿氯气进入氯气总管，经氯气冷却器与精制盐水热交换后，进入氯气洗涤塔洗涤，然后送往氯气处理工序。从阳极室流出来的淡盐水，一部分补充到精制盐水中返回电解槽阳极室，另一部分进入淡盐水贮槽，再送往氯酸盐分解槽，用高纯盐酸进行分解。分解后的盐水回到淡盐水贮槽，与未分解的淡盐水充分混合并调节 pH 值在 2 以下，送往脱氯塔脱氯，最后送到一次盐水工序重新制成饱和盐水。

3. 离子交换膜法电解工艺条件分析

离子交换膜法是一种先进的电解法制烧碱工艺，对工艺条件提出了较严格的要求。

(1) 饱和食盐水的质量

盐水的质量对膜的寿命、槽电压和电流效率都有重要的影响。盐水中的 Ca^{2+}、Mg^{2+}和其它重金属离子以及阴极室反渗透过来的 OH^-结合成难溶的氢氧化物会沉积在膜内，使膜电阻增加，槽电压上升；还会使膜的性能发生不可逆恶化而缩短膜的使用寿命。SO_4^{2-} 和其它离子(如 Ba^{2+}等)生成难溶的硫酸盐沉积在膜内，也使槽电压上升，电流效率下降。

用于离子膜法电解的盐水，纯度远远高于隔膜法和水银法，须在原来一次精制的基础上，再进行第二次精制，保证膜的使用寿命和较高的电流效率。

(2) 电槽的操作温度。

离子膜在一定的电流密度下，有一个取得最高电流效率的温度范围(见表 10-4)。

表 10-4 一定电流密度下的最佳操作温度

电流密度/(A/dm²)	温度范围/℃	电流密度/(A/dm²)	温度范围/℃
30	85~90	10	65~70
20	75~80		

当电流密度下降时，电槽的操作温度也相应降低，但不能低于 65℃，否则电槽的电流效率将发生不可逆转的下降。这是因为温度过低时，膜内的 $-COO^-$ 离子与 Na^+ 结合成 $-COONa$ 后,使离子交换难以进行；同时阴极侧的膜由于得不到水合钠离子而造成脱水，使膜的微观结构发生不可逆改变，电流效率急剧下降。

槽温也不能太高(92℃以上)，否则产生大量水蒸气而使槽电压上升。因此，在生产中根据电流密度，电槽温度控制在 70~90℃之间。

(3) 阴极液中 NaOH 的浓度。

如图 10-6 所示，当阴极液中 NaOH 浓度上升时，膜的含水率就降低，膜内固定离子浓度上升，膜的交换能力增强，提高了电流效率。

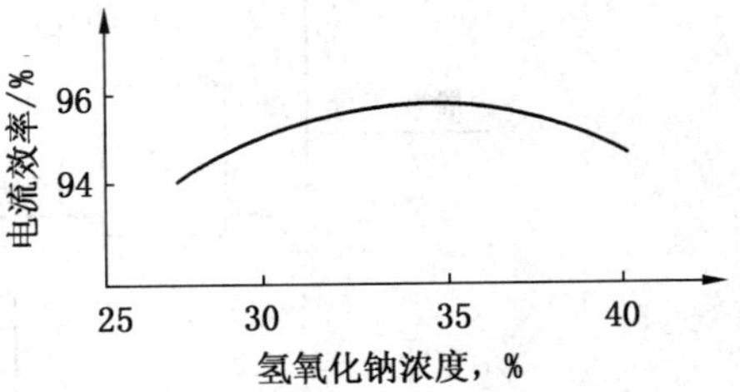

图 10-6 氢氧化钠浓度对电流效率的影响

但是，随着 NaOH 浓度的提高，膜中 OH^- 离子浓度增大，OH^- 要反渗透到阳极一侧，使电流效率明显下降。

(4) 阳极液中 NaCl 的含量。

如图 10-7 所示，当阳极液中 NaCl 浓度太低时，对提高电流效率、降低碱中含盐都不利。

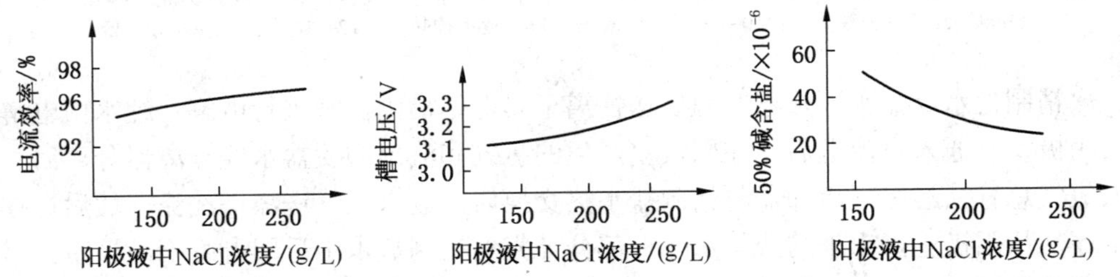

图 10-7 阳极液中氯化钠浓度对电流效率、槽电压、碱中含盐量的影响

这是因为水合钠离子结合水太多，使膜的含水率增大；不仅使阴极室的 OH^- 容易反渗透，导致电流效率下降，而且阳极液中的氯离子易迁移到阴极室使碱液中的 NaCl 含量增大。阳极液中的 NaCl 浓度也不宜太高，否则会引起槽电压上升。

另外，离子膜长期处于 NaOH 低浓度下运行，还会使膜膨胀、严重起泡、分离直至永久性破坏。生产中一般控制阳极液中 NaCl 浓度约为 210g/L。

第五节 产物的分离和精制

一、电解液的蒸发浓缩制液碱

1. 电解液蒸发的主要目的

(1) 将含 NaOH 10%~12%的电解液浓缩，使之成为符合一定规格的商品液碱。

（2）通过电解液浓缩，将其中氯化钠结晶分离出来，以提高液碱的纯度。并将分离得到的盐制成盐水，返回盐水精制工序使用。

2. 电解液蒸发原理

本工序是借助于蒸汽，使电解液中的水分部分蒸发，以浓缩氢氧化钠。工业上该过程都是在沸腾状态下进行的。由于电解液中含有 NaOH、NaCl、NaClO 等多种物质，所以溶液的沸点是随着蒸发过程中的溶液浓度的提高而升高，同时也与蒸发的操作压力有关。

表 10-5　NaCl 在 NaOH 水溶液中的溶解度

NaOH/%	NaCl/%			NaOH/%	NaCl/%		
	20℃	60℃	100℃		20℃	60℃	100℃
10	18.05	18.70	19.96	40	1.44	2.15	3.57
20	10.45	11.11	12.42	50	0.91	1.64	2.91
30	4.29	4.97	6.34				

表 10-5 列出了 NaCl 在 NaOH 水溶液中的溶解度随 NaOH 含量的增加而明显减小，随温度的升高而稍有增大的数据关系。

应当指出，在电解液蒸发的全过程中，烧碱溶液始终是一种被 NaCl 所饱和的水溶液。因而随着烧碱浓度的提高，NaCl 便不断地从电解液中结晶出来，从而提高了碱液的纯度。

为了减少加热蒸汽的耗量，提高热能利用率，电解液蒸发常在多效蒸发装置中进行。随着效数的增加，单位质量的蒸气所蒸汽的水分也越多，蒸汽利用的经济程度自然越佳；但蒸发效数过多，其经济效益的增加并不明显，故过多蒸发效数并不必要。

3. 隔膜法电解制液碱

（1）三效顺流生产 42%液碱

隔膜法电解液含 NaOH 约 10%~20%，含 NaCl 16%~18%，需要经过浓缩，并分离氯化钠，使碱浓度提高到 30%或 42%才成为商品烧碱。

水银法和离子交换膜法获得的烧碱溶液纯度都较高，氯化钠含量低。水银法电解液中含 NaOH 已达 50%左右，所以不必进行浓缩；从离子交换膜电解槽内流出的阴极液，含 NaOH 20%~40%，可直接作为高纯烧碱使用，也可根据需要进行蒸发浓缩。

隔膜法电解液组成为：

NaOH	125~135g/L
NaCl	190~210g/L
Na_2SO_4	4~6g/L
$NaClO_3$	0.05~0.25g/L

隔膜法电解液的蒸发常在多效蒸发器中进行。采用多效蒸发器的目的，是为了减少加热蒸汽的耗量。目前国内大多采用双效顺流和三效顺流流程。图 10-8 为三效四体两段顺流蒸发流程。两段蒸发是指电解液经过两次蒸浓，第一次从含 NaOH 约 10%浓缩至 25%~30%，第二次进一步浓缩至 42%，顺流是指碱液与蒸气的走向相同。三效是指第一次蒸发是由 1、2、3 三级蒸发串联的；四体是指三级蒸发串联由四个蒸发器组成，其中一效为两个蒸发器并联。

电解工序来的电解碱液用泵送往预热器预热后进入一效蒸发器。碱液从一效蒸发器出来后依次进入二效、三效蒸发器，进入三效蒸发器时，碱液浓度已达23%~25%，并析出大部分食盐。二、三效蒸发器的碱液用泵输送至旋流器，使氯化钠沉降，溢流的澄清碱液送至中间碱液贮槽，以备进一步浓缩。旋流器中增稠的晶浆送往离心机分离，分离出母液也送往中间碱液贮槽。分出的氯化钠用水化成盐水，送往盐水精制工序。

澄清的中间碱液连续送入浓效蒸发器，进一步浓缩，使 NaOH 浓度达到42%。浓碱液送入贮槽沉降出氯化钠后即可作为液碱产品。

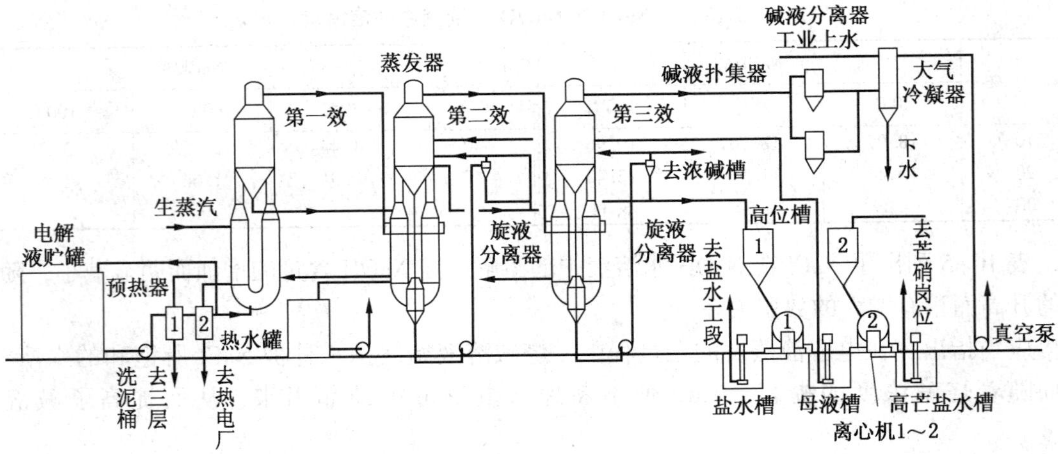

图 10-8　三效顺流工艺流程图

加热用生蒸汽进入一效蒸发器加热室，一效产生的二次蒸汽供给二效加热，二效的二次蒸汽进入三效蒸发器，三效产生的二次蒸汽去大气冷凝器中，由上水直接冷凝，不凝气经真空泵排入大气中。

送往一效蒸发器的加热蒸汽约为0.5 MPa。三效和浓效的二次蒸汽进入捕沫器分出夹带的碱液，再进入大气冷凝器。通常三效和浓效蒸发器在0.0866~0.0907MPa 真空度下操作。

国内采用三效顺流流程，将10%~12%的隔膜法电解液浓缩至40%，约需耗汽3.5t/t(碱)，而国外采用三效或四效逆流强制循环工艺，用以生产50%液碱，汽耗仅为2.8~3.0或2.0t/t(碱)。汽耗是蒸发工序的主要技术经济指标，因此，降低蒸汽消耗十分重要。

(2) 三效逆流蒸发生产50%液碱。

电解液送入第三效蒸发器蒸出部分水后送入离心机加料槽分盐，去第二效预热器预热后入第二效蒸发器。出来的碱液由泵送至旋液分离器分盐，其顶部出来的碱液，经高位槽泵送第一效预热器后进入第一效蒸发器，在此碱液继续浓缩到45% NaOH，借压力差进入闪蒸效蒸发器，浓缩到49%。再泵送至闪蒸效旋液分离器分盐，碱液经旋液分离器槽泵送入闪蒸效旋液器，经高位槽送至浸没蛇管式碱液冷却器，经冷却水冷冻水二段冷却至23℃，再经过滤机进一步除盐即得50% NaOH 液碱成品，成品送至成品贮槽。如图10-9。

二、固碱制造

固碱作为产品出售一般适用于运输距离远或交通极不方便的地方，或其它特殊用途。

固碱是将含 NaOH 50%左右的液碱浓缩到98.5%，传统的落后工艺是采用直接火加热锅式蒸熬法。而降膜法制固碱是目前使用最广的新流程，流程简单、操作容易、占地面积小、热利用率高(可达 60%~65%)、操作人员少，可自动化，故投资少，成本低。

降膜蒸发器，其特点是加热管的长径比(L/D)一般为 100~250，并有一定的要求。蒸发的二次蒸汽在管内流速很快，常压为 20~30 m/s，减压为 80~200 m/s。高速的二次蒸汽具有良好的破泡作用，因此适用于易产生泡沫的溶液蒸发。

1. 连续式降膜法制固碱

合格的 45%或 50% NaOH 的液碱与 10%浓度的糖液[按 0.2%(质)配比]混合进入预浓缩器，用降膜蒸发器闪蒸出来的二次蒸汽加热，在 8.1kPa 真空(绝)下，使碱液浓缩到 61%，再进入降膜蒸发器中，在此用 430℃高温熔融盐加热蒸发，碱液沿管壁呈膜式流下浓缩成为含 NaOH 98%的熔融状碱。再经下部贮槽闪蒸后可浓缩到 99.5%，由液下泵抽出送到固碱成型工序。

降膜法设备一般为镍制。高温浓碱中含氯化钠及氯酸盐，为防止对镍制设备的腐蚀，常加入蔗糖以除去碱液中的氯酸盐。

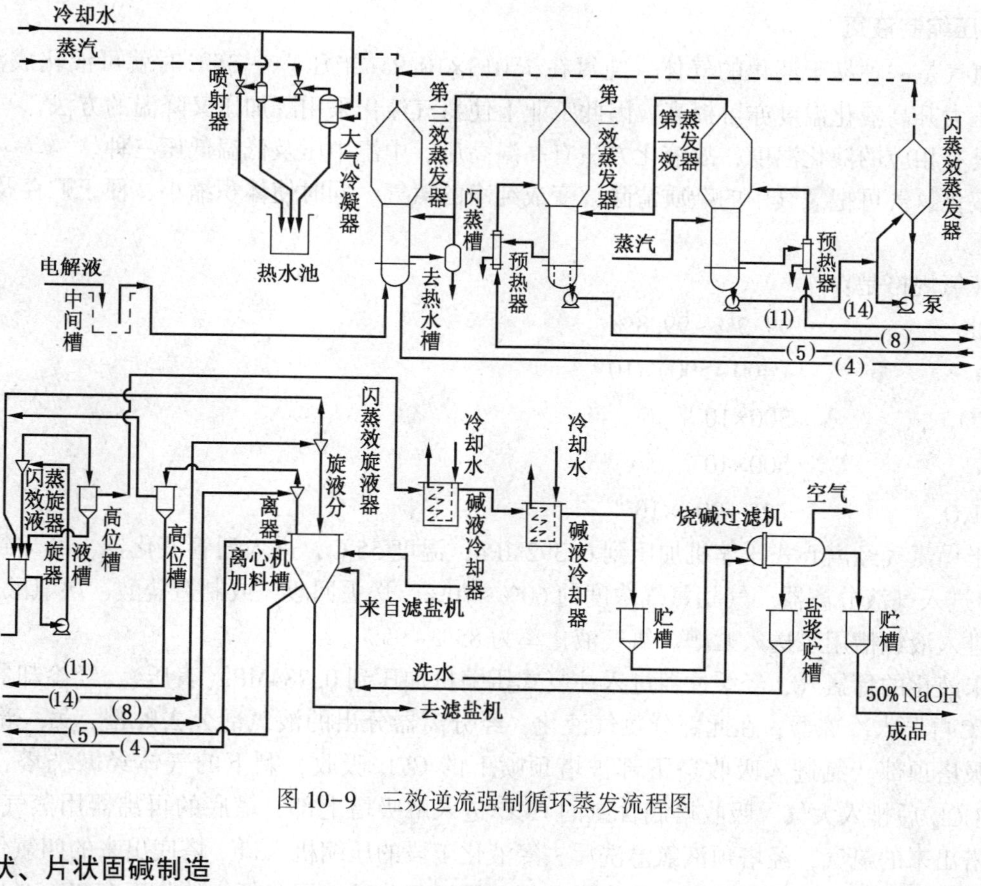

图 10-9　三效逆流强制循环蒸发流程图

2. 粒状、片状固碱制造

粒状　降膜蒸发器下部的熔融碱用液下泵送入造粒塔顶上的高位槽，再流入造粒塔上部的喷头，变成很小的碱滴下落，至塔底温度降至 250℃，已凝结成碱粒。塔顶装有抽风机，抽出气体中碱含量<5mg/m^3。塔壁上淋水防止碱粉粘结在壁上。成品碱粒大小与抽风冷却速度有关。塔中出来的粒碱经回转冷却器冷到 55℃，用斗式提升机送到粒碱仓上部的筛选机，进入料仓、包装。

片状　来自降膜蒸发器的合格熔融碱，通过成品分离槽流入片碱机下部的弧形碱槽。片碱机的冷却滚筒表面开有燕尾式凹槽，滚筒下部浸入弧形槽的熔碱中，冷却水引入轴承中心喷出，喷淋冷却滚筒的内表面，冷却水出口装有水喷射泵，以保证冷却水及时排出。滚筒以1.5~3r/min的速度缓慢转动，其外表面凝结0.8~1.5mm厚的固碱层，不断被刮刀铲下，即为片碱，进一步冷却、破碎。

三、Cl_2 净化和液氯生产

1. Cl_2 干燥

从电解槽出来的湿氯气一般温度在90℃左右，夹带同温饱和水蒸气、盐雾进入氯气洗涤塔，以工业上水直接循环喷淋洗涤冷却到40~50℃，再经钛制鼓风机送入氯气冷却塔，以8~10℃的冷冻水将氯气进一步冷却到10~20℃，除雾后进入干燥塔，塔由三或四个串联。98%的浓硫酸逆流接触除去氯气中水分，出来的干氯气经除酸雾后含水0.1mg/L，温度20℃，去氯压缩、液化工序。

2. Cl_2 压缩制液氯

氯气是一种易于液化的气体。纯氯在 1.013×10^5Pa(绝压)、-35℃时就可液化成液体。随着压力升高液化温度亦可提高。因此工业上使氯气液化采用既加压又降温的方法。一定的压力具有相应的液化温度，故液化方法有高温高压、中温中压及低温低压三种。

液化氯气可把氯气中的杂质清除，变成纯净的氯气。同时使体积缩小，便于贮存及远距离输送。

液氯规格是：

Cl_2	99.5%~99.8%
O_2	$(400\sim500)\times10^{-6}$
CO_2	300×10^{-6}
N_2	500×10^{-6}
H_2O	$(15\sim20)\times10^{-6}$

干燥氯气经离心式压缩机加压到0.392MPa，温度55℃，进入列管液化器，冷却到-6~-10℃进入气液分离器。气相氯气浓度约60%~70%，送去回收，或制造盐酸、次氯酸钠等。液氯进入液氯槽用泵送入贮槽。氯气液化率为85%~95%。

未液化的稀氯气，经缓冲器进入往复式压缩机加压到0.784MPa(表压)，经冷却器冷却到40℃再导入冷冻器，在此部分氯气液化，经分离器分出的液氯部分去贮槽，另一部分进入解吸塔顶部。氯进入吸收塔下部被塔顶喷下的 CCl_4 吸收，剩下的气体经碱洗塔，清除 Cl_2、CCl_4 后排入大气。吸收塔底含氯的 CCl_4 进入解吸塔上部，塔底的再沸器用蒸气加热。解吸塔出来的氯气，经塔顶液氯淋洗后去氯液化工段的压缩机入口。塔底出来的四氯化碳经冷却器、冷冻器冷却后，再进入吸收塔吸氯。用四氯化碳法回收氯气的收率在99.5%以上。

四、H_2 精制

隔膜电解槽出来的氢气比槽温稍低，约90℃，含有 H_2O、CO_2、O_2、N_2 及 Cl_2 等，同时还带有盐、碱雾沫，先进入洗涤塔，由水冷却到50℃，经鼓风机加压送入冷却塔，以冷冻水冷却到20℃并降低水分。然后进入四个串联的洗涤塔，分别用10%~15%硫酸、10%~

15%烧碱、4%~6%硫代硫酸钠、10%~15% NaOH 及纯水，除去 CO_2、Cl_2、含氮物及碱等杂质，再经干燥得精制氢气。

五、盐酸和干燥 HCl

1. 盐酸

氯气和氢气按比例进入合成炉底的套管燃烧器，氢气在氯中燃烧生成氯化氢并放出大量的热。

$$H_2+Cl_2 \rightleftharpoons 2HCl$$

氯气和氢气按 1∶1.5 比例进入合成炉底的燃烧器中，燃烧生成氯化氢并放出大量热。高温(400℃)氯化氢从合成炉上部出来，经空气冷却器冷却到 130℃左右，冷却后的氯化氢气进入降膜式吸收塔的上部，与尾气吸收器来的稀酸沿吸收塔内石墨管壁并流而下，生成浓度为 32%~35%的盐酸，从塔底流出，再经冷却后去成品贮槽。塔内未被吸收的气体，由塔底返回塔上部，经填料层，被冷却水喷淋吸收变成稀酸，进入降膜塔吸收氯化氢气。

2. 干燥 HCl

由合成炉经冷却的氯化氢，经石墨冷却器冷却至 20~30℃，进入第一干燥塔用 90%左右的硫酸喷淋干燥。一塔出来的气体进入第二干燥塔，用 98%的浓硫酸干燥，第二塔出来的干氯化氢气，经分离器除雾后含水 0.03%为合格的干燥 HCl。第二塔的硫酸循环吸水被稀释到 90%时，放入第一塔使用。

第六节　氯碱厂环保措施简介

氯气有毒，价贵。氯碱厂在合成盐酸时，采用氢气过量 5%~8%，这样可以保证氯气反应完全，并使盐酸中的次氯酸含量不超标，同时使排入大气中的尾气几乎不含有氯气。另外在液氯生产过程中产生的稀氯气采用四氯化碳吸收法回收，该方法氯气回收率可达 99.5%以上。经四氯化碳吸收后的废气中的氯，可采用稀氢氧化钠水溶液吸收，以生产次氯酸钠漂白液的方法除净。

第十一章　乙　　烯

第一节　概　　述

乙烯（$CH_2=CH_2$），是石油化工的最重要的基础原料，是衡量一个国家石油化工发展水平的标准之一。

乙烯常温常压下为无色可燃性气体，略具烃类特有的臭味。凝固点－169℃，沸点－103.8℃，相对密度：气体（空气＝1）0.9752，液体0.569（－103.9℃），临界温度9.90℃，临界压力4.95MPa，临界密度0.277kg/L，在空气中爆炸极限：下限3%～3.5%（体），上限16%～29%（体）。

乙烯在低浓度时有刺激作用，在高浓度时具有强烈的麻醉作用，液态乙烯接触皮肤和粘膜可造成冻伤。

质量指标：含量99.95%，乙炔5×10^{-6}，甲烷＋乙烷$\leq500\times10^{-6}$，C_3及C_3以上$\leq10\times10^{-6}$，水$\leq1\times10^{-6}$，H_2、CO、CO_2均$\leq5\times10^{-6}$，S和O_2均$\leq1\times10^{-6}$。

自然界中没有烯烃矿藏，不可能大量开采提炼，要用工业的方法生产。

在石油化学工业发展以前，工业上生产乙烯是由炼焦工业副产焦炉气中分离回收；但焦炉气中乙烯含量仅2%左右，来源有限，根本不能满足需要。

由乙醇脱水制乙烯的工业是早期工业上采用的方法。此法所使用的乙醇脱水催化剂为活性氧化铝，反应温度为350～400℃；反应结束后，经冷凝去除脱掉的水；再经洗涤、分离、干燥、分离即得乙烯产品，乙烯的含量为97%～99.5%，生产1吨乙烯，约需消耗2200kg乙醇。

据报道，国外开发了一种新型的乙醇制乙烯的催化剂，可大大降低乙醇制乙烯的成本。该催化剂可使生产效率提高6倍，乙烯的选择性从90%提高到97%，并降低了原材料的消耗和副产物的生成。乙醇在管式反应器中，脱氢生成乙烯和水；再经压缩送到填充床干燥器中干燥，即得到含量大于98%的乙烯；然后精制得含量大于99.8%的聚合级乙烯。

目前在某些石油资源缺乏，且拥有丰富糖蜜和其它农副产品资源的国家，仍在采用此法。乙醇制乙烯的技术不断开发，寻找高效催化剂，反应器由固定床发展为流化床，其反应选择性可提高到约99%，投资费用也较低。另据报道，我国研制成功的乙醇制乙烯催化剂，具有低反应温度（初始反应温度250℃）、高活性（转化率为96%～99%）、高选择性（98%～99%）、高空速（$1\sim1.5h^{-1}$）、高强度等优点，稳定性和再生性也很好。

工业上用烃类裂解的方法获得乙烯、丙烯等低级烯烃，同时副产丁二烯和苯、甲苯、二甲苯等芳烃。烃类裂解原料已从较早采用的油田气、炼厂气、天然气等气态烃扩大到石脑油、煤油、柴油、重油和催裂渣油等液态烃。

烃类裂解生产乙烯的主要过程为：

原料→热裂解→裂解气预处理（热量回收、净化）→裂解气分离→乙烯、丙烯及联产物。

乙烯装置生产规模较大，一般年生产能力为30万t，目前已有年产1.315Mt乙烯的超大型装置。烃类裂解多用管式炉，其单炉年生产能力一般为0.02～0.05Mt。

主要的裂解工艺技术有许多家，主要技术成熟的有：

(1) 鲁姆斯 SRT 型裂解工艺。鲁姆斯公司开发的 SRT 型裂解工艺，是世界上采用最广泛的裂解技术，具有停留时间短、热强度高、烃分压低等特点。因此，乙烯选择性高，是一种较先进的裂解工艺。从 1965 年第一台 SRT-I 型装置投产后，该公司不断改进，发展到 V 型和Ⅵ型。国内燕山、齐鲁、扬子、金山、盘锦、抚顺等引进和已建的 SRT 型裂解炉，已发展成Ⅳ型。新材料炉管管壁耐温可高达 1100℃，热强度达 376.8MJ/(m^2·h)，因而，又进一步缩短了裂解停留时间和降低了烃分压，并提高了裂解选择性；单独台炉的生产能力由 3 万 t/a 提高到 4.5 万~5.0 万 t/a；炉子效率由 87%提高到 92%。其裂解选择性更好，裂解原料可以使用减压柴油。

80 年代末期，鲁姆斯公司又推出了 SRT-V 型炉，生产能力约增加 10%，如以石脑油为原料，中等裂解深度，乙烯收率约为 31%~32%，清焦周期为 70~90 天。近年来，鲁姆斯公司又发展了 SRT-Ⅵ型裂解炉，生产能力可提高 10%，当以石脑油为原料时，烧焦周期为 60 天，乙烯收率没有显著变化。

(2) 斯通-韦伯斯特裂解工艺。1966 年以后，该公司在西拉斯裂解炉的基础上，发展了超选择性裂解技术(其炉简称 USC 炉)。此工艺主要特点为：采用高温裂解(850~900℃)和短停留时间(0.2~0.3s)；采用的 USX 型急冷锅炉使裂解气急速冷却，比壳式急冷锅炉效率高，并能生产压力为 10~13.5MPa(G)的高压蒸汽；裂解炉单排管双面辐射，炉管受热均匀；采用多组小管径炉管，比表面积增加，有利于降低烃分压；并可有效地回收分馏塔的废热以产生 0.7MPa(G)的蒸汽；此外，此裂解炉的原料适应性广，从乙烷到粗柴油均可。我国大庆采用该公司技术。

(3) 凯洛格裂解工艺。该法采用的原料适应性广，从乙烷到柴油均可采用。由于裂解炉内辐射段分成数段，因而具有较大的操作灵活性，其裂解温度、压力、停留时间，以及裂解温度、时间的分布等参数均可控制。目前，凯洛格工艺采用的立式裂解炉，有普通立式裂解炉、三区型裂解炉和超短停留裂解炉(USRT 型)，即毫秒裂解炉(MSF)；采用的原料为煤油、石脑油、柴油等。毫秒炉的特点是：采用小口径炉管(比以往任何一种炉管都要细)，停留时间极短(≤0.1s)，其目的是提高乙烯的选择性。用石脑油时乙烯的收率可从普通炉的 28.6%提高到 32.2%，用轻柴油和重柴油时，可以分别从 24.4%、19.5%提高到 27.0%和 21.6%，并可有效地裂解重质油。

(4) 三菱油化裂解工艺。此工艺系三菱油化公司和三菱重工业公司联合开发。采用的管式裂解炉为单排双面辐射，对流段在底部，物料自下而上，燃料自上而下喷射燃烧。裂解原料经换热后进入裂解炉的对流段，首先被预热，再与稀释蒸气按一定汽/油比(0.3~0.85)混合进入对流段，加热汽化后进入辐射段裂解炉管，该裂解炉管采用椭圆管加圆管，可使物料迅速达到裂解温度。反应管出口温度为 780~850℃，停留时间为 0.3~0.6s，自反应管出来的高温裂解气，迅速进入 M-TLX 急冷锅炉，被冷至 600℃以下，再经油急冷后进洗油塔、水洗塔冷却至 30~40℃去分离系统。国内金山、吉化公司先后引进了该公司技术。

(5) 正梯台裂解工艺。此工艺系法国石油研究院技术。它以混合石脑油和循环乙烷为原料，采用美国福斯特-惠勒公司正梯台裂解炉，共计 6 台，其中 4 台为石脑油裂解炉，1 台为乙烷裂解炉，1 台为既可裂解乙烷又可裂解石脑油的备用炉。裂解气的急冷采用德国包尔西许急冷锅炉配油急冷器；冷凝为油洗、水洗的一塔两器流程。

此工艺特点是：使用原料范围较窄，石脑油最高裂解深度为乙烯/丙烯为 0.594，乙烷单程转化率最高控制在66%，乙烯单程收率为22.64%，总收率为25.8%；副产的高压蒸汽用于发电后降压，并入中压蒸汽管网用作三机透平的动力。此炉热效率较低，约为86%~87%，炉子清焦周期为2~3个月，每次清焦3天。辽化公司采用此技术。

(6) KTI裂解工艺。荷兰动力技术国际公司(KTI)的GK-Ⅲ型裂解炉，结构类似于SRT型裂解炉。该炉以轻柴油为原料时，蒸汽比为0.75，裂解炉出口温度为808℃，停留时间0.37s，乙烯收率可达28.17%，炉子热效率为93%。

近年来，KTI公司又推出了GK-Ⅳ型炉和GK-Ⅴ型炉。以石脑油为原料，采用GK-Ⅳ型炉，停留时间为0.3s，裂解出口温度为845℃，乙烯收率为30.45%。采用GK-Ⅴ型炉，停留时间为0.2s，裂解出口温度为858℃，乙烯收率为31%。如以碳五为原料采用KTI炉时，辐射炉管出口温度为872℃，停留时间为0.19s，乙烯收率为33.2%，丙烯收率为14.9%。操作45天清焦，裂解炉热效率为95%。北京引进了该公司技术。

(7) 西拉斯裂解工艺。此法是国内自行设计、以轻油为原料。其工艺过程为：轻油原料与汽油分馏塔塔釜油换热，其温度上升至130℃时，分4股与过热的稀释蒸气按油汽比=1：0.6~1：0.75的比例进行裂解，停留时间0.7~0.8s，裂解出口温度为820~840℃，自辐射段出口的裂解气合为两股分别进入急冷锅炉A/B，被冷至350~450℃；再经油急冷合并成一股进入汽油分馏塔；然后经98℃的循环重油和50℃的裂解汽油洗涤，100℃左右裂解气自塔顶逸出，经水冷、氨冷至(25±5)℃后，再经气液分离送至分离压缩系统。

该炉主要产品收率，乙烯27.5%~28.5%，丙烯12%~16%。

(8)热载体裂解工艺。此法分为固体热载体及气体热载体两大类。典型的固体热载体有固定床蓄热裂解法、砂子流动床法、焦炭流化床法(K-K法)、热再生裂解法(TRC法)。有代表性的气体热载体法有高温水蒸气裂法(ACR法)和热稀释蒸气裂解法(HDC法)。

砂子炉的裂解技术的特点是：(1)以原油为基础原料，不受炼油厂的加工能力和产品结构的制约，可独立生产。由于裂解气与加热、除焦不在同一设备中进行，故不仅可以连续生产，而且原料适应性广，从乙烷到原油闪蒸馏分都可利用，原油利用率较高。(2)由于热载砂粒为0.6~2.0mm，表面积大，反应呈流化状态，故传热速度快；温度分布也较均匀，其烯烃收率较蓄热炉高。(3)根据各种原料的性质可调整其裂解温度，可获得组成大致相同的裂解气；并可对同一原料根据需要控制裂解温度，来调节乙烯与丙烯的比例。(4)由于裂解反应和清焦、加热分别在两个设备内进行，且在连接管处有密集的砂子，使裂解气与燃烧气体相隔绝。但砂子炉的缺点很突出，如设备结构复杂，炉体高大，一次投资高，且操作也复杂；同时，由于砂子的磨损，合金钢用量较大，载热体砂子的循环和补充，不仅污染环境，而且容易磨损和堵塞设备，不利于安全生产；开、停车准备时间长，能耗高，技术经济落后，与管式炉相比差距甚大。

选用什么样的工艺技术与使用的原料有较大关系。而原料是炼油厂从原油中常减压分离获得的，原油组成不同、各炼油厂的常减压工艺和产品结构不同，使裂解工艺大同小异中又不能一概而论。

一般生产乙烯的炼油厂都要联产丙烯，丙烯的标准是质量指标，聚合级丙烯含量≥99.6%(mol)，乙烯含量$<10\times10^{-6}$，甲基乙炔$<5\times10^{-6}$，丙二烯$<5\times10^{-6}$，乙炔$<1\times10^{-6}$，总硫$<1\times10^{-6}$，水分$<2.5\times10^{-6}$，氧4×10^{-6}，CO和CO_2均$<5\times10^{-6}$。

第二节 原 料

采用裂解法生产乙烯的原料，主要来源于原油直接蒸馏产物、馏分油二次加工，以及天然气和油田气等。以原油直接蒸馏得到的乙烯原料，主要是直馏石脑油(轻油)、直馏轻柴油、直馏减压柴油，还有烯烃生产、芳烃生产的副产乙烷、丙烷、丁烷、芳烃抽余油等，以及油田轻烃和天然气凝析液(NGL)等。

究竟采用哪种原料经济合理，主要取决于各国的资源条件和炼油工业的发展特点，一般则以乙烷、丙烷和石脑油为原料生产乙烯的收率较高。

如斯通-韦伯斯特公司发展的裂解技术所用原料和产品收率如表 11-1 所示。

表 11-1 USC 裂解法各种原料与产物收率

原 料	主要产物收率/%(质)			
	乙烯	丙烯	丁二烯	芳烃
乙烷	86.0	1.8	0.6	0.8
丙烷	47.1~44.1	13.3~24.1	1.6~0.5	4.4~1.7
轻质石脑油	40.3	15.8	4.9	4.8
全沸程石脑油	36.0	13.0	4.3	11.7
粗柴油	30.7	12.1	4.8	9.8

又如鲁姆斯公司开发的工艺使用的原料和产品收率对照于表 11-2。

表 11-2 RST-Ⅲ型炉裂解原料与产品收率

组成/%(质)	轻柴油	减压柴油	重整抽余油	循环乙烷
氢	0.6	0.5	0.79	3.55
甲烷	11.1	10.1	14.21	4.2
乙炔	0.4	0.35	0.29	0.25
乙烯	24.5	22.5	25.5	48.3
乙烷	4.0	3.9	4.75	40.0
丙炔	0.7	0.55	0.7	0.02
丙烯	14.1	13.9	17.85	1.1
丙烷	0.3	0.3	0.6	0.17
丁二烯	4.8	5.0	4.8	1.11
丁烯	4.3	4.5	8.15	0.21
丁烷	0.40	0.12	0.86	0.27
C_5	2.6	3.0	6.85	0.28
苯	6.1	5.6	4.1	0.48
甲苯	3.1	3.5	2.3	0.06
C_8	2.0	2.2	2.0	—
非芳烃	2.1	2.2	2.8	—
C_9~200℃	2.1	2.3	1.1	—
燃料油	16.8	19.48	2.45	—
合计	100.00	100.00	100.00	100.00

石油裂解使用的原料是常减压分离石油获得的，其组成十分复杂。由于液态原料烃中组

成复杂，很难通过各组分的裂解性质及其共裂解的关系来预测产品分布。一般采用原料烃中烷烃(P)，烯烃(O)，环烷烃(N)和芳烃(A)四种烃族的质量分数(PONA 值)来预估产品收率，判断是否适宜作裂解原料。

由表 11-3 见，在管式炉裂解条件下，原料愈轻，乙烯收率愈高，随着烃分子量的增加，乙烯收率下降，而液态裂解产物增加。一般情况下，含烷烃量(特别是正构烷烃)较高的原料，乙烯收率也高；支链烷烃比直链烷烃产生的丙烯较多而乙烯较少；含环烷烃多的原料产乙烯较少，但适合生产丁二烯；含芳烃原料对制取烯烃不利且易于结焦。

由于烯烃中 C—C 键和 C ═C 键键能不同，另外比同碳原子数烷烃的氢碳比值小，烯烃可发生断链、脱氢、芳构化、二烯合成等二次反应，焦的生成量较多，故希望裂解原料中烯烃越少越好。

表 11-3 组成不同的原料裂解产物收率估计

裂解原料		乙 烷	丙 烷	石脑油	抽余油	轻柴油	重柴油
原料组成特征		P	P	P+N	P+N	P+N+A	P+N+A
主要产物收率/%	乙烯	84*	44.0	31.7	32.9	28.3	25.0
	丙烯	1.4	15.6	13.0	15.5	13.5	12.4
	丁二烯	1.4	3.4	4.7	5.3	4.8	4.8
	混合芳烃	0.4	2.8	13.7	11.0	10.9	11.2
	其它	12.8	34.2	36.8	35.8	42.5	46.6

* 包括乙烷循环裂解。

目前工业上采用的主要裂解原料有乙烷、丙烷、石脑油、柴油和闪蒸原油，我国除了充分利用油田气和炼厂气为原料外，还大量采用常压柴油、减压柴油、催化重整抽余油等。我国轻柴油较适于作裂解原料，表 11-4 为我国几个主要油田原油轻油馏分的族组成。

表 11-4 我国常压轻柴油馏分(145~350℃)族组成

族组成/%	大 庆	胜 利	任 丘	大 港	雁 翎
P(烷 烃)	62.6	53.2	65.4	44.4	75.7
正构	41.0	23.0	30.0		37
异构	21.6	30.2	35.4		38.7
N(环烷烃)	24.2	28.0	23.8	34.4	18.6
一环	16.4	19.6	17.4	20.6	15.1
二环	5.6	7.0	5.4	10.4	3.0
三环以上	2.2	1.4	1.0	3.4	0.5
A(芳 烃)	13.2	18.8	10.8	21.2	5.7
一环	7.0	13.5	7.2	13.2	4.0
二环	5.3	5.0	3.4	7.3	1.6
三环	0.9	0.3	0.2	0.7	0.1

原料进入裂解炉之前要预热汽化，这个过程一般是在裂解炉装置中进行的，不必另添设备，预热的温度和与蒸汽的稀释比，不同的原料有不同的数据。一般稀释比(水油比)在 0.25~1.0 之间，原料油与蒸汽在对流段加热至初始裂解温度。不同的原料初始裂解温度亦不相同，乙烷为 659.5℃，石脑油 593℃，轻柴油为 538℃，进入辐射段继续加热进行裂解。

第三节 烃类裂解工艺

一、裂解原理

烃类裂解反应十分复杂，裂解过程有断氢、断链、异构化、芳构化、脱氢环化、脱烷基、歧化、聚合、脱氢交联和焦化等一系列的复杂反应。裂解产物多达数十种乃至百余种化合物。由原料烃，即较大分子的烷烃裂解会生成乙烯、丙烯以及较小的烷烃或环烷烃，环烷烃和较小的烷烃还会被裂解生成乙烯、丙烯或其它烷烃烯烃，可称为一次反应。一次反应的产物有环烷、环烯、乙烯、丙烯。其它烯烃、烷烃还会进一步反应生成芳烃、稠环以至于结焦结炭，此可称为二次反应。因此工业生产中应促进一次反应的生成并控制停留时间，在适当时机中止反应，抑制二次反应，以确保最大程度地获得乙烯、丙烯等目的产物。

1. 化学反应

烃类异构物中热稳定性一般为芳烃>烯烃及环烷烃>支链烷烃>直链烷烃。在直链烷烃同系物中，热稳定性一般随碳原子数的增加而降低。从表 11-5 可以看出，C—H 键能要比 C—C 键能大，因而断链反应和脱氢反应能量不同，反应的温度和时间亦不相同，均裂和不均裂能量也不相同。

表 11-5 C—H 键和 C—C 键键能

键	$CH_3—CH_3$	$CH_3—H$	$CH_3—C_2H_5$	$C_2H_5—H$	$CH_3—C_3H_7$	$C_3H_7—H$
键能 (kJ/mol)	346	426. 8	343. 1	405. 8	341. 8	397. 5
键	$C_2H_5—C_2H_5$	$C_3H_7—C_3H_7$	$CH_3CH_3(CH_3)—CH_2CH_2(CH_3)$	$C_4H_9—H$	$CH_3CH_2(CH_3)CH—H$	$CH_3—C(CH_3)_2—CH_3$
键能 (kJ/mol)	338. 0	325. 1	310. 9	393. 2	376. 6	314. 6

烷烃的裂解属自由基反应机理，我们忽略自由基产生和结合的复杂过程，简化为常见的化学反应式表示。

（1）烷烃热裂解反应。烷烃的热裂解基本反应可分为脱氢与碳链断裂两种反应。断链反应优先于脱氢反应。

脱氢反应：
$$C_nH_{2n+2} \rightleftharpoons C_nH_{2n} + H_2$$

断链反应：
$$C_{m+n}H_{2(m+n)+2} \rightleftharpoons C_mH_{2m} + C_nH_{2n+2}$$

（2）环烷烃热裂解反应。环烷烃裂解可生成乙烯、丁烯、丁二烯和芳烃。脱氢成芳烃的反应优先于断键成烯烃的反应。

脱氢反应：

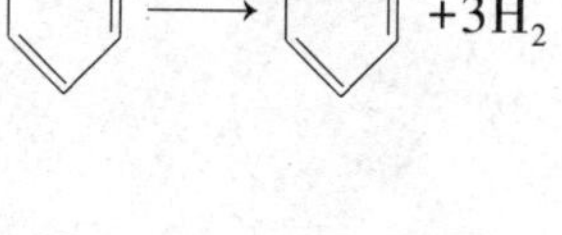

断链反应：

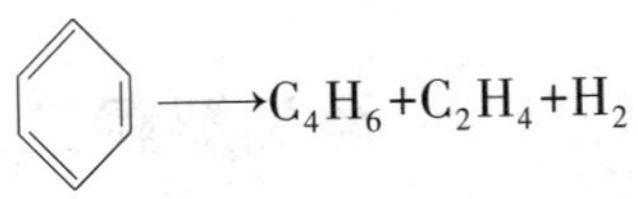

(3) 芳烃热裂解反应。芳烃热稳定性较高，在一般裂解温度下，芳环基本上不开裂，只能进行芳烃脱氢缩合反应生成联苯、稠环芳烃，直至结焦和烷基芳烃断侧链反应生成甲苯、二甲苯等。

脱氢反应：

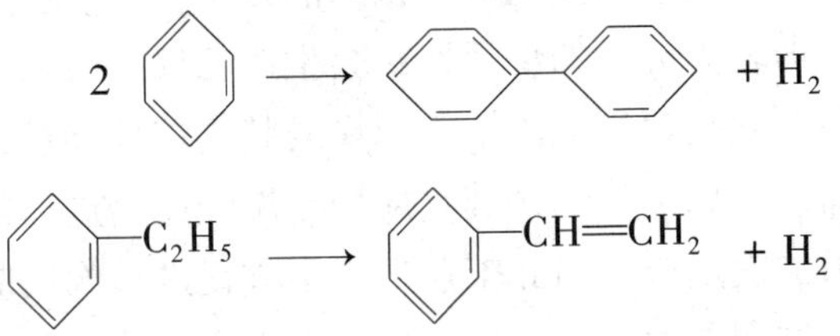

断链反应：

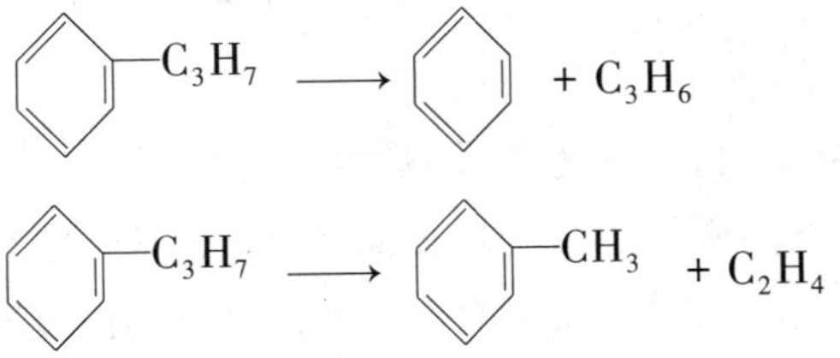

(4) 烯烃热裂解反应。烯烃可断链或脱氢生成乙烯、丙烯或二烯烃。在热裂解过程中同时还可发生烯烃歧化反应、二烯合成反应及烯烃芳构化反应。

脱氢反应：　$C_nH_{2n} \longrightarrow C_nH_{2n-2}+H_2$

断链反应：　$C_{m+n}H_{2(m+n)} \longrightarrow C_mH_{2m}+C_nH_{2n}$

(5) 烃类的结焦、结炭过程。由一次反应得到的乙烯、丙烯等产物在高温下仍会继续进行二次反应，如聚合、环化、缩合和结焦反应。小于 1200K 时，烯烃生成二烯烃和芳烃，单环芳烃脱氢缩合成多环芳烃，再经脱氢交联生成稠环芳烃，由液态焦油逐渐转变为高分子的焦炭。如：

$$2C_2H_4 \longrightarrow C_4H_6 + H_2$$

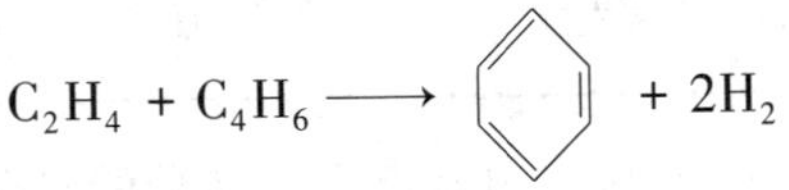

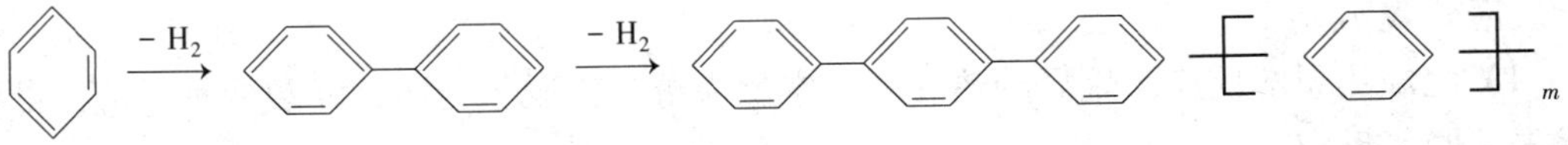

$\longrightarrow$ [高分子稠环芳烃] $\longrightarrow$ 焦

大于 1200K 时，低分子烷、烯烃通过耗能较低的生成乙炔的中间阶段，脱氢为稠合碳原子。如：

$$C_2H_4 \longrightarrow C_2H_2 \longrightarrow\longrightarrow C$$

2. 热力学分析

由于裂解反应都是在高温低压下进行，各气态烃可按理想气体处理。根据热力学原理，在标准态反应物系中，反应进行的可能性和反应进行的难易程度可由反应的标准自由焓变化 $(\Delta G^{o})_{T,p} \leqslant 0$ 来判断。

表 11-6 列出部分正构烷烃在 1000K 下进行脱氢或断链反应的 ΔG^{o} 值和 ΔH^{o} 值。

表 11-6　正构烷烃于 1000K 裂解时一次反应的 ΔG^{o} 和 ΔH^{o}

	反应	ΔG^{o}	ΔH^{o}
脱氢	$C_nH_{2n+2} \rightleftharpoons C_nH_{2n}+H_2$		
	$C_2H_6 \rightleftharpoons C_2H_4+H_2$	8.87	144.4
	$C_3H_8 \rightleftharpoons C_3H_6+H_2$	-9.54	129.5
	$C_4H_{10} \rightleftharpoons C_4H_8+H_2$	-5.94	131.0
	$C_5H_{12} \rightleftharpoons C_5H_{10}+H_2$	-8.08	130.8
	$C_6H_{14} \rightleftharpoons C_6H_{12}+H_2$	-7.41	130.8
断链	$C_3H_8 \longrightarrow C_2H_4+CH_4$	-53.89	78.3
	$C_4H_{10} \longrightarrow C_3H_6+CH_4$	-68.99	66.5
	$C_4H_{10} \longrightarrow C_2H_4+C_2H_6$	-42.34	88.6
	$C_5H_{12} \longrightarrow C_4H_8+CH_4$	-69.08	65.4
	$C_5H_{12} \longrightarrow C_3H_6+C_2H_6$	-61.13	75.2
	$C_5H_{12} \longrightarrow C_2H_4+C_3H_8$	-42.72	90.1
	$C_6H_{14} \longrightarrow C_5H_{10}+CH_4$	-70.08	66.6
	$C_6H_{14} \longrightarrow C_4H_8+C_2H_6$	-60.08	75.5
	$C_6H_{14} \longrightarrow C_3H_6+C_3H_8$	-60.38	77.0
	$C_6H_{14} \longrightarrow C_2H_4+C_4H_{10}$	-46.27	88.8

可以看出，断链反应的 ΔG^{o} 值具有较大的负值，接近不可逆反应，而脱氢反应的 ΔG^{o} 是较小的负值或正值，是可逆反应，其转化率受化学平衡的限制。所以从热力学分析，断链反应比脱氢反应容易进行，且进行较完全。要使脱氢反应达到较高的转化率，应提高温度。也可以看出，较低级烷烃均裂和不均裂来比，应当是从两端断裂的趋势大，从中间断裂的趋势略小，但到 C_6 以上，似乎是从中间断裂的趋势增大。

乙烯标准生成自由焓与温度关系为

$$\Delta G^{o}(\text{乙烯}) = 42807+75.28T$$

3. 动力学分析

(1) 反应机理

烃类热裂解过程是十分复杂的化学反应过程。目前提出了分子反应机理和自由基反应机理，认为烃类裂解体系是个分子和自由基组成的混合物系统，如 1-戊烯的裂解反应可用自由基链反应机理解释。但也有研究者认为是发生了 1，5 氢移位反应。1-戊烯通过生成环状活性络合物的中间阶段，而后生成乙烯和丙烯。

一般常用自由基反应机理来解释 $C_2 \sim C_6$ 烃类在低转化率情况下裂解所得产物的分布。

(2) 反应动力学

烃类裂解的一次反应基本上符合一级反应动力学规律，即

$$r=\frac{dc}{dt}=kc$$

式中　r——反应物消失速度，$kmol/m^3 \cdot s$；

c——反应物浓度，$kmol/m^3$；

t——反应时间，s；

k——反应速度常数，s^{-1}。

积分上式，得
$$\ln\frac{c_0}{c}=kt$$

其中 c_0 为反应物初始浓度。裂解反应是分子数增加的反应，故 $c=\frac{c_0(1-x_i)}{a_v}$

上式即为
$$-\ln\frac{1-x_i}{a_v}=kt$$

式中，x_i 为转化率；a_v 为体积增大率。

二、裂解流程

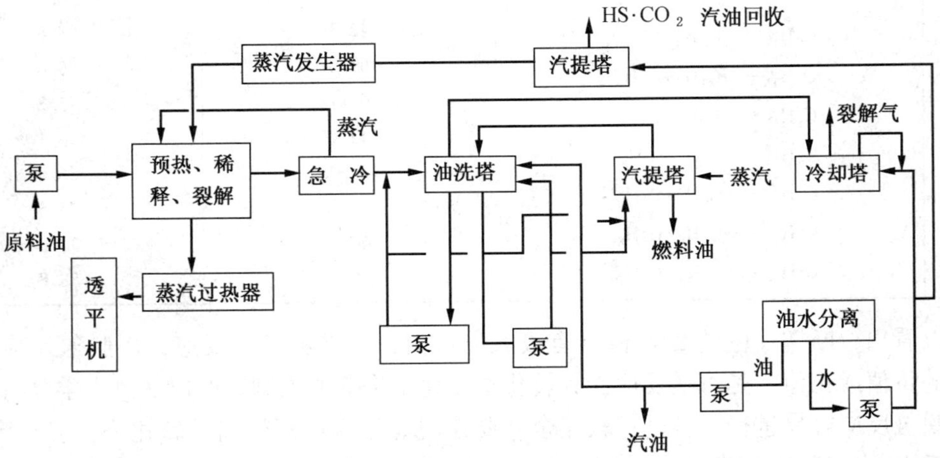

这是鲁姆斯管式炉裂解的示意图。

泵送原料烃在裂解炉预热段预热后，在对流段入口处加入由蒸气发生器来的稀释水蒸气，原料与蒸汽的混合物在管式炉对流段加热至初始裂解反应温度(乙烷 659.5℃、石脑油 593℃、轻柴油为 538℃)，进入立式排列的辐射段炉管，继续加热至 800~900℃(乙烷)或 700~800℃(柴油)，进行裂解反应。停留时间约为 0.3~0.8s 左右。高温裂解气通过急冷换热器终止裂解反应，同时产生 11MPa 左右的高压水蒸气。为防止急冷换热器的结焦堵塞，此换热器出口温度控制在 370~500℃。产生的高压蒸汽进裂解炉预热段过热，再送入水蒸气过热炉过热至 450℃左右，用于驱动裂解气压缩机和制冷压缩机。

急冷后的裂解气进入油洗塔，塔底釜温控制在 220℃左右，塔顶逸出温度低于 100℃的裂解气再进入水冷却塔，与塔顶喷淋下来的含油污水逆流接触，被冷却至 30~40℃后去分离系统。冷凝下来的裂解汽油与过程蒸汽凝液混合物自冷却塔底送入油水分离罐。上层的裂解汽油一部分返回油洗塔顶，一部分作为汽油产品送出装置。下层的含油污水一部分经急冷水换热器冷却后，分别作为冷却塔顶和中段回流；另一部分相当于工艺蒸汽的水量经污水处理系统的汽提塔解吸掉硫化氢、二氧化碳和少量汽油馏分后作为蒸汽发生器用水，大大减少含油污水的排出量。油洗塔底排出燃料油大部分作为循环急冷油通入急冷器及返回油洗塔作为塔的中段回流；小部分进燃料油汽提塔。塔顶轻组分返回油洗塔，塔底排出燃料油产品。当裂解气逐步冷却时，其中含有的二氧化碳等酸性气体也逐步溶于冷凝水中。为防止酸性腐蚀，需在油洗塔顶出口的裂解气中及在进污水系统汽提塔的工艺水中加注氨或碱液等碱性缓蚀剂。

1. 裂解炉

管式裂解炉由对流室和辐射室组成，炉体用钢构体和耐火材料砌筑。对流室内安装原料预热管及蒸汽加热管，以回收热量；辐射室内安置裂解管，在其炉侧壁、炉顶或炉底安装烧嘴。裂解炉型式按炉管布置方式可分为横管裂解炉和竖管裂解炉。早期方箱式横管裂解炉由于热强度低，裂解管受热弯曲，耐热吊件安装困难且需使用昂贵的合金钢材，维修预留地大等缺点，已被淘汰。而竖管炉热强度大，加热均匀，炉管吊架安置在炉顶耐火材料深处，可不用耐温高级合金钢，由于垂直布管，向上抽管，可不必预留空地。目前各国均大力开发垂直管双面辐射裂解炉，有代表性的如美国鲁姆斯公司的 SRT 型短停留时间炉，凯洛格公司的 MSF 型超短停留时间炉，斯通-韦勃斯特公司的 USC 型超选择性炉和日本三菱公司的 M-TCF 型倒梯台炉等。

图 11-1 为 SRT-Ⅲ型裂解炉。

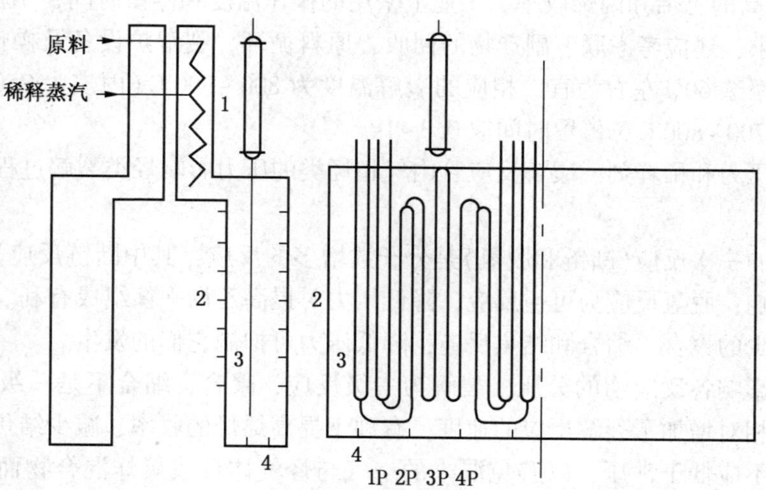

图 11-1　SPT-Ⅲ型裂解炉

1—对流室；2—辐射室；3—炉管组；4—烧嘴

1P—Φ89(64)；2P—Φ114(89)；3P、4P—Φ178(146)，总长 48.8m；P—程

2. 工艺参数

（1）裂解温度。温度是影响烯烃收率最重要的因素，它主要通过影响裂解产物分布及一次反应与二次反应的竞争而起作用的。

由于烃类热裂解反应需吸收大量的热，在不同反应温度下，各链式反应的相对量不同，使一次反应产物的分布也不同。温度升高、乙烯、丙烯的收率也提高。

改变反应温度，不但改变各个一次反应的相对速度及一次产物的分布，而且也能改变一次反应对二次反应的相对速度。升高温度后，转化率提高，但乙烯收率提高的同时，生成碳的速率也提高，因此要看一次反应和二次反应在动力学上的竞争。研究表明，一次反应活化能大于二次反应活化能，提高温度有利于提高一次反应对二次反应的相对速度。所以，尽管提高温度在热力学上有利于碳的生成，但是高温时一次反应速度大大地快于二次反应速度，要提高乙烯收率，应在高温下进行裂解反应。对于脱氢缩合二次反应，其活化能也小于一次反应的活化能，所以升高温度同样有利于提高乙烯收率，减少焦的相对生成量。但温度升高，一次与二次反应的绝对速度加快，增加了焦的绝对生成量，因此在高温裂解时，应相应减少停留时间，抑制二次反应的发生。

(2) 停留时间。停留时间是指物料在反应开始到达某一转化率时在反应器内经历的反应时间。在管式裂解反应器中的反应过程是非等温、非等容(体积增大)过程，停留时间可用积分停留时间或表观停留时间来表示。

积分停留时间，是裂解产物在辐射段炉管中的平均停留时间，常用它来表征停留时间对裂解选择性的影响。

表观停留时间表示了物料在辐射段炉管中的停留时间，它近似为平均停留时间的两倍。一般工业上所指的停留时间就是表观停留时间。

二次反应主要在转化率较高的裂解后期发生，如能控制很短的停留时间，减少二次反应的发生，即可增加乙烯收率。某温度下的最佳停留时间可通过对动力学方程求极值的方法求得。

乙烯、丙烯收率与裂解温度和停留时间均具有相互依赖与制约的关系，在高温、短停留时 操作可得较高的乙烯和丙烯收率。工业上采用的操作温度和停留时间，不仅要根据原料、乙烯收率等要求，还应考虑联、副产物的回收，原料循环，裂解炉设备及操作压力等情况。一般乙烷转化率选60%左右为宜，相应的裂解温度为800~900℃(丙烷为750~850℃)，柴油裂解温度为700~800℃，停留时间取0.3~1s。

(3) 反应压力和稀释剂。裂解反应管内气相烃类的压力影响烃类裂解过程的化学平衡及各反应速度。

烃类裂解的一次反应(断链和脱氢)是分子数增多的反应，其中断链反应为不可逆反应，压力对其无影响；脱氢反应为可逆反应，降低压力对提高乙烯平衡组成有利。而二次反应主要是分子数减少的聚合、缩合和结焦反应，降低压力可抑制它们的发生。

压力直接影响各反应物的分压，裂解为一级反应，聚合、缩合不是一级反应要大于一级，降低压力相对增加了裂解反应的速度，有利于提高烯烃的收率、减少结焦。

反应压力不应低于常压，以避免漏入的空气与烃气体形成爆炸混合物而导致爆炸。另外，减压操作还对分离工序的压缩操作不利，增加能耗。为此需在裂解原料中添加惰性稀释剂，如氮或水蒸气，以降低系统内烃分压。工业上采用水蒸气作为稀释剂。

水蒸气用量并非越多越好。水蒸气过量会降低设备处理能力，增加炉子热负荷和急冷剂的用量，造成大量废水。一般应考虑原料种类、裂解炉特性及炉管出口压力，以防止结焦，延长操作周期。裂解原料物质愈重、氢含量愈小，愈易结焦，水蒸气用量应愈大。表11-7列出了不同原料裂解时所用水蒸气稀释剂的大致的范围。

表11-7　不同原料在管式炉内裂解的水蒸气稀释比

裂解原料	原料氢含量/%	结焦难易程度	稀释比(水蒸气/烃)/(kg/kg)
乙 烷	20	较不易	0.25~0.4
丙 烷	18.5	较不易	0.3~0.5

续表

裂解原料	原料氢含量/%	结焦难易程度	稀释比(水蒸气/烃)/(kg/kg)
石脑油	14.16	较易	0.5~0.8
轻柴油	~13.6	较易	0.75~1.0
原油	~13.0	极易	3.5~5.0

第四节 裂解气净化分离

一、裂解气分离概论

裂解气的工业分离法主要有两种，一是深冷分离法，二是油吸收精馏分离法。此外，还有吸附分离法、络合分离法以及膨胀机法等。在现代乙烯工业生产中，为了得到高纯度乙烯，主要采用深冷分离法。

1. 深冷分离法

裂解气深冷分离工艺过程，包括裂解气深冷分离中的每一个操作单元。但根据各精馏塔在分离中的位置和顺序，又有顺序分离流程、前脱乙烷流程和前脱丙烷流程。目前，国内外乙烯装置大都采用顺序分离流程。此流程为：裂解气经压缩至所需压力(达3.34~3.75MPa)，脱除大部分重烃和水，脱除酸性气体(如 CO_2、H_2S)以及少量含硫化合物如COS、CS_2、硫醚、硫醇和噻吩等。深度干燥后，进入脱甲烷塔系统，各组分按碳一(C_1)、碳二(C_2)、碳三(C_3)……的顺序先后分离，从而分出甲烷、氢、乙烯、乙烷、丙烯、丙烷以及碳四(C_4)、碳五(C_5)等。乙烯纯度不低于99.9%(mol)，丙烯不低于99.6%(mol)。此法特点是：技术成熟、运转周期长、稳定性好，对不同组成的裂解气适应性强，尤其是适用于轻质烃作原料；同时，有利于裂解气的深度干燥，能保证干燥后裂解气露点低、稳定、干燥剂用量少，消耗低。但由于该流程无法脱除丁二烯，因此不适于前加氢脱除乙炔；要采用后加氢脱除乙炔，使得整个分离流程十分复杂，操作难度大。同时，为了脱除加氢过程带入的甲烷、氢，需把大量的富含乙烯的甲烷、氢返回压缩系统，增加了该系统的循环量。另外，尽管顺序分离流程的热力学效率较高，但由于裂解气全馏分进入脱甲烷塔，造成冷量消耗大，需用大量的耐低温合金钢，从而导致顺序分离流程的装置投资较大，运转费用较高。

2. 油吸收法

以碳氢化合物为吸收剂，采用逆流方式，使送入的气体与吸收剂接触吸收乙烯，再进入汽提塔从吸收剂中脱除乙烯。吸收剂可用轻质芳烃，亦可用乙烷、丙烷、丁烷、戊烷等分子量为30~70的轻质馏分。此法只要求在-30℃左右低温操作，用液氨作冷冻剂即可，因而设备可用碳钢制造。但用油吸收法的乙烯纯度不如深冷法高，生产成本也不如深冷法经济。为了适应我国石油化工的发展，国内在中试装置上研究成功石油裂解气中冷油吸收法分离高纯度乙烯和丙烯的工艺。该工艺流程是：采用常压碱洗脱硫和二氧化碳，用分子筛干燥脱水，用 C_3 馏分吸收蒸馏法脱甲烷，用丙酮溶剂作吸收剂，代替催化加氢除乙炔。制得的乙烯纯度可达99%以上，符合制造聚合产品的要求。

与深冷法比较，此法不需要特殊钢材，也不需要乙烯压缩机和丙烯压缩机；与 C_4 吸收法比较，可以减少结焦，适合于小石油化工厂采用。

3. 吸附分离法

以活性炭、硅胶等不挥发固体为吸收剂，利用其选择吸附性和脱附性，将低级烯烃予以分离。国内焦炉气中乙烯的分离即采用此法。

4. 络合分离法

利用金属盐和烯烃能生成络合物的特性来分离烯烃。金属盐可用乙醇胺硝酸铜溶液，或用氟硼酸银等。后者国内已进行过研究。此法过程是：裂解气中的烯烃在第一塔中于0.59MPa压力下被吸收，而在再解吸段中从溶液中回收。解吸段在加热至0.07MPa真空条件下操作，所得乙烯纯度可达99.5%以上。

二、裂解气分离流程

裂解气的组成非常复杂，含有各种烃类及杂质，而且其组成随裂解条件和原料的不同而异。表11-8列出了轻柴油裂解气的一般组成。

表11-8　轻柴油裂解气组成

成　分	含量/%(mol)	成　分	含量/%(mol)	成　分	含量/%(mol)
H_2	13.1828	C_3H_8	0.3558	二甲苯+乙苯	0.3578
CO	0.1751	1，3-丁二烯	2.4194	苯乙烯	0.2192
CH_4	21.2489	异丁烷	2.7085	C_9~200℃馏分	0.2397
C_2H_2	0.3688	正丁烷	0.0754	CO_2	0.0578
C_2H_4	29.0363	C_5	0.5147	硫化物	0.0272
C_2H_6	7.7953	C_6~C_8非芳烃	0.6941	H_2O	5.04
丙二烯+丙炔	0.5419	苯	2.1398		
C_2H_6	11.4757	甲苯	0.9296		

工业上常将冷冻温度低于-100℃的，称为深度冷冻，简称深冷。深冷分离就是在-100℃左右低温下将净化后裂解气中除氢和甲烷以外的烃类全部冷凝下来，利用各种烃的相对挥发度不同，在精馏塔内进行多组分精馏，分离出各种烃。图11-2为深冷分离的工艺过程方框示意图。图中所示的各操作在流程的位置及各种精馏塔的顺序均可变动，这样即构成不同的深冷分离流程，但它们都由气体压缩、冷冻系统、净化系统和低温精馏分离系统几部分组成。

1. 气体的压缩与净化系统

如图所示，裂解气经压缩机三段压缩至0.87~1.2MPa，送入碱洗塔脱除酸性气体，再进入压缩机两段压缩至3.7MPa左右，进行吸附干燥，以使气体净化，冷冻后进入低温精馏分离系统。

(1) 压缩。裂解气中各组分在常压常温下均为气态，采用精馏法分离时需在很低的温度下进行，消耗冷量甚大；而在较高压力下分离，虽然分离温度可以提高，但需多消耗压缩功，且因分离温度提高，而引起重组分聚合，并使烃类相对挥发度降低，增加了分离的难度。因此选择适宜的压力和温度，对裂解气的分离具有重要意义。一般认为裂解气分离的经济合理操作压力为 3MPa，为此裂解气进入分离系统的压力应提高到 3.7MPa 左右。

（2）酸性组分的脱除。裂解气中的酸性组分主要是指二氧化碳、硫化氢，此外还有少量的有机硫化物，如氧硫化碳(COS)、二硫化碳(CS_2)、硫醚(RSR′)、硫醇(RSH)和噻吩等。一般要求将裂解气中硫含量降至 1×10^{-6}以下，二氧化碳含量降至 5×10^{-6}以下。工业上常采用碱洗法和有机溶剂吸收法脱除酸性杂质。

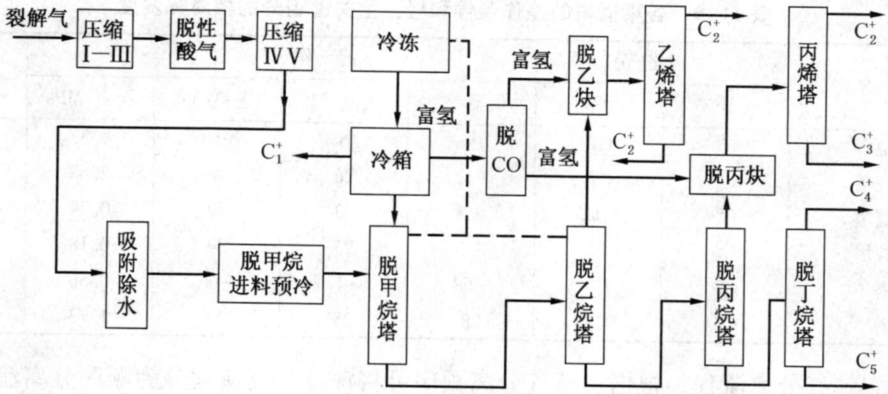

图 11-2　深冷分离流程示意图

碱洗法用于轻烃、石脑油和低硫柴油裂解的裂解气中的二氧化碳和硫化物的脱除。一般在常温、加压条件下进行化学吸收。工业上采用二段或三段碱洗法。各段碱液浓度一般控制在 1%~3%、5%~7%、10%~15%，最上段用水洗涤除去夹带的碱雾。

有机溶剂吸收法用于含硫量不大于 0.1%的重质烃的裂解，其裂解气中酸性组分含量较高的情况。在高压和常温下用溶剂吸收二氧化碳和硫化氢，然后在低压高温下解吸回收这些组分，同时使吸收剂得到再生，循环使用。常用的吸收剂有乙醇胺溶液(一乙醇胺或二乙醇胺)和 *N*-甲基吡咯烷酮。用有机溶剂吸收后，可再串联碱洗，此法称胺-碱联合洗涤法。

（3）干燥。洗涤后的裂解气中，一般还含 500×10^{-6}左右的水分，深冷分离要求裂解气中的水含量小于 5×10^{-6}。常用 3A 分子筛作吸附剂，而对氢、C_2、C_3 馏分还可用活性氧化铝干燥，设备为填充床吸附脱水。

（4）脱炔。裂解气中乙炔含量一般为 2×10^{-3}~7×10^{-3}，丙炔含量为 1×10^{-3}~1.5×10^{-3}，常用催化选择加氢法和有机溶剂吸收法脱除炔烃，使炔含量降到 5×10^{-6}以下。

催化加氢法适用于生产规模较大，裂解气中炔烃含量不多，不需回收炔烃的情况。目前大多采用钴(Co)、镍(Ni)、钯(Pd)作乙炔加氢催化剂的活性中心，用铁(Fe)和银(Ag)作助催化剂，用 α-Al_2O_3 作载体。

加氢脱乙炔过程可以在裂解气未分离甲烷、氢馏分前进行(即在脱甲烷塔前)，也可以在脱除甲烷、氢馏分后的 C_2、C_3 馏分中分别脱除乙炔、丙炔(即在脱甲烷塔后)。前者称前加氢、后者称后加氢。前加氢不需外来氢气，因为裂解气本身含较多的氢。后加氢则需从外部加入氢气。后加氢通过严格控制氢气的加入量，可得到较理想的反应条件，且馏分的组分简单、杂质少，选择性高，乙烯的纯度和收率较高，催化剂寿命较长，装置运转的稳定性较好。目前国内外乙炔加氢大多采用后加氢工艺。

裂解气中的丙炔与丙二烯，一般可采用气相或液相催化加氢法和利用丙炔、丙二烯与丙烯相对挥发度的差异而分离。

2. 精馏分离系统

精馏法分离是深冷分离工艺的主体，任务是把 C_1 到 C_5 馏分逐个分开，对产品乙烯、丙烯进行提纯精制。为此，深冷分离工艺必须设脱甲烷、脱乙烷、脱丙烷、脱丁烷和乙烯、丙烯产品塔。表 11-9 列出各塔的关键组分。

表 11-9 各精馏塔的操作条件和轻、重关键组分的相对挥发度

塔名	关键组分		操作条件				平均相对挥发度
	轻	重	顶温/℃	釜温/℃	进料/℃	压力/MPa	
脱甲烷塔	C_1^0	$C_2^=$	-96	6	-63	3.33	5.50
脱乙烷塔	C_2^0	$C_3^=$	-12	76	4	2.82	2.19
脱丙烷塔	C_3^0	$i\text{-}C_4^0$	6.5	73	32	0.74	2.76
脱丁烷塔	C_4^0	C_5^0	8.3	75	34	0.18	3.13
乙烯塔	$C_2^=$	C_2^0	-68	-47	-66	0.56	1.74
丙烯塔	$C_3^=$	C_3^0	23	25	24	1.13	1.09

（1）裂解气分离流程。根据裂解气分离顺序可将深冷分离流程分为顺序分离流程、前脱乙炔流程和前脱丙烷流程三个不同流程，但国内外大多采用顺序分离流程。

顺序分离流程，即干燥后的裂解气在前冷箱内冷却、冷凝，分出富氢和四股馏分。富氢经甲烷化作为加氢用氢气。四股馏分进入脱甲烷塔的不同塔板，脱甲烷塔塔顶脱去甲烷馏分，塔釜液为 C_2 以上馏分，进入脱乙烷塔。脱乙烷塔塔顶分出 C_2 馏分，塔釜液为 C_3 馏分。

脱乙烷塔顶的 C_2 馏分经换热升温，进行加氢脱乙炔，在绿油塔内用乙烯塔来的侧线馏分洗去绿油，经 3A 分子筛干燥后去乙烯塔。在乙烯塔上部第八块塔板引出纯度为 99.9%的产品乙烯。乙烯塔顶为甲烷、氢；塔釜为乙烷馏分，送回裂解炉。

脱乙烷塔釜液入脱丙烷塔，塔顶分出 C_3 馏分；塔釜液为 C_4 以上馏分，含有易聚合结焦的二烯烃，故塔釜温度应小于 100℃，并需加入阻聚剂。

脱丙烷塔顶分出的 C_3 馏分经过加氢脱丙炔和丙二烯后，进绿油塔脱除绿油及加氢后引入的甲烷、氢，再进入丙烯塔，塔顶蒸出纯度为 99.9%的丙烯产品。塔釜液为丙烷馏分，送入脱丁烷塔分成 C_4 与 C_5 以上馏分，再分别进一步分离与利用。

（2）精馏塔及其操作条件。脱甲烷塔、乙烯塔、丙烯塔较重要且具有代表性。

① 脱甲烷塔。脱甲烷塔系统是裂解气分离的关键，因为脱甲烷塔操作效果对产品收率、纯度及经济性影响较大；且脱甲烷塔温度最低、工艺复杂，原料预冷及脱甲烷塔系统的冷量消耗约占分离部分总冷量的一半。此塔应考虑使塔顶尾气中乙烯含量、塔釜液中甲烷含量尽可能低。通常 C_2 以上馏分中甲烷含量应小于 0.1%，同时应尽量降低能耗。

影响深冷分离中乙烯收率的主要因素是脱甲烷塔的原料气组成（主要指 CH_4/H_2 值）、温度和压力。原料气中 CH_4/H_2 值愈大，甲烷在脱甲烷塔顶愈易液化，塔顶冷凝器尾气中乙烯损失就少，乙烯收率就可提高。脱甲烷塔操作压力增大，温度降低均有利于减少尾气中乙烯的损失。但压力高，使甲烷与乙烯的相对挥发度降低，高压法与低压法脱甲烷过程在工业上均有应用。低压法分离效果好，乙烯收率高，回流比小，压力 0.608MPa，顶温-134.6℃，釜温-52.7℃，回流比 0.185。但其需要耐低温钢材，多一套甲烷制冷系统，流程较复杂，目前采用不多。高压法不必采用甲烷制冷系统，可用液态乙烯作冷剂。压力高可减小精馏塔容积，减少投资。

② 乙烯塔。C_2 馏分经过加氢脱炔后，在乙烯塔分离成塔顶的乙烯产品。由于乙烯产品纯度要求达到聚合级，乙烯塔的设计、操作水平对乙烯产品质量、收率和冷量消耗有直接的关系。

乙烯塔进料中乙烯和乙烷占99.5%以上，可视乙烯塔为二元精馏系统。工业上有高压法与低压法两种。高压法精馏的分离温度较高，不需用乙烯冷剂，设备可用普通碳钢，但由于压力增加，乙烯与乙烷间的相对挥发度降低，如塔压为2.06MPa时，相对挥发度仅1.35，必须增加塔板数和回流比。经综合经济比较，高压法优于低压法。况且脱甲烷塔采用高压，则乙烯塔也采用高压为宜。

③ 丙烯塔。丙烯精馏也可视为二元精馏。丙烯与丙烷的相对挥发度接近于1，因此它们间的分离最困难，是深冷分离中塔板数最多，回流比最大的塔，属于精密精馏塔。与乙烯塔类似，它也有高压法与低压法两种，仍以高压为主。

第五节　三废治理和产品后处理

在裂解气分离过程中，产生一部分含油污水，一般含有轻度油分，如，SO_2、H_2S 等，常采用污水汽提塔，脱去 H_2S、SO_2，回收汽油。大部分处理过后的污水用于发生蒸汽，稀释原料油进入裂解炉，少部分污水应当处理。

含油污水处理常用生物处理，活性污泥法处理的含油污泥的再次处理，值得研究。汽提产物中的 H_2S、SO_2 一般用吸收排放，因为炼油厂规模大，我们以为仍考虑催化还原回收硫黄为发展方向。

产物乙烯丙烯已达到聚合级的纯度要求，一般不须再净化处理可直接送往聚乙烯车间和聚丙烯车间合成聚乙烯和聚丙烯。

C_4 馏分 C_5 馏分通常作燃料使用，现在已有技术开发 C_4 和 C_5 中的诸多产品，加以综合利用。

第十二章　丙烯腈

第一节　产品概述

一、概述

丙烯腈，$CH_2=CH—CN$，英文简写为AN，1893年已经在实验室中合成出来，到1930年被工业上用于合成耐油丁腈橡胶，二次大战期间，用量剧增，刺激了AN的生产。现在，除了丁腈橡胶之外，用于ABS塑料、AS塑料和生产腈纶纤维(PAN)等，用量大者为腈纶。ABS和AS塑料性能优良，使用方便，丁腈橡胶耐油性能冠绝一时，这类产品全世界每年用量近百万吨。而聚丙烯腈纤维(PAN)现在普遍用于生产碳纤维，作为复合材料的重要支柱，此外用PAN做成中空纤维超滤膜等，可用于反渗透、超滤、透析以及人工肾等，前景十分广阔。

丙烯腈还是基本工业原料，利用它的双键和腈基的性能可以合成出一些新的产物，如丙烯酰胺、丙烯酸酯等。

二、产品规格

表12-1　产品标准(GB7717.1—94)

序号	指标名称			指标		
				优等品	一等品	合格品
1	外观			透明液体、无悬浮物		
2	色度(Pt-CO)，号		<	5	5	10
3	酸度(以乙酸计)/%(质)		<	0.0020	0.0035	—
4	密度(20℃)/(g/cm^3)			0.800~0.807		
5	pH值(5%的水溶液)			6.0~9.0		
6	滴定值(5%的水溶液)/ml		<	2.0	2.0	3.0
7	水分/%(质)		<	0.45	0.45	0.60
8	总醛(以乙醛计)/%(质)		<	0.05	0.05	0.010
9	总氰(以氢氰酸计)/%(质)		<	0.0005	0.0010	0.0020
10	过氧化物(以过氧化氢计)/%(质)		<	0.00002	0.00002	0.00004
11	铁/%(质)		<	0.00001	0.00001	0.00002
12	丙烯醛/%(质)		<	0.0010	0.0020	0.0040
13	丙酮/%(质)		<	0.010	0.020	0.030
14	乙腈/%(质)		<	0.015	0.020	0.030
15	铜/%(质)		<	0.00001	0.00001	—
16	沸程(在0.10133MPa下)/℃			74.5~79.0		
17	阻聚剂	对一羟基苯甲醛/%(质)		0.0035~0.0045		
		氨/%(质)		0.008~0.012		

主要物性：

分子量	53.06	
沸点	77.3℃	
冰点	-83.5℃	
生成热	184.2kJ/mol	(25℃)

燃烧热	1761. 5kJ/mol
聚合热	72. 4kJ/mol
闪点	0℃
自燃点	481℃
液态比热容	（20. 8℃） 111. 05J/mol · ℃
蒸发潜热	（77. 3℃） 31. 10kJ/mol
粘度（25℃）	0. 34C · P
在空气中爆炸极限	（3. 05～17）±0. 5% （体）

主要化学性质如下。

（1）聚合反应

丙烯腈在光照下即可均聚，亦可共聚。与强碱（NaOH）混合时，聚合十分激烈，大量放热，能引起爆炸。

（2）加成反应：双键加成反应。

（3）检定特征反应

$$CH_2{=}CHCN+Na_2SO_3+H_2O \rightarrow NaO_3S{-}CH_2{-}CHCN+NaOH$$

生成 NaOH 是定量的，用盐酸滴定是测定 AN 纯度的方法。

在酸性溶液中，AN 与 2，3-二巯基丙醇起定量加成反应，以标准碘液滴定过量的巯基丙醇是测定水溶液中 AN 浓度的方法。

三、原料路线

1893 年在实验室中用环氧乙烷法制得 AN，到 1930 年得以实现工业化。

$$\underset{\diagdown O \diagup}{CH_2{-}CH_2} + HCN \longrightarrow \underset{OH}{\underset{|}{CH_2}}{-}\underset{CN}{\underset{|}{CH}} \text{（乙氰醇）}$$

$$\xrightarrow[\text{脱水}]{250\sim350℃} CH_2{=}CH{-}CN+H_2O$$

其生产技术容易掌握，且产品纯度高，但原料不易得，价格昂贵。到 1943 年，乙炔与 HCN 加成合成 AN 进入工业化生产，前一方法逐步被淘汰。乙炔法在二战和以后一个相当长时间之内，在工业化生产 AN 中，占有一席之地。

$$CH{+}CH{+}HCN \xrightarrow[CuCl_2\ \text{溶液}]{80\sim90℃} CH_2{=}CHCN$$

生产的丙烯腈与副产物分离较困难，但在石油资源短缺的国家，尚有沿用此法者，规模一般较小。到 20 世纪 60 年代，石油炼厂大量炼厂气副产丙烯，以丙烯为原料合成 AN 取得重要进展，并实现了工业化。流化床技术和催化剂的进展，使目前以流化床丙烯氨氧化法成为合成 AN 先进的工业生产方法。

主反应是 $$CH_2{=}\underset{CH_3}{\underset{|}{CH}}+NH_3+\frac{3}{2}O_2 \longrightarrow CH_2{=}\underset{CN}{\underset{|}{CH}}+3H_2O$$

其副产物有 CH_3CN，HCN 等。

丙烯氨氧化法的产品成本大约只是环氧乙烷法的 40%～50%，是乙炔法的 50%～55%左右，产物分离相对容易，产品纯度高，达到聚合反应的精度，是目前最先进最经济的合成路线。

第二节　产品工艺流程

一、工艺流程示意简图

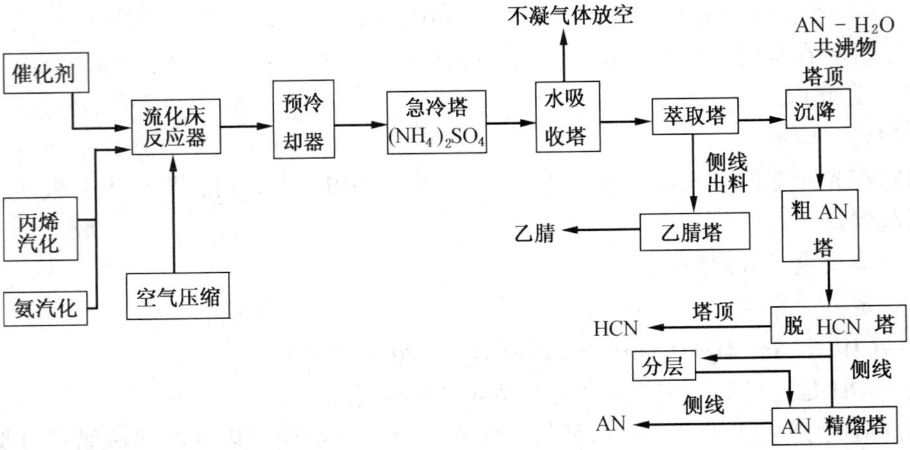

二、工艺流程简述

经过滤后的洁净空气由透平压缩机压缩至 0.1MPa 左右，从流化床反应器底部的下分布板进入流化床反应器，丙烯和氨分别汽化后，再过热按一定比例混合，从流化床反应器底部的上分布板进入，混合气与空气按一定比例投入。流化床内预先已装好固相的催化剂并燃烧丙烯将床内预热到 440℃左右。

丙烯、氨和空气在催化剂料层中，进行气固相催化反应，控制反应温度在 430～450℃；由流化床内的 U 型冷却管通去盐水移去反应热，生成高压蒸汽和高压过热蒸汽作为空气透平压缩机的动力。

流化床反应后的气体产物，经床顶的内旋风分离器除尘，回收催化剂之后，由换热器迅速冷却至 200℃左右，即进入急冷塔进行处理。急冷塔下部由循环水洗去夹带的粉尘，可能已经聚合的高聚物渣滓，部分醛类和少量氨。气体由中间隔开的泡罩进入急冷塔上半段，用工业硫酸中和去除气体中残余的全部 NH_3，除沫后由急冷塔后冷凝器将气体冷至 40℃左右。

除去氨的气体主要是丙烯腈、HCN 和乙腈，还有 N_2、CO、CO_2 等以及少量的丙烯醛、丙酮、丙烯酸等副产物，进入水吸收塔用 4℃水吸收，得到粗丙烯腈水溶液。塔顶低温下，不凝气放空，粗丙烯腈水溶液进入萃取精馏塔，俗名回收塔。丙烯腈以和水的共沸物从塔顶馏出，乙腈由侧线采出，乙腈再到乙腈塔精馏得到副产物。而 AN-H_2O 共沸物冷却后分为水相和油相两层，经分层器收集的油相含 AN 和 HCN、少量丙烯醛，进入脱氰化氢塔内，水相返回萃取塔作溶剂。

脱氰化氢塔从塔顶分离采出，得到高纯度的 HCN，塔釜为粗 AN，釜料进入 AN 精确塔(俗名成品塔)真空精馏，塔釜为高沸物，塔顶为低沸物，AN 从侧线采出，成为合格产品进入成品贮槽。

第三节　原料准备流程

一、反应对原料的基本要求

1. 催化剂

丙烯氨氧化的催化剂，一般是含有元素钼铋类的化合物。先后形成几代催化剂，第一代催化剂丙烯腈的收率可达75%~78%；而使用第二代催化剂收率可达81%，丙烯的转化率为98%；现在又出现第三代催化剂，AN收率还可提高。现在以第二代催化剂(国内代号为MB-86)为例，MB86规格为：

粒度	>88μm	0~30%
	<44μm	30%~50%
堆积密度		(1±0.1) g/cm^3
干燥无结块		
比表面积		(40±5) m^2/g

2. 氨

合成氨生产的合格品，规格为：

NH_3	>99.5%
水	<0.2%
油	$<5\times10^{-5}$

3. 丙烯

氨氧化合成丙烯腈对原料丙烯的规格达一般纯度要求即可，通常是炼厂气脱硫以后即可使用，对H_2、O_2、H_2O、CO、CO_2含量均无苛刻要求，也可以使用聚丙烯合成中液相和气相回收的丙烯。具体指标为：

丙烯	≥95%
乙烯	<0.1%
丁烯及丁二烯	<0.1%
丙炔	$<1\times10^{-5}$
丙二烯	$<5\times10^{-5}$
硫	$<1\times10^{-5}$
燃烧法测得硫	<5
H_2，O_2，H_2O，CO，CO_2，饱和烃类	无规定

4. 空气

不作特殊要求，无炔烃、无尘粒。

二、原料进入反应器的预处理

1. 氨和丙烯的气化

氨以液氨的形式贮存于厂内大球罐，由泵输送至氨汽化器，液氨的沸点为33.4℃。用换热器进行气化，气化后，再用换热器使氨过热到66℃左右，压力为0.189MPa，进入流化床。

丙烯由泵从罐区输入，在丙烯蒸发器(汽化器)换热气化，丙烯的沸点-47.7℃。气化后，再用换热器使丙烯气体过热到66℃，压力为0.255MPa。

2. 空气

空气经空气过滤器后由透平压缩机压缩，出口温度165℃，压力0.1MPa左右。

3. 催化剂

催化剂桶装计量并用喷射真空泵，真空吸入催化剂贮罐，罐顶设二级旋风收尘器，清洁尾气夹带的催化剂用蒸汽凝水沉降分离。在反应之前，由空气用气流输送的方法输入流化床。

在反应过程中，要补加损失的催化剂，因此设一个补加催化剂的贮罐，计量进料和输入流化床的方法与催化剂贮槽相同。

4. 开工炉

为把催化剂加热到反应温度(440℃±10℃)，在通入氨气之前，先由燃烧丙烯，出口温度为480℃的空气和烟道气通入流化床，将催化剂床层加热。开始通氨反应之后，开工炉作为空气的通道，不再燃烧。

5. 原料计量

气体计量用孔板流量计测量，自动控制调节流量以保证生产按一定的空气、丙烯、氨的比例投入反应气，并根据反应情况加以调控。

三、加料流程示意图

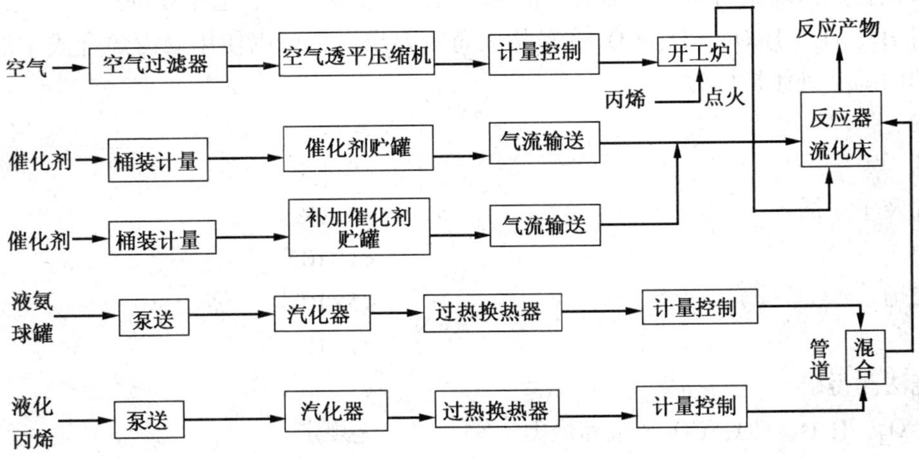

第四节 反应过程和反应工艺

一、反应原理

用MB-86催化剂，丙烯氨氧化反应，丙烯转化率98%，主要成分单程收率为：

AN　81.20%，ACN　2.92%，HCN　5.09%。

主要反应方程式

$$CH_2{=}CHCH_3+NH_3+\frac{3}{2}O_2 \longrightarrow CH_2{-}CHCN+3H_2O+\Delta H_1$$

$$\Delta H_1=-515.64\ \ kJ/mol\ \ （丙烯）$$

$$CH_2{=}CHCH_3+\frac{3}{2}NH_3+\frac{1}{2}O_2 \longrightarrow \frac{3}{2}CH_3CN+3H_2O+\Delta H_2$$

$$\Delta H_2=-546.01\ \ kJ/mol\ \ （丙烯）$$

$$CH_2{=}CHCH_3+3NH_3+3O_2 \longrightarrow 3HCN+6H_2O+\Delta H_3$$

$$\Delta H_3=-914.19\ \ kJ/mol\ \ （丙烯）$$

$$CH_2{=}CHCH_3+\frac{3}{2}O_2 \longrightarrow CH_2{=}CHCOOH+H_2O+\Delta H_4$$

$$\Delta H_4=-637.98\ \ kJ/mol\ \ （丙烯）$$

$$CH_2{=}CHCH_3+O_2 \longrightarrow CH_2{=}CHCHO+H_2O+\Delta H_5$$

$$\Delta H_5=-348.03\ \ kJ/mol\ \ （丙烯）$$

$$CH_2{=}CHEH_3+3O_2 \longrightarrow 3CO+3H_2O+\Delta H_6$$

$$\Delta H_6=-1077.46\ \ kJ/mol\ \ （丙烯）$$

$$CH_2{=}CHCH_3+\frac{9}{2}O_2 \longrightarrow 3CO_2+3H_2O+\Delta H_7$$

$$\Delta H_7=-1926.44\ \ kJ/mol\ \ （丙烯）$$

$$NH_3+\frac{4}{3}O_2 \longrightarrow \frac{1}{2}N_2+\frac{3}{2}H_2O+\Delta H_8$$

$$\Delta H_8=-293.17\ \ kJ/mol\ \ （丙烯）$$

此外，还有丙酮、丙腈、乙醛、乙酸等副反应产物。本装置除主要获得 AN 之外，ACN 和 HCN 亦精制作为副产物予以接收，而其余副反应产物，均不予回收，作为“三废”处理。

二、反应器

1. 流化床反应器型式

由于这个反应是气体原料与固体催化剂的气固相反应，反应的热效应较高，若采用搅拌床、固定床均不易把反应热导出，而且反应温度不均匀，因此，这种反应一般选用流化床为好。

为了移去反应热，在流化床的浓相段设置了内部构件 U 管。管内通入蒸汽凝水，利用软水的汽化潜热和将蒸汽加热为高压过热蒸汽带走的显然来移走反应热。U 管分为若干组，便于微分调节，控制进入 U 管的软水水量，来使反应温度保持在工艺要求的范围之内。

由于反应气速较高，一般设计为圆柱形流化床，在流化床顶部设置内旋风分离器。为了在上部安排一定的旋风分离器，在流化床的上部设计为扩大部分。但当大型化生产时，由于床径足够大，上部也可以不必扩大，就足以安排内旋风分离器。为保证内旋风的入口气速，小型多个串联、并联以尽量减少催化剂被夹带出去。当然，也可以设计较高的流化床，在床的上方形成稀相区，利用重力自然沉降减少夹带，但这样设备投资极大，而且对 AN 合成来说，也许并没有意义。因为在合成 AN 的流化床中，实际操作气速远远大于临界流化速度，可能是临界流化速度几百倍，是一种散式流态化，所以设置内旋风分离器是十分必要的，而不是增加粒子的弹射分离高度(TDH)。

流化床反应器的材质一般是含钼、铋、硅的高级耐热合金钢，不仅耐高温，而且耐磨，基本元素又与催化剂元素相似，至少对催化剂无害。

2. 流化床工艺设计

(1) 根据生产能力和开工小时数，可以方便算出每小时的 AN 生产能力。

(2) 使用催化剂 MB-86，它的催化能力(空间速度)WWH 有一个设计值。这里 WWH 为 0.06(每小时每吨催化剂产物质量吨数)，可以算出至少需要的催化剂数量，由催化剂的堆积密度，得知催化剂的最小占有体积。

(3) 从气固相需求的最少停留时间和气相经过流化床的操作气速，可以算出催化剂的最小堆积高度，从而可以算出流化床直径。

(4) 反应停留时间由基础实验测定，而操作气速则根据体系的临界化速度、操作经验和中间试验、冷模试验测出操作气速。

(5) 根据气速和粒子，估算稀相高度和 TDH，决定流化床高。

(6) 设计气体分布板。

(7) 设计内旋风分离器。

(8) 设计传热内部构件。

(9) 完善流化床其它设计。

三、反应的工艺条件和控制

1. 反应温度

反应温度根据催化剂的性能而定，催化剂可能在某个温度范围之内选择性和活性较高，再根据几种参数确定。对于 MB-86 合成 AN 催化剂而言，反应温度控制在 430~450℃ 为佳。温度过低，丙烯转化率下降；温度过高，丙烯腈收率大大下降，而且由于 NH_3 的过量和其它因素，催化剂很快失去活性。

反应温度是靠反应放出的热量被移走多少来维持和控制的，因此，为了使反应温度维持准确，通入流化床冷却管的软水的量要能"微分"控制。也就是说设计尽可能多的组数，每一组的传热面积较小，通入的软水量较少(总的传热量必须保证)，可以控制关闭或打开若干组水管，来"微量"调节，达到准确控制的目的。这一切都由自动控制仪表来执行，也可以由计算机来实现。

2. 反应压力

正常情况下，反应器顶部进入旋风分离器之前的压力为 0.055MPa，空气进床压力 0.1MPa，丙烯进床压力 0.255MPa，NH_3 进床压力 0.189MPa。流化床的压力由体系的阻力来决定，这个压力由流化床气体出床到吸收塔被水吸取之后，塔顶不凝气的放空压力来记录并控制。如果发现这个压力增高，说明后体系有阻塞的情况。

3. 催化剂投料量

这是由生产能力决定的，根据催化剂的空速 WWH 来计算，MB-86 催化剂的 WWH 设计值 0.06，通常根据使用时间，在 0.05~0.075 之间波动。

4. 原料配比

氨/丙烯比值，一般应在 1.15~1.20 之间，如果比值过低，将有过量的羰基化合物副产物生成。相反，如果比值过高，则有大量的 NH_3 来参加反应，增加处理时 H_2SO_4 的耗量，对催化剂亦有害。

空气/丙烯比值，一般取 9.2~9.7 之间，如果比值过低，尾气含氧量低，致使催化剂被还原，造成丙烯转化率和丙烯腈收率大为降低。反之，而如果空气比值过大，则尾气中剩余含氧量过高，导致稀相有机物燃烧氧化，降低了收率，生产能力大为下降。

原料配比是通过孔板流量计测量，由自控系统调节的，当然，也可用计算机来执行。

5. 停留时间和操作气速

一般认为停留 6~12s 为宜，这是根据反应速度用实验验证的经验数据。

流化床的操作气速，根据临界流化速度与流化数计算

$$流化数=\frac{操作速度(m/s)}{临界流化速度(m/s)}$$

流化数是经验值或实验值，在 MB-86 合成 AN 生产中，操作气速(表现)设计值定为 0.55m/s，实际上操作气速是设计值的 0.75~1.20。

气速太低流化状态不佳，导致气相反应物与催化剂的接触不好；气速太高，磨损严重，造成催化剂的损失。

操作气速的控制是由总的通气量决定的，总的通气量分别由孔板流量反映到自控调节仪表来实现自控的，可以手动改变设定值。当然这一切由计算机来实现也是可以的。

第五节　产物的分离过程

一、合成产物的分离过程分析

从流化床出来的反应气体产物，径内旋风分离器除尘以后，出口气体的组成(质量分数,%)大致如下：

AN	10.6
ACN	0.4
HCN	1.4
H_2O	17.1
丙烯醛、丙烯酸	0.3
丙烷	1.0
丙烯	0.3
NH_3	0.3
N_2	62.5
CO	0.9
CO_2	2.8
O_2	2.4

此外还夹带有气体总质量 10%左右的粉尘和聚合物，气体温度 450℃，压力 0.055MPa。

由于 AN、HCN、丙烯醛等产物很容易在高温下聚合，尤其是在碱介质的引发下，很易聚合，因此，必须首先除去产物中的 NH_3。同时由于粉尘被夹带，少量的 AN 和 HCN 等已发生聚合；产物形成聚合物粉尘，必须首先除去。

产物中有大量的 N_2、CO、CO_2 等不凝气体，也必须率先分离，如果不处理，不仅增加处理物的流量，而且气体的夹带，往往使产物的收率下降。最简单的方法是用水溶解 AN、HCN 和 ACN 等产物副产物，使 N_2 等与之分离，当然也可以用加压或深冷的方法，使 AN、HCN、ACN 等冷凝成液体，与不凝气体分离。一般采取用吸收塔水吸收的方案。

分离的难点在于 AN 和 ACN 的分离，AN 沸点 77.3℃，ACN 沸点 81.6℃。常压减压分馏，尽管可行，但分离困难。采用萃取精馏的方法：塔顶用水作萃取剂，可以把 AN-HCN-H_2O共沸物与 ACN-H_2O 分开。这一步分离是全部分离过程的重要环节，也是分离的难点。其它萃取剂也有，但水最简便。

二、分离流程设计

1. 除尘除氨塔

工业上称为“急冷塔”，实际上分为上下两部分，下部用水冲洗反应器出来的气体，洗去夹带的尘粒(催化剂和聚合物)，并溶解部分氨、丙烯酸、丙烯醛等。气体经泡罩进入塔的上部，用工业硫酸循环洗去残余的氨，生成硫酸铵。控制硫铵浓度 18%~22%，排出去精制硫铵。为了有利于水洗吸氨，反应器出口气体经冷却器先冷至 200℃左右，经急冷塔下部水洗，温度降为 80℃左右。

2. 水吸收塔

已经除尘和除氨的产物气体，用水吸收，得到丙烯腈水溶液。高压对吸收有利，低温对吸收有利，在温度压力恒定下，水量增加对吸收有利。因此，将急冷塔出来的气体冷却至 38℃左右，塔偏上部用 4℃左右的水吸收气体中的 AN、ACN、HCN、丙烯醛、丙酮等，生成 4%~5%的水溶液，而 N_2、CO、CO_2 和丙烷、丙烯等自塔顶放空，放空温度 37℃左右，尾气中可能有夹带 AN，应小于 2×10^{-6}。

3. 吸收分离流程示意图

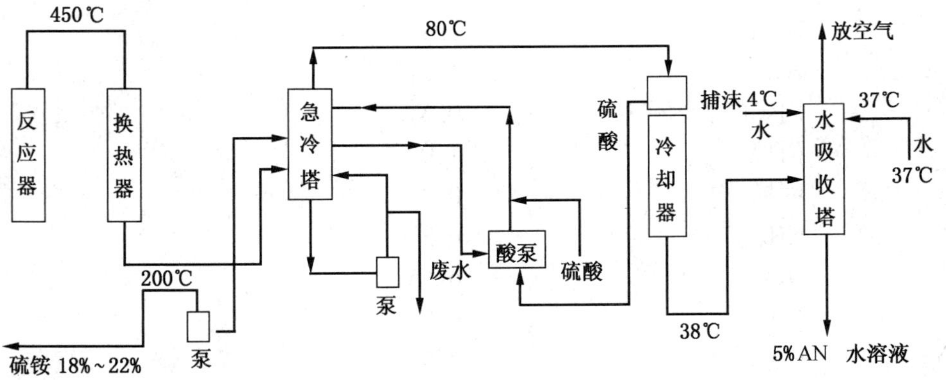

4. 萃取分离塔

工业上常叫回收塔，意思为 AN 合成出来之后被水吸收掉，现在要从水中将 AN 回收。采用萃取精馏，塔上部在 66℃左右泵入吸收塔的釜料 AN 水溶液，塔釜再沸器为 115℃，塔上部用 48℃水萃取精馏，从塔顶(70℃)出料为丙烯腈和水的共沸物，其组成为：

AN　　　　75.9%

HCN	8.9%
H_2O	15.2%

萃取精馏塔从侧线灵敏塔板上102℃出料为乙腈和水的共沸物，其组成为：

ACN	10.1%
H_2O	89.4%
HCN	0.5%

塔釜为废水。

5. 乙腈塔

从萃取塔侧线出来的粗乙腈水溶液经精馏塔，得到50%乙腈水溶液从塔顶采出，塔釜料返回萃取塔继续回收。

50%乙腈还可根据市场需要继续精制。

6. 油水分层器

由萃取塔顶70℃的共沸蒸汽，经冷却到40℃左右，AN等在水中溶解度减小，自然分为水层和油层。用挡板式分层器，将“油”相溢流进入小贮罐，由输液泵泵入脱HCN塔，将AN和HCN分离，水相返回萃取塔进料。

7. 脱HCN塔

分去水层后的AN中含有水、HCN和微量丙烯醛等，主要组成大约为：

AN	83.1%
HCN	9.4%
H_2O	7.5%

其余杂质微量。

塔釜86℃，塔顶29℃，塔顶经冷凝至25℃得到纯HCN，塔釜为粗丙烯腈。

8. AN成品塔

脱HCN塔釜料，72℃左右进料，经减压精馏从塔上部侧线得到精AN。塔釜温度65℃，塔顶温度45℃，釜料返回萃取塔。

精制分离流程图示意如下：

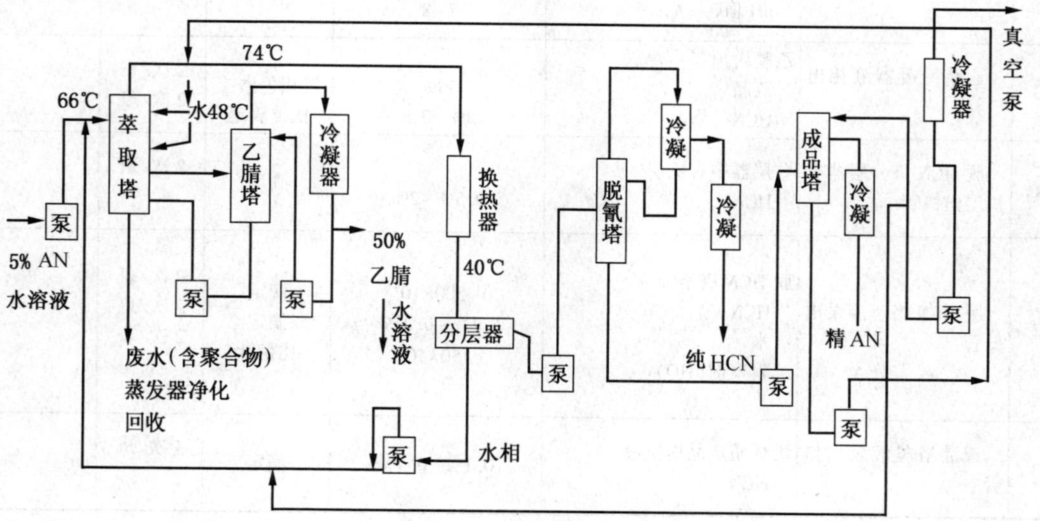

第六节　生产控制分析

表 12-2　生产控制一览表

序号	取样地点	控制项目	要求指标	分析方法	分析次数	备　注
1	丙烯罐出口	丙烯	>92%(体)①	色谱	2 次/班	
2	氨罐出口	氨 H_2O 油	>99.5% <0.2% $<50\times10^{-6}$	减差法	2 次/班	
3	反应气体冷却器出口	反应流出物 全分析 全分析		色谱法 滴定法 滴定法	按需要	
4	反应器	催化剂比表面积，空隙度			按需要	
5	急冷塔上段循环泵出口	pH 值 硫铵浓度	3~5 18%~22%	pH 计 滴定法	2 次/班 2 次/班	
6	急冷塔后冷却器泵出口	急冷塔后冷器凝液 pH 值	5.5~6.5	pH 计	2 次/班	
7	吸收塔顶	吸收塔顶尾气中丙烯腈	44×10^{-6}(体)	色谱法	按需要	
8	回收塔分层器出口管	丙烯腈回收塔顶有机层中 乙腈 丙酮 丙腈 HCN 阻聚剂	 $0\sim300\times10^{-6}$ $0\sim500\times10^{-6}$ $0\sim500\times10^{-6}$ 10%~15% $(100\sim150)\times10^{-6}$	 色谱法 色谱法 色谱法 滴定法 比色法	 2 次/班 2 次/班 2 次/班 2 次/班 1 次/班	
9	吸收水冷器出口管	回收塔釜液中 乙腈 HCN AN pH 值	 $0\sim50\times10^{-6}$ $0\sim300\times10^{-6}$ $0\sim50\times10^{-6}$ 7~8	 色谱法 滴定 色谱法 pH 计	2 次/班 2 次/班 2 次/班 2 次/班	
10	乙腈冷凝器液相出口管	乙腈塔顶 乙腈 HCN	 50% 2%~3%	气相色谱或比重滴定	2 次/班 2 次/班	
11	脱 HCN 塔分层器有机层出口管	分层器中有机层 HCN	 0.5%~2%	滴定	2 次/班	
12	脱 HCN 塔釜液泵出口管	脱 HCN 塔釜液 HCN 水 阻聚剂(HQ)	 $0\sim500\times10^{-6}$ 0.1%~0.25% $<150\times10^{-6}$	 滴定 滴定 比色计	2 次/班 2 次/班 2 次/班	
13	成品塔釜液泵出口管	丙烯腈成品塔釜液 HCN	 0.1%~0.4%	滴定	1 次/班	

续表

序号	取样地点	控制项目	要求指标	分析方法	分析次数	备注
14	成品塔回流泵出口管	丙烯腈成品塔顶 HCN	$0\sim100\times10^{-6}$	滴定	1次/班	
15	成品冷却器下游管线上	最终产品流出物 HCN 外观 颜色 水 乙腈 丙酮 酸度	 $0\sim5\times10^{-6}$ 透明，无悬浮 <5# 0.1%~0.45% $0\sim150\times10^{-6}$ $0\sim100\times10^{-6}$ $0\sim20\times10^{-6}$	 滴定 目测 比色法 滴定 气相色谱法 气相色谱法 滴定	 2次/班 2次/班 2次/班 2次/班 2次/班 2次/班 按需度	
16	废水处理轻有机物汽提塔入口管线	轻有机物汽提塔进料 HCN	$<200\times10^{-6}$	化学分析	1次/班	
17	去生化处理管线取样点	去生化处理废水 CN^- COD pH值	 $<2\times10^{-6}$ $<1\times10^{-3}$ 9~10	化学分析 化学分析 pH计		
18	碳酸钠配制槽V-113	Na_2CO_3	10%		1次/槽	
19	阻聚剂 HQ槽 V-119	HQ	6.5%		1次/槽	
20	乙酸钠配制槽V-114A	乙酸	50%		1次/槽	
21	软水供水泵入口	pH值 电导率 溶解氧	7~9 <1μs/cm $<7\times10^{-9}$	pH计 电导仪 光谱	1次/班	
22	反应器冷却水泵	pH值 电导率 N_2H_4 PO_4^{3-}	9~10 <70μs/cm $(10\sim50)\times10^{-6}$ $1\sim10\times10^{-6}$	pH计 电导仪 光谱 1次/班		

① 体指体积分数，本表中数据除特别标明外，均指质量分数。

第七节 三废治理

一、废水

从上节分离流程示意图上可知，有两股废水，一是从急冷塔下部排出，二是从萃取塔下部排出。

1. 急冷塔废水

其组成基本如下：

AN　　　　0.3%

ACN	0.1%
氰化物	0.3%
丙烯酸	4.0%
乙酸	0.14%
催化剂聚合物渣滓	20%
水	74%

这股废水经催化剂沉降槽，分离出催化剂后进焚烧炉处理。

2. 萃取塔废水

主要含聚合物渣滓和轻有机物。

用四效蒸发器处理，大部分净水在装置内循环使用(氨和丙烯蒸发器用水，吸收和萃取用水等)，小部分用汽提塔脱除轻有机物后，用生化方法处理废水。

二、废气

废气主要产生于吸收塔顶，其组成(体积分数)基本上是：

AN	0.001%
H_2O	5.7%
CO	1.2%
CO_2	2.5%
丙烯	0.3%
丙烷	0.9%
O_2	2.8%
N_2	86.6%

正常的这部分气体可以排空，不正常废气进入焚烧炉处理。

三、焚烧炉和事故火炬

焚烧炉用燃料油作燃料，焚烧对象主要是急冷却下部废水，先经挡板式沉降槽沉降催化剂，用污水泵将污水送焚烧炉焚烧。

乙腈精制和 HCN 精制产生的废液也在焚烧炉焚烧。$(NH_4)_4SO_4$ 结晶过程中产生的废液亦送焚烧处理。

火炬用来焚烧生产装置中事故排放的气体，以丙烯为燃料气。当氰化氢用来制 NaCN 发生故障时，HCN 进入焚烧炉焚烧，焚烧炉同时发生故障时，用火炬来焚烧 HCN。

第八节　安全卫生防护

有毒有害物的基本性质有关数据列如表 12-3 所示：

表 12-3 有毒有害物的基本性质

序号	名 称	液体相对密度 d_4^{20}	在空气中爆炸极限/%(体)	车间空气中最高允许浓度/(mg/m³)	闪点/℃	沸点/℃	废水排放最高允许浓度/(mg/m³)
1	丙烯	0.520	2.4~11.1		92	-47.7	
2	丙烷	0.500	2.4~9.5		97	-42.2	
3	氨	0.610	16~25	30	132	-33.4	
4	丙烯腈	0.806	3~17	2	0	77.3	
5	氢氰酸	0.688	6~41	0.3	-17.5	25.7	500
7	乙腈	0.787	4.2~13.5	3	5.3	81.6	

1. 丙烯腈

丙烯腈是有毒的，无论是吸入其蒸气、液体或通过皮肤吸收其液体、蒸气，都可以使人产生致癌作用。它能在皮肤上留下灼痕和水泡，也能引起皮炎并经皮肤吸收中毒。其液体对眼睛是危险的，它的蒸气的危险性更甚。

大鼠经口 LD_{50} 为 93mg/kg，狗在 4×10^{-5} 时即中毒，连续 4h 致死浓度为 1.1×10^{-4} 轻微中毒可引起恶心、呕吐、无力、头痛和腹泻。严重中毒者除上述症状外还出现胸闷、心悸、恐惧不安和呼吸困难。口唇粘膜和四肢末端是青紫色。随后抽搐、昏迷。如不及时抢救可使呼吸停止而死亡。中毒者必须被抬至空气新鲜处，注意保暖并立即脱掉其受丙烯腈沾染的衣服。立即请医生来，如已停止呼吸，应给以人工呼吸，直至呼吸出现为止。

2. 氢氰酸

氢氰酸(HCN)是一种无色液体，具有微弱的苦杏仁味。沸点低，所以气体 HCN 的存在毒性更甚。剧毒，其在空气中的最大允许浓度为 10×10^{-6}。有报告称丙烯腈毒性是它的 1/30。在空气中以体积比计的爆炸范围为 6.0%~41.0%。它也是一种危险的可反应物，能迅速发生聚合并剧烈放热，从而引起爆炸。

HCN 的聚合可由碱性或强酸条件所催化。对于 0.03%~0.12%(质)之间的酸化不会发生任何问题，Sohio 曾用硫酸把 HCN 酸化到大约 0.07%(质)。

因此，在把 HCN 加到设备中之前，设备应当先酸化。但不能出现过度酸化(即把硫酸加到 HCN 中)，HCN 的沸点为 26℃，凝点为-12.5℃。

HCN 的气味在大约 1×10^{-6} 时是可以检测到的。

低浓度的 HCN 能引起喉咙的疼痛、心悸、呼吸困难、流眼泪、流口水、头痛、四肢无力和眩晕。缓慢吸入急性中毒时，继而脑和心脏充血、喘息、苦闷、呼吸微弱，1h 之内死亡。在浓度为 1×10^{-4} 或更高时，气体防毒面具不被视为有效的保护措施。

氰化物中毒事故的迅速处理是至关重要的，必须争分夺秒抢救，中毒者应立即被移到空气新鲜处，必须立即脱去 HCN 沾染的衣服并用水彻底清洗衣服。如果呼吸停止，立即开始人工呼吸，并应立即请医生来。

工人医疗机构应有 HCN 中毒所采用的急救措施。

3. 乙腈

乙腈是一种具有芳香气味的无色液体，有醚类气味。该物料具有剧烈毒性，并很容易燃烧。大鼠经口 LD_{50}为 3.8g/kg，沸点 82℃，闪点 5.3℃，其在空气中以体积比计的爆炸范围为 4.2%～13.5%。如果乙腈溅到皮肤上，应立即用大量的水进行冲洗。如果眼睛上沾上了它，则应当用水冲洗 15min 并请医生诊治。

4. 氨

氨无论是作为一种无水液体或气体，还是作为一种水溶液，都是一种强烈刺激性的化学品，能产生严重的局部的腐蚀作用。如果处理不当，它可能导致不可挽回的危害或死亡。

气态氨比空气轻，具有刺鼻气味，易溶于水，它对铜合金、铝及铝合金以及镀锌的表面都具有腐蚀性。

无水氨的气体可能引起皮层或粘膜的不同程度的炎症。并可能严重损害呼吸道内壁，带来可能是致命的后果。

无水液态氨可能引起严重的接触冻伤，氨气在空气中的体积比不得高于 100×10^{-6}。

无水氨能够在 16%～25%(体)的有限浓度范围内与空气形成可燃的和爆炸性的混合物。

氨的泄漏一般都能有效地控制住，只要操作人员用软管将蒸汽喷向泄漏处，就能够关得上主要的切断阀。

如果液氨溅到衣服上，应立即脱去衣服并用水冲淋身体。如溅到眼睛上，应立即用大量的水进行冲洗，并请医生治疗。

第九节　技术进步和能量综合利用

本工艺流程中，能量利用比较合理，反应热由脱氧软水汽化和蒸汽过热所带出，形成过热高压蒸汽以蒸汽透平带动空气压缩机。蒸汽透平作功后，乏气排入冷凝器，用 32℃循环水使之冷凝，进入软水管网。

绝大多数的水都在体系内循环并进行热交换，如从再沸器加热的水出来与热交换器交换，加热吸收塔顶的水，再进入氨汽化器串联进入丙烯蒸发器，使水降至 4℃，返回吸收塔上部作吸收水，一部分被换热至 48℃的水作为萃取塔顶部的溶剂水等等。

整个流程中，水的消耗定额小，使用的循环水为每吨产品 $300m^3$ 而补充新鲜水为 $86m^3$/t AN，蒸汽凝水 1.7t/tAN。以丙烯为制冷剂离心式制冷机是目前比较先进的制冷技术，为 AN 生产提供冷源，冷载体为乙二醇水溶液，提供 0℃标准冷载体。用于急冷塔后冷凝器，脱 HCN 回流冷凝器，成品塔塔顶冷凝器，成品塔精 AN 冷凝器，成品塔及蒸发器真空系统水箱以及蒸发器尾气冷凝等等。冷冻消耗为 1737MJ/tAN。

对催化剂的开发研究是合成 AN 技术进步的重要环节，目前在合成分离流程中，感觉最有问题的是 NH_3 利用率不够高，乙腈的副产物开发利用较困难，应当研究新一代的催化剂，提高 NH_3 的利用率，使之接近 100%，宁可使丙烯的转化率下降而不希望 NH_3 的转化率减小。NH_3 的存在不仅易使产物聚合而且增加处理的难度，产生的副产物很难说有什么重要用途，当然除了提高 NH_3 的利用率之外，要使选择性提高而降低乙腈的产生量。

HCN 的利用要比乙腈的利用价值大，但不论怎么说，大量的 AN 装置必须研究 HCN 和乙腈的用途，开发联产新产品的技术途径。

第十三章　合成苯酚

第一节　产品概述

苯酚的化学式为 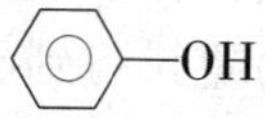

，C_6H_6O，又叫羟基苯，俗名石炭酸，是重要的基本有机化工原料。用苯酚可以合成酚醛树脂，合成双酚-A。双酚-A是聚碳酸酯和许多工程材料的单体。还可以用苯酚合成己内酰胺、水杨酸、氯酚、己二酸等许多有机原料和中间体，还可以作溶剂或混合溶剂、试剂和消毒剂等，在高分子材料、石油化工、涂料、医药、农药、染料、香料等许多部门有广泛的用途。

苯酚的产品规格如下：

指　标	一　级　品	二　级　品
凝固点	≥40.50℃	39.7℃
水溶液浊度	≥1号	2号
蒸馏物	≤0.01%	0.016%

苯酚有毒，有腐蚀性。苯酚的水溶液或纯物质苯酚接触皮肤表面时，几分钟内即可产生作用，刺激到局部麻醉至溃疡。经皮肤亦能吸收，吸收量较大时则作用于中枢神经，出现虚脱，体温极度下降及痉挛，如果皮肤上大面积附着时，严重时几分钟之内可决定其生与死，1小时之内可致死。一般急性中毒症状有虚弱感、眩晕、出虚汗或呈兴奋状态或失去知觉。苯酚在体内可造成肾脏损伤，使尿变为绿色、褐色和黑色，可引起继发性死亡。工作场所苯酚允许浓度为5×10^{-6}。

合成苯酚无色或略带微黄，在空气中略呈微红色，弱酸性。其物性数据如下：

凝固点	40.9℃
熔点	42~43℃
沸点	181.4℃
相对密度	1.132(25℃固体)，1.0576(41℃)
折射率	1.559(25℃)，1.5425(41℃)
闪点	79℃(闭杯)，85℃(开杯)
自燃点	716℃

在65℃以上时能与水混溶，易溶于乙醇、乙醚、氯仿、甘油、CS_2等，不溶于石油醚。

苯酚为很活泼的化合物，和强碱反应可生成盐。大多数盐，特别是钾和钠的盐可溶于水，在弱酸作用下会分解析出苯酚。

羟基易进行酯化和醚化反应。工业上生产的苯酚酯包括乙酸苯酯($CH_3COOC_6H_5$)、磷酸三苯酯[$(C_6H_5)_3PO_4$]和水杨酸苯酯[$C_6H_4(OH)COOC_6H_5$]。醚有苯甲醚($C_6H_5OCH_3$)、苯乙醚($C_6H_5OC_2H_5$)和二苯醚[$(C_6H_5)_2O$]等。

采用不同的氧化剂和氧化条件，苯酚可被氧化成苯二酚、苯三酚、联苯衍生物和二苯并呋喃等。用锌可将它还原成苯，而催化加氢可得到环己醇。

苯环上的羟基使苯酚邻位和对位上的氢原子有较高的反应性。例如在空间条件允许的情况下，可置换(如氯代)而生成2位或4位的单取代衍生物，而后继续生成2，4位或2，6位的二取代衍生物，最后生成2,4,6位的三取代衍生物。苯酚与浓硫酸反应生成羟基苯磺酸。

用浓硝酸，甚至用稀硝酸易使苯酚硝化，其最终产品是2,4,6－三硝基苯酚，即苦味酸。也可用硝酸氧化得到草酸和树脂状副产物。

苯酚最重要的反应是与甲醛缩聚生成酚醛树脂。苯酚与丙酮缩聚生成双酚A，与苯酐缩聚生成酚酞。无水酚钠与CO_2反应生成水杨酸。工业上用苯酚与重氮盐反应生产偶氮染料。苯酚可作为己内酰胺的原料生产尼龙6，即加氢得到环己醇，再脱氢生成环己酮，后与羟胺反应成为环己酮肟，最后经硫酸催化进行贝克曼(Beckmann)重排得到己内酰胺。

此外，在催化剂存在下，苯酚可烷基化而得烷基苯酚。

1834年Runge首先从煤焦油中提取得到苯酚，当时称为石炭酸。第一次世界大战以前苯酚全部来自煤焦油，称为天然苯酚；第二次世界大战结束时，天然苯酚占苯酚总产量的10%；到1965年仅有4%是从煤焦油和石油焦油得到的。现在苯酚主要用合成方法进行生产。

自第一次世界大战期发现2,4,6－三硝基苯酚是很好的炸药后，苯酚的需要量剧增，天然苯酚远不能满足要求，从而出现了多种合成苯酚的方法。1923年美国孟山都公司(Monsanto Co.)磺化碱熔法合成苯酚工业装置投产，1924年美国道化学公司(Dow Chemical Co.)开发了氯苯水解法合成苯酚的工艺，以后又相继出现了新的合成方法，如环己酮-环己醇法、甲苯-苯甲酸法和异丙苯法等。在各种生产方法中惟有异丙苯法发展最快。这种方法的最大优点是可以利用石油炼制过程中副产的丙烯及苯作原料，在生产苯酚的同时联产丙酮。

1. 苯磺化碱熔法

其反应式如下：

$$C_6H_6 + H_2SO_4 \longrightarrow C_6H_5SO_3H + H_2O$$

$$C_6H_5SO_3H + Na_2SO_3 \longrightarrow C_6H_5SO_3Na + SO_2\uparrow + H_2O$$

$$C_6H_5SO_3Na + NaOH \longrightarrow C_6H_5ONa + Na_2SO_3 + H_2O$$

$$C_6H_5ONa + SO_2 + H_2O \longrightarrow C_6H_5OH + Na_2SO_3$$

此法是最古老的方法，它用浓硫酸作磺化剂，于170~185℃使苯经气化后进行气相磺化而转变为苯磺酸；然后用副产物亚硫酸钠中和，控制温度在100℃左右，而得苯磺酸钠；再于300~365℃进行碱熔，使苯磺酸钠与熔融状态的烧碱作用，生成苯酚钠及溶解于水的亚硫酸钠，结晶使其分离；经浸渍分离后的苯酚钠溶液，在60~80℃用二氧化硫(或稀硫酸)酸化而得粗品；经减压蒸馏即得成品。副产亚硫酸钠经干燥回收，总收率80%。

消耗定额：苯970kg/t，硫酸1390kg/t。

此法生产设备简单，材质要求不高，收率较高，产品质量好；但浓缩阶段能耗高，酸碱消耗大，设备使用期短，不能连续化生产，副产品为废料。

2. 氯苯水解法

其主要反应式如下：

$$C_6H_6 + Cl_2 \longrightarrow C_6H_5Cl + HCl$$

$$C_6H_5Cl + 2NaOH \longrightarrow C_6H_5ONa + NaCl + H_2O$$

$$C_6H_5ONa + HCl \longrightarrow C_6H_5OH + NaCl$$

利用电解食盐所得氯气和氢氧化钠为原料，由苯和氯气反应生成氯苯和盐酸，将氯苯与苛性钠水溶液(10%)按 1 : 1.25(摩尔比)混合后，加入二苯醚，以氯化亚铜作催化剂，在 31.87MPa 压力和 400℃温度条件下，反应生成苯酚钠和水，再酸化而得。

此法氯化过程比磺化法简便，副产物易分离，生产规模大；缺点是采用高压操作，对设备要求高，并且设备腐蚀严重。

3. 拉西法

其主要反应式如下：

$$C_6H_6 + HCl + \frac{1}{2}O_2 \longrightarrow C_6H_5Cl + H_2O$$

$$C_6H_5Cl + H_2O \longrightarrow C_6H_5OH + HCl$$

苯在固体钼催化剂存在下，于 220～270℃高温进行氧氯化反应，生成氯苯和水。氯苯在高温(420℃)蒸汽下进行催化水解，得苯酚和氯化氢，氯化氢再回到第一步反应中去。

此法原料只需要苯，氯化氢可循环利用，只需补充少量。缺点是能量消耗大(用以压缩空气)，由于高温及酸性大，因而腐蚀较重。本法的单程转化率较低(10%～15%)，因此在蒸馏时需处理大量的循环未反应物料。

4. 异丙苯法

以丙烯、苯为原料，其主要反应式如下：

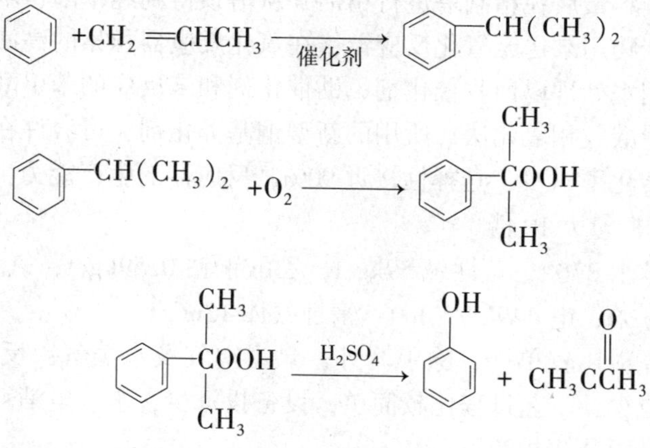

液相法工艺过程：从裂化气中分离提纯的丙烯，在三氯化铝催化剂存在下，于 80～90℃、常压和苯进行烃化反应，经蒸馏分离得异丙苯。使异丙苯和催化剂一起从塔底进入氧化塔，在温度 100～120℃、压力 0.29～0.39MPa 下，用空气直接氧化成过氧化氢异丙苯(CHP)。氧化塔顶流出物经冷却后进入纷离槽，在此将气体和液体分开。气体(尾气)去异丙苯回收系统；液体送水洗塔洗涤后进入提浓塔。将氧化液提浓到 80%～90%后，过氧化氢异丙苯经酸解工段用硫酸在 60℃、常压分解为苯酚和丙酮，转化率为 85%～90%。最后经丙酮精制、苯酚精制和 α-甲基苯乙烯精制而得成品。

此法能同时生产苯酚和丙酮(比率为 1 : 0.6)，比其它生产方法成本大大降低。本法主要优点是：原料来自石油气中的丙烯和空气及苯，便于大型化连续化生产。缺点是：从氧化产物中回收苯酚的工艺比较复杂。目前世界上 90%苯酚的生产，采用此法。

消耗定额：苯 1.15t/t，丙烯 0.6t/t，电 360kW · h/t，蒸汽 1.69t/t，冷却水 180t/t。

5. 甲苯氧化法

此法系美国道化学公司开发。它包括两步：第一步是甲苯氧化成苯甲酸；第二步是苯甲酸在铜催化剂存在下被氧化成苯酚。其主反应式如下：

$$C_6H_5CH_3 + \frac{2}{3}O_2 \longrightarrow C_6H_5COOH + H_2O$$

$$C_6H_5COOH + \frac{1}{2}O_2 \longrightarrow C_6H_5OH + CO_2$$

在温度130~140℃、压力0.8~1.0MPa和0.1%~0.3%可溶性钴盐催化剂存在下，甲苯与空气在氧化塔内相接触。氧化塔顶气相经冷却并通过活性炭吸收后放空；冷凝液和水蒸气由吸收塔吹出的被吸收的有机产品通过泌析器分离成有机层(主要是甲苯)和水层(含有甲酸和乙酸副产物)。从氧化塔底层得到的液体产品在汽提塔和精制塔中分离。分出的甲苯和中间产品以及液体反应产品都返回到氧化反应器。从精制塔顶得到的熔融苯甲酸则进入下一工序。塔釜为催化剂和高沸物。

熔融的苯甲酸在加入可溶性铜催化剂和某些助催化剂后，经加热炉进入苯甲酸氧化塔，在该塔中物料直接与空气和水蒸气接触。将反应器顶部出来的气体通入共沸塔，甲苯和水在共沸塔内形成共沸物。共沸塔顶冷凝器产生的不凝气体，在放空之前先用活性炭吸收，进一步回收甲苯并循环使用。由共沸塔侧线采出的富苯酚组分进入气提塔，从中脱除剩余的低沸点组分。该塔的塔釜料最后在精制塔进行精馏，从塔顶得到纯苯酚，塔釜料则循环进入共沸塔。共沸塔的残留产物用泵送至氧化反应器，在氧化反应器积累的高沸物由底部排出，并在一个混合澄清器中用水处理以回收催化剂、助催化剂和未反应的苯甲酸。

该工艺采用苯甲酸气相氧化法，所用的新型铜基催化剂，可容许在15000h^{-1}很高的空速下进行反应，单程转化率50%，选择性接近90%，反应器的生产能力可达1kg/L催化剂·h，大约比一般氧化法的产量大10倍。

消耗定额：甲苯1.27t/t，苛性碱59kg/t，乙酸铜钴0.59kg/t，氧化镁4.5kg/t，冷却水85.2t/t，蒸汽8.72kg/t，电449kW·h/t，惰性气体12m^3/t。

此法特点是：原料比较单一，除甲苯外，只需空气及水蒸气；反应时除生成二氧化碳外，其它副产物生成少，工艺过程比较简单，设备投资少，水、电消耗低，在甲苯价格适宜条件下，此法可与异丙苯法相竞争。

6. 环己烷法

由苯加氢得环己烷，再氧化得环己酮、环己醇和水，再进一步脱氢得苯酚和氢，其反应式如下：

$$C_6H_6 + 3H_2 \xrightarrow{\text{Pt}} C_6H_{12}$$

$$2C_6H_{12} + 3/2O_2 \xrightarrow{\text{硬脂酸钴}} C_5H_{10}CHOH + C_5H_{10}CO + H_2O$$

$$C_5H_{10}CHOH + C_5H_{10}CO \xrightarrow{\text{Ni, Sn}} C_6H_5OH + H_2$$

其优点是投资低，产品质量好。但环己烷成本比苯高，副产物氢必须合理利用。由于环己酮是生产己内酰胺的中间体，在采用此法生产聚酰胺纤维时，用于生产苯酚受到了限制。

7. 苯直接合成法

由 8mL 苯在催化剂作用下，一步氧化合成苯酚。合成反应在菲咯啉 2×10^{-4}mol、一氧化碳 15g(95%)，乙酸 12mL 及催化剂乙酸钯 2×10^{-4}mol 存在下，于 180℃进行 1h 反应，得到含量为 92%的苯酚，催化效率为 78%(相对于钯)，其反应式如下：

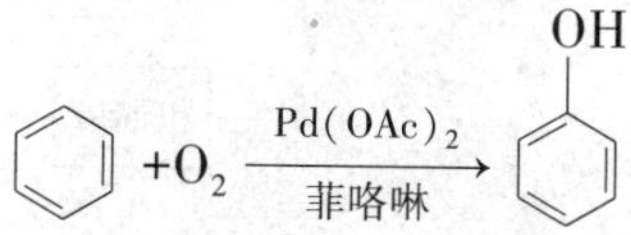

此外，还有常温常压一步法合成苯酚。此法以铜钯为催化剂，直接用氧气氧化，同时电解，可以获得苯酚。工艺失活的铜催化剂，用氢作为还原剂还原，效果很好。该法有望成为近期制造低成本苯酚的方法，得到工业应用。

所有方法中，目前仍以异丙苯法为好。异丙苯法生产苯酚丙酮最早由前苏联实现工业化，于 1949 年建成第一座工厂。西方国家采用这一工艺路线的第一座工厂于 1951 年建在加拿大蒙特利尔，规模为年产 3000t 苯酚和 2500t 丙酮。此后陆续建厂，1954 年美国市场上首次出现异丙苯法合成的苯酚。到 60 年代中期，异丙苯法合成苯酚的产量已占苯酚总产量的 50%，70 年代中期达 90%以上。异丙苯法不仅成为苯酚的主要生产方法，而且已经成为生产丙酮的有竞争性的路线之一。

中国从 1958 年开始异丙苯法合成苯酚和丙酮的研究工作，1970 年形成了万吨级的工业生产能力。目前北京、上海、抚顺、兰州都有异丙苯法苯酚生产装置。异丙苯法生产已占总量的 60%以上。

以下则介绍异丙苯法合成的工艺。

第二节　产品工艺流程

一、产品工艺流程方框图

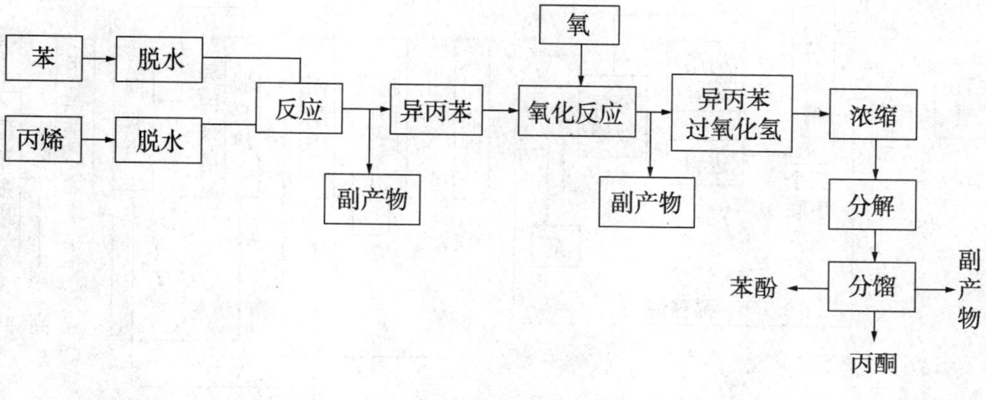

这是生产苯酚的示意图，可以看出，苯酚的生产是由异丙苯过氧化氢分解而得到的，而异丙苯过氧化氢又是由异丙苯氧化而得到的，而异丙苯又是由苯和丙烯合成的，因此，工艺流程图可分为下述三段。

1. 异丙苯的合成和精制（UOP 法）

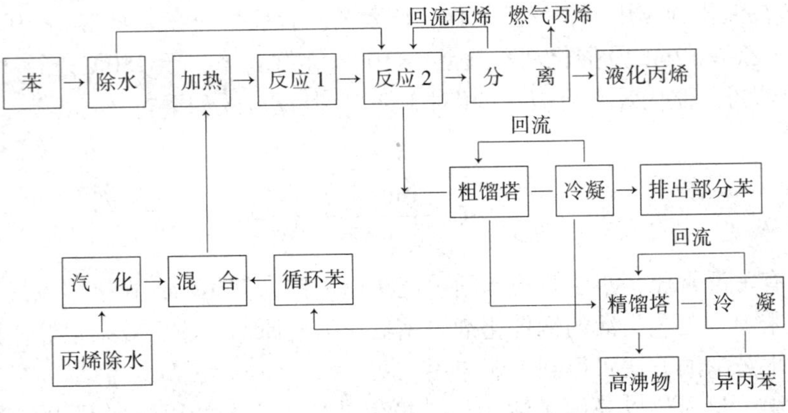

2. 过氧化氢异丙苯（CHP）合成精制

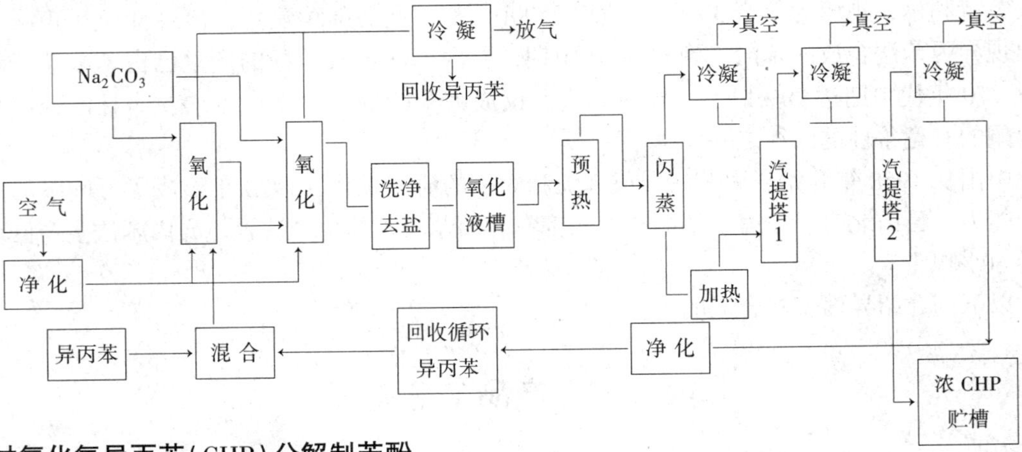

3. 过氧化氢异丙苯（CHP）分解制苯酚

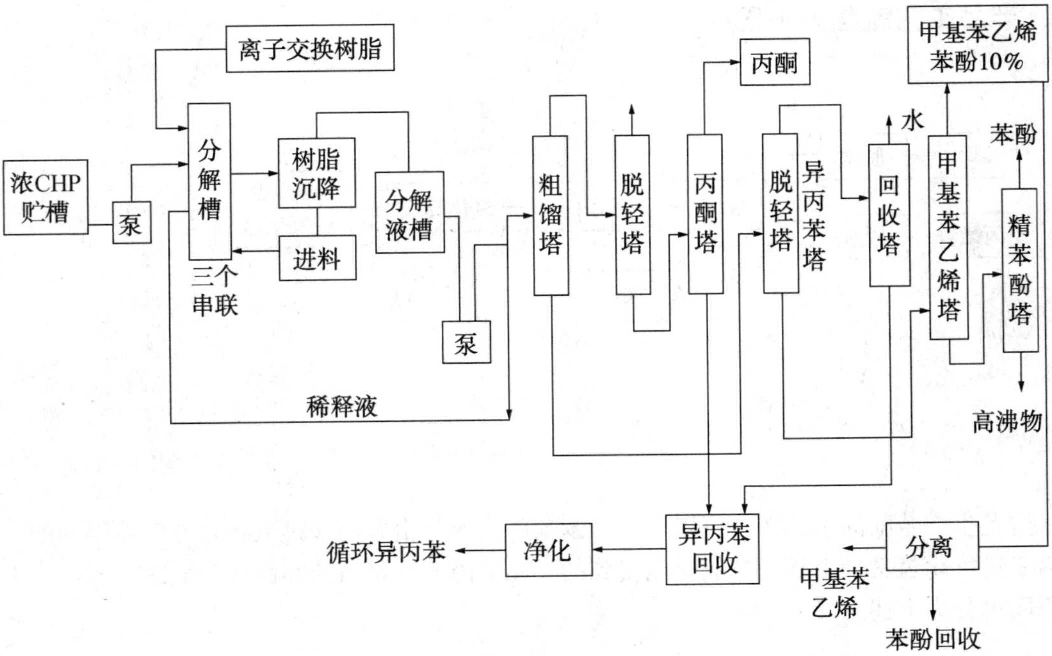

二、工艺流程概述

1. 异丙苯合成工艺流程概述

用磷酸-硅藻土为催化剂，气相法合成异丙苯。新鲜丙烯与由分离系统送回的循环苯混合后，加热至200℃进第一反应器(塔)底部，在200~250℃及3~4MPa下反应，出来的反应气体进入第二反应器(塔)。经闪蒸脱水的原料苯从反应器偏上部进入，与部分循环丙烯进一步反应，使反应达完全。第二反应器顶排出的未反应丙烯、丙烷及其它惰性物质经冷却冷凝后，在分离器中分离，不凝气体从上部排出，用作燃料气；冷凝液有一部分循环回反应器偏上部，与刚进入的苯反应；一部分凝液作为液体燃料(原料)排出，防止惰性烷烃富集，影响反应。反应产物从第二反应器下部排出后，进入初馏塔分离，塔顶分出未反应的苯，一部分循环使用，一部分排出系统外，以防止循环苯内杂质的积累。初馏塔釜液送至异丙苯精馏塔，塔顶分出异丙苯产品，塔釜液主要含二异丙苯、三异丙苯及丁苯等高沸物，另作处理。

2. 过氧化氢异丙苯工艺流程概述

异丙苯用空气氧化生成过氧化氢异丙苯是一个自由基连锁反应，能引发生成自由基的物质均可作引发剂，工业上常用的是过氧化氢异丙苯本身或其钠盐。

一般采用Hercules-BP流程的氧化反应塔均用物料串联，空气并联的方式。为减少反应过程中CHP的分解，在反应器中常加入一定量的碳酸钠水溶液以调节pH值。增加塔数(在不超过5个塔时)可以提高收率，但从经济角度考虑，塔数增多，投资加大，所以一般采用4个塔。

新鲜异丙苯与循环异丙苯以1∶3混合后，与塔釜热氧化液换热，再经加热器加热至100℃左右，由氧化反应塔顶引入塔内，脱除了固体杂质、酸性气体和油雾的净化空气由塔底通入，与异丙苯逆流接触，进行氧化反应。氧化所需的添加剂10%碳酸钠溶液从塔的第三、六、十节加入，控制氧化液pH值在4~5左右。氧化塔顶部放出的尾气经冷凝后放空，一般通过控制尾气中残氧含量为5%来决定氧化反应所需的空气量。尾气凝液含异丙苯与少量酸，经碱洗后，回收异丙苯。氧化塔底排出的氧化液经栅板混合器、沉降槽，用软水二级逆流水洗脱除钠离子和酸性物质后送入贮槽。后经升腾蒸发器、降膜蒸发器提浓，使氧化液中CHP达到80%左右。蒸出的异丙苯送气液分离器，经冷凝、分离、净化后回收利用。

3. CHP分解和苯酚精制流程概述

CHP分解反应在三个串联的分解反应器中进行。反应器分上下二段，内装阳离子交换树脂，又装有冷却器及搅拌器，以排除反应热。

浓缩氧化液中混加分解液稀释后，顺次进入三个反应器。分解反应在常压、75℃下进行。当分解液中CHP浓度低于0.2%时，终止反应。将分解液从第三反应器上部引出，进入树脂沉降槽，分出的树脂经螺旋输送机回到第一反应器，得到的分解液调整pH值至7~7.5后，送往精馏工序。

分解液含有丙酮、苯酚和高沸物、低沸物，它们之间可能形成共沸物，需用不同的和多步骤的分离方法。一般分解液先经粗馏，分成丙酮馏分与苯酚馏分。从示意图可见。先从分解液中分出粗丙酮，再进一步精制得产品丙酮；然后将未反应的异丙苯和水分出，异丙苯纯化后循环使用；再分出α-甲基苯乙烯，可加氢回收异丙苯或用作聚合物单体；最后得到主产品苯酚，残留的酚焦油是由二甲基苯甲醇与少量CHP或苯酚反应生成的一系列副产物组成，可作为燃料或进行热裂化回收苯酚、异丙苯、α-甲基苯乙烯，但质量较差。

第三节　原料流程

对于用异丙苯合成苯酚来说，流程比较长，虽然说可以划分为异丙苯合成、过氧化氢异丙苯合成和过氧化氢异丙苯分解三个步骤，但这三个步骤是互相关联，甚至可以串联而连续化生产。因此，可以把苯、丙烯、催化剂看成合成苯酚的最基本的原料，以后的每一步要求看成是工艺的中间控制过程。作为中间体合成和精制过程中也有各自的原料流程。

合成异丙苯使用的催化剂固体磷酸，对水分比较敏感，为了苯的烷基化反应能顺利进行对原料的要求是：苯含水量小于150×10^{-6}，有的报道要求50×10^{-6}。丙烯含水量小于150×10^{-6}，或者50×10^{-6}以下，而且不含乙烯和丁烯，但可含一定量的丙烷。

原料处理方案是苯的脱水，用闪蒸法，通过闪蒸一般可使苯的含水在200×10^{-6}以下。要进一步去除水分应当用分子筛吸附干燥。分子筛干燥的操作又以液态苯脱水为重。

丙烯脱水一般用液相通过分子筛脱水，脱水以后再汽化进入反应器。进入反应器的压力可以由汽化过热而实现。

第四节　反应过程和反应工艺

一、异丙苯合成

异丙苯　$C_6H_5-CH(CH_3)_2$，又名枯烯，常温下为无色液体。

熔点	96.03℃
沸点	152～153℃
相对密度	0.8640(20℃)
折射率	1.4911(20℃)
临界温度	363℃
临界压力	3.14MPa

不溶于水，溶于乙醇、苯、CH_4和乙醚。毒性较强。在较高浓度下，麻醉作用较强，急性中毒症状严重，液体经皮肤吸收的危险性较大，因其排除缓慢，可产生累积性毒害。异丙苯对小鼠致死浓度为2×10^{-3}，对大鼠经口LD_{50}为2.91 g/kg，工作场所允许浓度50×10^{-6}。

质量指标	含量≥99.0%
相对密度	0.861～0.862(20℃)
折射率	1.491～1.492(20℃)
沸程	151～153℃
乙苯和丁苯总量	$<200\times10^{-6}$

异丙苯的合成以苯和丙烯进行烷基化反应而得。苯的烷基化反应式如下：

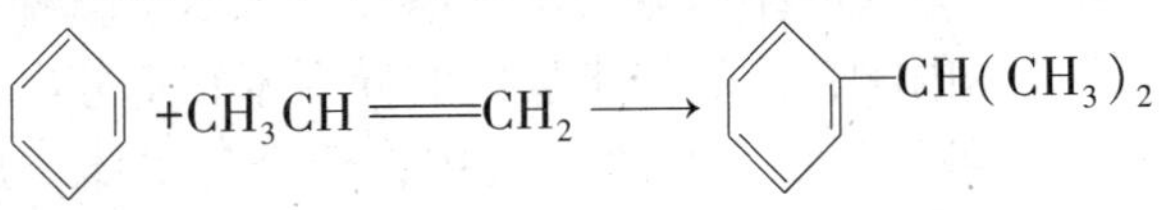

$\Delta H=-113$ kJ/mol

除了上述主反应外，还可能发生一系列副反应，如：苯与丙烯发生多烷基化反应生成二异丙苯、三异丙苯等多异丙基衍生物；苯与其它烯烃的烷基化反应；丙烯自聚形成聚合物等。应使用过量苯来抑制多烷基化反应及聚合反应，同时应尽可能除去丙烯中的其它烯烃，防止生成其它烷基苯。由于水分对催化剂的理化性质影响较大，为保证烃化反应的顺利进行，一般控制原料中水分含量 1×10^{-4}~1.5×10^{-4}。

以原料的物态来区别，有液相法和气相法两种，现将两种方法对比如表 13-1 所示：

表 13-1　液相法与气相法对比

项　目	液　相　法	气　相　法
催化剂	溶解于二异丙苯中的 $AlCl_3$	附载于硅藻土或浮石上的 H_3PO_4
反应进料	液态的苯和丙烯 于二异丙苯中反应	气态的苯和丙烯 在固相催化剂上反应
温度	90~95℃	200~250℃
压力	常压	3~4 MPa
原料单耗：苯	0.664	0.666
丙烯 100%	0.355	0.350
催化剂	$AlCl_3$ 3kg、HCl 3kg	H_3PO_3 0.8kg
设备台数	~60	~40
设备防腐	腐蚀严重	基本不腐蚀
污水量 t/t 异丙烯	10	0
总收率%	97	96
总能耗(折为热量) kJ/t	4430	650

因此，气相法在工业上被广泛应用，但由于液相法技术成熟，反应、温度压力较低，因此小型工厂亦有使用。

气相反应器为固定床。催化剂是固体磷酸，制备时可用亚磷酸、焦磷酸和多磷酸，载体有硅藻土或硅酸铝。催化剂中用 5%左右的添加剂提高其活性，磷酸量在催化剂中一般为 50%~80%。投料中苯与丙烯的摩尔比为(8~10)：1。

二、异丙苯的氧化

异丙苯氧化制得过氧化氢异丙苯，简称 CHP。分子式 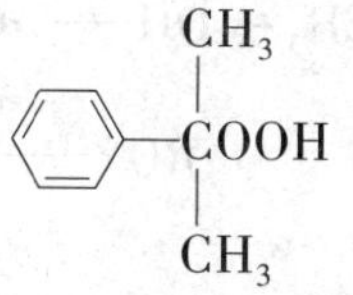 。

它本身是高分子自由基聚合的引发剂，高分子学科习惯称它为异丙苯过氧化氢，基本合成行业习惯叫它过氧化氢异丙苯，有时又称为氢过氧化异丙苯。常温下为无色液体，沸点 100~101℃，相对密度 1.030，溶于烃类、丙酮、乙醇。由异丙苯氧化制得。

异丙苯氧化制过氧化氢异丙苯(CHP)是一个液相氧化过程，其主反应式如下：

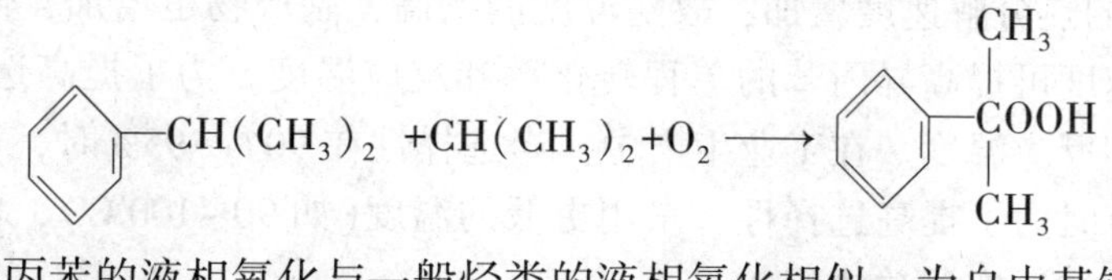

$\Delta H = -117$ kJ/mol

异丙苯的液相氧化与一般烃类的液相氧化相似，为自由基链锁反应历程。由于反应生成的过氧化氢异丙苯在氧化条件下能部分分解为自由基，而加速链的引发，促进反应进行，本身即为反应催化剂，所以异丙苯的氧化反应是一种自氧化反应。

氧化过程中除生成 CHP 的主反应外，还有很多副反应。一部分是通过自由基的支化反应产生的；另一部分是由于 CHP 的稳定性较差，容易生成热分解、酸分解和碱分解等产物。以上两类副产物还可能相互作用，生成新的副产物。氧化过程的主要副产物是二甲基苯甲醇、苯乙酮和 α–甲基苯乙烯及少量的甲酸、苯甲酸、苯酚、丙酮、乙烯、甲烷、枯酚、双酚 A、甲醇和甲醛等。

1. 反应机理

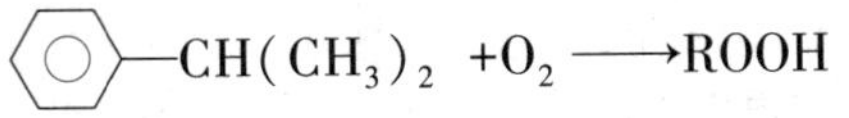

$\Delta H = +132.2\ kJ/mol$

$$ROOH \xrightarrow[\Delta]{} RO\cdot + \cdot OH$$

上式中 R 代表 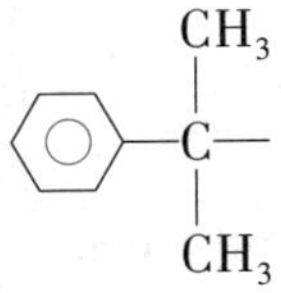

在金属离子作用下，发生氧化还原分解，产生自由基 R·、ROO· 和 RO·。

主反应机理

$$R + O_2 \longrightarrow ROO\cdot$$

$$ROO\cdot + \underset{(异丙苯)}{RH} \longrightarrow ROOH + R\cdot$$

副反应如：

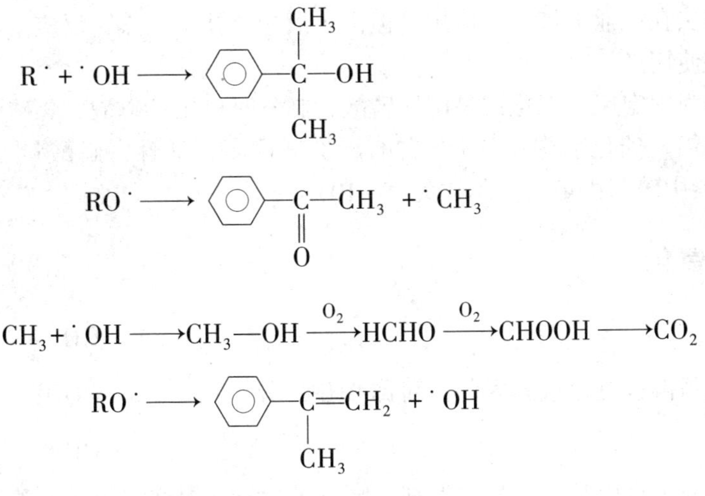

可见 ROOH(CHP)浓度增高，可加快反应速度。

2. 反应工艺条件的影响

(1) 温度。在工业生产的气体线速度下，氧化反应属动力学控制，即增加温度时，反应速度加快。由于高温下 CHP 的热分解速度增加，故随温度的增高，副产物也增加，使 CHP 选择性下降。为了加快反应速度可提高异丙苯的单程转化率和反应温度。为了提高选择性，应降低异丙苯的单程转化率和反应温度。在工业生产中，当选择性在 90%~95%时，反应温度控制在 100~120℃为好。有时为了提高选择性，采用更低的温度(如 90~100℃)，但为了达到一定的生产能力，则应增加反应器总体积。

(2) 压力。实验表明氧化速度开始随氧分压的增加而加快，随着氧分压达到一定范围内，继续增大氧分压对氧化速度没有影响。为了加大溶氧速度，一般在 0.5~1MPa 压力下操作。

(3) 原料纯度。异丙苯的氧化对原料要求较严格，应除去对自由基增长和中止阶段有不利影响的杂质，诸如硫化物(如异丙基噻吩、硫醇、硫化氢等)、苯酚和不饱和烃类(如丙烯三聚体、α-甲基苯乙烯等)。烷基苯(甲苯、乙苯和丁苯等)可影响反应速度和总收率，也增加了最终产品苯酚精制的困难。金属(如铁等)和金属离子的存在，虽能增加反应速度，但也增加了副产物的生成，所以应控制原料异丙苯中的金属离子含量，对在反应过程中能产生金属离子的钢铁及其它金属均不能选用为氧化反应器及有关设备的材质。异丙苯原料中有机硫含量应小于 1×10^{-6}；乙苯和丁苯的含量分别小于 2×10^{-4}；苯酚含量小于 5×10^{-5}；不饱和烃类含量(以溴值表示)小于 5×10^{-5}；其它有机杂质亦应控制在最低限度。

(4) 添加剂。异丙苯氧化反应需加入添加剂从而缩短反应的诱导期，减少氧化过程中的副产物和提高氧化反应的收率，提高整个过程的经济技术指标。氧化反应的添加剂有 CHP-Na 盐，变价金属的有机酸盐(如松脂酸锰和硬脂酸钴等)，碱金属和碱土金属的盐类和氢氧化物，金属氧化物等(如氢氧化钠、碳酸钠、硬脂酸的钡盐和镉盐等)。

(5) pH 值。异丙苯氧化受 pH 值影响很大，pH 值过高、过低均会促使 CHP 的分解。一般利用碳酸钠水溶液调节 pH 值在 5~7 之间。

(6) 氧化深度。氧化深度指的是异丙苯氧化反应的最终产物——氧化液中 CHP 的浓度。为保证一定的选择性，氧化深度应当控制在一定的范围内。一般将氧化深度控制在 25%~30%左右。

3. 氧化反应器

异丙苯氧化的工艺流程有多种，主要区别在于反应器的不同，常用的有多层鼓泡式反应器和 2~4 个塔式反应器串联的反应流程。操作时反应物料异丙苯串联，由塔下进料与同时进入的氧反应，液相反应物料从顶部出来，串联进入第二塔加料，而空气则是并联进入的。氧化反应器结构如图 13-1 所示。

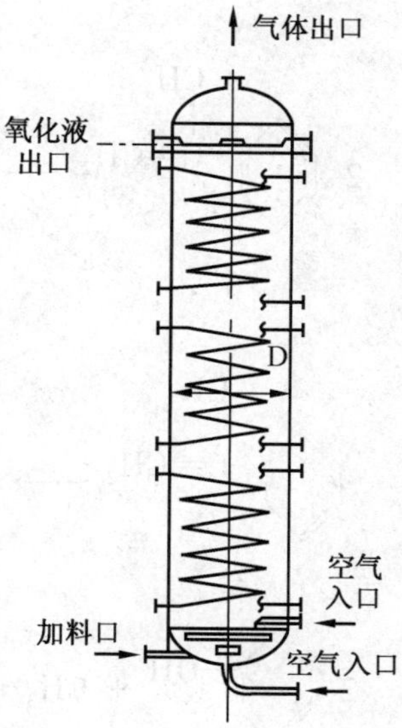

图 13-1　氧化反应器结构示意图

三、CHP 分解

CHP 分解为苯酚、丙酮，一般用酸性催化剂，如硫酸、磺酸型阳离子交换树脂和二氧化硫。当选用硫酸作催化剂时，其价廉易得，且用量少，但酸性分解液中生成的硫酸盐，容易堵塞管道设备，对设备的腐蚀作用也较严重，必得反应后的分解液经中和除盐后才能送去分离，使流程复杂。采用阳离子强酸型交换树脂作催化剂，可使副产物有所减少，提高了苯酚、丙酮的收率，并简化了分解液与催化剂的分离过程。为延长树脂的使用寿命，氧化液必须除水后进入分解反应器。二氧化硫催化性能较好，少量二氧化硫即可使分解顺利进行，但它是强刺激性气体，应用不如硫酸与树脂催化剂那样方便。

CHP 的分解过程属离子型链锁反应，为强放热过程。其主反应式如下：

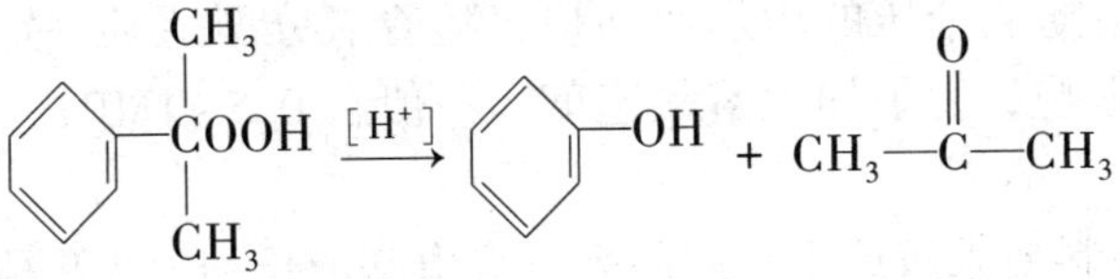

$\Delta H = -223.9$ kJ/mol

分解过程中发生很多副反应，主要副反应如下：

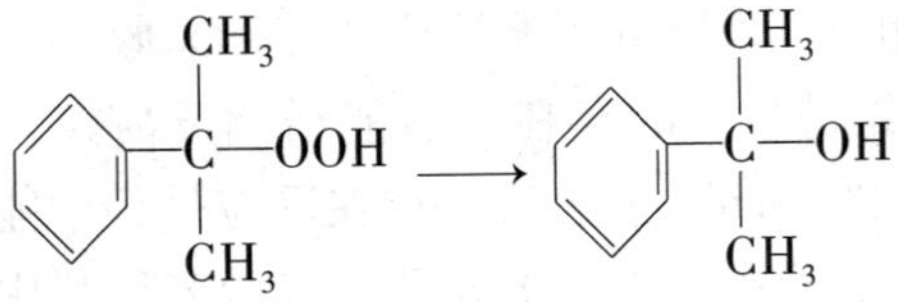

（二甲基苯甲醇）+[O]

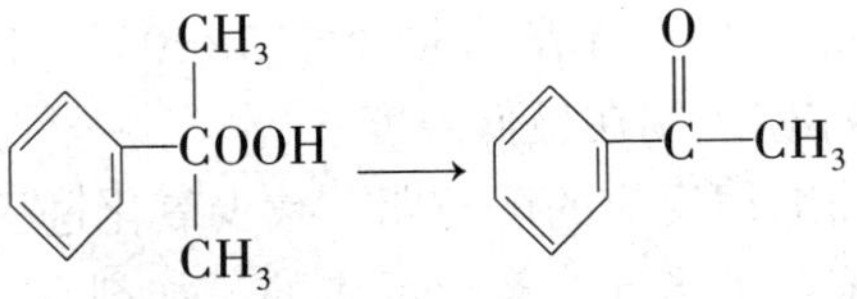

（苯乙酮）+CH_3OH

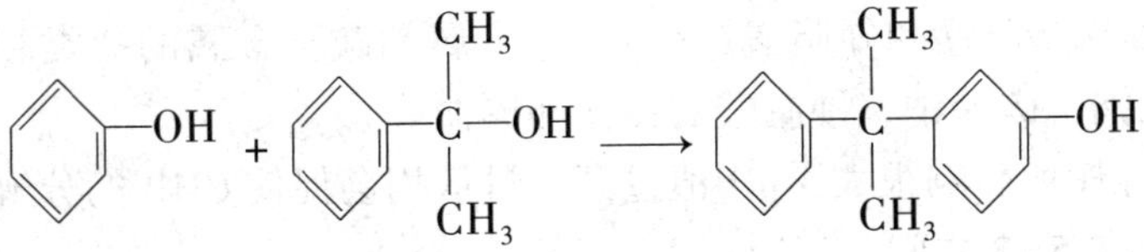

（枯基酚）+H_2O

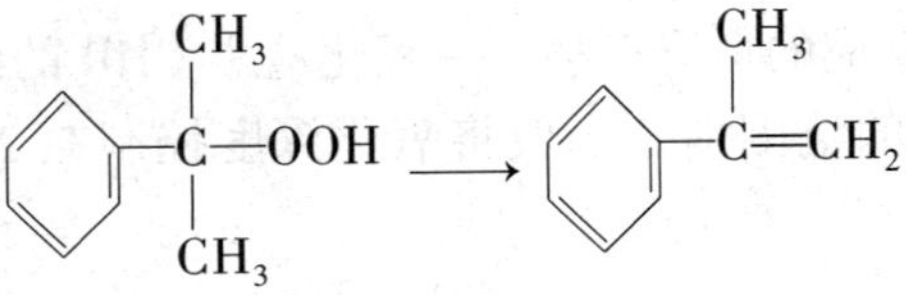

（α-甲基苯乙烯）

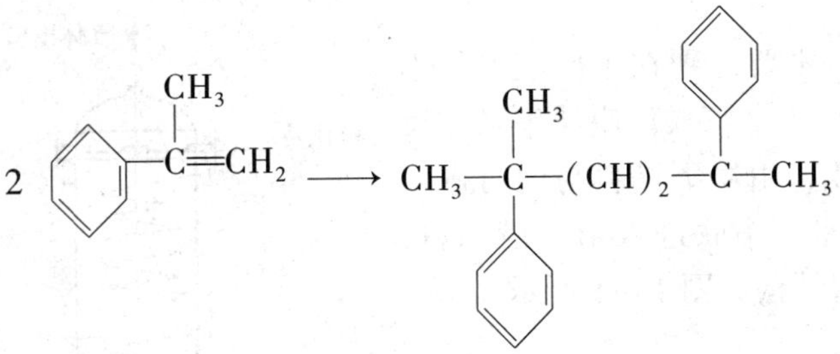

（α-甲基苯乙烯二聚体）

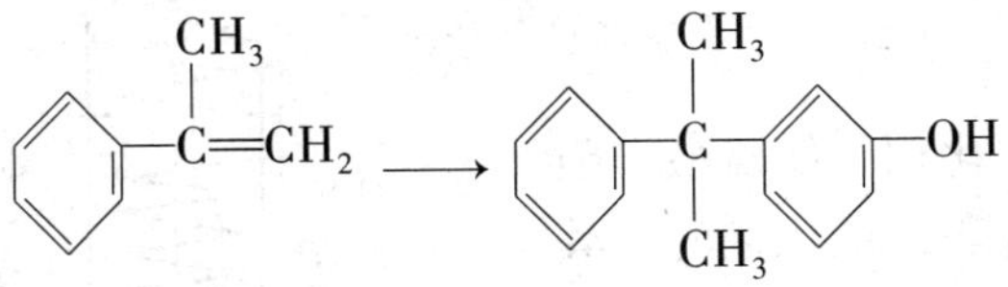

（枯基酚）

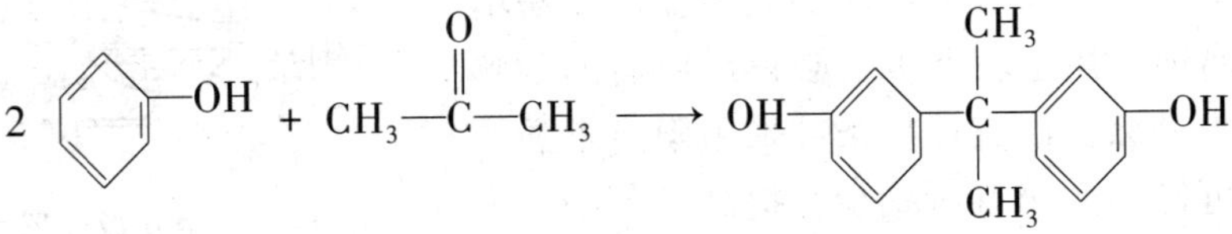

（双酚 A）+H_2O

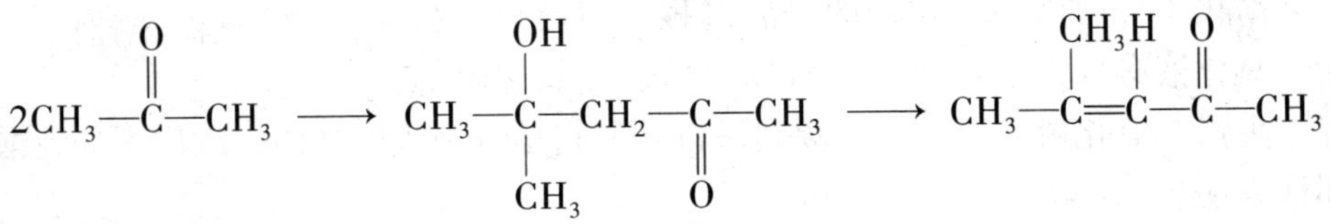

（异丙叉丙酮）+H_2O

1. 反应机理与动力学

CHP 的分解反应机理如下：

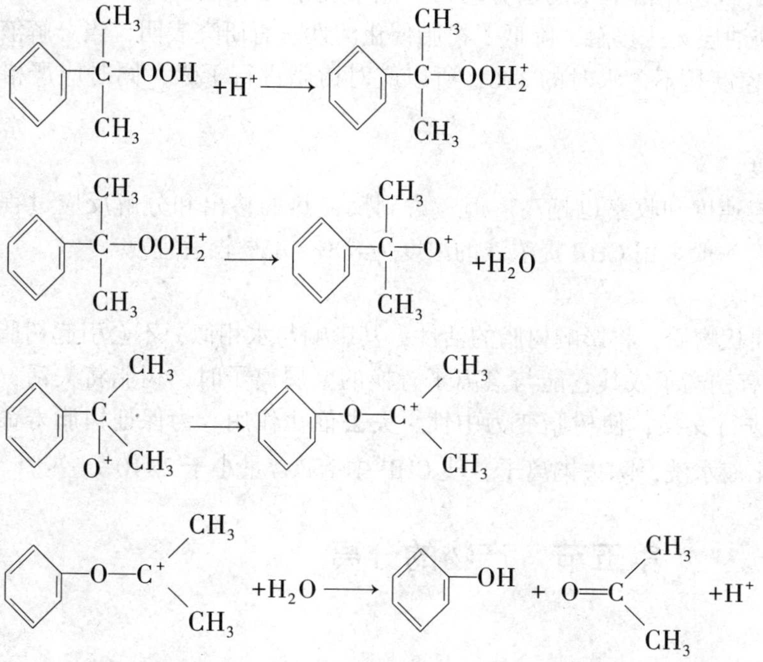

CHP 在酸性催化剂作用下形成质子化的过氧化氢物质后，首先失去一分子水而生成带有正电荷氧原子的离子，在失去水分子的同时，又进行苯基的转移过程，得到的中间离子再与水作用生成苯酚、丙酮并放出 H^+，重新引发 CHP 分子，使反应连续进行。

利用强酸性阳离子交换树脂进行 CHP 分解反应动力学试验。认为在 CHP 起始浓度较低时，CHP 分解反应基本符合一级反应的规律；而浓度较高时，反应比较复杂。

2. 反应条件的影响

当使用强酸性阳离子交换树脂进行 CHP 催化分解反应时，不同的离子交换树脂、反应温度、水分、CHP 的起始浓度及原料中杂质均对反应有较大的影响。

(1) 离子交换树脂表面性质、粒度及用量的影响。

由于 CHP 与氢离子的反应是在树脂表面进行，反应后生成的苯酚和丙酮又从树脂表面解析出来，所以树脂的表面性质对催化性能有较大的影响。研究认为大孔径的阳离子交换树脂具有较高的渗透强度和优良的动力学性质，催化性能较好。

树脂粒度基本不影响分解反应速度。从力学的角度考虑，应根据不同的反应器形式选择不同的树脂粒度，如采用流化床反应器时，粒度可小一些；而用固定床时，则应适当加大树脂粒度，以减少阻力。

CHP 的分解速率随树脂用量增加而增大，另外树脂用量对反应收率也有影响。树脂加入量到某个水平，再增加将促使副反应增加，而反应速度几乎没有提高。若将树脂用量降低，虽副反应减少，但反应速度也大大下降。在采用含 CHP80% 的 CHP 提浓液时，适宜的树脂加入量约 1%~3%，具体则因树脂而异要进行试验。

(2) 反应温度。

反应速度随温度的升高而增加，但副产物含量也相应增加，一般选 70℃ 为适宜反应温度。

（3）水分。

树脂中的水分和CHP或所用溶剂中的水分均对树脂催化活性有较大的影响，这是因为水分会覆盖树脂表面，使油层无法接触，降低了树脂催化活性。有研究表明，当分解液中含水0.1kmol/m^3时，反应速度是不含水时的1/6，所以应对树脂进行干燥，同时应严格控制原料中水分的含量。

（4）CHP的起始浓度。

CHP浓度越高，反应速度和收率也越高。但考虑到反应热的移出和分解反应过程的安全，CHP浓度不能太高，一般采用CHP提浓液的浓度为80%~85%较适宜。

（5）原料中杂质的影响。

如提浓液中带入焦油状物质，将影响树脂的活性，其影响与水相似，不会引起树脂的永久性中毒。但CHP中若有钠离子或其它能与氢离子置换的金属离子时，树脂将失活，因为Na^+能与$-SO_3H$上的H^+进行交换，使树脂变为中性，失去催化作用。为保证树脂寿命，工艺上要求在提浓前将氧化液水洗，除去钠离子，使CHP中Na^+含量小于2×10^{-6}。

第五节　产物的分离

一、中间体原料的精制

1. 异丙苯精制

第二反应器塔顶冷凝液中主要是液化的丙烯丙烷，大部分回流进入反应器，主要是为防止惰性物质(主要是丙烷和其它烷烃)累积，无谓地占据反应器空间，因而将其小部分排出系统。冷凝器中不凝气体，主要是烷烃，作为燃料气收集。这样在反应器顶部冷凝器达到一级分离，反应产物主要是异丙苯，还有未反应的苯和少量丙烷、丙烯以及二异丙苯、三异丙苯和丁苯等。它们的沸点分别是：

名称	丙烷	丙烯	苯	异丙苯	二异丙苯	丁苯	乙苯
沸点/℃	-42.2	-47.7	80.5	152~153	204(邻间) 210(对)	183.1	136.2

可见异丙苯的分离并不复杂，从反应器下部出来的产物进入粗馏塔，塔顶以苯为主，包括一些粗组分，丙烷、丙烯等在内。带有微量杂质的苯循环使用，为防止苯中杂质的富集，在流程中有一部分塔顶出来的苯排出系统之外，另外加以利用。

粗馏塔釜液进入精馏塔处理，塔顶得纯度>99.9%的异丙苯，塔釜包括二异丙苯、三异丙苯、丁苯和微量异丙苯。通常对多异丙苯作异构化处理，再回收异丙苯。

2. CHP浓缩

异丙苯过氧化氢生产中所得到的反应液可以直接用来分解，得到苯酚和丙酮。为了提高分解速度和效率，一般希望CHP浓度越高越好。但分解反应是放热很大的快速反应，要能有效地从分解反应器移走反应热，又希望CHP稀一些，因此，CHP浓缩液一般主张80%左右，最大不宜超过85%。

CHP 的提浓过程和一般的热敏性物料的分离或提浓过程相近，大都采用闪蒸和膜式蒸发设备，如带刮板的膜式蒸发器(称机膜器)或自然成膜的升(或降)膜蒸发器。

3. CHP 分解产物的分离

由于 CHP 是十分活泼的，分解反应产物也是很活泼的，相互间可以组成十数种副产物，除了苯酚和丙酮之外，主要的有羟基异丙苯、α-甲基苯乙烯以及高低沸物等。

名　称	沸点/℃
丙　酮	56.5
苯　酚	181.4
α-甲基苯乙烯	165.4
羟基异丙苯	160
异丙苯	152

二、苯酚精制

从串联的离子交换树脂分解槽出来的，称“分解液”。分解液为苯酚和副产物。并夹带少量离子交换树脂。因为离子交换树脂颗粒较大，一般用重力沉降就可分离。通常设计一个沉降槽，也可以设计一个滤网过滤槽，将过滤下来的离子交换树脂返回分解槽，而滤液进入高位槽，调整 pH 值为 7~7.5 以后，进入精馏工段。

精馏的流程设计方案较多，如先脱去低沸物，包括惰性气体和一些烷烃，再脱丙酮。脱丙酮塔称丙酮塔，塔顶产出物以丙酮为主体，包含少量异丙苯在内。塔顶产物再用精馏或萃取精馏脱去低沸物，低沸物得精制丙酮，高沸物为异丙苯。丙酮塔的釜料，进入第二塔叫脱异丙苯塔，塔顶产物主要是异丙苯和水，经分离后回收异丙苯。塔釜料进入第三塔，叫脱甲基苯乙烯塔，从塔顶取出含 10%左右苯酚的甲基苯乙烯，产物进一步分离，得纯净甲基苯乙烯。塔釜料进入第四个主塔，为苯酚精馏塔，塔顶出料为精制苯酚，塔釜是高沸物，高沸物可能裂解回收苯酚或另作处理。

第六节　三废治理和技术进步

一、三废治理

在异丙苯合成中产生的排出体系外的产物来自四个地方：

(1) 从第二反应器塔顶冷凝器放出的不凝气体，这部分气体可以直接作为燃料气使用，不致浪费，更不能放空。有的生产企业用火炬燃烧，实在可惜，而且浪费了燃料的能量，使空气中 CO_2 含量增大。

(2) 从上述冷凝器液相出来的丙烷、丙烯组分，大部分回流进反应塔。为防止丙烷等累积，一部分排出，这部分也是液化燃料，可以装瓶。

(3) 从脱苯塔塔顶冷凝器冷凝液中大量的苯返回，为第一反应器原料，一部分回流，还有一部分苯采出，防止反应气体中过分的惰性物料累积。这部分苯是不纯净的苯，可以精馏回收苯和异丙苯。

(4) 异丙苯精馏塔釜产品，称“异丙苯焦油”，含丁苯、二异丙苯、三异丙苯等。可用减压分馏重新分离，也可以裂解。每生产 1t 苯酚大约排放异丙苯焦油 50~100kg。

在 CHP 分解和产物分离过程中，主要副产物是苯酚精馏塔的塔釜高沸物，称酚焦油，每生产 1t 苯酚约有 100~200kg 可作燃料或裂解回收苯酚。

二、安全卫生

原料和产物一般均有毒，应防止皮肤接触。此外过氧化氢异丙苯和它的分解产物都十分活泼，分解时放出大量热，容易引起爆炸，要在设计时更加小心。

三、技术进步

全世界许多公司都曾致力于异丙苯合成方法的改进，我们上述介绍的是美国 40 年代开发的称 UOP 法(美国环球油品公司)，(Universal Oil Products Company)。还有 SD 法是美国科学设计公司开发(Scientific Design Company)，以三氯化铝络合物作催化剂，一般认为其组成为 $C_6H_5 \cdot R \cdot HCl \cdot AlCl_3$(式中 R 代表氢原子或烃基，如异丙基、二异丙基等)。

该方法工艺条件温和，设备结构简单，因此装置规模可大可小，易于组织生产。其流程见图 13-2。

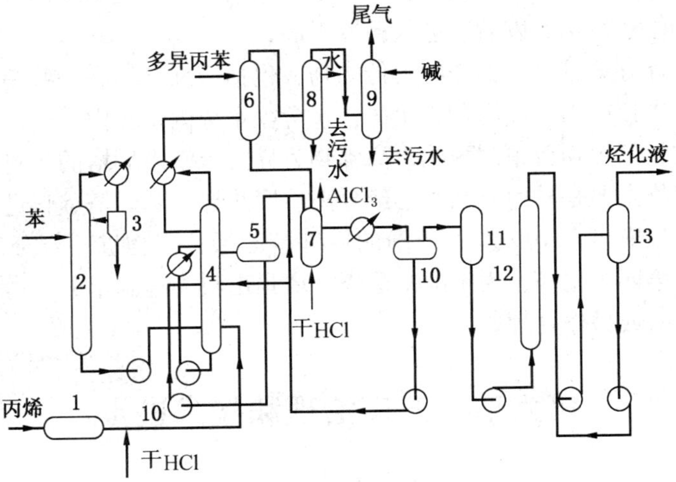

图 13-2 SD 法苯烃化工艺流程

1—丙烯蒸发器；2—苯干燥塔；3—苯水分离器；4—烃化塔；
5，10—沉降塔；6—多异丙苯吸收塔；7—反烃化器；8—尾气水洗塔；
9—碱洗塔；11—中间罐；12—水洗塔；13—中和罐

烃化塔的工艺条件为：反应温度 80~90℃，反应压力为常压，苯与丙烯的摩尔比为 1∶0.3~0.45，三氯化铝络合物浓度 3%~10%。反烃化器的工艺条件为：反应温度 60~70℃，反应压力为常压，三氯化铝络合物浓度约 10%。

目前 SD 法收率比 UOP 法高 1%左右，其原因是前者采用三氯化铝为催化剂，多烷基化合物(以二异丙苯为主)可转化为异丙苯，这正是 UOP 法不足之处。但是 UOP 法流程简单，基本上没有腐蚀和污水，单位产品能耗低，这也正是 SD 法的不足之处。目前的状况是两种方法并存。

CHP 分解工艺改进。CHP 和分解产物很活泼，可以生成许多种产物，大多数是目前找不到适当用途的，因此，对分解催化剂的研究，提高其选择性是很重要的课题。过去用硫酸或 SO_2 作催化剂，反应激烈，要加碱中和，脱盐处理含酚废水。现在研究离子交换树脂法的单位较多，本书介绍亦为树脂法。该法反应温度为 70℃，常压操作，含酚废水很少，过程简单。今后还将进一步研究分解的催化剂以臻完善。

第十四章　二甲基二氯硅烷

第一节　产 品 概 述

一、产品规格和性质

二甲基二氯硅烷，分子式为 $Cl_2Si(CH_3)_2$，是合成有机硅聚合物的重要单体，在行业中简称为二甲基，有时简写为 M_2。主要物理性质如下：

沸点	70.2℃
凝点	-76.1℃
相对密度	1.0666(20℃)
折光指数	1.4023(25℃)　1.405(8℃)
液体密度(200℃)	0.714 g/cm^3
蒸气密度(200℃)	0.090 g/cm^3
临界温度	247.2℃
临界压力	3.4 MPa
临界密度	0.369 g/cm^3
闪点	-8.9℃

二甲基二氯硅烷易燃，能溶于苯、甲苯、乙醚等溶剂，与水反应，甚至于空气中的水汽都能使之水解，释放出 HCl，生成硅氧烷的复杂混合物。

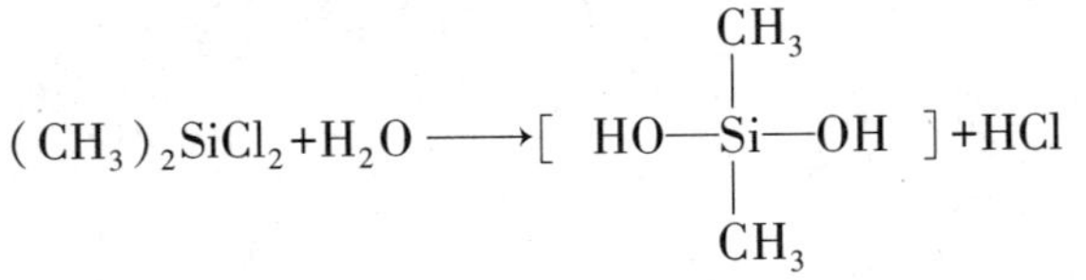

(硅二醇是不稳定物质)

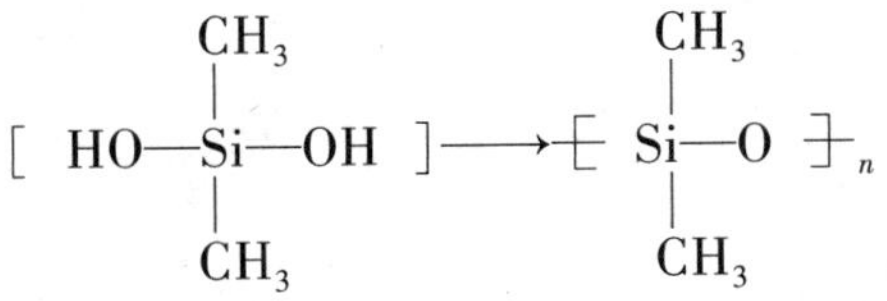

(线性或成环状)

它还可以和醇、胺发生反应，主要是 Si-Cl 键重组反应。

二甲基二氯硅烷有毒，对粘膜刺激和危害尤甚，鼻粘膜可致萎缩、气管支气管受到损害，可能引起头痛、乏力、嗜睡、胸闷等全身症状，小鼠 LD_{50}为 3000 mg/kg。

二甲基二氯硅烷的产品以纯度为标准。

一级品	含 M_2 99.5%
优级品	含 M_2 99.9%

检验用含氯量测定，为 54.75%~55.5%，现在通常用气相色谱仪及计算机处理来检验。

二、产品用途

产品是聚有机硅氧烷的单体，或叫有机硅单体。

硅是地壳中含量极丰富的元素，占地壳质量的1/4，仅次于氧。由于碳化学研究的开拓，有机化合物的数目超出无机化合物不知多少倍，因此有些科学家注意到与碳同一族的硅，希望也出现奇妙的前景。尽管在实践中了解到硅与碳的区别，但确实开拓了硅化学，合成了硅的有机化合物。从定义出发，凡硅原子与有机基因结合的化合物都可以叫有机硅，包括$Si(OC_2H_5)_4$在内，但是由于行业形成的习惯，人们常说的有机硅是一个比较狭窄的概念，最先指那些聚硅氧烷，笼统地称为有机硅。英文叫 Silicone，而一般不叫它 Organo-Silicon。所以最早有人把 Silicone 译为硅酮或硅珙，后来逐步统一，Silicone 译为有机硅，如或省去有机二字叫硅什么，意思仍是有机硅，例如 Silicone Oil 叫硅油，不译为硅酮油，Silicone Rubber 译为硅橡胶即有机硅的橡胶，不叫硅酮橡胶。后来扩大到合成这些聚硅氧烷的单体也叫有机硅，把一些后期出现的特殊的硅烷(如硅烷偶联剂等)也叫有机硅。而早期的一些硅的有机化合物如 $SiHCl_3$、$SiCl_4$ 反而不大叫它"有机硅"了。

以二甲基二氯硅烷为主体，一些二官能度的有机硅单体经水解等步骤合成为线性聚硅氧烷。分子量较小的在常温下处于流动态称为硅油，分子量较大、很大的具有高弹态特性的称硅橡胶。如果加入一些三官能度的有机硅单体(如一甲基三氯硅烷，水解成三醇，是三个官能度)，则形成可以交联的聚硅氧烷，叫有机硅树脂，简称硅树脂。

有机硅(聚合物)能耐高温又耐低温，几乎可以在-100~315℃内具有橡胶的性能，某些涂层可以耐更高的温度。用有机硅树脂制造的耐高温涂料可以承受800℃或更高温度。有机硅有良好的绝缘性能，有的橡胶可以耐油阻燃，即使燃烧留下的是 SiO_2，仍可以包覆在电器导线表面，用作电缆包皮十分有利。有机硅树脂、橡胶和硅油是电子、电器行业中不可或缺的材料。有机硅具有耐老化、抗辐射、耐气候、憎水、突出的表面活性以及良好的生理惰性(生理耐受性)，绝大多数有机硅聚合物认为无毒，在机械、电子、电气、化工、建筑、交通运输、通讯、太阳能、遥控、航天、航空、航海、潜艇、医疗卫生、医用器械、日用化妆、生物医学、轻工、食品、纺织、造纸、皮革、采油采矿、农业生产、海洋渔业、办公用品、包装、粘接、印刷、涂料等几乎国民经济军工民用的各个部门都得到应用，除了以硅油橡胶树脂等形式出现的产品以外，有消泡剂、油田堵水剂、织物、皮革整理剂、涂饰剂、抛光膏、脱模剂、隔离剂(纸张和医用)、匀泡剂、化妆品添加剂等。用量较大的行业有电子、电气、涂料、日用化学品、汽车、建筑、医疗器械和航空航天等。

在整个有机硅单体中，二甲基二氯硅烷的用量约占80%左右。因此合成二甲基二氯硅烷以及精制它是发展有机硅工业的关键。

三、二甲基二氯硅烷生产历史简述

1901年法国人格利雅(Grignard)发现由卤代烷(RX)和金属镁(Mg)在乙醚介质中制得的有机镁卤化物 RMgX，性质很活泼，能用于合成许多化合物如烷、醇、醛、酮、酸等。RMgX 就被称为格氏试剂，用格氏试剂与其它有机物起的反应总称为格氏反应，又叫格利雅反应，一时间格氏反应风靡各实验室。1904年被用于合成有机硅化合物。

$$SiCl_4 + CH_3MgCl \longrightarrow CH_3SiCl_3 + MgCl$$

$$CH_3MgCl + CH_3SiCl_3 \longrightarrow (CH_3)_2SiCl_2 + MgCl$$

早期的格氏反应用碘代烃，后改用比较廉价的溴代烃。当然氯代烃更便宜，但活性不太高，对于不主张太激烈的反应，尚差强人意，但收率不高，因此研究了许多"活化剂"，终于获得工业应用。

工业化的格氏法合成二甲基二氯硅烷，在20世纪的40年代，已经发明了间歇性和半连续法生产，并且研究了卤烷和金属镁的原料形态和要求，反应温度的特点等，基本上比较成熟。但格利雅反应容易引起燃烧和爆炸，操作时必须十分谨慎，为此曾令工程师们颇费周折。取得突破的成就是1941年美国的罗乔(E. G. Rochow)首先提出了用硅和卤代烷直接法合成有机氯硅烷，1942年他取得了专利。从此工业上很多人投入研究，从各个侧面去完善了“直接法”的工艺，很快直接法使工程师们摆脱了格利雅法的枷锁，推动有机硅单体工业走上了新的历史纪元。

直接法合成二甲基二氯硅烷反应是

$$Si+2CH_3Cl \xrightarrow[300℃]{Cu} (CH_3)_2SiCl_2$$

实际上，还有许多副反应，生成CH_3SiCl_3(一甲基三氯硅烷，简称M_1)，$(CH_3)_3SiCl$(三甲基氯硅烷，简称M_3)，还有$SiCl_4$、CH_3SiHCl_2、CH_3SiCl_3等组成复杂的化合物。

从二次大战后期，半个多世纪的发展，已有英、美、法、德、日、俄和中国比较成熟地合成二甲基二氯硅烷，某些东欧国家和西方国家也有生产。至于用它来后续生产有机硅产品的，那分布则广泛得多，有数十个国家和地区在生产，有近百个国家在销售或代售。

对直接法合成反应的研究，从原料、反应机理、动力学、催化剂到反应器、反应流程和分离工程都有系统的研究，取得了成就。如何提高反应产物中二甲基二氯硅烷的含量，如何分离精制设计流程，各主要生产国都取得了相当的进步。中国从20世纪50年代初期开始研究和生产，经过二三代人的努力，现在已具备相当的水平，已有年产万吨和数万吨的单台反应器投入生产。

第二节　产品工艺流程

一、工艺流程简图

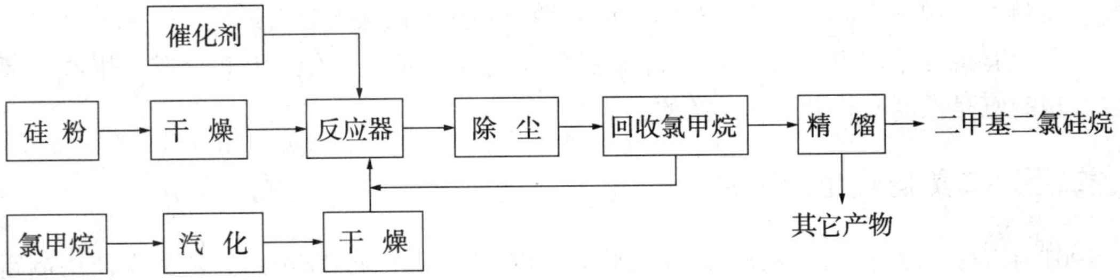

二、流程简述

经过干燥的平均粒径大约70μm的硅粉，和经过干燥的催化剂铜粉(粒径<40μm)以及和其它添加剂，一起加入到反应器(通常是流化床反应器)中，在280~320℃与经过汽化、干燥后通入反应器中的一氯甲烷进行反应。反应放出较大量的热，用冷却介质及时移去反应热，反应后产物是以二甲基二氯硅烷和未反应的一氯甲烷为主体的气相混合物。由于产物中混有未反应的硅粉粉尘、催化剂粉尘和有机物裂解的碳粉尘，因此首先用干法或湿法除尘，

再将气相产物冷却或加压液化，脱去未反应的氯甲烷，返回反应器继续反应。液相的产物混合物主要是二甲基二氯硅烷，还有其它的甲基氯硅烷，它们都不是废料，都要回收作为有机硅的单体或其它基本原料。因此流程中设计多个塔将各主要组分一个一个地分离回收，并达到各自的产品标准，无废液排放。

第三节 反应过程和反应工艺

一、反应过程

固相的硅和气相的 CH_3Cl 直接合成有机硅化合物，这种反应在元素有机化合物的制备中通常只适用于活泼的金属，如有机锂、有机镁等。硅不是活泼金属，但由于结晶硅粉碎之后多孔的表面，较高的表面能，以及铜催化剂的催化作用，使得反应得以进行。

$$Si+2CH_3Cl \longrightarrow (CH_3)_2SiCl_2 \quad \Delta H_1=-291.3\ kJ/mol$$

此外，还有数十种副反应，其主要的是

$$Si + 3CH_3Cl \longrightarrow (CH_3)_3SiCl \quad \Delta H_2 = -131.7\ kJ/mol$$

$$Si + 3CH_3Cl \longrightarrow CH_3SiCl_3 + CH_4 + H_2 + C \quad \Delta H_3 = -362.0\ kJ/mol$$

$$Si + 2CH_3Cl \longrightarrow CH_3SiHCl_2 + C + H_2 \quad \Delta H_4 = -208.2\ kJ/mol$$

在复杂的反应体系中，原料 CH_3Cl 会裂解，生成自由基或裂解产物，各种生成物之间还会发生反应，如

$$CH_3Cl \longrightarrow CH_3^{\cdot} + Cl^{\cdot} \longrightarrow \frac{1}{2}Cl_2 + \frac{3}{2}H_2 + C$$

$$H_2 + Cl_2 \longrightarrow 2HCl$$

$$Si + 3HCl \longrightarrow HSiCl_3$$

$$Si + 4HCl \longrightarrow SiCl_4 + 2H_2$$

$$Si + HCl + CH_3Cl \longrightarrow CH_3SiHCl_2$$

$$Si + 4CH_3Cl \longrightarrow Si(CH_3)_4 + 2Cl_2$$

$$Si + 2Cl_2 \longrightarrow SiCl_4$$

此外，元素有机化合物还会发生被称为“歧化”、“再分配”和“对称化”的反应，诸如

$$2(CH_3)_2SiCl_2 \rightleftharpoons CH_3SiCl_3 + (CH_3)_3SiCl$$

$$(CH_3)_2SiCl_2 + HSiCl_3 \rightleftharpoons CH_3SiCl_3 + CH_3SiHCl_2$$

$$(CH_3)_2SiCl_2 + SiCl_4 \rightleftharpoons 2CH_3SiCl_3$$

$$(CH_3)_3SiCl + CH_3SiHCl_2 \rightleftharpoons (CH_3)_2SiHCl + (CH_3)_2SiCl_2$$

裂解出自由基会生产一些较高级的烃，例如

$$CH_3^{\cdot} \longrightarrow CH_2^{\cdot} + H^{\cdot}$$

$$2CH_3^{\cdot} \longrightarrow C_2H_6$$

$$2CH_2^{\cdot} \longrightarrow C_2H_4$$

$$3CH_2^{\cdot} \longrightarrow C_3H_6$$

还生成许多 Si—Si 键或复杂的、沸点很高的含硅有机化合物。

甲基氯硅烷遇到微量水分，就会发生水解，生成 HCl 和 $\left[\begin{matrix} CH_3 \\ | \\ Si—O \\ | \\ CH_3 \end{matrix} \right]_n$，聚合物也会发生裂解，会附着在硅或催化剂表面，也会随粉尘带出。

对于反应动力学的研究，也有见报道，但由于反应的复杂性，尚未成熟。

有报道在流化床条件下，合成甲基氯硅烷的反应，其动力学方程为：

$$r = k\frac{w_o - w_t}{t} \cdot p_{CH_3Cl}^4 \cdot d_{PSi}^{-4} \cdot C$$

式中，r 为反应速度；k 为速度常数；w_o 为投入硅量；w_t 为时间 t 内消耗硅量；t 为反应时间；p_{CH_3Cl} 为 CH_3Cl 分压；d_{PSi} 为硅的粒径；C 为公式常数。

还有文献报道了下列公式，似乎更适用。

$$r = kK_a \cdot p_{CH_3Cl} \cdot [1 + (K_a \cdot P_{CH_3Cl})^{1/2} + K_rP_r]^{-2}$$

式中　r 为反应速度；k 为反应速度常数；K_a 为 CH_3Cl 吸附系数；K_r 为 M_2 吸附系数；p_r 为 M_2 单体分压；p_{CH_3Cl} 为 CH_3Cl 分压。

这个方程现在应用者较多。

总之，我们从上面的一系列反应式和列举的反应情况可知，这个反应有下列特点。

(1) 是一个特殊的气固相催化反应，固相物料不仅有催化剂还有反应物，固相在不断消耗。

(2) 是一个反应复杂副反应众多，接近于层出不穷的反应，因此催化剂和反应工艺的研究有广阔的舞台。

(3) 反应拒绝水分，哪怕微量水分的存在，不仅使产物牺牲而且带来反应的麻烦。

(4) 是强烈的放热反应。

所以在工艺上必须研究它的反应特点，设计合理先进的流程。

二、催化剂

合成二甲基二氯硅烷的催化剂是铜，Cu 加入的形式一般有三类，一是将铜和硅作成合金，再加以粉碎；另一种是以 CuCl 形式加入，在 250℃以上 CuCl 和 Si 反应

$$4CuCl+Si \longrightarrow 4Cu+SiCl_4$$

新生的 Cu 附于 Si 表面起催化作用，我国常用此法。

最常用的是粉末混合，即铜加工成铜粉，用少许 CuCl 或部分氧化作为“引发”。铜粉的形态多有研究，不同形态催化效果、M_2 的选择性不尽相同。

除了 Cu 之外，许多文献研究和工程实践中都加有各种各样的助剂，称为“助催化剂”。有研究报道催化剂选择性如表 14-1 所示。有关助催化剂，公开报道的有锌和其它过渡金

属，大多数是技术诀窍。

催化剂用量以 Si 的 3%~15% 为好。

表 14-1 各种甲基氯硅烷选择性合成所用催化剂

主要产物	催化剂	反应温度/℃	在混合单体中的含量/%
三甲基氯硅烷 $(CH_3)_3SiCl$	Ca	300	62
二甲基二氯硅烷 $(CH_3)_3SiCl_2$	Cu	280~350	90
一甲基三氯硅烷 $(CH_3)_3SiCl_3$	Sn	300~500	85
一甲基三氯硅烷 $(CH_3)_3SiCl_3$	Fe	350~400	90
一甲基二氯硅烷 $(CH_3)_3SiHCl_2$	Pb	410	72
一甲基二氯硅烷 $(CH_3)_3SiHCl_2$	Cu/Na_2SiO_3	350	45

三、反应工艺条件

1. 温度

这是直接法合成中最基本也是最重要的参数。由于 CH_3Cl 在高温下裂解，到 330℃，裂解十分激烈和迅速，因此，330℃是反应中的不应逾越的高限。一般选择的反应温度较低，通常主张在 260~285℃左右，但温度太低反应速度不高，影响生产能力。实践中，合成 M_2 最佳温度一般控制在 280~290℃之间。

由于反应放热激烈，所以通常在低于 280℃就要注意。理论上 220~250℃已经反应，但十分缓慢，有价值的反应速度一般在 250℃以上，即在 250~260℃左右就已经反应。由反应放热激发反应温度上升，进入高速正常反应温度区域时，应及时移去反应热。通常在反应器中设有冷却介质的垂直管件，冷却介质一般用油或其它可以移去热量的热载体。过去我国的反应床用水作冷却介质，产生低压蒸汽，移走反应热，如丙烯腈流化床一样。实际上由于反应体系不能有水，一旦冷却水管有泄漏，后果十分严重。因此，不主张用水作冷却介质。

2. 压力

从化学反应式和化学平衡理论可知，合成二甲基二氯硅烷是一个体积缩小的反应。而包括 CH_3Cl 裂解在内的一些有害的副反应则相反，是体积扩大的反应。显然，增加压力对化学平衡是有利于生成 M_2 和抑制裂解等副反应的。再从反应动力学方程考虑可见，反应速度与 CH_3Cl 分压的某个指数值成正比(不是一级反应，但有些人认为是一级反应)。所以对合成二甲基二氯硅烷，相当时间之内有人主张高压，实际上压力不能无限高，不仅增加设备投资，而且压力影响气固相催化反应的吸附和离吸过程。所以实际操作中，压力以 0.15~0.35MPa(表压)为主。

3. 催化剂运用和配比

合成二甲基二氯硅烷主催化剂是 Cu，已如上述，实际上，文献报道和工业实践中，使用的是被部分氧化的铜粉。有人主张氧化程度为 8%~20%，有人用电解铜和 Cu_2O、CuCl、CuO 混合使用，效果甚好，因为 Cu_2O-CuCl 是氧氯化反应体系的催化剂，可以相通。Cu 粉的制法据说甚有差异，实际上主要是催化剂铜体系的配比问题。

催化剂应保持在床内一个大体恒定的值，通常为床内硅质量的 1/8~1/5 为佳。

4. 原料、原料配比和反应时间的影响

（1）硅。直接法合成有机硅单体使用的硅是结晶的硅，这种硅是以硅石（SiO_2）和碳在电极熔炉中无渣冶炼制得。杂质都是由硅石和原料中带入的，通常含 Fe、Al、Ca 等杂质。中国的硅的质量等级如表 14-2 所示。

表 14-2　硅的质量规格

品　级	含硅量/%	含 Fe/%	含 Al/%	含 Ca/%	含杂质/%
Si-1	99.0	<0.5	<0.5	<0.5	<1.0
Si-2	98.0	<0.7	<0.8	<0.5	<2.0
Si-3	97.0	<1.0	<1.2	<0.8	<3.0
Si-4	95.0	<1.5	<1.5	<1.5	<4.5

普遍认为这些杂质对直接法合成并无太大影响，但由于在反应中 Si 在不断地消耗，杂质富集占据有效反应空间，因此希望杂质越少越好，但杂质再降低无疑增大原料成本，因此现在折中的主张使用一级和二级硅。

硅的粒度，也是原料的一个指标。由于在流化床反应器中，硅不断被磨碎，而且表面不断消蚀变小，而有关资料报道，合成 M_2 最有利的粒子是 74~105μm，为保证满足这个要求，有人主张过粒子分布如下：

<44μm　　占15%以下
44~74μm　　10%
74~105μm　　55%
>105μm　　20%

实际上这仅适用于起始的粒度。随着反应的进行，床内粒子越来越细，当反应进行时，要补加硅粉，以维持床内一定的反应物浓度。补加的硅粉则不宜含有 44μm 以下的粒子，有人主张是

74~105μm　　60%~65%
44~74μm　　10%
>105μm　　25%~30%

（2）CH_3Cl 和杂质。要求含水量低于 50×10^{-6}，含 CH_3OH 低于 50×10^{-6}，含二甲醚低于 50×10^{-6}，这些杂质都对直接合成有害。

而 CH_3Cl 含有 HCl，并无害处，甚至认为是有利，从反应方程式可知，HCl 掺入，可以提高 $(CH_3)_2SiHCl$ 和 CH_3SiHCl_2、$(CH_3)_2SiCl_2$ 在合成产物中的相对含量。

Cl_2 的掺入，对合成 $(CH_3)_2SiCl_2$ 不利，有利于更多生成 CH_3SiCl_3。

（3）原料配比。保持床层中硅的数量，是反应很重要的一个条件，因为反应是通入的气相 CH_3Cl 和床内固相的硅反应，固相的硅又与铜相互附着，有说形成金属互化物，有说附着于硅的孔隙中，当然也有游离态的。总之，保持硅的数量才能保持反应。

硅和铜比例是催化反应的必要条件，也要保持最佳状态。因此对床内的硅与铜要注意观察和调节。

CH_3Cl 的流量与产量有关，与反应床要求的流化床气速有关。在气固相流化床反应中，形成流态化的主要气体是 CH_3Cl。一般有机硅合成床层表观速度 0.15~0.25m/s，流化数一

般大于40，最好是大于80。

(4) 反应停留时间。一般认为6~23s，时间稍短，更有利于生成二甲基二氯硅烷。所以一般要求流化床反应器中气速较高。有人主张表观气速可以到0.3~0.45m/s或更高一些。

四、反应器

大生产使用的反应器为流化床。小直径流化床(<600mm)适合于作中间试验，小流化床有时可以不设分布板。大直径流化床床内设有换热装置，有垂直指形管或U形管多组，并用自动控制装置，有效调节床内温度，移去反应热。在上部不设内旋风分离器，但设有新补硅粉入口，偏上部设有备用排渣口。CH_3Cl从床层下部进入。

反应器加热用夹套通过烟道气加热至240℃以上，进入反应温度区域，然后夹套可通空气作为移去反应热的措施之一。

第四节　原料准备流程

一、硅粉

硅粉是由结晶硅经破碎、粉碎、筛分而达到有机硅合成的加料要求，有两个可供选择的方案。一是由冶炼硅的工厂加工粉碎，购进达到要求的硅粉，其优点是筛余的细粉粒子可以造球回炉重新冶炼，没有损失；缺点是硅粉磨细以后较长时期存放运输，于有机硅反应不利。另一个方案是由有机硅生产厂设粉碎工段，筛分后只将粗粒子返料重新研磨，细粒子全部用于有机硅反应，过细的粒子实际上可以返卖冶炼厂，这个方案硅粉新鲜，活性大。

前一个方案，由于硅粉贮运，在进入反应器之前要进行干燥，一般用流化床干燥或用气流干燥，后一个方案则将硅块烘干后，在N_2保护下密闭磨粉，进入流程，烘干大块比干燥硅粉省能也省事。现以后一方案为流程，示意如下：

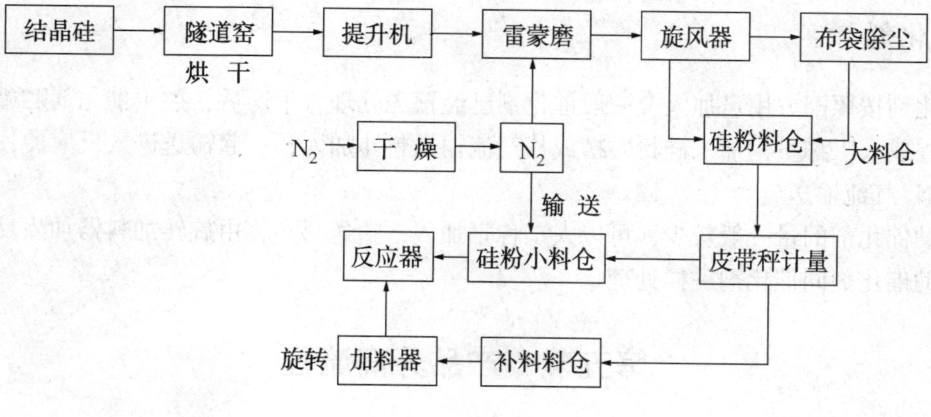

二、CH_3Cl

CH_3Cl一般都是由有机硅生产设一个车间加以合成。合成方法是：

$$CH_3OH+HCl \longrightarrow CH_3Cl+H_2O$$

特殊的条件下，如有天然气资源，有相关企业可以用天然气氯化合成 CH_3Cl，主要反应是

$$CH_4 + Cl_2 \longrightarrow CH_3Cl + HCl$$

$$CH_4 + 2Cl_2 \longrightarrow CH_2Cl_2 + 2HCl$$

采用甲醇法合成 CH_3Cl 又分为气固相法和气液相法。气固相法是干燥的 HCl 和甲醇蒸气通过装有催化剂(分子筛或 Al_2O_3)的固定床，反应得到 CH_3Cl。

气液相法是 HCl 气体和甲醇蒸气进入装有液体催化剂的槽式反应器(通常液体催化剂是 80%的 $ZnCl_2$)，反应得到 CH_3Cl。

在合成 CH_3Cl 过程中，用水洗、酸洗除去甲醇、甲醚，用冷冻的液碱除去 HCl 和水分，再用硅胶和分子筛干燥，使 CH_3Cl 含水为 50×10^{-6}以下。

流程示意为

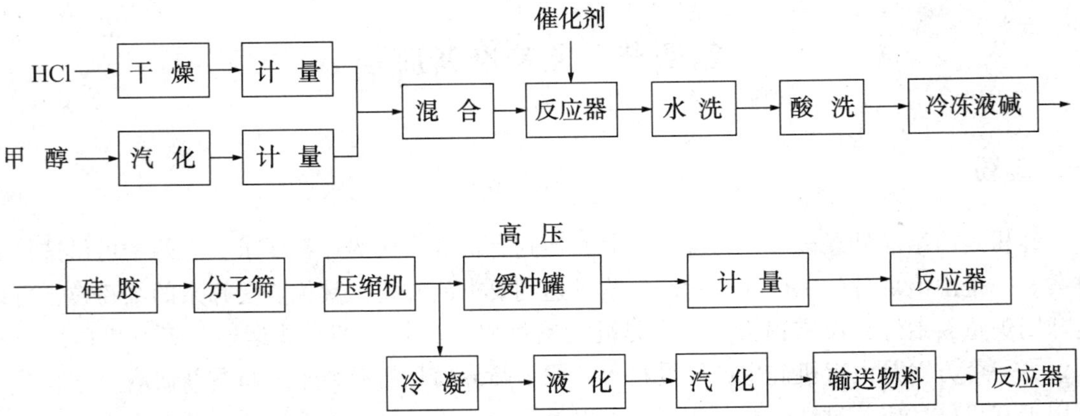

如果生产 CH_3Cl 工厂运输不便(因为生产 CH_3Cl 需要 HCl，工厂应建在有 HCl 资源的地方，运输 CH_3Cl 比运输 HCl 容易)，则用液化的 CH_3Cl，在进入反应器之前重新汽化，并计量进入反应器，杂质和水分都由生产 CH_3Cl 的车间予以质量保证。

三、催化剂

催化剂按照配方用量加入，一般催化剂已经预先处理，干燥后，贮于催化剂贮罐，用电子皮带秤或人工称量，加入硅粉贮槽或从气流输送料斗加入，一起输送进入反应器，输送方式为用 N_2 气流输送。

辅助催化剂的量一般较少，可以人工称量加入，输送料斗，由旋转加料器加入反应器。

辅助催化剂同催化剂一样处理。

第五节　产品分离流程

直接法合成二甲基二氯硅烷产物称为粗单体，是以二甲基二氯硅烷为主的复杂混合物，流化床出口气体主要组成是

CH_3Cl	30%～40%
M_2	40%～50%

M_1	4%～12%
M_3	1%～4%
CH_3SiHCl_2	1%～4%

因此，总的分离流程应当是

出口气体 → 除　尘 → 回收 CH_3Cl → 分离单体

一、除尘

1. 干法除尘

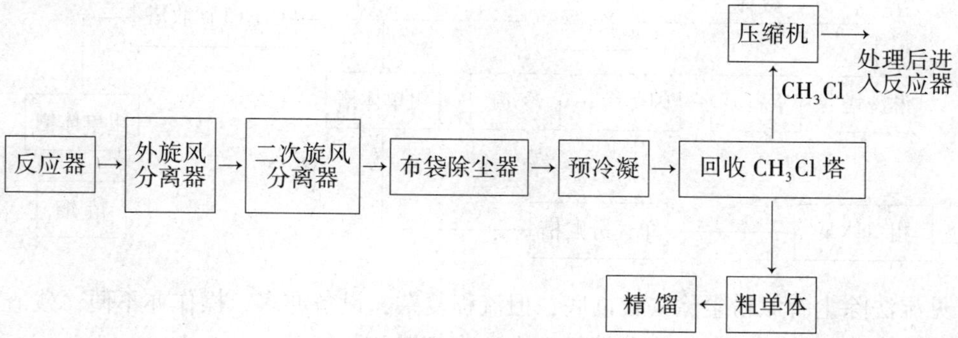

2. 湿法除尘

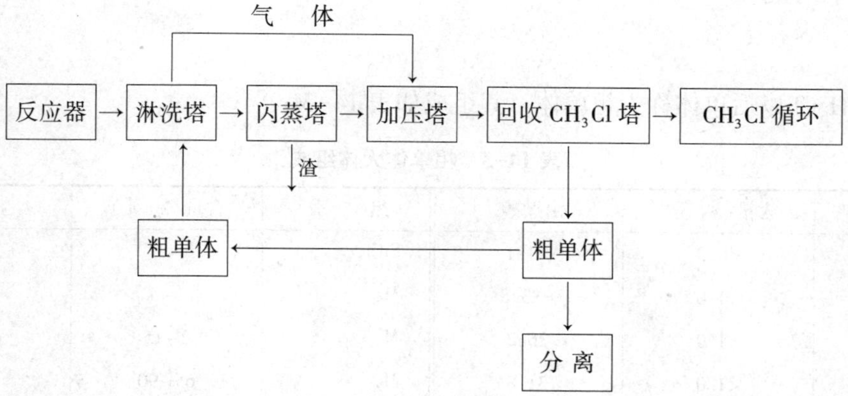

二、回收 CH_3Cl

1. 干法除尘流程

除尘以后的生成物气体，经冷却之后到60～70℃，进入串联的两个“脱气塔”，从第二塔顶回收 CH_3Cl，进入缓冲罐，由压缩机吸气压缩，经冷凝后液化放入循环 CH_3Cl 贮槽。

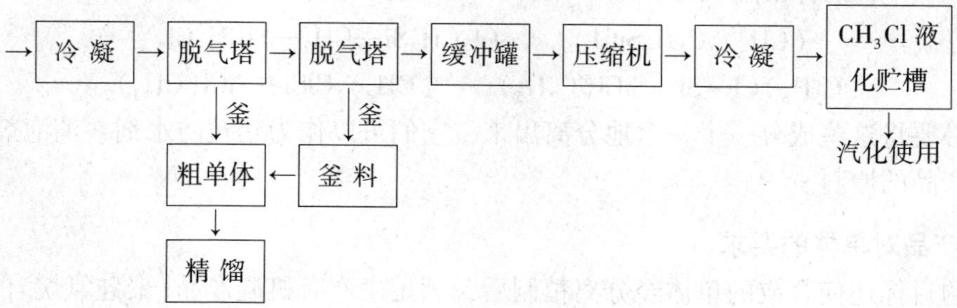

2. 湿法除尘流程

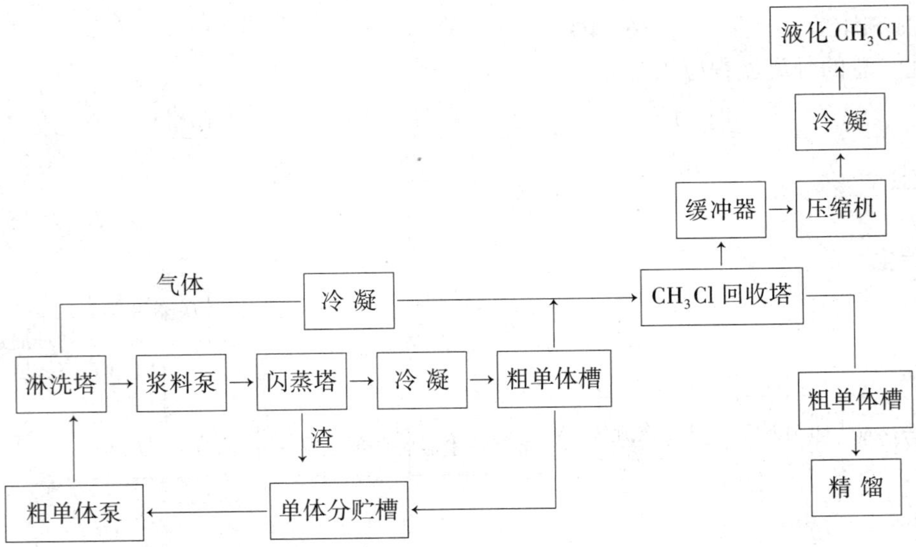

可见湿法除尘看似粉尘除去较彻底，但流程复杂，设备亦多，操作亦不便，残渣不易处理。干法除尘流程简练，但可能夹带粉尘进入冷却器和脱气塔。

三、粗单体精馏

1. 组成

脱去 CH_3Cl 以后单体称为粗单体，其组成如表 14-3。

表 14-3 粗单体大体组成

组 分	含量/%(质)	沸点/℃	组 分	含量/%(质)	沸点/℃
CH_4	<0.3	-161	$SiCl_4$	<1	57.6
CH_3Cl	<1.0	-23.8	M_3	1~4	57.9
$Si(CH_3)_4$	<1.0	26.2	M_1	2~15	66.4
$HSiCl_3$	<1.0	31.8	M_2	65~90	70.2
$(CH_3)_2SiHCl$	<1.0	35.0	高沸物	4~8	>90
CH_3SiHCl_2	1~4	41.8			

高沸物组成复杂，主要是 Si—Si 键、Si—O—Si 键、Si—C—Si 键化合物，比如

$$CH_3(C_2H_5)SiCl_2 \quad C_2H_5SiCl_3$$
$$(CH_3)Cl_2\text{—}SiOSi\text{—}Cl_2(CH_3) \quad (CH_3)_2ClSi\text{—}O\text{—}SiCl(CH_3)_2$$
$$(CH_3)_2C_2H_5SiCl \quad Cl_2CH_3Si\text{—}CH_2\text{—}SiCH_3Cl_2$$
$$(C_2H_5)Cl\text{—}Si\text{—}SiCl(C_2H_5) \quad (CH_3)_2ClSi\text{—}SiCl(CH_3)_2$$

没有必要将这些成分一个一个地分离出来，它们可以作为建筑防水剂、消泡剂、脱模剂和涂料等产品的原料。

2. 有机硅产品对单体的要求

分离的目标还使合成的单体经分离精制后，满足生产有机硅产品(聚硅氧烷)的要求。

二甲基二氯硅烷，用于生产高温硫化硅橡胶，纯度要求达 99.95%甚至于 99.99%，生产室温硫化硅橡胶和硅油要求 99.9%，用于合成硅树脂的要求 99%。作为生产的主要副产物，要求三甲基一氯硅烷的纯度为 99%，一甲基三氯硅烷的纯度为>98%，CH_3HSiCl 的纯度为 99%。

3. 精馏流程

精馏一般用板式塔，主要是筛板塔和浮阀塔，小型塔可采用丝纹波网填料塔。

流程安排一般先脱高沸物，因为高沸物较脏，可能有碳化分解物、粘滞物、聚合产物等。

脱完高沸物的单体再脱低沸物，再分离 M_1-M_2 组分。M_1-M_2 组分，用一百几十块塔板的高效板式塔分离得到合格的 M_1 和 M_2，简单的流程示意如下(塔顶冷凝回流塔釜再沸器省略)。

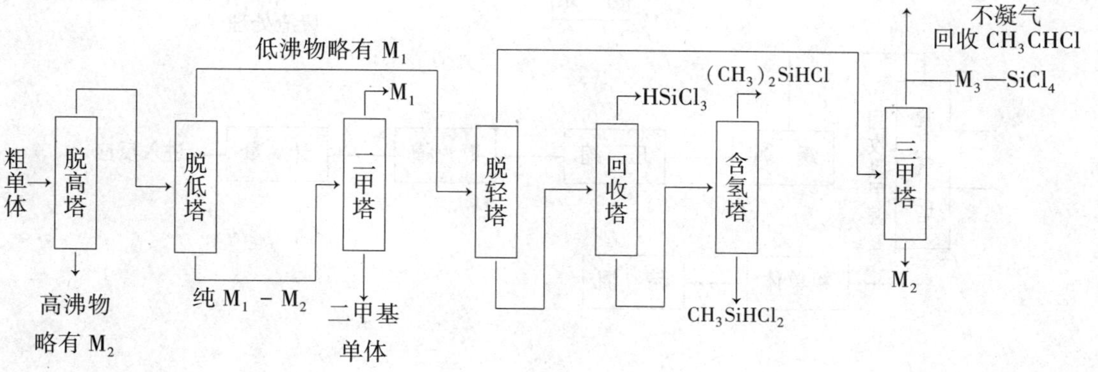

第六节　三废治理原则

反应器废渣和除尘器收集的废渣，一般是 Cu、Si、C 和其它杂质，废渣含 C 一般在 30%，含 Cu20%~30%，其余为硅，还含有锌、铝、锰、钙、硒等。处理方法是用浓 H_2SO_4 (用于干燥 CH_3Cl 的废 H_2SO_4)，通入空气和废渣进行反应，母液结晶回收 $CuSO_4$。有人从废渣中提取硒，流程在提取 Cu 之后再深化处理。

精馏塔顶不凝气体，一般是 CH_3Cl、HCl 和 CH_4 等，大生产中应收集、压缩、液化，不能液化的是 CH_4，作燃料焚烧。

第七节　技术进步

催化技术可以借鉴许多流化床的合成技术。有机硅流化床实际上也是细粒子流化床，在流化床设计时还可以用更高的气速、更高的床层，以提高反应速率，使反应的转化率和选择性得到提高。

反应压力还可以再提高，由于 CH_3Cl 是在厂区内自己生产的，因此，CH_3Cl 不需要经液化灌装，再汽化进行，而是可由压缩机直接输送入床，因此可以克服高床层的阻力，使床内有较高的压力，将反应压力提高到 0.4~0.5MPa 左右，这样，可以提高二甲基二氯硅烷的选择性。对于分离脱 CH_3Cl 操作，容易达到稳定操作。

当反应压力上升到 0.4～0.5MPa 之后，干法除尘的操作比较困难，应当用简化湿式除尘，实际上应当干法和湿式并用。从反应器出来夹带粉尘的反应气，先经过三级旋风进行除尘，剩下的粉尘量已经很少，则采取喷淋法湿式除尘，体系在 0.4MPa 压力下，回收 CH_3Cl 就比较好操作。

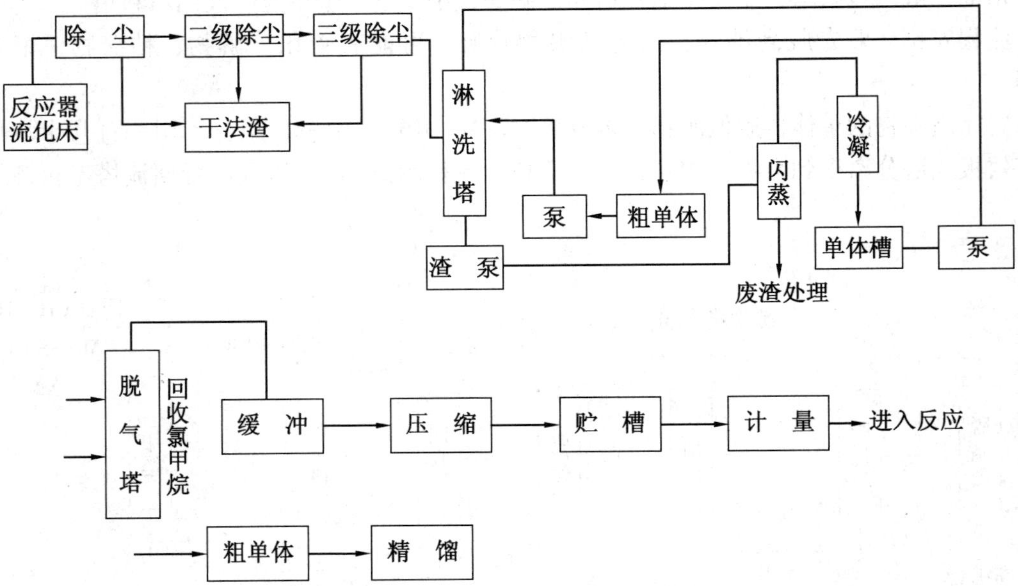

第十五章 聚氯乙烯

第一节 概 述

聚氯乙烯是由氯乙烯聚合制得，其分子式可表示为 $\left[CH_2—CHCl \right]_n$，英文名称：Poly（Vinyl Chloride），简称 PVC。

PVC 工业上有四种聚合方法：悬浮聚合、乳液聚合、本体聚合和溶液聚合。每种聚合方法，应用范围不同。其中以悬浮聚合为主，其产量约为 PVC 产量的 90%。悬浮聚合时，采用不同的分散剂可以制得颗粒结构不同的两种 PVC 树脂，一种是紧密型的，俗称“玻璃球树脂”（XJ），一种是疏松型的，俗称“棉花球树脂”（XS），国家标准统称 SG。悬浮聚氯乙烯树脂的质量指标主要有聚合度或粘数、颗粒特性、挥发分、黑黄点等，指标见表 15-1。乳液聚合是我国最早使用的生产方法，它的特点是单体分散好，PVC 细粒为 0.2~5μm，比较适合制造 PVC 糊、人造革等，但是因为杂质多，电性能差，因此该方法制造的 PVC 应用范围不如悬浮法的 PVC 广。本体法 PVC 虽然纯度高，热稳定性和透明性好，但是目前合成工艺比较难掌握，产量少。溶液法 PVC 由于成本高，仅适用于直接用作油漆、涂料，我国尚未生产。

氯乙烯单体最早是在 1835 年由法国的 Regnault 首先发现的。1872 年由 Baumann 论述了氯乙烯单体在密封管内、阳光的作用下可以得到白色粉末聚氯乙烯。1912 年德国化学家发展了氯乙烯及聚氯乙烯的工业生产方法，这样较大规模的聚合 1930 年才开始。直到 1940 年，美国创造了悬浮聚合方法，从此以后聚氯乙烯工业开始发展。目前世界上聚氯乙烯生产能力已达到 2000 万 t/a，仅次于聚乙烯。

聚氯乙烯根据分子量的大小可以分为 7 个型号，主要的消费领域：农业，农用输水管、喷滴灌管、农具制品、农膜等；日常生活用品，塑料凉拖鞋、玩具、桌布、箱包人造革等；建筑业，给排水管材及管件、门窗用异型材、墙纸、地板、楼梯扶手等；包装业，各种薄膜、片材等；其它领域，工业用电缆料、工业用板材等。

PVC 是一种多组分塑料，根据不同用途可以加入不同的添加剂，因此随着组成的不同，聚氯乙烯制品可呈现不同物理机械性能，比如加不加增塑剂就使它有软硬之分。总的说来 PVC 制品有耐化学性、耐焰自熄、耐磨、消声消震、强度较高、电绝缘性较好、价廉、来源广等优点。它的主要缺点热稳定性差，受热引起不同程度的降解；软质制品，还有增塑剂外迁之弊，对应变敏感，变形后不能完全复原，且在低温下变硬。

第二节 产品工艺过程

一、产品的工艺概述

1. 悬浮聚合工艺流程图

悬浮聚合是生产 PVC 的主要方法，它的优点：生产过程简易，便于控制和大规模生产，

表 15-1　聚氯乙烯国家标准

序号	指标		SG1	SG2			SG3			SG4			SG5			SG6			SG7		
			一级	一级		二级	一级		二级	一级		二级	一级		二级	一级		二级	一级		二级
			A	A	B		A	B		A	B		A	B		A	B		A	B	
1	粘数		154~144	143~136			135~127			126~118			117~107			106~96			95~85		
2	表观密度/(g/mL)，≥		0. 42	0. 42	0. 42	0. 40	0. 42	0. 42	0. 40	0. 42	0. 42	0. 40	0. 45	0. 45	0. 40	0. 45	0. 45	0. 40	0. 45	0. 45	0. 40
3	100g 树脂的增塑剂吸收量/g，≥		25	25	25	16	25	25	16	2 * 2	2 * 2	16	19	19	13	16	16	13	14	14	13
4	挥发物(包括水)含量/%，≤		0. 40	0. 40	0. 40	0. 50	0. 40	0. 40	0. 50	0. 40	0. 40	0. 50	0. 40	0. 40	0. 50	0. 40	0. 40	0. 50	0. 40	0. 40	0. 50
5	过筛率/%	0. 25mm 筛孔，≥	98. 0	98. 0	98. 0	92. 0	98. 0	98. 0	92. 0	98. 0	98. 0	92. 0	98. 0	98. 0	92. 0	98. 0	98. 0	92. 0	98. 0	98. 0	92. 0
		0. 063mm 筛孔，≤	10. 0	10. 0	10. 0	20. 0	10. 0	10. 0	20. 0	10. 0	10. 0	20. 0	10. 0	10. 0	20. 0	10. 0	10. 0	20. 0	10. 0	10. 0	20. 0
6	100g 树脂中黑黄点数(颗)≤	总　数	30	30	30	130	30	30	130	30	30	130	30	30	130	30	30	130	30	30	130
		黑点数	10	10	10	30	10	10	30	10	10	30	10	10	30	10	10	30	10	10	30
7	白度/%，≥		90	90	90	85	90	90	85	90	90	85	90	90	85	90	90	85	90	90	85
8	‘鱼眼’数，个/1000cm²，≤		10	10			10			10			10			10			10		
9	10% 树脂水萃取液导电率/(1/Ω · cm)，≤		5×10^{-5}	5×10^{-5}			5×10^{-5}														

产品的适应性比较强等，悬浮聚合说明产品的工艺流程如图 15-1 所示。

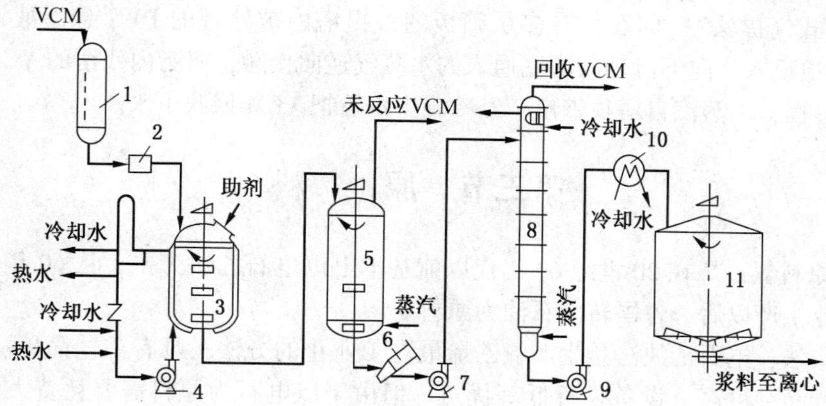

图 15-1　氯乙烯悬浮聚合工艺流程图

1—计量槽；2—过滤器；3—聚合釜；4—循环水泵；5—出料槽；6—树脂过滤器；7—浆料泵；8—汽提塔；9—浆料泵；10—浆料冷却器；11—混料槽

2. 原料配方(表 15-2)

表 15-2　聚氯乙烯树脂生产配方举例

物　料	质量分数		物　料	质量分数	
	DP = 1300	DP = 800		DP = 1300	DP = 800
氯乙烯	100	100	过氧化二碳酸二乙基己酯	0.030	—
水	140	140	羟丙基甲基纤维素	0.032	0.027
偶氮二异庚腈	0.022	0.036	分散剂第三组分	0.016	0.015
聚乙烯醇	0.022	0.018	巯基乙醇(链转移剂)	—	0.008

二、工艺流程

悬浮聚合是液态氯乙烯单体(VCM)在分散剂的存在下，在水介质中通过机械搅拌和引发剂的作用使它聚合的方法。

其工艺过程：先将定量的、经过滤合格的水或去离子水，用泵打入已经经过清理的聚合釜中，然后在搅拌下相继加入分散剂水溶液和其它助剂，后加引发剂。加毕后盖紧人孔，进行试压，当 20 min 后压力降低不大于 0.01MPa 时，即认为合格。用氮置换釜中的空气，单体由计量槽加入釜内，开动搅拌器，用高压水加入引发剂。为了防止加工时产生“鱼眼”，可将引发剂配成溶液或乳液。随后升温，在规定温度(51～60℃之间)和压力(0.69～0.83MPa)下，使单体聚合成聚氯乙烯。实际氯乙烯完全聚合并不经济，树脂质量也差，因此聚合完毕后釜内其余的10%～15%单体，卸压后经泡沫捕集器排入气柜，经过精制后回收再用。捕集下来的树脂，流到沉淀池中，定期处理作为次品。对于釜中的聚氯乙烯悬浮液，打入沉析槽，用 0.3%NaOH 溶液碱洗处理(在 75～80℃下搅拌 1.5～2h)，碱处理的目的是破坏低分子物和残余的引发剂、分散剂，以提高产品的质量。最后经离心机脱水，再将湿的聚氯乙烯由螺旋输送机送入干燥器，用热的清洁空气将湿树脂气流干燥，经旋风分离器将水气及空气排出，干燥至残余水分为0.3%~0.5%的聚氯乙烯，经滚筒筛后进行包装。

需要注意的是，氯乙烯经过聚合后一般残留有氯乙烯单体，为了脱除PVC中的VCM，大多采用“塔式气提法”，即在装有多层筛板的汽提塔内被处理的PVC悬浮液预热到80~100℃，自塔顶喷入，向下流动与塔底通入的水蒸气逆向接触，树脂内残留的VCM通过传热传质的汽提过程，由蒸汽自塔顶带出，经冷凝去水后把VCM回收下来。

第三节 原 料

PVC的原料氯乙烯在20世纪60年代以前基本上以电石乙炔为主，从60年代初，乙烯氧氯化法工业生产以后，各国转向石油为原料。

电石乙炔法：电石乙炔法是生产氯乙烯最先工业化的方法，具有工艺简单、容易掌握、副反应少、产品纯度高、设备投资低等优点。但由于以电石为原料需要耗费大量电能和焦炭，故成本较高，国外从五十年代起就陆续以石油乙烯作原料来代替电石的原料路线了。

电石乙烯与二氯乙烷的联合法：这是乙烯和电石乙炔组合并用的方法。该方法是减少了一半电石的用量，另一半为石油乙烯所代替，因此在电石供应不足而又尚未全部转向石油路线时应用，仍有一定的价值。

烯炔法(也称吴羽法)：烯炔法以石脑油或炼厂气为原料裂解得出乙烯、乙炔单体，不经过分离即直接氯化制取氯乙烯，为日本吴羽化学公司发明。此法比较起来投资大，工艺复杂，成本比较高。

氧氯化法：利用HCl和Cl_2在CuCl等催化作用下与乙烯合成氯乙烯是氧氯化法的特点，1964年首先由美国Goodrich公司研制成功。该法工艺成本低，生产能力强大，因此得以迅速推广，至今已成为世界上氯乙烯生产的主要方法。其工艺流程示意如图15-2。

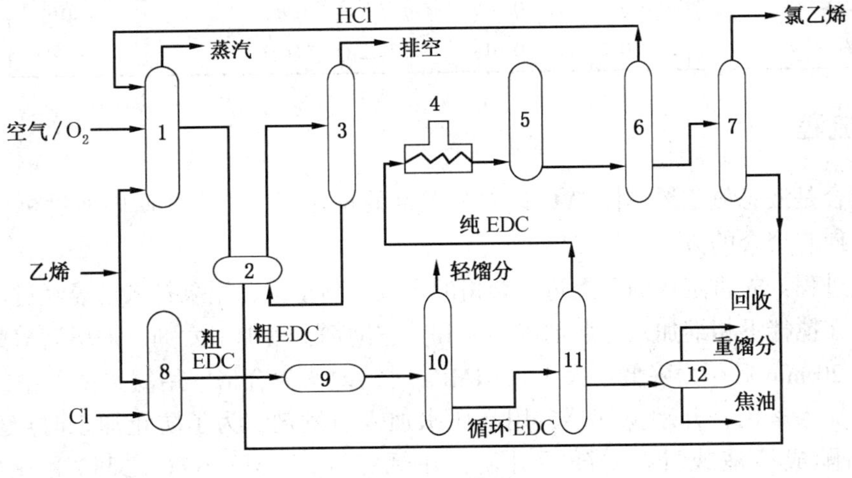

图15-2 氧氯化法生产氯乙烯流程

1—氧氯化反应器；2—第一回收器；3—第二回收器；4—裂解炉；5—急冷器；6—HCl分离塔；7—氯乙烯分离塔；8—氯加成反应器；9—中和器；10—脱轻组分塔；11—脱重组分塔；12—分离器

原料规格：单体氯乙烯，纯度>99.99%；允许杂质含量主要是HCl1×10^{-6}，乙烯1×10^{-6}，水40×10^{-6}，氯甲烷50×10^{-6}，氯乙烷1×10^{-6}，丁烯1×10^{-6}等，聚乙烯醇要求聚合度

1700~1800，醇解度 88%±1%。

第四节　反应机理及反应工艺

一、反应机理

氯乙烯聚合采用自由基机理进行，自由基聚合主要由链引发、链增长、链终止及转移等反应步骤。以偶氮二异丁腈作为引发剂，氯乙烯的反应如下。

1. 链引发

引发剂分子受热分解产生初级自由基，极活泼的初级自由基作用于氯乙烯分子，激发其双键上的 π 电子，使之分离为两个独立的电子，并与一个电子相结合生成单体自由基。由于氯原子的半径比氢原子的大，初级自由基进攻氯乙烯分子时，就以头尾相联为主，而极少生成尾尾相联的自由基。

2. 链增长

单体自由基很活泼，立即与其它氯乙烯分子进行反应，在瞬时即可生成分子量极高的高分子化合物。在反应过程中，其活性不会因为链增长而减弱，直至链终止。但是，当链增长达 4~25 个聚合度之上时，聚合物自由基或聚合物已经不溶解于氯乙烯单体中，沉淀析出，使氯乙烯聚合具有非均相和自加速性质。

3. 链终止及链转移

链转移反应使聚合物自由基转移，形成聚合物，同时产生新的自由基。当转化率达到 70%~80%以下时，聚合物自由基以向单体转移为主，致使聚氯乙烯分子链不存在双键。此时被激发的单体自由基与来源于引发剂的单体自由基具有相同的活性，也可以完成链增长等过程。

聚合物自由基除向单体转移外，还可以向聚合物链转移，形成支链或交联结构的聚氯乙烯。此种链转移在转化率较高时，因为油滴内单体的浓度和流动性降低，比较容易进行。

链终止反应使聚合物自由基终止，形成聚合物，不产生新的自由基。偶合终止形成尾尾相联结构的聚氯乙烯分子。歧化终止形成端基双键聚合物。

二、反应工艺条件

在聚合反应过程中一些参数对产品的质量影响较大。如单体的纯度、水油比、聚合反应温度、聚合反应时间、聚合反应压力、聚合装置(包括聚合釜传热、搅拌、粘釜及清釜)等。

1. 单体的纯度

单体中的杂质主要是在合成、提纯、储存和运输过程中带入的。机械杂质如铁和铁化合物，可以延长聚合诱导期，减缓聚合反应速率，减低产品的热稳定性和介电性能；低沸物和高沸物会降低聚氯乙烯的聚合度和反应速度，影响树脂的颗粒形态，造成高分子的支化、引起粘釜和鱼眼；还原性杂质如铜及铜化合物、阻聚剂等可使聚合诱导期延长，聚合物的分子量下降，并使产品着色和光稳定性降低；氯乙烯容易吸氧，氧在低温下能与引发剂或初始形成的聚合物活性链作用生成过氧化物，延长了诱导期，降低了聚合反应速率和聚合物的分子量。

2. 水油比

反应体系中水的用量和单体的质量之比称为水油比，水油比主要影响聚合物聚合过程和聚合物粒子的大小。水油比小则聚合物的产率高，聚合物的粒径分散性增大。在氯乙烯的聚合中，如果生产疏松型树脂，因粒子多孔，吸收水分多，将使水油比减少，反应釜中悬浮液的粘度增大，导致搅拌和散热更加困难，可以适当增加水量，但是过多的水量会降低聚合设备的利用率。一般聚氯乙烯树脂的水油比为：疏松型(1.5~2)∶1，紧密型(1.2~1.26)∶1。

3. 聚合反应温度

反应温度能影响反应速率、聚合物的分子量及聚合物的微观结构。随着温度的升高，引发剂分解的半衰期缩短，链引发、链增长速率增加，聚合速率增加，聚合反应时间缩短。在氯乙烯聚合反应中，聚合温度在46~60℃范围内，温度每升高10℃，聚合速度增大3~4倍。在较高温度下反应可缩短悬浮聚合的危险期，有利于减少聚合物粒子凝聚结块倾向。但随着温度的升高放热加剧，应该防止爆聚。

同时反应温度对聚氯乙烯的分子量影响也比较大。在较高的温度下，氯乙烯大分子活性链向单体转移的速率大于增长速率，导致聚合物的分子量下降。当反应温度波动20℃时，聚氯乙烯的分子量相差2300左右。所以应该严格控制温度的波动，氯乙烯悬浮聚合时温度波动在±0.2~±0.5℃内。温度的影响从表15-3可以看到。

表15-3　聚氯乙烯悬浮聚合中温度对聚合过程和聚合物分子量的影响

聚合温度/℃	聚合压力/MPa	聚合时间/h	转化率/%	聚合度
30	0.44	38	73.7	5970
40	0.61	12	86.7	2390
50	0.81	6	89.9	990

4. 聚合时间

聚合时间应该与温度、压力、引发剂类型及用量等一起考虑。聚氯乙烯生产中，因为聚合物对温度比较敏感，所以在转化率达到90%以上时，立即结束反应并回收残余单体，从而缩短聚合时间，否则影响聚氯乙烯树脂的颗粒形态，影响加工性能。不过利用延长时间来增加转化率也是不经济的。

5. 聚合反应压力

压力往往与温度有关，氯乙烯在50~60℃的聚合温度下饱和蒸气压相应达到0.81~1.02MPa。当转化率为70%时，反应速率增加，放热量大，氯乙烯蒸气压上升，聚合釜压力也升到1.02~1.12MPa，其压力实际上是温度作用的结果。在氯乙烯聚合过程中，大部分时间内的釜温和压力均较恒定，随着聚合的进行，聚合速率或放热速率增加，依靠降低冷却水温来保证散热。压力降低开始标志着单体液滴的消失。

6. 聚合装置

氯乙烯的悬浮聚合反应采用聚合釜，聚合釜的传热、搅拌、粘釜物及清釜等对反应和产品的质量有影响。

三、聚合反应设备

悬浮聚合过程一般是单体在搅拌器的作用下分散成液滴，稳定悬浮在分散剂的水溶液当中，于液滴中进行的聚合过程。虽然不同的聚合体系对反应器和搅拌器的要求不太相同，但是总体上来说，都要求反应器具有剪切分散、循环混合、搅拌、悬浮和传热等作用功能。氯乙烯悬浮聚合的主要设备聚合釜也不例外。

由于氯乙烯悬浮聚合均采用间歇式操作，所以反应釜的容积越大，其经济效益越好。表15-4为两个釜的比较。

表 15-4　不同釜消耗对比

对比项目	消耗比例（$200m^3$ 和 $20m^3$ 聚合釜比例）	对比项目	消耗比例（$200m^3$ 和 $20m^3$ 聚合釜比例）
资金投入	75	公用工程消耗	90
占用场地	65	人力	50

在我国氯乙烯聚合采用的聚合釜包括 $13.5m^3$、$33m^3$、$70m^3$、$80m^3$ 等规格。釜的结构不同，几个主要部分如：釜体、搅拌器、夹套等部分参数也不同。在聚氯乙烯聚合釜的结构当中，搅拌器对聚合反应的结果有较大的影响。比如 $33\ m^3$ 聚合釜原采用六层混合桨叶，剪切力很弱，当树脂颗粒围绕桨叶旋转，很难穿透叶层，因此分散剂用量大，颗粒形态不佳，粒径分布宽。将六层混合桨叶改为三叶平桨与斜桨混合的四层桨，可以改善产品的质量，并且耗能少。

第五节　产品的后处理

悬浮法聚氯乙烯在聚合过程中，一般要加入氯乙烯量的1.3~2倍的水，而水并不参加聚合反应。在氯乙烯聚合反应完成后形成的悬浮浆料中，一般含有60%~70%的水分，在物料进入干燥工艺之前需要进行脱水。

目前国内外大都采用离心机来完成脱水工艺。离心机的种类，总体来说可以分为沉降式和过滤式两大类，设计时应该从产量、经济条件、供货条件的实际情况进行选择。离心机操作时要注意以下几点：

① 入料工艺对操作控制的影响。
② 浆料浓度均匀性的影响。
③ 转鼓的液池的深度。
④ 生产能力。

聚氯乙烯浆料经离心机脱水后，紧密型树脂含湿量一般小于20%，而疏松型树脂，含湿量则在20%~28%之间。依不同的聚合度对树脂干燥后的成品，要求挥发分含量在0.40%~0.45%之内，以保证在加工聚氯乙烯制品中不出现气泡等缺陷。干燥采用气流干燥和流态化干燥技术。干燥后的树脂，要进行筛分，其目的在于筛分出产品中的结块料、皮状料、60目以上的大粒子料和机械杂质，以保证制品的质量。聚氯乙烯树脂粒度分布及粒径的大小，是由聚合配方工艺所决定。最后进行包装和储存。

第十六章　顺 丁 橡 胶

第一节　概　　述

顺丁橡胶是顺式-1，4聚丁二烯橡胶的简称，国际通用代号为BR。它是以丁二烯为单体，在溶剂存在和齐格勒-纳塔催化剂作用下，经溶液聚合反应，制得的弹性体均聚物。

顺丁橡胶于1960年由美国飞利浦石油公司首先实现了工业化生产。由于它具有较高的回弹性、优异的耐低温性(T_g=-105℃)、良好的耐磨性和共混加工性能，广泛应用于制造各种轮胎和作为塑料改性剂，70年代以来获得迅速发展，目前世界上已经有20多个国家和地区生产顺丁橡胶。

1998年全球顺丁橡胶总生产能力已达262.2万t，占全世界合成橡胶总产量的18.8%，在七大通用合成橡胶中位居第二。预计2000~2005年全球消耗量年均增长率为2.0%~2.2%。

我国顺丁橡胶从1959年开始研制，1965年先后在兰州化学工业公司研究院和锦州石油六厂建成中试装置。1970年在北京燕山石化公司采用自行开发的成套技术，自行设计建厂，1971年9月国内首套万吨级顺丁橡胶装置投产。随后采用同一技术相继建成了7套采用镍催化体系的顺丁橡胶(Ni-BR)装置。

1998年全国顺丁橡胶的生产能力已经达到42.5万t，占全国合成橡胶总产量37.2%，也仅次于丁苯橡胶位居第二。稀土催化体系顺丁橡胶(Nd-BR)自1970年以来在中国科学院长春应用化学所研制，并先后在锦州石化公司进行中试和工业化生产。低顺式聚丁二烯橡胶(LCBR)也于1997年在北京燕山石化公司研制成功并建成1.5万t/a工业装置。同期茂名石化公司引进的1.0万t/aLCBR也于1997年投产。我国自行开发的镍系顺丁橡胶成套技术，包括丁烯氧化脱氢制丁二烯技术共同获得首届国家科技进步特等奖。

目前国内生产的顺丁橡胶品种有4种，通用型顺丁橡胶、通用型顺丁橡胶、塑料改性用高顺式聚丁二烯橡胶和低顺式聚丁二烯橡胶。

顺丁橡胶同天然橡胶与丁苯橡胶相比，其主要优点是耐磨性与耐温性能好，弹性高，动负荷下生热低，耐屈挠龟裂性能好，适用于制造汽车轮胎及耐寒橡胶制品。其主要缺点是生胶的冷流倾向大，加工性能差，撕裂强度和拉伸强度较低，抗湿滑性不好，但可通过与其它橡胶并用等方法来弥补。

顺丁橡胶的用途，主要制造各种轮胎，在用于轮胎胎面、胎侧胶时可显著改善轮胎的耐磨性、耐屈挠龟裂性能，提高轮胎的使用寿命。

顺丁橡胶还可以制造胶管、运输管、胶板、胶鞋、胶辊、文体用品及其它橡胶制品。也可作为合成树脂的增韧补强改性剂，如用来生产高抗冲聚苯乙烯(HIPS)以提高其冲击强度、耐候性和耐热性，并改善耐低温性能和耐应力开裂性能。

第二节　产品的工艺流程

一、催化体系概述

聚丁二烯橡胶的生产方法，按照聚合方式分类，有溶液法、乳液法和气相法三种，目前工业生产上常用的是溶液法，而今后气相法则有发展潜力。按照聚合物结构分类有高顺式、低顺式和中乙烯基聚丁二烯等。按照催化体系区分，又有镍系、钴系、钛系和稀土系。目前我国工业生产的聚丁二烯橡胶，主要是溶液法镍系高顺式-1，4聚丁二烯(即简称顺丁橡胶BR)，生产能力40万t；其次是溶液法锂系低顺式聚丁二烯(简称低顺丁胶LCBR)，生产能力2.5万t；稀土钕系顺丁橡胶(简称稀土顺丁Nd-BR)，已经在万吨装置上进行工业试产，还有充油顺丁橡胶也已工业批量生产，它们都具有扩大和推广应用的良好前景。聚合配方列如表16-1。

表16-1　顺丁橡胶配方

项　目	具体控制指标	项　目	具体控制指标
丁油浓度/(g/100mL)	12~15	硼/丁二烯(摩尔比)	$(1.0\sim4.0)\times10^{-5}$
硼/油浓度(体积比)	1∶500	Al/Ni(摩尔比)	2.5~6.0
镍/丁二烯(摩尔比)	$(1.0\sim3.0)\times10^{-5}$	Al/B(摩尔比)	0.3~1.0
铝/丁二烯(摩尔比)	$(0.3\sim3.0)\times10^{-4}$		

镍系顺丁橡胶聚合用的镍系催化剂体系包括三个组分：镍、铝、硼(Ni-Al-B)和少量的丁二烯。实验表明，它们之中任何一个组分或某两种组分的配合都不能使丁二烯发生定向聚合。真正的催化剂是三个组分反应后的产物，所以在聚合前，首先要把这些组分按一定配比混合，并溶解于溶剂中，这种工艺操作称作催化剂预处理，习惯上也称“陈化”。其目的首先是各组分充分溶解，其次是加速形成活性中心，然后再进入聚合釜，便可缩短聚合反应的诱导期。陈化方式可按加料的顺序分为：三元陈化、双二元陈化和稀硼单加陈化。三元陈化方式是把三种组分的溶液在同一个陈化釜中进行陈化，然后与丁油(丁二烯溶于抽余油后的溶液)混合后，进入聚合釜。双二元陈化方式是把需要用的铝组分分成两份，分别与镍组分、硼组分在两个陈化釜中混合陈化，然后再与丁油混合，进入聚合釜。稀硼单加陈化方式是将铝组分和镍组分先进行混合、陈化；硼组分则以抽余油稀释后直接加入聚合釜。目前国内各顺丁橡胶生产都采用稀硼单加陈化方式。当然三种陈化方式操作尽管不同，但只要配比适当，陈化条件掌握得好，都能使丁二烯定向聚合，最终获得高顺式结构的顺丁橡胶。

二、工艺流程

溶液聚合法镍系高顺式-1，4聚丁二烯橡胶的生产包括：丁二烯的精制、催化剂的配制、聚合反应与终止、胶液的水析与凝聚、橡胶的脱水与干燥、成品的计量与包装和溶剂的回收与精制。

以沸程60~90℃的重整抽余油为溶剂，在环烷酸镍、三氟化硼乙醚络合物、三异丁基铝组成的镍系催化剂及微量极性化合物的引发下，单体丁二烯进行立体规整定向聚合。聚合反应在3~5台串联的反应釜中连续进行，聚合温度60~95℃，聚合时间1.5~3.0h，丁二烯转化率在85%以上。在生成的胶液中加入防老剂(264)后进入凝聚釜进行水析凝聚，胶粒析出后经水洗涤，挤压脱水，膨胀干燥，压块称重包装即得成品。未反应的丁二烯和溶剂分别经精馏脱水、脱轻重杂质后，可回收循环使用。镍系顺丁橡胶生产流程见图16-1。

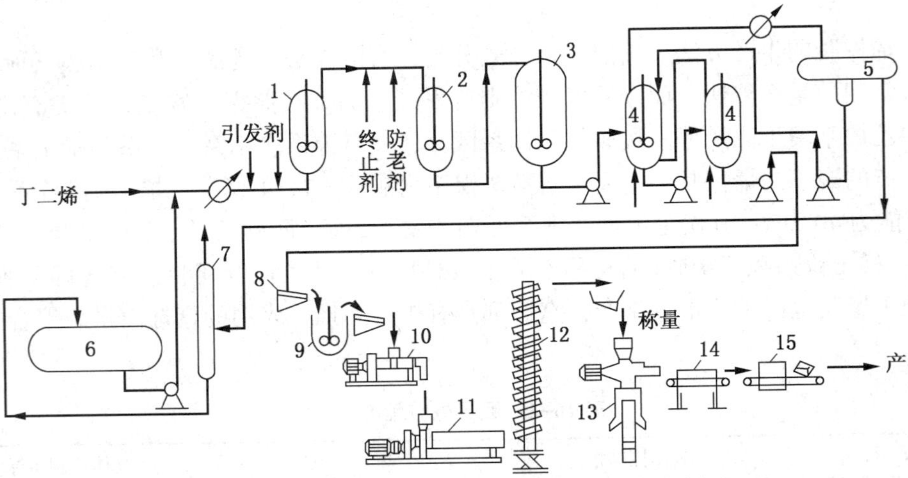

图16-1 镍系顺丁橡胶生产工艺流程图

1—聚合釜；2—终止釜；3—胶罐；4—凝聚釜；5—油水分层罐；6—溶剂罐；7—脱水塔；8—振动筛；9—洗胶罐；10—挤压脱水机；11—膨胀干燥机；12—提升机；13—压块机；14—包装机；15—检测器

第三节 原料的准备过程

顺丁橡胶主要原料为丁二烯。此外丁二烯还可以作为丁苯胶、丁腈胶、顺丁胶等的原料。最早丁二烯是采用乙醇为原料在催化剂作用下脱水脱氢合成的。但是随着石油化工的迅速发展，以石油炼制中炼厂气和轻柴油裂解气中的C_4馏分进行分离，成为各国生产丁二烯的主要技术路线。

C_4馏分的组成如表16-2，在C_4馏分中丁二烯与其它C_4组分的沸点很接近，不能用一般的精馏方法来分离，而是采用萃取精馏法从C_4馏分分离丁二烯。采用这种方法制得的丁二烯纯度较高。常用的萃取剂有二甲基甲酰胺、乙腈、二甲基亚砜、*N*-甲基吡咯烷酮、丙腈、糠醛、吡啶、氯乙腈、硝基甲烷、碳酸乙烯酯、丁胺、丁内酯等。萃取剂分子极性越大，选择性越高，一般用有效偶极矩、介电常数和溶解度参数来评价萃取剂的选择性。目前国内外工业上使用的是二甲基甲酰胺、*N*-甲基吡咯烷酮和乙腈。用乙腈法工业上比较可靠，能阻止双烯烃的热聚合，生产工艺中不需要压缩机，操作控制比较容易，而乙腈的原料来源丰富，成本也不高。

表16-2 C_4馏分的组成

C_4组分	炼厂气	轻柴油裂解气	C_4组分	炼厂气	轻柴油裂解气
异丁烷	35.3	1.43	C_2总量	1.1	0.5
正丁烷	8.1		2-顺丁烯	11.0	4.0
异丁烯	17.9	43.3	2-反丁烯	15.5	5.0
丁二烯		44.0	炔烃		1.0
1-丁烯	12.0		C_5	0.5	0.5

用乙腈抽取丁二烯的工艺流程如图16-2。C_4 馏分和萃取剂分别进入萃取精馏塔，萃取液进入解吸塔，解吸塔出来的丁二烯进入普通精馏塔提纯，解吸出的乙腈又进入萃取塔循环使用。分离出的丁烯丁烷经洗涤塔后回收。洗涤水中的乙腈在浓缩塔将乙腈与水分离。

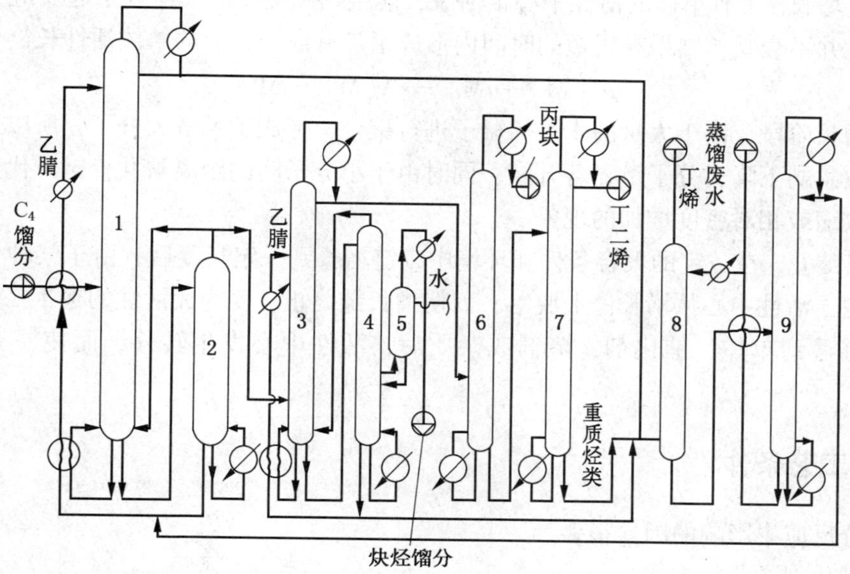

图16-2　用乙腈二段萃取精馏和精制丁二烯的工艺流程

1、3—萃取精馏塔；2、4—解吸塔；5—脱除 C_4 中丁二炔的洗涤塔；6、7—丁二烯普通精馏塔；8—丁烷和丁烯洗涤塔；9—洗涤水中乙腈浓缩塔

从 C_4 馏分中分离出丁烷和丁烯，用氧化脱氢法制得丁二烯，反应如下：

$$C_nH_{2n+2} + O_2 \longrightarrow C_nH_{2n-2} + 2H_2O$$

$$C_nH_{2n} + \frac{1}{2}O_2 \longrightarrow C_nH_{2n-2}2H_2O$$

氧化脱氢反应是可逆的，脱氢进程中双烯烃的收率可接近理论值。在此反应中选择好催化剂是很重要的。常用的催化剂有氧化铁、氧化铬、氧化铅、氧化锑、氧化钼、磷酸铁、磷酸铋等。不同的催化体系制得的丁二烯收率不相同，用磷酸铋为催化剂时丁二烯的收率可以达到70%左右。经过氧化脱氢后所得反应产物的组成有：易挥发组分、异丁烯、丁烷、丁烯、异丁烷、丁二烯、炔烃及 C_5 烃、环戊二烯等组分。其中丁二烯的含量为68%~70%，丁烯20%，丁烷8%，可用精馏方法提纯。

聚合级丁二烯纯度要求>99.5%、1,2-丁二烯$<100\times10^{-6}$，炔烃$<100\times10^{-6}$，硫和过氧化物$<10\times10^{-6}$，水$<20\times10^{-6}$，含氧化合物$<10\times10^{-6}$。

第四节　反应工艺

一、反应机理

丁二烯分子中的π键很活跃，在催化剂的作用下，可以打开，使丁二烯分子相互加成，形成聚丁二烯大分子，整个过程属离子聚合机理，由以下几个阶段组成。

(1) 链引发。丁二烯在催化剂(或催化剂各组分反应产物)的作用下活化，成为活化中心。

$$A+M \longrightarrow A \cdot M*$$

式中，A 代表催化剂；M 代表丁二烯单体。

(2) 链增长。带有单体的活性中心很活泼，能很快和更多的单体分子起反应，反应后的活性链活性并不衰减，结果在很短的时间内形成了带有成千上万的单体活性长链分子。

$$A \cdot M* + nM \longrightarrow A(M)_n \cdot M*$$

在链增长阶段，由于大量的丁二烯分子进行聚合，形成了长链大分子，所以这一过程必然是分子数急剧下降，分子量显著升高，同时由于小分子间的距离被共价键所代替，所以会出现体积收缩或相对密度增加的现象。

(3) 链终止。在一定的聚合条件和环境中，链增长到一定长度后，由于某种化学或物理因素的影响，活性中心从增长链上脱落，而使增长链终止，变为无活性的聚丁二烯分子。或者是增长链遇到单体、催化剂、溶剂或杂质后，活性中心发生转移，而使原有的增长链终止。

二、反应工艺条件

在聚合反应中影响的因素很多。

(1) 催化剂的陈化方式

目前工业生产用的陈化方式有三元、双二元和稀硼单加陈化三种。方式不同对反应的速率、转化率、橡胶的分子量及凝胶有不同的作用后果。

(2) 催化剂的陈化条件

不管何种陈化方式，提高陈化温度都会加快三组分之间的反应速率、缩短反应时间，但是陈化温度过高，陈化时间过长，由于 Ni 被 Al 还原过头形成沉淀，或生成的活性中心遭到破坏，从而使有效的活性中心数目减少，由此导致转化率明显下降，而分子量则有上升趋势。

(3) 催化剂配制的浓度、用量和配比

催化剂各组分配制的浓度直接影响反应速率和反应深度，进而影响活性中心的数目，实际上浓度过高，反应放热快促使生成大量沉淀，而太稀则减少了活性中心的数目。催化剂用量对反应速率和放热影响大，催化剂用量加大，反应速度变大，放热激烈，分子量偏低；而催化剂的配比直接影响活性、分子量和凝胶，他们对反应的影响是至关重要的。

(4) 单体的浓度

单体浓度是影响反应速率和调节产量的重要因素。聚合速率与单体浓度的一次方成正比，属于一级反应。实际生产中改变单体浓度往往会使聚合波动很大，不常采用。当然提高浓度可以提高设备的利用率，增加产量，但同时要考虑随之带来的胶液粘度大、搅拌能耗大、传热控温困难等不利的因素。

(5) 聚合温度

温度升高，反应速率加快，分子量降低。此外温度高，有利于活化能高的反应，而链转移的活化能高于链增长的活化能，链转移将促使橡胶分子产生支化。

(6) 杂质

在聚合反应中往往会带入一些杂质，它们的种类多，比如：原料丁二烯带来的羰基化合物、醚类、醇类、炔烃、烯烃、水分、乙腈等；抽余油中含有的不饱和烃及其各种含氧化合物等；此外还有氧、一氧化碳、二氧化碳等。杂质所起的作用非常复杂，而这些杂质大都是原材料各组分带来的，因此在可能的条件下尽量保持原料提纯，保证生产稳定及产品的质量。单体丁二烯在聚合前用γ-氧化铝和0.5nm分子筛进行处理，除去微量水和含氧化合物。

三、聚合反应设备

聚合反应器是顺丁橡胶生产用的主要设备，聚合反应放热量大，必须及时排出，使反应维持正常的温度，同时要有良好的搅拌装置，保证反应器内物料混合均匀，因此对反应釜提出了高的要求。

目前顺丁橡胶用聚合釜采用夹套传热和釜外冷却器的方法，同时还运用丁油预冷方法进行散热。聚合釜常用3~4个釜串联进行连续聚合，搅拌器的形式要适应釜内不同粘度的需要。比如首釜采用偏框式，二釜、三釜采用双螺带式搅拌器。首釜的物料混合以径向为主，二釜和三釜则可使物料在轴向和径向都有较大的搅动，比较适用于高粘度胶液的搅拌，提高了聚合釜的传热系数，不仅使生产过程稳定，同时还可以提高了装置的生产能力。对于高粘度的物料，反应釜的传热和搅拌是一个十分重要的问题，也是设计新型聚合反应釜的关键。

第五节　产品的后处理

利用溶液法生产聚丁二烯后处理阶段是非常重要的，因为橡胶的加工性能及它的物理机械性能的好坏与后处理工序有密切的关系。比如生胶中挥发分脱除不净，橡胶容易在炼胶机上打滑，在密炼机内不易下料，制品内易生气泡；生胶中的灰分含量过高会影响胶料的粘着性和橡胶的老化性能。

用溶液聚合法合成的胶液可采用两种方法进行后处理：一种称为直接干燥法，是将胶液中的溶剂及未反应的单体直接脱除成为顺丁生胶；一种称为水析凝聚干燥法，是将胶液注入热水中用水蒸气汽提脱除溶剂及未反应的单体，使橡胶凝聚成颗粒状，然后再进行脱水干燥。直接干燥法可以在螺杆挤出机上同时进行溶剂分离与干燥，工艺简单，设备费用低。但是顺丁橡胶还主要采用直接干燥方法，因为目前所用的聚合催化剂体系中有过渡金属镍，用水析凝聚方法可以洗去部分残留的催化剂，而过渡金属残留在橡胶中会使橡胶变质，影响它的力学性能。当催化剂效率提高、用量非常少时，才能考虑使用直接干燥法。

第十七章 涤　　纶

第一节 产品概述

1. 名称

涤纶是以聚酯(PET)为原料，经熔融纺丝及后加工而制得的纤维。聚酯是由精对苯二甲酸(PTA)或对苯二甲酸二甲酯(DMT)与乙二醇(EG)，经酯化反应后再经缩聚而生成的聚合物，全称为聚对苯二甲酸乙二酯，Poly(ethylene Terephthalate)，简称为PET。PET是一种工程塑料，用途很多，其拉伸膜用作磁带、包装材料和用于共混改性作聚合物合金，十分活跃。而PET的纤维形态，称为涤纶。涤纶品种较为“多”，可分为短纤维和长丝两大类。

(1) 短纤维。涤纶短纤维种类如下：

种　类	规　　格
棉型短纤维	~1.5dtex×(33~38)mm
中长型短纤维	~2.5dtex×65mm
毛型短纤维	3~9dtex×(64~114)mm
毛条短纤维	3~9dtex(单纤维)

涤纶短纤维及毛条，可用作衣着用织物或装饰用织物的原料，也可用于工业用毛毯及织造布原料；可用于纯纺，也可以与天然纤维、其它合成纤维混纺做成各种织物，用于生活、工业各个方面。

(2) 长丝。涤纶长丝品种有预取向丝(POY)、拉伸丝(DY)、拉伸变形丝(DTY)、空气变形丝(ATY)等。

涤纶长丝可供机织、针织等纺织加工的原料，主要用于衣着面料、装饰织物，还可用作非织造布(无纺布)原料。

涤纶纤维经改性扩大了应用领域，在工业、农业及高科技领域应用日益广泛。如可用于绳索、汽车安全带及轮胎子午线；还可制成拒水性、吸水性或导水性产品；制成抗静电、阻燃型、有色纤维等。

2. 产品的生产简史

1953年美国杜邦(DuPont)公司建成第一座工业化聚酯纤维厂，随后英国、德国、意大利、日本等国，也先后建成工业化生产装置。特别是在80年代后，聚酯纤维在世界范围内得到了迅速的发展。我国涤纶纤维生产起步于60年代。70年代开始先后引进了日本、德国、瑞士、美国、法国、英国等国外先进技术及设备。目前涤纶纤维产量居合成纤维之首，发展极为迅速。1998年我国聚酯产量达到287.4万t，涤纶纤维产量达到357.5万t。

3. 原料路线及比较

涤纶纤维生产原料为聚酯(PET熔体或切片)。

(PET)生产工艺路线有两种，一种是以PTA为原料的直接酯化缩聚工艺，在该方法中有连续法、间歇法和半连续法；一种是以DMT为原料的酯交换缩聚工艺，在该方法中亦有连续法、间歇法和半连续法。直接酯化法是用高纯度的对苯二甲酸直接与乙二醇反应，可省去对苯二甲酸二甲酯的制造和精制及甲醇的回收，因而成本有所降低，现已通行。酯化反应可使用催化剂，酯化率要求低，酯化反应在压力下进行。酯化法缩聚反应不产生甲醇，无需设置甲醇回收装置。此法已逐步淘汰。

酯交换法：酯交换反应使用催化剂，其结果是使反应物中灰分含量加大，为保证产品有足够的聚合度，要求酯交换率在99%以上。酯交换反应可以在常压下操作，反应控制容易。酯交换反应有甲醇生成，因而需设置甲醇回收装置。

第二节　产品的工艺流程

一、流程简示

1. 聚酯(PET)的生产

对苯二甲酸 + 乙二醇+催化剂 ⟶ 混合 ⟶ 酯化 ⟶ 预缩聚 ⟶ 后缩聚 ⟶ 造粒或切片

2. 涤纶纤维的生产

涤纶纤维生产方法有直接纺丝法和切片纺丝法。

直接纺丝法：

缩聚反应 ⟶ 熔体(PET) ⟶ 纺丝 ⟶ 后加工 ⟶ 纤维 ⟶ 产品

切片纺丝法：

缩聚反应 ⟶ 熔体(PET) ⟶ 铸带切粒 ⟶ 切片 ⟶ 结晶干燥 ⟶ 熔融挤出(PET) ⟶ 纺丝 ⟶ 后加工 ⟶ 纤维 ⟶ 产品

二、工艺流程概述

1. 聚酯的生产

生产分两步进行。第一步是由对苯二甲酸(PTA)与乙二醇(EG)发生酯化反应，或对苯二甲酸二甲酯(DMT)与乙二醇(EG)发生酯交换反应而生成对苯二甲酸双羟乙酯(BHET)。第二步是BHET发生缩聚反应，分离出乙二醇，制得聚对苯二甲酸乙二醇酯(PET)。

2. 涤纶纤维的生产

涤纶纤维生产分为直接纺丝法和切片纺丝法。

前者是指将缩聚釜生成的熔体PET直接纺丝，再后加工成涤纶纤维产品。该法生产成本较低，易形成生产规模化，具有竞争能力，提高企业经济效益。其不足之处是不宜经常改换产品品种，而且纺丝和聚酯任何一个环节发生故障时，都可能造成整条生产线停车。所以对直接纺丝工艺生产管理严格，尽量避免故障停车。

后者是将缩聚釜生成的熔体PET进行铸带、切粒、包装，运输到纺丝厂，拆包、干燥和再熔融加工成涤纶纤维产品。使用该法聚酯厂和纺丝厂可以分开两地建设，因此灵活性很大，可以按每批不同切片质量要求，生产出不同品种的纤维。但由于原料 PET 切片，在形成熔体前，需进行干燥、熔融、螺杆挤压等工艺过程，因而增加了建设费用和生产成本费用，同时并不适用于大型化纺丝需要。

第三节　主要原料

1. 对苯二甲酸(PTA)

生产对苯二甲酸的方法较多，就是现在使用的方法也还在不断改进，主要的方法如下。

(1) 对二甲苯高温氧化法。其反应如下：

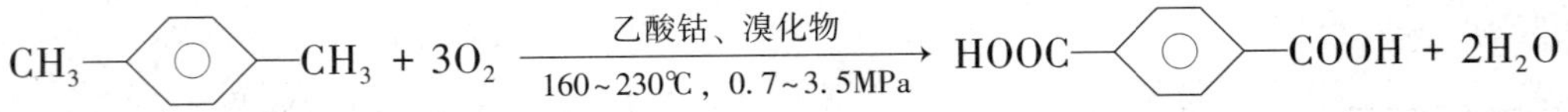

此法收率为 90%~95%，其工艺流程较简单，设备数量少，占地小，投资少，在世界上占聚酯原料总产量的第一位，且可制成精 TPA 用于直接酯化。但溴化物及乙酸对设备腐蚀严重，需用钛材或衬钛。

(2) 对二甲苯低温氧化法。为进一步改革对二甲苯高温氧化法，采用氧化促进剂进行氧化，以乙酸为溶剂，乙酸钴作催化剂，在 100~150℃下进行氧化，不用钛材，但工艺流程较复杂，设备台数多。

Mobil 法使用的氧化促进剂为甲乙酮，压力为 1.5MPa，时间 2h，收率 98%。

Eastman 法采用乙醛为氧化促进剂，压力 1MPa，收率 95%。

东丽法用三聚乙醛作氧化促进剂，压力 2.8~3.5MPa，收率 95%。

(3) 对二甲苯分段氧化法(Hercules-Witten 法)。整个工艺过程为二步氧化和二步酯化，又称四步法。

(4) 纯对苯二甲酸(PTA)制法。此法系德国赫斯公司开发的 PTA 生产技术，和目前通常采用的二甲苯高温氧化法生产的 PTA 相比，不需乙酸作溶剂和溴化物作助催化剂，二甲苯和对甲基苯甲酸甲酯在适当温度和较低压力下同时氧化，由对苯二甲酸二甲酯(DMT)水解制造 PTA，因而具有节能、不腐蚀设备、产品质量高和环境污染轻等特点，是当前世界上生产 PTA 的新技术。赫斯公司 PTA/DMT 生产工艺过程为：在钴、锰催化剂作用下将对二甲苯氧化成对甲基苯甲酸，然后与甲醇进行酯化反应，生产的对甲基苯甲酸甲酯循环返回氧化，对其进行第二甲基氧化生成 DMT。氧化反应不需溶剂。氧化产生的废气送入能量回收装置。

在粗酯蒸馏中，将 DMT 与沸点较低的对甲基苯甲酸甲酯和高沸点含催化剂的残渣分离，从残渣蒸气中全部回收催化剂，并在氧化反应中重新使用。

粗酯经蒸馏得到的粗 DMT、某些杂质和 DMT 的异构体，将其溶于甲醇中，进行重结晶，杂质等则保留在甲醇母液中。

DMT 送去水解，生产对苯二甲酸。反应生成的甲醇用蒸汽汽提。反应器中，全部溶解在水中的对苯二甲酸通过控制降低压力与温度，在串联的结晶器中结晶析出。由于 DMT 结晶的纯度高，不必加压洗涤可得 PTA 产品。

结晶后，将 PTA 晶体与水相分离，送至干燥器，输入仓库贮存。

反应生成的副产物均可在装置的热油系统中焚烧。

2. 乙二醇(EG)

工业上合成乙二醇的方法有四种：氯乙醇水解法、二氯乙烷水解法、环氧乙烷水合法和甲醇–一氧化碳合成法。

反应对原料的要求是：

对苯二甲酸，纯度>99%，水分<0.5%，对羟基苯甲醛$<25\times10^{-6}$。

乙二醇，纯度>99.5%，灰分$<1.5\times10^{-6}$。

对苯二甲酸二甲酯纯度>99.9%，含铁$<1\times10^{-6}$。

第四节　聚合反应工艺

一、反应机理和反应方程

合成聚对苯二甲酸乙二醇酯使用两种原料。为了有利于投料准确，工业上一般先合成中间体对苯二甲酸双-β-羟乙酯，简称 BHET。由此中间体经缩聚而得聚合物。

聚合反应方程是

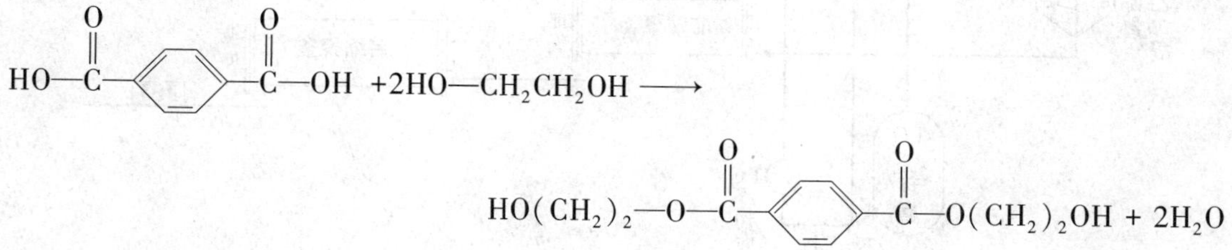

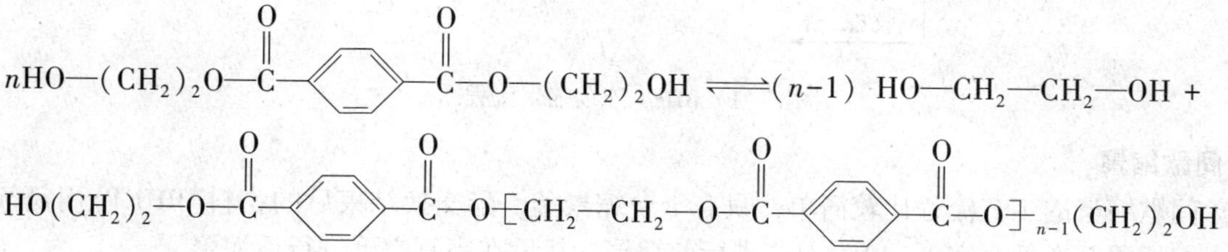

二、反应器

酯化反应器：酯化反应器分为立式和卧式两种，反应器内又分为单室和多室。间歇缩聚中，酯化反应器为单釜式一种类型。

酯交换反应器：反应器类型分为多釜式、多室式及塔式三种。间歇缩聚工艺中，只有单釜式一种。

三、聚合流程

BHET 的缩聚可分为连续式和间歇式。连续式缩聚所得产品质量稳定，适合大批量生产，缩聚产物可直接纺丝。

1. 连续缩聚

一般可分为三段。第一段是除去酯化或酯交换反应中多余或产生的乙二醇。第二段是低聚合度物料缩聚，这时物料粘度较低，设备可以用釜式、塔式(容易板塔)和卧式反应器，设备容量较大，要求物料接触充分，加热均匀，不堵塞、不返料，采用二级蒸汽喷射泵抽真空，一般称这一阶段为预缩聚。辽宁石化总公司的预缩聚塔结构较特殊，有 12 块塔板，塔板上有热油盘管，加热均匀，无返料，副反应也少。第三段是在高真空下进行的缩聚，称后缩聚，此时进入后缩聚釜的物料粘度较大(反应后期已达 200Pa · s 以上)，设备的结构较复杂，而且十分关键。要求做到：增大物料蒸发表面，常常将熔体形成薄膜，促使其表面更新，以利小分子副产物排除。尽量使物料呈活塞流动，不发生返混现象，防止物料滞留、局部过热降解，影响产品质量。缩聚釜的形式很多，常见的有盘环式、鼠笼式、螺杆反应式等。物料用泵强制输送，采用四、五级蒸汽喷射泵抽真空。其工艺流程如图 17-1 所示。

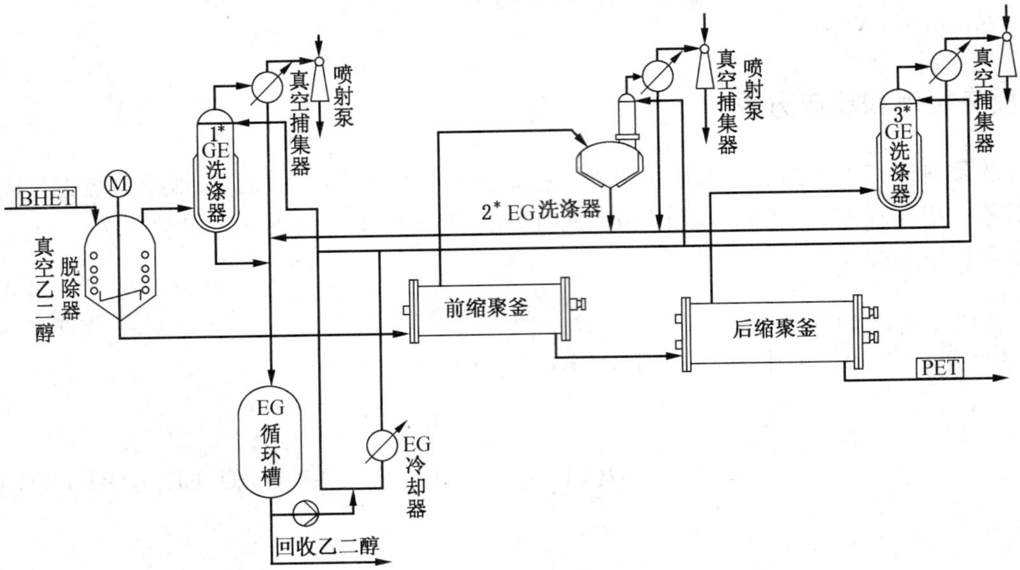

图 17-1　BHET 连续缩聚流程图

2. 间歇缩聚

间歇缩聚的工艺流程比较简单，只有 1 台缩聚釜。酯交换结束后的物料(BHET)用氮气压入缩聚釜，在低真空下(40mmHg)进行前缩聚，然后在高真空下进行后缩聚。

缩聚结束后由氮气将物料压出，铸带、冷却、切粒及干燥，最后得粒状产物。

涤纶纤维生产的主要设备是纺丝机。

四、反应的工艺条件和控制方法

1. 直接酯化法

对苯二甲酸与乙二醇的混合物不像对苯二甲酸二甲酯与乙二醇的混合物，后者为一均匀溶液，前者是浆状物。要将这种浆状物混合均匀并加热反应是很困难的，且在高温 PTA 易升华，不但反应速度缓慢，还易产生醚化反应。为使浆状物混合良好，往往加入过量的乙二醇，这样又会加速醚化反应，结果使所得聚合物质量低劣。因而直接酯化的关键在于：解决浆状物的混合问题；提高反应速度，使其达到工业生产的要求；抑制醚化反应。

这种方法的主要工艺条件如下：EG：PTA =(1.3~1.8)：1(摩尔比)，反应温度 220~250℃，压力 0.3~0.4MPa，催化剂为氧化钛、氢氧化钛等。若在高温下(>275℃)反应，也有不用催化剂的。

2. 酯交换法

反应是在催化剂存在下进行的，催化剂多为乙酸锌、乙酸锰或乙酸钴，或者与三氧化锑混合使用，催化剂用量为 DMT 质量的 0.01%~0.05%。

在生产中，先将乙二醇加入溶解釜中，然后加入 DMT，EG：DMT=1：2.5(摩尔比)，溶解温度为 150~160℃，EG 过量可促使酯交换反应进行完全。当物料完全溶解后用泵将溶液输送至酯交换釜，同时加入催化剂。加料完毕后升温到 180~190℃，甲醇在 170℃左右开始蒸出。在酯交换过程中应通入氮气保护以防止氧化。当甲醇馏出量为理论量的 85%~95%时，就可认为酯交换反应完毕，时间约 3~6h。然后升高温度，蒸出过量的乙二醇及残存的甲醇，时间也要 3~6h。当温度上升到 260~280℃时即达反应终点。

3. 对苯二甲酸双-β-羟乙酯(BHET)的缩聚

缩聚反应温度为 275~290℃，为提高熔体的热稳定性，可在缩聚釜中加入少量稳定剂。对苯二甲酸双-β-羟乙酯缩聚有以下三个特点：

(1) 平衡常数小，平均为 4.9，要除去副产物乙二醇才能得到高聚物，所以要求高真空(后期绝对压力在 3mmHg 以下)。

(2) 在缩聚中随着聚合物聚合度的增加熔体的粘度和熔点变化很大，如表 17-1 所列。

表 17-1 PET 平均聚合度与熔体粘度及熔点的关系

平均聚合度 X_n	1	5	20	110
熔体粘度 η/Pa·s	0.008(200℃)	0.05(240℃)	1(265℃)	300(280℃)
熔点/℃	140~160	225~235	260	265

由表可知，若作纤维用 PET 的聚合度需 100，则反应前后熔体粘度的变化达 10000 倍左右。为适应这种变化，通常把缩聚过程分成几段，根据物性差别选择不同的工艺条件及设备。由于缩聚后期粘度很高，故后缩聚釜的结构形式是连续缩聚的关键。

缩聚反应的温度：酯交换反应后生成的 BHET 及相应的齐聚物，其熔点最高为 220℃(n=4的齐聚物)，在缩聚过程中分子量不断增大，最后树脂的熔点可达 260℃，为了使整个反应体系保持在液相条件下进行，反应温度必须超过 260℃。另一方面考虑到涤纶树脂在 290℃以上有明显的热分解，故工业上常取 270~280℃。

缩聚催化剂与稳定剂：缩聚反应与酯交换反应基本上是相同的，故酯交换催化剂同样可催化缩聚反应，但乙酸锌、乙酸锰这类催化剂对聚酯的热分解亦有催化效能，产生含有—COOH的热分解物，而生成的—COOH 对这些催化剂又有强烈的抑制作用，使之中毒而失去催化作用。现常使用的缩聚催化剂是 Sb_2O_3，它对酸性基团不敏感，它的活性与羟基的浓度成反比。由于缩聚反应进行时，—OH 越来越少，故 Sb_2O_3 的活性会逐渐上升。Sb_2O_3 的适宜用量为 DMT 的 0.03%左右。

为防止涤纶树脂降解，反应中常加入亚磷酸或其酯类，如亚磷酸三苯酯，其加入量通常为 DMT 的 0.03%左右。

(3) 添加剂。在 BHET 缩聚中尚需加入各种添加剂，其作用及要求列于表 17-2。

表 17-2 各种添加剂的作用和要求

名　称	作用和要求	代　表
催化剂	① 促进反应，要求活性高 ② 对聚合物的热稳定性影响小 ③ 可溶于反应混合物 ④ 在酯交换或缩聚前加入	三氧化二锑 0.03%(DMT) 乙酸锑 0.01%~0.05%(DMT)

续表

名　称	作用和要求	代　表
稳定剂	① 防止聚合物受热分解 ② 酯交换后期或缩聚前加入	亚磷酸，磷酸二甲酯，磷酸二苯酯 0.03%(DMT)
消光剂	调节纤维的光泽，要求粒度细，分散性好，缩聚或纺丝前加入	二氧化钛 0.3%~1%(DMT)

第五节　聚酯(PET)熔融纺丝

一、涤纶

涤纶纤维的性能与聚合物性质(包括其分子量)，特别是纺丝及后加工条件等均有直接关系。

(1) 外观：涤纶纤维一般为乳白色，亦可根据用户需要生产不同品种的产品。在生产过程中，添加增白剂可制得纯白纤维，亦可用染料染成各种颜色而制得有色纤维。由于纤维截面形状不同，视觉感到不同光泽。随着消光剂(二氧化钛)添加数量不同，可制得满足用户需要的不同光泽度纤维，形成超有光纤维、有光纤维、半消光纤维、全消光纤维。

(2) 密度：涤纶纤维密度随其结晶度和取向度不同而不同，一般在1.38~1.40g/cm^3。在制备中空纤维时，其密度可降至0.6~1.2g/cm^3，可达到比羊毛还轻而又十分保暖的效果。这种纤维可用于棉织物或棉被絮片，枕头、玩具的填充料。

(3) 吸湿性：涤纶纤维回潮率很低，在相对湿度为65%时，吸湿量为0.4%~0.5%，即使相对湿度在100%时，吸湿率也仅为0.6%~0.8%，因而涤纶织物具有易洗快干的特性。

(4) 耐热性：涤纶纤维的玻璃化温度为81℃，软化点在230~240℃，熔点255~265℃，与其它纤维相比，涤纶纤维在受热条件下耐热性能较好。

(5) 耐光性：涤纶纤维在波长为315μm以下的紫外线照射下，产生分子断裂现象，纤维强度下降，其耐光性高于锦纶而低于腈纶。

(6) 电性能：涤纶纤维在干燥状态下，具有良好的电绝缘性，因而在加工和衣着时，由于摩擦而易产生静电，易吸灰尘，这也是涤纶纤维的缺点。

(7) 化学性能：涤纶纤维在常温下，对酸、碱有一定稳定性，但随着温度升高耐腐蚀性降低，对某些氧化剂具有较强抗氧化能力。

(8) 抗菌性：涤纶纤维通常不会受微生物的侵蚀，具有抗菌性，因而织物不会被蛀虫蛀坏。

二、PET的熔融纺丝

在PET熔纺过程中首先应注意以下三点：PET中含有酯键，容易水解，切片干燥要求严格；PET熔点较高，熔体粘度大，用螺杆挤压机熔融为好；PET玻璃化温度较高，必须采用热拉伸。聚酯短纤维生产可分为切片纺丝和直接纺丝，切片纺丝工艺包括干燥、熔融、纺丝及后处理等过程。

1. 干燥

聚酯切片的含水率一般在0.4%左右，通常称为湿切片，为防止聚酯在熔融过程中发生水解，在熔融前必须进行严格的干燥。对干燥的要求：干燥后切片含水均匀，含水率在0.01%以下，还应防止切片粘结，减少粉末生成量。干燥方式：真空转鼓干燥机，回转式干燥机加充填式干燥机，流动床干燥机。要求：除水效率高，避免粘结与破碎，故首先用流动床干燥机，使其结晶，再用充填式干燥，进一步除去水分。干燥工艺条件：温度不超过180℃，此外，时间、真空度、风速、风的湿度均有影响。干燥过程中切片的结构的变化：切片干燥温度远高于其结晶温度，因此在干燥过程中切片发生结晶，结晶度随干燥温度上升而提高，干燥后切片的结晶度在30%~50%间。结晶度高的切片比较坚硬，运输过程中不易磨碎，在螺杆挤压机中也不易被压碎，并可防止切片在挤压机内过早软化而粘结。

2. 熔融

采用螺杆挤压机，其上方料斗用高纯氮保护。

（1）熔融中应注意的问题：熔融要均匀。产生不均匀的原因有：切片干燥不匀，发生部分水解；熔融温度波动大；切片中带入粉末，粉末结晶度高，熔融困难；机械杂质及二氧化钛凝聚粒子多等。熔融中防止发生降解，产生降解的原因有：切片含水量高；绝氧不安全；熔融温度过高；熔融时出现死角等。还要防止环结堵料，产生的原因有：螺杆时料量大于出料量，产生倒流；螺杆转速低；螺杆温度控制不当，进料段温度过高等。

（2）螺杆挤压机的形式很多，有以下几种分类：按空间位置分立式和卧式；按螺杆数量分单螺杆和双螺杆；按螺纹头数分单头、双头和多头螺杆；按螺距分等螺距和不等螺矩；按螺槽深度分突变、渐变和短区渐变。聚酯短纤维生产中大多采用卧式单头等螺距短区渐变型螺杆。

螺杆的工作部分一般分为三段：进料、压缩和计量，作用分别为切片预热，压实物料，熔化，多余气体排至进料段，进一步熔化，混合，将熔体定量、定压送出。

（3）工艺条件：熔融温度在物料熔点以上20℃左右，低于其分解温度，根据螺杆长短。

螺杆挤压机出口压力称为熔体压力，一般控制在[（5~7）±0.5]MPa，否则会影响纺丝计量泵的准确性。若在挤压机中停留的时间愈长，熔体的粘度将会下降。

3. 纺丝成型

熔体经弯管进入纺丝箱体内的熔体分配管，经计量泵、纺丝组件，从喷丝板喷出，喷出的熔体细流在纺丝筒中冷却固化成纤。然后再经上油、卷取、牵引，由喂入轮送入纺丝条筒。

4. 放置平衡

目的是消除内应力。

温度：22~28℃（±2℃），相对湿度：70%~75%。

5. 后处理

卷绕丝取向度低，强度很小，无实用价值，故必须进行拉伸，提高分子排列的有序性，使纤维获得足够的强度和合适的伸度，以适应各种用途。

拉伸后由于内应力大，在热作用下会发生收缩，尺寸稳定性差，故还须进行热定型。为满足纺丝加工的要求，需进行卷曲加工，不仅增加纱线抱合力，还有利于改善织物的手感。

工业上采用堵塞箱型机械卷曲。拉伸、定型和卷曲温度均在玻璃化温度以上进行。

最后，按不同用途调节切断长度。

第六节　涤纶发展前景

世界涤纶产量自20世纪70年代后一直为合成纤维之首，保持持续快速增长，90年代平均增长率在6.2%。目前涤纶产量占合成纤维比例70%左右。世界涤纶发展较快的区域在中国大陆、中国台湾省和韩国，总产量已占有世界合成纤维份额的40%，涤纶的50%左右。可以看出该地区涤纶的发展形势及对周边区域的影响、冲击。我国涤纶生产从80年代以来一直处在调整发展阶段，涤纶产量在全国合成纤维产量中所占份额保持在70%~75%之间。涤纶短纤维，目前已排居世界第一。

目前涤纶产品消费结构中，服装面料仍占较大比例，为65%左右，20%用于生产装饰布及各种填充材料，工业用布及其它用仅占15%。今后发展中的涤纶，将仍以服装用为主，在满足出口需要的同时将逐步调整产品结构，使装饰用、产业用比例适当加大。

我国涤纶生产现有工艺技术虽已达到国外90年代水平，但从全面分析还有一定差距，今后涤纶生产工艺技术装备要坚持全面实现：规模化、高速化、短程化、功能化。即涤纶长丝单线能力达到年产6~8万t，涤纶短丝达到日产200t，涤纶长丝纺速在6000m/min，普遍采用DCS控制系统，实现变频调速，简化工艺流程，采用“嫁接”工艺，改造原有装置，开发、贮备、生产差别化纤维、高性能纤维及功能纤维的技术。

我国涤纶发展前景广阔，是合成纤维中的支柱品种。下个世纪涤纶发展的重点是：调整产品结构，提高纺丝比例，加大长丝生产比例，加大装饰用、产业用丝比例，更快更好地增加服用差别化纤维品种。

第十八章　十二烷基苯磺酸钠

第一节　概　　述

一、产品概述

1. 名称

十二烷基苯磺酸钠(LAS)

2. 用途

洗涤剂活性物的主要成分，洗涤性能优越，去污力强，泡沫性能良好，用途广泛。

3. 规格或标准

结构式：

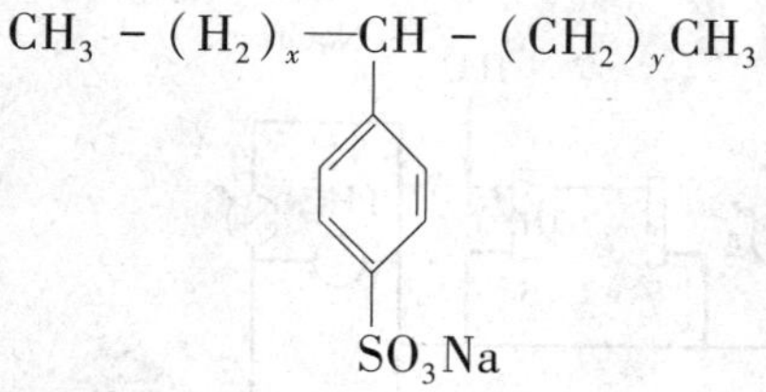

$x+y=9$

分子式：$C_{12}H_{25}C_6H_4SO_3Na$

分子量：348

根据用户需要将十二烷基苯磺酸中合成浓度不同的钠盐溶液(总固形物≤55%)，中和产物中除活性物十二烷基苯磺酸钠外，还有无机盐(如芒硝等)、不皂化物(如石蜡烃、高级烷基苯、砜等)以及大量的水。而实际中，用户为了适应不同配方的需要，往往更喜欢直接购买十二烷基苯磺酸，再根据产品的特点和工艺的不同作进一步应用。

4. 原料路线及比较

生产工艺路线见图 18-1。

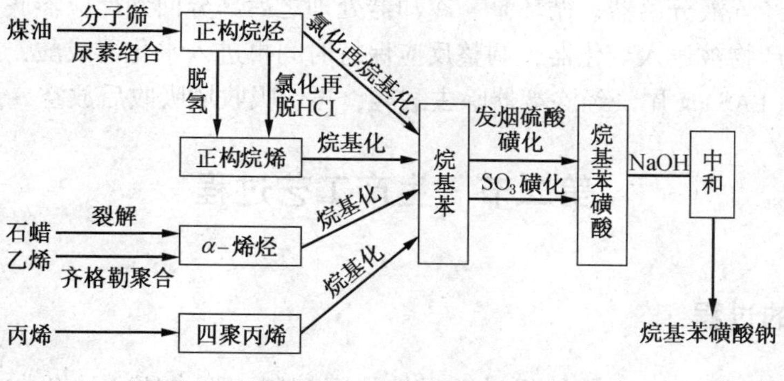

图 18-1　烷基苯磺酸钠生产工艺路线

(1) 丙烯齐聚法：丙烯齐聚得到四聚丙烯，再与苯烷基化，然后磺化、中和而得到高度支链化的十二烷基苯磺酸钠(TPS)。

TPS 不易生物降解，造成环境公害，60 年代已被正构烷基苯所取代，现只有少量生产作农药乳化剂用。

（2）石蜡裂解法。

（3）乙烯齐格勒聚合法：由路线（2）和路线（3）先制得 α-烯烃，由 α-烯烃作为烷基化试剂与苯反应得到烷基苯。这样生产的烷基苯多为 2-烷基苯，作洗涤剂时性能不理想。

（4）煤油原料路线：该路线应用最多，原料成本低，工艺成熟，产品质量也好。

二、产品的工艺流程图

生产产品的工艺流程如图 18-2 所示。

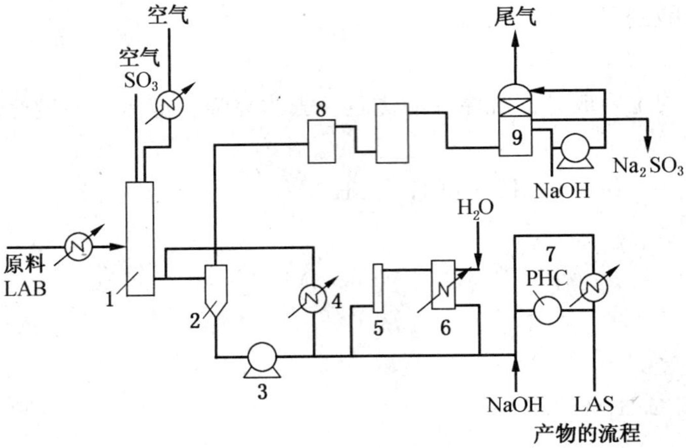

图 18-2　TO 反应器制取磺化产物的流程图

1—反应器；2—分离器；3—循环泵；4—冷却器；5—老化器；6—水化器；7—中和器；8—除雾器；9—吸收塔

三、工艺流程概述

原料烷基苯（LAB）由供料泵进入磺化器，与进入磺化器的三氧化硫（3%~5%）瞬间发生磺化反应，产物经气液分离器、循环泵、冷却器处理之后部分回到反应器底部，用于磺酸的急冷，部分反应产物被送入老化器，调整反应保持时间再进入水化器成酸，最后经中和器制得烷基苯磺酸钠（LAS）。尾气经除雾器除去酸雾，再经吸收塔吸收后放空。

第二节　生产工艺过程

一、原料准备的过程

（1）烷基苯制备（LAB）：煤油经过选择性加氢精制，除去所含的 S、N、O、双键、金属、卤素、芳烃等杂质，以使分子筛 18-3 和脱氢催化剂的活性及效率更高。

高纯度正构烷烃提出后，经催化脱氢制取相应的单烯烃，单烯烃作为烷基化剂在 HF 催化下与苯进行烷基化反应，制得烷基苯。

精馏未反应的苯和烷烃，使其循环利用，此时便得到品质优良的精烷基苯。脱氢法生产烷基苯流程简图如图 18-3 所示。

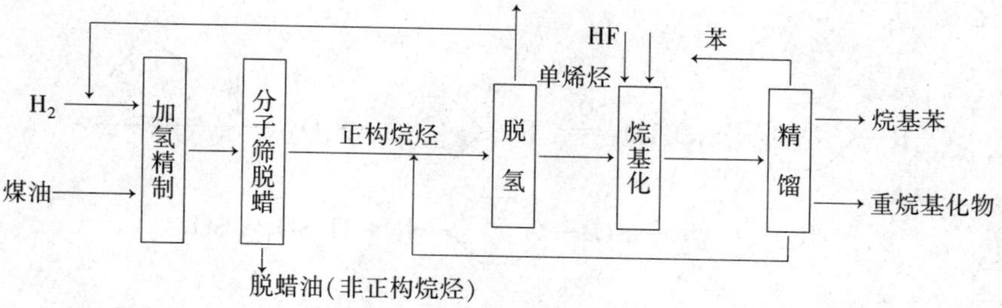

图 18-3 脱氢法生产烷基苯流程简图

（2）三氧化硫制备(燃硫法)：首先将固体硫磺在 150℃左右熔融、过滤，送入燃硫炉燃烧，在 600~800℃下与经过干燥处理的空气中的氧化反应生成二氧化硫。炉气冷却至 420~430℃进入转化炉，在 V_2O_5 催化下，二氧化硫与氧转化为三氧化硫。进入系统的空气中所含微量水经冷却，会与三氧化硫形成酸雾，必须经过玻璃纤维静电除雾器除去，否则将影响磺化操作和产品质量。不稳定的三氧化硫气体被引入到制酸装置。工艺过程简图如 18-4 所示。

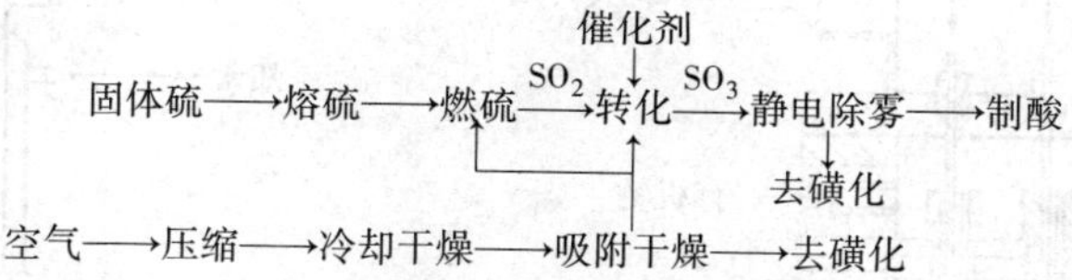

图 18-4 燃硫法制取三氧化硫工艺过程简图

二、磺化反应过程和反应工艺

1. 反应机理和反应方程式讨论

磺化反应属亲电取代反应。磺化基缺乏电子，呈阳离子，很容易进攻具有亲和性能的苯分子，在电子云密度大的地方和苯环上易发生取代反应，接受电子，形成共价键。当反应温度过高或反应时间过长时，主要的副反应是生成砜，主副反应方程式如下。

主反应：

发烟硫酸磺化

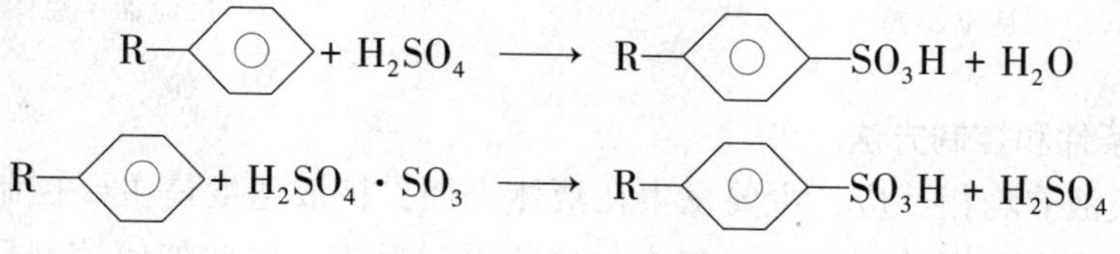

SO_3 磺化

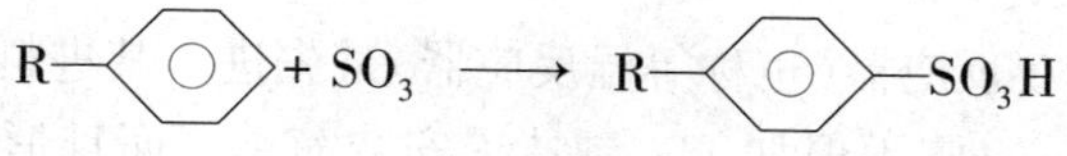

副反应：

发烟硫酸磺化

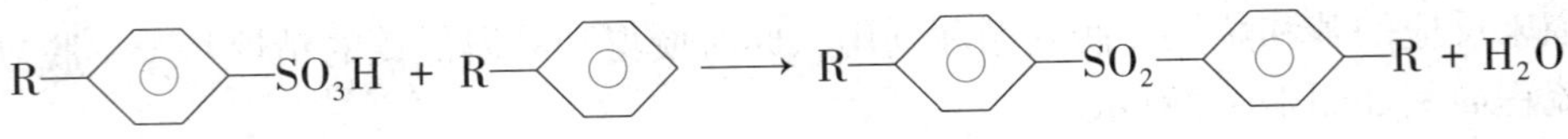

SO_3 磺化

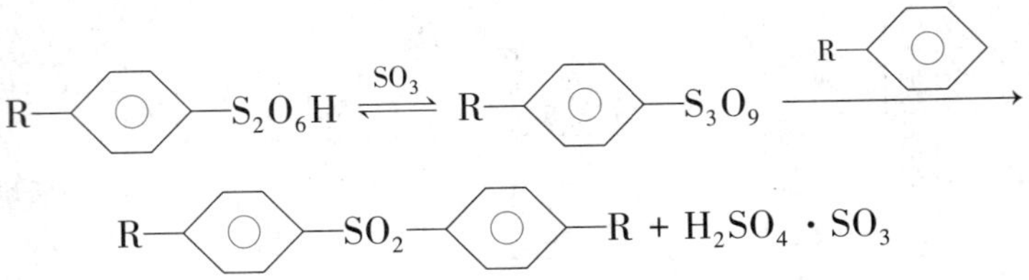

2. 反应器选择

反应器有多釜串联式(罐式)和膜式两大类。

膜式反应器生产的产品质量好，品种范围广，已成为发展趋势。膜式反应器的种类有升膜、降膜、单膜、多膜等多种形式。

几种典型的膜式反应器结构示意图，如图 18-5 和图 18-6 所示。

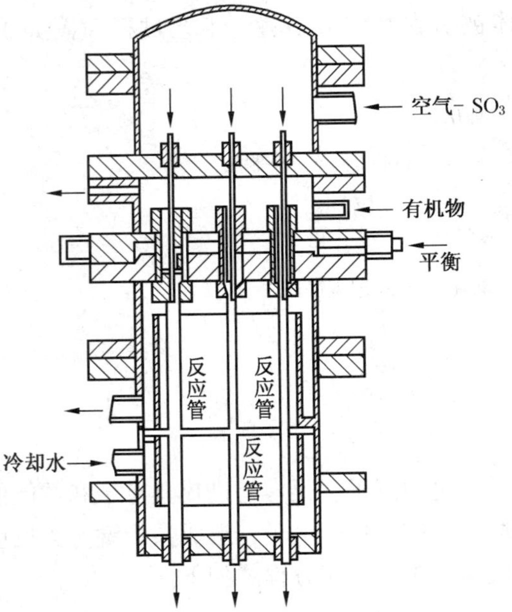

图 18-5　Mazzoni 多管式薄膜磺化反应器示意图

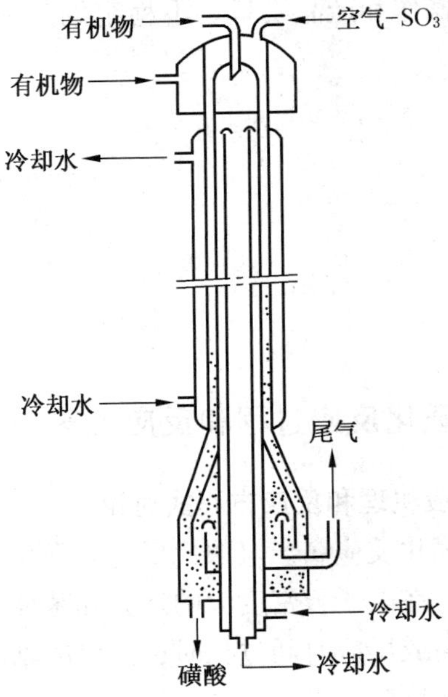

图 18-6　双膜隙缝式磺化反应器示意图

3. 反应的工艺条件和控制方法

此反应属气液非均相反应，主要发生在液体表面，扩散速度是主要控制因素，反应在25℃进行，控制温度不超过30℃，反应为强放热瞬时反应。因此如何控制反应速度，迅速移走反应热成为生产的关键。

目前以日本研制的 TO 反应器(也称等温反应器)最先进。其进料分配体系是一种环状的多孔材料，孔径 10~50μm。它不但加工、制造、安装简单，而且形成的液膜更均匀。此反应装置还采用了二次保护风新技术，即在液膜和三氧化硫气流之间，吹入一层空气流，这样可以使三氧化硫气得到稀释，并在主风和有机物料之间起了隔离作用，使反应速度减慢，延长了反应段。它不但消除了温度高峰，而且在整个反应段内温度分布都比较平稳，接近一个等温反应过程，显著的改善了产品的色泽并减少了副反应。

反应基本完全，工艺上不要求分离。

三、产品包装及其它

包装物可用镀锡铁桶或塑料桶，避免日光照射，放阴凉处储存。

第三节　三废治理及技术进步

一、三废治理的原则和方案

LAS 的生产除工艺尾气外，没有其它废弃物产生。工艺尾气主要是空气，气中夹带微量的环基苯磺酸和三氧化硫，经除雾气、吸收塔处理后，完全达到排放标准。

二、技术进步

LAS 生产的技术进步主要体现在以下几方面：

（1）原料筛选方面：有支链的烷基改为直链的烷基，使 LAS 能天然降解，使用功能增加。

（2）烷基苯制备方面：由氯化法向脱氢法转化，不但产品质量好，而且对环境及设备友好，目前已被许多国家采用和推广。

（3）磺化剂方面：SO_3 磺化剂正逐步替代发烟硫酸磺化剂，没有废酸产生且成本低。

（4）磺化设备方面：膜式反应器正逐步取代罐式反应器，膜式反应器不仅能生产 LAS，而且还适用于热敏性物料，副反应少，产品色浅，纯度高。

三、应用举例

液体洗涤剂配方实例：

组成	含量/%
LAS	5
AES	5
AEO9	3
6501	2
增稠剂	适量
HK-88	0.01
香精	0.2
水	余量

第十九章　α-戊基桂醛

第一节　概　　述

一、产品概述

1. 名称

α-戊基桂醛(α-Amyl cinnamaldehyde)

2. 用途

α-戊基桂醛是一种应用很广的香料，在茉莉、素心兰、铃兰、紫丁香等日用香精中起主香剂作用。也可微量用于苹果、杏子、桃子、草莓、胡桃等食用香精中。

3. 规格或标准

结构式：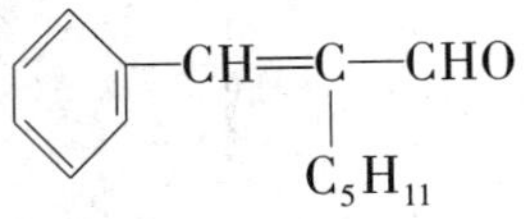

分子式：$C_{14}H_{18}O$

分子量：202.3

FEMA No. 2061；CAS No.［122-40-7］

外观：黄色透明液体

香气：茉莉-百合花香

沸点：285℃；153~154℃/1330Pa

相对密度：0.963~0.968

折射率：1.5540~1.5590

纯度：≥95%

酸值：≤5

溶解度：1 份溶于 6 份 80%乙醇中，与大多数有机溶剂混溶

4. 原料路线及比较

(1) 正戊醛与肉桂醛 缩合路线。

(2) 庚醛与苯甲醛缩合路线。

路线(1)产品得率高、纯度好，但原料价格贵，来源不广，因此目前均采用庚醛与苯甲醛缩合路线。

二、产品的工艺流程图

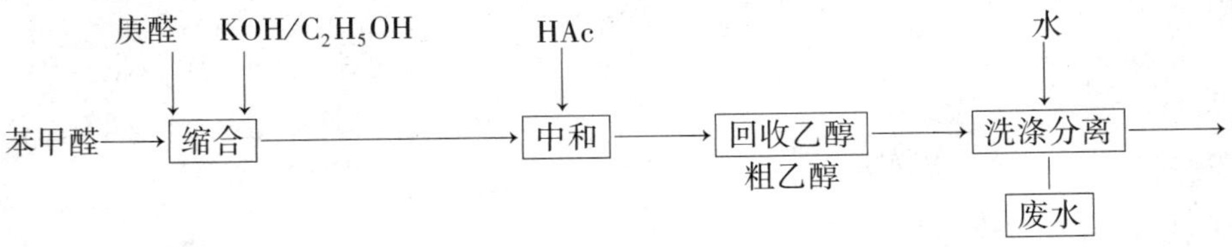

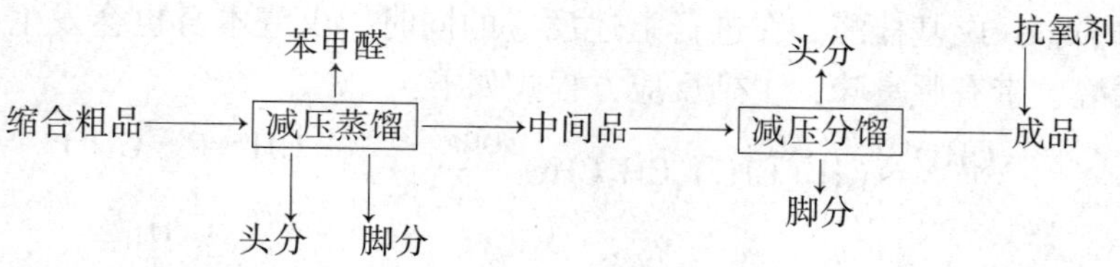

三、工艺流程概述

（1）将苯甲醛和乙醇泵入搪瓷缩合釜，先加入少量碱乙醇液，然后滴加庚醛和剩余的碱乙醇液，苯甲醛与庚醛缩合脱水生成α-戊基桂醛。用冷冻盐水控制反应温度在25~30℃，搅拌速度设在60~80r/min。滴加完毕，继续搅拌2h，测折光率，$n_D^{20} \geq 1.549$以上，即为缩合终点。缩合结束后，从乙酸高位槽滴加中和至微酸性，pH=6左右。

（2）将缩合釜中的反应液用真空泵抽入乙醇回收釜中，常压回收粗乙醇。

（3）然后向缩合粗品中加入适量的稀碱液，充分搅拌、澄清后放出废水，接下来再用清水洗至中性，废水放入废水槽待处理，粗品呈浅黄绿色，放出计量。

（4）将粗品投入分馏釜进行真空分馏，先馏出水分和清油，接下来是苯甲醛，当$n_D^{20} \geq 1.552$时，此段完毕。控制低真空度（≤0.00133MP）及分馏速度，分别分出头馏分、中间品，最后放出釜残液。

（5）将中间品进行真空精制，依次分出头馏分、合格品及釜残液。头馏分及釜残液与第一次分馏合并，产品加入抗氧剂装桶密封。

第二节　生产工艺

一、原料准备的过程

1. 苯甲酸（Benzaldehyde）

具有苦杏仁味的无色液体，来自天然或化学合成，纯度应≥95%，酸值≤5mgKOH/g，应避免庚醛与铁质接触。分析合格后才能使用，反应前泵入铝制的高位槽待用。

2. 溶剂

为95%乙醇，食品级。

3. 催化剂

用95%的乙醇与氢氧化钾（工业品，含量≥85%），在配碱桶中配成1.0%的溶液，泵入高位槽待用。

4. 中和剂

工业乙酸，含量≥98%，泵入高位槽待用。

二、反应过程和反应工艺

1. 反应机理和反应方程式讨论

属亲核加成消除反应。庚醛α-H具有活性，在碱催化剂作用下有形成碳负离子的倾向，使α-C呈现负电性；而苯甲醛的羰基碳受电负性大的氧原子的影响，呈正电性。二者缩合，

消除一分子水即得 α-戊基桂醛。在进行上述反应的同时，戊醛本身也会发生缩合，得副产物 α-戊基壬烯醛，带有腥臭味，主副反应方程式如下：

主反应：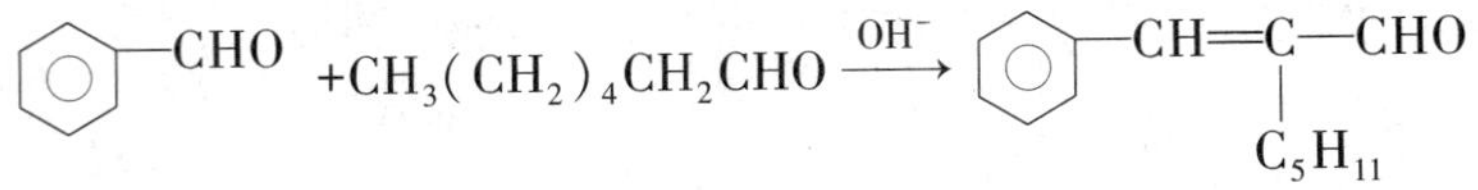

副反应：$2CH_3(CH_2)_4CH_2CHO \xrightarrow{OH^-} CH_3(CH_2)_4CH_2—CH=C(C_5H_{11})—CHO$

2. 反应器选择

500~1000L 带夹套搪瓷釜，内装板框式搅拌器，电机转速 60~80r/min，夹套进冷冻盐水。

3. 反应的工艺条件和控制方法

（1）投料配比采取苯甲醛过量，最好采取 5∶1 的配比，但实际生产中一般采用 2∶1，以防庚醛的自身缩合。

（2）缩合反应用 1%的氢氧化钾乙醇作催化剂，以 95%乙醇作溶剂，苯甲醛得以稀释，以减少自身发生 Cannizaro 反应的机会。

（3）庚醛和剩余的碱乙醇液分别慢慢地滴加进反应锅，使庚醛一加进去就和苯甲醛反应，滴加时间要 6h 以上。

（4）反应温度以低温有利，用冷冻盐水控制在 25~30℃，以防止庚醛自身缩合及苯甲醛氧化等副反应的发生。

（5）反应终点以洗去乙醇后的粗品，缩合物的折射率 $n_D^{20}\geq 1.549$ 为止。

三、产品的分离流程

（1）产品的规格要求：香气纯正，具有浓郁的茉莉-百合花香，纯度≥95%，酸值≤5，符合调香师的要求。

（2）分离的难点和原则：α-戊基桂醛不稳定，分离要求真空度高，以防氧化和聚合等副反应发生，具体操作如下：

① 中和：用弱有机酸-乙酸中和缩合产物至 pH=6~7，防止醛类化合物发生氧化、缩合等副反应。

② 回收溶剂：在乙醇回收釜中，常压回收粗乙醇。

③ 萃取洗涤：先用稀碳酸钠水溶液洗，再用清水洗至中性，目的是将有机盐和极性有机杂质去除掉，静止要超过 20min 以上，尽量将水层分离掉

④ 减压蒸馏：先将油水分杂质蒸出，接下来回收过量的苯甲醛，然后分出 α-戊基桂醛的头馏分、中馏分和脚分。

⑤ 减压精馏：采用双级真空泵将上步蒸馏出的中馏分进一步精制，得成品 α-戊基桂醛。

第三节　三废治理和其它

一、三废治理的原则和方案

（1）三废特点：合成 1tα-戊基桂醛约产生 3~4t 废水，没有其它废弃物。废水中含少量

的乙酸钾(由乙酸中和氢氧化钾所产生)，其次是苯甲酸钠(由苯甲醛氧化成苯甲酸，经碱洗中和所致)，以及微量的诸如苯甲醛等有机杂质。这些成分属无毒物质，天然能降解，含量低，回收价值不大。由于香料是小吨位精细化工产品，因此污水的总排放量很小，经简单的化学处理后排放，对环境基本没有影响。

（2）治理方案：由于多数香料产量小，污水排放量少，间歇生产，因此单纯为此建处理厂既不科学，又不经济。对于已有老厂，采取关、停、并、转的政策来逐步解决，这期间产生的废水可集中输送到污水处理厂处理；对于新建厂，厂址应建在有污水处理厂的工业区。

二、产品包装及其它

包装物可用铝桶、马口铁听或玻璃瓶，收集的成品要立刻加入0.1%BHT或BHA抗氧剂，必须装满密封于容器中，避免日光照射，放阴凉处储存。

三、应用举例

素心兰精配方实例：

α-戊基桂醛	20份	羟基香茅醛	3份	芳樟醇	16份
乙醇芳樟脑	5份	卡南加油	1份	乙醇苄酯	45份
丙酸苄酯	5份	对甲苯乙酸酯	2份	苄基异丁香酚	3份

第二十章　青　霉　素

第一节　概　　述

一、产品概述

1. 名称

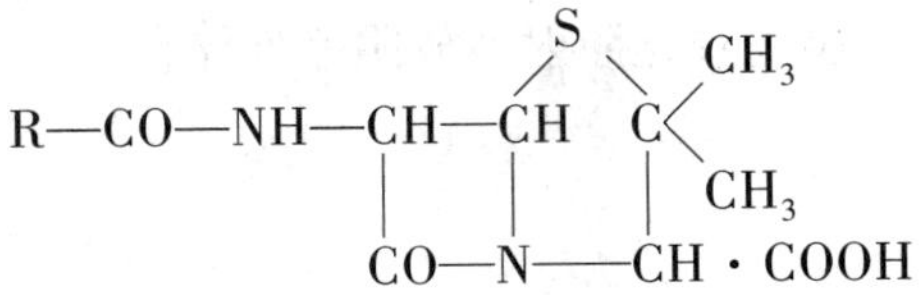

青霉素是一族抗生素的总称,它们的共同结构如上式所示。可见,青霉素分子中含有两个稠合杂环,一个是四氢噻唑环,另一个是由羧基和其 β 位置上的亚氨基形成的 β-内酰胺环。也可以看作由两个氨基酸,即半胱氨酸和缬氨酸结合而成。式中 R 代表侧链,不同类型的青霉素有不同的侧链。用不同的菌种,或培养条件不同,可以得到各种不同类型的青霉素,或同时产生几种不同类型的青霉素。目前已知的有青霉素 X、G、F、二氢 F、K、O、V、N 等列如表 20-1。它们合称为青霉素族抗菌素。其中以苄青霉素(青霉素 G)疗效最好,应用最广。如不特别注明,通常所谓青霉素即指苄青霉素。青霉素 V 对酸稳定,在胃酸中不会被破坏,可用于口服。在 pH 值间,青霉素 V 的稳定性较青霉素 G 大 21~25 倍。青霉素 O 引起过敏反应较少,适用于过敏性的病人。由于青霉素 O 中不能完全除去青霉素 G,而微量青霉素 G 的存在,对过敏敏感的病人,也是很危险的,故目前青霉素 O 没有大规模生产。

表 20-1　各种青霉素的命名和构造

序　号	侧　链　R	学　　名	俗　　名
1	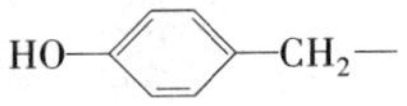	对羟苄青霉素 *p*-Hydroxy-benzyl Penicillin	青霉素 X
2	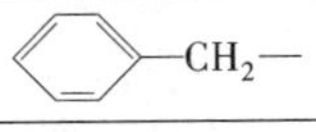	苄青霉素 Benzyl Penicillin	青霉素 G
3	$CH_3—CH_2—CH{=}CH—CH_2—$	戊烯-[2]-青霉素 Δ^2-Pentenyl Penicillin	青霉素 F
4	$CH_3—(CH_2)_3—CH_2—$	戊青霉素 *n*-Amyl Penicillin	青霉素二氢 F
5	$CH_3—(CH_2)_5—CH_2—$	庚青霉素 *n*-Heptyl Penicillin	青霉素 K
6	$CH_2{=}\overset{H}{C}—CH_2—S—CH_2—$	烯丙巯甲基青霉素 Ally-Mercaptomethyl Penicillin	青霉素 O
7	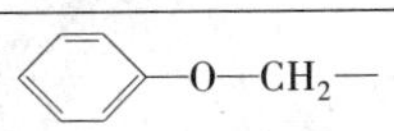	苯氧甲基青霉素 Phenoxymethyl Penicillin	青霉素 V
8	$HOOC—\underset{NH_2}{\overset{H}{C}}—(CH_2)_2—CH_2—$	4-氨基-4-羧基丁基青霉素 4-Amino-4-Carboxylbutyl Penicillin	青霉素 N 头孢菌素 N

注：青霉素分子中含有三个手性碳原子，故具有旋光性。

2. 用途及作用

青霉素是最早发现和最重要的抗生素。青霉素应用于临床已五十多年。对敏感金黄色葡萄球菌、链球菌、肺炎双球菌、淋球菌、脑膜炎双球菌及螺旋体等所引起的严重感染如败血症、肺炎和脑膜炎等疾病，青霉素仍不失为一个有效武器。对敏感的革兰氏阳性球菌所引起的感染，青霉素常是首选药物，其疗效胜过四环素、氯霉素、苯甲异噁青霉素、氨苄青霉素、头孢菌素和庆大霉素等。青霉素突出的优点是毒性小，但青霉素易引起过敏反应，故应用受到一定限制。另一方面，青霉素又是半合成青霉素的原料，故对青霉素的需要量，目前仍有逐年增长的趋势。

3. 青霉素单位的标准

必须指出，青霉素单位的标准和其它抗生素是不同的。过去由于没有得到纯粹的青霉素结晶，以能抑制一定浓度、一定体积的金黄色葡萄球菌定为一个单位，称为牛津单位，而和 0.599μg 标准青霉素 G 钠盐的生物作用相当者定为 1 单位，由此可得青霉素 G 钠盐的理论效价为$\frac{1000}{0.599}=1667$ 单位/mg，一些青霉素 G 盐类的理论效价和性质列于表 20-2 中。

表 20-2　青霉素 G 盐类的理论效价和性质

名　　称	分子式	分子量	熔点(或分解温度)/℃	比旋光度	理论效价/(单位/mg)	在水中溶解度
青霉素 G 钠盐	$C_{16}H_{17}O_4N_2SNa$	356.4	215	$[\alpha]_D^{20}=+298°$ (C_2，水)	1667	易溶
青霉素 G 钾盐	$C_{16}H_{17}O_4N_2SK$	372.5	214~217	$[\alpha]_D^{20}=+285°$ ($C_{0.1}$，水)	1593	易溶
普鲁卡因青霉素 G	$C_{16}H_{17}O_4N_2S$ $C_{13}H_{20}N_2O_2\cdot H_2O$	588.7	129~130	$[\alpha]_D^{25}=+176°$ (C_1，含水丙酮)	1010	0.5%(20℃)
二苄基乙二胺二青霉素 G	$2C_{16}H_{18}O_4N_2S$ $C_{16}H_{20}N_2\cdot 4H_2O$	981.2	110~117	$[\alpha]_D^{20}=+213°$ ($C_{0.5}$，甲醇)	1310	0.014%(20℃)

4. 青霉素的理化性质

(1) 稳定性

固体青霉素盐的稳定性与其含水量和纯度有很大的关系。干燥纯净的青霉素盐很稳定，国产青霉素钾盐和普鲁卡因盐的有效期都规定在 3 年以上。并且对热稳定，如结晶的青霉素钾盐在 150℃加热 1.5h，效价也不降低，因此结晶青霉素可进行干热灭菌。由于乙酸钾有强烈的吸水性，所以成品中需将乙酸钾除尽，否则会影响有效期。但青霉素的水溶液则很不稳定，而且随 pH 值和温度的变化影响很大，水溶液 pH 值在 5~7 较稳定，最稳定的 pH 值为 6~6.5。一些缓冲液，如磷酸盐和柠檬酸盐对青霉素有稳定作用。柠檬酸盐的稳定能力比磷酸盐更好。

在无水的非极性溶剂中青霉素很稳定，如在无水氯仿中，经 350h，活性无损失。

(2) 溶解度

青霉素游离酸在水中溶解度很小，而易溶于有机溶剂如乙酸乙酯、苯、氯仿、丙酮和醚中。青霉素分子中的羧基有相当强的酸性，其 pH 值为 2.76(25℃)。它能和一些无机或有机碱形成盐。在医疗上应用的有钠盐、钾盐、普鲁卡因盐和二苄基乙二胺盐等。钾盐和钠盐易溶于水，能很快地被人体所吸收，但排泄也快，故作用时间短。普鲁卡因盐和二苄基乙二胺盐则难溶于水，注射后，可慢慢地被吸收，因而延长了作用时间。二苄基乙二胺盐溶解度比普鲁卡因盐更小，一次注射30~100万单位可以维持7~30天，又称为长效青霉素。

(3) 降解性

青霉素是很不稳定的化合物，遇酸、碱或加热都易分解而失去活性，并且分子很易发生重排，有时甚至在很温和的条件下，也会发生重排。分子中最不稳定的部分是β-内酰胺环，而其抗菌能力却正决定于β-内酰胺环。故青霉素的降解产物几乎都不具有活性。青霉素水溶液在贮存过程中会形成青霉烯酸。表20-3数据表明，在储存过程中，青霉素效价降低，而青霉烯酸含量则相应增加。

表20-3　青霉素(20万单位/mL)水溶液在储存中变化

条件 \ 时间		4h	8h	24h
效价下降百分率	冰　箱	0	0	0
	19.5℃	1.53	2.56	5.77
	30℃	2.59	5.30	55.89
	37℃	6.11	30.00	93.90
烯酸变化率(原始0.037%)	冰　箱	0.052	0.073	0.16
	19.5℃	0.10	0.22	1.01
	30℃	0.31	1.25	7.7
	37℃	1.04	8.01	37.1

(4) 过敏反应

青霉素对人的毒性很低。但近年来青霉素过敏反应病例逐渐增多，严重地限制了青霉素的应用。以非本体蛋白质注射入动物体内，动物体受到刺激在体内产生一种新的蛋白质，后者与非本体蛋白质起凝聚作用，不使这种非本体蛋白质进入体内而受损害。这种作用称为免疫作用。非本体蛋白质称为抗原，体内产生的一种新蛋白质称为抗体。过敏反应就是抗体与抗原相互作用的一种中间反应。引起青霉素过敏原因现在还不十分明了，可能是由于青霉素的降解产物，如青霉烯酸、青霉噻唑酸等；或它们与蛋白质结合的产物，即青霉噻唑蛋白，也可以是青霉素分子本身的聚合物。用葡萄糖凝胶曾从青霉素钾盐成品中分离出青霉噻唑蛋白等聚合物。

对于青霉素致敏原因目前正大力开展研究，以期采取措施，消除过敏。

5. 生产简史

1928年英国细菌学家弗莱明(Fleming)在研究葡萄球菌变异时发现，污染在培养葡萄球菌双碟上的一株霉菌，能杀死周围的葡萄球菌。将此霉菌分离后得到的纯菌株，经鉴定为点青霉(Penicillium Notatum)。弗莱明将这种菌产生的抗生物质命名为青霉素。当时，他曾将这种霉菌的培养液作过一些初步试验，但因其含杂质过多不适于临床应用而未引起重视。

1939年杜布司(Dubos)设计了一个系统的研究方法，有目的地从土壤中寻找能抵抗化脓性球菌的细菌，分离出短芽孢杆菌(Bacillus Brevis)，从此菌株的培养物中提取出名为短杆菌素(Tyrothricin)的抗生物质具有治疗作用。1940年弗洛里(Florey)和钱恩(Chain)重新研究弗莱明的青霉菌，并从培养液中制出了干燥的青霉素制品，经过实验和临床试验，证明青霉素的毒性很小，对金黄色葡萄球菌及其它革兰氏阳性细菌所引起的许多严重疾病确有卓越的疗效。此后，1943~1945年间，发展了一个新的工业部门——抗生素发酵工业。用通气搅拌的深层培养法大规模发酵生产青霉素，这是工业微生物学的一个重大成就。

到1950年由于发酵技术的进步，开始了大量生产β-内酰胺类最早的医药品苄青霉素(PCG)。为了寻求具有更加优良的疗效与安全的β-内酰胺类抗生素，迄今在新的天然物质发现的同时，已合成了为数众多的β-内酰胺类化合物。

二、产品的工艺流程方框图

菌种培养 → 发酵 → 过滤及预处理 → 萃取 → 精制 → 结晶

第二节　原　　料

一、菌种

最早发现产生青霉菌的原始菌种是点青霉(Penicillium Notatum)，生产能力很低，表面培养只有几十个单位，远远不能满足工业生产的要求。后来找到另一种适合深层培养的产黄青霉菌(P. Chrysogenum)MinnR-B(生产能力120单位/mL)及NRRL1951(生产能力100单位/mL)，后者经X线、紫外线诱变处理得到生产能力较高的变种，如NRRL1951变异系谱的Q-176菌株，可达1000~1500单位/mL。但是由于该系菌株产生很多色素，影响成品质量，仍不宜用于生产。故再将此菌株通过一系列的诱变处理，得到不产生色素的变种51-20，才成为各国采用的生产菌种。51-20菌株通过不断诱变育种，发展成为目前可达30000单位/mL以上的高产菌株。随着青霉菌遗传学研究的进展，开展了杂交育种和控制杂交育种的研究，以达到定向选育高产菌种的目的。

二、培养基

1. 碳源

青霉素能利用多种碳源，如乳糖、蔗糖、葡萄糖、阿拉伯糖、甘露糖、淀粉和天然油脂等。乳糖是青霉素生物合成的最好碳源。葡萄糖亦是比较好的碳源，但必须控制其加入浓度，因为它易被菌氧化并产生抑制抗生素合成酶形成的物质而影响青霉素的合成。可以采用连续添加葡萄糖的方法来代替乳糖。天然油脂如玉米油，也能被青霉菌作为碳源，有的厂还试用玉米粉或淀粉水解液代替葡萄糖，以进一步降低成本和粮耗。

2. 氮源

早期青霉素工业生产中由于采用玉米浆，使产量有很大提高，至今在国外仍以它作为主要氮源。玉米浆是玉米淀粉生产时的副产物，含有多种氨基酸，如精氨酸、谷氨酸、苯丙氨酸、以及β-苯乙胺等，后者为苄青霉素合成提供前体。但由于玉米浆的质量不稳定，宜用其它有机氮源代替，如花生饼粉或棉子饼粉等。花生饼粉的氨基酸组分与玉米浆非常相似，其优点是质量稳定，便于保藏，一直是青霉素生产的主要有机氮源。棉子饼粉价格较花生饼粉便宜，含氮量亦较高，但由于其中含有对青霉菌有毒性的棉酚，会使菌丝早衰，发酵周期缩短，影响发酵单位的进一步提高。因此，需将棉子饼粉经蒸炒及轻汽油萃取，使棉酚含量降至0.18%以下，效果较好。经试验，采用花生饼粉与棉子饼粉各一半作氮源效果亦很好。

据报道，用青霉菌菌丝废渣代替玉米浆作为氮源，若全部代替，青霉素产量下降一半以上；若代替20%~50%，则无多大影响。用各种油料作物种子榨油后所得饼粉的水解物作为青霉素发酵的培养基，所得的青霉素产量比未水解的高，其中以黄豆饼粉的水解产物为最好，其次是花生饼粉、棉子饼粉及蓖麻子饼粉的水解物。

自工业上开始生产青霉素以来，培养基的组成已有很多改进。

三、前体

苯乙酸或其衍生物苯乙酰胺、苯乙胺、苯乙酰甘氨酸等均可作为青霉素G的侧链前体。菌对前体的利用有两个途径：直接结合到产物分子中；或作为养料和能源利用，即氧化为二氧化碳和水。前体究竟通过哪个途径被菌利用，主要取决于培养条件以及所用菌种的特性。例如早期采用的Q-176菌株，将大部分前体(71%~94%)氧化消耗掉，只有2%~10%转化为青霉素。而现代工业生产所用的菌种，前体转化率为46%~90%，为了避免前体加入浓度过大而对菌体有毒，除基础料中加入0.07%外，其余按需要同氮源一起补入。

近年来还有使用具有消沫能力的前体如苯乙酸月桂醇酯，既可以作为前体、消沫剂，又可作为碳源。

第三节 发 酵 工 艺

一、工艺条件

目前青霉素生产菌种有形成绿色孢子和黄色孢子的两种产黄青霉菌株。

生产种子制备：将砂土孢子用甘油、葡萄糖和胨组成的培养基进行斜面培养后，移到大米或小米固体上，于25℃培养7天，孢子成熟后进行真空干燥，并以这种形式低温保存备用。生产时每吨培养基以不少于200亿孢子的接种量接到以葡萄糖、乳糖和玉米浆等为培养基的一级种子罐内，于27°±1℃培养40h左右，通气量为1∶3体积/体积·min，搅拌转速为300~350r/min。一级种子长好以后，按10%接种量移种到以葡萄糖、玉米浆等为培养基的二级繁殖罐内，于25°±1℃培养10~14h，便可作为发酵罐的种子。培养二级种子时，通气量为1∶(1~1.5)体积/体积·min，搅拌转速为250~280r/min。

发酵过程中必须适当加糖，并补充氮、硫和前体。加糖主要控制残糖量，前期和中期约在0.3%~0.6%范围内，加入量主要决定于耗糖速度、pH值变化、菌丝量及培养液体积。加糖率一般不大于0.13%/h。

发酵过程的pH值，前期60h内维持pH=6.8~7.2，以后稳定在pH=6.7左右。如pH值高于7.0或低于6.0则代谢异常，青霉素产量显著下降。

在青霉素发酵过程中，pH值是通过下列手段控制的：如pH值过高，可加糖、硫酸或无机氮源；pH值较低可加入$CaCO_3$、氢氧化钠、氨或尿素，也可提高通气量。也有利用自动加入酸或碱的方法，使发酵液pH值维持在6.8~7.2，以提高青霉素产量。根据pH值变化补糖能满足霉菌在不同阶段对糖的需要，并控制 pH 值在最适范围。

在发酵过程中与料液一起补入表面活性剂如新洁尔灭 5×10^{-5}，或聚氧乙烯、山梨糖醇酐、单油酸酯、单月桂酸酯和三油酸酯等非离子化表面活性剂能增加青霉素的产量。

在青霉素发酵过程中加入少量可溶性高分子化合物，如 4×10^{-5} 聚乙烯醇、聚丙烯酸钠、聚二乙胺或聚乙烯吡咯烷酮(PVP)能使青霉素产率增加 38%。

三价铁离子对青霉素生物合成有显著影响，一般发酵液中铁离子超过 30~40μg/mL，则发酵单位增长缓慢。因此铁罐在使用前必须进行处理，如在罐壁涂以环氧树脂等保护层，使铁离子控制在 30μg/mL 以下。

二、发酵罐

常使用通用式发酵罐。

第四节　青霉素的提取和精制

从发酵液中提取青霉素，目前工业上多用溶剂萃取法。苄青霉素与碱金属所生成的盐类在水中溶解度很大，而苄青霉素本身(游离酸)很易溶解于有机溶剂中。溶剂萃取法提取即利用青霉素这一性质，将青霉素在酸性溶液中转入有机溶剂中，然后再转入中性水相中。经过这样反复几次萃取，就能达到提纯和浓缩的目的。

从发酵液中提取青霉素，也可用离子交换法或沉淀法。例如用阴离子交换树脂提取或从二苄基乙二胺盐沉淀析出，但都有缺点。早期还用过活性炭吸附法，即在酸性下吸附，以中性的酒精或丙酮的水溶液洗脱。

由于青霉素的性质不稳定，整个提取和精制过程应在低温、快速下进行，并应注意清洗和保持在稳定的 pH 值范围。

萃取法包括以下各工序。

一、发酵液的过滤和酸化处理

青霉素发酵液菌丝较粗大，一般用鼓式过滤机过滤，除菌丝出现自溶的情况外，一般过滤较容易。但发酵液达最高单位时，常常也是菌丝开始自溶的时候。当菌丝自溶时，菌丝不能形成紧密的薄层，在过滤机的吹风阶段，不能自行剥落，增长过滤时间，滤液的得量降低，且滤液发浑。因此最好在菌丝自溶前放罐，进行过滤。

从鼓式过滤机得到的滤液，用硫酸调 pH 值至 4.5~5.0，加入 0.07%(质/体)的溴代十五烷吡啶 PPB(配成 5%的溶液)的方法，同时再加入些硅藻土(0.7%质/体)作为助滤剂，通过板框过滤机过滤，称为二次过滤。二次滤液一般澄清。发酵液和滤液应冷至 10℃以下。

酸化过滤工序收率为 90%左右。

二、萃取和精制

如上所述，青霉素游离酸易溶于有机溶剂，而青霉素盐易溶于水。所选用的有机溶剂应对青霉素有较高的分配系数。青霉素在各种溶剂和水之间的分配系数的值见表 20-4。

除分配系数外，选择溶剂时尚需考虑：在水中溶解度较小，不和青霉素起作用，在 5~

30℃的蒸汽压较低，回收温度不超过120~140℃，价格低廉、来源方便等。目前工业生产所采用的溶剂多为乙酸丁酯和戊酯。

表20-4 青霉素在不同体系中的分配系数

溶　剂	pH＝2.5（溶剂/水）	pH＝7.0（溶剂/水）	溶　剂	pH＝2.5（溶剂/水）	pH＝7.0（溶剂/水）
乙酸戊酯	45/1	1/235	氯　仿	39/1	1/220
乙酸丁酯	47/1	1/186	三氯乙烯	21/1	1/260
乙酸乙酯	39/1	1/260	乙　醚	12/1	1/190

当青霉素自发酵滤液萃取到丁酯中时，大部分有机酸也能转移到溶剂中。无机杂质、大部分含氮化合物等碱性物质则留在水相。在有机酸中，如酸性强弱和青霉素相差悬殊的也可以分离。对于酸性较青霉素强的有机酸，在从滤液萃取到丁酯时，大部分留在滤液中；而对于酸性较青霉素为弱的有机酸，在从丁酯反萃取到水中时，大部分留在丁酯中。只有酸性和青霉素相近的有机酸则随着青霉素转移，很难除去。正萃取完成之后，要进行反萃取，再把青霉素从溶剂中萃取出来，只要改变pH值就可将青霉素进行反萃取。

从丁酯相进行反萃取时为避免pH值波动，常用缓冲液。可用磷酸盐缓冲液、碳酸氢钠或碳酸钠溶液等。

整个萃取过程应在低温下进行(在10℃以下)，各种贮罐都以蛇管或夹层通盐水冷却。由于青霉素在酸性下很不稳定，在保证萃取效率的前提下，尽量缩短操作时间，如缩短在中间贮罐的停留时间，可减少青霉素的破坏。青霉素在水溶液中固然不稳定，在丁酯中也要发生破坏。从试验结果得到，青霉素在丁酯中0~15℃放置24h不致损失效价，在室温放置则要破坏，2h损失1.96%，4h损失2.32%，8h损失2.78%，24h损失可达5.32%。

萃取方式一般采用多级逆流萃取。混合系用机械搅拌混合罐、管道混合器或喷射混合器等。机械搅拌混合罐系借机械搅拌将两相在罐内混合而进行萃取，一般停留时间较长，操作时要随时注意不使液体自罐中溢出。管道混合器系两种液体在管道内高速流动，成湍流状态(Re可高达66000)，因此混合均匀而达到萃取，一般停留时间较短，操作方便。喷射混合器和水喷射泵原理相似，以一种液体作为工作流体，以高速自喷嘴射出，产生真空而吸入另一种液体，达到混合、萃取的目的。目前前两种混合器在国内都有采用，而喷射混合器还未见应用。分离采用离心机。一次丁酯萃取时采用碟片式离心机，缓冲液萃取和二次丁酯萃取(反萃取)时如处理量较小，则可采用管式离心机。管式离心机分离效果优于碟片式离心机，但处理量较小。近来也有将混合和分离同时在一个设备内完成的，称为离心萃取机。

反萃取液在结晶前要求有较低的水分(应低于0.9%)，因为青霉素钾盐或钠盐在水中溶解度较大，降低反萃取液的水分，可使结晶后母液的单位降低。脱水可以用无水硫酸钠等脱水剂。但工业上常用冷冻脱水法。将反萃取液冷却至-15℃，部分水成冰析出。然后加活性炭脱色，每十亿单位加炭150g一并过滤除去冰和炭。此外，丁酯萃取先用饱和食盐水洗涤，也可除去一些杂质。

三、结晶

结晶是提纯物质的有效方法。例如在反萃取液中，青霉素的纯度只有50%~70%，但结晶后纯度可提高至90%以上。青霉素结晶方法很多，而且普鲁卡因盐和碱金属盐的结晶方法也有所不同，现分述于下。

1. 青霉素钾盐结晶

青霉素钾盐在乙酸丁酯中溶解度很小，利用此性质，在反萃取液中加入乙酸钾-乙醇溶液，青霉素钾盐就结晶析出

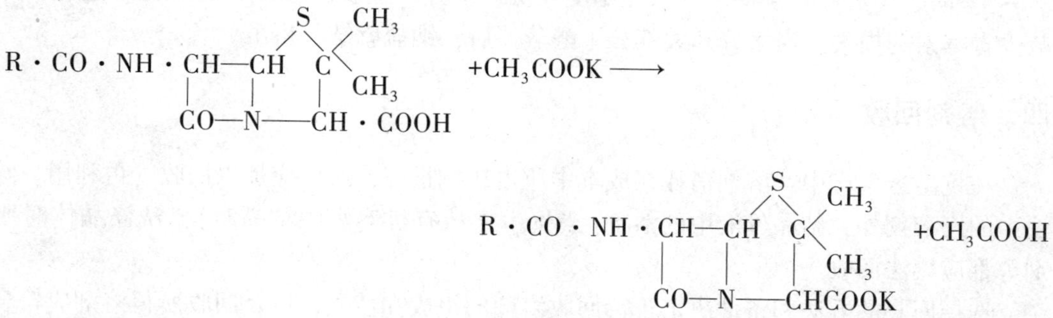

结晶的反应剂也可以用氢氧化钾的醇溶液，但因氢氧化钾碱性太强，故以采用乙酸钾较好。

丁酯中含水量过高会影响收率，但可提高晶体纯度。水分在 0.9%以下对收率影响较小。

得到的晶体要求颗粒均匀，有一定的细度。颗粒太细会使过滤、洗涤困难。一般说来溶液浓度大时，得到的结晶颗粒较细，浓度低则颗粒较大；含杂质较多，污染数高时，能降低结晶速度，晶体也较大。反之如结晶液纯净，则结晶速度快，晶体颗粒细小；温度高，结晶速度快，晶体细小；反之，如温度低，结晶速度慢，晶体颗粒大；反应剂乙酸钾的加入速度快，则晶体颗粒细，加得慢则颗粒大；搅拌能减少晶族的形成，搅拌速度快，得到晶体较细，搅拌慢，则晶体较粗。

晶体经丁醇洗涤，乙酯淋洗，真空干燥或固定床气流干燥即可得成品。

青霉素钾盐最好再经过重结晶，较好的重结晶方法是将钾盐溶于 KOH 溶液中，调 pH 值至中性，加无水丁醇，在真空下，进行共沸蒸馏结晶。

2. 青霉素普鲁卡因盐结晶

普鲁卡因青霉素 G 在水中溶解度很小。因此在青霉素钾盐的水溶液中(pH 值中性的磷酸盐缓冲液)加盐酸普鲁卡因溶液，普鲁卡因青霉素 G 就结晶析出。

3. 青霉素钠盐结晶

青霉素钾盐在使用过程中，病人反映很痛。研究表明，其致痛原因是药品中的钾离子，而不是青霉素制品中存在的各种降解物如青霉噻唑酸、青霉酸、青霉烯酸和青霉胺等。而青霉素钠盐并不引起疼痛。

青霉素的钠盐的生产方法有很多种。究竟以哪一种方法较优，尚需进一步试验。

(1) 从反萃取液直接结晶。在反萃取液中加乙酸钠-乙醇溶液反应，直接结晶得钠盐。此法和钾盐生产完全一样，只不过以乙酸钠代替了乙酸钾。

(2) 从钾盐转钠盐。在青霉素反萃取液中先结晶出钾盐，而后将钾盐溶于水，提取至丁酯中，加乙酸钠乙醇溶液结晶得钠盐。

(3) 从普鲁卡因盐转钠盐。一次丁酯萃取液加普鲁卡因丁酯溶液反应，结晶得青霉素普

鲁卡因盐，将普鲁卡因盐悬浮在水中，加丁酯，再以硫酸调 pH 值至 2.0，则普鲁卡因盐分解成青霉素游离酸而转入丁酯中。然后再加乙酸钠-乙醇溶液结晶出钠盐。

(4) 共沸蒸馏结晶法。反萃取液以 0.5mol/L NaOH 溶液萃取，在 pH=6.4~6.8 下得到钠盐水浓缩液，浓度为 15~25 万单位/mL，加 2.5 倍体积的丁醇，在 16~26℃，5~10mmHg 下蒸馏，水分与丁醇成共沸物而蒸出，当浓缩到原来水浓缩液体积，蒸出馏分中含水量达到 2%~4%时，即可停止蒸馏。共沸点温度较低，水分的蒸发在较温和的条件下进行，因而可减少青霉素的损失。当水分和大部分丁醇蒸掉后，钠盐就结晶析出。

四、溶剂回收

在抗生素生产中，溶剂消耗在成本中所占比例很高，所以应加以回收、再利用。除萃取法中的废溶剂外，结晶母液中的溶剂(当抗生素从有机溶媒中结晶时)，洗涤晶体时所用溶剂等都应设法回收。

选择回收的方法和条件决定于待回收溶剂的组成和性质，以及回收所得溶剂应符合的规格等。

回收溶剂通常采用蒸馏的方法。如为单一溶剂，则通过蒸馏能将其中所含不挥发性杂质(多数为色素)除去。如为混合溶剂则用精馏的方法。

第五节　三废治理原则和方案

一、抗生素工业“三废”的性质

废渣主要是发酵液过滤后产生的废菌体。湿菌体数量约占发酵液的 5%。废菌体中有机物含量丰富，蛋白质约占 20%~30%，脂肪占 10%以下。废渣还包括原料中未被代谢的悬浮固体，发酵过程中加入的消沫剂，微生物代谢产生的多种生理活性物质，残留的抗生素，以及发酵液预处理操作中加入的重金属盐或凝聚剂的成分等。例如，青霉菌中含有蛋白质约 32%，由 22 种氨基酸组成，还有核酸、淀粉酶、糖化酶、果胶溶解酶、蛋白酶、维生素 B_2、维生素 B_6、维生素 D 以及合成维生素 D_2 的原料麦角固醇等。

废气主要是发酵罐排气，含有氮、氧、二氧化碳、水蒸气和有机物，一般并不酿成公害。提炼车间排风中常含醇类和酯类蒸气，采用吸收或吸附装置处理，还回收部分溶剂。

废水主要是经提炼后的废发酵液，如蒸馏回收溶剂后的残余液、离子交换吸附后的废液，以及染菌倒罐的废液等。废水中含有高浓度有机物和悬浮固体，一般不含重金属和剧毒的化学物质，但生化需氧量很高，排入江河后将严重耗氧，破坏天然水质的自净能力，引起水质黑臭，传播病菌，酿成公害。废液中也还含有多种生理活性物质，例如，链霉素废液中含有氨基酸达 17 种，多种蛋白酶，维生素 B_6、B_{12}，以及抗真菌抗生素放线菌酮等。另一类是设备、滤布和地面的洗涤废水，它们的成分类似上述废液，只是比较稀薄。由于提炼生产大多间歇操作，因此，不同时间内排出废水的数量和污染程度各不相同，pH 值和温度也有波动。

废水中有机物含量常以生物耗氧量(BOD)或化学耗氧量(COD)为指标。BOD 表示微生物氧化水中有机物所需的氧；含有微生物的水样的 BOD，在 20℃培养 5 天后测定其水中溶解氧的减失量即可算出。COD 表示水中还原性物质；测定强氧化剂(如高锰酸钾或重铬酸钾)在一定条件下处理水样时消耗的量即可算出。据估计，每生产 1kg 抗生素，将排出含 BOD 约 12000mg/L 的废液 0.5m^3。这种高浓度有机废水可使受纳水系遭到严重污染，影响饮水卫生，危害人体健康。

二、废渣和废水的利用

废渣和废水中有回收价值的化工原料(如青霉素废液中的溶剂)和生化产物应尽可能地加以提取、利用，然后再将废渣和废水作为有机物处理。

不含有毒物质的废菌体和废液可用作饲料和肥料。湿菌体和废液不易运输，又不便于保存，为此，可将湿菌体在 60~70℃下干燥制成干菌体。

(1) 回收氨基酸。废菌体中蛋白质可经酸、碱或酶水解为氨基酸。

(2) 回收核苷酸。核苷酸是核酸和多种辅酶的组成部分，参与蛋白质合成，具有激活细胞和促进代谢的作用；可用于治疗粒细胞减少症和肝炎等疾病；应用在农业上，可使油菜、小麦等增产。

废菌体中的核酸可经酸、碱或酶水解为混合核苷酸，包括腺苷酸、乌苷酸、胞苷酸和尿苷酸等。所用的酶可由其它微生物取得，也可由被利用的废菌体本身提供。混合核苷酸经离子交换树脂分离，可得各种单核苷酸。腺苷酸经酶促磷酸化作用，还可制取三磷酸腺苷。例如，青霉菌的新鲜湿菌体用约 3 倍量的 0.5%NaOH 在 8℃水解 2h，滤液酸化至 pH=2.5，即得粗制核酸沉淀。再用桔青霉 AS3-2788 产生的 5′-磷酸二酯酶在 65℃和 pH=6.0 处理 2h，在 95℃保温 15min，降至室温后调至 pH=3.0，过滤即得 5′-核苷酸原液。然后，在 pH=7.2 用强碱 201×4 氯型树脂吸附，3%NaOH 解吸，用活性炭脱色和去除热原，过滤除菌，即得可供注射的混合核苷酸钠溶液。按干菌体含核酸 3%和核苷酸总收率 30%计，每吨含水 80%的湿菌体可得混合核苷酸约 2kg。

(3) 回收酶。抗生素产生菌的菌体和发酵液中都有含量丰富的酶，但在抗生素提取过程中，常因稀释和受到热、酸、碱或凝聚剂等的作用而被大量破坏。

废渣和废液中的酶可不经提取直接利用，也可用硅胶、活性炭、纤维素、离子交换树脂等吸附，用硫酸铵、硫酸钠等盐析，或用饱和低级醇、丙酮等沉淀。例如，青霉菌含有较多的糖化酶，可代替麦芽或米曲菌，用于酒精等制造中糖化淀粉原料；菌体用焦亚硫酸钠保存，可保持酶活力 1 日。

(4) 回收维生素及其它生化产物。青霉素的降解产物 D-青霉胺可用于治疗肝豆状核变性、重金属中毒、类风湿性关节炎和慢性活动性肝炎等疾病。青霉素废液中的青霉噻唑酸可代替青霉素作为原料制取青霉胺。例如，将废液用碱处理，滤去沉渣，加入硫酸铜或氯化汞反应，所得青霉胺重金属盐复合物在近中性溶液中不溶于水，滤去青霉醛溶液后，将沉淀物悬浮于水，通入硫化氢，滤除重金属硫化物沉淀，即得粗制青霉胺溶液。再经离子交换或丙酮转化精制，可得纯品。

(5) 用作培养基成分。废菌体和废液中营养丰富，并含有微生物培养所需的微量元素。因此，废菌体可被用于代替抗生素发酵培养基的某些成分；废液也可用于培养其它微生物，制取有用物质。

曾有报道：3%青霉菌干菌体可用作青霉素种子培养基。青霉菌废菌体还可全部或部分代替玉米浆用于青霉素发酵。

第六节　产品的检定和包装

成品检定就是根据药典的要求逐项进行分析，包括效价检定、毒性试验、无菌检查、热原质试验、水分测定、水溶液酸碱度及混浊度测定、结晶颗粒的色泽及大小的测定等。对于药典上未有规定的新抗生素，则可参照相近抗生素，按经验规定一些指标。

抗生素产品一般分装为大包装的原料药，以供制剂厂进行小包装或制剂加工。也有一些抗生素工厂在无菌条件下用自动分装机械进行小瓶分装。

第二十一章　苏云金杆菌杀虫农药

第一节　产 品 概 述

一、产品名称和用途

苏云金杆菌杀虫剂，又叫苏云金芽孢杆菌生物杀虫剂，俗名 Bt 农药，青虫灵，灭蛾灵。Bt 农药还有多种代号，如 Bt781，Bt8010 等。英文名称 Bacillus Thuringiensis Insecticide 或写成 Insecticide Bacillus Thuringensis。是应用于农业、林业等行业的生物杀虫剂，其毒杀力持久，使用范围较广。用于防治水稻、棉花、蔬菜和林业一些害虫如菜青虫、菜蛾、甜菜蛾、斜纹叶蛾、稻纵卷叶蛾、玉米蛾、稻苞虫、稻化螟、大豆造桥虫、棉铃虫、茶毛虫、果树食心虫、松毛虫等，以毒杀松毛虫、菜青虫和菜蛾等为著名。

产品属于低毒类，大鼠口服致死剂量大于 500mg/kg，使用以喷雾为主，也可以涂叶、喂食等。其可以单独使用，也可以和化学农药调配使用，但不能与杀菌剂混合使用。禁止在养蚕区使用。

二、规格和标准

Bt 农药的剂型一般有悬浮剂和可湿性粉剂两种。Bt 农药行业标准(农业部 NY293—95 标准)如表 21-1、表 21-2 所示。

表 21-1　液体悬浮剂的行业标准

指标名称	指　标
毒力效价/(IU/mL)	2000，4000，8000
pH 值	4.5~6.5
细度	100%过 100 目筛子
悬浮率(有效成分)/%	80
外观	棕黄色至棕褐色不透明

表 21-2　可湿性粉剂的行业标准

指标名称	指　标
毒力效价/(IU/mg)	8000，16000，32000
pH 值	6.5~7.5
细度	98%过 200 目筛子
悬浮率(有效成分)/%	80
湿润时间/min	3~5
含水量/%	4
外观	灰白色~棕褐色

两者的有效成分都是伴孢晶体和芽孢。

三、生产简史

苏云金芽胞杆菌的来源于 thuringiensis 的译音，是 Berliner 1909 年从德国苏云金省的一个面粉厂寄出的一批的染病地中海粉暝中分离出来的一种杆菌。1915 年他详细描述了该菌的形态和培养特性，并定名为苏云金芽胞杆菌(Bacillus thuringienxis 简称 Bt)。

苏云金芽胞杆菌的形态特征，在其生长发育的整个周期可分为营养体、孢子囊、孢子和半孢子晶体。其营养体为杆状，两端钝圆，大小为(1.2~1.3)μm×(3.0~5.0)μm，单个存在或 2~4 个成短链状，革兰氏染色显阳性反应。孢子囊比营养体稍微庞大或不庞大，在孢子囊内除孢芽外，另一侧均有钻石型(菱形、正方形、圆形、不规则形、镶嵌行等)结晶体伴生，称为伴孢晶体。研究表明，伴孢晶体是使昆虫致死的主要毒素之一。它的形状和大小不同，对昆虫的毒性也不同，其中菱形和镶嵌型晶体对鳞翅目类昆虫的有毒性最强。孢子囊培养到一定时间后破裂，释放出游离的伴孢晶体和孢芽，孢芽用来继续繁殖。

苏云金芽胞杆菌的毒素可以分为四类：

(1) 伴孢晶体即δ-内毒素，是一种蛋白质，是昆虫致死的主要病毒素之一。它的形状、大小均与其毒力有密切的关系。目前人们热衷于研究伴孢晶体毒蛋白基因的序列、分类、活性，为进一步重组高效、广谱、新型高毒力菌株和人工合成新杀虫剂提供理论条件。

(2) 苏云金毒素,也称为β-外毒素或热稳定外毒素,是部分苏云金杆菌分泌的体外的 具有广谱杀虫作用的一类核苷类物质。对蝇类昆虫、夜蛾科和鞘翅目害虫有很好的毒杀作用。

(3) 芽孢，既是病原又是毒素，当肠受到半孢晶体伤害后，活芽孢便萌发成营养体，穿透肠壁进入血液，并在那里大量繁殖，使昆虫患败血病而死亡。

(4) 其它几种毒素由于不稳定，研究和应用的较少

1938 年商品苏云金芽胞杆菌杀虫剂就已问世,并已经工业化生产。几十年来,苏云金芽胞杆菌杀虫剂在农、林、卫生害虫防治中起到了巨大的作用。由于它具有化学杀虫剂不可比拟的优点,既能直接杀死害虫,又不伤害能控制害虫的天敌,对人畜无害,不污染环境,因此其应用范围和防治对象从 25 年前的 4 目 32 属 121 种发展到现在的 10 个目 522 种害虫。在美国其用于防治危害 20 多种农作物的 32 种害虫。美国和前苏联苏云金芽胞杆菌杀虫剂已发展成大吨位的商品农药,用于大规模害虫防治,取得了明显的经济效益和社会效益。我国研究和应用苏云芽孢杆菌起始于 1959 年,从前苏联和捷克分别引进了苏云金芽胞杆菌的蜡暝亚种,并于 1965 年在长沙和武汉实现了工业化生产,到 70 年代工业产品每年有 1000t 左右,主要用于大面积的森林毛虫防治。1917 年在湖北武昌地区飞机防治松毛虫的面积 82. 5 万亩,取得了满意的效果。目前我国使用苏云金芽孢杆菌杀虫剂在蔬菜、棉花、果树、茶、麻、玉米、大豆、水稻、烟草等主要作物的害虫防治上均得到了广泛的应用,防治面积可达 1 亿亩以上。苏云金芽胞杆菌杀虫剂的商品种类已发展到了液剂型、粉剂型、高效型等多种产品,到 2001 年其总产量已达到 30kt 以上,预计未来十年内我国的总需求量可达到 80~100kt。

第二节　流程方框图和流程简述

苏云金杆菌的生产流程方框图如下：

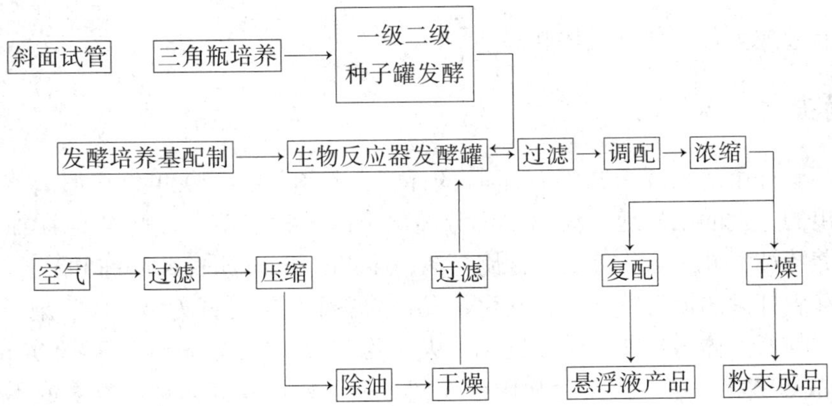

苏云金杆菌是用微生物发酵的方法工业化培养生产的，通常采用工业发酵罐，间歇式生产。将微生物生长需要的碳源和氮源物质淀粉、豆饼、鱼粉、葡萄糖及其它辅料调配呈悬浮浆状物输送入发酵罐中，直接通蒸汽加热到121℃以上，湿热灭菌保温0.5h。灭菌结束后，首先引入已经洁净除菌的灭菌空气，然后迅速降温，降至30~32℃，从已经培养好的种子罐中输送菌种进入发酵罐接种繁殖，调节并保持温度、压力、pH值、通氧量等在工艺指标范围之内，发酵生产周期在28~32h之间。当pH值开始上升，镜检大部分营养体变成芽孢，发酵结束，通常发酵液芽孢浓度可达到80×10^{8}个/mL以上。发酵液除去固形物质杂质以后，加入相关的添加剂如增稠剂、稳定剂等进行调配，调配液经离心浓缩或真空浓缩，得到浓缩液，经复配加乳化剂等添加剂之后，可制成悬浮乳化液，作为Bt农药的一个品种。浓缩液也可以经真空干燥或喷雾干燥，制成可湿性粉末，作为Bt农药的另一个品种。产品经检验合格后，包装。

第三节　反应工艺和反应器

一、工艺条件及其影响

1. 反应温度

各种微生物在一定条件下都有一个最合适的生长温度范围。温度太低，菌体活性很差，反应速度十分缓慢。温度提高，可能生长和反应速度加快，但过高的温度，不仅酶易失活，菌体易衰老，影响了活性。随着温度的升高，菌体活性迅速递减，直到全部菌体死亡。而且由于温度的升高，可能降低发酵液的溶氧浓度，从而使微生物生长代谢过程中由于缺氧造成pH值降低。酸度增加，严重抑制了微生物的生长，表现为发酵周期变长，目的微生物较少。所以苏云金杆菌的反应温度要控制在30~32℃范围之内。

控制温度的方法是在反应罐的夹套和内部冷却构件(盘管、U型管和垂直管等)通入冷却介质(通常是室温或低温的水)，及时移去发酵热(主要是发酵过程中的生物热及搅拌热等)，以保证反应温度正常。

2. 压力

压力在微生物发酵过程中是一个较重要的参数，主要表现在以下几个方面：

(1) 微生物都有一个适宜的生长压力。在过高的压力条件，微生物的细胞膜易受到机械破坏，而引起死亡。

(2) 压力影响到作为反应底物的氧的传递，从氧的传递动力学来讲，压力越高，气相中的氧的分压则越大，氧传递动力$[C^{\#}-C]$越大，则传氧速率越高。

(3) 发酵过程要防止杂菌和噬菌体的侵入。所以反应设备、管道、阀门等都预先经蒸汽在121℃以上的灭菌。反应空气也是经净化灭菌处理的，整个系统都在严格无菌条件下操作，在进入无菌空气的条件下，使体系为微有正压力，防止体系外的气体侵入，一般控制反应器压力0.05MPa左右。

3. pH值

各种微生物生长有它自己的最佳的pH值范围。苏云金杆菌发酵生产中，控制pH值为6.9左右。pH值的变化，实际上反映了反应器中微生物的生长、产物的合成以及外界条件的变化。当微生物处于生长初期，氧的供给是充足的，糖代谢以有氧氧化为主，其代谢产物为CO_2，随进入的尾气一起逸出反应体系，溶解于反应液中极少，对pH值影响不大。当微生物处于对数生长期或处于产物合成高峰期时，菌体强烈需氧，这时，氧的供给就成了限制性因子，糖代谢以无氧氧化为主，产生的代谢产物乳酸、有机酸，使得反应液中pH值下降。pH值下降进一步抑制微生物的生长，因此恶性循环，不仅使发酵反应变得缓慢，而且严重影响菌体正常生长和目的产物的合成。

发酵过程中的pH值是用氨水、尿素调节。当然发现pH值变化时，除了治标之法加入氨水、尿素之外，还要改变生物反应器的操作条件，如加大通风量，适当增加罐压，提高搅拌转速等。

4. 通气量

通气量对于好氧发酵来说，影响很大。在细菌生长期尤其生长旺盛期，产生菌体和耗糖量最大，这时供养必须充分，以满足菌体呼吸的供氧量。一旦供氧不能满足，则细菌呼吸受到限制，乳酸等有机酸积累，pH值下降使生产菌的数量和速度大大减少。但氧的浓度过大，或氧的富集，在富氧氛下菌体的生长也会受一定的影响。通常，可以使用通风的大小来调节控制发酵液流中的溶氧浓度，所以通气量要在一个最佳范围内波动。

5. 搅拌形式和搅拌速度

搅拌的目的有两个，一是使从管道中通入的空气不致形成大气泡短路逸出，而是让空气在反应液中被打碎成微泡，以微小气泡形式分散在液体中，形成气-液-固三相气泡乳化相体系，最大限度增大气泡的比表面积。二是使物料和菌体高分散接触，增加菌体增长点。

搅拌形式多种多样，以增加轴向流动和径向流动为主要目的。涡轮式搅拌、带叶涡轮式和其它形式的搅拌最经常被使用。搅拌速度也关系到溶氧系数 Ka。在微生物发酵的不同阶段搅拌速度和通气量要有不同的变化。搅拌速度要设计为可调速的，可以在微生物不同的生理阶段，采用不同的搅拌转速。大型生物反应器转速范围通常150-200r/min。

6. 原料配比

发酵培养基，因不同的菌种而异，通常可以采用下列培养基组成：

葡萄糖	10~20g/L
豆粕	2.5g/L
玉米浆	10mL/L
$CaCO_3$	0.3g/L
$MgSO_4 \cdot MuSO_4$	4mg/L

7. 反应时间

营养体接种通常要求：

一级种子培养时间为：12~14h。

二级种子培养时间为：14~16h。

发酵周期为：28~32h。

8. 消泡

在强烈搅拌下，在反应液内部产生大量气泡，气泡不能及时破碎，常导致发酵液外溢，引起噬菌体感染，因此采用的消泡方法一是加入消泡剂，二是利用机械方法。消泡剂常用的高效消泡剂是有机硅，无毒、不染菌，可以预先消泡消毒。机械消泡一般在搅拌上层安装多孔网式或耙式附加搅拌叶，也有的在上层另装高速副搅拌，有的在发酵罐顶部装有外除沫器，除沫后，液体返回罐内。

二、生物反应器

反应器俗名发酵罐。常用的发酵罐称“通用式发酵罐”，一般其长径比为2~4。装有涡轮搅拌，涡轮型式和尺寸，原化工部有部颁标准和国标，化工设计手册上一般可以查到。有前叶、后叶、平盘、平桨等几种型式，其尺寸大约是搅拌直径为反应器内径的1/3或稍大一些，具体在设计时可以制成非标准的搅拌，由于长径比较大在轴向上一般都设有多个涡轮。

发酵罐设有夹套，以使加热和降温，在罐内装有换热装置，通常是多折的U型管或盘管，有时安装垂直型的换热管。为了改善搅拌效果，有时在罐内装有垂直挡板，无论是垂直挡板还是换热管道，占据的空间径向宽度，不主张超过发酵罐内径的1/7~1/8。搅拌器与底部的距离一般不宜大于内径的4/5。

反应器内装有到底管通入空气，气流从罐底上升，故又称气升式发酵罐(如图21-1)。

发酵罐的搅拌轴大多数是由罐上部的电机驱动的，实际上如果改为发酵罐的下部装有电机，称为下伸轴式的通用发酵罐，如图21-2。

搅拌型式除了涡轮式以外，有人改进为多棍式搅拌器，有的在搅拌器底部装有自吸装置，可以把

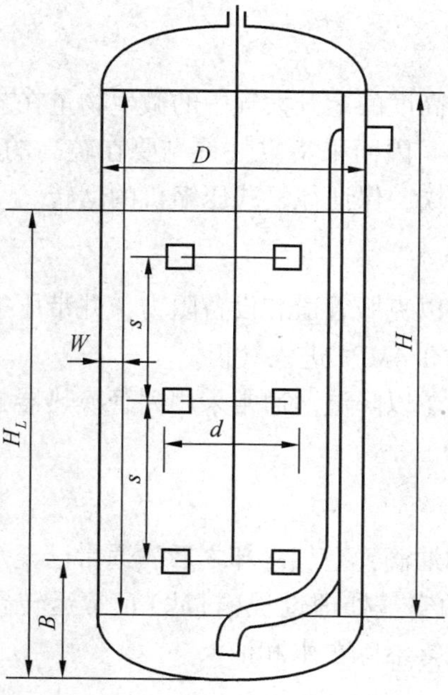

图21-1　通用式发酵罐的几何尺寸比例

H—筒身高度；D—罐径；W—挡板宽度；H_L—液位高度；d—搅拌器直径；s—两搅拌器间距；B—下搅拌器距底间距

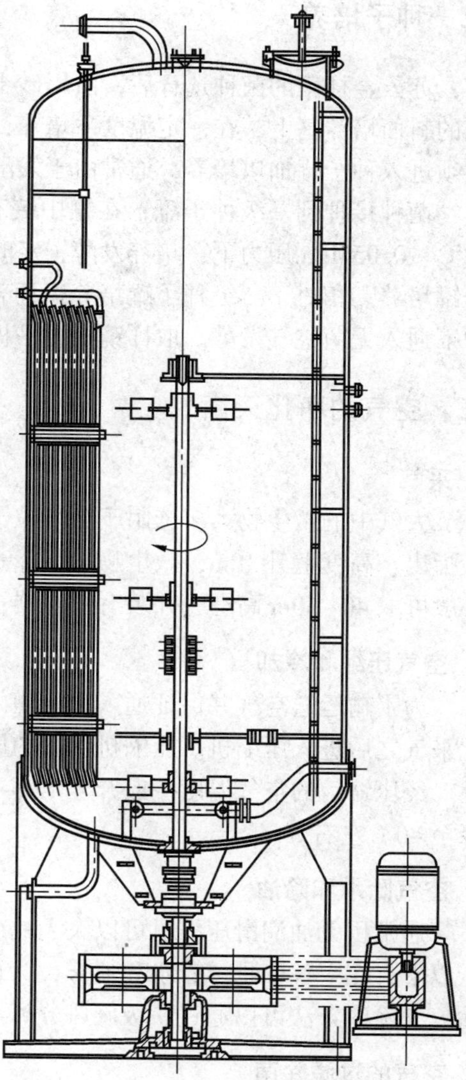

图21-2　下伸轴通用发酵罐

罐底的物料尤其是固形物，通过搅拌器底部的构件自动吸上来，沿轴向移动到搅拌桨叶附近，由桨叶加以分散。这种自吸式搅拌已有标准制造。

搅拌速度现在常用固定转速的电机，实际上应安装可调速装置，以便适应不同时期不同场合的转速变化。

第四节　原料准备流程

一、主要碳源、氮源原料

Bt 农药发酵的主要原料包括淀粉、玉米浆、葡萄糖、豆饼、豆粕、鱼粉、酵母和 $CaCO_3$ 等。按照原料配比，投入配料池中，加水搅拌成悬浮浆状物，用泵输送进入反应器。

二、种子培养

苏云金杆菌的菌种选育后，沿用砂土管保存在 0℃，保持休眠状态的菌种接种到已经灭菌的斜面培养基上，在一定温度下培养，为获得足够的菌体，并能接种到大型的发酵罐中，必须进入种子罐加以培养，通常由于发酵罐体积较庞大，常用二级种子罐逐级加以培养。

菌种接种到一级种子罐，在罐中装有业经消毒灭菌的培养基，进入无菌空气。在 30~32℃、0.05MPa 压力下，培养发酵，定时取样分析并作无菌试验，合格后，接种进入二级种子罐培养。相对于二级种子罐培养剂而言，接种的种子量约为 5%~20%，在一定的温度压力下通入无菌空气发酵。取样镜检、平板培养合格后，可以作为种子移接到工业发酵罐中。

三、空气的净化灭菌

1. 采气

大气中的微生物大多依附于尘埃粒子上，随着高度的上升大气中的微生物量在减少，有人指出：高度上升 10m，微生物量下降一个数量级。因而采集空气首先要在较高的位置上，一般可取 40~50m 高空，并装有过滤器，以除去尘埃，保证往复式压缩机的运转。

2. 空气压缩和冷却

为了输运送空气并保证通入发酵罐内的空气可以克服管道和设备阻力，并带压进入，因此采气之后进入压缩机。压缩机出口的压力一般为 0.4MPa 进入气柜。

经压缩后的空气温度一般升至 120~135℃，应予以降温。通常采用列管换热器，使空气冷至 40℃左右。

3. 空气除水和除油

通常用无油润滑压缩机可以大大减少空气中的油滴，空气冷却之后，通常已至水汽的露点以下，在空气中悬浮着水和油雾，为保证继后的空气处理过程(过滤)正常运转要加以去除。去除的方法可以通过一级旋风分离器和丝网捕雾器除去水和油。

4. 空气的过滤除菌

除水除油的空气通过一定类型的过滤介质以除去细菌和芽孢。

过滤介质有深层过滤介质和绝对过滤介质之分。绝对过滤介质是其孔隙小于微生物，空气通过时，微生物被阻挡于一侧。这些往往是一些高分子材料制成的微孔滤膜或超细纤维滤膜(纸)。它们通气性好，可以减少过滤体积，效率好，而且可以蒸汽灭菌，耐油、耐酸碱和许多溶剂，使用寿命较长，更换方便。深层过滤介质则是其孔隙大于微生物，要达到过滤效果必须有一定厚度。深层过滤介质常用棉花、玻璃纤维、化学纤维、活性炭等。利用这些材料可以做成各种超细过滤管，达到超细过滤的目的。过滤器示意如图 21-3、图 21-4。

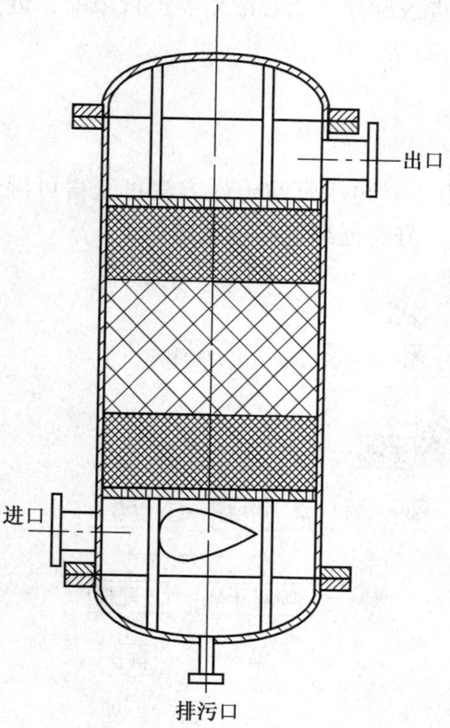

图 21-3　介质层过滤器

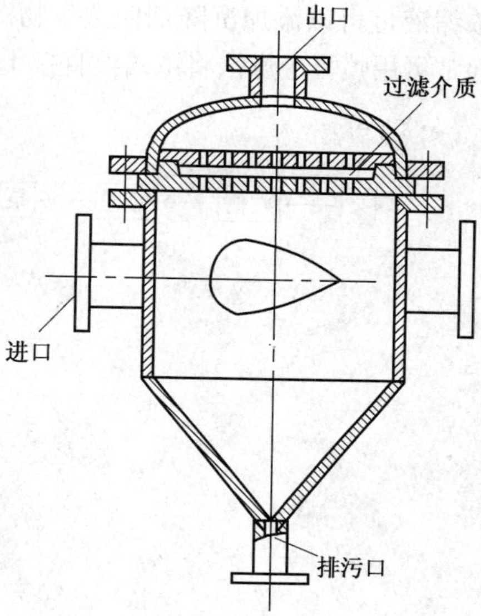

图 21-4　超细玻璃纤维纸过滤器

原料准备过程流程示意图如下：

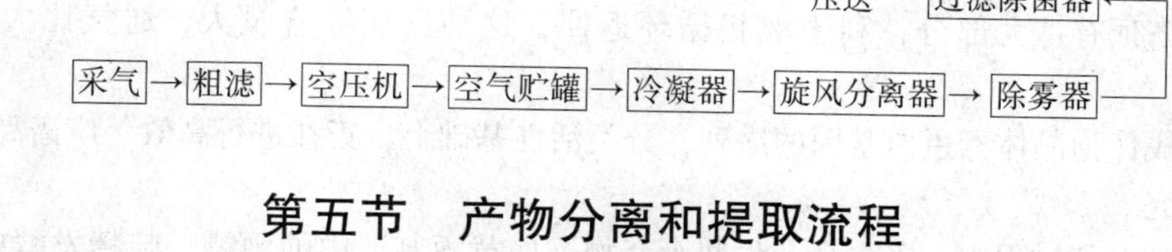

第五节　产物分离和提取流程

一、发酵液过滤

处理的第一步是把发酵液中的固形物除去，采用离心分离机间歇分离。滤渣经过水洗再进行离心分离弃去。水洗滤液与母液合并处理。

发酵液是非牛顿流体，过滤起来不等同于无机物分离，使用过滤介质一般为无碱玻璃纤维滤布。

二、发酵液浓缩

过滤后的发酵液加入添加剂如稳定剂混合后，进入旋片式离心浓缩器进行浓缩，进一步进入真空蒸发器浓缩，浓缩液可作为悬浮剂 Bt 农药产品。

三、干燥

浓缩液也可以添加沉降剂使微生物沉析出来甩干后再用真空干燥方法可获得可湿性粉末。通常可用喷雾干燥法将浓缩液直接干燥成粉末。分离提纯流程示意图如下：

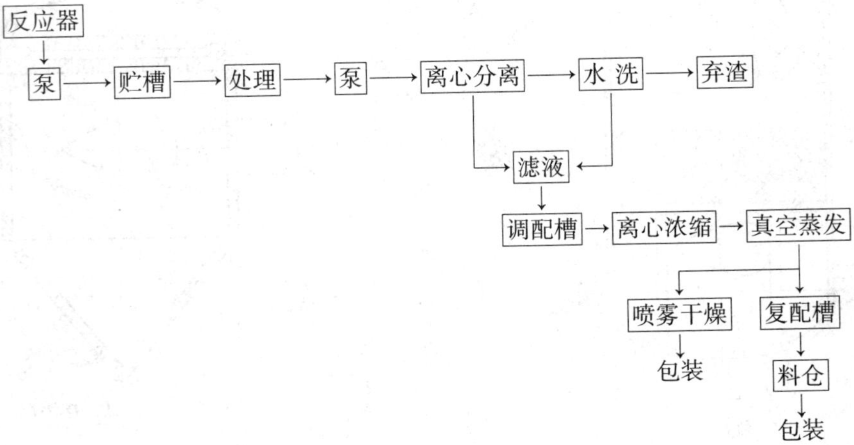

第六节 技 术 进 步

反应器的改进现在已经十分丰富多彩，对于微生物发酵的气升式发酵罐，有的采用内循环或用外循环形式，使气液混合流循环流动。在循环液管内安装静态混合器，使流体气液接触情况更佳。

气升式反应器可以设计为塔式，与化工常用的流化床类似。中间装有气升管，空气流动为动力，形成气液固三相反应的塔式反应器，中有横向挡板或重新分布的塔板，一般可简化为筛板。塔顶有扩大部分，利于液相循环返回，这种反应器容量大，通气比大，生产能力大。

在完成伴孢晶体毒蛋白基因的序列，分类活性基础上，正在进行高效、广谱高毒力菌株的重组研究。

在其它发酵过程中，多少会产生些废弃物，如黄酒制造中的酒糟、味精发酵中的废水，都可以作为二次资源，经过适当处理，用于 Bt 生物农药发酵过程中，收一举两得之功。

第二十二章　谷氨酸钠(味精)

第一节　概　　述

发酵法生产谷氨酸是在1975年实现工业化的。发酵法生产谷氨酸的成功是氨基酸生产的重大革新，也是现代发酵工业的重大创举。它的理论大大推动了其它氨基酸发酵研究和生产的发展，给社会带来了巨大的经济效益。谷氨酸和味精的生产是一个典型的生物技术过程，它属于细菌发酵，也是一种代谢控制发酵，同时是一个典型的化工生产过程。

一、产品概述

1. 名称

学名 L-谷氨酸单钠盐-水化合物；L-α-氨基戊二酸[1，5]单钠-水化合物。

商品名称叫味精、味素、谷氨酸钠，因味精起源于小麦，俗称麸酸钠。

英文名　Monosodium L-Glutamate，简写 MSG；Monosodium L-Glutamate Monohydrate；Gourmet Powder。

2. 产品规格或标准

结构式　$HOOC—CH_2—CH_2—\underset{\underset{NH_2}{|}}{CH}—COONa \cdot H_2O$

分子式　$NaC_5H_8O_4N \cdot H_2O$

分子量　187.13

(1) 谷氨酸钠(99%味精)标准(GB 8967—1988)

① 外观和感官要求。本品为无色至白色柱状结晶或白色结晶性粉末，有光泽，无肉眼可见的杂质，具有特殊的鲜味，无异味。

② 理化要求。理化要求见表22-1规定。

表22-1　理化指标

项　目	指　标	项　目	指　标
含量/%	≥99.0	砷(As)/(mg/kg)	≤0.5
透光率/%	≥98	重金属(以 Pb 计)/(mg/kg)	≤10
比旋光度$[\alpha]_0^{20}$	+24.8°~+25.3°	铁(Fe)/(mg/kg)	≤5
氯化物(以 Cl 计)/%	≤0.1	锌(Zn)/(mg/kg)	≤5
pH 值	6.7~7.2	硫酸盐(以 SO_4^{2-} 计)/%	≤0.03
干燥失重/%	≤0.5		

(2) 味精卫生国家标准(GB2720—1981)

① 感官指标。具有正常味精的色泽、滋味，不得有异味及夹杂物。

② 理化指标。理化指标见表22-2。

表22-2　理化指标

项　目	指　标	项　目	指　标
谷氨酸钠	符合产品规格	砷(以As计)/(mg/kg)	≤0.5
铅(以Pb计)/(mg/kg)	≤1	锌(以Zn计)/(mg/kg)	≤5

(3) 味精系列标准(QB1500—1992)

本标准使用于在谷氨酸钠定量添加食用盐和增味剂复合而成，谷氨酸钠含量不低于80%的各类味精。

① 含盐味精技术指标。含盐味精技术指标见表22-3。

表22-3　含盐味精技术指标

项　目　指　标　规　格	95%味　精	90%味　精	80%味　精
外观和感官要求	均匀的白色细小结晶颗粒(小于30目)或白色粉末，易溶于水，无肉眼可见杂质，具有特殊鲜味		
理化要求			
谷氨酸钠/%	≥95.0	≥90.0	≥80.0
透光率/%	≥95	≥92	≥89
食用盐(以NaCl计)/%	<5.0	<10.0	<20.0
干燥失重/%	≤0.5	≤0.7	≤0.9
铁/(mg/kg)	≤10		
硫酸盐(以SO_4^{2-}计)/%	≤0.3		
锌/(mg/kg)	≤5		
砷(以As计)/(mg/kg)	≤0.5		
重金属(以Pb计)/(mg/kg)	≤10		

② 特鲜(强力)味精技术指标。特鲜(强力)味精技术指标见表22-4。

3. 产品用途

(1) 在食品方面的用途

味精具有特殊的调味功能；改善和加强食品的自然风味，克服异味；同时在食品加工业也有广泛应用。

(2) 在医药方面的用途

味精可用来防治肝昏迷，解氨毒，保护肝脏；改善神经系统，谷氨酸盐酸盐可用于胃酸之不足；谷氨酰胺可治疗综合性胃溃疡、十二指肠溃疡、神经衰弱等。

(3) 在工业方面的用途

可用于制造人造革、润肤剂、化妆品和洗涤剂。

表 22-4 特鲜(强力)味精技术指标

项目 \ 指标 规格	添加 5-鸟苷酸二钠 GMP(g)	添加呈味核苷酸钠 LMP+GMP(W)	项目 \ 指标 规格	添加 5-鸟苷酸二钠 GMP(g)	添加呈味核苷酸钠 LMP+GMP(W)
谷氨酸钠/%	≥X		铁/(mg/kg)	≤10	
谷苷酸钠/%	≥0.8(g)	≥1.5(W)	硫酸盐(以 SO_4^{2-} 计)/%	≤0.3	
透光率/%	≥89		锌/(mg/kg)	≤5	
食用盐(以 NaCl 计)/%	≤100-X-g(W)		砷(以 As 计)/(mg/kg)	≤0.5	
干燥失重/%	≤10		重金属(以 Pb 计)/(mg/kg)	≤10	

(4) 在农业方面的用途

味精用于制造农药(杀菌剂)，用作植物的生长调节剂，还用作微肥的载体。

二、我国味精的生产工艺和装备技术的进展

我国味精工业在发酵法投产后，工艺和装备方面变化较大，进展较快，现选一些重要的进展列入表 22-5 中。

三、原料生产路线及比较

用发酵法生产谷氨酸，主要使用淀粉糖液。淀粉糖化可分为酸解法、酶酸法和酶解法三种。酶解法具有较大的优越性。

(1) 原料生产路线

① 酸解法。

淀粉 —(盐酸、水)→ 调浆 —(蒸汽)→ 糖化 ⟶ 冷却 —(Na_2CO_3、活性炭)→ 中和脱色 ⟶ 压滤 ⟶ 糖液

② 酶酸法(以大米为原料)。

大米 ⟶ 水洗 ⟶ 浸泡 ⟶ 粉碎 ⟶ 调浆 ⟶ 液化 ⟶ 过滤 ⟶ 加酸 ⟶ 糖化 ⟶ 中和 ⟶ 脱色 ⟶ 压滤 ⟶ 糖液

③ 双酶法。

淀粉 ⟶ 调浆 ⟶ 液化 ⟶ 灭酶 ⟶ 糖化 ⟶ 灭酶 ⟶ 压滤 ⟶ 糖液

(2) 各种糖化方法的比较

三种糖化工艺，各有其优缺点。从糖液质量、收得率、耗能以及对粗淀粉原料的适应情况来看，以酶解法为最佳，酶酸法次之，酸法最差。但酶解法生产周期较长，糖化设备较庞大。各种糖化方法的比较见表 22-6。

表 22-5 味精生产工艺和装备技术的进展

年代	内容
1949 年以前	(1) 酸水解法，生产粉状味精 (2) 手工作业，作坊式生产，使用少量机械设备
50 年代~60 年代初期	(1) 应用晶种法，生产结晶味精 (2) 逐步采用机械化 (3) 防腐技术应用于味精生产

续表

年代	内容
60年代中后期	（1）发酵新工艺投产，一次性投糖发酵，产酸4.5%～6% （2）提取工艺：等电；等电-离交；离交和浓缩水解，其收率为70%～90% （3）部分企业用自控仪表对发酵罐的温度、压力、风量等进行自动调节
70年代	（1）锌盐法应用于谷氨酸提取，提取率为85% （2）甜菜糖蜜(加抑制剂法)发酵生产谷氨酸投产，产酸率6%～8%，转化率50%～60% （3）酶酸法应用大米糖化工艺 （4）树脂脱铁、颗粒脱色工艺投产 （5）连续低糖流加发酵工艺中试成功 （6）150m^3 发酵罐投运 （7）部分工厂应用电子计算机于发酵和精制工序，检测参数：温度、压力、风量、pH值、CO_2 和 O_2、氧化-还原电位、消沫、浓度、液位、真空度等 （8）不锈钢叶滤罐应用于脱色生产 （9）自动包装机投运 （10）振动式味精干燥机投运
80年代至90年代初	（1）甘蔗糖蜜流加发酵法投产，产酸率9%～10%，转化率50%～52% （2）中糖发酵及后期补糖工艺投产，产酸率7%～9%，转化率50% （3）双酶法制糖工艺投产，转化率为96%～98%，糖纯度98% （4）连续离交法从等电母液中回收谷氨酸新工艺成功，提取率达90%以上 （5）谷氨酸废液制单细胞蛋白工艺投产，为废液的综合利用和废水治理开辟了新途径 （6）纯生物素用于糖质发酵生产 （7）硫酸(代盐酸)应用于生产 （8）液氨(代尿素)应用于生产 （9）10～25m^3 强制内循环结晶罐投运 （10）200m^3 大型发酵罐投运 （11）MBF型防腐密压机投运 （12）XZ-1000(W)自动下卸料味精离心机投运 （13）100m^3 外循环气升式发酵罐试验完成 （14）板式或螺旋板式换热器应用于生产 （15）NF型金属微孔薄膜管式高效气体过滤器应用于空气净化 （16）JLS-W型金属过滤器用于空气净化 （17）200m^3 溢流脉冲反应器用于味精废水处理 （18）GZQ型振动流化床干燥机投运 （19）絮凝法除菌体工艺和膜分离技术处于试验阶段 （20）一些味精厂从国外引进的设备仪表有： ① 日本NITINAN ENG. Co.，LTD. 生产的NEV-4E-10t/h四效降膜蒸发器 ② 日本YEWPACK MARKH集散型控制系统 ③ 日本巴工业生产的P-3400SHARPLES卧式沉降离心机(7m^3/h) ④ 瑞典ALFA-LAVAL生产的FESX512S-31C高效离心机(10m^3/h) ⑤ 瑞典ALFA-LAVAL生产的AM10-HX板式换热器 ⑥ 日本丸菱生产的30L自控发酵装置 ⑦ 英国Domnick Hunter公司生产的Bio-X空气过滤器 ⑧ 日本DENK1 KAGAKU KEIKI Co.，LTD.(DKK)制造的COD、BOD_5、pH、DO、菌体浓度仪等检测仪表

表 22-6　糖化方法的比较

序号	项目 \ 糖化方法	酶解法	酶酸法	酸解法
1	糖液质量			
	葡萄糖值(DE)	98	95	90
	葡萄糖含量(干基)/%	97	93	86
	灰分/%	0.1	0.4	1.6
	蛋白质/%	0.1	0.08	0.08
	羟甲基糠醛/%	0.03	0.08	0.3
	颜色(在 2°Bé 浓度下测定)	0.2	0.3	0.3
2	淀粉对糖转化率/%	98	95	90
3	工艺条件/耗能	温和/少	加压温高/多	加压温高/多
4	副产物	少	中	多
5	生产周期	长	中	短
6	设备规模/防腐要求	大/一般	中/中	小/较高
7	原料适应情况	各种淀粉、大米	大米	淀粉
8	是否有利于发酵和提取	有利	中	差

第二节　产品的工艺流程

味精的生产过程，共有四个工段，即制糖工段、发酵工段、谷氨酸提取工段和谷氨酸精制工段。

一、制糖工段

1. 工艺流程图

见图 22-1。

2. 概述

先在调浆配料槽调浆配料，将淀粉乳调成 15~20°Bé，用碳酸钠水溶液调 pH=6.4~6.5，氯化钙的用量为干淀粉的 0.15%~0.3%；用供料泵打入缓冲器，喷射加热温度 100~105℃，

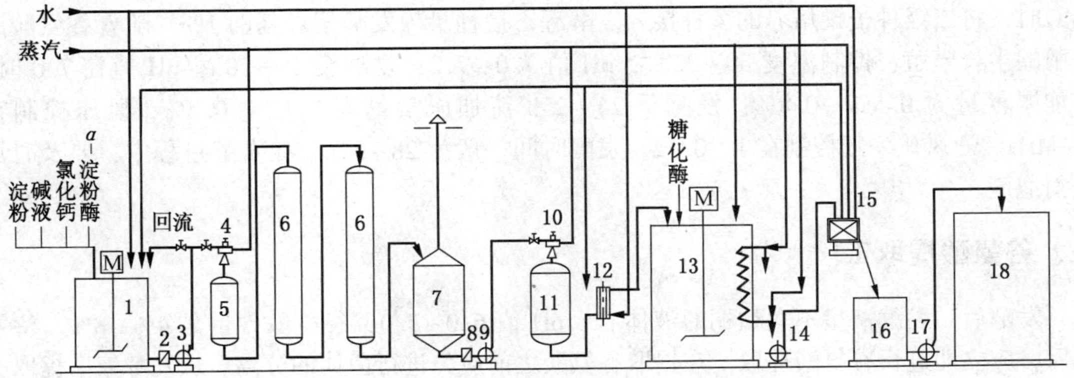

图 22-1　双酶法制糖工艺流程图

1—调浆配料槽；2、8—过滤器；3、9、14、17—泵；4、10—喷射加热器；5—缓冲器；6—液化层流罐；7—液化液贮槽；11—灭酶罐；12—板式换热器；13—糖化罐；15—压滤机；16—糖化暂贮槽；18—贮糖槽

层流罐维持 95~100℃，液化时间 60min，以碘色反应呈棕色即可。然后液化液经 130~140℃灭酶 5~10min，再经板式换热器冷却至 70℃以下。进入糖化罐。糖化温度 59~61℃，pH=4.0~4.4，糖化酶用量按 100~120U/g 干淀粉计算。糖化时间 30~40h，以无水乙醇检查无白色沉淀为终点，终点 DE 值为 95%~98%。再将物料加热至 80~85℃，灭酶 30min。糖液用碳酸钠水溶液调节 pH=4.6~4.8，然后过滤，进入贮糖槽。

二、发酵工段

1. 培养基的灭菌

培养基的灭菌包括分批灭菌和连续灭菌。

① 分批灭菌。在培养基灭菌前，先将排气阀打开，将蒸汽引入夹套或蛇管预热，将罐温升至 80~90℃将排气阀逐渐关小，接着将蒸汽从进口、排料口、取样口直接通入蒸汽，使罐温升到 118~120℃，罐压维持在 0.09~0.1MPa(表压)，保持 30min。

② 连续灭菌。图 22-2 是一种有连消塔、维持罐、喷淋冷却器组成的连续灭菌流程。配好的培养基由配料罐(1)放出，加入 0.01%的消泡剂，用泵送入连消塔(3)底侧，将培养基加热到 125~130℃灭菌 15~20s，由上侧流出，进入维持罐(4)，维持 110~115℃，停留 3~5min，从罐上侧流出，经喷淋冷却至 32~35℃后进入发酵罐。

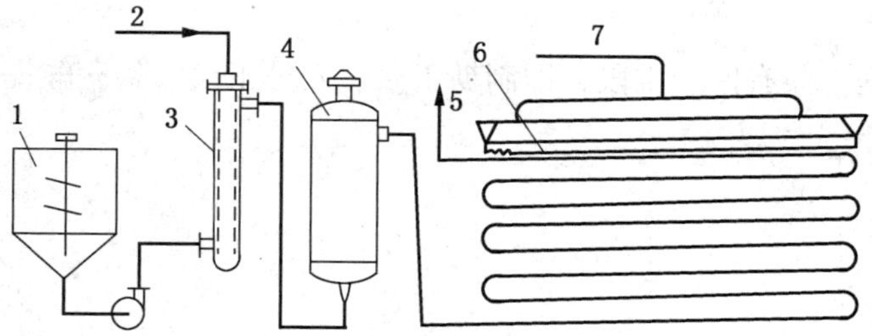

图 22-2 连续灭菌设备流程示意图

1—配料罐(拌料罐)；2—蒸汽入口；3—连消塔；4—维持罐；5—培养基出口；6—喷淋冷却；7—冷却水

2. 发酵阶段

发酵培养基灭菌后，立即通入无菌空气，搅拌，通入冷却水，当培养基温度下降到32~34℃时，将二级种子罐培养的菌种接入发酵罐，接种量为发酵培养基的 1%。随着谷氨酸产生菌的生长繁殖，控制温度 30~32℃；pH 值 7.0~7.2；发酵至 18~20h，pH 值在 7.0 时，流加尿素量为 0.5%~0.8%；发酵至 24~25h 流加尿素量为 0.1%~0.2%；风压控制在 0.1MPa。通风比一般控制在 1∶0.12，发酵时间一般为 28~32h，在发酵过程中，要及时加入消泡剂。

三、谷氨酸提取工段

发酵后，发酵液呈不太粘稠的液体状，pH 值 6.0~7.0，谷氨酸含量是 4%~8%。待发酵后，应立即进行谷氨酸提取。在提取谷氨酸之前应先进行菌体的分离。从发酵液中提取谷氨酸常用的方法有：等电点-离子交换法。

将发酵液放入等电罐中搅拌冷却，加入菌体细麸酸，并使液温降至 3~5℃，加盐酸调 pH 值。前期加酸速度稍快，1h 左右将发酵液的 pH 值调至 5.0，中期加酸要慢，经过 2h 将

pH 值调至4.0~4.5，停止加酸，育晶1~2h，然后加酸使pH值调至谷氨酸等电点3.0~3.2。然后搅拌12~14h，使晶体不断长大，再静置沉降4~6h，放出上清液，去除谷氨酸结晶表面少量的菌体细麸酸，将底部的谷氨酸结晶取出后，进行离心分离。将分离的母液和洗水则合并于等电点上层清液，作为一次母液。由低温等电点结晶这一步所得的谷氨酸提取率达70%~80%，母液中还残存1.0%~1.3%的谷氨酸，采用离子交换法回收母液中的谷氨酸。

上柱前，一次母液常用离子交换洗脱时的后流分调pH值至5~6。从交换柱底进料，料液不断从柱上部溢出。上柱过程中流速要控制适当。当达到交换容量时停加柱液，水洗柱子除去残存菌体等杂质，然后用75℃热水预热树脂，当柱温达60℃时，放净热水，从柱子上部用60℃、45%的氢氧化钠溶液洗脱。洗脱的开始流出液pH值为2.0~2.5，收集为前流分，谷氨酸含量很低作冲洗水用。接着是谷氨酸含量很高的流分，流出液颜色发白黄，pH值为3.0~3.5。高流分快完时pH值迅速上升，分开收集为后流分，谷氨酸含量减少，铵离子量较多，当流出液pH值在9~11，停止收集，这部分流出液用来调节上柱母液pH值，并回收其中的谷氨酸。

收集的高流分用酸调pH值至3.0~3.2。一般采用加晶种快速冷却法。要求在0.5h内从流出时60~70℃冷却至25℃以下，搅拌冷却45~60min，谷氨酸结晶大量析出，静置，真空抽滤，水洗，离心分离得到谷氨酸。

四、谷氨酸制造味精生产工段

将谷氨酸溶液用碳酸钠中和，硫化钠除铁，活性炭脱色、过滤，滤液进行真空浓缩，加入晶种使之结晶，过滤后即得产品L-谷氨酸钠。其生产工艺的流程见图22-3。

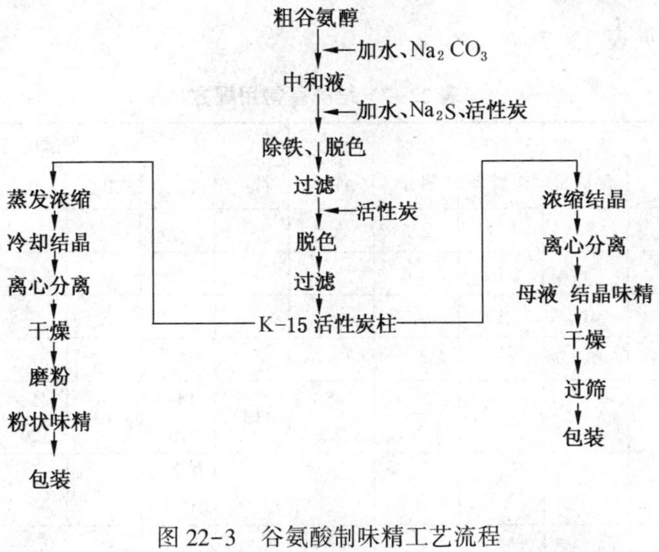

图22-3　谷氨酸制味精工艺流程

1. 中和脱色

在中和脱色槽中加入2倍湿谷氨酸的清水，加热至60℃，开动搅拌器，先投入部分湿谷氨酸晶体，然后将0.3%~0.34%倍谷氨酸量的纯碱和谷氨酸交替投入，在纯碱全部投完前，先加入总投料量(0.013倍谷氨酸量)一半的活性炭，待中和结束后再投入剩余的半量，搅拌0.5h。最后用水将浓度调至21~23°Bé。将中和液冷却到50℃以下，并调节其pH值到

6.4左右，接着加入浓度18°Bé的硫化钠溶液和适量的活性炭，边加边搅拌，中和反应的终点应严格控制中和液的pH值在6.7~7.0之间，以使反应只生成谷氨酸一钠而不生成谷氨酸二钠。在液面上加少许自来水进行水封，以促使硫化亚铁沉淀。静置8h，压滤，收集滤液。将除铁液加热至60~65℃，搅拌，用粗谷氨酸调节pH=6.5~6.7，再加入2%的粉末活性炭，搅拌1h，静置1h，然后进行压滤，滤液再上K-15活性炭柱。活性炭柱脱色温度40~50℃，上柱液的量一般为炭体积的20~25倍。

2. 浓缩结晶

中和除铁液浓缩条件为温度60~70℃，真空度80kPa以上。边补料边浓缩，当浓缩液达到30~32°Bé后，投入晶种进行结晶，同时适当搅拌。经过一段时间后晶种长大，但同时有小晶核出现，此时需将罐温升到75℃，并加入45℃的热水进行整晶，将小晶核溶解掉，然后将罐温调回到65℃，继续补料，边浓缩，其间晶体不断长大。待晶体大小符合要求而准备放罐时，需加入适量的蒸馏水。最后将晶液放入助晶槽内，进一步将晶液调至29.5°Bé。然后在70℃，搅拌转速8~10r/min下养晶4h。

3. 分离和干燥

将养好的晶液用离心机除去母液，此时得到含水量在1%左右的湿晶体。将它放在匣盘中铺成薄薄的一层，进烘房，在80℃下干燥10h。干燥后结晶味精含水量应低于0.2%，粉末味精含水量应低于1%。

第三节　原　　料

一、培养基

培养基的成分见表22-7。

表22-7　培养基常用配方

培养基类型 / 营养成分	试管保藏斜面	试管活化斜面	摇瓶种子	二级种子	发酵配方例						
					T_{5-13}	T_{6-13}	B_9	B_9	B_9	7338	$AS_{1.299}$
葡萄糖(口服)/%		0.1	2.5								
牛肉膏(生物试剂)/%	1	1									
蛋白胨(生物试剂)/%	1	1									
NaCl(C.P)/%	0.5	0.5									
水解糖/%				2.5~3.5	13	13~16	13	15~20	12	13	12
玉米浆/%					0.15	0.2~0.3	0.03			0.03	
尿素(初尿)/%			0.5	0.4~0.5	0.6	0.6	0.6	0.4~0.5	0.4~0.5	0.6	1.0~2.0
$Na_2HPO_4 \cdot 12H_2O$(C.P)/%						0.067		0.2	0.17		
KCl(C.P)/%						0.075		0.55*	0.05*	0.04*	0.03
$K_2HPO_4 \cdot 3H_2O$(C.P)/%			0.15	0.15~0.2	0.17		0.1			0.10	0.15

续表

营养成分＼培养基类型	试管保藏斜面	试管活化斜面	摇瓶种子	二级种子	发酵配方例						
					T_{5-13}	T_{6-13}	B_9	B_9	B_9	7338	$AS_{1.299}$
$MgSO_4 \cdot 7H_2O$(C. P)/%			0.04	0.04	0.06	0.06~0.07	0.06	0.065	0.06	0.06	0.06
$FeSO_4$(C. P)/10^{-6}			2	2	2	2.2	2	2.2	2		2
$MnSO_4$(C. P)/10^{-6}			2	2	2	2.2	2	2.2	2	2	2
pH 值	6.8~7.2	6.8~7.2	7.0	6.8~7.0	6.8~7.0	6.8~7.0	6.8~7.0				
消泡剂(BAPE)/%				200mL/500L	0.03	0.03	0.03	0.03	0.03	0.03	0.03
琼脂(生物试剂)/%	2	2									
麸皮水解液/%							6~7			5.5	

（1）碳源。碳是构成菌体细胞和谷氨酸碳素骨架的主要元素，也是生物合成所需能源的来源。我国普遍使用淀粉水解糖和糖蜜等为原料。

（2）氮源。它不仅提供菌体细胞蛋白质和核酸等生长的主要元素，而且是构成谷氨酸的氨基的主要组成元素，同时也是调整发酵培养基 pH 值的主要物质。氮源可分为有机氮源和无机氮源，菌体利用无机氮源较快，一般有尿素、氨、氨水、碳酸氢铵等。

（3）生物素。生物素是谷氨酸产生菌必需的生长因子，是种子培养基和发酵培养基不可缺少的重要组成部分。作为羧化酶的辅基，它以噻吩环上的戊酸侧链的羧基与酶蛋白上的氨基结合成酶。主要来源有玉米浆、牛肉膏、蛋白胨。

（4）无机盐。它是微生物细胞的重要组成部分，具有调节生命的作用，磷、硫、钾、镁的来源多采用磷酸二氢钾、硫酸镁、氢氧化钾等。而其它元素主要存在于含生物素的原料中。

（5）消泡剂。在发酵过程中，菌体生长繁殖产生大量的气体及通气供氧时产生大量的泡沫必须及时清除。我国 GB2760—1996 批准使用的消泡剂有：乳化硅油、高碳醇脂肪酯化合物、聚氧乙烯、聚氧丙烯、季戊四醇醚等。

二、无菌空气

好气发酵需要大量的无菌空气，空气要做到绝对无菌是困难的，也是不经济的。发酵对无菌空气程度要求是：一般只要在发酵过程中不至于因染杂菌而造成损失即可。在工程设计上一般要求 1000 次使用周期中允许有一个菌通过，即过滤后的无菌程度为 $N = 0.001$。

空气除菌流程主要有一般除菌流程和高效前置过滤除菌流程。

1. 一般除菌流程

从吸气口吸入的空气先进行前过滤，然后进入空气压缩机压缩，从空气压缩机出来的空气(一般压力在 0.2MPa 以上，温度 120~150℃)先冷却至适当的温度(20~25℃)。除去油和水，再加热至 30~35℃，最后通过总空气过滤器和分过滤器除菌，从而获得洁净度、压力、温度和流量都符合工艺要求的无菌空气，见图 22-4。

2. 高效前置过滤除菌流程

利用压缩机的抽吸作用，使空气先经中效、高效过滤后，进入压缩空气机，经高效前置过滤后，空气的无菌程度已达99.99%，再经冷却、分离，进入总过滤器后空气的无菌程度更高，以保证发酵的安全，见图22-5。

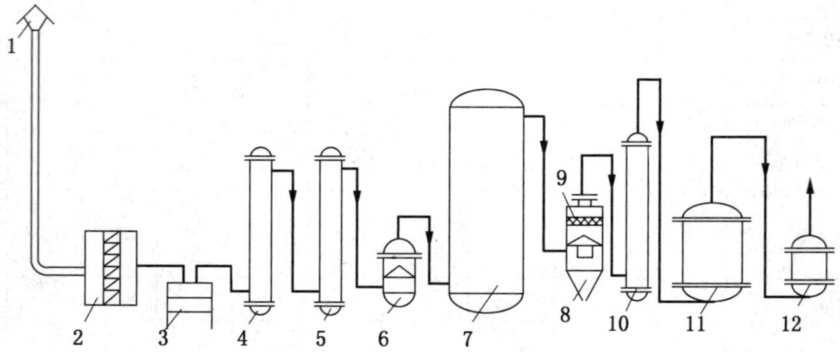

图22-4 空气净化工艺流程图

1—空气吸气口；2—粗过滤器；3—空气压缩机；4— 一级空气冷却器；5—二级空气冷却器；6—分水器；7—空气贮罐；8—旋风分离器；9—丝网除沫器；10—空气加热器；11—总空气过滤器；12—分过滤器

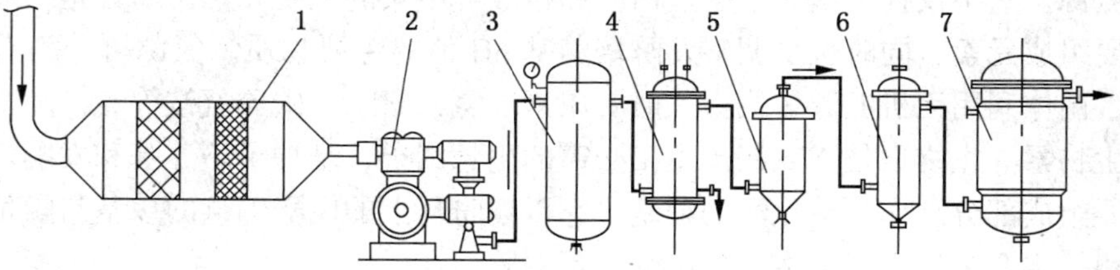

图22-5 高效前置过滤除菌流程图

1—高效前置过滤器；2—压缩机；3—贮罐；4—冷却器；5—丝网分离器；6—加热器；7—过滤器

三、菌种的培养

1. 菌种

现有的谷氨酸生产菌是棒状杆菌属、短杆菌属、小杆菌属及节杆菌属中的细菌。目前国内味精厂使用的生产菌主要是：北京棒杆菌As1299、7338；钝齿棒杆菌As1542、Hu7251、B_9；天津短杆菌T_{613}、FM8207。

2. 菌种的特点

① α-酮戊二酸脱氢酶丧失或活力极弱。

② 谷氨酸产生菌的谷氨酸脱氢酶活力很强，且活力不被高浓度谷氨酸pH值抑制。

③ 丙酮酸羧化支路旺盛，使丙酮酸与二氧化碳结合，提供谷氨酸合成中大量需要的碳四二羧酸。

④ 有充足的NADPH·2H供给α-酮戊二酸还原氧化。

⑤ 生物素缺陷型(或甘油或油酸缺陷型)。

3. 培养过程

斜面培养⟶一级种子培养⟶二级种子培养⟶发酵罐

(1) 斜面培养的条件。

谷氨酸斜面菌种的培养条件，一般是7338、B_9类菌种30~32℃，T_{613}类菌种33~34℃培养18~24h。

(2) 一级种子培养的条件。

用1000mL三角瓶装入培养基200mL，灭菌后置于冲程7.6cm，频率96次/min的往复摇床上振荡培养12h，培养温度7338和B_9类菌30~32℃、T_{613}类菌种33~34℃，采用恒温控制。

(3) 二级种子培养的条件。

接种量	0.5%~1.0%
培养温度	32℃(T_{613}菌为33~34℃)
培养时间	7~8h
通风量	50L种子罐1∶0.5
	搅拌转数340r/min
	250L种子罐1∶0.3
	搅拌转数300 r/min
	500L种子罐1∶0.25
	搅拌转数230 r/min
	1200L种子罐1∶0.2
	搅拌转数180 r/min

第四节　味精生产过程中的反应历程及反应器

一、味精生产过程中的反应历程

1. 双酶法制糖工艺

也称酶解法，因为它是用淀粉酶和糖化酶将淀粉转化为葡萄糖的工艺。双酶法制糖可分两个过程。第一是液化过程，利用α-淀粉酶将淀粉液化，转化为糊精及低聚糖，使蛋白质分离。第二是糖化过程，利用糖化酶将液化了的糊精及低聚糖进一步水解为葡萄糖。

$$\text{淀粉}\longrightarrow\text{糊化淀粉}\xrightarrow{\text{液化酶}}\text{糊精、低聚糖}\xrightarrow{\text{糖化酶}}\text{葡萄糖}$$

$$(C_6H_{10}O_5)n+nH_2O\xrightarrow{\text{酶}}nC_6H_{12}O_6$$

与碘显色反应依次为：蓝色糊精⟶紫色糊精⟶红色糊精⟶浅红色糊精⟶无色寡糖⟶葡萄糖

副反应：

$$\text{葡萄糖}\xrightarrow{\text{分解}}5'\text{-羟甲基糠醛}$$

$$2\,\text{葡萄糖}\longrightarrow\begin{cases}\text{龙胆二糖}\\\text{异麦芽糖}\\\text{复合二糖}\end{cases}$$

2. 发酵机制

首先是糖代谢阶段。葡萄糖经EMP和HMP途径转变为丙酮酸。谷氨酸生产菌在生物素供应充足的情况下，经 HMP 途径所分解葡萄糖占总量的 38%，当控制生物素亚适量，HMP 所占比例为 26%，生成的丙酮酸一部分氧化生成乙酰 CoA，一部分固定二氧化碳，生成草酰乙酸或苹果酸。草酰乙酸和乙酰 CoA，都进入 TCA 循环，在柠檬酸合成酶的作用下生成柠檬酸，进而转化为 α-酮戊二酸。

其次是谷氨酸生成阶段。菌体合成谷氨酸透过细胞膜，积累在发酵液中。谷氨酸生物合成至少有 16 步酶促反应，发酵过程中 α-酮戊二酸经过谷氨酸脱氢酶(GDH)催化的还原氨基化反应，或由转氨酶(AT)催化的转氨作用，及谷氨酸合成酶(GS)催化的由谷氨酰胺提供氨基的反应，合成谷氨酸。在这三种谷氨酸合成反应中，谷氨酸脱氢酶催化的还原氨基化作用占主导地位。

（1）谷氨酸脱氢酶所催化的还原氨基化反应

$$\alpha\text{-酮戊二酸}+NH_3+NADPH_2 \xrightarrow{GDH} \text{谷氨酸}+NADP+H_2O$$

（2）转氨酶催化的转氨反应

$$\alpha\text{-酮戊二酸}+\text{氨基酸} \xrightarrow{AT} \text{谷氨酸}+\alpha\text{-酮酸}$$

（3）谷氨酸合成酶催化的反应

$$\alpha\text{-酮戊二酸}+\text{谷氨酰胺} \xrightarrow{GS} 2\ \text{谷氨酸}$$

由葡萄糖生物合成谷氨酸的代谢途径至少 16 步反应，尽量控制通过二氧化碳固定反应供给四碳二羧酸。为了获得能量和产生生物合成反应所需的中间产物，在谷氨酸发酵的菌体生长期，需要异柠檬酸裂解酶反应，走乙醛酸循环途径。但在菌体生长期以后，进入谷氨酸生成期，为了大量生成、积累氨基酸，最好没有异柠檬酸裂解酶反应，封闭乙醛酸循环，理想的发酵途径按如下反应进行

$$C_6H_{12}O_6+NH_3+3/2O_2 \longrightarrow C_5H_9O_4N+CO_2+3H_2O \qquad \text{理论转化率为 81.7\%}$$

若二氧化碳固定反应完全不起作用，丙酮酸在丙酮酸脱氢酶的作用下，脱氢脱羧全部氧化成乙酰 CoA，通过乙醛酸循环供给四碳二羧酸，按如下反应进行。

$$3/2C_6H_{12}O_6+NH_3+3/2O_2 \longrightarrow C_5H_9O_4N+CO_2+3H_2O \qquad \text{理论转化率为 54.4\%}$$

因此实际的理论转化率为 54.4%~81.7%。

3. 谷氨酸生物合成调节机制

① 优先合成与反馈调节；

② 糖代谢调节；

③ 氮代谢调节；

④ 其它代谢调节。

4. 控制细胞膜的渗透性

通过控制发酵培养基中的化学成分，达到控制磷脂、细胞膜的形成或阻碍细胞壁正常的生物合成，使谷氨酸生产菌处于异常的生理状态，以解除细胞对谷氨酸向胞外漏出的渗透屏障，使细胞内谷氨酸不能积累到引起反馈调节的浓度。谷氨酸就会在细胞内继续不断地被优先合成，又不断地透过细胞膜，分泌于发酵培养基中，得以积累。

5. 谷氨酸制造味精的反应

谷氨酸以纯碱和烧碱为中和剂的化学反应方程式：

$$HOOC-CH_2-CH_2-\underset{\underset{NH_2}{|}}{CH}-COOH+1/2Na_2CO_3 \longrightarrow HOOC-CH_2-CH_2-\underset{\underset{NH_2}{|}}{CH}-COONa+1/2CO_2+1/2H_2O$$

$$HOOC—CH_2—CH_2—\underset{\underset{NH_2}{|}}{CH}—COOH+NaOH \longrightarrow HOOC—CH_2—CH_2—\underset{\underset{NH_2}{|}}{CH}—COONa+H_2O$$

二、反应器

发酵罐，发酵罐有机械搅拌式发酵罐和气升式发酵罐两种。

1. 机械搅拌式发酵罐

参见第二十一章。

2. 气升式发酵罐

它是近 20 年发展起来的发酵罐，其特点是结构简单、不易污染、氧传质效率高、能耗低、安装维修方便。主要有气升外循环发酵罐、气升环流发酵罐等多种形式，见图 22-6、图 22-7。

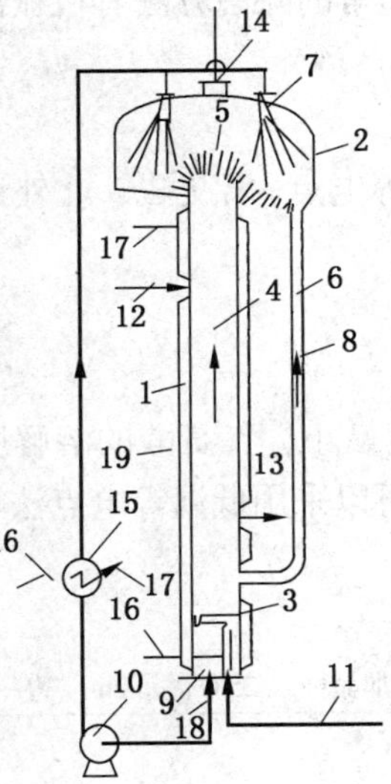

图 22-6　具有外循环冷却的气升环流发酵罐

1—发酵罐；2—消泡室；3—气体分布器；4—培养液；5—泡沫层；6—下降管；7—喷淋嘴；8—回流管；9—气液分离器；10—循环泵；11—供气管；12—培养液；13—培养液出口；14—废气出口；15—热交换器；16—冷却水出入口；17—冷却水出口；18—发酵液出口；19—冷却夹层

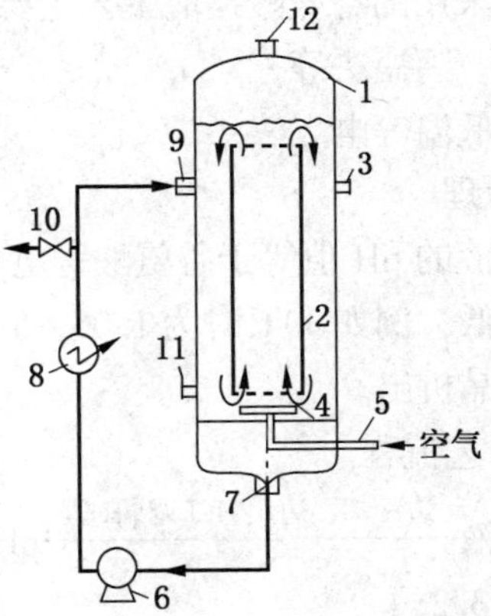

图 22-7　气升及外循环发酵罐

1—发酵罐；2—通气管；3—发酵液入口；4—气体分布器；5—空气入口；6—离心泵；7—发酵液出口；8—热交换器；9—喷嘴；10—导管（连续发酵时用）；11—喷嘴（可引出部分发酵液）；12—气体出口

第五节　谷氨酸分离技术

一、发酵液的规格要求

① 谷氨酸含量	7%～8%
② 湿菌体的含量	3%～4%
③ 乳酸、琥珀酸等有机酸的含量	<0.8%
④ 酮酸	0.06%左右
⑤ 残糖	<0.8%

⑥ 铵离子　　0.6%~0.8%

⑦ 核酸和核苷酸类物质、腺嘌呤化合物　　0.02%~0.05%

尿嘧啶化合物　　0.01%~0.03%

⑧ 残留的阴阳离子　　微量

⑨ 有机色素　　少量

⑩ 少量的谷氨酸类物质

⑪ 其它氨基酸的总量　　0.6%~0.8%

二、分离方案

1. 发酵液菌体的去除

以菌体为主的胶体物质是影响谷氨酸提取的主要因素，无论采用那一种提取方法，除菌比带菌工艺不但收率高而且分离所得的谷氨酸晶体质量好。通常的除菌方法有机械离心分离、絮凝法、加热沉淀法、超滤法等。

2. 提取

国内采用的谷氨酸提取工艺主要是：低温等电点法，等电点-离交法，此外还有锌盐法离子交换法、钙盐法等。

（1）低温等电点法

① 原理。

当溶液的 pH 值等于谷氨酸等电点时，谷氨酸的溶解度最小，谷氨酸的溶解度随着温度的降低而降低，例如30℃时为1.06，5℃时小于0. 41，因此可以采用低温等电点法将谷氨酸从发酵液中结晶析出。

② 工艺流程。

发酵液 $\xrightarrow{\text{边冷却，边用 HCl 调 pH 值}}$ pH=4.0~4.5 的发酵液 $\xrightarrow{\text{加晶种}}$ $\xrightarrow{\text{25℃育晶 2h}}$ $\xrightarrow{\text{边冷却边调节 pH 值}}$ pH=3.0~3.2

发酵液 $\xrightarrow{\text{4℃静置 4h，搅拌 16h}}$ 母液

$\longrightarrow$ 谷氨酸晶体

发酵液中谷氨酸含量控制在3.5%~8.0%之间；温度越低越有利于结晶，但冷却速度要控制好；加酸速度要缓慢，尽量做到不回调；晶种的投入一般为发酵液的0.2%~0.3%，通常谷氨酸含量在5%左右的发酵液，在 pH=4.0~4.5 投晶种；3.5%~4.0%的发酵液，在 pH=3.5~4.0 投晶种。

（2）等电点-离交法

发酵液经等电点法提取谷氨酸以后，采用单柱或双柱法，将等电点母液通过离交树脂柱进行交换，然后用碱液洗脱树脂上的谷氨酸，收集高流分，将其跟下一批发酵液合并，再用等电点法提取谷氨酸。

（3）锌盐法

① 原理。

在一定 pH 值下，谷氨酸与锌离子作用生成难溶于水的谷氨酸锌沉淀。然后在酸性条件下使谷氨酸溶解，再将 pH 值调至2.4，谷氨酸就结晶析出。

锌盐法提取谷氨酸，具有工艺简单、操作方便、对设备要求低、谷氨酸晶体颗粒大和锌盐

母液中的谷氨酸含低等优点，但此法最大的缺点是排放的废液中含有 0.3%~0.4%的锌离子，严重污染环境。

② 工艺流程。

发酵液──→加入上次的锌盐母液──→补加硫酸锌──→调 pH=6.3 后搅拌 5h ──→静置 4~6h ──→谷氨酸锌沉淀──→洗涤──→加沉淀体积 1.5 倍量水──→升温至 55℃──→调 pH=3.2，搅拌──→谷氨酸锌溶液──→降温至 45℃，调 pH=2.8 ──→育晶 2h ──→45℃，调 pH=2.4 ──→育晶 16h ──→静置 4h ──→湿谷氨酸

(4) 离子交换法(双柱串联交换法)

发酵液中谷氨酸在通过阳离子交换柱时，先向树脂表面扩散，再穿过树脂表面向树脂内部扩散，谷氨酸中的铵离子与树脂交换基团磺酸基的氢离子进行交换，交换下来的氢离子从树脂内部向表面扩散，由于氢离子扩散到溶液中，所以发酵液经交换柱的流出液，其 pH 值会下降。双柱串联交换法，如果双柱串联上柱，第一柱漏吸的谷氨酸就会被第二柱所吸附，避免了单柱操作的损失。采用离交法提取谷氨酸都是用双柱或多柱离交工艺。

(5) 钙盐法

① 原理。

谷氨酸钙在高温下有较大的溶解度，藉此将谷氨酸钙跟菌体等不溶性杂质分开。然后再将谷氨酸钙溶液冷却，使谷氨酸钙沉淀析出。谷氨酸钙经碳酸氢钠脱钙，直接生成谷氨酸钙。

② 工艺流程。

发酵液──→加入 CaO 至 pH 值为 12 ──→升温至 80~100℃──→搅拌 5~6h ──→趁热过滤──→滤液浓缩──→冷却析晶──→加适量水──→加 $NaHCO_3$ ──→40~50℃下，搅拌 2~3h ──→调 pH=6.4 ──→活性炭脱色──→过滤后浓缩──→谷氨酸钠

第六节 “三废”治理原则

(1) 废气。锅炉产生的烟尘可通过加高烟囱高度和采用旋风除尘器等干式除尘器办法来解决。

生产过程中的氨气、硫化氢、甲醛等气体通过使设备密封，使用液体石蜡与空气隔离等措施，防止其逸出，基本做到不超标。

(2) 废渣。炉渣和煤渣可用于铺路、作建筑保温材料，有些厂的大米渣、糖渣售做饲料。

(3) 噪声。可用减振器或吸声罩等办法来降低噪声。

(4) 废水。国内主要有七种办法来解决：

① 废液提取单细胞蛋白；② 废液生产饲料酵母；③ 厌氧-好氧二段生物处理；④ 废液制造有机肥料；⑤ 废液制造杀菌剂和植物生长剂；⑥ 深井曝气、生物转盘及氧化塘法；⑦ 加强企业管理，改进工艺，提高水循环的利用率。

此外，日、法、韩等国以糖蜜为原料的味精企业，采取高浓度有机酸废水制造有机肥料，中低浓度废水经活性污泥曝气处理后放流，COD 可达 50mg 以下。

第七节 产品包装与贮存

(1) 包装。内包装必须用符合食品用的塑料袋或玻璃瓶或金属听，外包装为内衬食品用塑

料薄膜或防潮的纸板箱、瓦楞纸箱。

(2) 保质期。在干燥通风处可长期贮存不变质。

(3) 运输与贮存。

① 运输工具必须清洁、干燥、符合食品卫生要求，并具有防雨、防晒设施。

② 贮运过程中应轻拿、轻放，严禁扔、砸、磕、碰。

③ 贮运不得与有毒、有害、有腐蚀性的物质及其它物质混装混运。

④ 本品应贮存在干燥、通风的厂房内，严禁潮湿。

⑤ 味精外包装均为纸箱，一般堆高为 8~12 层，2. 0~2. 5m。

第八节　技 术 进 步

味精生产的技术进步主要体现在以下方面。

(1) 味精生产的方法方面。原来的合成法或水解法转变为发酵生产，此法有许多优点，它原料来源广泛、单耗低、设备腐蚀性小、生产成本低、经济效益高、副产物少等。

(2) 葡萄糖的制备方面。酸解法到酶解法的转变可使淀粉对糖的转化率高达 96%~98%。糖纯度达 98%，并具有能耗低、副产物少及有利于发酵和提取等优点，被国内工厂广泛采用。

此外，固定化酶技术尚处于开发研究阶段，此技术具有可实现连续化生产、反应时间短、反应产物纯度高、酶利用率高等优点，必为酶法糖化另辟新路。

(3) 发酵技术方面。亚适量生物素流加糖发酵工艺代替一次性投糖发酵，提高了产酸率、转化率及设备利用率，经济效益明显，国内味精厂得以推广和应用。

国外通常采用高生物素添加青霉素流加糖发酵工艺，该工艺具有产酸速度快，产酸率高，转化率高，发酵周期短，设备利用率高等优点。

(4) 谷氨酸提取方面。离子交换法从等电母液中提取谷氨酸新工艺取代旧工艺，采用多柱串联吸附、单柱洗脱的办法，具有收率高、酸碱耗低、水耗低、能耗低、树脂利用率高、经济效益显著、废液的 COD 下降等优点。

此外，超滤法除菌技术在生物工程领域内的下游工程中得到广泛应用，通过膜处理的发酵液质量提高，对后提取有利。

(5) 谷氨酸中和液除铁脱色方面。多用树脂代替硫化钠除铁法，此法可连续操作，除铁完全，同时有脱色作用，产品中无硫化钠的残留，无异味，许多工厂都采用树脂除铁。

参 考 文 献

[1] 时钧等. 化学工程手册(第二版). 北京：化学工业出版社，1996
[2] 冯伯华等. 化学工程手册(第一版). 北京：化学工业出版社，1989
[3] 徐克勋. 精细有机化工原料及中间体手册. 北京：化学工业出版社，1998
[4] 陈冠荣，陈鉴远，时钧等主编. 化工百科全书. 北京：化学工业出版社，1994
[5] 倪进方. 化工过程设计. 北京：化学工业出版社，2000
[6] 袁一. 化学工程师手册. 北京：机械工业出版社，2000
[7] 韩冬冰等. 化工工程设计. 北京：学苑出版社，1997
[8] 陈甘棠. 化学反应工程(第二版). 北京：化学工业出版社，1990
[9] 李绍芬. 反应工程(第二版). 北京：化学工业出版社，2000
[10] 李嘉锐主编. 工业企业环境保护. 北京：冶金工业出版社，1990
[11] 环保工作者实用手册编写组. 环保工作者实用手册. 北京：冶金工业出版社，1984
[12] 张秋望等. 化工环境污染及治理技术. 杭州：浙江大学出版社，1990
[13] 关坪主编. 环境保护管理与污染管理. 北京：国防工业出版社，1995
[14] 刘茉娥，陈欢林. 新型分离技术基础. 杭州：浙江大学出版社，1993
[15] 崔恩选. 工业化学. 北京：高等教育出版社，1994
[16] 姚虎卿等. 化工工艺学. 南京：河海大学出版社，1993
[17] 施湛青主编. 无机物工艺学. 北京：化学工业出版社，1992
[18] 于信令. 味精工业手册. 北京：中国轻工业出版，1995
[19] 宋启煌. 精细化工工艺学. 北京：化学工业出版社，1995
[20] 王家勤. 生物化学品. 北京：中国物资出版社，2001
[21] 刘道德等. 计算机在化工中的应用. 长沙：中南工业大学出版社，1987
[22] 杨光启，陶涛主编. 当代中国的化学工业. 北京：中国社会科学出版社，1986
[23] 杨沛霆. 科学技术史. 杭州：浙江教育出版社，1986
[24] (日)今井寅二郎等. 王林译. 现代化学工业——现状与未来展望. 北京：化学工业出版社，1986
[25] 陆震维缩译. 化工过程开发. 北京：化学工业出版社，1984
[26] 北京化工学院化工史编写组. 化学工业发展简史. 北京：科学技术文献出版社，1985
[27] 王延吉等. 绿色催化过程与工艺. 北京：化学工业出版社，2002
[28] 李克友. 高分子合成原理及工艺学. 北京：科学出版社，1999
[29] 程曾越. 合成橡胶. 北京：中国石化出版社，2000
[30] 顾觉奋主编. 抗生素. 上海：上海科学技术出版社，2001